U0195089

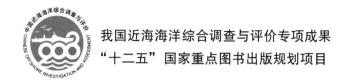

我国近海海洋综合调查与评价专项成果
"十二五"国家重点图书出版规划项目

中国区域海洋学
——海洋地貌学

王 颖 主编

海洋出版社

2012 年·北京

内 容 简 介

《中国区域海洋学》是一部全面、系统反映我国海洋综合调查与评价成果，并以海洋基本自然环境要素描述为主的科学巨著。内容包括海洋地貌、海洋地质、物理海洋、化学海洋、生物海洋、渔业海洋、海洋环境生态和海洋经济等。《中国区域海洋学》按专业分八个分册。本书为"海洋地貌学"分册，系统阐述了我国四海一洋海疆及毗连区的海岸海洋地貌、沉积与动力环境特点，其范围涵盖海岸带、河口、岛屿、陆架至大陆坡麓，即整个海陆过渡带的表层动力地貌过程与人类活动效应，以及晚第四纪以来海岸、海底地貌发育演变历史与发展趋势。

本书可供从事海洋科学以及相关学科的科技人员参考，也可供海洋管理、海洋开发、海洋交通运输和海洋环境保护等部门的工作人员及大专院校师生参阅。

图书在版编目（CIP）数据

中国区域海洋学．海洋地貌学/王颖主编．—北京：海洋出版社，2012.6
ISBN 978 – 7 – 5027 – 8258 – 0

Ⅰ．①中…　Ⅱ．①王…　Ⅲ．①区域地理学 – 海洋学 – 中国②海洋地貌学 – 中国
Ⅳ．①P72②P737

中国版本图书馆 CIP 数据核字（2012）第 084389 号

责任编辑：杨传霞
责任印制：赵麟苏

海洋出版社　出版发行

http://www.oceanpress.com.cn

北京市海淀区大慧寺路 8 号　邮编：100081
北京旺都印务有限公司印刷　新华书店北京发行所经销
2012 年 6 月第 1 版　2012 年 6 月第 1 次印刷
开本：889mm×1194mm　1/16　印张：43.5
字数：1112 千字　定价：220.00 元
发行部：62132549　邮购部：68038093　总编室：62114335

海洋版图书印、装错误可随时退换

序

　　我国近海海洋综合调查与评价专项（简称"908专项"）是新中国成立以来国家投入最大、参与人数最多、调查范围最大、调查研究学科最广、采用技术手段最先进的一项重大海洋基础性工程，在我国海洋调查和研究史上具有里程碑的意义。《中国区域海洋学》的编撰是"908专项"的一项重要工作内容，它首次系统总结我国区域海洋学研究成果和最新进展，全面阐述了中国各海区的区域海洋学特征，充分体现了区域特色和学科完整性，是"908专项"的重大成果之一。

　　本书是全国各系统涉海科研院所和高等院校历时4年共同合作完成的成果，是我国海洋工作者集体智慧的结晶。为完成本书的编写，专门成立了以苏纪兰院士为主任委员的编写委员会，并按专业分工开展编写工作，先后有200余名专家学者参与了本书的编写，对中国各海区区域海洋学进行了多学科的综合研究和科学总结。

　　本书的特色之一是资料的翔实性和系统性，充分反映了中国区域海洋学的最新调查和研究成果。书中除尽可能反映"908专项"的调查和研究成果外，还总结了近40~50年来国内外学者在我国海区研究的成就，尤其是近10~20年来的最新成果，而且还应用了由最新海洋技术获得的资料所取得的研究成果，是迄今为止数据资料最为系统、翔实的一部有关中国区域海洋学研究的著作。

　　本书的另一个特色是学科内容齐全、区域覆盖面广，充分反映中国区域海洋学的特色和学科完整性。本书论述的内容不仅涉及传统专业，如海洋地貌学、海洋地质学、物理海洋学、化学海洋学、生物海洋学和渔业海洋学等专业，而且还涉及与国民经济息息相关的海洋环境生态学和海洋经济学等。研究的区域则包括了中国近海的各个海区，包括渤海、黄海、东海、南海及台湾以东海域。因此，本书也是反映我国目前各海区、各专业学科研究成果和学术水平的系统集成之作。

　　本书除研究中国各海区的区域海洋学特征和相关科学问题外，还结合各海区的区位、气候、资源、环境以及沿海地区经济、社会发展情况等，重点关注其海洋经济和社会可持续发展可能引发的资源和环境等问题，突出区域特色，可更好地发挥科技的支撑作用，服务于区域海洋经济和社会的发展，并为海洋资源的可持续利用和海洋环境保护、治理提供科学依据。因此，本书不仅在学术研究方面有一定的参考价值，在我国海洋经济发展、海洋管理和海洋权益维护等方面也具有重要应用价值。

作为一名海洋工作者，我愿意向大家推荐本书，同时也对负责本书编委会的主任苏纪兰院士、副主任乔方利、各位编委以及参与本项工作的全体科研工作者表示衷心的感谢。

国家海洋局局长

2012 年 1 月 9 日于北京

编者的话

"我国近海海洋综合调查与评价专项"(简称"908 专项")于 2003 年 9 月获国务院批准立项,由国家海洋局组织实施。《中国区域海洋学》专著是 2007 年 8 月由"908 专项"办公室下达的研究任务,属专项中近海环境与资源综合评价内容。目的是在以往调查和研究工作基础上,结合"908 专项"获取的最新资料和研究成果,较为系统地总结中国海海洋地貌学、海洋地质学、物理海洋学、化学海洋学、生物海洋学、渔业海洋学、海洋环境生态学及海洋经济学的基本特征和变化规律,逐步提升对中国海区域海洋特征的科学认识。

《中国区域海洋学》专著编写工作由国家海洋局第二海洋研究所苏纪兰院士和国家海洋局第一海洋研究所乔方利研究员负责组织实施,并成立了以苏纪兰院士为主任委员的编写委员会对学术进行把关。《中国区域海洋学》包含八个分册,各分册任务分工如下:《海洋地貌学》分册由南京大学王颖院士和国家海洋局第二海洋研究所谢钦春研究员负责;《海洋地质学》分册由国家海洋局第二海洋研究所李家彪研究员和国家海洋局第一海洋研究所刘保华研究员(后调入国家深海保障基地)、郑彦鹏研究员负责;《物理海洋学》分册由国家海洋局第一海洋研究所乔方利研究员和中国科学院南海海洋研究所甘子钧研究员、王东晓研究员负责;《化学海洋学》分册由厦门大学洪华生教授和国家海洋局第一海洋研究所王保栋研究员负责;《生物海洋学》分册由中国科学院海洋研究所孙松研究员和国家海洋局第二海洋研究所 宁修仁 研究员负责;《渔业海洋学》分册由中国水产科学研究院黄海水产研究所唐启升院士和中国水产科学研究院南海水产研究所贾晓平研究员负责;《海洋环境生态学》分册由中国海洋大学李永祺教授和中国科学院海洋研究所邹景忠研究员负责;《海洋经济学》分册由国家海洋局海洋发展战略研究所刘容子研究员和山东海洋经济研究所孙吉亭研究员负责。本专著在编写过程中,组织了全国 200 余位活跃在海洋科研领域的专家学者集体编写。

八个分册核心内容包括:海洋地貌学主要介绍中国四海一洋海疆与毗邻区的海岸、岛屿与海底地貌特征、沉积结构以及发育演变趋势;海洋地质学主要介绍泥沙输运、表层沉积、浅层结构、沉积盆地、地质构造、地壳结构、地球动力过程以及海底矿产资源的分布特征和演化规律；物理海洋学主要介绍海区气候和天气、水团、海洋环流、潮汐以及海浪要素的分布特征及变化规律；化学海洋学主要介绍基本化学要素、主要生源要素和污染物的基本特征、分布变化规律及其生物地球化学循环；生物海洋学主要介绍微生物、浮游植物、浮游动物、底栖生物的种类组成、丰度与生物量分布特征，能流和物质循环、初级和次级生产力；渔业海洋学主要介绍渔业资源分布特征、季节变化与移动规律、栖息环境及其变化、渔场分布及其形成规律、种群数量变动、大海洋生态系与资源管理；海洋环境生态学主要介绍人类活动和海洋环境污染对海洋生物及生态系统的影响、海洋生物多样性及其保护、海洋生态监测及生态修复；海洋经济学主要介绍产业经济、区域经济、专属经济区与大陆资源开发、海洋生态经济以及海洋发展规划和战略。

本专著在编写过程中，力图吸纳近50年来国内外学者在本海区研究的成果，尤其是近20年来的最新进展。所应用的主要资料和研究成果包括公开出版或发行的论文、专著和图集等；一些重大勘测研究专项（含国际合作项目）成果；国家、地方政府和主管行政机构发布的统计公报、年鉴等；特别是结合了"908专项"的最新调查资料和研究成果。在编写过程中，强调以实际调查资料为主，采用资料分析方法，给出区域海洋学现象的客观描述，同时结合数值模式和理论模型，尽可能地给出机制分析；另外，本专著尽可能客观描述不同的学术观点，指出其异同；作为区域海洋学内容，尽量避免高深的数学推导，侧重阐明数学表达的物理本质和在海洋学上的应用及其意义。

本专著在编写过程中尽量结合最新调查资料和研究成果，但由于本专著与"908专项"其他项目几乎同步进行，专项的研究成果还未能充分地吸纳进来。同时，这是我国区域海洋学的第一套系列专著，编写过程又涉及到众多海洋专家，分属不同专业，前后可能出现不尽一致的表述，甚至谬误在所难免，恳请读者批评指正。

《中国区域海洋学》编委会

2011年10月25日

前　言

　　中国海位居亚洲东部与西太平洋相交，为四海一洋：渤海是内海；黄海、东海与南海位居西太平洋岛弧内侧，属陆缘海，周边分别与韩国、朝鲜、日本、越南、菲律宾、马来西亚、文莱以及泰国相邻；台湾岛以东直临浩瀚的太平洋，是我国唯一的外洋海域。在与海外交通、运输中，海峡通道位势重要，海疆权益的卫护中，纷争突出。

　　中国海跨越近 40 个纬度地带，从冬季冰封的北黄海，到终年热带的南海，海洋气候分明。季风风浪效应显著，冬季盛行偏北风，尤以 NE 向风浪作用强烈；夏季多偏南风，以 SE 向风浪盛行；而春秋季浪向多变，以风向为转移。中国海为有潮海域，尤以中部苏浙沿岸潮差大，大潮差大于 8 m，记录的最大潮差为 9.28 m，位于苏北黄沙洋，潮流作用强劲，自黄海向北潮差减弱约为 3 m；南海海域多全日潮，潮差多小于 2 m。发源于世界屋脊青藏高原的 8 条大河中，有 5 条汇入中国海，其中尤以长江、黄河输入的泥沙量大，海岸带的淤进与蚀退与入海泥沙量密切相关。近 50 年来，在河流中上游兴建库坝与分流工程，减少了入海径流与泥沙量，海岸带泥沙补给出现亏损，水下三角洲均发生蚀减现象。季风波浪、潮汐与潮流以及大河输沙作用是中国海域独特的动力组合过程。加之历史悠久的人类活动效应，构成中国浅海海底与海岸地貌、沉积及海水环境的进一步变化。

　　第四纪冰期间冰期气候变化与海平面大范围升降效应，赋予现代中国海域地貌具有沉溺的古海岸带与宽阔的堆积型大陆架。华夏式构造带（NE，NNE，ENE 向断裂带）对海岸带与陆架格局具有控制性影响，E—W 向与海域的 S—N 向新构造运动对海底地貌形成复杂效果与区域性的差异。区域海洋地貌是由区域地质构造基础，内、外动力特点相互作用过程等效应综合形成。海洋地貌是自然作用过程孕育的记录，是一部海岸与海底发展历史过程的"天书"，调查研究海洋地貌类型、物质结构与组合特征的过程，就是"判读天书"，解译海洋地貌的成因、变化状态与发展趋势的过程，其目的是通过了解以进行与海域自然过程相适应的开发利用与保护工作。

　　对中国海全海域的系统研究著述是 1979 年由科学出版社出版的《中国自然地理》专著系列中的《海洋地理》专著。该书内容包括海底地质、地貌、海洋气候、海洋水文、海洋生物及我国海洋事业发展概况共六章，分别由国家海洋局、南京大学、中国科学院海洋研究所、地理研究所等科研人员共同完成。继之，20世纪80年代，在"全国海岸带与海涂资源综合调查"的基础上，出版了我国各海域、学科齐全的专著与图集，可能是首次全面系统地汇集了海域的科学数据与研究成果，为海洋开发与科学研究对比分析打下了坚实的基础。此后，伴随着海港建设与海洋油气资源的开发利用，先后出版了多种专著以及系统、综合性的《中国海洋志》，在本书撰写过程中，上述成果多经阅读、参考与摘用，在此不再一一列举。

随着我国对外开放的逐年扩大，对海洋经济发展的迫切需求以及对海疆权益的密切关注，于2004年启动了"我国近海海洋综合调查与评价专项"，这是又一次全方位的海洋调查研究，由国家海洋局领导，组织全国涉海的研究机构、高等院校与沿海11个省市海洋与渔业局，进行了为期5年、深入系统的多学科调查研究。本书为其成果之一《中国区域海洋学》（苏纪兰主编）专著系列的"海洋地貌"分册。本书宗旨是承上启下，总结至21世纪初期已有的海洋地貌科研成果，作为今后开发应用与研究的基础。全书初稿约120万字，总结汇集了中国海海洋地貌与沉积结构已有的基础研究成果，又增加了全国近海海洋综合调查与评价专项调查研究的新内容，进行了对比以分析其现状与可能发展的趋势。本书由参加该海域调查研究单位的多年从事该海域研究实践的人员负责撰写。全书由本人主编，经讨论确定编写大纲后，分别由下列人员撰写：总论、渤海与黄海海洋地貌由南京大学王颖执笔；东海海洋地貌由国家海洋局第二海洋研究所谢钦春、杨辉、李全兴执笔；南海海洋地貌由南京大学殷勇执笔；台湾以东太平洋海域由国家海洋局第一海洋研究所郑彦鹏执笔海洋地质部分，南京大学刘绍文执笔海洋地貌与灾害部分。全书由南京大学傅光翙负责章节统一、文字修改与编辑打印工作。

本书稿的撰写过程得到中国科学院海洋研究所秦蕴珊院士，华东师范大学陈吉余院士，国家海洋局第二海洋研究所金翔龙院士，国家海洋局杨文鹤研究员，天津地质矿产研究所王宏研究员、王强研究员，青岛海洋大学杨作升教授，国家海洋局第一海洋研究所李培英研究员、孙湘平研究员、夏东兴研究员、刘振夏研究员以及华东师范大学恽才兴教授等的大力支持，援以论著，谨在此表示深深的感谢。

本书深望能承前启后，在中国海海洋研究长河中，发挥一定的链结作用。

王　颖

2011年5月25日

CONTENTS 目 次

第2篇　黄　海

第3篇　东　海

第4篇 南 海

第5篇　台湾以东太平洋海域

0 绪论[①]

0.1 中国海域范围

中国海位居亚洲与太平洋之间，海域辽阔。毗连我国大陆的海洋为渤海、黄海、东海与南海，均位于太平洋西北部，以东北—西南向为长轴的平行四边形海域环绕着亚洲大陆的东南部，是在第一列岛弧内侧的陆缘海（continental marginal sea）；毗连太平洋的海域，是在台湾岛以东，位于菲律宾海盆西北部，介于琉球群岛以南至巴士海峡以东，具有大洋特性（deep ocean）。我国的海疆实为"四海一洋"，传统习惯称为"中国近海"，按照1994年"联合国海洋法"实施后的定义，应为"中国海岸海洋"（coastal ocean）。

中国海域与周边毗邻的国家及地区较多：东面为朝鲜半岛与岛屿，日本九州岛，琉球群岛以及菲律宾群岛；西部为中南半岛和马来半岛与越南、柬埔寨、泰国、马来西亚、新加坡为邻；南部至大巽他群岛与印度尼西亚、马来西亚、文莱等国接壤。

四海一洋的面积约 $486 \times 10^4 \ km^2$。四海海域间的分界线大体上是：从辽东半岛南端老铁山岬经庙岛群岛至山东半岛北端的蓬莱角，即渤海海峡之连线区分出渤海与黄海；黄海与东海之间从长江口北角至济州岛西南角的连线分之；东海与南海之间的分界线是从福建东山岛南端经台湾浅滩南侧至台湾岛南端的鹅銮鼻。台湾以东海域南、北界见前述，其东侧应包括 12 n mile 领海，24 n mile 毗连区及 200 n mile 专属经济区的范围（表0.1）。

表 0.1　各海域范围及面积

海域	总体范围	经纬度	面积/km²
渤海	辽东半岛西南端的老铁山岬经庙岛群岛至山东半岛北部的蓬莱角连线内海域	37°07′~41°0′N，117°35′~121°10′E	77 360
黄海	西接渤海界线，东邻朝鲜半岛，南至长江口北角与济州岛西南角的连线	31°40′~39°50′N，119°35′~126°50′E	386 400
北黄海	成山角至朝鲜半岛长山串以北的黄海区域	37°24′~39°50′N，120°48′~125°41′E	71 470
南黄海	成山角至朝鲜半岛长山串以南的黄海区域	31°40′~38°10′N，119°35′~126°50′E	314 930
东海	东北以韩国济州岛东南端至日本福江岛与长崎半岛野母崎角连线为界，东以日本九州岛、琉球群岛及我国台湾省连线为界，南以福建东山岛南端经台湾浅滩南侧与台湾南端的鹅銮鼻连线为界	21°54′~33°17′N，117°05′~131°03′E	773 770
南海	北至东海界线，南邻苏门答腊岛、勿里洞岛、加里曼丹岛，西邻越南、柬埔寨、泰国、马来西亚、新加坡，东邻菲律宾的吕宋、民都洛、巴拉望岛	2°30′~23°30′N，99°10′~121°50′E	3 509 000
台湾以东太平洋海域[a]	指琉球群岛以南、巴士海峡以东，北至琉球群岛南部的先岛群岛，南部则与巴士海峡及菲律宾的巴坦群岛相隔	21°20′~24°30′N，120°50′~125°25′E	105 200

注：a）以 200 n mile 为外界。

---

① 本章由王颖执笔。

0.2 海域地貌基础构造

中国海域位居最大的大陆与最大的海洋之交。影响中国海岸海洋的海域轮廓与结构最大的边界因素是岛弧—海沟系，它是亚洲大陆与太平洋板块相互碰撞作用的主要构造体系。岛弧—海沟系将边缘海与太平洋分隔开来，在边缘海中围堵了河流自亚洲大陆携运来的陆源物质，发育了堆积型大陆架；岛弧—海沟系又是太平洋西部构造活动带，现代火山与地震非常活跃，是新生代环太平洋构造带的组成部分。台湾以北的岛弧呈外凸状（朝太平洋方向突出），台湾及菲律宾北部则作内凸状（朝亚洲大陆突出），是为"反弧"；菲律宾以南又为外凸弧。南北两列在台湾地区交汇，反弧是个引人注目的构造现象。

在构造上，整个边缘海及毗邻区都是由几条相间排列的隆褶带和凹陷带构成的，构造带走向为 NNE—NE，形成时代由西向东逐渐变新（中国科学院《中国自然地理》编辑委员会，1979）。最东侧为 NNE 向的现代岛弧—海沟系，是新生代的东海陆架边缘隆褶带与外侧张裂的冲绳海槽，台湾褶皱带属东海陆架边缘隆褶带的南延部分，向西为新生代的东海陆架坳陷带、中生代的浙闽隆起带、中新生代的黄海南部坳陷带与前古生代胶辽隆起带。NNE—NE 向的构造体系缘于太平洋板块和亚洲板块多次相互作用的结果。

在南海，居主导地位的北东向断裂与南海的构造成因有关，大体上，南海可划分为三个北东向的主要构造带：南海海盆中央表现为拉开断裂的古陆块，其间有地幔物质上涌为洋壳，并喷溢成火山；中央盆地的两侧为多次块断沉降的西沙与南沙刚性古陆块。在上述三个北东向构造带的西北侧与西南侧为新生代的南海陆架与巽他陆架沉降盆地；在东侧，为复杂的岛弧—海沟系：马尼拉海沟、南沙海槽与吕宋岛弧。

南海的西半部及渤海、黄海、东海与亚洲大陆构造关系密切，而南海东半部及台湾以东海域受太平洋构造活动影响较大。

0.3 入海径流与泥沙

中国地势西高东低，中国海位居东部，发源于西部山地高原的河流，源远流长，跨越数千千米，汇入中国海，河海交互作用是中国东部沿海的重要动力过程，是中国海域自然环境的特色因素。

中国河流众多，流域面积在 100 km^2 以上的河流有 15 000 多条，流域面积在 1 000 km^2 以上的河流有 1 500 多条，面积大于 10 000 km^2 的有 79 条（孙湘平，2008）。河口汇入中国海域年径流量在 20 世纪 80 年代前曾为 18 152.4×10^8 m^3，其中，流入渤海的径流量曾为 801.49×10^8 m^3（占总量的 4.42%）；流入黄海的为 561.45×10^8 m^3（占总量的 3.09%）；流入东海的为 11 699.32×10^8 m^3（占总量的 64.45%）；流入南海的为 4 821.81×10^8 m^3（占总量的 26.56%）。入海泥沙在 80 年代及以前为 201 374.8×10^4 t，其中，入渤海泥沙为 120 881.05×10^4 t（60.03%），入黄海泥沙为 1 467.23×10^4 t（0.73%），入东海泥沙为 63 059.63×10^4 t（31.3%），入南海泥沙为 9 591.93×10^4 t（4.76%）（表 0.2）（程天文、赵楚年，1984；孙湘平，2008）。20 世纪 80 年代以来，沿流域兴建大型水库与引水工程，入海径流量锐减，以致阶段性断流，入海输沙量亦明显减少。1991 年估计入海年径流量为 15 923×10^8 m^3，年输沙量为 17.5×10^8 t（全国海岸带和海涂资源综合调查成果编委会，

1991；孙湘平，2008）。实际上，减少量更大。

表0.2 我国主要河流多年平均入海径流量、输沙量（程天文、赵楚年，1985）

海（洋）域	河流名称	流域面积		多年平均入海径流量			多年平均入海输沙量		
		km²	占本海域（%）	×10⁸ m³	占本海域（%）	径流深/mm	×10⁴ t	占本海域（%）	模数（t/km²/a）
渤海	辽 河	164 104	12.3	86.98	10.9	53	1 849.17	1.5	113
	滦 河	44 945	3.4	48.69	6.1	108	2 267.60	1.9	505
	黄 河	752 443	56.3	430.78	53.7	57	111 490.00	92.2	1 482
	主要河流小计	961 492	72.0	566.45	70.7	59	115 606.77	95.6	1 202
	入渤海全部河流	1 335 910	100.0	801.49	100.0	60	120 881.05	100.0	905
黄海	鸭绿江[a]	63 788	19.1	251.34	44.8	394	195.34	13.3	31
	入黄海全部河流[b]	334 132	100.0	561.45	100.0	168	1 467.23	100.0	44
东海	长 江	1 807 199	88.4	9 322.67	79.7	516	46 144.00	73.1	255
	钱塘江	41 461	2.0	342.39	2.9	826	436.84	0.7	105
	闽 江	60 992	3.0	615.87	5.3	1 010	767.70	1.2	126
	主要河流小计	1 909 652	93.4	10 280.93	87.9	538	47 348.54	75.0	248
	入东海全部河流	2 044 093	100.0	11 699.32	100.0	572	63 059.63	100.0	308
南海	韩 江	30 112	5.1	258.78	5.4	859	718.72	7.5	239
	珠 江	452 616	77.3	3 550.32	73.6	784	8 053.25	84.2	178
	主要河流小计	482 728	82.4	3 809.10	79.0	789	8 771.97	91.7	182
	入南海全部河流	585 637	100.0	4 821.81	100.0	824	9 591.93	100.0	164
直接入太平洋		11 760	100.0	268.37		2 282	6 375.00		5 421
总 计	我国境内入海全部河流	4 311 532		18 152.44		421	201 374.84		467

注：a）包括在朝鲜境内的面积、流量与输沙量；

　　b）不包括鸭绿江朝鲜部分的面积和流量。

0.4 海域地貌格架

0.4.1 大陆架

大陆架是大陆边缘倾斜平缓的海底地带，是陆地向海的自然延伸。它的宽度从低潮线起向深海方向倾斜，直到坡度显著增大的转折点为止。

中国海大陆架是世界上最宽的大陆架区之一。黄海和渤海整个位于大陆架上；东海大陆架的宽度从北向南为350～130 n mile，其外缘转折点水深为120～160 m，直下冲绳海槽；南海两广沿岸大陆架宽度为100～140 n mile，转折点水深为150～200 m，转入阶梯状大陆坡；台湾以东大陆架狭窄仅数海里，其外转折点水深约150 m，随坡深入洋底。

中国海大陆架的基底，主要是中生代白垩纪末期的剥蚀面，其岩层与相邻大陆一致。在这个基础上，由新生代沉积构成了堆积型的大陆架。大陆架与海岸带分布着众多的基岩海岛，近河口处有砂质堆积岛（表0.3，表0.4）。

表 0.3　中国沿海各省市海岸线长度与岛屿数（孙湘平，2008）

省市 \ 类别	大陆海岸线长度/km	岛屿岸线长度/km	面积大于 500 m² 的岛屿数
辽宁省	2 178	627.6	266
河北省	487	178	132
天津市	133	6.8	1
山东省	3 024	737	326
江苏省	1 040	68	17
上海市	168	188.3	13
浙江省	2 254	4 068.2	3 061
福建省	3 324	2 804	1 404
广东省	4 314	2 518.5	759
广西壮族自治区	1 478	531.2	651
海南省	—	1 811	181
台湾省	—	1 567	—
香港特区	—	—	—
澳门特区	—	—	—
全国总计	18 400	15 105.6	6 811

表 0.4　中国沿海面积为 100 km² 以上的岛屿简况（孙湘平，2008）

岛名	性质	面积/km²	岸线长度/km	隶属（备注）
台湾岛	基岩岛	35 778	1 139	台湾省
海南岛	基岩岛	33 920	1 440	海南省
崇明岛	沙岛	1 110.58	209.7	上海市
舟山岛	基岩岛	476.16	170.2	浙江省舟山市
东海岛	基岩岛	289.49	159.48	广东省湛江市
海坛岛	基岩岛	274.33	191.49	福建省平潭县
东山岛	基岩岛	217.84	148.06	福建省东山县
玉环岛[a]	基岩岛	174.27	139.0	浙江省玉环县
大濠岛	基岩岛	153.0	—	香港特别行政区
金门岛	基岩岛	137.88	91.59	福建省金门县
上川岛	基岩岛	137.17	139.87	广东省台山市
厦门岛	基岩岛	129.51	63.04	福建省厦门市
海三岛	基岩岛	129.57	93.89	广东省湛江市
南澳岛	基岩岛	105.24	76.30	广东省南澳县
海陵岛	基岩岛	105.11	75.50	广东省阳江市
岱山岛	基岩岛	104.97	96.30	浙江省岱山县

注：a）原为海岛，1978 年经人工建坝与陆相连。

中国海大陆架有两种成因类型：一种是堆积型；另一种是侵蚀—堆积型，以堆积型为主。大体上 NNE—NE 的构造脊，将大河从中国大陆侵蚀携运入海的泥沙拦截堆积在沉降盆地中，泥沙积聚成为大陆架浅海。当内侧的盆地被泥沙填满后，盆地外缘的构造脊失去了堤坝作用，泥沙则越过构造脊向前堆积，因此大陆架范围不断向海发展。沿海大陆架主要是由黄河、长江、珠江等大河入海泥沙堆积而成。目前，黄海、东海盆地正在沉降中，冲绳海槽尚未受到大量填充。两广沿海盆地亦处在沉降充填中。因此，由构造脊围封的、被大河泥沙填充堆平的大陆架，是中国近海大陆架的主要成因特色。在大陆架的巨厚新生代沉积层中，形成和圈闭着丰富的石油与天然气矿藏。侵蚀—堆积型陆架分布于岛弧—海沟系的岛缘地带，狭窄的陆架以侵蚀、剥蚀作用为主，仅有少量覆盖层，为海平面上升后的堆积。

0.4.2　大陆坡

大陆坡是大陆与大洋交接活动带，分布在大陆架外缘，是向深海过渡下降的地带，它像一条窄带一样围绕着各大陆，至大陆坡坡麓即为大洋底部。

中国海大陆坡，在东海、台湾以东太平洋海域与南海东部，表现为陡窄的阶梯与海槽、海沟相伴分布的特点，它们是西太平洋新生代的构造活动带，火山、地震活动频繁。南海西部是由巨大的海底高原组成的宽广阶梯状的大陆坡，高原上的岭脊上分布着许多珊瑚礁岛，这种大陆坡是由晚第三纪以来沉降、断折的古大陆架所形成的。南海东沙、西沙与南沙群岛的珊瑚礁岛具有海洋岛的特性。根据珊瑚礁基部目前所在的水深，可知，自晚第三纪以来，该处断陷、下沉超过 1 000 m。

0.4.3　深海盆

深海盆分布于南海与台湾以东海域，基底具有非典型的大洋型玄武岩，海盆的成因过程需进一步研究。

0.5　结语

地质构造活动构成了中国海基底地质格架与海域轮廓，是主要的内动力因素；发源于青藏高原的大河水系，侵蚀陆地、搬运泥沙入海，构成堆积型大陆架的物质基础，入海河流的泥沙也是塑造平原海岸的物源与动力；季风波浪与潮汐—潮流作用进一步塑造了海岸与海底地貌，与大河泥沙之相互作用又影响或控制着海岸与海底地貌发育趋势。

上述地质基础与动力因素构成中国海域自然环境的主要特点，亚洲大陆众多的人口与悠久的开发历史过程，给予海域环境诸多的改造以致胁迫性影响，因此，人力作用与人类活动效应是中国海域的又一重要特点。

第1篇 渤 海

第1章　渤海海洋地理概况[①]

1.1　总体范围与基本数据

渤海是由辽东半岛与山东半岛环抱，从黄海经渤海海峡而伸入华北平原的内海。海域轮廓形似自NE向SW延伸倾斜状的等腰三角形。其长轴自双台子河口至老黄河口三角洲，纵长约470 km，东西向最大宽度介于海河口与渤海海峡之间约295 km，辽东湾两岸约100 km宽（曾呈奎等，2003）。渤海周边介于37°27′～41°00′N，117°35′～121°10′E之间，海域面积约77 360 km²，平均水深18 m，10 m以浅的海域面积约占1/4，最大水深为86 m（于渤海海峡老铁山水道南支的谷底测得），渤海容积约为1 385 km³（曾呈奎等，2003）（图1.1a，图1.1b）。

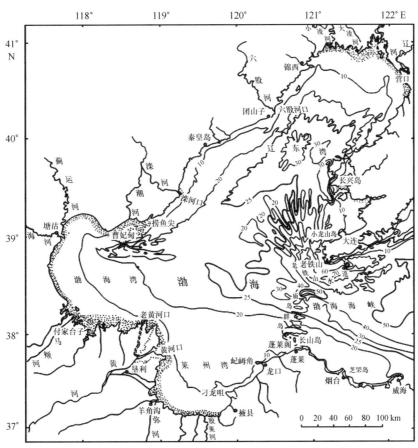

图1.1a　渤海海底地形（秦蕴珊等，1985）

[①] 本章由王颖执笔。

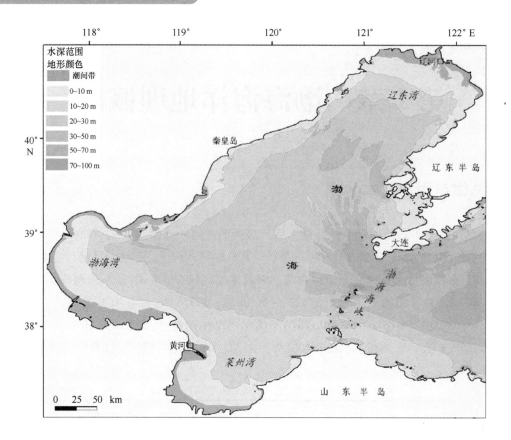

图 1.1b　渤海海底水深地形分层设色图[①]

渤海海岸线长约 2 668 km。海岸类型较丰富，但以平原海岸为主。其中，基岩港湾海岸分布于胶、辽半岛、长山列岛及庙岛群岛，如大连、旅顺、烟台等处；砂砾质平原海岸分布于海湾内及河口地区，如辽宁省黄龙尾至小凌河口以西，六股河口及山海关沿岸，滦河三角洲平原沿岸以及莱州湾东部的太平湾沿岸；淤泥质平原海岸分布于渤海湾，黄河三角洲及莱州湾西部，岸线平直，岸坡缓（坡度小于1/1 000），潮间带宽阔，古海岸带多有贝壳堤或牡蛎礁残留遗迹，自然景色单调，但多经人工开发为盐田、耕地及市镇。

1.2　分区海域组成

渤海周围毗邻辽宁、河北、京津地区和山东等省市，构成我国的环渤海经济区，战略地位重要。在地貌上，渤海为大陆架上的浅海盆地，海底平坦，从周边向盆地中部及向渤海海峡倾斜。据其基本特征，渤海区可分为 5 个部分：渤海海峡、辽东湾、渤海湾、莱州湾和中央盆地。渤海海峡扼居黄海、渤海之间的通道，是自辽宁省老铁山角至山东省蓬莱连线之间的水域；辽东湾位于老铁山角与河北省大清河口连线以北；渤海湾位于大清河口至黄河1976年 7 月前原钓口流路的河口连线以西；莱州湾位于黄河钓口流路河口至屺峏角连线以南；渤海中央海盆位于上述各海区之间。

① 蔡锋，等.2011. 我国近海海底地形地貌调查研究报告［R］.

1.2.1 渤海海峡

介于辽东半岛老铁山角与山东半岛蓬莱角之间，总宽度约 115 km①。海峡以略呈 NNE—SSW 方向排列的 32 个岛屿分隔为 6 个水道（表 1.1）。

表 1.1　渤海海峡水道（曾呈奎等，2003）

名称	宽度/n mile	水深/m
老铁山水道	24.0	50 ~ 86
大、小钦岛水道	12.0	20 ~ 50
北陀矶岛水道	6.0	35 ~ 45
南陀矶岛水道	10.0	20 ~ 40
长山水道	5.0	25 ~ 30
登州水道	8.0	10 ~ 25

老铁山水道位于海峡北部老铁山岬与北隍城岛之间，水深流急，是黄海潮流进入渤海的主通道，最大流速可超过 5 kn。冲刷深槽在海峡处呈东西向，深槽的北端分布着 6 道水下沙脊。海流通过老铁山水道，分成两支：一支向西北偏北，沿海底冲刷出一条长达 80 km，宽 30 km 的 U 形深槽，局部涡流水深达 70 m；通过老铁山水道的另一股潮流向西流动，越过中央盆地，形成伸向渤海湾北部的舌状深槽（中国自然地理编辑委员会，1979）。老铁山水道为进入渤海的主潮流通道。南部登州水道介于南长山岛与蓬莱角之间，是渤海水流返回黄海的主通道。由于老铁山岬和蓬莱角对峙及受科氏力影响，使得进退潮流在北部老铁山水道和南部登州水道冲刷能力加强，水道底部冲蚀崎岖不平。老铁山水道南支局部冲刷壶穴深达 86 m（刘振夏、夏东兴，2004）。冲刷槽底部基岩裸露，局部残留晚更新世砂质硬黏土及砾石（曾呈奎等，2003；刘振夏、夏东兴，2004）。南部水道及南北之间水道基岩质冲刷槽，有蚀余的砾石堆积，砾石直径 2 ~ 7 cm，成分为石英岩、花岗岩、硅质灰岩及千枚岩，一些砾石表面附生瓣鳃类底栖生物，表明是停积于海底，活动性较小。砾石中尚有砂礓结核（王颖等，1996）。

在老铁山水道西口的北端，分布着指状排列的水下沙脊群——辽东浅滩，包括 6 条大型沙脊和一些小型沙体。辽东浅滩水深 10 ~ 36 m，平面分布是由海峡西口向 NNW—NNE 方向呈指状展开，单个沙体宽 2 ~ 4 km，长 9 ~ 43 km，顶部水深 8 ~ 18 m，东部高，西部低。脊槽高差 10 ~ 24 m，脊间宽度约 10 km（王颖等，1996）。辽东浅滩指状沙脊群是经海峡束水流急的潮流在通过海峡后，因海底坡面展宽，水流分散而形成。流速减低所卸下之沉积，沙脊的延伸方向基本与潮流长轴一致。泥沙主要源于海峡水道的冲刷产物，辽河亦有渤海海底沉积经水流改造而成，后者可能源于辽东湾东侧的辽河沉溺谷地末端的扇形沙体沉积（图 1.2，表 1.2）。

---

① 据航海保证部 2006 年 12 月第 1 版《黄海、渤海及东海海图量计》。

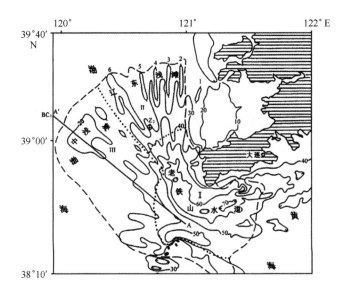

图 1.2 渤海辽东浅滩（刘振夏、夏东兴，2004）

表 1.2 辽东浅滩沙脊群形态要素（刘振夏、夏东兴，2004）

沙脊编号	沙脊长度/km	沙脊长轴方向	脊槽高差/m	脊间距/km	沙脊周向与潮流椭圆长轴夹角
1	8.7	14°	13.0	12.0	-10°
2	17.5	3°	13.0	8.3	10°
3	21.6	3°	20.0	9.0	10°
4	22.0	1°	18.0	10.0	20°
5	13.0	348°	10.0	16.0	40°
6	43.0	328°	6.0	—	10°

在辽东浅滩指状沙脊群的西南侧，水深介于 30～25 m 之间，为一范围较广的扇形浅滩（王颖等，1996），细砂质，系源自老铁山水道的泥沙于西口外的散流沉积，与指状沙脊群共同组合为涨潮流三角洲，两者的区别在于，指状沙脊群系在旋转潮流的主势作用区所塑造的（图 1.1）。

1.2.2 辽东湾

位于滦河口至老铁山西角以北海域，向北东延伸。辽东湾海底地形平缓，向海湾中央微微倾斜。东侧由金州湾、复州湾、太平湾等数个小海湾组成，岸线曲折。辽东湾内水深大多小于 30 m，海底起伏小（秦蕴珊等，1985）。

辽东湾湾顶与辽河下游平原相连，水下地形平缓，沉积了由辽河等带入海中的泥沙，湾顶为淤泥，外侧为细粉砂。东西两岸分别与千山山地及燕山山地相邻，水下地形坡度较大，近岸坡度可达 5×10^{-3}，在水深 8 m 以下，坡度减为 1×10^{-3}。辽东湾东部基岩海岸带以岛屿多为特点，如长兴岛、西中岛、凤鸣岛、蚂蚁岛、海猫岛、小山岛等；西部冲积平原海岸带以沙堤多为特征，在砂质海滩外围，常分布有与岸线平行的水下沙堤，向海坡较缓，向陆坡较陡，如六股河口有水下浅滩，其西南侧为两列沙脊，高差 3～5 m，由砂砾组成，不含泥质。再向西南有三列与岸斜交的水下沙脊，高差 9～13 m，向海坡缓 2.3×10^{-3}，向陆坡陡为

3.6×10^{-3}，由细砂、砾石、淤泥混杂构成。沙脊上砂粒次棱角状，砾石表面仍光滑，表明仍在波场活动环境。沙脊之间为砾石淤泥，为河流带入的悬浮质。沙脊为古六股河口水下三角洲，后经潮流冲刷改造成沙脊体（图1.3）。

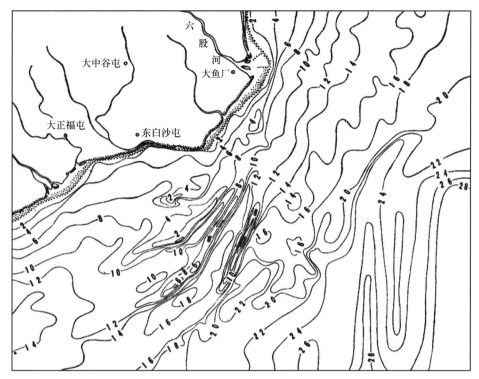

图1.3 辽东湾六股河口海底沙脊地形（中国自然地理编辑委员会，1979）

辽东湾中部为辽中洼地占据，该洼地位于辽东浅滩北部，平坦开阔，水下有一个30 m等深线圈闭，面积约1 790 km²（李凡等，1984）。沉积物主要为粉砂，两侧较粗，杂以砾石、贝壳等，分选较差。研究表明，辽中洼地曾经一度处于河口或滨海环境，后来沉溺并为薄层现代沉积物所覆盖。

辽东湾近岸海底有二级水下阶地，分布在 -2 m与-8 m处，在基岩海岸则为二级水下侵蚀阶地，岩滩宽500 m，坡度为5×10^{-3}，表面参差起伏，礁石丛生；在河口与砂质海岸外围，则为二级水下堆积阶地（中国自然地理编辑委员会，1979）。

辽东湾海底地貌另一显著特点是湾内有数条水下河谷，其中，以大凌河—辽河口外的水下河谷最为明显。该水下谷地自大凌河口外向东南延伸到辽河口三角洲外缘，汇同辽河水下谷地，两者并行。据调查，大约在40°30′N，以10 m等深线计算，每条河谷的宽度可达2~3 km。大凌河水下谷地长112 km，辽河水下谷地长约105 km（李凡等，1984）。若将上述两条水下谷地视为同一条沉溺的古河道，则其河谷宽度可达16~18 km。目前，这条水下河谷仍为辽河入海径流及潮流的通道，未被沉积物所填充，保持了明显的谷地形态（中国自然地理编辑委员会，1979）。

六股河水下河谷出现于该河口三角洲外，长约27 km，向东南方向汇入辽东湾中部洼地，谷形平缓。滦河水下河谷则出现于滦河口三角洲外，长约112 km（中国自然地理编辑委员会，1979）。

1.2.3 渤海湾

渤海湾是一个向西凹入的弧形浅水海湾，构造上与沿岸地区同为一坳陷区，构造线为东西向，湾内凹陷与凸起呈雁形排列，目前仍处于下沉堆积过程中。水下地形平缓单调，海湾水深一般小于 20 m。

渤海湾以堆积地貌为主，由于曾有蓟运河、海河、黄河等泥沙输入，形成了宽广的海底堆积平原，大致自南向北，自岸向海倾斜，坡度为 0.16×10^{-3}。表层沉积物为泥质粉砂、粉砂质黏土及黏土质软泥。

渤海湾北部 20 m 的深水区紧贴岸边，有一条呈西北—东南走向的水下谷地，上段与蓟运河口相接，下段转为东西向，与老铁山冲刷槽相连。这是一条沿断裂构造发育的河谷，沉溺于海底，后受冲刷改造，成为潮流进入渤海湾的主要通道。海河口外也有一近东西向的海底谷地，也汇集到该水下谷地通道中。现代潮流主通道大体上以 $-17 \sim -20$ m 等深线为标界，自南堡岸外转向流向辽东湾。在北的曹妃甸一带，分布着数条水下沙脊，呈北东走向，高出海底 $11 \sim 18$ m，沙脊由磨圆良好的中细砂及大量贝壳碎屑组成，有较多的近江牡蛎、刀蛏、镜蛤等河口浅滩生物遗骸。其物质组成表明，泥沙系来自滦河及邻近海底，是老的滦河水下三角洲受波浪、潮流的冲刷改造而成。

1.2.4 莱州湾

海湾开阔，水深大都在 10 m 以内，最深 18 m，水下地形简单，坡度平缓，约 0.16×10^{-3}，由南向中央盆地倾斜。受郯庐断裂带的影响，断裂西侧为一个凹陷区，莱州湾位于凹陷区，有较厚的现代沉积物；东侧为上升区，即鲁北沿岸山地；东部沿岸的泥沙，在常向风、波浪、潮流的综合作用下，在蓬莱以西形成了大片砂质浅滩与沿岸沙嘴，在岛屿与海岸之间，形成水下连岛沙坝。浅平的细砂质滩底因激浪作用活跃，在浅滩上部形成一列列与岸平行的水下沙堤。

介于渤海湾与莱州湾之间的黄河三角洲，是一个巨大的扇形三角洲。原黄河入海径流量，年均约 379×10^{8} m³，年均输沙 9.47×10^{8} t。黄河巨量入海泥沙，曾导致海岸线迅速外推，三角洲顶点不断下移。1855 年以前，三角洲顶点在孟津；1855—1954 年，顶点下移至宁海，陆上三角洲面积为 5 400 km²，平均造陆为 23 km²/a，岸线推进为 0.15 km/a；1954—1972 年间，三角洲顶点下移至渔洼，面积为 2 200 km²，平均造陆 23.5 km²/a，岸线增长为 0.42 km/a（庞家珍等，1979）。由于入海口位置变迁频繁，过去的河口则由于泥沙供应不足而冲刷后退，从而不可能形成像密西西比河那样的鸟足状三角洲（任美锷等，1988）。巨量入海泥沙不仅营造了广阔的三角洲平原，而且在渤海湾南部与莱州湾北部平坦海底上，建造了一个巨大的圆弧形水下三角洲，其范围北起大口河，南至小清河。水下三角洲为强烈堆积区，宽度为 $2 \sim 8$ km。现行河口区附近有泥沙补给，水下三角洲以淤积为主，发育迅速，废弃河口则相反。现行河口两侧各有一块烂泥湾存在，分布水深 $1 \sim 10$ m 不等，南侧范围大，有数十平方千米，一般厚 $1 \sim 5$ m，底质是松软的稀泥。水下三角洲前缘可延伸到水下 -15 m 左右。

黄河入海的泥沙，除在口门堆积外，大部分呈悬浮状态，分三个方向扩散。黄河口外主要余流方向是北东—东，黄河大部分泥沙随流东去，向南转入莱州湾沉积；另一部分泥沙随河口射流直接冲入渤海深水区；较少部分泥沙则随较弱余流向西北方向运移，成为渤海湾的重要泥沙来源。历史时期，黄河巨量的入海泥沙对渤海海底地貌的塑造有很重要的影响。自 20 世纪 60 年代以来，由于降水量减少（汛期降水徘徊在 290 ~ 300 mm），花园口站汛期流量 250×10^8 ~ 297×10^8 m³，由于中上游滥伐、水土流失及沿途引水量约 175×10^8 m³，结果，下游于 1960 年出现断流达 41 天；70 年代，中上游汛期降水多在 300 mm 以上，但引水量逐年增加。下游出现 6 个年次断水。80 年代引水量 205×10^8 ~ 274×10^8 m³/a，断水年份增加；90 年代除 1990 年外，几乎年年断水，1997 年断水长达 200 天。其中，汛期 9 月亦断水，河道断距长达 700 km。后经人工调节有少量水入海。研究表明：200×10^8 m³ 的人工引水量，或 100×10^8 m³ 的净余径流量是下游断流与否的临界值；260 mm 的汛期降水量与 300×10^8 m³ 的汛期流量是不发生断流相关数值的低限（王颖、张永战，1998）。实际上黄河的引水量超过上述临界值，下游河道与湿地萎缩，入海水沙骤减，改变了河口生态环境，并使黄河三角洲从淤涨转化为退缩，海岸受蚀后退日益显著，加之，人工迫使河口流路南移，河口沙嘴偏转，将会逐渐封闭口门，黄河三角洲的发育趋势有重大改变。

1.2.5 渤海中央盆地

位于渤海三个海湾与渤海海峡之间，水深 20 ~ 25 m，呈现为北窄南宽的三角形浅海盆地，与渤海的轮廓相适应，均受基底构造断裂所控制。盆地的中部低洼，而东北部略高，与潮流动力有关。自黄海经老铁山水道进入渤海的主潮流，流经中央盆地，向西至蓟运河口外，在南堡岸外折转向东北，经曹妃甸沙岛外侧流向辽东湾，可达菊花岛岸外。潮流主通道谷水深 20 ~ 25 m，外缘水深约 17 m。主通道流过的海底为细砂沉积，与周边海底的粉砂区别开来。

第 2 章　渤海海洋地理环境特点[①]

渤海是伸入陆地平原的内海，也可以说是陆源泥沙填充的剩余海盆。新生代的断陷盆地控制着海域轮廓与地貌格局，河海交互沉积作用发育了沿海平原与浅海堆积盆地。这是渤海海域地貌的主导特点。

2.1　新生代构造控制海底地貌与沉积

渤海全区于晚第三纪时急剧地坳陷式下沉，与四周地区明显地区分开。渤海新生代的构造线，主要是 NE—NNE 向，在渤海湾与黄河口一带为近 E—W 向。第三纪玄武岩沿两组构造线相交处喷溢。渤海东部有一条 NNE 走向的大断裂——始自辽河口，沿辽东半岛西岸经庙岛群岛西侧到莱州湾，与郯城—庐江大断裂相连。实际上，古辽河及目前在海下的沉溺谷地，即是沿此断裂带，构造较弱处发育的。渤海西部为 NNE 向的沙垒田[②]东侧大断裂，它向东北延伸到辽西海岸。实际上，渤海潮流主通道即沿此断裂带自南堡经曹妃甸岛北上至菊花岛附近，形成海底潮流深槽。上述两条大断裂带之间为沉降坳陷带，在第三纪时，渤海沿此坳陷带形成一系列湖泊，沉积了厚层的河湖相堆积物（厚度超过 2 000 m），其间夹有海相与火山堆积物，反映出坳陷带进一步下沉并遭受海侵，构成目前之浅海。在两大断裂的外侧是沿岸隆起—东侧的胶辽隆起，西侧的山海关隆起（中国自然地理编辑委员会，1979）。上述表明，渤海的基干地貌是受地质构造所控制。

渤海海底沉积受现代动力作用，尤其是河海交互作用所控制。底质分布的特点是四周海湾颗粒较细，而向中央海盆逐渐变粗：辽东湾沉积以粗粉砂、细砂为主，渤海湾沉积以粉砂淤泥和黏土质淤泥为主，莱州湾沉积以粉砂占优势，而中央海盆分布着粉砂和分选良好的细砂为特征。各海湾沉积分布明显地受沿岸河流作用影响，而海盆中央部分是古海滨残留沉积，主潮流通道处受潮流冲刷与分选作用再塑造（中国自然地理编辑委员会，1979）。

渤海海峡沉积呈斑状分布，变化大，分选差，或基岩裸露，或为砾石，贝壳碎屑及硬黏土残留，系强潮流冲刷与蚀余堆积。

2.2　汇入渤海的河川水系与河口特点

渤海伸入华北平原与松辽平原，河海交互作用曾是平原发育的主要营力。数百条河流传播了流域的"信息"，将沿途侵蚀的泥沙汇入流域。辽东湾的砂质沉积、反映着河流输入泥沙之物源与兴安岭、长白山及燕山山地的岩层特性有关；华北平原泥沙沉积于来自太行山的河流，尤其是黄河携自黄土高原的泥沙，渤海湾沉积以粉砂与黏土质为主，与河源泥沙密切

[①] 本章由王颖执笔。
[②] 沙垒田即原来的曹妃甸岛原名，反映出沙积岛之特点。

有关。地质时期与历史时期曾有数百条大小不同的河流"移山填海"为堆积平原作出贡献。随着人类开垦，农耕灌溉与土地利用，使许多小河渐渐干涸或消失。人口增加，淡水需求量日益增多，水利工程、工业与城市化发展，逐渐使大河亦受到影响。时至21世纪，中国的江河除水量大的如长江、珠江等河流外，连黄河都出现入不敷出的多次断流效应。这一巨大变化应引起国人密切关注。

流入渤海的河流以黄河、滦河与辽河为代表。在20世纪80年代前，三条河流的径流量与输沙量如表2.1所示。

表2.1 汇入渤海三条大河的历史径流量与输沙量（程天文、赵楚年，1984）

河流	流域面积		平均径流量		平均输沙量		产沙量
	/km²	/%	/×10⁸ m³	/%	/×10⁴ t	/%	/(t·km⁻² a⁻¹)
辽河	164 104	12.3	87	10.9	1 849	1.5	113
滦河	44 945	3.4	49	6.1	2 267	1.9	505
黄河	752 443	56.3	431	53.7	111 490	92.2	1 482
上述三河总量	961 492	72.0	567	70.7	115 606	95.6	1 202
所有入渤海河流总量	1 335 910	100.0	802	100.0	120 881	100.0	905

但是，自20世纪80年代以后，人为改变天然河流特性大，并愈演愈烈，以致出现断流，入海径流量断绝后，输沙量亦断绝，以中等尺度的滦河为代表，其变化最为明显（图2.1）。

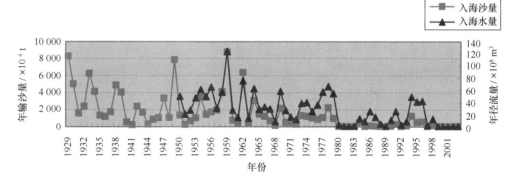

图2.1 滦河年径流量和年输沙量（河北省国土资源厅，河北省海洋局，2007）

2.2.1 滦河

滦河是一条多沙河流，发源于河北省北部的巴颜图古尔山麓，流经蒙古高原与燕山山脉，至乐亭县兜网铺入海，河流全长877 km。泥沙来源于燕山山地变质岩与花岗岩的风化产物，含沙量达3.9 kg/m³。滦河具季节性特点，夏、秋季降雨期，径流量高达34.3×10^8 m³，占全年径流量的73%，其中，夏季7—8月降水占总径流量的56%，沙随水行，输沙量亦高。滦河入海泥沙在常年盛行的偏东风（ESE与ENE）作用下，风浪掀沙力强，破波水深可达5.5 m处，阻止滦河泥沙继续向海搬运，并将泥沙推移向岸形成环绕河口的海岸沙坝与水下沙坝，形成双重岸线，沙坝内侧与原始海岸线之间为潟湖（图2.2）。

但是，自1979年建设潘家口、大黑汀水库，1983年引滦河水供应天津，1984年引滦河水入唐山后，滦河入海径流量为18.4×10^8 m³，比工程前减少61%，其中，1980—1984年径

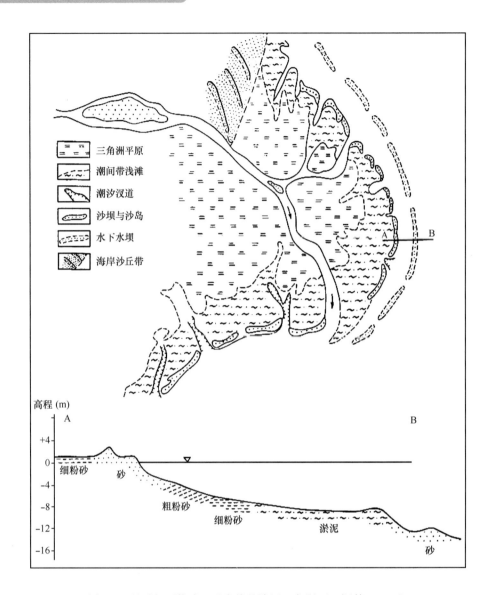

图 2.2　具沙坝环绕成双重岸线的滦河三角洲（王颖等，2007）

流量为 3.55×10^8 m³，减少达 92%，滦河尾闾几乎干涸（钱春林，1994）。河水枯竭，入海泥沙减少，滦河三角洲从原来向海淤积延伸（最大达 81.8 m/a）（钱春林，1994），转变为受海浪冲蚀后退。最初几年，岸线平均后退 3.2 m/a，最大 10 m/a，滦河河口口门后退达 300 m/a，岸外沙坝宽度与长度减小约为 20 m/a 及 400 m/a（钱春林，1994）。今后，海岸蚀退速度会减缓，但三角洲发育模式已改变（王颖等，2007）。

2.2.2　辽河

辽河是汇入辽东湾的大河，全长 1 396 km，流域面积为 219 000 km²（陈则实等，1991；1998）。辽河上游有东辽河和西辽河两支，两河在辽宁省的福德店汇合后称辽河，干流全长 512 km。1958 年以前，辽河在台安县六间房以下分两股：一股称双台子河，经盘山注入辽东湾；另一股南行为外辽河，在三岔河纳晖河及太子河后称大辽河，经营口注入辽东湾。外辽河于 1958 年在六间房附近堵截后，晖河、太子河成为独立水系（陈则实等，1998）。辽河流域雨量稀少，平均为 465 mm 左右，雨量主要集中在 7、8 两月。大辽河和双台子河入海的平均年径流量，分别为 $46.6 \times 10^8 \ m^3$ 和 $39.5 \times 10^8 \ m^3$，两河平均年入海水量近 $90 \times 10^8 \ m^3$（陈则实等，1998）。年内径流量分配，以 8 月最多，大辽河和双台子河的月径流量分别为 $13.73 \times 10^8 \ m^3$ 和 $12.79 \times 10^8 \ m^3$；2 月最少，两河分别为 $0.5 \times 10^8 \ m^3$ 和 $0.12 \times 10^8 \ m^3$。径流量的多年变化也较大，如 1986 年，大辽河径流量为 $107.77 \times 10^8 \ m^3$；1991 年，双台子河径流量为 $49.22 \times 10^8 \ m^3$。由于辽河上游水土流失较严重，故辽河水含沙量也较高，双台子河的平均年输沙量为 $173 \times 10^4 \ t$，最大年输沙量为 $441 \times 10^4 \ t$，最小年输沙量为 $39.2 \times 10^4 \ t$（陈则实等，1991；1992；1993；1998）。辽河输沙量主要集中在 8 月。

据六间房水文站[①]，辽河 1987—2005 年多年平均径流量为 $30.29 \times 10^8 \ m^3$，多年平均输沙量 $482 \times 10^4 \ t$。但是，自 21 世纪，年径流量与输沙量有明显的锐减，2001—2007 年平均年径流量为 $11.89 \times 10^8 \ m^3$，年输沙量为 $71.68 \times 10^4 \ t$（表 2.2，图 2.3），年际变率也大。

表 2.2 辽河六间房站 2001—2007 年径流量与年输沙量（水利部松辽水利委员会水文局，2002—2007）

年份	年径流量/ $\times 10^8 \ m^3$	年输沙量/ $\times 10^4 \ t$
2001	3.440	8.34
2002	2.950	8.05
2003	6.143	17.1
2004	13.24	70.0
2005	35.41	315
2006	12.29	46.0
2007	9.773	37.3
7 年平均值	11.89	71.68

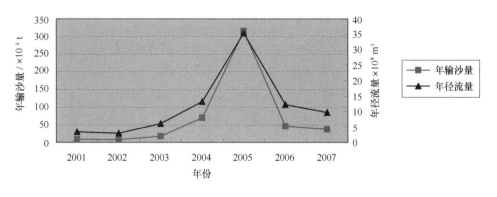

图 2.3 辽河（2001—2007，六间房站）年径流量和年输沙量
（水利部松辽水利委员会水文局，2002—2007）

2.2.3 六股河

六股河是汇入辽东湾西岸的山区河流，流域面积 $3\,080 \ km^2$，河流全长 158 km，在辽宁省葫芦岛绥中县入海。据绥中县水文站（控制流域面积 $3\,008 \ km^2$），1956—2000 年多年平均径流量为 $5.928\,3 \times 10^8 \ m^3$，输沙量为 $97.56 \times 10^4 \ t$。输沙量集中于汛期，年际变化大，主要于

---

① 六间房水文站，位于沈阳市辽中县，控制流域面积为 $13.65 \times 10^4 \ km^2$。

丰水年输沙（张锦玉，2008）。六股河入海泥沙为细砂及粉砂质，入海泥沙被沿岸流向西南方携运，并受偏东向风浪作用，形成数列指状水下沙脊，分布于水深 5～15 m 范围内，自 NE 向 SW 延伸，长 7～13 km，宽 2～5 km，高差 5～15 m（王颖等，1996）。

2.2.4 海河

海河是指天津市从金刚桥附近的子牙河、南运河汇合处，到大沽口注入渤海的一段河道，干流全长 74 km（孙湘平，2008）。但它上接北运河、永定河、大清河、子牙河、南运河五大支流和 300 多条小河，构成华北最大的水系——海河水系。长 1 090 km，流域面积 264 617 km^2（中国自然地理编辑委员会，1981）。海河流域的多年平均降水量为 548 mm，洪水年雨量达 1 300～1 400 m，旱年只有 200 mm。雨量集中在 6—9 月，占全年雨量的 70%～80%。海河的平均年径流量为 264×10^8 m^3，只有闽江的 1/3，而流域面积却比闽江的大 3 倍，表明海河水量很少（孙湘平，2008）。海河的平均年输沙量为 6 000×10^4 t，也有记录为 1.82×10^8 t（孙湘平，2008），主要集中在 8 月。海河水系似一把巨大的扇子，斜铺在华北大地上。首先，这种扇形水系，容易造成洪涝灾害。因为上游积水面积大，来水量大，有时达每秒几万立方米；而尾闾部分的泄水能力小，只有 4 000 m^3/s（孙湘平，2008），来水和排水矛盾突出。下游河道无法排泄上游的来水，往往漫溢出河道或决口、改道而成灾。其次，上游多山地，下游为平原、洼地，河流从山地进入平原后，水流缓慢，易积泥沙，许多河段形成"地上河"。第三，上游植被差，水土流失严重，各支流的含沙量大，如永定河，平均含沙量高达 44 kg/m^3（孙湘平，2008），超过黄河。新中国成立以后，国家十分重视根治海河，采取许多重大举措，兴修水利，根治海河工程，使海河各大河流均有独立的分流入海系统。经过多年的努力，已基本上解决了海河的洪、涝、旱、碱等灾害，使海河面貌焕然一新，海河干流已不再发生洪灾。目前海河主要入海口已增至 10 多个，使某些河流可直接排水入海。据海河闸站的资料，平均年径流量为 21.1×10^8 m^3，平均输沙量为 11.9×10^4 t，年最大输沙量为 32.2×10^4 t（1966 年）。海河系行洪排涝河道，入海沙量行洪排涝水量大小而增减，沙量集中在 7—9 月，枯季无沙。1980 年以来，海河闸处几乎无水、无沙入海。

2.2.5 渤海湾小河

2.2.5.1 蓟运河

蓟运河属海河北系，全长 316 km，流域面积 9 950 km^2，据防潮闸水文站（39°07′N，117°43′E），蓟运河年入海泥沙量约 6.232×10^4 t，最大潮沙量为 29.902×10^4 t，最小为 0 t（1978—1983 年）。主要为感潮河段，入海淡水与泥沙量少。河口受潮水冲刷成喇叭形，下游于近岸河段多河曲。

2.2.5.2 大口河

大口河属海河西系，又称漳卫新河，为冀、鲁界河，全长 201 km，流域面积 3.72×10^4 km^2，年平均径流量（1955—2003 年）为 5.265×10^8 m^3，年最大径流量 60×10^8 m^3，最小径流量为 0.24×10^8 m^3，年平均输沙量为 282×10^4 t（李荣升、赵善伦，2002）。入海沙量大，但建于海陆交互带的河口海港，年淤积状况严重。

2.2.6 莱州湾小河

选取 6 条小河，每条河流长度大于 30 km。其年径流量与输沙量列为表 2.3，径流量小，主要为泄洪河道。

表 2.3 莱州湾 6 条小河年径流量与输沙量（李荣升、赵善伦，2002）

河流名称	流量/（m³/s）			年径流量/×10⁸ m³			年输沙量/×10⁴ t		
	平均	最大	最小	平均	最大	最小	平均	最大	最小
淄脉沟	(9.79)	(13.8)	(5.44)	(2.58)	(3.975)	(1.33)	—	—	—
小清河	24.9	90.5	6.53	8.47	28.61	2.058	36.9	87.6	(1.95)
弥河	13.6	48.9	3.80	4.277	15.47	1.201	84.09	314	1.59
白浪河	1.23*	20.0	0	0.391	1.559	0.057 4	—	—	—
潍河	47.1	71.7	24	14.61	22.61	7.553	107.85	205	28.3
胶莱河	11.5	52.6	0.81	2.33	7.180	0.246	8.70	47.9	(0.065)

注：括号内的数字为估算数值，仅供参考。＊号数字为根据出库流量计算，仅供参考。

2.2.7 黄河

黄河为我国第二大河，是汇入渤海的最大河流。以水少沙多、水沙异源、时空分布不均、年变率大，下游及尾闾河道迁徙频繁为其自然特性。但自 20 世纪 70 年代以来，人为影响速率骤增，河流特性发生重大改变；尾闾河道频频发生断流，三角洲海岸遭受侵蚀，地貌发育模式改变……

黄河发源于青海省巴彦喀喇山北麓的约古宗列渠（主支）。源头海拔 4 358 m，辗转向东。在山东省垦利县境入渤海，全长 5 464 km。流域面积 79.5 × 10⁴ km²，总落差 4 830 m。流域年平均气温 −4 ~ 14℃。大部分处于干燥和半干燥地带，年平均降水量 492 mm，流域内蒸发量大，有效蒸发 350 mm。流域内径流系数变化大，上游兰州地区径流系数为 47.4%，河套平原地区约为 23.2%，中游黄土地区和下游平原仅为 15% 上下（王颖等，1998）。黄河入海径流量不大，为 485.68 × 10⁸ t，仅相当长江水量的 1/20，珠江水量的 1/8，比闽江径流量还小（孙湘平，2008）。但变率大，据陕县站实测，最大流量为 22 000 m³/s，最小流量不及 200 m³/s，相差 100 多倍。黄河夏汛突出，年水量的 78% 集中于 6—9 月，尤以 7—8 月汛期洪峰易成水灾。黄河是多沙河流，"水少沙多"是其特点，陕县站实测平均含沙量为 37.05 kg/m³（任美锷等，1979；孙湘平，2008），最大达 375 kg/m³（黄河的含沙量为长江的 50 倍，珠江的 90 倍，钱塘江的 160 倍）。过去多年平均年输沙量为 15.9 × 10⁸ t，占全国河流总输沙量的 60%（任美锷等，1979；孙湘平，2008）。泥沙主要来自中游段山陕的黄土高原，黄土沉积结构松散，遇水易崩解，加之植被稀少，雨量集中，致使水土流失严重。水土严重流失地区每平方千米流失泥沙 3 700 t/a，为世界平均值（137 t/a）的 27 倍。至下游，因河道展宽，坡度变缓，流速减小，泥沙易于沉积形成大规模的扇形地。过去下游段约有 4 × 10⁸ t 泥沙淤积在河道中，导致河床逐渐抬高，河堤也相应增高加厚，年复一年，河床便高出堤外的平地，成为"地上河"，河床高出两岸平地 3 ~ 10 m。下游黄河主要靠两岸的大堤约束，一旦河堤决口，就泛滥成灾。黄河以"易决"、"易改道"闻名于世。"易决"就是容易决口，仅 1912—1933 年，黄河就决口 94 次（成松林，1983）。由于黄河口是弱潮多沙、演化迅速和堆积型河口，来沙多，外输动力弱，河口段堆积强烈，造成不断摆动和改道。自 1855 年至今，黄河下游大改道有 10 次（成松林，1983；孙湘平，2008）：①1855 年 8 月—1899 年 4 月；②1889 年 4 月—1897 年 6 月；③1897 年 6 月—1904 年 7 月；④1904 年 7 月—1926 年 7 月；⑤1926 年 7 月—1929 年 9 月；⑥1929 年 9 月—1934 年 9 月；⑦1934 年 9 月—1953 年 7 月；⑧1953 年 7 月—1964 年 1 月；⑨1964 年 1 月—1976 年 5 月；⑩1976 年 5 月至今。最后三次为人工改道。改道范围，北至海河，南徙夺淮入黄海（图 2.4），曾有 7 个入海口（孙湘平，2008）。黄河尾闾河段泥沙淤积 $3 \times 10^8 \sim 4 \times 10^8$ t，发育了向海突出的大三角洲。入海径流与泥沙，据利津站资料：年平均径流量为 362.2×10^8 m^3（1964 年），最小年径流量为 91.5×10^8 m^3（1960 年）。年平均输沙量为 9.1×10^8 t（1950—1996 年），最大年输沙量为 21×10^8 t（1958 年），最小年输沙量为 0.96×10^8 t（1987 年）（孙湘平，2008）。

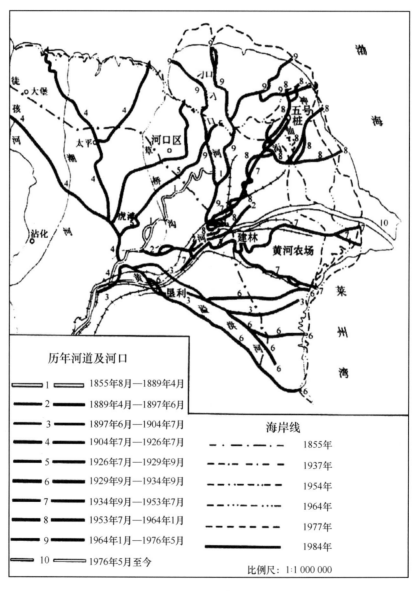

图 2.4　近代黄河尾闾河道的变迁（1855 年至今）（廖克，1999；孙湘平，2008）

　　黄河在渤海湾南部与莱州湾之间流入渤海，除强风暴期间外，河口外海域的波浪作用微弱。河口潮差小，仅 0.5~0.8 m，潮差向河口外两侧三角洲海岸逐渐增大至 2.0 m；潮流流速在河口最高可达 1.4 m/s，向两侧逐渐减低。与此相应，入海泥沙之中，68% 的极细砂与 20%~30% 的粉砂堆积在河道内，粗粉砂（含量达 50%）及细粉砂（22%~30%）堆积在河道两侧的泛滥平原上，其中，约 80% 的粗粉砂与细砂逐渐淤高成河道两岸的天然堤；流出河口的粗粉砂在河口外两侧淤积，渐形成向海伸出的指状沙嘴。指状沙嘴发育速度很快，尤其在新近改道的尾闾河口，曾在 1964 年记录到 10 km/a 的增长速度（Wang Ying et al.，1986），沿河口向海伸展之指状沙嘴是在弱潮及潮差较小的海域，具有以河流的外泄径流为主动力的沉积特点。在河口两侧被指状沙嘴隐护的岸段则为细粉砂（40%~60%）和粉砂质黏土（30%）等悬移质淀积区，形似两个黏稠的淤泥湾，当地称为"烂泥湾"，是风平浪静的避风港。黄河入海的泥沙，除在口门堆积外，大部分呈悬浮状态，分三个方向扩散：黄河口外主要余流方向是北东—东，黄河大部分泥沙随流东去，向南转入莱州湾沉积；另一部分泥沙随河口射流直接冲入渤海深水区；较少部分泥沙则随较弱余流向西北方向运移，成为渤海湾的重要淤泥质泥沙来源。总之，黄河巨量的入海泥沙对渤海海底地貌的塑造有很重要的影响。

2.3 河海交互作用与地貌发育

2.3.1 河流输沙与海洋动力相互作用

渤海是在胶辽半岛隆起带所环抱的断裂凹陷，继为沉积物填充所发育的浅海。河流是搬运陆源物质（固体与溶解质）向海洋输送的主要动力，并且对海岸的沉积动力有巨大的影响。据估计，全球每年由河流输送入海洋中的悬移质泥沙达 20×10^9 t（Milliman and Syvitski，1992）。其中，大约 4.6×10^9 t 泥沙源自亚洲大陆，而输入太平洋的泥沙约 3.3×10^9 t（Wang Ying et al.，1998）。因构造抬升造成的巨大地貌差异与湿润的季风气候以及入海径流与季风波浪等海陆相关作用所形成的高侵蚀速率，区域特性导致河流输沙量的变异，使亚洲河流具有最高的物质输送量。例如，黄河的径流量约为密西西比河的 1/5，为亚马逊河的 1/183，为尼罗河的 1/2，但其输沙量是密西西比河的 3 倍，是亚马逊河的 2 倍，是尼罗河的 9 倍（Wang Ying et al.，1998）。原因在于黄河流经未固结成岩的黄土高原，侵蚀产沙作用强，是黄河水系将黄土高原切割蚀低，继而将泥沙搬运至黄渤海堆积为华北平原与浅海。海岸演化取决于海陆两组动力，虽然渤海地处下沉地带，海面上升速率 4.5~5.5 mm/a（Wang Ying，1998），但因黄河每年以 8×10^8~12×10^8 t 泥沙汇入渤海，所以，河流力量与泥沙压倒海潮与浪流之力，不断促使海岸向海推进。最高的沉积速率在渤海，年平均沉积速率曾为 8 mm（Wang Ying et al.，1998），按此沉积速率，若不考虑海盆的下沉，平均水深小于 20 m 的渤海可能会在 2250 年的时间内被填满。但是，由于目前入海径流量尤其是泥沙量显著减少，海盆的持续缓慢沉降与海平面上升，上述情况难以出现。

在渤海，季风波浪与潮流是海洋动力的活跃因素，入海河流的泥沙受浪流作用，形成作用突出的沉积物流（泥沙流），参与动力作用。水、沙相互作用变化迅速，平原海岸与渤海浅底海底是水沙相互作用动态平衡的结果。海岸带泥沙供应量大于浪流掀带与搬运泥沙量，则海岸淤进；海岸带泥沙供应量小于浪流掀带与搬运泥沙量，则海岸蚀退；海岸带泥沙供应量约等于浪流掀带与搬运泥沙量，则海岸保持蚀积动态平衡。因此，海岸海洋调查研究工作，需了解该处的风、浪、潮汐、水流的时空分布特点与变化；了解河流输沙状况、海岸带的泥沙源、泥沙流分布与活动特点以及泥沙流终止处与终止方式（堆积或滑落入深水域）等，这样可以对该处海岸环境与发展变化趋势作出判断。

2.3.2 沉积—地貌效应

2.3.2.1 泥沙横向搬运——沙坝海岸

当海岸带盛行风浪入射方向与海岸带延伸方向垂直或斜交时，河流汇入海中的泥沙，在水下岸坡上部既被潮流携带沿岸搬运，又主要为风浪与浪流掀推携带横向搬运向岸，堆积成与海岸线大体平行的海岸沙坝。沙坝不断增高，环绕河口与海岸，形成双重岸线：外侧为沙坝岸线，内侧为海岸原始岸线，两者之间为残留的海域——潟湖。各列沙坝之间为海水通道（图2.2）。沙坝的规模取决于泥沙供应量的丰度与发育时期长短。此类海岸典型的例子是滦河三角洲。该处近山靠海，滦河冲刷携运了燕山山地的风化剥蚀物质，形成砂质海岸。入海泥沙在 NE 向与 ENE 向的盛行风浪作用下，又被推移向岸形成环绕河口的海岸沙坝，并有部分泥沙为潮流沿岸流搬运形成一系列自 NE 向 SW，与岸线平行、断续分布的海岸沙坝。沙坝向陆侧为潟湖——接受来自陆地的河流泥沙，与外侧沙坝的溢流沙而不断淤填成陆。滦河平原是第四纪，尤其是晚更新世末堆积成的。随着河口的迁移，又形成一系列新的沙坝。三角洲平原的扩展形成砂质—粉砂质内侧大陆架。但是，自20世纪80年代以来，人工引水频繁，滦河水量锐减，入海泥沙量骤减，现代滦河三角洲已遭受潮侵浪蚀而后退。

2.3.2.2 凹入角填充式堆积

当海岸线向海转折时，在新老岸线之间形成凹岸，源自侵蚀岸段或来自河口而沿岸运移的泥沙流受向海凸出岸线之阻挡，流速减低而将泥沙卸下，形成凹入角填充堆积。典型的例子是黄河入海口海岸，该处潮差小，风浪作用力因淤泥浑水而减弱，入海泥沙于河口两边形成向海突出伸长之沙嘴，结果使沙嘴两侧"下风向"形成凹岸，沿岸运移之泥沙与浑浊河水的悬移质均于凹岸沉积，形成"烂泥湾"是最佳的实例。一些海岸连岛沙坝两侧，人工凸堤两侧均有此类堆积形成。

2.3.2.3 凸出的扇形三角洲

以黄河大三角洲体为实例，是河流交互作用发育的三角洲体的最佳范例。

黄河下游以迁徙改道频繁，冲淤交替变化迅速为特点，其原因在于平原河道水浅沙多，河道行水若干年后，即向侧旁低洼处改道，历史上，黄河下游经多次迁移改道，在渤海南部尾闾迁徙尤为频繁，具有自淤高成的地面河向邻近低洼处改道之特点，其改道具有自 N 向 NE、向 E、向 SE、继而向 S，再折向 N 的顺时针方向的迁徙变化规律。据其变迁历史统计，大体上每6～10年当行水河道淤高后，即发生迁徙（Wang Ying et al.，1998），在新河口形成新的指状沙嘴与烂泥湾。比如：1996年8月黄河自清八汊河口入海，河道东迁，新河口与沙嘴增长，年均1.9 km，年均造陆达4.5 km²。而废弃河道的指状沙嘴因无泥沙供应而受浪流冲刷后退，年均蚀退450 m（黄海军等，2005），未胶结的堆积体极易侵蚀，曾经测得冲蚀最大速度达17.5 km/a（Wang Ying et al.，1986）。冲蚀下来的粗粉砂则堆积于两侧的淤泥湾的细粒沉积上（沙嘴受蚀标志），而淤泥则堆积在被侵蚀的指状沙嘴上（可与烂泥湾沉积相比拟），结果，河口的沉积层序为：下部是泛滥平原粉砂与海相淤泥，而上层为海相淤泥与贝壳屑砂的交互沉积（Wang Ying et al.，1986）。自1855年黄河北归夺大清河入渤海后至今，在100~150年的期间内决口改道50多次，新河口淤积迅速，废弃河口遭受侵蚀后退，如此过程，其结果形成一个扇形的总面积5 400 km²的三角洲体，范围北起套尔河口，南至小清河，西起宁海（37°36′N，118°24′E）以东的1855年海岸线，东达水深15 m，海岸东伸12~35 km（图2.5），其中，水下三角洲为强型淤积区，其宽度2~8 km。现行河口区因有泥沙补给而淤积迅速；废弃河口沙嘴则侵蚀后退；现行河口两侧各有一风浪隐蔽之烂泥湾，分布于水深1~10 m之间，烂泥湾范围为数千米至数十千米，底质为松软的，厚1~5 m的浮泥。烂泥湾常为渔船之避风处。晚更新世以来，黄河搬运了黄土高原的泥沙，堆积发育了下游大平原及河口大三角洲，沧海桑田，填海造陆作用巨大。

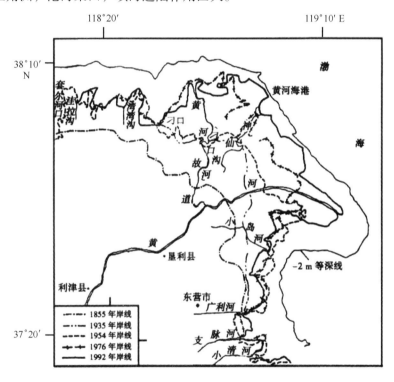

图2.5 黄河三角洲的变迁（黄海军等，2005）

自1976年5月，因三角洲油田发展及东营市建设，已人为地控制了尾闾河道自由变迁，不允许黄河向北迁徙，避免淹及油田和城镇，将尾闾河道改在神仙沟与甜水沟之间的洼地——清水沟（原为潮水沟）入海，该处较两侧低1.5~4.0 cm，洼地口门外为一小海湾，东西长约10 km，湾口宽约20 km，水深1.0~1.5 m。河口小海湾提供了"暂时性"容纳黄河泥沙之地。在全球气候变暖、水源减少、沿河蓄拦引水情况下，入海径流量减少80%（图2.6），自20世纪70年代以来，黄河尾闾段断流频频，1997年断流达226天，断距达706 km（王颖等，1998），波及下游地段，水断沙绝，虽经人工调水入海，但杯水车薪，难改根本局势。在这种情况下，清水河口门指状沙嘴不仅发育减缓，而且在NE向强劲的浪流作用下，沙嘴北部受蚀，南侧淤积，呈现向南（下风向）偏移的型式。废弃的老河口持续受蚀后退，盐水入侵亦加剧，黄河三角洲体的发育途径已发生转折性变化。黄河水量入不敷出，即使是引江济黄，仍需规划用水量与节约用水，否则，尾闾河段衰亡将不可避免。当海平面上升，而黄河陆源泥沙断绝供应，则扇形三角洲遭受侵蚀是可预期的前景。由未经固结泥沙组成的平原海岸与三角洲海岸是处于海洋动力与陆源泥沙供应的动态平衡状况之中。

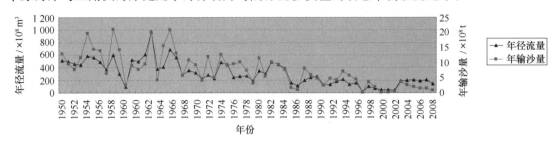

图 2.6　近 50 年来黄河的年径流量和年输沙量

（1950—2008 年，利津站，水利部中国河流泥沙公报 2000—2009）

注：黄河利津站的年径流量和年输沙量的数据来源，其中，1950—1999 年的原始数据出自黄河水利委员会；2000—
2008 年的引自《中国河流泥沙公报》

2.3.2.4　充填中的河口湾

以双台子河口与蓟运河口为代表，双台子河口是受构造断陷控制，并为潮流冲刷而维持的河口湾。渤海主潮流自渤海海峡向西流动，至渤海湾蓟运河口东侧，分支为二，其中一支经南堡转向东北，沿辽东湾西岸外侧向辽东湾顶流动，在双台子河口与入海径流交汇，使泥沙于河口湾内堆积，但由于下泄泥沙量小于水流冲移动力，故河口湾未被充填淤塞，仍保持海湾型式。

蓟运河下泄泥沙少，受来自渤海海峡主潮流的冲蚀影响，故呈现为喇叭式河口。

2.3.2.5　充填海盆—堆积型陆架

渤海为胶辽两半岛环抱的大陆架内海，深度小，海底地形平坦，在平缓海底上的地貌类型却各有特色，如渤海南部巨大的黄河水下三角洲、沙坝围封的滦河水下三角洲、以及被潮流改造成为三条水下沙脊的古六股河水下三角洲。沉溺于海底的长大的古辽河谷地，与延伸至渤海中央盆地的蓟运河—海河水下河谷，渤海海峡老铁山水道西北侧的潮流冲刷槽，以及深槽北端出口处巨大的"潮流三角洲"。

渤海中央是一浅海海盆，居于渤海三个海湾与渤海海峡之间，水深 20～25 m，是一个北窄南宽，近似三角形的盆地，盆地中部低洼，东北部稍高。这里在构造上是渤海东西两条大断裂之间的一个最大的地堑型凹陷，凹陷连续，分割性甚小，新生代沉积厚度达 5 000 m，是上第三系沉积的中心。渤海四周三个海湾的上第三系底板均向中央盆地倾伏。中央盆地的底质，中心部分为分选良好的黄褐色细砂，其深度、位置与辽东浅滩相邻近，说明该处为沉溺的古海滨，细砂区的周围为粉砂，并向各海湾延伸。渤海中央盆地中心分布着细砂，而周围却分布着粉砂，这有异于一般规律。这是因为有一支自海峡进入渤海的潮流，经中心部分贯通向西，使古海滨沉积物中的细粒部分被潮流掀携运移，而留下细砂。

海底地貌与沉积组成反映了海区发育的历史及现代动态过程。

新生代以来，渤海的形成过程大体上是，受郯城—庐江大断裂与沙垒田东断裂的控制，早第三纪时，渤海地区断裂下沉，形成一系列狭长的湖泊与洼地。

晚第三纪，渤海大规模普遍下沉，一直持续到第四纪。当时，渤海主要是呈坳陷下沉的湖泊，因而渤海海区有巨厚的晚第三纪、第四纪的河—湖堆积。

新生代渤海海峡已初具雏形。第四纪时，由于水动型的海面变化，渤海可能有数次海侵，在渤海 20~25 m 深处，还保留一些古海滨遗迹。

由于在渤海中部海底采集到一个披毛犀（*Rhinoceros antiquitatis*）的牙齿（左上侧的第二个上臼齿）。披毛犀系耐寒草原动物，时代距今 1 万~5 万年，这枚化石表明了在晚更新世大理冰期低海面时，渤海中部曾为陆地草原；河海交互作用的三角洲相沉积与海相沉积主要出现于上第四系与现代沉积中；整个渤海水深不超过 80 m；以及考虑到渤海海峡的形成时代，如，北西向断裂与北东向断裂交切，庙岛群岛各岛屿在相同高度的地方分布着黄土，海峡水道中及其西部口门外海底沉积中有砂礓结核等种种情况分析，现代渤海主要形成于晚更新世末与全新世初期，由于气候转暖，世界洋面普遍上升，海水从黄海经渤海海峡进来，淹没了平原、洼地、河、湖，形成了现代的渤海。中央海盆地貌属浅海堆积内陆架。

2.3.3 海底沉积分布与沉积速率

渤海为一封闭的内海，海域为现代沉积，其中又以河源沉积为主。

2.3.3.1 沉积类型分布特点

（1）砾石（平均粒径 $d > 1$ mm） 分布于老铁山水道、庙岛海峡及辽东湾两岸水下岸坡区，此外，在曹妃甸南部的水下浅滩上也散见有砾石分布。辽东湾两岸的砾石，成分为燧石、花岗岩、古老变质岩及石英岩脉等组成。渤海海峡南部砾石主要为石英岩，其次为硅质灰岩及钙质礓结核。在北隍城岛附近的海底沉积物中，常见有 $CaCO_3$ 含量大于 30% 的钙质礓结核，是附近岛屿上第四纪黄土状沉积受到侵蚀，被地表径流搬运至海底沉积的（秦蕴珊等，1985）。辽东湾中部，有磨圆的砾石，其表面有黑褐色铁质及苔藓虫等附着，砾石遭受风化，内层呈同心圆状，是古河口堆积物，仍出露于海底。

（2）砂（d：1.0~0.1 mm） 粗砂和中砂在海底分布面积很小，仅局限于滦河口、六股河口及老铁山水道附近的局部海区。细砂分布则较广，分布在辽东浅滩至渤海海峡北部的海底。在滦河口及六股河口等近岸海区，有局部斑状分布。

（3）粗粉砂（d：0.1~0.05 mm） 集中分布于渤海中部细砂沉积的外缘，向北沿辽东湾长轴方向延伸，在辽东湾内形成南北走向的粗粉砂沉积带。此外，在曹妃甸南部细砂沉积的外围，也有不宽的粗粉砂沉积带。

（4）细粉砂质软泥（d：0.05~0.01 mm） 大多分布于莱州湾的东部，在辽东湾顶部、滦河口外浅海等地亦有零星分布。由于氧化作用沉积物表层出现黄褐色。软泥中常有底栖生物活动的痕迹。

（5）粉砂质黏土软泥（$d < 0.01$ mm，含量 50%~70%） 主要分布于渤海西部的粉砂与黏土质软泥之间，呈带状伸向辽东湾。此外，在辽东湾顶部、金州湾中部皆有分布。

（6）黏土质软泥（$d < 0.01$ mm，含量 >70%） 此类沉积物覆盖了渤海湾的中部和南部、黄河口、渤海中央海区的西部。软泥常因生物活动影响产生有机质斑块或条纹。

上述分析表明，渤海三大海湾和中央海区沉积物分布各不相同：渤海湾内，以细软的黏土质软泥和粉砂质黏土软泥为主；辽东湾内以粗粉砂和细砂为主；莱州湾内则以粉砂质沉积占优势；渤海中央海区则以细砂分布为特色。海底沉积类型的分布与毗邻陆地河流固体径流的性质和海岸类型有密切的关系，河流输沙的粗细直接影响着海底沉积的粗细分布。就整个渤海沉积的分布来讲，并不存在着由岸向海中央发生由粗到细过渡的正常机械分异作用。相反，由于海平面的变化及现代海底地形及海水动力条件等的影响，存在着沉积类型在空间上的不规则斑块状镶嵌分布。

从成因上，可将渤海海底沉积归为两大类：一类为残留沉积，主要分布在辽东浅滩至渤海海峡北部老铁山水道附近，在滦河口、六股河口及辽东湾中部也有局部出露；另一类为现代沉积，除上述残留沉积外，均为现代沉积物所占据，主要是沿岸河流输入物或海岸冲蚀物。

2.3.3.2 物源及其沉积速率

渤海沉积物主要源于毗邻陆地河流输入的泥沙。黄河泥沙入海后，受海流和潮流影响，大部分向西北和北北东方向扩散，对于渤海湾南部和中部、渤海中央海区的西部沉积影响较大，对莱州湾也有一定影响。辽河、大凌河的输入物主要堆积在河口和湾顶区。而莱州湾内沿岸小河流，如胶河、弥河等的输入物则只影响其河口附近。

据研究，渤海海区全新世沉积速率（秦蕴珊等，1985）：渤海中部、南部及靠近黄河口区的海底，全新世以来沉积速率大于 50 cm/ka，最大为 109 cm/ka。向北至渤海湾口中部，沉积速度减至 20～30 cm/ka，滦河口西南部，则为 10～20 cm/ka，局部凹地大于 20 cm/ka。渤海中央海区的西部及辽东浅滩与滦河口水下岸坡之间的凹地，沉积速度大于 50 cm/ka，最大可达 125 cm/ka。辽东湾中部沉积速度约为 16 cm/ka，辽东浅滩及上述之外其他残留沉积区，其沉积速度很小或近于零（表2.4）。现代海岸带沉积速率以渤海湾研究较多，具体见表2.5。对比表明，渤海湾海岸带现代沉积速率高于海域全新世沉积速率，后者为经过侵蚀与压实后保存的净沉积值。渤海湾海岸沉积速率高值集中于天津市以南河北省狼坨子与黄骅港之间，接近黄河口之故。

表2.4 渤海海域全新世沉积速率（秦蕴珊等，1985）

海域地区	渤海湾海底	渤海湾海底	滦河口外海底	中央海盆	辽东湾海底	其他
部位	中部 南部及近黄河口区	近湾口的中部	西南部	西部辽东浅滩 滦河口外水下岸坡洼地	中部	残留沉积区
沉积速率 （mm/a）	5.0 10.9	2.0～3.0	1.0～2.0 >2.0	5.0 12.5	1.6	<1.0

注：此沉积速率是据保留下来的全新世沉积层所推算，其中含有侵蚀的沉积间断。

2.3.3.3 沉积—动力作用

控制渤海海底沉积物分布的因素，主要是泥沙源与潮流，河流冲淡水及沿岸流的动力作用。渤海表层流的总趋势是水流自黄海从北部的渤海海峡进入，从南部海峡流出。表层流在渤海流动的趋势可分为3种情况：① 在1月、2月、5月、7月、10月、12月，流分两支：一支沿渤海西岸北上，再经辽东湾东岸南下形成环流；另一支南下经黄河口流出海峡。② 3月、4月、6月时，海流入渤海沿西岸北上，绕经辽东湾南下形成环流，在黄河口附近形成北西向和东向两支流。③ 8月、9月、11月，海流入渤海后北上经辽东湾，逆时针南下经黄河口从海峡南部流出。

渤海的下层流主要是受径流影响形成冲淡水"喷射流"。在现代黄河口影响达到119°37′E

表 2.5　渤海湾现代海岸带近百年来沉积速率（李建芬等，2003；王宏，2003；王福，2009；王宏等，2002）

海岸带地点	部位	沉积速率/(mm/a)	备注
歧口以南海岸带（以南13 km）	海岸线内侧盐沼远端处	1.0	李建芬等，2003
歧口以南海岸带（以南4 km）	堤后侧近端盐沼	3.5	李建芬等，2003
歧口以南海岸带（以南20 km）	潮间带上部	10~30	李建芬等，2003
海河以南贝壳堤海岸带	现代潮滩（开放海岸带）	13~30	王宏，2003
海河以南贝壳堤海岸带	具有间断贝壳堤的半开敞堤后盐沼带	5.0	王宏，2003
海河以南贝壳堤海岸带	贝壳堤围拦的堤后盐沼带	1.0 m	王宏，2003
黄骅港两侧	北侧距海岸线约4 km的浅海底	20~30	王福，2009
黄骅港两侧	南侧距海岸线5 km处浅海底	>20~30	王福，2009
狼坨子至天津市马棚口	黄骅港北侧潮间带上部	20~30	王宏等，2002；李建芬等，2003
狼坨子至天津市马棚口	再向北至南排河地区	23.2~27.4	王宏等，2002；李建芬等，2003
狼坨子至天津市马棚口	马棚口开敞潮滩上部	23.2~27.4	王宏等，2002；李建芬等，2003
天津市马棚口至泿河口潮间带上部区	马棚口潮滩特大高潮带	10.8	王福，2009
天津市马棚口至泿河口潮间带上部区	大港油田围海处潮滩	19.8	王福，2009
天津市马棚口至泿河口潮间带上部区	独流减河河口区	11.4	王福，2009
天津市马棚口至泿河口潮间带上部区	驴驹河潮滩	11.9	王福，2009
天津市马棚口至泿河口潮间带上部区	蛏头沽潮滩上部	8.4	王福，2009
天津市马棚口至泿河口潮间带上部区	向北至蔡家堡潮滩	8.2	王福，2009
天津市马棚口至泿河口潮间带上部区	双桥潮滩	2.5~6.6	王福，2009
天津市马棚口至泿河口潮间带上部区	大神堂潮滩	0.6~0.47	王福，2009
天津市马棚口至泿河口潮间带上部区	大沽排污河	14.3	王福，2009
天津市马棚口至泿河口潮间带上部区	蓟运河口	31.7	王福，2009
天津北侧浅海区	蛏头沽潮间带外侧浅海	7.5~8.5	
天津港	港口建筑物区沉降速率	23.0	人工建筑地面下沉

附近。注入本区的黄河泥沙，含量多，泥沙颗粒细小，d 小于 0.06 mm 的占输沙总量的 94.2%，这些泥沙入海后由于水体理化性质的变化，大部分相继沉淀。但有相当数量的微粒随水体从河口向外呈扇形扩散，一种以底流喷射作用扩散，另一种则是以悬浮形式向外扩散。主要是向北西和北北东方向扩散至渤海中部，有的再经水流携运越过渤海海峡传递到黄海。

渤海局部海域流、浪、潮的作用不同。浪主要在沿岸、岬角及浅水区强烈；流在不同地区也是不同的。例如，在龙口近岸，流的方向是沿岸自东北向西南流动，与渤海流的总趋势并不一致。

总之，水动力的影响主要表现为以下几点：

(1) 河流、沿岸物质的继承性沉积，如黄河水下三角洲沉积体；
(2) 河口沉积的韵律分布——由粗到细；
(3) 造成渤海中部沉积物的混合；
(4) 造成辽东浅滩物质粗化——主要是潮流作用；
(5) 运移部分悬移物质到黄海沉积。

2.4　现代海平面变化与环境效应

气候变化与海平面上升是目前全球关注的热点问题。20 世纪，全球平均气温上升了 0.6℃±0.2℃，中国平均气温升幅为 0.5~0.8℃；同期全球海平面上升速率为 1.7 mm/a±0.5 mm/a，中国沿海海平面上升速率为 2.5 mm/a。据联合国政府间气候变化专业委员会（IPCC）2007 年发布的"第四次评估报告"预计，未来 100 年全球气温将升高 1.6~6.4℃，包括我国在内的北半球中高纬度升温幅度最大，全球海平面将升高 0.22~0.44 m，区域间差异明显。

1）加强对海平面的监测

据国家海洋局对我国沿海验潮站长期海平面监测记录的分析表明（国家海洋局，2001，2004，2007，2008，2009，2010；中国海平面公报，2000，2003，2006，2007，2008，2009），我国沿海海平面近 50 年来呈上升趋势，平均以每年 1.0~3.0 mm 的速度上升；特别是 1998—2000 年 3 年以来，中国沿海海平面平均上升速率加快为 2.5 mm/a，略高于全球海平面上升速率。各海区中，东海海平面上升速率较高，达 3.1 mm/a，黄海、南海和渤海分别为 2.6 mm/a、2.3 mm/a 和 2.1 mm/a。重点海域中，长江三角洲和珠江三角洲沿海海平面平均上升速率分别为 3.1 mm/a 和 1.7 mm/a。沿海省（自治区、直辖市）中，浙江、广西、上海、海南、辽宁沿海海平面平均上升速率较大，都超过了 3 mm/a；江苏、福建、天津、山东和广东沿海海平面的平均上升速率为 2 mm/a 左右，河北为 0.6 mm/a（图 2.7）。

2）完善海平面监测系统

2007 年国家海洋局进一步完善海平面监测系统，加强了海平面变化分析预测和影响评价工作，分析表明：近 30 年来，中国沿海气温上升 1.1℃，海表气温上升 0.9℃，同期中国沿海海平面总体呈波动上升趋势，升幅达 90 mm，平均上升速率为 2.5（《2007 年中国海平面公报》）~2.6 mm/a（《2008 年中国海平面公报》）高于全球平均上升速率。需要指出：

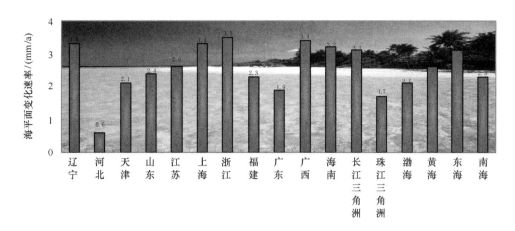

图 2.7 近 50 年来中国沿海海平面上升速率

（国家海洋局：中国海平面公报，2000，2003，2006，2007，2008，2009）

环渤海沿岸，除辽东半岛与山东半岛为隆升的基岩海岸外，绝大部分是位于构造沉降带发育的平原海岸与河流三角洲海岸。其特点是：由松散沉积物构成，具有缓慢下沉与地层自然压实的过程。加之，京津唐地区城市扩展与工业建设，黄河三角洲地区石油、天然气工业与新兴城镇发展迅速，油、气开采、地下水过量开采与城市建筑之重载等等，致使地面下沉显著，因此，环渤海区相对海平面上升速率更为突出。近 30 年来，天津沿海海平面上升最快，总幅度达 196 mm。据 50 个站点的实测沉降记录，所制作的比例尺为 1∶15 000 老黄河三角洲范围内天津新港港区地面沉降图（王颖等，1996）：自 1985 年 11 月至 1986 年 10 月，占天津新港 80% 的地区，其地面沉降值均为 20 mm 上下；仅塘沽验潮站地面沉降值为 4 mm；塘沽以北的汉沽及塘沽以南的大港，1986 年地面沉降量均在 100 mm 上下。据任美锷等研究，老黄河三角洲与长江三角洲相对海平面上升值的估算见表 2.6。

表 2.6　老黄河三角洲和长江三角洲相对海平面上升值的估算（mm/a）（王颖等，1996）

地区	理论海平面上升速率	地面沉降率	相对海平面上升率
1956—1985 年			
老黄河三角洲	1.5	24[a]	25.5
长江三角洲	1.5	10	11.5
今后 20 年			
老黄河三角洲	5	10	15
长江三角洲	5	3~5	8~10

注：老黄河三角洲即指渤海湾西岸、黄河经永定河水系入海处。

a）据塘沽验潮站水准点 1966—1986 年与天津市宝坻基岩水准点联测结果，其标高降低 0.489 m，即平均每年降低 24.45 mm。

所以，要区别绝对海平面与相对海平面变化，绝对海平面上升是全球气候变暖导致的海水热膨胀和冰川融化造成的；相对海平面上升是由于地面沉降、局部地质构造变化，局部海洋水文周期性变化以及沉积压实等作用造成的。采用相对海平面变化，对于区域环境状况分析，更有实际意义。本书所采用的均为相对海平面变化（图 2.8，图 2.9）。

图 2.8　中国沿海近 30 年海平面变化曲线（国家海洋局，2007）

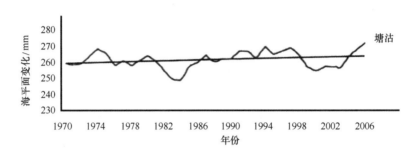

图 2.9　天津塘沽多年海平面变化（国家海洋局，2007）

3）21 世纪中国海平面变化及其环境效应

归纳分析 2000—2009 年期间，渤海海平面变化的实测资料，以此为今后对比的标准，分析 20 世纪以来，我国沿海海平面变化的规律，今后变化趋势与变化效应，至关重要。

（1）中国沿海 1998 年、1999 年和 2000 年海平面分别比常年平均海平面高 55 mm、60 mm 和 51 mm，为历史上最高。影响海平面变化的因素：气候变化、天体运动、太阳黑子活动等。如，1998 年和 1999 年长江流域发生的特大洪水，是造成期间黄海、东海海平面升高的主要原因。2000 年中国北方的特大干旱，是引起北方（特别是渤海海平面）偏低的主因（国家海洋局，2001）。

2000 年，中国沿海海平面上升速率为 2.5 mm/a，略高于全球海平面上升速率。黄海、东海和南海海平面上升速率较高，而渤海、台湾海峡和北部湾上升速率相对较小（图 2.10）。海平面较高，加剧辽东湾、莱州湾和海州湾的海岸侵蚀，也加重了沿海低洼地区土地盐渍化和洪涝灾害，对地方经济和环境造成影响。

（2）2001—2003 年平均海平面与 2000 年平均海平面比较（国家海洋局，2004）：2001 年，中国沿海海平面处于高位，2002 年黄海、渤海海平面上升，而东海及南海有波动下降，2003 年沿海海平面比常年平均海平面高 60 mm，南海海面有下降（表 2.7，图 2.11）。沿海省市中，天津沿海海平面上升 25 mm，上海沿海海平面上升 20 mm，山东沿海海平面上升 16 mm，浙江沿海海平面上升 16 mm；广西和海南沿海海平面降幅达 1～16 mm（国家海洋局，2004）。

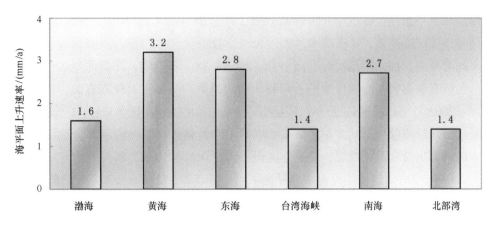

图 2.10 2000 年各海区平均海平面上升速率

（国家海洋局，2001；国家海洋局，2000）（国家海洋局，2007）

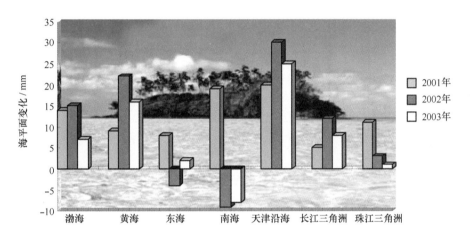

图 2.11 2001—2003 年各海区和重点海域海平面与 2000 年平均海平面比较

（国家海洋局，2004）

表 2.7 2001—2003 年海区海平面与 2000 年及常年平均海平面比较（国家海洋局，2001，2004）

海区、重点海域 ＼ 海平面	与常年平均海平面相比 2000 年/（mm）	与 2000 年相比 2001 年/（mm）	与 2000 年相比 2002 年/（mm）	与 2000 年相比 2003 年/（mm）	与常年平均海平面相比 2003 年/（mm）
渤海	+13	+14	+15	+7	+27
黄海	+44	+9	+22	+16	+73
东海	+45	+8	−3	+2	+66
台湾海峡	+68				
南海	+92	+19	−9	−8	+63
北部湾	+57				
长江三角洲		+5～12（2001—2003）			+83
珠江三角洲		+1～11 2000 年相比			+66
天津沿海		+20～30			+4

注：中国海平面公报依据全球海平面监测系统（GLOSS）的约定，将 1976—1993 年的平均海平面定为常年平均海平面（简称常年）；该期间月平均海平面定为常年月平均海平面。

天津沿海海平面在各省市中升幅最大，2003年达25 mm（近30年上升幅度达196 mm），最大原因是地面沉降严重，年沉降率达到厘米级，部分地区多年累计沉降量较大，局部地区已低于平均海平面，加剧了相对海平面上升。2001—2003年期间，环渤海地区及江苏、海南部分地区的风暴潮灾害与海岸侵蚀呈上升和加剧的趋势，与海平面较高有关。据国家海洋局监测结果：2003年海岸侵蚀长度，辽宁达到20.9 km，山东达到28.8 km，江苏达到29.1 km；海南部分区域海岸侵蚀后退约8 m，毁掉沿岸的木麻黄林带；渤海沿岸部分地区遭风暴潮袭击，海水沿河沟倒灌和海水漫堤，受淹地区积水深度0.5～0.8 m，损失严重。

（3）2004—2006年，中国全海域海平面平均上升速率为2.5 mm/a，高于全球1.8 mm/a的平均值。其中，东海上升速率高于全国平均值，黄海持平，渤海和南海略低。中国全海域海平面都高于常年，2006年比常年高71 mm。与2003年相比，2004—2006年中国全海域海平面呈起伏上升趋势，各海区海平面变化趋势与全海域一致（图2.12）。

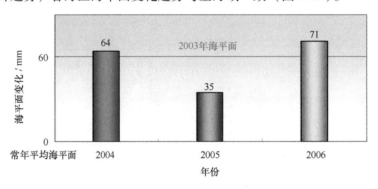

图2.12　2004—2006年中国全海域海平面变化（国家海洋局，2007）

2004—2006年，受全球气候变化和海平面上升等因素的影响，中国全海域风暴潮、海岸侵蚀、咸潮入侵等海洋灾害都有所加剧，频数和强度都重于常年。

① 渤海海平面平均上升速率为2.2 mm/a

2004—2006年，渤海海平面都高于常年，其中，2006年比常年高55 mm。与2003年相比，2004—2006年渤海海平面变化呈起伏上升趋势（图2.13）。

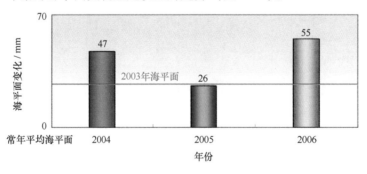

图2.13　2004—2006年渤海海平面变化（国家海洋局，2007）

② 黄海海平面平均上升速率为2.5 mm/a[①]。

2004—2006年，黄海海平面都高于常年，其中，2006年比常年高74 mm。与2003年相比，2004—2006年黄海海平面变化呈起伏上升趋势（图2.14）。

---

① 鉴于黄海、渤海相通，渤海内海受黄海海水流动控制影响，故在海平面一节中，将黄海海平面变化与渤海一起叙述。

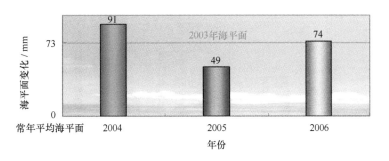

图 2.14 2004—2006 年黄海海平面变化（国家海洋局，2007）

③ 辽宁沿海海平面平均上升速率为 3.2 mm/a

2004—2006 年，辽宁沿海海平面都高于常年，其中，2006 年比常年高 53 mm。与 2003 年相比，2004—2006 年辽宁沿海海平面变化呈起伏上升趋势（图 2.15）。

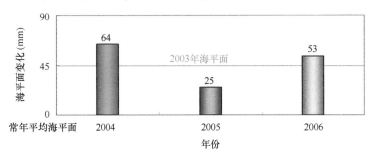

图 2.15 2004—2006 年辽宁沿海海平面变化（国家海洋局，2007）

海平面上升加重了辽宁沿海的海水入侵，锦州、葫芦岛、大连地区盐渍灾害尤其严重。

④ 河北沿海海平面平均上升速率为 0.7 mm/a

2004—2006 年，河北沿海海平面都高于常年，其中，2006 年比常年高 22 mm。与 2003 年相比，2004—2006 年河北沿海海平面呈起伏上升变化。海平面上升速率不高，仍加剧了海水入侵灾害：秦皇岛海港区和抚宁县部分地段海水入侵长达 32 km，入侵面积 300 多 km²，造成地下水水质咸化、土地盐碱化（图 2.16）。

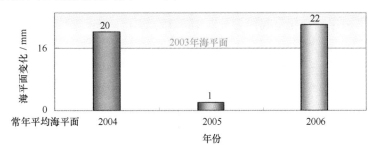

图 2.16 2004—2006 年河北沿海海平面变化（国家海洋局，2007）

⑤ 天津沿海海平面平均上升速率为 2.2 mm/a

2004—2006 年，天津沿海海平面都高于常年，其中，2006 年比常年高 48 mm。近 3 年，天津沿海海平面比 2003 年分别高 20 mm、33 mm 和 44 mm，呈持续上升趋势（图 2.17）。

天津市区及沿海地区地面高程较低，海平面加速上升已加重了天津沿海风暴潮等灾害的威胁。为此，天津市提高了城市防护工程设计标准，加固了 139 km 的海堤，同时还在尚未封

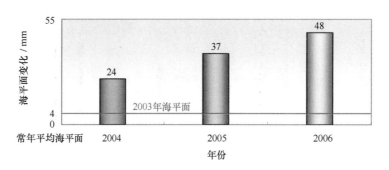

图 2.17　2004—2006 年天津沿海海平面变化（国家海洋局，2007）

闭的 16.2 km 的海岸线上新建海堤，以保障该地区居民生命财产安全。

⑥ 山东沿海海平面平均上升速率为 2.4 mm/a

2004—2006 年，山东沿海海平面都高于常年，其中，2006 年比常年高 78 mm。与 2003 年相比，2004—2006 年山东沿海海平面变化呈起伏上升趋势（图 2.18）。

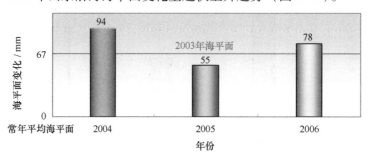

图 2.18　2004—2006 年山东沿海海平面变化（国家海洋局，2007）

受海平面变化影响，山东沿海海水入侵、海岸侵蚀等海洋灾害有所加重。其中，烟台、青岛、威海、日照等地区海水入侵累计面积已达 649 km²；龙口至烟台海岸侵蚀长度约 30 km，累积最大侵蚀宽度达 57 m，严重影响了当地水资源环境和生态环境。

⑦ 江苏沿海海平面平均上升速率为 2.5 mm/a

2004—2006 年，江苏海平面高于常年，2006 年比常年高 79 mm。与 2003 年相比，2004—2006 年江苏海平面变化呈起伏上升（图 2.19）。

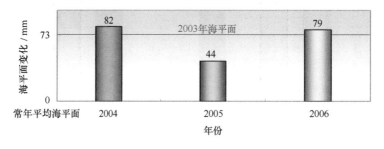

图 2.19　2004—2006 年江苏沿海海平面变化（国家海洋局，2007）

江苏沿海地面高程较低，海平面上升，海岸侵蚀灾害加重。2004—2006 年，苏北沿岸受侵蚀破坏的岸线长度近 20 km，年最大侵蚀宽度 37.8 m，对盐田、养殖以及滩涂造成严重影响。

（4）2007 年，中国沿海海平面比常年高 62 mm，受海平面起伏上升规律的影响，上升趋缓。与2006年相比，渤海、黄海海域基本持平，东海、南海海域略有降低，降低范围为10~20 mm。

受全球气候异常变化和海平面上升等综合影响，2007年，沿海咸潮入侵次数增加，强度加重，海岸侵蚀加剧，渤海、黄海域遭遇近40年来最强的温带风暴潮袭击，造成严重损失。

① 渤海海平面平均上升速率为2.2 mm/a

2007年，渤海海平面比常年高53 mm，与2006年基本持平，季节性变化趋势与常年基本接近，但1—3月的海平面比常年同期高102 mm。近30年来渤海海平面总体上升了118 mm（图2.20）。

图2.20 渤海历史海平面变化曲线（国家海洋局，2008）

② 黄海海平面平均上升速率为2.5 mm/a

2007年，黄海海平面比常年高75 mm，与2006年基本持平，季节性变化趋势与常年相近，但3月和9月海平面分别比常年同期高148 mm和130 mm。近30年来黄海海平面总体上升了87 mm（图2.21）。

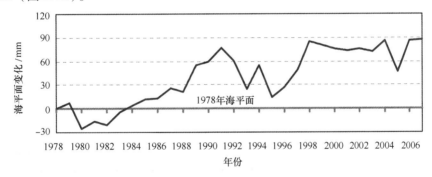

图2.21 黄海历史海平面变化曲线（国家海洋局，2008）

2007年3月，渤海、黄海海温较常年同期分别偏高1.1℃和1.8℃，海平面较常年同期高102 mm和148 mm，该期间，沿海遭遇了1969年以来最大的温带风暴，恰逢天文大潮和暖冬后的异常高海面，其破坏力异常加大，辽、冀、鲁三省损失达40亿元（国家海洋局，2008）。

③ 海平面上升加剧海水入侵与盐渍化灾害

辽东湾北部及两侧的滨海区，海水入侵面积超过4 000 km²，严重入侵面积为1 500 km²，盘锦地区海水入侵最远距离达68 km。

④ 供电、供气系统、海上作业和海水养殖等遭受较大损失

2007年3月暖冬后，河北沿海海平面高于常年，适逢近40年来最强的温带风暴潮袭击，

沿海沧州、唐山、秦皇岛等地发生了增水。

⑤ 海平面上升加剧了风暴潮的发生

2007 年 3 月，天津沿海遭遇近 40 年来最强的温带风暴潮，增水超过 1 m。

⑥ 海平面上升影响山东沿岸的海水入侵和土壤盐渍化灾害较重

莱州湾海水入侵面积达 2 500 km²，严重入侵面积为 1 000 km²，莱州湾南侧海水入侵最远 45 km。

2007 年 3 月，特大温带风暴的袭击山东沿海与雪灾、寒潮和风暴潮异常气候事件，海平面异常偏高，形成超过 2 m 的风暴潮增水，造成直接经济损失 21 亿元（国家海洋局，2008）。

（5）2008 年，国家海洋局对沿岸海洋台站的历史变迁，潮汐观测、水准系统历史沿革、资料情况等背景信息进行了采集分析，考证了海平面观测历史水尺零点和水准系统变动状况，订正了海平面资料，形成我国沿海具有统一基准的海平面资料序列。据观测，2008 年我国沿海海平面仍呈波动上升趋势，平均上升速率为 2.6 mm/a，高于全球平均水平（1.8 mm/a）。2008 年中国沿海海平面为 21 世纪以来的最高，比常年升高 60 mm；与 2007 年相比，总体升高 14 mm（表 2.8）。

表 2.8　2008 年中国沿海海平面变化（国家海洋局，2009）

海区	上升速率 / (mm/a)	与常年比较 /mm	与 2007 年比较	未来 30 年预测 （相对于 2008 年海平面）/mm
渤海	2.3	54	持平	68 ~ 120
黄海	2.6	64	持平	89 ~ 130
东海	2.9	47	持平	87 ~ 140
南海	2.6	70	+37	73 ~ 130
全边缘海域	2.6	60		80 ~ 130

2008 年渤海沿岸各省市海平面变化如下。

① 辽宁

2008 年，辽宁沿海海平面比常年高 50 mm，比 2007 年低 10 mm。辽东半岛东部沿海，2008 年各月海平面均高于常年同期；受季风和海洋环流等季节性因素的共同影响，8 月份海平面为全年最高，比常年高 300 mm 以上（图 2.22）。

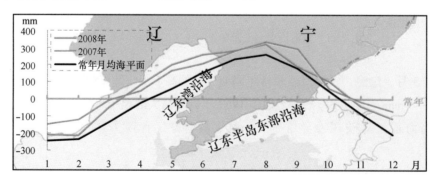

图 2.22　2008 年辽东半岛东部沿海海平面变化（国家海洋局，2009）

辽东湾沿海，2008 年 3—12 月海平面均高于常年同期；其中，8 月份海平面为全年最高，比常年高约 300 mm，1 月份海平面异常偏低，比常年低 340 mm（图 2.23）。

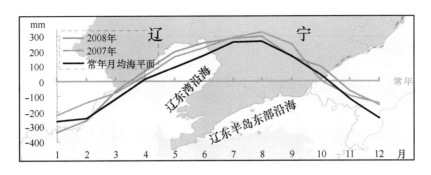

图2.23　2008年辽东湾沿海海平面变化（国家海洋局，2007）

2008年，辽宁省积极应对沿海地区的海岸侵蚀、海水入侵和盐渍化灾害影响，不断强化海岸带资源管理，通过规划地下水资源保护区、限制开采地下水（大连市关停地下水井100余眼，削减地下水开采量$1\,000\times10^4\,\mathrm{m}^3$），加大巡查力度、遏制海砂无序开采等措施，有效应对海岸侵蚀、海水入侵等不利影响。

辽宁的大连长兴岛临港工业区、营口沿海产业基地、锦州湾沿海经济区、丹东产业园区和大连花园口工业园区等沿海重点开发区，位于海平面上升影响脆弱区，海水入侵和土壤盐渍化灾害严重，在规划和建设过程中，应综合考虑海平面上升影响，合理调配淡水资源，严格控制地下水开采，加强防治设施建设。

② 河北

2008年河北沿海海平面比常年高45 mm，与2007年海平面基本持平。预计未来30年，河北沿海海平面将比2008年升高66～110 mm。

2008年，河北沿海各月海平面均高于常年同期；其中，7—8月海平面为全年最高，比常年高约300 mm（图2.24）。

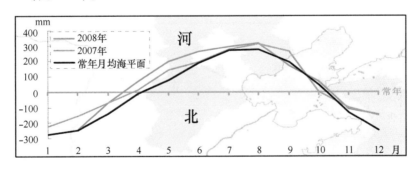

图2.24　2008年河北沿海海平面变化（国家海洋局，2009）

受海平面上升影响，河北沿岸海水入侵和土壤盐渍化灾害较为严重。秦皇岛、沧州和曹妃甸均发生了较严重的海水入侵现象，入侵距离7～22 km，土壤含盐量最高达2.69%。2008年8—9月，河北沿海发生风暴潮和海浪灾害，海平面上升加大了致灾程度，海水养殖和海岸防护设施均遭受不同程度的损失。

曹妃甸经济发展区为海平面上升影响脆弱区，应充分考虑海平面上升和地面沉降的影响，适当提高涉海工程和海岸防护设施的设计标准。

③ 天津

2008年，天津沿海海平面比常年高47 mm，比2007年高11 mm。2008年，天津沿海1—8月海平面均高于常年同期，其他月份基本持平；其中，8月份海平面为全年最高，比常年高

300 mm 以上（图 2.25）。

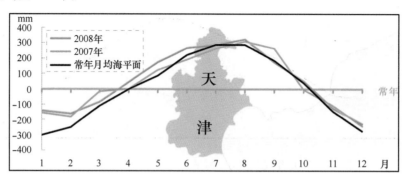

图 2.25　2008 年天津沿海海平面变化（国家海洋局，2009）

天津新区是海平面上升影响脆弱区。海港物流区为滨海新区，受海平面上升和风暴潮影响最严重。

随着海平面的不断上升，现有堤防设施的防御能力将逐渐下降；不考虑现有堤防设施，各种潮位对天津沿岸均有不同程度的影响。海平面上升状况下，天津滨海新区的现有地方设施能够抵御平均高潮位；只有不足 1/2 的现有堤防设施能抵御历史最高潮位和百年一遇潮位。需以预测的 2030 年海平面高度和百年一遇高潮位为基准，进行规划与相应的工程措施（国家海洋局，2009）。

④ 山东

2008 年，山东沿海海平面比常年高 69 mm，比 2007 年低 8 mm。预计未来 30 年，山东沿海海平面将比 2008 年升高 89～140 mm。

2008 年，山东半岛北部沿海各月海平面均高于常年同期；其中，7—8 月海平面处于全年最高，8 月份海平面比常年高近 350 mm（图 2.26）。

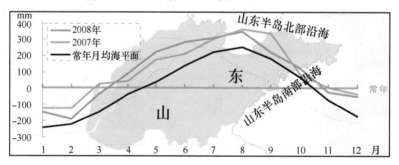

图 2.26　2008 年山东半岛北部沿海海平面变化（国家海洋局，2009）

2008 年，山东半岛南部沿海各月海平面均高于常年同期；其中，8 月份海平面为全年最高，比常年高 280 mm 以上（图 2.27）。

受海平面变化等因素的影响，山东沿海地区受侵蚀的海岸长度超过 1 200 km；莱州湾沿岸的平均海水入侵距离约 30 km，威海沿岸的海水入侵距离约 5 km。

山东沿岸受风暴潮、海水入侵和土壤盐渍化影响严重，需加强堤防设施工程，做到防浪、防潮及防海水入侵，减轻海平面上升的综合影响。

（6）2009 年中国沿海海平面呈波动上升趋势，平均上升速率 2.6 mm/a，高于全球平均水平。

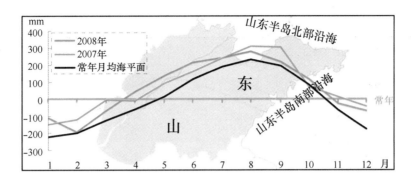

图 2.27　2008 年山东半岛南部沿海海平面变化（国家海洋局，2009）

2009 年中国沿海海平面处于近 30 年高位，比常年高 68 mm，比 2008 年高 8 mm。受气候变化的影响，沿海海平面变化的区域与时间差异明显，南部沿海海平面升高幅度大于北部，而北部沿海 2 月份海平面和南部沿海 9 月份海平面均达到近 30 年来同期的最高值（表 2.9）。

表 2.9　2009 年中国各海区海平面变化（国家海洋局，2010）

海区	上升速率/（mm/a）	与常年比较/mm	与 2008 年比较	未来 30 年预测[a]/mm
渤海	2.3	53	−1	68～118
黄海	2.6	65	1	82～126
东海	2.9	62	15	86～138
南海	2.7	88	18	73～127
全海域	2.6	68	8	80～130

注：a）相对于 2009 年海平面。

沿黄海、渤海各省、市海平面变化比较见表 2.10，其变化与影响分别表述如下。

表 2.10　2009 年中国各省（自治区、直辖市）海平面变化（国家海洋局，2007）

省份	与常年比较/mm	与 2008 年比较	未来 30 年预测[a]/mm
辽宁	48	−2	79～121
河北	43	−2	72～118
天津	48	1	76～145
山东	70	1	89～137
江苏	84	8	77～128
上海	55	8	98～148
浙江	56	17	88～140
福建	65	11	70～110
广东	91	16	83～149
广西	74	14	74～110
海南	107	21	82～123

注：a）相对于 2009 年海平面。

① 辽宁

辽东半岛东部沿海，2009 年各月海平面均高于常年同期。与 2008 年相比，2 月份海平面显著偏高 134 mm，3—5 月海平面平均偏低 84 mm（图 2.28）。

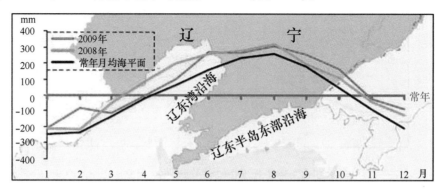

图 2.28　2009 年辽东半岛东部沿海海平面变化（国家海洋局，2010）

2009 年，辽东湾沿海 2 月份海平面比常年同期偏高 129 mm；与 2008 年相比，2 月份海平面显著偏高 145 mm，3—5 月海平面平均偏低 84 mm（图 2.29）。

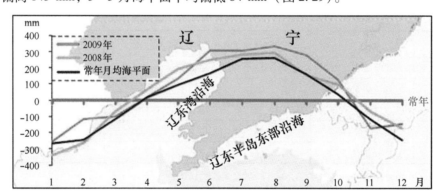

图 2.29　2009 年辽东湾沿海海平面变化（国家海洋局，2010）

受海平面上升和地下水位下降影响，大连沿海局部区域海水入侵和土壤盐渍化较为严重，海水入侵面积超过 800 km²，入侵距离超过 7 km，严重区域的最大氯度达到 1 000 mg/L。

辽宁省政府重视沿海防护工程建设，其中，营口市大辽河口沿海产业基地海堤工程防御标准为 50 年一遇，东部岸段达 100 年一遇标准，有效应对海平面上升影响。

② 河北

2009 年，河北沿海 2 月份海平面比常年同期偏高 136 mm；3—5 月海平面比 2008 年同期平均偏低 92 mm（图 2.30）。

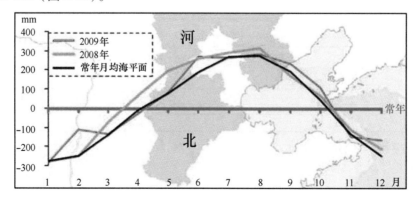

图 2.30　2009 年河北沿海海平面变化（国家海洋局，2010）

由于海平面上升和地下水位下降等因素的影响，秦皇岛、唐山和沧州沿海地区都不同程度地发生了海水入侵，入侵距离分别超过 18 km、21 km 和 53 km，入侵区出现大片盐碱地，制约了土地资源的有效利用。

2009 年 4 月 15 日，温带风暴袭击河北沿海，正逢天文大潮期，风暴潮增水与天文大潮叠加，在沧州沿岸形成异常高水位，海水养殖和堤防设施都受到了不同程度的影响，造成经济损失。

河北重视沿海脆弱区的堤防设施建设，自 2007 年开始建设曹妃甸海堤工程，东南海堤一期工程长度 5 km，二期工程全长 16 km，西护岸路工程长近 7 km，港池护岸工程 20 km，为曹妃甸重点经济发展区域的可持续发展提供了保障。

③ 天津

2009 年，天津沿海 2 月份海平面比常年同期偏高 175 mm；3—5 月海平面比 2008 年同期平均偏低 62 mm（图 2.31）。

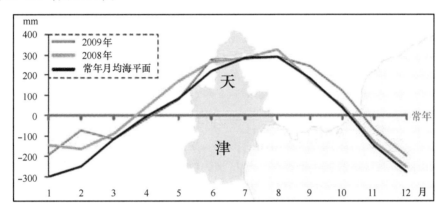

图 2.31　2009 年天津沿海海平面变化（国家海洋局，2010）

2009 年 2 月中旬，强温带风暴袭击天津沿海，恰逢海平面异常偏高，最高潮位超过警戒水位 23 cm，天津港和渤海石油公司等单位不同程度受淹。

2009 年 4 月 15 日，温带风暴袭击天津沿海，适逢天文大潮期，天津近岸海域出现了超过警戒水位的高潮位，沿海部分防护设施被损毁，造成较大经济损失。

④ 山东

2009 年，山东北部沿海各月海平面均高于常年同期；其中，2 月份海平面异常偏高 180 mm，9—10 月海平面平均偏高 114 mm。与 2008 年相比，3—5 月海平面平均偏低 83 mm（图 2.32）。

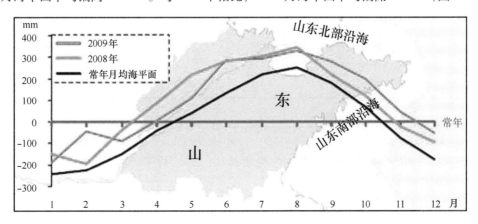

图 2.32　2009 年山东北部沿海海平面变化（国家海洋局，2007）

2009 年，山东南部沿海各月海平面均高于常年同期，其中，2 月份海平面异常偏高 145 mm。与 2008 年同期相比，3—7 月海平面偏低（图 2.33）。

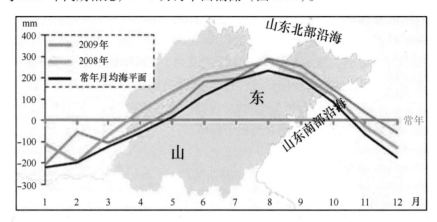

图 2.33　2009 年山东南部沿海海平面变化（国家海洋局，2010）

由于海平面上升和地下水位下降等因素的影响，山东沿海地区不同程度地受到了海水入侵的影响，入侵程度不断加重，氯度值严重超标。海水入侵给工农业生产带来较大损失，仅莱州一地每年影响工业产值超过 5 亿元，0.67×10^4 hm^2 以上的耕地减产 30%。

2009 年 4 月 15 日，温带风暴袭击山东沿海，适逢天文大潮，致灾程度加重。滨州、潍坊和东营三市的沿海区域遭受严重损失，经济损失约 3 亿元。

山东沿海地区积极应对海水入侵，莱州市兴建水利工程，拦蓄地表水，每年增蓄淡水 $1\,500 \times 10^4$ m^3，实施调水工程，合理配置淡水资源，有效缓解海水入侵程度，防止土壤盐渍化的发生。

⑤ 江苏[①]

2009 年，江苏北部沿海 2 月份海平面比常年同期偏高 133 mm，其他月份与常年变化趋势接近。与 2008 年同期相比，4—7 月海平面平均偏低 60 mm（图 2.34）。

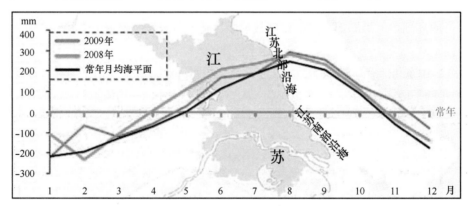

图 2.34　2009 年江苏北部连云港沿海海平面变化（国家海洋局，2010）

2009 年，江苏南部沿海各月海平面均高于常年同期；其中，2 月份和 8 月份海平面比常年同期分别高 170 mm 和 152 mm（图 2.35）。

8 月为江苏沿海的季节性高海平面期，2009 年 8 月海平面比常年同期偏高 152 mm。台风

---

① 鉴于黄海、渤海相通，为比较研究，故在海平面一节中合并叙述。

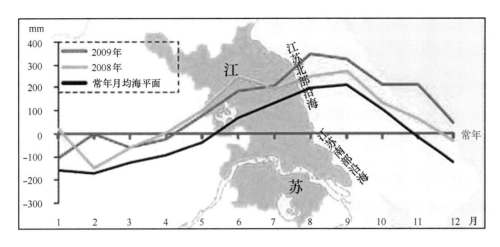

图2.35 2009年江苏南部吕四、南通沿海海平面变化（国家海洋局，2010）

"莫拉克"过境时，适逢天文大潮。在风暴潮增水、天文大潮和海平面异常偏高的共同作用下，江苏沿海地区的堤防、海上作业和海水养殖等遭受较大损失。

⑥ 2009年，我国沿海海平面变化异常，北部沿海2月份海平面和南部沿海9—10月海平面较常年同期明显偏高，其中，2月份和9月份均为近30年来最高值。高温异常天气和季风变动等是引起上述异常变化的重要原因。

2月，我国北部沿海地区气温和海温普遍偏高，分别比常年同期高2.4℃和1.3℃，气压比常年同期偏低4.1 hPa，造成海平面比常年同期高146 mm。

8月中旬开始，我国南部沿海地区遭遇大范围持续高温天气，8—9月南部沿海的气温为近30年同期第二高值，比常年同期高1.3℃，同时，9月份海温达到了近30年同期最高值，为28.5℃，导致9月份海平面比常年同期高180 mm。

2009年，南海夏季风于10月中旬结束，比多年平均时间（9月底）偏晚15天左右，延续了南海海域海水的向北堆积，导致我国南海沿岸10月份海平面比常年同期偏高96 mm。

以上系统地转载了国家海洋局于21世纪初的海平面公报，原因在于它是准确的海平面观测记录与分析，作者认为：应重视当代海平面变化及其影响效应，同时，应以21世纪头10年的海平面变化为基本杠杆，承上启下地分析探索海平面变化规律，特别是今后变化趋势，以致有针对性地找出对应的减灾防灾办法。

4）总结归纳

据以上国家海洋局观测记录与分析，可归纳为几点认识。

（1）全球气候变暖是引起海平面上升的主要原因

全球大气中的二氧化碳浓度从工业化前的约 280×10^{-6} 上升至 2005 年的 379×10^{-6}。

1906—2005年的全球增温幅度高达0.74℃，其中，1956—2005年为0.65℃，这表明近百年来的气候变暖主要发生在最近50年。

验潮资料显示，20世纪全球平均海平面以每年1.7 mm的速率上升。1993—2003年的卫星观测结果表明：世界大洋的海平面变化具有明显的区域特征，太平洋西部、印度洋东部和大西洋的海平面上升，而太平洋东部和印度洋的海平面下降。

30年来，中国沿海气温、海温与海平面均呈明显上升趋势，上升幅度分别为1.1℃、0.9℃和92 mm；但上升趋势的季节差异明显，冬季升幅最大，春、秋季次之，夏季最小。

冬季：气温和海温均为年最低，但长期升幅最大，分别为1.8℃和1.4℃，占总升温的41%和39%，呈明显的暖冬趋势。海平面变化特征与气温、海温一致，冬季的长期升幅最为显著，达135 mm，占海平面总升幅的37%。

夏季：气温和海温均为年最高，但长期升幅最小，分别为0.4℃和0.3℃，仅占总升温的9%和8%。与气温、海温变化特征相同，夏季海平面升幅最小，为38 mm，占总升幅的10%。

（2）海平面上升是一种长期的、缓发性灾害

海平面上升直接导致潮位升高，风暴潮致灾程度增强、海水入侵距离和面积加大；海平面上升使潮差和波高增大，加重了海岸侵蚀的强度；海平面上升和淡水资源短缺的共同作用，加剧了河口区的咸潮入侵程度。

当海滨地区的淡水水位与海水水位的平衡被打破后，海水渗入陆地淡水层，咸淡水界面向陆地推进，形成海水入侵。

海水入侵是自然和人为因素共同作用的结果，我国沿海地区都不同程度地受其影响。滨海地区经济活动加剧，大量抽取地下水，直接造成淡水位下降，海平面上升，加大了海水入侵程度，海水入侵距离和面积不断加大。海水入侵严重破坏生态环境，地下水水质变咸，造成生活用水困难，工厂、村镇整体搬迁，影响沿海地区的经济社会发展。辽宁、河北和山东沿海地区是海水入侵最严重的区域。

2008年，海水入侵最为严重的是渤海和北黄海沿岸地区，入侵距离分别为20～30 km和5 km左右；辽宁、河北、天津和山东等沿海地区均发生了不同程度的土壤盐渍化灾害；长江口和珠江口发生了多次咸潮入侵事件。

风暴潮：2008年9月，广东沿海海平面比常年高200多mm，超强台风"黑格比"引起的罕见风暴潮达百年一遇。2009年8—10月，台风"莫拉克"、"巨爵"和"芭玛"先后侵袭我国南部沿海，登陆时均恰逢天文大潮和季节性高海平面期，台风、海平面异常偏高和天文大潮共同作用，造成了严重的风暴潮灾害，致使数百万人受灾，经济损失超过50亿元。

海岸侵蚀：海平面上升使潮差和波高增大，加重了海岸侵蚀的强度。我国海岸侵蚀严重的地区主要分布在河北、海南、山东、江苏、广东和辽宁等平原海岸地区。根据2009年海平面变化影响调查成果，河北省东部局部海岸属于严重侵蚀岸段，海岸侵蚀速率接近5 m/a；海南省三亚湾部分岸滩受海岸侵蚀影响逐年后退，侵蚀速率为1.6 m/a。

海水入侵与土壤盐渍化：海平面上升和地下水位下降等因素导致海水入侵，环渤海地区是受海水入侵和土壤盐渍化影响较为严重的区域。根据2009年海平面变化影响调查成果，辽宁大连沿海海水入侵面积超过800 km²，严重区域的最大氯度达到1 000 mg/L；河北海水入侵最大距离超过53 km；山东海水入侵最大距离超过30 km。

咸潮入侵：2009年，异常高海平面加剧了咸潮入侵程度，长江口和珠江口多次遭遇咸潮入侵。上海市宝钢水库取水口共发生咸潮入侵12次，平均持续时间超过5天，其中，持续时间最长、影响最严重的咸潮入侵过程出现在2月12—22日。10月份，珠江口遭遇了4次严重的咸潮袭击，珠海、中山等地供水受到较大影响。

（3）海平面上升与海岸带生态系统（国家海洋局，2009）

海岸带生态系统具有防风消浪、护岸护堤、调节气候等功能，对抵御海洋灾害起重要作用。

海平面上升和不合理的海岸开发导致红树林海岸侵蚀加重、沙坝上移，造成红树林生存环境恶化，红树植物群落衰退，分布面积减小。根据2009年海平面变化影响调查成果，广西

防城港市企沙半岛的红树林明显受到海岸侵蚀的影响，近30年来受侵蚀的红树林海岸长度达4 km，最大侵蚀距离为122 m，红树林面积萎缩；广西北海市大冠沙红树林不断受沙坝上移影响，底栖动物群落的种数、密度和生物量分别下降了35%、75%和90%，红树林和底栖动物显著退化。

海平面上升的累积作用，导致海水倒灌程度加大和海岸侵蚀加剧，造成湿地面积减少、植被和底栖动物群落退化、湿地生态服务功能下降。滨海湿地广泛分布于沿海海陆交界、淡咸水交汇地带，是一个高度动态和复杂的生态系统，具有消浪、护岸护堤和调节气候等功能。受全球气候变化、海平面上升和人类活动的影响，滨海湿地已经成为高脆弱性生态系统。海平面上升是最明显的影响是淹没沿海平原和三角洲的低洼地区，使湿地面积减少。我国苏北沿岸、黄河三角洲和辽河三角洲湿地是受海平面上升影响较大的地区。在海平面上升已经成为不可逆转的条件下，只有切实加强湿地资源的保护，加强湿地生态系统的综合建设，才能有效缓解海平面上升与气候变化的不利影响。

5）应对海平面上升适应对策（国家海洋局，2009）

国家海洋局为有效应对海平面上升的影响，进一步加强海平面上升监测预测及影响评价基准潮位核定业务工作，2009年启动了我国沿海地区的海平面变化影响调查，全面掌握海平面变化规律及其影响状况。

沿海重点经济发展区域是我国经济发展的重要引擎，同时也是海平面上升影响的脆弱区，不同程度地受到海岸侵蚀、咸潮入侵、海水入侵与土壤盐渍化等海平面上升灾害的影响。为保证沿海重点经济区的可持续性发展，有效减缓海平面上升的影响，国家海洋局提出了以下应对措施。

（1）沿海地方应高度重视海平面上升的影响，加强海平面影响调查工作，掌握海平面上升对本地区的影响状况，在制定本地区发展规划时，充分考虑海平面上升因素。

（2）在沿海重点经济区开展海平面上升影响评价，对评价区域进行海平面上升脆弱区划，将评价结果和脆弱区划范围作为沿海重点经济区规划的重要指标。

（3）在辽宁沿海经济带、曹妃甸工业区和黄河三角洲高效生态区应密切关注海水入侵和土壤盐渍化灾害的影响，合理调配水资源，兴修水利设施，规划海水养殖区范围，缓解海平面上升所带来的海水入侵的影响。

（4）在天津滨海新区、长三角地区和珠江三角洲经济发达区，应严格控制建筑物高度与密度及地下水开采，有效减缓地面沉降，减少海平面的相对上升幅度。

（5）珠江口和长江口等受咸潮入侵严重区域，应合理调配全流域的水资源，蓄淡压咸，保障高海平面期和枯水期的供水安全。

（6）浙江、福建、广东和海南沿海地区应在季节性高海平面和天文大潮期间密切关注台风登陆地点和路径，在防灾减灾的预警预案中，充分考虑海平面上升的致灾作用，减小风暴潮的致灾程度。

（7）根据海平面上升的监测预测成果，修订堤防设施标准。

（8）在滨海湿地、红树林等海洋保护区沿岸，应建立海岸带生态系统立体保护网，减缓因海平面上升而导致的海岸侵蚀。

笔者认为以上应对措施有重要的针对性，应广泛传播，不仅是政府的职能工作，亦属全民提高海洋意识的内涵，应载入专著，供后世参用。

第3章 渤海海岸与海底地貌

3.1 基岩港湾海岸（辽东半岛、山东半岛^①与冀东海岸）

基岩港湾海岸分布于山地丘陵与海洋相交的地方。由于山地分布于不同区域，各区的海洋动力——波浪、潮汐的强度以及河流汇入泥沙性质与数量的不同，而山地本身的走向、构造特点与岩石性质也有不同等，因而，海陆作用的结果会形成不同的海岸格式，海岸变化发展的各个阶段所表现的海岸特征也不同，以致基岩港湾海岸有着多种类型：海蚀型基岩港湾海岸、海蚀－海积型基岩港湾海岸及海积型基岩港湾海岸等，沿渤海基岩港湾海岸分布于辽东半岛、山东半岛及冀东秦皇岛与山海关一带，以胶辽两半岛的基岩港湾海岸特点显著。

半岛的基底由前寒武系变质岩组成：结晶片岩，片麻岩，大理岩，石英岩，硅质的石灰岩等，抗蚀性强。中生代燕山运动时，古生代地层多遭断裂破坏，有侏罗、白垩系陆相碎屑岩堆积，并有酸性岩浆岩侵入和中基性火山岩喷发，抗海水、海浪侵蚀程度较低。半岛在第三纪时仍处于隆升状态，新生代地层缺失，构造上长期稳定（王颖等，1996）。胶、辽两半岛地貌主要是侵蚀—剥蚀的低山丘陵，冀东一带是伸入海中的低山与抬升的剥蚀台地。

3.1.1 海蚀型基岩港湾海岸

辽东半岛南端因多种岩性的变质岩层交错分布，由于岩性抗蚀性强弱之差异，因而岬湾交错，岸线曲折。由坚硬岩石组成的海岸海蚀速度缓慢，自冰后期海平面上升到目前位置以来，海岸线很少变动，沿岸河流或海蚀作用只供应少量的沉积物，因此，只在很小的范围内有沉积作用。主要是海蚀地貌，而缺乏堆积地貌。加之，辽东半岛两侧海岸受断裂控制，半岛被抬升，港湾海岸发育，尤以南端旅大附近最为典型。

大连老虎滩是向东南开口的港湾，港湾中部开阔，口门收聚，湾顶有两条小河注入，四周为石英岩、页岩低山丘陵，形态浑圆，呈波状起伏，顶部基岩裸露，有数级海蚀平台。老虎滩外侧有一高40 m的悬崖，坡度80°，是断落残留的山地（图3.1）。

悬崖基部有海蚀穴及海蚀柱，海蚀穴沿N25°E的节理海蚀而成。石英岩垂直节理和裂隙都易于产生岩块崩落，现代海蚀作用使崩塌盛行。海岸悬崖壁上多浪花风化的蜂窝状孔穴，崖前为宽50 m的岩滩，岩滩是裸露的石质平台，很少沉积物。整个海岸是小型岬湾，岸线曲折，岬角为石英岩。小港湾为硅质页岩，海蚀产物经磨蚀为卵石，在港湾中堆积成小型的袋状卵石海滩（海滩堆积体的雏形）。整个海岸处于海蚀过程中，因结晶岩海蚀速度小，岸线非常稳定。

大连星海公园大部分是在高10～15 m硅质页岩的剥蚀平台上，岸外多岩石小岛，向海一侧为海蚀崖，并有一些海蚀柱孤立于海中。星海公园东部有几条与岸垂直的砾石堤，砾石平

---

① 对渤海两半岛海岸的成因类型介绍必涉及半岛的黄海部分。

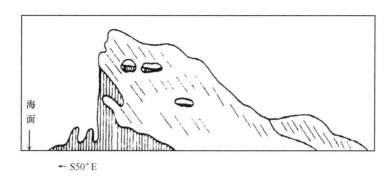

← S50°E

图3.1　大连老虎滩悬崖岸素描（王颖、朱大奎，1994）

时是稳定的，风暴时能东西摆动，其砾石来自海蚀，而砂质物质来自小河。砾石堤是连岛坝的雏形，是岛礁后的波影区堆积体，由于海蚀产物供应量较小，使堆积体长期处于连岛坝的雏形阶段。公园的海水浴场附近有鳞片状花纹的岩滩（图3.2a）。鳞片状岩滩的成因是：页岩的层面向海倾斜；岩层有垂直节理与层面相交，把岩层分割为块状；海蚀作用使向海的层面被海蚀为光滑面，节理面成一个个陡坎。因处于海蚀过程中，而未被海滩物质所覆盖。

黑石礁是硅质页岩夹硅质灰岩区，灰岩较坚硬而成岬礁兀立于海中，受海水溶蚀形成石芽与岩沟，黑色石芽兀立于蔚蓝色的海水中，构成美丽奇特的喀斯特海岸。石芽高5 m，溶沟宽3 m，向陆为海蚀崖。石芽的顶面原是一级磨蚀阶地（岩滩），被抬升到5 m的高度，其时代是新于向陆一侧的10~15 m阶地（图3.2b）。

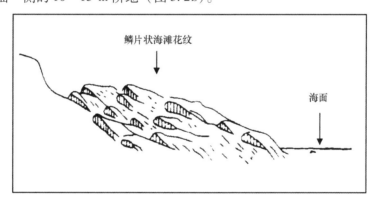

图3.2a　岩滩鳞片状岩滩（王颖、朱大奎，1994）

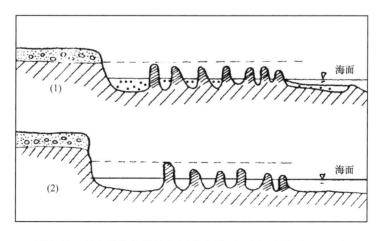

图3.2b　抬升的海蚀阶地与石芽岩滩（王颖、朱大奎，1994）

石芽的排列无一定方向，原来是沿节理裂隙在水下溶蚀，后在空气中暴露较久，海蚀与陆上侵蚀作用使岩沟不规则，石芽形态成杂乱分布。遗憾的是，黑石礁石芽海滩在20世纪80年代已遭破坏，目前，在大连远郊有硅质灰岩分布处有零星残留，但已难见岩滩奇观之全貌。在硅质灰岩组成的小平岛岸外，发育着海蚀型喀斯特海岸：海蚀崖基部海蚀穴，形态与规模不等，或成壁龛状，或洞穴状，或沿洞穴向陆地溶蚀深入，形成海蚀洞穴与廊道，当顶部有局部崩塌时，形成天窗、"海井"，海水可自海井窜出，海水在洞道内旋转磨蚀岩壁，甚至可使沙石飞溅，人们称此为"海磨坊"。上述表明，辽东半岛海岸因海浪冲击力、溶蚀力与砂石研磨力所组成的海蚀作用强，与沉溺的陆地相交，因岩性差异而构成独特的海蚀型基岩港湾海岸地貌。近年观察表明，石芽岩滩地貌经海蚀与海岸开发建设，已保留很少。

3.1.2　海蚀－海积型基岩港湾海岸

山东半岛海岸发育于花岗岩与火山岩的低山丘陵区，此类岩层耐蚀性差于辽东半岛的结晶岩，而且花岗岩具有厚层的风化壳，易为海浪侵蚀成砂，沿岸小河亦向海中汇入大量泥沙。因此，山东半岛港湾曲折的海岸，既有峭拔的海蚀岬角与海蚀崖，又在海湾中发育了大型的沙坝、众多的沙嘴与连岛沙坝，景象与辽东半岛海岸迥异。山东半岛东端的成山头，海岸险峻，黑水洋波涛汹涌；马山崖黑岩峥嵘，海湾峡谷壁立；崂山头峭壁青青，石老人海滩白浪滚滚，龙口湾滩平沙细、屺峒岛连岛坝多列；乳山县的石英沙海滩，银光闪跃；各种形式（双道或单道）与不同规模的陆连岛，均为游人提供了游憩佳地。更可贵的是：在北部沿海平原与沙滩海岸上（酒馆集一带），残留着巨大的纯白色石英砂沙丘，是优质的玻璃原材料。基性岩层的石英岩脉富含金矿，超基性岩层及风化层中曾发现大颗粒钻石，南部石岛海湾沙坝中富含珍稀的、高品位锆英石砂矿，来源于水下岸坡古海岸带沉积，锆石是制造航天飞行器特种合金的原料。山东半岛海蚀－海积型基岩港湾海岸，是我国珍贵的海岸资源。

3.1.3　海积型港湾海岸

分布于冀东的港湾海属此类型。海岸带因山地近海，一系列山区河流，如六股河、石河、沙河、金丝河、九江河、碧流河、洪流河等，流入海中的泥沙量补给充分，长期堆积使海湾淤浅为潟湖与平原，最终，巨大的沙坝与海滩围封了海湾，泥沙流越过岬角，使岬与海水隔离，海蚀崖逐渐死亡，原来的岬湾曲折，海岸逐渐发展为平直的砂质海岸。冀东秦皇岛、北戴河与山海关一带海岸，除岬角处尚有残留的基岩阶地外，大部分沿山前冲积—洪积平原发育成砂砾质海岸，沙岸段落有高出现代海岸5~8 m的高海滩（海积阶地），而石河口—富家营一带，山地河流携入海中的砾石，又被波浪掀带形成砂砾质沿岸堤，石河口一带砂砾堤多达6条，反映出海岸的缓慢加积（图3.3）。

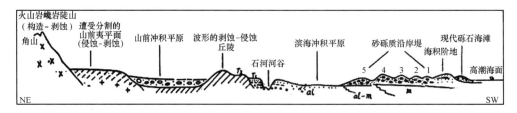

图3.3　冀东角山—沙河口海滨地貌综合剖面图示（南京大学海洋科学研究中心，1988）

由于海岸带开发利用及城镇扩展，淡水开发量大，入海水沙量减少及海岸取沙等影响，目前，砂质堆积岸段多遭受侵蚀后退。砾石堤多被开发为建材而破坏殆尽。

环渤海基岩港湾海岸多有古海岸遗迹：陆上部分，常见有 8 m，15～20 m，40 m 的几级海岸阶地，8 m 阶地多为沙堤或高海滩的堆积阶地（如秦皇岛市沿海的"红砂型沿岸堤"），高阶地主要为海蚀阶地，很少有沉积层残留。在辽西与冀东一带的 40 m 高的阶地上尚有古人居遗迹的残留及少量扁平砾石。沿岸在 –10 m 以浅，常见 –2 m 与 –8 m 的水下阶地，在辽东湾近岸海底分布着沉溺的磨蚀阶地（岩滩），宽度约 500 m，坡度 $5×10^{-3}$，阶地面礁石参差不齐，在河口与砂质海岸带下部为沉溺的堆积阶地（王颖等，1996）。–10 m 水深以浅的两级阶地为全新世海侵所淹没，而位于陆地上 20 m，40 m 阶地以至 80 m 高处的古海滨遗迹系半岛自第三纪以来缓慢抬升所造成，阶地分布表明抬升具有间断的阶段性。

3.2 平原海岸

环渤海以平原海岸为特色，分布广泛：双台子河—辽河平原、滦河三角洲平原、渤海湾西岸平原（蓟运河—海河—大清河—子牙河平原）、黄河三角洲平原以及冀东、莱州湾南部源自低山丘陵小河所堆积的平原等。平原成因均缘于陆源河流供沙，与海洋交互作用。但在沉积物、主导动力与地貌体系发育方面却具有区别。

（1）三角洲—沙坝潟湖海岸，以滦河三角洲平原为代表，河沙构成平原发育的基础，海岸带恒定的偏东向风浪与浪流横向推移泥沙向岸，构成沙坝—潟湖双重岸线的三角洲海岸为全新世海岸发育的特点。双台子河口三角洲、冀东沿岸与莱州湾南部的小河冲积平原亦为全新世海侵所形成的冲积平原海岸。

（2）海积盐土—贝壳堤平原海岸，发育于以黄河水系为主导的华北平原边缘，岸坡平缓，沿岸河流输入为细颗粒的粉砂与黏土物质，以潮流动力与悬移质泥沙堆积为主导，形成独具特色的潮成淤泥质平原海岸。

（3）河口湾—牡蛎礁平原海岸，为上述两类海岸的过渡类型。现代为海积平原海岸，而陆侧背依砂质冲积平原，呈交叠式沉积。潮流携运悬移质泥沙沿河口湾上溯，与河流下泄泥沙交汇，滞缓水流流速形成沉积，填充河口湾（estuary）为平原。以蓟运河口岸为代表。

3.2.1 三角洲—沙坝潟湖海岸

滦河是一条沙性河流，泥沙来源于燕山山地的变质岩与花岗岩风化物质，含沙量曾高达 3.9 kg/m^3。季节性河流，夏秋季（6—9 月）降雨径流占全年径流量的 73%，高达 34.3 × $10^8 m^3$；沙随水行，季节性暴雨径流使平原河流尾闾多变迁改道。滦河沿岸潮差小，平均 1.0～1.5 m，在南堡的东西两侧形成两个小型的顺时针方向的旋转流，使南堡成为两侧泥沙汇聚点，地貌呈三角"岬"突出向海，南堡是现代海岸东西两侧泥沙源的分界点，东侧以滦河砂质为主，西侧以粉砂黏土质为主（王颖等，2007）。滦河三角洲沿岸风浪作用强，常年盛行偏东风，ESE 风与 ENE 风强盛，波浪最大，有效波高（1/3H）达 3.8 m，有效周期为 7.8 s，波长平均 30～31 m，最大达 41 m，波浪作用可影响沿岸海底，破波水深可影响到 –5.5 m 处。波浪掀沙力强，常年盛行的东向风浪阻止了滦河入海泥沙向海扩散，形成泥沙自海向岸横向搬运，发育了水下沙坝与海岸沙坝。环绕河口的海岸沙坝，使海岸形成双重岸线，即内侧为原始的平原岸线，外侧为沙坝海岸，两者之间成为潟湖（王颖等，2007）。当偏东向波浪与海岸斜交时，可携运泥沙沿海岸移动，形成纵向泥沙流。海岸落潮流大于涨潮流，河口外部分泥沙，被落潮流主支向 SW 搬运，泥沙搬运量约为 387×10^4 t/a，少量向 NE 方向搬运，输移量 76.7×10^4 t/a（钱春林，1994）。纵向输移的泥沙，继而又被波浪掀积成沙坝。所以，滦河平原沿岸均有沙坝环绕，这是外动力以波浪作用为主的河口三角洲沉积模式（图 3.4）。

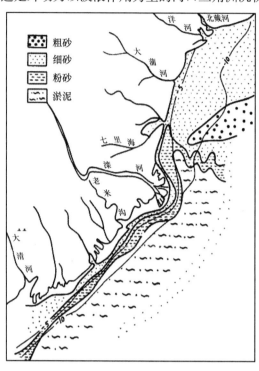

图 3.4　滦河口及其邻近海域底质分布（王颖等，2007）

滦河口以南海岸带沉积组成为：一系列沙坝成为与岸平行的带状细砂沉积，分选佳（$S_0 = 1.5 \sim 1.7$）；沙坝外围 5 m 深处的破浪带为粗粉砂沉积；向海至 -9 m 以深处为深灰色的淤泥黏土质沉积，其中，含有 0.05% ~ 2.00% 的自生黄铁矿，反映该处为波浪作用影响小的还原环境，是现代海岸的下界。现代陆架沉积薄，不足 1 m。滦河口以北，砂质沉积宽达 20 km，从河口岸边至 1.3 m 深处为分选良好的细砂与中砂（$1.3 \sim 1.8\phi$），中砂沉积延伸至水深 13 m 处，沙粒的磨圆度高，表面结构具有圆麻点及其粒级分配曲线等（王颖等，2007），表明该处宽广的砂质沉积是低海面时的海滩沙丘带，是与滦河以北昌黎海岸的巨大沙丘相伴存在，是海岸沙丘的沙源地，因全新世海面上升而沉溺于海底（王颖、朱大奎，1987）。由海岸沙坝围封的海岸逐渐成为浅水潟湖，河流泥沙堆积于沙坝内侧的浅水中形成粉砂与细砂的叠层。粉砂来自陆地，是河流泥沙在隐蔽的浅水环境的堆积，细砂系浪流越过海岸沙坝携带至潟湖中的沉积。原始的海岸由于外侧有沙坝围封而发育潮滩。这一系列沉积是由于波浪横向推移泥沙向岸，堆积环绕河口的沙坝而形成的。滦河泥沙影响的范围可达河口三角洲的外坡水深 7 m 处，该处距河口 2.5 ~ 5.0 km。在河口以外的海岸带，部分泥沙被沿岸水流搬运，自河口向 SW 方向运移，延长了沙坝长度，并使之具沙嘴的型式，少量泥沙亦自河口向 NE 输运。

滦河自北向南流出燕山后，在迁西呈直角拐弯向东流，至罗家屯与马兰庄（40°07′10.24″N，118°36′19.32″E），转折向南至迁安，该段流经较开阔的低缓丘陵区，至野鸡坨（39°52.158′N，118°40.95′E）才流入开阔的平原区，然后，继续向南流经滦县，再弯曲向东南，流经大滩南，经甜水沟入海。野鸡坨近东西向，由黄棕色粉砂质细砂含有牡蛎碎片与小螺组成的沉积体。其成因可能是残留的海湾沙坝（王颖等，2007），沉积物经湿热化淋溶，泛红色，且半胶结，估计为中更新世沉积。自野鸡坨向南，即向海方向119 km的范围内分布着3个三角洲沉积体，从卫星遥感影像图上，可明显地区分出其范围（图3.5），3个三角洲体巨大，均较历史时期所形成的两个现代河口三角洲体大10倍以上，反映出其发育时期滦河的水沙量巨大。

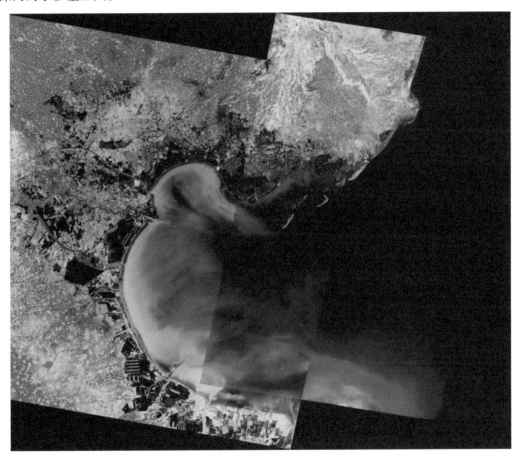

图3.5　滦河三角洲平原与渤海湾卫星遥感图（据2000ETM影像）

估计大三角洲体形成时期可能始于晚更新世末，3个三角洲体自西向东分布，按其发育先后，可区分如下。

（1）三角洲体Ⅰ，北端始于马兰庄，滦河下游分汊处，经野鸡坨，以NE—SW向延伸，南界至柏各庄（39°28.93′N，118°55.13′E）一线[①]；西界通过雷庄（39°77.31′N，118°58.86′E）、塔坨；东界经过滦南（39°48.82′N，118°64.54′E），此三角洲体可称为雷庄—柏各庄三角洲瓣。其发育时期于古滦河受地震断裂，白龙村河道抬升，滦河改道向东、再西南流之后（王颖等，2007）。

（2）三角洲体Ⅱ，呈NWW—SEE方向延伸，顶点始自泡石淀或挑花村（39°79.23′N，118°80.03′E）；向东经石门（39°73.60′N，118°81.40′E）至大蒲河镇（39°71.02′N，119°27.47′E），然后转折向西南为三角洲瓣之外缘，该处大体上沿七里海潟湖内侧与刘台庄一线分布；西侧是现代滦河，此三角洲体可称为石门—七里海三角洲瓣。

———————————

① 经纬度是自遥感图上量得。

（3）三角洲体Ⅲ，位置介于Ⅰ、Ⅱ之间，其形成新于三角洲体Ⅱ，可能相当于全新世中期高海面时。顶点约位于滦州以南与李兴庄之间，三角洲河道分流点位于泡石淀以南，其东界为现代滦河，西界宋道口镇（39°52.17′N，118°73.60′E）与西万坨一带；南界达汤家河镇（39°32.17′N，118°98.18′E），大约东自姜各庄，经大黑坨、汤家河镇、至闫各庄与阁楼坨一线。

3个三角洲瓣叠覆组合体类似一"公"字（图3.6）。

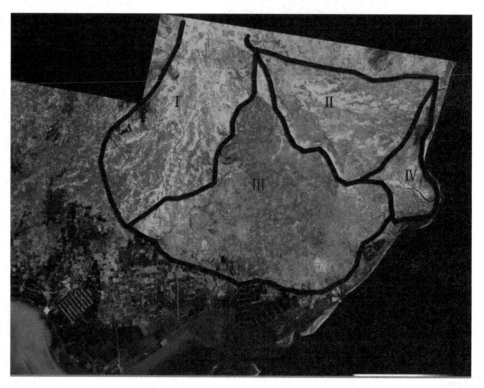

图3.6　古滦河3个三角洲瓣（2000ETM影像）

大三角洲体组成了滦河三角洲冲积平原。在三角洲瓣上多古河道与废弃河道的遗留，并且有多列海岸沙坝体残留为沙坨，其排列方向与海岸线平行。上述表明：滦河三角洲发育是以滦河泥沙为基础，沙随水行，滦河河道的位置与迁移决定了三角洲体沉积的骨干所在，而晚更世及全新世早中期滦河水沙量巨大，是渤海沿岸动力活跃的大河；滦河三角洲堆积模式自古至今均是以沙坝围拦河口与海湾，以河沙充填坝后潟湖为主。岸外仍然保留着波浪与沿岸流交互作用所形成的海岸沙坝（offshore sand barrier）或称为岸外沙岛。上述海岸地貌结构反映出滦河口外海域的风浪，沿岸流与潮流动力作用是基本"恒定"的，与渤海海域轮廓及海岸所处的位置未变有关。

（4）现代滦河三角洲（Ⅳ），规模小，是1915年滦河改道至姜各庄以北甜水沟河段入海后所发育的，分流的三角洲尾闾河道，仍具沙坝环绕，成为数个瓣体组合，受NE向风浪作用影响，入海泥沙向SW侧运移与堆积为主导趋势。位于现代河口之西南方，还有一个历史时期460~100年前滦河在姜各庄南侧的稻子沟入海时所形成的三角洲瓣（高善明等，1980），其规模亦小，可并为历史时期以来现代三角洲体的一个阶段（Ⅳ-1），蛇岗为其时之海岸沙坝。

由于滦河三角洲平原沙层含水透气，植被茂密，因此，卫星图片上很容易将冲积平原三角洲范围与外围无植被的盐土平原区分开来。

总之，由于滦河迁徙，滦河三角洲自晚更新世以来，在洞河与大蒲河之间发育了 4 个三角洲瓣，构成河海交互作用以河流泥沙堆积为主体的三角洲平原海岸。三角洲体的规模大小与河流供沙量及下游河道、河口的稳定时间长短有关。自 1979 年建设了潘家口、大黑汀水库，1983 年引滦河水供应天津以及 1984 年引滦入唐山后，滦河径流量减少为 $18.4 \times 10^8 \ \mathrm{m}^3$，入海径流比工程前减少 61%，其中，1980—1984 年径流量为 $3.55 \times 10^8 \ \mathrm{m}^3$，减少量达 92%，滦河尾闾几乎干涸（钱春林，1994）。河水枯竭，入海泥沙减少，滦河三角洲由原来向海淤积延伸（最大达 81.8 m/a）（钱春林，1994），转变为受海浪冲蚀后退。最初几年，岸线平均后退约 3.2 m/a，最大 10 m/a，滦河口口门后退更为显著，曾达 300 m/a，岸外沙坝宽度与长度均减小（20 m/a，400 m/a）（钱春林，1994）。今后海岸蚀退的速度会减缓，但三角洲发育趋势已显著变异，由淤进转化为侵蚀后退，沿海土地受潮水侵淹而质量劣化，因此，需重视人为改变自然环境的教训，规范与开辟多种途径的淡水利用，探求自然环境与人类生存和谐发展。

3.2.2 海积—贝壳堤平原海岸

沿渤海湾海岸分布，潮流堆积的粉砂质黏土平原，土壤结构差、盐分重、缺乏淡水与植被，因此在卫星图片上很清晰地反映出海积平原的分布范围，与内侧具有茂密植被或农田的冲积—海积平原区别开来，在卫星图片上的反差更明显。

渤海北部成片的海积平原分布于滦河老三角洲体的外缘。现代海积平原的界线大体如下：自河北省乐亭县的张李铺村（39°14′03.22″N，118°44′15.40″E）→河北省唐海县南堡农场 12 场 2 队（39°08′41.47″N，118°20′26.63″E）→河北省丰南市金坨村（39°16′04.72″N，118°03′18.65″E），构成渤海湾海积平原北界；渤海湾海积平原西界，大体上，自天津市宁河县杨家泊镇（39°18′33.46″N，117°52′22.56″E）→天津市宁河县东村村（39°10′16.12″N，117°41′51.42″E）→天津市大港区建工里小区旁（38°54′27.54″N，117°30′29.31″E）→跨过北大港→天津市大港区沙井子乡（38°38′06.10″N，117°24′06.56″E）→黄骅市刘洪博村（38°23′31.41″N，117°34′20.89″E）→沧州市海兴县杨埕水库（38°08′21.39″N，117°39′58.60″E），跨越大口河向西分布。

（1）渤海湾海积平原介于滦河三角洲平原、永定河水系平原与黄河三角洲平原之间，是沿平原外缘发育的低缓平坦的海岸，由粉砂与淤泥构成。其海岸特征是岸线平直，岸坡平缓，浅滩宽广。主要受潮流作用，其海岸发育地貌与沉积的特征均反映了潮流作用的特点。海岸在横向上可分为三部分：① 沿岸陆地是海积平原，平原地势平坦，地貌类型单调，近河流处有些废河道、牛轭湖、天然堤、沙丘等残留形态，近海处为盐沼洼地平原，植物稀疏，景色单调，沿岸常有由贝壳、壳屑、沙土组成的贝壳堤，这是激浪作用在高潮线的堆积体，它们代表了古海岸线的位置。② 平原外围是潮滩（潮间带浅滩），其宽度曾达 4 ~ 6 km，因海平面上升遭受侵蚀，或人为围滩，潮滩宽度已减至 1 ~ 2 km，但在黄河三角洲的潮滩仍宽。潮滩坡度约 1×10^{-3}，是潮流作用的主要区域，由于潮汐的周期变化，使潮间浅滩在地貌沉积与动态演变上产生分带的特征。潮滩是淤泥质平原海岸最主要的部分，整个海岸是经历潮滩演变形成的。③ 潮滩以外是广阔的水下岸坡，通常坡度十分平缓，坡度在 $0.1 \times 10^{-3} \sim 1 \times 10^{-3}$，在平缓的水下岸坡上偶有 2 ~ 3 m 起伏的砂质或贝壳砂的浅滩或洼地。水下岸坡上常有悬浮质淤泥组成的浮泥，大多起源于含淤泥量大的大河河口，河口淤泥呈悬浮状态在潮流作用沿岸运移，影响到平原海岸的发育。

（2）渤海湾波浪作用主要是风浪，常风向为 SW 向，强风向为 N 向及 NE 向，强浪为 NE 向风浪。NE 风 7 级时，浑水带宽达 30 km，平均潮差 1.65 m，涨潮流向 W 或 NW，落潮流为 NE 和 ENE 向，由于海岸带坡度平缓，潮滩坡度介于 $1 \times 10^{-2} \sim 1 \times 10^{-3}$ 之间，岸边水浅，波浪作用达不到岸边，因而潮流作用活跃，是塑造潮滩的主要动力，波浪作用仅在满潮时达到低潮线附近，落潮后，潮滩又经受日晒与风力作用。潮滩是具有上述动力作用特点的特殊地带，而中国在黄海、渤海潮滩宽阔又具有世界特色，其原因在于黄河泥沙输入海洋主要为来自黄土高原的粉砂、黏土物质，颗粒细，输沙量大，形成滩坡平缓的淤泥质粉砂海岸。潮流作用特征：潮汐有非常长的长波；浅水区域的潮波，当波峰与波谷汇合时，其潮流速度为零；只是在高潮与低潮的中间，流速最大，从图 3.7 可看出，潮流速度与潮高并不是同步变化的（王颖、朱大奎，1994）。

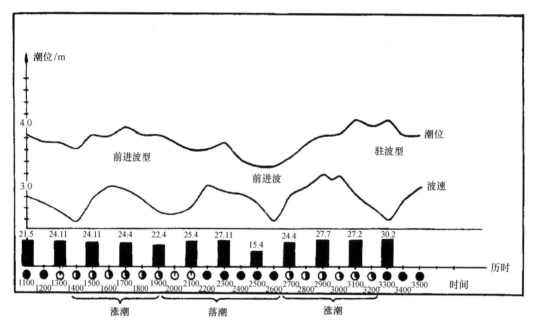

图 3.7 潮滩上的潮汐过程曲线（王颖、朱大奎，1994）

当潮波向岸运动，到达坡度非常平缓的潮滩，在低潮水边线刚开始涨潮时，流速从零开始，随着水位增高，潮水淹没了潮滩较低的部分，流速也逐增大，至淹没潮滩的中部时，也即在潮位达到高潮与低潮的中间，这时流速最大，以后流速又渐减小。当水位最高，整个潮滩被淹时，流速又下降至零。而悬移质的浓度也随潮汐过程变化。外海海水中悬移质浓度一般较低，潮波进入潮滩，刚上水时水层薄，底层受扰动，使含沙浓度也随水位增高，潮滩逐渐被淹没而增加。当水位增高，水层增厚，近底层的扰动作用减弱，含沙浓度也随之渐渐降低，至高潮时为最低值。由于流速、潮位的变化使潮滩的沉积物有不同的分布，在低潮滩是粗粒，向高潮滩粒度逐渐变小，最后为泥质沉积。

在荷兰的 Wadden 海的研究中，H. Postma 对潮滩上悬移质的沉积机制，提出了沉降延迟与冲刷延迟的图式（图 3.8）。图 3.8 中，水平方向为涨潮过程，从低潮到涨潮再到落潮，潮流曲线为正弦的，流速分布曲线将是不对称的，因近岸的流速小于外海。从图 3.8 可知，若一个颗粒在起动流速作用下，在 B 点挑起到 B′它将沿 AE 运动，当到达 C 时，流速已减至起动流速，但颗粒并不直接降到 C 点，而是在周围水体惯性作用下沿 AE 运动到 D′时才落到 D

点，这就是"沉降延迟"。落潮时，AE 流速已不足以带走 D 点的泥沙颗粒，它只能由更近岸的、流速更大的落潮流带着泥沙沿 EG 而运动，最终在 G 点沉积下来，这就是"冲刷延迟"。因此，从图 3.8 中可看出，在一次潮周期中，一个颗粒从 B 点运动到 D 点，然后又返回运动到 G 点，其净位移是 BG，这就是潮滩上捕捞淤泥的一般机制——进二步退一步的沉积过程，这过程使得高潮位为淤泥沉积。

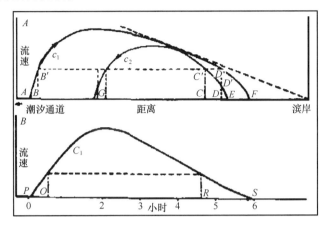

图 3.8 潮滩上悬移质沉降延迟效应（H. Postma，1967；王颖、朱大奎，1994）

上述是一个潮周期中的沉积作用。而在潮汐的月变化中有大潮汛小潮汛潮位的变化，这使潮流作用带发生周期性的位移，使泥质沉积与砂质沉积的范围移动，而出现沙和泥交替出现的带，如图 3.9 所示，A 点为大潮汛时砂质沉积的上界，B 点为小潮汛时砂质沉积的上界，在一次从小潮→大潮→小潮的周期中，将在潮滩中留下一个向岸尖灭的砂质沉积层，大小潮周期的多次重复，在 AB 之间潮滩剖面上形成泥沙混合沉积层。如在江苏大潮流速是小潮的 2 倍，大潮汛时沉积物粒度为 33 μm，小潮沉积物为 15 μm，使泥质沉积中出现黏土与细粉砂的纹层。

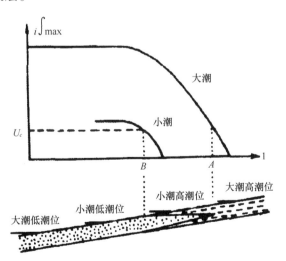

图 3.9 大小潮汛对潮滩沉积的影响（朱大奎、高抒，1985；Wang Ying et al.，2001）

潮汐造成水位的周期变化，使潮滩在动力作用、地貌和沉积上具分带性。基本上，潮滩可以分为潮上带、潮间带和潮下带三部分。大潮高潮位与大潮低潮位之间，称潮间带，这是经常受潮汐作用的范围。大潮高潮位以上称潮上带，这是偶然事件（风暴潮等）才受潮汐作用的。大潮低潮位以下称潮下带，这是一般不枯露的水下岸坡范围（图3.10）。

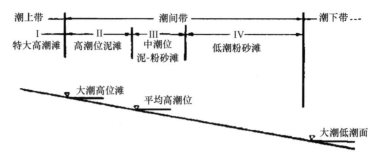

图3.10　潮滩分带图（王颖、朱大奎，1994）

渤海湾潮滩的潮流动力特性是：① 涨潮流速大于落潮流速，落潮延时长于涨潮延时；② 最大流速出现于高潮与低潮之间的半潮期间，余流受风的作用；③ 涨潮流含沙量大于落潮流含沙量，使外海含沙量低，进入潮滩低潮水边线、含沙量急剧增大（表3.1），上述因素导致潮滩淤积增长，滩面沉积物搬运过程是：潮滩刚上水时，水层薄、流速快，近滩面紊动强，使潮滩上的沉积物被扰动掀带。大风天时滩面水呈泥浆状，风浪也起着扰动掀沙作用。而涨潮流将悬移质搬运，受滩面摩擦，流速减低，而沿途卸下泥沙：初为底砂；随着涨潮流向高潮位移动，潮位增高，水层增厚，近底层水扰动减弱，悬沙渐沉降淤积，含沙浓度亦降低；至高潮位，尤其是憩潮期间，含沙浓度最低。因此，最细的悬移质泥沙亦被卸下，而形成高潮位泥滩带（多为泥沼）。落潮时，因历时长，流速小，含沙浓度较涨潮流小；但至潮滩中部，坡度稍大，而使含沙较小的落潮流流速加快，形成潮滩中潮位处的冲刷，冲刷体或洼地多沿潮滩坡面方向延长，冲刷陡坎面向落潮流来向；落潮流将冲刷下来的泥沙（多为底移质）带至低潮滩沉积；原因在低潮位处，落潮流进入水平的海水层时，流速降低，致使泥沙卸下。这一过程，形成了潮滩滩面分带性：高潮位泥质沉积，中潮位冲刷体与冲刷洼地，低潮位粉砂沉积，由于潮汐水位受大潮、小潮及风成增减水的影响等，结果，上述沉积分异形成一定的宽度带。20 世纪60—80 年代在渤海湾西岸及黄海调查时，潮滩的分带性普遍存在，其宽度大体上是：高潮位泥滩带宽度约500 m，多为泥沼，人行时，淤泥至膝（0.4～0.5 m厚的淤泥）；冲刷带500～800 m，其沉积为粉砂与黏土质的夹层沉积；而低潮位粉砂带宽度1～2 km。由于潮滩淤长，至一定宽度后，上部泥滩逐渐会露干，或仅特大高潮位时才淹没。因此，经日晒形成泥裂与硬土带。渤海湾潮滩自高潮位向低潮位，具有与潮滩动力相适应的地貌与沉积分带性：龟裂带、内淤积带、滩表冲刷带及外淤积带（王颖等，1964）（表3.2），这四个带春季与秋季表现清楚；夏季因风浪大，冲刷带受侵蚀而物质粗化，东南风盛行时，滩面有浮泥堆积——来自黄河口的淤泥流效应；冬季滩上多冰丘或冰排，解冻后余留烂泥堆（王颖等，1964）。潮滩滩面分带性在渤海、黄海等地普遍存在，是潮流动力为主的海积平原海岸的特征，这一自然规律是南京大学的海岸动力地貌学师生于20 世纪60 年代，在渤海潮滩进行多条断面的水文地貌重复测量（年度与季节），发现、总结而揭示的（王颖等，1964）。80 年代初，南京大学师生在黄海工作，又证实了这一分带规律。英国 G. Evans对 Wash 海岸研究中，发现了类似的潮滩分带性（G. Evans，1965）。此后，在加拿大芬地湾、美国旧金山湾等处均有报道，潮滩分带性被应用于老地层的沉积相分析（Wang Ying et al.，2001）。

表 3.1　渤海湾歧口潮滩水文断面（王颖、朱大奎，1994）

测点站位（水深/m）	涨潮		落潮		余流		含沙量		输沙	
	流速/（cm/s）	流向/°	流速/（cm/s）	流向/°	流速/（cm/s）	流向/°	涨潮	落潮	输沙率/（t/m/24h）	方向/°
+2.0	40	271	21	95	0~1	7	10	8.04	1.2	238
±0.0	50	290	27	96	0~3	7	9.89	6.7	0.7	261
-2.0	58	268	33	84	3	7	2.99	2.64	1.6	261
-4.0	57	252	36	118	12	247	2.37	2.29	1.5	346
-5.0	57	260	35	108	5	247	0.79	0.71		

注：上述断面经多次水文测量，具代表性。

表 3.2　渤海湾潮滩地貌分带性（王颖等，1964；Wang Ying et al.，2001）

带别	泥裂（龟裂）带	内淤积带（泥沼滩）	滩面冲刷带	外淤积带（粉砂波痕带）
分布位置	大潮高潮位—平均高潮位	小潮高潮位	中潮位	中潮位—大潮低潮位
动力	大高潮浸淹，平均高潮位裸露，蒸发，日晒风吹	潮流，主要是涨潮流淤积	潮落往复沉积，主要是落潮流冲蚀	潮流与微波
沉积物与沉积结构	黏土与黏土质淤泥，水平纹层，页状层理	黏土质淤泥，均匀浮泥层	黏土质淤泥与细粉砂互层，页状层理"千层糕"型	极细砂与粗粉砂层，波纹状，交错层理与透镜体
地貌与发育动态	泥裂，虫孔，虫穴塔，局部盐沼湿地，坡度 $0.5 \times 10^{-3} \sim 0.6 \times 10^{-3}$，大潮高潮时淹水，沉积悬移质，裸露时干裂，风暴潮时侵蚀	泥质潮滩，或为泥沼，通行沉陷，坡度 0.67×10^{-3}，悬移质泥沉积带，每年可沉积淤高 5 cm	与滩面潮流平行的潮水沟与长条形冲刷体，陡坎向岸。涨潮时沉积，因潮汐大小不同沉积粗细相间，落潮流冲刷	粉砂质潮滩，通行不陷，各种波痕（厘米级）及流痕。泥沙来自外海与潮下带，落潮与憩流时形成波痕

　　上述分带是潮滩的自然分带性。自 20 世纪 80 年代以来，渤海沿岸开发，滩涂围垦与修筑堤防，改变了潮滩坡度，加之，海面上升，潮滩普通遭受冲刷，新的动态平衡尚在塑造过程中，渤海湾潮滩特性有所改变。

　　渤海湾潮滩沉积物主要来自黄河及海河，湾顶的歧口是它们的分界处。按粒度特征，黄河及海河泥沙的粒度等值线均呈舌状伸向歧口，而两处矿物组合也有明显差异，海河物质来自燕山山地火山岩及变质岩系，黄河物质反映出经长途搬运变化的特征。

　　渤海湾平原海岸的水下岸坡非常平缓，水深 0~15 m 的坡度为 0.21×10^{-3}，其沉积物从水边线（粉砂）向海逐渐变细，至水深 5 m 沉积物粒径为 0.005 mm。在水下岸坡常有浮泥活动，是由悬浮质淤泥组成的泥沙流，起源于黄河口及河口两侧的淤泥质浅湾（河口沙嘴两侧的烂泥湾），浮泥特性与黄河泥沙富含蒙脱石有关。来自黄河口的淤泥流，呈接力式运移，向北可影响到大口河及歧口一带。

　　（3）贝壳堤，是海积平原的特征地貌，它分布在淤泥质海积平原高潮水位以上，介于海岸潮滩与后侧海积平原之间，是古海岸线的标志。贝壳堤在"苦海盐边"的渤海湾西岸更具有重要的意义：其物质组成与分布位置反映着其形成时的海岸环境与岸线变迁。最早发现渤海湾西岸平原有数列贝壳堤的是天津市考古学家李世瑜先生，他根据田野考察发表了贝壳堤与地下文物是古海岸遗迹的文章（李世瑜，1963）。南京大学1961—1963年王颖和师生在渤海湾西岸为新港泥沙来源而从事海岸动力地貌调查时，观察到沿海的两列贝壳堤，并会同李世瑜先生，在他带领下，又考察了天津市郊贝壳堤与含贝壳的海相地层，通过研究，王颖从海岸发育观点对贝壳堤的地貌成因与所代表的海岸冲、淤环境作了系统阐述。这两项研究成果先后在《海洋湖沼学会1963年学会论文摘要》及1964年《南京大学学报》发表，反映出其研究时段相当（王颖，1964）。

据海岸地貌理论，贝壳堤（cheniers）是一种发育于淤泥质平原海岸的堆积体。它发育于岸坡平缓（$1 \times 10^{-3} \sim 2 \times 10^{-3}$）、具有中等强度的激浪作用、粉砂质或黏土粉砂质海岸的一种沿岸堤（滩脊），标志着海岸线位置。沿岸堤是由海岸激浪作用将水下岸坡与海滩泥沙携运至海滩或沙坝的高潮线处的堆积，而组成贝壳堤的物质主要是软体动物的贝壳或壳屑，它代表了特定的潮滩海岸遭受海侵冲刷之环境。强烈的激浪作用可使贝壳破碎，不能保存下来堆积成堤，只有在一定强度的潮流与激浪作用下可将贝壳从潮滩中挖掘出来，而于高潮海滨处堆积成滩脊。所以，贝壳堤是海平面变化的海岸地貌标志。粉砂淤泥质平原海岸的潮滩，具有透光通气的底栖环境，又可从海水与底质中获取贝类生长所需的食物与营养盐，不同的底质中具有不同的贝类。例如，蛏类繁殖于细砂中，壳薄不易保存，毛蚶则能耐受黏土环境，但粉砂滩最适宜于各种贝类繁殖，如蛤螺、牡蛎、蛏、蚶等，潮滩坡度小、宽度大，提供了大量贝壳物质，当这段海岸遭受轻微海蚀后退时，繁殖于岸滩的贝壳可被激浪挖掘，受进流作用堆积于潮滩上部（高潮线）发展成沿岸堤。

贝壳堤广泛分布于受细颗粒泥沙供应的潮滩，如黄河三角洲、长江三角洲、英国的Wash海湾，南美亚马孙河口等处。贝壳堤与含有贝壳物质的沿岸沙堤（贝壳占20%~30%）是有区别的。后者是代表有丰富物质供应的稳定或缓缓加积的岸段，而贝壳堤代表海积与海蚀交替的环境，岸线较稳定但受轻微冲刷的海岸。

我国渤海湾西岸贝壳堤非常典型。在渤海湾粉砂淤泥质平原海岸分布着两列贝壳堤（图3.11）。与现代海岸线一致的是Ⅰ贝堤，由贝壳（完整的壳、碎屑、贝壳砂）与石英长石粉砂细砂组成，贝壳种类多，以青蛤、白蛤、毛蚶、蛤螺为主。在海河以北，贝壳堤高0.5~1 m，宽20~30 m，向海坡6°，向陆坡5°~60°。在海河以南高2 m，宽100 m，成连绵不断的陇岗，人们利用它筑成一条挡潮堤。据Ⅰ堤分布位置与绵延方向，可以确定，Ⅰ贝堤海河南北两段是相连的，北部贝堤物质来自滦河冲积物——燕山山地的花岗岩、变质岩破坏后所形成的长石石英细砂、中砂，在这类底质上繁殖的贝壳，主要是蛤螺、扇贝、锥螺、文蛤等。南部是黄河的粉砂，极少量细砂，以毛蚶、白蛤、魁蛤为主。

Ⅰ贝堤向陆分布着第二列贝壳堤，长70 km成连续的陇岗，Ⅱ贝堤规模大、沉积厚，高5 m，宽10~200 m，是种类丰富的贝壳和贝壳砂夹有粉砂主要有白蛤毛蚶以及文蛤、蛤螺、强棘红螺、日本镜蛤、扇贝、扁玉螺等，沉积层具有极完好的水平层理，层中夹有经过海水磨蚀呈自然堆积状态的砖网坠（渔具）、瓷器碎片，沉积层坚实，并微微胶结。据其沉积特征可以推断，在其形成时，海岸坡度大，海水清，激浪作用强，海底的粉砂层厚，贝壳繁殖旺盛，因此是经历长期激浪作用堆积的，在高潮线形成的大型贝壳堤，堤顶并有贝壳屑与沙尘质沙丘叠加。据Ⅰ、Ⅱ贝壳堤的物质组成与现代该段海岸沉积物成分对比，可以认为，历史时期渤海湾西南部没有经过砂质海岸阶段（王颖，1964；Wang Ying et al.，1989）。

贝壳堤的年代可用历史考古法及碳同位素法。Ⅱ贝堤上发现的一些墓葬、村舍遗迹及文

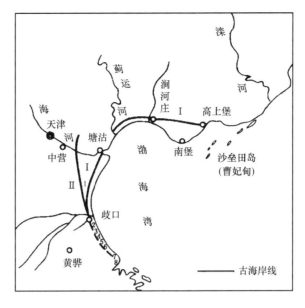

Ⅰ. 第一列贝壳堤　　　Ⅱ. 第二列贝壳堤

图3.11　渤海湾海岸贝壳堤分布（王颖，1964；王颖、朱大奎，1994）

1. 上古林；2. 高尘头；3. 张巨河；4. 后唐堡（石碑河口）；5. 赵家堡；6. 贾家堡；7. 冯家堡；8. 狼坨子

物为唐宋时代的，即Ⅱ贝堤在唐宋时已存在。据Ⅱ贝堤沉积及地貌分析，可了解它形成的自然环境：贝壳种类丰富，主要生活在粗粉砂与细砂中，贝壳砂层厚，分选极好，质地纯，不夹杂黏土，这些反映着当时的海水清澈，不含有淤泥与黏土，海底组成主要是粉砂。同时，Ⅱ贝堤规模大、高度大、沉积厚，表明它形成时的岸坡坡度大，激浪流作用强烈，岸线稳定，岸堤继续堆积时间长。但唐朝以前，黄河一直是注入渤海的，未曾南迁，为什么当时渤海湾沿岸没有大量的淤泥物质，岸坡较陡，与今日情况迥然不同呢？据历史资料分析，黄河并非一直是饱含泥沙的，其巨量泥沙主要来自黄河中游山陕黄土高原。而历史上，从春秋至秦，山陕黄土高原林木茂盛，原始植被未遭破坏，是良好的林牧场所，水土流失极少，因此，黄河的含沙量并不大，河水是清澈的。西汉时期，由于大量移民至边塞（今山陕高原），从事农垦，变林牧为农耕，原始植被遭破坏，水土流失日益严重，黄河含沙量陡增，下游改道也极为频繁。这种含沙量加大的影响亦波及河口及外围地区，但变动时间不长（约100多年），尚不足改变整个渤海湾的沉积组成。此后，东汉至魏晋时，边疆少数民族大量入居塞内，在黄土高原一带还农为牧，植被又重新恢复，水土流失日趋减小，所以，在东汉以后500多年期间，黄河入海的淤泥粉砂物质不多，海岸长期稳定，且沿岸海水清澈，激浪作用强，适于贝类繁殖，有利于形成高大的贝壳堤（王颖，1964；Wang Ying et al.，1989）。

从Ⅱ贝壳堤的分布看，歧口以北走向南北，歧口以南呈三角洲状向海凸出，这是受古黄河三角洲的影响所致。当时黄河河口位于渤海湾南部，汉王莽始建国三年（公元11年），黄河第二次大改道，黄河自河南一带决口，从荥阳到千乘入海。自此至隋（相距500年）唐（相距800年）黄河长期稳定于渤海湾南部入海。根据以上分析可以确定：Ⅱ贝壳堤形成于东汉明帝13年，王景治河成功以后（公元70年），主要在东汉末年至隋时（公元589—618年），而唐朝时，贝壳堤已具很大规模了。

Ⅰ、Ⅱ贝壳堤之间的盐土平原形成于宋庆历八年（公元1048年）黄河三徙，其北支由天津一带入海后形成（王颖，1964；Wang Ying et al.，1989）。

Ⅰ贝堤开始形成于元（后）至元年间（公元1336年），黄河第五次大改道后，而盛于明弘治年间黄河全流入黄海时。这时渤海湾沿岸无黄河淤泥注入，岸坡变陡，波浪作用加强，有利于贝类繁殖，相当时间后出现了新的贝壳堤。Ⅰ贝堤分布范围大，遍及整个渤海湾两岸。但唐以后，黄河中游垦殖引起水土流失，黄河含沙量增大，河性已发生变化，输入渤海湾淤泥增多重大改变。虽然黄河注入黄海，但渤海湾的淤泥已难以完全摒绝，故此贝类较少，主要是耐含淤泥的白蛤及在淤泥中生长的毛蚶、魁蛤。贝堤中淤泥沉积亦多。因海岸带有一定的淤泥物质，岸坡较缓，波浪对海岸作用也较弱，因而Ⅰ贝堤高度低、宽度小，贝类少，夹有淤泥等特点。Ⅰ贝堤明末时已形成，清初（公元 1644 年）已有渔民定居（王颖，1964；Wang Ying et al.，1989）。

根据 20 世纪 80 年代^{14}C 的定年资料，歧口Ⅱ贝堤底部年代为距今 2020 年 ±100 年，堤顶部为 1080 年 ±90 年，靠近海河之北的白沙岭年龄为距今 1460 年 ±95 年（赵希涛等，1980），即 20 世纪 60 年代时用历史资料分析判断的贝堤年代与近年碳同位素定年资料可互为引证。

天津地质矿产所王宏研究员等[①]，自 20 世纪 90 年代至今，又对贝壳堤进行了深入调查、多层次采样、系统定年与校正工作，进一步了解到：渤海湾西部平原尚有以下两列古贝壳堤（王宏，2002；王宏等，2004）。

（1）Ⅲ贝壳堤，仍保存较完整，南部起自天津市东南约 90 km 的大港区沙井子、大张门头、向北至八里台、巨葛庄，经海河到张贵庄，再向北经荒草坨、造甲城转向东北潘庄、毛毛匠到田庄坨。

Ⅲ堤在巨葛庄村东红泥河以西的倪家大坎出露地表 1.5～2.0 m，其余均埋藏于地下 0.5～1.0 m 深处，层厚 1～2 m，宽约数十米至 200 m 不等，具丘岗形态与水平层理。贝壳种类有白蛤、毛蚶、蛞螺、锥螺、织纹螺、牡蛎、蛏蛏和竹蛏，经风化后已失去光泽，少量完整贝壳混杂在贝壳砂屑层中。蔡明理论述了Ⅲ堤以东的广大三角洲平原是商周至周定王五年，黄河曾长期在天津附近入渤海湾时形成（蔡明理，1993）。

（2）Ⅳ贝壳堤，分布于天津市黄骅县的前苗庄南大坑河大港区的沈清庄、大苏庄和翟庄子一带。多埋藏地下 1～2 m 深处，呈片状分布宽约 50 m，厚 2～3 m，以贝壳碎屑和贝壳质砂为主，散夹有完整贝壳。贝壳种类有白蛤、毛蚶、近江牡蛎、猫爪牡蛎、文蛤、光滑蓝蛤、马蹄螺、玉螺和鱼牙等，具有沉积层次。贝壳砂屑层上部为含有结核的砂土覆盖，底部有薄层黑色淤泥。

Ⅳ贝壳堤以西的东孙村前苗庄—翟庄一带，还有时代更老的Ⅴ贝壳堤。

巨葛庄Ⅲ贝壳堤，部分成陇岗出露，部分为埋藏于 0.5～1.0 m 的沙土与淤泥层下，呈片状分布，厚度达 1～2 m，宽达 200 m，可能是Ⅲ堤发育的地基；前苗庄—翟庄Ⅳ贝堤为埋藏于 1～2 m 深处之片状沉积层、厚度达 2 m，并具一定宽度，也可能是贝壳质海滩或沙坝等，是贝壳堤发育之堤基。据此，王宏等认为贝壳堤的发育与沙坝岛（sand barrier island）并陆有关，是有依据的。埋藏贝壳砂屑层，可能是贝壳堤基的蚀余残留，而贝壳堤是在贝壳质海滩或贝壳质海岸沙坝上发育而成（王宏，2002；王颖、朱大奎，1994）。

王宏综合有关贝壳堤的^{14}C 定年数据，并一一进行了统一的校正，以期获得太阳历纪年的年龄：

Ⅴ堤：约 5 000 Cal BC；Ⅳ堤：约 4 000 Cal BC；Ⅲ堤：1 700～2 000 Cal BC；Ⅱ堤：1 000 Cal BC－300 Cal AD；Ⅰ堤：1 050～1 850 Cal AD（王宏，2002）。

---

① 李凤林. 贝壳堤——天津海侵的历史见证（内部刊物）.

以上介绍了根据历史地理环境分析所推测的沿岸两列贝壳堤形成发育的时代，^{14}C 定年及修正后测定的几列贝壳堤年代，明确了渤海湾西部自全新世中期以来的几条古海岸线，以及海岸平原逐渐淤进的阶段性；以潮流作用为主的海积平原为基本发育形式，但间断性地伴以波浪作用侵蚀与激浪流加积贝壳质堆积体；Ⅳ、Ⅲ、Ⅱ堤主要由贝壳质组成，贝壳种类除毛蚶外，绝大部分为生存于细砂与粉砂底质环境的，反映老贝壳堤发育时，海水较清澈，岸坡受蚀较陡，因而激浪作用活跃，冲刷岸滩，分选泥沙，向岸堆积成堤、坝，Ⅰ贝壳堤发育时，海水浑浊含较多悬移质黏土，沉积层中夹杂较多土层与人类活动的遗留物质。

巨葛庄Ⅲ贝壳堤，是地面陇状堆积与埋藏于 1~2 m 沉积层下的贝壳层相间分布；前苗庄—翟庄Ⅳ贝壳堤为埋藏的蓆状贝壳质沉积；Ⅱ贝壳堤高大，在上古林、贾家堡等处残存着并行的两道贝壳堤，内侧分支时代老，并且与大港潟湖洼地相伴分布……上述情况反映出这 3 列贝壳堤可能是在沙坝（sand barrier）基础上发育于高潮水边线的沿岸堤（王宏，2002；王颖、朱大奎，1994）。分支状堤通常是发育于河口或湾口的复式沙嘴或沙坝。而Ⅰ贝壳堤是发育于潮滩（tidal flat）上的沿岸堤，在贾家堡岸段是发育于Ⅱ贝壳堤向海坡上的背叠式岸堤。海岸地貌类型与物质组成充分反映着其发育环境与发展动态。

根据沿海岸"连续"分布的Ⅰ、Ⅱ贝壳堤的形成时代与分布状况，可以判别海积平原的不同发育动态（王颖，1964）。

（1）"新生"的海积平原，从大庄河到涧河庄，以高上堡到尖坨子的被潮水冲刷的弧形贝壳堤残段为北界，向南到达以南堡为"尖岬"的三角形地带，这是在Ⅰ贝壳堤形成后才淤长的，即：自明末清初，由于来自渤海湾西岸与古滦河三角洲的两股泥沙流交汇而迅速堆积的平原，是最新的海积平原，20 世纪当特大潮水时，海水尚可达北端贝壳堤附近，后由于开辟盐田及后发展稻米种植，人工筑堤挡潮，已成陆地农场。

（2）淤进的冲积—海积平原海岸，从涧河庄向西，经海河向南到歧口，Ⅰ贝堤滨海分布，Ⅱ贝壳堤在内陆，两堤相隔 1~20 km，以海河为中心宽度最大，呈向西侧宽度减小的"三角形"盐土平原。表明：该段海岸在Ⅱ贝壳堤岸线形成后，曾向海淤进加积，在海河口处淤积最快，而向南北减缓，反映出是海河三角洲淤积海岸，而源自海河口的泥沙，向两侧减少，Ⅰ贝壳堤发育于淤进的海河三角洲高潮岸线上，是当三角洲淤进减缓并趋于停顿之时。Ⅰ贝壳堤形成后，海河三角洲成为平原陆地。

（3）稳定的贝壳堤—潟湖平原海岸，从歧口到贾家堡，Ⅰ贝壳堤背叠于Ⅱ贝壳堤向海坡上，组成堆积的海积阶地。Ⅰ贝壳堤规模小，沉积中夹杂黏土质，反映出当时沿岸有淤泥汇入，而Ⅱ贝壳堤质纯，主要由贝壳、壳屑与壳沙组成，堤身高大，贝壳砂层与基部潟湖黏土质层间形成规模不大的淡水位表水层，曾是Ⅱ贝壳堤居民的饮用水源。Ⅰ、Ⅱ贝壳堤并联临海分布，反映出该段海岸稳定，处于冲淤变化的动态平衡，海岸线不变，但沉积环境变了，沉积了黏土质粉砂含量较多的Ⅰ贝壳堤。该段海岸处于南北岸线转折点，以北为缓慢淤进的海岸段，以南为轻微冲蚀的。

（4）具残留贝壳海滩、冲蚀的潟湖洼地平原海岸，自贾家堡到大口河岸线呈 NW—SE 方向，岸坡较陡浪流冲蚀强，Ⅰ贝壳堤已经冲蚀尽，Ⅱ贝壳堤也遭受冲蚀，仅有残留的贝壳滩，潟湖凹地前缘形成 2~5 m 高的冲刷土崖。该段海岸受冲蚀，村庄（刘家堡、范家堡、大辛庄等）多西迁。

上述表明在貌似单一的海积平原海岸上的贝壳堤却保留了古海岸环境信息，供后人研究了解海岸环境的发展与变化。

值得肯定的是，渤海湾西岸贝壳堤是我国学者自20世纪60年代以来研究的结晶。根据海岸动力地貌学原理，分析贝壳堤的沉积组成，结构与位置分布以阐明其成因。其发育具有中国海岸环境的特色——大河泥沙供应、季风波浪与潮汐作用，以及人类活动效应，与欧洲、美洲的海岸环境与发育不同。本书选用滦河三角洲的沙坝潟湖海岸、渤海湾西岸海积盐土—贝壳堤平原海岸，以及下面阐述的河海交互作用下的河口湾牡蛎礁平原，不仅肯定特征海岸地貌的研究成果，亦在说明三类地貌的成因环境差异。

3.2.3　蓟运河河口湾—牡蛎礁平原海岸

分布于渤海湾西北部海岸带，介于滦河三角洲平原外缘的西南方与永定新河的东北侧，自蓟运河、北塘向北，以蓟运河与潮白新河平原为主体的倒三角形地带（图3.12）。

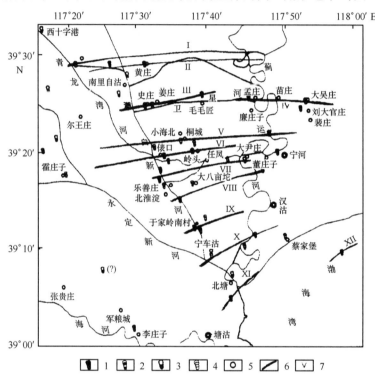

图 3.12　渤海湾西北岸牡蛎礁平原礁体分布（王强等，1991；王宏，1996；范昌福，2005）

该段海岸长度不大，但内侧平原范围大，虽处于渤海湾同一区域内，但平原的物质组成与前两类（滦河三角洲—沙坝潟湖海岸，海积盐土—贝壳堤平原海岸）有区别，是介于两者之间的过渡类型，既含有河源的灰黄色细砂质粉砂（含量占50%～60%），也具有海源的灰黑色粉砂质黏土（约占40%），而且，表层沉积中黏土含量增多，这种沉积，反映着双向沙源的混合特性。

蓟运河是区内的主要河流，具有两项地貌特点：① 下游平原河道蜿蜒曲折，众多的河曲反映着河流曾不断地以曲流改变流向使落差稍增以适应因平原加积淤展而延长的流路；② 蓟运河下游是与潮白新河会合后，经北塘流入渤海，河口呈现外宽内缩的喇叭口状，迎向来自渤海海峡进入渤海后径直向西流动的主潮流，它增强了蓟运河口的冲刷与搬运泥沙作用，形成口门开阔的河口湾（estuary，亦译为三角港）。河口湾内具有双向水流：潮流沿东岸上溯流动，径流沿西岸下泄。河口湾地貌表明了蓟运河下游河口段具有混合型沉积的原因：径流携运源自北部河流上游蓟县山地的细砂物质向海，涨潮流又掀带了近海的细粒悬移质泥沙沿河口上溯向陆。

（1）河口湾平原突出的标志性沉积是分布着多列牡蛎礁（图3.12），形成最具代表性的河口湾—牡蛎礁平原，在全新世沉积地貌与海岸环境演化方面，具有重要的科学价值。

据王强研究（王强等，1991）：1927年桑志华（E. Licent）和德日进（P. T. de chardin）报道Piccion在白河两岸钻探时，于天津市东郊军粮城附近Yen（尹）庄地面下20～25 ft（6.1～7.6 m）处，发现大量长牡蛎（Ostrea gigans. Thunberg，1793年定名）；20世纪60年代，在天津市宁河县和宝坻县许多地点相继发现了大面积的牡蛎滩（oyster bank）。王强阐明：组成牡蛎滩的主要是长重蛎Crassostrea gigans（Thunberg）和近江重蛎Crassostrea rivularis（Gould）两种及一些共生的蛤类，他指出"重牡蛎的北方种是广盐性的并能在冬季冻结固体中生活几周"。牡蛎滩分布范围：北起宝坻县南里自沽、东老口扬水站、黄庄、苑洪桥一线（39°29′N附近）；南至北塘青坨子；东至丰南县大吴庄、宁海县裴庄一线（117°53′E）；西界在潮白新河附近。有意义的是，在他的图中绘出有鲸鱼骨发现（图3.13）。这说明牡蛎滩繁殖时为水下环境，至少是深入陆地有一定深度的浅海环境，这也是本书认为该处为河口湾证据之一。王强列出26个^{14}C定年资料，其中，俵口钻孔剖面是系统地从地下1 m深处至6.4 m处，定年资料反映出牡蛎礁发育自全新世中期5000年以来。这是天津地质矿产研究所王强、

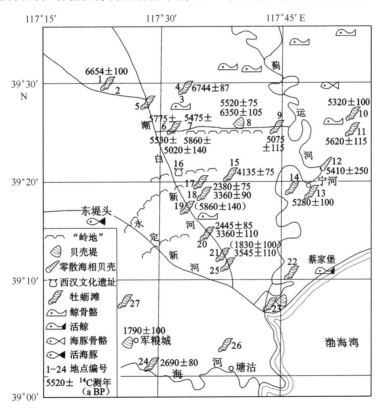

图3.13 天津地区面积大于40 m²的牡蛎滩分布状况及其顶部^{14}C测年[①]

注：1. 南里自沽；2. 东老口扬水站；3. 黄庄；4. 苑洪桥；5. 张老仁庄；6. 史庄子；7. 姜庄子；8. 卫星河；9. 孟营；10. 大吴庄；11. 裴庄；12. 庐台闸口；13. 董庄；14. 大尹庄；15. 桐城；16. 大海北；17. 俵口；18. 增口河；19. 官地；20. 北淮淀；21. 于家岭大桥；22. 营城；23. 青坨子；24. 李庄子（天津钢管厂）；25. 潮白新河；26. 黄港水库；27. 天津空港物流加工区。地点10顶层牡蛎壳铰合部分测年据王强等（1998未刊资料）；地点6～7间近东西向730 mm长卫星河道中牡蛎滩堆积连续富集，地点17～18相距383 m牡蛎滩连续。

① 王强据1991年底图修改重绘，未刊稿。

李秀文、张志良、李凤林与天津市地质矿产局、宁河县文化馆合作发表有关牡蛎礁的科学系统成果，值得肯定。所不同的意见是，定名为牡蛎礁（oyster reef）比牡蛎滩（oyster bank）更贴切实体特点：礁层厚，范围大的密集群体。该处牡蛎礁发育的环境是一个开敞的河口湾，有一定深度，咸淡水交汇，水流作用活跃，粉砂含一定细砂的底质，黏土成分较低，宜于牡蛎繁殖，而不是潟湖，后者为半封闭的咸水环境，处于淤浅消亡的过程中，盐度逐渐升高，水深不足发育数十列牡蛎礁。

渤海湾西北岸牡蛎礁曾引起较广泛的科研关注，先后有 30 多篇论著发表，据天津地矿局与华北有色工程勘察院 2007 年总结，结合一些文献得知，继 20 世纪桑志华、德日进等人在军粮城附近发现牡蛎礁之后，翟乾祥和李世瑜（1962）阐述了牡蛎礁分布及其古海面意义；翟乾祥提出组成牡蛎礁的主要是长牡蛎，是温暖气候时海水影响之生物，并做了 ^{14}C 定年（1976）。此后，中国科学院的赵希涛（1979，1996）、彭贵等（1980）、李元芳等（1985）、李秀文等（1989）先后发表了研究成果，承前启后，作出系统的重要研究成果，加深了对牡蛎礁的认识。提高其科学理论意义的是天津地质调查中心海岸带与第四纪地质带地质研究所的王宏研究员与其合作者：王强等（1991），Wang Hong et al.（1994，1995），王宏（2001，2002，2003），王宏等（2006，2010），钟慧宝、康慧（2002），李建芬（2004），范昌福等（2005a.b，2006，2007，2008，2010[①]）。这些研究成果阐明了组成渤海湾西北岸牡蛎礁的主要牡蛎种属，其生态特征与适应环境，牡蛎礁的沉积结构与分布、年代及其衰亡原因等，总结出具有里程碑意义的科学进步，使人们得以加深与提高对渤海海岸平原科学意义的重视。现扼要地加以转介。

（2）组成渤海湾西北岸牡蛎礁的主要是长重蛎（*Crassostrea gigans*）及近江重蛎（*Crassostrea rivularis*），少量为长牡蛎（*Ostrea gigans*）及近江长牡蛎（*Ostrea rivularis*），均为双壳类软体动物，壳长 0.2～0.5 m，大吴庄剖面中心以 40～50 cm 者居多，个体长大，生长纹清楚，量计到个长 46 cm，高 10.2 cm 的长重蛎，其背腹生长年轮达 27 个（图 3.14）。

长重蛎最宜生活在潮下带的半咸水的环境，17.5 的盐度最适合幼体和年轻成体的生长，但也可以生活在南方的 7～10 m 深的水域，或高纬的潮间带。短期暴露于空气中可以生存，但个体的生长受到抑制。渤海湾西北岸牡蛎礁中的牡蛎壳体长度均大，反映该处曾有最适宜生长的水环境，与牡蛎共生的有腹足类或双壳类的贝类（王强等，1991）：带脊新梯蛤（*Trapez*〈*Netrapezium*〉*liratum*〈*Reeve*〉），美丽假滑螺（*Pseudoliotie pulchella*〈*Dunker*〉），时光滑蓝蛤（*Aloides laevis*〈*Adams*〉）及少量淡水贝类（王强等，1991），大型鲸骨、海豚骨发现于平原的北部，^{14}C 年代均在 5000 年前（王强等，1991）。反映在全新世中期高海面时北部的水深较大，湾内水深仍大绝非潟湖（内浅外深，逐渐消亡的海水水域）。

牡蛎礁是由密集、原生的牡蛎群体组成。基底可以是未胶结的泥沙，尤其是粉砂底以其密集硬实而被渔民称为"铁板砂"，开始可以是牡蛎或贝壳碎屑滩，后辈可于其上建造发展，也可以是零星的牡蛎丘（oyesta mound）逐渐集合发展成为硬底礁基，使后辈于上堆积。因此牡蛎礁的基底非平坦的，在适宜的水环境中——清澈透光，并有活动水体与含有一定悬浮质的半咸水环境，具有径流与潮流双向作用的温带河口湾，最为适宜。牡蛎是附着于先辈的基体上呈立式向上建造，其分泌物可使胶结固定以抗浪流掀移（图 3.15）[②]，

---

① 据中国地质局天津地质调查中心、华北有色工程勘察院 2007 年 7 月天津古海岸与湿地国家级自然保护区地勘二期项目勘察综合研究报告及有关文献综合介绍，限于篇幅不一一列举。

② 商志文，范昌福，王宏. 2007. 天津古海岸与湿地国家级自然保护区地勘二期项目勘察综合报告. 中国地质局天津地质调查中心，华北有色工程勘察院.

图 3.14　岭头和大吴庄礁体中的典型牡蛎壳体形态（范昌福等，2007）

上部 4 个壳体采自岭头礁体，下部 4 个壳体采自大吴庄礁体；直尺长 40 cm

图 3.15　罾口牡蛎礁剖面（商志文、范昌福、王宏，2007）

王宏等分析在北淮淀牡蛎礁中的牡蛎个体生长速率为 1 cm/a（王强等，1991；范昌福等，2005）。但在原生的建礁过程中亦会有短暂的间断，会有倾倒的蛎壳、壳屑与死亡壳体的堆积，正如现代淤积的潮滩，会遭受风暴潮的冲蚀而出现侵蚀界面与混杂入粗粒物质是一样的，河口湾的环境基本上较外海稳定，但仍有风暴潮侵扰。发育过多列牡蛎礁反映出蓟运河河口湾流域是全新世中期以至 2000 年前还曾是牡蛎礁发育最宜的水环境。从王宏等所拍摄的俵口与大吴庄牡蛎礁剖面照片中，可以看出直立礁体中伴有卧倒的壳体，在卧倒壳体层间的直立壳体结构，使我们仍可从照片中分辨出呈楔形交叠的结构——双向水流动力沉积作用之明证（图3.16，图3.17）。

图3.16　俵口礁体剖面（商志文、范昌福、王宏，2007）

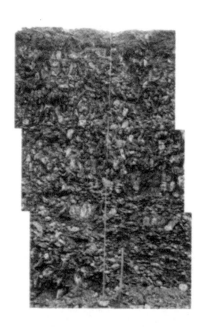

图3.17　大吴庄牡蛎礁体剖面（商志文、范昌福、王宏，2007）
图中牡蛎个体垂直、密集排列的正常建礁层与楔形相交的双向沉积结构

（3）渤海湾西北部蓟运河中下游平原，先后发现11列牡蛎礁（图3.12），经王宏等研究（2005—2010）与^{14}C校正定年，定为8列古海岸带（表3.3）：北部东老口—黄庄一带的牡蛎礁Ⅰ，其中，年代最老的为7 700 cal a. BP；最具代表性的大吴庄、俵口与罾口河处的牡蛎礁Ⅱ、Ⅲ，主要形成于全新世中期气温较温暖的高海面时，可能为牡蛎礁增长最宜时期；最年轻的为礁Ⅷ，分布于北塘，其时代约1 000 cal a. BP。大神堂海区还有近代的礁体。

表3.3 渤海湾牡蛎礁平原全新世多列牡蛎礁位置与发育年代（王宏、范昌福，2005）

礁群编号	地点	起迄时间/历时 / (cal a. BP)	礁体顶板高程 /m	礁体底板高程 /m	距现代岸线 /km
I	东老口—黄庄	7 775～7 625/150	约－1.1	约－2.6	约50
II	大吴庄	7 170～5 650/1 520	约－3.2	约－8.8	约40
II－1	史庄、姜庄、毛毛匠	6 880～6 440/440	约－2	约－4	约40
II－2	大海北、小海北、桐城	6 470～6 270/200	约0	约－2	约32
III	俵口—岭头	5 800～4 070/1 730	－1.82（－2.23*）	约－7.6	约30
III－1	罾口河	5 290～3 870/1 420	约－3.1	约－7.7	约28
IV	七里海	6 870～6 190/680	约－2.3	约－6.3	约24
V	北淮淀	3 210～2 630/580	－2.44	约－4.4	约21
VI	于家岭	2 140～1 650/490	约－1.8	约－3.3	约15
VII	营城	1 555～1 445/110	约－1	约－2	约7
VIII	北塘	1 170～950/220	约－1	约－1.4	约1
IX	大神堂海区	现生（可能已存活数百年）	约0	约－3	约－7

注：在现代岸线北侧、西北侧（现代岸线向陆一侧）的礁体，其与现代岸线间的距离，习惯上以正值表示；现存于现代岸线南侧、东南侧（向海一侧）的活礁体与现代岸线间的距离，以负值表示。

*岭头礁顶。高程值系黄海高程。

上述表明，其分布是自陆向海，时代由老到新，反映着该平原由浅海湾而逐渐淤填过程；但是，无论海域面积与位置的变迁，在近7 000年的时间内，该处始终是牡蛎礁繁殖发展的场所，直至公元前1 000年左右时（相当历史上的西周时期）明显地衰亡。蓟运河河口湾地貌是由于渤海主潮流对平原河口冲刷改造的结果，由于来自渤海海峡向西的潮流动向不变，因此，可以认为蓟运河河口湾形成时间已久，河口湾具有一定的水域范围（大体上可以牡蛎礁分布的范围适当展开地来圈定）；径流与潮流双向水流作用，为半咸水，水流交换活跃、氧气充足；浅水透光性好，加之粉砂与细砂底质较硬实与有营养成分，这些条件的组合，使该河口湾成为长重蛎与近江重蛎生长繁殖的场所，发育形成多列牡蛎礁。牡蛎礁停止发育，估计与海域悬浮质淤泥与泥土成分增多，抑制了牡蛎呼吸与透光，增加了海水温度降低之效应有关。黄河于公元前3000年至公元1128年，堆积了以天津为中心的古黄河三角洲（高善明等，1980），黄河自天津一带入海，输入大量淤泥黏土物质，改变了渤海湾北部的海水混浊度与底质成分，估计是牡蛎礁停滞发育的原因。目前已知，在我国沿海其他地方牡蛎礁分布如表3.4所示。

渤海南部莱州湾淄脉沟及小清河一带有现代牡蛎礁发育，新河有古牡蛎礁；江苏小庙泓有古礁体与现代礁发育；福建深沪湾及金门岛有古牡蛎礁分布，其种属有区别，个体较小。浙闽沿海尚有牡蛎养殖，但个体小。目前发现的古牡蛎礁均不如渤海湾西北岸的牡蛎礁体数量多、规模大、集中于一个古河口湾内发育，延续时间长。因此，渤海湾西北部牡蛎礁具有独特的代表性。将该海岸按成因并冠以地名，定名为"蓟运河河口湾—牡蛎礁平原海岸"，为今后海岸环境研究奠定范例。

综上所述，渤海平原海岸具有分区性特征的海岸类型如下。

（1）渤海湾北部以滦河三角洲为代表的三角洲—沙坝潟湖平原海岸。植被与淡水充沛，

表 3.4　中国沿海牡蛎礁分布①

地点	礁顶形态/埋深/高程(黄海高程系)	礁顶与海平面的关系	牡蛎种属分类	礁体厚度/内部水平夹层.成因与持续时间	礁体存活年龄(¹⁴C年龄)	伴生软体动物化石/伴生有孔虫/介形虫/孢粉	礁顶与上覆泥层的转换关系/上覆泥层成因与环境	壳体生长结构及同位素信息(古温度,古盐度,壳体同位素年龄等)	出处
俵口等古牡蛎滩	起伏不平/−1.3 m	礁顶接近低潮位	Crassostrea gigas, C. rivularis	5 m/6层水平夹层,上覆地层的负载荷所致,不能反映海面变化	6 480~2 380 a BP(直接测定值)	Trapezium liratum, Pseudoliotia pulchella, Aloides laevis 等			王强等,1991
	/4.2 m/−1.82 m	礁顶可达到当时海平面高度	Crassostrea gigas	5.7 m/6层水平夹层,风暴潮等高动能事件伴的快速堆积	礁体死亡于约 4 000 cal BP(AMS ¹⁴C 校正年龄)	Ammonia beccarii var., Protelphidium granosum, Quinqueloculina akneriana rotunda Pinus, Quercus, Ilmus, Tilia, Carpinus, Gramineae, Chenopodiaceae, Artimisia 等,底部中部气温均为 14.5℃,中部 13.5℃, 上覆泥层底部13℃(罗宝信,王毓钊鉴定,1992)	礁顶被一组侵蚀面及相同沉积覆盖,或转为静止的水体/河流侵蚀作用或浅水体的静止的还原环境	软质层与硬质层均为原生生长层,同位素剖面显示明显的季节性变化特征,获取得个体的同位素的线关系与水体 δ¹⁸O 的线关系(+0.19‰~+0.39‰ PDB/‰盐度),查明壳体停止分泌的水温为11.5℃,壳体 δ¹⁸O 与 δ¹³C 呈正相关系,δ¹⁸O,δ¹³C 幅度受浮游生物繁盛与死亡的影响等	Wang Hong, 1994;Wang Hong et al., 1995;王宏,2002
渤海湾　俵口古牡蛎礁	起伏不平/0.8~1.8 m	牡蛎礁反映了当时的河口区域的海平面	Ostrea gigas, O. rivularis	6层粉砂夹层,外动力扰所致,反映了气候与海洋水文环境的小幅度波动或动荡的环境	6 480~2 380 a BP(直接测定值)	厚壁转轮虫,Quinqueloculina akneriana rotunda, Elphidium limpidum, Sinocytheridea impressa, Cribrononion porisuturalis 缝裂企虫, Neomonoceratina chenae;孢粉为栎属-藜属-蒿属-松属组合	潟湖环境		韩有松等,1996
		礁体形成于低潮线以下的河口附近的浅水区		6层粉砂夹层.沉积速率变化所致,不反映海面变化	6 480~2 380 a BP(直接测定值)				薛春汀,2003
	//−1.82 m	礁顶可达到当时位置的海平面	C. gigas	5.7 m/6层粉砂夹层	5 000~4 000 cal BP		开放潮坪环境	壳体的氧,碳同位素组成记录了礁体建礁过程中的构造下沉	范昌福等,2005a

① 商志文,范昌福,王宏. 2007. 天津古海岸与湿地国家级自然保护区地勘二期项目勘查综合研究报告(内部资料).

续表 3.4

地点	礁顶形态/埋深/礁顶高程（黄海高程系）	礁顶与海平面的关系	牡蛎种属分类	礁体厚度/内部水平夹层.成因与持续时间	礁体存活年龄（14C年龄）	伴生软体动物化石/伴生有孔虫/介形虫/孢粉	礁顶与上覆泥层的转换关系/上覆泥层成因与环境	壳体生长层结构及同位素信息（古温度、古盐度.壳体同位素年龄等）	出处
渤海湾 北淮淀等古牡蛎礁	/-2.44 m	礁顶可达到当时的海平面高度	C. gigas		礁顶处同1个个体的2个生长层的 AMS 年龄：2 582 cal BP 和 2 654 cal BP		存在明显的侵蚀接触关系/洪水堆积的泥质沉积	测定了1个个体壳体的136层生长层的18O/13C组成。结果见表口剖面	Wang, 1994; Hong, Wang et al., 1995; 王宏, 2002
大吴庄等古牡蛎礁	起伏不平（未发表资料）/-2.8 m	礁顶可达到当时的海平面位置	C. gigas	6 m礁体内共有5层水平夹层.高动能事件与缓变型地质环境变化共同作用所致	7 200~5 600 cal BP	Trapezium liratum, Rapana sp., Rudiapes variegate, Mitrella bella, Liotia fenestrae, Cerithidea sp., Assiminea sp., Stenothyra sp.	泥质沉积直接覆盖于礁顶，零星壳体凸出于礁顶，礁顶有很多牡蛎幼体和藤壶附着于大个体壳体之上/开放潮坪环境		范昌福等, 2005
淄脉沟现生礁体	起伏不平/2.3~2.8 m/-2.3~-2.8 m		O. gigas. O. rivularis			Corbicula sp., Aloidis sp., Arcasuberenata Lischke, Ostrea denselamellosa, O. Plicatula, O. talienuhanesis, Balanus sp. Umbonium			耿秀山等, 1991
小清河现生礁体						vestiarium, Cylina sinensis, Mactra veneriformis, Anomia outicula, Nererita didyma, Mytilus sp., Macoma sp.			耿秀山等, 1991
莱州湾	起伏不平/礁顶低于潮线以下数十厘米	礁顶因人类的开采与破坏而低于海平面	C. gigas					测定了2个个体壳体的45层生长层的18O/13C组成。结果见表口剖面	Wang, 1994; Hong, Wang et al., 1995
新河古牡蛎礁	//~+1m	与小清河现生牡蛎礁体对比，认为礁顶在海平面之下1~2 m	O. rivularis. O. gigas. O. talienuha-nensis, O. plicatula		5 500~8 000 a BP（直接测定值）	Meretrix meretrix, Aloidiae sp., Cyclina sinensis, Umbonium sp., Assiminea sp., Nassarius sp., Macoma incongrua, Batillaria cumingi, Circlotoma sp.			韩有松, 1980

续表 3.4

地点	礁顶形态/埋深/高程（黄海高程系）	礁顶与海平面的关系	牡蛎种属分类	礁体厚度/内部水平层夹层.成因与持续时间	礁体存活年龄（^{14}C 年龄）	伴生软体动物化石/伴生有孔虫/介形虫/孢粉	礁顶与上覆泥层的转换关系/上覆泥层成因与环境	壳体生长层结构及同位素信息（古温度、古盐度、壳体同位素年龄等）	出处
江苏小庙洪现生礁体	礁顶起伏不平，相差 0.5~1 m	礁顶位于海平面高度	C. gigas, O. rivularis, O. plicatula			Cantharus ceullei, Meretrix meretrix, Balanus albicostatus, Barbartia virescens			张忍顺,2004
福建深沪湾古牡蛎礁		礁顶出露于潮间带,涨潮时被淹没	O. rivularis, C. gigas, O. cucullata	礁体中存在被扰动的贝壳富集层	25 800 ~ 15 460 a BP（直接测定值）				徐起浩,2002
		礁体发育于海平面之下 1~10 m	O. rivularis. C. gigas, O. cucullata	礁体中有倒伏牡蛎壳存在	25 000 ~ 9 000 a BP（直接测定值）				唐丽玉,王绍鸿,1999
		礁体出露于中低潮带	C. gigas, C. rivularis		25 000 ~ 20 000 a Bp（直接测定值）	Ammonia tepida, A. confertiesta, Elphidium advenum, E. hughesi foraminosum, Pseudorotaria guimardii			俞鸣同等,2000；2001；2003
			O. rivularis. O. cucullata		9 350 a BP（直接测定值）				邵合道,吴根耀,2000
福建金门岛古牡蛎礁	20 ~ 9 m		O. gigas, O. pestigris	2 200 ~ 670 a BP（直接测定值）		Septifer virgatus, Cardia sp., Donax faba			姚庆元,1985

源自燕山山地河流的细砂物质，近海山前平原较陡（1%）的坡度与盛行的 NE、ENE 季风波浪，发育了以泥沙横向搬运为主导趋势的沙坝—潟湖，与原始冲积平原海岸组成为双重岸线海岸，潟湖接受来自陆域与海域的双源泥沙补给而淤填成洼地平原。当泥沙补给充分时，这类河—海交互堆积平原可不断淤积向海域扩展；当陆源水流、泥沙减少时，海岸发育动态改变，淤积减缓而侵蚀后退。

（2）渤海湾西岸海积盐土贝壳堤平原，受黄河泥沙补给发育宽广的粉砂淤泥质潮滩，缓坦的岸坡（1×10^{-3}），潮流动力为主，海积盐土平原上植被与淡水稀缺，荒芜单调。海岸发育取决于泥沙补给量与海洋动力间的力量对比。泥沙供给量大，海岸淤进；泥沙供给量与海洋动力间为动态平衡，则海岸稳定；若泥沙供给量小于海岸动力作用，则海岸遭受冲蚀。岸坡加大，激浪、浪流活跃于海岸带，会掏冲泥滩，并将较粗的贝壳、壳屑与砂推向高潮线，在泥质潮滩上堆积贝壳质沿岸堤，在质纯宽阔的贝壳滩上会发展海岸贝壳沙坝。贝壳堤形成后，围护了堤后的高潮滩与促成盐土平原发育。

所以，贝壳堤坝代表着当陆源泥沙补给减少，或海平面上升，风暴潮加剧时，潮滩遭受冲刷后的再堆积。而贝壳堤形成后又保护了堤后洼地免遭侵蚀。

（3）发育于渤海湾西北部的蓟运河河口湾—牡蛎礁平原海岸，是介于上述两类海岸的过渡类型，潮流与径流双向水流动力活跃，咸淡水交汇，细砂与粉砂底质，清澈与深度适宜的海水，为个体长大的长重蛎与近江重蛎提供了最宜生境，发育了多列牡蛎礁。牡蛎礁最宜在潮下带适当流动的半咸水中繁殖，主要是活体在原地的生长加积，后辈生长于先一代的体层之上，可生长至高潮海面下，牡蛎礁发育形成水下阻隔体，会加速内侧沉积。牡蛎礁是海岸带水下坡岸堆积标志。同样是生物质堆积，贝壳堤是由浪流冲刷潮滩，将掏掘出的贝壳携运至高潮水边线的岸上堆积，因为在泥质海岸贝壳、壳屑属于"粗颗粒"物质，只有激浪流可以沿滩搬运而分选堆积。所以贝壳堤是生物质死体的再搬运堆积，而非原地的堆积，是因淤泥供应减少或断绝时，激浪冲刷潮滩，再搬运壳体与壳屑堆积形成的高潮岸线，是岸线标志。

虽然，两种生物海岸堆积作用过程与位置均有差异，但均在海岸带淤泥量增强时，停滞发育。牡蛎对泥质的增加反应更快，而贝类却繁殖于淤泥潮滩中。在渤海湾贝壳堤形成的时代较牡蛎礁滞后约 2 000 年。现代，当蓟运河口湾牡蛎礁率已停滞繁衍时，而蓟运河口外潮滩却在发育新生的贝壳海滩，不过被涨潮流冲刷成两端向陆弯曲的新月状贝壳滩（仍是死亡后的壳体堆积）。

上述表明，虽同为海岸平原上堆积标志，所代表的沉积动力与过程有差异，进行相互对比时，需加以注意。

3.3 河口—三角洲湿地海岸

选择各具特点的辽河口河口与黄河三角洲为代表，河口类型有区别，但均发育了海岸湿地。

3.3.1 辽河河口海岸

辽河全长 1 396 km，总流域面积 219 000 km²（陈则实等，1998），辽河上游为东辽河和西辽河两大支流，在辽宁福德店汇流后称辽河，干流长 512 km。辽河水系包括辽河、浑河、太子河和饶阳河。辽河下游分成两股入海：一股经台安县六间房以下称双台子河从盘山入渤海；另一股经六间房至三岔河称外辽河，与浑河、太子河汇合称大辽河，从营口入渤海。1958 年在台安县与盘山县交界的六间房处建闸堵死外辽河后，辽河流域分成两个独立的入海水系。

辽河、饶阳河在盘山县境内汇流入海，称双台子河；浑河、太子河经大辽河在营口市入海。双台子河在盘锦市内河道长 116 km，流域面积 2 526 km² (陈则实等，1998)。

辽河多年平均流量 125.3 m³/s，多年平均径流量 52.5×10⁸ m³，入海水量 39.50×10⁸ m³/a，主要集中 7—9 月。多年平均含沙量为 0.98 kg/m³，多年平均年入海沙量为 1 002.1×10⁴ t，最大年输沙量 1 490×10⁴ t。双台子河据六间房站 1987—1989 年、1991—1992 年 5 年实测资料统计，平均含沙量为 1.80 kg/m³，最大年输沙量为 1 176.3×10⁴ t，最小年输沙量为 307.2×10⁴ t，年平均输沙量为 699.1×10⁴ t。大辽河多年平均径流量为 9 805×10⁴ m³，年输沙量为 303×10⁴ t。辽河干流潮区界在盘山闸前距河口 68 km。感潮河段可分为三部分：盘山闸—田家屯 25 km 长为河流段，以径流作用为主；田家屯—饶阳河口约 22 km 为过渡段，河海双向作用，枯水期时，以潮流作用为主，丰水期时，以径流作用为主；饶阳河口—辽河口长 21 km 为潮流段，潮流作用为主。大辽河的潮流界在三岔河，距河口 94 km；潮区界则分别上溯到太子河的唐马寨（距河口 137.8 km）及浑河的邢家窝堡（距河口 143 km）。

（1）辽河口（双台子河口、大辽河口，统称为辽河口）为三角洲河口。海域为非正规半日潮，辽河口的平均潮差为 2.7 m，属中等潮差缓混合型河口。辽河三角洲的范围东起盖州市大清河口，西至锦州市小凌河口，遍及辽东湾湾顶，海岸线长达 300 km，是我国七大河口之一。沿岸地区包括三角洲平原和浅海滩涂，总面积 1.172 0×10⁴ km²。三角洲平原地势平坦低洼，海拔高度 2~7 m，坡降为 2×10⁻³~2.5×10⁻³（比渤海湾西岸平原稍陡），自 NE 向 SW 倾斜，区内由于人类开发活动已无林木，自然植被主要分布在辽河入海口，为芦苇沼泽并生长着盐芨、碱蓬、黄蒿、海藻、柽柳、三棱草和蒲草（陈则实等，1998），构成天然的芦苇湿地海岸。位于盘锦的 8×10⁴ hm² 苇海湿地内栖息着 260 余种、数十万只鸟类，是丹顶鹤繁殖的南限，也是世界珍稀鸟类黑嘴鸥的主要繁殖地，并有 30 多种珍稀野生保护动物。盘锦双台子河口 1988 年被晋升为国家级自然保护区，1993 年被纳入"中国人与生物圈保护区网络"、1996 年被纳入"东亚、澳大利亚涉禽迁徙航道保护区网络"。

该保护区还有大自然孕育的奇观——由一颗颗、一簇簇碱蓬"织就"艳丽的"红海滩"（图 3.18），该海滩面积超过 1.3×10⁴ hm²，位于盘锦市大洼县王家镇和赵圈河乡境内，即在辽河入海河口两侧，外 3 km、内 5 km 的海滩。该处咸淡水交融，水中盐分浓度适宜赤碱蓬的生长繁衍。海水浸泡次数越多，其颜色越浓。赤碱蓬每年 4 月长出滩面，初为嫩红，渐次转深，9—10 月间由红变紫，形成十分壮观的景象。实际上，是海潮传播了种子，在双台子河口无人干扰区繁殖成大片红海滩，这种大面积由单一碱蓬组成的红海滩，在我国是唯一的，与前面所述的牡蛎礁与贝壳堤平原一样，是具有世界特色的海岸环境，尤其是红海滩与芦苇荡结合，红绿相映的滩涂、水鸟在蓝天白云下飞翔，是珍贵的大自然的赏赐。在开发旅游活动中，一定要注意维护其自然生态的环境，使其健康发展。

辽河入海口，也是我国沿海辽河油田的所在地。因此，如此紧密邻接的油气开采工业区如何与红海滩和谐相处发展，是一个重要的、需进行深入研究及科学规划并严格执行的问题。

（2）现代辽河口——双台子河与大辽河河口轮廓均呈现为河口湾形式，是因为受到自渤海湾转向 NE、到达辽东湾顶的渤海顶的渤海主潮流动力的影响，使河口展宽成喇叭口形态。现代辽河三角洲主要发育于双台子河口，于河口湾口门展宽处及口外海滨的海底，堆积了呈扇形展布的雏形三角洲瓣（图 3.19），但是，仅是海底沉积上局部的加积增高，呈现为海底浅滩。盖州滩是面积较大的浅滩（图 3.20），主要由青灰色细砂、粉砂质砂和砂质粉砂组成，

图 3.18　辽宁盘锦双台子河口国家级自然保护区红海滩

（http://forum.home.news.cn/detail/70405443/1.html）

具水平层理，沉积层厚度自陆向海递减，在北部厚 1.5~6.4 m，南部厚 0.7~3.8 m；西部此层沉积厚 5.5~5.7 m，而东部为 1.4~2.1 m（朱龙海等，2009），因东部与海底沉溺谷潮流通道相邻，潮流往返活动使泥沙难于停积。东部潮流通道亦抑制了大辽河口外三角洲发育，仅在最东部近岸水域有规模较小的海底沉积。

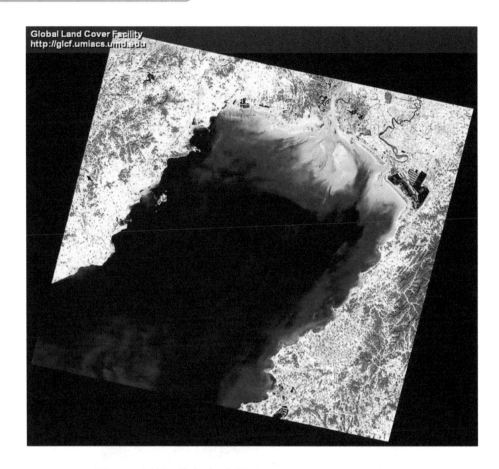

图3.19　辽河口外水下三角洲（http：//glcf. umiacs. umd. edu）

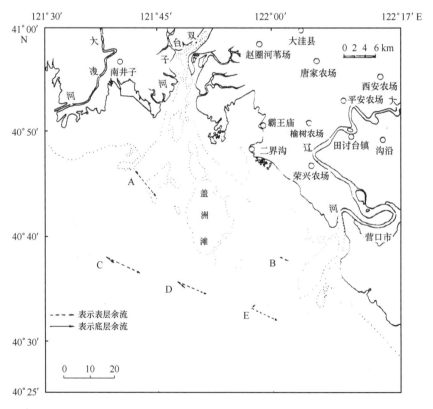

图3.20　辽河口外盖洲滩（朱龙海等，2009）

辽河口外浅海沉积较海底浅滩的质地稍细为青灰色砂质黏土和黏土质粉砂，局部含砂质粉砂与贝壳屑片。该处海底因水流活跃，沉积层分选较差。辽河水下三角洲是因陆地径流入海后，断面展宽水流分散而卸下泥沙，分流水道的沉积分选差，有黏土质粉砂，亦有潮流沉积之粉砂质黏土，局部有砂质粉砂（朱龙海等，2009），以陆源物质为主，但在双向流交汇的海域沉积，多含贝壳砂屑。

目前，双台子河口处于淤积状态，浅滩面积增加，并自北向南与向西扩展。平均淤积速率为 1.89 cm/a（朱龙海等，2009）。双台子河口水下三角洲东侧与大辽河口之间，明显隔以深水潮流通道，该通道实为辽东湾沉溺谷的北端延伸部分。

3.3.2　黄河三角洲河口—湿地海岸

历史时期，黄河在山东半岛两侧摆动，泥沙堆积形成三个三角洲：公元前 3000 至公元1128 年，以天津为中心的古黄河三角洲；1128—1855 年，江苏北部的废黄河三角洲；1855年至今，山东的现代黄河三角洲。这段时期内，黄河在不同地点入海，入海泥沙影响到渤、黄海海岸演化与近海沉积过程。

现代黄河三角洲是 1855 年黄河北归后在套尔河与支脉之间形成的相互叠置的复杂的三角洲沉积体系。该沉积体系是分别以宁海和渔洼为顶点的两个亚三角洲子系统组成，每个亚三角洲沉积体系又由若干个三角洲叶瓣体复合构成，显示了黄河三角洲沉积体系的复杂性与特殊性。三角洲陆上面积约 5 400 km²，水下三角洲可伸展到水深 15 m 左右。整个三角洲以宁海为顶点向 NE 方向呈扇形展布，三角洲平原上古河道体系亦以宁海和渔洼为顶点呈束状向外辐射，形成三角洲平原沉积体系的基本骨架（蔡明理、王颖，1999）。

现代黄河三角洲形成至今只有 156 年历史，是个非常年轻的三角洲，它的基底形态呈NW 走向，坡度平缓，向海微微倾斜，是一个很均一平整的浅海地形。基底为现代沉积物，大致以 1855 年古海岸线为界，北部为渤海浅海沉积层，南部为大清河等短源河流沉积层（成国栋，1991；蔡明理、王颖，1999）。

1）现代黄河三角洲空间结构特征

现代黄河三角洲的演变，可以分为单流路亚三角洲叶瓣体、亚三角洲子系统及整个三角洲等几个层次，其中，亚三角洲叶瓣体为最基本层次。现代黄河三角洲这种多层次的复杂演化导致了三角洲空间结构序列的特异性。

1855 年以来黄河大的尾闾摆动共有 10 次，形成了 10 个亚三角洲叶瓣体沉积体系，由于尾闾摆动频繁及岸线的蚀淤变化导致三角洲沉积物处于不断变化之中，同一地区新老叶瓣体淤积物相互叠置，老的沉积物或被新的沉积物覆盖或暴露地表。黄河三角洲沉积物在地区分布上很不均匀，陆上淤积厚度大都在 2 m 以上，在渔洼—傅嘴一带淤积物厚度最大，约为7 m，此为亚三角洲顶点所在、决口改道频繁所致（图 3.21）。

从黄河尾闾决口改道来看，三角洲沉积物可大致分为十余期沉积物，即 1855—1889 年大清河期、1889—1897 年韩园子期、1897—1904 年薄庄期、1904—1926 年寇庄期、1926—1953年三沟期、1953—1964 年神仙沟期、1964—1976 年钓口河期、1976—1994 年清水沟期。每期沉积体是每次尾摆或多次决口的结果。由于每期亚三角洲叶瓣体废弃后均不同程度地受到后期水动力的改造，发育多种冲刷构造；同时前期地表土壤与植物亦被后期淤积物所覆盖形成沉积间断面。因此，可以根据沉积层中富集的植物残体、埋藏土壤层及贝壳碎片等，或沉积

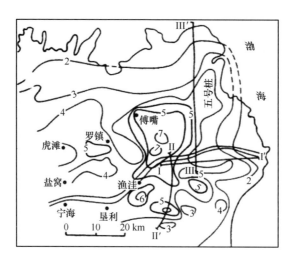

图 3.21　现代黄河三角洲淤积厚度（m）（李栓科，1992；蔡明理、王颖，1999）

物的物理形态如冲刷构造等来确定不同时期的沉积界面，另外，有的界面保存有人类活动遗迹，这些都可作为亚三角洲叶瓣体沉积层的重要分层标志。

各期亚三角洲叶瓣体淤积物，由于河流行水时间长短、来水来沙条件、地形因素以及人类活动（人工扒口等）等的影响，使得各期沉积物的淤积量均不相同，平均淤积厚度一般在 1 ～ 3 m（表 3.5）。叶瓣体淤高主要在行水初期，水流散漫无一定行径，泥沙大量落淤，随着河道归一，大部分泥沙被输送到口门区建造各种沙体，河床及亚三角洲叶瓣体的高度增加速度减小，因此各期亚三角洲叶瓣体的淤积厚度是有限的。

现代黄河三角洲沉积物空间分布结构在纵向、横向、垂向上都有不同的特征。

表 3.5　1897 年以来黄河各期亚三角洲叶瓣体淤积特征（李栓科，1992；蔡明理、王颖，1999）

项目	1897—1904	1904—1926	1926—1929	1929—1934	1934—1953	1953—1964	1964—1976	1976—1984
平均淤积厚度/m	1.47	2.42	1.17	1.24	1.44	1.47	1.42	1.23
淤积面积/km²	541.2	987.5	834.0	897.8	1 094.2	652.1	1 021.0	517
淤积量/10⁸ t	12.38	37.37	15.16	17.13	24.34	14.61	25.13	9.93

（1）纵向结构

三角洲的纵向结构表现为交互叠置并逐次向海推进（图 3.22），从图中可清楚地看出各期亚三角洲叶瓣体沉积的叠置关系。

其中，盐窝至傅窝剖面的沉积地层可分为三层：4、5、6 分别代表 1904—1926 年、1926—1929 年和 1929—1934 年三期亚三角洲叶瓣体的沉积，这三期沉积体为河口围绕三角洲顶点宁海摆动而形成的。1934 年以后三角洲顶点下移，开始第二个亚三角洲体系的发育，图中 7、8、9 三层沉积层为 1934—1953 年、1953—1964 年、1964—1976 年三期亚三角洲叶瓣体，即河口围绕顶点渔洼摆动所形成的。沉积物多呈水平层或微波起伏分布，这与前期地表的性质有关，临近滨海的水下部分则出现斜坡。沉积体的厚度亦不均匀，一般在河口部位或洼地部位比较大。如 1953—1964 年第八期沉积体厚度在荒管站为 1.7 m、神仙沟东为 0.8 m，小沙为 1.2 m，同兴为 1.0 m（叶青超，1982）。

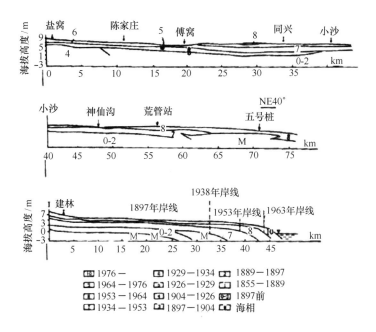

图 3.22 现代黄河三角洲纵向沉积结构（蔡明理、王颖，1999）

（2）横向结构

三角洲沉积的横向结构表现为充填式发育或呈现指状交错（图 3.23）（蔡明理、王颖，1999）。这是由于后期的亚三角洲叶瓣体总是试图沿着前期沉积体的低洼部位发育，而每期叶瓣体的轴部大都相对高出两侧洼地，从而在整个三角洲洲面上古河道呈辐射状，形成洲面上的岗状高地，这在图中表现得很明显，图中 3、5、7、8、9、10 几期叶瓣体沉积相互覆盖其叶瓣体边缘，沿洼地之间展布发育，交错充填现象明显。

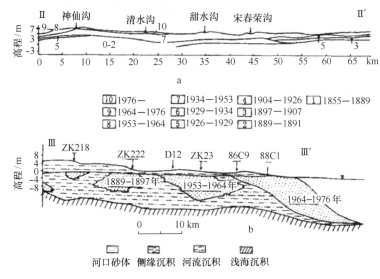

图 3.23 现代黄河三角洲横向沉积结构（蔡明理、王颖，1999）

图 3.23 中表现的三角洲横向结构更明显地展示了各期亚三角洲叶瓣体相间排列，只有侧缘沉积相互重叠。该剖面横切第 7 叶瓣（1934—1953 年）、第 2 叶瓣（1889—1897 年）、第 8 叶瓣（1953—1964 年），并纵向切过第 9 叶瓣（1964—1976 年）。剖面显示各叶瓣体主体部分呈独立状态，均沿低洼地带发育展布，使得整个三角洲横剖面呈充填式空间格局。

（3）垂向结构

由上述现代三角洲的纵横结构可以看出，三角洲的垂向结构应表现为多期亚三角洲叶瓣体的相互叠置，而各期三角洲叶瓣体的垂向序列在各亚相行为表现大体一致，一般主体部分沉积物大都为粉砂，局部含有少量黏土、亚黏土。各期沉积物底部有一层富含植物残体的黏土、亚黏土层，一般呈灰黑色，为前期淤积物的古地面。

2）现代黄河三角洲沉积物分布特征

现代黄河三角洲沉积物分布的宏观结构，在纵、横、垂向三维结构上均表现为各期亚三角洲叶瓣体的相互叠置，亚三角洲叶瓣体是组成现代黄河三角洲的基本单元，而每期亚三角洲叶瓣体的空间结构序列大致相似，但是叶瓣体在不同方向上发育有不同的沉积序列。

（1）纵向序列

纵向序列主要表现为主河道型、出汊河道型（王爱华、业治铮，1990）。主河道序列沿主河道发育展布，形成巨大的连续分布的河口坝粉砂沉积体，表明主河道连续行水，河口沉积环境稳定，从而发育了一套连续沉积体。河口坝沉积的上部为河床沉积，下部为前三角洲沉积。局部地区在下部有高密度异重流形成的沉积体（林振宏等，1990）。出汊河道型序列则展示了三角洲发育的几个不同阶段沉积体的发育特征，大体上可分三个阶段：第一阶段河流在河口为多股并汊入海，水流散漫，在浅海湾上发育了成片分布的扇形沉积体，有的研究者亦把它归为河口坝沉积（王爱华、业治铮，1990）；第二阶段为河道顺直归一，河口沙坝纵伸阶段，汊道顺直，大量泥沙输送至河口，在河口形成主河道型河口沙坝沉积，沉积物主要为粗粉砂，入海泥沙中细粒物质则随流流向河口两侧扩散，形成两个泥质区，即河口坝侧湾相沉积；第三阶段为河流出汊摆动阶段，又重蹈第一阶段历程形成小型舌状体，行水时间长则可形成类似河口沙坝沉积体。从而构成了河口坝沉积—河口坝侧湾相沉积—河口坝沉积相间分布的出汊河道型沉积序列（图3.24）。

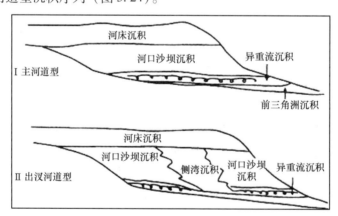

图 3.24　黄河单流路亚三角洲叶瓣体概化纵向沉积序列
（据王爱华、业治铮 1990 年资料修改，蔡明理、王颖，1999）

（2）横向序列

横向序列在三角洲平原区主要表现为河床漫滩沉积—天然堤沉积—决口扇沉积—泛滥平原沉积相间排列分布。在口门区横向序列则表现为河口沙坝与河口坝侧湾相间分布。

（3）垂向序列

据叶瓣体沉积的纵向序列的发育过程：流路开始之初，泥沙在河口堆积，河口沙坝沉积体发育，在河口沙坝之上有延伸河流形成的陆相河流沉积和洼地沉积等；河流他迁后，部分陆相层被侵蚀改造，有滨海相砂和贝壳碎屑物质沉积，形成河口沙坝型垂向沉积序列；在两河道之间的洼地—海湾低地则发育海湾、潮滩、洼地沉积，形成富有特色的河道间海湾型垂向沉积序列（成国栋等，1986）。三角洲沉积序列中具有各种各样的垂向相序，在每个叶瓣体的不同部位和不同的叶瓣体之间，相序的类型是不同的。

口门区垂向沉积序列包括河口沙坝型和烂泥湾型（或称河道间海湾型）两种。

① 河口沙坝型沉积序列综合图（图3.25），基底为浅海沉积，自下而上依次为：

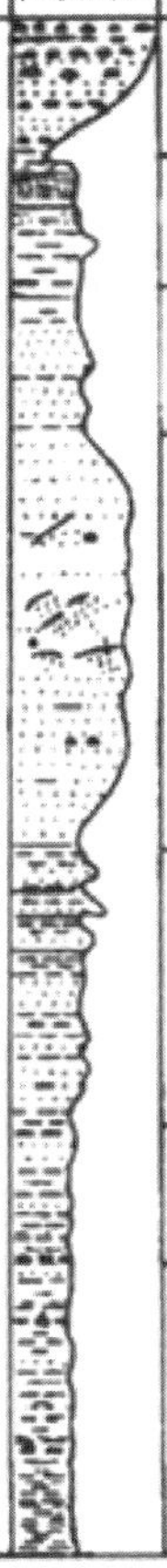

沉积环境	层序	深度(m)	柱状剖面	沉 积 特 征	沉积相
三角洲滨海	6	2		贝壳为主，夹不等量细砂，平行层理上部有风成沙丘，底部常有泥炭层	滨沼滩脊
三角洲平原	5	4		棕红色黏土层，夹薄层粉砂泥炭层，水平层理	洼地漫滩沉 积
	4	6		黄色粉砂，夹少量棕红色黏土层有明显交错层理、爬升层理、卷曲层理	河床沉积
三角洲前缘	3			黄色—浅黄色细砂，粗粉砂，含少量贝壳片，平行及交错层理，夹少量黏土层	河口沙坝
	2	12		黄色—黄灰色粉砂，泥质粉砂，灰色黏土，水平层理，虫孔构造，含少量生物碎屑	边缘沙层
前三角洲	1	16 18		褐灰色黏土	浅水海湾沉 积
浅海(基底)	0			灰色黏土，块状结构，含大量蓝蛤，虫孔发育，偶夹风暴沙层及褐红色黏土块体	

图3.25 黄河单流路亚三角洲叶瓣体口门区河口沙坝型沉积序列（蔡明理、王颖，1999）

前三角洲沉积：主要为褐灰色黏土，与其下浅海深灰色黏土逐渐过渡。

边缘沙层：黄灰色粉砂质黏土及褐灰色黏土为主，夹有厚度不等的黄灰色粉砂层，少量贝壳碎片，水平层理发育。粉砂层上、下界面清楚。

河口沙坝：河口沙坝是三角洲沉积的主要骨架，厚度较大，沉积物主要为黄色粗粉砂，夹少量细砂，交错层理发育。

河床沉积：黄色粉砂为主，夹薄层棕红色黏土，发育槽状层理、卷曲层理及爬升层理，与河口沙坝沉积物相比，河床沉积碳酸盐矿物多，岩屑含量多。

洼地沉积：棕红色黏土层，夹薄层黄色粉砂，有水平纹层，黏土层中夹古土壤层，古土壤层内有大量的植物根系、泥裂纹等，局部地区有泥炭沉积，厚度很薄。

滨沼滩脊：为发育在高潮线附近的一系列新月形沙堤，由贝壳及细砂互层组成。贝壳堤一般是在叶瓣体蚀退后期海洋动力加强的结果，蚀退初期大都是形成贝壳滩或贝壳堤雏形。

② 河道间海湾沉积序列综合如图 3.26 所示。自下而上为浅海沉积—海湾砂席—潮滩—决口扇—洼地湖沼—滨沼滩脊。

河道间海湾沉积：其沉积物为棕红色黏土为主，夹灰色黏土，内夹数层黄色粉砂，夹少量泥砾、植物根系、发育水平层理。

砂席：为河口沙坝的横向扩展部分，呈片状展布，为黄色及灰黄色粉砂夹薄层棕红色黏土层，发育平行及交错层理。

潮滩沉积：浅棕红色或褐灰色黏土，夹薄层粉砂及泥炭层，发育水平层理及脉状层理。

决口扇沉积：为一套黄色粉砂—细砂沉积，下粗上细，夹少量黏土层。

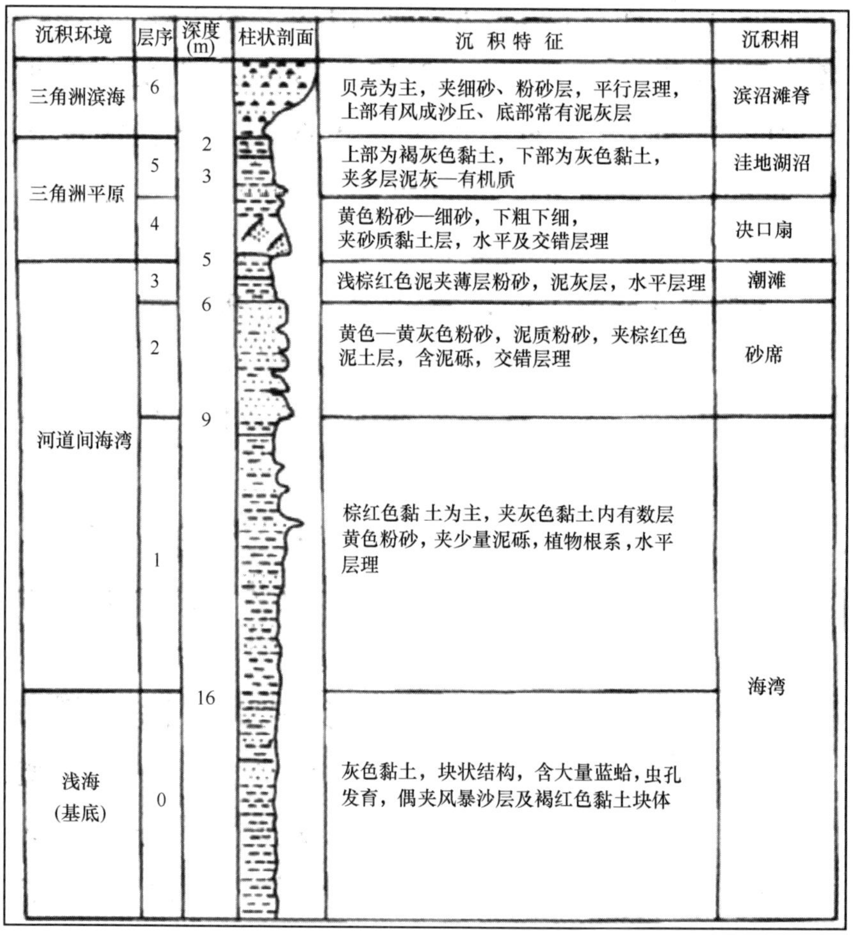

沉积环境	层序	深度(m)	柱状剖面	沉 积 特 征	沉积相
三角洲滨海	6			贝壳为主，夹细砂、粉砂层，平行层理，上部有风成沙丘、底部常有泥灰层	滨沼滩脊
三角洲平原	5	2 3		上部为褐灰色黏土，下部为灰色黏土，夹多层泥灰—有机质	洼地湖沼
	4	5		黄色粉砂—细砂，下粗上细，夹砂质黏土层，水平及交错层理	决口扇
	3	6		浅棕红色泥夹薄层粉砂，泥灰层，水平层理	潮滩
	2			黄色—黄灰色粉砂，泥质粉砂，夹棕红色泥土层，含泥砾，交错层理	砂席
河道间海湾		9			
	1			棕红色黏土为主，夹灰色黏土内有数层黄色粉砂，夹少量泥砾，植物根系，水平层理	海湾
		16			
浅海(基底)	0			灰色黏土，块状结构，含大量蓝蛤，虫孔发育，偶夹风暴沙层及褐红色黏土块体	

图 3.26　黄河单流路亚三角洲叶瓣体口门区河道间海湾沉积序列

（蔡明理、王颖，1999）

洼地湖沼沉积：在潮坪或决口扇顶部，有淡水或咸水沼泽沉积物，上部为红色黏土，下部为灰色黏土，夹多层泥炭。

滨沼滩脊：与河口沙坝型相似。

三角洲平原区垂向沉积序列包括主河道漫滩垂向沉积序列和汊道充填沉积序列。

主河道漫滩垂向沉积序列与前述平原区横向沉积序列相对应，依次发育了河床漫滩沉积、天然堤沉积、泛滥平原沉积、滞水洼地沉积等，从而在垂向序列中出现了下粗上细的沉积粒序，是由于水动力逐渐减弱，在沉积构造上得以反映，河床相发育槽状及板状交错层理，天然堤为斜交层理，泛滥平原与滞水洼地沉积则发育水平、波曲层理及水平纹层。其垂向沉积序列特征综合如图 3.27 所示。

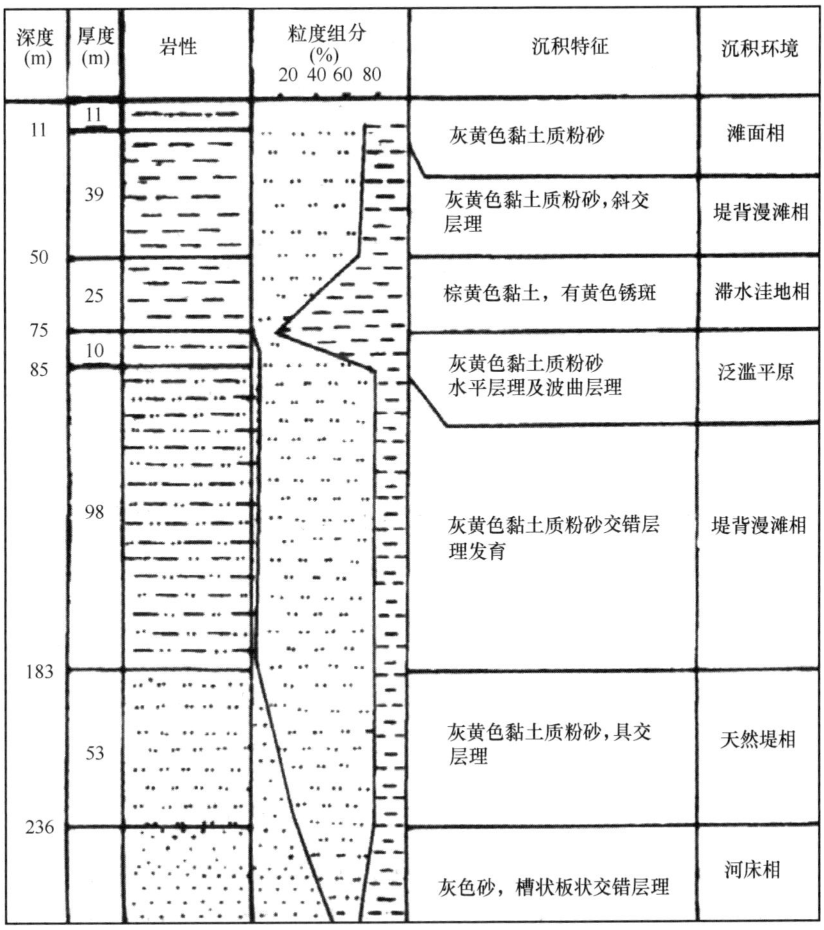

深度(m)	厚度(m)	岩性	粒度组分(%) 20 40 60 80	沉积特征	沉积环境
11	11			灰黄色黏土质粉砂	滩面相
50	39			灰黄色黏土质粉砂,斜交层理	堤背漫滩相
75	25			棕黄色黏土,有黄色锈斑	滞水洼地相
85	10			灰黄色黏土质粉砂水平层理及波曲层理	泛滥平原
183	98			灰黄色黏土质粉砂交错层理发育	堤背漫滩相
236	53			灰黄色黏土质粉砂,具交层理	天然堤相
				灰色砂,槽状板状交错层理	河床相

图 3.27　黄河单流路亚三角洲叶瓣体平原区主河道漫滩垂向序列
(李栓科,1992;蔡明理、王颖,1999)

汊道充填沉积序列主要指改道初期的汊道，经河道发育到一定程度或人工干预情况下归股并一，汊道逐渐废弃，但一些汊道仍能行水，经过多次洪水漫滩后逐渐淤积而形成汊道充填沉积序列。有研究者把它归之为流水与滞水两种沉积环境（图 3.28）。

综上所述，单流路亚三角洲叶瓣体纵向序列表现为主河道型、出汊河道型；横向序列分为两种情况：一则表现为河床漫滩—天然堤—泛滥平原序列；另一则表现为河口沙坝与河口坝侧湾相间分布；垂向序列亦有两种情况：平原区表现为主河道漫滩型和汊道充填型沉积序列；口门区则表现为河口沙坝型和烂泥湾型沉积序列。当然，这种三维空间沉积结构是从实践中提炼出来的一种理想模式，而在实际工作中遇到的情况往往是多种沉积形式的组合。

3）现代黄河三角洲沉积物沉积类型及组成特征

三角洲的沉积物源单一，几乎全都是黄土经河流搬运—沉积作用改造而形成的。因此，每期亚三角洲叶瓣体沉积物的类型及组成特征就代表了整个现代黄河三角洲沉积物的特征。三角洲沉积物类型可划分为：河床汊道沉积、漫滩沉积、天然堤沉积、决口扇沉积、泛滥平

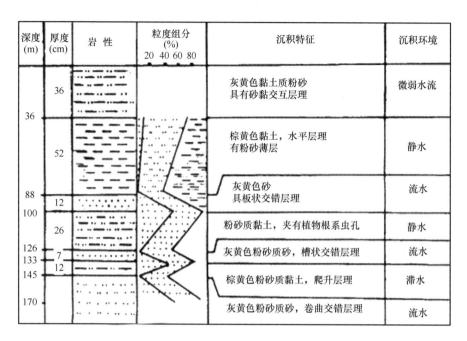

深度(m)	厚度(cm)	岩性	粒度组分(%) 20 40 60 80	沉积特征	沉积环境
36	36			灰黄色黏土质粉砂 具有砂黏交互层理	微弱水流
	52			棕黄色黏土，水平层理 有粉砂薄层	静水
88 100	12			灰黄色砂 具板状交错层理	流水
	26			粉砂质黏土，夹有植物根系虫孔	静水
126 133	7			灰黄色粉砂质砂，槽状交错层理	流水
145	12			棕黄色粉砂质黏土，爬升层理	滞水
170				灰黄色粉砂质砂，卷曲交错层理	流水

图 3.28 黄河单流路亚三角洲叶瓣体平原区汊道充填垂向序列
(李栓科，1992；蔡明理、王颖，1999)

原与滞水洼地沉积、贝壳堤与贝壳滩沉积、潮滩沉积（潮水沟沉积）、河口沙嘴沉积、河口沙坝沉积、烂泥湾沉积和前三角洲沉积。

黄河三角洲沉积物颗粒细，以粉砂黏土为主要成分。沉积物具有与黄土相似的矿物特征，表现为重矿少、轻矿物含量多，且以普遍含有碳酸盐矿物、不稳定矿物和云母类矿物多为特征。但在不同沉积环境中，沉积物的粒度特征及重矿特征差异较大。

（1）河床汊道沉积

河床水动力强，沉积物较粗，以极细砂为主，含量达 68% 以上，细砂含量小于 3%，粉砂含量占 22% ~30%，黏土含量小于 1%（成国栋，1991）。河床沉积有明显的交错层理、爬升层理、卷曲层理。另外，由于黄河流量年变化、季节变化以及尾闾摆动，使得河床沉积与漫滩沉积经常相互交替，形成黄色粉砂与红色黏土质粉砂互层。河床沉积物中轻矿物组成石英占 40%，长石 50%，碳酸盐矿物 10%。重矿物组成特征表现为云母含量大，占 40% ~55%，磁、赤铁矿 1.5% ~4%，其他重矿物 40% ~58%；个别纯粉砂河床沉积物云母 10% ~20%，磁、赤铁矿 2.5% ~5.6%，其他重矿物 75% ~90%；有的黏土含量较多的河床沉积物中云母含量高达 65% ~70%，磁、赤铁矿 4%，其他重矿物占 25%（孙白云，1987）。从而也反映了沉积环境的水动力能量差异。

汊道与主河床相比，由于水动力较弱，沉积物以细砂及粗粉砂为主，可达 70% 以上，细砂含量高于粗粉砂，汊道沉积物的矿物组分特征与主河床相似。主河床与汊道沉积物的粒度概率累积曲线为三段式，跃移质占 50% 以上，悬移质分两段。

（2）河漫滩沉积

以粗粉砂为主，占 50% 以上，其次为细粉砂，约占 20%（李栓科，1992）。其黏土含量大于河床沉积物，可达 3% 左右（成国栋，1991），平均粒径 7.3φ 左右，沉积物具有爬升层理。一般漫滩沉积物中云母含量较高，可达 90% 以上，磁、赤铁矿 1% 左右，其他重矿物 3% ~5%（孙白云，1987）。

（3）天然堤沉积

沉积沿河道两旁呈带状分布，以粗粉砂及细砂为主，总量约80%，其中，粗粉砂占55%~70%（李栓科，1992），夹薄层黏土质粉砂，具水平层理、交错层理、爬升层理、小型卷曲层理。天然堤沉积是洪水多次泛滥的结果。因此，往往出现新、老天然堤沉积相叠覆，一次洪水可产生数十厘米的沉积。如1988年洪水形成的天然堤沉积可使老的天然堤增高20 cm左右（成国栋，1991）。

（4）决口扇沉积

现代黄河三角洲上决口扇沉积比较发育，分布较广，沉积物以粗粉砂为主，局部有粉砂与黏土质粉砂互层，沉积物下粗上细，由扇顶向扇边缘逐渐变细，厚度变薄。决口扇沉积物厚度在十八户为0.5 m左右。爬升层理发育，亦发育有槽状和板状交错层理。

（5）泛滥平原与滞水洼地沉积

泛滥平原沉积物一般为黄褐色黏土质粉砂，平行薄层粉砂层，沉积物厚度小，一般为几十厘米，发育水平层理。滞水洼地沉积以红色黏土、粉砂质黏土、黏土质粉砂为主，厚几厘米至20 cm，偶夹纹层粉砂。中值粒径一般8.6φ。洼地沉积由于受季节性影响，因此沉积具有间歇性，发育古土壤层，沉积构造以水平层理为主。

（6）潮滩沉积

现代黄河三角洲潮滩沉积可分为高潮滩、中潮滩、低潮滩，沿三角洲海岸呈带状分布，同时为潮水沟和潮流通道所切割。沉积物由高潮滩到低潮滩大致为粉砂质黏土、黏土质粉砂、粉砂和细砂质粉砂。不同岸段潮滩沉积物粒度稍有差异。高潮滩以黏土质粉砂和粉砂质黏土为主，淤积岸段以粉砂质黏土为主，侵蚀岸段则以黏土质粉砂为主，表明有粗化现象。具水平纹层、微波状层理，局部有气泡构造。三角洲西端平均高潮线附近有NW向延伸的贝壳堤分布。中潮滩是潮滩沉积的主体，侵蚀岸段滩面凹凸不平，有冲刷陡坎，滩面狭窄，淤积岸段则滩面平整宽广，中潮滩沉积物主要为粉砂质黏土和黏土质粉砂互层组成，以粉砂为主，具有泥、砂水平交互层理、波状层理、脉状层理，同时也有许多生物构造，如生物潜穴、生物扰动构造、根斑及残存的贝壳碎屑；低潮滩沉积由较粗的粉砂质砂或砂质粉砂组成，沉积层内具各种交错层理、生物扰动构造等。

潮滩上潮水沟广布，因而形成了富有特色的潮沟沉积，沟内以泥质沉积为主，沟底为河床沉积，系潮水反复冲刷潮滩沉积物所致，上覆泥质粉砂与粉砂黏土。

（7）河口沙嘴沉积

河口的快速延伸，岸线的推进，主导特征是河口两岸河口沙嘴向海延伸。河口沙嘴一般与河口沙坝相伴生。河口沙嘴沉积物相对较粗，以粗粉砂、粉砂和黏土质粉砂为主，沉积物向海方向分选沉积、颗粒变细。

（8）烂泥湾沉积

烂泥湾沉积发育在河口沙嘴两侧，主要是由于黄河入海泥沙在河口经分选，粗颗粒物质沉积形成河口沙嘴与河口沙坝，相对较细物质则被潮流带到河口沙嘴两侧形成烂泥湾沉积。烂泥湾沉积是黄河三角洲河口沉积的又一特征沉积，它随河口摆动而消长。烂泥湾沉积由浮泥覆盖，上层为呈稀泥浆或软流状泥，厚10~30 cm，下层为软泥，上、下层容重分别为1.105 g/cm³和1.558 g/cm³，总厚度30~50 cm（耿秀山等，1992）。浮泥由黏土和粉砂组成，粉砂含量可达40%~60%，黏土含量30%左右。

（9）河口沙坝沉积

河口沙坝沉积绝大部分为粗粉砂，黏土含量小于8%，平均粒径4.1~5.1φ，中值粒径多在4.0~4.8φ之间。沙坝沉积物由河口向外逐渐变细，水深0~2 m处砂的含量高，个别达49%，平均粒径4.1~4.7φ，中值粒径4.0~4.6φ；河口沙坝表层沉积物的黏土含量多在16%左右，平均粒径5.7~5.9φ，中值粒径4.9~5.4φ（成国栋，1991）。沉积物具多向交错层理、槽状层理，波痕与流痕亦常见（高善明等，1989）。由于河口沙坝沉积物经水动力反复分选，颗粒粗且纯净，重矿物在此高能环境中含量较高，为70%~90%；云母含量少，一般为10%~30%；磁、赤铁矿一般为2%~6%，属现代高能环境。远端沙坝沉积矿物特征与此相似，云母含量少，为20%~40%；磁、赤铁矿一般为4%；其他重矿物为20%~40%（孙白云，1987）。

（10）前三角洲沉积

前三角洲沉积是河流悬移质泥沙连续沉积的前缘地区，其表层沉积物为黏土质粉砂，黏土含量占20%~32%，砂的含量小于1%，平均粒径为6.5~7.2φ，中值粒径为5.9~6.9φ（成国栋，1991）。根据短岩芯分析，其沉积物以褐色黏土质粉砂及黄色粉砂纹层和透镜体为主，生物扰动构造发育。矿物成分中云母含量高，约51.5%，黄铁矿48%，其他重矿物0.005%（孙白云，1987）。废弃的水下三角洲前缘则受到海洋作用改造，沉积物有粗化现象，主要为粉砂和粗粉砂。

综上所述，现代黄河三角洲沉积物可分为10种类型，而主要以粉砂、黏土为主要成分，各沉积环境亦有区别。三角洲沉积体系在塑造过程中，由于水动力条件及边界条件的变化，使得沉积物在粒度组成上出现横向及纵向上的变化（表3.6、表3.7）。总的来说，横向上自主河床（汊道）—天然堤—漫滩—泛滥平原—滞水洼地，沉积物颗粒明显变细；纵向上从三角洲顶点向三角洲前缘，沉积物粒径沿程变细，在主河床、河漫滩等沉积单元上都存在这一规律。水动力条件和沉积环境亦决定了沉积物的矿物组合特征，沉积物中云母、重矿物含量出现频率与沉积物粒度有关，颗粒粗则重矿物多，颗粒细则云母多，间接地反映了沉积物沉积环境的水动力条件。

表3.6　黄河三角洲沉积物横向变化（蔡明理、王颖，1999）

沉积环境	主河床	天然堤	河漫滩	泛滥平原	滞水洼地
平均粒径/φ	3.7~4.2	5.1~6.0	7.3	7.7~8.4	8.7~11.0

表3.7　黄河三角洲沉积物纵向变化（蔡明理、王颖，1999）

样　品	1	2	3	4	5	6	7
平均粒径/φ	5.73	6.37	6.74	7.32	7.60	8.11	8.99
距盐窝村距离/km	2	10	14	30	32	34	36

4）现代黄河口自然环境与人为影响变化

黄河河口位于渤海湾与莱州湾之间，为弱潮、多沙、摆动频繁的强烈堆积性河口。黄河进入河口地区的平均年径流量为379×10^8 m³，年输沙量为9.47×10^8 t，年均含沙量22.35 kg/m³。河口泥沙淤积，1855年以来大的尾闾改道有10次。受水体渤海为一半封闭的内陆浅海，平均水深仅18 m，潮汐较弱，河口潮差较小，平均潮差小于1.5 m，无潮点处潮差仅 0.22 m，向两侧增加到 1~2 m。三角洲北部潮位变化为日潮型，黄河河口附近为不规则半日潮型，潮流在此处为规则半日潮型，河口口门处潮流流速较大，可达 140 cm/s 以上，向两侧递减，而到无潮点附近则增大为 160 cm/s 以上。近岸潮流为往复流，涨落潮流最大流速时流向为 S 和 N。黄河口余流以环流为特征：黄河口北侧的逆时针环流，黄河口南侧的顺时针环流，以及五号桩外的顺时针环流（侍茂崇，1989；蔡明理、王颖，1999）。

黄河口潮流界在口门附近，一般枯水季节可达 2~3 km，洪水季节径流的影响远达口门以外，潮区界一般在口门以上 20~30 km。黄河河口环境与变化与黄河流经的平原地区特性有关，现将历史的和近期的黄河河口环境与变化归纳概述如下。

（1）历史的黄河河口演变分析

黄河是在 1855 年在铜瓦厢改道，经徐淮故道改行东明、长垣、濮州、范县，至张秋镇穿运河、大清河河道，于利津县宁海东北流过十八户、薄家庄、台子庄、韩家垣，在铁门关以北肖神庙以下二河盖入海（庞家珍等，1979；庞家珍、司书亨，1980，1982）。大清河原为一条宽 30 m、水深而多湾的平原河流，岸沿与河底高差 15~20 m，中水水深 6~9 m，$\sqrt{B/R}$ 值一般小于 1，感潮河段可达利津以上（庞家珍等，1979；庞家珍、司书亨，1980，1982）。

黄河自铜瓦厢改道后，河口时空演变可以分为两个阶段：1855—1880 年；1880 年以后。

1855—1880 年阶段之一：改道初期，河分三股：一股由曹县赵王河以东注入黄海，3 年后即淤，另两股由东明分成两支，至张秋庄穿运河合为一股。张秋镇以上河道呈多股漫流 20 多年，河道摆动频繁，曾有汊河分汊经六塘河入黄海。因此，黄河来沙大都沉积在铜瓦厢至张秋镇之间的黄泛区内，下泄泥沙较少，大多为清水，大清河处于冲刷展宽之势：大清河展宽 200~300 m，水深 6~7 m，河道能畅行百吨以上大船。随着河身展宽和行洪能力增强，河道稳定，此时河口亦相对稳定。1877 年后，铜瓦厢至张秋镇之间修筑南北大堤，南入黄海的流路亦相继堵塞，从而旁泄泥沙减少，大量泥沙由鱼山进入大清河故道，河床逐渐淤高，至 1896 年已经是"水行地上，河底高于平地，俯视堤外则形如釜底"（《再续行水金鉴》卷九十七），黄河口亦开始了在三角洲扇面上改道摆动阶段。

1880—1890 年阶段二期间，随着淤积发展下延，决口部位亦相应地转移到河口地区，流路摆动改道顶点下移至宁海。1889 年 3 月，黄河在韩家垣决口，在老鸹岭附近分汊，在傅家窝附近又合而为一，经四段及杨家嘴，在毛丝坨以下入海，至此黄河河口开始了频繁改道阶段，平均约 10 年改道一次，入海河口分别在毛丝坨、丝网口、顺江沟、车子沟、钓口、甜水沟等之间转换。由于河口尾闾段荒无人烟，任其自然摆动，河口段处于自然演变之阶段，河口改道转换之原因都为水沙过程的不匹配而导致的伏汛或凌汛决口。河床的淤积抬升可以从现今三角洲扇面上延绵起伏的故河道高地看出大势。故河道高地一般高 2~3 m，河床沉积厚度 4~6 m（耿秀山等，1992）。

1855—1947 年间共形成大的改道 6 次，河段此冲彼淤，在淤积中发展，巨量入海泥沙随着河口的左右摆动在莱州湾与渤海湾之间塑造了巨大的黄河三角洲堆积体。1934 年前，河口段摆动改道以宁海为顶点，尾闾流路横扫三角洲扇面，完成一次"大循环"过程（周志德，1980）。1934 年后，摆动改道顶点下移至渔洼附近，河口演变亦进入了新的时期，即人工控制有计划改道之阶段。1938 年花园口人工扒口，河入徐淮故道，山东河竭 9 年，1947 年黄河复归山东后呈三股入海之势，其中，神仙沟过水 30%，甜水沟过水 70%，宋春荣沟过水占甜水沟的 10%。1947 年后，渔洼以上河段河堤修筑加强，决口改道下移，大量泥沙输往河口，河口演变过程受人工干预程度大。

总之，这一时期（1855—1947 年）河口演变大抵处于自然状态，河口摆动范围大，影响岸线长（约 120 km 之多）。泥沙主要淤积在陆上，河床淤积抬升迅速，河口延伸速率相对较小，为 0.13～0.16 km/a[①]，河口演变受人工干预影响极小。

（2）近期的黄河河口演变分析

新中国成立以后，由于黄河沿岸大堤的培修巩固，各项防洪措施的实施，河道摆动改道顶点稳定在渔洼以下，渔洼以上河段基本稳定，决口泛滥事件相对较少，河口变迁范围受到人为限制，近期河口的时空演变的一大特色便是人工控制改道下的"自然演变"。近期河口尾闾主要有 3 次人工改道，现分述之。

① 1953 年人工改道后黄河河口演变

1953 年 7 月以前黄河呈三股入海之势，分别由甜水沟、神仙沟及宋春荣沟过水入海。河道弯曲，水流不畅，甜水沟比降为 1.05×10^{-4}[②]。另外由于神仙沟与甜水沟相向冲刷，使得两河湾最近处相距仅有 80 m，有自然接通之势。神仙沟当时河道较深，罗家屋子以下河势顺直，于 1953 年 7 月底在前左下游的小口子附近进行人工改道，将黄河主流由甜水沟改入神仙沟，8 月 26 日后由神仙沟独流入海，改道点距旧口门约 50 km，至新河口约 39 km[③]，流路缩短了 11 km，新河道改道点以下比降为 1.4×10^{-4}，是甜水沟的 1.3 倍。

改道初期，由于人工引河（长 119 km）河身窄浅，河道处于冲刷展宽过程，出现壅水现象，年均水位较高，水流集中冲刷展宽河道，使得河口窄深而出现水位落差，该年水位有较大幅度的下降，罗家屋子水位下降最大达 1.48 m[③]，利津站水位比上年抬高 0.19 m（蔡明理、王颖，1999）。改道点以下由于有成型河槽（神仙沟），改道后水流没有游荡散乱，而是循原河道入海。到 1954 年，上游来水来沙条件好，利津站年水量 $580.7 \times 10^{8} \, m^3$，平均水位较 1953 年下降 0.87 m[④]，1955 年利津站同流量水位比 1954 年下降 0.2 m，1956 年后出现回淤现象，开始了溯源淤积过程，这从由此而产生的水位抬高沿程分布呈半个喇叭形的态势得到证实。1958 年的特大洪水的沿程冲刷部分抵消了溯源淤积的影响。这一段时间内河道顺直，泥沙大量下排，河口沙嘴发育延伸较快，1954—1959 年延伸长度达 15 km，年均 3 km（洪尚池、吴致尧，1984）。由于河口沙嘴延伸快，河口侵蚀基面外推，溯源淤积严重，1959 年，河口沙嘴已突出海区甚远。

1959 年汛期，四号桩断面以上 1 km 处右岸摆动出汊，以下与老神仙沟相接通，洪水漫流入海，1960 年汛期后，岔河过流已占全流的 70% 而成主流，此次摆动出汊他迁入海是河口自然演变发展之趋势。出汊点距新口门约 8 km，距旧口门约 20 km，缩短流程 12 km，比降亦由原来的 1.16×10^{-4} 增至 2.61×10^{-4}。新口门位于神仙沟沙嘴与甜水沟沙嘴中间的海湾海底，口门外海域较窄且海底淤浅（属于烂泥湾沉积区），沉沙容量较小。此次摆动出汊而引起的溯源冲刷持续时间很短，从 1961 年 7 月开始仅持续 5 个月，影响达一号桩附近，距出汊点 52 km[⑤]。表现在测站同流量下水位有所下降。1961—1963 年年均输沙 $8.77 \times 10^{8} \, t$（利津站），比 1958 年的 $21 \times 10^{8} \, t$，1959 年的 $14 \times 10^{8} \, t$ 大为减少，但由于新河口海域条件差，河口堆积异常迅速，河口沙嘴延伸速度为神仙沟的两倍，为 6 km/a（表 3.8）。经过 3 年的淤积，

① 黄河公洛口水文总站.1957.黄河尾闾历史变迁材料（内部资料）.

② 水利水电科学研究院河渠所，等.1964.黄河河口淤积延伸改道对下游河道影响（内部资料）.

③ 王恺忱.1980.黄河河口情况与演变规律.

④ 黄河水利委员会水利科学研究所.1975.黄河河口的基本情况和河口治理问题.

⑤ 水利水电科学研究院河渠所，等.1964.黄河河口淤积延伸改道对下游河道影响.

新海岸前沿已经与海湾两侧沙嘴持平，容沙区域进一步缩小。到1963年罗家屋子以下已经出现很多汊河，河口分汊严重，溯源淤积加剧，罗家屋子1961—1963年在1 500 m³/s流量下水位升高1.19 m，利津站亦同期升高。据黄委会资料，5月底流量仅不足5 000 m³/s，罗家屋子的水位即已经超过了1958年的最高洪水位，河口有迅速淤塞之势。8月后岔5断面附近右岸出汊成为主流，此汊向东入海，由于沉沙区容量小，2～3个月即淤填殆尽，河口沙体发育。到1963年11月，这条新汊河的流程，已较老神仙沟更长，河口淤积更严重。至四号桩以下水流漫泛，支汊呈网状交错，主流不定。四号桩以上河段逐渐向弯曲性河道发展，1960年河道弯曲系数为1.09，1963年增大至1.34（山东省科委，1991），几乎成了蜿蜒性河道，下段河道则由顺直的单一河道发展成为汊流众多、潜滩密布的网状河道，这是河口段河道平面变化的又一特征（图3.29）。

表3.8 黄河神仙沟流路沙嘴延伸情况（洪尚池、吴致尧，1984；蔡明理、王颖，1999）

时段	走河年数/a	延伸长度/km	延伸速率/km·a	说 明
神仙沟并汊改道后		−11.0		负值为改道后河线长度缩短值
1954年—1959年4月	5	15.0	3.0	
1959年4月—1961年9月	3	8.5	2.8	1960年8月出汊，1961年9月汊河成为出海主流
1960年8月		−17.5		
1960年8月—1962年10月	2	12.0	6.0	
1962年10月—1963年7月	1	2.5	2.5	
1954—1964年汛后		23.5	2.3	

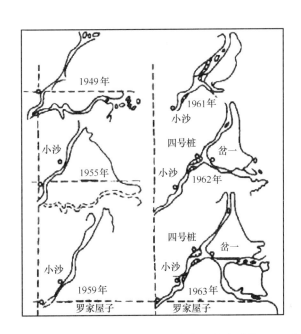

图3.29 1949—1963年黄河河口演变（庞家珍等，1979）

神仙沟期，河口位置的海域条件好（河口位于无潮点区，潮流作用强），且改道后河道为成型河道，沙嘴发育快，泥沙大都输往较远海域，占来沙总量的62.1%；加上1961—1964年为三门峡水库拦沙期，下泄泥沙较少，因此河槽淤积量很少，据估算不到来沙量的2%，水下沙嘴的泥沙淤积量占来沙量的57%（山东省科委，1991）。

神仙沟 1961 年摆动出汊走岔河，实际已停止行水，1961—1964 年累积蚀退面积 56 km²，平均年蚀退面积为 18.76 km²（蔡明理、王颖，1999），河口沙嘴蚀退更是迅速，据黄委会规划院资料，平均蚀退速率为 2.5 km/a，附近高潮线蚀退率为 0.93 km/a。在高潮线附近有贝壳滩发育，未能成堤，可能是由于海岸形成历时短，贝壳物质累积不足之故。从而使得岸线支离破碎，水下岸坡坡度由陡变缓。

综上所述，神仙沟期河口演变主要表现为河道上段由顺直向弯曲方向发展，下段由窄深展宽发展成汊流广布，拦门沙发育，河口沙嘴迅速外延，河床淤积抬高，河口段比降减小，导致河口主流摆动出汊，从而最后引起口门淤塞，孕育下一次改道。河口他迁后，原河口受强烈侵蚀改造。

② 1964 年人工改道后的河口时空演变

顺应河势发展，于 1964 年 1 月在罗家屋子人工改道，迫使河流改道钓口。改道点距新河口约 26 km，改道点以下比降新河为 2.13×10^{-4}，旧河约为 1.15×10^{-4}[①]。河口区为一向南凹入的小海湾，湾口宽 30 km，湾口距湾顶 12 km（图 3.30）。

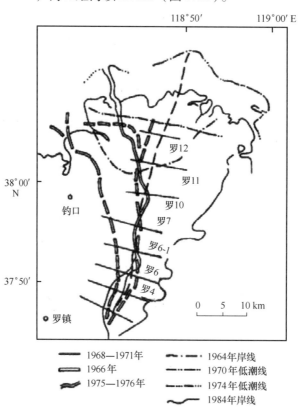

图 3.30　黄河经钓口入海时期河口平面示意图（山东省科委，1991）

改道初期，水流散乱，滩槽多变，河床宽浅，河宽达 10 km，水深仅为数十厘米至 1 m 多，入海口门极不稳定（图 3.31）。汛后口门沙嘴延伸较快，达 15 km。1967—1970 年河流主流由于河道经过一段时间造床作用，河道成型，处于相对稳定状态。河道相对顺直，洪水很少出槽，泥沙大量下泄入海，河口沙嘴发育迅速（表 3.9）。由于 1967 年河道大量并汊取直摆动，河口各站水位有所下降。

---

　① 　水利水电科学研究院河渠所，等．1964. 黄河河口淤积延伸改道对下游河道影响．

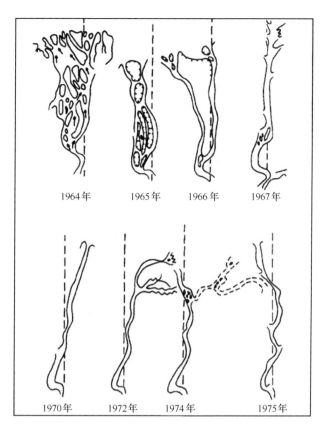

| 1964年 | 1965年 | 1966年 | 1967年 |

| 1970年 | 1972年 | 1974年 | 1975年 |

图 3.31 1964—1975 年黄河河口演变

（据王恺忱、叶青超、庞家珍等资料编）（蔡明理、王颖，1999）

表 3.9 钓口河流路沙嘴延伸情况（洪尚池等，1984；蔡明理、王颖，1999）

时段	走河年数/a	延伸长度/km	延伸速率/（km/a）	说　明
1964 年改道后		− 23		流路由汊河改走钓河口，河线缩短
1964 − 01 ~ 汛后	1	15	15	
1964 年汛后—1965 − 10	1	7	7	
1965 − 10—1966 − 10	1	2	2	
1966 − 10—1967 − 10	2	− 2	− 2	河口摆动，流线缩短
1967 − 10—1969 − 10	2	11	5.5	
1969 − 10—1971 − 09	2	4	2	
1971 − 09—1972 − 09	1	− 5	− 5	河口摆动，流线缩短
1972 − 09—1973 − 09	1	8	8	
1973 − 09—1974 − 09	1	− 15	− 5	河口摆动，流线缩短
1974 − 09—1976 − 06	1	3	3	
1964 − 01—1976 − 06	12	28	2.3	

　　1971 年以后，随着河口外延，累计延伸近 30 km（王恺忱，1990），使得流程加长，河道纵比降减小，河道开始向弯曲方向发展，弯曲率达 1.1 左右，河道出现陡弯，平均槽底高程比两侧滩地高出 1 ~ 2 m，河道弯曲处附近串沟发育（王恺忱，1990）。

1972 年 7 月洪峰过后，在河口以上 11.5 km 的河湾处，河道向 ENE 方向出汊，在神仙沟北侧形成向东突出的沙嘴，河口外推 8 km（山东省科委，1991）。9 月份第二次洪峰到达后，向东于出汊点以上 7.4 km 另一湾顶处再次摆动出汊，此次出汊改道，河口摆动距离较大，汊河当年分两股入海，于 1973 年洪水期并股取直，绕神仙沟口门向东入海（李泽刚，1992）。由于频繁出汊摆动，使得滩、槽冲淤变化迅速，河槽摆动频繁，出汊点以上河道越发弯曲。

1974 年 8 月洪水又在新汊河上段罗 10 处再一次向左出汊，由 NW 方向入海。虽然此次出汊摆动也缩短了流程，缩短约 16 km（王恺忱，1990），但入海口门原来淤积基底甚高，容沙量小，加上流经地段曾经淤积过，地势较高，故而新河不畅，河口段淤积严重，河道输水输沙能力差。到 1975 年汛期，水位猛涨，河口上部河水满槽，有决溢泛滥另寻他路之势。到 1976 年汊口淤高，河长达 59 km（表 3.10），河口段比降减为 1.1×10^{-4}（余力民，1985）。自 1976 年 5 月引水入清水沟后，钓口河口岸线侵蚀后退，1976—1986 年河口岸线蚀退 3.7 km，平均每年蚀退 0.36 km（成国栋，1991）。河口沙嘴逐渐夷平。水下三角洲蚀退迅速，侵蚀作用主要发生在水深 0～12 m 之间，水下岸坡重新塑造调整，坡度由陡变缓（图 3.32），在高潮线附近亦有贝壳滩发育。

表 3.10　黄河钓口流路河长变化（自罗家屋子起算）（蔡明理、王颖，1999）

时间	河长/km	情　况
1963 年底	26	改道前
1964 年汛前	34	支汊无数，主河不显
1964 年汛后	40	支汊无数，主河不显
1965 年汛前	43	出现主河，支汊很多
1965 年汛后	42	主河发展，支汊缩减
1966 年汛后	42	罗 4 以上单股
1967 年汛后	42	
1968 年汛后	44	
1969 年汛后	50	
1972 年汛前	58	
1972 年 7 月	55	小改道，缩短 3 km
1972 年 9 月	58	
1972 年 9 月	50	小改道，缩短 8 km
1974 年 7 月	60	
1974 年 8 月	52	小改道，缩短 8 km
1974 年 10 月	43	小改道，比汛前缩短 17 km
1976 年 5 月	59	

钓口河流路共行水 12 年，河口演变可大致分以下几个阶段：1964—1966 年，为河口摆动频繁阶段，改道初期，水流散漫，片流入海，河口为宽浅海湾，河床主槽游荡不定，后逐渐归股，海湾岸线逐渐淤积平直；1967—1970 年为河口相对稳定阶段，河道归一，相对顺

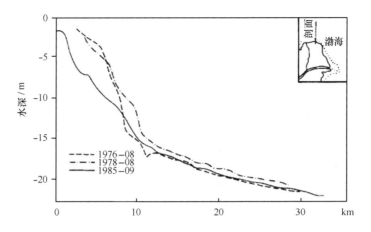

图3.32 黄河钓口河流路水下三角洲地形演变

（成国栋，1991；蔡明理、王颖，1999）

直，河道宽深比$\sqrt{B/H}$为18.3，河槽稳定，河口沙嘴快速延伸，河口形态由平直向微凸的扇形发展；1971—1976年，为河口摆动前伸阶段，形成众多扇形河口堆积体，组成亚三角洲叶瓣体的边缘骨架。河道由顺直向弯曲方向发展，河槽不断出汊摆动且出汊点上移，河道发生横向摆动，最终导致改道。改道后河口受侵蚀后退。

钓口河流路行水期间河道亦处于不断淤积上抬之中，利津至罗家屋子河段主槽平均高程1964—1974年总共淤厚1.21 m（表3.11），另外从利津站下游各站同流量下水面线普遍存在上抬现象亦可看出河床的淤积态势。河口则在不断摆动过程中前伸。

表3.11 黄河利津—罗家屋子河段主槽平均高度变化表（13个断面平均）

测次	1964－01	1965－01	1966－01	1967－01	1968－01	1969－01	1970－01	1971－01	1972－01	1973－01	1974－01	1974－02
高程/m	7.66	7.73	8.06	8.26	8.20	8.05	8.25	8.50	8.61	8.69	8.77	8.87
冲淤值/m		0.07	0.33	0.20	－0.06	－0.15	0.20	0.25	0.11	0.08	0.08	0.10

资料来源：黄河水利委员会水利科学研究所。

③ 现行河道行水期河口演变

现行河道是指1976年5月西河口人工改道入清水沟行河至今的流路。清水沟原是注入莱州湾的潮水沟，为神仙沟与甜水沟故道之间的洼地，地势较两侧低1.5～4.0 m，比降上陡下缓，黄河7断面至清1比降为3.17×10^{-4}，清1至清4比降为2.34×10^{-4}[①]。洼地外侧为一内凹的小海湾，湾口宽20多km，湾口至湾顶10 km，最大水深1.5 m左右（山东省科学技术委员会，1991）（图3.33a）。

改道之前，清6断面以上已经修筑了南北防洪堤，清水沟流路在防洪堤范围内呈喇叭口形状。防洪堤间距内小外大（表3.12，图3.34）。

---

① 黄河水利委员会水利科学研究所.1988.清水沟流路淤积发展形态研究.

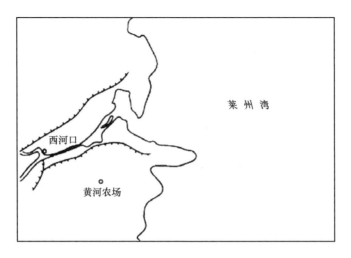

图 3.33a　1976 年 6 月黄河河口图（蔡明理、王颖，1999）

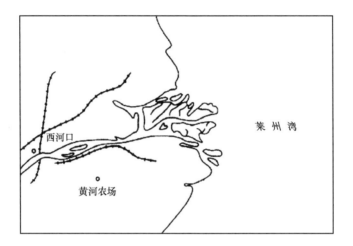

图 3.33b　1977 年 5 月黄河河口（蔡明理、王颖，1999）

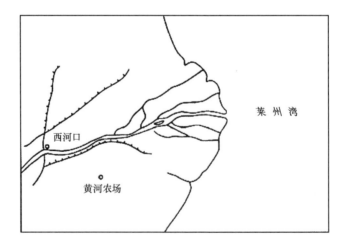

图 3.33c　1978 年 3 月黄河河口（蔡明理、王颖，1999）

表3.12 黄河清水沟防洪大堤间距

断面	清1	清2	清3	清4	清6
间距（km）	6	7	10	16	20

资料来源：黄委会山东河务局。

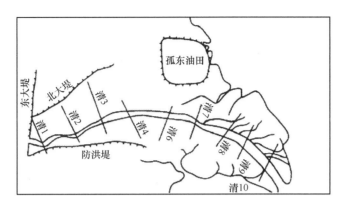

图3.34 黄河现行流路清水沟各断面位置示意图（蔡明理、王颖，1999）

此次改道缩短流程37 km，河口距西河口仅有27 km。

改道初期，河水沿开挖的6 km引河下泄，清2断面以下基本上走清水沟天然河道。河面宽3~7 km，水流散乱，主溜不定。在清3断面以下700 m处分南北两股，主流从南股向东入海。9月洪水以后，全流入南股，水流紧贴南大堤向东入海，河道宽2~3 km，河道宽深比 $\sqrt{B/H}$ 为36.6，滩槽高差为0.74 m，河道游荡性质明显，近口门处水流更是散乱，河口拦门沙发育，口门呈喇叭形，河口向海延伸11 km（以河长计）。

1977年汛前，河道在清4断面分为东、北两股，河口口门水流散乱，沙体发育，河口形态呈网状（图3.33b）。8月大水后，清3断面附近水流散乱，主槽不定，清4断面以下河道微弯，水流集中，河口通畅，口门向东延伸5 km，达到清7断面附近，河道以清4为顶点向南摆动8 km左右，河口亦随之南移。口门附近沙体发育。

1978年7月，河道在清4断面以下2 km处向北出汊摆动，距清4断面8 km处分为两股：一股向北；一股向北偏东方向入海，河口向北摆动约14 km。10月，清1断面河槽向右移动667 m，清3、清4断面主槽分别向北移动1.8 km和4.5 km，在清4断面下13 km处河道分两股入海。泥沙堆积，河口海岸呈圆弧状（图3.33c）。

1979年9月，清3断面以上河段河势变化不大，清4以下河道由北向东南摆动23 km，于大汶流海堡正东5 km处向东入海。

1980年汛期，清4断面以上河势无明显变化，清4断面以下河道由南向北摆动6 km，在清6断面以下形成陡弯，分南、北两股，主流在清7断面转向东北入海。

1981年10月，清6断面以上河势渐趋稳定，清6断面以下2.5 km急弯处串水，河取直向东独流入海。清1至河口河道较为顺直。1982年河口向南摆动2 km，1983年继续向南摆动2 km，形成三股水流入海之势，河口沙嘴凸出海岸16 km。汛后，西河口以下河长增至53 km，比改道初期伸长了26 km。

1984年，清6断面以上河道由顺直向微弯方向发展。河口继续向南偏移，5月向南摆动4 km，7月又向南移2 km，河槽单一，河口不断外移，河口外形已经初具鸟嘴状（图

3.33d）。1985 年河口段向南摆动 4.5 km，10 月口门分 3 股入海，主流走中股。

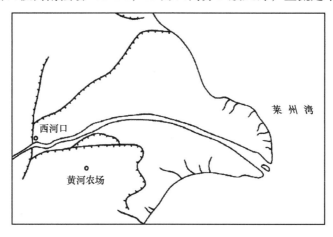

图 3.33d　1984 年 10 月黄河河口（蔡明理、王颖，1999）

1986 年三股归一，走南股入海。1987 年 1 月河道分两股入海：一股为原河道；另一股在清 7 断面下 500 m 处左岸循北汊河（人工开挖）入海，北汊河入海流路流程缩短约 15 km，纵比降为 3.45×10^{-4}，为原河道的 2.7 倍，北汊河逐渐成为主流，到 1988 年 2 月北汊河过流已占大河流量的 94%（程义吉，1993）。

1988 年 6 月，堵塞北汊河，水复归原河道，人工截堵 5 条潮沟，汛后，清 10 以上河道顺直，河道从清 10 断面向东 12 km 漫流入海。

1989 年 7 月，河道在清 10 断面以下 6 km 处出汊向南摆动 4 km 入海，河口鸟嘴状形态十分明显（图 3.33e）。

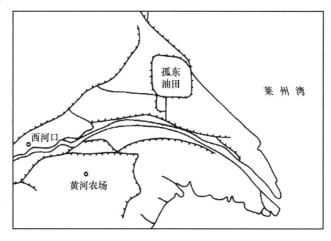

图 3.33e　1989 年 11 月黄河河口（蔡明理、王颖，1999）

1990 年至 1991 年，入海口门基本稳定在 119°18.1′E、37°40.5′N 附近。1992 年 2 月 17 日至 8 月 2 日期间，黄河河口断流长达 142 天，径流作用消失，潮流作用相对加强，大潮海水上溯 25 km，达清 8 至清 7 断面之间，清 10 断面以下河道受潮流的冲刷影响，将汊道冲刷成 6 股，南岸 2 股，北岸 3 股，口门呈鸡爪形（程义吉，1993）。

1992 年 8 月 30 日至 9 月 1 日的特大风暴潮，使得河口沙嘴的延伸方向发生陡转，由东南向偏向正南方向，河口出流入海方向与海岸近于平行（图 3.33f），潮流作用不利于输沙入海，这是河流进行大的摆动之前兆，现已采取工程措施疏浚河口，使入海口取直向东入海，从而暂时延缓了摆动改道的时间。

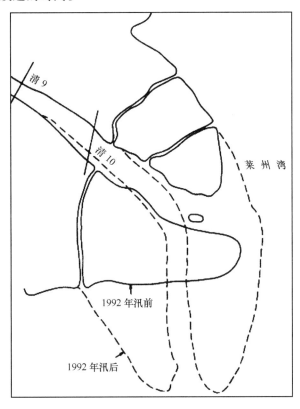

图 3.33f　1992 年黄河河口（蔡明理、王颖，1999）

综上所述，清水沟行河 18 年间，河道延长了 38 km，河口演变有几个阶段：1976—1980
年，河口频繁摆动阶段，改道初期水流散漫，正流无定，呈多股片流入海之势，河口宽浅呈
喇叭形，后水流归股，泥沙淤积，河口沙体发育，河口湾逐渐淤平呈圆弧状外突；1981—
1984 年，河口稳定快速外延阶段，河槽单一顺直，出汊摆动控制在清 4 断面以下，河槽宽深
比由改道初期的 36.6 减小到 11 ~ 13（清 3 以上小于 10，清 3 ~ 清 7 在 13 ~ 15 之间）[1]，河槽
高差由原来的 0.74 m 增加到 2.35 m，河口外延，到 1983 年河口沙嘴已凸出海岸 16 km；
1985—1987 年，河口处于不断出汊摆动过程之中，其中包括人工开挖的北汊河，摆动控制点
位于清 7 断面附近，河道呈微弯形；1988—1993 年为人工控制阶段，为确保河口三角洲地区
社会经济发展，延长流路使用年限，人工对河口进行了西河口以下河段的河道整治工作，河
道顺直，拦门沙平均高程降低 0.6 m，淤积延伸速度由 1.32 km/a 减至 0.83 km/a[2]，使河道
出汊摆动的范围控制在清 10 断面以下的滨海区。河口沙嘴呈鸟嘴状突于海中。

河道处于不断淤积抬升过程中，1976—1991 年清 1 ~ 清 6 断面平均淤厚 2.39 m，清 7 至
清 10 平均淤厚 8.87 m（图 3.35a，图 3.35b，图 3.35c）。河道淤积延伸导致水位上抬，
1985—1992 年西河口 3 000 m³/s 流量下水位升高 1.2 m[3]，1986—1991 年洛口站 3 000 m³/s
流量下水位升高了 0.82 m[4]，十八千米站 1985—1990 年 3 000 m³/s 流量下水位抬高了

① 李泽刚. 1991. 关于延长清水沟行河年限的研究.
② 黄河河口管理局. 1992. 黄河河口治理情况简介.
③ 黄河河口管理局. 1993. 黄河口近期治理工程汇报.
④ 山东河务局. 1993. 山东黄河基本情况.

0.9 m[①]。

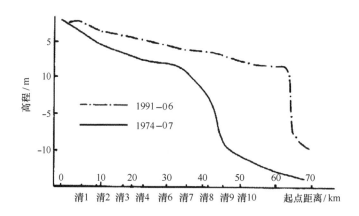

图 3.35a　黄河口清水沟流路主槽纵剖面（程义吉，1993）

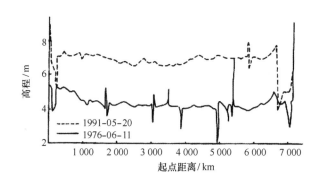

图 3.35b　清 2 横断面（程义吉，1993）

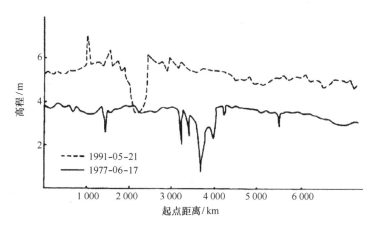

图 3.35c　清 4 横断面（程义吉，1993）

（3）黄河河口时空演变规律

历史时期以来，黄河河口尾迁频繁，经历了复杂的河口演化历史过程，但从前述各期流路的发育来看，每期流路河口的发育演变均经历了大致相同的演化过程（图 3.36）。

① 漫流造床，入海填湾阶段

改道初期，河水一片漫流，河道冲刷展宽以适应新的来水来沙条件，河道宽浅，宽深比

① 黄河水利委员会.1991. 黄河河口治理开发"八五"计划与十年规划.

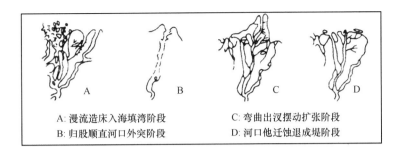

A: 漫流造床入海填湾阶段   C: 弯曲出汊摆动扩张阶段
B: 归股顺直河口外突阶段   D: 河口他迁蚀退成堤阶段

图 3.36　黄河河口演变模式（蔡明理等，1999）

大，如清水沟初期 $\sqrt{B/H}$ 为 36.6。主流不定，滩槽多变，沙洲星布，河无定型。河床迅速淤高，河床具有淤积造床特征，短期内可使得新河由地下河塑造成地上河。河水呈多股漫流入海，海湾淤浅，岸线逐渐平直，喇叭形的河口形态不复存在。

② 归股顺直，河口外突阶段

河床边界条件经过不断地调整，逐渐适应了新的水沙特性，滩槽高差增大，河槽相对稳定，水流归槽，逐渐归股发展成单一河道，河口口门变化范围不大。泥沙大量下泄到河口，河口沙嘴高速向海推进，河口向外顺直延伸，岸线外突，由平直到圆弧形最后发展成鸟嘴状。

③ 弯曲出汊，摆动扩张阶段

河口高速外延，纵比降减小，溯源淤积发育，河槽淤积抬升，滩槽高差变小，自然悬河程度加大，如钓口流路 1972 年汛前，河槽底板高程较两侧滩地高出 1~2 m。河口段河道由顺直向弯曲方向发展，局部出现陡弯，湾顶串沟发育，河口口门淤积严重，拦门沙发育，行水不畅。洪水漫滩出汊夺流，使得河口以原流路为中心轴左右摆动，完成河口的横向扩张过程后将孕育下一次改道过程。

④ 河口他迁，蚀退成堤阶段

河口他迁后，径流作用减弱甚至消失，波浪与潮流作用重新活跃，初期蚀退速率高达 1 km/a，后逐渐减缓。潮滩与水下三角洲亦受到强烈侵蚀，潮沟内伸，0~12 m 水深以内侵蚀较严重，水下岸坡重新塑造，坡度由陡变缓，向海岸均衡剖面发展。侵蚀后期阶段在大潮高潮位附近形成贝壳堤或贝壳滩。经过不断调整，最后形成与海洋动力相宜的平衡海岸。

综上所述，黄河河口演变可归为以下几个方面的演化与调整，即河型的变化、河长的变化、河口段比降的变化、河口形态的变化、河口段河道纵剖面的塑造等。

河型的平面变化表现在：由改道初期的游荡型转化成单一顺直型，然后发育成弯曲型（上部），下部口门则向分汊型发展，出汊摆动导致改道。

河口形态由初期的喇叭形演化成平直形海岸，再发育成圆弧形，最终演化成鸟嘴状。

河长与纵比降的调整是相辅相成的，每次河口的发育演化均为缩短河长、增大纵比降开始，而后经淤积延伸，河长变长、比降减缓（表 3.13，表 3.14），导致改道结束。

表 3.13　黄河口各流路河长调整（蔡明理等，1999）

流路名称	神仙沟	钓口河	清水沟
行水初期河长/km	39	26	27
行水末期河长/km	62	59	65（1993 年）

（注：表中河长，神仙沟以小口子为起算点，钓口河以罗家屋子为起算点，清水沟以西河口为起算点）

表 3.14　黄河口各流路比降调整（蔡明理等，1999）

流路名称	废黄河	神仙沟	钓口河	清水沟
行水初期比降/×10⁻⁴		1.4	2.13	2.3
行水末期比降/×10⁻⁴	0.7	1.16	1.1	1.18（1991 年）

河床的纵剖面调整主要表现为淤积上抬，使新河道逐渐由地下河向悬河状态过渡。出汊摆动以及河道顺直单一期局部可呈冲刷下切状态，总的趋势是在不断冲淤过程中淤积上抬，直至河道废弃，另循他路。

（4）21 世纪初黄河口

① 20 世纪 90 年代，黄河尾闾频频断流，1997 年断流达 226 天，断距自河口上延达 700 km，使人们意识到黄河的水容量与科学规划利用问题。1990 年以来黄河口地区的东营市坚持"绿为水润、水为人利、人为生态"的原则，采取一系列抢救性恢复与保护湿地措施：修筑防潮大堤，湿地内围堰蓄水，在高盐碱地域人工培育柽柳林和种植芦苇等。至 21 世纪初，使 4 238 hm² 湿地得以复苏，黄河口地区野生植物达 407 种，芦苇面积增加到 5.2×10⁴ hm²，1.4×10⁴ hm² 牧草，0.67×10⁴ hm² 速生林，0.86×10⁴ hm² 人工柽柳林。1992 年 10 月国务院批准，在黄河口新淤的 230 km² 湿地——现行清水沟流路和原刁口河流路中淤积的湿地上，以此为主体建为国家级黄河三角洲自然保护区以保护黄河口原生湿地生态系统和珍稀濒危鸟类为主体。

黄河三角洲湿地总面积约 4 500 km²，其中，泥质滩涂面积约 1 150 km²，平均坡降 1×10⁻⁴~2×10⁻⁴，地势平坦，时为潮水浸淹。另外，尚有沼泽地、河漫滩地、河间洼地、河流、沟渠、水库、坑塘等。自然植被 393 种，有柳林，落叶阔叶林，柽柳与盐生灌丛；有白茅草甸、茵陈蒿草甸、翅碱蓬草甸；芦苇与香蒲草本沼泽及金鱼藻，眼子菜等水生植被。

鸟类有 289 种，属于国家一级重点保护的有丹顶鹤、白头鹤、白鹳、大鸨、金雕、白尾海雕、中华秋沙鸭 7 种；属国家二级保护的有大天鹅、灰鹤、白枕鹤等；黄河口为丹顶鹤在我国越冬的最北界，是世界稀有鸟类黑嘴鸥的重要繁殖地。已建成我国最大的河口湿地保护区与湿地博物馆（图 3.37a，图 3.37b，图 3.37c，图 3.37d，图 3.37e，图 3.37f）。

图 3.37a　黄河口外前沿河海交汇

（http://www.cnhhk.com）

图 3.37b　黄河主支出海

（http：//www.hudong.com）

图 3.37c　黄河口生机勃勃

（http：//www.hudong.com）

图 3.37d　黄河口生态恢复

（http：//www.dychx.com）

图 3.37e　黄河口芦苇滩湿地

（http：//www.shidi.org）

图 3.37f　芦花翻白鹤群飞（黄河口湿地）

（http：//www.search.lotour.com）

　　② 图 3.38a 代表 21 世纪初期黄河口图像，河口向 SE 偏移，河口流出的浑水舌呈向 SE 旋转之情势。而北部废弃的河口与三角洲瓣已被侵蚀，岸线变平直，沿岸水深加大。

　　2006 年 12 月卫星遥感所摄的图像（图 3.38b），表示出现代黄河三角洲（介于 37°15′～

38°10′N，118°10′～119°16′E 之间）是 1855 年黄河自铜瓦厢改道，夺大清河流路入渤海所形成的三角洲体。现代黄河口因人为控制不使河流流路北移，河口水流介于两侧河口沙嘴之间向 SE 向偏移，2006 年 12 月的河口形成细长之鹤嘴。北部废弃三角洲部分进一步蚀退。

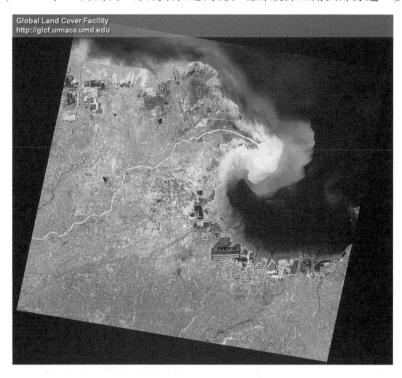

图 3.38a　21 世纪初期黄河口向 SE 偏移，河口浑水流呈向 SE 旋转形势，北部三角洲岸线蚀平，水深加大

图 3.38b　黄河三角洲及现代黄河口（2006 年 12 月，据卫星遥感图像）

图3.39a 明显反映出现代河口沙嘴向 SE 向偏移，但与图3.38a 不同之处在于：突向 SE 的河口三角洲北侧出现了一支向 NE 向延伸的支流及其两侧的小型三角洲瓣，其中，NE 侧的稍大，此迹象反映出河口新的分流。

2010 年 SPOT 卫星所摄黄河口图像（图3.39b），是在 33.20 km 的视点高度所摄，黄河口位于 37°43′44.16″N、119°06′04.43″E。河口仍呈鹤嘴状向 SE 向偏移，河口流路两侧为水下浅滩。但在此三角洲体北侧已形成明显的分支状三角洲瓣，使三角洲体呈裂缺的叶片状；这是河口流路调节的反映。

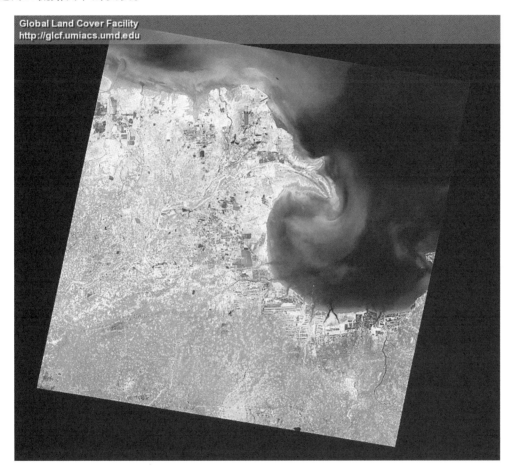

Global Land Cover Facility
http://glcf.umiacs.umd.edu

图3.39a 黄河口 2009 年近貌（据卫星遥感图像）

③ 黄河三角洲生态调水。刁口河为黄河在 1964—1976 年间的入海河道，行水 12 年零 5 个月，全长 55 km，是黄河三角洲上第 9 条入海流路。自 1976 年 5 月黄河改由清水沟入海，刁口河停止行水 34 年以来，刁口河流路萎缩，原入海河口海岸陆地蚀退 10 km，海水入侵土地盐碱化，林、草枯竭，淡水湿地干涸、萎缩、盐化。黄河三角洲国家自然保护区北片，紧临刁口河尾闾上段的流路的核心保护区停止过水以来，湿地生态系统每况愈下，濒临崩溃。河岸线蚀退对胜利油田的基础设施和采油安全带来影响。2009 年 7 月黄河水利委员会在专门调查、研究基础上，提出"启用刁口河流路实施生态调水"，探索刁口河流路与清水沟流路交替使用的模式，以延长入海流路周期，进一步促进黄河三角洲湿地核心区恢复，实现河口地区生态系统的良性循环。

2010 年 6 月 24 日 9 时，启动黄河崔家导控工程闸门，奔腾的黄河水喷薄而出，黄河三角洲生态调度暨刁口河流路恢复过水试验正式启动。黄河水不断地涌来、沿刁河故道流出；6

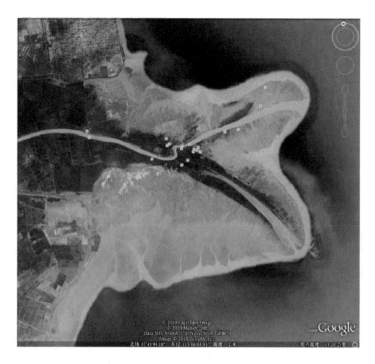

图 3.39b　黄河口 2010 年近貌（据卫星 SPOT 图像）

月 25 日 6 时 53 分，黄河水头行进至孤河路故道大桥；6 月 26 日 17 时 16 分，水头行进至 30 km 处；6 月 28 日 17 时 25 分，黄河水流进自然保护核心区引水渠首，该处刁口河河道展宽 300 m，过水河面约 50 m，河水到处，群鸟飞迎；6 月 29 日 9 时 56 分，黄河水头到达东营油田生产路泄水闸，该处位于刁口河河道测量桩号 52 km 处；7 月 2 日 15 时，山东东营油田生产路泄水闸开启，经过 34 年分离的黄河水沿着刁口河故道流经沿海滩涂，奔向大海。7 月 13 日 15 时，刁口河流路湿地开始进水，进口实测流量 0.42 m³/s，至 16 日零时，湿地累计进水 7.95×10^4 m³，刁口河流路全线过水迎来新生（图 3.40a，3.40b，3.40c）。

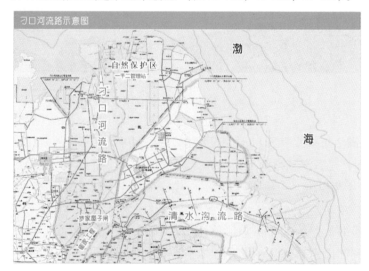

图 3.40a　2010 年 6—7 月恢复刁口河流路生态流程

图 3.40b 干涸的刁口河河道（东营油田
生产路泄水闸下）

图 3.40c 刁口河调入黄河水

从人为限制黄河自然摆动向北，至刁口生态引水分流，黄河口又开始了新一轮发展，河口的向 SE 弯曲趋势会缓减，人类从控制黄河尾闾循环流动的途径，迈出了顺应河流摆动的第一步。

3.4 渤海海底地貌

渤海海底为堆积的浅海盆，海底地貌可分为两大部分：沿岸海底与较深水域海底。按成因可分为 4 种类型：河海交互作用成因、潮流动力成因、构造沉溺型与复合成因型。

3.4.1 水下岸坡

沿岸海底实为海岸带水下岸坡部分，主要是河海交互作用所形成的水下三角洲，比如：黄河三角洲水下岸坡可达水深 15 m 处，成为海底庞大的突出体；滦河三角洲水下岸坡在 10 m 水深处，古海岸外缘水深可达 15 m，曹妃甸沙岛毗邻潮流通道，水深可超过 20 m；辽河三角洲水下岸坡水深可达 10 ~ 12 m 处，因前节已详述，此处略。

3.4.2 海底潮流通道

较深水域海底的突出特点是潮流动力地貌。自老铁山水道进入渤海的主潮流，流势强大，自渤海海峡向西直达渤海湾，其宽度 4 ~ 2 km；东部出海峡处宽（3.8 ~ 4.0 km），以水深 35 ~ 40 m 为标志；向西流至渤海中部宽度约 4.6 km，以 25 m 水深为标志；近渤海湾口处宽度 2 ~ 3 km，水深为 19 m；大体在新港外海潮流分支，分支后宽度变小，水深为 17 m、10 m。分支后潮流南支沿海湾走势向南、向东南运移，可达黄河三角洲北部外缘 15 m 深处。渤海主潮流通过处，海底形成潮流通道槽谷（图 3.5）；北支成顺时针沿渤海湾西北部湾顶旋转，然后与后续的主潮流汇合，自南堡与曹妃甸沙岛外缘转向东北，沿辽东湾西岸呈 NE 流向辽东湾顶，可达菊花岛外。潮流通道谷地宽 2 ~ 3 km，水深 20 ~ 30 m 不等，大体上在近辽东湾湾顶时，槽谷宽度变窄，谷底沉积物为淤泥质粉砂，系悬浮体沉降物（图 3.41，图 3.42）。

3.4.3 构造—沉溺水下河谷

位于辽东湾东侧。自辽河口外海底，与辽东湾东海岸平行地延伸着一条 NE—SW 向的沉溺谷地，长达 200 km，其东界以水深 20 m 为标志（图 3.19），是下辽河谷地，大体上沿郯庐大断裂发育，在距今 2 000 万年至 1 000 万年期间，受喜马拉雅山构造活动影响，下辽河断

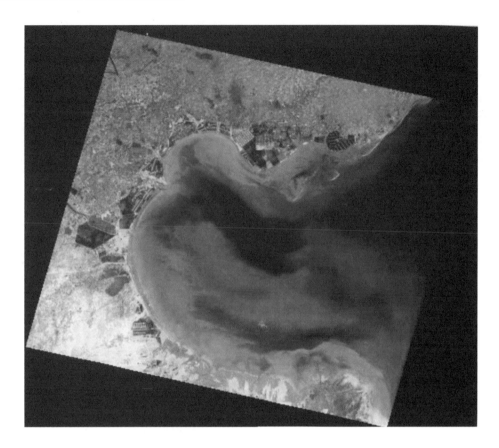

图 3.41　渤海主潮流通道（据卫星遥感图像）

裂，导致渤海下陷，并在全新世海平面上升过程中进一步沉溺加深，谷底有粉砂与泥质沉积。沉溺谷地之尾端可达金州湾外海域，该处谷地之水深因与辽东浅滩交叠而略浅。

3.4.4　复合型地貌

复合型地貌有两处：辽东浅滩最为典型，它是渤海主潮流于海峡末端形成的砂砾质涨潮流三角洲，而基底为古辽河末端河口堆积，因沉溺而隐伏于海底。

渤海海峡通道具有复合型特点，构造断裂为基础，强劲潮流冲刷成海峡通道，峡底多粗颗粒的蚀余堆积物。

3.5　渤海的海岛

渤海海域面积小，但海岛的数量并不少，而且具有类型齐全的特点：基岩岛、河海交互堆积的沙岛以及激浪—潮流堆积的贝壳沙岛等。由于海域气候温和，雨量适中，因此生物种类多，人类活动开发早，有诸多的历史遗迹，现拟从北向南，按区域分布加以扼要地介绍。

3.5.1　辽东湾海岛

辽东湾海岛分布于近岸水域。以辽东湾东侧岛屿较多：长兴岛、西中岛、海猫岛、蛇岛、猪岛、湖平岛、牛岛、东西蚂蚁岛；位于辽东湾北部的有大小笔架山岛；而菊花岛、孟姜女坟岛等分布于辽东湾西侧近岸带。上述海岛多属于地质时期与陆地相连的基岩大陆岛，90%

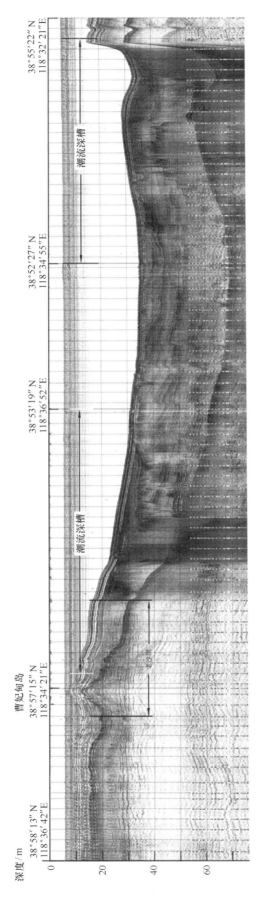

图 3.42 曹妃甸与相邻深槽地层剖面（王颖等，2007）

的岛屿距大陆不超过 30 km，最远为 70 km（杨文鹤等，2000）。组成岛屿的岩石有古老的变质岩、沉积岩以及大面积分布的花岗岩，控制海岛的主要构造为东西向与北东向构造，此外尚有北西及南北向构造。新生代以来，受胶辽隆起影响，以长山群岛为主体呈持续隆起之势，缺失第三系。第四系仅零星分布在较大海岛的沟谷和局部海积平原，时代为晚更新世与全新世。现今，海岛新构造运动仍以隆升—剥蚀为主趋势，表现为整体均衡的现代地质作用，较少发现有差异隆升，错动与活动性微弱，但具有继承性和长期间歇性上升之特点。海岛剥蚀作用强，但沉积作用缓慢，以坡积—洪积和海积为主，分布零散，沉积层较薄。辽东湾西侧海岛均为山地向海域延续的丘陵地貌，东部海岛最高点为海洋岛的哭娘顶（海拔 372.5 m），西侧最高点在菊花岛（海拔 198 m），丘陵海岛基岩裸露，由于构造抬升，全新世以来因海平面上升的古海面遗迹均高，但海岛区新构造运动表现为整体、均匀的断块上升，虽邻近郯庐断裂带，但不具备发生大震条件，是属大震危险的安全区。海岛地貌亦有海拔较低的台地、平原与海湾滩涂。上述地貌为辽东湾海岛发展提供了良好的渔、农、旅游多种途径之发展条件。

辽东湾海岛气候具有大陆性和海洋性的双重气候特点，冬暖夏凉、温差小、空气湿度大，大风与雾日多。

辽东湾海域岛区的潮差较小，菊花岛的平均潮差为 1.86 m，沿岸潮流为往复流，潮流方向与岸平行，流速因地而异，如大小长山岛之间狭长水道中最大流速 136 cm/s，辽东湾其他地方潮流速最大为 53.9 cm/s（杨文鹤等，2000）。波浪以偏 S 向为主，仅大小长山近海海域浪大，最大波高为 5 m，淡水资源在各海岛均不足。

主要海岛简介：

（1）菊花岛，地处 40°30′N、120°47′E，在辽宁省兴城市东南约 15 km 的海域，离兴城小乌港 12.5 km。岛陆面积 13.5 km²，呈 NE—SW 向延伸，长 6 km，南北向宽 1~4 km。基岩大陆岛，南部为燕山闪长石花岗岩，北部为混合花岗岩所组成。菊花岛的东南部高，西北部低，岛屿中部有一谷地，南北长 1 km，东西宽 0.5 km，将岛分隔为东部（大）与西部（小）。西部最高峰为大明山（海拔 181 m），西麓为丘陵山地，岩岸与礁石。东部的大架山（海拔 195.2 m），山势陡峻向东延伸成悬崖海岸。大架山之南，有一三面环山、东南临海的海湾平原，面积约 1 km²，分布着自辽、金以来的文化古迹。大架山北侧，有一条 3 km 长的季节性河流，夏季降雨时，河中有水，向北流入渤海。菊花岛上现有居民 3 300 人，海产品资源丰富（杨文鹤等，2000）。

（2）蛇岛，又名小龙山岛。位于大连旅顺口区西北方距大陆最近点 12.95 km，地处 38°56′N、120°58′E。蛇岛轮廓呈平行四边形，为 NW—SE 走向，长 1.5 km，宽 0.7 km，面积 0.76 km²。栖息着大量剧毒的黑眉蝮蛇，使其神秘而闻名。

蛇岛西南部面向开阔海域处高，东北部低，小龙山主峰在西南角（海拔 216.9 m），岛上岩石裸露，峰峦起伏，主要由震旦纪石英岩，并间有片岩组成，南部有砂岩与砾岩出露。原属胶辽古陆一部分，在中新世距今 2000 万年至 1000 万年期间，受喜马拉雅山期构造运动影响，下辽河断裂导致渤海下沉，渤海不断地扩大，古陆被淹没，蛇岛就是在此过程中，受大断裂的强大压力被挤起来的一块巨石，周围为海水淹没，与大陆分离成为小岛。压力造成全岛到处为歪斜与横卧的褶皱，大大小小的断裂受风化海蚀形成石缝岩穴，有利于降水的聚集与植物扎根，成为蝮蛇隐蔽、冬眠、生存与繁衍的天堂。蛇岛附近还有一鹰类集聚的海猫岛，鹰类禽鸟常飞至蛇岛捕食，因而又成为伪装缠绕在枯枝上蝮蛇的捕猎物，这是一种天然的共生关系。

蛇岛为温带季风型气候，年平均温度 10℃，夏季高温不超过 26℃，雨量适中，年降水量 610 mm，集中于 6 月、7 月、8 月 3 个月。

蛇岛上栖息着 15 000 多条黑眉蝮蛇，岛上的蛇以食鸟为主，当年的幼蛇就能捕食柳莺类小型鸟儿，并食蜈蚣、鼠妇等昆虫。黑眉蝮蛇剧毒，其毒腺中分泌出来毒液即蛇毒，含有复杂的毒性蛋白质类毒素及多种重要酶素，有很强的毒理或生理作用，药用价值高，可用于风湿、瘫痪治疗。由于登岛捕蛇，破坏植被环境日增，1980 年 8 月国务院批准蛇岛为国家级自然保护区，成立了蛇岛—老铁山自然保护管理处，实施管理。保护区核心面积，主要保护黑眉蝮蛇和候鸟（杨文鹤等，2000）。

（3）大笔架山岛，位于辽东湾北部海域，属锦州的凌海市。地处 40°48′N、121°04′E，距大陆最近点 1.75 km。其形似笔架故得名。

大笔架山岛呈梭形，南北走向长 1.2 km，东西向中部宽 0.2 km，向南北两端变窄，地势北高南低，岛屿面积 0.18 km²，海拔高度 78.3 m。

大笔架山岛是由石英岩、粉砂岩、页岩及泥灰岩等组成的基岩岛。因地质构造复杂，岩性参差而地貌奇特。岛东侧岩层重叠，如刀劈斧砍般陡峭，其南、北、西侧多断崖，岩坡形态奇异。岛上多自然景观与道观、佛寺建筑。岛北波影区有一条长 3.2 km、宽约 40 m、高约 3 m 的连岛沙（砾）坝，退潮时出露，人与车辆可自大陆登岛，被称为"天桥"，实际上是成长中的陆连岛（杨文鹤等，2000）。

3.5.2 渤海湾海岛

大部分位于河北省沿岸，地处 38°18′ ~ 39°41′N，117°48′ ~ 119°20′E 之间，按其分布的地理位置，可进一步划分如下。

大蒲河口外沙岛、滦河口外沙岛、曹妃甸—大清河口沙岛、蓟运河—潮白新河—永定新河入海口处隶属天津市的三河岛以及大口河口外贝壳沙岛。各岛均紧临海岸，岛屿面积小而周围滩涂宽阔，均为 1.5 ~ 2 m 高的坦平沙岛，历史时期形成的河口沙岛，受河道变迁、供沙量变化及海平面变化影响，岛屿的蚀、积变化活跃。

（1）大蒲河口外与滦河口外沙岛分别为 13 个及 35 个，曹妃甸岛区为 47 个海岛，均位于洋河、大蒲河、滦河口附近，系发源于燕山山地河流，经山前冲积平原入海，流程中等，坡降较大，入海物质多为中砂与细砂质，成分以石英、长石为主，含有云母及角闪石、金红石、石榴子石等重矿物，该区因受偏 E 向季风（NE、ENE、SE、ESE）的恒定作用，入海泥沙多被季风波浪与沿岸流堆积成环绕河口的沙坝岛（barrier island），因平原河流迁徙，使沙坝自曹妃甸岛向东北沿岸发展，岛后侧为潟湖—浅海，多发育宽广的潮滩（杨文鹤等，2000）。

（2）天津市三河岛，为人工岛，该岛位于永定新河与蓟运河汇合处，距海 2 km，距北塘码头 300 m，低潮时出露成菱形，高潮时近方形，面积 15 000 m²，岸线长 562.5 m，岛屿中心点位于 39°07′N、117°43′E。因毗邻天津经济技术开发区，因此获得开发重视，全岛以绿化、仿古为主，融教育、旅游、娱乐为一体（杨文鹤等，2000）。

（3）大河口外有 37 个岛，系海水侵蚀海岸所淹没的平原陆地岛及贝壳堤沙岛。各沙岛均缺乏淡水，仅石臼坨岛在地下 50 m 深地层中有承压水，位于大清河口的古滦河沙坝的沙丘中有暂时性雨水积蓄（杨文鹤等，2000）。

3.5.3　渤海南部海岛

主要为堆积型沙岛，由 89 个沙岛组成内、外两个岛链，以 NW—SE 方向分布于渤海南部淤泥质海岸的潮间带中（杨文鹤等，2000）。岛屿面积小，地势平坦，海拔高度不超过 5 m，最低者仅 1 m。各岛周围浅海和滩涂面积开阔，海底平坦。物质组成为贝壳沙、黏土质粉砂以及粉砂质砂。气候干旱、日照时间长，易受风暴潮侵蚀，冬天海水结冰，重冰年可成灾。岛上缺乏淡水，土壤为滨海盐土。沙岛地貌有：岛间洼地、潮滩、贝壳堤、风成沙丘、潟湖和潮水沟。沙岛基底为厚达 420 m 的第四纪地层，主要是由于海进、海退的多次交叠重复所堆积的海、陆交互相沉积。沙岛海域为不正规半日潮，潮差为 1～3 m，最大潮差为 2.75～4.84 m，风浪为主，且以偏北向风浪盛行。近岸岛群冬日结冰，盛冰期为 31～70 d，平均50 d，固定冰封在 0 m 等深线附近，厚 15～25 cm。轻冰年大部分海域不结冰，重冰年可致全岛群冰封，冰层厚 50～70 cm。

沿岸岛域可以岔尖堡岛为代表，该岛位于无棣县境，面积为 5.234 km²，岸线长12.62 km，总人口 1 632 人。全新世地表沉积由黄河泥沙组成，暖温带季风型海洋性过渡气候，具有春季多风、干燥，夏季多雨、秋季凉爽、冬寒季长的特点。因滩涂广泛，为良好的索饵、产卵、育幼鱼、虾的场所，生物资源丰富。中草药资源——麻黄、酸枣生长茂盛，资源丰富。岛上尚无工业，因而水质污染少，开发前景见好。

3.5.4　渤海海峡海岛群

长岛岛群或称庙岛群岛，由 36 个海岛组成，包括长岛、北长山岛、庙岛、大黑山岛、砣矶岛、大钦岛、小钦岛、南隍城岛、北隍城岛等。以 SSW—NNE 方向分布于山东半岛与辽东半岛之间，地处 37°53′～38°30′N，120°36′～120°51′E 之间，扼渤海海峡—北与老铁山对峙，相距 42.2 km，南与蓬莱高角相望，相距 6.6 km（图 3.43）。群岛横亘于海峡之间，渤海海峡宽约 105.5 km，岛屿将海峡分隔为 14 条水道，其中，6 条主要水道（王颖等，1996）：① 老铁山水道，宽 24 n mile，水深 60～65 m，最深 86 m，水道底部沉积为黄褐色细砂，致密坚硬，具海滩沉积特性，为低海面时的残留沉积。海底冲刷槽中，还剥露出晚更新统黄土沉积；② 大、小钦岛水道，宽 4 n mile，水深为 20～50 m；③ 北砣矶水道，宽 6 n mile，水深 35～45 m；④ 南砣矶水道，宽 8 n mile，水深 20～40 m；⑤ 长山水道，宽 5 n mile，水深25～30 m；⑥ 登州水道，宽 4 n mile，水深 10～25 m，底部沉积物为黄灰色、灰色泥质粉砂。总言之，北部水道宽深，南部水道窄浅。老铁山水道是北黄海海水进入渤海的主通道，流速可达 6～7 kn；南部水道是低盐度海水流出渤海的主通道（王颖等，1996）。

庙岛群岛均为基岩岛，处于新华夏系第二隆起带上，自元古代以来，与胶、辽两半岛的基底地质相似，吕梁运动之后，处于相对上升区，长期经受剥蚀，因而缺少古生代地层，出露前寒武纪变质岩系、石英岩、千枚岩、千枚状片岩和板岩等。各岛屿情况大致相同，而略有差别。砣矶岛以北，比如：大小钦岛与南北隍城岛，主要以石英岩与片岩互层为主，地层产状大致一致，倾向 SE，倾角 50°～60°。大黑山岛西北部的老黑山分布着大面积、厚达 70 m的更新世玄武岩，钾、氩年龄为 1.02～1.184 Ma. BP（王颖等，1996），黑山名可能源于黑色火山岩。

庙岛区域地质构造大体上早期为 EW 向构造，晚期为 NE 向、NNE 向构造。在上述主构造断块内，次一级 NW 向构造亦发育。岛屿轮廓受上述 4 组断裂控制，以砣矶岛为界，以北

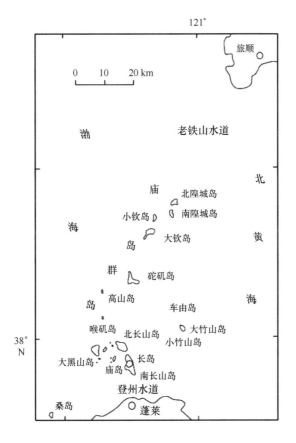

图3.43 渤海海峡与庙岛群岛（王颖等，1996）

的岛屿轮廓受 NE 向和 NNE 向构造控制，发育较多 NE 向小断裂，其间区别在于南、北隍城岛构造变动较大、小钦岛强烈，后者表现为单斜构造，仅局部有小错动。砣矶岛以南的南北长山岛、庙岛等岛屿轮廓受 NW 向和 NNE 向断裂控制，内部断裂不甚发育（李培英等，2008）。

岛屿地貌主要为丘陵（海拔 50~200 m），山体走向与岛屿一致，以南北向为主。各海岛岸线曲折、海湾多达 79 个，标定名称的约 30 个。海蚀地貌发育，海蚀崖陡峭，多分布于北岸与西岸，与海域开阔、风浪吹程长有关，南岸及东南岸有砾石堆积体（砾石坝、砾石嘴与砾石滩）。庙岛群岛的特征地貌是黄土堆积以及发育着黄土沟、坡、台地与陡崖，与辽东半岛、山东半岛的黄土地貌相关，海岛黄土分布是末次冰期海平面低降，海岸环境变化之遗证。

3.5.5 渤海海岛与半岛海岸的黄土地貌

渤海海峡列岛上分布着黄土沉积与黄土地貌，这是十分重要的环境变化自然记录，而且庙岛群岛黄土地层可以与胶、辽两半岛海岸黄土沉积相比拟，这在中国区域海洋专著应予介绍，更可贵的是，李培英、徐兴永、赵松龄三人发表的专著《海岸带黄土与古冰川遗迹》（2008），对庙岛群岛黄土地层与地貌有着详细的资料与分析。因此，亦作为我国海岸带研究的重要成果，在"908"专项著作中，再次予以披露，以兹进一步研究。

辽东半岛沿岸、渤海海峡中的庙岛群岛和山东半岛沿岸分布的海岸带黄土，厚 20~30 m，发育多层古土壤，性状上与内陆黄土相似，表明了两者形成机理上的一致性。但是，海岸带黄土又有别于内陆黄土，具有显著的特殊性，比如细砂含量高（最高达 50%以上），含大量微体生物化石等，显示了与海相物质的密切关系，它是我国黄土堆积中的又一种类型（李培英等，2008）。

渤海海岸带黄土形成于中、晚更新世，可划分为中更新世黄土和晚更新世黄土。前者在山东半岛的蓬莱沿岸和渤海海峡庙岛群岛发育了良好的黄土—古土壤剖面，后者在辽东半岛的大连沿岸分布更为广泛。为了突出海岸带黄土的区域分布特点和海—陆相特色，体现其特定的古环境意义，将前者和后者分别称之为"蓬莱黄土（Q_2）"和"大连黄土（Q_3）"，时代上分别与西北内陆的"离石黄土（Q_2）"和"马兰黄土（Q_3）"相对应（李培英等，2008）。

（1）渤海海岸带黄土的区域分布，主要表现为从北向南呈披盖式堆积于各种地形面之上（图3.44）。

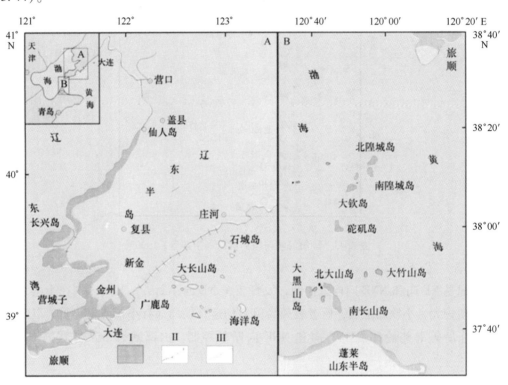

图3.44 渤海海岸带黄土分布（李培英等，2008）

Ⅰ—黄土主要分布岸段，Ⅱ—黄土零星分布岸段，Ⅲ—无黄土分布岸段

据李培英等（2008），辽东半岛更新世海岸带黄土覆盖于半岛西北侧沿岸海拔较低的山麓剥蚀平原以及被切割为孤立的剥蚀丘陵的顶部，还有部分黄土构成了河流高阶地的上部堆积层。

从旅顺老铁山西麓到盖县仙人岛，在长达200 km以上的海岸地带，构成断续的黄土堆积带，分布高度一般低于海拔100 m。半岛北部黄土分布的坡向性极为明显，半岛南部（即大连地区），虽具有坡向性，但不如北部明显。

从金州到旅顺一带的典型黄土，以黄土台地为其地貌特征，往往构成阶地的组成部分，覆盖在山麓剥蚀平台、低丘和上新世剥蚀夷平面，随原始基岩地形的起伏而起伏（图3.45）。黄土厚度一般10~20 m，最厚可达30 m，其中，晚更新世大连黄土厚度10~20 m，中更新世蓬莱黄土较薄，厚度一般小于6 m。在蓬莱黄土顶部，普遍发育一层弱化古土壤，呈棕红色，厚1~2 m。在个别剖面，大连黄土顶部也发育一层古土壤，呈棕红色，厚0.5~1.5 m。古土壤的产状随原始地形的起伏而变化。此外，辽东半岛东南部近黄海海岸山前地带，如庙西、寺儿沟等地以及一些河流的高阶地，马栏河、牧城驿河的二级阶地上，亦零星分布着黄土（李培英等，2008）。

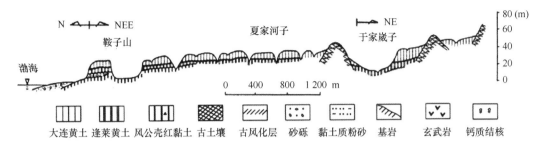

图3.45 大连鞍子山—于家崴子第四纪地层综合剖面（李培英等，2008）

庙岛群岛的海岛上均有黄土发育，犹如身临黄土高原之境。该处的黄土可分为离石黄土和马兰黄土，其分布之普遍，厚度之大，为我国地质工作所重视。黄土填充在岛屿上的古老冲沟及覆盖在平缓的坡地上，以沟谷中的厚度最大。与下伏岩层—石英岩、千枚岩及玄武岩直接接触。有的覆盖在海滨砾石层上，有的与红色黏土成过渡关系（图3.46）。

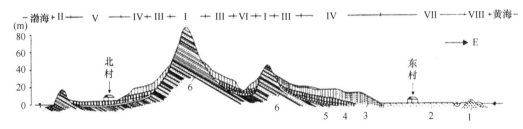

图3.46 庙岛群岛大钦岛东村—北村地貌与晚新生代地层综合剖面（李培英等，2008）

注：Ⅰ-剥蚀丘陵 Ⅱ-残丘 Ⅲ-黄土坡 Ⅳ-黄土台 Ⅴ-黄土低地 Ⅵ-黄土沟 Ⅶ-死亡潟湖 Ⅷ-砾石提 1. 砾石（Q_4）；2. 潟湖相淤泥（Q_4）；3. 大连黄土，上部为砂黄土（Q_3）；4. 蓬莱黄土，夹古土壤（Q_2）；5. 风化壳红黏土（N_2）；6. 石英岸夹片岸（Ptp），顶部发育风化壳

蓬莱沿岸沟谷和低平部位几乎全被黄土填充或覆盖，构成了当地特有的黄土地貌景观。主要有黄土沟、黄土台和黄土坡等几种形态，其中尤以黄土沟最发育，分布最普遍。由于黄土沿岸分布，构成了黄土海岸。在长期的海洋动力作用下，黄土海岸遭受侵蚀而后退，形成壮观的黄土海蚀崖，其中，以蓬莱西部沿岸最为典型。

（2）海岸带黄土与海底埋藏黄土，除了少量来自内陆的细粒物质外，主要是由于晚更新世末期出现的强劲西北风、北风及东北风吹蚀出露的渤海陆架沉积而形成。也就是说，海岸带黄土的形成与古季风活动密切相关。冰期海退时期，部分海相地层（经风暴的吹飏作用）会发生解体，原先海相地层中的细粒物质，经风力搬运以后，在下风向的地形面上堆积而成黄土。从辽东湾的浅地层剖面仪的测量记录来分析，大约在湾内中轴线以东，相当于献县海侵（39 000～23 000 a. BP）时形成的海相地层，基本上都发生了解体，而成为辽东半岛黄土形成的供应源（李培英等，2008）。

古冬季风在通过渤海地区后，绕过山东半岛逐渐变成东北季风。在海州湾形成富含钙质结核的海底埋藏黄土，在长江三角洲之下形成富含海绿石和大量破碎有孔虫化石的硬黏土层（埋藏黄土）。从距今18 000 年至12 000 年，陆架环境逐渐转化、气温回升、冰川融化、海面升起、陆架黄土逐渐被海水淹没，而仅剩下海岸带黄土。山东半岛北岸的黄土主要分布于蓬莱以西，林格庄附近的海岸上。那里的黄土与黄土状沉积构成与岸线平行且向海缓倾的黄土台地。在下朱潘、林格庄和泊子等地，台地前缘形成陡立壮观的黄土海蚀崖，显示了特有的海岸带黄土地貌。沿着海岸地带，黄土覆盖了玄武岩台地、垅岗和红色风化壳，或填充在沟谷中。作为衍生沉积的黄土从海向陆，顺坡分布在原始的地形面上（李培英等，2008）。

（3）渤海海岸带黄土，无论区域上拟或水平方向上，还是物质成分上，均具有显著的分布规律，即呈现出稳定的地带性、明显的坡向性和清晰的旋回性（李培英等，2008）。

① 稳定的地带性

渤海海岸带黄土分布在 36.0°~40.5°N，120°~123°E，构成的 NNE—SSW 向的断续黄土堆积带，其中，以辽东半岛西北海岸带、庙岛群岛和山东半岛蓬莱西侧海岸带所构成的渤海东侧，狭窄的黄土条带最发育，厚度大，分布广，成为海岸带黄土的发育中心。

海岸带黄土与内陆黄土形成时的气候条件基本类似。黄土层中保存着安氏鸵鸟蛋、赤鹿角等脊椎动物化石、大量海相微体生物化石和蜗牛化石；孢粉化石以蒿、藜为主；黄土中还含有大量碳酸盐，重矿物中的不稳定矿物（尤其是普通角闪石含量很高）；黏土矿物以伊利石为主等，这些现象表明海岸带黄土发育于干旱、半干旱的冰缘环境。

辽东半岛沿岸与胶东半岛沿岸相比，今日气候状况存在明显差异。前者冬季气温一般低于 -5℃，后者平均值为 -1.8~-1.3℃之间；年降雨量，前者少于 600 mm，后者约 700 mm。气候条件的差异在过去已经存在，并在海岸带黄土的纬向分布特征上有所反应，如：a. 黄土粒度从北向南由粗变细；b. 古土壤发育程度由北向南偏好；c. 不稳定矿物北多南少；d. 稳定矿物北少南多等。上述特征表明黄土物质是由北向南的运移。

② 明显的坡向性

山东半岛和辽东半岛海岸带黄土的宏观分布具有显著的坡向性。除庙岛群岛不甚明显外，其他地区的黄土分布均表现为明显的坡向性。比如：辽东半岛主要分布在西北沿岸；山东半岛主要分布在西北侧，即蓬莱沿岸所构成的 NEE—SWW 向黄土分布带。产生这种分布的因素可能有二：其一为常年稳定的西北向低空气流所致；其二为受半岛山系走向的影响。

最后冰期时渤海出水成陆，强大的空气流携带海底物质向东南运行，当风速降低和遇地形阻挡时，便沉降在辽东半岛西北侧沿岸、山东半岛蓬莱沿岸以及渤海海峡的庙岛群岛上。无疑，来自我国西北地区的高空降尘也参与了海岸带黄土的堆积过程。但是从粒径组成来看，高空气流携带的沙尘，在到达渤海海域后，已明显地偏细了。

③ 清晰的旋回性

海岸带黄土堆积具有清晰的旋回性。气候的周期性冷暖、干湿变化或冰期海面变动表现为黄土—古土壤、黄土—古风化层的交替叠覆，黄土中还夹有冰水沉积形成的角砾层以及具水平层理的薄砂层，显示与冰期时的寒冻风化、冰缘环境有关的堆积特征。有的还表现为与风成沙丘和坡洪积地层的更迭，以砣矶岛以南诸岛和蓬莱沿岸黄土的地质记录比较典型。黄土堆积与古土壤（或古风化层）的发育为划分气候旋回和沉积旋回提供了良好证据。

如上所述，渤海海岸带黄土的堆积，明显地受原始地形控制。黄土堆积之前，沿岸和海岛均以流水作用、剥蚀作用和古湖泊的动力作用为主，形成了沟谷、剥蚀夷平面以及各种海岸带地貌。此后，黄土堆积填平了沟谷、山坳，并覆盖了缓平低地、坡地和海滨阶地，再经后期海水作用改造，形成了独具特色的海岸带黄土地貌。山前低地和沟谷中的黄土厚度最大，在各地均发育了良好的黄土—古土壤剖面。黄土分布的高度，自海岸线向陆可达到海拔 100 m 之上。黄土总厚度 20 m 以上，其中，中更新世蓬莱黄土厚 5~10 m，晚更新世大连黄土最厚可达 20 m，一般厚 10 m 左右（李培英等，2008）。

（4）黄土地层与年龄，黄土地层划分主要依据年代、剖面岩性、颜色、标志层、生物化石及层位间接触关系等标志，同时还参考了不同层位的粒度组成、黏土矿物成分、化学成分、微体化石和碳酸盐含量等差异方面的实验资料。以庙岛群岛的晚新生代堆积为例，并与华北山间盆地相对比，划分为上新统风化壳红土、下更新统红土角砾层、中更新统蓬莱黄土、晚更新统大连黄土和全新统等（图 3.47）。

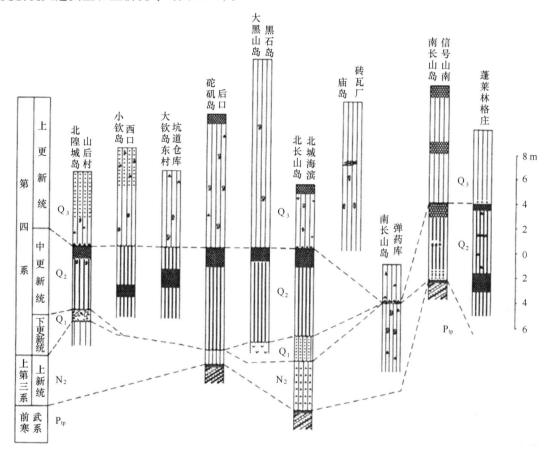

图 3.47　庙岛群岛晚新生代地层柱状对比（李培英等，2008）

（图例及说明同图 3.45）

海岸带黄土地层的时代也可以依据^{14}C 年龄来确定。所采用的测试材料是黄土中发育的钙质结核和古土壤（黑垆土）。前者形成在晚更新世的大连黄土中，其形成机制与海洋中的贝壳类似，吸收来自黄土母质中的含碳物质和钙质元素使其得以生长。钙结核自核心逐年生长，内核年龄最老，外壳年龄最新。内核最接近黄土的形成年龄，但也会比黄土母质年轻一些。后者（黑垆土）形成与上述泥炭类似。黑垆土中的有机质含量高，封闭条件好，很适宜做放射性碳测年。从获得的年龄来看（表 3.15），大连黄土的年龄多集中在距今 13 000 年至 25 000 年之间，属于晚更新世晚期，也就是最后冰期的最盛时期。而蓬莱黄土的年龄最老测到距今 15 0000 年，说明属于中更新世的堆积（李培英等，2008）。

表 3.15　渤海海岸带黄土测年结果（李培英等，2008）

晚更新世大连黄土中钙结核的[14]C 年龄					黄土中石英砂的 TL 年龄			
地点	层位	材料		年龄 /ka. BP	测试 单位	地点	深度 /cm	年龄 /ka. BP	测试 单位
大魏家[1]	上部	结核全样		10.6 ± 0.1	国家海 洋局第 一海洋 研究所	大黑山岛[2]	4.6	34.3 ± 2.3	中国科学院 西安黄土国 家重点实验 室
大黑山岛[2]	下部	单核全样		18.11 ± 0.26			10.7	75.8 ± 7.5	
		单核	核心	23.6 ± 0.55			13.5	149.6 ± 10.6	
			中层	18.5 ± 0.26		于家[1]葳子	5.5	31.4 ± 2.1	
			外层	6.21 ± 0.26			7.6	44.0 ± 2.8	
大钦岛[2]	中部	结核全样		17.83 ± 0.24	北京 大学		14.5	111.9 ± 9.4	
	低部			23.1 ± 0.40		庙西[1]	3.0	51.0 ± 5.0	中国社会科 学院考古研 究所
北长山岛[2]	上部			12.07 ± 0.13			4.7	60.0 ± 5.0	
	中部			19.38 ± 0.32		周家沟[1]	3.0	36.0 ± 4.0	
下朱潘[3]	低部			24.19 ± 0.41		庙岛[2]	5.0	29.0 ± 5.0	英国剑桥 大学
南长山岛[2]	上部	全新世黑垆土		2.62 ± 0.105			6.1	34.0 ± 3.0	
	下部			6.79 ± 0.20			10.4	56.0 ± 5.0	

注：1）辽东半岛大连沿岸；2）渤海海峡庙岛群岛；3）山东半岛蓬莱沿岸。

选择庙岛群岛的几个剖面的古地磁测量与计算结果，进行古地磁极性对比（表 3.16，图 3.48）。可以看出：风化壳红土属于高斯正向极性时的堆积物；风化壳红土之下的红土角砾层属于松山反向极性时的堆积物，但是这个时期在大部分剖面缺失；蓬莱黄土和大连黄土均属于布容正向极性时的沉积。大部分地区松山时地层的缺失，证明了华北古湖的存在，使当地缺乏近源沉积。布容正向极性时晚期蓬莱黄土出现后，渤海海峡断裂，海底沙漠化发生，大连黄土形成。由此可以看出，古地磁测量的结果与古环境的分析是非常一致的。

表 3.16　古地磁极性年表对照（李培英等，2008）

年龄/Ma. BP（Klitgord et al. , 1975）	正向极性时和事件	年龄/Ma. BP（Berggren et al. , 1980）
0.00		0.00
0.73 ± 0.03b	布容	0.73
0.92 ± 0.04	吉拉米努	0.88 ± 0.02
0.98 ± 0.05		0.94 ± 0.03
1.67 ± 0.03	奥尔都维	1.72 ± 0.04
1.88 ± 0.03		1.88 ± 0.04
2.47 ± 0.04b	上高斯	2.47
2.91 ± 0.04		2.88
2.98 ± 0.01	中高斯	2.96
3.07 ± 0.01		3.07
3.17 ± 0.01	下高斯	3.16
3.40 ± 0.01		3.40
3.94 ± 0.01	柯奇蒂	3.87
4.04 ± 0.01		3.97

年龄/Ma. BP（Klitgord et al.，1975）	正向极性时和事件	年龄/Ma. BP（Berggren et al.，1980）
4.15 ± 0.01		4.10
4.26 ± 0.01		4.24
4.37 ± 0.01	C1	4.39
4.43 ± 0.01		4.46
4.56 ± 0.01	C2	4.56
4.79 ± 0.01		4.76

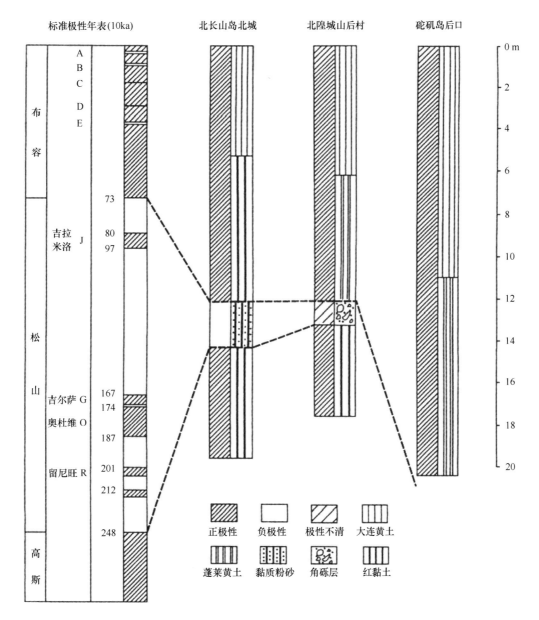

图3.48　庙岛群岛晚新生代地层的占地磁极性与岩性对比（李培英等，2008）

（5）黄土地层包括中更新世蓬莱黄土和晚更新世大连黄土及上新世的风化壳红色黏土。如上所述，它们遍布于辽东半岛、山东半岛沿岸和庙岛群岛的各个海岛上。按时代顺序由老至新分述之（李培英等，2008）。

① 上新统（N₂）（李培英等，2008）

红土风化壳发育在基岩剥蚀面之上，分布高度差异较大，各处厚度不一，一般厚6～7 m，其中，红土厚2～4 m。厚层红土多保存在低平的剥蚀平台和山坡上，分布高度集中在海拔0～50 m 范围内；而薄层红土则保存在由于新构造抬升至较高的古夷平面上。

上新统系指残积在基岩风化壳上的红色黏土，有的经历了坡积作用的改造。以深红色、棕红色、深褐红色黏土为主、质地黏重、干后致密坚硬、孔隙少、节理发育、沿裂纹和节理面常被黑色铁锰质浸染，含绿豆大小的黑色铁锰核。黏土中含许多岩屑和岩块，岩性与基岩（石英岩）密切相关。在残坡积的红色黏土中含有一定量的钙结核，比如：南长山岛弹药库红土中的钙结核，呈分散状、球形，直径4～7 cm，有空心放射状和实心球两种。其化学成分以 CaO 为主，含量39.34%。其他成分较少，SiO_2 含量16.07%，Al_2O_3 为3.44%，Fe_2O_3 只有1.18%，MnO 只有0.003%。

红色黏土的粒度组成以黏土为主，含量30%～50%，若除去岩屑和碎石，其相对含量更高。红土中的碳酸盐主要是 $CaCO_3$，含量很少，一般为0.1%左右。黏土矿物以伊利石、高岭石为主，其他种类很少。在砣矶岛，残积红土中的高岭石含量高达48.95%。黏土矿物的化学成分以 SiO_2、Al_2O_3 和 Fe_2O_3 为主，其平均含量分别为45.06%、25.08% 和10.29%；FeO/Fe_2O_3 值很低，仅为0.84%，这与山西上新世三趾马红土的化学成分相差不多。推知，红色黏土风化壳是在湿热气候条件下形成的，但比山西当时的气候更为温暖湿润些，所以 FeO/Fe_2O_3 值更低。红土中的钙质结核表明，在其形成的过程中，曾出现过明显的季节性干燥气候。

由于风化壳和红色黏土的保存严格地受地貌条件控制，所以一般分布在地形低平部位和平缓的基岩山坡上。虽然厚度变化比较大，但在两个半岛的沿岸和各个海岛上几乎都有分布。残积红土下为风化壳破碎带，再下为基岩，彼此呈过渡关系；而稍经坡积搬运的坡积红土则直接不整合于基岩之上。风化壳的顶部为更新世早期的古冰川堆积，主要堆积特征为厚度不一的角砾层，其中含有异地迁徙而来的巨型漂砾。

据古地磁测量结果，与古地磁年表相对比，红色风化黏土属于高斯正极性时，说明它的形成时代早于2.43 Ma. BP。此外，庙岛小红沟的残积红土中曾发现乳齿象化石，故红土风化壳的形成时代应属于上新世（李培英等，2008）。

② 下更新统（Q₁）（李培英等，2008）

下更新统分布局限，仅个别地点保存了含角砾的坡积砂质红土。在北长山岛北城海滨，这套堆积物上与蓬莱黄土，下与红色风化黏土均呈不整合接触关系，厚2～3 m。岩性为黏土质粉砂，干后致密坚硬，无节理，质地比较均一。其中的石英砂在扫描电镜下为次棱角状，有的棱角已圆化，表明曾经历过短距离的搬运。所含的黏土矿物和化学成分与庙岛群岛上新统的红色风化黏土近似。推断这套棕红色物质是早期红色风化黏土，经短距离搬运堆积而成，其时代属于松山期。

在大黑山岛和蓬莱沿岸，分布有大面积下更新世的黑色玄武岩，各处玄武岩的岩性、结构和构造基本相同。大黑山岛黑石沟的玄武岩被中更新世蓬莱黄土覆盖（图3.49）。蓬莱城南李家庄的玄武岩又覆盖在红色风化黏土之上。蓬莱林格庄以南冷藏场，玄武岩的钾—氩年龄为（1.02±0.71）Ma. BP。蓬莱红石山海滨玄武岩之下烘烤层的热发光年龄自上而下分别为（0.92±0.013）Ma. BP、（1.03±0.018）Ma. BP（丁梦麟等，1984）。由玄武岩与其他层位的上下接触关系和绝对年龄数据可以断定，玄武岩形成于早更新世晚期至中更新世初期

（李培英等，2008）。

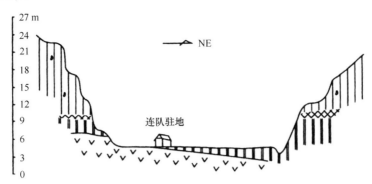

图3.49　庙岛群岛大黑山岛黑石沟黄土地层剖面（李培英等，2008）

（图例及说明同图3.45）

值得注意的是，在南长山岛南端的冰碛丘陵剖面中，见有三层古冰川活动堆积层和介于其间的红色黏土层，记录了早更新世到中更新世期间的古冰川活动。南长山岛风化壳顶部的古冰川堆积，具有广为分布的特征（李培英等，2008）。

③ 中更新统（李培英等，2008）

中更新统以蓬莱黄土为主，也有在较早期形成的，或同期异相的洪—坡积成因的黄土状沉积。蓬莱黄土在辽东半岛、山东半岛沿岸和庙岛群岛广为分布；洪坡积黄土状沉积分布比较局限，仅在砣矶岛和蓬莱下朱潘一带见到，其他各处均无分布，只发育蓬莱黄土。

蓬莱黄土为棕黄色黏质粉砂，质地均一，较致密，无层理，具垂直节理，含钙质结核、白色菌丝与少量岩屑和角砾。在底部常以角砾层与下伏岩层不整合接触。顶部和中部各发育一层古土壤，其产状随地形而变，呈水平状、倾斜状或拱形状。顶部古土壤在个别地点遭受侵蚀，与上覆大连黄土不整合接触，厚度大于1 m。古土壤剖面发育良好，由上向下依次为古土壤黏化层、钙积层和黄土母质。黏化层是棕红色黏质粉砂，块状节理发育，矿物风化较强，碳酸盐含量甚微，高岭石、Fe_2O_3和Al_2O_3含量远远高于黄土母质。钙积层发育成结核层，多为实心核，长5~10 cm，呈椭圆状、棒状和"花生状"等形状。中部古土壤的性状与顶部古土壤相同，厚0.5~1.5 m，在庙岛群岛和山东半岛都很发育。

关于蓬莱黄土的形成时代，据古地磁测定，属于布容正向极性时。再者从性状上看，与我国西北塬区的离石黄土相当，根据含多层古土壤等特征，可追溯到10万年以前，而且顶部的古土壤与上覆大连黄土间存在明显的间断面，代表了长时间的侵蚀间断。推断中国的海岸带黄土形成于中更新世末期（李培英等，2008）。

蓬莱黄土的粒度组成以粉砂为主，黏土和细砂次之，其平均含量分别为62.46%、23.24%，11.98%；平均粒径6.41φ，标准偏差2.37，偏度和尖度较低，说明分选性差。水平方向上，从北向南，粒度由粗变细，表明了黄土物质由北而南的运移方向。矿物成分以石英、长石和云母为主。长石和云母大多数遭受过不同程度的风化。在重矿物中，以闪石类、帘石类和暗色矿物为主，其中，不稳定矿物含量21.30%，极稳定矿物3.23%。黏土矿物以伊利石为主，占60%~70%，绿泥石含量少于高岭石，蒙脱石较少。古土壤中的高岭石含量明显增高，伊利石含量相对降低。化学成分以SiO_2为主，Al_2O_3次之，其平均含量分别为67.38%和13.60%。碳酸盐含量很低，并具有一个突出特点，即粒度粗，含量高，反之含量低。因此，北部海岛的碳酸盐含量高于南部海岛，辽东半岛的碳酸盐含量高于山东半岛。

在蓬莱黄土中，尚未发现动物化石，但含有有孔虫化石和放射虫化石，其中有孔虫化石的壳体破损严重，以至于难以定名。从黄土中的石英砂表面微结构来看，多数磨圆不好，少数磨圆好，呈球形，表面毛玻璃状；有的表面被溶蚀，个别的溶蚀严重，表面呈岭谷状或千疮百孔的突刺状。

由上述蓬莱黄土的分布规律、物质成分特征、石英砂微表面特征和水平方向上力度的明显变化，以及与西北内陆黄土相比，其岩性特征、结构构造上的极大一致性，不难推断蓬莱黄土是风成沉积物，其物质可能来源于渤海盆地和西北内陆区，但是气候并不十分干燥，淋滤和风化作用中等发育，处于半干旱、半湿润的冰缘环境。

黄土状沉积是中更新统的另一类沉积，主要见于庙岛群岛和山东半岛沿岸。如大钦岛的西口海湾，上部是褐棕色细砂质粉砂；下部是棕色黏土质粉砂，含海相有孔虫化石。蓬莱下朱潘沿岸也存在类似的黄土状沉积，沿岸被侵蚀成高达 10～30 m 的土海蚀崖（图 3.50）。这套物质岩性复杂，以砂质黏土和黏土质粉砂为主，含粗砾、角砾，夹粗砂层；经古地磁测量，其极性变化柱状图与相邻的蓬莱林格庄黄土类似，均属布容正向极性时。因此，认为这类黄土状沉积物也是在中更新世形成的，其成因属于洪—坡积相（李培英等，2008）。

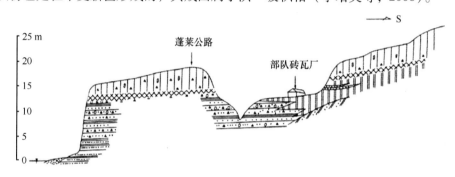

图 3.50　山东半岛蓬莱下朱潘黄土地层剖面（李培英等，2008）

（图例同图 3.45）

④ 上更新统（李培英等，2008）

上更新统全为黄土堆积，即大连黄土。仅局部及近地表部分经过了次生作用而改造成为黄土状沉积。大连黄土广布于山东半岛、辽东半岛沿岸和庙岛群岛，超覆在蓬莱黄土及其他地层之上，自现代海面至海拔 100 m 以上范围内均有分布，厚度多大于 15 m。

大连黄土呈灰黄、浅黄或褐黄色，为粉砂或细砂质粉砂，质地均匀，无层理，疏松多孔。孔隙和垂直节理极为发育。沿节理垂直裂开，崩塌后形成垂直的崖壁。大多数黄土剖面中都含有岩屑和小角砾。

如同蓬莱黄土一样，大连黄土的顶部和中上部，也发育有古土壤层，即黑垆土。顶部的黑垆土厚度不定，一般为 0.6～1 m。在南长山岛东海岸厚度可达 2 m，岩性为灰黑色黏质粉砂。在南长山岛信号山南侧和大连沿岸，黑垆土向下过渡为不太发育的钙积层（图 3.51，图 3.52）。钙结核略呈层分布，分散状，垂直排列。这层黑垆土有的属于晚更新世晚期形成的，有的是在全新世时期形成的，其下发育钙积层。大连黄土中上部的黑垆土，颜色比顶部黑垆土浅，仅几十厘米厚，下面无钙积层，向下向上均过渡为黄土母质。这层黑垆土发育较差，分布局限，只代表了大连黄土后期堆积过程中的一次温暖阶段（李培英等，2008）。

在大连黄土中，保存着晚更新世的动物化石，属于干旱草原环境下的生物群。现收藏在长岛县博物馆内的化石有：安氏鸵鸟蛋（*Struthiolithus andorssoni*），发现于南长山岛赵家部队

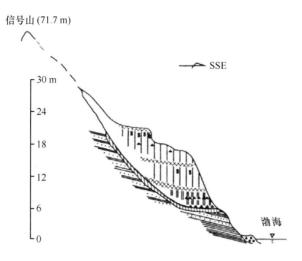

图 3.51 庙岛群岛南长山岛信号山黄土地层剖面

（李培英等，2008）（图例及说明同图 3.45）

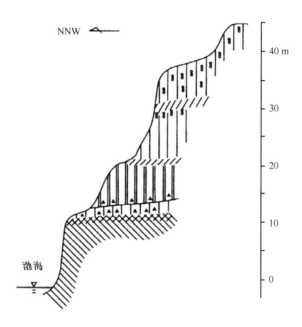

图 3.52 辽东半岛金州大魏家黄土地层剖面

（李培英等，2008）（图例及说明同图 3.45）

营房后面；赤鹿角（*Cervus elaphus*），发现于砣矶岛后口村北冲沟；梅花鹿角（*Cervus nippon*），发现于北长岛北城村西的大连黄土中下部；还有象门齿和猛犸象的腿骨（*Mammuthus primigenius*）等。目前，在剖面中还发现一些软体动物化石，如扁平瓣蜗牛（*Platypetasus futtereri*）、条华蜗牛（*Cathaica fasciola*）、多泥华蜗牛（*Cathaica lutuesa*）、同型巴蜗牛（*Bradybaena similaris*）和白旋螺（*Gyraulus abbus*）、烟台间齿螺（*Metodontia yantaiensis*）、光滑狭口螺（*Stenothyra glabra*）等。

　　在辽东半岛、山东半岛沿岸和庙岛群岛所有海岛的大连黄土中，从上到下全部含海相有孔虫化石，个体很小，绝大多数完好无损，仅见极个别的壳体上出现磨损的小洞。以砣矶岛后口的大连黄土为例，从上到下分别含有：顶部较少；中上部主要有毕克卷转虫变种（*Ammonia bocoarii* var.）、亚易变筛九字虫（*Cibrononoin subincertus*）和卷转虫未定种（*Ammonia* sp.）；中部主要是条纹判草虫（*Brigalina striata*）、冷水面颊虫（*Buccalla frigida*）、毕克卷转虫变种（*Aammonia becarii* var.）、亚易变筛九字虫（*Crironoin sutincetrus*）和缝裂企虫（*Elphidium magellanicum*）等；下部包含缝裂企虫（*Elphidium magellanicum*）、洞穴企虫相似种（*Eelphidium cf. cxcavatum*）、亚易变筛九字虫（*Crironoin sutincetrus*）和毕克卷转虫变种（*Ammonia becarii* var.）等。另外，还含有远海生存的放射虫。

大连黄土粒度较粗，以粉砂为主。平均含量，粉砂 68.77%，细砂 24.79%，黏土 15.19%，平均粒径 5.54φ，显然比蓬莱黄土粗得多。标准偏差 2.1，偏度、尖度较高，说明分选性比蓬莱黄土好得多。大连黄土的矿物成分与蓬莱黄土类似，种类上没有差别，其特点是重矿物中不稳定矿物含量很高，平均达 42.59%，且以普通角闪石居首，含量为 32.75%。这反映物质来源丰富，堆积速度迅速。黏土矿物组合也与蓬莱黄土相同，但含量有了变化，蒙脱石含量比蓬莱黄土明显增高，尤其是伊利石的结晶程度远比蓬莱黄土好，其值为 11.5，从而反映出蓬莱黄土与大连黄土物质来源和环境条件有所不同。黄土的化学成分与矿物成分相吻合，石英的平均含量为 65.63%，其他成分较少。大连黄土中的多数石英颗粒（直径 0.1~0.5 mm）被磨圆，有时磨圆度达Ⅳ级，呈球形或椭球形，表面毛玻璃状，并具有碟形坑和撞击形成的不定向 V 形坑，仅少数颗粒仍保持原始的棱角状形态。大多数颗粒存在溶蚀现象。

碳酸盐在大连黄土中分布很普遍，其含量远远高于蓬莱黄土。碳酸盐存在的两种方式：一是结核和碎屑颗粒；二是白色钙质斑点和碎块，以及根管壁钙质淀积膜。在显微镜下可以见到方解石的碎屑颗粒。在野外黄土剖面中，到处可以见到零星分散的钙结核，成形良好，个体不大（有球形，长棒状、麻花状和花生状）。大连黄土中的碳酸盐（不包括钙结核）的含量一般为 4%~5%，最高为 8.3%，最低为 3.75%。由黄土中所含的碳酸盐情况可以得知，大连黄土堆积时的气候要比蓬莱黄土堆积时寒冷干燥得多。

从大连黄土层的古地磁测量和所含的动物化石来看，形成时代在晚更新世（李培英等，2008）。在庙岛群岛的黄土中发现了丰富的古文化遗迹，包括旧石器时代和新石器时代，及至殷商、战国和汉代，均有文物和遗址遗存在各海岛的大连黄土中。

⑤ 全新统

全新统可分为陆相冲积、坡—洪积物和海相的海滩、海湾、潟湖沉积两类。冲积、坡—洪积物包括现代地表所有的坡积物、土壤和大连黄土顶部含角砾、砾石、贝壳和古人类遗迹的黄土状沉积，与下覆大连黄土呈过渡或不整合接触关系；山间谷地的现代冲洪积物，岩性一般为粉砂质黏土堆积。

海滩、海湾潟湖相沉积指沿岸由砾石堆积组成的砾石滩、砾石堤坝、粉砂淤泥质潮滩和海湾的黑色淤泥沉积。在庙岛群岛，各岛居民和村落均坐落在这些海滩和海湾沉积层之上，如王沟村、南城、北城、小黑山村等。有的村落建在古冰川舌形成的冰碛物上，如北隍城岛上的村庄。

以大钦岛东村为例（图 3.46），从海向陆的主要沉积地貌类型分别为：砾石滩，全由磨圆极好的海成砾石组成，砾石较大，长轴一般为 4~7 cm，最大直径达 20 cm；砾石堤，高为 5~7 m，全由砾石组成，色深，略有风化现象（该处的砾石在海侵发生前，均为古冰川带下来的冰碛物，多以角砾形式出现）；黄色细沙丘，具水平层理，含钙结核（花生状、长棒状）以及较多的有孔虫，在大钦岛东村公路南侧的沙丘台上发掘出 6 000 a. BP 的邱家庄文化层，沙丘中结核的年龄为距今 17 830 a. BP，说明是大连黄土的同期异相产物；再向陆或向剖面上部，即为大连黄土和蓬莱黄土。

3.6　结语

渤海是我国面积小、水深浅的内海，但是，海岸类型全，在平原海岸中有沙坝—潟湖平原海岸、海积—贝壳堤平原海岸及河口—牡蛎礁平原海岸，平原海岸范围之大，岸线淤积的代表时代，在我国海岸带都是独具代表性。海底的潮流地貌、水下沉溺谷与三角洲，亦具有重要的研究价值。而且所有这些独特的海岸海岛与海底环境既具有生态与游憩价值，更具有自然环境变迁的科学研究价值，黄土在海岛之分布，与低海面海底沉积被风力吹扬再沉积有关，丰富了黄土的成因类型，也证明了渤海海峡形成之时代。上述种种均为中、晚更新世以来，全新世及历史时期的地貌与沉积"记录"，研究渤海将进一步揭露其海陆交互作用环境变迁的历史，有益于人类适应其发展变化趋势而加以适应、利导人类的生产与生活活动。

参考文献

蔡明理，王颖 .1999. 黄河三角洲发育演变及对渤、黄海的影响 ［M］. 南京：河海大学出版社 .

蔡明理 .1993. 贝壳堤成因及其在古海面变化研究中的意义 ［J］. 河海大学学报：自然版，23（1）：21 – 24.

陈则实，等 .1991，1992，1993，1998. 中国海湾志——第 3，4，5，14 分册 ［M］. 北京：海洋出版社 .

成国栋，任于灿，李绍全，等 .1986. 现代黄河三角洲河道演变及垂向序列 ［J］. 海洋地质与第四纪地质，6（2）：1 – 15.

成国栋 .1991. 黄河三角洲现代沉积模式 ［M］. 北京：地质出版社 .

成松林 .1983. 我国的河流 ［M］. 北京：科学出版社 .

程天文，赵楚年 .1985. 我国主要入海河流径流量、输沙量及对沿海影响 ［J］. 海洋学报，7（4）：460 – 471.

程天文，赵楚年 .1984. 我国沿岸入海河川径流量与输沙量估算 ［J］. 地理学报，39（4）：418 – 427.

程义吉 .1992. 国外河口治理经验及黄河口现行流路治理措施 ［J］. 黄河三角洲研究，2.

程义吉 .1993. 黄河口清水沟流路近海河段演变过程与机理分析 ［J］. 黄河三角洲研究，2.

丁梦麟，裴静娴 .1984. 山东蓬莱等地第四纪玄武岩的热发光年龄 ［J］. 地质科学，（1）：103 – 107.

范昌福，高抒，王宏 .2006. 渤海湾西北岸全新世埋藏牡蛎礁建造记录中的间断及其解释 ［J］. 海洋地质与第四纪地质，26（5）：27 – 35.

范昌福，李建芬，王宏，等 .2005a. 渤海湾西北岸大吴庄牡蛎礁测年与古环境变化 ［J］. 地质调查与研究，28（3）：124 – 129.

范昌福，裴艳东，王宏，等 .2007. 渤海湾西北岸埋藏牡蛎礁体中的壳体形态与沉积环境 ［J］. 第四纪研究，27（5）：806 – 812.

范昌福，王宏，李建芬，等 .2005b. 渤海湾西北岸牡蛎礁体对区域构造活动与水动型海面变化的响应 ［J］. 第四纪研究，25（2）：236 – 244.

范昌福，王宏，裴艳东，等 .2010. 牡蛎壳体的同位素贝壳年轮研究 ［J］. 地球科学进展，163 – 173.

范昌福，王宏，裴艳东，等 . 渤海湾西北岸滨海湖埋藏牡蛎礁古生态环境 ［J］. 海洋地质与第四纪地质，28（1）：33 – 41.

高善明，等 .1989. 黄河三角洲形成和沉积环境 ［M］. 北京：科学出版社 .

高善明，李元芳，安凤桐，等 .1980. 滦河三角洲滨岸沙体的形成和海岸线变迁 ［J］. 海洋学报，2（4）：102 – 114.

耿秀山，傅命佐，徐孝诗，等．1991．现代牡蛎礁发育与生态特征及古环境意义［J］．中国科学（B 辑），8：867 – 875.

耿秀山，徐孝诗，傅命佐．1992．黄河三角洲体系与地貌特征．海岸工程，11（2）：66 – 78.

国家海洋局．2001，2004，2007，2008，2009，2010．中国海平面公报：2000 年，2003 年，2006 年，2007 年，2008 年，2009 年公报［R］.

韩有松，孟广兰．1996．渤海湾沿岸．//赵希涛主编．中国海面变化［M］．济南：山东科学出版社，52 – 70.

韩有松．1980．牡蛎礁与新河古海岸线［J］．海洋科学集刊，16：59 – 65.

河北省国土资源厅（河北省海洋局）．2007．河北省海洋资源调查与评价专题报告［M］．北京：海洋出版社．

洪尚池，吴致尧．1984．黄河河口地区海岸线变迁情况分析［J］．海洋工程，（2）：68 – 75.

黄海军，李凡，庞家珍，等．2005．黄河三角洲与渤黄海海陆相互作用研究［M］．北京：科学出版社，29 – 81.

李凡，等．1984．辽东湾海底残留地貌和残留沉积［J］．海洋科学集刊，23.

李建芬，王宏，李凤林，等．2004．渤海湾滨海平原全新统层型剖面地层划分与建组［J］．地质通报，23（2）：169 – 176.

李建芬，王宏，夏威岚，等．2003．渤海湾西岸^{210}Pb，^{137}Cs 测年与现代沉积速率［J］．地质调查与研究，26（2）：114 – 128.

李培英，徐兴永，赵松龄．2008．海岸带黄土与古冰川遗迹［M］．北京：海洋出版社．

李荣升，赵善伦．2002．山东海洋资源与环境［M］．北京：海洋出版社．

李世瑜．1962．古代渤海湾西岸海岸遗迹与地下文物的初步调查研究［J］．考古，12：652 – 657.

李世瑜．1963．古代渤海湾西部海岸遗迹及地下文物初步调查研究［J］．考古，（12）：652 – 657.

李栓科．1992．利用粒度资料探讨近代黄河三角洲的沉积特征．黄河流域地表物质迁移规律与地貌塑造研究［M］．北京：地质出版社．

李秀文，赵福利．1990．^{14}C 年代测定报告（TD）Ⅰ．//第四纪冰川与第四纪地质论文集（第六集：^{14}C 专辑）［M］．北京：地质出版社．

李元芳，安凤桐．1985．天津平原第四纪微体化石群及其古地理意义［J］．地理学报，40（2）：155 – 168.

李泽刚．1992．黄河河口变动性及其治理方法［J］．人民黄河，（1）：14 – 17.

廖克．1999．中华人民共和国自然地图集［M］．北京：中国地图出版社．

林振宏，等．1990．海岸河口区重力再沉积和底坡的不稳定性［M］．北京：海洋出版社．

刘振夏，夏东兴．2004．中国近海潮流沉积沙体［M］．北京：海洋出版社．

南京大学海洋科学研究中心．1986．秦皇岛海岸研究［M］．南京：南京大学出版社．

庞家珍，司书亨．1979．黄河河口演变Ⅰ．近代历史变迁［J］．海洋与湖沼，10（2）：136 – 141.

庞家珍，司书亨．1980．黄河河口演变Ⅱ．河口水文特征及泥沙淤积分布［J］．海洋与湖沼，11（4）：295 – 305.

庞家珍，司书亨．1982．黄河河口演变Ⅲ．河口演变对黄河下游的影响［J］．海洋与湖沼，13（3）：218 – 224.

彭贵，张景文，焦文强，等．1980．渤海湾沿岸晚第四纪地层^{14}C 年代学研究［J］．地震地质，2（2）：71 – 78.

钱春林．1994．引滦工程对滦河三角洲的影响［J］．地理学报，49（2）：158 – 166.

秦蕴珊，等．1985．渤海地质［M］．北京：科学出版社．

全国海岸带和海涂资源综合调查成果编委会．1991．全国海岸带和海涂资源综合调查报告［M］．北京：海洋出版社．

任美锷，史运良．1988．黄河输沙及其对渤海、黄海沉积作用的影响［J］．地理科学，6（1）：1 – 12.

任美锷，杨纫章，包浩生．1979．中国自然地理纲要［M］．北京：商务印书馆．

邵合道，吴根耀.2000.福建中南部全新世的森林——牡蛎礁遗迹［J］.第四纪研究，20（3）：299.

水利部松辽水利委员会水文局.2002—2007.松辽流域河流泥沙公报［R］.

孙白云.1987.现代黄河三角洲沉积物矿物组合［J］.海洋地质与第四纪地质，7（增刊）.

孙湘平.2008.中国近海区域海洋［M］.北京：海洋出版社.

唐丽玉，王绍鸿.1999.深沪湾——福建海岸演化的信息库［J］.福建地理，14（1）：5-8.

王爱华，业治铮.1990.现代黄河三角洲的结构、发育过程和形成模式［J］.海洋地质与第四纪地质，10（1）：1-12.

王福.2009.渤海湾海岸带^{210}Pb，^{137}Cs示踪与测年研究——现代沉积环境意义［D］.中国地质科学院博士学位论文.

王宏，范昌福，李建芬，等.2006.渤海湾西北岸全新世牡蛎礁研究概述［J］.地质通报，25（3）：315-331.

王宏，范昌福.2005.环渤海海岸带^{14}C数据集（Ⅱ）［J］.第四纪研究，25（2）：141-156.

王宏，李凤林，范昌福，等.2004.环渤海海岸带^{14}C数据集（Ⅰ）［J］.第四纪研究，24（6）：601-613.

王宏，商志文，李建芬，等.2010.渤海湾西侧泥质海岸带全新世岸线的变化与海洋的影响［J］.地质通报，29（5）：627-640.

王宏.1996.渤海湾全新世贝壳堤和牡蛎礁的古环境［J］.第四纪研究，1：71-79.

王宏.2001.渤海湾牡蛎礁与新构造活动：几个基本问题的讨论//卢演俦，高维明，陈国星，等主编.新构造与环境［M］.北京：地震出版社.

王宏.2002.渤海湾贝壳堤与近代地质环境变化［M］//前寒武纪第四纪文集.北京：地质出版社：183-192.

王宏.2003.渤海湾泥质海岸带近现代地质环境变化研究（Ⅱ）：成果与讨论［J］.第四纪研究，23（4）：383-407.

王恺忱.1990.黄河口演变规律及其对下游河道影响［M］.//黄河水利委员会水科所.科学研究论文集.郑州：河南科学技术出版社.

王强，李秀文，张志良，等.1991.天津地区全新世牡蛎滩的古海洋学意义［J］.海洋学报，13（3）：371-382.

王颖，傅光翙，张永战.2007.河海交互作用沉积与平原地貌发育［J］.第四纪研究，27（5）：674-689.

王颖，张永战.1998.人类活动与黄河断流及海岸环境影响［J］.南京大学学报：自然科学，34（3）：257-271.

王颖，朱大奎，顾锡和.1964.渤海湾西部岸滩特征［M］//中国海洋湖沼学会1963年学术年会论文摘要汇编.北京：科学出版社，55-56.

王颖，朱大奎.1987.海岸沙丘成因讨论［J］.中国沙漠，7（3）：29-40.

王颖，朱大奎.1994.海岸地貌学［M］.北京：高等教育出版社.

王颖.1964.渤海湾西岸贝壳堤与古海岸线问题［J］.南京大学学报：自然科学版，8（3）：424-443.

王颖，等.1996.中国海洋地理［M］.北京：科学出版社.

徐起浩.2002.福建深沪湾晚更新世古牡蛎滩的发育与留存古环境［J］.海洋科学，26（4）：58-62.

薛春汀.2003.天津宁河县俵口牡蛎礁剖面与海面变化关系的讨论［J］.地理科学，23（1）：49-51.

杨文鹤.2000.中国海岛［M］.北京：海洋出版社.

姚庆元.1985.福建金门岛东北海区牡蛎礁的发现及其古地理意义［J］.台湾海峡，4（1）：108-109.

叶青超.1982.黄河三角洲的地貌结构及发育模式［J］.地理学报，37（4）：349-363.

余力民.1985.对黄河口演变两个问题的探讨［J］.泥沙研究，（2）：74-79.

俞鸣同，王绍鸿，赵希涛.2000.福建深沪湾牡蛎礁的测量与研究新进展［J］.第四纪研究，20（6）：568-575.

俞鸣同，黄向华.2003.福建深沪湾潮间带沉积异质体及其成因初探［J］.海洋科学，27（12）：42-44.

俞鸣同，藤井昭二，坂本亨．2001．福建深沪湾牡蛎礁的成因分析［J］．海洋通报，20（5）：24 – 30．

曾呈奎，徐鸿儒，王春林．2003．中国海洋志［M］．郑州：大象出版社．

张锦玉，王凤和．2008．六股河流域水文特性分析［J］．吉林水利，（11）：44 – 47．

张忍顺．2004．江苏小庙洪牡蛎礁的地貌 – 沉积特征．海洋与湖沼，35（1）：1 – 7．

赵希涛，韩有松，李平日，等．1996．区域海岸演化与海面变化及其地质记录//施雅风主编．中国海面变化
［M］．山东科学技术出版社．

赵希涛，张景文，焦文强，等．1980．渤海湾西岸的贝壳堤［J］．科学通报，25（6）：279 – 281．

赵希涛．1979．中国东部 2000 年来的海平面变化［J］．海洋学报，1（2）：269 – 281．

中国国家海洋局．2008．中国海洋统计年鉴［R］．北京：海洋出版社．

中国科学院《中国自然地理》编委会．1979．中国自然地理——海洋地理［M］．北京：科学出版社，5 –
52．

中国科学院《中国自然地理》编委会．1981．中国自然地理——地表水［M］．北京：科学出版社．

中华人民共和国水利部：黄河的年径流量和年输沙量（1950—2008 年　利津站）．2000—2009．中国河流泥
沙公报［R］．北京：中国水利水电出版社．

钟新宝，康慧．2002．渤海湾海岸带近现代地质环境变化［J］．第四纪研究，22（2）：131 – 135．

周志德．1980．黄河河口三角洲海岸的发育及其对上游河道之影响［J］．海洋与湖沼，11（3）：211 – 219．

朱大奎，高抒．1985．潮滩地貌与沉积的数学模型［J］．海洋通报，（4）：5．

朱龙海，吴建政，胡日军，等．2009．近 20 年辽河三角洲地貌演化［J］．地理学报，64（3）：357 – 367．

Evans G. 1965. Intertidal flat sediment and their environments of deposition, in the wash quaternary journal［M］. London: Geological Society.

Milliman J D, Syvitski J P M. 1992. Geomorphic/tectonic control of sediment discharge to the ocean: the importance of small mountainous rivers［J］. Journal of Geology, 100: 525 – 554.

Postma H. 1967. Sediment transport and sedimentation in the marine environment estuaries（Ed. By Lauff G D）. Am. Assoc. Adv. Sct, Washington D C.

Wang Hong, Keppens E, Nielsen P, et al. 1995. Oxygen and carbon isotope study of the Holocene oyster reefs and paleo – environmental reconstruction on the Northwest Coast of Bohai Bay, China［J］. Marine Geology, 124: 289 – 302.

Wang Hong. 1994. Paleoenvironment of Holocene chenier and oyster reefs in the Bohai Bay（China）［D］. PhD Dissertation, VrijeUniversiteit Brussel.

Wang Ying, Ren Mei'e, Syvitski J. 1998. Sediment transport and Terrigenous Fluxes［J］. The Sea, 10: The Global Coastal Ocean Processes and Methods. New York. Toronto: John Wiley & Sons, 253 – 292.

Wang Ying, Ren Mei'e, Zhu Dakui. 1986. Sediment supply to the continental shelf by major river's of China［J］. Journal of Geological Society, 143（3）: 935 – 944.

Wang Ying. 1998. Sea level changes, human impacts and coastal responses in China［J］. Journal of Coastal Research, 14（1）: 31 – 36.

Ying Wang, Dakui Zhu, Guiyun Cao. 2001. Environmental Characteristics and related sedimentary facies of tidal flat example from china Proceedings of Tidalites 2000［M］. Yong A. Park and Richard A Dauis, Jr. The Korean Society of Oceanography.

Ying wang, Xiankun ke. 1989. Cheniers on the east coast plain of China［J］. Marine Geology, 90: 321 – 335.

第 2 篇　黄　海

第 4 章　黄海海洋地理环境[①]

4.1　黄海海域概况

黄海位于中国大陆和朝鲜半岛之间，为一半封闭的浅海。其西面和北面与我国大陆相接，东邻朝鲜半岛，西北与渤海沟通，南与东海相连，东面至济州海峡西侧，并经朝鲜海峡与日本海相通。具体范围，北起 39°51′ N，南至 31°40′ N，西起 119°10′E，东至 126°50′E，南北长约 870 km，东西宽约 556 km，总面积 38.64×10^4 km²，平均水深 44 m（中国自然地理编辑委员会，1979；曾呈奎等，2003）。黄海海底地势较平坦，自西、北、东三面向中央及东南部倾斜，平均坡度 0°1′21″。山东半岛自西向东、横亘于黄海西半部，半岛东端的成山角与朝鲜半岛的长山串之间最为狭窄，仅宽 193 km，它将黄海分为南北两部分（图 4.1，图 4.2）。

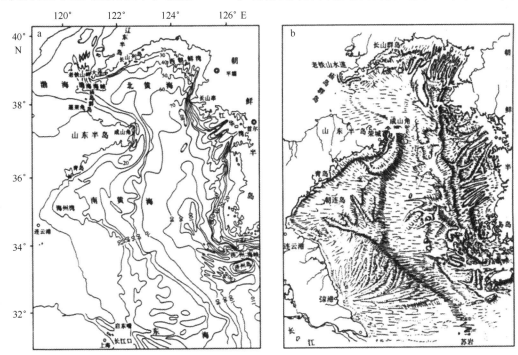

图 4.1　黄海的海底地形（a）和地势（b）（孙湘平，2008）

---

① 本章由王颖执笔。

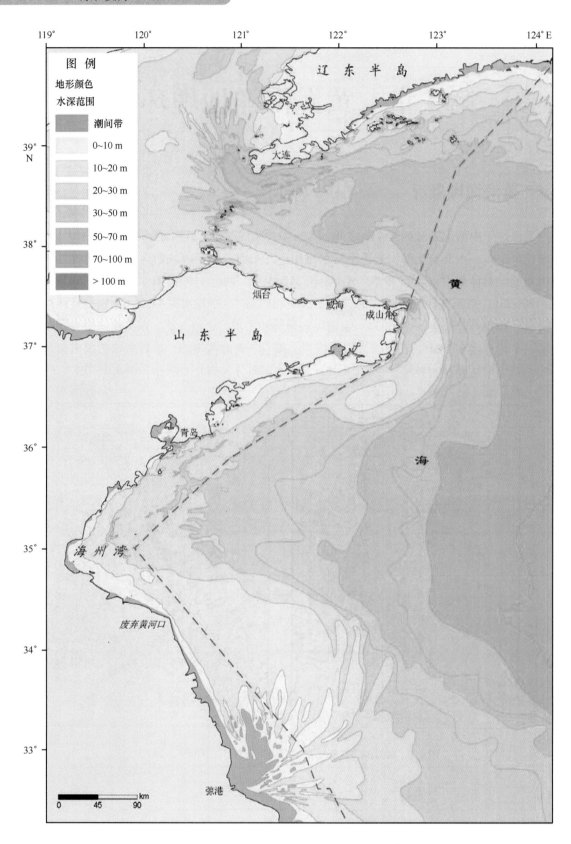

图 4.2 黄海沿岸海底水深地形分层设色图①

———————————

① 蔡锋，等. 2011. 我国近海海底地形地貌调查研究报告.

北黄海面积 71 470 km²，海底地势向南倾斜，平均坡度 0′44″，平均水深 38 m，最大水深 80 m（孙湘平，2008）。北黄海海底地貌显著特点是自鸭绿江口至大同江口之间的西朝鲜湾湾顶有一系列 NE—SW 向的潮流沙脊群，高度介于 0～30 m 之间。

南黄海面积为 314 930 km²，平均水深 46 m。南黄海中央海底的偏东侧，有一狭长的洼地，介于 34°～38°N，124°～125°E 之间，即由济州岛向北延伸，水深 60～80 m，是为"黄海槽"（孙湘平，2008），形成东侧海底地势陡，西侧海底平缓的不对称状态。黄海中央洼地自北向南水深加大，在朝鲜半岛西南端附近，水深增至 80～100 m，至济州岛北面，深度达 140 m，是黄海最深处；中央洼地在黑山岛附近转向东南，通向冲绳海槽北部。南黄海东部，朝鲜半岛沿岸多礁滩与沉溺谷，江华湾及济州岛以西多海湾，既有河川汇入细砂与潮流往复作用所形成的潮流脊地貌，亦有大片淤泥海湾潮滩，是受长江入海的悬移质泥沙影响，使基岩港湾发育淤泥质潮滩。黄海西部自海州湾至长江口北部，沿岸为苏北—平原海岸，岸外为古三角洲之堆积体，其中，尤以中部内陆架上的辐射沙脊群地貌突出，沙脊群地层内发现多层埋藏古河谷，海底表层沙脊与古河谷—潮流通道相间分布，形成航海之迷宫。长江现代三角洲北侧水深 20 m 以内，分布着一系列岩石岛礁，如苏岩岛礁、虎皮礁等，与黄海东部的济州岛遥相望接，成为黄海与东海的分界线。

4.2 黄海海域基底地质构造

黄海基底是中朝地台与扬子准地台在海域的延伸。因此，在地质构造上与渤海、与东海均有着相互关联。

黄海地质构造是位于新生代环太平洋构造带的西部边缘岛弧内侧，海域内主体构造走向为 NNE 向。古生代以来的历次地壳运动深刻地影响着黄海、东海地区的构造性质，奠定着海域的基本构造格局为：大致平行排列的 NNE 向的隆起带和坳陷带（王颖等，1996）。在黄海海区为胶辽隆起与南黄海—苏北坳陷带。

4.2.1 胶辽隆起

大体上从我国的庐江—郯城—苏北燕尾港至朝鲜的海州一线以北的黄海海区，在构造上统属于中朝地台的胶辽隆起。其基底由前寒武系的结晶片岩、片麻岩、大理岩、石英岩等变质岩系组成。古生代地层的发育和我国华北地区相类似。中生代燕山运动时基底遭到断裂破坏，有侏罗、白垩系陆相碎屑岩和火山岩系的堆积，并有酸性火成岩侵入和中基性火山岩喷发。侏罗纪以来局部地区形成一些构造盆地，它们顺北北东向作雁状排列。北黄海是隆起带上的一个小构造盆地，长轴方向为北东向，基底由中生代以前的变质岩系组成。基底之上的地层属中、新生代，第三系（特别是下第三系）可能缺失。根据物探资料，结合现代沿岸岛屿众多，基岩港湾曲折，有的地方甚至有基岩裸露海底等地貌现象。这说明本区在第三纪时期，基本上仍处于一个隆起的背景，构造上长期保持稳定，并为渤海盆地创造了封闭和巨厚沉积的有利条件。现代的北黄海则很可能是第三纪以后，海水沿构造薄弱处侵入形成的（王颖等，1996）。

4.2.2 南黄海—苏北坳陷带

本带东南大体沿浙江的江山、绍兴经九段沙至朝鲜的沃川一线，与浙闽隆起为界，基底由前寒武系的变质岩组成。从寒武系直至中、下三叠统以海相碳酸盐为主的建造，地层走向总体呈北东东至近东西向，与其基底基本一致。中生代形成一些小型的地堑盆地，上三叠统至上白垩统，在江苏地区为一套碎屑岩夹中酸性火山岩，总厚度为 5 000 m 左右。新生代地层的最大厚度大于 4 000 m。下第三系为一套湖相的砂泥建造，盆地分隔。上第三系含有海相化石。上新世至第四纪地层几乎近水平状态。

该沉降带在南黄海分为三个次一级构造带（喻普之，1989），即南部坳陷带、中部隆起和北部坳陷。南部坳陷是古生代地向斜的延续，在古生代基底上经历了海西—印支地壳运动。中新生代时，又被燕山等期地壳运动改造，发生许多断裂，是一个继承性盆地。基底是古生代浅变质沉积岩系。下第三系覆盖在三叠系青龙灰岩和古生界地层上。始新统为一套暗色砂泥岩夹灰质砂岩、黑色页岩和灰岩。渐新统是泥岩、砂岩夹煤层，为一套温暖、潮湿的湖泊相沉积。早第三纪的沉积是以断陷式沉积为特征，沉积物南厚北薄。晚第三纪则以披盖式沉积为特点。新生代沉积厚达 4 000～6 000 m，主要是一套湖相与河相的泥沙沉积。而北部在燕山运动时，NNE 向断裂使隆起瓦解，形成断陷盆地。基底是古老的变质岩，缺失古生代地层，白垩系不整合覆盖其上，为一套暗色与红色碎屑岩、泥岩、火山岩，其上是下第三系，由红色与杂色砂岩、泥岩夹石膏沉积。始新世末地壳隆起，缺失渐新统下部的地层。上新世沉积环境逐渐与南部坳陷趋于一致。

由此可见，该区在新生代时经历了大规模的断陷，接受了巨厚的第三纪地层的沉积，为勘探海上油气田提供了有利的物质基础（王颖等，1996）。

4.2.3 浙闽隆起带

主体在我国的浙、闽东部的陆地上，向东北延伸入黄海、东海海底，经苏岩礁、济州岛与朝鲜半岛南部的岭南地块连接，长达 2 100 km，宽 200～300 km（秦蕴珊等，1987）。这条构造带是中生代的火山岩隆起带，在磁场图上以剧烈变化的正负交变线性异常为特征，以北北东向为主，杂有北东东的磁异常。隆起带的基底由两套岩系组成，一套是具有北东东构造线的变质岩，另一套是中生代的火山岩与碎屑岩系。在海域中，基底岩系之上覆盖厚 800～1 200 m 的新生代地层。燕山运动时，隆起带上产生一系列北北东向断裂和呈雁行排列的北北东向断陷盆地。晚第三纪以来，隆起带遭分裂，海平面上升，海水漫越破裂的隆起带进入黄海。在构造上，它是东海与黄海的地质界线。

4.3 入海径流与泥沙

与渤海和东海不同，现今流入黄海的河流，缺少像黄河、长江那样的源远流长的大河。其中，较大的河流，或中型河流，主要是鸭绿江与淮河，发源于距海不超过 1 000 km 的山地，如鸭绿江发源于长白山，流经吉林、辽宁两省，汇入黄海北端的西朝鲜湾，为季节性河流，夏秋季径流量占全年径流量的 2/3 以上，泥沙多为花岗岩与变质岩山地的风化物质。自辽东半岛东部与山东半岛东段流入黄海的河流多为源自半岛区的小型河流，季节性明显。夏季汛期河水流畅，冬春季甚至干旱。汇入海中的冲积物主要是细砂或中细砂。自苏北平原汇入南黄海的河流较多，如新沂河、新沭河、蔷薇河、灌河、废黄河、扁担港、射阳河、新洋港、斗龙港、竹港、川东港、东台河、如泰河等。除灌河口仍为天然的喇叭形河口外，其他河流多经人工治理——渠道化与河口建闸，闸上淡水利用为灌溉与通行舟船；夏、秋季汛期开闸排涝，其他季节关闸防潮水上溯，其结果多形成闸下淤积与入海河道变浅。人工河道居多，又缺少系统的水文观测记录。

4.3.1 入黄海河流

据程天文、赵楚年 20 世纪 80 年代的研究，所有流入黄海河流的平均年径流量为 $561 \times 10^8 \, \text{m}^3$，平均年输沙量为 $1\,467 \times 10^4 \, \text{t}$，与流域面积（$334\,132 \, \text{km}^2$）相比较，其产沙量为 44（$\text{t/km}^2 \cdot \text{a}$），为全国各海域最低值。他们认为：我国主要河流注入各海域径流量与输沙量的分布，以入东海的径流量最多，约占主要河流入海水量的 2/3，入南海的水量次之，入黄海的径流量最少，仅占 1.7%。输入各海域的沙量以入渤海的最多，占主要河流的 67.2%，入东海的次之，入黄海的最少，仅占 0.11%。各主要河流入海的径流量，以长江最多，占 62.6%；其次为珠江、闽江；黄河的入海径流，仅占 2.9%，而入海的泥沙却为各河之冠，占 64.8%。长江入海沙量在各主要河流中亦居主要地位，约占 1/4（表 0.2）。

程天文与赵楚年的两篇论文（程天文、赵楚年，1984，1985）科学意义十分重要，是首次系统总结了我国主要河流汇入各个海区的径流量与泥沙量，奠定了河流对海洋影响的研究基础，我国海岸海洋环境区别于其他地区的一个重要特色，是河—海交互作用与陆架浅海及平原海岸发育；其次，系统的入海径流与沙量成果，基本代表着人类活动对河流大量改造前的天然状况，可作为研究人类对河流，进而对海洋影响的本底，其科学价值重要。

据水利电力部水文局 1987 年统计，提供了鸭绿江、淮河的年径流量资料（缺少泥沙量），同时，载有滦河、黄河及山东沿海河流入海径流量（表 4.1），可用来进行对黄渤海入海河流资料之对比。

表 4.1　黄海沿岸 1956—1979 年平均年径流量（水利电力部水文局，1987）

流域分区	平均		不同频率年径流量/ $\times 10^8 \, \text{m}^3$				分区平均年径流量	
	年径流深 /mm	年径流量 / $\times 10^8 \, \text{m}^3$	20%	50%	75%	95%	占全国百分数 /%	占全片百分数 /%
辽河流域	64.6	148	189	142	110	74.0		30.4
鸭绿江	499.0	162	202	157	126	89.0		33.2
辽宁沿海诸河	207.4	126	169	118	85.7	51.7		25.9
滦河（含冀东沿海各河）	109.5	59.7	82.4	54.9	38.2	20.3		20.8
海河流域	86.5	228	303	205	150	105	0.8	79.2
黄河三门峡—花园口区间	132.6	12.2	16.6	9.64	6.71	5.37		1.8
黄河中游	72.6	267.4	328	256	208	160	1.0	40.4
黄河下游	130.3	29.2	41.2	26.3	17.2	8.76		4.4
黄河流域	87.5	658	764	639	560	474	2.4	99.5
淮河流域片	225.1	741	1 000	689	496	296	2.7	100.0
淮河中上游	233.8	376	519	346	241	128		50.7
淮河下游	258.1	78.3	119	64.2	35.2	11.7		10.6
淮河流域	231.0	622	884	578	411	236	2.3	83.9
山东沿海诸河	198.6	119	170	106	67.5	32.0		16.0

鸭绿江是中国与朝鲜之间的界河，它发源于长白山主峰白头山南麓的长白泊子，流经吉林、辽宁两省，在丹东市的东沟县前阳镇康村流入黄海，全长约 790 km，流域总面积约

$6.188\ 9 \times 10^4\ km^2$，其中，我国一侧面积为 $3.246\ 6 \times 10^4\ km^2$。鸭绿江流域主要为花岗岩类、石英岩和石英砂岩为主体的太古代变质岩。河源段海拔 $1\ 000 \sim 1\ 500\ m$，河道坡降 4.05×10^{-3}，河谷成深切河曲状；至漓江与浑江汇流处，山势低降而坡缓（坡降 0.75×10^{-3}）；水丰电站以下，河势展宽，进入中下游，水流分汊，河滩多沙洲；九连城马市台进入感潮河段，至河口口门为潮流区。鸭绿江感潮河段原在鸭绿江大桥上游 $5\ km$ 处的燕窝，该处距江口 $45\ km$，后由于水电站节制，径流下泄减少，而潮区界上限移至距江口 $54\ km$ 的马市台附近。潮流界通常位于距江口 $41\ km$ 的东尖头附近。江口浑水区上界受潮位影响而上、下移动，上限可上溯到浪头港，下界在绸缎岛、碧岛和水运岛一带移动，高含沙区中心在斗流浦。

鸭绿江口为正规半日潮，强潮河口，潮差较大，平均潮差 $4.6\ m$，最大潮差 $6.7\ m$，在东大港。河口形态呈喇叭形，河道自斗流浦以下展宽为 $2\ km$（大东港河口），绸缎岛北端主航道宽 $3\ km$，外侧江口宽达 $23\ km$。鸭绿江为少沙河流，多年平均入海泥沙量为 $113 \times 10^4\ t/a$，口门附近多堆积沙滩、沙岛，使江水分流。入海泥沙由于强潮动力及沿岸流影响，于口外沿岸发育潮流沙脊群，面积约 $4 \times 10^3\ km^2$，潮流脊前缘达 $50\ m$ 等深线，纵向坡度平均 0.4×10^{-3}，向西延伸达大洋河河口外三角洲。鸭绿江口每年 11 月至翌年 3 月，江口结冰。鸭绿江口至大洋河口一带，固冰宽度达 $25\ km$，厚 $20 \sim 30\ cm$，向西减薄。江口流水外缘距岸 $25\ km$，流速 $20 \sim 30\ cm/s$，最大为 $100\ cm/s$，顺潮流漂移（陈则实等，1998）。

4.3.2 辽东半岛与山东半岛入海小河

辽东半岛与山东半岛入海小河的径流量与输沙量，首见于秦蕴珊、赵一阳、陈丽蓉与赵松龄主编的《黄海地质》（秦蕴珊等，1989）。提供了两半岛区的多沙性季节小河资料，十分珍贵（表4.2，表4.3）。

表4.2　辽东主要入海河流径流量和输沙量统计（秦蕴珊等，1989）

名称	测站	资料年限	多年平均径流量/$\times 10^8\ m^3$			多年平均输沙量/$\times 10^4\ t$		
			平均	最大	最小	平均	最大	最小
大洋河	沙里寨	23	20.50	46 11	7.19	68.4	128.0	1.64
庄 河	沙里涂	23	2.44	4.58	0.90	1 3.2	29.1	1.64
碧流河	小宋家屯	22	8.76	17.84	2.02	50.3	131.0	
登沙河	登沙河	25	0.27	0.66	0.04	5.8	9.56	1.88

表4.3　山东半岛流入黄海的主要河流（长度大于 40 km）（秦蕴珊等，1989）

名称	发源地	长度/km	流域面积/km^2	平均径流量/$\times 10^8\ m^3$	平均年输砂量/$\times 10^4\ t$
大沽夹河	海阳县取水乡林寺山	80.0	2 295.5	303	35.4
辛安河	牛平县南部铁把尺山	40	315.0	0.79	20.1
母猪河	威海市正族山（东源） 文登县昆嵛山（西源）	65	1 253.5	4.89	42.21
黄垒河	牟平县曲家口水门	69	651.7		
乳山河	乳山县马石山	64	954.3		
白沙河	海阳县黄草顶北坡	42.0	221.0		
五龙河	栖霞县锯齿牙山	124.0	2 653.0	5.63	84.0
莲阴河	即墨县双塔乡莲花山	41.0	130.9		

续表 4.3

名称	发源地	长度 /km	流域面积 /km²	平均径流量 /×10⁸ m³	平均年输砂量 /×10⁴ t
墨水河	即墨县东塔子夼	42.3	356.2	0.19	2.87
大沽河	招远县官里庄	179.0	5 634.2	7.08	56.4
肄河	胶南县柿子村山中	41.0	287.2	0.56	25.81
两城河	五莲县九仙山	47.0	496.8		
尊疃河	五莲县双山	51.5	1 048.2	1.91	
绣针河	莒南县大山	46.0	370.2		

众多小河于海岸带分布，其输入的砂砾质成为海积地貌——砂砾质海滩、沙嘴、沙坝与陆连岛（连岛坝）发育的基础。山东半岛的海积地貌特别发育，形成海蚀 - 海积型港湾海岸，与诸多小河将花岗岩类、变质岩类的风化产物源源不断地输送入海有关。

4.3.3 南黄海入海径流

南黄海苏北平原沿岸河流尚缺系统的径流与泥沙资料。各河口因建闸而入海泥沙有限，据本书第4.3.1节分析，可从黄海地区产沙量少为一旁证。

（1）据江苏地图集发表的资料，自苏北汇入黄海的地表径流量，分别是：海州湾地区为 252.39×10^8 m³；中部盐城地区为 311×10^8 m³；南通沿海汇入的径流量为 20.35×10^8 m³（江苏地图编纂委员会，2004）。这些数字均较20世纪80年代的数据有所增大，但缺少沿岸（河流）数据。

据《2005年中国河流泥沙公报》，代表了21世纪平水少沙年的河流水沙状况。11条主要河流具代表性水文站所获得的年度总径流量为 $13\,850 \times 10^8$ m³，比多年平均值 $14\,090 \times 10^8$ m³ 偏小2%，代表站总输沙量为 6.47×10^8 t，比多年平均值 16.9×10^8 t 偏少62%。其中，2005年长江和珠江代表站的径流量分别占代表站总径流量的65%和18%；黄河和长江代表站的输沙量分别占代表站总输沙量的51%和33%；2005年平均含沙量较大的河流为黄河，达14.2 kg/m³，其他河流都小于1.0 kg/m³。与2004年比较，2005年代表站总径流量和总输沙量分别增大22%和30%（表4.4）。

表 4.4 2005 年主要入海河流水文站（代表）的水沙特征（水利部，2006）

流域	代表水文站	控制流域面积 /×10⁴ km²	年径流量/×10⁸ m³		年输沙量/×10⁴ t		2005 年水平年
			多年平均	2005 年	多年平均	2005 年	
长江	大通	170.54	9 034	9 015	41 400	21 600	平水少沙
黄河	潼关	68.22	349.9	230.8	111 000	32 800	平水少沙
淮河	蚌埠 + 临沂	13.16	290.7	481.6	1 170	847	丰水少沙
海河	石闸里 + 响水堡 + 张家坟 + 下会	5.22	15.62	4.849	1 870	6.16	枯水少沙
珠江	高要 + 石角 + 博罗	41.52	2849	2502	7 590	3 630	平水少沙
松花江	佳木斯	52.83	653.4	596.5	1 270	2 430	平水大沙
辽河	铁岭 + 新民	12.76	32.80	33.80	1 690	261	平水少沙
钱塘江	兰溪 + 诸暨 + 花山	2.30	200.2	201.2	270	171	平水少沙
闽江	竹岐 + 永泰	5.85	573.9	683.7	656	737	丰水中沙

（2）灌河，位于江苏北部，属沂沭河水系，它西起淮阴市灌西县的东三汊，流经盐城市响水县的响水镇陈家港，在连云港市灌云县的燕尾港注入南黄海，全长 74.5 km，是苏北地区唯一没在口门建闸，仍保持天然河口的河流，也是苏北最大的通海河道。灌河流域面积 640 km²，流域内 90% 为平原，仅西北部宿迁境内有局部丘陵，流域坡度为 0.11×10^{-3}，地势低平，植被良好，年侵蚀模数为 0.29 kg/m²，流域来沙轻微，年输沙量 70×10^4 t，属平原区湖源型潮汐河流。灌河全程均处潮流界面，口门潮差大，出口处河面宽度 600 ~ 900 m，为上中游河宽的 2 倍。沿河水深在中潮位时均超过 5 m，下游河口段水深 7 ~ 10.5 m。在灌河口门堆沟与燕尾港之间有新沂河斜交汇入，后者系人工控制的行洪河道，行洪期间对灌河河床与河口有影响，非行洪期间无水下泄。燕尾港以下入海口有河口沙嘴发育，自河口的东南侧向西北延伸，形成拦门沙浅滩，将入海通道分汊为两条水道：北水道呈 NE 30°走向，西水道为 NW 40°走向，两处水深浅，最浅处不足 1 m，碍航。拦门沙以外水域开阔，离岸 9 km 有开山岛，水深增大（陈则实，1998）。

4.3.4 黄海东部入海河流

黄海东部朝鲜半岛一侧多山区河流汇入，其中有较大的河流有以下两条。

（1）大同江，发源于朝鲜咸镜南道狼林山东南坡海拔 2 148 m 处，全长 439 km，流域面积 2.03×10^4 km²；先后经平安南道、平壤市、在南浦附近汇入西朝鲜湾，最后汇入黄海。

（2）汉江，发源于朝鲜半岛太白山西麓的五台山，全长 417 km，流域面积约34 000 km²，在韩国京畿道流入南黄海、平均年径流量 190×10^8 m³，平均年输沙量为 $1 840 \times 10^4$ t。

4.4 海岸海洋动力

黄渤海是相连贯通的，海水是自黄海经渤海海峡而进入渤海，在渤海经历了一系列的作用过程后，又经庙岛海峡流返至黄海，水体运动相关联，故在介绍海岸海洋动力时，将黄渤海一并阐述。

4.4.1 风、浪、涌

中国海位居亚洲大陆与太平洋之交，海陆温差、热力与气压差异的季节变化显著，季风盛行。冬季（12 月至翌年 2 月）蒙古高压控制我国大陆，干冷空气自北向南，由陆至海传递，气流沿蒙古高压中心呈顺时针方向旋转，高压边缘盛行偏北风。冬季时北黄海多 NW 风与 N 风，南黄海盛行 N 风与 NW 风；夏季（6—8 月）热带低压控制中国大陆，中国海域处于亚洲热低压的南缘与东缘，此时，太平洋副热带高压西伸北进，处在高低压之间，亚洲夏季盛行偏南风，夏季风是由南向北推进，南黄海盛行 S 风与 SE 风，北黄海盛行 SE 风；春季（3—5 月）及秋季（9—11 月）各为过渡转换季节，风向多变，盛行风不明显。

1）黄海、渤海区波浪具有明显的季风风浪特征（据孙湘平，2008）

冬季（2 月）：盛行偏北浪。渤海和黄海盛行北向浪和西北向浪。在渤海，最多浪向为北向，频率为 21%（北部）和 15%（南部）；次多浪向为东北（北部）和西南（南部），频率分别为 16% 和 15%。

黄海北部和中部西侧，最多风浪仍为北向，频率为 28% ~ 37%；次多浪向为西北向，频率为20% ~24%；但北黄海东侧，次多浪向为西向，频率为24%。黄海中部东侧和黄海南部，最多浪向为西北和北向，频率在22% ~35%之间；次多浪向为西北和北向，频率在15% ~18%之间。唯有黄海中部东侧，次多浪向为西南向，频率为15%。

春季（5月）：春季温带气旋活动比较频繁，风向不稳定，因此，渤海和黄海的浪向分布较零乱。渤海及黄海，偏南向浪迅速增加，偏南向浪频率大于偏北向浪频率，南向浪频率在20%以上。渤海，最多浪向为南向，频率为20%（南部）和26%（北部）；次多向浪为西南（北部）和西向，频率分别为20%和14%。

除黄海北部东侧，以西南向浪居多外，其余黄海最多浪向皆为南向，频率为21% ~24%之间。次多浪向比较分散，黄海北部为东南向和南向，频率分别为18%和23%；黄海中部次多浪向为西南和西北，频率分别为14%和15%；黄海南部次多浪向为东南，频率为17% ~23%。

夏季（8月）：渤海由于地形影响，东南季风不太明显。渤海北部多为南向浪（16%频率），南部多东南向浪（18%频率），渤海次多浪向在北部为北向（16%），在南部东北向（17%）。黄海风浪受东南季风影响，以南向（频率50%）和东南向浪盛行（频率20% ~30%）。

秋季（11月）：渤海西向浪（频率21%），次多浪向为北（北部频率19%）和西南向（南部频率17%）。黄海最多浪向为偏北向，北向频率为23% ~24%，次多向浪西北向（16% ~18%），西向（11%）和东北向（15%）。

涌浪，在黄渤海季节性显著，冬季多偏向北，夏季多偏南向涌。夏季黄海涌浪多南向与东南向，频率分别为34% ~51%和23% ~30%（表4.5）。

表4.5　渤海、黄海四季代表月盛行风浪向（左）、涌浪向（右）频率（%）

（苏纪兰等，2005；孙湘平，2008）

海区	盛行风浪向		2月	5月	8月	11月	盛行涌浪向		2月	5月	8月	11月
渤海北部 (39° ~ 41°N，120° ~ 122°E)	最多	浪向	N	S	S	W	最多	浪向	N	S	S	W
		频率	21	26	16	21		频率	28	23	15	22
	次多	浪向	NE	SW	N	N	次多	浪向	S	SW	NE	N
		频率	16	20	16	19		频率	20	16	15	20
渤海南部 (37° ~ 39°N，119° ~ 121°E)	最多	浪向	N	S	SE	W	最多	浪向	N	SW	NE	N
		频率	15	20	18	21		频率	35	23	20	18
	次多	浪向	SW	W	NE	SW	次多	浪向	SE	W	S	NE
		频率	15	14	17	17		频率	17	20	17	17
黄海北部 (37° ~ 39°N，121° ~ 123°E)	最多	浪向	N	S	SE	N	最多	浪向	N	SE	SE	NW
		频率	28	23	20	23		频率	37	28	23	27
	次多	浪向	NW	SE	S	NW	次多	浪向	NE	S	S	N
		频率	24	18	19	18		频率	13	21	22	19
黄海北部 (37° ~ 39°N，123° ~ 125°E)	最多	浪向	N	SW	S	N	最多	浪向	N	S	S	N
		频率	37	24	21	29		频率	35	32	44	28
	次多	浪向	W	S	E	W	次多	浪向	SW	N	N	W
		频率	24	23	18	11		频率	20	29	17	14

续表 4.5

海区	盛行风浪向		2月	5月	8月	11月	盛行涌浪向		2月	5月	8月	11月
黄海北部 (35°~37°N, 121°~123°E)	最多	浪向	N	S	S	N	最多	浪向	N	S	S	N
		频率	34	29	29	26		频率	33	29	34	30
	次多	浪向	NW	SW	SE	NW	次多	浪向	NE	N	SE	NW
		频率	20	14	17	16		频率	17	16	24	17
黄海中部 (35°~37°N, 123°~125°E)	最多	浪向	NW	S	S	W	最多	浪向	NE	SW	S	N
		频率	22	22	30	46		频率	19	16	51	33
	次多	浪向	SW	NW	SE	NW	次多	浪向	N	SE	N	NW
		频率	15	15	21	17		频率	15	14	17	21
黄海南部 (33°~35°N, 121°~123°E)	最多	浪向	N	S	S	N	最多	浪向	N	SE	SE	N
		频率	32	23	24	27		频率	33	24	28	32
	次多	浪向	NW	SE	SE	NW	次多	浪向	NE	S	S	NE
		频率	18	17	22	14		频率	19	20	21	19
黄海南部 (35°~37°N, 123°~125°E)	最多	浪向	NW	S	SE	NW	最多	浪向	N	SE	S	NW
		频率	36	24	20	31		频率	25	24	34	35
	次多	浪向	N	SE	N	N	次多	浪向	NW	N	N	N
		频率	15	23	17	30		频率	23	20	21	31
黄海南部 (31°~33°N, 121°~123°E)	最多	浪向	N	S	S	N	最多	浪向	N	S	SE	N
		频率	35	21	25	30		频率	38	25	30	35
	次多	浪向	NW	SE	SE	NE	次多	浪向	NE	SE	S	N
		频率	18	19	22	15		频率	15	20	23	24

注：资料年限为 1968—1982 年。

(2) 波浪高度

在一年四季中以秋季风浪的波高最大，其次是冬季，夏季的风浪波高居第三，春季最小。从海区分布看，南海的风浪最大，其次为东海，黄海风浪较东海小，较渤海略大。各海区均具有高值区和低值区，风浪的周期与波高呈正比关系，较高波浪，对应较大周期。同样，出现较大周期的海域才有较大风浪（孙湘平，2008）。一年四季中，黄渤海区的波高与周期大致如下（孙湘平，2008）。

① 冬季（2月）：渤海沿岸冬季结冰，缺波浪资料。渤海风浪波高是由岸向海区中央，由西向东递增。三大海湾湾口（辽东湾口、渤海湾口、莱州湾口）一带风浪波高 1.0 m（月平均值），渤海中央及海峡附近，风浪波高 1.5 m，最大波高 6.0~7.0 m。渤海风浪周期为 2.6~3.5 s，最大周期为 9.0~11.0 s。其中，辽东湾为 3.4 s，最大 11.0 s；渤海湾 2.6 s，最大 9.0 s，渤海中央与渤海海峡分别为 3.5 s 和 3.0 s，最大均为 11.0 s。

黄海风浪高度分布大体与海岸线平行。1.5 m 波高自南黄海向北部延伸，并西延至渤海海峡，海区中央与济州岛周围，波高可达 1.75 m。黄海北部风浪波高为 0.9~1.2 m，最大为 5.0~7.0 m；黄海中部风浪波高为 0.7~1.5 m，最大 6.0~7.0 m；黄海南部 1.0~1.9 m，最大 6.0~8.0 m。黄海风浪周期为 2.0~7.0 s，高值中心在南黄海海州湾外；最高值为 8.0~11.0 s。其中，黄海北部为 3.2~5.1 s，最大为 8.0~11.0 s；黄海中部为 2.0~4.8 s，最大值为 9.0~11.0 s；黄海南部为 3.7~7.0 s，最大为 11.0 s。

② 春季（5 月）：风浪最小，黄海、渤海风浪波高分布格局基本上与冬季相近。

③ 夏季（8 月）：风浪波高比春季略有增大，但在黄海波高反而下降。渤海风浪波高与春季相近，仍为 1.0 m，最大波高为 5.0 m，风浪周期为 2.5 ~ 2.7 s。黄海风浪波高为 5.0 ~ 1.0 m，比冬季略有下降。最大为 5.0 ~ 8.0 m。黄海北部和中部波高均为 0.5 ~ 1.0 m，最大为 5.0 m 和 5.0 ~ 6.0 m，周期 2.5 ~ 3.5 s 和 3.0 ~ 3.9 s；黄海南部风浪波高为 1.0 m，最高为 5.0 ~ 8.0 m，周期为 2.0 ~ 4.5 s，最大为 8.0 s。

④ 秋季（11 月）：渤海风浪波高在 1.0 ~ 1.5 m 之间，最大 5.0 ~ 7.5 m。其中，辽东湾、渤海中央均为 1.5 m，最大为 5.0 m；渤海湾风浪波高为 1.0 m，渤海海峡的为 1.3 m，最大 7.5 m；周期 2.5 ~ 3.1 s 之间，其中，辽东湾的周期为 3.1 s，渤海湾的为 2.5 s，渤海中央和渤海海峡为 3.0 s。

黄海风浪波高在 0.7 ~ 1.5 m 之间，最大值 5.0 ~ 7.0 m，波浪周期在 2.7 ~ 4.8 s 之间，最大为 8.0 ~ 9.0 s。其中，黄海北部风浪波高为 0.7 ~ 1.3 m，最大 7.5 m，周期为 2.7 ~ 4.1 s；黄海中部和南部皆为 1.0 ~ 1.5 m，最大波高分别为 7.0 ~ 8.0 m 和 5.0 ~ 7.5 m，周期分别为 2.8 ~ 3.7 s 和 3.0 ~ 4.8 s，最大 8.0 ~ 9.0 s。

涌浪的波高及周期参见图 4.3。

关心风浪动力在黄渤海区之分别，是因为两海区相通，互相关联，而风浪是塑造与改变海岸与海底地貌及沉积分布的主要动力。

4.4.2　潮汐与潮流

4.4.2.1　潮汐与潮差

中国近海的潮汐是由西北太平洋传入的协振动波，由月、日引潮力直接产生的强迫波，所占的比重是很少的，在黄海海域，强迫潮约占 3%（孙湘平，2008）。西北太平洋潮波从东南方向进入日本和菲律宾之间的洋面后，分南北两支分别进入中国海域，南支是逆时针向进入南海，北支经日本九州岛与我国台湾岛之间水道进入东海。进入东海的潮波大部分北上越过东海后进入黄海，其中，分出一支转向西北通过渤海海峡而进入渤海，构成渤海、黄海的潮汐振动。进入东海的潮波少部分径直向西至浙闽沿岸，并有一支转向南方而进入台湾海峡（孙湘平，2008）。

由东海进入黄海的半日潮波分成两支向北传播：一支遭遇到山东半岛南岸的反射；另一支遭到黄海北端岸线的反射，与继而前进的入射潮波相遇干扰，在地球偏转力的作用下，形成两个逆时针向旋转的驻波系统。无潮点位置分别位于成山头外侧及海州湾外侧，仍位于入射潮波的左侧。

黄海的驻波潮波，仍具有前进波的成分：在黄海北部，潮流与潮位的位相差约为 1/4 周期，波节处差值为零；到了黄海南部，潮流与潮位的位相差接近 1/2 周期，表明黄海是具前进波成分的驻波，而且，南部前进波成分较北部大。通过渤海海峡进入渤海的半日潮波，向西传播时，受到渤海西岸的阻力而形成反射波，分别在辽东湾西侧和渤海湾西侧形成两个逆时针方向旋转的驻波系统，无潮点位置位于秦皇岛和旧黄河口附近（孙湘平，2008）。图 4.4 表明渤海与黄海等半日潮（a，b）及全日潮（c，d）分潮波的潮汐同潮时分布。图 4.5 表明中国海域潮汐类型（a）及潮差（b）的分布。

中国海海域潮汐类型的分布，大致以台湾省为界：以北，渤海、黄海、东海以半日潮及

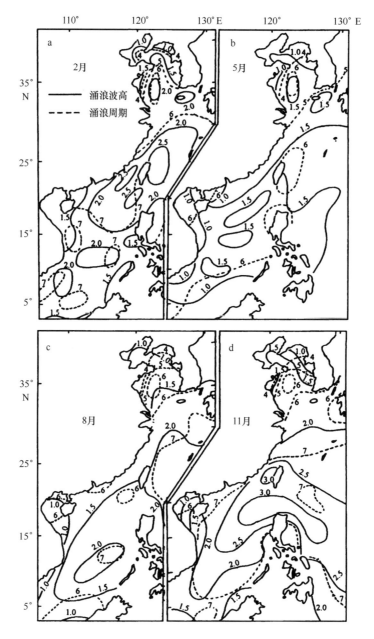

图 4.3　中国近海四季代表月涌浪波高（m）和周期（s）的地理分布
（孙湘平，2008）

不规则半日潮为主；以南，整个南海以不规则全日潮占优势；台湾省以东海域为不规则半日潮。渤海大部分海域属不规则半日潮类型，但渤海海峡为 K_1 分潮波的驻波波节点和 M_2 分潮波波腹所在地，该处出现规则半日潮类型；秦皇岛附近，有一小块区域为规则全日潮和不规则全日潮，这是因为它们正处于 M_2 分潮波的驻波波节点和 K_1 分潮波的驻波波腹附近的缘故。另外，在旧黄河口外，也有一小块范围为不规则全日潮类型。由于半日潮波在东海、黄海占的比重大，因此，黄海和东海没有规则全日潮和不规则全日潮类型出现，除成山角以东到长山串一带以及海州湾以东有一小块海域为不规则半日潮类型外，黄海其他海域皆为规则半日潮类型。

东海的潮汐类型分布与渤、黄海的稍有不同，主要表现在东、西两部分存在显著的差异。

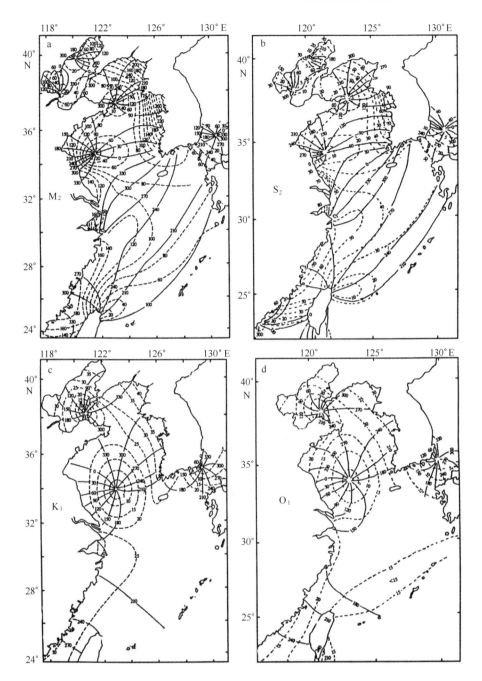

图4.4　渤海、黄海、东海半日潮（a，b）、全日潮（c、d）分潮波的潮汐同潮时分布

（孙湘平，2008）

注：——同潮时线；------等振幅线

　　大体上从南澳岛开始，向东到高雄以北的永安附近连线，然后再从台湾岛东北角开始至济州岛西南端连线为界，该线以西为陆架区，除镇海、舟山群岛附近为不规则半日潮类型外，其余海域皆为规则半日潮类型；该线以东，如济州岛、九州岛西南及琉球群岛一带，皆为不规则半日潮类型。我国台湾省以东，以南及台湾省西南海域，均属不规则半日潮类型（孙湘平，2008）。台湾海峡的潮汐类型大致以澎湖列岛一线为界：以北，为规则半日潮；以南为不规则半日潮。在南海，一是半日潮波输入的潮能远小于全日潮波输入的潮能；二是南海特有的地理条件，使南海海区固有的周期接近全日潮周期而产生共振，造成南海大部分海域的全

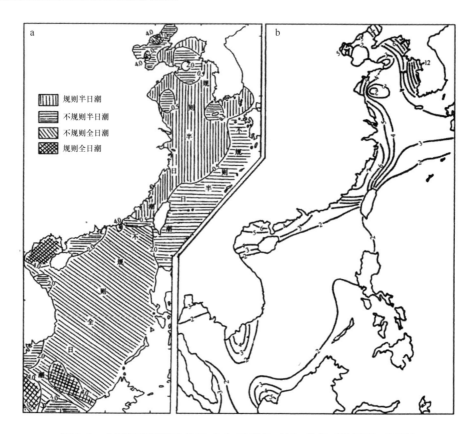

图 4.5　中国海海域潮汐类型（a）及潮差（b）分布（孙湘平，2008）

日分潮振幅大于半日分潮的振幅，结果南海的潮汐类型分布错综复杂。南海几乎没有规则半日潮发生，而以规则全日潮和不规则全日潮为主，且有显著的日不等现象（孙湘平，2008）。

中国海海域潮差的特点：① 近岸潮差大，远岸和外海潮差小，潮差是随岸边到海区中央的距离增大而减少。② 旋转潮波系统的中心潮差小，边缘潮差大，理论上讲，无潮点处潮差几乎为零。③ 海湾湾顶的潮差大，而湾口的潮差比湾顶的要小。潮差是从湾口向湾顶递增，海湾两岸潮差基本上是对称的，但杭州湾北岸潮差比南岸的略大。④ 按潮波传播的侧方向来讲，右岸的潮差大于左岸的潮差。⑤ 比较渤、黄、东、南四个海区，黄海的潮差最大，东海次之，渤海居第三，南海潮差最小。⑥ 河口区的潮差是因地形而异，如大的河口构成喇叭状，潮差由口门逆江向上而增大，甚至出现涌潮；其他形状的河口，多由口门逆江而上潮差减小。

据图 4.5，渤海最大可能潮差为 2~5 m 之间。其中，渤海中央为 1.5~2.0 m。岸边为 2~4 m，如秦皇岛，最大可能潮差不足 2 m，龙口为 2.2 m。辽东湾及渤海湾湾顶最大可能潮差可达 4 m 以上，如营口为 5.4 m，塘沽为 5.1 m。黄海中央及山东半岛北岸，最大可能潮差在 2~3 m 之间。辽南沿岸、山东半岛南岸及苏北沿岸，最大可能潮差为 4~7 m，如大连为 4.1 m，青岛为 5.3 m，连云港为 6.4 m。黄海潮差以朝鲜半岛西岸为最大，如西朝鲜湾和江华湾湾顶最大可能潮差达 8 m 以上，仁川港达 10 m 之多。黄海东岸潮差大于西岸潮差的原因有二：一是朝鲜半岛西岸岸线曲折，岛屿众多，地形复杂，海湾湾口向湾顶逐渐缩窄；二是受地球偏转力的影响，使潮波前进方向的右岸潮差增大。但在苏北沿岸有些特殊，自射阳河口至长江口北岸一带，分布着大片辐射状沙脊，南北长 200 km，东西宽 90 km，水深 0~25 m，由 70 多条沙脊组成，它们以琼港为顶点，呈辐射状向外扩展。这个沙脊群区的琼港一带，系南、北两股潮波的辐合处，使潮能集中，潮差增大。如东沙站平均潮差为 5.44 m，长沙港北为 6.45 m，小洋口外竟达 9.28 m，使弶港至小洋口一带为黄海另一个大潮差区，也是我国大潮差区之一。

中国沿岸最大潮差在 8 m 以上的地区有四处：苏北黄沙洋内为 9.28 m，杭州湾澉浦为 8.93 m，浙江乐清湾为 8.30 m，福建三都澳为 8.54 m。由于潮差是表示潮汐强弱的重要标志，下面将中国沿岸部分测站的平均潮差及最大可能潮差列出（表4.6），便于参考。

表4.6 中国沿岸部分测站的平均潮差和最大可能潮差（薛鸿超、谢金赞，1995） 单位：m

站名	平均潮差	最大可能潮差	站名	平均潮差	最大可能潮差	站名	平均潮差	最大可能潮差
大鹿岛	4.09	7.37	芦潮港	3.21	4.90 *	三灶	1.10	3.37
大连	2.04	4.07	镇海	1.75	3.30 *	北津港	1.39	3.86
鲅鱼圈	2.39	4.93	定海	2.10	3.80 *	闸坡	1.56	4.22
营口	2.58	5.41	胡头渡	3.33	5.56 *	湛江港	2.15	5.22
秦皇岛	0.71	1.44	健跳	4.20	7.03 *	海安	0.82	3.49
塘沽	2.48	5.02	璇门港	5.15	8.92	海口	0.82	3.38
羊角沟	1.08		沙埕	4.17	8.03	清澜	0.75	2.06 *
烟台	1.66	2.93	三沙	4.32	7.60	莺歌海	0.69	2.60
成山角	0.75	2.08	梅花	4.46	7.04 *	东方	1.49	4.09
乳山口	2.44	4.77	平山潭	4.24	6.70 *	榆林	0.85	2.01 *
青岛	2.80	5.23	白岩潭	3.78	5.35 *	石头埠	2.45	7.38
石臼所	3.01	5.74	崇武	4.27	6.6 *	北海	2.36	7.83
连云港	3.15	6.44	厦门	3.96	7.20	涠洲	2.13	5.80
灌河口外	2.90		东山	2.30	4.25	钦州	0.98	
射阳河口	2.59		妈屿	1.02	–	龙门港	2.48	6.39
启东嘴	3.00		汕尾	0.98	2.78	防城港	2.25	6.48
绿华山	2.53	4.89 *	香港	–	3.19	白龙尾	2.22	6.15
高桥	2.39	4.66 *	黄埔	1.64	3.78			

注：有 * 者为最大潮差。

潮差除存在着地区差异外，还有明显的季节变化。这种季节变化一方面反映了天体运动的变化；另一方面也受地形、江河入海径流及气象因子的影响。总的来讲，夏季的潮差比较大，而冬季的比较小。渤海沿岸以秦皇岛和塘沽两测站为例，前者月平均最大潮差发生在7月，最小月平均潮差发生在3月；后者月平均最大潮差出现在8月，最小月平均潮差出现在1月，年变幅为20 cm左右。黄海西岸的山东半岛沿岸，其潮差年变化又是另一种面貌：年内潮差最大值出现在9月和2月前后，最小值出现在12月前后，如龙口、石岛、乳山口和石臼所等地。东海西岸的潮差年变化随地点不同而不同：长江口附近，月平均潮差以8—9月的最大，1月的最小，年变幅为30~40 cm。杭州湾外的大戢山、佘山，月平均最大潮差发生在3月和9月，最小值发生在1月和6月，年变幅为20 cm。福建沿岸的潮差以4月和9月最大，6月和1月的最小。到了广东沿岸，潮差以夏季最大，冬季最小。海南岛及广西沿岸又不同，春、秋季平均潮差略大于冬、夏季平均潮差。粤东、珠江口、雷州半岛东岸、琼州海峡以及海南岛东岸，潮差年变幅较小，均在 20 cm 以下；珠江口以西至湛江以东，海南岛西南岸，其潮差年变幅在 20～40 cm 之间；雷州半岛西岸、海南岛西北岸，其年变幅较大，为 30～40 cm之间；雷州半岛西岸、海南岛西北岸，其年变幅较大，为 30～60 cm。广西沿岸，潮差年变幅更大，为 60 cm 左右。

4.4.2.2　潮流

潮波水质点在垂直方向的运动表现为潮汐，潮流是潮波水质点在水平方向的运动表现。由外海向内海或向港湾流动的潮流称涨潮流，反之称落潮流。潮流在涨落潮流的转流时刻，流速很小，甚至为零，此时称憩流或转流。在旋转式潮流中，有时出现流速较弱的时候，但无憩流现象发生。

潮流的运动形式常以潮流流向的变化来划分，可把潮流分为往复流和旋转流两种。海峡、水道和狭窄港湾内的潮流，因受地形限制，一般为往复式流，它主要要在两个方向上变化。在外海或广阔的海域，一般为旋转式潮流。旋转式潮流的流速和方向，不断地随时间而变化：在北半球，流向向右转的居多；南半球则向左转的居多。若以箭头长短表示潮流流速大小，箭头所指的方向，即为各时刻的流向，把各个箭头端点连接起来，便构成一个潮流椭圆。椭圆的长半轴和短半轴，分别为该分潮流的最大流速和最小流速。由于海区形状、水深、海底地形、海水层化等条件不同，实际海洋中的潮流是十分复杂的，不仅不同地点的潮流不同，即使同一地点不同层次的潮流也不相同。

潮流的分布与潮波的传播是相对应的。流速大小与潮汐振幅密切相关。在前进波中，波峰到达（高潮）时，流速最大，波峰过后流速减弱，于半潮面时流速为零，并发生转流；接着在波谷（低潮）时流速又最大，然后流速又减小和转流。在驻波中，半潮面时流速最大，转流出现在高、低潮时，流速最小甚至为零。沿岸、海峡、水道附近潮流强，而外海和开阔海区，潮流弱。

由于潮流现象自身的复杂性，受地形、风场、余流、摩擦以及非线性效应等诸因素的共同影响；加之海上观测海流的难度，远比岸边潮汐观测要大得多，获得潮流资料极不容易，潮流资料远比潮汐资料匮乏得多，人们对潮流现象的认识是非常不够的。据图 4.6、图 4.7 与图 4.4 相比较看出，潮汐同潮时分布与潮流同潮时分布，均有一个共同点，即同为半日潮或同为全日分潮的无潮点和圆流点的个数和位置比较相似，这一现象似乎在渤海、黄海、东海更显得突出一些。

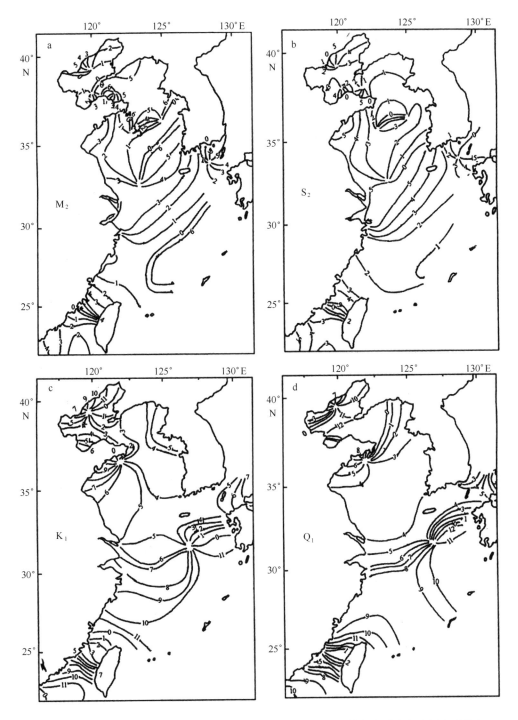

图 4.6 渤海、黄海、东海半日潮（a，b）、全日潮（c，d）分潮流最大潮流同潮时分布
（孙湘平，2008）

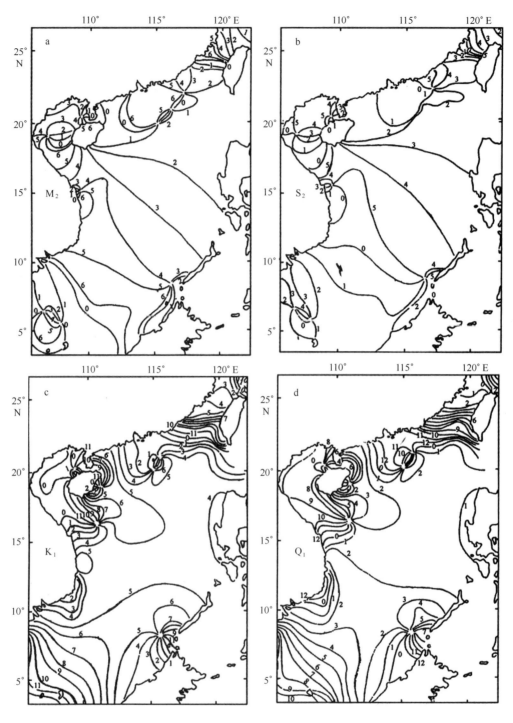

图 4.7　南海半日潮（a、b）、全日潮（c、d）分潮流最大潮流同潮时分布

（孙湘平，2008）[①]

　　据图 4.8，渤海潮流类型的地理分布是，辽东湾、渤海湾属规则半日潮流；渤海中央海域属不规则半日潮流。莱州湾的西半部属规则半日潮流类型、东半部属不规则半日潮流类型，而在龙口附近海域，出现不规则全日潮流类型。黄海的潮流类型分布：在渤海海峡的南半部，从蓬莱以东至威海附近一小块海域属规则全日潮流类型，在此小块海域的外围，又出现不规则全日潮潮流类型。从辽东半岛的皮口附近，经长山群岛西端往南至山东半岛威海以东连线，

　　① 为便于比较，将南海半日潮一并介绍于此处。

又将北黄海的潮流类型划分为两种：该线以西，属不规则半日潮流；该线以东，属规则半日潮流。北黄海和南黄海的潮流类型以规则半日潮流为主，但在南黄海的中央海域，出现大范围不规则半日潮流类型。

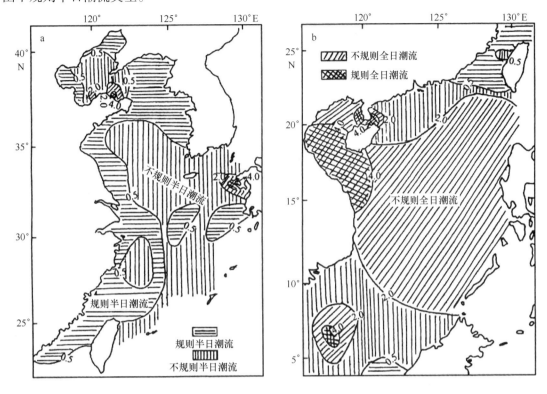

图4.8 渤海、黄海、东海（a）及南海（b）的潮流类型分布（孙湘平，2008）

东海的潮流类型分布错综复杂。长江口至南澳岛一带的沪、浙、闽沿岸和近海，属规则半日潮流类型，以鱼山列岛为中心的周围一小块海域，出现不规则半日潮流。朝鲜海峡绝大部分海域，济州岛周围、对马暖流源区、东海黑潮区，皆以不规则半日潮流为主，但上述海域中，出现天草滩、五岛列岛、平户岛3块斑状分布海域，属不规则全日潮流类型，在此块海域中，又掺杂了规则全日潮流类型。在九州南端的西南方海域，出现两块规则半日潮流类型区。台湾海峡的潮流类型以规则半日潮流为主，只是在该海峡的东南方，属不规则半日潮流类型。

南海的潮流类型以不规则全日潮流和规则全日潮流为主，南海几乎没有规则的半日潮流出现。需要说明的是，我国沿岸一些河口、港湾、浅滩地区，浅水分潮的影响显著。如长江口、杭州湾，许多测站的M_4分潮流流速都在10 cm/s（0.2 kn）以上，苏北辐射状沙脊群海域中，M_4分潮流最大值达40 cm/s（0.8 kn）以上。表明潮波进入这些海湾河口区后，在地形影响下，将形成较显著的倍潮或复合潮。

潮流流速分布。渤海，M_2分潮流最大流速在20~60 cm/s之间，渤海湾、辽东湾流速较强，莱州湾流速较弱。辽东湾内长兴岛、绥中斜塔附近，渤海湾内南堡、老黄河口附近，均为渤海M_2分潮流的强潮流区，最大流速为60 cm/s。莱州湾M_2分潮最大流速在10~20 cm/s之间。渤海海峡附近，M_2分潮流最大流速达40 cm/s（图4.9a）。

黄海M_2分潮流流速分布的特点，东岸流速大于西岸流速，西岸流速在20~40 cm/s之间，东岸流速在60~80 cm/s之间，尤其是江华湾，最大流速为100 cm/s左右，为黄海最强的潮流区。另外，在苏北的辐射状沙洲海域，也是一个强潮流区，M$_2$分潮流流速在60 cm/s以上。黄海中央潮流流速较小，为20 cm/s，尤其是威海附近，M$_2$分潮流速为10 cm/s。

东海的潮流流速分布与黄海的不同，东海西岸潮流流速强（40~60 cm/s）东岸流速弱（10~20 cm/s），流速由东向西逐渐递增。杭州湾是东海潮流最强的海域，一般在100~120 cm/s之间。东海东北部海域，潮流流速在10~20 cm/s之间，最大为40 cm/s左右。浙、闽沿岸海域，流速在40 cm/s左右。东海中央海域，潮流流速为20~40 cm/s。东海黑潮区潮流很弱，一般为10cm/s左右。台湾岛北岸附近，流速较强，为40~60 cm/s。台湾海峡是东海的另一个强潮流区，东侧流速达60~80 cm/s；西侧流速在40~60 cm/s之间；尤其是在台湾浅滩周围，M$_2$分潮流最大流速达100 cm/s。南海M$_2$分潮流所占的比重较小，南海M$_2$分潮流流速一般均在10 cm/s左右。其中，琼州海峡及其东、西口附近，湄公河口至金瓯角一带，泰国湾湾顶附近，加里曼丹岛的达士湾一带，为南海几处强潮流区，流速为20~40 cm/s。

其次，看K$_1$分潮流的流速分布（图4.9b）。在渤海、黄海、东海，只有在渤海海峡、朝鲜海峡东、西水道附近，K$_1$分潮流流速显得比较强，流速分别为20~30 cm/s和15~30 cm/s。渤海，K$_1$分潮流流速为5~15 cm/s之间，流速分布由海峡处向西逐渐递减。黄海和东海，K$_1$分潮流流速一般为5~10 cm/s。南海，因全日分潮流成分所占比重较大，故K$_1$分潮流流速比M$_1$分潮流的要强些。广阔的南海海域，K$_1$分潮流流速为10 cm/s左右，只有四处流速较强，它们是琼州海峡、北部湾东南部、金瓯半岛南端附近海域，以及纳士纳群岛以南的塞腊散海峡，K$_1$分潮流最大流速分别为40~60 cm/s、20~40 cm/s和20~30 cm/s。

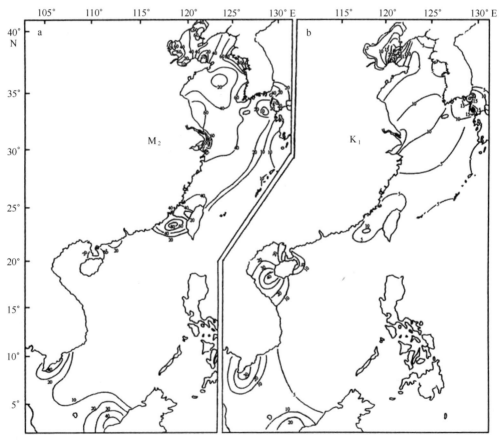

图4.9　中国近海 M$_2$（a）、K$_1$（b）分潮流最大流速（cm/s）分布（孙湘平，2008）

　　中国沿岸各海域计算的最大可能潮流流速在 100 cm/s 以上的地区有：河北南堡曹妃甸一带，最大可能潮流流速达 160 cm/s；渤海湾、莱州湾交界处附近，最大可能流速在 180 cm/s 左右；老铁山水道和成山角外的强流区，最大可能潮流流速在 150～300 cm/s 之间；苏北辐射沙脊群区、长江口区最大可能潮流流速在 100～200 cm/s 之间；其他海区的最大可能潮流速：浙闽沿岸部分岸段 100～150 cm/s；华南沿岸雷州半岛东岸、外罗门水道至琼州海峡东口 250～300 cm/s；琼州海峡最大，可能为南海最强流速达 300 cm/s；雷州半岛西岸可能为 150～200 cm/s；广西钦州湾可能为 100～150 cm/s（薛鸿超，1995；孙湘平，2008）。

4.4.3　渤海、黄海、东海环流及沿岸流

4.4.3.1　环流

　　1958—1960 年的全国大规模的海洋调查（普查），是我国海洋事业的一个重要里程碑。普查报告的"海流"部分[①]，奠定了我国近海海流结果的基础，对我国近海主要流系的路径、性质、强度以及季节变化，沿岸流系和外海流系的相互关系等作了全面的论述，对渤海环流、黄海冷水团密度环流、东海沿岸流和南海沿岸流等也作了细致的分析。并发现在南海北部和东海闽浙近海冬季存在的逆风海流，分别命名为"南海暖流"和"台湾暖流"。1977 年，管秉贤[②]编绘的"渤海、黄海、东海表层海流图"，是我国首次编绘的完整的海流图。随后，管秉贤综合 1994—2002 年研究成果，提出多种中国近海环流模式图，图 4.10 表明，渤海、黄海、东海的环流系由两大流系所组成（中国自然地理编辑委员会，1979）：一是外来的洋流系统——黑潮及其分支或延伸体，也叫外海（暖）流系，具有高温、高盐特性；二是当地生成的海流——沿岸流和风生海流，统称沿岸流系，具有低盐特性。从总体上讲，外海流系北上，沿岸流系南下，大体上构成一个气旋式环流。图 4.10 的显著特点是：① 冬、夏两季对马暖流的来源不尽相同；② 冬、夏两季黄海暖流的路径并不相同；③ 在东海沿岸流和南海沿岸流的外侧，终年存在一支由西南流向东北的海流，它由南海暖流、台湾海峡暖流、台湾暖流三位一体而组成，称"中国东南近海冬季逆风海流"（管秉贤，2002），也有人称"东、南海陆架暖流"（孙湘平等，1996）；④ 反映了新发现的海流，标出台湾以东的副热带逆流（孙湘平，2008）。

　　据孙湘平介绍，图 4.11 是近藤正人（1985）以 50 m 层为例绘出的冬夏两季南黄海及东海水系、流系分布图。其特点是：① 对马暖流与黑潮并不相连，而是间隔开的；表明对马暖流并不纯是黑潮的一个直接分支。② 冬季黄海暖流沿黄海中央北上，并在济州岛以西有一小分支分出而进入济州海峡。③ 在台湾东北海域，有黑潮分支出现。④ 勾绘出海区的锋面，清晰可见，给人以一目了然的感觉。⑤ 夏季在台湾海峡内，有一支北上的暖流。⑥ 夏季，似乎没有黄海暖流出现（孙湘平，2008）。

　　渤海是一个潮汐、潮流显著的海区，又是一个半封闭的内海，所以渤海的环流也很独特。渤海的余流很弱，在表层，一般在 3～15 cm/s 之间，最大也不超过 20 cm/s，仅为渤海潮流最大值的 1/10 左右。渤海的环流弱而不稳定，受风的影响大。

　　渤海的环流由外海（暖流）流系和沿岸流系组成。黄海暖流余脉在北黄海北部转向西伸，通过渤海海峡北部进入渤海。在渤海继续西进，当到达渤海西岸附近时，在那里遇海岸

---

　　① 国家科委海洋组海洋综合调查办公室编 . 1964. 全国海洋综合调查报告（第五册）.
　　② 管秉贤，丁文兰，李长松 . 1977. 渤海、黄海、东海表层海流图 . 中国科学院海洋研究所（内部资料）.

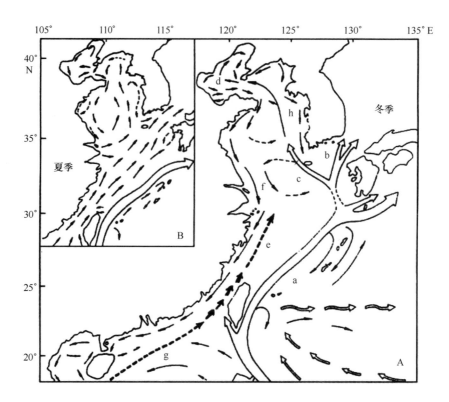

图 4.10　渤海、黄海、东海及南海北部主要流系分布（管秉贤，1994，2002）

A：a. 黑潮，b. 对马暖流，c. 黄海暖流，d. 渤海环流，e. 台湾暖流，f. 中国沿岸流，
g. 南海暖流，h. 西朝鲜半岛沿岸流

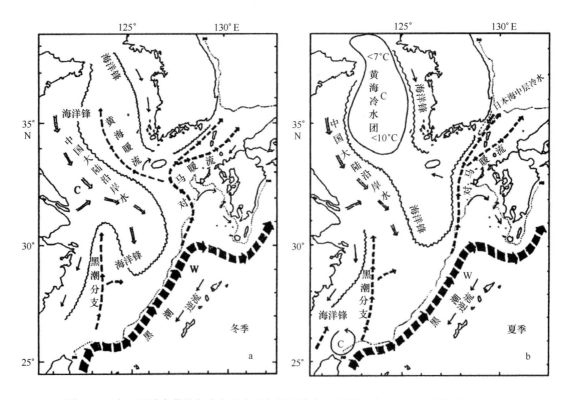

图 4.11　冬、夏季南黄海与东海的水系与流系分布（近藤正人，1985；孙湘平，2008）

受阻而分为南、北两支。北支沿渤海西岸北上进入辽东湾，与那里的沿岸流构成右旋（顺时针）环流；夏季的情况相反，进入渤海海峡北部的海流，在渤海海峡西北口便分支：一支继续西行；另一支沿辽东湾东岸北上，与辽东湾沿岸流相接，沿该湾西岸南下，构成辽东湾为一逆时针环流。南支沿渤海西岸折南进入渤海湾，在渤海南部与沿岸流构成左旋环流，最后在渤海海峡南部流出渤海。赵保仁等（1995）根据渤海石油平台等的测流资料，绘出渤海环流模式。表明外海水将沿着辽东湾西岸北上进入辽东湾，反映了除夏季某些年份的个别月份外，辽东湾的环流是按顺时针方向流动的（孙湘平，2008）。

全国海洋普查报告认为渤海湾：外海高盐水常年沿着渤海湾北岸流入渤海湾，湾内的沿岸低盐水沿渤海湾南岸流出渤海湾，湾内海流呈现为逆时针式的回转。赵保仁等根据天津市海岸带调查资料，提出渤海湾的环流为双环结构，即该湾的东北部为逆时针向，西南部为顺时针向（图4.12）。

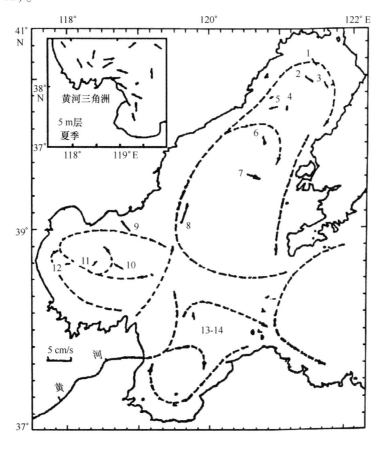

图4.12　渤海环流模式（虚线）与余流分布（箭矢）
（赵保仁等，1995；孙湘平，2008）

在莱州湾，海流受风的影响可能更大，流矢多变。最早由管秉贤绘出该湾的冬季环流模式为顺时针的。山东近海水文图集收集了1958—1985年间的渤海南部的余流资料。除冬季余流资料稀少外，春、秋两季的余流均反映出莱州湾存在一个顺时针的环流。在此环流中，北部流速较强，尤其在黄河口附近，最大流速可达20 cm/s，流向为东北；南部湾顶及东部流速较弱，一般为3~5 cm/s。在莱州湾，顺时针的环流位置，不沿该湾的四周或中央，而是偏于莱州湾的西半部（孙湘平，2008）。

4.4.3.2 沿岸流

沿岸流是构成海区环流的另一个组成部分。在渤海、黄海、东海，沿岸流有渤海沿岸流、黄海沿岸流和东海沿岸流。其中，渤海沿岸流又可分辽东湾沿岸流和渤、莱沿岸流；黄海沿岸流又可分为黄海北岸沿岸流（有人称辽南沿岸流）、黄海西岸沿岸流（有人称黄海沿岸流）和黄海东岸沿岸流（有人称西朝鲜沿岸流）；东海沿岸流又分沪浙闽沿岸流和九州沿岸流。渤海、黄海、东海的环流，就是由上述两大流系的消长而组成，其中，外海流系（即暖流流系）是起主导作用。

1）渤海沿岸流[①]（曾呈奎等，2003；苏纪兰等，2005；孙湘平，2008）

（1）辽东沿岸流是指流动在辽东湾沿岸的海流，是辽东湾内环流的一部分。从渤海海峡北部入侵渤海的黄海暖流余脉，向西伸到渤海西岸附近，受海岸阻挡而分成南、北两支：北支沿辽东湾西岸北上，与该处的沿岸流相接，而辽东湾的低盐水（由辽河、大凌河等入海径流与海水混合）则沿辽东湾东岸南下，构成辽东湾为一顺时针的环流。在秋、冬、春三季多偏北风时，均为这种路径。到了夏季，特别是 8 月，江河入海径流量骤增，这时辽东湾东岸盛行东南风，而西岸却吹东北风，逼使辽东湾湾顶的沿岸低盐水沿西岸南下；而黄海暖流余脉的北支便沿辽东湾东岸北上，此时，构成辽东湾为一逆时针的环流，即辽东湾的沿岸流，一年有两次方向上改变。夏季，沿岸流为西北和西南向，其余季节为东南向或西南向。辽东沿岸流，不仅在路径上有季节变化，在海流的性质上也有差异。冬季，低盐水沿水舌南下，属非密度流性质，且流层厚度较深。夏季，带有密度流性质，流速为 15 cm/s 左右，且流层较浅。

（2）渤莱沿岸流（亦被称渤海沿岸流）系指流动在渤海南部、渤海湾、莱州湾一带的海流。由黄海暖流余脉在渤海西岸受阻分出的南支，沿渤海西岸南下，与渤、莱沿岸流相接，构成渤海南部的环流。该环流终年沿逆时针方向流动、流向十分稳定，终年皆为东向流，在渤海海峡南部流出渤海，沿山东半岛北岸继续东流。在冬季黄河枯水期，渤海南部又处在偏北风作用下，故渤海湾、莱州湾一带的等盐线沿着海岸分布，从而渤、莱沿岸流具有密度流性质。渤、莱沿岸流的流速：6 月稍强，平均为 10 cm/s 左右；3 月较弱，平均为 5 cm/s 左右。

2）黄海沿岸流[①]（中国自然地理编辑委员会，1979；曾呈奎等，2003；苏纪兰等，2005；孙湘平，2008）

（1）黄海北岸沿岸流（或被称辽南沿岸流），分布在辽东半岛南岸的近岸海域，自鸭绿江口向西流向渤海海峡北部。它是由多种海流成分组成的混合形式的流动。冬季，表现为密度流和风海流混合的流动；夏季，表现为密度流和坡度流混合的流动。黄海北岸沿岸流的流速和流幅都具有明显的季节变化。夏季，流速较强，流幅窄；冬季，流速较小，流幅宽。这种变化与鸭绿江的径流量和黄海北岸风的季节变化有关。该沿岸流在流动过程中，由于受地形影响，流速逐渐增大。在长山列岛东侧，流速小于西侧，东侧表层至 10 m 层，流速在 15 cm/s以下；西侧流速可达 30 cm/s 左右。

（2）黄海西岸沿岸流（亦被称黄海沿岸流），它是一支低盐水向东海输送的水流。上接渤、莱沿岸流，沿山东半岛北岸东流，绕过成山角后，大体上沿 40～50 m 等深线的弧形南

---

① 国家科委海洋组海洋综合调查办公室编．1964．全国海洋综合调查报告，第五册．

下，在 32°N 附近转向东南，并越过长江浅滩而侵入东海，其前锋可达 30°N 附近。黄海西岸沿岸流的路径几乎终年不变：在成山角以北，无论冬季还是夏季，沿岸流均自西向东流；在成山角以南，流路不明显，进入海州湾后，流速减弱。在山东半岛北岸海域，流幅较宽（夏季更是如此），距岸约 30 n mile 到成山角附近，流速可达 30 cm/s 以上。在 34°N 以南、122°E以东海域，地形又变得陡峻，流幅减小，同时又有苏北沿岸流汇入，流速约达 25 cm/s。黄海西岸沿岸流的路径虽无明显的季节变化，但冬、夏两季成因却不相同。冬季，该沿岸流是表层低盐水受偏北风的作用，在山东半岛北岸堆积而成的，是盐度差形成的，表现为坡度流和密度流混合产物。夏季，该沿岸流主要是作为黄海冷水团密度环流的边缘而出现的，是温度差形成的，表现为密度流和风海流混合的产物。另外，黄海西岸沿岸流的南段和北段，在水文特征方面也有所不同：冬季，北段低盐指标明显，水层浅，与黄海暖流余脉交界处，梯度大，易于识别；但在南段，由于通过成山角附近时，流急，混合强，海水变得均匀，低盐指标几乎消失，与黄海暖流余脉交界处，边界不明显。由于混合剧烈，沿岸流的水层也深。冬季，沿岸流北段比较靠岸，流向偏东；夏季，沿岸流北段离岸，流向偏东南。沿岸流南段，除大沙渔场以南流速较强外，其他海域流速较弱，流向不稳定。黄海西岸沿岸流与东海沪浙沿岸流相汇于长江浅滩附近。冬季，苏北沿岸低盐水主要随黄海西岸沿岸流向东南流动，黄海西岸沿岸流有一小部分在长江口以北，与东海沪浙沿岸流相接。

（3）黄海东岸沿岸流[①]（西朝鲜沿岸流）也是一支低盐水流，分布在朝鲜半岛西海岸海域。该沿岸流大致沿 20～40 m 等深线由北往南流动，流至 34°N 附近转向东或东南而进入济州海峡，其流速由北往南逐渐增大。多次浮标测流的结果表明，冬季和春季，该沿岸流的流速在 3～10 cm/s 之间，流向为偏南方向。夏季，黄海东岸 34°35′ N，125°15′ E 附近海域，20 m层的海流是稳定的偏北向，流速达 22.4 cm/s，与终年皆向南流的黄海东岸沿岸流不同。北向的海流有两种可能性：夏季黄海存在冷水团密度环流，使黄海的环流呈现为海盆尺度的逆时针环流，即上述的北向流为黄海冷水团环流的东侧部分；夏季这个北上的海流可能就是黄海暖流（孙湘平，2008）。

3）东海沿岸流（中国自然地理编辑委员会，1979；曾呈奎等，2003；苏纪兰等，2005；孙湘平，2008）

东海沿岸流包括沪浙闽沿岸和九州岛西岸沿岸流。在我国一侧为沪浙闽沿岸流，源于长江口、杭州湾一带，是由长江、钱塘江的入海径流与海水混合而成，沿途还有瓯江、闽江等河流的淡水加入，分布在长江口及其以南的浙闽沿岸。长江口、杭州湾一带海水盐度特别低、水色混浊，透明度小，其水文要素的年变幅也大。在与台湾暖流交汇之处，水文要素的水平梯度特大，形成明显的锋面。沿岸低盐水浮置于表层，外海高盐水从深底层楔入。因沿岸流流层浅，易受风的影响，在与暖流对峙交汇时，随季风的转变和暖流的消长，使沿岸流的路径和流速都存在明显的季节变化。冬季，长江、钱塘江等河川径流量大减，此时盛行偏北风，沿岸流自长江口、杭州湾经舟山群岛沿浙闽海岸南下，紧贴海岸流动。有些月份，它可越过台湾海峡而进入南海。由于这一时期偏北季风的吹刮，流向稳定，流速较强（10～30 cm/s），流幅较窄，仅限于离岸 40～50 n mile 以内。夏季，东海北部近海以东南风居多，东海南部盛行西南风。在季风作用下，沿岸流顺海岸向东北方向流动。此时，正值长江、钱塘江入海径流剧增时期，冲淡水与海水混合后，形成一个巨大的低盐水舌，直指济州岛方向。在长江径

---

① 国家科委海洋组海洋综合调查办公室编 . 1964. 全国海洋综合调查报告，第五册 .

流量大的年份，其低盐水舌可伸展到济州岛附近海域，并与黄海暖流的"根部"相接。夏季，沪浙闽沿岸流不仅流幅宽，而且流层也薄，一般在 5 ~ 15 m 之间，近岸可达海底。在同台湾暖流相汇的海域，仅是一薄层低盐水斜置在暖流之上。沿岸流的流速，长江口外约为 25 cm/s，舟山群岛一带为 20 cm/s。春季和秋季，是季风交替的过渡时期，南、北气流交替出现，风向比较零乱、不稳定，表层流流向也显得多变。如 4 月，长江口以北海域，表层流出现向东和向东北流动；长江口以南海域，表层流仍为南向。5 月，长江口一带、浙江北部和中部近海，表层流为南向流动；浙江南部和福建近海，表层流为北向流动。此时，沿岸流流幅较冬季的稍宽，但流速较小，为 5 ~ 10 cm/s，长江口外流速为 10 ~ 25 cm/s。又如 9 月，表层流主要为南向流，流速为 5 ~ 30 cm/s，长江口外流速在 30 cm/s 以上，浙江南部和福建近海，表层流速为 5 ~ 15 cm/s，流向偏北。即长江口、杭州湾一带流速较大，浙江沿岸一带流速较小。从季节上讲，夏季流速较强，冬季流速较弱。

沪浙闽沿岸流的性质也随季节而异：冬季，因低盐水堆积于近岸，使等压面由岸向外海下倾，产生密度流；但因此时受偏北风的作用，还带有风海流的性质。夏季，因偏南风的作用，低盐水不再在沿岸堆积，呈舌状往北流，此时不具备密度流性质。

第5章 黄海海洋地貌

海洋地貌包括海岸带与海底地貌以及分布于海洋中的岛屿。海洋地貌发育类型受基底地质构造控制。简而言之，基岩港湾海岸发育于隆起地块或隆起带上，而平原海岸发育于沉降带或坳陷盆地上。黄海海洋地貌的基本轮廓与构造单元吻合。张训华等编著的《中国海域构造地质学》中，对黄海全海域的构造单元做了系统划分，也提供了黄海海岸与海底地貌发生发育的基础地质背景。该书阐明：黄海属于东亚陆块。东亚陆块在黄海及毗连的东海域又可分为中朝地块、扬子地块和华南地块。其中，① 釜山—浙闽隆褶带属于华南地块；② 苏南—勿南沙—光州隆褶带、苏北—南黄海南部盆地、南黄海中部隆褶带、南黄海北部盆地、南黄海—汉城隆褶带和胶南—临津江隆褶带等属于扬子地块；③ 平壤—咸海隆褶带—北黄海盆地—胶辽隆褶带属中朝地块，为次一级构造单元（图5.1）。黄海海洋地貌主导成因类型受地质构造控制。

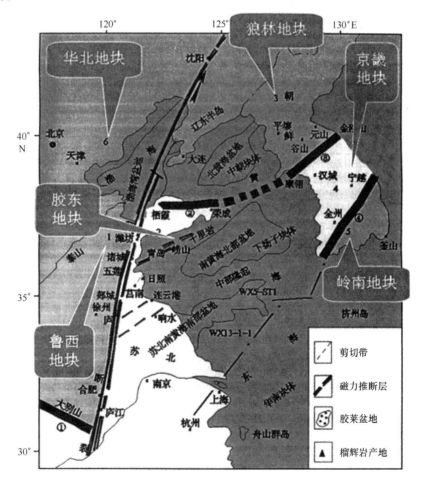

图5.1 中国东部与朝鲜半岛大地构造对应划分（蔡乾忠，1995；张训华等，2008）

注：①秦岭—大别造山带；②胶北造山带；③临津江造山带；④活川造山带

1. 鲁西地块；2. 胶东地块；3. 狼林地带；4. 京畿地块；5. 岭南地块；6. 华北地块

5.1 海岸地貌

黄海海岸主要由基岩港湾海岸与平原海岸两类组成。基岩港湾海岸主要分布于北黄海，其次为山东半岛南岸至连云港地区；平原海岸主要分布于南黄海，其次为河口湾地区。两类海岸的分布与地质构造背景——隆褶带与沉降带（盆地）的分布密切相关；海岸与海底地貌的进一步发育，取决于海岸动力与岩层特性（结构密实与风化程度）。

5.1.1 基岩港湾海岸

发育于胶辽隆褶带的两半岛地区，岩层出露有前寒武纪变质岩、中生代砂页岩、花岗岩以及火山喷发熔岩。由于海岸带的岩层坚硬程度与暴露程度不同，海岸发育具有海蚀型基岩港湾岸、海蚀—海积型基岩港湾岸与海积型基岩港湾岸 3 种不同类型。

（1）海蚀型基岩港湾海岸

此类海岸，发育于坚硬的古老变质岩区，面临开阔的外海，吹程长，风浪大，海流急，但坚岩抗蚀力强，经过全新世高海面以来，长期的海浪冲蚀与岩屑磨削作用，海岸几乎屹立在原地，岬角突出、海浪飞溅，海蚀崖高达 40～50 m，崖麓形成规模不等的海蚀穴，仅在海岬两侧浪力减弱处发育有小型的袋状海滩——浅凹的小湾，薄层的砂砾覆盖于岩礁滩上，高潮线以上有卵石滩堆积，典型的海蚀基岩港湾海岸发育于辽东半岛南端、老铁山岬及旅顺、大连一带，山东半岛东端成山角、俚岛及连云港东西连岛东北侧。位居渤海海峡入口的旅顺、大连一带海蚀岸类型齐全，前已述及：长岬、深湾，以海蚀岬、崖、洞穴为主，堆积地貌不发育，小平岛一带的石英岩海蚀陡崖雄伟，海湾中有大片平顶岩礁系沉溺的陆地，即使面积很小的岩礁岛，也于波影区形成双联的连岛砾石坝，两坝间凹地为潟湖；黑石礁处石芽岩礁滩，石芽已被侵蚀殆尽。邻近岸陆却揭示出大片的硅质灰岩石柱、石芽，使人们了解到黑石礁与金石礁系埋藏的古喀斯特（karst）岩滩，可能是发育于更新世中期温暖气候时的喀斯特地貌残留，后被海积、坡积物掩埋，而至全新世海侵，部分被揭露（图3.2b），20 世纪 50 年代呈现之黑石礁石芽至今已被海浪冲刷掉了，亦反映出石芽非当代海蚀产物。从旅顺、大连一带喀斯特海岸洞道、竖井等大规模溶蚀地貌推测，喀斯特地貌被海浪侵袭揭露的古地貌。

成山头（当地对成山角的名称）是山东半岛伸入黄海的巨岬，该海域当时称为黑水洋：深水、大浪、急流，经年累月的滔滔海浪，将花岗岩岸冲蚀成陡峭的岩壁，巷道与海蚀岩柱，水下岸坡陡峭，10 m 水深直逼崖麓，海蚀产物坠落海底，岸边无堆积，仅在北侧马兰湾与龙眼湾有袋状海滩堆积。

连云港外东西连岛向海侧，迎向东北方开阔海面，风多、浪大，海蚀岸岩壁陡峭，溅浪可卷抛砾石于崖壁高处（大于 10 m）。但在两岬之间的海湾却有沙滩，辟为海滨浴场。苏马湾两侧有 40～60 m 高的山岬围护，湾内有沙滩，沙滩后侧的基岩岸有 5 m、10 m 高的海蚀穴残留；沙滩向海侧外接粉砂淤泥质滩，系废黄河三角洲淤泥质被沿岸流北运至苏马湾所致；东西连岛背侧与连云港港口间，海峡通道沿岸发育潮滩，人工将东西连岛与大陆相连后，港池内淤泥质滩日渐淤浅，成为基岩港湾潮滩海岸。连云港沿岸海水浑黄，与日照、青岛等处海水水质有别。长山群岛诸岛亦多海蚀型基岩港湾海岸。

（2）海蚀—海积型基岩港湾海岸

此类海岸在黄海分布较广泛；辽东半岛东岸与朝鲜半岛西岸属于此类海岸。除连云港的东西连岛外岸及山东半岛南部海岸外，此类海岸既具有海蚀的岬湾，又具有发育完善的海积地貌，一般情况是：岬角及邻近两侧为海蚀地貌，而海湾中发育海积地貌。根据海积地貌的组成物质与结构不同，而分为两个亚类：① 基岩港湾—粉砂淤泥质潮滩海岸。大部分北黄海海岸属此类；② 海蚀岬湾—沙坝潟湖海岸，以山东半岛南岸显著。

① 基岩港湾—粉砂淤泥质潮滩海岸。黄海以强潮动力与大型河流泥沙汇入为特色，因此海岸带潮滩与潮流脊地貌突出。辽东半岛东岸为基岩港湾海岸，岬湾曲折，岬角处海蚀崖，海蚀穴及岩滩（现代海蚀阶地），但海湾内却发育淤泥质潮滩，如大洋河口向西一带，海湾中沉积为粉砂与黏土质粉砂，组成开阔平坦的潮滩；大洋河口以东至鸭绿江口，多河口湾式港湾，但在海湾径流与潮流交互作用段发育粉砂、黏土质粉砂潮滩，滩阔 4 ~ 5 km，坡缓多为 1×10^{-3}，表明系潮流作用活跃的海岸（秦蕴珊等，1989）。长山群岛背侧，即里长山海峡的西北沿岸，也是基岩港湾海岸，因有长山群岛外挡风浪，里长山海峡沿岸潮滩发育。

朝鲜半岛西岸多为基岩港湾，但湾内却发育了广阔的潮滩与粉砂淤泥质海湾平原，如江华湾。朝鲜半岛河流下泄多为砂质，广阔的粉砂淤泥质滩地与潮流自黄海携运细粒泥沙向岸有关，淤泥可能源于黄海西岸——长江、黄河入海泥沙再扩散。基岩港湾内发育淤泥质潮滩是大河悬移质泥沙被潮流携运，于海湾内堆积，在北黄海两岸、南黄海东岸及东海浙江沿岸发育典型。

② 海蚀岬湾—沙坝潟湖海岸。此为典型的海蚀—海积型基岩港湾海岸，以山东半岛最具代表性。花岗岩类的低山丘陵，沿构造断裂与山地河流下游，因全新世海平面上升淹没谷地面形成一系列港湾。海蚀作用形成多种地貌：海蚀穴、海蚀崖、海蚀巷道、海蚀港湾、岩滩、岬角及岛礁等；陆地上具有厚层风化壳，经久的流水侵蚀与海蚀作用，为海岸带输入大量泥沙，进一步被浪流堆积成海滩、沙坝、陆连岛等，所以，海岸带不仅有多姿的海蚀地貌，而且有沙滩、沙嘴、沙坝，海岸地貌极为丰富多彩。沙体堆积中亦蕴藏着有价值的稀有元素与贵重金属矿砂。山东半岛东岸荣成湾、桑沟湾具有典型的海蚀 - 海积基岩港湾海岸特点：深湾（1 ~ 34 km^2）、长坝（2 ~ 8 km，宽 200 ~ 500 m，高出海面 2 ~ 5 m），不仅风光宜人，且为候鸟栖息场所。半岛南岸的石岛由正长岩与花岗岩组成的基岩低山（海拔 540 m），山麓多坡积裾，海湾深入陆地，水深 1 ~ 2 m，东侧有镆铘岛和褚岛两个巨大的由连岛沙坝组成的陆连岛：镆铘岛沙坝由东西两条沙坝组成，东侧沙坝长约 2 km，宽 200 ~ 400 m，高 5 m，自陆地向岛屿两侧相对而去，中间有狭窄潮流通道相隔；西侧沙坝规模小，宽约百余米，断续分布，东西两坝相隔 1 ~ 1.5 km，中间为潟湖（秦蕴珊等，1989），低潮时涉水到岛上，所以是成长中的陆连岛。褚岛连岛沙坝长 3.6 km，靠陆岸处宽，向岛屿变窄，至岛后不足 100 m，反映出是自陆向海伸长之沙坝，渐至连岛、褚岛沙坝中富含锆类石砂矿（Zro）（2 000 g/m^3）。石岛湾内有凤凰菁大沙坝，沙体内蕴藏着高品位的锆英石砂矿，沿岸海底至 10 m 水深处均分布着细砂，沙坝与砂矿均为波浪自海底横向搬运而来。石岛以西，海阳所、乳山口有横亘于海湾的纯白石英砂白沙滩（长数千米，宽达 500 m，高 5 m），是稀有的石英砂资源与旅游胜地。至青岛市海滨，由于崂山（海拔 1 133 m）沿海突立，发育了海蚀崖及著名的"石老人"海蚀柱，但大、小青岛海湾内，仍有沙滩发育，与花岗岩风化产物供沙有关。花岗岩低山丘陵，节理丰富，经海浪冲蚀，形成岬湾曲折的海岸，沿岸仍保留着高出当地海面 5 m、10 m、40 m 等几级海岸阶地，这几级阶地亦是青岛市建筑所依据的平台。花岗岩山丘多节理、裂隙，因而形成厚层风化层，加之，近海面雨水丰沛，所以，山地、丘陵多林木繁茂，青岛又以人工栽植的黑松、马尾松繁茂，蓝天、碧海、绿树、红房成为我国沿海最秀丽的旅游海滨，亦

是我国海洋科学教育研究的中心。

（3）海积型基岩港湾海岸

此类海岸，以山东半岛北部的黄海海岸为代表。蓬莱—烟台—威海均为有低山丘陵分隔的大型海湾，湾内又有一些小河河口组成的小海湾。由于北岸面向开阔的海面，偏 N、E 向常风浪及 NE 向强浪，将沿岸小河汇入海中的泥沙，推移向岸，逐渐淤填了海湾成为沿海平原与滨岸大沙滩，海风肆虐，形成风沙活跃的海滩与海岸沙丘，虽然蓬莱、烟台、威海各地海岬处以及海岛前方（芝罘岛）仍具有海岬岩滩、海蚀崖、海蚀柱（石公公、石婆婆）等海蚀地貌，但大部分海湾均已堆积成平原，海积地貌范围大于海蚀地貌。威海以西，沿海有温泉出露，酒馆集海岸有高大的石英质沙丘。后者系经海风加积于高海面时的堆积残留体，经人工开采石英砂，多遭破坏。烟台芝罘岛是黄海北岸典型的陆连岛，与蓬莱以西、位于渤海的屺姆岛东西呼应，为海蚀－海积地貌之典型范例。芝罘岛由片麻岩、石英岩组成，岛呈 NW—SE 向延伸，长达 9.2 km，中部宽处约 1.5 km，高 360 m，其向海侧 NE 岸为海蚀崖，坡陡为 45°~70°，崖高 30~100 m，向陆侧的 SW 坡较缓，但仍为海蚀崖，表明未连陆前，芝罘海岛周边多海浪冲蚀。芝罘岛与陆岸之间是长 3 km，宽 520~860 m 的连岛沙坝，有 4 列砂砾堤自岛向陆伸出。芝罘岛 NE 岸的海蚀砾石，绕过岛屿，在岛后波影区堆积成砂砾堤。4 条砂砾堤中，西侧两条为砾石堤，堤顶高出平均低潮面 3.8~4.0 m，长度大；东侧两条矮小，为砂砾堤，堤顶高出平均低潮面 2.8~4.0 m，砂砾堤之间为潟湖洼地。连岛沙坝的组成物质主要为中细砂（$d = 0.35~0.125$ mm），沙坝高出平均高潮面（秦蕴珊等，1989）。4 条砂砾为沙坝中部的骨干。连岛坝西侧有条甲河注入海，年输沙量 100×10^4 m³，泥沙沿岸向东运移，在芝罘岛背后侧堆积，与砂砾堤一起构成复式连岛坝（图 5.2）。芝罘岛沙坝已经修建为连岛公路，2011 年 7 月初调查：芝罘村建立船厂及民居多处，连岛坝西侧多辟为养殖鱼塘。自然遗留的芝罘陆连岛地貌已难再现。与芝罘岛相比较，屺姆岛也位于山东半岛北岸、蓬莱以西的渤海海域。屺姆岛是由石英岩、千枚岩构成的小岛，高 57.6 m。小岛北岸与西岸临海为海蚀崖，岛东部与陆地相连是一条 7.5 km 长、1 km 宽的连岛沙坝，由此而构成龙口湾的北岸。连岛沙坝沉积有 3 层：上层为海滩相砂砾层，厚 5 m；中层为海湾相，厚 4 m 的灰色粉砂淤泥；下层为河流相，黄色亚黏土和砂砾层。据龙口湾地貌与沉积层分析，连岛坝的发育过程：该处最早为冲积平原，后因海水入侵为海湾，屺姆岛是距岸较近的海中小岛。由于 NE 向风浪及来自渤海海峡的强潮流将冲刷海岸所形成的泥沙向西运移，至屺姆岛后侧波影区堆积，初发育为三角滩，后渐加积为连岛坝，龙口湾由此形成。连岛坝阻挡了 NE 向风浪及自动向西的泥沙流，继之，NW 向与 SW 向风浪在龙口湾内起主导作用，将屺姆岛海蚀产物及沿海湾泥沙向龙口湾湾顶运移，在连岛坝南侧形成衍生的湾中坝。目前来自东岸的泥沙主要堆积在连岛坝北侧，龙口湾内海岸线稳定（图 5.3）。

5.1.2 平原海岸

沿黄海最大的平原海岸当属长江口以北的苏北平原海岸；其次，以黄海北端的鸭绿江口周边海岸具有一定的规模。平原海岸主要由于河海交互作用堆积形成，由于坡度平缓，海洋动力以潮流作用为主，波浪作用"退居"于海岸外缘深水区，海岸带的稳定状况，或冲淤趋势取决于海岸泥沙源、泥沙量与海洋动力的对比关系。

苏北平原主要由长江、淮河与黄河的入海泥沙，被潮流与波浪再行分选与堆积形成。据江苏地貌图，苏北实为一低山丘陵环绕的大海湾，北起岚山头，向西南经塔山水库与石梁河

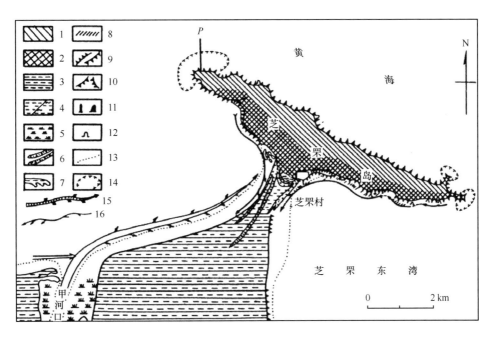

1. 基岩；2. Q_2^{d-pl}；3. Q_4^{nl-m}；4. 潟湖；5. 芦苇沼泽；6. 砂砾堤；7. 沙嘴；8. 岩滩；9. 海蚀崖；10. 衰亡海蚀崖；11. 海蚀柱；12. 海蚀洞；13. 低潮线；14. 近岸凹槽；l5. 砂质泥沙流；16. 砾石流

图 5.2　芝罘岛原陆连岛地貌（王颖、朱大奎，1994）

水库内陆侧——经车海与新沂间低山丘陵向南——经宿迁，宿豫之间，向南——经洪泽湖西侧——经张八岭、琅琊山——向东南经六合山地丘陵、宁镇山地——向东至宜溧山地——向东至太湖与苏州地区低山，成一个大弧形的基岩山地环绕的大平原。结合地层与地貌遗证分析是一海湾，时代相当于新生代第三纪及第四纪早、中期。据海侵相的层位深度推论，古海湾深度不超过 100 m（王颖 等，2006）。苏北平原是第四纪期间由江、河与浅海交互作用堆积发育的。平原形成过程中经历了 4 次海水作用，及多次海水的短期、小范围的侵淹活动。4 次海侵中，以晚更新世 3.9 万～2.6 万年前的浅海环境最为显著。但是，古长江及大河水系的泥沙补给与平原建造更为主要。河海堆积作用大于侵蚀效应，不仅由于有江、河搬运巨量泥沙汇入，也有来自冰期低海面平原沉积之再搬运与补给（所以，苏北平原外侧高于内陆，兴化一带最低，因居于河、海两向泥沙补给的间隙）。第四纪后期，苏北地区断裂、沉降减缓，亦有利于加速成陆（王颖等，2006）。

其次，现代地表平原是历史时期形成（王颖等，2006）。由于组成地表平原的物质颗粒、结构、水分与有机质含量不同，从卫星遥感图像中仍可辨识出原冲积—海积平原的范围：大体上，北起废黄河三角洲，西迄大运河湖泊群，南至强港一带，东临黄海。平原中间的兴化、大纵湖一带仍为最低洼处，深部的盐层亦反映为古海湾之遗迹。东部平原是以沙坝（或贝壳质沙坝）与潟湖为基础进而加积成陆。北宋天圣元年（1023 年），范仲淹任泰州西溪盐官时，为防"风潮泛溢、淹没田产、毁坏亭灶"而倡议修建海堰，于天圣二年（1024 年）冬季开始施工，至天圣五年（1028 年）完工。堰基宽 3 丈，顶宽 1 丈，高 1 丈 5 尺，北起阜宁，蜿蜒向南，利用上冈、大岗、龙岗、俞垛等处的天然贝壳沙坝或贝壳堤（当时均在高潮线以上）为基础而加筑成海堰，至启东的吕四一带。后经 1054—1055 年修筑成海堤，全长共 580 km（+），后世称为范公堤（图 5.4）。范公堤位置表明了当时临近海岸高潮线的岸陆位置，范公堤与沈公堤的位置形式，表明当时在掘港、石港与余西之间，仍是一河口湾，恰恰印证了：

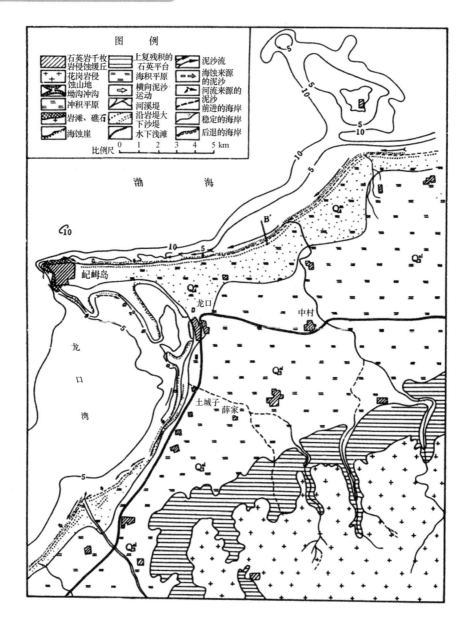

图 5.3 屺㟧岛、陆连岛与龙口湾沙坝（王颖、朱大奎，1994）

古长江曾自弶港一带入海；后向南迁移到吕四一带入海之前说（王颖等，2002）。据图 5.4，可以进一步推论，在北宋时，现今之川腰港曾为大河入海的河口湾。

范公堤建后约 100 年的时间内，岸线是稳定的。自公元 1128 年北宋开封府尹为阻挡金兵南下，人工掘黄河大堤，逼迫黄河改道，夺淮入黄海。黄河带来巨量泥沙，使江苏海岸经历了动力泥沙条件的突变，破坏了海岸长期的稳定性，海岸迅速淤涨向东迁移。至公元 1494 年，黄河全流经淮河入黄海，海岸淤涨速度加快，至 1855 年黄河回归渤海前的 727 多年间，黄河在江苏沿海形成 12 500 km² 的土地。海岸线从盐城—东台—海安向东推进 30~40 km，是历史时期，有黄河泥沙补给，由黄海潮、浪作用形成的大平原。平原发育主要形式为由沙坝—潟湖进一步加积。沿海平原的迅速形成，范公堤也丧失了挡潮防浪的作用，20 世纪 50 年代曾以它为基础修建联通南北的公路干道。范公堤的存在是人类活动对海岸冲淤发展影响的历史见证。历史时期黄河曾多次夺泗（水）汇淮（河）入黄海，黄河南侵始于公元前 168 年（汉文帝十二年），"河决酸枣，东溃金堤"，夺濮水而东。其后汉武帝元光三年，"河决于瓠

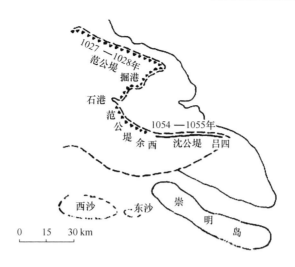

图 5.4 苏北 11 世纪范公堤位置（秦蕴珊等，1989）

子，东南注巨野，通于泗淮"，另外，893 年、1000 年、1019 年、1020 年、1077 年等黄河亦曾决口南流。但以上这些南流事件由于时间短，对江苏海岸的塑造作用影响不大，只有南宋建炎二年（1128 年）的决堤南流时间长，从而使得江苏中部海岸不断外推，塑造了范围巨大的废黄河三角洲沉积体（图 5.5）。

图 5.5 废黄河三角洲范围示意图（蔡明理、王颖，1999）

废黄河三角洲体系的形成大体上可分成两个阶段：① 1194—1495 年为前期。黄河尚未全流入淮，北岸经常决溢，部分水流北入渤海，南岸尚无完整堤防，黄河由颍、涡、泗等分流入海，流路分散、决口频繁，大量泥沙沉积在豫东、鲁西和皖北的黄淮平原上，河口淤积少，河口延伸速度慢，河口三角洲发育不明显。至 1578 年河口仅延伸 15 km，延伸速率 33 m/a，河口由云梯关延伸至四套（叶青超，1986）。② 1495—1855 年为后期。由于长期实行"束水攻沙"的治河方略，特别是 1578 年潘季驯治河，修筑大堤，使泥沙迅速下泄，河口延伸速度增加。1578—1855 年河口向海延伸达 74 km，延伸速率达 267 m/a（叶青超，1986）。河口由四套延伸至望海墩。在废黄河尾闾不断向海延伸的同时，尾闾河段决口频繁，在河道两侧形成了决口扇堆积，据统计在江苏省境内黄河故道两侧共有大小决口扇形地 13 个。这是废黄河三角洲横向扩展的主要方式。

废黄河三角洲的发育是以两种方式来实现的：一是河口不断分汊、延伸和海岸线外推的纵向延伸，二是以分流形成的决口扇为主体的横向扩展方式。因此，三角洲的范围界定应以河流尾闾及其分流河道（人工或自然）左右摆动所形成的堆积体的最大影响范围为界。自全新世以来黄河出海口在苏北平原上最南可达大冈①。大冈在斗龙港西南。据清《淮安府志·山川》记载，1745 年（乾隆十年），"河决南岸阜宁陈家浦，由射阳湖、双阳子、八滩三路归海"，而"射阳湖其入海口有三，南曰斗龙港……"清康熙时，靳辅在淮阴的王营修建了减水坝，分洪的洪水经盐河北流于灌云入海。1806 年，王营减水坝在泄水过程中"冲开四铺漫口两道民埝，大溜直注张家河，会六塘河归海……大溜直冲海州之大伊山，从山之东穿入场河，平漫东门、六里、义泽等河会注归海，其尾闾入海之处有三，南有灌河口，中为中图河，北为龙窝荡"（据《续行水金鉴》）。另外，黄河尾闾屡次泛滥的直接和间接影响下，致使云台山南部、灌云县东部，广大范围的陆地迅速向东延伸，使云台山很快与陆地相连。由此可见，废黄河三角洲陆上部分为以杨庄为顶点，北界经六塘河、盐河、大伊山至临洪口，南界可达斗龙港口。1578 年潘季驯和 1611 年靳辅治河，大堤修筑延伸，迫使三角洲顶点下移，三角洲范围有所缩小，北至灌河口，南达射阳河。黄河北归后，废黄河三角洲遭受严重侵蚀，岸线后退迅速。射阳河口以北岸段侵蚀后退，乃因现代泥沙供应匮乏后海岸调整之结果。

此外，黄河在南流入黄海期间同时塑造了一个范围巨大的水下三角洲，外缘水深在 15～20 m 附近，南缘可达辐射沙洲区北缘。该水下三角洲目前受到强烈侵蚀。很多地方水深明显加深，水下三角洲南部 -10 m 等深线向岸移动超过 70 km，北部冲刷不如南部，但表面冲刷仍比较强烈。

总体上，废黄河三角洲以杨庄为顶点，以废黄河故道为中轴，整个地势自 SW 向 NE 倾斜，西高东低，杨庄海拔 11.5 m，云梯关 5.5 m，向海逐渐降低，至新淤尖只有 1.2 m，三角洲扇面两侧地势分别向南北倾斜，逐渐过渡为平坦的平原，北侧横比降为 0.21×10^{-3}，南侧为 0.295×10^{-3}，从杨庄到云梯关平均坡度为 0.086×10^{-3}，云梯关至新淤尖平均坡度为 0.061×10^{-3}，废黄河水下三角洲 17 m 水深以内的平均坡度仅为 0.1×10^{-3}。整个三角洲扇面上的河流以故道高地为分水岭，废黄河故道内滩面高出两侧地面，分别呈放射状独自入湖入海。

综上所述，江苏沿海平原主要是长江和黄河输入黄海的泥沙所构成。全新世以来，黄河多次在江苏北部夺淮入黄海，建造古黄河三角洲及江苏北部海滨平原。全新世早、中期最大海侵时期，古黄河三角洲范围：以淮阴为三角洲顶点，北达临洪口，南至斗龙港；1128 年黄河夺淮入海以来形成的废黄河三角洲，以云梯关为顶点，北至灌河口，南至射阳河口。长江影响江苏沿海平原的南部，晚更新世末期，长江河口大体上位于东台、海安一带自弶港入海，后南迁至南通三余、启东，及至今日长江河口位置。据物质成分，古河口及埋藏古河道等分析：古黄河活动范围在淮阴盐城以北；古长江活动范围以泰州、海安、东台、大丰一带；盐城—大丰—东台为过渡区，兼受影响；苏北平原在晚更新世及全新世早期受古长江影响，全

---

① 郭瑞祥. 1983. 苏北滨海平原古砂堤的分布及海岸演变.

新世中期以来受到黄河影响（王颖等，2002）。

黄海平原海岸在我国最具特色。发育在新生代沉降带（或坳陷）的基底上，长期接受周边的陆源沉积物；中国的两条大河——黄河与长江均曾在黄海入海，携运输入大量的细颗粒泥沙；黄海以强劲的潮流动力为主导，季风波浪与温带风暴潮相伴活跃，因而发育了广阔的粉砂质平原海岸。

海岸具有分带性组合的特点：岸陆开阔，潮滩过渡带宽广，水下岸坡内陆架沙脊群发育。平原海岸地貌在黄海北部、东部及西部均具有以下海域共性特征。

① 沿岸是冲积平原或海积平原，地势坦荡，地貌简单，近河流处有些废河道、牛轭湖、天然堤、沙丘等残留形态；近海处为盐沼洼地或潟湖平原，植物稀疏，景色单调，沿岸常有贝壳堤或贝壳滩等岸线变动之遗迹。

② 平原外围是潮间带浅滩，潮滩坡度约 1×10^{-3}，是潮流动力作用区，由于潮汐的周期与动力强弱变化，使潮间带浅滩在地貌、沉积与动态演变上产生分带性特征。潮滩是淤泥质平原海岸最主要的组成部分，整个海岸是经历潮滩演变形成的。

③ 潮滩以外是广阔的水下岸坡，坡度缓坦，介于 $1 \times 10^{-3} \sim 0.1 \times 10^{-3}$。水下岸坡上常有"浮泥"漂移，实为来自大河河口的悬移质泥流，在潮流与沿岸流作用下，沿岸运移，风浪天气下，"浮泥"多被带上潮滩上沉积。

黄海由于众多河流，尤其是大河的输沙作用及强劲的潮流作用，故而潮流沙脊群发育，成为黄海组成特征地貌，如黄海北端鸭绿江口及沿岸潮流沙脊群，黄海东部西朝鲜湾沙脊群以及南黄海西部江苏岸外辐射沙脊群。

黄海平原海岸根据物质结构与发育阶段之不同，在我国海域大致可划分为两种类型：粉砂淤泥质潮滩—湿地海岸，以江苏平原海岸为代表；河口湾粉砂质潮滩与潮流脊海岸，以鸭绿江口沿岸为代表。黄海东部韩国汉江流域海岸，是在基岩港湾的基础上发育的淤泥质潮滩海岸，是受黄海潮流作用，在基岩港湾内汇集了来自浅海的悬移质泥沙（长江、黄河的泥沙补给影响），填充海湾成为淤泥质平原，是属于另一种类型，此处不多赘述。

（1）粉砂淤泥质潮滩—湿地海岸

江苏海岸北起苏鲁边界的绣针河口，南抵苏沪边界的浏河口，大陆岸线长 888.9 km［据江苏"近海海洋综合调查与评价专项"（"908"专项）数据，"八五"期间考察江苏大陆岸线长 953.875 9 km］，沿 19 座岛屿岸线长 26.941 km，其中除去 40 km 长基岩岸线与 30.062 5 km 砂质岸线外，余下 818.837 5 km 均为淤泥质平原海岸，从此向南是完整的平原海岸。平原发育过程中，黄河与长江曾在苏北汇入黄海，淮河亦曾长期独流入海，均为苏北平原海岸的发育、提供了巨量泥沙，奠定了平原发育的物质基础。平原海岸坡度平缓，一般小于 1×10^{-3}，潮汐作用强，潮差大，平均潮差 4.18 m，大潮潮差 6.5 m，最大潮差 9.28 m，潮滩宽 4~5 km，最宽 14 km（条子泥），坡度约为 0.21×10^{-3}。潮滩宽广、岸坡平缓是这段海岸的突出特点。

沿黄海的江苏低地平原，主要是海积形成。现代海积平原大体上以岸上的大冈，龙冈贝壳堤为界，该处是 6000 年前的海岸线，曾稳定地长期存在，沿阜宁、盐城及东台的老公路，是在北宋（11 世纪）修建的范公堤上修筑的。当 1128—1185 年，黄河夺淮河故道入黄海后，使海岸向海淤涨迅速。盐城—东台公路以东的沿海平原即在该段时期淤积而成。当 1855 年黄河北归渤海后，平原曾遭受侵蚀，尤以黄河口一带，海岸蚀退显著。射阳河口以南至吕四港一段，因岸外海底有沙脊群庇护，免遭侵蚀，却接受泥沙补给而淤长。目前范公堤已距海

40 km，局部段落并有新堤建造（大体上以20世纪70年代的新堤为主），海堤外即为宽广的潮滩。

江苏潮滩的动力特征是，涨潮流速大于落潮流速，最大涨潮流速与最大含沙量同时出现，即涨潮后1小时两者同时出现，落潮最大含沙量在落潮最大流速出现后1小时。潮流进入潮滩时，大体上与岸线是20°~30°夹角，向岸边潮流与岸线夹角变大，至高潮位时，潮流方向大致与岸呈直角，成为向岸与离岸的往复流。在一个潮周期内，泥沙作向岸的净运动，这是苏北潮滩淤长的动力机制。而平均高潮位至小潮高潮位的含沙浓度最大，是沉积作用最强的部位。

波浪在江苏潮滩也有明显的影响。波浪扰动使潮滩水层含沙浓度增加，形成各种波痕与斜层理。风暴天气时，波浪对潮滩的侵蚀和沉积物的分选作用更加明显，形成冲蚀沟、洼地及冲刷体——沿潮流方向延伸及风暴沙层。

江苏黄海潮滩的微地貌、物质组成与所含生物，具有明显的分带性，与潮流动力沿滩上溯时动力递减有关（表5.1）。

表5.1　江苏黄海沿岸潮滩分带性

分带名称	位置、占潮滩的面积比	沉积组成、结构、微地貌	生物特性
盐蒿泥滩	高潮水位以上至特大高潮位与侵蚀贝壳滩等共占5%	粉砂质黏土、黏土，水平纹理呈墩状分布的草滩或斑块，有虫穴与粪丸堆积	盐蒿、碱蓬、大米草、穴居蟹类
泥沼滩（高潮位泥滩）	高潮水位线附近至中潮位，行至滩面下陷，约占潮滩面积的10%[a]	浮泥，淤泥层	光滩为主，弹涂鱼
滩面冲刷带（砂泥混合滩）	中潮位以下、潮滩中部带约占潮滩总面积的18%[b]	粉砂（粗、细粉砂互层）与黏土质粉砂互层。经落潮流差别侵蚀成冲蚀沟，冲刷条或长条形冲蚀洼地，沿潮流方向延伸分布。	光滩、多贝类
粉砂波纹滩（粉砂滩）	低潮水位附近，宽阔滩面占潮滩面积的67%	粉砂，细砂质粉砂，具有微波纹及流痕（以落潮流为主）	多贝类（文蛤、白蛤、青蛤等）、光滩

注：a)、b) 据江苏"908"专项调查。

随着潮滩发育的成陆过程，这四个带依次向海推进，向陆一侧的沉积依次覆盖在它向海一侧的沉积上。当潮滩发育成熟时，形成了一个完整的潮滩沉积相序，其下部是砂质沉积，粉砂、细砂是低潮位高能流态下的底移质沉积。滩面上各种流痕、波痕等微地貌成为斜层理、交错层理保存于砂质沉积中，该层沉积厚15~20 m，即低潮位至海岸斜坡下界。上部是泥质沉积，是潮流搬运的悬移质，它使滩面增高，当滩面达到大潮高潮位就很少被海水淹没，一般不再堆积加高，所以，泥质最大厚度相当于中潮位至大潮高潮位（2~3 m）。在上述两层沉积之间既有悬浮的泥质沉积，又有底移的砂质沉积，构成砂、泥的交叠沉积层。

江苏潮滩的重矿物可分为两个区，南部长江沙源的矿物组合为：普通角闪石、磁铁矿、磷灰石、褐铁矿、胶磷石、锆石及岩屑，其中，前三种为特征矿物；北部古黄河源的矿物为：普通角闪石、绿帘石、褐铁矿、锆石、电气石、钛铁矿、石榴石，其中特征矿物为锆石、电气石、钛铁矿、石榴石。重矿物含量由高潮位（含量0.84%）向低潮位（5.1%）逐渐增高（王颖、朱大奎，1990）。江苏潮滩中高潮位（草滩、泥滩）多草本花粉，向海草本花粉减少，至低潮位无草本花粉而出现木本花粉，表明：草本花粉是当地草滩的，木本花粉是长江带来，沉积物主要从海向岸搬运。在泥滩带主要浅水相有孔虫—卷转虫（*Ammonia*）、希望虫（*Elphidiukm*）、九字虫（*Nonion*），同时有浮游的、生活于水深大于 200 m 的抱球虫（*Globigerina*）、圆球虫（*Orbulina*）占 10.3%，生活于水深大于 500 m 的箭头虫（*Bolivina*）、五块虫（*Quinguloculina*）占 7.2%。深水种与滨岸种混在一起，说明岸外海底沉积物向海滩输送。可以认为：江苏潮滩的沉积物主要来自陆架浅海沙脊群的侵蚀物质、废黄河三角洲的侵蚀物质以及长江入海泥沙沿岸向北的部分。

　　（2）河口湾细砂—粉砂质浅滩与潮流脊海岸

　　以鸭绿江口为代表。源自长白山，汇入黄海北端，平均年径流量为 251×10^8 m³，平均年输沙量为 195×10^4 t。河流下游坡度陡，约占 80% 发生在夏季 6—9 月洪水期间。鸭绿江口因强潮作用而展宽为漏斗形（图 5.6a），大潮潮差 6.9 m，强劲的潮流以 1.25 ~ 1.5 m/s 速度垂直向岸流动，涨潮延时在河口处长，向上游传播时逐渐减少，而落潮潮时是上游长，而向河口减少。河口区的涨、落潮时差为 15 ~ 18 min，至上游丹东市的潮时差可达 2 h 28 min。河口区波高为 1 m，但在河口外的大鹿岛，波高可达 3.5 m。在这种动力环境下，沉积物分布是：河口的上游沉积为砂砾和砾石；河口内沉积物以砂质为主；口门堆积着由径流与潮流交互作用形成的沙脊浅滩，由中砂、细砂组成，其上部覆盖着薄层粉砂质淤泥；河口以外黄海北端浅海内陆架延伸至 20 ~ 30 km 外的水深 10 m 处，沉积着细砂与中砂，强劲的潮流阻碍了堆积水下三角洲，泥沙受潮流携带，形成一系列沿潮流方向延展、彼此平行的沙脊和谷槽（图 5.6b），每一潮汛期间，涨潮时含沙量 0.42 kg/m³，而落潮时为 0.33 kg/m³，每潮净沉积可达 2 100 t（王颖等，2007）。由于潮水在喇叭口形河口湾内之辐聚与辐散，每一潮汛均使潮

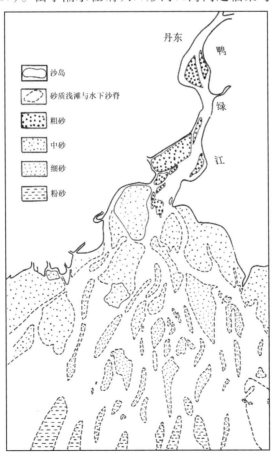

图 5.6a　鸭绿江河口湾（王颖等，2007）

流沙脊加积增高，形成黄海北端的沙脊群地貌。在内陆架浅海域，波浪扰动掀带起沙脊上的细砂，继之，又被从东向西的沿岸流搬运，结果使沙脊尾端（向海侧）呈现向西偏移之势态（图5.7）。

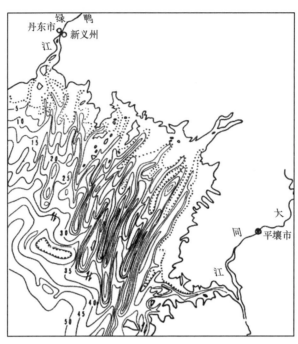

图 5.6b　黄海西朝鲜湾沙脊群

（中国科学院《中国自然地理》编辑委员会，1979）

5.2　北黄海浅海陆架

黄海南宽北狭，沿35°N，海域宽度为700 km，由于山东半岛突出，海面向北变狭，自成山角至长山串间的连线，海面宽度为211 km。该连线以北海域又变宽，是为北黄海的南界，黄海南部自长江口北至日本男女群岛间，海域宽641 km。实际上，位于山东半岛南侧至连云港以北的海州湾，地貌无显著差异，因此，文中所涉及的北黄海，宜包括海州湾以北的黄海部分，加之，黄海海流贯通南北，实难于割裂叙述。黄海海底平缓开阔，深水轴线偏东，近朝鲜半岛（图5.8），大部分深度为60～80 m，东部坡度较陡，一般为0.7%，西部坡度缓，约 0.4×10^{-3}。两侧不对称的斜坡交会处是一条轴向近南北的海底洼地。范围大体上与50 m等深线相当，该处是自东海进入黄海的暖流与主潮流通道。黄海洼地位于黄海中部而稍偏于黄海东侧（图5.9），洼地以东海底沉积主要来自朝鲜半岛山地的砂砾物质，洼地以西海底，沉积着被长江、黄河自亚洲大陆携运下来的粉砂、淤泥与黏土物质。鉴于黄海暖流通道，贯通南北黄海，地貌的一致性，故将贯通南北的洼地一并叙述。

在黄海北端西朝鲜湾一带，由于朝鲜半岛为一隆起构造，地势高峻，不断经受剥蚀，半岛和西部山地河流水量大，流势急，携来大量粗粒物质沉积于朝鲜半岛近岸处，形成砂质沉积带。冰后期海面上升，在潮流与河流作用下，形成多条平行的水下沙脊，呈东北走向，与潮流方向一致（图5.7）。沙脊规模较大，脊顶高出海底7～30 m，平均高约20 m，两脊之间隔约0.41～2.06 m/s，为潮流通道，落潮时亦宣泄河流淡水。此水下沙脊的形成与基岩构造

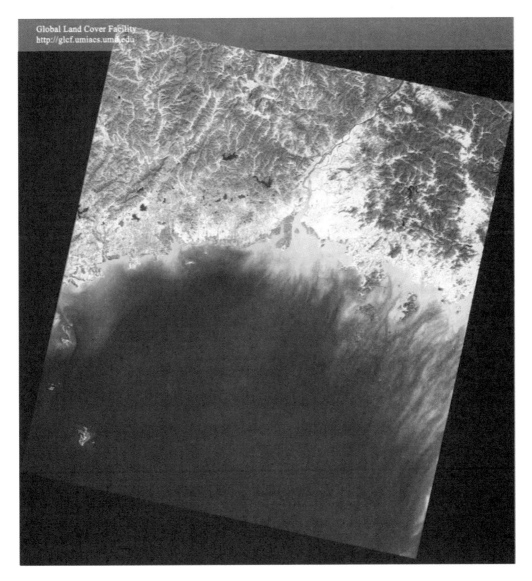

图5.7 黄海北端鸭绿江口—西朝鲜湾沙脊群卫星遥感图像

（据 Global Land Cover Facility，http：//glcf. umiacs. umd. edu）

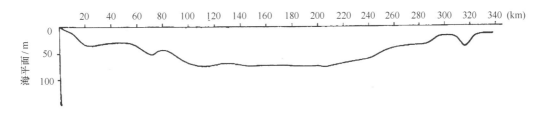

图5.8 中国山东桑沟湾—朝鲜德积岛间黄海海底地形剖面

（中国自然地理编辑委员会，1979）

无关，而是由于此处潮差大（超过3 m）、潮流急（0.51～1.03 m/s，两脊之间为1.03 m/s），致使海底沙滩在潮流的冲刷改造作用下，逐渐形成了与流平行的"潮流脊"。分布于鸭绿江口与大同江口之间的大片海底潮流脊，构成黄海北部海底地貌的一个重要特色。

辽东半岛东侧，河流较少，砂质来源不多，潮流作用较弱，潮流脊不发育，仅有由沉溺

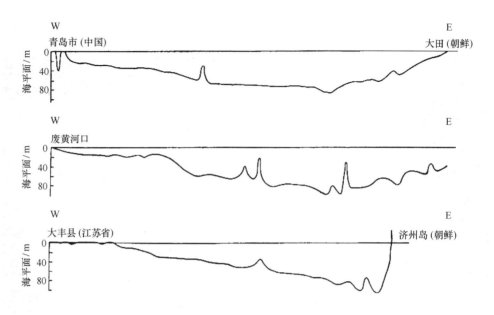

图 5.9　黄海大陆架（青岛以东、废黄河口以东、大丰以东）剖面

（中国自然地理编辑委员会，1979）

的山丘形成环陆罗列的岛屿，如长山列岛。

黄海以渤海海峡与渤海相接。由于海面束狭，岛屿丛峙、潮流迅急，海底受到冲刷，形成较深的水道。老铁山水道是一个涨潮流冲刷槽，庙岛水道则以落潮流占优势。沿岸流沿着山东半岛北岸流出，受到山脉与岬角的影响，形成局部的涡动，产生局部深潭，如威海遥远嘴附近深达 6 m；成山角附近，水流逼转，流速很大，涡动强烈，沿岸海底冲刷出一个规模很大的深槽，最大水深达 80 m。

在 38°N 以南的黄海两侧，多分布着宽广的水下阶地，西侧阶地比较完整，东侧阶地则受到强烈的切割（图 5.10，图 5.11），水下地形非常复杂，此与潮流作用强烈有关。潮波从南向北传布，受到地球偏转力影响，使朝鲜半岛西岸潮差增大，有的地方潮差达 8.2 m，从而潮流也非常迅急，最大流速达 4.88 m/s，在这样强劲的潮流作用下，有些水下谷地被冲刷，深度超过 50 m。

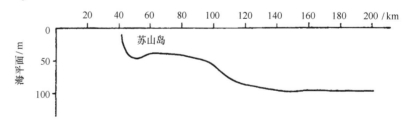

图 5.10　苏山岛向东南 -20 m 水下阶地地形剖面

（中国自然地理编辑委员会，1979）

山东半岛南北两岸都有水下阶地分布，北岸 -20 m 阶地甚为宽广，南岸则有深度为 20～25 m 以及 25～30 m 的阶地局部保存完好。阶地面多平坦，前缘受到侵蚀，有许多沟谷，有的地方阶地以陡坡直插到水深 50 m 以下的平缓海底。

黄海东侧水下阶地分布的深度与黄海西侧并不一致，朝鲜半岛沿岸两级水下阶地，水深约 15 m 和水深约 40 m，反映出构造运动在地区上的差异。

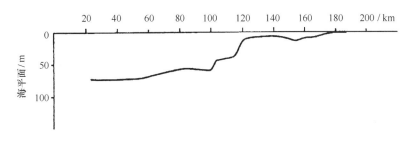

图 5.11 黄海江华湾 –10 m, –40 m 水下阶地地形剖面

(中国自然地理编辑委员会,1979)

黄河虽然目前不在本区入海,但通过渤海海峡或历史时期及晚更新世在苏北入海扩展而来的泥沙,使本区海水相对混浊。水中泥沙沉积下来,覆盖了黄海北部大部分海底,沉积物以粉砂为主,间夹有淤泥。在海区的东侧,由于距离大陆泥沙来源较远,且潮流较强,细物质难以停积,使古海滨砂带暴露出来。局部地区,也有砂质淤泥带分布,这是朝鲜半岛河流所带来的物质在这里沉积的结果。

黄海南部的东侧与东海相通,地势向东南倾斜;西侧地势平坦,平均坡度约15″,水深约30 m,仍分布着一系列水下三角洲。黄海南部有一系列小岩礁,如苏岩礁、鸭礁、虎皮礁等,它们与济州岛联成一条北东方向分布的岛礁线,是黄海与东海的天然分界线。

5.3 南黄海浅海陆架

南黄海位于成山角至长山串联线以南,海域开阔,海底浅平。海底地形由东、西两侧向中部缓倾,中部是海底洼地,范围大致以 –50 m 等深线所圈定,洼地相连成槽形,是海流自东海进入南黄海与北黄海的主要通道。中部洼槽之东部,有一南北走向的浅谷(水深小于50 m)纵贯全区,在南面绕经小黑山岛两侧,汇聚后,分别与济州岛北面的 100 m 深槽以及南部的深槽相连。南黄海最突出的海底地貌是在西部,分布着一个巨大的古三角洲——辐射沙脊群沉积体系,是河海交互作用在开阔海域持续不断地沉积结果。

5.3.1 河海交互作用与古江、河三角洲—辐射沙脊群沉积体系

南黄海海域开阔,西与地质时期的新生代古海湾相衔接。中国的两条大河——也是世界级的大河,曾先后在南黄海海域入海,堆填了古海湾为苏北平原,在现代海岸线以外的陆架海域遗留着巨型的三角洲体系——古江河三角洲及叠置于其上的辐射沙脊群、现代长江三角洲及废黄河三角洲。

古江河三角洲体,大体上以弶港(32°39′50″N,120°54′25″E)为中心,向东延伸至30 m、50 m 等深线处;东北侧约在34°17′43″N,122°14′14″E;北端可达连云港区东西连岛以东的外海(34°45′58″N,119°41′25″E)及 30 m 水深处34°50′8″N,119°56′58″E;达山岛、车牛山岛当时为海岸带的岛屿,而如今距现代海岸线为66.99 km 及 55.37 km,三角洲的东南侧在32°0′18″N,122°43′59″,以东可达 50 m 水深;而南端定位在长江口南岬(32°52′26″N,121°52′55″E)。大体上以 –30 m 等深线为外界,将上述各外缘点链接,呈现出一幅完整的褶扇扇面(图 5.12)。其面积量计的结果是:30 m 等深线所圈定的范围约为 65 330 km²,–20 m 等深线以内面积约为51 330 km²,20 m 与 30 m 等深线在北部与东北部基本吻合,但在

中心枢纽部位，因43 000～35 000年前古长江在黄沙洋—烂沙洋地区出口侵蚀缺失范围较大；而−5 m等深线，即岸滩与沙脊外界明显处的范围约为11 640 km²。这个大三角洲体明显地表现在海底地形图上，其范围远比现代的长江三角洲、废黄河三角洲大，比南黄海辐射沙脊群的面积大出3倍。该海域底质主要是细砂、粉砂、砂质粉砂、粉砂质砂。北部多黏土质粉砂，富含结核（数毫米至数厘米，钙质结核和软体动物遗壳），表明系黄河携运之泥沙。细砂与重矿组成表明沉积物源主要来自长江（王颖等，2002）。

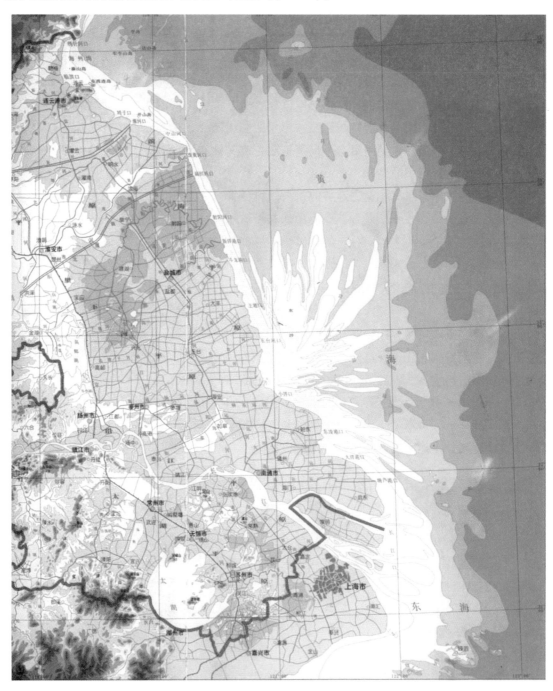

图5.12　南黄海古江、河三角洲体（江苏省地图编纂委员会，2004）

在三角洲体北部叠置着废黄河三角洲，中枢地区叠置着长江—黄河复合三角洲的辐射沙脊群，南部叠置着现代长江三角洲。本书拟将此复合三角洲定名为南黄海古江、河三角洲体。

大三角洲体形成的年代尚未获得系统的年代测定，但是，其形成必然在上叠的三角洲之前。据辐射沙脊群各钻孔定年资料，目前已知的年代是大于 43 000 年。因此，古三角洲体必然比 43 000 年更老，应当是在晚更新世低海面时期，当古长江在苏北入海时，而当时的泥沙输入量巨大，海区钻孔的沉积结构中多次出现黄土状沉积层，表明：黄河曾自晚更新世时期以来，多次从苏北入海，遗留下黄土质沉积层。而 1128—1855 年黄河夺淮入黄海仅是历史时期最近一次夺淮入黄海，而非唯一的一次。

最近研究表明，古江、河三角洲体是叠置在外围的一个更大的三角洲上。这也是辐射沙脊群现在已无陆地江、河泥沙补给，在海平面日益上升的背景上，仍能保持蚀、积动态平衡之原因，即海域外围有大三角洲的砂质补给。从遥感影像与海图分析，该大三角洲范围北起灌河口（34°30′N），南达马祖列岛南部（26°N），东部海域界限相当于 100～150 m 等深线，接近东海陆架边缘。大体上，以现代长江口与杭州湾为轴心，呈 230° 弧形向海扩展，覆盖黄东海大陆架，面积约 38×10^4 km^2，基本组成物质是细砂与粉砂，是全球罕有，尚保留于大陆架的浅海地貌，可定名为"古扬子大三角洲体系"，以它为基底，上面叠置着古江河三角洲体，形成于 3～4 万年前的南黄海辐射沙脊群、全新世的现代长江三角洲，以及历史时期的废黄河三角洲，泥沙与水动力互有关联，五部分组成巨大的三角洲复合体系，至今尚未进行过系统研究。古扬子大三角洲体系是东亚—太平洋边缘海河海相互作用的最大地质载体，保存着晚第四纪以来海陆变迁、环境变化的重大信息，查明大三角洲体系的分布与组成结构，将是我国对地球科学的重大贡献，亦为黄东海大陆架划界提供归属的理由依据。

5.3.2　废黄河三角洲

分布于南黄海海岸的北部地区，是黄河于南宋 1128 年人工在开封掘堤迫使黄河南流入黄海，每年至少有 10×10^8 t 的泥沙汇入，至清末 1855 年，黄河北归至渤海，在 727 年间发育的三角洲，前已述及废黄河三角洲发育的阶段过程。历史地图系列反映出废黄河三角洲与苏北海岸之演变（图 5.13，2004）。据图集与沉积物分布，废黄河三角洲的范围，北达连云港，南至射阳河口，向东至水下 −10～−20 m 处。图 5.13 表明：北宋政和元年（1111 年）连云港地区为一海湾，云台山地为海岛，当时，海岸线在海州、盐城、东台一线；至明万历十年（1582 年），当时，废黄河三角洲已初具雏形，岸线在盐城、东台以东，沿海为"黄洋绿水"，反映黄河泥沙已对海域有影响；至清嘉庆二十五年（1820 年），废黄河三角洲已发育完善，河口呈现为鸟嘴状的三角洲向海突出显著，三角洲海岸约推进达 60 km，连云港海湾已淤成平原，云台"岛"已成山地，射阳、大丰、东台大片海岸淤涨成陆。1855 年后至民国期间，黄河北归渤海，废黄河三角洲因失去巨量泥沙补给，不能抵御海潮与波浪侵蚀而后退，估计，近 150 年来，最大的蚀退距离 18～20 km，主要在废黄河口外海滨——原淤涨迅速的三角洲主轴部分，该处对丧失泥沙补给的反应最敏感。目前，废黄河口处为沉溺的三角港，苏北海岸因潮流动力为主导动力，各河口多呈喇叭口状；河口外缘为蚀退的废黄河三角洲，最外缘为古江河大三角洲体。海底沉积为粉砂、砂质粉砂与黏土质粉砂，局部为细砂、粉砂质砂、砂质沉积。伴随着废黄河三角洲蚀退而水下岸坡扩展、坡度渐缓，潮、浪向岸传播速度与冲蚀作用受到影响，加之，人工堤坝的修筑、维护，海岸减少冲蚀，以及新淮河出口的利用，多多少少增加了陆源泥沙汇入等因素，废黄河口岸线蚀退速度有所减缓，水下三角洲侵蚀调整明显，外缘水深逐渐加大。

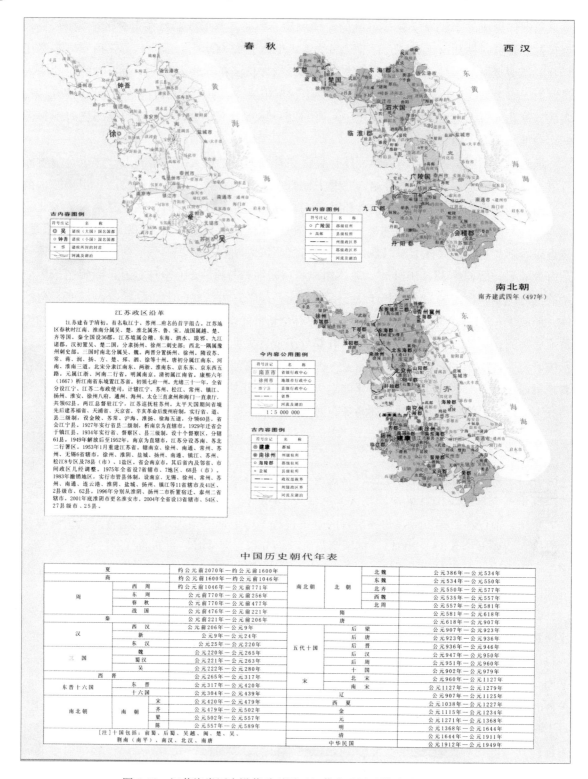

图 5.13　江苏海岸历史沿革系列图（江苏省地图编纂委员会，2004）

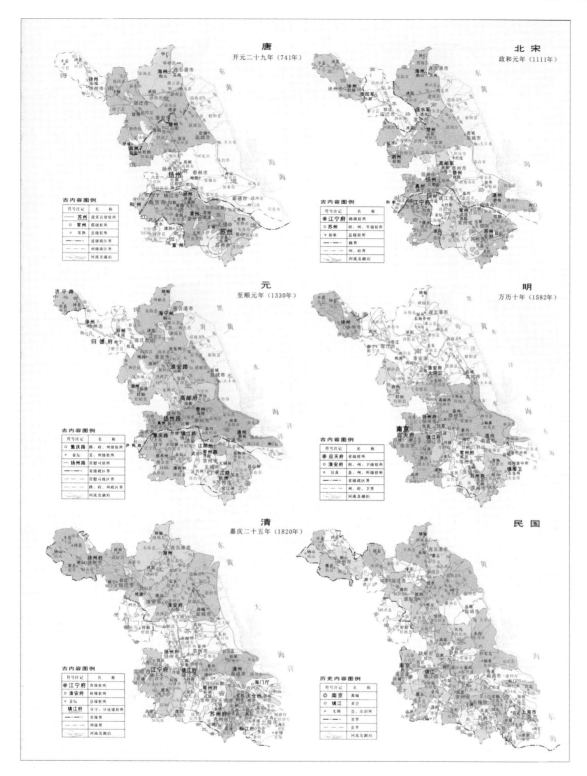

图 5.13　江苏海岸历史沿革系列图（续）（江苏省地图编纂委员会，2004）

5.3.3　南黄海辐射沙脊群

辐射沙脊群分布于江苏岸外南黄海内陆架海域。自射阳河口向南至长江口北部的蒿枝港，南北范围介于 32°00′ ~ 33°48′N，长达 199.6 km，东西范围介于 120°40′ ~ 122°410′E，宽度 140 km。大致以弶港为枢纽，沙脊呈褶扇状向海辐射，脊、槽相间分布，由 70 多条沙脊及潮流通道组成，大部分介于水深 0 ~ 25 m 之间。

173

　　沙脊群区水深变化多端，很多地区仍难以通行。至今，尚未对该海域进行过全面、一次性的测量。1979年海图是在老海图基础上，进行了大范围实测与局部补充而成，至今，仍为权威性的依据。南京大学海岸与海岛开发教育部重点实验室于"八五"期间，以1979年海图为基础，加以1992年与1994年的卫星遥感图像为依据修定了海岸线轮廓，外海又补充了1965—1967年的实测资料，以墨卡托投影制作，由海军测绘研究所朱鉴秋研究员等人，完成了1∶250 000的辐射沙脊海底地形图，这是研究该区域演变的第一幅基础图件（图5.14）。

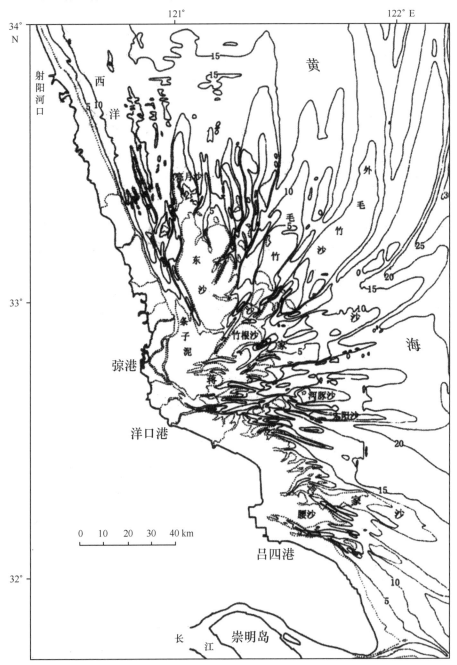

图5.14　南黄海大陆架辐射沙脊群水深地形（王颖等，2002）

5.3.3.1　概况

　　辐射沙脊群是呈辐射状分布、出露于海面以上的沙洲与隐伏于海面以下的多条沙脊，及其间潮流通道之总称（图5.15）。将图5.15的投影改正为通用横轴墨卡托投影（UTM投影），用计算机量测获得辐射沙脊群面积。该组数据是首次反映沙脊群自然全貌的数据，为其后的变化研究提供了依据。

图5.15　南黄海辐射沙脊群卫星影像

沙脊群所占海域面积为22 470 km²，其中，出露海面的"沙洲"面积为3 782 km²，水下部分0～5 m水深的沙脊群面积为2 611 km²，5～10 m水深的沙脊群面积为4 004 km²，10～15 m水深的沙脊群面积为6 825 km²，15 m以下的沙脊群面积为5 045 km²，所以，辐射沙脊群主要是在水下的内陆架浅海区（王颖等，2002）。

辐射沙脊群中主干沙脊约22列，以从北向南的顺序为：小阴沙、孤儿沙、亮月沙、东沙、太平沙、大北槽东沙、毛竹沙、外毛竹沙、元宝沙、苦水洋沙、竹根沙、蒋家沙、黄沙、洋口沙、河豚沙、太阳沙、大洪梗子、火星沙、冷家沙、腰沙、乌龙沙、横沙等。分隔沙脊的潮流通道主要有：西洋（西洋东通道与西洋西通道）、小夹槽、小北槽、大北槽、陈家乌槽、草米树洋、苦水洋、黄沙洋、烂沙洋（近期，当地改为兰沙洋）、网仓洪、小庙洪11条。各潮流通道的水深均大于10 m，深度向海递增（表5.2）。

表 5.2　辐射沙脊群主干沙脊与潮流通道形态数据（据王颖，2002）

沙脊名称	走向	长度*（km）	两侧潮流通道			水深（m）	
			名称	走向	长度（km）	口门	内端
小阴沙	NW—SE	34.1	西洋西	NW	65.0	13.6	5.0
			西洋东	NW	42.5	13.0	10.0
孤儿沙	N—SW	15.5	西洋东	NW	42.5	13.0	5.0
			西洋东分岔	NS	50.5	13.0	5.0
亮月沙	N—S	41.6	西洋东分岔	NS	50.5	13.0	5.0
			小夹槽	NS	41.3	14.0	5.0
东沙	N—S	48.5	西洋	NW	90.0	14.8	4.0
			小北槽	NS	73.0	14.2	5.0
太平沙	NNW	34.1	小北槽	NW	50.0	14.4	10.0
			大北槽	NNW	50.0	13.4	10.0
大北槽东沙	N—S—SW	77.9	大北槽	NNW SW	72.5	13.4	5.0
			陈家坞槽	NE	82.5	16.0	5.0
毛竹沙	NE—SW	68.2	陈家坞槽	NE	70.0	16.0	10.0
			草米树洋	NE	68.0	12~15	10.0
外毛竹沙（外磕脚里磕脚）	N—S—SW	84.3	草米树洋	NE	75.0	17	10.0, 5.0
			苦水洋	NE	107.5	20	10
元宝沙—竹根沙（与毛竹沙、外毛竹沙衔接）	NE	4.4	江家坞东洋	NE	30.0	10.0	5
			苦水洋	NE	—	10.0	5~0
苦水洋沙	NE	21.6	苦水洋	NEE	—	18.0	15
蒋家沙	NEE	94.3	苦水洋	NEE	50.0	13.0	5
			黄沙洋	NEE	80.0	14.0	10, 5
黄沙、洋口沙	EW	17.4	黄沙洋	NEE	—	17	17
						12	13
河豚沙	EW	23.6	黄沙洋	NEE		13	10
						10	5
太阳沙	EW	35.1	黄沙洋	EW	—	17	13
			烂沙洋大洪	EW	—	20	5
火星沙	SEE	27.1	烂沙洋大洪	SEE	—	14	10
			烂沙洋小洪	SEE	—	13	10
冷家沙	SEE	61.3	烂沙洋	SEE	75.0	12	10
			网仓洪	SEE	57.5	13	5
腰沙	EW	29.1	网仓洪	SEE	30.0	10	1
				EW	32.5	5	2
乌龙沙横沙	SEE	40.1	网仓洪	SEE	42.5	14	5
			小庙洪	SE	35.0	12	6

注：*沙脊长度按至 10 m 等深线量计，并合沙脊分界在 0 m 处或 1/2 界线处。

5.3.3.2 区域地质基础与第四纪地层

南黄海辐射沙脊群处于江苏岸外，地质上为扬子准地台的苏北—南黄海凹陷带，其北侧为华北地台的胶辽隆起，西南侧为扬子褶皱带，华北地台是以淮阴—响水—燕尾港为界。

辐射沙脊群处于苏北—南黄海凹陷带，是在扬子沉陷带一整套古生代地层基底上，经历中、新生代强烈的构造运动，形成大型的沉积盆地，有巨层的中、新生代沉积层。上部为古生代和三叠纪时一套灰岩和泥岩，三叠纪末印支运动使苏北—南黄海凹陷呈东北向展开的喇叭状盆地的雏形，中、下侏罗纪沉积了灰绿色的砂质泥岩及泥质砂岩，白垩纪沉积了红色碎屑岩系、紫色砂岩及砂质泥岩，这时期的印支—燕山运动为强烈的褶皱及断块和差异升降运动。新生代喜马拉雅山运动时，在多次升降断块作用下，使凹陷区大幅度下降，成为沉积层巨厚的新生代盆地，有 2 000 m 厚的灰色棕色砂岩泥岩、杂色泥岩夹砂岩。喜山运动是多旋回的，其运动强度是东强西弱，使苏北黄海的地势自西向东倾斜，沉积层自西向东、向海域增厚。

苏北—南黄海地区的地质构造格架，由 NNE 和 NWW 两组断裂控制，其次为 NE、NW，有些是大规模的深大断裂，这些深大断裂控制了第三纪晚期以后的沉积作用，也成为该地区新构造与地貌分区的界线。第四纪时期的新构造运动是具断裂控制的断块升降运动的性质。沿断裂线有一系列 NW 向排列的大型湖泊带——太湖、高邮湖、洪泽湖、骆马湖、微山湖、独山湖、蜀山湖分布。江苏海岸线大体 NW 向，亦为 NW 向大断裂及南黄海大断裂所控制。新构造运动使苏北凹陷区扩大、沉降中心南迁，20 世纪 60 年代以来的重复水准测量表明，沉降速度最大的区域在长江三角洲的沉降中心——吕四附近，而苏北凹陷第四纪沉积中心在大丰、东台一带。苏北沿岸的第四纪沉积层厚度为 100 ~ 340 m（图 5.16），主要有东台—海安及吕四—栟茶两个沉积区。

东台—海安是苏北沿海第四纪沉降中心，第四纪沉积层厚度 340 m。更新世早、中期是河湖相砂层、黏土层，夹海相黏土细砂层，厚度 100 ~ 150 m。更新世晚期是淡水湖相与海相交替演变的环境，沉积层厚度 80 ~ 100 m，底部 40 m 是灰黄、灰绿色黏土夹砂层，含广盐性有孔虫、介形虫、瓣鳃类等化石，其上为 1 m 厚的淡水相的浅灰色砂质黏土，再上是一层厚约 40 m 的海相灰色、灰绿色砂层及黏土，富含浅海滨海相有孔虫、介形类、瓣鳃类、腹足类等化石。全新世沉积层厚约 40 m，其上部为河湖相棕黄色灰黄色亚黏土、亚砂土黏土，下部 30 m 厚全为海相沉积，包含有灰黄色亚黏土、亚黏土夹粉砂，属潮滩相，青灰色粉砂亚黏土属浅海相，各层均含海相微体动物化石及贝壳碎屑，通常有潮滩相、浅海相两个旋回层（图 5.17）。

吕四—栟茶沉积区域，第四纪沉积层厚度为 200 ~ 250 m。更新世沉积的中、下部为河湖相，灰绿色黏土、灰黄色泥质砂层或砂层，上部为灰白色泥质粉砂层，是湖河相向海滨相的过渡。全新世沉积层厚度 20 ~ 30 m，底部是河流沉积、灰色细砂、粉砂夹黏土质粉细砂，有清晰的斜交层理与交错层理，有浅海有孔虫及淡水的介壳碎屑。中层为浅海—潮滩相的灰色淤泥质黏土和粉砂质黏土，富含有孔虫—背凸卷转虫、暖水卷转虫、筛九字虫以及介形虫、海胆刺等海相化石。顶层主要是河口—潮滩相的灰色细砂层和砂质黏土，有孔虫壳体较小，有较多植物碎屑。

由此，江苏沿海地区是更新世的一个沉降区，其间有过三次较大的海侵海退旋回，全新世以来易受海面波动影响，经历了河湖环境与浅海、潮滩环境的交替变化（朱大奎，傅命佐，

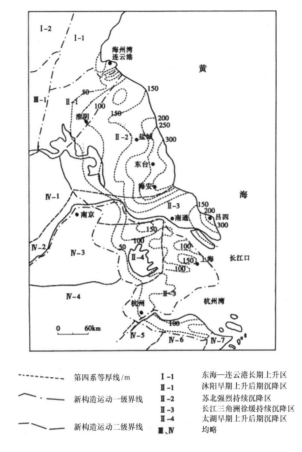

图5.16　江苏沿海第四系沉积层厚度（张宗祜等，1990）

1986）。

　　海域第四纪地层划分，遵循国际地层委员会（ISC）的决议和国际第四纪协会（INQUA）的建议对第四纪进行划分。全新统/上更新统为10 ka. BP，以新仙女木（Younger Dryas）事件顶界为其界限；上更新统/中更新统为128 ka. BP，以大洋氧同位素5/6期为界，包括了末次间冰期—末期冰期这样一个大的气候旋回；中更新统，下更新统为0.73 Ma. BP，在磁性地层Brunhes（布容）/Matuyama（松山）转换面上。第四纪下限以Olduvai（奥杜威）极性亚时为标志，浮游有孔虫 *Globorotalia truncatulinoides*（截锥圆幅虫）的初现位为标志，是悬浮有孔虫N22/N21的分界，在亚洲东部及西太平洋它稳定地出现在Olduvai亚时底界附近。按INQUA地层委员会海洋小组的意见，大约为1.90 Ma. BP。它与ISC决议在Olduvai亚时顶界约1.67 Ma. BP，或我国黄土地区将界限划在Matuyama（松山）/Gauss（高斯）极性转换面上，约2.48 Ma. BP尚有一段距离，但在我国近海及亚洲西太平洋地区是容易识别和对比的，并且与欧亚大陆哺乳动物MN-18（MnQl）/MNl7界限一致。

　　我国自20世纪80年代以来，在浅海钻取了70多个第四纪钻孔，对海域第四纪地层划分有突破性进展。1980年在渤海中部钻探了Bc-1孔，1983、1984年在南黄海钻探了QC_1、QC_2、QC_3孔，1990年在东海外陆架钻探了DZQ-4孔，1990年在南海钻探了NZQ_1、NZQ_2、NZQ_3、NZQ_4孔，加上邻近半深海的若干长柱状岩芯，已构成了我国近海海域不同沉积区域的第四纪层型或代表性地层。南黄海QC_2孔底部接近第四纪底界，南海钻孔达到了下更新统中、上部外，其余各孔及柱状岩芯均只揭示了中更新统顶部以上地层。1999年，ODP184航次在南海深海盆地的钻探，1184站位859.45 m深孔，获得30 Ma年渐新世时的深海记录，推断南

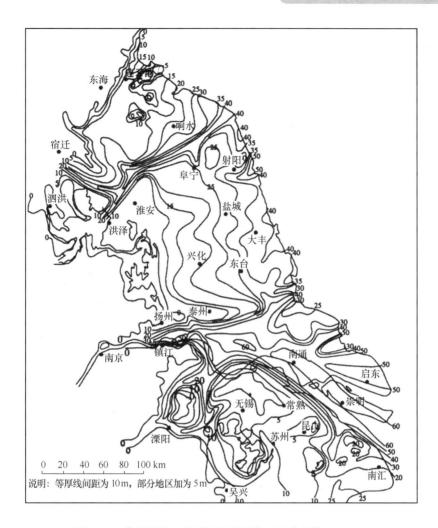

图 5.17　苏北沿海全新世沉积层厚度（张宗祜等，1990）

海深海盆扩张为 30 Ma 和 16.7 Ma，而南海扩张初期，已有渐新统深海沉积。迄今，南海中央海盆钻探为我国科学家所获得的穿透第四系达到晚第三纪前的深海地层记录（汪品先等，2003）。

鉴于第四纪地层是组成海域地貌的骨干，黄海、渤海相互贯通，故在本节将黄海、渤海第四纪代表性地层加以系统介绍，以期获得对黄渤海地貌发育形成演变有个基本的认识。本节内容主要根据《中国海洋志》的专门著述（曾呈奎等，2003）。

（1）黄海第四纪地层

南黄海 QC_2 孔在我国近海揭露第四纪 1.7 Ma. BP 以来的地层。该钻孔海进层的记录十分完整，而海退期的陆相地层受大幅度海平面升降影响，常形成侵蚀面。在 QC_2 孔中更新统顶部海退期即缺失了 56 ka 的地层记录，因此在以 QC_2 孔作为近海第四纪层型时以 QC_1 孔的该段地层记录作为辅助剖面，以弥补其缺失。

QC_2 孔位于南黄海中部 34°18′N，122°16′E，水深 49.05 m，孔深为 108.3 m。QC_1 孔位于南黄海西南部 32°31′N，122°30′E，水深 29.50 m，孔深 117.23 m。根据这两个钻孔将黄海第四纪地层划分如下。

全新统（Q_4）

HI 段，HI－1 亚段（QC_2 孔深 0～17.84 m）：顶部 1.87 m 深灰色粉砂质黏土，浅海相沉

积有孔虫为 *Ammonia ketienziensis - Astrononion tasmanensis* 组合；介形类为 *Museyella japonica - Amphileberis gibbera* 组合。孢粉组合（Ⅶ c 亚带）为蒿（*Artemisia*）—栎—栲/柯（*Castanopsis/Lithocarpus*）组合，含亚热带分子，气候温暖。

上部 6.96 m，深灰色粉砂质细砂，具交错层理的层与真平行层理并与发育生物潜穴的层相间出现，浅海潮流砂沉积。有孔虫为 *Elphidium magellanicum* 组合；介形类为 *Neomonoceratina chena* 组合。孢粉组合（Ⅶ b 亚带）为蒿—藜科（*Chenopodiaceae*）—栎—榆（*Ulmus*）组合，木本植物连续高值带，气候温暖。在孔深 4.28 m 的潮流砂中出现了一个氧化侵蚀面，孔深 2.41 ~ 3.62 m 和 6.11 ~ 6.26 m，ESR 测年分别为 4.1 ka. BP 和 4.5 ka. BP。

中部 6.51 m，深灰色粉砂质黏土、灰色黏土质粉砂，底部黄灰色粉砂。从底部侵蚀面开始依次为潟湖及滨岸盐沼沉积、潮间带沉积、浅海相泥质沉积，有孔虫为 *Ammonia beccarii* vars. 组合和 *Elphidium magellanicum* 组合；相应的介形类为含少量 *Neomonoceratina chenae* 或 *N. chenae* 组合。孢粉仍为 Ⅶ b 亚带。

下部 1.76 m，深灰色粉砂质黏土、灰黑色黏土夹透镜状粉砂，夹脉状泥炭及褐铁矿条带，生物潜穴发育，底部侵蚀面向上依次为滨岸沼泽沉积、潮间带沉积和潮下带浅海沉积。有孔虫为 *Ammonia beccarii vats.* 组合和 *Elphidium magellanicum* 组合；介形类为 *Sinocytheridea impressa* 组合及 *Neomonoceratina chenae* 组合；见软体动物 *Ostrea plicatula*。孢粉组合（Ⅶ a 亚带）是蒿—栎—榆组合，气候温和。孔深 15.02 ~ 15.12 m 和 17.23 ~ 17.40 m，^{14}C 测年分别为（9 910 ± 100）ka. BP 和（10 340 ± 110）ka. BP；孔深 14.70 ~ 14.77 m 和 16.00 ~ 16.01 m，ESR 测年分别为 7.7 ka. BP 和 13.8 ka. BP。

上更新统（Q_3）

HⅠ-C 亚段（17.84 ~ 18.52 m）：灰绿色黏土质粉砂、细砂，河流相沉积。孢粉组合（Ⅵa、Ⅵa 亚带）蒿—禾本科（*Graminae*）—栎组合，禾本科植物花粉开始回升，气候凉而干燥；下部藜科—蒿组合，气候寒冷干旱，是冰消期气温回升过程中的一次突然降温事件，相当于新仙女木事件。

HⅠ-2 亚段（18.52 ~ 20.54 m）：灰色黏土质粉砂及灰黑色粉砂质黏土，含贝壳碎片，具大量生物潜穴，夹脉状泥炭。为滨岸盐沼及潮间带沉积。有孔虫为 *Ammonia beocarii vats.* 组合和 *A. Beccarii vats. - Quinqueloculina akneriana rotunda* 组合；介形类是 *Sinocytheridea impressa* 组合和 *S. Impressa - Neomonocerlina chenae* 组合。孢粉组合（Ⅵb 亚带顶部）是蒿—藜—眼子菜（*Potamogeton*）组合，顶部是这个亚带中木本植物花粉的峰顶值，以栎为主代表冰消期气候转暖潮湿。在孔深 19.56 ~ 19.93 m，^{14}C 测年（11 100 ± 260）a. BP。

CⅠ段（20.54 ~ 21.78 m）：灰绿色粉砂及灰色、灰绿色粉砂砂质黏土及深灰色中砂、细砂，具槽状层理和交错层理，河流相沉积。孢粉组合（Ⅵb 亚带上部）与上段为同一组合，但水生草本植物为该亚带中最低带，有少量松，代表冰期最盛期（LGM）气候寒冷干旱。孔深 20.80 ~ 20.92 m，ESR 测年 13.1 ka. BP。

HⅡ段（21.78 ~ 29.07 m）：灰色粉砂质黏土及灰褐色粉砂、细砂具褐铁矿斑点和脉状泥炭，中上部生物潜穴发育，在 23.60 m 处为一侵蚀面，滨岸沼泽及潮间带沉积中部为浅海相沉积。有孔虫为 *Ammonia beccarii* vars. 组合和 *A. Beccarii vats. - Elphidium magellanicum* 组合；介形类为 *Sinocytheridae imprssa* 组合和 *S. Impressa - Neomonocerlina chenae* 组合。孢粉组合（Ⅵb 亚带中、下部）蒿—藜—眼子菜组合，是水生草本植物峰值带，下部还有一个以榆/榛

（*Ulmus/Zelkova*）为主的木本植物次高峰。气候温凉湿润。孔深 28.68 m，^{14}C 测年（28 500 ± 820）a. BP。

C II 段（29.07～31.10 m）：上部黑灰色黏土具铁质锈斑、根孔和潜穴；下部灰绿色粉砂质黏土夹薄层细砂。湖沼相沉积。孢粉组合（Ⅵa 亚带上部）蒿—藜科—禾本科组合，蒿的高峰带，气候寒冷干旱。

H III 段（31.10～31.56 m）：黑灰色粉砂质黏土夹透镜状粉砂，滨岸沼泽相沉积，含壳体磨损的有孔虫 *Ammonia beocarii vats.*，*Elphidium avenum*，*Protelphidium tuoerculatum* 和介形类 *Sinocytheridea impressa*，*Echinocythereis bradyformis* 和 *Bicornucythere bisanensis*。

C III 段（31.56～33.22 m）：深灰色、灰绿色、灰褐色粉砂与浅灰色黏土质粉砂，夹脉状泥炭，具小交错层理、小槽状层理、平行纹层和韵律层，见植物根孔，湖泊及沼泽相沉积。孢粉组合（Ⅵa 亚带中部）为蒿—藜—禾本科组合，禾本科和藜科花粉超过蒿，并有少量莎草科（*Cypraceae*），气候寒冷。

H IV 段（33.22～54.66 m）：上部 4.23 m 褐灰色及灰黑色粉砂质黏土及薄层粉砂，夹脉状泥炭，局部铁质锈斑，具生物潜穴及贝壳碎片。滨岸沼泽及潮间带沉积，底部为侵蚀面。中、下部 21.4 m 深灰色粉砂质黏土、黑灰色黏土，局部有纹层状粉砂与细砂夹层，偶见浅海浊积层。浅海相沉积。孔深 39.63～40.86 m、46.15～47.93 m、51.42～53.21 m 存在 3 个明显的高海面期水深较大的浅海涡旋泥质沉积。底部 0.3 m 浅黄灰色粉砂、细砂与灰褐色、黑灰色黏土互层，为潮间带沉积。有孔虫组合上部是 *Ammonia beocarii vats.* – *Elphidium magellanicum* 组合，中、下部为 *Nonionella stella* – *Elphidium magellanicum* 组合；介形类组合上部是 *Sinoeytheridea impressa* – *Neomonoceratina chenae* 组合，中、下部是 *Sarsicytheridea bradii*—*Heterocyprideis facis* 组合，有孔虫及介形类均反映中、下部为冷水环境。孢粉组合（Ⅵa 亚带下部及 Ⅴb、Ⅴa 亚带）。45 m 以下是蒿—栎组合，草本植物占优势，不含亚热带分子。气候早期温暖，后期渐降温并略干燥。孔深 35.03～35.19 m、53.85～53.87 m 和 54.49～54.54 m 的 ESR 测年分别为 88.7 ka. BP、101.3 ka. BP 和 134.5 ka. BP。古地磁测量 52.50～53.55 m 为反向极性段，相当于 Blake 极性漂移（108～114 ka）。详细的年表是根据有孔虫 *Protelphidium tuberculatum* 和 *Nonionell stella* 的壳体氧同位素研究作出的，两个种的氧同位素曲线很相近，代表氧同位素 5 期温暖阶段。与 Martinson 等高分辨率的同位素年表对比各事件在 QC₂ 孔中位置如下（表 5.3）。

表 5.3　QC₂ 孔 H IV 段氧同位素地层界限（曾呈奎等，2003）

氧同位素事件	年代/a（据 Martinson 等，1989）	在 QC2 孔中位置（孔深/m）
5.1	79 250	40.82
5.2	90 950	41.41～42.32
5.31	96 210	42.66
5.3	99 380	44.40
5.31	103 290	46.94
5.3	110 790	51.07
5.51	122 560	52.43
5.5	123 820	53.09
5.53	125 190	53.68

HⅣ段底部为侵蚀间断，根据上下层位 ESR 测年，沉积间断时间为 56 ka。

中更新统（Q_2）

CⅣ（QC_1，孔孔深 33.31～42.78 m）：黄灰色中砂、灰色细砂及粉砂，褐灰色粉砂质黏土，具小交错层理、波状纹层及韵律水平纹层，河流相沉积。古地磁 Blake 极性漂移位于上覆 HⅣ段孔深 29.89～33.29 m 处，与下伏 HⅤ段侵蚀接触。

HⅤ段（QC_2 孔 54.67～62.05 m）：深灰色、黑灰色粉砂质黏土、夹浅灰色粉砂纹层，顶、底部夹灰绿色、褐色粉、细砂，浅海相沉积、顶底部为潮间带沉积。有孔虫为 *Ammonia beecarii vars.* – *Elphidium magellanicum* 组合及 *Protelphidium tuberculatum* 组合；介形类为 *Sinocytheridea impressa* – *Neomonoceratina cheriae* 组合和 *Bicornucythere bisanensis* 组合。孢粉组合（Ⅳ带）蒿—藜组合，有少量松、栎花粉，气候较凉干燥。孔深 55.78～55.87 m 和 58.28～58.50 m，ESR 测年分别为 184.8 ka.BP 和 170.0 ka.BP。这一地层段中超微化石 *Emiliania huxleyi* 开始出现，丰度较大，其初现位（FAD）在 HⅤ段底界，年代约 270 ka.BP。

CⅤ段（62.05～63.70 m）：灰绿色粉砂、粉砂质黏土夹灰褐色粉砂质黏土，含锈斑及铁质结核，具波状和透镜状层理，河流相沉积。孢粉组合（Ⅲd 亚带）蒿—栎—桦/柯组合，气候温暖。孔深 63.53～63.70 m，ESR 测年 258.1 ka.BP。

HⅥ段（63.70～74.64 m）：蓝灰色黏土、深灰色粉砂质黏土夹薄层灰色粉、细砂，灰褐色粉砂与锈黄灰色黏土含透镜状贝壳砂，底部夹灰黑色炭质黏土，浅海相沉积、顶底部为潮间带及潟湖沉积。有孔虫是 *Ammonia beccarii vars.* 组合和 *A. beccarii vars.* – *Elphidium magellanicum* 组合；介形类为 *Sinocytheridea irnpressa* – *Neomonoceratina chenae* 组合。孢粉组合（Ⅲb、Ⅲc 亚带）蒿—藜—桤木（*Alnus*）—栎组合木本植物自下而上渐增；顶部香蒲（*Typha*）—蒿—藜—莎草科组合，气候转暖，温和略干，后期湿地增加气候较寒而湿润。在 64.78～64.86 m、65.8～66.62 m、69.02～69.15 m 和 70.92～71.04 m，ESR 测年分别为 286 ka.BP，270.2 ka.BP、333.1 ka.BP 和 485.7 ka.BP。这一地层是超微化石 *Gephyrocapsa caribbeanic* 和 *Reticulofenesta minuutula* + *R. haqii* 在全孔的唯一分布带，也是同一层中丰度最大的种，可视为这些化石的顶峰带，峰值出现在孔深 67.42 m，生物地层年代约为 350 ka.BP。

CⅥ段（74.64～79.82 m）：深灰色、褐灰色中、细砂，具交错层及蓝色粉砂质黏土与黑灰色黏土，具水平韵律纹层及植物根孔。河流相沉积，顶部沼泽相沉积。孢粉组合（Ⅲa 带）蒿—禾本科—栎组合，气候寒冷。孔深 76.35～76.75 m，76.86～76.91 m 和 78.27～78.37 m，ESR 测年分别为 596.9 ka.BP，593.8 ka.BP 和 7 501 ka.BP。古地磁测量 Brunhes/Matuyama 的极性转换面在 79.95 m 处，年代为 730 ka.BP。超微化石 *Pseudoemiliania lacunosa* 发现于 HⅦ海侵层顶部，在 HⅦ以上各海侵层中未见，所以 *P. 1acunosa* 的末现位（LAD）应在本段顶界以上，HⅥ段底界之下，生物地层年代 460 ka.BP。

下更新统（Q_1）

HⅦ段（79.82～91.33 m）：黑灰色、暗褐色中、细砂与灰色粉砂质黏土互层，具数个向上变粗的反向粒序旋回，具水平纹层、波状纹层、小交错纹理和低角度斜层理。上部 3.58 m 为褐灰色黏土与黄灰色粉砂互层，生物潜穴发育。前三角洲河口沙坝与河口间湾沉积。有孔虫 *Protelphidium tuberculatum* – *Buccella frigida* 组合和 *Ammonia beccarii vars.* 组合；仅含少量介形类 *Echinoeytthereis bradyi*、*Loacocncha ocellata* 和微咸水 *Ilyocypris bradyi* 等。孢粉组合（Ⅱb 亚带）蒿栎组合，含少量水青冈（*Fagus*）和枫香（*Liquidambar*），气候暖热略干。从 83.93 m 至 90.60 m 多个 ESR 测年为 779.30 ~ 906.8 ka.BP。古地磁为 Matuyama 反向极性带，其中 89.35 ~ 91.50 m 正极性亚带为 Jaramillo（哈拉米洛）亚时（900 ~ 970 ka.BP），83.0 ~ 84.4 m 记录了一次正向短期磁极漂移，相当于日本上桂事件、黄土区 Post Jaramillo（后哈拉米洛）亚时或琼海亚时（770 ~ 810 ka.BP）。

C Ⅶ段（91.33 ~ 106.95 m）：暗褐色、蓝灰色细砂、中砂与褐灰色粉砂质黏土相间，具交错层理和平等纹层，河流相沉积。孢粉组合（Ⅰ带、Ⅱa 亚带）栎—榆—松组合，含亚热带植物水冈、枫香、栲/柯等，气候温热。95.34 ~ 106.51 m，5 个 ESR 测年 l 002.2 ka ~ 1 332.1 ka.BP。

H Ⅷ段（106.95 ~ 108.83 m）：灰色、蓝灰色中、细砂夹浅灰色粉砂质黏土，河流相沉积。含 *Ammonia beccarii vars*、*Elphidium advenum*、*Asterorotalia subtrispinasa* 等有孔虫，壳体破损，系感潮河段沉积，代表了一次海侵。107.74 ~ 107.78 m 及 108.45 ~ 108.50 m ESR 测年分别为 1 492.8 ka.BP 和 1 918.6 ka.BP。孔深 106.8 ~ 108.83 m 为正向极性亚带，相当于 Olduvai 极性亚时，顶界 1.67 ka.BP。

（2）渤海第四纪地层（曾呈奎等，2003）

渤海第四纪地层厚度估计超过 400 m，迄今为止研究渤海第四纪最深的钻孔是 Bc - 1 孔，仅揭露了约 200 ka.BP 以来地层。Bc - 1 孔位于渤海中部 39°09′ N，119°54′ NE，水深 27 m，钻孔深 270.5 m。自上而下地层划分如下。

全新统（Q₄）

M₁F 段（孔深 0 ~ 8.6 m）：黄灰色细砂、灰色黏土质粉砂和粉砂质黏土，浅海相沉积。含有孔虫 *Elphidium advenum* - *Cribrononion incertum* - *Buccella frigida* 组合，介形类 *Sinocytheridea sinensis* - *Parabosquetina sinucostata* - *Leguminocythere hodgi* 组合。底部有软体动物 *Corbioula* sp. 和 *Arca* sp.，说明海侵初期为近岸或近河口环境。孢粉组合（Ⅹ、Ⅸ、Ⅷ带）反映为针阔叶混交林植被，气候温暖湿润。

晚更新统（Q₃）

C₁F 段（8.6 ~ 41.1 m）：上部灰色粉砂质黏土夹薄层粉砂及钙质结核；下部黄褐色粉砂质细砂；上部及底部均夹薄层泥炭。湖沼相沉积。含淡水—微咸水介行类 *Candoniella albicans* - *Ilyocypris gibba* 组合及 *Gyraulus albus*，*Radiz* sp. 淡水软体动物群。孢粉组合（Ⅶ、Ⅵ带）是含云杉（*Picea*）、冷杉（*Abies*）等针叶树的疏林草原植被，气候寒冷略干，至冰消期为针阔叶混交林—草原植被，气候稍转暖。¹⁴C 测年在孔深 12.95 ~ 13.10 m，为（13 400 ±150）a.BP，22.7 ~ 22.8 m 处为（15 145 ±610）a.BP，37.2 ~ 37.3 m 为（23 190 ±340）a.BP。

M₂F 段（41.1 ~ 49.2 m）：灰色黏土质粉砂，具贝壳层，为浅海相沉积。有孔虫为 *Ammonia tepida* - *Quinqueloculina argunica* - *Cribrononion incertum* 组合，介形类为 *Leguminocythere hodgi* - *Parabosquetina sinucostata* - *Neomonocertina dongtaiensis* 组合。含 *Arca* sp. *Potamocor - bula laevis*，*Ostrea* sp. 等软体动物群。孢粉组合（Ⅴ带）是落叶阔叶树为主的针阔叶混交林—草原植被，含少量亚热带分子，气候温暖略湿。顶部 41.8 ~ 41.9 m，42.35 ~ 42.40 m，¹⁴C 测年分别为（26 840 ±1 200）a.BP 和（27 860 ±870）a.BP。

C₂F 段（49.2 ~ 79.6 m）：上部 21.4 m 为浅灰色粉砂质黏土、黑灰色黏土与灰色粉砂互层；下部 9 m 为灰色细砂。河流—湖沼相沉积。含淡水—微咸水 *Ilyocypris gibba – Sinocytheridea sinensis* 介形类组合及淡水软体动物 *Gyraulus albus*。孢粉组合（Ⅳ带）是以针叶树为主的针阔叶混交林—草原植被，气候冷凉略干。

M_3F 段（79.6 ~ 104.5 m）：灰色粉砂、细砂与黑灰色黏土质粉砂、粉砂质黏土互层，近岸浅海相沉积。有孔虫为 *Ammonia tipida – Pseudononionella variabilis* 组合，介形类为 *Sinocytheridae sinensis – Tanella opima – Leptocythere* sp. 组合。含 *Corbicula* sp.、*Potamocorb – ula laevis*、*Ostrea* sp. 等软体动物。孢粉组合（Ⅲ₅）为落叶阔叶植被，气候温暖。

C_3F 段（104.5 ~ 115 m）：灰黄色粉砂质黏土、黑灰色粉砂质夹细砂，湖沼相沉积。含 Candoniella albicans、Ilyocypris kaifenensis、I. Bradyi 等淡水介形类，淡水轮藻 Charites sp. 和 Bithynia sp.、Parafossarulus sp. 等软体动物。孢粉组合（Ⅲ₄带）为针阔叶混交林植被，气候温凉湿润。

M_4F 段（115 ~ 141.9 m）：灰色黏土质粉砂与黑灰色粉砂质黏土，浅海相沉积。有孔虫为 *Astrarotalia subtrispinosa – Quinqueloculina seminulangulata – Elphidiumadvenum – Spirolo – culina laevigata* 组合，含典型暖水种；介形类为 *Cytheropteron* sp. – *Neomonoceratina dongtaiensis – Parabosquetina sinucostata* 组合；软体动物为 *Ostrea* sp.、Rapana venosa、*Chione* sp. 动物群，其中 *Chione* sp. 现产于我国浙江以南海域。孢粉组合（Ⅲ₃带）为针阔叶混交林植被，气候温干—暖湿。

C_4F 段（114.9 ~ 150.0 m）：灰黄色黏土质粉砂及粉砂质黏土，湖沼相沉积。含 *Ilyocypris* sp.、*Candona* sp. 等少量淡水介形类和淡水软体动物 *Gyraulus albus*、*Bithynia* sp.。孢粉组合（Ⅲ₂带）为针阔叶混交林—草原植被，含少量云杉、冷杉花粉，气候温凉较湿。

M_5F 段（150.0 ~ 177.5 m）：上部 13.1 m 为细砂夹粉砂质黏土；中部 6.9 m 为灰色细砂与灰色黏土质粉砂互层，层间见贝壳碎屑及钙质富集层；下部 7.5 m 为含泥的细砂层，生物潜穴发育，浅海相沉积。M_5 段内的有孔虫为 *Elphidium advenum – Cribrononion incerturn – Amm – onia lipeda – Astrorotalia* sp. 组合，含典型的暖水分子；介形类为 *Leguminocythere hodgi – Echinocythereis cribriformis – Neomonoceratina dongtaiensis* 组合，其中所含 *Alocopocythere franscedens* 生活于水深大于 50 m 的浅海环境。孢粉组合（Ⅲ₁带）反映为针阔叶混交林—草原，上部旱生草本植物占优势；气候温暖，后期气候干燥。

C_5F 段（177.5 ~ 188.0 m）：灰色粉砂，河流相沉积。含淡水介形类 *Candona* sp. 和淡水软体动物 *Gyaulus albus*。孢粉组合（Ⅱ带上部）为含少量云杉和冷杉的针阔叶混交林植被，气候较凉。177.5 ~ 184.0 m 古地磁测量为反向磁化时期，属 Blake（布莱克）极性漂移（108 ~ 114 ka. BP）。

M_5F 段（188.0 ~ 201.0 m）：灰色粉砂、粉砂质细砂夹黑灰色黏土质细砂，其底部具有斜层理，近岸浅海相沉积。有孔虫为 *Ammonia tipeda – Pseudononionella variabilis* 组合，含 *Sinocytheridea sinensis*、*Leguminocythere hodgi* 和 *Echinocythereis cribriformis* 等介形类。含 *Venericardia* sp.、*Ostrea* sp. 软体动物群。孢粉组合（Ⅱ带中部）是以旱生盐生草本植物为主的疏林—草原植被，含少量栎（Quercus）、桦（Betula），反映了海岸带盐生环境。

中更新统（Q_2）

C_6F 段（201.0 ~ 220.0 m）：灰黄、灰色黏土质粉砂，中部夹灰色粉砂质黏土，底部粉砂层具斜理，湖沼相沉积。含淡水介形类 *Ilyocypds* sp.、*Candoniella albicans*、*Gyraulus albus* 和

Semisulcospira sp.、*Parafossarulus* sp. 软体动物群。孢粉组合（Ⅱ带下部，Ⅰ带中、上部）由针阔叶混交林—草原植被演化为以松（*Pinus*）为主的针叶林植被，气候温而略干，后期变冷。

M_7F 段（220～233.5 m）：灰及灰黄色砂质粉砂夹薄层黏土，下部为细砂、粉砂、黏土层，滨岸浅海相沉积。含 *Ammonia tipeda*、*A. Conlertitesta* 和少量 *Pseudononion minutum* 等有孔虫和 *Sinocytheridea sinensis*、*Neomonceratina dongtaiensis*、*Parabosquetina sinucostata* 等介形类及 *Potamocorbula laevis*、*Ostrea* sp. 软体动物群。孢粉组合（Ⅰ带下部）是针阔叶混交林植被，含少量亚热带分子，气候温暖湿润。

C_7F 段（233.5～240.5 m，未见底）：橄榄灰色及灰色黏土质粉砂，具水平层理和斜层理，河流相沉积。含淡水介行类 *Candoniella albicans*，孢粉缺乏。

5.3.3.3 辐射沙脊群泥沙、矿物组成与物源分析

1）"八五"期间调查的辐射沙脊群底质沉积特点与分布

据 1993—1996 年"八五"期间对辐射沙脊群的深入调查，并通过对比研究所了解的底质沉积特点与分布状况如下：

辐射沙脊群主要由分选良好的细砂组成，细砂含量达 90% 以上。沙脊与潮流通道主要为细砂，但是，沉积物粒度级配与分布，也反映出海域动力与沉积物来源的差异。

（1）细砂集中分布于辐射沙脊群的中枢地带，沿黄沙洋与烂沙洋大型潮流通道向陆地方向延展分布，是细砂物质来源于弶港一带古河谷的佐证。

（2）沉积物组成自海向陆逐渐变细及自潮流通道主泓向两侧变细——由细砂渐转为粉砂与黏土质粉砂等，这种情况，反映着在基底沉积组成上的次生改造作用，是现代潮流分选与运移作用的结果。

（3）20 世纪 90 年代以来所采集的沉积物与 20 世纪 80 年代初期所采样品的比较，反映出粒度级配有粗化现象，反映在海平面上升过程中，沙脊与近岸底部的水动力扰动作用有所增强。

（4）沙脊群外缘海底，普遍出现含沙的泥质沉积，反映出辐射沙脊群的现代海岸带外缘分布在 18～20 m 水深处。北部海底出现硬泥沉积，系侵蚀出露的老冲积平原。

（5）沉积物粒度组合分布差异

① 沙脊组成主要是细砂，局部低洼部分含有少量粉砂：细砂粒级中的砂成分占 80% 以上，甚至超过 90%，其中，极细砂含量多半大于 60%；粉砂粒级一般少于 20%；不含泥。细砂是沙脊群的基本组成。

遭受潮流与波浪冲蚀的沙脊或受到沿岸流影响的沙脊，如枢纽地带的蒋家沙南侧（濒临黄沙洋潮流通道）、烂沙洋大洪梗子与太阳沙、南部的乌龙沙等，则含粉砂成分增多，为粉砂质砂或砂质粉砂，均呈条带状分布，反映出现代潮流作用对沉积物的影响。

② 潮流通道的沉积物分布具有下列特点：通道的内端、内段与中段主要为细砂沉积，粉砂含量为 2%～6%，最多为 17%。通道的外段、口门或大型通道（黄沙洋、烂沙洋）的中段，水深大于 15 m 时，则粉砂含量增多，出现粉砂质砂或砂质粉砂（粉砂含量超过 50%），均以粉砂质沉积为主。在辐射沙脊群北部的西洋潮流通道则是在水深 10 m 处即以粉砂沉积为主。无论南部或北部，在水深 20 m 处，沉积物主要是粉砂，北部西洋的粉砂沉积中出现黏土

质，含量 30%。

潮流通道的沉积物分布随深度而差异，近岸段落的物质粗于深水区域的物质，既有老沉积物的遗留特性，也反映出现代波场沉积的影响。反映出辐射沙脊群虽以潮流为主要动力，但是，波浪的扰动作用仍强。浅水区波浪效应明显，沉积颗粒较粗，深水区波浪扰动弱，细颗粒沉降增多。由此分析，在正常天气下，辐射沙脊群波浪扰动的衰减段在水深 15 ~ 20 m。

③ 若干大通道的口门段先显示较强的潮流动力，如烂沙洋主泓深水超过 15 m 处，沉积物为砾质砂，"砾石"含量达 29%，粒径 2 ~ 4 mm，多数大于 4 mm，为钙质胶结的贝壳砂。"砾石"实为古海岸的残留砂（含较多贝壳），长期沉溺于海底，由贝壳溶蚀与钙质再胶结而成。贝壳质砂砾遗积于海岸外缘海底，是海侵过程的表现。平涂洋口门段水深超过 15 m 处，细砂沉积中粒径 2 ~ 4 mm 的细粒含量达 5%。该处虽邻近开阔海域，但水深加大，波浪对海底扰动作用减小，沉积物颗粒粒度仍粗，与周围沉积物有区别，反映出潮流通道的强大动力，细颗粒泥沙不易停积。

④ 西洋潮流通道内端沉积着细砂，粉砂含量亦大，出现黏土沉积：西洋潮流通道被小阴沙、孤儿沙沙脊相隔而分为东、西两个通道。西洋东通道底质沉积物自内段的粉砂质砂，渐变为砂质粉砂，低洼处（水深约 20 m），沉积物为砂—粉砂—黏土，黏土含量高达 30%。西洋西通道沉积物为黏土质粉砂，黏土含量高达 29.2%；至内端，不含黏土，粉砂含量也降低至 9%。在南北向的西洋潮流通道内，黏土含量自外端（北）向内（南）骤减，反映出黏土物质来自北部的海域，即黄河夺淮入黄海时所汇入黏土质影响。沉积于辐射沙脊群北部的黏土质粉砂沉积与废黄河三角洲受冲刷，细粒泥沙向南、向海扩散有关，范围可至西洋、平涂洋与太平沙一带。辐射沙脊群南部底质黏土含量高达 37.8% 之点，位于遥望港外的海域，该处水深 10 m，卫片表明：来自长江口的悬浮体泥沙浊水流可影响到达该处。

⑤ 辐射沙脊群出露于海面以上的沉积物，与沙脊群后侧加积型潮滩的沉积物类同，其分布具有自水边线向陆逐渐变细的特征：细砂——砂质粉砂——粉砂——泥质粉砂——粉砂质泥，这是潮流作用自海向陆沿潮滩运移，动力逐渐减弱所卸下的泥沙颗粒逐渐减少的结果。

2）"908"专项底质样品分析结果

据 2006—2010 年"我国近海海洋综合调查与评价"专项（"908"专项），2006 年对黄海近海采取了 68 个底质样品，2007 年在辐射沙脊群海域采集了 57 个底质样品，分析结果表明[①]：

（1）调查海区底质以砂质粉砂和粉砂质砂为主。废黄河三角洲地区与辐射沙脊群的潮流通道中，黏土质含量增加，而在水下沙脊上，砂质含量增加，或成为细砂。此情况与 20 世纪 90 年代资料有所区别，那时，是以细砂为主。但目前底质沉积分布与动力条件仍适应，反映海平面上升。

（2）海州湾水域主要是粉砂质砂，平均粒径（MZ）多在 3 ~ 5φ，砂质含量 41% ~ 66%，粉砂质含量 6% ~ 45%，为改造型的残留沉积物。局部出现砂质粉砂，分选差，粗偏、中等峰态（3.0 ±）。

（3）废黄河水下三角洲地区主要为粉砂质沉积，包括粉砂、砂质粉砂与黏土质粉砂，局部出现细砂，粉砂质砂，沉积物具粗化现象，MZ 多为 6 ~ 7φ，粉砂含量 70% 以上，黏土含

---

① 据邹欣庆江苏"908"专项底质粒度调查报告。

量 20% ~ 30%，中等分选，粗偏、正偏态，宽峰型（2.0 ~ 2.6）。

（4）辐射沙脊群主要为细砂、极细砂、粉砂质沉积，未见"砾石"沉积（可能取样深度未达到残留砂海底）。沙脊沉积为砂（MZ 2.5 ~ 3.5φ，细砂、极细砂），北部与南部潮流通道中多粉砂质沉积，潮流通道中沉积物由北向南为黏土质粉砂/砂质粉砂——粉砂质砂——砂质粉砂——黏土质粉砂之变化，反映出沙脊群的北（废黄河）与南（长江）均有细颗粒黏土质泥砂补给。辐射沙脊群沉积物平均粒径（MZ）为 2.5 ~ 3.5φ，为细砂与极细砂，多数分选系数（δ$_i$）为 1，分选好，正偏态、粗偏、中—宽型峰态。现代辐射沙脊群区沉积，仍受波浪与潮流作用控制，沙脊与潮流通道沉积物分异选择性强，砂与粉砂沉积与水下地形呈良好的规律分布，总体分选好，粉砂成分向岸陆递增。

与 20 世纪 90 年代沉积粒度比较，具有变细的趋势，粉砂与黏土质含量有所增加。

3）辐射沙脊群与毗邻海域的矿物组成

（1）据 1993—1996 年调查成果，辐射沙脊群沉积物中的轻矿物主要是石英与长石，石英含量可达 30%，颗粒形态多种，泛红色。长石含量约为 20%，含一定数量的方解石。

辐射沙脊群海域沉积物中，重矿物含量低于 2%，其分布具有以黄沙洋为界，北部脊槽沉积物中的重矿物含量低，南部脊槽中重矿含量普遍较高的特点。结合历次采样分析的结果，大多数样品中重矿物含量占样品总重量的 0.05% ~ 0.39%，但有两个相对高值区：南部的小庙洪与冷家沙，为 1.77% ~ 9.76%；北部的西洋与小阴沙，为 1.03% ~ 11.12%。缘由在于前者接近物源区——长江，后者为侵蚀区的蚀余堆积，细的悬浮物为潮流掀运走，残留的重矿相对富聚。重矿含量的另一特点是沙脊群辐聚的枢纽部分重矿含量在 1% 以上，而向外围降低至 0.05% ~ 0.39%；重矿在沙脊体两侧浅水处因激浪簸选作用而富聚、含量高，而在潮流通道、外侧与水深较大处，含量相对减少。

碎屑矿物多经风化，含水变色或于裂隙中已有次生充填物。碎屑中多岩屑，为凝灰岩、磁铁矿与石英衍生之碎屑，风化与次生变化反映沉积年代久远，非现代泥砂。

重矿组合以角闪石、帘石、褐铁矿、钛铁矿、磁铁矿的含量较高，成为主要的重矿物，其次为磷灰石、锆石、石榴子石、白钛石等（表 5.4）。重矿物组合形势有较大的变化，表明物源的多样性与不同来源在不同地区组合状况之不一致性。据重矿物组合特性可以分为四个区段。

① 北部潮流通道海域（西洋东通道，平涂洋及大北槽）。重矿组合为角闪石、帘石类、褐铁矿、钛铁矿、石榴子石、金红石。其特征是角闪石含量高达 60% ~ 67%；帘石类、褐铁矿、钛铁矿的含量皆小于 20%；但褐、钛铁矿含量大于 5%，石榴子石含量皆小于 2%；平涂洋沉积中含较多锆石（6.49%）及少量金红石。

② 东北部辐射状沙脊群（外毛竹沙、竹根沙、蒋家沙）。尤其以外毛竹沙与蒋家沙两个大沙体为典型，重矿含量不高，但类型丰富：角闪石、帘石类、石榴子石、褐铁矿、钛铁矿、锆石、白钛石、磷灰石以及新鲜的黑云母、绿泥石与方解石等。其中，角闪石含量达 50%（蒋家沙的角闪石含量达 77.63%），帘石含量高达 20% 以上（蒋家沙帘石含量约 11%），含石榴子石，褐铁矿含量大于 2%，但低于 5%。

③ 黄沙洋与烂沙洋沙脊群枢纽区。重矿物以角闪石与帘石为主，其组合含量高达 60% ~ 80%。黄沙洋的重矿物与角闪石—帘石组合含量大于烂沙洋；其次为钛铁矿与锆石，并含有磷灰石、磁铁矿、金红石与电气石；含新鲜黑云母、绿泥石及方解石。

④ 南部的冷家沙与小庙洪区。角闪石与帘石的组合含量高达 72% ~ 86%。角闪石含量在辐射沙脊群高是总的特点，并具有自辐射沙脊群北部向南含量减少，而帘石含量自北向南增加之趋势，矿物组合中的主矿物差异反映出沉积物有两个物源区。冷家沙重矿物组合中，钛、磁铁矿含量大，并含有褐铁矿，三者含量皆大于 2%，与其他组明显区别。冷家沙的钛铁矿含量（10.12%）大于小庙洪（3.4%）；小庙洪的褐铁矿含量为 8.11%，大于冷家沙的含量（4.21%）。钛铁矿含量在辐射沙脊区南部重矿物中比例高是一个特征。

表 5.4 辐射沙脊群区底质沉积中的重矿含量（王颖等，2002）

地貌部位	西洋东通道内	东沙北平涂洋	大北槽中部	外毛竹沙	竹根沙	蒋家沙南缘	黄沙洋通道	黄沙洋通道内	烂沙洋口	冷家沙南	小庙洪内			
重矿物含量/%	1.08	0.39	0.30	0.14	0.34	0.05	0.22	1.08	0.29	1.92	1.77	0.37	1.21	2.33
角闪石	67.48	60.29	61.78	56.04	46.18	77.63	60.19	58.48	32.06	20.52	59.93	57.18	58.80	44.01
透闪石	0.02	—	0.07	0.05	少	—	0.25	0.10	0.17	少	0.01	少	少	少
帘石类	13.66	9.62	8.72	21.96	35.59	10.75	25.23	20.14	30.46	50.51	25.85	27.00	11.12	21.89
石榴子石	1.96	1.07	1.81	1.36	7.14	2.65	少	2.73	3.60	0.80	1.69	1.80	1.73	5.81
褐铁矿	2.71	4.38	16.66	4.79	4.47	2.08	5.05	6.39	3.60	4.21	8.11	2.70	4.33	2.55
钛铁矿	9.02	13.10	5.67	1.60	少	2.08	少	6.39	12.94	10.12	3.45	5.49	8.74	17.02
赤铁矿	1.56	1.68	2.98	1.12	1.40	1.69	1.36	0.90	1.10	8.09	0.29	0.15	3.74	4.17
锆石	1.42	6.49	0.47	2.39	2.72	1.04	5.50	2.40	8.21	3.19	0.31	4.29	3.80	0.33
磷灰石	0.32	1.15	0.31	1.28	1.29	少	2.29	0.80	5.13	0.70	0.06	—	0.56	0.25
白钛石	0.90	1.75	1.76	9.25	0.76	2.08	0.13	0.60	2.56	1.02	0.17	0.49	6.10	0.20
金红石	0.08	0.35	0.07	0.16	0.18	少	少	0.10	0.17	0.04	0.01	—	0.70	—
红柱石	—	—	—	—	0.07	—	—	—	0.80	—	—	—	—	—
电气石	0.9	0.12	少	—	0.07	少	少	0.97	少	—	0.12	0.90	0.80	0.85
矽线石	—	—	—	少	—	—	—	—	—	—	—	—	—	—
锐钛矿	—	—	—	0.18	—	—	—	—	—	—	—	—	—	—
十字石	—	—	—	—	—	—	—	—	—	—	—	—	—	少
独居石	少	少	—	少	少	—	少	—	—	—	—	—	—	少
辉石	—	—	—	—	—	—	—	—	少	—	—	—	—	—
片状黑云母	—	—	—	√	—	√	—	√	√	—	—	—	—	—
绿泥石	—	—	—	√	—	√	√	√	—	—	—	—	—	—
方解石	—	—	—	√	—	√	√	√	—	—	—	—	—	—
桐石	—	—	—	—	—	—	—	—	少	—	—	—	—	—
白云石	—	—	—	—	—	—	—	—	—	—	—	—	0.14	—

黏土矿含量的区域差异不明显，辐射沙脊群以伊利石与绿泥石为主。据黏土矿物含量高低进一步组合后，可分为四个区段：北部为伊利石—蒙脱石—绿泥石组合，东北部为伊利石—绿泥石—高岭土组合，中部枢纽区为伊利石—绿泥石—蒙脱石—高岭石组合，南部为伊利石—绿泥石—高岭石—蒙脱石组合。

（2）将辐射沙脊群区泥沙与陆源来沙对比，主要与长江、黄河的泥沙成分对比。

① 入海泥沙的重矿物对比。将辐射沙脊群沉积物所含重矿物与黄河及长江入海泥沙的重矿物对比（表 5.5）。黄河泥沙的主要矿物组合是：角闪石、黑云母、绿帘石、赤褐铁矿、石榴子石、榍石、磁铁矿与锆石。其中以黑云母为特征矿物，含量高达 54%，它在长江沉积物中含量少；长江泥沙的主要重矿物为角闪石、绿帘石、赤褐铁矿、石榴子石、辉石、绿泥石、锆石与磷灰石。其特征矿物为：石榴子石、锆石、磷灰石，含量分别为 4.0%、3.1% 和 2.5%，其次为辉石与绿泥石，而在黄河泥沙中，此类重矿物含量少。绿帘石在长江口泥沙中含量高达 31.8%，比黄河沉积物中的绿帘石含量高出 6 倍。稳定矿物的含量高也反映出长江入海泥沙的细砂粒级成分仍高。

表 5.5　黄河、长江重矿物种类与含量（王腊春，陈晓玲，1997）

重矿物含量（%）	黄河							长江						
	兰州	龙门	三门峡	花园口	利津	黄河口	平均	宜昌	汉口	大通	南京	江阴	长江口	平均
磁铁矿	6.2	6.0	0.17	0.8	0.5	0.18	2.31	23.6	5.4	13.1	2.3	少	少	7.4
钛铁矿	少	26.3	—	—	—	—		少	少	—	—	—	—	
赤褐铁矿	14.7	25.9	6.9	少	13.4	2.5	10.51	32.3	30.7	4.2	2.0	1.9	14.1	14.2
角闪石	27.9	1.5	32.9	42.1	33.7	36.6	29.12	9.3	25.2	36.1	49.3	59.9	40.0	36.63
绿帘石	4.7	8.5	39.9	28.4	6.5	5.2	15.52	14.1	24.3	35.4	33.0	11.1	30.8	24.9
黑云母	26.5	6.6	19.6	2.6	24.9	54.0	22.36	少	少	1.4	1.6	13.0	0.6	2.77
普通辉石	0.1	—	—	—	—	—	—	9.2	1.2	2.2	3.0	痕	1.2	2.8
绿泥石	少	少	0.02	—	0.3	0.24		少	0.5	2.8	2.3	9.5	1.2	2.8
石榴子石	12.3	17.1	0.19	7.8	5.2	0.6	7.3	7.8	6.5	1.75	3.5	1.9	4.0	4.24
锆石	6.6	4.4	0.15	1.0	0.6	0.17	2.15	1.8	3.2	0.7	1.2	0.06	3.4	1.73
榍石	0.1	1.3	0.03	5.84	13.8	0.16	3.54	0.8	1.4	0.7	0.1	痕	1.5	0.75
电气石	0.2	0.17	少	0.08	0.4	0.03	0.15	0.2	少	1.1	少	1.9	0.6	0.63
磷灰石	0.07	0.5	0.05	0.21	0.6	0.16	0.26	0.3	0.9	0.3	1.4	痕	2.5	0.9
金红石	0.3	0.34	0.02	0.07	0.07	0.14		0.28	0.1	少	少	痕	少	0.06
十字石	—	少	—	—	—	—		少	少	痕	—	—	痕	
透闪石	—	—	—	—	—	0.01		0.02						
蓝闪石	—	—	—	痕	痕	痕		—	—	—	—	—	—	
独居石	—	0.6	—	痕	—	—		—	—	—	—	—	—	
蓝晶石	—	少	—	—	—	痕		0.02	0.14	0.1	0.1	—	少	
铬铁矿	—	—	—	10.98	—	—		—	—	—	—	—	—	
锐铁矿	少	痕	痕	少	痕	痕		痕	少	—	—	—	—	
白钛石	少	0.06	0.04	0.06	少	0.03		0.2	0.1	痕	0.1	—	—	
重晶石	0.3	0.05	—	—	0.02	0.01		0.04	0.02	0.1	—	—	—	
黄铁矿	—	—	少	痕	—	痕		少	—	少	—	—	痕	
重矿物重/g	1.200 3	2.149	3.504 6	2.658 11	1.169 2	2.309 5		2.787 0	0.632	2.373	1.341	0.846	0.032 5	
占样重/%	2.4	4.3	7.01	5.32	2.34	4.62		5.57	1.26	4.75	2.68	1.70	0.1	2.68
主要矿物组合	黄河：角闪石—黑云母—绿帘石—赤褐铁矿—石榴子石—榍石—磁铁矿—锆石							长江：角闪石—绿帘石—赤褐铁矿—磁铁矿—石榴子石—辉石—绿泥石—锆石—磷灰石						

重矿物分布的特点反映出辐射沙脊群的主体核心沙脊——毛竹沙、外毛竹沙、蒋家沙、黄沙洋与烂沙洋的泥沙受到长江与黄河两水系泥沙的双重补给；而主体沉积物是长江系统的细砂物质。

② 黏土矿物含量对比区域表明，辐射沙脊群区伊利石含量高达70%，接近于东海的黏土成分；蒙脱石含量比长江高，更接近黄河物质；高岭石与绿泥石含量低，近似黄河黏土物质（表5.6），说明：辐射沙脊群区的细粒泥沙组分不完全由长江供给，也受到黄河的影响，即：沙脊群主体组成物——细砂，来源于古长江，而黏土质成分，明显地受到黄河泥沙的补给。

表5.6　黏土矿物含量相关比较

黏土矿种类	区域样品黏土矿物含量/%						
	黄河（杨作升，1988）	黄海（何良彪，1989）	西洋	洋口	长江（杨作升）	东海（朱同）	2006—2010年"908"专项
伊利石	62	60~65	71（65~75）	70（62~72）	62	67~72	20~45
蒙脱石	16	6	16.5（15~20）	16（13~19）	0	6~11	0
高岭石	10	20~30	7（5~8）	7	14	18~22	20~40
绿泥石	12	10~15	7（58）	7	11	18~22	30~40

（3）据2006—2010年国家"908"专项近海海洋综合调查，在苏北黄海海域采取68个底质样，进行矿物分析。

重矿物鉴定：重矿物总体含量低（占总样品重量的0.03%~0.93%），少数超过2%，最高为5.94%，平均为0.74%（表5.7）。重矿物含量在江苏近海的分布具有规律：辐射沙脊群区重矿含量高，平均为1.03%，尤其在东北部的辐射状大沙体中含量达到1.70%，为全区最高，该区辐散潮流动力强，悬移质多被簸选扬起带走，重矿物余留富聚。废黄河三角洲区与长江三角洲北翼重矿物含量低，与两大河悬移质汇入多有关。连云港近海，由于废黄河泥沙的快速沉积，岛屿与海湾成陆，增加了细粒泥沙而致重矿物含量低。按江苏"908"专项涉及南黄海近海海域，包括辐射沙脊群在内，重矿物分布可分为8个分区（表5.7）。

表5.7　黄海近海江苏调查区重矿物组合特征（江苏"908"专项，2006—2010）

地区／重矿物	海州湾北部（7）	连云港近海（7）	废黄河口（6）	辐射沙脊群				长江三角洲北翼（6）
				北部（8）	东北部（14）	中部（12）	南部（8）	
主要矿物（>15%）	绿帘石、角闪石	绿帘石、角闪石	绿帘石、角闪石	绿帘石、角闪石、赤褐铁矿	绿帘石、角闪石	绿帘石、角闪石	绿帘石、角闪石	绿帘石、角闪石
次要矿物（>5%）	赤褐铁矿、石榴石、锆石	赤褐铁矿、锆石	赤褐铁矿、锆石	磁铁矿、锆石	赤褐铁矿、磁铁矿、锆石	赤褐铁矿、锆石、磁铁矿	赤褐铁矿、磁铁矿、锆石	赤褐铁矿、磁铁矿
少量矿物（>1%）	磁铁矿、榍石、金红石	磁铁矿、石榴石、磷灰石、金红石	磁铁矿、磷灰石、绿泥石、石榴石	石榴石	石榴石、金红石	石榴石	石榴石	锆石、石榴石

地区\重矿物	海州湾北部（7）	连云港近海（7）	废黄河口（6）	辐射沙脊群				长江三角洲北翼（6）
				北部（8）	东北部（14）	中部（12）	南部（8）	
微量矿物（<1%）	磷灰石、绿泥石、钛铁矿、电气石、白钛石、锐钛等	绿泥石、榍石、钛铁矿、电气石、锐钛矿等	金红石、榍石、钛铁矿、电气等	金红石、磷灰石、绿泥石、榍石、钛铁矿、电气石、白钛矿、锐钛矿等	磷灰石、榍石、绿泥石、钛铁矿、电气石、白钛矿、锐钛矿等	金红石、磷灰石、绿泥石、榍石、钛铁矿、电气石、白钛石、锐钛矿等	金红石、绿泥石、榍石、磷灰石、钛铁矿、电气石、锐钛矿等	绿泥石、磷灰石、金红石、榍石、钛铁矿、电气石、锐钛矿等
自生矿物	海绿石（个）	黄铁矿（个）	黄铁矿海绿石（个）	海绿石（个）	海绿石（个）	海绿石（个）	黄铁矿海绿石（个）	黄铁矿海绿石（个）

注：括弧中的数字代表分析的样品数。

① 海州湾北部：重矿物组合为绿帘石—角闪石—赤褐铁矿—石榴石—锆石—磁铁矿—榍石—金红石，其特征是：绿帘石平均含量高达46%，为江苏近海最高；角闪石平均含量21.8%，为江苏近海最低；赤褐铁矿、石榴石、锆石平均含量在5%～10%之间；磁铁矿、金红石、榍石的平均含量超过1%，但低于3.5%。其中，金红石、石榴石的平均含量为全区最高，偶见自生矿物海绿石。

② 连云港近海：重矿物组合为绿帘石—角闪石—赤褐铁矿—锆石—磁铁矿—石榴石—磷灰石—金红石，其特征是：绿帘石平均含量接近41%；角闪石平均含量接近24%；锆石、赤褐铁矿平均含量分别为9.1%和13.9%，磁铁矿、石榴石、金红石、磷灰石的平均含量超过1%，但小于5%。以稳定矿物锆石、磷灰石在全区高为其特征。

③ 废黄河口：重矿物组合为绿帘石—角闪石—赤褐铁矿—锆石—磁铁矿—磷灰石—绿泥石—石榴石，其特征是重矿物所占比重在全区最低，重矿物种类最少；角闪石含量在24.2%～29.7%之间变化，平均值为26%，在江苏近海处于较高水平，反映角闪石与黄河物源有关；磁铁矿、石榴石和金红石含量分布分别为3.48%、1.38%和0.62%，处于江苏近海最低水平。

④ 辐射沙洲北部：重矿物组合为绿帘石—角闪石—赤褐铁矿—磁铁矿—锆石—石榴石，其特征是：重矿物含量在全区处于次高水平，赤褐铁矿含量最高，磁铁矿和锆石处于较高水平；绿帘石含量最低，角闪石含量在11.6%～30.8%之间变化，平均含量25.4%。

⑤ 辐射沙脊群东北部：重矿物组合为绿帘石—角闪石—赤褐铁矿—磁铁矿—锆石—石榴石—金红石。其特征是：重矿物含量在江苏近海处于最高水平1.70%，磁铁矿处于较高水平，绿帘石处于较低水平。未发现黄铁矿自生矿物。

⑥ 辐射沙脊群中部：重矿物组合为绿帘石—角闪石—赤褐铁矿—锆石—磁铁矿—石榴石。其特征是：锆石含量在3.6%～29.1%之间，平均值为7.4%，在江苏近海处于较高水平，磁铁矿含量在4.4%～11.1%之间，平均值为6.89%，与江苏近海平均值持平。

⑦ 辐射沙脊群南部：重矿物组合为绿帘石—角闪石—赤褐铁矿—磁铁矿—锆石—石榴石，其特征是：重矿物含量在江苏近海较高，磁铁矿含量在2.6%～19.6%之间波动，平均含量9.2%，在江苏近海处于最高水平。绿帘石含量在33.1%～59.5%之间波动，平均含量为44.3%，在江苏近海处于较高水平。

⑧长江三角洲北翼：重矿物组合为绿帘石—角闪石—赤褐铁矿—磁铁矿—锆石—石榴石。其特征是：重矿物含量较低，绿帘石含量在36.3%～48.3%之间波动，平均值为43.05%，在江苏近海处于较高水平。磁铁矿含量在4%～9.5%之间波动，平均含量为6.62%，在江苏近海处于中等偏高水平。稳定矿物石榴石、锆石、金红石、榍石在江苏近海处于最低水平。

上述特征反映出：海州湾北部、连云港近海以及废黄河口相对低的重砂矿物含量，磁铁矿含量，高的石榴子石、锆石含量表明物源主要与黄河有关。而辐射沙脊群与长江三角洲北翼高的重砂矿物、磁铁矿含量，低的石榴子石、锆石含量表明该地区泥沙来源偏向于长江（辐射沙脊群的基底是长江泥沙），但北部区和南部区绿帘石含量的相近，表明黄河来源的泥沙有一定掺混。

黏土矿物分析：黏土矿物分区和组合特征没有重砂矿物明显，但是从北到南伊利石、高岭石、绿泥石的含量还是表现出一定的变化规律（表5.8）。伊利石含量由海州湾到废黄河口逐渐降低，从废黄河口到辐射沙脊再到长江三角洲北翼，伊利石含量逐渐升高。高岭石含量表现为从北到南逐渐降低，绿泥石表现出和高岭石相同的变化特征，其含量从北到南逐渐降低，但高岭石/绿泥石的比值各区域相差不大，波动范围较小。

表5.8　黄海近海海域沉积物中黏土矿物含量及分布（江苏"908"专项，2006—2010）

区域　　　　　　黏土矿物百分含量/%	海州湾北部（7个样平均）	连云港近海（7个样平均）	废黄河口（6个样平均）	辐射沙脊区				长江三角洲北翼（6个样平均）
				北部（8个样平均）	东北（14个样平均）	中部（12个样平均）	南部（8个样平均）	
伊利石	28.6	29.3	26.7	30.6	27.3	32.1	35.0	34.2
高岭石	33.6	33.6	34.2	32.5	34.6	32.5	31.3	31.7
绿泥石	37.9	37.1	39.2	36.9	37.7	35.4	33.8	34.2
高岭石+绿泥石	71.4	70.7	73.3	69.4	72.3	67.9	65	65.8
高岭石/绿泥石	0.89	0.91	0.87	0.88	0.92	0.92	0.93	0.93

总之，长江、黄河沉积物中黏土矿物组合都为伊利石+绿泥石+高岭石+蒙脱石，但长江沉积物中伊利石含量高于黄河；另外，黄河与长江沉积物中，差别最大的是蒙脱石，蒙脱石在黄河中的含量为6.4%，长江中仅为3.0%。长江沉积物中伊利石/蒙脱石比值都在8以上，黄河沉积物该比值都在6以下。由于长江沉积物蒙脱石含量低，如果矿物又产生非晶质化，有可能监测不到蒙脱石含量。

研究区黏土样品的伊利石含量较低，而且废黄河口区域最低，向北、向南均有增加的趋势，越靠近长江口，其含量越高，伊利石含量低，偏向于黄河沉积物源；另外，江苏近海黏土矿物中的蒙脱石很难监测到，说明蒙脱石含量低，接近于长江物源。江苏黄海近海的细颗粒组分一部分来自长江，黏土含量却受到黄河泥沙的补给影响。

（4）南黄海近海轻矿物含量与黄河、长江物质对比，轻矿物虽没有重矿物稳定，但是在指示沉积物的矿物成熟度、搬运过程和水动力条件方面有一定的指示意义，逐步得到研究人员的重视。研究表明（王颖，2002），黄河、长江泥沙主要由长石、石英组成，普遍含有方解石，含量不超过 2%。长石和石英的平均含量均为长江多于黄河，长石在黄河中的最高含量为 29.2%，最低为 10%，平均为 17.23%；长石在长江中最高达 45.2%，最低值 11.8%，平均值 21.6%。石英在黄河中的最大值为 34.4%，最小为 19.6%，平均为 28.6%；在长江中最大值为 47%，最低为 13%，平均含量为 31.27%。另外长石和石英的变化幅度均为长江大于黄河。

对江苏近海 68 个样品进行统计（表 5.9），结果显示：石英百分含量最高达 49.62%，最低 5.38%，平均值 28.4%；长石含量最高 15.45%，最低 0.82%，平均 4.1%。另将长石、石英百分含量从北到南按照 8 个分区分别统计发现：海州湾石英、长石含量最高，分别为 45.0% 和 9.6%；废黄河口以及长江三角洲北翼，石英含量最低，分别为 19.3% 和 16.0%；辐射沙脊群区域石英平均含量 28.8%，接近全区的总平均水平 28.4%。从北向南，石英百分含量出现高—低—高—低有规律的波动，海州湾北部是江苏唯一的砂质海岸，水动力条件强，因此石英含量偏高，废黄河口继承了原先的黄河沉积物，泥沙尚未经浪流长期分选作用，石英含量低。辐射沙脊群地区潮流动力强，泥沙经一定的簸选作用，因此石英含量上升，而长江三角洲北翼接收一定量的长江细颗粒物质，石英含量降低。因此，研究区石英百分含量的波动起伏与物源以及沉积区的水动力条件有关。

表5.9 黄海近海海域主要轻矿物含量与黄河、长江的比较（江苏"908"专项，2006—2010）

矿物占样重/%	黄河*			长江**			黄海近海江苏调查区（68 个样平均）								
							海州湾北部	连云港近海	废黄河口	辐射沙脊群				长三角北翼	平均
	兰州	黄河口	平均	宜昌	长江口	平均				北部	东北部	中部	东南部		
石英	27.0	26.8	28.6	34.6	13.0	31.3	45.0	34.3	19.3	25.9	32.7	28.6	25.6	16.0	28.4
长石	18.0	10.6	17.2	11.8	45.2	21.6	9.6	4.8	1.9	2.4	4.1	3.9	3.7	2.3	4.1
石英/长石	1.47	2.52	1.87	2.92	0.29	1.80	4.7	7.1	2.4	10.6	8.0	7.3	6.9	7.0	6.8

资料来源：＊王颖等，2002，＊＊王腊春、陈晓玲等，1997。

5.3.3.4 辐射沙脊群地区潮流与波浪动力效应、江河与海平面变化影响

南黄海巨大的辐射沙脊群，其脊槽相间，平面呈辐射状分布，垂向剖面脊宽槽深，形成了独特的海岸海洋地貌。如此独特的海洋地貌，其孕育、生长、发育和演化过程，也具有其独特的却又相对稳定的动力环境（张东生等，2002）。

1）南黄海的潮汐与潮流

南黄海是东中国海的重要组成部分，它南连东海宽阔海域为太平洋潮波入口，北接北黄海和渤海，呈"口袋"形，纳潮量大，潮汐吞吐影响显著。需从东中国海一个整体的潮波系统与潮流场来解剖，才能识别南黄海的潮汐与潮流特征。作为太平洋西北部的边缘海，东中国海属陆架海，由渤海、黄海和东海连接成南北向狭长海域，渤海似"耳"形海湾，面积为 78 000 km²，平均水深 20 m。黄海北部与南部连接呈"吕"字形海域，总面积 4.2×10^5 km²，平均水深 44 m。东海的总面积为 7.7×10^5 km²，以陆架边缘坡折为界，其西、北部为陆架浅海，面积约占东海总面积的 2/3，平均水深为 72 m，东南侧为大陆坡和冲绳海槽，水深 600 ~ 2 400 m。如此规模巨大的海域，其潮汐与潮流的特征十分可观而机制复杂（张东生等，

2002）。太平洋潮波从东海方向传来，经东海大陆架，到南黄海主潮波转北向继续传往北黄海，再转向西传入渤海。南黄海部分前进潮波遇到山东半岛南侧岸壁发生反射，反射潮波往东南偏南方向传播。前进潮波和反射潮波两系统在江苏沿海北部海域辐合，在废黄河三角洲外出现无潮点（34°30′N，121°10′E），并形成环绕无潮点的逆时针旋转的潮波系统。旋转潮波和前进潮波两系统相遇，在江苏沿海南部海域辐聚，前一旋转潮波同后一前进潮波两波峰线汇合，沿弶港（32°45′N，120°50′E）向东北一带海域形成驻波波幅区。在弶港 ESE 方向 15 km 处（条子泥）是辐射沙脊群顶点，以旋转潮波和前进潮波辐聚为特征的辐射沙脊群海域，其潮流场呈辐射状分布，与沙脊群潮流通道相一致，这就是一独特的响应潮流场，是辐射状沙脊群形成的基本动力机制（张东生等，2002）。

究竟是海底地形影响潮流场，还是潮流塑造了沙脊群水下地形？为此，进行了形成辐射沙脊群的原潮流场研究，张东生等对 7 000 年前古海岸条件下的 M_2 潮波传播进行了数值模拟实验。图 5.18 为概化后的全新世江苏古海岸线，虚线表示现代海岸线，比古海岸线平均向海推进 20 km。长江古河口位置相当于现今弶港一带，而现在的南通市尚在海下。数值模拟以江苏古海岸为固体边界，江苏外海的海底为缓坡地形，坡降 1∶150 000。图 5.19 是江苏古海岸条件下 M_2 分潮波同潮时线分布，与图 5.20 现代海岸条件下 M_2 分潮波同潮时线分布，两者总体上是一致的。稍有不同的是，古海岸旋转潮波系统的无潮点位置向西南偏移约 30 km，而古长江口处，有一独立的潮波系统，此系统使 M_2 潮波在古河口辐聚。古河口外这个潮波系

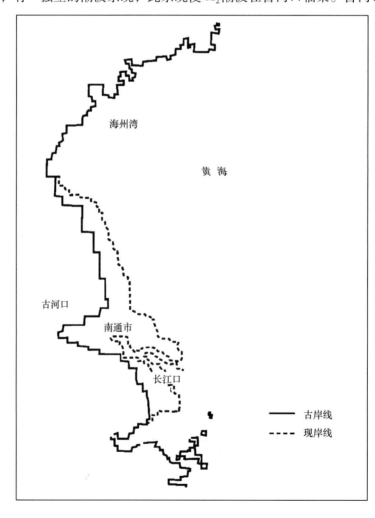

图 5.18　江苏 7 000 年前古海岸概化（张东生等，2002）

统即是现代海岸环境中琼港外海的移动性驻潮波。将图 5.19 和图 5.20 叠合，两张图中移动性驻潮波的 330° 同潮时线几乎完全重合。可以认为控制古河口地区和现代辐射沙脊群海域的是相同的潮波系统（张东生等，2002）。黄海的大轮廓——周边海岸与山东半岛横亘南北黄海间——不会改变，潮波系统不会大变。

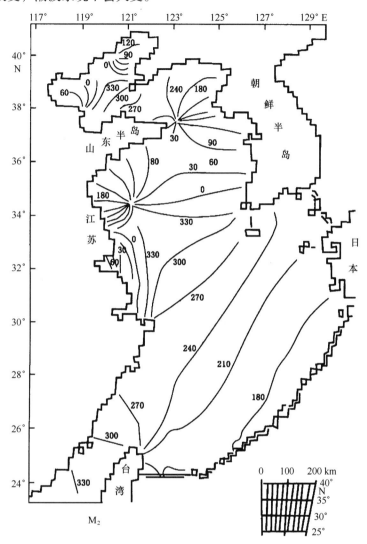

图 5.19　江苏古海岸 M_2 分潮同潮时线（张东生等，2002）

　　河口口外的潮流辐聚、辐散现象是不难理解的，因为长江古河口外的形态是一个河口湾，在此特殊的河口湾内，潮波属于驻波性质，其波节在河口的口门附近。河口的顶点为驻波的波腹，另一个波腹则位于口外与河口顶端相对称的位置，即舟山群岛所在的经线处。口外波腹位置的潮点与古河口顶点的位相相反。驻潮波波腹处只有潮位的升降，流速为零。口外波腹处潮位上升时，水流自东西两侧再次辐聚；潮位下降时，水流自东西两侧辐散，即是长江古河口外出现潮流辐聚、辐散带的原因。

　　综上所述，东中国海及南黄海潮波系统和潮流场数值模拟结果提供了辐射沙脊群海域的潮波、潮汐和潮流特征，为沙脊群的形成和演变提供了分析依据，归纳起来有三个方面。

　　① 潮汐的驻波性质。无论是现代海岸还是全新世（7 000 年前）海岸，其沙脊群海域的潮汐和潮流都具有驻波的性质。这种驻波性质的潮位和潮流的关系，概括起来是高、低潮位

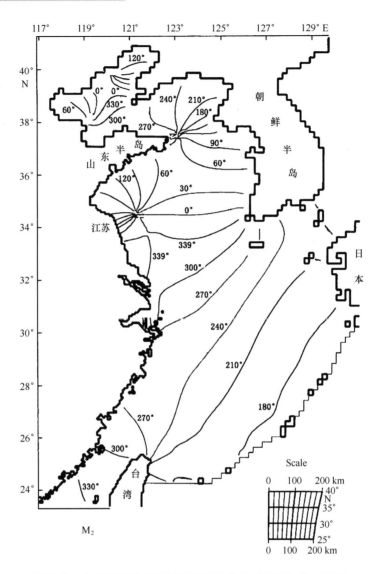

图 5.20 东中国海 M_2 分潮波同潮时线分布（张东生等，2002）

时流速最小，半潮位时刻的流速最大。而此潮位和潮流的关系正是塑造辐射沙脊群脊宽、槽深地貌形态的动力条件。

② 大潮差。弶港岸外海域由于潮波辐聚，出现大尺度潮差，此结论已为大量实测资料证实，黄沙洋尾部小洋口闸外 1981 年实测最大潮差 9.28 m，居全国之冠。特大潮差与沙脊群的演变发育关系十分密切。

③ 移动性驻潮波的潮流场。在现代海岸情况下，沙脊群海域的潮流场呈辐射状分布，为形成和维持沙脊群的辐射状特征提供了不可缺少的动力环境；在长江古河口历史条件下，口外出现潮流辐聚、辐散带，为古河口提供了独特的沉积环境。

2）辐射沙脊群波浪动力效应

江苏沿海中部与南部海域，辐射沙脊群独特的地貌形态，形成一良好的掩蔽波浪场，波浪对沙脊群的演变发育也有重要作用。外围南黄海波浪传播进入沙脊群海域，由于沙脊群水下地形独特，波浪发生复杂的折射和多次的破碎，波能损耗与波浪变形显著。以弶港为顶点，周围 50 km 内海域波浪掩蔽良好，提供了优越的生态环境与开发环境。波浪折射和破碎是沙脊群海域响应波浪场的主要特征，外围南黄海不同方向传来的波浪对响应波浪场带来影响，而沙脊群海域潮位的高、低将使响应波浪场变化更显著，低潮位时波浪破碎与波能损耗使波浪显著消减。

南黄海地区受季风影响较大，夏季盛行东南风，冬季盛行西北风。常风向为 ESE，频率占全年的 9.3%，其次为 SE 向、NNE 向、ENE 向和 NE 向。多年平均风速为 2.7 m/s，实测最大风速 34 m/s。辐射沙脊群大致以踪港为顶点呈 150° 扇形分布（340°~138°），120 km 为半径，−25 m 等深线内海域面积约 2×10^4 km²，从 N 向到 SE 向，年平均风速都相近，偏北风大 25% 左右。

波浪场的特征与风场相应，沙脊群区的波浪是以风浪为主的混合浪。全年盛行偏 N 向浪，频率为 63%，主浪向 ENE 向，沙脊群北部为波浪辐聚区。据 20 世纪 80 年代江苏省海岸带与海涂资源调查报告，分析计算在高潮位时，NE 向和 E 向波浪折射，指出南黄海的江苏沿海有 5 个波浪辐聚区：① 灌河口至中山河口；② 废黄河口；③ 扁担河口以南；④ 射阳河口以南；⑤ 吕四和启东海岸。

据如东掘港气象站的风速资料，通过内陆—海岸风速订正，海岸—海上风速订正，获得南黄海海域海上不同重现期风速，可作为风速与大浪波高推算（表 5.10）。

表 5.10　南黄海海上不同重现期风速（m/s）（张东生等，2002）

风向	重现期/a				平均年最大风速
	50	25	10	2	
N	29.6	27.8	24.8	15.8	18.58
NNE	30.2	27.1	24.2	18.7	19.24
NE	30.2	26.7	23.5	17.2	17.74
ENE	26.9	24.2	22.3	17.5	17.72
E	26.9	23.9	21.2	15.6	15.99
ESE	27.2	25.2	21.7	15.3	16.18
SE	23.9	22.5	20.0	12.8	14.97

据表 5.10，根据常风向和常浪向的分布，结合分析辐射沙脊群海域波浪，取 NE 和 ESE 为代表风向，年平均最大风速为 17.74 m/s，25 年一遇的风速为 26.7 m/s，按 JONSWAP 波能谱推算，辐射沙脊群外围南黄海的有效波高为 2.64 m 和 5.46 m。此可作为探求辐射沙脊群海域波浪场特征外围的原始波浪条件。

当风速为 25 年一遇时，沙脊群高潮位时的波高约为 4 m，25 年一遇的风速为 26.7 m/s，相当于蒲福氏（Beaufort）风级 10 级，属台风。这就是说，在台风和寒潮大风时，台风大浪和风暴浪及流场会对沙脊群地貌形成比平常潮流大若干倍的破坏力和再塑造力，但是，风暴过后，潮流会再次恢复。台风浪和风暴流场的综合作用，对水下地形表现出风暴浪破坏—潮流恢复—风暴浪再破坏—潮流再恢复，这样的变化特征。潮流是形成和维持沙脊群的主要动力，沙脊区潮波的驻波性质、大潮差以及辐射状潮流场营造了沙脊群在平面上的辐射状分布和剖面上的滩阔槽深的结构形态。

3）综述

根据 2006—2010 年江苏省近海综合调查与评价专项（"908"专项），有关南黄海地区海岸动力条件，综述如下。

（1）潮流

江苏近海受南黄海旋转潮波和东海前进潮波的控制，在辐射沙脊群海域潮波辐聚和辐射，形成了平原海岸两碰水强潮奇观，潮差大，潮流强。琼港小洋口潮差最大，废黄河口最小，正规半日潮，每日两涨两落。2006年8月和2007年1月，夏、冬两季大、小潮全潮水文测验，结果与20世纪80年代总体没有显著差异。

潮流流速分布：辐射沙脊群潮流强，废黄河口外次之，海州湾最弱。海州湾海域（图5.21）潮流流速相对较小，夏季大潮涨、落潮垂线平均流速 0.3~0.5 m/s，冬季为 0.3 m/s 左右；废黄河口外海域夏季大潮涨、落潮垂线平均流速 1 m/s 左右，最大可达 1.26 m/s，冬季为 0.6~0.75 m/s；辐射沙脊群北部西洋水道潮流动力较废黄河口外海域潮流稍强。Y12 点实测垂线平均流速最大可达 3.12 m/s；辐射沙脊群南侧小洋口附近近岸测点潮流较强，离岸测点潮流相对较弱。夏季流速普遍比冬季流速要大。涨、落潮流速变化趋势不明显。

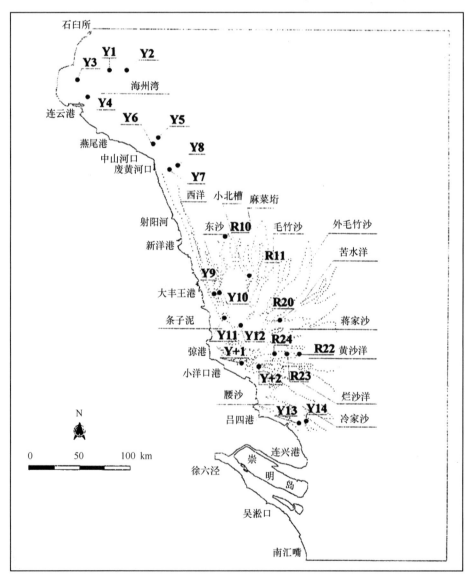

图 5.21 "908" 专项江苏近海全潮水文测站位置分布（江苏 "908" 专项成果，2010）

潮流矢量：辐射沙脊群潮汐水道深槽中的水流呈明显往复流动。在外海开阔的海域，如海州湾 Y1、Y2、Y4 测站和小洋口外 R22、R23 测站水流则表现出明显的旋转流性质（图5.22）。

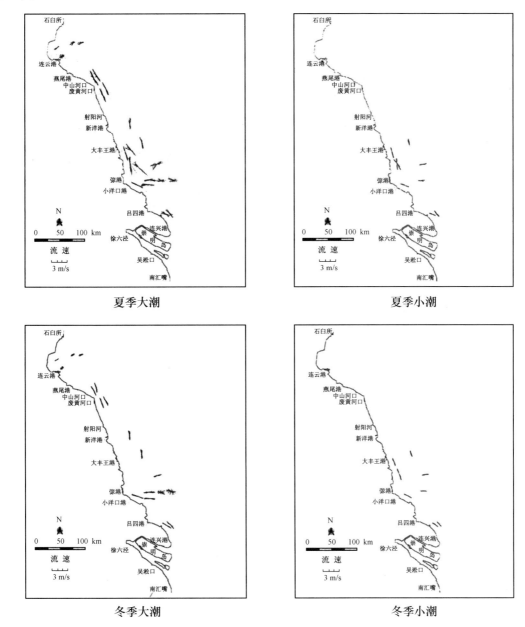

图 5.22　"908"专项江苏近海潮流矢量图（江苏"908"专项成果，2010）

余流：辐射沙脊群中部潮汐水道余流最大，废黄河口外海域次之，北部海州湾余流最小，这与辐射沙脊群海域复杂的地形地貌有关。余流量值 0.007～0.37 m/s 不等，余流方向变化趋势不明显，但与辐射沙脊群沙洲和潮汐水道的走向相一致（图5.23）。

（2）海岸带波浪

江苏海域海浪主要以风浪为主的混合浪，受季风和台风影响，盛行偏北向浪，有效波高大于 2 m 的出现频率为 5%，且由海向岸增大。南部如东外海和北部海州湾海域有效波高较大，而废黄河口海域有效波高相对较小。夏季有效波高小，冬季有效波高大，可大大增强冬季海水中的泥沙含量。由于近海地理环境差异较大，海岸走向不尽相同，致使波浪的波高分

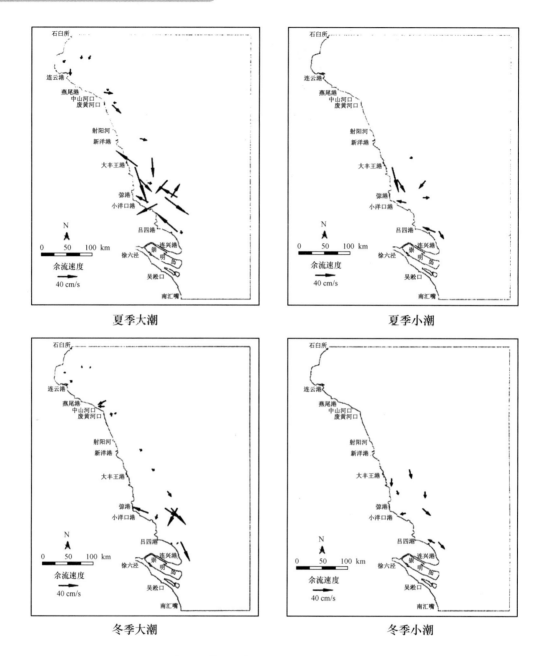

图 5.23 "908" 专项江苏近海余流示意图 (江苏"908"专项成果, 2010)

布变化差异明显。

连云港海区 (1962—2003 年资料), 常浪向为 NE 向, 频率为 26.41%, 其次为 E 向, 频率为 18.40%; 强浪向为 NNE 向, 1.5 m 以上的波高 NNE 向频率为 2.13%, 其次为 NE 向, 频率为 1.79%。多年 $H_{1/10}$ 平均波高为 0.5 m, 年内各月的 $H_{1/10}$ 平均波高为 0.4~0.6 m 之间变化, 相对而言秋、冬季波高略大于春、夏季。各月 $H_{1/10}$ 最大波高介于 2.9~5.0 m 之间, 其中, 12 月最大, 4 月、6 月最小 (图 5.24, 图 5.25)。

废黄河河口滨海海区 (1997 年 9 月至 2006 年 12 月近岸站的 -3.0 m 水深处) 和 1993 年 7 月的离岸站 (-10 m) 波浪观测, 常浪向为 ENE 向, 频率为 27%, 次常浪向为 E 向和 NE 向, 频率分别为 18.5% 和 16.55%; 强浪向为 NE 向, 最大波高 $H_{1/10}$ 为 2.3 m, 最大波高 H_{max} 为 2.5 m, 次强浪向为 ENE 向、E 向, 最大波高 $H_{1/10}$ 为 2.0 m。年平均波高最大值方向为

NNE 向，多年平均 $H_{1/10}$ 为 0.67 m，多年平均波高 $H_{1/10}$ 大于 0.5 m 的方向有 N 向、NNE 向、NE 向、ENE 向和 SSE 方向（图 5.26，图 5.27）。

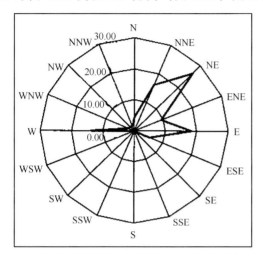

图 5.24　连云港海域波向频率玫瑰图
（江苏"908"专项成果，2010）

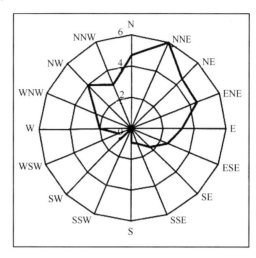

图 5.25　连云港海域最大波高玫瑰图
（江苏"908"专项成果，2010）

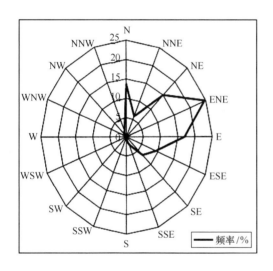

图 5.26　滨海海洋站各向波向频率玫瑰图
（江苏"908"专项成果，2010）

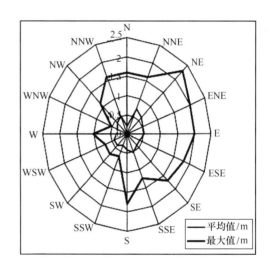

图 5.27　滨海海洋站最大波高玫瑰图
（江苏"908"专项成果，2010）

辐射沙脊群南部如东海区（1996—1997 年资料），常浪向为 N（NNE）向，频率为 27.5%，NE 向为强浪向，实测有效波高达到 4.20 m，最大波高为 6.9m（图 5.28，图 5.29）。

长江三角洲吕四海区（1969—2001 年资料），常浪向为 N 向，频率为 6%；次常浪为 NE 向，频率为 6%。强浪向为 NE 向，实测最大波高为 3.8 m；次强浪向为 NNW 向，实测最大波高为 3.5 m。吕四海域海浪总的来说比较小，无浪天约占全年的 50%，水域各方向平均波高为 0.53 m（图 5.30，图 5.31）。

此外，冷家沙（2008 年 9 月—2009 年 11 月资料），常浪向为 SE 向，频率为 10.48%，其次为 ESE 向和 SSE 向，频率分别为 9.84% 和 8.51%；强浪向为 WNW 向，实测最大波高 $H_{1/10}$ 为 4.25 m，其次为 W 向、NW 向，实测最大波高 $H_{1/10}$ 分别为 3.87 m 和 3.84 m（图 5.32，图 5.33）。

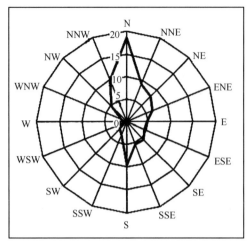

图 5.28　如东海域各向波向频率玫瑰图

（江苏"908"专项成果，2010）

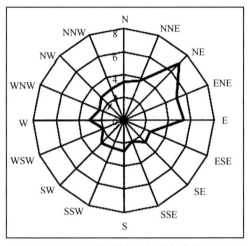

图 5.29　如东海域最大波高玫瑰图

（江苏"908"专项成果，2010）

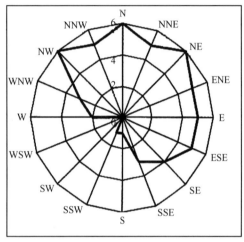

图 5.30　吕四海域各向波向频率玫瑰图

（江苏"908"专项成果，2010）

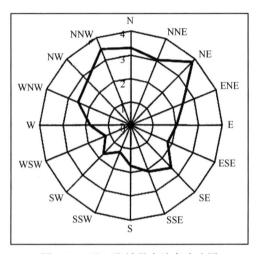

图 5.31　吕四海域最大波高玫瑰图

（江苏"908"专项成果，2010）

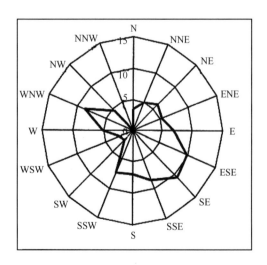

图 5.32　冷家沙海域各向波向频率玫瑰图

（江苏"908"专项成果，2010）

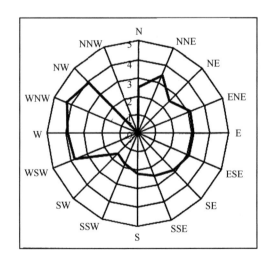

图 5.33　冷家沙海域最大波高玫瑰图

（江苏"908"专项成果，2010）

（3）含沙量分布

沿海水体含沙量分布近岸高，并形成高值区，向外海含沙量渐低。在废黄河口附近和以弶港为中心的辐射沙脊群中心海区形成两个含沙量高值区，垂线平均含沙量可达 1.0 ~ 1.2 kg/m^3，位于西洋水道末端东大港的 Y12 点，实测涨落潮最大含沙量分别可达 2.39 kg/m^3 和 3.12 kg/m^3。而位于废黄河口外的 Y6 点，实测涨落潮含沙量最大分别达 3.35 kg/m^3 和 4.25 kg/m^3。海州湾海域水体含沙量较低，垂线平均含沙量小于 0.1 kg/m^3。

4）江河与海平面变化影响

江苏滨海平原地形平坦，高程为 2 ~ 5 m。若将此平原当做平面，则全新世沉积层等厚度线图（图 5.17），可作为全新世初期的古地形图，它显示的地形有三部分。中部：阜宁、盐城、东台一带是一浅平的洼地，向黄海海域倾斜，古地形坡度为 0.2×10^{-3}，与现代潮滩地形坡度相似，古地形的组成物质为灰黄色粉砂、黏土质粉砂，据波状、透镜状及水平层理，其上有灰黑色黏土、淤泥（图 5.34）；中北部：滨海响水废黄河故道一带古地形成宽浅的槽状，为古黄河流经的通道；南部：南通沿海晚更新世古地面地形起伏很大，有谷地地形，谷底和古地面相对高差可达 20 m，这宽大的谷地是古长江河道，其上堆积了一系列古河道沙体，河口湾堆积（图 5.35）。

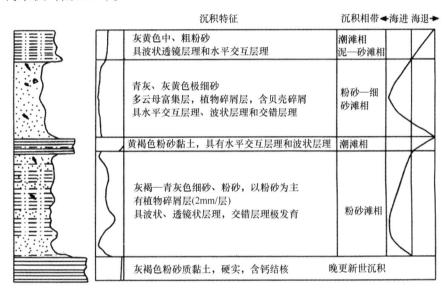

图 5.34　江苏东台新槽农场全新世沉积剖面（王颖等，2002）

江苏沿海平原的沉积物，主要来自长江及黄河（傅命佐等，1987；王腊春等，1997）。长江物质主要是极细砂、粉砂，两者合计占总量 90% 以上，其指示矿物主要有角闪石、褐铁矿、磁铁矿、磷灰石等。而黄河物质，主要是粉砂黏土，其矿物组合为石榴子石、锆石、钛铁矿等。

江苏沿岸平原的海岸线变迁已有较多的研究，在更新世晚期盛冰期时（15 ka. BP ~ 18 ka. BP），海岸线在目前水深约 150 m 处，冰后期气温升高，海面上升，到全新世初（约 10 ka. BP）海面上升到目前 - 50 m 水深处，即全新初，海岸线在江苏沿岸平原以东约 100 km 处。

全新世早期第一次海侵时，沿海平原几乎全为浅海、潮间带环境。最大海侵时约在 7 200 年前，海水抵达高邮、宝应一线，这一区域均为浅海相、潮滩相的青灰色细砂、粉砂沉积。

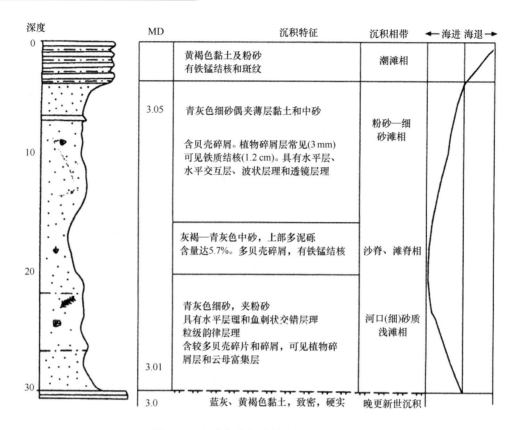

图 5.35 江苏如东长沙镇全新世沉积剖面

全新世中期，距今 6 000 年前，是全新世较低海面时期，江苏沿海为陆相沼泽环境，海岸线位置大体同现代海岸线位置，在大丰、射阳、海安、如皋、泰州等地有大量麋鹿化石，化石埋藏深度 1.5 ~ 3 m。这时期的沉积物为潮上带的黄色黏土质粉砂或粉砂。全新世第二次海侵，在距今 5 000 年前，在泰县、兴化、建湖以东为浅海与潮间带环境。全新世中期以后，江苏沿海平原处于海退阶段，陆地淤浅，海岸线向东移动，这期间在沿海平原留下 3 列贝壳砂堤或沿岸沙坝，即阜宁、盐城、东台的西岗、中岗、东岗，代表了 3 条古海岸线的位置，其形成年代西岗为 5 000 ~ 6 000 年前，中岗约为 4 600 年前，东岗约为 3 500 年前。至唐、宋时期（公元 766 年，公元 1023 年）大体沿东岗修筑李堤、范公堤。表明将近 4 000 年的时间，海岸线大体在盐城—东台一线。海岸线处于长时期的稳定（杨怀仁等，1984；杨达源等，1999）。

1128 年黄河夺淮入黄海，黄河带来巨量的沉积物，使江苏海岸经历了动力泥沙条件的突变，破坏了海岸长期的稳定性，海岸迅速淤长向东迁移。至 1494 年黄河全流经淮河注入黄海，海岸淤涨速度加快，至 1855 年黄河再次改道，向北流回渤海，之前的 700 年间，黄河带来沉积物在江苏沿海形成 12 500 km² 的土地。使海岸线从盐城至东台一线向东推进 30 ~ 40 km。

江苏沿海平原主要是长江和黄河输入黄海的泥沙所构成。全新世以来，黄河多次在江苏北部夺淮河入黄海，建造古黄河三角洲及古黄河泥沙构建的江苏北部海滨平原。全新世早、中期最大海侵时期，古黄河三角洲范围西端为以淮阴为三角洲的顶点，北边达临洪口，南边为斗龙港，面积达 10 000 km² 以上；而其中以云梯关为顶点，北为灌河口南至射阳河口，这是 1128 年黄河夺淮入海以来形成的废黄河三角洲。长江影响江苏沿海平原的南部，全新世初期长江河口影响最北的位置为东台新曹、蹲门口一带，以后逐渐南迁，至南通三余、启东，至今日长江河口的位置。根据沉积物质成分，古河口及埋藏古河道分布等分析，古长江活动的北界为泰州、海安—东台—大丰。古黄河活动范围为淮阳—盐城以北。而盐城与大丰—东台之间，为过渡区域，晚更新世及全新世早期受古长江影响，全新世中期以来受黄河影响（Ying Wang，1983；Zhu Dakui et al.，1998）。

5.3.3.5 辐射沙脊群地貌成因类型与形成演化历史分析

辐射沙脊群地貌反映了有波浪作用叠加于潮流沙脊群之组合式地貌。晚更新世期间，由古长江与古黄河汇入南黄海的巨量泥沙沉积，在全新世海面上升的过程中，从太平洋经东海传播至黄海的前进潮波，受阻于山东半岛形成反射潮波往东南方向传播，前进潮波和反射潮波两系统在苏北海域辐聚，在废黄河口外出现无潮点（34°30′N，121°10′E），并环绕无潮点形成逆时针的旋转的潮波系统。前一个旋转潮波同后一个前进潮波两波峰线汇合，沿弶港（32°45′N，120°50′E）向东北一带海域形成驻潮波波幅区。弶港以东15 km处（条子泥）是辐射沙脊群顶点，以旋转潮波与前进潮波辐聚为特征的辐射沙脊群海域，其潮流场呈辐射状分布，与沙脊群潮流通道相一致，涨潮时，潮流自北、东北、东和东南方向涌向弶港海岸；落潮时，潮流以弶港为中心，呈150°的扇面向外逸散，形成以弶港为中心的放射状潮流场（张东生等，1998），潮流作用改造古河口外海底泥沙形成辐射状潮流沙脊群，继之，潮流通道中横向环流冲刷槽底泥沙，并向沙脊顶堆积，加大了脊、槽间高差，浅海波浪于沙脊群处破碎与激浪水流展宽沙脊体，遂发育成现代辐射沙脊地貌形式。总之，辐射沙脊群主体是晚更新世末期低海面时的陆源沉积物，主要是古长江的细砂质沉积，冰后期海平面上升的过程中，受潮流和波浪侵蚀改造形成。其总体形态反映辐射潮流场的水流分布形式，也反映着对原始地貌的承袭特点，沙脊群主干沙脊为具有对称坦峰状的带状带是波浪改造的结果，而潮流通道则受往复潮流的作用，坡度较陡。

（1）据沙脊与潮流通道组合地貌特征、成因类型分析表明，辐射状沙脊群是由三部分组成的复合地貌体。

① 潮流冲蚀型。北部的沙脊与西洋潮流通道，与岸平行呈南北方向分布、脊槽的基底是海侵前的冲积平原。地震剖面反映出西洋是全新世中期以后海侵型潮流通道，深部无埋藏原始谷地，全新世晚期西洋水流的堆积和冲刷活动强烈，海底多冲刷穴、沟道与涡穴，亦有厚10 m的沉积层（图5.36，图5.37）。北部的沙脊如小阴沙、瓢儿沙、三丫子，亮月沙，为海底沙脊（图5.38），或为海岸带冲刷残留体（图5.39）。

② 辐射状潮流冲刷—堆积的脊槽，分布于东北部。沙脊以麻菜垳、毛竹沙、外毛竹沙为代表，均为条状带大型沙脊，沿辐射潮流方向延伸，是辐射状潮流冲刷改造成的沙脊群主体部分。沙脊群尾端略呈逆时针方向偏移，反映出现代旋转潮波之影响。沉积层结构表明大沙脊体是多层叠置，晚更新世已存在（图5.40），此区间潮流通道有东沙—亮月沙与麻菜垳之间的大北槽与小北槽；麻菜垳与毛竹沙之间的陈家坞槽，毛竹沙与外毛竹沙之间的草米树洋以及外毛竹沙东南侧的苦水洋。这些潮流通道内段反映出继承性的特点：大北槽潮流通道的地震地层剖面明显地表现出谷中谷结构（图5.41），陈家坞槽地震地层剖面亦具有谷中谷结构（图5.42）。而潮流通道外段表现出海底冲刷与全新世晚期沉积掩覆于槽底之情况：如苦水洋地震地层剖面（图5.43）和平涂洋地震地层剖面（图5.44），均反映出全新世中期以来的潮流通道中海底冲蚀与现代槽底为沉积物所覆盖，表明冲刷趋于缓和。

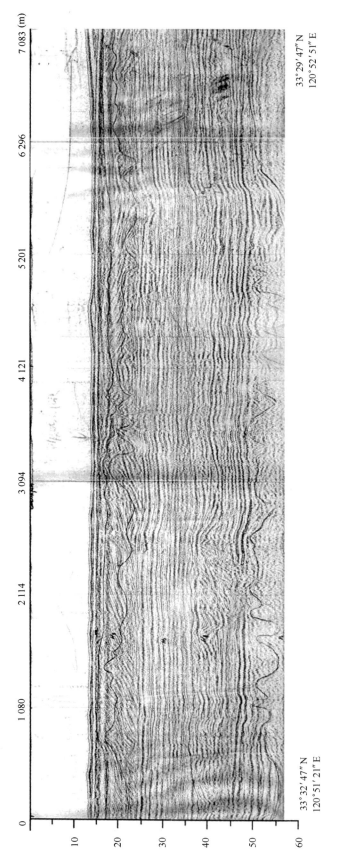

图 5.36 西洋潮流通道地震剖面（王颖等，2002）

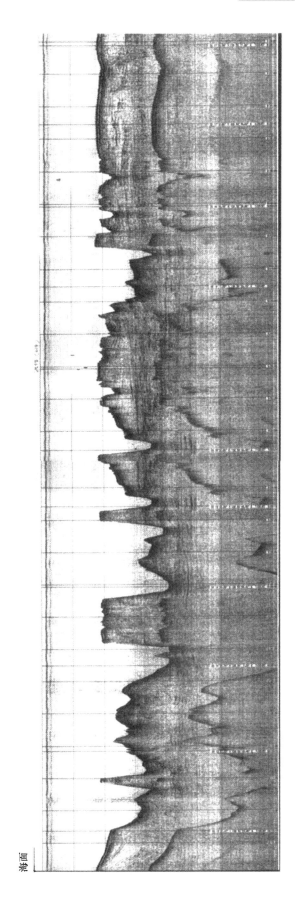

海面

图 5.37 西洋潮流通道地震剖面（王颖等，2002）

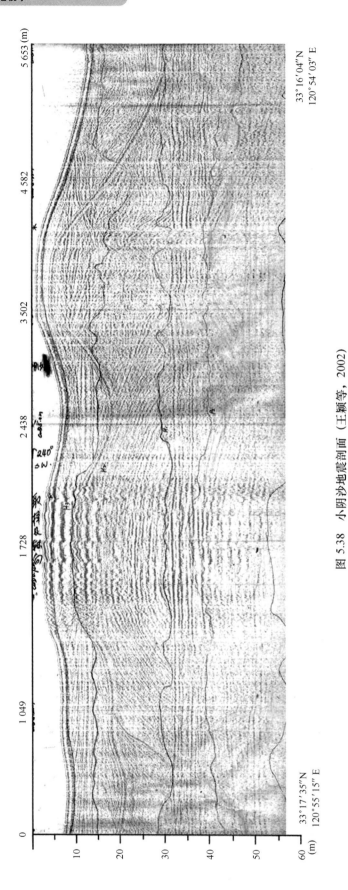

图 5.38 小阴沙地震剖面 (王颖等, 2002)

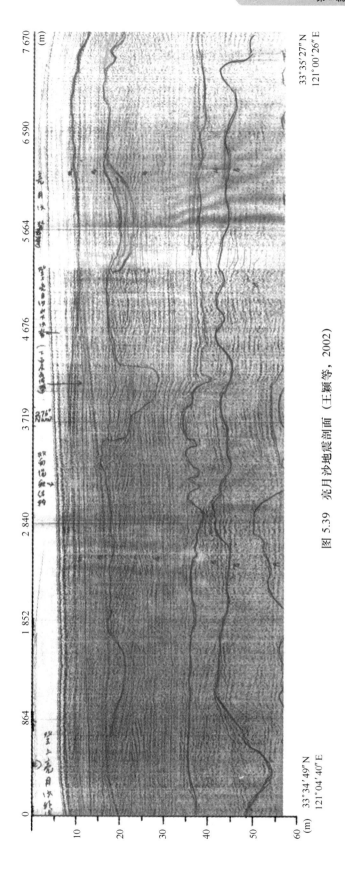

图 5.39　亮月沙地震剖面（王颖等，2002）

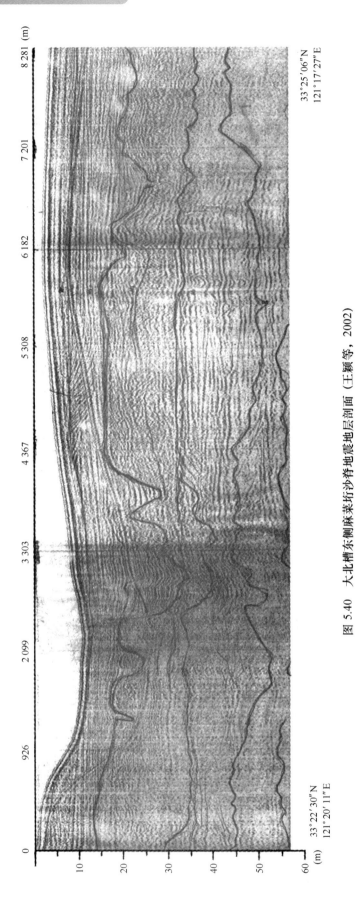

图 5.40　大北槽东侧麻袋坨沙脊地震地层剖面（王颖等，2002）

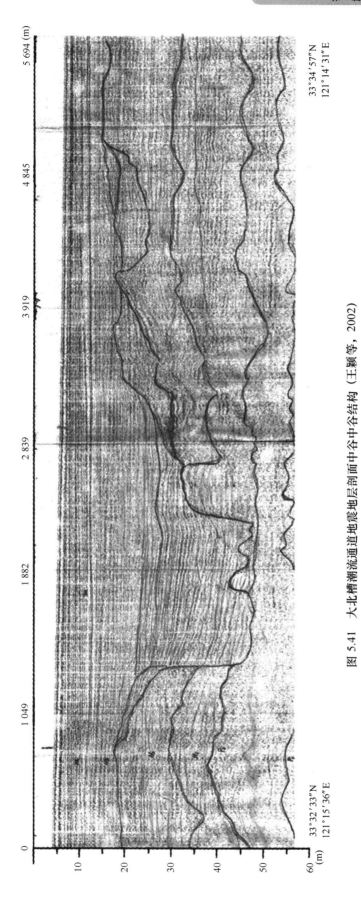

图 5.41 大北槽潮流通道地震地层剖面中谷中谷结构 (王颖等, 2002)

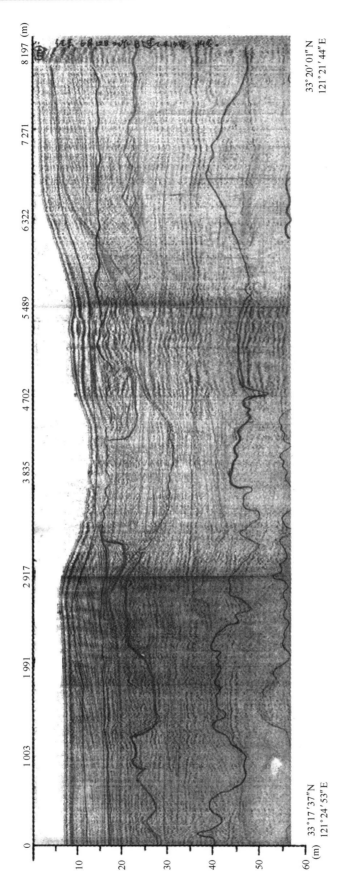

图 5.42 陈家坞槽地震地层剖面 (王颖等, 2002)

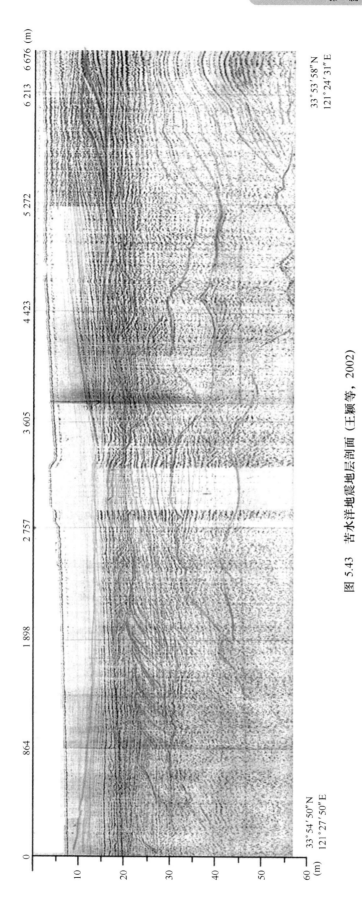

图 5.43 苦水洋地震地层剖面 (王颖等, 2002)

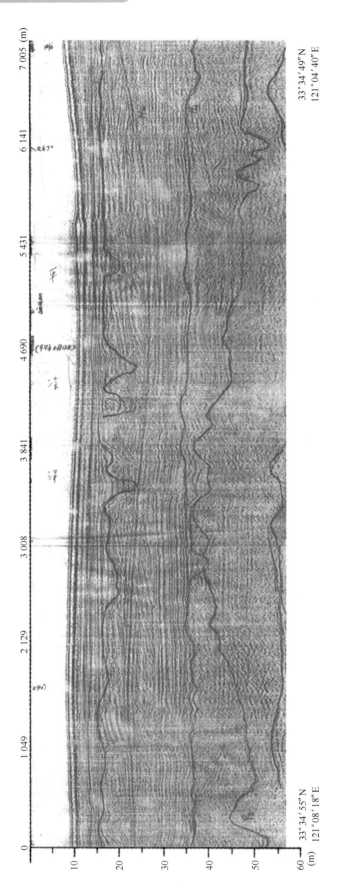

图 5.44 平涂洋地震地层剖面（王颖等，2002）

③ 承袭型成因。辐射沙脊中部枢纽部分的黄沙洋与烂沙洋主潮流通道及其毗邻的蒋家沙、河豚沙、太阳沙、冷家沙为代表,以及其南侧的网仓洪潮流通道,乌龙沙及小庙洪潮流通道等,均是承袭晚更新世古长江河道与河口、海滨泥沙堆积,在全新世海侵过程中蚀积改造而成。黄沙洋、烂沙洋及小庙洪为现代潮流主通道,水深流急以冲刷作用为主;而主干沙脊—蒋家沙与冷家沙经受冲蚀与退缩变化。

中枢地段的潮流通道与沙脊均沿古河道方向呈东西向分布。主潮流通道(黄沙洋、烂沙洋)水深多超过 15 m,内侧近陆段水深 10 m,外侧水深 20 m,为潮流深槽,黄沙洋、烂沙洋为长江古河口所在,两者之间现为河豚沙与太阳沙分隔,主潮流通道至水深 15 m 以东,黄沙洋呈向北,烂沙洋呈向东南的偏移趋势。沿古河谷发育的潮流通道,从内端至口门仍保留着晚更新世末期以来的各期老河谷(图 5.45),其规模较现代长江口谷地小,可能原是数个出口之一,或原来黄沙洋与烂沙洋曾为一河口湾。

小庙洪潮流通道,自遥望港向东南伸出,水深多为 - 10 m。其谷地具复合成因:潮流通道内段是全新世冲刷槽;中段谷底有埋藏谷,方向与现代潮流通道斜交,可能是古长江东南移过程中,在遥望港出口时的遗留谷地,为冷家沙的泥沙供应源(图 5.46)。

中枢区大型沙脊体是以埋藏于海底的晚更新世末的沙脊为主干,上面叠加着全新世的堆积。例如,蒋家沙是晚更新世与全新世的复式大沙脊,其中,晚更新世末沙脊位于海底以下 35 ~ 45 m 处,规模大,宽度达 3 km,相对高度可达 20 m,表明:晚更新世末期时,泥沙供应丰富,所以主体沙脊基础宽大,而全新世早、中期叠加其上的沙脊规模逐渐减小(图 5.47a,图 5.47b,图 5.47c)。

综上所述,辐射沙脊群的枢纽区发育的时代较老,可能始于 35 ka. BP 年前,至 42 ka. BP 时,当时海岸带位于现代海岸以东,古长江流经海安—李堡一带入海,晚更新世沙脊埋藏的深度(30 ~ 40 m)与沙脊适宜发育的浅海深度(10 ~ 20 m)相适应;东北部与南部的形成时代较枢纽区稍晚,与全新世时古江、河在李堡—遥望港一带供沙有关。脊槽地貌主要是全新世高海平面时形成;北部最新,为全新世后期与现代产物。地层剖面中的侵蚀时期,可与江苏海岸晚更新世末以来的相对海平面变化曲线互相对比。全新世初期、中期、晚期的侵蚀界面分别是 10 ka. BP,6 ~ 5 ka. BP 和 1 ka. BP 时海平面上升的结果。

(2)辐射沙脊群地貌的形成与演变历史分析主要依据地震剖面探测大范围的地层结构,再加以典型地区的钻孔分析。在 2007 年,从事国家"908"项目之"江苏近海海洋综合调查与评价"专题调查时,于 1994 年在辐射沙脊群区所做的 600 km 浅地层地震剖面(图 5.48 中之红线)基础上,又补充进行了 1 005 km 的浅地层剖面探测(图 5.48 中之黑线);2007 年 11 月—2008 年 1 月又在关键地区进行了 9 个钻孔探测(07SR01 ~ 09,即 2007 Sandy Ridges 01 ~ 09 孔),结合 1992 年在如东县北渔村滩涂上的三明孔,及王港闸东南 7 km 海岸上的王港孔,共 11 个孔(图 5.48,表 5.11)。地貌成因分类中已述及代表性沙脊及潮流通道的地震地层剖面,此处,选择代表性 6 个钻孔:枢纽部如东县北渔乡潮滩三明孔;北部冲刷型西洋潮流通道 07SR01 孔;东北部辐射状潮流沙脊麻菜垳 07SR03 孔及辐射状潮流通道苦水洋 07SR04 孔;枢纽区承袭古长江河道之烂沙洋主潮流通道 07SR09 孔及南部小庙洪 07SR11 孔进一步探求各类地貌形成与演化过程与时代。

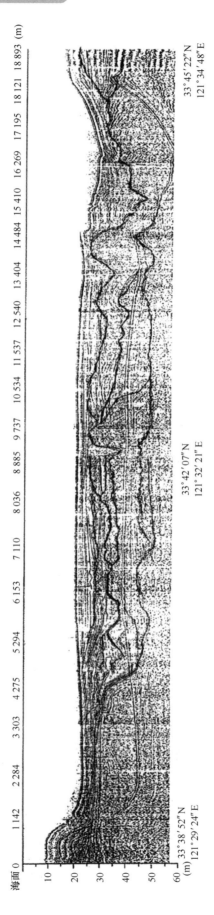

图 5.45 黄沙洋、烂沙洋外侧地震剖面 (王颖等, 2002)

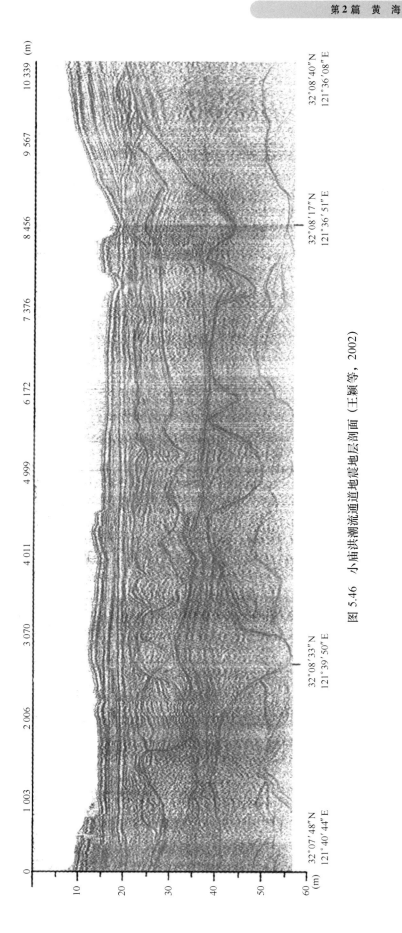

图 5.46 小庙洪流通道地震地层剖面（王颖等，2002）

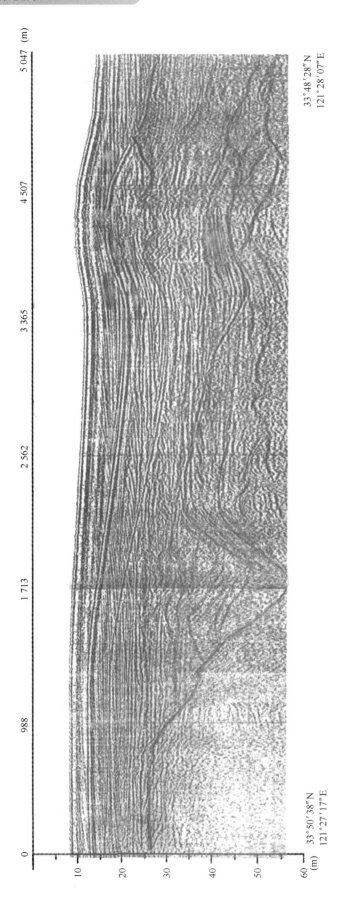

图 5.47a　蒋家沙大沙脊中段地震地层剖面 (王颖等，2002)

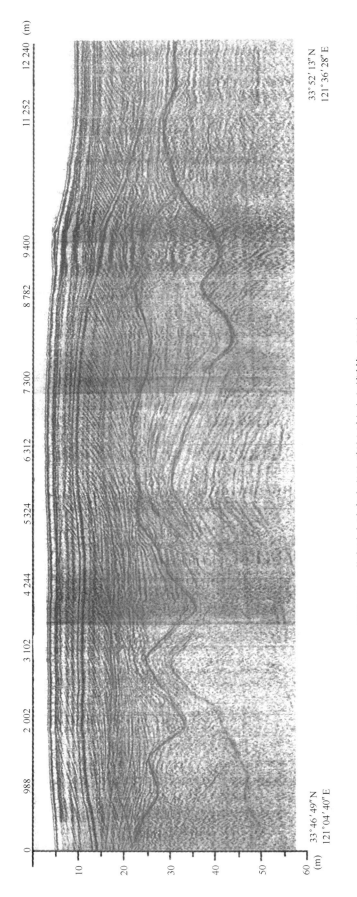

图 5.47b 蒋家沙大沙脊中段地震地层剖面 (王颖等, 2002)

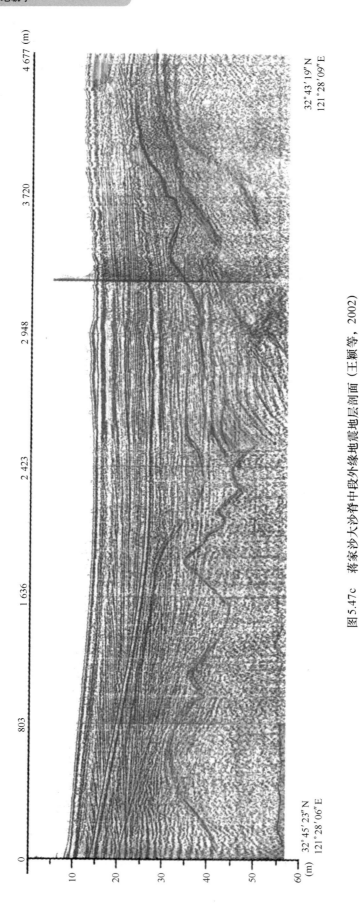

图5.47c　蒋家沙大沙脊中段外缘地震地层剖面（王颖等，2002）

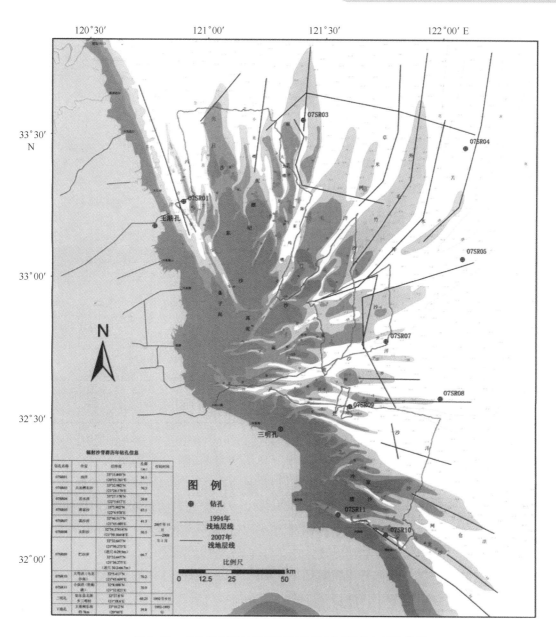

图 5.48　南黄海辐射沙脊群历年地震剖面测线与钻孔位置
（据南京大学海岸与海岛开发教育部重点实验室）

表 5.11　南黄海辐射沙脊群区历年钻孔位置

钻孔编号	位置	经纬度	孔深 /m	地貌部位	备注	打钻时间
07SR01	西洋	33°15.840′N，120°53.761′E	36.1	北部潮流通道	全新世冲刷区	2007 年 11 月— 2008 年 1 月
07SR03	麻菜珩	33°32.982′N，121°24.170′E	70.3	东北部水下沙脊	大北槽以东辐射状沙脊主体	
07SR04	苦水洋	33°27.178′N，122°5.617′E	30.8	东北部潮流通道	辐射状主潮流通道	
07SR05	蒋家沙	33°3.902′N，122°4.978′E	67.1	枢纽部水下沙脊	枢纽部老沙脊	
07SR07	黄沙洋	32°46.517′N，121°45.489′E	41.3	枢纽部潮流通道	古长江分支河谷	
07SR08	太阳沙	32°34.37414′N，121°59.56418′E	56.5	水下沙脊		
07SR09	烂沙洋	32°32.647′N，121°36.275′E	66.7	枢纽部潮流通道	大洪， 古长江分支河谷	
07SR10	大湾洪	32°5.417′N，121°45.609′E	70.2	南部潮流通道	乌龙沙南	
07SR11	小庙洪	32°8.988′N，121°32.821′E	70.9	南部潮流通道	牡蛎礁	
三明孔	如东县北渔乡	32°27.8′N，121°18.6′E	60.25	枢纽部潮滩		1992 年 9 月
王港孔	王港闸外东南 约 7 km	33°10.2′N，120°46′E	39.8	北部海岸潮滩	位于东沙向陆侧， 揭露全新世沉积	1992— 1993

　　上一节从辐射沙脊群的地貌构成特点及地震地层剖面分析了南黄海辐射沙脊群的成因与分区组成。此节拟从沉积钻孔所揭示的地层沉积相与物源来分析辐射沙脊群的形成时代与演变历史。南京大学海岸与海岛开发教育部重点实验室先后于该区钻取了 11 个沉积孔（表 5.11）。现选择三明孔与烂沙洋中段的 07SR09 孔代表沙脊群的枢纽区；苦水洋 07SR04 孔代表由辐射状潮流所形成的主潮流通道及相邻沙脊；西洋孔代表北部、由全新世海侵冲刷形成的潮流通道；小庙洪 07SR11 孔代表古长江自弶港向南迁过程中的沿"分支河道"所发育的潮流通道等，加以解释阐明南黄海辐射沙脊群的基本形成历史。

1）辐射沙脊群枢纽区

（1）三明孔。位于江苏省如东县北渔乡三明村、1974 年修建的现代海堤外的潮滩上。该处堤顶高出废黄河零点 7.5 m，堤外滩地高出海面 3.5 m。三明村海岸最大高潮位为 5.25 m，打钻时间是在 1992 年 9 月特大潮汛时，海水仍可淹至堤基。三明孔所在的地理位置为 32°27.8′N，121°18.6′E。孔口标高 3.1 m，终孔深度为 60.25 m。由于打钻震动及粉砂层难取出等原因，柱状样采集率在 28.5 m 深度以上为 65%，28.5～40 m 之间为 68.5%。剖开沉积柱体，对 1/2 沉积柱剖面分析表明，整个沉积柱可分为上、中、下三段，具有不同沉积相，反映出沉积作用，物质来源与沉积过程之区别（图 5.49）。沉积孔具体编录参见专著《黄海陆架辐射沙脊群》，现将三明孔三段特点综述如下。

　　上段：潮滩沉积相，从海堤外潮滩滩面至 28.5 m 深柱体。可分辨出为潮滩内带、中带、外带三带沉积层，因海平面变化及岸堤位置迁移，三带沉积层反复出现，有小规模河流沉积夹层，但潮滩总厚度超过 30 m，大体相当于淤泥质海岸潮滩发育的一个时代旋回（朱大奎、许廷官，1982）。潮滩沉积结构保存完好，具有下列特点。

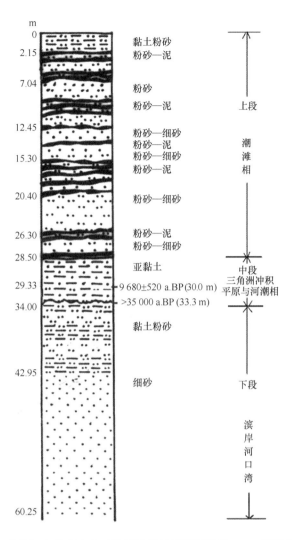

图5.49 江苏省如东县北渔乡三明村海堤外潮滩沉积孔——三明孔剖面示意图

① 具有良好的水平纹层结构，多层厚度小，组成10 cm、30 cm、60 cm厚的层组，不具有均质与单一厚层。

② 粉砂，或细砂质粉砂与黏土交互沉积层或交互纹层沉积。

③ 沉积层中保留着潮滩微地貌造成的结构：虫孔、钙管、龟裂、楔辟、泥饼、泥砾、虫粪（Pellet）、反卷层、沙涡漩、斜层理、鱼脊状交错层理、镶嵌的潮沟堆积沙层、小河堆积或其他充填结构、风暴沙层、透镜体或丘状体等。

④ 有序的潮滩分带结构：潮滩上部（内带）的泥滩堆积；中部地带的沙、泥交互沉积（黏土与粉砂，粉砂与极细砂等）；外带的粉砂—细砂堆积；或受冲刷而间断保留的部分分带结构、水平纹层、交互层理及粉砂细砂层等，如此反复达3次。

⑤ 保存完好的全新世潮滩结构剖面。

中段：深度从28.5 m至34.0 m，为河湖相的三角洲陆上冲积平原或三角洲冲积平原的漫滩沉积，似下蜀黄土经水流搬运后的再堆积。泛黄色的黏土层（长江三角洲硬黏土层），内嵌粉砂与细砂透镜体，沙层中有少量贝壳。[14]C定年在 − 30 m处贝壳样品为（9 680 ±520）a. BP，在 − 33.3 m深处的沙层中，贝壳经[14]C定年，经校正，时代大于35 000年（南大[14]C − 6）。反映出晚更新世与全新世初期时的沉积层间断，估计是全新世海侵所造成的冲蚀间断面，该侵蚀面以下似为硬黏土层受蚀后的残留。

下段：深度从 34.0 m 向下至三明孔孔底，取得长度约 30 m 的柱体，根据泥沙颗粒与结构可分为上、下两部分。

① 上部：约厚 8.5 m，粉砂层为主体，含黏土质，浅灰、黑灰与褐灰色，黏土含量自下向上增加，而粉砂含量自下向上减少，具层理。上部具有颜色与质地的分层变化。

② 上层厚约 2 m，其表层为 0.3 m 厚浅灰色黏土质粉砂层；中间为泛浅灰色细粉砂层，无层次，可能系快速沉积。

③ 中层厚约 2 m，此层表部为黑灰色粉砂与亚黏土层，具小于 1 mm 的极细纹层；色浅者为粉砂层具涡流扰动、扁豆状与丘状沙波，波高 1.5 cm。底部含泥质较多，具倾斜层理（10°，14°）。

④ 底层为 3.10 m 厚黑灰色粗粉砂，含极细砂。其上部层无明显层理，含黏土质条斑或粉砂杂斑，具虫穴扰动；其下为泥条带与粉砂相间成斜层理或透镜体，具沙涡结构（高度 9 cm），局部有侵蚀面，并有细砂层镶嵌；底层为细砂粉砂层（30 cm 厚），无层理，黏土质少，似快速急流沉积。

上述结构表明上部层是具潮汐作用的河口湾浅水沉积，多风暴急流或近底层异重流影响显著。

⑤ 下部：出露约 3 m（未钻透此层），为黑灰色与黄灰色细砂层，下具明显的层次结构，多层均含薄壳的白色小蛤，多含云母与贝壳屑。厚层均质细砂层与上部粉砂、黏土层组合为二元结构表明是其潮汐影响的大河河口湾沉积。

三明孔分层结构表明：辐射沙脊群为海岸带海陆过渡相沉积，上段 0～28.5 m 深处为潮滩沉积相；中段自 28.5～34.0 m 深处为河湖相的三角洲陆上沉积相；下段 34～40 m 深处出现受潮汐作用影响的细砂与粉砂交互层理沉积，40 m 以深出现厚层细砂层，具有细、粗组合的二元相结构，是浅海河口湾沉积。砂层的层位、厚度与辐射沙脊群晚更新世末老沙脊、老河谷的分布深度相呼应，可以认为：三明孔与以前所作的弶港孔、北坎孔，以及下面介绍的烂沙洋 09 号孔，小庙洪 11 号等沉积孔底部大于 35 000～43 000 a. BP 的厚层细砂层，是晚更新世古长江经苏北、弶港一带入海的证据。

（2）枢纽区、烂沙洋主潮流通道。07SR－09 孔位于烂沙洋中段，海深 10.16 m 处，地理位置为 32°32.7437′N，121°36.2805′E（初孔，进尺 0～22.4 m），及 32°32.647′N，121°36.275′E（复进尺孔，自 22.4～66.7 m）。该孔共进尺 66.7 m，因间有砂层失落，所获取的沉积柱芯为 46 m。该孔位置重要，是在承袭古长江河谷的潮流通道中。经分析，孔柱具有三大沉积相段（图 5.50）[①]。

上段：自海底表层至 18.4 m 深处，为海侵淹没的潮滩沉积相。其特点是：橄榄灰色（5Y3/2）与浅橄榄灰色（5Y5/2）[②] 交互成层，或橄榄灰色（5Y4/1）与橄榄黑色（5Y2/1）的粉砂与黏土交互成页状层理，具有沙波与填充虫穴的沙泥斑纹结构，保存完好的月潮汐层理（29.5～31 d），以及具有陆源洪水影响之遗证（5～10 cm 厚的棕黄色粉砂间层，侵蚀界面）等。沉积层中保存着贝壳残体与有孔虫：如 1 m 深处取得施罗德假轮虫（*Pscudorotalia schroeteriana*），同现卷转虫（*Ammonia annectens*）。贝壳碎片通过 AMS [14]C 测年为（2 815 ±

---

① 钻孔编录图 5.50、5.51、5.52、5.53 统一放于本章最后。

② 颜色定号据 Rock－color Chart，The Rock Color Chart Committee，1948，Distributed by the Geological Society of American Boulder Coloradar，1951，1963，1970，1975，1979。

80） a. BP（北大 BAO90438），同一层贝壳测定年代为（3 455 ± 30） a. BP（北大 BAO90448），反映出该层蚀积速度快；在 1.6 ~ 1.7 m 深处有上海尘氏螺（*Turbonilla Shanghaiensus Wang*）及黑龙江共蛤比较种（*Potamocorbula cf. amurensis*）均为近岸海滨生物；在 1.93 ~ 1.96 m 深处找到西格织纹螺（*Nassarius Siguimjorensis*，*A. Adams*）；在 3.04 ~ 3.27 m 深处找到雕刻织纹螺（*Nassarius（Phrantis）Caelatulus Wang*）及织纹螺未定种（*Nassariu* sp.）、红叶螺未定种（*Crassispira* sp.），均属浅海生物；在 11.0 m 深处发现一扁玉螺（*Glossaulax didyma（Röding）*），[14]C 测年为（7 255 ±35） a. BP（北大 BAO90430）。说明该处 7 200 多年以来，海底沉积层保存约 11 m 厚，均为海侵淹没的潮滩沉积层。同时反映出：早期沉积速率快，大约 2 m/ka；而近 2 700 年沉积厚度仅 1 m。目前尚未在该沉积孔中找到全新世初期的定年证据。拟以海侵的潮滩相为标志，初步将 18.38 m 深处定为全新世下界：该层下有明显的侵蚀面界限；侵蚀面以下，出现深黄棕色细砂层，石英、长石质细砂含黑色矿物，及较多贝壳，细砂层中夹有黄棕色黏土层，具有陆源河流形成之二元相沉积结构，黏土层经水流冲刷常现丘状结构，与上面潮滩相沉积在颜色、质地与结构均有显著的区别；侵蚀面以下是残留的河流相沉积层，顶部侵蚀面为全新世海侵所形成。深黄色二元相沉积层未在 18.38 m 深以浅出现，推论：全新世时，古长江南移，已不在烂沙洋与黄沙洋区。

中段：18.4 ~ 33.0 m 深处层段，为海侵型的河海交互沉积相。其特点是：具有海、陆双向的泥沙供应，黏土、粉砂与细砂、极细砂交互成层，仍以海洋环境沉积的橄榄灰色系为主，但多次出现棕黄色河源细砂层；具有潮汐层理——粗细与颜色深浅相互交叠的页状层理，微波状层理，及多层具河流二元结构（粉砂质细砂与上覆之黏土叠层）的沉积层，以及泥丘、透镜体、眼球构造与交错层理等蚀余沉积结构。中段沉积仍以潮汐层理为主导结构，而且是保存完好的半日潮汐类型；沉积层中含浅海及滨海蛤贝及生物扰动结构。AMS[14]C 测年21.5 m 处沉土层为（15 190 ±70） a. BP（北大 BAO90440），在 29.05 m 深处已硬结的粉砂黏土层取样定年为（26 890 ±120） a. BP（北大 BAO90442），表明中段为晚更新世沉积。

此外，在 31.89 ~ 32.52 m 深处层段，出现黑棕色（10YR4/2）粉砂质硬土与橄榄灰色（5Y4/1）粉砂，交互成 1 ~ 2 mm 厚的纹层沉积，间有粉砂团块（浅橄榄灰色）；33.70 m 段有中棕色（5YR3/4）硬结粉尘沉积，含粉砂团块等。泛黑红色或炉渣色粉尘是火山喷发出的漂浮物沉积，值得注意。此前，在苏北平原宝应 1 号钻孔的深部，出现类似现象（王颖等，2006），反映着当时（晚更新世）的区域构造活动效应，而炙热的火山沙尘是黏土烘干的原因。此现象在沙脊群钻孔中均出现，故可断定。

下段：33.0 ~ 45.91 m 层段，相当于 62.7 ~ 67.0 m 深处的沉积，为海侵型滨海平原沉积相。其特点是：以橄榄灰（5Y4/1）与浅橄榄灰（5Y5/2）细砂、极细砂、粉砂为主导沉积，与橄榄黑（5Y2/1）粉砂质黏土，黏土，或腐殖质层交互成层，粗、细粒径与深浅色相间表现出二元相结构，细砂层成优势沉积，可与三明孔的下段相比对；具潮汐效应韵律：细砂层具波纹状或丘状结构，1/2 波长（L）为 5 cm，6 cm，7 cm，波高（h）为 1.3 cm，1.5 cm，2.0 cm，具 $d = 1.0 ~ 1.5$ cm 的沙球结构以及轻微冲刷面；含有机质层，成为脉状腐殖质层及碳化腐殖质层，或为橄榄黑色片状层（厚 0.1 cm，0.2 cm，0.3 cm，0.4 cm），含云母及蛤屑；在 38.2 m 以深至 42.5 m，长达 4 m 多的沉积柱内，二元相沉积结构突出，以深黄棕色（10YR4/2）细砂为主体，上覆暗黄棕色（10YR2/2）黏土层的沉积组合，多次反复。沉积层中细砂层厚度 10.0 ~ 20 cm，间或达 40 cm，含砾砂；砾石多石英质，中等磨圆度（0.3 ±），粒径 6 cm × 4 cm × 3 cm，1.2 cm × 0.9 cm × 0.2 cm，0.6 cm × 0.4 cm × 0.3 cm，0.9 cm ×

0.8 cm×0.3 cm，多为扁平、肾状的海滨砾石；含片状泥砾，表面凹凸不平，粒径为4 cm×
3 cm×0.4 cm，9.2 cm×1.0 cm×0.7 cm，1.3 cm×0.8 cm×0.6 cm；含短柱状结核体的残
段，剖面为椭圆形，粒径为3 cm×1.05 cm×0.9 cm；细砂层中含碳斑，点（3 cm×1 cm），
多含贝壳。例如，在38.12～38.22 m层为黑棕色（10YR2/2）黏土沉积，具臭味，与泛黑色
表象一致，系有机质腐化后效应；黏土层中有硬结的钙质黏土结核，方柱形，粒径为
2.5 cm×1.9 cm，其下（38.22～38.40 m）为深黄棕色（10YR4/2）粗中砂层（20 cm厚），
内有砾石，中等磨圆度，石英砾石，含黏土块。分选差的砂层为河流急流沉积，含半咸水的
贝壳沼螺或为棘刺蟹守螺（*Cerithium echinatun Lamark*）0.7 cm×0.5 cm×0.4 cm大小。层中
所含碳屑经AMS ^{14}C测年为（30 695±170）a. BP（北大BAO90444），反映出在3万年前的
晚更新世，该处为泛滥平原的河流沉积。

38.40 m以下至42.5 m层段多次出现以橄榄灰色（5Y5/2）或浅橄榄灰色（5Y6/1）的
细砂、粉砂与暗黄棕色（10YR2/2）黏土相组合之二元相结构，皆具薄层理（水平页状，脉
状波状层理），近下部多含腐殖质层，漂木残体沉积于含贝壳之细砂、黏土层中，砂礓体
（长达41.84 cm）及硬结的黏土层等，为海侵的滨海沼泽与潟湖沉积，渐变为近岸浅海沉积。

42.5 m以下至柱体尾段－46.0 m段均为橄榄灰色（5Y3/2）黏土与浅橄榄灰色（5Y5/
2）粗砂、细砂或粉砂间层。细砂与粉砂层中具沙波（L：11 cm，h：1.5 cm），丘状层理
（L：10 cm，10.6 cm，h：0.6～1.2 cm）；黏土层已硬结，内含腐殖质，组成0.1～0.3 cm厚
纹层，细砂薄层稍厚。在孔底45.76～45.79 m深处取腐殖炭屑，经鉴定大于43 000 a. BP
（北大BAO90447）。

综上所述，07－SR－09孔，表明烂沙洋通道自晚更新世43 000 a. BP以来，海陆交互作
用的沉积过程；在（42 005±390）a. BP～（26 890±120）a. BP之间陆源大河影响显著；自
全新世初期以来，已无河流的直接影响，主要为海侵潮流通道。

2）沙脊群东北部辐射状潮流主动力场区，以苦水洋潮流通道孔为代表

苦水洋潮流通道07－SR－04孔，位于外毛竹沙东侧苦水洋潮流通道12.5 m水深处，
地理位置为：32°27.178′N，122°5.617′E。沙脊群东北部是黄海潮流辐聚与辐散的主动力
所在，而苦水洋系自晚更新世末期以来潮流冲刷形成。钻孔07－SR－04孔揭示了苦水洋
潮流通道及相邻沙脊的沉积结构与发展过程。钻孔进尺30.8 m，实获沉积柱24.8 m。根据
沉积层的颜色组合，质地及结构，大体上可分为三段：①上段自12.5 m水深的现代海底
至3.40 m深处为潮流通道海底沉积与蚀余的潮流沙脊相；②3.4～15.14 m深处为中段，
为近岸浅海沉积相；③15.14～24.8 m为下段，为陆源黏土为主体的浅海沉积相。全孔沉
积表现为"海侵型近岸浅海沉积相"（图5.51）。现将07－SR－04孔的沉积柱体特征总结
如下。

上段：①现代潮流通道海底沉积。0.5 m厚的深黄棕色（10YR4/2）细砂质粉砂，均质
粉砂层，无层次，分选好，含贝壳屑。反映出苦水洋潮流通道中段动力环境，潮流与轻浪作
用结合，动力较强，所以，在淤泥质浅海底有细砂沉积，但仍以潮流沉积的粉砂为主。由于
水浅与浪流扰动作用，仍保留泥沙物源之原色，而未因海水中有机质作用而灰色化。②表面
0.5 m沉积层以下至3.4 m，为3.0 m厚的沉积层，可分出上、下两个相组。

上组：0.5～1.92 m层，仍为现代潮流通道沉积层，为橄榄灰色（5Y4/1）与浅橄榄灰色
（5Y2/1）细粉砂，细砂粉砂层与黏土质粉砂层交叠沉积的韵律层：粉砂质夹层厚0.15 cm、

0.2 cm、0.4 cm、0.7 cm、1.0 cm 厚；含黏土夹层厚 0.1～0.4 cm；黏土质粉砂夹层厚 0.5 cm、1.0 cm、2.0 cm，已硬结。细砂质粉砂层中含贝壳屑。底部有 12 cm 厚暗黄棕色（10YR2/2）粉砂质黏土层，有虫穴，孔穴 $d=0.2～0.4$ cm，内填充深黄棕色（10YR4/2）的粉砂，在海底沉积层中暗黄棕色黏土层出现，反映出历史时期废黄河泥沙之影响。上组各层间为连续过渡界面，与下组层间为侵蚀面接触。

下组：1.92～3.4 m 厚为蚀余的潮流沙脊基底层沉积，上部被冲蚀掉。以浅橄榄灰色（5Y5/2）细粉砂层为主，夹有深黄棕色（10YR4/4）黏土质粉砂，或橄榄灰色（5Y4/1）、棕灰色（5YR3/2）、橄榄黑色（5Y2/1）的黏土，具有斜层理，浅色细粉砂层与深色黏土质条纹互层，为潮汐层理结构。

在 1.92～2.41 m 的潮流沙脊基部层中，表现出明显的不规则半日潮沉积记录：上部 9 cm 厚为深黄棕色黏土质与浅橄榄灰色粉砂质交互层，黏土纹层厚 0.2 cm、0.15 cm、0.3 cm、0.3 cm、0.1 cm、0.15 cm，共 25 条纹层，保存着 6.25 天潮汐沉积记录，沉积速率为 1.5 cm/d；中部 16 cm 厚层中有 83 条纹层，估计为 21 天潮汐沉积，沉积速率为 0.76～0.8 cm/d；下部 16 cm 厚层中有薄层 47 条，沉积速率为 1.3 cm/d。

- 在 2.41～2.91 m 为细粉砂与黏土质粉砂或与黏土夹层，黏土成脉状压扁层理及水平层理，呈深黄棕色或棕灰色，后者具虫穴痕迹与干裂，内有粉砂填充。总之，2.91 m 以上沉积层中，陆源深黄棕色黏土夹层出现频繁。

- 2.91～3.4 m 段为橄榄灰色、浅橄榄灰色粉砂与橄榄黑色黏土交互成层，达 101 层，估计为 30 天或 31 天不正规半日潮之沉积记录。月沉积厚度 0.49 m（0.5 m），而日沉积速率为 1.58 cm。此段底部与下面沉积层间为侵蚀面接触。

中段：3.4～15.14 m 深处为近岸浅海沉积相。其特点是：以黏土、粉砂质黏土与粉砂、黏土质粉砂交互成层，以橄榄黑色（5Y2/1）与浅橄榄灰色（5Y5/2）为主体色。具有微层理，或麻酥糖般的薄页状潮汐层理，粉砂质层具沙波或透镜体结构，黏土质层中含沙斑，贝壳屑与粉砂亦呈丘状堆积，缘于粉砂质沉积时，有轻微侵蚀与扰动。在近顶部（3.6～4.27 m），中部（8.33～9.53 m）及近下部层（11.8～12.1 m）各层深处夹有深黄棕色（10YR4/2）的黏土质粉砂，近下部层中黏土含量增加，具波痕与沙斑，多含贝壳屑（毛蚶碎片），沉积表明系陆源黏土质悬浮体加入在浅海沉积，海陆交互作用影响显著。中段与上、下段间均为侵蚀面接触。沉积层中的有孔虫组合反映出为近岸浅海环境：在上段与中段之间，即海底至 6.26 m 深处，沉积层中有孔虫相对丰度高，主要以毕克卷转虫（Ammonia beccarii）、轮孔虫科（Rotaliidas sp.）、冷水筛诺宁虫（Cribrononion frigidum）、希瓦格诺宁虫（Nonion schwageri）和希望虫（Elphidum sp.）为代表，个别为浮游类泡抱球虫（Globigerina bulloidesw）。均为近岸浅海种。

在中段与下段即 6.26～24.8 m 深层间，有孔虫丰度比上部低，主要以轮孔虫科、毕克卷转虫、希瓦格诺宁虫、冷水筛诺宁虫和诺宁虫（Nonion grateloupi）为代表，可能为滨海或近岸浅海。在 12.10～12.25 m 的浅橄榄灰色的夹黏土粉砂中，有凸扁镜蛤（Dosinia〈Phacosoma〉gibba Adoms），为滨海至水深 60 m 处贝类；在 16.10～16.50 m 深段的暗黄棕色黏土中，含有华丽篮蚬（Corbicula leana Prime），半咸水至淡水种，箱蚶碎片（Area〈Arcp〉sp.），晚更新世至今。

沉积层年代：在 -6.58～-6.66 m 层橄榄黑黏土层中取贝壳，经 AMS ^{14}C 测年约（2005±40）a. BP（北大 BAO90484）；在 9.39～9.41 m 处深黄棕黏土质粉砂层中获取的毛蚶碎片，经 AMS ^{14}C 测年约（3 375 ± 30）a. BP（北大 BAO90485）；在 12.20 ~ 12.21 m 的浅橄榄灰粉砂层中，取出凸扁镜蛤贝壳之碎片，经 AMS ^{14}C 测年（4 290 ± 40）a. BP（北大 BAO90486）。上述定年序列是可信的。在上部 2.85 m 层中棕灰色黏土层中取样测年为（5 900 ± 35）a. BP（北大 AMS 90482），与下面年龄顺序不符，估计为侵蚀搬运之再沉积，故剔除。总之，上段与中段为全新世沉积是有确定依据的。

下段：15.02 ~ 24.8 m 深层，陆源黏土为主体的浅海沉积。表层 15.02 ~ 15.14 m 间以橄榄灰色（5Y4/1）粉砂质黏土薄层为界面，它与上下层之间均为侵蚀面接触，而该层以下至孔底的下段，均以暗黄棕色（10YR2/2）与深黄棕色（10YR4/4）的黏土层为主，粉砂成分明显减少，仅含 6 个橄榄灰色的粉砂质黏土薄层。质地、颜色与中段不同，定年数据老，故以 15.14 m 处的侵蚀面即中段沉积之底层定为苦水洋海域沉积的全新世下界。

中部　15.14 ~ 20.8 m 为浅海沉积。以暗黄棕色（10YR2/2）的黏土层为主体，夹有深黄棕色（10YR4/2）粉砂，浅黄棕色（10YR6/2）黏土质粉砂、粉尘，成薄层理，或沙波与沙斑，亦夹有浅橄榄灰（5Y5/2）或橄榄灰色（5Y3/2）粉砂质黏土薄层。黏土层质地均一，无层理，但在 17.1 ~ 17.2 m 处，具虫穴孔道，（$d = 0.7$ cm，孔道长 1.0 ~ 2.0 cm），经侵蚀截断，孔道内填充粉砂，相接的下部黏土层中有虫粪粒，如芝麻状散布，似潮下带沉积。在 16.1 ~ 16.5 m 深处的黏土层中，有窝状的贝壳碎屑（毛蚶与扁玉螺碎片），黏土中含有华丽篮蚬及箱蚶碎片，发现一保存完整的文蛤（2.2 × 2.0 cm），壳面已风化。其下为黏土—粉砂—贝壳混杂沉积，为海底泥质浊流沉积。该层贝壳经 AMS ^{14}C 测年约为（27 830 ± 100）a. BP（北大 BAO90487），在 19.28 ~ 19.3 m 处暗黄棕色黏土经 AMS ^{14}C 测年为（31 975 ± 100）a. BP（北大 BAO90488），年序表明时代已至晚更新世，因此，定 15.02 ~ 15.14 m 深处上下均为侵蚀界面层为全新世沉积下限，是合理的。下段的黏土与含粉砂黏土层中具沙波，扁豆体状与水平层理，反映是具微波影响的潮汐层理，在 −22.5 ~ −23.5 m 之间，细粉砂质黏土（粉土）层理，在 31 cm 厚的层中达 21 层，层厚 0.7 cm、0.8 cm、0.6 cm、0.1 cm、0.1 cm、0.3 cm、0.2 cm、0.5 cm、0.1 cm、0.1 cm、0.1 cm、0.2 cm、1.6 cm、3.0 cm、1.6 cm、0.4 cm、1.0 cm、0.6 cm、1.6 cm、1.4 cm、1.3 cm、0.2 cm、0.9 cm、2.1 cm 不等，其排列具有大、小潮间隔之特点。

自 20.8 ~ 24.8 m 的孔段底，在 4 m 厚的底层中，有两层值得注意的沉积结构：

① 自 22.26 m 向上至 21.89 m，出现棕灰色黏土、粉尘层，再向上至 21.35 ~ 20.89 m 为橄榄灰色（5Y3/2）黏土与粉尘沉积，这两层颜色泛紫色或为炉渣色，与上、下层的深黄棕色（10YR4/2）迥异，此现象在烂沙洋 07 - SR - 09 钻孔中及苏北平原宝应 1 号孔中均有反映，作者认为是漂移的火山尘影响，即距今约 31 000 年前曾是火山构造活动期。

② 在 22.45 m 深处，保存着一层厚约 3.5 cm 的中黄棕色（10YR5/4）古土壤层，具团粒结构与孔隙未发现植物根系，但滴盐酸起泡，其下界为斜切层面。4 号沉积孔底部 23.71 ~ 24.80 m 为暗黄棕色（10YR2/2）黏土层，夹有 37 层深黄棕色（10YR4/2）粉尘薄层（层厚 1.2 cm、0.8 cm、1.7 cm、2.7 cm、1.1 cm、1.9 cm、2.0 cm、2.9 cm、2.5 cm、0.9 cm、1.1 cm）及小于 0.1 cm、0.1 cm、0.2 cm 微层。这种现象可延至上部约 20 m 深层处，再结合火山尘之沉积，反映出苦水洋 04 孔下段沉积时，经常受到尘埃漂浮物之影响，即风力沉积效应频繁。据 04 孔底 24.37 ~ 24.39 m 处黏土样品定年为（31 655 ± 170）a. BP（北大 BAO90489），故可推论距今 31 000 年左右，该区域经受到风尘沉积干扰。

3）辐射沙脊群北部西洋潮流通道

07-SR-01 孔，位于王港东北部潮流通道中，该处是大丰港航道，地理位置为：33°15.840′N，120°53.761′E，钻孔位置所在海底水深15.4 m，进孔深度36.1 m，历经疏浚的航道，底部沉积层经人工扰动显著（图5.52，见本书 P272 附图）。

沉积柱的岩相结构与颜色，大体上可分为以下五段沉积。

第一段，从海底表层至 10.36 m 深。以陆源沉积物在潮汐作用下的近岸海底沉积为特色。沉积结构反映出灰棕色（5YR3/2）与橄榄灰色（5Y4/1），或深黄棕色（10YR4/2）与浅黄棕色（10YR6/2），或灰棕色与浅黄棕色交互成薄层的粉砂与黏土，或粗粉砂、极细砂与黏土交互成层，是潮汐涨落的相关沉积。上段在 3.0 m 以深至 9.0 m 深段为潮流通道沉积相：灰棕色与深、浅黄棕色粉砂与黏土互层，粉砂层具波形、丘形层理或沙波束。互层具双向交错层理，羽状层及前积层形斜层理及水平层理，含透镜体、贝壳残片及片壳屑，含黑色有机质层，碳质层（具扰动结构）。潮流通道层沉积层位表明系全新世沉积，3.0～3.82 m 深处黏土 AMS ^{14}C 测年为（3 920±35）a. BP。在上段 0～9.35 m 深度层间钙质、有孔虫丰度高，共有 13 类种属，以毕克卷转虫（*Ammonia beccarii*）、诺宁虫（*Nonion grateloupi*）、筛九字虫（*Cribrononion Poeyanum*）、少室卷转虫（*Ammonia Pauciloculata major*）、希望虫（*Elphidium* sp.）、轮孔虫科（*Rota lliids*）、希瓦格诺宁虫（*Nonion schwageri*），冷水筛诺宁虫（*Cribrononion frigidum*）为代表，大部分是苏北及沿海常见分子，个别浮游类有孔虫，为海滨至近岸浅海环境。此深度层中多有人工扰动迹象：表层发现风化的老贝壳残段、钙质礁块及一小砾石，贝壳经 AMS ^{14}C 测年为（3 920±35）a. BP（北大 BAO90468）；而其下在 0.81 m 处碳质层测年大于 43 000 a. BP（北大 BAO90469）；由于在 6.3～6.6 m 深处沉积中有尼龙渔网丝等，据此认为上段 6 m 深层以上为人工扰动后沉积，是上段表层为潮流通道沉积相后的又一特点。9 m 层以深至孔底 10.36 m 为灰棕色、橄榄灰色粉砂黏土互层；深黄棕色与浅黄棕色粉砂夹黏土互层，粉砂夹黏土块及黏土夹粉砂斑层次结构，底部 10.19～10.36 m 为中黄棕色（10YR5/4）及浅橄榄灰色（5Y6/1）贝壳砂层，贝壳已风化，该层中发现有似沼螺（*Assiminea violacea Heude* 近海岸相）、玉螺未定种（*Natica* sp. 近海岸相）、篮蚬未定种（*Corbicula* sp. 淡水至河口）、篮蛤未定种（*Corbula* sp. 河口相）等，表明仍为近岸浅海沉积。在 9.41～9.59 m 处贝壳经 AMS ^{14}C 测年大于 43 000 a. BP，估计仍有倒置。因为该钻孔在大丰港西洋航道中，该处疏浚频繁，有抛泥物质混入。

第二段，位于沉积柱体 10.36～14.74 m，其特点是以黏土层为主，顶部为 0.92 m 厚灰黑色（5YR2/1）黏土，均质，切面光亮，夹有橄榄灰色（5Y3/2）黏土块；底部为橄榄灰（5Y3/2）与浅橄榄灰色（5Y6/1）黏土，具沙斑；而中部为 2.25 m 厚的橄榄灰色（5Y3/2）黏土与 22 个薄层的深黄棕色（10YR4/2）的贝壳砂交互成层，使中段沉积层结构显明，并以侵蚀面与上、下段沉积层交界。贝壳砂层中的壳体多经风化，色暗红，但形体完整，有螺及白蛤。黏土层在顶部的一段（11.42～11.87 m 处）厚 45 cm，其下黏土层一般厚约 8 cm。11.32～11.36 m 贝壳层中有一扭曲状火山弹，12.68～12.71 m 中亦见一火山砾（3.3 cm×0.3 cm），11.68 m 处发现一大螺。该层 AMS ^{14}C 测年大于 43 000 a. BP（北大 BAO90472）。贝壳砂层色泛红与漂浮而来的火山尘与沙砾有关。扭曲状的火山弹证实了南黄海在晚更新世曾有火山爆发之砂尘落入。

中部贝壳砂层中的贝壳与有孔虫生物化石有：原茎舌形螺（*Polinices〈Glassaulax〉ampla*

Philippt 近岸相)、华丽篮蚬（*Corbicula leana Prime* 淡水—河口相）、黑龙江篮蛤（*Potamocorbula amurensis* 〈*schrenck*〉河口相）、斑玉螺（*Naticatigrina*〈*Roding*〉近海岸相)，无线卷蟓螺（*Turbonilla*〈*Turbonilla*〉*nonlinearis Wang* 近海岸相)，牡蛎碎片（*Ostrea* sp. 海滨到河口相）、沼螺（*Parafossarulus* sp. 淡水湖沼）、似沼螺（*Assiminea* sp.）、河篮沼碎片（*Potomocorbula* sp. 河口相）、篮蚬（未定种）碎片（*Corbicula* sp. 淡水到河口相）。此外，在 11.32 ~ 13.54 m 层中找到丰度较高的有孔虫，以罗特假轮虫（*Pseudorotalia schroeteriana*）、同现卷转虫（*Ammonia annectens*）为主，属典型浅海有孔虫。

据上述沉积结构，可认为第二段是以陆源泥沙为主的近岸浅海环境沉积。

第三段，自 14.74 ~ 18.14 m，为海滨河湖相沉积，受到潮水与洪水泛滥影响，当时受火山构造活动所喷发的炙热火山尘影响显著。沉积物以黏土，或粉砂质黏土为主，以深黄棕色（10YR4/2）与中黄棕色（10YR5/4）深浅不同的黏土而显层次，具交错层理、楔形层理、波状的水平层理，含铁锰结核。中棕色（5YR4/4）与灰棕色（5YR3/2）层黏土层中，含火山砂、砾、炙烤层（12 cm 厚）。层中亦含贝壳屑、螺与文蛤碎片，在 15.72 ~ 16.21 m 层中的贝壳经测年为（35 495 ± 140）a. BP（北大 BAO90474）。底部 17.10 ~ 18.14 m 为硬黏上，颜色为浅黄棕（10YR6/2）、中黄棕（5YR5/4），浅橄榄灰（5Y6/1）、灰棕色（5YR3/2）与暗黄绿色（5GY5/2），杂色层无层理，但颜色分别明显，硬黏土应与火山尘砂杂入有关，炙热冷却而变硬。硬黏土为长江三角洲地区（或受长江影响的邻近区）的代表性地层，在 17.2 m 处 ^{14}C 测年为大于 43 000 a. BP（北大 BAO90475），在 17.89 m 及 18.14 m 层中贝壳经 AMS ^{14}C 测年为（42 185 ± 320）a. BP（北大 BAO90476），是晚更新世的沉积地层。在第三段的 14.74 ~ 15.04 m 中发现纹沼螺（*Parafossarulus striatulus*〈*Bensen*〉为淡水湖泊、缓流小溪或小水潭环境）、黑龙江篮蛤（*Potamocorbula amurensis*〈*schrenck*〉河口相）、平行须蚶（*Barbatia Paralle logramma Bush* 潮间带至河口相）。在 14.95 ~ 15.00 m 段发现丰度低的有孔虫：施罗特假轮虫（*Pseudorotalia schroeteriana*）、同现卷转虫（*Ammonia annectens*，为非正常浅海环境种属）。在 16.21 ~ 16.33 m 发现纹沼螺、白小旋螺（*Gyraulus albus*〈*Möller*〉淡水湖泊相)、雕刻织纹螺（*Nassarius*〈*Phrontis*〉*Caelatulus Wang* 浅海相）及黑龙江篮蛤碎片。16.56 ~ 23.95 m 有孔虫与 0 ~ 9.35 m 处相似，但出现少量钙质无孔壳类：亚恩格五块虫（*Quinqueloculina Subumgeriana*）、窄室曲形虫（*Sigmoilina tenuis*）、五块虫（*Quinqueloculina inflata*），推测为滨海至近岸浅海。贝壳与有孔虫化石可为前述沉积环境分析之佐证。

第四段，为 18.14 ~ 22.18 m 深之柱体，为河流泛滥平原沉积相，其特点是：底部为 1.2 m 厚中黄棕色（5YR5/4）与中棕色（5YR3/4）含极细砂的粉砂层，上覆 1.2 m 厚极细砂层，均以侵蚀面交接，在 19.0 m 处含淡水湖泊相的似沼螺（*Assiminea* sp.），20.28 m 深处发现火山砂胶结的贝壳块体，附近多处棕色纹理及数层碳质层，下部粉砂层中 21.94 ~ 21.97 m 处存在一中棕色（5YR3/4）泥块（3 cm × 3 cm），均似火山尘影响；自底层向上为粉砂与黏土互层（深、浅黄棕色，浅棕色与橄榄灰色）；再向上过渡为中黄棕与橄榄灰色粉砂与黏土夹层；以至橄榄灰、橄榄黑色（4YR 2/4）与深黄棕色黏土层（与第三段硬黏土以侵蚀面相交），此层中含砂礓结核（2.6 cm × 2.7 cm），钙质结核及泥砾等。沉积结构反映出为陆相河流（具二元结构）泛滥平原（有蒸发之礓石结核）沉积。在极细砂层中的 −20 m 深处捡出的贝壳经 AMS ^{14}C 测年为（42 645 ± 615）a. BP（北大 BAO90478），在 18.79 m 处经 AMS ^{14}C 测年为大于 43 000 a. BP（北大 BAO90477），在 21.10 m 处经 AMS ^{14}C 测年为大于 43 000 a. BP（北大 BAO90479）。所以第四段年代估计为 43 000 a. BP 左右。

第五段，为 22.18 ~ 25.19 m 沉积柱（已至孔底）。

顶部 22.18 ~ 23.31 m 处为深黄棕色（10YR4/2）、浅橄榄灰色（5Y6/1）与中棕色（5YR3/4）含泥斑之粉砂层，其下自 23.31 ~ 24.34 m 为深黄棕色黏土与浅橄榄灰色粉砂层，或黏土与粉砂互层为特征，上部黏土层中多见虫孔填充之粉砂斑或细柱体，粉砂层中多泥质条斑，豆状泥斑、泥条、多含贝壳屑；中部粉砂层多，可厚至 0.6 m，其下黏土质增多，含贝壳、小螺，多风化，黏土层中现水平层理（0.2 ~ 0.3 cm 厚）及龟裂纹层，底部富含贝壳，一较完整的小白蛤，壳体已经风化泛黄色；粉砂斑呈丘状（L: 6 cm，H: 1.5 cm），及沙波状。孔底 24.34 ~ 25.19 m 为深黄棕色（10YR4/2）、橄榄灰色（5Y3/2）与中黄棕色（5YR5/4）粉砂质黏土与黏土质粉砂层，黏土中夹有中黄棕色粉砂条，上部粉砂含量多，隐现水平层理及波状与交错层理。估计第五段似潮滩沉积，具上部潮滩之黏土龟裂与下部潮滩之沙波，但层序杂乱。

综上所述，西洋 07 - SR - 01 孔，表现出海侵晚更新世陆地平原发育为潮流通道之过程。西洋潮流通道成型于全新世中期以来。保存着良好的潮流通道沉积结构。至今仍处于海平面上升，通道受蚀的过程之中。

4）辐射沙脊群南部小庙洪潮流通道内段牡蛎礁孔——07 - SR - 11

07 - SR - 11 号孔位于 32°8.988′N，121°32.821′E，起钻处于水深 2.5 m，进尺 70.9 m，为本次在辐射沙脊群一组钻孔中进尺最深的（次深的孔是 07 - SR - 10 为 70.2 m，在小庙洪潮流通道中段）。07 - SR - 11 孔获得的沉积层柱体长 51.20 m。沉积结构反映出小庙洪继承古长江支流汊道，后因古长江南迁，在全新世发展成为河口湾及潮流通道的过程。据孔芯沉积特性，划分为以下五段沉积（图 5.53，见本书 P279 附图）。

第一段，从现代海底（水深 2.5 m）~ -1.55 m 深处的侵蚀面是厚度为 1.55 m 的海底牡蛎礁层。

① 顶层是 0.44 m 厚的深黄棕色（10YR4/2）粉砂质黏土层，含较多浅黄棕色粉砂条斑，其顶部 5 cm 深处有一层 0.09 m 厚的牡蛎壳体与贝壳，为密鳞牡蛎（*Ostrea denselanmellosa Lishke*），为海相至滨海相牡蛎，可生活于潮下带及水深 30 m，为黄海、渤海常见种，其时代自晚更新世至现代。此处为生长在潮下带的牡蛎。

② 其下部为 0.21 m 厚中棕色（5Y3/4）黏土层，含浅黄棕色（10YR6/2）粉砂透镜体——是经侵蚀残留之波痕，波高为 1 ~ 2 mm。

③ 向下 0.35 m 厚灰棕色（5YR3/2）黏土与牡蛎礁层，有完整的牡蛎壳体（8 cm × 6.5 cm × 0.9 cm），壳内有粉砂质黏土填充，黏土层内有牡蛎碎片。仍为密鳞牡蛎分布于 0.9 m 深处，此处牡蛎壳经 AMS ^{14}C 测年为（360 ± 30）a. BP（北大 BAO90450）。

④ 0.25 m 厚橄榄灰色（5Y4/1）与灰棕色（5Y3/2）粉砂层，此层顶部有 6 cm 厚极细沙（M_Z = 3.5），含云母及植物碎片；下为粉砂质黏土（M_Z = 5.8）；下部为 14.5 cm 厚粉砂层。

⑤ 1.25 ~ 1.40 m 深处为深黄棕色（10YR4/2）粉砂质黏土层，含有密集的牡蛎碎片堆积层。此层牡蛎碎片测定年为（535 ± 30）a. BP（北大 BAO90451）。沉积速率为 0.002 3 ~ 0.002 6 m/a。

⑥ 1.40 ~ 1.55 m，深黄棕色（10YR4/2）与暗黄棕色（10YR2/2）粉砂与黏土质粉砂互层，粉砂层具波状丘（L: 6 cm，h: 2 cm），有碳化的牡蛎壳。

上述表明：此处底质为粉砂，牡蛎礁层中含粉砂黏土质夹层，牡蛎可于上繁殖，但发育不及硬质基底者适宜，该处原为河口湾（estuary）后因海侵发展为潮流通道内段，有一定的淡水影响，牡蛎礁形成后，却为后代提供了坚硬的生长基底①。在浪流一定的冲蚀作用与搬运再堆积情况下，牡蛎层的不同部位，其形成年代有差别，需在取样时注意。

第二段，从 1.55 m 深处至 13.62 m 深层段，厚度为 11.57 m，属海侵型潮下带浅海沉积相，以深黄棕色（10YR4/2）黏土与暗黄棕色（10YR2/2）黏土质粉砂层为主体，夹有 5 层橄榄灰（5Y4/1）或浅橄榄灰色（5Y5/2）粉砂层（厚约 0.81 m、0.15 m、0.25 m、1.29 m、0.18 m）。黏土与含粉砂层交互成层，粉砂成沙波状薄层理、不连续的透镜体及扁豆体或断续纹层，黏土多为页状层理，黏土层中有虫穴，孔道及粉砂填充的斑点与条纹。潮汐层理结构显著，1 m 厚黏土层中有保存完好的月潮汐层理（半日潮型）。在 0~12.2 m 深层中含有孔虫，钙质有孔虫为主，种属有条纹箭头虫（*Bolivoma Striatula*）、诺宁虫（*Nonion grateloupi N. sp.*）、毕克卷转虫（*Ammonia beccarii*）、*Noninella* sp. 等，还有钙质无壳类的平坦五块虫（*Quinqueloculina Complannata*）及 *Quingueloculina lamarckiana* 等。底栖有孔虫居优势，仅见 1 枚浮游有孔虫，微体古生物群组反映为海滨—近岸浅海沉积环境。

① 在 3.9 m 深黏土层中取样，经 AMS ^{14}C 测定为（4 340±40）a. BP（北人 BAO90452）。在 11.3 m 深黏土层中取样，经 AMS ^{14}C 测定为（4 670±35）a. BP（北大 BAO90453），该黏土层沉积速率似为 2.12 cm/a。

② 自 4.70 m 深处向上，沉积层从黏土层为主，渐转为黏土、粉砂层，至 2.61 m 层向上成为以粉砂为主。反映出：自全新世中期以来，小庙洪潮流通道内段浪流增强，可能是海平面上升之效应。

第三段，自 13.62~21.94 m，浅海沉积相。其中，13.62~18.76 m 层，具火山尘影响。以灰棕色（5YR3/2）与棕灰色（5YR4/1）黏土层为主，均含有橄榄灰色（5Y4/1）粉砂或粉砂质地细薄层理（约 1 mm），黏土质地均一。

① 上部自 13.62~14.78 m，黏土层中粉砂质成波状层理与斜层理。含有碳屑、碳黑条斑与云母片，具虫孔与填充结构，上部层底部有 15 cm 厚的一层棕灰色细粉砂层。

② 中部自 14.78~18.76 m，顶部为 15 cm 厚棕灰色（5YR4/1）细粉砂层覆盖，下部为灰棕色（5YR3/2）黏土层，厚 3.91 m（14.93~18.14 m），似火山尘持续降落沉积，具有隐层理。其下有 0.62 m 厚之灰棕色黏土层，特点是含浅黄棕色细粉砂夹层（1 mm），具有双向层理与有机质，底部具有泥斑，基底为橄榄灰色（5Y4/1）粉砂薄层。次灰棕色黏土层与上、下层间皆以侵蚀面相交，为水流沉积结构。中部层中大量火山尘降积，当时构造变动活跃。在 14.78~14.93 m 棕灰色（5YR4/1）细粉砂层中之有孔虫及螺（无线卷蝶螺）^{14}C 测年为（5 855±30）a. BP（北大 BAO90454）。

③ 下部自 18.76~21.00 m，深处为暗黄棕色（10YR2/2）黏土层，质地较均一，但仍含有浅黄棕色（10YR6/2）细粉砂薄层理（1 mm），页状层理纹层，以及丘状泥斑，亦具双向层理与侵蚀面。

④ 底层自 21.00~21.94 m。上部为灰棕（5YR3/2）—橄榄灰（5Y4/1）—深黄棕色（10YR6/2）夹杂的黏土层，含不规则的粉砂层；灰棕色（5YR3/2）、橄榄灰色（5Y4/1）黏土（31 层）与粉砂层（30 层）交互成波状水平层理，含交错层理状的黏土带，为保存完善之潮汐层理。底部为橄榄灰色（5Y4/1）细砂层，含黏土与粉砂，含贝壳屑与云母屑，细砂

---

① 牡蛎适应于生长在咸淡水交互环境的基岩底质上。粉砂质底质经水流拍压较硬亦可生长。

层底显现交错层，含黏土与粉砂，含贝壳屑与云母屑，细砂层底显现交错层，其下为侵蚀面。作者将此 22 m 厚层处定为全新世下限，细砂层反映系海平面上升动力加强之沉积，其下以侵蚀面与残留的硬黏土层相交——此为区域性晚更新世末代表层。小庙洪潮流通道沉积反映出始自全新世以来，历经侵蚀，但具河源泥沙、火山尘及生物礁堆积之特点，总体上看，全新世沉积速率较大。

（360 ±30）a. BP ~ 现代，沉积层净积率为 0.27 cm/a；

（535 ±30）a. BP ~（360 ±30）a. BP，沉积层净积率为 0.31 cm/a；

（4 340 ±40）a. BP ~（535 ±30）a. BP，沉积层净积率为 0.12 cm/a；

（4 670 ±35）a. BP ~（4 340 ±40）a. BP，沉积层净积率为 2.12 cm/a；

（5 855 ±30）a. BP ~（4 670 ±30）a. BP，沉积层净积率为 0.31 cm/a；

（5 855 ±30）a. BP ~ 全新世始，沉积层净积率为 0.19 cm/a。

第四段，21.94 ~ 34.84 m 层，为潮侵、泛滥的滨海平原沉积相。

① 上部自 21.94 ~ 31.40 m，为杂色沉积—橄榄灰（5Y4/1）与深、浅橄榄灰色（5Y5/2）细砂、中细砂层，黄棕（10YR6/2）与深（10YR2/2）、暗黄棕色（10YR4/2）黏土与中砂层，棕红色（10R3/4）、巧克力色（10R2/2）黏土层，浅灰色（N6）粉土层，浅灰（N6）与棕灰色（5YR4/1）粉砂质黏土层等，不同粒度层间均以侵蚀面交接。粗、细粒度层相接具有河流二元结构特点。中砂层均质无层次，可厚达 1 m，细砂层与黏土层多含粉砂薄层，水平或丘状层理，含碳黑质。细砂层中常见透镜体泥砾与有机质，黏土层中具粉砂条斑嵌入体、双向交互层理与交错层理。在 30.09 ~ 30.23 m 中细砂层中发现雕饰似沼螺比较种（*Assimimea cf. sculpia yen*）及小型平卷螺。在 30.91 m 深处，木屑测年为（42 655 ±485）a. BP（北大 BAO90454）。硬结黏土不显层理，多次出现，在此孔中多为蚀余的残留层。杂色与硬黏土为陆相与海陆交互相沉积，砂与黏土交叠的沉积层具河流二元结构沉积特点，但细砂层、粉砂层与黏土层交互组成页状层理沉积赋有潮汐作用之结构，含浅海相贝壳化石等。结合下部硬黏土层与上覆潮汐层理之特点，将第四段定为潮侵的泛滥平原沉积，是海、陆双向动力交互作用之结果。

② 下部自 31.17 ~ 34.89 m 为橄榄灰色（5Y3/2）、深黄棕色（10YR4/2）粉砂层，与黏土质粉砂及粉土夹层，具页状潮汐层理，含硬结之黏土块。底部粉砂层中受火山影响，为灰棕色，黏土层中有生物扰动结构。此处沉积层结构特点又一次反映硬黏土形成与炙热的火山灰、尘、砂加入，使黏土层烘干失水之故。下部层在 33.4 m 处的有机质经 AMS [14]C 测年为（42 965 ±300）a. BP（北大 BAO90460）。

第四段，在 26.6 m 处木质残体[14]C 测年大于 43 000 a. BP（北大 BAO90456）；在 27.8 m 处枯叶[14]C 测年大于 43 000 a. BP（北大 BAO90457）；在 28.5 m 处木屑[14]C 测年大于 43 000 a. BP（北大 BAO90458）。上述三组测年均为木质残体漂浮而来，但可从 33.4 m 测年值获得为（42 965 ±300）a. BP。总之，第四段为晚更新世沉积。

第五段，34.89 ~ 51.20 m 为入海河流河口湾沉积相。

除顶部 0.45 m 厚的橄榄灰色细砂层之上有 0.16 m 深黄棕色（10YR4/2）黏土层，及细砂层受火山尘降积有 0.8 m 厚的灰棕色（5YR3/2）黏土层（含虫孔与沙斑）外，本段沉积为厚约 15 m 的中细砂层，个别层次为中砂，底部有细中砂及中粗砂层。石英、长石质砂为主，含云母与黑色矿物，以深黄棕色为砂层主色，亦有灰棕色、橄榄灰色含黏土之细砂层。上部层中，略现层理，偶见贝壳残体——40.52 m 深处发现副豆螺（*Parabithynia* sp.），

233

41.76 m 深处有一窝贝壳残体。下部层中（46.1 m 以下）砂层中保存完好的粗、细粒度与深浅色交互的水平层理，含螺壳（小旋螺、沼螺）、文蛤及毛蚶碎片。在 48.42 m 中粗砂层中发现一火山弹（3.1 cm×2.5 cm）内嵌有贝壳及砂。下部层中表现出明显的河海交互相沉积，具潮汐层理，受火山沙尘影响，含浅海与淡水螺贝：48.38 m 处发现长角副豆螺（*Parabithynia lognicornis Benson*）、纹沼螺（*Parafossarulus striatulus Benson*），48.39 m 处蚶螺未定种（*Nassarius zeuxis* sp.）、（*Clatula* cf. *taiwanensis Nomura*），48.40～49.02 m 发现白小旋螺比较种（*Gyraulus* cf. *albus Muller*）、亚角沼螺（淡水种 *Parafossarulus subangulatus Martens*）；48.75～48.90 m 处采到平行须蚶（*Barbatia parallelogramma Busch*），为潮间带至数十米深浅海种，东台群二组、晚更新世至现代；49.02～49.07 m 长角副豆螺（*Parabithynia lognicornis Benson*）、粗豆螺香港亚种（淡水种）（*Bithynia robusta hongkongesis yen*）；49.45～49.49 m 采集到纹沼螺（*Parafossarulus striatulus Benson*）及文蛤（*Meretrix* sp.），亦为东台群二组，晚更新世至现代种；50.26～50.40 m 有无背卷蝶螺（*Turbonilla nonnota Nomura*）。第五段实为入海河流——古长江的河口湾沉积，在南黄海大河中唯有长江含有细砂与细中砂粒级及厚层沉积。第五段底部为灰棕色（5YR3/2）与浅橄榄灰色（5Y5/2）的粉砂质黏土沉积，具泥质纹层与粉砂质条斑，在 51.18～51.20 m 地层发现文蛤碎片（*Meretrix* sp.），为潮滩相沉积。

第五段沉积层定年，基本为晚更新世，但顺序有混乱，似测试样品不佳，贝壳碎片有现代碳质污染，木质碎屑为漂来沉积，时代偏老，有机质黏土与螺体所测年代较顺。各层测年结果：

在本段顶部 −38.10 m 处碳屑测年为大于 43 000 a. BP（北大 BAO90461）；

在 41.3 m 处有机质黏土取样为（22 130 ±60）a. BP（北大 BAO90462）；

此样品测年资料较上层年代少。

在 45 m 处贝壳碎片定年为（785 ±30）a. BP（北大 BAO90463），在 47.5 m 处文蛤碎片 [14]C 测年为（40 935 ±370）a. BP（北大 BAO90464），在 49.1 m 处沼螺 [14]C 测年为大于 43 000 a. BP，在 50.5 m 处沼螺 [14]C 测年为（34 440 ±235）a. BP。与辐射沙脊群区其他沉积孔相比较，（34 440 ±235）a. BP 及（22 130 ±60）a. BP 资料似为合理。所以，小庙洪潮流通道细砂—细中砂为主的沉积层时代为（34 440 ±235）a. BP 至（22 130 ±60）a. BP。

综上所述，钻孔资料反映出：在辐射沙脊群的枢纽部分，如东潮滩的三明孔及弶港、烂沙洋 07-SR-09 孔，南部小庙洪 07-SR-11 孔均在 30 m 以深处揭示古长江沉积细砂层。北部西洋 07-SR-01 孔及东北部苦水洋 07-SR-04 孔均未现厚层细砂沉积，证实"八五"期间研究的成果，古长江层自弶港出海后南迁至小庙洪。经"908"项目调查研究后认为，大体上在 43 000～34 000 a. BP 时，古长江曾在烂沙洋出口，至小庙洪大体上在（34 440±235）a. BP 或（22 130±60）a. BP 之时，至全新世时，古长江主支已迁离苏北黄海海域，但河流支脉仍有影响，小庙洪曾经历河口湾阶段。东北部沙脊与潮流通道是在全新世辐射状潮流场动力改造古海岸沉积所形成，北部西洋潮流通道是全新世冲蚀古海岸与滨海平原而成，系海侵冲蚀地貌。

5.3.3.6　辐射沙脊群主体部分现代冲淤变化动态分析[①]

冲淤变化主要根据新旧海图比较与测深资料比较。海图是采用海军司令部航海保证部

---

① 本节由硕士研究生高敏钦、徐亮分析、执笔。

1:200 000的海图,以1979年的三丫子港至川腰港的海图为基本依据,与1963—1968年绘制的椰子港至川腰港的海图作比较,获得1963—1968年至1979年约14年期间之冲淤变化状况。其次,又与21世纪"国家近海海洋综合调查与评价"("908"专项)的2006年实测西洋与蒋家沙海域的1:100 000海图,以及江苏南通如东港2005年实测的烂沙洋与黄沙洋区1:75 000水深资料作对比(图5.54,表5.12)。因此,所获得的是辐射沙脊群区主体潮流通道海域间近38年的水深变化。

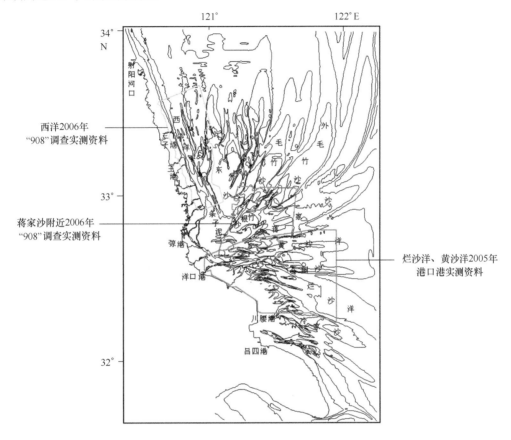

图5.54 南黄海辐射沙脊群21世纪初实测水深范围

表5.12 南黄海辐射沙脊群现代冲淤对比资料依据

资 料	经纬度范围	来 源
1963—1968年椰子港至川腰港1:200 000海图	32°12′~33°23′N,120°40′~122°30′E	中国人民解放军海军司令部航海保证部
1979年三丫子港至川腰港1:200 000海图	32°12′~33°23′N,120°40′~122°30′E	中国人民解放军海军司令部航海保证部
2006年西洋1:100 000水下地形图	32°50′~33°22′N,120°46′~121°8′E	江苏"908"专项调查
2006年蒋家沙附近1:100 000水下地形图	32°40′~33°03′N,121°4′~121°39′E	江苏"908"专项调查
2005年烂沙洋、黄沙洋1:75 000水下地形图	32°11′~32°55′N,120°51′~122°20′E	南通洋口港开发办公室

研究方法:通过地理信息系统(GIS)相关软件,利用水深资料建立数字高程模型(DEM),它是区域范围内规则格网点的平面坐标(X,Y)及其高程(Z)的数据集或者是经

度 λ、纬度 Φ 和海拔 h 的数据集。构建 DEM 并验证后，利用 GIS 空间分析功能，通过叠置对比不同时期的 DEM，即可生成冲淤变化图，并可计算相应区域的冲淤量、冲淤面积、冲淤厚度及冲淤速率。由于海图资料为栅格图像，均需经数字化与校正，生成相应的等深线和水深点数据；收集到的区域实测资料为计算机辅助设计（CAD）的 dwg 格式，所以需要对其进行格式转换，并与海图资料进行统一的投影、坐标转换，使所有资料具有统一的投影、坐标信息，避免计算误差。

具体工作过程如下：① 用 GIS 软件将 1963—1968 年和 1979 年的 1∶200 000 海图进行配准校正，转换成具有统一地图投影、统一地理坐标的数字栅格地图。② 用 GIS 软件进行数字化，数字化过程以点模式和线模式采集数据，其中，海图中的水深值已统一到理论深度基准面。③ 数据格式转换，实测资料的水深值均已统一到理论深度基准面，将 dwg 格式的 2006 年西洋、蒋家沙及其附近 1∶100 000 水深资料及 2005 年烂沙洋、黄沙洋 1∶75 000 水深资料均转换为统一投影、坐标信息的 shapefile 格式文件。④ DEM 建立，在 GIS 软件中用 Kriging 插值法对不同时期各个区域的水深点数据进行内插，分别生成栅格数据模型（GRID），进而生成 DEM。利用 GIS 的空间分析功能，通过叠置对比不同时期各个区域的 DEM 生成冲淤变化图，以分层设色达到最佳显示效果。⑤ 冲淤计算，在 GIS 软件中根据已经建立的冲淤变化图，利用体积和面积的计算工具，计算不同时期各个区域的冲淤相关数值，了解当代辐射沙脊群主体部分冲淤的时空分布与变化趋势。

限于重复测深资料是局部的，集中于枢纽部的主潮流通道、大沙脊以及北部大丰港航道部分，因此，尚难以总结沙脊群整体的冲淤变化。而 3 处对比结果表明均具有水深加大的冲蚀效应，明显反映海平面上升的积累结果，冲刷产物则在潮流通道两侧沙脊的不同部位，有不同程度的淤浅。具体冲淤状况分别阐述之。

（1）西洋潮流通道冲淤变化

1963—1968 年至 1979 年冲淤变化对比图（图 5.55）反映出：在约 14 年的时间里，西洋潮流通道处于自然的冲刷状态，东通道比西通道冲刷强烈（东通道冲刷大于 9 m，西通道冲刷 3~6 m）；东通道的小阴沙与瓢儿沙之间，瓢儿沙与三沙丫子之间冲刷显著，连成一片，其中瓢儿沙和三沙丫子之间局部冲刷大于 12 m，原因是开口朝向 NE 向强浪，通道顺直，向内束狭，浪流冲刷效应显著。

1979—2006 年冲淤变化对比图反映出（图 5.56）：在长达 27 年的时间里，三沙丫子和瓢儿沙有冲刷，但冲刷减弱，深水槽呈间断分布，冲刷深度 0~3 m；西洋西通冲刷加强，呈现大范围 0~6 m 的冲刷，部分深水通道冲刷大于 9 m，原因是大丰港的建立，人工疏浚航道，促进了潮流的自然冲刷，达到了良好的水深利用效果。但在潮流通道内侧和两旁的沙脊却有淤积，淤积厚度 0~3 m，局部在三沙丫子通道内部淤积厚度达到了 6~9 m，三沙丫子局部淤积 0~3 m（表 5.13a，5.13b，5.13c）。

表 5.13a　西洋潮流通道冲淤计算

时段/年	冲刷量 /×10⁸ m³	淤积量 /×10⁸ m³	冲刷面积 /×10⁸ m²	淤积面积 /×10⁸ m²	冲刷率 /（m/a）	淤积率 /（m/a）	净冲淤量 /×10⁸ m³	净冲淤率 /（m/a）
1963—1968 至 1979	6.54	5.71	2.76	2.48	0.169	0.165	−0.82	−0.011
1979—2006	9.16	6.84	3.05	2.44	0.111	0.104	−2.32	−0.016

注：表中"−"表示冲刷。

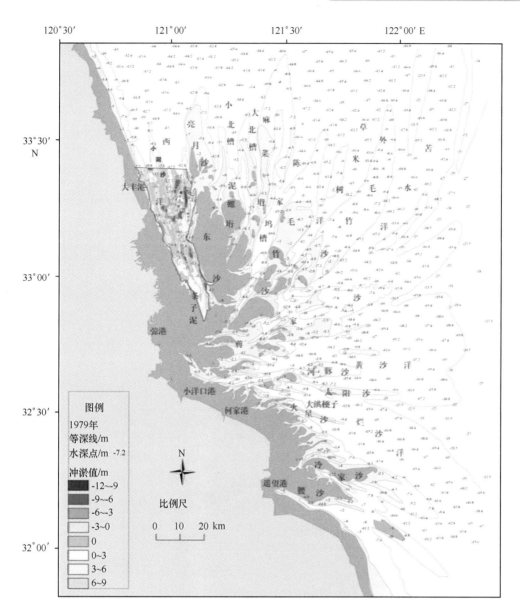

图 5.55　西洋潮流通道 1963—1968 年至 1979 年冲淤变化对比

注：据 1963—1968 年，1979 年航保部海图

表 5.13b　西洋潮流通道 1963—1968 年至 1979 年局部冲淤面积及冲淤变化值统计

经纬度范围	面积/ ×10⁸ m²	冲淤变化值/m
33°19′10″~33°21′45″N，120°48′47″~120°51′46″E	0.152	0 ~ +3 （局部 +3 ~ 9）
33°16′15″~33°22′30″N，120°55′06″~120°55′51″E	0.158	0 ~ +3 （局部 +3 ~ 9）
33°10′39″~33°20′50″N，120°53′04″~120°56′05″E	0.703	− 3 ~ − 9
33°05′41″~33°18′44″N，120°52′19″~120°56′15″E	0.540	0 ~ − 3
33°05′18″~33°16′05″N，120°57′43″~121°01′18″E	0.540	+ 3 ~ 6
32°56′04″~33°06′35″N，120°58′08″~121°06′10″E	0.50	0 ~ − 9
32°49′07″~33°03′27″N，120°56′37″~121°07′03″E	1.15	0 ~ +3 （局部 +3 ~ 9）

注：表中冲淤变化值 "−" 表示冲刷，"＋" 表示淤积。

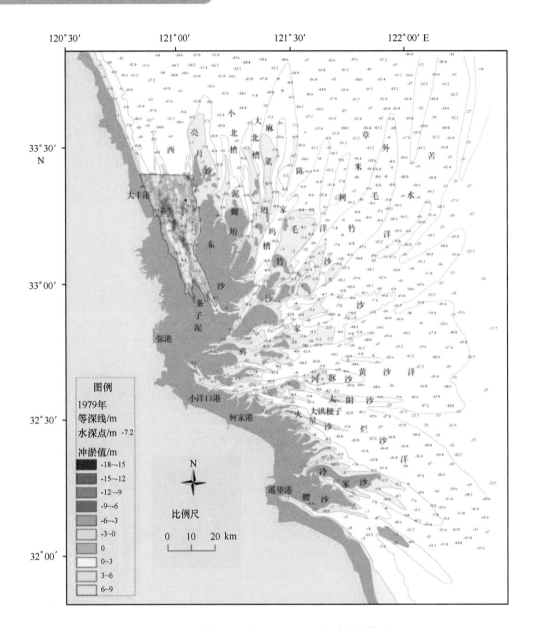

图 5.56 西洋潮流通道 1979—2006 年冲淤变化对比

注：据 1979 年航保部海图，2006 年 "908" 调查资料

表 5.13c 西洋潮流通道 1979—2006 年局部冲淤面积及冲淤变化值统计

经纬度范围	面积/ ×10⁸ m²	冲淤变化值/m
33°20′37″~33°22′57″N，120°49′14″~120°51′15″E	0.125	0 ~ +6
33°11′12″~33°20′06″N，120°55′06″~120°59′52″E	0.466	+3 ~ 9
33°06′26″~33°21′37″N，120°48′40″~120°58′15″E	1.390	−3 ~ −12
32°59′03″~33°12′07″N，120°52′47″~121°00′49″E	0.770	0 ~ +3
32°55′14″~33°13′43″N，120°58′53″~121°02′17″E	0.884	0 ~ +9

注：表中冲淤变化值 "−" 表示冲刷，"+" 表示淤积。

② 枢纽区烂沙洋、黄沙洋潮流通道冲淤变化

1963—1968 年至 1979 年冲淤变化对比图（图 5.57）反映出：除局部明显的淤积和冲刷外，辐射沙脊群枢纽区烂沙洋、黄沙洋潮流通道整体比较稳定。河豚沙和太阳沙之间通道冲刷断续，冲刷深度 0 ~ 3 m，太阳沙南侧冲刷 0 ~ 3 m，大洪梗子、火星沙冲刷 0 ~ 3 m。河豚沙西侧（32°34′26″ ~ 32°40′49″N，121°10′47″ ~ 121°35′16″E）淤积明显，淤积深度 3 ~ 9 m，沿岸淤积，淤积厚度 0 ~ 3 m。

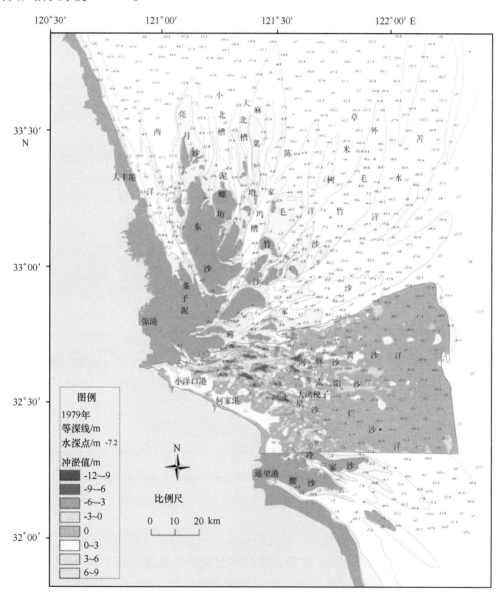

图 5.57　烂沙洋、黄沙洋潮流通道 1963—1968 年至 1979 年冲淤变化对比

注：据 1963—1968 年，1979 年航保部海图

1979—2005 年 26 年间冲淤变化对比图（图 5.58）反映出：整个辐射沙脊群枢纽区烂沙洋、黄沙洋潮流通道内段变化的趋势是冲刷加深，潮流通道更加成型。河豚沙与太阳沙之间水道大范围冲刷 0 ~ 3 m，内段冲刷为 6 ~ 9 m；太阳沙与大洪梗子之间水道内段冲刷 3 ~ 6 m，水道成型，太阳沙南侧与大洪梗子东侧淤积 0 ~ 3 m；大洪梗子与火星沙之间烂沙洋潮流通道的水深冲刷 0 ~ 3 m。冲刷的原因虽有局部的人工疏浚（如烂沙洋），而主要原因是海平面上

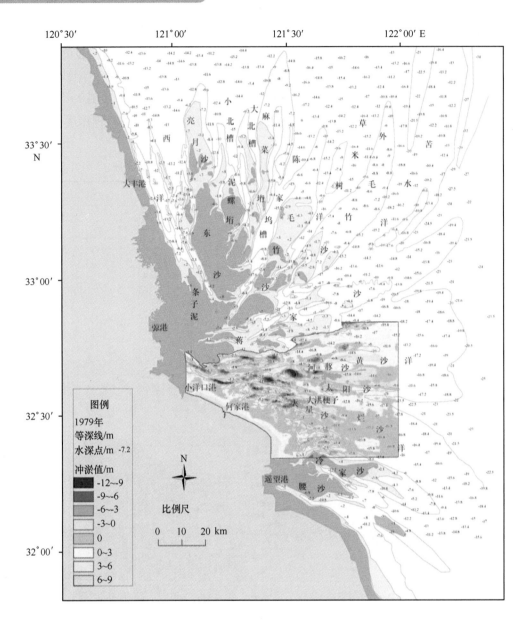

图 5.58　烂沙洋、黄沙洋潮流通道 1979—2005 年冲淤变化对比

注：据 1979 年航保部海图，2005 年洋口港实测资料

升，潮流沿潮流通道通畅的地方进出。变化特点是潮流通畅的中段和内段普遍顺直与加深，局部总冲刷深度大于 9 m，而冲刷下来的泥沙携运至黄沙洋潮流通道外端、口门开宽处以及与河豚沙之间淤积，大部分加积 0 ~ 3 m，河豚沙东北侧淤积 3 ~ 6 m。河豚沙和太阳沙之间潮流通道顺直，其中，河豚沙西南侧（32°36′09″ ~ 32°38′16″N，121°26′48″ ~ 121°32′03″E）水道内总冲刷深度大于 9 m。黄沙洋河豚沙和太阳沙之间曾是古长江的主通道，口门呈喇叭形，向内大于 50 km 长的深水通道断断续续地冲刷达 3 m 左右。局部有 3 ~ 6 m 的淤积（33°36′10″ ~ 32°39′27″N，121°21′20″ ~ 121°27′54″E）。黄沙洋内段潮流通道水深开阔，可辟为航空母舰大型海军基地。太阳沙、大洪梗子和火星沙之间的烂沙洋内段冲刷 3 ~ 6 m，东南侧冲刷 0 ~ 3 m，大洪梗子的东南侧与太阳沙之间淤积达 3 m，但烂沙洋潮流通道水深变化小，仍为一条优良的天然深水航道（表 5.14a，表 5.14b，表 5.14c）。

表 5.14a 枢纽区烂沙洋、黄沙洋潮流通道冲淤计算

时段/年	冲刷量 /×10⁸ m³	淤积量 /×10⁸ m³	冲刷面积 /×10⁸ m²	淤积面积 /×10⁸ m²	冲刷率 /（m/a）	淤积率 /（m/a）	净冲淤量 /×10⁸ m³	净冲淤率 /（m/a）
1963–1968 至 1979	12.68	17.93	7.0	9.81	0.129	0.131	+0.002	0
1979—2005	18.90	30.33	8.55	14.87	0.085	0.078	+11.43	+0.019

注：表中"−"表示冲刷，"+"表示淤积。

表 5.14b 枢纽区烂沙洋、黄沙洋潮流通道 1963—1968 年至 1979 年局部冲淤面积及冲淤变化值统计

经纬度范围	面积/×10⁸ m²	冲淤变化值/m
32°18′10″～32°37′42″N，120°55′24″～121°28′25″E	3.52	0～+3（局部+3～6）
32°34′26″～32°40′49″N，121°10′47″～121°35′16″E	1.68	+3～9
32°38′20″～32°42′01″N，121°31′58″～121°50′35″E	0.796	0～+3
32°35′18″～32°37′14″N，121°30′35″～121°56′42″E	0.72	0～−3（局部−3～−6）
32°36′10″～32°37′27″N，121°20′45″～120°26′59″E	0.16	−3～−12
32°31′30″～32°33′32″N，121°39′35″～121°57′48″E	0.527	0～−3

注：表中冲淤变化值"−"表示冲刷，"+"表示淤积。

表 5.14c 枢纽区烂沙洋、黄沙洋潮流通道 1979—2005 年局部冲淤面积及冲淤变化值统计

经纬度范围	面积/×10⁸ m²	冲淤变化值/m
32°18′11″～32°33′42″N，121°0′28″～121°29′11″E	2.25	0～+6
32°37′40″～32°48′47″N，121°26′40″～121°57′09″E	5.99	0～+3（局部+3～9）
32°36′10″～32°39′28″N，121°21′20″～121°27′54″E	0.283	0～+9
32°34′35″～32°37′38″N，121°26′17″～121°51′18″E	1.79	0～−12
32°28′15″～32°33′57″N，121°29′30″～121°57′28″E	2.3	0～3
32°26′28″～32°34′43″N，121°16′49″～121°41′16″E	1.91	+3～9

注：表中冲淤变化值"−"表示冲刷，"+"表示淤积。

（3）蒋家沙及附近海区冲淤变化

比较 1963—1968 年至 1979 年冲淤变化对比图（图 5.59）和 1979—2006 年冲淤变化对比图（图 5.60），竹根沙与蒋家沙冲淤变化显著：外毛竹沙内侧沿沙脊外缘形成了一个"V"形的深水区，冲刷深度大于 6 m，水深达 9 m 以上；毛竹沙内段整个刷深 0～3 m；而竹根沙淤积形成东北—西南向的长条形沙脊，淤积 0～3 m；蒋家沙内段北部冲刷 3～6 m，形成统一的近东西向的水道；南部形成两块水深超过 9 m 的深水区。冲蚀原因与海平面上升，浪流动力加强有关。冲刷下来的泥沙，又就近在深水区北部与深槽南部的蒋家沙沙脊淤积，淤积厚度介于 3～6 m 之间（表 5.15a，表 5.15b，表 5.15c）。

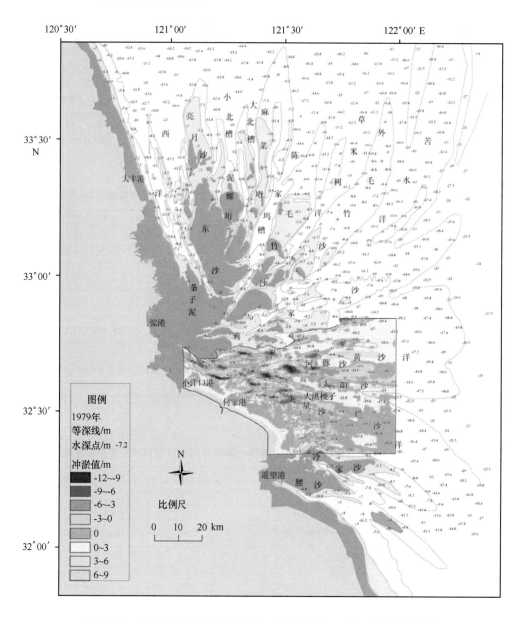

图 5.59 蒋家沙及其附近海区 1963—1968 年至 1979 年冲淤变化对比

注：据 1979 年航保部海图，2005 年洋口港实测资料

表 5.15a 蒋家沙及附近海区潮流通道冲淤计算

时段/年	冲刷量 /×10⁸ m³	淤积量 /×10⁸ m³	冲刷面积 /×10⁸ m²	淤积面积 /×10⁸ m²	冲刷率 /（m/a）	淤积率 /（m/a）	净冲淤量 /×10⁸ m³	净冲淤率 /（m/a）
1963—1968 至 1979	10.47	9.33	4.53	5.31	0.165	0.126	−1.14	−0.008
1979—2006	19.39	23.21	5.75	7.10	0.125	0.121	+3.82	+0.011

注：表中"−"表示冲刷，"+"表示淤积。

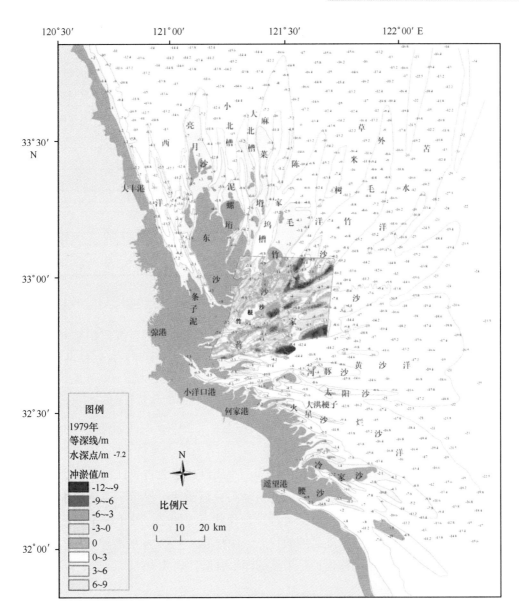

图 5.60 蒋家沙及其附近海区 1979—2006 年冲淤变化对比

注：据 1979 年航保部海图，2006 年"908"调查资料

表 5.15b 蒋家沙及附近海区 1963—1968 年至 1979 年局部冲淤面积及冲淤变化值统计

经纬度范围	面积/×10⁸ m²	冲淤变化值/m
32°50′13″~32°54′25″N，121°14′51″~121°22′46″E	0.53	0~+6
32°42′55″~32°52′04″N，121°11′59″~121°23′32″E	0.67	0~+3（局部+3~9）
32°47′51″~33°03′05″N，121°10′53″~121°31′13″E	0.555	−3~−6（局部−6~−12）
32°55′22″~32°03′08″N，121°25′39″~121°34′23″E	0.368	−3~−6（局部−6~−12）
32°44′53″~32°54′15″N，121°18′49″~121°29′16″E	0.64	0~−6（局部−6~−12）
32°42′25″~32°55′43″N，121°20′11″~121°33′50″E	1.36	0~+3

注：表中冲淤变化值"−"表示冲刷，"+"表示淤积。

表5.15c　蒋家沙及附近海区1979—2006年局部冲淤面积及冲淤变化值统计

经纬度范围	面积 /×10⁸ m²	冲淤变化值 /m
32°55′31″~33°03′31″N，121°25′54″~121°37′41″E	0.93	−3~−9（局部−9~−12）
32°50′26″~32°53′57″N，121°21′24″~121°30′35″E	0.51	−3~−6（局部−6~−12）
32°45′26″~32°48′59″N，121°26′17″~121°28′19″E	0.51	−3~−6
32°42′06″~32°44′36″N，121°23′40″~121°30′21″E	0.304	−6~−12
32°45′45″~32°48′50″N，121°31′34″~121°38′35″E	0.41	−6~−12
32°49′45″~32°53′59″N，121°14′47″~121°21′37″E	0.38	0~−3
32°45′17″~32°51′46″N，121°14′33″~121°38′49″E	1.67	+3~9
32°49′03″~33°03′28″N，121°11′46″~121°20′31″E	1.21	0~+3（局部+6~9）
32°52′25″~32°59′42″N，121°26′49″~121°39′54″E	1.02	0~+9

注：表中冲淤变化值"−"表示冲刷，"+"表示淤积。

总之，上述结果与目前辐射沙脊群潮流动力场以及钻孔的海进型沉积相是一致的，通过历次测深比较的冲淤变化，其可信程度高，可为在辐射沙脊群区的开发规划提供科学依据。

5.3.4　辐射沙脊群海域资源最宜开发利用建设

5.3.4.1　辐射沙脊群主潮流通道

辐射沙脊群的主潮流通道：黄沙洋、烂沙洋、小庙洪均承袭古长江河谷发育，长期位置稳定，目前既无陆地河流来沙，却有强劲的潮流动力往返激荡，保持了通道的水深。西洋潮流通道是冲刷滨海平原形成，长期以来保持冲蚀加深状态。加之，处于海平面上升的发育趋势下，潮流通道具有水深加大与向陆延伸的特点，沙脊群区4~6 m的潮差，加大了潮流通道水深可利用的条件，因此，主潮流通道是天然的深水航道（表5.16）。

表5.16　辐射沙脊群主潮流通道长度与水深

部位	潮流通道名称	潮流通道长度 /km	水深/m	宜通行的船只吨位	
				天然水深/t	趁潮/t
北部	西洋（大丰港）	50	10~13，内段17~18	50 000	100 000
枢纽部	黄沙洋	45	16~20	200 000	300 000
	烂沙洋	53	13~17	100 000	200 000
南部	小庙洪	28	8~12		500 000

位于潮流通道两侧的沙脊，具有挡风消浪的作用，沙脊与深水潮流通道的组合，形成了平原海岸在深水区的"堆积型沙岬与潮汐汊道港湾"组成的深水良港，弥补了884 km长苏北平原海岸无深水良港的缺陷。利用黄沙洋与烂沙洋深水通道建立20万吨级大港，填补了长江三角洲北翼无深水大港的缺陷，增强了长三角沿海经济持续发展的实力。当前国际在20万吨级至30万吨级深水港，无论是原油运输或矿砂散货码头，多依外海沙坝与沙岛建设，既便利于海运，又具有安全装卸，减少事故影响之优越性（表5.17）。比如：唐山港曹妃甸30万吨级深水码头建于外滨沙岛（offshore sand barrier），便于海上直接运输，又可利用岛后波影

区建设临港工业区，外滨深水港（offshore harbour）是21世纪海港发展的新趋势。

表5.17 世界著名海港航道水深

序号	港口	航道水深/m
1	新加坡	>20
2	西雅图（美）	20
3	鹿特丹（荷）	18.3
4	高雄	16.0
5	南通洋口港	16.0
6	洛杉矶（美）	15.5
7	上海洋山港	15.5
8	香港	15.0
9	上海港	12.5

5.3.4.2 沙脊群与海岸滩涂

辐射沙脊群与其波影区淤涨的滩涂，是珍贵的新生土地资源，宜根据海岸环境的不同特点，因地制宜地开发利用。优先考虑深水海港的开发，利用港口交通与运输优势，在新生的滩土资源发展大农业，新型的有机农业，包括产品、加工与经贸。同时，兼顾新能源——风能与潮能利用，以及进一步对浅海大陆架油、汽资源的勘探与开发。

辐射沙脊群 0 m 等深线以上的面积在 1975 年实测为 2 125 km²，1995 年实测为 3 782 km²（约 567 万亩[①]），大体上，每年增加 80 km²（约 127 万亩/年）。其中，-6 m 水深以浅的海岸湿地面积为 843.5×10^3 hm²（126.25 万亩），但随着海平面上升，外缘泥沙减少，滩淤速度会减慢（表 5.18）。环境具有多样性条件优势，宜择优利用。潮流通道可辟为深水航道，沙脊可为人工岛基础，两者结合，为平原海岸提供了独特的建深水港口群的优异条件，海港与临港工业发展，局部工业用地，可低地围海，吹填造陆，河北省曹妃甸岛后浅滩是自水下 -1 m 吹填至 $+3$ m、$+4$ m 而成为港口与首钢工业用地。

表5.18 江苏潮滩淤长速率

位置	平均高潮位每年向海淤涨速率/（m/a）	潮滩每年淤长厚度/（cm/a）
新洋港附近	150	0.5~0.7
王洋	80~90	0.3
弶港	230	3.0
海安北凌闸	90	3~4
小洋口	40~60	0.5~2
北坎	30	0.4
遥望港	50	1~2

资料来源：据江苏滩涂管理局 1980—1997 年观测资料。

沿海潮间带滩涂约 700 万亩，每年增加量小于 2 万亩，其中，约 600 万亩在平均高潮位

---

① 亩为非法定计量单位，1 亩 ≈ 666.7 m²。

以下。依据当代工程技术水平和具有沙土源可供填充，辟作农田的起围高程宜为平均高潮线附近，现代高潮滩大约有 120 万亩可供农业利用。围滩须注意避开潮流通道，梁垛河口围垦曾有失败教训：70 年代原围 10 万亩，围后不久，因潮流汊道摆动，经风暴潮而破堤冲开，潮流动力要有去路，后再修堤围成 3 万亩。所以，低于平均高潮位是不宜围垦为农田，即使工业用地亦需大量填土。

有依据的、比较稳妥的规划是，自 20 世纪 90 年代以来，30 年可开发 300 万亩，每 10 年开发 100 万亩是可能的。"江苏省沿海开发总体规划"的围垦数字是合理的。2008 年 8 月，国务院审议通过的《全国土地利用总体规划纲要》，其中，要求江苏补充耕地指标 2006—2010 年补充 $6.0 \times 10^4 \ hm^2$（90 万亩）是恰当的。建议分期开发（如 2010 年围至 120 万亩，然后再逐渐开发至 200 万亩），通过实践，总结实施，则可避免风险，达到预期效果。

在我国建设现代化强国的发展中，滩涂新生的土地、丰沛的淡水资源与充分的日照相结合，是发展大规模现代农业的重要基础（表 5.19，表 5.20，图 5.61）。

表 5.19　黄海、渤海平原海岸年降水比较（mm）

地区	江苏平原海岸北部赣榆、连云港（1957—2000 年）	江苏平原海岸南部盐城、东台（1953—2000 年）	渤海平原海岸北部唐山地区（1957—2000 年）	渤海天津地区（1954—2000 年）
多年平均	926.2	1 076	601.7	553.7
最多	1 482.7（1974 年）	1 978.2（1991 年）	1 162.96（1964 年）	976.2（1977 年）
最少	480.9（1988 年）	462.3（1978 年）	286.01（1957 年）	269.5（1968 年）

表 5.20　2006 年黄海、渤海地区水资源情况统计

省别	水资源总量（$\times 10^8 \ m^3$）	地表水水资源量（$\times 10^8 \ m^3$）	地下水资源量（$\times 10^8 \ m^3$）	人均水资源量（m^3/人）
河北省	107.3	42.1	94.3	156.1
江苏省	404.4	314.7	110.7	538.3

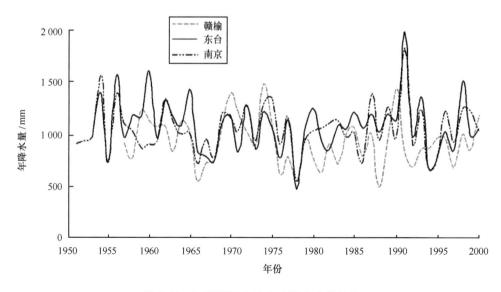

图 5.61　江苏沿海近 50 年来降水变化趋势

滩涂应根据不同的发育阶段以多样性开发：低潮滩养殖贝、藻，高潮滩辟为苇塘、桑鱼塘、牧场，成熟的滩涂可蓄水植稻，旱地种植麦、棉、果、药用植物与花卉等。图5.62～图5.64总结了不同冲淤动态岸段的滩涂开发模式。

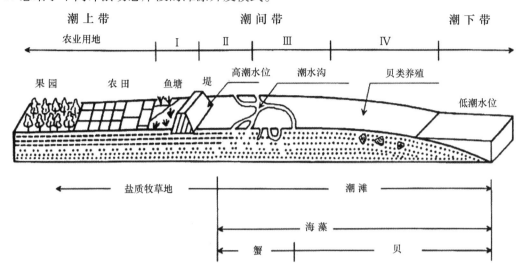

图5.62 苏北稳定淤长的潮滩开发利用

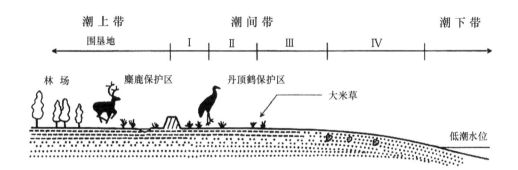

图5.63 麋鹿与丹顶鹤自然保护区，位于淤长滩涂岸段

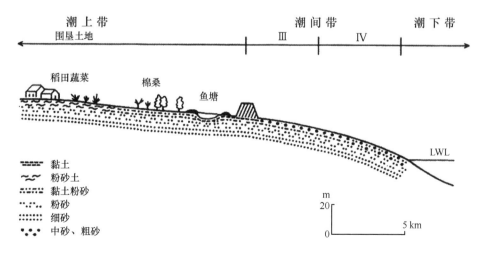

图5.64 苏北南部冲刷海岸段的滩涂利用状况

5.4 叠置于古江、河三角洲南部的现代长江三角洲①

长江位于研究区的南部，以长江口北角至济州岛的连线作为黄海与东海之分界。由于古长江曾入南黄海，长江三角洲又叠加于扬子江大三角洲上，因此，在本章亦略加叙述与分析。

长江河口是由三角港式的河口湾演变而成。约在全新世中期前最大海侵时，长江口沉溺为河口湾，湾顶在宁波、镇江、扬州一带。2000 多年来，由于流域大量来沙的淤填，北岸沙岛相继并岸，河口南岸边滩平均以每 40 年 1 km 的速度向海淤进，口门宽度从 180 km 束狭为 90 km，河槽成形加深，主槽南偏，发育为一个多级分汊的三角洲河口（陈吉余等，1979）。长江河口是丰水多沙的河口，年径流总量达 $8\ 637 \times 10^8\ m^3$，年平均输沙量 4.86×10^8 t。中、上游人工建筑与下游分水围滩等原因，自 1985 年以来，年输沙量逐渐减少至 3.436×10^8 t（沈焕庭等，2003），2005 年降至 2×10^8 t 以下（恽才兴，2010）。沙量的年内分配比较集中，由于河口区径流与潮流双向作用均强，增加了长江口河床演变之复杂性。加之，受科氏力的影响，河槽出现规律性的分汊；自徐六泾以下长江被崇明岛分为北支与南支；南支在浏河口以下，又被长兴岛和横沙岛分为北港与南港；再向下，南港又被九段沙分为北槽与南槽，成为三级分汊四口入海之形势（图 5.65）。

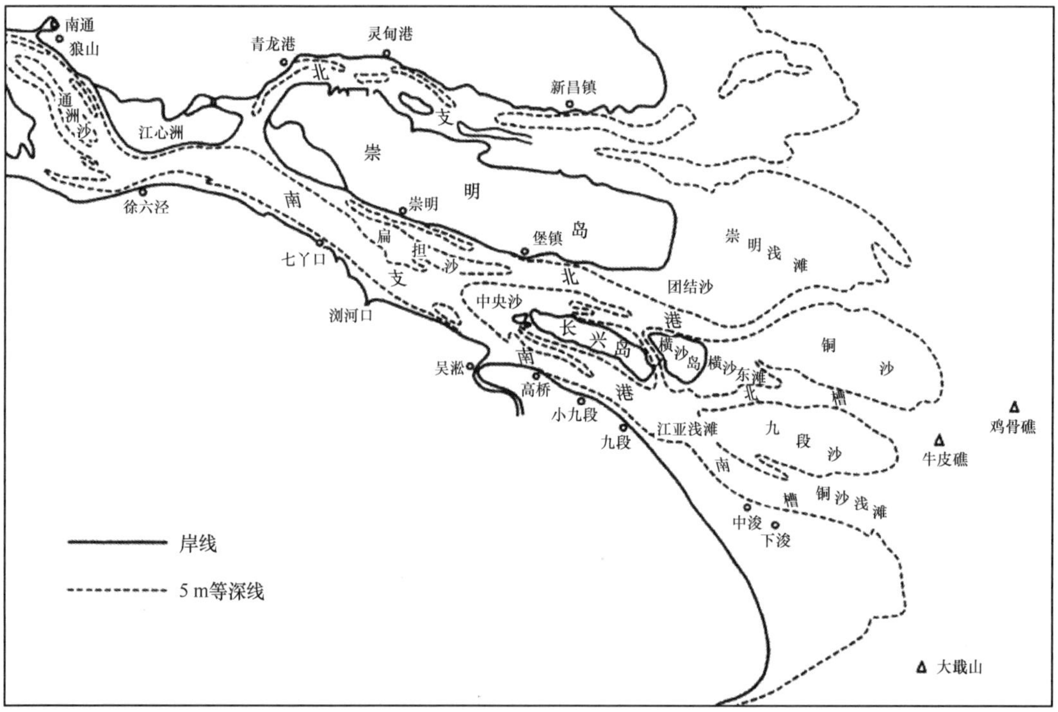

图 5.65 长江河口分汊形势（沈焕庭等，2003）

现代长江河口地处长江三角洲区，位于 31°00′～31°42′N，121°56′～122°43′E，河口径流经江苏省的海门、启东、常熟、太仓等县市以及上海市的崇明、宝山、浦东新区及南汇而流入东海。现代河口西起徐六泾，东达口外 50 号灯标，全长 181.8 km。河口地区为海陆相交的冲积—海积平原，沿江两岸河道众多，属感潮型平原河网（恽才兴，2010）。

---

① 因已超过黄海范围，故扼要地阐述。

全新世长江水下三角洲可分为现代长江三角洲和全新世早期水下三角洲两部分。现代三角洲自河口呈舌状向东南分布，外缘可延伸至－20 m水深附近。以长江口－10 m等深线为界，以上为拦门沙区，以下为水下三角洲斜坡及前积带，两者间有明显的地形坡折。

地震地层剖面揭示三角洲斜坡地带有多处自NW向SE延伸的埋藏古河谷，全新世沉积厚度在河口东南方向可达30 m，而东北方向地层厚度一般小于20 m。现代水下三角洲表层沉积：由拦门沙区的粉砂、泥质粉砂向外逐渐变细，斜坡带为粉砂质黏土（金翔龙，1992）。全新世早期水下三角洲主体分布在现代长江水下三角洲的北部，大致以长江古河道为分界，水深超过20 m，地形平坦，沉积厚度小于20 m，介于0～20 m之间（金翔龙，1992），沉积厚度较小，与当时河口位置持续时间久暂以及陆源泥沙量供应有关。

长江三角洲沉积物自河口向外海逐渐变细，依次为细砂—粉砂质砂—砂质粉砂—黏土质粉砂—粉砂质黏土，与水动力渐缓而悬移质渐落淤有关。云母与绿泥石等片状矿物沿程变化不明显，但重矿物减少，有机质增加。123°E以东沉积物粗化，逐渐变为陆架残留砂—细砂及中细砂（金翔龙，1992）。作者认为是未被覆盖的古扬子江大三角洲体的砂积层。

杂色硬黏土层通常为黄海、东海海域及岸陆区的晚更新世与全新世分界的标志层，上部即为全新世沉积。全新世地层从上到下可分为三层：第一层，主要为棕灰色黏土与灰色粉砂互层的水平沉积，一般厚10 m，分布在长江口南支与嵊泗岛之间（北部缺失）。第一层的下半层为微层理发育良好的黏土，有少量粉砂互层；上半层大多为粉砂、细砂或细砂、团块，含少量贝壳，顶部为薄层淤泥，在河口处厚1～2 m。第二层，是棕灰色黏土与灰色粉砂、细砂和贝壳碎屑互层的水平沉积层，一般厚10 m。第三层，厚度随海底地形而变化。在砂体中心的沉积物多为粗的砂质粉砂，层理不显著；砂体边缘沉积物以黏土质粉砂或粉砂质黏土为主，具良好层理，这一层分布在北支口外及佘山东北区。图5.66表明3个舌状沉积中心，两个小的属第三层，大的属第一、二层，并从北向南依次叠覆（金翔龙，1992）。笔者认为该文、图亦表明了长江在全新世自北向南迁移的过程。

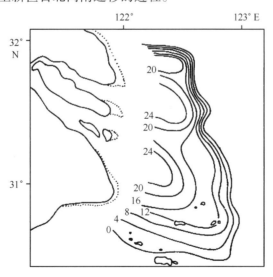

图5.66 长江口外全新世沉积厚度（金翔龙，1992）

据金翔龙研究认为长江口自第四纪以来为构造凹陷区。自15 000年前全新世海侵以来，至7500年前海水达到镇江、扬州一带，海平面趋于稳定，全新世三角洲开始发育。公元14—18世纪，长江主泓走北支时，北支口外为三角洲沉积中心，受古地貌制约成为碟形沉积体。由于长江口不断南移，18 世纪中叶长江主泓改走南支，因而三角洲沉积中心南移，南支为淤积中心，淤积速率曾达 5.4 cm/a，而北支口外 100 多年来没有淤长。近百年来长江水下三角洲 –5 m 等深线向海推进 5 ~ 12 km（金翔龙，1992）。

5.5 黄海海岛

黄海岛屿众多。海域西侧属于我国的海岛超过 500 个。其中，辽宁省岛屿居多，约 254 个，山东居次，包括介于黄渤海之间渤海海峡岛屿约为 233 个，而江苏未包括新近统计的辐射沙脊群岛屿为 25 个，若将辐射沙脊群在小潮低潮时出露的 63 个沙洲与沙脊统计在内，江苏省海岛为 88 个，则黄海岛屿总数约为 600 个。众多的岛屿中，以小岛与无人岛居多，人居岛少，计为 67 个；基岩岛屿多，总数超过 500 个，冲积岛较少。岛屿的分布，大体上以海州湾为界，海州湾与北黄海以基岩岛居多，绝大部分冲积岛分布于海州湾以南的黄海海域。按地域划分，大体上可分为：辽东半岛东侧岛屿，山东半岛与海州湾岛屿，以及辐射沙脊群和长江口北支岛屿。黄海岛屿成因大体上可分为两种类型：海侵沉溺的基岩山地丘陵，河—海交互作用堆积成因的。

5.5.1 基岩海岛

辽东半岛东侧海岛沿海岸带外围分布，主要为长山群岛诸岛：大鹿岛、石城岛、王家岛、黑岛、三山岛、东西褡裢岛、獐子岛、大长山岛、小长山岛、海洋岛、广鹿岛。岛屿面积均小，石城岛面积最大，为 30 km²。各岛屿均以前古生界变质岩底层为基础，缺失古生界的层。褶皱构造与断裂以东西向、北东向、北西向为主，个别为南北向。印支和燕山期的酸性、中酸性侵入岩，个别为基性、超基性侵入岩，除广鹿岛有较大侵入体，其他的北黄海岛屿中，主要为脉岩。新生代以来，长山群岛呈持续性隆升与剥蚀，缺失第三系，第四系零星地分布于较大海岛的沟谷或晚更新世以来发育的海积平原中（杨文鹤，2000）。各海岛实为千山山脉之延续，主要为低山丘陵地貌，以海洋岛的哭娘顶最高，海拔 372.5 m。持续性的构造隆升使各海岛的全新世最高温度时的平均海平面均高于 2 ~ 4 m 的平均值，是地动型抬升与水动型海平面上升的共同效应。各海岛气候具有大陆性与海洋性气候的双重影响效应：冬暖夏凉、温差小，空气湿度大，多大风天与雾日。北黄海区大部分为正规半日潮，潮差大，长山群岛平均潮差 3.7 m，长海海域潮流流速在 0.1 ~ 0.3 km 之间，在大小长山岛间的狭长水道东侧，最大流速为 1.36 m/s（杨文鹤，2000）。北黄海沿海常向浪为 SW 向和 SSW 向，平均波高 0.5 m，最大波高 4.0 m，在小长山近海观测到 5.0 m 的最大波高。北黄海沿岸海流受鸭绿江、碧流河的淡水影响，具季节性变化。海冰发生在辽东半岛南部及中部海岛以北，冰期介于 12 月中旬至翌年 3 月上旬，石城岛海区冰情严重、岸冰厚度 0.5 ~ 0.6 m。由于海岛面积小，汇水面积不足，各海岛普遍缺乏淡水。因此，开发利用风能与潮汐能，进行海水淡化是海岛发展的最重要方面。另外，各基岩岛港湾曲折，水域平稳，具有开发渔港与中小型交通港之优势。

渤海海峡和山东半岛南北两岸共有基岩岛 255 个，总面积 101.6 km²，岸线长度 503.41 km。海岛面积小，以南长山岛最大，为 13.43 km²，常住居民较多，开发程度高（杨文鹤，2000）。

（1）山东半岛北部—烟台、威海北部岛群共 58 个海岛，除一个为淤积型砂岛外，共 57

个构造基岩岛。变质岩的丘陵—岩礁，土层瘠薄，植被少，但水质肥沃，水体交换充分，盐度适中，阳光充足，风光秀美。

（2）山东半岛东岸—烟威东南部岛群，有46个变质岩与火山岩低丘小岛，多基岩裸露，岸周风浪较大。千里岩岛距岸46 km，为海防前卫岛。

（3）山东半岛南部—青岛近海岛群，含68个构造基岩岛，由沉积岩、变质岩、岩浆岩构成，具风化层，常被冲蚀后为海滩物源，且含有高品位的锆英石砂矿。海岛面积不大，多为低丘陵，岛屿面积小，但具有风化层及土壤层，植被覆盖多。冬无严寒、夏季凉爽，阳光充足，但春季多雾，雨量少，淡水缺乏。

（4）鲁东南—日照地区，有9个基岩小岛，距陆地远，海域开阔（杨文鹤，2000）。

苏北平原海岸海域岛屿共89个：北部海州湾基岩岛屿15个；中部辐射沙脊群沙岛（沙脊）42个，牡蛎礁岛1个；长江口北支河口沙岛11个。

海州湾基岩岛屿系由变质岩构成的剥蚀低丘，受波浪冲蚀作用，岛周还是地貌发育，局部小湾有砂砾质海滩。沿岸海积平原中多处山地原为海岛，因南宋建炎二年（1128年），黄河南支夺淮河河口入黄海，明弘治七年（1494年），黄河全流夺淮，自苏北入海（今废黄河口），巨量泥沙淤填了海岸线水域与海峡：至18世纪中叶前云台并陆，19世纪中叶中云台岛、后云台岛并陆成为云台山地，海州湾形成；清咸丰五年（1855年）黄河北归前，开山岛成半岛。至20世纪，黄河离去后，泥沙减少，海岸遭受侵蚀，开山岛又沦入海中，成为距岸8 km之海岛，该岛面积小，由浅灰色石英砂岩与浅绿色千枚岩组成，植被少，岩石裸露，最高点36.3 m。至今，苏北共15个基岩岛（表5.21）。各海岛因距离陆地远近不同，而气候环境差异：秦山岛、开山岛距岸8 km，气候属于海陆过渡带型；而远岸小岛与陆地相距48 km则为海洋性气候。海州湾海域属正规半日潮，连云港的平均潮差3.38 m。潮流性质为不正规半日潮，往复潮流，流速在16.0~38.5 cm/s之间，平均落潮历时较涨潮历时长1~1.5 h，意味着落潮流流速缓慢，易于外来泥沙淤积。海州湾海域以风浪与涌浪混合型，NE向浪盛行，平均波高0.5 m，平均周期3.1 s，各季节浪高变化小。具风暴增水效应，千年一遇的增水为2.57 m（连云港），为历史记录最大增水水位。江苏平原海岸浅平开阔，易攻难防，北部的基岩岛屿尤其是远程岛具有海疆防卫的重要价值。靠近海岸的小岛，由于港口区扩展，填海，逐渐并陆。

表 5.21 苏北平原北部基岩海岛（江苏"908"专项调查资料）

海岛分区	海岛名称	地理坐标		陆域面积 /km²	周边礁滩
		北纬（N）	东经（E）		
海州湾基岩岛屿群	东西连岛	34°45′24″	119°28′02″	5.776 6	暗山礁
	平岛	35°08′24″	119°54′30″	0.135 4	小参礁、双尖礁
	平岛东礁（大参礁）	35°08′29″	119°55′10″	0.001 8	
	达山岛（领海基点）	35°00′12″	119°54′12″	0.121 3	花石礁、达东礁、莲花礁
	车牛山岛	34°59′42″	119°49′18″	0.058 8	马鞍礁
	牛背岛	34°59′10″	119°48′40″	0.015 2	大白鹭岛
	牛角岛	34°59′10″	119°48′21″	0.003 9	小白鹭岛
	牛尾岛	34°59′10″	119°49′11″	0.008 9	海鸥岛
	牛犊岛	34°59′06″	119°48′55″	0.004 9	
	鸽岛	34°45′25″	119°22′39″	0.005 9	
	竹岛	34°46′20″	119°20′31″	0.956	
	小孤山	34°46′45″	119°26′52″	0.004 8	
	泰山岛	34°52′07″	119°16′33″	0.177 8	神路
	开山岛	34°31′47″	119°52′15″	0.016 3	砚台石、小狮礁、大狮礁、船山
	羊山岛	34°41′58″	119°29′53″	0.193 9	

5.5.2 泥沙堆积岛

主要分布于南黄海海域及长江口北支。长江口北支为河口沙岛系历史时期长江从北支河口入海时堆积形成。而南黄海海域沙岛分布于辐射沙脊群区，系晚更新世（43 000～34 000 a.BP）古长江从苏北弶港一带入海时堆积的泥沙，在全新世海平面上升过程中，尤其是 6000～5000 年前全新世中期时，辐射状潮流场已成型时，潮流冲刷海底老沙层，发育了巨大的海岸—内陆架沙脊群。持续上升的海平面冲刷沙脊群外缘，搬运泥沙向岸，加积潮滩淤长及沙脊成岛。

5.5.2.1 辐射沙脊群中的沙岛（沙脊）

苏北中部的沙岛（沙脊）是冲积物源的海积沙岛。目前仍处于冲、淤动态变化阶段。表 5.22 是依据江苏近海海洋综合调查与评价（"908"项目）的调查资料，其面积是据低潮出露水边线的遥感图像勾绘范围所获得。其中，如东沙、条子泥、高泥已成陆为沙岛；泥螺垳、麻菜垳、毛竹沙、河豚沙已部分出露水面成陆，西太阳沙是经人工加积水下沙脊为岛，因此，笔者认为表 5.22 所提供的既有海积的沙岛、人工加积的沙岛，也有处于冲淤变化之中的沙脊。接近岸陆的沙脊加积成陆的趋势是肯定的。因此，辐射沙脊群这一位于内陆架特殊的、大型的堆积沙体，应予以载入中国边缘海专著，供今后对比研究的史料依据。

表 5.22 南黄海辐射沙脊群海积沙岛（沙脊）（江苏"908"专项调查资料）

海岛分区	沙岛名称	地理坐标		陆域面积	备 注
		北纬/N	东经/E	/km²	
辐射沙脊	麻菜珩	33°21′48″	121°20′48″	2.334 0	领海基点
	外磕脚	33°00′54″	121°38′24″	3.753 1	领海基点
	横沙	32°05′53″	121°46′16″	4.203 6	
	乌龙沙	32°06′28″	121°51′01″	7.757 7	
	砺牙山	32°08′50″	121°32′26″	3.722 4	发育于粉砂基底上牡蛎礁，属生物礁岛类型
	冷家东沙	32°15′31″	121°53′17″	5.821 0	
	冷家沙	32°13′52″	121°45′45″	43.620 8	
	腰沙	32°12′27″	121°33′21″	261.025 6	部分出露为岛
	凳儿西沙	32°20′33″	121°35′34″	0.548 6	
	凳儿沙	32°20′58″	121°38′13″	4.514 6	
	黄鱼沙	32°23′05″	121°32′04″	12.861 6	
	中坝沙	32°27′37″	121°29′12″	14.448 8	
	西太伴Ⅰ沙	32°31′14″	121°25′49″	1.892 4	
	西太阳沙人工岛	32°31′38″	121°25′21″	1.615 7	
	太阳沙	32°33′54″	121°39′12″	2.544 7	
	何家沙	32°33′07″	121°15′24″	8.859 3	
	鳓鱼沙	32°34′40″	121°21′52″	1.588 1	
	何家北沙	32°34′05″	121°14′38″	3.433 5	
	洋口沙	32°35′03″	121°10′39″	0.090 6	
	茄儿叶子	32°36′10″	121°26′10″	4.635 4	
	条泥尖	32°37′59″	121°06′32″	0.061 3	
	茄且杆子	32°38′19″	121°32′24″	7.675 5	
	八仙角	32°88′30″	121°13′43″	7.132 9	
	新蒋家沙	32°39′18″	121°07′19″	2.605 3	
	蒋家南沙	32°40′02″	121°12′16″	0.645 6	
	蒋家沙	32°41′43″	121°13′18″	9.401 8	
	蒋家东沙	32°41′25″	121°17′39″	6.645 9	
	蒋家西沙	32°40′56″	121°08′16″	21.767 7	
	巴南珩	32°42′38″	121°23′18″	2.074 4	
	巴尖沙	32°42′40″	121°12′13″	1.520 2	
	蒋家北沙	32°43′18″	121°15′20″	4.757 3	
	新泥尖	32°44′17″	121°12′04″	1.837 4	
	新泥沙	32°45′12″	121°16′02″	0.914 4	
	巴巴珩	32°43′54″	121°22′32″	20.830 3	
	新泥	32°46′44″	121°16′03″	1.926 7	
	牛角沙	32°47′50″	121°31′58″	6.102 5	
	馒头泥	32°48′42″	121°20′45″	2.521 1	
	竹根沙	32°51′10″	121°19′07″	75.876 0	部分出露为岛

续表 5.22

海岛分区	沙岛名称	地理坐标		陆域面积	备 注
		北纬/N	东经/E	/km²	
	高泥	32°43′40″	121°10′50″	267.422 3	部分出露为岛
	高泥尖	32°55′41″	121°19′31″	0.958 2	
	腰门沙	32°54′59″	121°06′41″	3.510 2	
	元宝沙	32°56′09″	121°24′24″	8.250 1	
	元宝东沙	32°58′14″	121°27′54″	0.695 6	
	条子泥	32°48′35″	120°59′07″	451.598 2	部分出露为岛
	条北沙	32°59′05″	121°03′52″	24.015 4	
	新条沙	33°01′29″	121°05′14″	1.392 0	
	三角沙	33°02′03″	121°23′13″	8.637 1	
	扇子沙	33°08′08″	121°18′27″	0.720 2	
	扇子北沙	33°10′22″	121°18′12″	1.515 0	
	团子沙	33°13′04″	121°18′35″	2.102 3	
	团子北沙	33°13′51″	121°20′02″	0.886 9	
	三丫子	33°11′23″	121°00′23″	17.748 7	
	瓢儿沙	33°14′18″	121°56′23″	3.661 4	
	泥螺堍	33°13′60″	121°11′58″	35.884 8	
	东沙	33°00′29″	121°10′31″	469.932 2	沙岛（部分并陆）
	南亮沙	33°16′16″	121°06′33″	1.939	
	北泥螺堍	33°17′40″	121°13′21″	1.289 7	
	顺水尖	33°18′02″	121°09′19″	0.773 8	
	太平沙	33°19′54″	121°17′46″	3.835 2	
	太平北沙	33°21′06″	121°16′50″	0.771 7	
	亮月沙	33°17′40″	121°03′56″	70.829 5	
	北亮月沙	33°23′52″	121°01′10″	0.328 9	
	冷家西沙	32°17′20″	121°35′30″	27.180 5	

　　辐射沙脊群环境资源意义重大：成陆的沙岛是新生的土地资源，弥补了江苏省人口众多，土地量少之不足，可以根据土地发展阶段，按照相应生态特点加以最宜的利用；而沙脊群与深水潮流通道的结合，为天然深水海港港址，彻底改变了平原海岸坡缓水浅的缺陷，而且促进了长江三角洲北翼苏北平原的现代海洋经济腾飞。

5.5.2.2 长江口北支沙岛

　　长江口北支的沙岛，据江苏"908"项目调查计为 8 个（表 5.23），以永隆沙、兴隆沙为主体，是长江泥沙下泄受潮流顶托而淤积的海积—冲积沙岛。基底有巨厚的三角洲冲积平原沉积层，上部为历史时期以来的细砂质粉砂与黏土质粉砂沉积，系河—海双向作用堆积而成。目前人居多，人工建筑与自然发展（长江主流南迁，径流下泄减少）沙岛逐渐并陆。长江口沙岛有淡水资源可供利用，土地成熟，植被生长有利。仍需海堤维护防止洪汛与风暴潮。以永隆沙为例，它位居崇明岛北侧（31°47′N，121°26′E），是长江北支中的沙洲经围填形成的沙岛。其发展过程为：1865—1910 年间，长江北支中段的三和港以南出现一个隐伏于水下的沙滩（暗沙），后由于崇明岛西北部淤涨，北支深槽摆移至该暗沙的北侧，因而使得沙滩向南发展渐出露水面，是为永隆沙。1958年时，永隆沙距北岸3 km，距崇明岛5.2 km，两者之间还有合隆沙逐渐并入崇明岛。1968年启东市在永隆沙东半部围垦，加速了淤积；1969年海门市在永隆沙西部围垦，建良种场；1975年在南洪水道西端筑堤，使永隆沙与崇明岛相连，1978年开挖鸽龙港，后启东市封堵南洪东端后，永隆沙完全与崇明连为一体。永隆沙地势低平，地面高程2.0~2.3 m，需围堤护陆地，目前居民为20 000人，工、农业发展已具一定水平。永隆沙是人工促淤的一个范例，实际上无论是海州湾基岩岛还是泥沙堆积岛，近年来随着城镇或港口扩展，近岸岛屿多已并陆而消失岛屿的环境特点。

表5.23　长江口北支堆积沙岛（江苏"908"专项调查资料）

海岛分区	海岛名称	地理坐标		陆域面积 /km²
		北纬/N	东经/E	
长江口沙岛群	黄瓜沙	31°38′50″	121°44′30″	10.345 1
	启兴沙	31°40′02″	121°55′25″	1.352 4
	东黄瓜沙	31°39′35″	121°45′56″	16.396 4
	顾园沙	31°39′40″	122°01′51″	26.512 1
	北阴沙	31°42′08″	121°40′48″	2.752 1
	带鱼沙	31°48′31″	121°27′36″	10.210 8
	临隆沙	31°49′31″	121°24′53″	0.943 7
	新开沙	31°52′31″	121°18′45″	2.798 4
	永隆沙	31°46′35″	121°26′30″	22.327 5
	兴隆沙	31°43′45″	121°33′30″	37.611 2
	东东阴沙	31°40′06″	121°39′41″	1.676 9

注：（1）达山岛、麻菜垳、外磕脚为我国领海基点。其坐标选自国务院1996年5月15日发表的《中华人民共和国政府关于中华人民共和国领海基线的声明》。（2）堆积岛面积根据低潮出露的水边线遥感影像勾画而得。

5.5.3　海岛发展建议

黄海岛屿在海域分类明显，北黄海以海侵淹没的低山丘陵之基岩海岛，居绝对优势：岛岸海蚀速度慢，但土壤瘠薄，天然植被少，以发展捕鱼与水产养殖为主业。南黄海基岩岛屿小，距岸远，是平原海岸的防卫岛。辐射沙脊群提供了深水港航、滩涂淤长、人工岛基础之利，将有力地促进苏北海洋经济新发展。沙脊群的麻菜垳与外磕脚沙脊，一年之内大潮时出露被选为领海基点，使领海基线外移，岛屿的重要性显现。

今后的发展，要重视在岛屿区开发天然能源——风能、潮汐能与波浪能，解决岛屿照明、冷暖调节、海水淡化等生活能源，改善岛上生活、交通与通信条件，适当地增加移民，平日加强航海与防卫训练等，这是巩固我国海防与海疆的重要步骤。

突破行政界限隔离，统一规划，利用基岩岛岬湾组合，辐射沙脊群深水潮流通道与沙脊组合等天然优势，建设大、中、小港口，促进岛屿间岛、陆之间交通，发展建设近海经济带，是我国经济与国力增强的重要举措。总之，从近及远地开发海洋，繁荣海洋经济是我国实现现代化进步的必经之途。

钻孔图编录附图

钻 孔 号: ___07SR09___

位置: 32°32.7437′N, 121°36.2805′E (进尺0-29.9m, 室内获岩芯0-22.4m)
　　　32°32.647′N, 121°36.275′E (进尺30.2-66.7m, 室内获岩芯22.4-66.7m)

编录: 王颖　殷勇 (2010.10.1-3)

钻孔时间: 2007年11月3-4日, 2007年12月5-6日

潮高: ___3.84m___　实测水深: ___14m___　改正水深: ___10.16m___

AMS ¹⁴C测年	深度	岩芯	颜色	物质组成	沉积层结构 岩性特征	微体古生物	沉积相段

潮汐滩的潮滩沉积相

深度(m)	颜色	岩性	沉积构造／沉积相
14.20-14.81	橄榄黑(5Y2/1)、橄榄灰(5Y4/1)	黏土、粉砂	潮汐层理
14.81-15.29	橄榄灰(5Y4/1)、浅橄榄灰(5Y5/2)	黏土、粉砂	高潮带淤泥沉积或龟裂沉积
15.29-15.54	橄榄黑(5Y2/1)、橄榄灰(5Y4/1)	黏土、粉砂	潮滩沉积
15.54-16.12	橄榄黑(5Y2/1)、橄榄灰(5Y4/1)	黏土、同尖粉砂层 粉砂1.2-4cm，底部	上部潮下带沉积，潮汐层理，涨潮流强于落潮流
16.12-16.71	橄榄黑(5Y2/1)、橄榄灰(5Y4/1)	黏土、粉砂	潮汐层理，每层在平时时粉砂为0.1，0.4-0.6cm，黏土为0.2-0.4cm；大潮时粉砂1.6-2.0cm，黏土0.6-1.0cm
16.71-17.25	橄榄灰(5Y4/1)、浅橄榄灰(5Y5/2)	粉砂(17cm)、粉砂(28cm)、粉砂(8cm)	海侵滨岸潮滩沉积
17.25-17.56	橄榄灰(5Y4/1)、浅橄榄灰(5Y5/2)	粉砂、粉砂	海侵相潮汐层理
17.56-18.38	橄榄黑(5Y2/1)、橄榄灰(5Y4/1)	黏土、粉砂	海侵相潮汐层理或二元结构
18.45-18.98	深黄棕色(10YR4/2)	细砂层	海前交互等等，潮汐韵纹，潮汐层理
18.98-19.22	暗黄棕色(10YR2/2)、橄榄灰(5Y4/1)	黏土层、极细粉砂	海侵型河海交互沉积相
19.22-19.42	橄榄灰(5Y4/1)、橄榄灰(5Y2/1)	黏土层、粉砂	海侵相，中部潮海冲崎带向高潮滩迁移
19.42-19.84	橄榄灰(5Y4/1)、棕灰色(5YR4/1)	黏土、粉砂与极细粉砂、顶部为黏土	海相似…海侵相似（二元结构）
19.96-20.77	橄榄灰(5Y4/1)、橄榄灰(5Y4/1)	黏土、粉砂	海侵型河海交互沉积
20.77-21.10	深橄榄灰(5Y3/2)、橄榄灰(5Y4/1)		急流扰动沉积 潮汐层理 火山灰影响 河流灰漏沉积（二元结构）
21.25-21.56	橄榄灰(5Y4/1)	黏土、粉砂	潮汐层理
21.65-22.30	深橄榄灰(5Y3/2)、橄榄灰(5Y4/1)	细砂层	潮汐型细粉砂层，虫打洞表面系…（中等潮流）
		黏土层、粉砂	二元结构

15190±70

	22. 4-23. 07	浅橄榄灰(5Y3/2)	黏土、粉砂-细砂	上部4cm黏土层，含有扁豆体状透镜体（L=1. 0, H=0. 5cm）；下部粉砂、细砂层均质，未见层理，上下层间有波形面及砂体穿插，二元相结构与下部界面清楚，为假整合		小河影响的海滨沉积，二元结构，层薄（含细砂）	侵型河海交互沉积相
		浅橄榄灰(5Y3/2)	黏土、细砂	黏土层（0. 4、0. 5、1. 0cm厚）与细砂层相间分布。细砂层厚0. 1-0. 4cm比黏土层更薄，显波状起伏，具眼球状、叠波形波纹，与下层侵蚀接触		二元结构（含细砂）	
		浅橄榄灰(5Y3/2)	细砂、粉细砂	细砂层质地均一，无杂物，下部为粉细砂层		水流侵蚀（频繁）	
	23. 07-23. 29	橄榄黑(5Y2/1) 橄榄灰(5Y4/1)	黏土层、粉砂细粉砂	黏土层成0. 5、0. 5、0. 4、1. 0cm条纹，分布于本层上部26cm厚的层内；下部为粉砂层，含极细砂，无黏土层		二元结构	
	23. 29-23. 75	橄榄黑(5Y2/1)	黏土层	黏土层中夹粉砂条斑，透镜体及脉层		二元结构（含极细砂）	
		橄榄灰(5Y4/1)	粉砂、极细砂 粉砂	上部20cm厚粉砂层，含极细砂；下部26cm为粉砂层，近底层含少量泥斑		二元结构（含极细砂）	
	23.75-23.85	橄榄黑(5Y2/1)	黏土层	黏土层质地均一		二元结构（含极细砂）	
	23. 85-24. 47	浅橄榄灰(5Y3/2) 橄榄灰(5Y4/1)	粉砂层	上部15cm厚的细砂-粉砂层，多贝壳屑，有锈斑；中部15cm厚粉砂层夹浅橄榄灰粉砂条斑；下部29cm为粉砂层夹橄榄灰色黏土条斑		二元结构	
25	24.47-25.47	浅橄榄灰(5Y5/2)	粉砂层	质地纯，富含贝壳，在14cm处有淤泥条斑(0. 5cm宽)，斜插于沉积柱层中；下部为纯粉砂层，此处已为浅海底32. 9m深处，是否为潮汐层理始发之海岸带下界	规则圆蚬形蛤(浅海至滨海)	浅海底质， 粉砂与蛤碎片来自浅海	
	25. 47-25. 78	橄榄灰(5Y3/2)	黏土层含粉砂	黏土层含有有机质，具臭味，含有粉砂，与上下层以侵蚀面接触		海侵型河海交互相	
	25. 78-28. 02	橄榄灰(5Y4/1)	粉砂细砂层(上部10cm) 含极细砂的粉砂层	粉细砂层，石英、长石及黑色矿物含贝壳；含极细砂粉砂层中的21cm深处有6cm厚的一层泛黄色，与陆源悬移物质加入有关，此层以下黄色增加。下为不整合接触		河流影响	
	28. 02-28. 10	深黄棕色(10YR4/2)	粉砂质黏土	受陆源悬浮体供给之粉砂黏土层		河流影响	
	28. 10-28. 23	浅橄榄灰(5Y5/2)	粉砂	粉砂层未见层理，与上下层皆为侵蚀界面		河流影响	
	28. 23-28. 49	深黄棕色(10YR4/2)	黏土质粉砂（22cm厚）、粉细砂	黏土质粉砂层质地坚实，硬结，局部有虫穴，内填细砂(初现硬黏土层)；底部4cm为细砂		陆相，出现硬黏土层	
	28. 49-28. 82	橄榄灰(5Y4/1)	含细砂粉砂层	顶部有一黏土质条层，细砂粉砂层质地均一，未见层理，与上下层皆为侵蚀面接触		陆相	
	28.82-29.0	浅橄榄灰(5Y5/2)	粉砂层	顶部4cm有3层含黏土质水平层理，厚0. 4,0.3,0. 2cm，微上拱，下部4cm为粉砂层		陆相	
26890±120 →	29. 0-29. 70	橄榄黑(5Y3/2) 橄榄灰(5Y4/1)	黏土层 细砂层	黏土层厚7cm，硬结，含粉砂质脉状层理；细砂层质纯		陆相	
30							

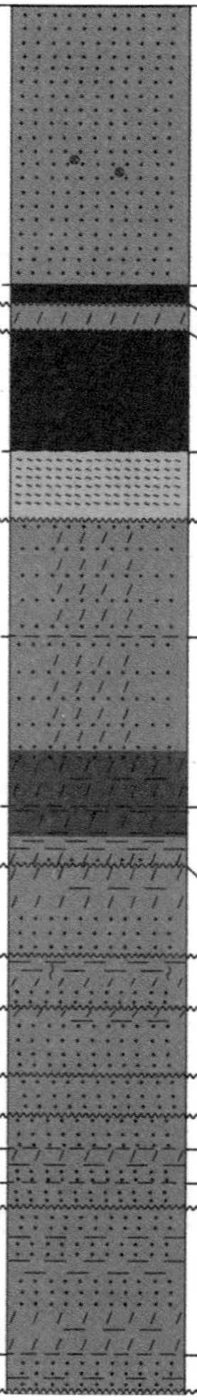

30	29.70-31.6	橄榄灰(5Y5/2)	细砂层	细砂层质纯，在层内5cm处有泥质条斑，分布于13cm厚层内，色深. 此处为古海岸沉积带(海底52m深处)		古海岸沉积带	
	31.6-31.72	黑棕色(10YR4/2)	细砂、粉砂质黏土（4cm）	均一细砂、粉砂质黏土，未见层次，含贝壳屑，此是否为古海岸带下部残留层，闭气使之发黑；细砂层含贝壳，与上层似为二元结构		海岸沉积带	
	31.72-31.89	橄榄灰(5Y4/1)	细砂层				
		橄榄灰(5Y4/1)(5Y3/2)	粉砂质黏土、粉砂	2-2.5cm厚粉砂质黏土，具波动状的脉状层理；其下为匀质粉砂		海侵型河海交互沉积相	
	31.89-32.60	黑棕色(10YR4/2) 橄榄灰(5Y4/1)	粉砂质黏土 粉砂层	黑棕色（泛红）粉砂质黏土具良好的脉状层理，间夹0.1cm粉砂纹层，同时亦有0.2cm的粉砂-黏土层，粉砂层中有斑状粉砂陀，坨间距约2.3、4.5、5、5.5cm：黑棕色是否含火山尘，降落压挤粉砂成坨，灰渣状粉尘在苏北平原钻孔中也有		海侵型河海交互沉积相	
	32.6-33.0	中棕色(5YR3/4)	粉尘，硬结	炉渣色粉尘厚3-3.5cm,无层次质地坚硬		海侵型河海交互沉积相	
	33.0-33.7	浅橄榄灰(5Y5/2) 橄榄灰(5Y4/1)	粉细砂沙陀 粉细砂	沙陀间距2,2,6,7,7cm：粉尘色深，中间的粉砂细砂为水流沉积（似为间歇性涌砂）		海侵河流与泛滥平原沉积相	
>43000 →	33.70-34.68	橄榄灰(5Y4/1) 橄榄黑(5Y3/2)	粉砂、细砂层 细砂层 黏土质粉砂、粉砂层 腐殖质层（4cm）	具有潮汐层理结构（11cm厚）：黏土质粉砂2cm，沙球0.4-1.5cm，2cm厚。粉砂黏土（0.3cm浅色层，0.2cm深色层，0.7cm浅色层）砂层有波纹及沙球(1.0-1.5cm),粉砂黏土层中有漩涡状砂泥互层4层;腐殖质层呈层状结构（0.3、0.2、0.1、0.4cm），有云母屑及贝壳。		滨海湖泊（季节变化）约62.7m深处出现细砂层，可与三明孔对比	3
35	34.68-35.04	橄榄黑(5Y3/2) 橄榄灰(5Y4/1) 浅橄榄灰(5Y5/2)	粉砂质黏土（6cm厚） 黏土（5cm厚） 含极细砂的粉砂层	粉砂质黏土，质地坚实，含一层0.1cm腐殖质层，细脉状：其下为粉砂与黏土互层，顶部为0.1cm厚黏土，其下粉砂层（0.5cm）与黏土(1cm)互层。底部有0.1-0.3cm厚的碳化腐殖质层：在含细砂的粉砂层中以细砂-粉砂为主，成团状或沙波状结构，沙波尺度L=4cm、H=1cm：波痕，l=4，h=1.1cm,h=5cm,h=1.0cm，l=5.5cm，h=2cm，l=5cm,l=1.2cm		湖泊沉积 波痕微波作用	
	35.04-35.57	橄榄灰(5Y3/2)	黏土质粉砂（14cm厚）、粉砂黏土互层（6cm厚）、细砂层，含贝壳与粉砂	粉砂丘状层理，L=5.2，H=4cm，L=6，H=3cm,粉砂与黏土互层：细砂层		海侵河流与泛滥平原沉积相	
	35.57-35.87	橄榄灰(5Y4/1)	黏土（8cm）、粉砂（5cm）、粉砂细砂层（10cm）	黏土层中有生物扰动穴道，充填粉砂：含黏土的粉砂互层：粉细砂中夹有黏土纹层。上述为自然沉积之从粗到细韵律，与上下层间为侵蚀面		海侵河流与泛滥平原沉积相	
	35.87-36.27	橄榄灰(5Y4/1) 浅橄榄灰(5Y5/2)	黏土质粉砂、细砂层	4cm厚粉砂层，含黏土：细砂层顶部具波状起伏界面		海陆交互相 二元结构 潮汐层理	
	36.27-36.50	橄榄灰(5Y4/1)	细砂层	细砂层中的腐殖质含脉状层理，此底已经硬结，含黏土块，块内有粉砂		海陆交互相、二元结构、潮汐层理	
	36.50-36.70	浅橄榄灰(5Y5/2)	极细砂、细砂	12cm厚极细砂-细砂层中有不甚明显的反黑色黏土质粉砂层，下部8cm为均质细砂，无层理		海陆交互相 二元结构 潮汐层理	
	36.70-36.90	橄榄灰(5Y4/1) 浅橄榄灰(5Y5/2)	粉砂，含黏土（色稍深） 细砂	含黏土粉砂与细砂互层，细砂具丘状结构，1/2L=6，H=1.5cm,1/2L=5.5，H=1.2cm,1/2L=6，H=1.2cm,1/2L=6，H=1.2cm。与下层为过渡界面			海
	36.9-37.04	橄榄灰(5Y3/2)	细砂（含粉砂）	细砂层中含云母及有机质			
	37.04-37.90	橄榄灰(5Y4/1) 棕灰色(5YR4/1)	细砂、黏土质粉砂	细砂与黏土质粉砂互层，呈薄层理，细砂层理呈波状，半波长分别为5、6、7cm,波高分别为1.3、1.8、2cm，粉砂层理厚0.2,0.2,0.1,0.1,0.4,0.4,0.1,0.2,0.1,0.5,0.4cm		潮汐层理	侵
	37.90-38.05 38.05-38.12	橄榄灰(5Y3/2) 橄榄灰(5Y4/1)	细砂、细砂含黏土	细砂波纹层：含泥质条斑的细砂层，混合沉积无层理		海侵河流与泛滥平原沉积相	

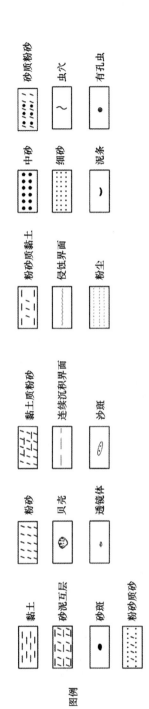

图例

黏土　粉砂　黏土质粉砂　中砂　砂质粉砂

砂泥互层　贝壳　连续沉积界面　细砂　虫穴

砂斑　透镜体　沙斑　侵蚀界面　泥条　有孔虫

粉砂质砂　粉砂质黏土　粉尘

颜色据 Rock Cloir Chart. The Geological Society of America Boulder, Colorado, 1979.

图5.50　南黄海辐射沙脊群烂沙洋潮潮流通道07-SR-09钻孔沉积剖面及编录[①]

① 钻孔中记述的沉积层颜色据：Rock-color Chart，The Rock Color Chart Committee，1948，Distributed by the Geological Society of American Boulder Colorador，1951,1963,1970,1975,1979，Printed in the Netherlands by Huyskes-Enschede，1979（以下多孔均用此）。

钻孔号: 07SR04　　位置: 33°27.178′N, 122°5.617′E　南黄海辐射沙脊群苦水洋潮通道　编录: 王颖 殷勇

钻孔时间: 2007.12　　实测水深: 12m　　改正水深: 12.5m　　潮高: ____

AMS ¹⁴C 测年aB.P.	深度(m)	岩芯	颜色	物质组成	沉积层序结构 岩性特征	微体古生物	沉积相段	沉积相
	0~0.5		深黄棕色10YR6/2	细砂质粉砂层	比较碎深而匀质的均质粉砂层,无层次,分选较好,含有少量贝壳碎屑,粒级向下逐渐变细		现代海底沉积海侵相与潮流动力适岸	1 潮流通道沉积相
	0.5~0.89		浅橄榄灰5Y6/1 与橄榄灰5Y4/1	细砂质-黏土质粉砂层	不同颜色粉砂相互成韵律状层理,层次向下逐渐过渡明显,粉砂质地均匀,硬结		潮流通道海成沉积	
	0.89~1.36		浅橄榄灰5Y5/2	细砂质粉砂层	质地均匀,向下渐到粉砂为主,没有纹理,含贝壳碎屑,与下层速渐成海底沉积		潮流通道海成沉积	
	1.36~1.80		橄榄灰5Y5/2	黏土质粉砂	上部32cm深浅不同颜色交互成微弱层理,质地硬结,中间夹黑色夹层(很细),底部18cm明显是的潮下带海平层里		淹没的潮下带	
	1.80~1.92		暗黄棕色10YR2/2	粉砂质黏土或或黏土质粉砂	自虫穴管道,管道弯曲孔道窄小,与下层为不连续接触		废黄河泥沙向海影响之证	
5900±35	1.92~2.41		深黄棕色10YR4/2 浅橄榄灰 深橄榄棕色	细粉砂层-黏土质粉砂	粗粒夹深色纹层,有丰富黑色浅色条纹包物顶层理,浅色是黄色纹层,上部黏土顶(粉细)与条纹状交互纹层	0.6.2cm内孔虫化相对丰度高,主要以卡尼亚科为主,如玫瑰卷转虫(Ammonia beccarii)、轮虫虫科(Rotaliidae)、同属卷转虫(Ammonia annectens)、冷水毒星虫(Cribononion frigidum)比较丰富,希瓦拉弯卷虫(Nonion schwageri)和希型显虫(Elphidium sp.)为代表,出现个别冷源类似种贝增埋虫(Globigerina bulloidesn),可能为近岸浅相	冲刷形成典型潮流沙脊	潮流沙脊沉积相
	2.41~2.60		暗橄榄灰	细粉砂-黏土	以下穴管道,发育深浅色含薄上的粉砂层,上部黏土层条黄黄颜色相条薄黑色薄纹		潮流沙脊	
	2.60~2.70		深橄榄棕色	黏土	中间16cm为潮下黄纹层,中部16cm的粉砂中纹		潮流沙脊	
	2.70~2.91			黏土质粉砂	细粉砂为泥脉上尖小,其纹构为泥脉与薄砂层条间层理,比较完整		潮流沙脊	
	2.91~3.40		浅橄榄灰5Y5/2	细粉砂、黏土	尖0.1~0.3cm厚的黏土质粗粉砂(深黄标色)成半水平层理,比较完整		潮流沙脊	
	3.40~3.60		浅橄榄灰5Y5/1 浅橄榄灰5Y4/1	含粉砂尖浅色黏土	上部以尖浅黄颜色黏土质粉砂层,薄层理,7cm以黏土上为主,7cm处上边有白微细薄黄下部12cm为黏上粉砂质硬较色层,起层理明显,各层之间较过接过泥黄色粉的物理纹理		潮流沙脊	
	3.60~4.27		深黄灰色5Y4/2、浅橄榄灰5Y5/2	黏土与粉砂质层	依次向下:7cm厚以黏土质粉砂为主,尖9条薄连接纹层,条薄以黑色黏土层,3cm粉砂层又黄8cm波状薄层,8cm粉砂条纹,6cm黏上尖,较层理明显,各层之间过速泥黄色黑粉的细胞泥沙		浅水海底(废黄河泥沙影响)	2 具陆源泥沙
	4.27~5.02		橄榄黑5Y2/1、浅橄榄灰5Y5/2	粉砂质黏土与黏土层	含黏上粉砂尖尖头不整整的下边的脉状黑系夹向下波动纹层在155cm处约有11cm间相的灰色的碳质黑层,黏上向下13cm为灰黑的细质粉砂黄颜,隐现砂颜隐在发色的灰色砂层,另一砂波连接体为贝壳沉井色		海底沉积	
	5.02~5.24		橄榄黑	黏土、粉砂质黏土	黏上层以黏上质为主,尖含较细微细的夹向为海底沉积,不透"绿黄成,水深度大于1条"为,下层为分界,不明显			
2005±40	5.24~6.26		橄榄黑、浅橄榄灰5Y5/2	黏土、粉砂质黏土、黏土质粉砂层	上部26cm为黄质纯的粘上尖夹楼微粉砂相向为海底沉积层,下部粘土15cm粉砂质纯粘上、余尖15cm间相似上质粉砂			
	6.26~7.90		橄榄黑 浅橄榄灰5Y5/2	粉砂质黏上尖少量细粉砂层	粉砂质黏土尖灰杂颜粉砂的粘上尖夹杂楼细粉质海底沉积层,黏上顶层,间夹有细颜砂层,内有贝壳细黄条件色		海底沉积	
	7.90~8.33		橄榄黑5Y2/1	黏土为主尖局部尖粉砂夹	上部黏上层含粉,多贝粉砂层,下部黏土层较多,内含尖小尖构造,尖下层波形接黄色素构层			

影响的海岸带浅海沉积相　　　3　　陆源粘土

深度(m)	颜色	岩性	描述	沉积相
8.33~9.53	深黄棕色10YR4/2	黏土质粉砂	粘土质粉砂层，多碎屑，内含贝壳粉。939~941cm处有贝壳富集层。毛刺，无大片	
9.33~9.64	浅橄榄灰5Y5/2	粉砂质黏土	有微层理(泥质纹层)，已硬结，与上下层不连续	潮下带海底沉积
9.64~10.71	橄榄灰5Y3/2, 浅橄榄灰5Y5/2	粉砂、黏土质粉砂	964~1030cm，粉砂为主夹薄泥层，多浅橄榄灰色潮汐层理；1030~1071cm，粉砂黏土为主，夹薄砂透镜体，至下部40cm呈厚约1.2~0.3cm的粉砂层	海底沉积
10.71~10.98	橄榄黑5Y2/1	黏土	无明显砂斑，底部水平纹理，为海底沉积	海底沉积有轻浪作用
10.98~11.18	橄榄灰、浅橄榄灰	黏土质粉砂质黏土质粉砂	具浪状层理，小型波组成的砂纹层，波痕(1/2波长)波高：1.5cm, 2cm, 0.4cm	
11.18~12.10	暗黄棕色10YR2/2	黏土夹少量黏土质粉砂	均质，没有层次，中间夹有少量的砂条与砂斑，并不见水平纹理。为海底沉积	黏土质海底
12.10~12.25	浅橄榄灰5Y4/1	粉砂夹黏土	大平层理，其间(1220~1221cm)该区黏土细层，因夹贝壳碎	
12.25~12.30	浅橄榄灰5Y6/1	黏土质粉砂	已硬结，看不见层次	
12.30~12.70	橄榄灰5Y3/2	细粉砂	不显层次，但在1260~1270cm间隐含贝类虫，与下层界线分明	海底沉积
12.70~13.10	橄榄灰	含黏土粉砂	浅橄榄灰色细纹层次，底部见丘状层，波痕h=6cm，L=6cm	
13.10~13.34	数草黑、数草灰	粉砂与黏土互层	粉砂层具有明显波状层理，使此层与上层为浅橄榄灰砂条	
13.34~13.64	橄草黑、数草灰5Y6/1	黏土夹粉砂互层	有明显条的砂纹泥1cm，h=0，4cm，L=1cm，h=0，2cm，L=6.5cm，h=0，2cm	
13.64~13.85	橄榄灰	粉砂质黏土夹粉砂	少量粘土，均为现浪现理(水平状)，夹条状纹层层，未显层波痕，但有胞状的的砂条斑，此层有浅丘波痕	浅水海底受波浪影响
13.85~14.20	橄榄黑	细粉砂	较多中间胞含薄粉质层次，故此处为少夹层，夹在此层内，故应少了	
14.20~14.63	橄榄黑	黏土夹粉砂米粉砂质	在1463~1169cm，1475cm处有有砂斑斑，具有浅丘状波痕，h=6.5cm，h=0，4cm，L=6.2cm	
14.63~15.02	橄榄灰5Y3/4	粉砂夹黏土	1156和1462cm处，在此层明显夹界线，明显显，且的夹至下便足层以下1480cm以下为斑波黏相之	
15.02~15.14	暗黄棕色10YR2/2	粉砂质黏土	没有层次，有砂斑，不连续整合有侵蚀面	
15.14~15.66	暗黄棕色10YR2/2 深黄棕色10YR4/2	黏土夹粉砂斑	可辨成细条，质地不均，本已干燥，木层上有有砂斑斑，1582cm处处不连续的橄榄灰粉砂层之下层遭细过渡没有明显界线	混杂沉积
15.66~16.10	暗黄棕色 橄榄灰5Y6/1	黏土夹黏土	有黏层现理，质地均一，4cm的橄榄灰条粉砂，在1592~1600cm处4条砂条，分别与1.5cm，0.6cm夹0.3cm，颜色泛黄，为浅橄榄灰	
16.10~16.50	暗黄棕色10YR2/2	黏土	含有贝壳碎，1577cm处3cm处橄榄灰黄褐子碎小条层，说明有分选作用，有完整砂碎片	
16.50~16.91	暗黄棕色	粉砂	黏土、粉砂、贝壳斑，依次向下罗列，依次级黄褐壳占主层之，在1700cm处含子细小沉	混杂沉积
16.91~17.09	暗橄棕色、二级橄灰色	黏土	主要为黏土，底部2cm有黄褐贝壳土，灰色2cm，内无砂质，贝壳占主层中有贝壳灰斑	
17.09~17.26		黏土	具黄褐层理，已硬结，有贝壳，下层木层为侵蚀面接触	
17.26~17.34	浅橄榄黄色5Y5/2	粉砂夹黏土	内有虫穴现植迹，0.3~0.4cm现点，与下层遭渐过渡	
17.34~18.60	暗黄棕色10YR2/2 浅橄榄黄色5Y5/2	黏土夹粉砂质粉砂	内有63条浅橄榄灰粉土(比黄色粉土0.1cm，0.2cm，0.3cm，0.4cm，0.5cm厚)水平层，间间橄榄黄(0.1cm，有砂斑)水平层模，此层表明陆源沉积物汇入沉积水层沉积，向斜倾斜层理，细纹水平层理，L=1.5cm，具有倾斜纹理，1.8cm成波痕水平层理	陆源物质汇入

3375±30
4290±10
27830±100

	18.60～18.90		暗黄棕色	黏土夹粉砂条	均质（均匀沉积的粘土层），无层次，偶见深色粉砂斑，与下层逐渐过渡相交		为主体的海岸带浅海沉积相
	18.90～19.09		暗黄棕色、深黄棕色	黏土夹粉砂	粘土层中夹深黄棕色粉砂层，共有9个薄层，每层厚约0.2-0.3cm不等		
31975±100→	19.09～19.47		暗黄棕色、深黄棕色 10YR4/2	黏土夹粉砂	粘土层中夹较多层深黄棕色粉砂层，约有7层，厚3.9cm、1.9cm、1.2cm、3.2cm，及斑点状粉砂，显示出较多陆源物质影响，但砂波下界明显，此层粉砂层较下层厚，反映浪力较下部强		
	19.47～19.91		暗黄棕色、深黄棕色	黏土夹粉砂	此层含有砂波体8层，底部层厚1.2cm、2cm，面向上减少为1cm、0.2cm、0.3cm厚，或者不成层，反映了浪扰动不均一，向上减弱至46层，然后增强		
	19.91～19.98		浅黄棕色、暗黄棕色	黏土夹粉砂	陆源的粉土质汇入，已硬结，反映陆源悬移质含量多的泥沙汇入，无层理	陆源物质汇入	
	19.98～20.17		浅黄棕色、暗黄棕色	黏土夹粉砂质黏土	1998-2005cm为粘土，中含有深黄棕色细粉砂质卵形斑及条斑，与下部逐渐过渡，下部2005-2017cm为浅黄棕色粉土，与下层有间断（缺失），反映陆源物质汇入	陆源物质汇入	
	20.17～20.59		暗黄棕色、浅黄棕色 深黄棕色 10YR6/2	黏土夹粉砂质黏土	粘土层中夹有深黄棕色及浅黄棕色粉土层	陆源物质汇入	
	20.59～20.89		暗黄棕色、浅黄棕色 深黄棕色	黏土夹粉砂质黏土	2059-2070cm缺失。2070-2089cm上部为暗黄棕色粘土层夹浅黄棕色粉土层及深黄棕色极细粉砂条斑，为虫穴条		
	20.89～21.35		灰棕色5YR4/1	黏土、局部粉砂斑	上部2089-2092cm为灰棕色粘土，有虫条斑		
	21.35～21.89		橄榄灰、深黄棕色	黏土夹粉砂	粘土层中含有少量的砂波层。另外，粘土中还夹有少量深黄棕色粘土斑，底部2189cm处有明显界线，以细粉砂砂波形式与下部粘土区别开来		
	21.89～22.26		灰棕色5YR4/1	黏土夹粉砂质黏土	部分具有细粉砂质粘土波痕，这是不明显的粘土层，质地均匀，可能有火山影响	火山尘影响之浅海沉积	
	22.26～22.55		橄榄灰、浅黄棕色 10YR6/2	黏土夹粉砂质黏土、粉砂	此为假整合接触，砂波，微浪作用相交，连续沉积层，粘土层质地均一，上部、底部、局部有浅黄棕色砂波，似仍具火山尘影响	火山影响	
	22.55～22.86		暗黄棕色、深黄棕色	黏土夹粉砂	粘土层中夹多层厚薄不一约21层粉土，厚度有0.7cm、0.6cm、0.8cm、0.1cm、0.1cm、0.3cm、0.2cm、0.5cm、0.1cm、0.1cm、0.1cm、0.2cm、1.6cm	火山影响	
	22.86～23.06		暗黄棕色10YR2/2	黏土	质地均匀，与上层逐渐过渡，为假整合，与下层侵蚀面过渡，侵蚀面自下为砂波		
	23.06～23.45		暗黄棕色 夹浅黄棕色	黏土夹粉砂质黏土	粘土层间夹11条浅黄棕色粉土层，层厚度0.3cm、1.6cm、0.4cm、0.6cm、1.6cm、1.4cm、1.3cm、0.2cm、0.9cm、2.1cm，反映陆源物质砂波影响频繁	轻浪影响的浅海底	
	23.45～23.71		橄榄灰、中黄棕色 10YR5/4	黏土	橄榄灰粘土层，间夹泛红褐色厚2cm、2.2cm的粘土层，此层可能是远处飘来的火山尘影响，表层3.5cm厚的中黄棕色古土壤层，此层向下为侵蚀面，滴盐酸起泡		
31655±170→	23.71～24.80		暗黄棕色10YR2/2	黏土夹粉砂质黏土	暗黄棕色黏土夹多层深黄棕色粉土层（约37层），层厚较大（1.9cm、2.0cm、2.9cm、2.5cm、0.9cm、1.1cm、0.1cm、0.2cm，甚至有小于0.1cm厚的。中间在2430-2439cm间为暗黄棕色粘土层，质地均匀，中间有0.2cm、0.3cm厚，长1.2cm、1.7cm的粉土细条，此层整个颜色泛黄，而且多粉土条带，反映出频繁的陆源物质汇入和轻浪影响	陆源物质汇入与轻浪扰动	

图例

黏土　粉砂　黏土质粉砂　粉砂质黏土　砂质粉砂　砂泥互层

连续沉积界面　侵蚀界面

颜色据 Rock Color Chart. The Geological Society of America Boulder, Colorado, 1979.

图 5.51　南黄海辐射沙脊群苦水洋07-SR-04钻孔沉积剖面及编录

钻孔号: 07SR01 位置: 33°15.840'N, 120°53.761' 南黄海辐射沙脊群西洋潮流通道

钻孔时间: 2007年12月 潮高: ___ 实测水深: -22m 改正水深: -15.4m 编录: 王颖 殷勇

深度/m	岩芯	颜色	物质组成	沉积层结构、岩性特征	微体古生物	沉积相	沉积相段
0-0.12m		中黄棕色10YR5/4 深黄棕色10YR4/2	粘土质粉砂	粉砂与粘土交互呈高成，似具块层理，不规则鹰牙状体；颜色泛黄，含较多细粒，不规则鹰牙状体；另有针孔状小孔		海侵相	海侵的海岸带浅海相 1
0.12-0.47m		灰棕色5YR3/2	粘土	均质粘土层，勉强见层次。含1mm沟粉砂层，含少量碳屑		潮汐作用下的海底沉积	
0.47-1.22m		灰棕色5YR3/2 橄榄灰5Y4/1	粘土质粉砂	粘土夹薄层，粉砂成分较少，有较多粉砂的层次。泛红，81cm处有碳质层		潮汐作用下的海底沉积	
1.22-1.34m		深黄棕色	含黄灰色			潮流通道相	
1.34-1.60m		橄榄灰5Y4/1	粉砂与粘土互层			潮汐作用下的海底沉积	
1.60-2.12m		橄榄色 深黄棕色	粘土、粉砂质粘土层			潮汐作用下的海底沉积	
2.12-2.32m		灰棕色 橄榄灰				潮汐作用下的海底沉积	
2.32-2.51m		灰棕色5YR3/2 5Y4/1	粘土与粉砂质粘土层			潮汐作用下的海底沉积	2
2.51-3.00m		灰棕色 橄榄灰	粘土为主夹少许粉砂			近潮滩下部的潮下带沉积	潮流通道沉积相
3.00-3.22m		浅黄棕色	粉砂与粘土互层			潮间带或潮下带上部沉积	
3.22-3.36m		浅黄棕色10YR4/2	粉砂与粘土互层			潮滩上部沉积	
3.36-3.42m						似为潮滩上部沉积	
3.42-3.95m		深黄棕色10YR6/2	粉砂与粘土互层			潮滩下部相	
3.95-4.10m		深黄棕色	粘土夹粉砂的粘土			潮水沟沉积	3
4.10-4.85m		浅黄棕色10YR6/2	粘土与粉砂质粘土层			潮滩上部泥滩沉积	
4.85-5.58m		深黄棕 浅黄棕色10YR5/4	粘土夹粉砂，根细粉砂层			潮滩中部沉积	潮滩沉积
5.58-5.65m		中黄棕色10YR6/4	粘土与粗粉砂、粉砂互层			似为潮滩下部沉积	
5.65-5.74m		浅黄棕色				潮滩上部潮滩沉积	
5.74-6.01m		浅黄棕灰	含根细粉砂的粘土			近潮滩上部中部潮滩沉积	
6.01-6.35m		深黄棕 灰黄棕色10YR4/2	粘土与粉砂互层			近潮滩中部潮滩沉积	
6.35-6.61m		灰棕 浅黄棕色10YR6/2	含黄棕细粉砂的粘土			潮滩中下部沉积	沉
6.61-6.79m		浅黄棕灰					
6.79-6.95m		灰棕色	粘土为主夹少粉砂				
6.95-7.14m		灰棕色					
7.14-7.32m							
7.32-7.44m		浅黄棕灰	粉砂为主夹粘土				
7.44-7.50m		浅黄棕灰					

AMS ¹⁴C测年 (aB.P.)
3920±35
>43000
3920±35

年龄	深度	层段
		7.32-7.44m
		7.44-7.56m
		7.56-8.96m
		8.96-9.12m
		9.12-9.23m
		9.23-9.41m
>43000		9.41-9.59m
		9.59-9.99m
	10	9.99-10.19m
		10.19-10.36m
		10.36-11.28m
8820±40		11.28-13.53m
19890±80		
>43000		
		13.53-14.74m
	15	14.74-15.04m
		15.04-15.27m
22510±100		15.27-15.72m
34060±320		
35495±140		15.72-16.21m
		16.21-16.33m
		16.33-16.39m
		16.39-16.56m
		16.56-17.10m
>43000		17.10-17.89m

颜色	岩性	描述	化石	沉积环境	沉积相
		层，具水平层理与叠加斜层理的交错层，并夹有黑色有机质层			沉积相
浅黄棕、灰棕色	黏土为主夹粉砂	粘土层在此层上部2.9cm与底部2.6cm处呈下凸形接触，夹有的粉砂层在层中呈波状凸起，h=0.6、0.7、0.1、1.0、1.1cm，最底部的为3.5cm		潮滩中部沉积	
浅黄棕、灰棕色	粉砂为主夹黏土	具水平纹层，其中7.22-7.32m间以粉砂为主，夹四层黏土，厚2-8mm，压扁层理发育		潮滩中下部沉积	
灰棕色、浅黄棕	黏土夹少量粉砂	此层顶部为粘土层，其底以下凸的剪切形斜层，覆盖在具交错层理的粉砂层之上，粉砂层薄，不均一，粉砂层具交错层理，呈透镜体状。此层底部黏土层向下凸，表面原滩面不平整		潮滩中部浪流扰动沉积	
灰棕色、浅黄棕	粉砂层夹黏土条	黏土条共7条，厚薄不等(2-8mm)，成穹型或者斜层理沉积		近潮滩下部沉积	
灰棕色、橄榄灰	粉砂与粘土互层	769~775cm粉砂成波丘状；806~810cm具1cm厚的黑色有机质夹层；839cm处具黄棕色粉砂层（2cm厚），层顶叠加薄层黑色有机质；878~882cm含三层黑色有机质层；888~894cm有厚为2~5mm的碳质夹层，碳质层多出现在粉砂层的顶部。此层中，碳质层多为丘状层与扰动型层理		潮下带(水边线以下)沉积	
灰棕色、深黄棕	粉砂与粘土互层	897~901cm为沙丘状的交错层，沙丘厚1.7cm；902~904cm为粉砂与粘土交错层；904~912cm为粉砂与粘土互层，黏土厚0.1~1.3cm，粉砂0.1~1.0cm		潮间带中部沉积	
灰棕色、深黄棕	黏土夹粉砂条带	黏土夹粉砂条带，粉砂水平薄层厚1~3mm	有孔虫分异度不高，一般属典型的浅海相分子，但有较高的丰度。以施罗德假轮虫(*Pseudorotalia schroeteriana*)、同现卷转虫(*Ammonia annectens*)为主，推测其沉积环境为正常浅海。	潮滩中上部沉积	
深黄棕、浅黄棕	粉砂与粘土互层	粉砂层厚度比上层大，说明水动力加大，尤其此层部的沙波厚度为0.8cm，0.6cm，下部为1.2cm，1cm，1cm		潮间带中部沉积	
深黄棕、浅黄棕	粉砂夹黏土块	较多粘土块为侵蚀老地层再沉积形成，下部波浪水流扰动较中上部强。		潮滩下部的粉砂波痕带沉积(潮间带下部)	
深黄棕、浅黄棕	黏土层夹粉砂薄层	具扰动结构(块体卷入，粉砂层倾斜扭曲)	10.19~10.36m发现有：堇色似沼螺*Assiminea violacea Heude*(近海岸相)、玉螺未定种*Natica sp.*(近海岸相)、篮蚬（未定种）*Corbicula sp*（淡水至河口）、篮蛤（未定种）*Corbula sp.*（河口相）	似潮滩下部沉积	
深黄棕、中黄棕 10YR4/2 10YR5/4	粘土为主，有粉砂斑	9.99~10.10m，粘土层质地均一，10.02~10.03m处具虫扰动粉砂斑，10.10~10.19m，以粘土为主，质地均一，但10.11~10.19m有粉砂填充斑点，成花纹构造，系虫扰动所致，底部有白色贝壳片		向上似逐渐过渡为潮滩、潮成沙体沉积	4 潮滩水边线贝壳砂滩沉积相(浅水激浪侵蚀)
中黄棕、浅橄榄灰	贝壳砂层	含少量黏土，无层理。上部中黄棕色为上层粘土层颜色浸染所致，贝壳已风化，不成形，偶见似毛蚶片，有纹理的暗乳玉螺（？）及其螺壳芯，贝壳砂层已硬结	11.28~13.53m发现有：厚笋香形螺*Polinices (Glossaulax) ampla Philippi*（近海岸相）、螺未定种*Umbonium sp.*、齿口螺？未定种*Odostomia?sp.*（近海岸相）、华丽篮蚬*Corbicula leana Prime*（淡水至河口相）、黑龙江篮蛤*Potamocorbula amurensis (Schrenck)*（河口相）、斑玉螺*Natica tigrina (Roding)*（近海岸相）、无线卷蝾螺*Turbonilla (Turbonilla) nonlinearis Wang*（近海岸相）、卷蝾螺未定种*Turbonilla sp.*（近海岸相）、背螺未定种*Dorsanum?Sp.*（近海岸相）、牡蛎碎片*Ostrea sp.*、均为滨海至河口相、沼螺未定种*Parafossarulus sp.*（淡水湖沼相）、似沼螺未定种*Assiminea? Sp.*（淡水湖沼相）、河篮蛤（未定种）碎片*Potamocorbula sp.*片（河口相）、篮蚬（未定种）碎片*Corbicula sp.*（淡水至河口相）	潮上带贝壳沙堤沉积	
灰黑色5YR2/1	粘土	均质粘土层，未显现层理，切面光亮，10.5~10.53m间夹有浅橄榄灰的硬结粘土块（1.5×1.4cm）		封闭的潟湖相或者海湾相沉积?	5 海岸带浅海及泻湖、沼泽相
橄榄灰5Y3/2 深黄棕色10YR4/2	粘土层中夹贝壳砂	粘土层质地均一，切面光滑，夹有22层贝壳砂层，贝壳风化变暗红，有完整的螺和白蛤，贝壳极为富集，且形体完整。第1段黏土层(11.42-11.87m)厚45cm，其下的黏土段以8cm为多。11.32-11.36m贝壳层中见有一扭曲状条形火山砾，1268~1271cm的贝壳层中也见一火山砾（3.3×0.3cm），1168cm有一大螺		黑色富含有机质的黏土层中所夹的贝壳系风暴沉积所致，波流水流将潮下带浅海与潮滩上的贝壳携带到潮上带大潮高潮线附近或泻湖静水中沉积下来	
橄榄灰5Y3/2 浅橄榄灰5Y6/1	粘土	粘土层质地均一，无层理，均为静水海底沉积，但在下部有椭圆形沙斑，尤其在1453~1472cm中粘土层泛橄榄灰，表示有水层扰动所致	1460~1462cm未发现有孔虫	滨海泻湖沼泽相沉积	
深黄棕色、暗黄棕色10YR2/2与橄榄灰	粘土	14.74-14.95m为深黄棕色黏土，夹暗黄棕色黏土条斑2条；14.95-14.94m为橄榄灰色黏土，含含有较多贝壳碎片。底部黑色条斑中夹有文蛤、贝壳碎片及似火山喷发逃逸物碎块、砾砂（3.3×2cm）等	14.74~15.04m发现有纹沼螺*Parafossarulus striatulus (Bensen)*（淡水湖泊，缓慢流动的小溪或小水潭环境等）、黑龙江篮蛤*Potamocorbula amurensis (Schrenck)*（河口相）、平行蚶蚬*Barbatia parallelogramma Busch*（潮间带至河口相）	滨海泻湖沼泽相沉积	
深黄棕色	粉砂质粘土	深浅色差交互成层，上部10cm具交错层理、楔状层理，下部有波状-水平层理，含铁锰结核		具二元相结构的泛滥平原相	
深黄棕色10YR4/2、浅黄棕色10YR6/2	粉砂夹粘土	上部为深黄棕色粘土层，层中偶见浅黄棕色粉砂条斑，未显层理。底部1560~1572cm为浅黄棕色粉砂，呈波状层理与双向交错层理层，两层理间夹深黄棕色粘土层，与上部间有明显界线。底部1567cm有一较大砾石（7.5×2.2cm），此砾石结核中附着少量贝壳碎片，滴盐酸起泡		具二元相结构的泛滥平原相	
深黄棕色、中黄棕10YR5/4与橄榄灰	粉砂质粘土与粘土质粉砂交互成层	上部15.72~16m为深黄棕色含少量粉砂的粘土层，含粘土条斑，粉砂成沙波状，少见已风化的贝壳，但仍可见壳屑、壳粉质沉积或为有孔虫壳；下部16-16.21m为粉砂质粘土与粘土质粉砂（中黄棕色）交互成层，层厚不等，黏土条斑以0.3~0.5cm厚居多	1572~1577cm未发现有孔虫	具二元相结构的泛滥平原相	6 滨海泛滥平原与(受火山活动影……底部硬粘土系……胶结平原粘……
浅黄棕色10YR6/2	黏土	硬黏土层，质地较硬，底部剥落出成堆的贝壳、螺和文蛤碎片，内有棕红色砾块（1.1×0.9cm），似为火山灰进入的炙烤层	16.21~16.33m发现有纹沼螺Parafossarulus striatulus (Bensen)（淡水湖沼相）、白小旋螺*Gyraulus albus* (Müller)（淡水湖沼相）、雕刻织纹螺Nassarius(Phrontis) caelatulus Wang（浅海相）、黑龙江篮蛤碎片	滨海湖沼相沉积	
深黄棕、中棕色5YR4/4	黏土层	深黄棕色粘土层，层中有一中棕色硬粘土块砾的嵌入体，其上部覆盖浅黄棕色硬黏土，可能为火山崩积坠落物，块体落入的粘土层中有贝壳碎片		湖沼相沉积	
深黄棕、中棕色5YR4/4	黏土层	已压实变硬，有少量贝壳屑		湖沼相沉积	

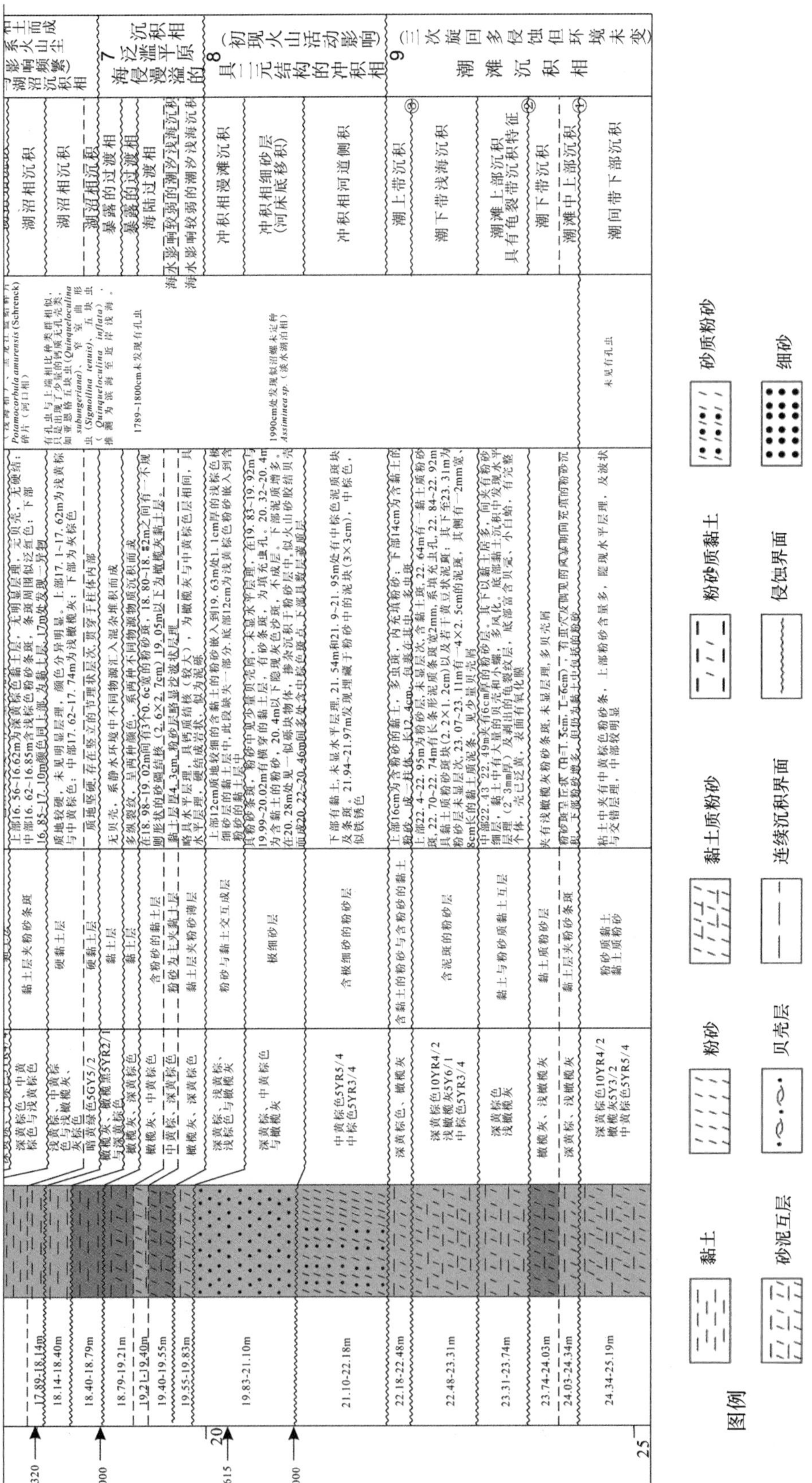

图例

黏土	粉砂	砂质粉砂
砂泥互层	贝壳层	细砂

黏土质粉砂	连续沉积界面
粉砂质黏土	侵蚀界面

颜色据 Rock Color Chart. The Geological Society of America Boulder, Colorado, 1979.

图 5.52　南黄海辐射沙脊群西洋潮流通道07-SR-01钻孔沉积剖面与编录。

钻 孔 号：07SR11　　位置：32° 8.988′ N, 121° 32.821′ E

钻孔时间：2007. 12. 09　　潮高：_____　　实测水深：3. 2m　　改正水深：2. 5m　　编录：殷勇　黎刚

AMS^{14}C测年	深度	岩芯	颜色	物质组成	沉积层结构 岩性特征	微体古生物	沉积相段	
530±30 →	0~44cm		深黄棕色10YR4/2	粉砂质黏土层	现代牡蛎礁。含较多浅黄棕色细粉砂质条斑层，含贝壳，顶部9cm含牡蛎壳	5cm，密鳞牡蛎(Ostrea denselamellosa Lischke) 海相至滨海相，潮下带至水深30m，黄渤海常见种，东台群二组晚更新世至现代	牡蛎礁	1 近岸海底牡蛎礁 潮流通道内端
	44~65cm		中棕色5Y3/4	黏土	含不规则细粉砂透镜体，高1-2mm，粉砂颜色为浅黄棕色10YR6/2		粉砂滩	
360±30 →	65~100cm		灰棕色5YR3/2	黏土层	牡蛎礁层，黏土无层次结构，分布有完整牡蛎壳体(8×6.5×0.9cm)，壳内有粉砂质黏土填充。黏土层内分布有牡蛎碎片。	90cm，密鳞牡蛎(Ostrea denselamellosa Lischke)	牡蛎礁	
	100~125cm		橄榄灰、灰棕色 5Y4/1　5Y3/2	粉砂	100-106cm均质极细砂(Mz=3.5)；106-111.5cm粉砂质黏土(Mz=5.8)；111.5-125cm为粉砂层(Mz=3.8)，顶部2cm具有云母、植物碎屑细纹层		潮下带波浪动力较强，水下沙坡发育	
535±30 →	125~140cm		深黄棕色10YR4/2	粉砂质黏土层	牡蛎碎片堆积层，这些牡蛎可能是从异处侵蚀搬运而来，且源地较近		牡蛎礁	
	140~155cm		深黄棕、暗黄棕色 10YR4/2 10YR2/2	粉砂、黏土质粉砂	粉砂与黏土质粉砂互层，粉砂层呈丘状（L=6cm，h=2cm）。有牡蛎壳，已碳质石化，年代较老，与砂层不符合	147-149cm，密鳞牡蛎碎片(Ostrea denselamellosa Lischke)	受微波影响水边线以下潮下带	
	155~186cm		暗黄棕色、橄榄灰 10YR2/2　5Y4/1	黏土与粉砂	粉砂与黏土交互成波状层理。层内颜色较深，有机物含量多		微波影响的潮汐层理	
	186~223cm		橄榄灰，暗黄棕色 5Y4/1　10YR2/2	粉砂为主	波状层理显著，层理很细，波峰陡，为微波扰动环境。粉砂层中有8层黏土细夹层	0-12.24m，有孔虫以钙质有孔壳为主，主要有条纹箭头虫(*Bolivoma striatula*)，诺宁虫(*Nonion grateloupi*).*N*. *sp*.，毕克卷转虫（*Ammonia beccarii*），Nonionella sp.等，还有钙质无壳类的平坦五块虫(*Quinqueloculina complannata*)，*Quinqueloculina lamarckiana*等，未见胶结壳类，中底栖有孔虫占绝对优势，仅见1枚浮游有孔虫化石。从所产出的底栖有孔虫看，未见典型浅海相分子，故推测属于滨海-近岸浅海沉积环境	微波影响的潮汐层理	2 海侵型潮
	223~236cm		橄榄灰5Y4/1	粉砂	丘形波层理，黏土夹层呈不完整状，微波作用层，菱形波浪作用双向层		微波作用层	
	236~243cm		橄榄灰、暗黄棕色 5Y3/2 5Y4/1 10YR2/2	粉砂、黏土	黏土与粉砂构成水平互层层理，粉砂层略具丘状		微波影响的潮汐层理	
	243~261cm		橄榄灰 5Y3/2　5Y4/1	黏土、粉砂	黏土粉砂交互成纹层理，底部粉砂多成丘状、扁豆形，中间黏土多，为波状潮汐层理		微波影响的潮汐层理	
	261~267cm		浅黄棕、深黄棕色 10YR6/2 10YR4/2	黏土质粉砂、黏土	黏土质粉砂与黏土质薄层构成脉状层理		潮下带浅水沉积	
	267~326cm		暗黄棕、浅黄棕色 10YR2/2 10YR6/2	黏土、粉砂	黏土与粉砂交互成层，为不规则层理。底部有虫穴扰动、滑动的变形层理		潮下带浅水沉积	
	326~388cm		浅黄棕、暗黄棕色 10YR6/2 10YR2/2	粉砂、黏土	含黏土的粉砂与黏土互层，构成典型的波状层理，沙波内部可见清晰的前积纹层，往上沙波沙质增多，		潮下带浅水沉积	
4340±40 →	388~419cm		暗黄棕、深黄棕色 10YR2/2　10YR4/2	黏土、粉砂	黏土与粉砂交互成层。粉砂为波状细丘，黏土质地粘重		微波作用层	
	419~434cm		暗黄棕、浅黄棕色 10YR6/2	黏土、粉砂	黏土与粉砂交互成层，粉砂为波状层理		微波作用层	
	434~464cm		暗黄棕色、深黄棕色 10YR2/2　10YR4/2	黏土、粉砂	黏土与粉砂交互成层，粉砂成细波状，个别不连续呈扁状粉砂质透镜体，但厚度很小		微波作用层	
	464~470cm		浅黄棕色10YR6/2	黏土	黏土成薄层状，层内有沙波（h=2.6cm），沙波外有棕色黏土包裹		微波作用层	
	470~528cm		暗黄棕、深黄棕色 10YR2/2　10YR4/2	黏土	以黏土层为主，夹深黄棕色粉砂质层理。顶部粉砂层理3cm厚，为丘形及峰形砂条；473-504cm处的黏土层中夹有薄层断续的粉砂纹层。下部粉砂与黏土互层成页状层理		潮下带具潮汐层理沉积层	
	528~600cm		暗黄棕、深黄棕色	黏土	黏土层中有深黄棕色细粉砂质沙波层理。层顶及层底均为沙波层		潮扰动下带弱动力环境，生物扰动强烈，具风暴	

	600~640cm		暗黄棕、深黄棕色	黏土、细粉砂	具有似“二元相”的结构，上部20cm为暗黄棕色黏土层，下部20cm为深黄棕色细粉砂层。上部黏土有不规则变形层理，细条状垂直的粉砂层；底部有勺状水滴状沉积		潮水沟沉积	下带浅海沉积相
	640~655cm		浅橄榄灰5Y5/2	粉砂层	无层次结构，内有小螺或大有孔虫，其内被粉砂充填。		水下潮流通道沉积（潮滩潮下带）	
	655~743cm		暗黄棕色10YR2/2 浅橄榄灰5Y5/2 黄棕色10YR2/2	黏土为主	655-722cm为暗黄棕色黏土层，并在其中夹有18条浅橄榄灰色粉砂波痕； 672-680cm为黄棕色黏土层,基本上无波痕,有1mm宽、6mm长的砂条； 672-685cm为黏土与粉砂波痕的交互层，其中共有9个波痕； 685-688.5cm为黏土层，基本无沙波； 688.5-702cm为黏土与粉砂交互层，共9个沙波； 702-706cm为黏土层，基本上无沙波； 706-743cm黏土层中夹有37条沙波；		水下潮流通道沉积	
	743~764cm		浅黄棕、暗黄棕色 10YR6/2 10YR2/2	黏土	浅黄棕色黏土与暗黄棕色黏土层中有细粉砂质大波痕，丘顶朝下部		潮水通道沉积	
	764~789cm		橄榄灰、暗黄棕色 5Y4/1	粉土、黏土	上部16cm为质地均匀的无层次粉土,下部9cm为暗黄棕色黏土层，其中有5-6条细粉砂层。上下层之间为一浅橄榄灰波痕，蜂朝底，内具薄层理		潮水通道沉积	
	789~824cm		暗黄棕色10YR2/2 浅橄榄灰5Y5/2	黏土	上部至804cm为15cm厚的黏土层，内有侵蚀低槽，为细粉砂充填，似反向沙波h=0.8-0.9cm，其下充填层为3cm；中部至815cm为浅黄棕色粉土层，质地均匀，无层次；下部为浅橄榄灰色黏土层，无层次，含有贝壳，内有包裹的泥质砾块；下部为浅橄榄灰		水下岸坡较深海区海底沉积	
	824~843cm							
	843~878cm		浅橄榄灰、深黄棕色 5Y6/1 10YR4/2	细粉砂、黏土	浅橄榄灰色细粉砂与黏土交互成二元相，共有3层黏土，2层粉砂，粉砂黏土之间均为侵蚀界面		潮水沟或潮流通道沉积	
			浅橄榄灰、深黄棕色	粉砂、黏土	浅橄榄灰沙波（共17个）与深黄棕色黏土互层，上部12cm为潮汐层理下部为潮流通道沙波与黏土的二元结构相		潮下带与潮水沟沉积	
	878~906cm		浅橄榄灰、暗黄棕 10YR2/2、深黄棕色	粉砂、黏土	浅橄榄灰粉砂质沙波与黏土互层，自下而上颜色由暗黄棕色过渡为深黄棕色。在本层中共有17条粉砂条		潮下带沉积层，具潮汐层理	
	906~953cm		橄榄灰5Y6/1 暗黄棕色10YR2/2 灰色	细粉砂为主	上部至930cm以橄榄含黏土灰粉砂为主，中夹脏黄棕色2cm厚的黏土，波峰状沉积，呈透镜状；中部至938cm为纯黏土质粉砂，上部有隐形层理，但在其下断有一条“U”形沟状结构，本层基本无显著层理；下部至953cm粉砂波痕结构明显，均为7条极细砂条斑		微波作用带	
	953~1017cm		暗黄棕色10YR2/2 浅橄榄灰5Y6/1 深黄棕色10YR4/2	黏土为主	以黏土沉积为主，夹有粉砂波状、斑状层理。上部至981cm为暗黄棕色黏土，夹7条浅橄榄灰色含黏土粉砂的层理，粉砂层理呈半弧形、宽带状及穹状；中部至1003cm为深黄棕色黏土夹透镜状沙斑及连续沙纹层；下部为浅橄榄灰色含黏土粉砂层，夹上凸状黏土条纹。		水下岸坡已深的浅海海底沉积	
	1017~1047cm		深黄棕色10YR4/2	黏土	均一的黏土质沉积		浅水海底沉积	
	1047~1115cm		浅橄榄灰5Y6/1 深黄棕色10YR4/2 浅黄棕色10YR6/2	粉砂、黏土	具纹层结构的细砂与黏土（黏土有浅黄棕色逐渐加深，至1069cm变为深黄棕色)交互沉积,纹层很细。在1069cm以上纹层厚度均小于0.1cm，以下条纹则较上部粗。本层中粉砂层共有16个，黏土层有6个		海底静水沉积，有微波影响	
4670±35 →	1115~1165cm		暗黄棕色10YR2/2 浅橄榄灰5Y6/1	黏土	以黏土为主，黏土与粉砂交互成层。粉砂层多呈上凸波形。		受风暴影响的海底沉积	
	1165~1186cm		深黄棕色10YR4/2 浅橄榄灰5Y6/1	黏土	以黏土为主，间夹粉砂层理，本层与上一层相比在于颜色较浅		受风暴影响的海底沉积	
	1186~1209cm		深黄棕色 浅橄榄灰	黏土层	中部具浅橄榄灰的斑块，底部具浅橄榄灰色似眼球构造的粉砂球斑，黏土层未显层次		夹风暴层的浅海沉积	
	1209~1230cm		深黄棕色10YR4/2	黏土层	具隐形的含粉砂层的条斑层理		静水沉积	
	1230~1247cm		深黄棕、浅橄榄灰 10YR4/2 5Y6/1	黏土、粉砂	黏土与粉砂交互成层，粉砂层多，上部为双向交错层理；下部12cm为海流沉积层的“眼球构造”		海流沉积	
	1247~1259cm		黄棕色、浅橄榄灰 10YR2/2 5Y6/1	黏土层	顶底具浅橄榄灰色沙波层与交错沙波层（共3cm厚）		浅海沉积	
	1259~1308cm		深黄棕色10YR4/2 浅黄棕色10YR6/2 浅橄榄灰5Y6/1	黏土层	1283cm以上为深黄棕色黏土层,顶部交互沙波(共3cm厚)；1283cm以下黏土渐变为浅黄棕色，并夹有浅橄榄灰粉砂层		浅海沉积	
	1308~1354cm		暗黄棕色10YR2/2 深黄棕色10YR4/2	黏土层	上部黏土层为暗黄棕色，下部为深黄棕色。顶部具交错层理，有一沙波（h=2.2cm）在其中间夹有3条粉砂沙波黏土层质地均一，无隐形结构		浅海沉积	
	1354~1362cm		浅橄榄灰5Y6/1	粉砂	交错叠置的粉砂沙波层		火山尘沉积粉砂与尘土层	
	1362~1375cm							3
	1375~1415cm		灰棕色、棕灰色 5YR3/2 5YR4/1	黏土层	略含粉砂的黏土层，上部2-7cm处有3层棕灰色波痕状层理，其组成仍为黏土，但含有碳屑和云母碎片，下部黏土质地均一，无层理		火山尘沉积粉砂与尘土层	
			中黄棕色、暗黄棕色10YR2/2、暗灰色	黏土质粉砂	1400-1403cm夹有暗棕色黏土,底部泛暗色。整体为中黄棕色黏土质粉砂,内有薄层的粉砂；上部8cm有斜层理；层内有火山尘沉积	1395m以下分析了25个有孔虫样品，仅在2个样中分别见到1颗有孔虫，其余样品均未见有孔虫	火山尘沉积粉砂与尘土层	
	1415~1455cm		中黄棕色、深黄棕色 10YR5/4 10YR4/2	黏土	底部1447-1455cm为中黄棕色，含少量的细粉砂粉尘，向上因有炭黑色粉尘加入而色暗；中部为深黄棕色含粉砂的黏土，有炭黑色条斑；上部为黏土，炭黑色物质影响最重，颜色很深，其中含有贝壳屑		海底沉积，受临近火山喷发影响	

深度	年代	岩性	颜色	层位	描述	沉积相
						具火山尘影响的浅海沉积相
1455~1478cm			橄榄灰5Y4/1	受火山灰影响的黏土层		海底沉积，受临近火山喷发影响
1478~1493cm	5855±30		棕灰色5YR4/1	细粉砂层	含粉砂，微显沙波形状，粉砂色彩斑。底部5cm有波状纹路，上部无明显层次	海底沉积，受临近火山喷发影响
1493~1814cm			灰棕色 5YR3/2	黏土层	无显示层次热构，基本为均匀喷翻。总波海底层沉降堆积。共有色层理。在1530cm处发现 木根	浅海沉积
1814~1859cm			灰棕色5YR3/2	黏土层	顶地均一，无粗细变化。本层特点总是具有明显的细微夹层（1cm厚，浅黄灰色细粉砂层。上部渐变层显实安排的双向淘层理。伴成硬形结构	海底沉积
1859~1876cm			灰棕色	黏土层	顶部为滚黄综色丘状砂层层理，基底实层粉砂层厚，伴机质层调。其中12cm间双向层理相交于层坡周面。其底层为橄榄灰色细粉砂层	海底沉积
1876~1942cm			暗黄棕色 10YR2/2	黏土层	顶地均一，为浅海悬浮体沉降沉积	浅海悬浮体沉降沉积
1942~2002cm			暗棕色 5YR3/2, 10YR4/2	黏土层	具有椭形条斑。顶部有丘状砂层，此厚度约1.5cm，并有楔块状层=1.5cm。底部具橄榄灰来色含粉砂的丘状形层	轻浪扰动浅海沉积
2002~2100cm			暗黄棕色10YR2/2 橄榄棕5Y4/1	黏土，粉砂	暗黄综色黏土为主，其有橄榄灰色湖混层粉砂火点。1mm厚的纹层交错层理。2~3mm的沉层多为含土含粉砂层理夹黄点	轻浪扰动浅海沉积
2100~2111cm	2075±10		灰棕色 5YR3/2，5Y4/1，暗黄棕色 10YR4/2	杂色黏土层	上部4cm为灰棕色黏土层，中部2cm为橄榄灰薄土层，底部3cm为深黄棕色的细粉砂层。具波浪近水平层理。（3mm变，形态不规则）	底部素流
2111~2139cm			灰棕色，橄榄灰5YR3/2，5Y4/1，10YR4/2	黏土，粉砂	黏土与粉砂交互成层层，具波浪近水平层理。其有31个基土条亲。30个粉砂亲土。黏上基亲呈双向交错层	底部素流
2139~2152cm			暗黄棕色10YR2/2	细砂层	含贝壳砂较多。此层由不同浅色的细砂构成“≈”状层理	底部素流
2152~2194cm			暗棕色 5Y4/1，10YR4/2	细砂层	大黏土层，与细粉砂层互为层理。含较多云母。下部182~2186cm为"≈"状层理	浅海悬浮体沉降沉积
2194~2201cm			黄棕色10YR6/2	黏土	无层理，已团结	静水沉积过程中有微弱波为多方向波状扰动
2201~2211cm			橄榄灰 深黄棕色5Y3/2，10YR4/2	细砂	上部4cm为橄榄灰色细粉砂土，有浅色，未显层次，未层尽上，呈层层。上部顶面上1.5cm为深黄棕色含土粉砂的细粉砂条亲，交错层理	静水沉积过程中有微弱波为多方向波状扰动
2251~2252.8cm			暗黄棕色10YR2/2	黏土层	可能受到火山灰的影响，暗色粉砂土，约3.5~1.6cm的间有。中部8cm层下起1mm，最小超细层。组成线状，约2mm，具有交错层理，相成层状。局部有细粉砂条亲。交错层下的有泥层，在有海浪条纹	浅海沉积（弱潮流动力）
2252.5~2317cm			暗黄棕色10YR6/2 黄棕色10YR6/2	黏土层		

右栏竖排标题：具火山尘影响的浅海沉积相　　4

1460~1464cm，太茂包旋螺
(Turbonilla neotinearis Wang)

深度	年龄	岩性柱	颜色	粒度	层理及结构	沉积环境
2317~2382cm			灰黄色5Y4/1	中细砂	原地埋入、多处有真黄色用粗纹理、中层、层理、双向交叉状	浅海沉积(弱潮流动力)
2382~2406cm			暗黄棕色10YR2/2 浅棕色	黏土层	暗棕色物理性质中有较多层间的	浅海沉积
2406~2416cm			中黄棕色10YR6/4	黏土层	为粗粒型黏土层、已硬化	多潮汐水位变动影响
2416~2433cm			深黄色5Y4/1、浅黄棕色5Y3/2	中细砂、中细砂	暗砂层（区别）细中砂质及及层	近河口双道沉积
2433~2480cm			中黄棕色10YR4/4 深绿色、橄榄黄5Y3/2	黏土层	无层理、内有多条棕土壤（深黄棕色）、条斑	近河口双道沉积
2480~2539cm			浅橄榄色5Y4/1 深绿棕色5Y3/2	中砂	深橄榄棕色浅绿褐棕色钙量、深褐的浅层内含棕土、轻测	近河口双道沉积
2539~2545cm			浅褐色5Y6/1	粉砂质黏土层	共硬化现	近河口双道沉积
2545~2559cm			深黄棕、黄棕色10YR6/2 橄榄棕5Y3/2	黏土层	含较多的黄棕色粉绿斑点(7×3mm、10×9mm)及橄榄黄灰色层上层	近河口双道沉积
2559~2650cm			深黄棕色10YR4/2	中砂及细中砂	无明显沉积结构	近河口双道沉积
2650~2678cm	>43000		橄榄黑、深绿灰色5Y3/2 5Y4/1 10YR4/2	中细砂	面部有云母片和中细砂的正状层、丘状浸蚀、其间有有机砂黑色周沉、本层10cm为浅海源沉积浅沉积层	陆源河流滨沙带为浅海沉积，受潮汐远处火山灰影响
2678~2694cm			橄榄色、黄棕色10R3/4 10YR4/2	黏土层	颜色黄棕色、表明浅海火山灰的影响、层内夹有黄棕色细纹层理、顶部10cm灰绿色斜层理、浸润出现	陆源河流冲浪带受浅海火山灰影响
2694~2703cm						受到远处火山灰飘来火山灰影响
2703~2713cm						
2713~2732cm	>43000		橄榄色5Y3/2	中细砂及层	顶面不平、已硬化	微波影响的静水的弱水流沉积，受火山灰影响
2732~2761cm			橄榄灰色5Y4/2 橄榄色5Y3/2	黏土层	夹较深褐色化的植物碎片和黏土块	微波影响的静水的弱水流沉积，受火山灰影响
2761~2818cm			暗灰色灰色、黄棕色10YR4/2	中细砂层	其黄棕色细粉砂层、火山生沉积	微波影响的急流相沉积，受火山灰影响
2818~2845cm	>43000		橄榄色5Y3/2	中细砂	陆源物质的急流相沉积、杂色、含有大量深灰黑色有机斑、此层绿色表明有在层灰黑绿色沉积	陆源物质的急流相沉积
2845~2865cm			深黄棕色5Y4/1	含中粒的细砂层	太层大的均匀沉积、粉绿色有粉斑层、含有云母、石英类黑色斑	近河口双道沉积
2865~2879cm			深黄棕色10YR4/1	细砂层	均层、棕黄色有棕斑细纹层、无层次、黄褐河漫相沉积(上部浅的处)、含鳞片、下部为黏土	陆源河流沉积，典型的湖沼沉积
2879~2890cm			浅橄榄、橄绿色、5Y4/2、	粉砂及黏土层	黄棕色为河漫积层理、底部为浅深水平层理、为沙滩层理	陆源河流沉积，典型的湖沼沉积
2890~3009cm			橄榄黄灰5Y4/1	细粉砂层	含有2~3处硬化深水平层理，共计2处层内的粉砂细砾土、杂色层(厚4~6cm)	陆源河流沉积，典型的湖沼沉积
3009~3023cm			橄榄棕色5Y4/1	细粉砂层	本层从上到下一直是砂层、但此处是绿泥浆物质的源、浅绿过渡多黏橙黄、深灰黑绿灰色细砂层、上部为绿色黏土层	近河口潮下带下部
3023~3091cm	42655±485		中黄棕色10YR5/4 橄榄棕5Y3/2	中细砂、细砂	蓝含粘绿色纹理、小具头、有小型平行细纹理、上部至3058cm为中黄棕色中细砂、质地均一、上层尖、中间夹有深斑、下部大橄榄灰色细砂、局域纹层理	受潮汐影响的近河口沉积

3009~3023cm，最清晰的柱状比较纯
Assimilation of L. evalpa yen

深度	颜色	粒度	沉积相
3091~3117cm	中灰棕色、炭黑色 10YR3/4 橄榄黑 5Y3/2、5Y2/1	黏土、粉中砂	受潮汐影响的近河口沉积
3117~3127cm			受潮汐影响的近河口沉积
3127~3140cm	浅橄榄灰、橄榄灰 10YR4/1	粉砂、黏土	受潮汐影响的近河口沉积
3140~3178cm	深灰棕—深灰黄色 5Y3/2、10YR4/2	粉砂层	受潮汐影响的近河口沉积
3178~3245cm	深灰棕色 10YR4/2	均质粉砂层	受潮汐影响的近河口沉积
3245~3250cm	浅灰色	粉土层	受潮汐影响的近河口沉积
3250~3322cm	橄榄灰 5Y4/1 深灰黄棕色 10YR4/2	粉砂层、黏土质粉砂	海底沉积
3322~3356cm	橄榄灰 5Y3/2 深灰黄棕色 5GY4/1	粉砂、黏土质粉砂	海底沉积
3356~3489cm	橄榄灰 5Y4/1 深灰黄棕色 10YR4/2 棕灰 5YR4/1	粉砂	受潮汐影响的近河口沉积
3489~3505cm	深灰棕色 10YR4/2	黏土	受陆地来水来沙及生物扰动影响的浅海沉积
3505~3547cm	橄榄灰—深灰黄 5Y3/2、10YR4/2	细砂	陆源源远性河道沙体
3547~3627cm	灰棕色 5YR3/2	黏土	陆源源远性河道沙体
3627~3646cm	浅棕灰、棕灰色 浅灰色N7	细粉砂、黏土	陆源源远性河道沙体
3646~3657cm	深灰棕色 10YR4/2	粉砂质黏土上	滨湖相沉积
3657~3690cm	棕灰 5YR3/2	中细砂层	滨湖相沉积
3690~3715cm	橄榄灰棕 5Y4/1	中细砂	近河口陆源相沉积边滩或心滩相
3715~3748cm	橄榄灰	细砂	混杂沉积
3748~3820cm	深黄棕色 10YR4/2 橄榄灰 5Y4/1	中粗砂	河口沙坝
3820~3840cm	中灰棕色 10YR5/4	粉中砂	典型的陆源砂
3840~3889cm	深黄棕色 10YR4/2	中细砂	典型的陆源砂

平原沉积相

42655±485

42965±300

>43000

3820~3824cm，白介虫壳 Givecalus elheri (Müller)（近岸微咸湖沼相）

海　河　流　河　口　湾　沉　积　相

4052m 处可能 *Parahidevine? sp.*

深度	颜色	岩性	描述	相
3889–3958cm	深黄棕色10YR4/2 橄榄灰5Y3/2	细中砂	深黄棕色细中砂夹橄榄灰色中细砂，质地均匀，未显层理，底部3.5cm呈灰色，较疏松细	河口沙坝
3958–4023cm	深黄棕色10YR4/2	中细砂	上部3958–3986cm深黄棕色中细砂，质地均匀，颗粒为透明或乳白色油脂光泽；中部颜色泛红；4002cm之下褐色又泛红色颗粒含数较多，有石英	河口沙坝
4023–4117cm	深黄棕色	中细砂	已呈保留层理，中间夹有似火山生，结块（大小形态不规则），内夹较多的黏土质泥块，黄有玻璃纤维结构	河口沙坝
4117–4171cm	深黄棕色10YR4/2 橄榄灰5Y3/2	中细砂	深黄棕色中细砂夹橄榄灰色含黏土细砂，均匀混入	河口沙坝
4171–4219cm	深黄棕色10YR4/2	中细砂	含有贝壳，夹有黏土块。在4176cm处发现一处贝壳残体	河口沙坝
4219–4413cm	深黄棕色10YR4/2 黄棕色10YR6/2	中细砂	深黄棕色与橄榄灰色中细砂相交叉，质地未变化，无层理，还有石英	浅海沉积
4413–4480	深黄棕色10YR4/2 橄榄灰5Y3/2	中细砂	近下部有黄棕色细砂，含泥块及贝壳附	河口沙坝
4480–4610cm	灰棕色5YR3/2 深黄棕色10YR4/2 橄榄灰5Y3/2	中细砂，含粉砂的黏土	上部8cm以灰棕色含粉砂的黏土为基质层，与下层界限分明，下部为深黄棕色中细砂，夹橄榄灰的含泥细砂层	河口沙坝
4610–4707cm	中黄棕色10YR5/4 橄榄灰5Y3/2 深黄黄棕色10YR4/2 中棕色5YR3/4	中细砂	上部4610–4630cm为20cm厚的砂层，周边颜色中黄棕色，包裹中间位橄榄灰色的中细砂，未显层理。下部以深黄棕色中细砂为主，4700–4707cm为深黄色的含黏土细砂层，中间是灰棕色，夹杂中棕色的含砂黏土，受到火山灰的影响	河口沙坝

22130±60 →

785±30 →

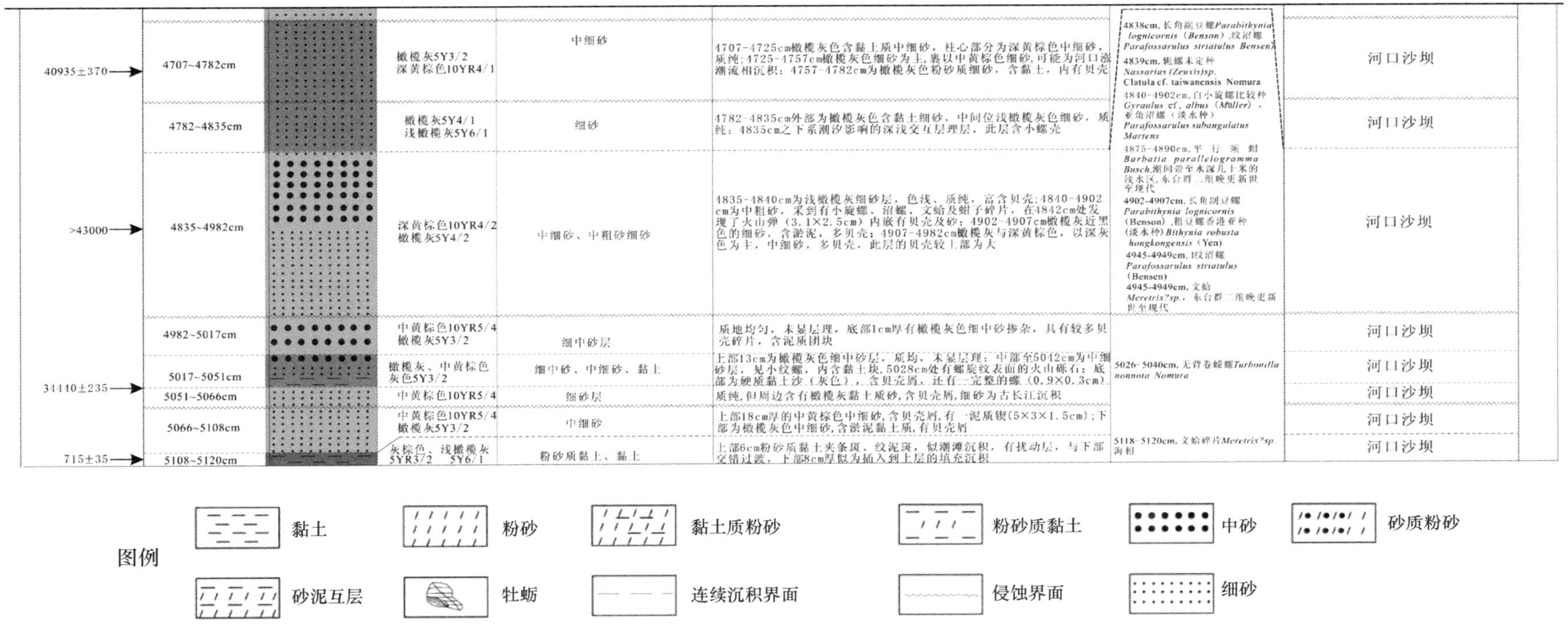

深度	颜色	岩性	描述	古生物	沉积相
4707~4782cm	橄榄灰5Y3/2　深灰层色10YR4/1	中细砂			河口沙坝
4782~4835cm	橄榄灰5Y4/1　浅橄榄灰5Y6/1	细砂			河口沙坝
4835~4982cm	深黄标色10YR4/2　橄榄灰5Y4/2	中细砂、中粗砂细砂			河口沙坝
4982~5017cm	中黄标色10YR5/4　橄榄灰色5Y3/2	细中砂层			河口沙坝
5017~5051cm	橄榄灰　中黄标色灰色5Y3/2	细中砂、中细砂			河口沙坝
5051~5066cm	中黄标色10YR5/4	细砂层			河口沙坝
5066~5108cm	中黄标色10YR5/4　橄榄灰5Y3/2	中细砂			河口沙坝
5108~5120cm	灰标色　浅橄榄橄灰5YR3/2　5Y6/1	粉砂质黏土、黏土			河口沙坝

测年数据：40935±370；>43000；34110±235；715±35

图例

黏土	砂泥互层	粉砂	牡蛎
黏土质粉砂	连续沉积界面	粉砂质黏土	侵蚀界面
中砂	细砂	砂质粉砂	

颜色据 Rock Color Chart. The Gelolgical Society of America Boulder, colorado, 1979.

图 5.53　南黄海辐射沙脊群小庙洪潮流通道内段07-SR-11孔剖面及编录

参考文献

蔡明理，王颖．1999．黄河三角洲发育演变及对渤、黄海的影响［M］．南京：河海大学出版社．

蔡乾忠．1995．中国东部与朝鲜大地构造单元对应划分［J］．海洋地质与第四纪地质，15（1）：7－24．

陈吉余，恽才兴，徐海根，等．1979．两千年来长江河口发育模式［J］．海洋学报，1（1）：103－111．

程天文，赵楚年．1984．我国沿岸入海河川径流量与输沙量估算［J］．地理学报，39（4）：418－427．

程天文，赵楚年．1985．我国主要河流入海径流量、输沙量及对沿岸影响［J］．海洋学报，7（4）：460－471．

陈则实，等．1998．中国海湾志——第十四分册（重要河口）［M］．北京：海洋出版社．

管秉贤．2002．中国东海近海冬季逆风海流［M］．青岛：中国海洋大学出版社．

何良彪．1989．中国海及其邻近海域的黏土矿物［J］．中国科学：B辑，19：75－83．

江苏省地图编纂委员会．2004．江苏省地图集［M］．北京：中国地图出版社．

金翔龙．1992．东海海洋地质［M］．北京：海洋出版社．

秦蕴珊，赵一阳，陈丽蓉，等．1989．黄海地质［M］．北京：海洋出版社．

秦蕴珊，等．1987．东海地质［M］．北京：科学出版社．

沈焕庭，茅志昌，朱建，等．2003．长江河口盐水入侵［M］．北京：海洋出版社．

水利电力部水文局．1987．中国水资源评价［M］．北京：水利电力部出版社．

苏纪兰．2005．中国近海水文［M］．北京：海洋出版社．

孙湘平．2008．中国近海区域海洋［M］．北京：海洋出版社．

王腊春，陈晓玲．1997．长江黄河泥沙特性对比分析［J］．地理研究，16（4）：71－79．

王颖．2003．黄海陆架辐射沙脊群［M］．北京：中国环境科学出版社．

王颖，傅光翙，张永战．2007．河海交互作用与平原地貌发育［J］．第四纪研究，27（5）：674－689．

王颖，张振克，朱大奎，等．2006．河海交互作用与苏北平原成因［J］．第四纪研究，26（3）：301－320．

王颖，朱大奎．1990．中国的潮滩［J］．第四纪研究，（4）：291－300．

王颖，朱大奎．1994．海岸地貌学［M］．北京：高等教育出版社．

薛鸿超，谢金赞．1995．中国海岸带水文［M］．北京：海洋出版社．

杨达源，张建军，李徐生．1999．黄河南徙、海平面变化与江苏中部海岸线变迁［J］．第四纪研究，（3）：283．

杨怀仁．1984．中国东部近2000年的气候波动与海面升降运动［J］．海洋与湖沼，5（1）：1－13．

杨文鹤．2000．中国海岛［M］．北京：海洋出版社．

杨作升．1988．黄河、长江、珠江沉积物中黏土矿物组合、化学特征及其物源区气候环境的关系［J］．海洋与湖沼，19（4）：336－346．

叶青超．1986．试论苏北废黄河三角洲的发育［J］．地理学报，41（2）：112－122．

喻普之．1989．渤海、黄海和东海的构造性质与演化［J］．海洋科学，2（2）：9－16．

恽才兴．2010．中国河口三角洲的危机［M］．北京：海洋出版社．

曾呈奎，徐鸿儒，王春林．2003．中国海洋志［M］．郑州：大象出版社．

张东生，张君伦，张长宽，等．1998．潮流塑造—风暴破坏—潮流恢复——试释黄海海底辐射沙脊群形成演变的动力机制［J］．中国科学，20（5）：394－402．

张东生，张君伦，张长宽．2002．黄海辐射沙脊群动力环境［M］//王颖主编：黄海陆架辐射沙脊群．北京：中国环境科学出版社：29－117．

张训华，等．2008．中国海域构造地质学［M］．北京：海洋出版社．

张宗祜．1990．中华人民共和国及其毗邻海区第四纪地质图［M］．北京：中国地图出版社．

赵保仁，庄国文，曹德明，等．1995．渤海的环流、潮余流及其对沉积物的分布影响［J］．海洋与湖沼，26

（5）：466 – 473.

中华人民共和国水利部 . 2006. 中国河流泥沙公报 2005 年［R］. 北京：中国水利水电出版社 .

朱大奎，傅命佐 . 1986. 江苏岸外辐射沙洲的初步研究［J］. 江苏省海岸带东沙滩综合调查报告 . 北京：海
洋出版社 .

朱大奎，许廷官 . 1982. 江苏中部海岸发育和开发利用问题［J］. 南京大学学报，3：799 – 818.

Guan Bingxian. 1994. Patterns and structure of the currents in Bohai，Huanghai，and East China Sea［J］. Oceanolo-
gy of Chinese Sea，Vol. 1，Netherland，Kluwer Academic Publisher，17 – 26.

Ying Wang. 1983. The mudflat coast of China［J］. Canadian Journal of Fisheries and Aquatic Sciences，40：160 –
171.

Zhu Dakui，et al. 1998. Morphology and land – use of coastal zone of Jiangsu Plain，China［J］. Journal of Coastal
Research，14（2）：591 – 599.

近藤正人 . 1985. 东シナ海 . 黄海渔场の海况にす关ゐ研究Ⅰ. 西海区水产研究所研究报告，第 62 号，19 ~
66.

第3篇 东　海

第 6 章   东海海洋地理环境

6.1   概述

6.1.1   范围

东海是由中国大陆、台湾岛、琉球群岛、九州岛和朝鲜半岛围绕的西北太平洋边缘海，其西部为东海大陆架，东部是太平洋沟—弧—盆体系的典型发育区域。地理位置介于 $21°54' \sim 33°17'$N，$117°05' \sim 131°03'$E 之间。东海北以长江口北岸启东嘴至济州岛连线为界与黄海相通；东北以济州岛东南端与福江岛南端及长崎半岛野母崎角的连线与朝鲜海峡相连；东靠九州岛、琉球群岛及台湾岛连线与太平洋相接；西南以福建东山岛南端经台湾浅滩与台湾省南端鹅銮鼻的连线为界与南海相通；西濒上海、浙江、福建两省一市。东北至西南长度 1 300 km，东西宽 740 km，总面积 77×10^4 km²，其中，东海陆架面积 55×10^4 km²。平均水深 370 m，最深处位于冲绳海槽西南端，最大水深值则有 2 940 m（苏纪兰、袁业立，2005）、2 719 m（王颖等，1996；许东禹等，1997）、2 322 m（刘忠臣等，2005；李家彪，2008）、2 334 m（杨文达，2004）等不同报道。东海与太平洋及邻近海域间有许多海峡相通，东以琉球诸水道与太平洋沟通，东北经朝鲜海峡、对马海峡与日本海相通，南以台湾海峡与南海相接（图 6.1a，图 6.1b）。

6.1.2   海岸线

海岸线为多年平均大潮高潮时水陆分界的痕迹线（GB/T 18190—2000），受自然和人为因素的影响，海岸线始终处于动态变化中。

东海海岸北起长江口启东嘴，南至福建、广东交界的诏安详林的铁炉岗，其南北跨越 8 个纬度，隶属上海、浙江、福建三省市，大陆岸线总长 5 325.6 km（中国海岸带地貌编写组，1995），岛屿岸线长达 7 953.2 km（全国海岛资源综合调查报告编写组，1996），孙湘平（2008）报道的大陆岸线长度为 5 746 km。

东海海岸曲折，海湾发育，入海河流众多，海岸类型多种多样。自北向南可大致分为 5 种海岸类型，即长江口、杭州湾河口三角洲平原海岸，镇海至闽江口北为浙江闽北基岩港湾淤泥质海岸，闽江口以南为闽中、闽南基岩港湾砂质海岸、台湾西海岸砂质及红树林海岸。

6.1.3   海岛

东海海域辽阔，岛屿众多，绝大部分为基岩岛。据全国海岛资源调查报告（1996）统计，东海近岸大陆岛（除台湾省以外）面积大于 500 m² 的海岛总数 4 615 个，岛屿岸线长达 7 953.2 km，其中，浙江海岛岸线最长，达 4 792 km。由于围涂、海岛开发等因素，海岛数量逐年减少，罗凰凤（2011）最新报道浙江省海岛数为 2 879 个，占全国总数的 44%。东海海域岛屿按成因可分为大陆、冲积及海洋岛（刘锡清等，2008）。大陆岛系大陆地块延续到海底出露的陆地，原属大陆一部分，由于海平面上升与大陆分离而成，如舟山群岛、洞头列岛、平潭岛等；冲积岛由河流泥沙堆积而成，如崇明岛、灵昆岛等；海洋岛远离大陆，由海底火山作用出露海面或构造作用隆起出露海面，如琉球群岛等。

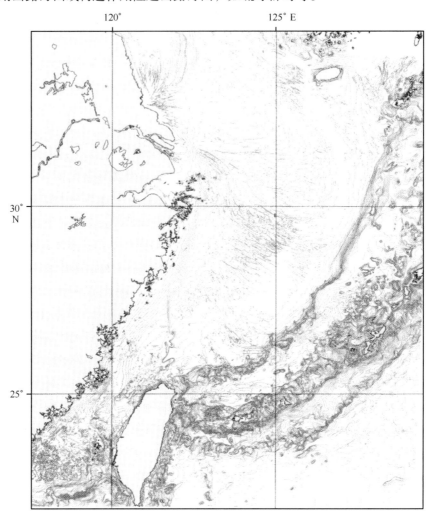

图 6.1a　东海地形（李家彪，2008）

注：等值线间距，小于 100 m 水深为 5 m，100 ~ 200 m 水深为 10 m，大于 200 m 水深为 100 m

6.1.4　海湾

海湾是被陆地环绕且面积不小于以口门宽度为直径的半圆面积的海域，它地处海陆结合部，受海洋和陆地双重影响，形成了潮间带、水下浅滩和潮流通道相伴发育的地貌组合特征。

东海海岸岸线曲折，岬湾相间，又有多条河流入海形成河口湾。据中国海湾志第五、第六、第七、第八分册统计东海沿岸面积大于 10 km² 的海湾 27 个，其中，浙江沿海 12 个，福建沿海 15 个，海湾岸线总长约 4 257 km，海湾面积约 15 028 km²。海湾形成和地貌组合特征深受区域构造、河流和海洋动力、泥沙来源和人为作用的影响。东海海湾总体上分两大类，即以河流、潮流作用为主的河口湾和以断裂构造控制的构造溺谷湾。河口湾主要有杭州湾、台州湾、温州湾等，构造溺谷湾有象山港、三门湾、乐清湾、三沙湾、罗源湾、湄州湾、泉洲湾、厦门港等。

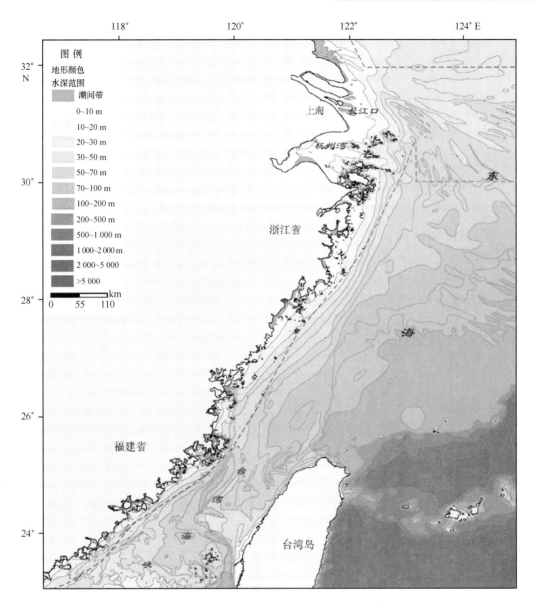

图 6.1b　东海西部海底水深地形分层设色图[①]

6.1.5　海峡

相邻陆、岛间宽度狭窄的水道称海峡，东海主要海峡有台湾海峡、朝鲜海峡及吐噶喇海峡等。

台湾海峡：它是沟通东海与南海的唯一通道，西濒福建省，东临台湾省，海峡呈东北—西南走向的北窄南宽喇叭形，长 426 km，平均宽 285 km，面积 8.5 × 10⁴ km²，平均水深 80 m，最大水深 1 400 m（苏纪兰、袁业立，2005）。

朝鲜海峡：日本称对马海峡，它位于朝鲜半岛南岸与日本九州、本州岛之间，呈东北—西南走向。海峡长 222 km，宽约 185 km，水深一般 50～150 m，最大水深 228 m（苏纪兰、袁业立，2005）。海峡内对马岛面积 698 km²，把海峡分为东、西两水道。朝鲜海峡位于东海东北部，沟通东海与日本海的联系。

---

① 蔡锋，等．2011．我国近海海底地形地貌调查研究报告．

吐噶喇海峡：指琉球群岛中屋久岛与奄美大岛之间水域总称，宽约203 km，水深100～1 000 m。吐噶喇岛位于海峡西口，把该海峡又分为若干水道，即吐噶喇水道、口之岛水道、中之岛水道、诹访漱水道、恶石岛水道等。吐噶喇海峡沟通了东海与太平洋的联系，也是黑潮由东海返回太平洋的主要通道。

6.1.6　东海地形格局

东海为西北太平洋的一个边缘海，在构造上位于欧亚板块和太平洋板块之间的交汇地带，是太平洋沟—弧—盆体系的典型发育地区（图6.2）。

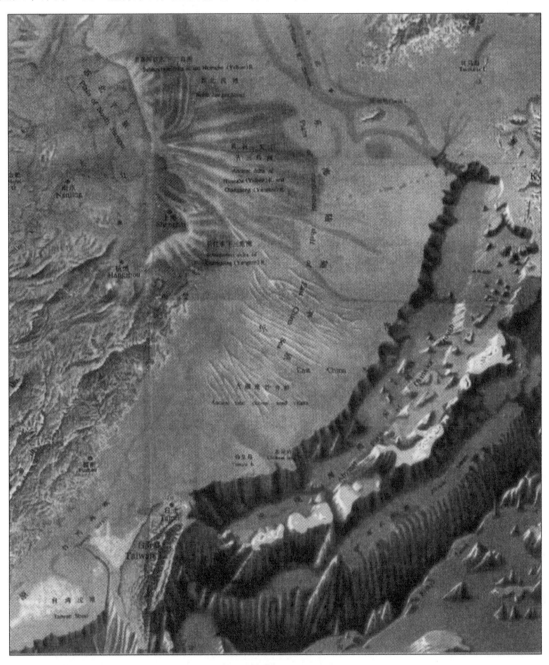

图6.2　东海地势（李家彪，2008）

东海海底地貌分带明显，自岸向海，从西北向东南依次分布着河口水下三角洲和海湾堆积平原（水下浅滩）、水下岸坡（堆积台地）、大陆架、大陆坡、冲绳海槽及琉球岛坡等地貌区。东海岸线漫长曲折、海湾发育、海岸类型多样，入海河流众多，其中，中国第一大河——长江注入东海，河口区发育了巨大的长江水下三角洲；东海陆架地形自岸向海缓缓倾斜，等深线走向大致与海岸线走向一致。陆架北宽南窄，最宽处 640 km，坡度北缓南陡，面积 55×10^4 km^2，占东海的 2/3，平均水深 78 m，陆架外缘坡折带水深 130～160 m 之间。东海大陆架以水深 50～60 m 为界，可分内陆架和外陆架，内陆架地形变化复杂，外陆架地势平坦。陆架上见有陆架堆积平原、古三角洲平原、古河谷、陆架洼地、暗礁及残留砂平原等地貌类型，并发育大片的 NW—SE 方向延伸的潮流沙脊群；大陆坡呈带状位于陆架外缘与冲绳海槽之间，总长度 1 100 km，走向 NE—SW 转 E—W（分界线 124°30′E），北宽南窄，北缓、南陡，最大坡度达 50×10^{-3}。大陆坡斜坡上发育阶梯状的构造台地、沟槽、断陷洼地和海底峡谷等。冲绳海槽位于坡脚线与琉球群岛岛坡线之间，呈舟状向东南突出，面积 22.85 $\times 10^4$ km^2，北窄南宽，北浅（700 m）南深（＞1 000 m），槽底地形较平坦，为深海—半深海堆积平原，见有扩张裂谷盆地、海（火）山、海丘及槽谷；岛坡，坡度陡峭，地形复杂，被众多水道分割，其上发育众多的海脊、海山、海丘、构造隆起台地与盆地。

6.2　地质构造

东海地处中国大陆东缘，属于西太平洋活动大陆边缘的组成部分，构造活动强度大，频率高，断裂构造十分发育，其中主要断裂构造格架对构造单元划分起着主导作用。在主要断裂的分割下，东海的一级构造单元，可分为 5 个，自西向东为浙闽隆起区、东海陆架盆地、钓鱼岛隆褶带、冲绳海槽盆地和琉球隆褶区（图 6.3）。地质构造对海岸轮廓、海底地貌发育起着控制作用。

6.2.1　主要构造单元

6.2.1.1　浙闽隆起区

从震旦纪至早—中三叠纪时，浙闽隆起区就是一个相对稳定和抬升的隆起区，长期处于隆起剥蚀状态。经中生代早期强烈的印支运动和中生代燕山运动，隆起区上大部分地区分布有该期的侵入岩和火山岩，在各火山岩山头之间，分布数量众多但面积较小的陆相中生代沉积盆地。

6.2.1.2　东海陆架盆地

东海陆架盆地是一个发育在东海陆架区的大型一级负向构造，走向 NNE—NE，长约 1 400 km，宽 80～370 km，面积达 26.7×10^4 km^2，新生代沉积厚度大于 14 000 m。盆地基底主要由轻微变质的石炭、二叠系构成，其上为侏罗、白垩系。盆地新生代地层发育齐全，具有西老东新的特点。陆架盆地可分为西部坳陷、中部低隆起、东部坳陷 3 个二级构造单元和长江凹陷、钱塘凹陷、瓯江凹陷、晋江凹陷、九龙江凹陷、虎皮礁凸起、海礁凸起、鱼山凸起、武夷低凸起、观音凸起、澎北凸起、福江凹陷、西湖凹陷、基隆凹陷、新竹凹陷 15 个三级构造单元。

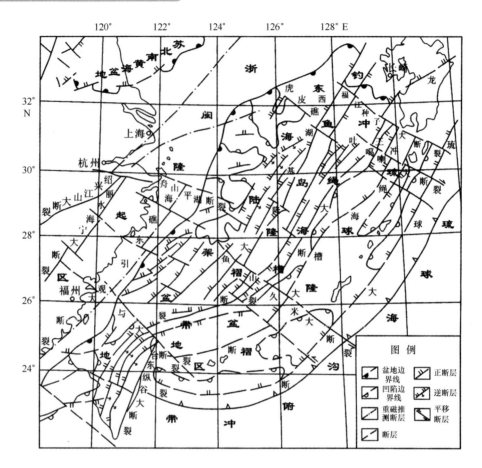

图 6.3 东海构造区划（李家彪, 2008）

6.2.1.3 钓鱼岛隆褶带

钓鱼岛隆褶带位于陆架外缘，北接五岛列岛，南经钓鱼岛并继续向 SWW 方向延伸，总体呈 NNE—NE—NEE 向条带状弧形展布，长约 1 000 km，宽 5～75 km，面积 4.6×10^4 km²，此带是一个渐新世以后逐步升起的岩浆岩带，局部有中新统凹陷，组成陆架盆地东侧的堤坝，使大量沉积物在堤坝以西的陆架盆地沉积。

6.2.1.4 冲绳海槽盆地

冲绳海槽盆地为一级负向构造单元，其北端从日本天草海盆开始向西南延伸至台湾宜兰平原，几乎与钓鱼岛隆褶带平行。该盆地南北宽，中间窄，长约 1 100 km，宽 72～200 km，面积 14.8×10^4 km²，以晚新生代沉积为主，厚度大，最大可达 10～12 km，该盆地可分为陆架前缘坳陷、龙王隆起、吐噶喇坳陷、海槽坳陷 4 个二级构造单元。

6.2.1.5 琉球隆起区

琉球隆起区分布在大陆边缘的岛弧，其基底由晚古生代、中生代、早第三纪变质岩组成，其上覆有中新统、上新统及第四纪沉积岩和礁灰岩。

6.2.2 主要断裂

6.2.2.1 海礁—东引大断裂

该断裂带北端起自海礁，经鱼山列岛、台州列岛、台山列岛至东引岛，断裂走向 NNE，长约700 km，它构成了浙闽隆起区与东海陆架盆地的分界，推测主要活动期为晚侏罗世—白垩纪，该断裂往北可经苏岩延伸至朝鲜半岛东南的鸿岛，往南可与长乐—诏安断裂相接。

6.2.2.2 西湖—基隆大断裂

该断裂带位于陆架盆地东缘，延伸长约 700 km，宽 30～50 km，其走向北段为 NNE，中段为 NE，南段为 NEE。它构成了东海陆架盆地与钓鱼岛隆褶带的分界，推测其主要活动期北段为白垩纪—早第三纪，南段为上新世。

6.2.2.3 冲绳海槽大断裂

该断裂带位于冲绳海槽东侧，为冲绳海槽盆地与琉球隆褶带的分界，它南起八重山列岛北侧，向东北经宫古岛以北、久米岛—大隅诸岛以西，可延伸至西南日本，向西南可延伸至台湾海岸山脉逆冲断裂带东侧，长达 600 km，走向南段 NEE，中段 NE，北段 NNE，总体倾向 NW。该断裂是一条长期活动的生长性正断层，北段约在中新世开始活动，南段稍晚，约在上新世中晚期形成。

6.2.2.4 琉球海沟俯冲带

该俯冲带沿琉球海沟呈 NNE—NE 向展布，为琉球隆褶带至菲律宾海板块的分界线。海沟水深 5 000～7 200 m，沉积层发生了高度形变，两侧存在明显构造差异，沿俯冲带由东向西依次发育浅—中—深源地震。

6.3 河流作用

河流是陆源物质向海洋输运的主要通道，承担85%的陆源物质进入海洋。据资料统计，1956—1979 年我国直接入海河流平均径流量为 17 237 × 10^8 m^3；每年入海的泥沙量平均为 18.5 × 10^8 t；每年入海溶解物质为 2.64 × 10^8 t（陈吉余，2007），河流注入海洋的大量淡水、泥沙及溶解物质必然引发河口及附近海域的动力条件、水质、生态环境的变化，并参与海洋尤其近岸浅海的地貌变化过程，塑造河口三角洲、潮间带地貌，并对陆架沉积作用、地貌过程有着深刻的影响。

6.3.1 入海河流水文基本特征

注入东海河流众多，年输沙量在 100 × 10^4 t 以上的河流有 8 条，无论是流域面积，入海水量和泥沙量均以长江居首位，闽江次之，钱塘江列第三（表6.1）。据资料统计，年均输入东海径流总量 11 699 × 10^8 m^3，占全国入海径流总量的64.5%；年均输沙总量 6.3 × 10^8 t，占全国入海输沙总量的34.1%（苏纪兰、袁业立，2005）；年均入海溶解物质为 2.0 × 10^8 t，占全国的60%。输入东海河流径流量和输沙量差别很大，且有明显季节和年际变化（表6.2～

表6.4），入海径流量和泥沙量主要集中在洪季4—8月，占全年径流总量70%以上。长江入海径流量和输沙量年际变化见表6.4。

大河入海水、沙量大，输运距离远，长江在入注东海河流中径流量、输沙量均占首位，分别占80%和77%。注入东海中、小河流多为强潮或山溪性强潮河口，洪水暴涨、暴落，入海径流量总和为 $2\,450\times10^8\,m^3$，每年入海输沙量为 $0.35\times10^8\,t$，入海离子量年均为 $0.11\times10^8\,t$（中国海岸带地貌编写组，1995），携带泥沙较粗，以细砂级为主，入海水、沙主要影响河口及附近海区。闽江和九龙江年均输沙量分别为 $745\times10^4\,t$ 和 $307\times10^4\,t$，粒径以砂级为主，对闽南砂质海岸发育提供了物质来源。近几十年来，河流入海径流量略有波动，变化不大，但入海输沙量急剧减少，闽江1950—1986年年均输沙量 $745.28\times10^4\,t$（表6.1）至2005年直降至 $64.6\times10^4\,t$（蔡锋等，2008），九龙江至2004年也降至历史最低（图6.4）。

表6.1　注入东海主要河流的径流量、输沙量（李培英，2007；中国海岸带地貌编写组，1995）

河流名称	河流长度/km	流域面积/km²	径流量/($\times10^8\,m^3\cdot a^{-1}$)			输沙量/($\times10^4\,t\cdot a^{-1}$)			资料年限
			平均	最多	最少	平均	最多	最少	
长 江	6 380	1 940 000	9 240	13 592	5 172	42 450	67 800	34 100	1950—2000
钱塘江	605	49 900	386.4	695.6	225.5	658.7	1 060	213	
椒 江	197.7	6 519	66.6			123.4	427.0	32	
瓯 江	388.0	17 859	196.0	332.0	110.0	266.5			
闽 江	2 872	60 992	620	903	304	745.28	1 999.28	271.99	1950—1986
九龙江	263	13 600	148	288	99.6	307	647	<100	1950—1979
浊水溪	186	3 155	45.78			5 900			
淡水溪	159	2 726	13.66						
曾文溪	138	1 177	10.88			11 270			

表6.2　主要河流径流量年内分配（李培英等，2007）

河流	月径流量占年径流量百分比/%												连续4个月最大值之和占全年总量/%
	1	2	3	4	5	6	7	8	9	10	11	12	
长 江	3.0	3.2	4.3	6.7	10.3	12.0*	14.2*	12.9*	11.9*	10.2	7.1	4.2	51.0
钱塘江	3.4	6.9	21.0*	11.6*	17.8*	21.1*	9.3	4.8	5.3	3.5	3.1	2.7	61.0
瓯 江	2.3	5.3	8.2	11.9*	17.6*	22.3*	8.6*	6.9	9.4	3.5	2.0	2.0	60.4
闽 江	3.0	4.1	7.3	11.5*	18.3*	22.7*	10.8*	6.7	5.6	4.1	3.0	2.9	63.3

注：*表示连续有4个月最大值。

表6.3　主要河流输沙量及其年内分配（李培英等，2007）

河流	年输沙量/$\times10^4\,t$	月输沙量占年输沙量百分比/%											
		1	2	3	4	5	6	7	8	9	10	11	12
长 江	46 800	0.7	0.7	1.2	3.9	9.0	11.0	21.7	18.8	16.2	10.6	4.5	1.7
钱塘江	437	0.5	4.1	3.6	17.2	32.0	24.4	3.5	4.2	8.2	1.6	0.2	0.5
瓯 江	267	0.2	3.2	2.4	10.3	14.5	30.0	4.7	16.1	16.7	1.3	0.2	0.4
闽 江	829	0.5	1.8	4.8	10.1	24.8	38.3	10.6	4.0	3.2	1.2	0.3	0.4

表 6.4 大通站多年平均径流量、输沙量变化（恽才兴，2004，2010）

时间/年	平均径流量/ ×10⁸ m³	年均输沙量/ ×10⁸ t	年均含沙量/ （kg/m³）
1951—2000	9 050	4.245	
1951—2004	9 156	4.175	0.55
1951—1967	8 915	4.930	0.553
1968—1989	8 739	4.370	0.50
1990—2000	9 537	3.463	0.362
1964		6.78	0.55
1990		4.19	
1995		3.55	
2000		3.39	
2004		1.47	
2006	6886	0.85	
2008	8291	1.30	

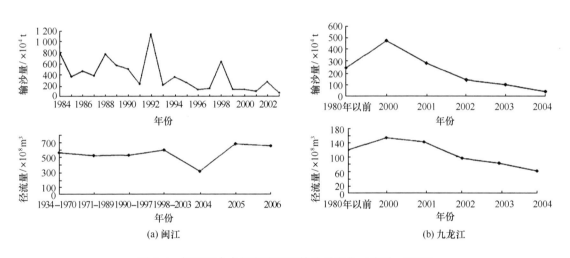

图 6.4 闽江和九龙江径流量和输沙量变化（李兵，2009）

6.3.2 长江入海径流量、泥沙量及其变化

6.3.2.1 长江入海水、沙量

长江是一条丰水多沙河流，为我国三大河流之一（黄河、长江、珠江），源远流长，全长 6 380 km，流域总面积 1.94×10^6 km²，流经我国 10 个省（市），在上海注入东海。根据大通站实测资料统计，多年平均径流总量 $9\ 156 \times 10^8$ m³（1923—2004 年），居全国河流之首，世界第三，多年平均输沙量 4.18×10^8 t（1951—2004 年），年最大输沙量 6.78×10^8 t（张瑞等，2008），次于黄河，居第二，年最大径流总量 $13\ 592 \times 10^8$ m³（1954 年），最小为 $6\ 969 \times 10^8$ m³（1972 年），最大流量 92 600 m³/s（1954—08—01），最小为 4 600 m³/s（1979—01—12）。年均入海溶解物为 1.428×10^8 t（陈吉余，2007），如此巨大的水、沙入海对河口、海岸带和东海陆架地貌演变产生深刻的影响。

6.3.2.2 长江入海水、沙季节和年际变化

长江河口区的来水、来沙年内分配和年际分配极不均匀，5—10月为洪季，6个月的输水量和输沙量分别占全年的71.1%和87.3%（其中，7、8、9三个月分别占全年的39.7%和52.9%），11月至翌年4月为枯季，其输水量和输沙量分别占全年的28.9%和12.7%。7月份为输水、输沙高峰季节，其流量及沙量分别占全年14%和21%，1月份为输水、输沙最小月份，其流量及沙量分别占全年的3.2%和0.7%（表6.2，表6.3）。长江入海径流量存在年际变化（图6.5）和波动。图6.5显示1950—2008年58年间，年均径流量、含沙量和输沙量变化。多年平均径流量变化不大，90年代以后略有增加（18%），但洪、枯季变化明显，百年最大洪峰流量92 600 m³/s（1954 - 08 - 01），50年一遇洪峰流量84 500 m³/s（1999 - 07 - 22），最小流量4 620 m³/s（1979 - 01 - 31）。多年平均含沙量和输沙量变化波动明显（图6.5），峰值出现在1964年，年均含沙量0.55 kg/m³，年输沙量6.78×10^8 t。由于人类活动影响，20世纪80年代以后含沙量、输沙量明显下降（表6.4），90年代年均输沙量3.43×10^8 t，2006年降至0.848×10^8 t，2008年为1.3×10^8 t（恽才兴，2010）。

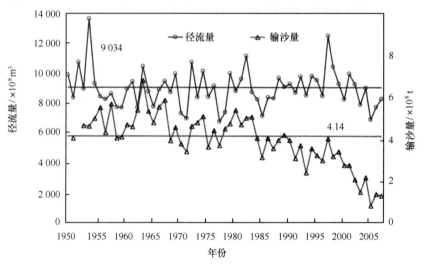

图6.5　大通站多年年径流量和年输沙量变化（恽才兴，2010）

6.3.3 长江入海水、沙对东海地貌发育的影响

长江口为丰水多沙分汊河口，20世纪80年代前多年平均径流量$9\ 156 \times 10^8$ m³，年均输沙量4.68×10^8 t，溶解物质1.43×10^8 t，入海水、沙向东海方向扩散，不断沉积，形成宽阔的东海陆架，入海径流、泥沙和溶解物质与海水混合，改变了河口和附近海域的环境条件，对河口及附近海域地貌发育和生态环境产生明显影响。

研究资料表明，长江入海泥沙约50%沉积在口门附近，20% ~ 30%沿岸向南运移，直至闽江口，其余20% ~ 30%向东海扩散（Xie，1990）。沉积在口门附近的泥沙形成了庞大的长江河口拦门沙体系，水下三角洲；向南运移和向东海扩散的泥沙，发育浙江、闽北的淤泥质海岸，东海水深50 m以内堆积台地等。长江入海水、沙的年际、季节和风暴周期的变化，直接导致长江口河槽、浅滩、水下三角洲的演变和浙闽淤泥质海岸的冲淤变化。近年来长江来沙减少，导致长江水下三角洲淤涨速度变慢，口外部分出现明显侵蚀（杨世伦等，2003）。

6.4　海洋动力

海洋动力对海洋沉积物的侵蚀、搬运和沉积起控制作用，是海洋地貌形成和发育的重要外动力因素，主要包括潮汐、潮流、海浪及近岸环流和沿岸流等。

6.4.1　潮汐、潮流

6.4.1.1　潮汐

东海的潮汐主要由太平洋潮波经日本九州至我国台湾之间水域进入东海，其中，一小部分进入台湾海峡，而绝大部分向西北方向传播，引起东、黄、渤海潮振动。由于海底地形和海岸轮廓的影响，导致潮汐类型、潮差分布的区域变化。

1）潮汐类型

潮汐类型可用潮型数 $A = (H_{K_1} + H_{O_1})/H_{M_2}$ 来划分（式中，H_{K_1}、H_{O_1}、H_{M_2} 分别为 K_1、O_1、M_2 分潮最大振幅），分为规则半日潮（$0.0 < A < 0.5$）；不规则半日潮（$0.5 < A \leqslant 2.0$）；不规则日潮（$2.0 < A \leqslant 4.0$）；规则日潮（$A > 4.0$）。

东海潮汐类型按潮型数 A 划分只有两种类型，台湾及台湾北端（富贵角）沿冲绳海槽至五岛列岛至朝鲜木浦以东海域，浙江东北部镇海、定海一带海域，台湾海峡南部海域，以及海湾、河口区为不规则半日潮外，东海绝大部分海域为规则半日潮。

2）潮差

潮差是潮汐强弱的主要标志之一。在东海外缘，大洋潮波传入处，潮差小，平均潮差在1.0 m 左右，与那国岛为 1.3 m，东海外缘为 2~3 m，如鹿儿岛 2.2 m。台湾以东南澎列岛最大潮差 1.44 m。自东向西，潮波进入陆架及大陆沿岸，由于水深变浅，潮差逐渐增大，绿华山为 3.5 m，大陈岛为 3.5 m，海岸带尤其是河口区和海湾最大潮差达 5.0 m 以上，如杭州湾澉浦平均潮差 5.57 m，实测最大潮差达 8.91 m，乐清湾江厦实测最大潮差 8.43 m，平均潮差5.15 m，福州三都澳岙帮门实测最大潮差达 8.38 m，平均潮差 5.48 m。

6.4.1.2　潮流

1）潮流性质

潮流类型可用潮流类型数 $B = (W_{K_1} + W_{O_1})/W_{M_2}$ 来确定（其中，W_{K_1}、W_{O_1}、W_{M_2} 为 K_1、O_1、M_2 分潮流的最大流速），分为规则半日潮流（$0.0 < B \leqslant 0.5$）、不规则半日潮流（$0.5 < B \leqslant 2.0$）、不规则日潮流（$2.0 < B \leqslant 4.0$）和规则日潮流（$B < 4.0$）。

东海东部大多为不规则半日潮流区，东海西部大部分为规则半日潮流区，但浙江外海，鱼山列岛以东一带海域为不规则半日潮流区。东海沿岸大部分为规则半日潮流区，福建东山以南为不规则半日潮流区。沿岸浅海分潮明显，W_{M_4}/W_{M_2} 值远大于 0.04，亦可称为不规则半日潮浅海潮流区。

2）潮流分布

根据实测资料和计算，潮流流速从东南向西北逐渐增大，东海东南部及台湾以东海域潮流流速较小，琉球群岛附近平均流速为 20 cm/s，向西北逐渐增大，至台湾海峡和杭州湾流速达 100~150 cm/s。海湾、岛屿之间潮流通道，由于受地形影响，潮流强劲，杭州湾顶部王盘山南部海域、舟山群岛官山水道、螺头水道测得最大流速达 400 cm/s 以上。

6.4.2　东海流系（环流）

东海流系基本上分两个系统，即暖流和沿岸流系统（图 6.6，图 6.7），它们参与了东海海湾、海岸、陆架的地貌过程。

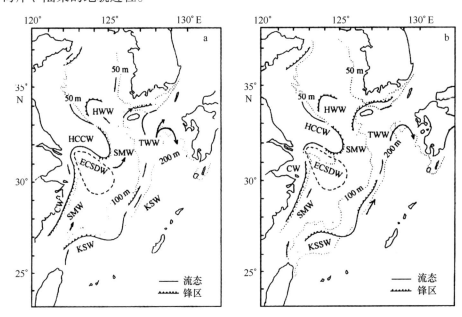

图 6.6　东海冬季流态及海洋锋（a. 上层；b. 下层）（苏纪兰，2005）

6.4.2.1　黑潮

黑潮是北太平洋一支强而稳定的西边界流，源于台湾东南海域，沿台湾东岸北上，从苏澳—与那国岛之间水道进入东海，其主流沿 200~1 000 m 等深线之间向东北流动，在 30°N，129°E 附近几乎呈 90°转向，经吐噶喇海峡出东海，返回太平洋。黑潮以流幅窄、厚度大，流速强，流向稳定为主要特征，它携带高温、高盐水给东海海洋环境带来重大影响。黑潮流速存在年、季节周期变化。据 1973—2000 年资料统计，一般平均流速 40~80 cm/s，最大达 180 cm/s，极值 250 cm/s。黑潮主干最大流速 97 cm/s，宽度 40~105 km，多年平均流量 25.5×10^6 m³/s（苏纪兰、袁业立，2005），相当于长江入海流量的 1 000 倍，黑潮右侧几乎终年都有逆流存在。此外，黑潮与东海陆架地形相互作用，产生入侵陆架的分支，即台湾暖流和对马暖流。

1）台湾暖流

台湾暖流存在于东海沿岸流与黑潮之间的陆架上，大致沿 50~100 m 等深线终年北流的一支高温、高盐的海流，它源于台湾东北黑潮表层水、次表层水和台湾海峡东北向海流，终

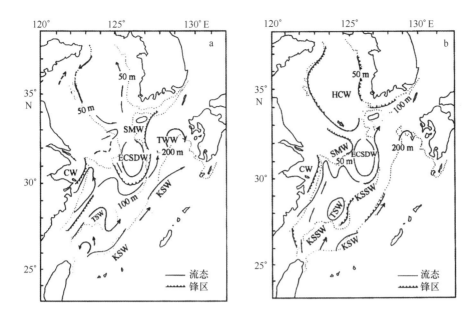

图 6.7　东海夏季流态及海洋锋（a. 上层；b. 下层）（苏纪兰、袁业立，2005）

（注：上图中，ECSDW 为东海高密水，HCCW 为黄海沿岸冷水，HWW 为黄海暖流水，TWW 为
对马暖流水，KSW 为黑潮表层水，SMW 为陆架混合水，CW 为沿岸水，KSSW 为黑潮次表层水，
TSW 为台湾海峡水，HCW 为黄海冷水团）

年存在，并且有明显季节变化。实测台湾暖流平均流速夏季为 22.5 cm/s，流量在 1.5×10^{6} ~
3.0×10^{6} m³/s，夏季大于冬季（郭炳火等，2003）。

台湾以北陆架上，北上的台湾暖流可分为外侧（南）支和内侧（北）支，内侧分支沿岸
北上，上层水主要来源于台湾海峡；外侧分支源于台湾东北，在浙南外海与内侧分支分离，
流向陆架坡折带，其大部分来源于黑潮表层水和次表层水（苏纪兰、袁业立，2005）。

2）对马暖流

源于东海东北部黑潮的一个分支，经朝鲜对马海峡分东、西两支进入日本海。东海东北
部黑潮流态复杂，且不稳定，而通过对马海峡的对马暖流，路径稳定，流速 20 ~ 95 cm/s，最
强流速见于朝鲜海峡西水道出口处，达 85 cm/s。但对马暖流流速、流量和来源有明显季节变
化，以夏季最强。流量随地而异，在朝鲜海峡附近流量 2.0×10^{6} ~ 2.7×10^{6} m³/s 之间，夏、
春两季大，冬、秋两季小，西水道流量大于东水道（苏纪兰、袁业立，2005）。

6.4.2.2　浙闽沿岸流

浙闽沿岸流水文特征是盐度低，水温年变幅大，水体混浊。它与台湾暖流交接地带，各
水文要素梯度大，形成锋面，位置与东海内、外陆架分界相一致。

浙闽沿岸流具有明显的季节变化，春、夏季方向偏北，流幅较宽，流速较强，可达 20 ~
30 cm/s，至 30°N 与长江冲淡水汇合，向东北流入陆架；秋、冬季，长江冲淡水在偏北风作
用下，南流至福建沿岸，流幅减小，流速亦弱，为 10 ~ 20 cm/s。

6.4.2.3　长江冲淡水

长江入海大量淡水（$9\,156 \times 10^{8}$ m³/a），一出口门立即与海水混合，使海水盐度降低，可
把长江口等盐度线 31.0 框定的低盐水海域，看成长江冲淡水扩散的范围。

长江冲淡水有明显季节变化，冬季，在强劲偏北风作用下，径流入海后就顺岸南下，成为浙闽沿岸流主要淡水源，且流幅窄；春季逐渐由东南转向东；夏季长江径流顺势东南向至122°10′~122°30′E，在口外20~60 km范围，开始转向东北，呈舌状向济州岛方向扩展；秋季，冲淡水由东北转向东，再转向东南，完成一年的周期变化。

6.4.3 海浪

海浪波型有风浪、涌浪和混合浪。

6.4.3.1 风浪

由风直接作用于海面生成的波动称风浪，风浪的波向、波高皆与风要素（风速、风时、风区）密切相关，并具有明显的季节变化和分布特征。

冬季：东海东北部和中部（26°N以北）除济州岛附近海区外，以N向浪为主，频率25%~58%之间；从济州岛至钓鱼岛的东海陆架边缘，NE向浪逐渐增加，出现频率在10%~40%；东海26°N以南海域、台湾海峡以NE向浪最多，频率在25%~65%；台湾以东海域，东向浪较显著，频率在15%~26%（郭炳火等，2003）。

春季：风向不稳定，东海仅台湾海峡及钓鱼岛附近海区，NE向浪最多，频率在20%~38%，台湾以东海域S向浪居多，频率20%；其余海域，波向分散，最高频率20%以下。沿海嵊山站SE向浪最多，频率22%，大陈站和南麂站NE向浪最多，频率分别为45%和47%。

夏季：东海盛行偏S向浪，频率在15%~35%；其次为E向浪，频率在10%~21%；台湾海峡以SW向为主，频率在30%~50%。

秋季：同春季一样，为季风、浪向转换季节，且常受台风和寒潮影响。东海28°N以北海域北向浪出现最多，频率在22%~43%；28°N以南海域以NE向浪最多，尤其是台湾海峡，频率在30%~70%；台湾以东海域以E向浪较多，频率在17%~38%；在海岸测站大陈站N向浪频率高达60%；南麂站N向和NE向频率分别为47%和49%。

波高和周期变化见表6.5，从中可以看出东海风浪以冬季最大，秋季次之；东海南部、台湾东北海区是全海域波浪最大的海域，夏、秋季节最大波高分别达5.7~12.1 m或7.0~12.1 m。

沿海海洋站波浪一般小于海上，嵊山、大陈、南麂站及平潭站平均波高1.1~1.5 m。

6.4.3.2 涌浪

风停后尚存在的海浪或传出风区后的海浪，涌浪具有较规则的外形，波面平滑，波峰线长。

冬季：东海北部（28°N以北），北向涌浪占优势，频率20%~40%；台湾海峡和台湾东侧海域，东北向涌浪占优势，频率在26%~54%；台湾到琉球以东海域以东向涌浪较多，频率为10%~24%。沿海大陈站东向涌浪最多，频率高达58%。

春季：涌浪波向分散，东海北部偏北向涌浪居多；台湾海峡东北向涌浪最多，频率在30%~35%；东海南部，东向涌浪较多，频率在20%~30%。沿岸大陈站，以东向涌浪最多，频率为54%。

夏季：以南向涌浪出现最多，频率在17%~24%；台湾海峡西南向涌浪较多，频率在15%~20%；沿岸站以东南向涌浪最多，大陈站频率在38%~53%。

秋季：东海北部（28°N以北），北向涌浪最多，频率在20%~30%；东海南部，东北向涌浪最多，频率在30%~53%，以台湾海峡出现频率最高；沿岸，以东向涌浪最多，大陈站和南麂站观测的频率分别达62%和76%。

表6.5显示涌浪波高与风浪波高分布相似，以冬季波高最高，最大涌浪波高出现在夏季，东海中南部涌浪最大波高达11.4 m，由台风造成。东海中、南部涌浪强于东海北部，沿岸涌浪波高比海上小。

表6.5 东海海浪波高、周期及频率季节变化（郭炳火等，2003）

		平均波高 /m	最大波高 /m	出现频率/%		平均周期 /s	最大周期 /s
				3~4级	大浪（>2.8）		
冬	风浪	1.7~2.3	5.7~10.8		9~27	4.1~6.9	9.0~14.0
	涌浪	1.4~2.9	6.3~9.5	43~63	18~44	5.1~7.2	13.0~17.0
春	风浪	1.0~1.6	5.1~10.1	43~67	2~9	3.2~6.0	9.0~13.0
	涌浪	1.1~2.1	4.4~6.3	40~71	10~24	5.0~6.7	12.0~16.0
夏	风浪	1.0~2.3	5.7~12.1	42~74	2~25	4.5~6.8	10.0~13.0
	涌浪	1.2~2.9	4.4~11.4	42~55	20~41	5.5~7.4	14.0~20.0
秋	风浪	1.4~2.6	5.1~12.1	55~72	18~32	4.8~7.1	10.0~14.0
	涌浪	1.3~3.2	5.7~10.1	36~53	27~53	5.1~7.6	14.0~18.0

6.4.3.3 灾害性海浪

通常灾害性海浪指海上波高不小于6.0 m的海浪，它不但对航道、海洋工程及渔捞作业带来灾害，也对河口三角洲、海岸和陆架地貌的演变产生深刻的影响。灾害性海浪主要由热带气旋、温带气旋和寒潮大风造成，分别简称为台风浪、气旋浪和寒潮浪。

据1966—1990年25年资料统计，东海发生灾害性海浪（不包括台湾海峡）244次，其中，台风浪104次，寒潮浪94次，气旋浪46次，年均9.8次。台湾海峡和台湾以东海域灾害性海浪分布见表6.6。沿岸嵊山站曾记录到最大波高17.8 m，平潭站为16.0 m。

表6.6 1966—1990年东海浪高不小于6 m灾害性海浪统计（苏纪兰、袁业立，2005）

海 区	台风浪 /次	寒潮浪 /次	气旋浪 /次	总计 /次	年均 /（次/a）
东 海	104	94	46	244	9.8
台湾海峡	68	74	11	153	6.1
台湾以东及吕宋海峡	175	100		275	11.0

东海海域全年都有灾害性海浪发生，但各月间差别很大，以11月最多，5月最少。台风浪主要发生在7—10月的台风季节，占全年总数的73%。其中，8月占全年总数的21%；寒潮浪主要发生在冬半年，占全年次数的84%，其中，12月份占全年总数的25%；气旋浪也主要发生冬半年，占全年总数的77%。

第7章 东海地貌组合特征

7.1 地貌分类

地貌是地壳演化和地质历史发展过程中形成的现代地球表面形态，是内、外营力长期相互作用的结果（周成虎，2006）。地球内力作用是地貌发育的基本营力，大地构造与地质作用控制着大型地貌的形成与发展，构成区域地貌的基本格局。外力作用使地球表面遭受风化、剥蚀、搬运、堆积，修蚀地球表面形态，塑造形态各异的地貌。海底地貌形态、类型及其分布是海底自然地理环境要素的重要组成部分。

东海是西太平洋构造活动带中的一个大型边缘海，位于欧亚板块和太平洋（菲律宾海）板块相互作用的交汇地带，是西北太平洋沟—弧—盆体系典型发育地区。根据国家技术监督局发布的 GB/T 12763.12—2007《海洋调查规范第 10 部分：海底地形地貌调查》，结合东海的实际，可将东海海底地貌分类归纳为表 7.1，东海海底地貌图见图 7.1。

表 7.1 东海海底地貌分类

一级地貌类型	二级地貌类型	三级地貌类型	四级地貌类型
大陆地貌	海岸带地貌	海岸地貌	基岩海岸
			砂砾质海岸
			淤泥质（人工）海岸
			红树林海岸
		潮间带地貌	淤泥质潮滩
			沙滩、风成沙丘
			岩滩（海蚀平台）
			岸堤、沙坝、沙嘴
		现代河口水下三角洲	边滩、浅滩、拦门沙
			深槽
		海湾堆积平原	潮流通道
		海岛	潮流三角洲
		水下岸坡（堆积台地）	暗礁

一级地貌类型	二级地貌类型	三级地貌类型	四级地貌类型
大陆边缘地貌	大陆架地貌	陆架堆积平原	浅滩、侵蚀沟槽、侵蚀洼地
		陆架侵蚀堆积平原	贝壳滩
		古三角洲平原	古河谷、古岸线、古沙坝
		外陆架残留砂平原	古三角洲、古三角洲斜坡
		陆架侵蚀洼地	侵蚀残余高地（脊）
		陆架构造洼地	残丘、构造谷
		陆架构造台地	暗礁、海山、海丘
		水下阶地	陆架外缘堤
		古潮流沙脊群	沙脊、沙波
	大陆坡地貌	堆积型陆坡斜坡	埋藏三角洲
			断陷洼地、陆坡海槽
		侵蚀型陆坡斜坡	构造谷（槽）、海底峡谷
		侵蚀堆积型陆坡斜坡	构造台地
		断褶型陆坡陡坡	海山
			海丘
	沟—弧—盆地貌	弧后盆地地貌（冲绳海槽）	半深海堆积平原	槽底平坦面
			半深海扩张裂谷盆地	海山、海岭、海丘
			半深海中央火山链	火山链、扩张海底裂谷带
			半深海断块隆起台地	断陷洼（盆）地，扩张裂谷洼（盆）地
			半深海断陷盆地（洼地）	海底断块隆起、台地
			深海扇	海槛、陡坎
				浊积扇
		琉球岛弧—岛坡地貌	岛架、岛坡斜坡	岛架浅滩、珊瑚礁、贝壳滩
			岛坡台地	弧前盆地
			岛坡盆地	断陷型海槽
			岛坡海脊	火山脊、增生海脊
			岛坡深水阶地	海（火）山、海丘
大洋地貌	沟—弧—盆地貌	琉球海沟地貌	海沟沟底平原	
			海沟边缘斜坡	
			海沟海山、海丘群	

7.2　东海海岸带地貌

7.2.1　海岸类型

7.2.1.1　河口三角洲平原海岸

　　东海河口三角洲平原海岸主要分布在长江口、杭州湾、瓯江口以及飞云江口等中、小河

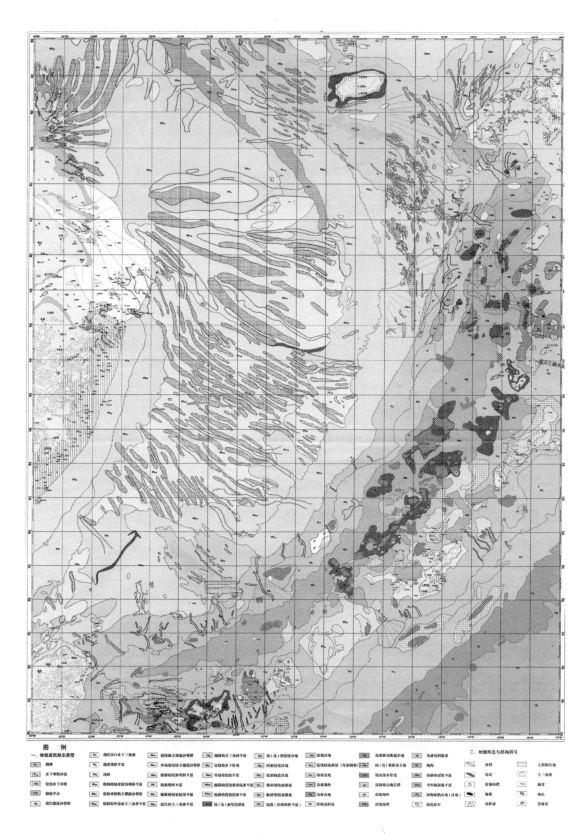

图 7.1　东海海底地貌（李家彪，2008）

流的河口两岸。

1）长江口

长江口位于东海与黄海交汇处，北起江苏启东嘴，南至上海南汇嘴，口门宽约 90 km，长江口北接苏北平原，南面紧连杭州湾，东南为舟山群岛。

长江口自然岸线总长 542 km，其中，大陆岸线长 258 km（恽才兴，2004）。长江河口为丰水、多沙、中等潮汐强度的分汊河口（三级分汊，四口入海），陆海相互作用明显（图 7.2）。长江口海岸地貌总体特征表现为海岸平直，地形低平，三角洲平原、河口沙岛、河口边滩、浅滩、深槽、拦门沙及水下三角洲等地貌类型发育，由于径流和潮流作用消长，水道、浅滩处于动态变化中。岸滩组成物质以粉砂、黏土质粉砂为主，水道、浅滩以细砂为主，中径大于 0.063 mm 颗粒含量大于 90%。向海方向沉积物粒径变细，现代长江水下三角洲表层沉积为黏土质粉砂。

图 7.2　长江口卫星影像（2008 年 4 月 25 日）（恽才兴，2010）

长江河口是我国最大的河口，长江三角洲发育过程是典型的潮汐河口陆海相互作用过程。陈吉余（2007）总结了长江河口发育模式：6000 年来，长江来水、来沙充填漏斗状河口湾，发育阔广的长江三角洲平原（面积 4×10^4 km²）；2000 年来，入海口门束狭南偏呈现"南岸边滩向海推展，北岸沙岛并岸成陆，河道成形，河槽束狭、加深"。河口形态从河口湾发育成河口沙岛和河口潮滩组合的多汊中等强度潮汐河口，表现为"三级分汊，四口入海"的格局（图 7.3），河口区整体向海推进，河口口门宽度从 180 km 缩狭至 90 km；近 150 年来，长江河口河势变化表现为洪水塑造河床地形，潮汐、潮流维持河宽和河槽容积，滩槽水沙交换频繁，口门地区拦门沙发育，口外形成庞大的水下三角洲，面积达 1×10^4 km²。有关长江河口和水下三角洲发育详见 8.1 节。

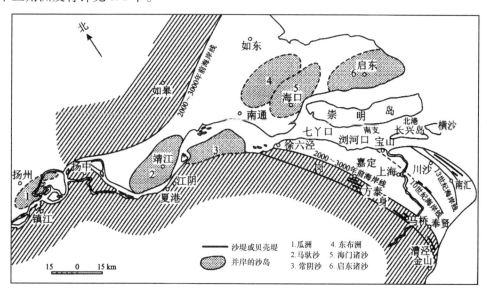

图 7.3　长江河口历史变迁过程（陈吉余，2007）

2）杭州湾

杭州湾位于浙江省北部，上海市南部，北与长江口毗邻，南与象山港为邻，东有舟山群岛为屏障，西为钱塘江河口，杭州湾西界为慈溪西三与海盐澉浦连线，东界为上海南汇嘴至宁波镇海口（图 7.4）。杭州湾实际上是钱塘江河口的口外海滨，杭州湾北岸就是长江三角洲的南缘。

杭州湾是东西走向的喇叭形强潮河口湾，东西长 90 km，湾口南汇嘴至镇海口宽 100 km（平均潮位），湾顶（西三至澉浦）宽约 20.3 km，总面积 5 000 km²。杭州湾岸线长 258.5 km，其中，淤泥质海岸长 217.4 km，潮滩面积达 550 km²。杭州湾海岸平直，地形低平，只有北岸陈山、九龙山、独山及南岸镇海招宝山等小山丘伸入海中，陆域北岸为广阔的长江三角洲平原，南岸为三北平原（余姚北部、慈溪北部、镇海北部），海域发育面积达 2 000 km² 河口湾堆积平原，潮流脊槽系及北岸深槽。沉积物以粉砂、黏土质粉砂为主，在北岸陈山、九龙山外侧、白沙湾及金山岸段潮间带有细砂、粉砂质细砂覆盖。根据岸滩冲淤变化，将杭州湾河口平原海岸分为淤涨型河口平原海岸和侵蚀型河口平原海岸。

（1）淤涨型河口三角洲平原海岸

主要分布在杭州湾南岸西三至镇海岸段（94.6 km），北岸上海境内漕泾岸段（30 km）。海岸后缘陆地为阔广的滨海平原，海岸潮滩发育，北岸潮滩较窄，一般宽 700～2 000 m。南

图 7.4　杭州湾、舟山群岛卫星影像

岸潮滩宽达 1~6 km，最宽为慈溪庵东达 10 km，面积 366 km²。滩面平缓，坡度仅 0.3 × 10^{-3}~1.0 × 10^{-3}，沉积物以粉砂和黏土质粉砂为主，南岸潮滩沉积物从西向东变细，慈溪西三至半月浦岸段为粉砂滩，半月浦至镇海为淤泥滩（表层为黏土质粉砂），北岸漕泾岸段高潮滩为淤泥滩，向海方向变粗，至中、低潮滩为粉砂滩。

　　长江入海泥沙约有 40% 带入杭州湾及附近海域（吴华林等，2006），历史以来杭州湾南岸处于淤涨状态，以南岸西三—庵东—龙山岸段最为迅速，至今已建成 10 余条海塘，岸线呈弧形向海突出。600 年来岸线平均外移 15~70 m/a，20 世纪 60 年代后进行人工促淤工程，尤其 2005 年慈溪西三至海盐方家埠建成杭州湾大桥后，该岸段大量围涂，加速岸滩外涨速度，平均达 50 m/a 以上。龙山至镇海岸段淤积速度变慢，基本上处于稳定状态，百年来 0 m 线仅外移了 1.0 km。

　　南岸蟹浦至龙山、北岸九龙山、陈山岸段沿岸有小山丘分布，百年来岸线基本稳定。

　　（2）侵蚀型河口三角洲平原海岸

　　该类型岸滩动态与强劲的动力条件和供沙不足的环境有关，主要分布在杭州湾北岸，本岸段海域开阔，前沿紧临杭州湾北岸深槽，波浪、潮流作用强，底层流速可达 0.95 m/s，使岸滩处于侵蚀状态。历史资料表明杭州湾北岸自秦汉以来，一直遭受侵蚀，岸线内坍（详见本书第 8.2 节）。杭州湾北岸唐朝开始建海塘，明成化八年（1472 年）全面修建海塘，基本上控制了海岸内坍。1950 年后在某些险工地段，建设一系列丁坝、顺坝等护岸工程，目前杭

301

州湾北岸处于人工稳定状态。

侵蚀型河口平原海岸总的特征是潮滩窄或没有潮滩，海水直抵堤坝，低潮时不露滩，现均建护岸工程，保护海塘安全。有些岸段有潮滩发育，一般宽度 200～500 m，最宽可达 2 000 m，见于海盐五团附近。侵蚀型潮滩最显著特点是滩面受到冲蚀，形成宽浅侵蚀坑洼，使较老的沉积物在低潮位附近及潮沟底部出露，见有青灰色含水分少、有一定胶结的黏土质粉砂（硬泥），表层凹凸不平，冲蚀迹象清晰，并见唐晋时代陶片。在黄家堰至金山岸段发育海滩，沉积物由粉砂质细砂、细砂组成，中径 3～4φ，海滩宽 200～500 m，平均坡度 6×10^{-3}，砂层厚度向海变薄，砂层下面为黏土质粉砂。杭州湾北岸芦潮港至漕泾岸段，21 世纪以来，因实施上海南汇半岛工程，阻隔（减少）长江口入海泥沙沿北岸向杭州湾输运，致使该岸段海岸受到侵蚀。

杭州湾海底地貌及历史演变详见本书第 8.2 节。

3）瓯江口、飞云江口

瓯江口、飞云江口毗邻，位于浙江省东南沿海，北起瓯江北口乐清市岐头角，南至平阳县西湾山嘴，跨越瓯江河口、飞云江河口，岸线长达 43.11 km。由于长江入海南移泥沙供应和瓯江、飞云江入海泥沙不断沉积，在河口形成了宽广的冲积海积平原——温瑞平原，呈现淤涨型河口三角洲平原海岸特征，海岸平直，地形低平，潮滩宽阔，面积达 330 km²，宽度在 4～7 km，平均坡度 0.76×10^{-3}～1.2×10^{-3}，沉积物由黏土质粉砂组成（图 7.5）。河口平原海岸发育最突出的特征在河口南岸滨海平原和潮滩见有沙堤（沿岸堤）地貌类型，它们标志着河口平原海岸发育过程（图 7.6）。瓯江口南岸滨海平原和潮滩相继发育 4 条与海岸平行的沙堤，由西向东有寺前街沙堤、宁村沙堤、五溪沙沙堤和潮滩中潮位附近沙堤。宁村沙堤长达 13 km，宽 225 m，飞云江南岸亦有沙园沙堤分布。沙堤自河口向南方向延伸，由大变小，最后尖灭，沙堤剖面不对称，向陆坡陡，向海坡缓，埋深 0～4.3 m，物质由青灰色细砂及粉砂组成，夹少量贝壳碎片，分选良好。沙堤的沉积地貌特征表明沙堤是河口阶段性向海推移

图 7.5　飞云江口河口三角洲平原海岸

时，当时岸线的标志，它们是河口沙嘴随岸线淤涨发育而成。根据历史资料记载，千年以来瓯江口、飞云江口岸段岸线不断向海推进，老海塘与沙堤位置相当（图 7.6），岸滩处于明显淤涨状态，据塘间距估算岸线淤涨速度，1950 年前年均约 10 m/a，1950 年以后，由于不断围涂，淤涨速度加快，约达 20 m/a。根据历史海图对比滩面年均淤高 2.2 ~ 4.2 cm/a。

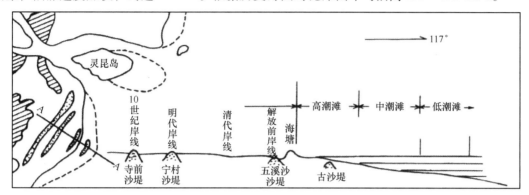

图 7.6　瓯江口南岸沙堤古海塘分布示意（中国海湾志编委会，1993）

潮滩有明显沉积地貌相带，高潮滩：在平均高潮位附近生长芦苇、三棱藨草及大米草，潮滩坡度略大达 1.8×10^{-3}；中潮滩有沟垄状地形，顺涨、落潮方向延伸，沟宽 1 ~ 1.5 m，深 0.15 ~ 0.3 m，垄宽 1 ~ 3 m。在瓯江口南潮滩，受瓯江输沙沉积影响沉积物略粗，为细砂或粉砂质细砂；低潮滩：沉积物为浮泥状黏土质粉砂，滩面平缓，坡度 0.67×10^{-3}。高潮滩由于围涂大部分岸段缺失，中、低潮滩多处开辟水产养殖。

7.2.1.2　基岩港湾淤泥质海岸

东海基岩港湾淤泥质海岸分布在杭州湾东南角镇海口至闽江口北岸黄岐半岛北茭。该类型海岸总体特征是海岸轮廓和海湾形态深受 NE 向、NNE 向、NNW 向及 EW 向构造控制，岸线曲折、岬湾相间、海岸突出部山体逼岸，海湾深嵌内陆，长期接受泥沙充填，发育宽阔淤泥质潮滩。根据海岸动态和地貌特征可分为两种类型，即侵蚀型基岩海岸和侵蚀－堆积型基岩港湾淤泥质海岸。

1）侵蚀型基岩海岸

在海岸突出部岬角、半岛和岛屿迎风面，海域开敞，由于波浪、潮流的冲刷，海蚀作用强烈，基岩裸露，岸坡陡峻，几乎无海滩，海蚀地貌发育。在岬角间的狭小袋状海湾内有砂砾或砂质物质充填，形成狭窄的砂砾滩和沙滩，典型岸段有宁波穿山半岛、福建北部黄岐半岛、东冲半岛等。

穿山半岛位于宁波穿山以东，与舟山诸岛隔海相望。穿山半岛为浙江低山丘陵北沿，三面环山，北临螺头水道，东为峙头洋，南为佛渡水道。海岸呈东西走向，以基岩海岸为主，较多矶头岬角参差入海，矶头间发育小块洪、冲积平原或海积平原，形成小凹湾。北侧的螺头水道和东南侧的佛渡水道是舟山南部诸岛与穿山半岛之间的潮流通道，螺头水道呈东西走向，在大榭岛附近转 NW—SE 向，水道西部连接金塘水道、册子水道，东连峙头洋，通过舟山群岛南部的虾峙门、条帚门诸水道与东海相通（图 7.7）。水道东西长 11 km，南北宽 5 ~ 6 km，100 m 等深线贯通整个水道，最大水深 115 m，是宁波—舟山深水港中最宽深的潮流通道之一，为优良的深水航道。佛渡水道往南经青龙门，双屿门向西连接象山港，向东南经牛鼻山水道与东海相通，亦是典型的潮流通道。上述水道潮流作用强劲，在岬角前沿，最大涨、落潮流速分别为 1.24 m/s 和 2.44 m/s，落潮优势流明显。在岬角间的小凹湾处，由于受岬角地形影响，流速较小，涨、落潮最大流速分别为 1.12 m/s 和 0.44 m/s。水道中潮流的另一特点是底流速强，最大涨、落潮底流速分别为 0.8 m/s 和 1.98 m/s，小潮期间，落潮底流速可达 1.0 m/s 以上，而凹湾处的底流速则不超过 1.0 m/s。

图 7.7　穿山半岛附近卫星影像

该岸段为侵蚀型基岩海岸，在强劲动力（螺头水道实测最大流速达 3.7 m/s）作用下，海蚀地貌发育，深槽逼岸，海蚀陡崖高达 10~30 m，山脚出露海蚀平台，宽度 10 m 左右，无潮滩发育（图 7.8a，图 7.8b）。潮流冲刷槽水深大于 50 m，10 m 等深线距岸仅 50 m，仅在小凹湾处，存在窄小的砂砾滩或淤泥滩，宽度约 50 m。岸坡陡峭，坡度达 500×10^{-3}，水道底部遭受冲刷，地形起伏，时有基岩出露。

2）侵蚀-堆积型基岩港湾淤泥质海岸

该海岸类型在浙中至闽北海岸广泛分布，海湾内接受沉积发育宽阔淤泥质潮滩、水下浅滩，而海岸突出部，受波浪、潮流冲蚀作用，海蚀崖、冲刷槽、陡坎等海蚀地貌发育。乐清湾可作为本海岸类型代表。

乐清湾位于浙江省南部，南邻瓯江口，三面环山，西南口门有大、小门岛、鹿西岛为屏障，为一个溺谷型的半封闭强潮海湾。海湾纵深 42 km，湾口宽 42 km，湾中最窄处为 4.5 km，海湾总面积 463.6 km²，其中，潮滩面积达 220 km²。以连峤至打水湾连线为界，连线以北称内湾，以南称外湾（图 7.9）。

（1）乐清湾动力条件

乐清湾平均潮差 4.2 m，最大潮差 8.34 m（湾顶江厦），涨、落潮流最大流速分别为 151 cm/s 和 156 cm/s，湾口断面大潮全潮进潮量 21.8×10^8 m³，湾内终年水清沙少，而湾口悬沙浓度稍高，平均浓度达 0.3 kg/m³。入湾河流均为山溪性河流，源近流短，多年平均径流

图 7.8a 穿山半岛公鹅嘴矶头侵蚀地貌（岩滩）

图 7.8b 穿山半岛公鹅嘴矶头侵蚀地貌（海蚀崖、岩滩）

量 13.0×10^8 m³，年均输沙量 18×10^4 t。长江入海南下泥沙，可以进入乐清湾海域，在潮流作用下，发生淤积，海域来沙是乐清湾淤泥质海岸形成的主要泥沙来源（中国海湾志编委会，1993）。

（2）乐清湾地貌特征

乐清湾海岸属典型的基岩港湾淤泥质海岸，海湾深嵌内陆，岸线曲折，岬湾相间，矶头岬角伸入海中，受到潮流、波浪动力冲刷，见有海蚀地貌。海湾长期接受泥沙充填，海岸外发育宽阔的潮滩、水下浅滩，乐清湾东侧潮流通道（大麦屿深槽），沟通了乐清湾与东海水沙联系（图 7.10）。

潮滩：主要分布在乐清湾西部和内湾，分布连片，滩面开阔，宽度 2.2～5.5 km，坡度

图 7.9　乐清湾、瓯江口卫星影像

平缓，坡度 $1.15 \times 10^{-3} \sim 1.5 \times 10^{-3}$，潮沟发育。西部潮滩面积达 84.4 km²，占乐清湾潮滩面积的 40%。潮滩分带明显，高潮滩为草滩，平滩带，坡度平缓；中潮滩上部为平滩带，下部出现坑洼、垄状地形，坡度略增大；低潮滩为平滩带，滩面平滑，上覆浮泥状黏土质粉砂。由于大规模围涂，大部分岸段高潮滩已缺失。中潮滩大多开发为水产养殖。

潮滩物质以黏土质粉砂或粉砂质黏土为主，主要来源于长江入海南下泥沙，东海内陆架再悬浮泥沙和周边河流径流带来泥沙。乐清湾西岸蒲岐至岐头岸段长期以来处于缓慢淤涨状态。百年来岸线向海推进，平均速率为 7.5 ~ 12.5 m/a，滩面增高，平均速率为 2.5 ~ 5.0 cm/a。在人为作用下大量围涂造地，加快淤涨速度。

潮流通道：指大麦屿深槽，位于乐清湾东部，深水逼岸，岸坡陡峭。从湾口至连屿水深 15.0 m 深槽贯通，水深大于 10.0 m 的深槽面积达 40 km²，占海湾水域面积的 16%。矶头岬角前沿发育深潭，水深大于 20 m，最大水深达 119.5 m。大麦屿深槽处于略有冲刷状态。底部有砂砾等粗粒物质和老沉积物出露，大麦屿前沿出现滑坡（图 7.11）。该深槽是乐清湾主要的通海航道。

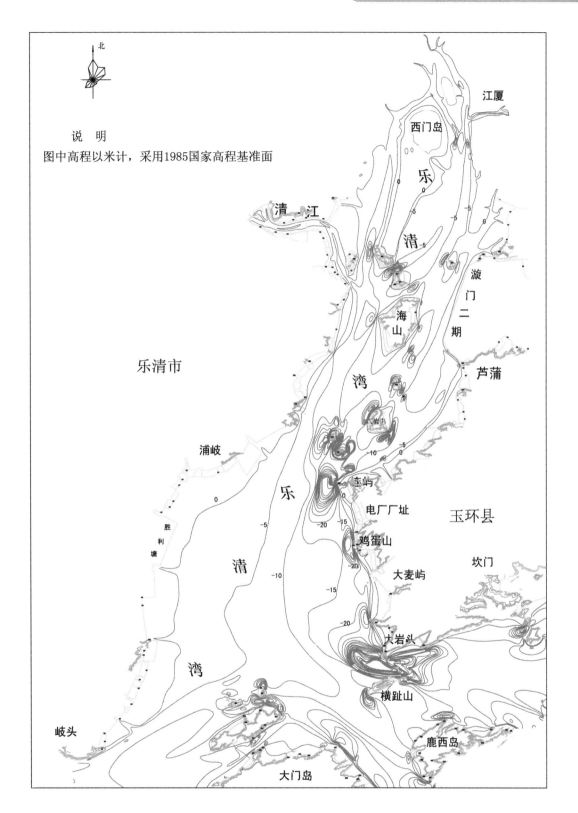

图 7.10 乐清湾地形

水下浅滩：主要分布在乐清西侧和西南口门附近，西与潮滩相连，地形平坦，坡度 $1.2 \times 10^{-3} \sim 2.5 \times 10^{-3}$，向东倾斜，水深小于 10 m（图 7.10）。组成物质为黏土质粉砂。水下浅滩面积约 300 km²，几乎占乐清湾总面积的 2/3。据钻孔和浅地层探测资料，全新世堆积厚度

10～20 m，水平层理，全新世以来，平均淤积速率为 1～2 mm/a，又据^{210}Pb 测年资料，近百年沉积速率为 0.3～2.0 cm/a。近 40 年来，由于人为作用，特别是漩门一、二期围涂，工程后海湾纳潮面积减少，淤积加快，通过 1964 年、2002 年地形图资料对比，沉积速度达 1.3～2.6 cm/a。

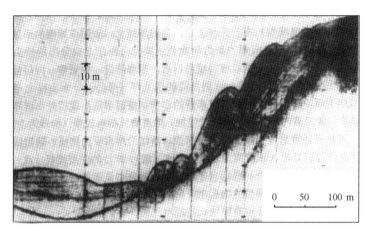

图 7.11　大麦屿近岸水下滑坡（中国海湾志编委会，1993a）

7.2.1.3　基岩港湾砂质海岸

本类型海岸分布在闽江口以南，至福建与广东交界处，背倚闽粤沿海花岗岩低山丘陵和红土台地，东临台湾海峡，长乐—南澳大断裂纵贯本区，NW 向、NE 向及 EW 向构造控制海岸轮廓和海湾形态。本岸段海岸地貌总体特征是岸线曲折、岬湾相间、海湾伸入内陆。海岸突出部的半岛、岬角及岛屿迎风面为侵蚀型基岩海岸；海湾多为侵蚀—堆积型基岩港湾砂质海岸，开敞海湾、半封闭海湾湾口及闽江河口南岸为沙（砾）质海岸，台湾西岸为平砂质海岸，半封闭海湾内为淤泥质海岸，潮滩上生长红树林，形成红树林海岸。

1）侵蚀型基岩海岸

主要分布在崇武、古雷、六鳌及平潭等海岸突出部和岛屿迎风面，其总体特征基岩山丘临海，岸线曲折，岬湾多，近岸岛屿错落，岸坡陡峭，深槽近岸，受波浪、潮流的冲刷，海蚀作用强烈，岸前几乎无海滩，海蚀地貌发育。平潭牛山岛见有断崖海岸，陡崖几乎直立海中，高达 30～40 m。崇武岸段海蚀平台呈岩礁滩状伸入海中，长达 500 m，宽达 150～300 m。海岸凹湾处见有砂砾滩，如龙海流会砾石滩宽 20～30 m，砾石直径 3～5 cm，大者达 10 cm，磨圆度好，呈浑圆或扁平状，在中、低潮位没入中细砂中。

2）沙（砾）质海岸

沙（砾）质海岸带处在高能环境下，由波浪和沿岸流塑造堆积而成，多见于开敞海湾内和岛屿以及半封闭海湾湾口，河控河口两岸。组成物质为粗颗粒物质，如砂砾、砂等。

砂砾质海岸堆积地貌发育，类型多样，有岸堤、沙坝、海滩、沙嘴、沙尖嘴等。目前沙（砾）质海岸普遍处于侵蚀状态，如福建砂质海岸 20 世纪 70 年代以来年均后退 1 m，最大达 4～5 m/a。东海砂砾质海岸主要分布在福建闽江口以南开敞岸段（长乐至首祉处）、海湾湾口（厦门湾东南、泉州湾石湖及平潭岛平海湾等处）。福建砂质海岸长达 988 km，占福建岸线总长的20%（刘建辉，2009）。

闽江口南岸海域开敞，闽江入海泥沙为砂质海岸发育提供物质基础，长乐梅花至首祉岸段，砂质海岸南北延绵几千米，沙滩面积达22 km²。物质由中、细砂组成。海滩宽度由数十米至数百米，长乐江田沙滩宽度达1 000 m。海滩堆积地貌类型较丰富，海滩在平面上呈弧形分布。在海岸后缘陆域，形成风沙地、沙丘、沙垄，均已种植木麻黄等树木，形成海岸防护林带。在特大高潮位附近常有岸堤，宽度数十米至数百米，高差3～8 m，它是强风暴浪作用下的产物，在平均高潮位附近常见滩肩地貌，坡度较大（35×10⁻³～52×10⁻³），中、低潮位之间为光滑平滩，普遍见小型沙波和波痕（图7.12）。在潮下带见有水下沙坝（脊）、沙嘴等，如梅花沙嘴。

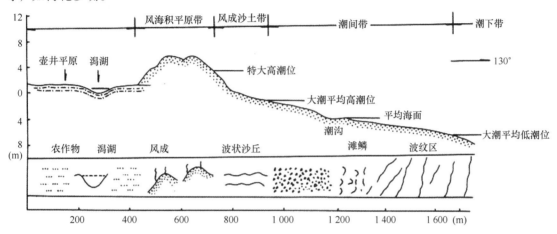

图7.12　福建长乐漳港乡东南海滩综合剖面（中国海岸带地貌编委会，1995）

3）侵蚀－堆积型基岩港湾砂质海岸

泉州湾可作为闽南侵蚀－堆积型基岩港湾海岸代表。

泉州湾位于福建省东南沿海，台湾海峡西岸，其地貌发育深受NE向的长乐—南澳深大断裂和NW向的泉州—永安大断裂的影响。海岸曲折，岬湾相间，由于冰后期海面上升，和晋江入海泥沙长期淤积、充填，形成今日海湾堆积地貌发育的泉州湾态势（图7.13）。泉州湾为一溺谷型半封闭海湾，以石湖—秀涂连线为界，以西称内湾，三面环陆，有晋江、洛阳江注入，泥沙淤积明显，水深小于6.0 m的潮间带和湿地占内湾面积的99%；石湖、秀涂一线以东为外湾，海面展宽，湾口有大坠岛、小坠岛、马头岛、西屿、佳屿及港牛礁等岛礁分布，大坠岛及大坠岛沙脊（当地称鞋沙），把湾口分成北水道和南水道，从而形成多口门及两个主要水道，沟通了泉州湾与台湾海峡的水、沙交换（图7.14）；水道外侧发育了水下浅滩（潮流汊道落潮三角洲）。泉州湾总面积136.4 km²，其中，潮间带面积89.8 km²，水深6 m以浅的浅滩（海底平原）面积41.2 km²，潮间带和水下浅滩面积占泉州湾总面积的90%（唐森铭、陈兴群，2006）。海湾内海岸突出部、岬角（石湖岬角），处于海蚀状态。

（1）泉州湾动力条件

泉州湾亦为晋江河口湾，晋江长182 km，多年平均径流量54.25×10⁸ m³，居福建省入海河流第三位（次于闽江、九龙江），其季节变化明显，洪季（5—10月）径流量占全年的82.3%，多年平均输沙量2.23×10⁶ t/a（1924—1979年）。入海另一河流洛阳江，是一条山

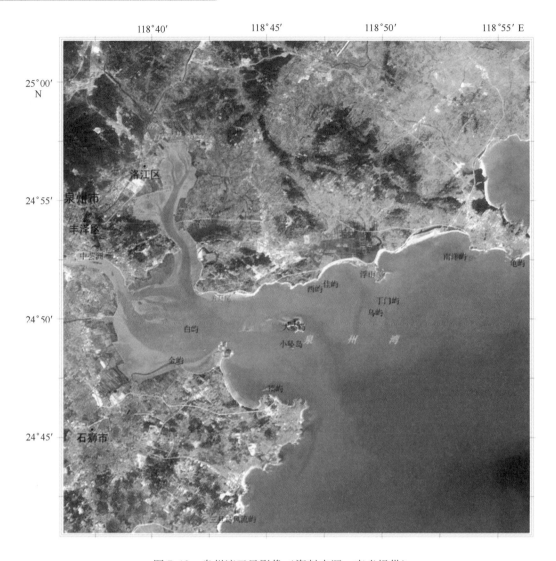

图 7.13　泉州湾卫星影像（资料来源：李炎提供）

溪性河流，河长仅 39 km，河流携带入海泥沙为泉州湾水下浅滩发育提供主要的物质来源。泉州湾潮差大，潮流强，平均潮差 4.27 m，最大潮差 6.68 m；潮流在河口、水道流速大，湾口水下浅滩流速小，据实测资料，最大流速在北水道为 112 cm/s（涨潮流），南水道为 115 cm/s（落潮流），主流区最大流速达 221 m/s，河口水道 142 cm/s，而湾口处为 60 cm/s（李朝新，2004）。泉州湾悬沙浓度低，自河口向湾外减少，河口区为 0.02 ~ 0.13 kg/m³，湾口外为 0.02 ~ 0.05 kg/m³。泉州湾湾口朝东，常浪向为 SE，次浪向为 E 向。内湾环境隐蔽，波浪作用弱，湾口及湾外波浪作用较强，最大波高 3.5 m，平均波高 0.9 m，其中，波高 1.4 m 的波浪占绝对优势。

（2）泉州湾地貌特征

泉州湾受潮流、径流及波浪综合作用，秀涂、蚶江连线以东以砂质海滩为主，以西以淤泥质潮滩为主，海湾表层沉积物粒径由湾顶向外湾由细变粗，发育了潮流作用为主的潮成堆积地貌体系，包括潮滩、沙滩、潮流沙脊、潮流通道及湾口水下浅滩（图 7.14）。

潮流通道：大坠岛和鞋沙将泉州湾分成北水道和南水道（潮流通道）。北水道呈喇叭形向东敞开，形成水深 5.0 m 线圈闭的水道，最大水深 7.0 m。水深向东（湾口）方向变浅，沉积物较细，为黏土质粉砂；南水道，由口门向西转至西北方向的后渚港，是泉州湾的主要

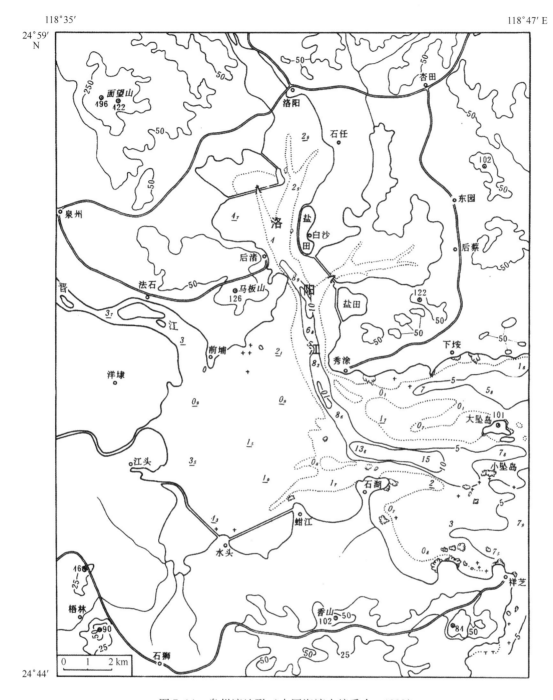

图 7.14　泉州湾地形（中国海湾志编委会，1993）

出海航道。形成水深 10.0 m 线圈闭的深槽，称石湖水道，长 2.0 km，宽约 300 m，水深
10.0 ~ 15.0 m，最大水深 24.0 m，槽底地形较平坦。南水道南侧有岩礁突起，顶板最浅水深
仅 4.0 m，水道北侧砂层以下埋藏基岩连续分布，埋深 4.0 ~ 12.0 m。深槽底质较粗，为中粗
砂和中砂。

　　潮滩：分布在石湖、秀涂连线以西的内湾，潮滩宽广，连接成片。面积达 80 km² 以上，
约占泉州湾总面积的 60%。晋江入海口附近海域，潮滩宽 5.0 ~ 6.0 km，坡度平缓（0.5 ×
10^{-3}），分带明显，潮沟发育。沉积物为黏土质粉砂和粉砂质黏土，据钻孔资料，层厚 10 ~
14 m，其下为风化壳（中国海湾志编委会，1993），全新世以来淤积速率在 1.2 ~ 1.8 mm/a，

潮滩大部分开辟为水产养殖区。

沙滩：主要分布在外湾的南北两岸，宽度各处不一，窄者小于 100 m，石湖至祥芝之间沙滩宽 400~500 m，坡度 $52 \times 10^{-3} \sim 87 \times 10^{-3}$。物质由岸向海方向变细，高潮区为中细砂，低潮区为细砂，现多开发为紫菜养殖场。

大坠沙脊（坝）：当地称鞋沙，分布在大坠岛西侧，向西延伸至秀涂外，低潮时出露长 5~6 km，宽 500~800 m，形状不规则，有分汊，东端较高，出露于高潮以上 0.5~1.0 m。物质主要由中细砂和细砂组成，厚度达 3.0 m 以上。

沙嘴：位于南岸石湖嘴东侧，南水道以南，称石湖沙嘴，沙嘴向东延伸，低潮出露，为箭状沙嘴。长 1~2 km，宽约 500 m，组成物质为中粗砂，向尖端方向变细为中细砂。

湾口水下浅滩：主要分布在石湖—秀涂连线以东的外湾，亦称潮流通道落潮三角洲。冰后期以来，由潮流携带泥沙至水道出口处，因海面展宽，流速减慢，泥沙淤积而成。水下浅滩一般水深 10.0~15.0 m，最大水深 15.0 m，海底地形起伏，有岩礁突起和水道分割。底质主要是砂质物质，据浅地层探测资料，水下浅滩砂层厚 4~12 m（图 7.15），推测全新世以来平均沉积速率 0.5~1.5 mm/a（中国海湾志编写组，1993b）。2001 年通过北水道口，5 m 水深处柱状岩芯[210]Pb 的测年资料，百年来淤积速率为 4.3 mm/a（李朝新等，2004），与全新世以来水下浅滩沉积速率相当。

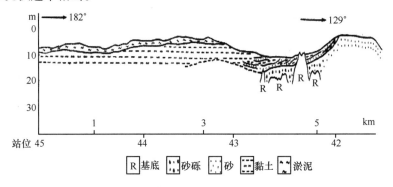

图 7.15　泉州湾浅地层结构（中国海湾志编委会，1993）

4）红树林海岸

红树林（Mangrove）是发育在热带和亚热带潮滩上的耐盐性和喜盐性植物群落，有红树林发育的岸滩，被称为红树林海岸，属于一种生物堆积海岸。红树植物自然生长北界到福鼎，人工引种北移到浙江瑞安、乐清湾。红树林海岸是由红树林植物叠加于潮滩上而成，通常与淤泥质海岸伴生，以潮流动力为主，底质为粉砂质黏土或黏土质粉砂。红树林海岸潮滩发育分带明显，从陆到海为陆生植物带，红树林带（大潮平均高、低潮位之间），白滩带即非红树林，潮滩分割明显。东海红树林海岸，呈零星片状分布。主要分布在闽江口以南东山湾、泉州湾、兴化湾、九龙江口草埔等处和台湾省台北、高雄海湾。以东山湾漳江口最集中，是福建省红树林分布的中心，面积 50 km²，平均宽 100 m，总长 5 000 m，红树林植物有 8 种，木榄、秋茄、马鞭草、白骨壤、紫金牛科的桐花树、爵床科的老鼠筋、大戟科的海漆，以及锦葵科的黄槿，木榄最高可达 6 m。由于近几十年围涂影响，红树林海岸在缩短，厦门西湾最为明显。

5）台湾（西岸）平原砂质海岸

台湾西岸北起淡水河口，南至保力溪口，全长约 500 km，因台湾岛大型的河流多注入台湾海峡，带来大量泥沙在河口附近堆积，或被沿岸流携带在沿岸堆积而成。台湾西岸陆上发育冲—洪积平原，大型河流如浊水溪、大甲溪、八掌溪等外侧海滩宽阔，河口呈扇形三角洲，并见有沙堤、沙丘、沙坝、沙嘴等堆积地貌类型。根据动力、地貌形态特征，将西岸分为三个区段，即：北部扇形平原砂质海岸；中部雁行沙嘴砂质海岸；南部沙堤潟湖海岸（曾昭璇，1977a）。详见本书第 8.6 节台湾海峡。

7.2.2 河口水下三角洲

注入东海的河流众多，除世界第三大河长江外，还有钱塘江、瓯江、闽江、九龙江、浊水溪等中、小河流，注入东海年均径流量 $11\ 699 \times 10^8\ m^3$，占全国入海径流量的 64.5%；年均输沙量 $6.3 \times 10^8\ t$（20 世纪 80 年代前），占全国入海输沙总量的 34.1%，以及大量的溶解物质，在河口动力作用下，于入海口形成水下三角洲，由于所处径流、潮流和波浪作用强度的不同，形成河控、波控及河—潮控的水下三角洲和相应的地貌组合特征。

7.2.2.1 河控水下三角洲

河控水下三角洲的形成和演变，是以河流作用为主，在河流入海口形成扇形的浅滩和水道脊槽相间的堆积体。组成物质从陆向海，由中细砂逐渐过渡到粉砂、黏土质粉砂。福建九龙江水下三角洲是东海较典型的河控水下三角洲。

九龙江为福建省第二大河，干流长 263 km，注入厦门湾。流域面积 $1.36 \times 10^4\ km^2$，年均径流总量 $148 \times 10^8\ m^3$，年最大径流量为 $288 \times 10^8\ m^3$，最少为 $99.6 \times 10^8\ m^3$，年均入海泥沙总量为 $307 \times 10^4\ t$，主要集中在汛期（6—9 月），为山溪性沉溺河口。

九龙江由北溪与西溪汇合进入河口区，于龙海县草浦头汇合注入厦门湾。北溪和西溪在龙海福河会合后，河床展宽，沙洲发育，河道分汊，把三角洲分为浒茂洲、乌礁洲、玉枕洲等，呈北、中、南三汊入海，口门淤积明显，拦门浅滩、水下三角洲发育（图 7.16）。水深 0～5 m，呈不规则指状向湾口延伸，长达 13 km，坡度 $0.5 \times 10^{-3} \sim 2.0 \times 10^{-3}$。沙坝长达 2～3 km，低潮出露，水槽水深 2～3 m，最大水深 10 m。底质较粗，以中细砂为主，分选好，向东在鸡屿以东逐渐变细为粉砂质黏土，下伏地层为冲洪积砾石层，可能是低海面时九龙江古河床沉积（中国海湾志编委会，1998）。

7.2.2.2 波控水下三角洲

在河口面向开阔海域，波浪作用较强，且河流输沙量大，往往形成波控的水下三角洲，台湾西海岸浊水溪三角洲则是以波浪作用为主的波控水下三角洲。

7.2.2.3 河—潮相互作用型水下三角洲

以河流和潮流共同作用下形成的河口水下三角洲。
长江、闽江和瓯江现代水下三角洲是较典型河—潮相互作用下形成的水下三角洲。

1）长江水下三角洲

长江现代水下三角洲指近 2 000～3 000 年以来，长江入海泥沙充填河口湾和塑造长江三

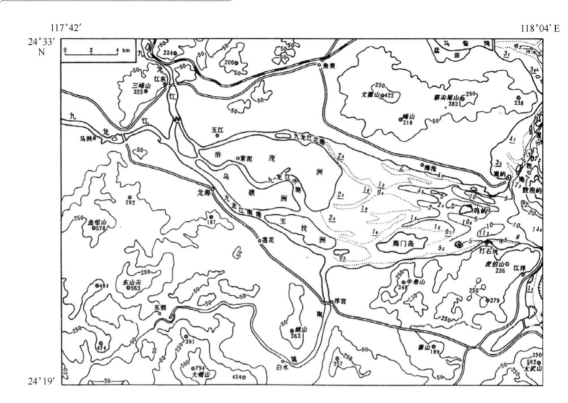

图 7.16　九龙江河口形势（中国海湾志编委会，1998）

角洲平原的同时，在口门和近海堆积形成呈舌状向东南延伸的扇形堆积体，其前缘直抵水深 30～50 m 处（123°00′E），南边界至杭州湾口、崎岖列岛、嵊泗列岛一线，总面积超过 1×10⁴ km²。据浅地层剖面和钻孔资料，沉积层厚 10～15 m，最厚达 30 m 以上，叠覆在晚更新世古三角洲之上（详见本书第 8.1 节长江河口及水下三角洲）。

2）闽江水下三角洲

闽江是断裂构造基础上发育的山溪性河流，发源于武夷山南麓，流经福建北部 36 个县、市和浙江 2 个县、市，全长 2 872 km，其主流长 577 km，流域面积 6.1×10⁴ km²，为福建省第一条大河，居东海入海河流第三。闽江入海水沙对福建砂质海岸发育有深刻影响。闽江河口岩岛林立，河道分汊，河流流至亭江受琅岐岛阻隔分为南支梅花水道和北支长门水道，北支出长门水道后受粗芦岛、壶江岛、川石岛阻隔，分乌猪水道、川石水道、熨斗水道和壶江水道，河口呈 5 条水道入海势态（图 7.17）。北支长门水道为主河道，南、北支分流，北支占 80%，南支 20%，其中，川石水道水深最优，成为闽江口的通海航道。

（1）闽江口动力条件

闽江口属山溪性强潮河口，潮区界在侯官，距口门（外沙）80 km。闽江口南口梅花站平均潮差 4.46 m，最大潮差 7.04 m，最小潮差 1.18 m（陈峰等，1998）。闽江口海底地形复杂，多汊道，潮流强，潮流速区域差别大，长门水道窄口河段落潮急流速达 3.5 m/s。川石水道主槽内，潮流以落潮流为优势流，夏季测得最大涨落潮流分别为 0.94 m/s 和 1.58 m/s，落潮流是塑造川石水道拦门沙的主要动力。向主槽口外慢慢转为涨潮流为优势流，涨、落潮流速分别为 1.14 m/s 和 1.50 m/s（潘定安等，1991），而梅花水道涨潮流占优势（李东义等，2008）。闽江是丰水少沙的河流，根据下游竹岐站（1934—2003 年）资料统计，多年平

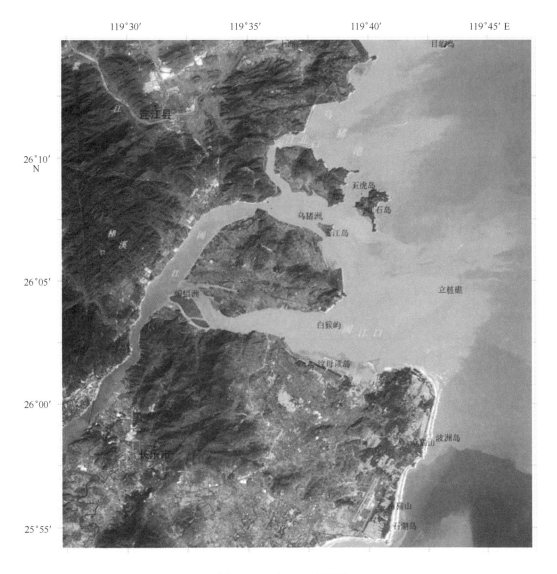

图 7.17 闽江口卫星影像

均径流量为 548.7 × 10^8 m^3，最大径流量为 858.7 × 10^8 m^3（1998 年），最小年径流量为 268 × 10^8 m^3（1971）（李东义等，2009）。最大洪季流量 29 400 m^3/s，最枯流量 196 m^3/s；1936—1979 年间多年年平均输沙量 771 × 10^4 t，最大为 2 000 × 10^4 t，最小为 272 × 10^4 t；多年年平均含沙量 0.14 kg/m^3，最大含沙量为 2.6 kg/m^3（陈峰等，1998）。入海悬沙扩散和影响范围大约在10.0 m等深线范围内，外缘线在外沙七星礁附近摆动，入海悬沙大多由长门水道再经乌猪、熨斗、壶江水道入海，北支长门水道和南支梅花水道输沙比涨潮流分别为 70.83% 和 29.17%；落潮流分别为 78.08% 和 21.92%。流域来水、来沙季节变化悬殊，洪水期 4—6 月流量占全年 61.8%，6 月份流量最大，占全年的 22.8%，8 月至翌年 3 月流量占全年的 38.2%，12 月份流量最小，仅占全年的 2.8%。洪水期 4—7 月悬沙输沙量占全年的 84%，1952 年一次洪峰（7 天）占全年的 41%（中国海湾志编委会，1998）。闽江上游带来泥沙以粗颗粒物质为主，底沙中径 0.39 ~ 0.56 mm，可以抵达闽江口外沙，参与河口地貌塑造的泥沙以推移质为主。估算推移输沙是悬沙输沙的 10 倍，推移质为闽江水下三角洲塑造，拦门沙体形成提供物质基础（李东义等，2009）。20 世纪 80 年代以来，闽江径流量呈波动状，变化不大，而输沙量明显减少，2005 年最低降至 64.6 × 10^4 t。

315

闽江口外海面开阔，风大浪高，每年常受台风影响，口外实测波浪北茭站（北部）多年平均波高 1.1 m，历年最大波高 6.5 m，波向 NE。1987 年在闽江口七星礁临时波浪站测得台风浪波高 4.0 m，波向 SE。在台风影响下，水下三角洲底质发生再悬浮，造成航道拦门沙淤积。

（2）闽江口水下三角洲地貌特征及分布

闽江河口分布着琅岐、粗芦、川石、壶江等岩岛，河流分汊，呈 5 个水道入海，进入河口泥沙一直可以达到水下三角洲前缘（图 7.18）。闽江在亭江以下，受径流和潮流共同作用，由于河道分汊，水流分散，泥沙落淤，形成闽江口水下三角洲及航道拦门沙堆积体。闽江水下三角洲西起亭江，向东经七星礁至 119°45′E 附近；北与鳌江口水下三角洲目屿海域分界，经半洋礁、七星礁拐入长乐东部海滨，南界至长乐漳港附近，呈扇形向东南方向展布，至水深 15～20 m 处马祖岛西，长约 35 km，宽 28～60 km，面积超过 1 500 km^2，是一个叠置在顶高 −20～−30 m 浅海相沉积之上的河口沉积复合体。闽江口水下三角洲分成 3 个地貌单元，即水下三角洲平原、水下三角洲前缘和前三角洲。其大致范围分别为亭江至长门—潭头一线；长门—潭头一线至外沙浅滩；外沙外缘至七星礁附近海域。

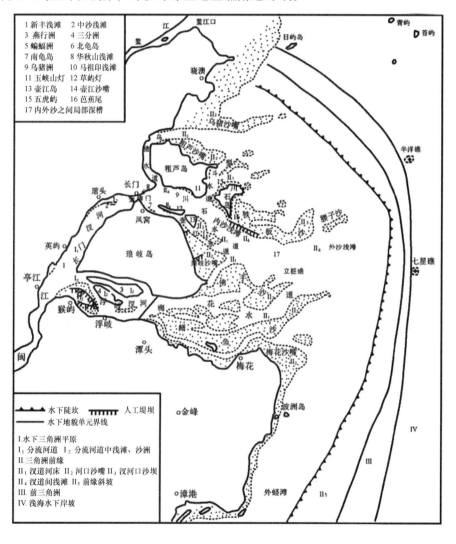

图 7.18　闽江水下三角洲分布（陈峰等，1999）

水下三角洲平原地貌特征主要受构造动力控制，河道被琅岐岛分割分汊，汊道沿断裂方向（NE 向、NW 向）发育，北支为长门汊道，南汊为浮岐汊道，其中，主流流入长门汊道。输水量约占闽江流量的80%，输沙量占70%～78%（中国海湾志编委会，1998）。长门水道河口窄、水深、水量大，冲淤基本平衡，是闽江出海主航道。水道中发育新丰浅滩和中沙浅滩，分别长1.5 km 和 7.0 km，多年主泓、浅滩位置稳定。通过丁坝挑流等航道整治工程，增加航槽水深，新丰浅滩水深由原来3.5 m 增至5.5 m；中沙浅滩由2.2 m 增至5.0 m 以上。河床沉积物以中粗砂和中砂为主，粒径多在0.25～0.10 mm，反映了长门水道为水动力作用强的高能环境。南支浮岐汊道（梅花水道）水面较开阔，水深较浅，河道淤积，边滩、心滩发育，有雁行洲、三分洲、蝙蝠洲。由于20世纪50年代后人工围堤促淤，使边滩、心滩合并靠岸，1978 年并入琅岐岛平原，水下三角洲平原不断向东扩展。汊道中央底床物质为砂，边滩、心滩以砂—粉砂—黏土及黏土质粉砂为主，显示水动力作用较弱。

水下三角洲前缘：它是闽江口水下三角洲的主体。河、海作用剧烈，水下地形变化大，坡度小，滩、槽相间，至三角洲前缘斜坡滩槽不明显，沉积物变细，为黏土质粉砂和粉砂质黏土。主要地貌类型有汊道河床、河口沙嘴、河口沙坝、浅滩等。

汊道河床：北支长门水道出金牌门峡谷后受口门岩岛阻隔分成乌猪、熨斗、川石、壶江四汊入海，其中，川石水道为入海干道，也是马尾港通海航道。该水道地形复杂，深槽、浅滩相间，发育航道拦门沙体（内沙浅滩、外沙浅滩），并有大片礁群（40 m×80 m）出露。窄口处最大水深40 m，流速大，床底发育大型圆滑沙波，波长100 m，波高4～6 m。礁群出露处水深大，不碍航。河床表层沉积物由粗砂、中粗砂夹少量黏土质粉砂。南支浮岐水道出潭头后，河槽展宽，河道变浅、分汊，泥沙淤积，形成多汊入海的梅花水道。底床表层沉积物以中细砂和细砂为主。

河口沙嘴：闽江口各汊道口发育着河口沙嘴，它们由径流和潮流搬运的物质沉积而成。自北向南依次为：乌猪沙嘴、粗芦沙嘴、壶江沙嘴、琅岐沙嘴和梅花沙嘴。乌猪沙嘴由西向东延伸10 km，主要由细砂、中细砂组成；粗芦沙嘴由细砂和砂—粉砂—黏土组成；壶江沙嘴，在壶江岛东南，呈NW—SE 向延伸，长2 km，宽1 km，由细砂和黏土质粉砂组成；琅岐沙嘴分布在琅岐岛西南侧，由西向东突出，主要由细砂和粉砂质黏土组成；梅花沙嘴分布在梅花水道南岸，呈SW—NE 向伸展，由中细砂和细砂组成。

河口沙坝：它位于汊道口，与岸线大致垂直的一种新月形的砂质浅滩，是三角洲沉积的最迅速的部位，1978 年比1962 年沙坝面积净增38.5 km²。由于潮流和径流的相互作用，在川石水道外形成了拦门沙型的河口沙坝，而梅花水道外则发育了潮流沙脊型的河口沙坝。河口沙坝主要有川石水道北侧的铁板沙、腰子沙，呈近东西向伸展，长约10 km，面积约11 km²，其上发育和缓的小型沙波，主要由中砂和中细砂构成；川石水道与梅花水道之间的佛手沙，大致呈东西向延伸，长8 km，面积20 km²，由中砂和中细砂构成；鳝鱼沙，位于梅花主汊道以南，呈SW—NE 向展布，长达12 km，面积18.5 km²，由中细砂组成。

航道拦门沙：闽江河口分成5 条水道入海，其中，川石水道为闽江通海航道。川石水道发育着内、外两个拦门沙体，内沙浅滩位于口门川石岛芭蕉尾附近，内沙浅滩纵剖面呈马鞍形，中间下凹部分是芭蕉尾冲刷坑，冲刷坑上游浅滩为内沙上段，水深不足5.0 m，滩长5.0 km，滩顶自然水深4.4 m；冲刷坑下游浅滩为内沙下段，位于口门以外，水深不足5.0 m，滩长1.8 km，滩顶自然水深3.2 m 左右，它们是闽江口通航万吨级海轮的碍航浅段，严重影响福州马尾港的发展。内沙顶部地形平缓，向深槽过渡段见有NE—NNE 走向较大型沙波，波高1.5 m，波长40～50 m。内沙浅段上段组成物质较粗，为中粗砂和中砂，分选好一较好；浅滩下段床沙变细、中细砂，中夹有粉砂和黏土质粉砂，说明内沙上下浅滩的形成机制有所区别。外沙浅滩是闽江入海航道最后一道拦门沙体，外沙河段北边界为铁板沙，南边界是梅花水道口外的堆积体（佛手沙），前缘水深不足 5.0 m，外沙位于川石岛口门以外 15 km，外沙深槽口门，海域开敞，其顶部呈不规则缓坡起伏，沙波不发育，但在其前缘见有波长达数百米的大型沙垄。外沙浅滩是经梅花水道分流和铁板沙过滩水流后，川石水道水流扩散的产物，历史上浅滩航槽多变，目前仍处于不稳定发展中（陈峰等，1999）。经 ^{14}C 测年，外沙沉积速率为 1.11 ~ 2.26 mm/a（许志峰等，1990）。

前三角洲：闽江口前三角洲位于三角洲前缘主要汊道以外，接水下岸坡，呈向海突出的弧形窄带，海底地形平坦，其组成物质以细颗粒沉积物为主，主要为黏土质粉砂和粉砂质黏土，分选差。

（3）水下三角洲地貌演变特征

陈坚等（2010）运用 GIS 工具研究闽江口近百年来地貌演变的特征。

① 岸线变化

总体上闽江口岸线变化不大。1913—2005 年间乌猪水道变窄，弯曲程度减小，梅花水道中雁行洲、三分洲面积扩大，经围堤与琅岐岛合并，过水断面大大缩窄，琅岐岛东南向海淤积约 700 m；梅花镇东侧岸线向海淤积超过 1 200 m，但 1986 年以后淤积减少。

② 海底冲淤变化

河口河床自 1913—1986 年为淤积期，净淤积量为 4.95×10^8 m³，净淤积厚度约 1.02 m，但随时间推移，淤积量和淤积速率不断减少。1986—1999 年转为净冲刷，净冲刷量为 0.22×10^8 m³，净冲刷厚度为 -0.05 m，1999—2005 年间转为快速淤积，淤积量为 1.4×10^8 m³，淤积厚度为 0.31 m，净淤积速率超过 1913—1950 年间的 3 倍。然而，闽江口各汊道受山体和岩岛的约束，宽窄变化悬殊，冲淤动态存在区域差异。长门水道河槽基本稳定，略有冲刷，1960—1985 年冲刷量为 $1 303 \times 10^4$ m³，年均冲刷 52.12×10^4 m³；川石水道外沙河段以淤积为主，1973—1983 年淤积 $7 368.6 \times 10^4$ m³，年均淤积 775.6×10^4 m³。外沙河段海域开阔，控制边界差，河槽冲淤变化明显。

③ 河口浅滩迁移与变化

河口浅滩面积与位置反映了河槽的迁移和河口地貌的演化，从闽江口 0 m 等深线分布（图 7.19）及表 7.2 可看出，1975—1986 年浅滩面积增速最高，达 1.91×10^6 m²/a；1999—2005 年次之，为 1.67×10^6 m²/a；1950—1975 年间，仅 0.04×10^6 m²/a；而 1986—1999 年则面积缩小，为 -1.92×10^6 m²/a。

1913 年时，梅花水道外侧被浅滩分割为 3 条水道，1950 年水道浅滩与琅岐岛岸外浅滩相接，水道变窄，浅滩东端南缩，1975 年后浅滩向南，向上迁移和扩张，南分支变窄直至封闭；1999 年以后，浅滩进一步发育，水下河道缩窄。

1913 年时，川石水道及外侧水道受梅花水道外伸浅滩阻隔，壶江水道尚在发育中，1950 年时口外阻流浅滩逐渐消失，川石水道变成闽江入海主通道，1975 年壶江水道形成，呈双汊道形态，1999 年后变化不大。

1950 年时，川石岛东南浅滩为两个小浅滩，1975—1986 年面积扩大，逐渐成为一体，1999 年后又分裂成两个部分，面积减小，2005 年显示明显扩大。

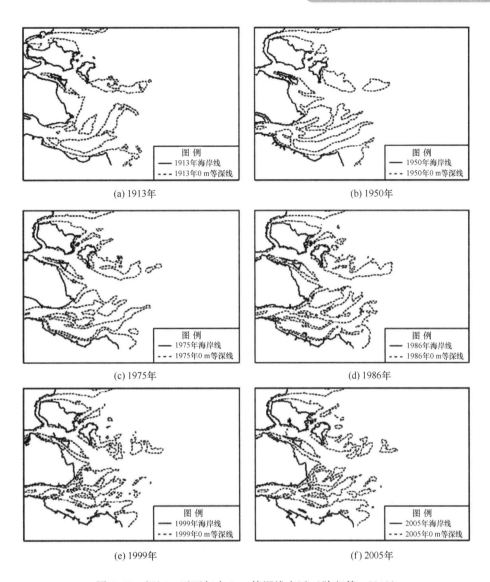

(a) 1913年

(b) 1950年

(c) 1975年

(d) 1986年

(e) 1999年

(f) 2005年

图 7.19 闽江口近百年来 0 m 等深线变迁（陈坚等，2010）

表 7.2 闽江口 0 m 等深线以浅海域面积及变化速率（陈坚等，2010）

年份	1913	1950	1975	1986	1999	2005
0 m 等深线以浅海域面积/（10^8 m^2）	0.65	0.85	0.86	1.07	0.82	0.92
0 m 等深线以浅海域变化速率/（10^6 m^2/a）	0.54	0.04	1.91	−1.92	1.67	

3) 瓯江水下三角洲

瓯江口水下三角洲位于浙江东南部，瓯江入海口，外有大门岛、小门岛、鹿西岛、霓屿、状元岙、洞头岛等岛屿散布，岛间、岛陆间形成众多水道，沟通瓯江口与东海水体联系（图 7.9）。

（1）瓯江口动力、地形概况

瓯江河口为山溪性强潮河口，多年年均径流量为 196.6×10^8 m^3，年最大径流量为 323×10^8 m^3，最小为 110×10^8 m^3。瓯江径流量洪枯季变化剧烈，年最大洪峰流量 23 000 m^3/s

（1953 – 07），最小流量 12 m³/s（1953）。多年年平均输沙量为 276×10^4 t，最大年输沙量 635×10^4 t（1975 年），最小输沙量 46.7×10^4 t（1979 年），输沙量年内分配不均，主要集中在夏季，占全年的 75%。陆源物质粒径较粗，80×10^4 t 泥沙中径大于 0.1 mm，进入瓯江口的泥沙中径大于 0.063 mm，以中细砂为主，为瓯江口水下三角洲（拦门沙）发育提供物质基础。瓯江口潮差大，口外洞头多年平均潮差 4.48 m，最大潮差 6.79 m，口内龙湾平均潮差 4.52 m，最大潮差达 7.21 m。潮流强，瓯江北口实测涨、落潮最大垂线平均流速分别为 1.44 m/s 和 2.17 m/s，向外流速降低，口外拦门沙顶部涨、落潮最大垂线平均流速分别为 0.43 m/s 和 0.89 m/s；拦门沙水道流速较大，南水道 2008 年实测大潮期涨、落潮最大垂线平均流速分别为 0.83 m/s 和 1.13 m/s，落潮流速大于涨潮流速。瓯江口进潮量大，北口一个全潮进潮量达 2.4×10^8 m³，平均进潮流量 8 700 m³/s，为瓯江口年径流量的 16 倍。

瓯江出龙湾、盘石矶头后，河面展宽，流束扩散，泥沙落淤，形成庞大的浅滩、水道相间分布的拦门沙体系，其前缘离龙湾、盘石矶头达 30 km 余。瓯江口两岸潮滩发育，口门内、外有灵昆岛、温州浅滩、南口沙、三角沙、中沙、重山沙嘴及沙岗等沙岛浅滩群，其间发育北口、中水道、沙头水道、黄大岙水道、重山水道、南水道、北水道及洞头峡等水道（图 7.20）。拦门堆积沙体高程和规模不一，离口门越远，沙体变小，滩顶高程降低。中水道、黄大岙水道为温州港进港主航道，拦门沙体浅滩成为进港航道碍航段，主航道最浅处水深 4.2 m。拦门沙组成物质以中细砂为主，主要来源于瓯江入海泥沙，水道以黏土质粉砂为主，主要来源于海域，以长江入海泥沙沿岸南下沉积为主。

（2）瓯江水下三角洲发育和动态

瓯江出龙湾、盘石矶头，河口展宽，河道分汊，流速减慢（龙湾前沿落潮最大流速曾记录到 2.85 m/s），又受到涨潮流顶托，泥沙落淤。遵循河口发育呈新月形浅滩—水道分汊—沙坝—沙岛 4 个阶段模式，在口门形成浅滩、水道、沙岛，并不断东移发育成纵向最长达 30 km 的扇形水下三角洲（拦门沙体系）（图 7.20）。瓯江口两岸岸线千年以来不断东移（年均速度为 10 ~ 20 m/a），浅滩逐年淤高，年均 5 ~ 8 cm/a，潮间滩涂发育，宽度 4 ~ 6 km。

灵昆岛及温州浅滩动态变化：灵昆岛及其东侧浅滩，亦称温州浅滩，是瓯江口拦门沙体中最大的浅滩。瓯江河口灵昆岛自明洪武元年（1368 年）以来，以双昆山、单昆山浅滩为核心，逐年淤积，浅滩东移，水道分汊，加上人工围涂，而成今日灵昆岛，岛屿面积达 19.56 km²。东侧浅滩呈舌状向东缓慢淤涨，自 20 世纪 50 年代以来浅滩淤高平均速率在 2 ~ 4 cm/a，1990 年浅滩长 13.5 km，最宽处 4.5 km，总面积 47.1 km²，至 2005 年，面积增大至 51.79 km²。2005 年灵霓大堤建成后，淤积加快，0 m 等深线东移年均达 200 m，浅滩与霓屿岛相连。

水道浅滩动态变化：灵昆岛把瓯江入海口分为南口和北口，其中，北口为主泓，进潮量和输沙量占瓯江口的 80% 左右。自温州港航道整治后北口水深加大，而南口逐年淤积，尤其 1978 年筑潜坝后，淤积更为明显，发育了南口沙体。瓯江北口出岐头角后，在中水道与沙头水道之间形成三角沙，呈新月形，横向水域近 10 km，纵向超过 10 km，水深小于 1.0 m，滩间高程接近小潮低潮位。根据 1958 年、1986 年、1999 年、2005 年海底地形资料对比，50 年来三角沙和沙头水道滩槽相间，分布格局基本不变，但高程略有变化，1979 年来浅滩滩顶高程变幅 0.7 m，三角沙头部存在伸、缩变化，变幅 1.0 km，影响沙头水道进口处水深变化。沙头水道全长 13 km，水深 3 ~ 6 m，现为温州港中、小船舶出海的主要航道，多年来一直比较稳定，1992 以来，口门展宽，水深变浅。中水道，位于三角沙与温州浅滩之间，西口接瓯江北口，是瓯江口进潮量的主要通道，占北口总量的 88% ~ 90%，占河口总潮量的 64% ~ 69%；东口过乌仙嘴浅滩，接黄大岙水道，是温州港主航道，水道长 9 km，宽约 1 000 m，平均水深 6.3 m，最浅水深 4.2 m，是温州港碍航航段。多年来该水道刷深、展宽、外延，1979—1986 年，冲刷厚度平均 0.3 m，最大冲深 1.5 m，1986—1999 年平均冲刷 0.18 m，1999—2005 年平均刷深 0.1 m，仍在缓慢冲刷。中水道东口外，黄大岙水道与重山水道之间发育中沙、刀子沙和重山沙嘴构成新月形复合沙体，滩顶高程在大潮最低潮位附近。20 世纪 60 年代，这些浅滩被 -2.0 m 高程分隔，70 年代已连为一体，淤积幅度 0.5 m 左右。80 年代以后，冲淤基本平衡，略有淤积，但沙体头部缩小。瓯江口外，霓屿、状元岙岛南北海域浅水区，平均沉积速率 1.5 ~ 2.2 cm/a，呈现浅滩略有淤积，深槽略有冲刷，但滩槽相间分布格局不变，0 m、-2.0 m 和 -5.0 m 等高线基本稳定。

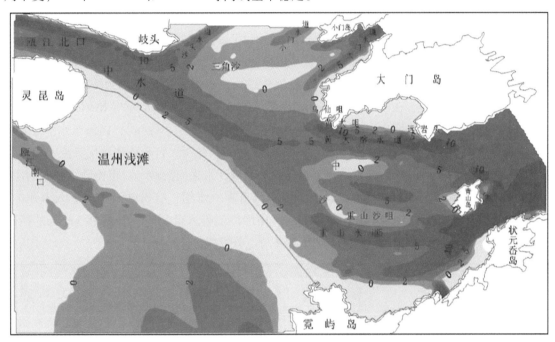

图 7.20 瓯江口拦门沙分布（2005）[①]

7.2.3 河口湾堆积平原

主要分布在喇叭形河口湾，由河流、潮流动力形成的平原，其沉积结构较为复杂，发育有泥质浅滩，潮流冲刷槽和沙坝（脊）等（GB/T 12763.10，2007），东海大型的河口湾堆积平原主要分布在杭州湾、台州湾。

7.2.3.1 杭州湾堆积平原

杭州湾实际上是钱塘江的口外海滨，其北岸就是长江三角洲的南缘，东临崎岖列岛、火山列岛、金塘岛等。杭州湾是东西走向呈喇叭形的强潮河口湾，东西长 90 km，湾口南汇至镇海宽约 100 km，湾顶宽约 20 km，总面积 5 000 km²。由于湾口缩狭明显，潮差增大，潮流强劲，泥沙运动十分强烈，海岸和海底冲淤频繁，泥沙含量高，在潮流作用下，在杭州湾中西部形成面积达 2 000 km²的河口湾堆积平原（详见本书第 8.2 节"杭州湾"）。

---

① 徐海 . 2009. 国家海洋局第二海洋研究所，硕士论文 .

7.2.3.2 台州湾堆积平原

1) 台州湾动力条件

台州湾位于浙江中部沿海，北接三门湾，南邻乐清湾，东至东矶列岛、大陈列岛，为典型呈喇叭状的强潮河口湾。台州湾有椒江注入，椒江主流总长 209 km，流域面积 6 603 km^2，据 1959—2003 年水文资料统计，椒江上游控制站柏枝岙站和沙段站多年平均径流总量分别为 23.6×10^8 m^3 和 12.02×10^8 m^3，多年平均流量 73 m^3/s 和 45 m^3/s，径流年内分配不均匀，主要集中在 4—9 月汛期，占全年的 75%。受暴雨影响流量变幅大，柏枝岙站最大洪峰流量 7 840 m^3/s（1965 年），枯水最小流量为零（1964 年）。根据 1994—2003 年临海站资料，椒江上游灵江多年平均输沙量 31.86×10^4 t/a，流域输沙主要集中在 4—9 月，占全年的 94.4%。椒江口为山溪性强潮河口，潮差大，潮流强，海门站多年平均潮差 4.02 m，最大潮差 6.87 m，潮差向海方向减小，大陈站多年平均潮差 3.45 m，最大潮差 5.85 m，口门大潮全潮进潮量为 3 179×10^4 m^3。在海湾顶部（牛头颈）最大涨、落潮流速分别为 208 cm/s 和 160 cm/s，向湾外流速减小，在水深 5.0 m 处最大涨、落潮流速降为 109 cm/s 和 91 cm/s。台州湾水域水体混浊，悬沙浓度高，在湾顶部牛头颈附近浓度达 2~10 kg/m^3，向海至水深 2.0 m 处为 0.6 kg/m^3，至水深 5.0 m 降至 0.07 kg/m^3。上述资料显示，台州湾涨潮优势流明显，落潮流流出牛头颈后呈射流状，流束扩散，流速降低。椒江带来的泥沙，以粗粉砂级物质为主，大多沉积在牛头颈以上河段，发育沙洲、沙滩，只有在洪水期，有粉砂级物质进入台州湾，而长江入海南下泥沙和东海内陆架再悬浮物质，由涨潮流带入台州湾，形成 18 km 长的拦门浅滩（最浅水深 1.2 m）和阔广的河口湾堆积平原（图 7.21）。

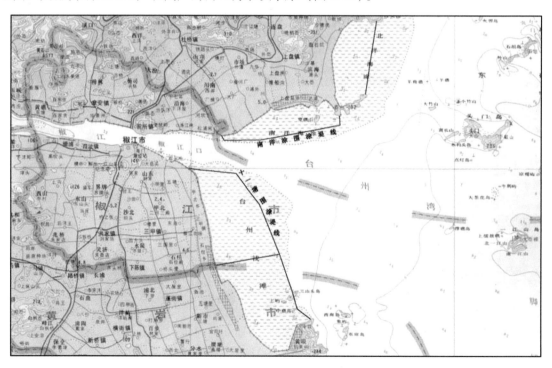

图 7.21 台州湾地形（据《浙江海岸带图集》改编）

2）台州湾发育和动态

台州湾实为椒江河口的口外海滨段，呈喇叭状向海延伸至水深 10.0 m，直抵东矶列岛、大陈列岛西侧，海湾面积达 900 km²。台州湾堆积平原与台州湾两岸淤泥质潮间带连为一体，潮滩宽阔，南岸金清涂宽度达 7.0 km，一直处于缓慢淤涨状态。海底地形平坦，水深 0～10 m，坡度在水深 2.0～5.0 m 处小于 0.2×10^{-3}，缓慢向东倾斜，表层被黏土质粉砂覆盖。河口湾堆积平原位置长期保持稳定，逐年向东延伸，处于缓慢淤涨状态。距今 7 000 年前，海面高度与今日相当，当时海水直拍台州湾顶部山麓，现今的温黄平原、椒北平原实为古台州湾的一部分。7000 年来台州湾接受大量泥沙沉积，河谷充填，海湾淤积，海湾平原发育，岸线外涨，河口东移，温黄平原和椒北平原逐渐成陆，在平原上留下古沙堤（海门沙堤），据 ¹⁴C 测年资料，形成时代为（2330±50）年前。据钻孔和浅地层剖面探测资料分析，台州湾海底平原全新世沉积厚度在 20～30 m 之间，水平层理，近 10 000 年以来，平均淤积速度 0.2～0.3 cm/a。人为活动加速了台州湾淤积速度，自 16 世纪以来，淤积速度加快，1521 年前的 5 000 年期间成陆面积 676.6 km²，速率为 0.14 km²/a，1521—1911 年，成陆面积 310 km²，速率为 0.78 km²/a，1949—1987 年，成陆面积 116.9 km²，速率为 3.08 km²/a。通过 1931 年、1970 年及 1982 年海图资料对比，河口湾堆积平原缓慢淤积，水深 0 m、2 m、5 m、10 m 等深线均向海方向推移，40 年来淤积量达 11×10⁸ t，年淤积量 2 900×10⁴ t，平均淤积速率 3～4 cm/a（谢钦春等，1988）。

7.2.4 潮流通道

潮流通道是有潮海岸的典型地貌类型，它是海湾、潟湖或河口湾与海洋之间由潮流维持的天然通道，它的地貌体包括通道深槽及涨潮三角洲和落潮三角洲。潮流通道广布于世界有潮海岸，其发育演变受潮流、波浪、径流及地质、地貌等因子控制，由于所处的地理环境不同，形成多种形态的通道地貌体系。东海沿岸为强潮海区（平均潮差达 4.0 m，海湾顶部最大潮差达 8.93 m），岸线曲折，港湾发育，沿岸广布众多岛屿，呈群岛、列岛形式分布，岛与岛、岛与陆之间水道纵横，在潮流作用下，水道沟通了海湾、河口湾与东海的水、沙交换。

本节所述的潮流通道系指口门比较狭窄，狭道效应明显，基本上发育潮流三角洲的地貌综合体。某些口门宽阔，无潮流三角洲发育的河口及岛与岛（陆）之间水道不包括在内，如杭州湾口、舟山群岛岱衢洋、黄大洋及长江口门的南槽、北槽等。潮流通道是陆地通向海洋的水路要津，是天然的深水航道，因此，它与沿海港口、海运关系密切。由于潮流水道在航运上的重要性，早已受到国内外学者的重视，对潮流通道类型、稳定性及开发利用进行广泛深入研究。

7.2.4.1 潮流通道类型及分布

根据"成因形态"的分类原则，王文介（1984）将南海潮流通道分为三大类，即潟湖型潮流通道、溺谷型潮流通道（包括台地溺谷型、山地溺谷型潮流通道）及河口湾型潮流通道。又根据通道地貌特征及沉积物分布，将潮流通道分为潮流作用为主型、波浪作用为主型、潮流波浪作用过渡型及潮流—径流作用型等四种潮流通道类型。这两种分类体系是可以相互结合的，如溺谷型潮流通道与潮流-径流型的相吻合，潟湖型潮流通道与波浪作用型或潮流—波浪共同作用过渡型潮流通道相吻合。单以潮流通道地貌形态为依据，可把潮流通道分为海湾型（包括河口湾、潟湖潮流通道）和峡道型潮流通道（岛与岛间、岛与陆间水道）。

根据东海海岸的地理环境，现将东海的潮流通道分为溺谷型潮流通道（包括基岩溺谷型、台地溺谷型）、河口湾型潮流通道、峡道型潮流通道（岛与岛间、岛与陆间通道）及潟湖型潮流通道四种类型。

1）溺谷型潮流通道

本类型通道是全新世海面上升以来沉溺的滨海谷地经潮流塑造发育而成，它们广泛出现在杭州湾以南的基岩港湾海岸。由于成因和稳定性程度差别，又分为以下两种类型：基岩溺谷型和台地溺谷型潮流通道。

基岩溺谷型潮流通道：它是以构造、侵蚀谷地为基础的基岩海岸，全新世以来海面上升，被潮流作用维持的水道，广泛分布在杭州湾以南，闽江口以北的基岩港湾海岸，自北向南有象山港西泽水道，三门湾石浦水道、猫头水道，乐清湾大麦屿深槽，沙埕港沙埕水道，三沙湾东冲水道、七星水道、青山水道，罗源湾可门水道等。该类型的主要特征是有相当坚实的边界条件（基岩），水深人，断面形态稳定；海湾容量大，潮量大，潮流速强（平均在100 cm/s以上），落潮优势流明显；以海域来沙为主，冲淤量小，在自然状态下，多数通道略有冲刷，局部底床老地层或基岩出露，落潮三角洲较发育，略有淤积，属稳定型潮流通道，是发展深水港口和临港工业的良好场所。象山港潮流通道属于典型基岩溺谷型潮流通道（详见本书第8.3节）。

台地型潮流通道：分布在闽江口以南的基岩港湾海岸，由于第四纪地壳上升，经侵蚀剥蚀作用，海湾四周岩石风化、残积层发育红土台地，高程一般50 m以下，台面开阔，略有起伏，有季节性小河流冲刷。全新世以来海面上升，形成深入内陆的溺谷海湾，发育规模大、形态狭长的潮流水道，在口外受波浪作用影响，沿岸有漂砂活动。该类型潮流通道主要有福清湾屿头水道。兴化湾兴化水道、南日水道，湄洲湾砾屿、横屿和大竹屿深槽，泉州湾南水道，厦门湾厦鼓水道、火烧屿水道，东山湾塔屿水道及诏安湾城州水道等。该类型通道主要特征与基岩溺谷型通道相似，但边界条件为残留红土台地，泥沙来源主要来自周边陆域侵蚀的物质。口门波浪作用明显，底质以细砂、砂砾为主，局部基岩裸露，潮流通道稳定性不如基岩溺谷型潮流通道，详见本书第7.2.1.3节。

2）河口湾型潮流通道

在河口溺谷湾基础上，随着水下三角洲和海湾堆积平原的发育，以潮流为主塑造形成和维持的水道，一般两端相通，沟通河口湾与海洋联系。如杭州湾北岸深槽、温州湾（瓯江口）北口中水道、闽江口的川石水道等。河口湾潮流通道总体特征是通道潮量和流速大（小河口湾除外）、冲刷强，形成水深较大的冲刷槽；泥沙来源丰富，形成规模宏大的落潮三角洲或拦门沙，并逐渐淤涨；受潮流作用影响，拦门沙被潮流槽分割成指状沙脊，形成脊槽相间的地貌体系；水道冲淤变化频繁，稳定性较差。

浙江瓯江口门中水道属河口湾型潮流通道，它是沟通瓯江口与东海水、沙交换的主要通道，也是温州港出海航道，详见本书第7.2.2.3节。

3）峡道型潮流通道

即岛岛间、岛陆间的潮流通道，多在构造断裂基础上经潮流冲刷和维持的冲刷槽。该种类型的潮流通道一般两端相通，沟通河口湾、海湾与海洋的联系，其主要特征是：潮量大、流速强，尤其是底流速，对底部下切冲刷；底质为粗颗粒沉积，局部基岩出露；海底地形起伏，冲淤量小，断面形态稳定。如舟山群岛中金塘水道、螺头水道、册子水道、佛渡水道、洞头列岛中黄大岙水道、黄大峡水道及福建沿岸南日水道、海潭海峡等。

福建海潭海峡位于福清半岛与平潭岛之间，走向南北，南北两口与台湾海峡相通。南北长 40 km，东西宽 3.3 ~ 10 km，总体上南北两头宽，中间窄，喇叭口形状，具有较明显的峡道效应。海潭海峡潮流强，实测最大涨潮流速 116 cm/s，年均波高 1.1 m，两岸海蚀地貌发育，海底地形复杂，主要有浅滩、冲刷槽及潮流三角洲三种地貌类型。冲刷槽为其主要特征，南、北延伸 29 km，最大水深大于 50 m，大、小 8 条支水道，沟通了水道南、北口与台湾海峡水、沙交换。表层沉积以砂质物质为主，峡道断面稳定，冲刷槽略有冲刷，浅滩潮流三角洲略有淤积（5 cm/a）（卢惠泉等，2009）。

4）潟湖型潮流通道

潟湖潮流通道的发育是潮流、波浪和泥沙搬运综合作用的结果，口门有拦湾沙坝或沙嘴发育，将海湾封闭成口门狭小的潟湖，上游少受径流影响，与外海则以潮流通道相通。该种类型潮流通道见于台湾西海岸中南部沿海，如台南潟湖、高雄潟湖。

7.2.4.2　潮流通道稳定性判别

由于潮流通道拥有深水岸线资源，有良好的建港条件，它的稳定性与航运密切有关。因此，国内外海洋工程、海岸地貌、泥沙动力方面的科学家和学者对潮流通道稳定性进行过大量的调查研究。潮流通道稳定性与海洋动力作用强度（潮流、波浪、径流）、通道地形及沿岸泥沙输运量密切有关。因此，通过潮流通道各种动力条件、地形参数以及沿岸泥沙运移通量统计，确定潮流通道稳定程度的判别，并寻找某些参数之间的相互关系。

潮流通道深槽及横断面的稳定是潮流通道稳定性的核心。潮流通道在相对稳定的潮流、波浪作用下，通道口门横断面面积（A）可以认为是较稳定的形态，通道半潮周期的潮棱体（P），纳潮量与口门断面面积（A）之间（P/A）存在着一定的相关性。M. P. O'Brien（1931）通过对美国太平洋潮流通道的统计分析，发现通道内侧的海域纳潮量（P）和口门段平均海面的均衡过水断面面积（A）之间有明显对应关系，其表达式为：

$$A = CP^n$$

式中，C、n 为常数。

由于潮流通道类型和所处的环境不同，C、n 常数也不相同。我国学者就 $P - A$ 关系对不同潮流通道做过均衡性的判断（高抒，1988），王文介（1984）对华南海岸潮流通道的研究认为 A/P 比值在 0.21 ~ 2.66，中国海岸带地貌编写组（1995）对东海沿岸 11 个主要潮流水道（象山港、健跳港、猫头水道、蛇蟠水道、岳井洋、浦坝港、乐清湾大麦屿水道、漩门湾、沙埕港、罗源湾可门水道、三沙湾东冲水道）$P - A$ 关系进行研究（图 7.22），当通道纳潮量级为 $10^7 ~ 10^8$ m³，口门断面的数量级为 $10^3 ~ 10^5$ m² 时，$P - A$ 关系为：$A = 2.55 \times 10^{-4} P^{0.92}$，式中单位为米制，lg$A$ 与 lg$P$ 之间具有很好的线性关系，其相关系数为 0.97。这说明东海沿岸溺谷型潮流通道在潮流作用下和长江南下泥沙的改造，已接近均衡状态。研究资料认为 P/A 比值大于 150 ~ 300，潮流通道稳定。

美国学者 P. Bruum 等（1978）研究发现潮流通道的稳定性与纳潮量（P）、平均最大流

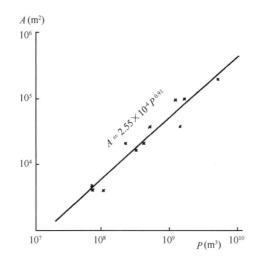

图 7.22　东海沿岸 11 个潮流通道 $P-A$ 关系（中国海岸带地貌编写组，1995）

速（$\bar{V}_{max}$）、最大流量（Q_{max}）或底剪应力（τ_{max}）有关，这些因素增大，就会增加通道的冲刷力，有利于稳定；沿岸输沙量（M）减少，使通道口封闭，断面积变小，不利于水深维持，因此，可以利用 $\dfrac{P}{M}$、$\dfrac{Q_{max}}{M}$、$\dfrac{\tau_{max}}{M}$ 来判别通道的稳定性。认为 $\dfrac{P}{M}$ 比值大于 150～300，通道稳定。

由于东海沿岸粗颗粒物质很少，要用细颗粒泥沙输运量代替沿岸泥沙流，必须修正 $\dfrac{P}{M}$ 判据的数值界线。此外，潮流通道悬沙运移量变化大，深槽往往在风暴期间发生淤积，难以准确估计。但是 Bruum 的指标仍可借鉴，根据 $\dfrac{P}{M}$ 指标，参与通道系统泥沙运移的量越小，通道就越稳定，在相同的泥沙条件下，纳潮量（P）的大小成为通道相对稳定性的重要参素。在自然和人为作用下，尤其是海湾大面积围涂，致使海湾纳潮面积缩小，纳潮量减小，造成落潮流速降低，潮流通道发生淤积。可以看出除了上述稳定指标外，通道落潮流射流和垂向环流也是影响通道稳定性的重要因素，一般说口门越缩窄，垂向环流和落潮流射流越发育，通道就越稳定，如象山港潮流通道，口门狭窄（4.3 km），落潮优势流明显，垂线平均最大落潮流速达 124 cm/a（涨潮流速 0.98 cm/s），落潮流射流是通道口门稳定和水深维持的主要动力，象山港潮流通道处于基本稳定状态（详见本书第 8.3 节）。

沿岸海湾潮流通道稳定性分析研究中，认为可利用海岸动力地貌标志来分析潮流通道的稳定性。海岸动力地貌标志包括下列内容：① 海洋动力（潮流、波浪）及泥沙输运；② 泥沙来源；③ 海岸地貌发育过程，特别是堆积地貌；④ 海湾沉积物特征；⑤ 通道口门内外海底地形分析和历次水下地形的对比。只有综合考虑上述各个因素，判别通道稳定性较可靠，可为潮流通道深水资源利用，港口、航道开发提供科学依据。

7.2.5　水下岸坡

水下岸坡系指海岸向海以明显的自然斜坡直抵陆架平原的近岸斜坡地貌。它们的分布常因海湾、河口三角洲、河口湾或沿海台地而间断呈不连续带状，是沿岸海洋动力和泥沙互相作用分布较广的近岸地貌（图 7.1）。水下岸坡分为侵蚀型、侵蚀堆积型和堆积型。

7.2.5.1　堆积型水下岸坡

东海水下岸坡以堆积岸坡为主，分布在浙、闽沿岸和台湾西海岸，宽度 10～40 km，水深 0 ~ 30 m，平行海岸，呈带状伸展。受堆积作用影响，岸坡地势平坦，坡度小于 0.87×10^{-3}，坡脚水深 20 ~ 30 m。堆积岸坡地貌过程以堆积作用为主，其发育岸段也是淤泥质潮间带，砂质潮间带发育的岸段，它是入海河流带来泥沙扩散、淤积而成，沉积物来源主要是长江入海泥沙向南扩散，其次是浙闽沿海的中小河流入海泥沙。沉积物较细，多为黏土质粉砂或粉砂质黏土。

7.2.5.2 侵蚀堆积型水下岸坡

分布在东海南部沿岸（厦门至南澳岛），岸坡宽 10 ~ 60 km，坡度较大，为 0.9×10^{-3} ~ 3.8×10^{-3}，下限水深 40 ~ 60 m，海底地形波状起伏，变化较复杂。沉积物主要来源于河流入海泥沙，底质粒径自岸向海出现粗（砂）—细（黏土质粉砂）—粗（泥、粉砂—砂组合）的变化。在东山沃角东南海域大片砂质浅滩上发育长条形沙脊和沟槽，高差 5 ~ 10 m，延伸数千米，组成物质粒径较粗。

7.2.5.3 侵蚀型水下岸坡

侵蚀型岸坡，仅分布在济州岛南部沿岸，岸坡宽度较小，坡度大，组成物质以砂、砾质沉积为主，并常见基岩出露海底，形成海底暗礁。

7.3 大陆架地貌

东海大陆架是中国大陆向海延伸部分，陆架外缘坡折线在水深 120 ~ 160 m 附近，大约以 50 ~ 60 m 等深线为界，分为内陆架和外陆架，内陆架约占陆架的 20%，发育有陆架堆积平原、侵蚀—堆积平原、古三角洲平原等；外陆架则发育有残留砂平原、陆架台地，水下阶地等（图 7.1）。由于海面变动及外动力对海底地貌的改造，在陆架平原上塑造古河道、海底沙脊、沙波等地貌形态。

由于"908"专项外业调查时，未能完整覆盖东海陆架、陆坡海区，《东海区域地质》系统总结了近 20 年来国家海洋勘测专项所取得的成果（李家彪，2008），是本章节的主要参考。

7.3.1 陆架堆积平原

东海陆架的堆积平原主要分布在内陆架。平原的主体分布在浙闽岸外水下堆积岸坡（台地）的外侧，地形上呈一条窄长的水下斜坡带，自舟山群岛南部一直延伸到海坛岛东部岸外，地形坡度 0.29×10^{-3} ~ 0.99×10^{-3}。其表层沉积物较细，由灰色黏土质粉砂、粉砂及粉砂质黏土组成，黏土含量一般大于 40%。现代海底动力地貌过程以堆积作用为主，沉积物来源主要与长江入海泥沙向南扩散堆积有关。内陆架深受浙闽沿岸流与台湾暖流的锋面影响，并由此控制着东海陆架堆积平原的形成与分布。冬半年南下的沿岸流是携带长江入海的细粒物质到浙闽近海沉积的主要动力，其流幅与浅海泥质沉积带的东界（水深范围 50 ~ 80 m）基本一致。终年北上的台湾暖流不仅阻挡了长江入海泥沙的向东扩散，而且可能与沿岸流之间形成一个滞流带，更加有利于细粒物质的沉积。

在台湾海峡侵蚀洼地—浅滩带西北侧，也有一块泥质堆积平原，海底地形平坦。它位于台湾暖流与浙闽沿岸流的锋面区，同时又是彭佳冷涡与东海中部暖涡的交界区，几股海流在此带相遇而相互顶托使流速滞缓，不同水团的海水温、盐交换也加速了细颗粒泥沙的凝聚作用，使这里成为东海陆架区细粒泥沙高速堆积的区域之一。海底物质为粉砂质黏土和黏土质粉砂，其厚度为 3～10 m。此外，分布在台湾海峡中部的台中浅滩，也是陆架上的堆积平原，浅滩地形起伏明显，并发育沙波、沙丘，表层沉积物以砂质沉积为主。其现代海底动力地貌过程比较活跃，以堆积作用为主，沉积物主要来自台湾海峡洼地中侵蚀作用的产物。

7.3.2　陆架侵蚀—堆积平原

陆架侵蚀—堆积平原是东海陆架上的主要地貌类型之一，其分布范围较大，浙江沿岸内陆架堆积平原与陆架中部古潮流沙脊群之间（浙江岸外）、台湾海峡中、南部（海坛岛北部至礼是列岛东北部）水下岸坡与侵蚀洼地之间以及东海外陆架残留砂平原等均为侵蚀—堆积平原。

浙江岸外陆架堆积平原以东的侵蚀—堆积平原，北宽南窄，北浅南深，其北部水深 50～60 m，南部水深 60～70 m。海底地形比较平坦，可能是一级水下阶地。现代海底表层沉积物以粉砂质黏土为主，海底动力地貌过程以弱侵蚀、弱堆积作用为主，沉积物主要来源于长江入海泥沙。

福建海坛岛北部至礼是列岛东北部的陆架侵蚀—堆积平原，南端与台湾浅滩相接，呈 NE 向带状平行岸线分布，宽 30～60 km，向东南缓倾斜，地形坡度小于 0.80×10^{-3}，水深范围 20～70 m。海底地面起伏不平，常发育 NE 向的岗丘、浅槽或浅洼地，沉积物主要来自沿岸中、小型山溪性河流的入海泥沙。

东海外陆架残留砂平原也是介于侵蚀与堆积作用之间的地貌单元，位于陆架中部古三角洲平原和古潮流沙脊群的东侧至陆架坡折线，水深 100～170 m。此平原北宽南窄，自东海陆架北部侵蚀洼地南侧延伸到台湾岛北端，台湾岛东北平原仅宽 130～150 km。地形相对比较平坦，其平均坡度为 0.40×10^{-3}～0.50×10^{-3}。在此平原面上分布着沙脊、沙波、贝壳滩、构造洼地以及垄岗、小残丘等次级地貌形态。

东海外陆架残留砂平原海底表层沉积物以中细砂为主，局部为中砂，含大量贝壳及贝壳碎屑（含量均在10%以上，多者达到40%以上），它们是潮间带附近生长的多种贝螺类壳体，属晚更新世低海面时的滨海沉积。沉积物中值粒径 2.0～4.0 φ，分选好，分选系数 1.0～1.5。外陆架残留砂平原的西北部有一块细粒沉积物分布区，位于 30°25′～31°55′N，127°25′E以西，平面上呈舌形环带状分布，组成物质自环带中心向外逐渐由粉砂质黏土过渡到黏土质粉砂、粉砂、粉砂质砂。这块细粒沉积物分布区可能是东海陆架北部"冷涡"泥质沉积区的东部外缘区。东海外陆架残留砂平原除了这一块细粒沉积物分布区处于堆积过程外，其他地方都处于弱侵蚀—弱堆积过程或无堆积作用过程。

在目前水深 140 m 附近的柱状岩芯揭示，海底表层中细砂层之下也是贝壳砂砾层，证明末次冰期低海面时期，海岸线曾在东海外陆架平原多次进退、迁移和停留。位于目前水深108 m 的残留砂平原北部古沙滩上（31°30′N，127°10′E）表层中细砂之下（1.25 m 以下）为贝壳砂砾层，[14]C 测年为（29 300±4 000）a. BP。这些柱状岩芯分析结果及年代测定结果证明，距今 30 000 a 前以来，末次冰期东海海面已下降至目前海面以下 100 m，此后海岸线逐渐断续下降，至距今 15 000 a 前海面已下降至目前海面以下 130～160 m 处的东海陆架坡折带。在海面下降过程中，海岸线在东海外陆架平原的不同深度上多次停顿，塑造了古贝壳滩、多级古水下阶地、古沙坝—潟湖体系。全新世海面上升后，东海外陆架表层受到海洋动力改造，表层沉积物粗化，发育大规模线状沙脊群（详见本书第8.4节）。

7.3.3　古三角洲平原

在东海陆架的北部、现代长江水下三角洲和苏北辐射状潮流沙脊群以东，分布着一个呈扇形的晚更新世古长江三角洲，北起济州岛南部的陆架侵蚀洼地，南至台湾海峡的彭佳屿附近，表层沉积几乎全被古三角洲沉积物所覆盖。它向东逐渐过渡至外陆架残留砂平原，北面伸向南黄海，东南部边界可达 29°32′N 附近。扇形平原上部水深 20~60 m，其东南边缘斜坡坡麓水深可达 90~100 m。

冰后期海侵以来，这个巨大的晚更新世古长江三角洲在全新世以来的海洋动力改造下，分解成若干次级地貌单元。其西部为苏北岸外辐射状潮流沙脊群，中部为起伏的古三角洲平原，分布在苏北岸外辐射沙脊群和现代长江水下三角洲的东侧，横跨东、黄海陆架平原。此平原水深 20~45 m，其外缘水深 50~60 m，南界位于 31°10′—31°13′N，地形上显示为自三角洲顶点向外辐射状展开的扇形体（朱永其等，1984）。平原上浅滩与潮流水道交错出现，浅滩则被潮流水道分割几部分。浅地层剖面探测揭示，此古三角洲扇形体主要由长江三角洲沉积组成，浅滩大多由古河道高地构成，浅滩之下常分布埋藏古河道。在起伏的古三角洲平原外侧，海底地形自古三角洲中轴分别向北、东、南三个方向倾斜，地貌上表现为围绕古三角洲上部平原的斜坡带。浅地层剖面和多频探测剖面揭示，此斜坡带是在古长江三角洲前缘斜坡的基础上发育而成的。古三角洲斜坡的北段有水下阶地发育；中段海底地形比较和缓，现代海底动力地貌过程以堆积作用为主；而南段发育了浅滩和侵蚀沟槽，地形起伏明显。表明海区堆积作用自北向南逐渐减弱，而侵蚀作用增强。

以前，有学者认为分布在古长江三角洲平原上的扬子浅滩是现代潮流作用形成的潮流沙席（刘振夏，1996），而多波束探测和浅地层剖面揭示（李家彪，2008），扬子浅滩已被现代潮流水道侵蚀、分割而成几个孤立的浅滩，这些浅滩主要由古三角洲沉积组成，浅滩上缺失全新世沉积。在浅滩区晚更新世地层中发现了许多埋藏古河道透镜体，有的潮流水道则是继承晚更新世古河道洼地而发育的。这些浅滩可能是古长江三角洲上的古河道高地。

7.3.4　陆架构造台地

东海陆架边缘隆起带上的小岛都位于构造台地之上，包括自 123°20′~124°40′E 沿水深 140~180 m 的陆架外缘散布的钓鱼岛、黄尾屿、赤尾屿、南小岛、北小岛、南冲岩、北冲岩、飞礁等岛屿岩礁，构成了像"堤坝"一般的典型条带状隆起地貌。各岛面积都很小，陆域总面积不超过 6 km²，其中，钓鱼岛最大，面积约为 3.908 km²，最外侧为赤尾屿紧贴陆架外缘坡折。在邻近台湾岛东北的陆架上还分布着彭佳屿、棉花屿、花瓶屿等小岛，它们与其西北方的钓鱼岛诸岛可谓一脉相连。根据日本学者 20 世纪 70 年代对钓鱼岛等岛屿的地质学调查成果[①]，钓鱼岛、南小岛、北小岛等岛屿大多由中新世的钓鱼岛层组成，系以砂岩、砾岩为主的沉积岩。由于波浪的冲刷作用，海蚀地貌发育，形成了海蚀崖和多处悬崖峭壁，前沿多有海蚀平台，部分海蚀平台上覆盖着隆起的珊瑚礁灰岩，一般沿海岸线方向延伸 300~500 m，宽度一般不超过 100 m，厚数米至十余米。

东海陆架南部的台湾浅滩台地、澎湖台地、澎北台地，皆属与断裂构造密切相关的构造台地。它们处于长期构造隆升的东沙—澎湖隆起部位，受断裂构造影响呈不均衡抬升，台地

---

① 日本东海大学 . 1970. "尖阁列岛"周边海底地质调查报告书 . 山东海洋大学地质系译 . 海洋科技资料 . 1977（增刊一）. 国家海洋局海洋科技情报研究所 .

四周有 NW 向和 NE 向断裂围限。

台湾浅滩台地经历了构造断块低丘—构造堆积台地—侵蚀堆积台地 3 个发育阶段，属构造控制叠覆式构造台地，详见本书第 8.6.2 节。

澎湖台地长期处于隆升状态，缺失早第三系沉积，火山活动强烈，台地上常见更新世玄武岩、凝灰岩组成的残丘，也有少量现代风暴沙丘。澎北台地分布较多现代风暴沙丘，常见狭长水下沟谷切割台地。

7.3.5　陆架洼地

东海陆架上发育两种陆架洼地：构造洼地和侵蚀洼地。

7.3.5.1　陆架构造洼地

东海陆架上最典型的构造洼地，位于陆架外缘的东南部即黄尾屿—赤尾屿北面的大型深洼地，地处 26°00′—26°56′N，123°16′—124°15′E 之间。洼地的边缘水深约为 145 m，平面形态呈长条形，总体走向为 NW—SE 向，可能受 NW 向构造的影响。洼地长约 123 km，平均宽度 35 km，最大宽度 40 km，面积约为 4 000 km²。构造洼地的南段水深较小，中、北段水深大，最大水深 194.5 m，位于 26°30.09′N，123°48.12′E。洼地的底部地形崎岖不平，沟谷与浅滩、孤丘交错分布。地形高差 20～40 m 不等，洼地最深处与其南侧的浅滩顶部最大地形高差达 53 m，构成了陆架上地势反差较大的构造地貌景观。地震资料表明，洼地受到中新世以来的 NW 向构造控制并经历了持续的沉降作用，第四纪沉积层厚达数百米。其上部地层遭受强烈冲蚀而缺失，形成深凹地貌形态。洼地的南段受东海陆架边缘隆起带构造抬升及第四纪冰期低海面时海岸堆积作用的影响，浅滩发育，水深变浅。但浅滩之间有数条侵蚀深槽发育，构成连通洼地中北部深水区与大陆坡上的海底峡谷的通道。

此外，在陆架大型构造洼地的西南侧有一条断续相连的构造谷（槽），北距洼地 5 km，是陆架侵蚀—堆积平原上的次级地貌。其走向与构造洼地相同，亦为 NW—SE 向，但规模要比构造洼地小得多。此槽状构造谷长约 17 km，宽 2～2.5 km，谷底一般水深 165 m，南端最大水深 181 m，低于周围海底 15～30 m。陆架上的这类构造谷显然也受到 NW 向构造的影响，并与后期冲刷作用有关。

7.3.5.2　陆架侵蚀洼地

陆架侵蚀洼地，主要分布在东海外陆架的东北部和台湾海峡。

东海外陆架东北部的侵蚀洼地地处朝鲜半岛南部，被济州岛分为南北两支，南支是黄海暖流的通道，北支是朝鲜半岛近岸流向外海泄流的通道。侵蚀洼地西部水深 120 m，向东逐渐变深，最终消失于东海陆坡之上。洼地底部地形起伏不平，海流冲刷槽与沙脊、侵蚀残余脊或浅滩交替分布，脊、槽高差 2～5 m 不等，并可见深掘的海釜。侵蚀洼地内的海底沉积物以中砂为主，含大量贝壳及贝壳碎屑，为残留砂沉积。

台湾海峡的侵蚀洼地分布在台湾海峡的诸多构造台地浅滩之间，海底洼地不仅将台湾浅滩、澎湖浅滩、台中浅滩、新竹浅滩、海峡北部浅滩等浅滩分隔开，同时也是台湾海峡主要海流的通道。洼地的外缘水深大致为 60 m，洼地内最大水深大于 100 m。侵蚀洼地中海底沉积物较粗，显示现代海底动力地貌过程以侵蚀作用为主。

7.3.6 海底暗礁

在以前的海底地形图上，在黄海、东海交界处皆标有 3 个海底暗礁，即虎皮礁、鸭礁、苏岩。多波束海底全覆盖探测发现，在古三角洲平原的原鸭礁位置上未见地形突起，表明原来地图上标明的鸭礁并不存在。而虎皮礁突起则向西南移动了大约 10 km，其地形特征与原有资料也有较大出入，最浅处水深为 38.6 m，地形高差较小，顶面也非常平缓，不足以称为岩礁。附近海域发现的埋藏古河道证明，鸭礁和虎皮礁可能是古长江三角洲上的古河道高地，现代海底地貌则表现为古三角洲平原上的浅滩（王振宇等，2004）。

苏岩的位置及水深与原来地图上所标注的基本相符，最浅处（32°07.57′N，125°11.8′E）水深 7.08 m。整个岩礁呈尖角状，并且分成两部分，形态突兀。在苏岩的南侧有一个小的地形凸起，水深约 42 m。在苏岩东偏北方向约 4.5 km 处新发现一处岩礁，其位置在 32°08.75′N，125°13.42′E，亦呈尖角状，暂命名为"丁岩"（刘忠臣等，2005），其最浅处水深为 29.47 m，与周围海底高差约为 29 m。苏岩和丁岩皆位于东海陆架沉降带和岭南—浙闽隆起带的界线之上，其形成主要受构造的控制（图 7.23）。

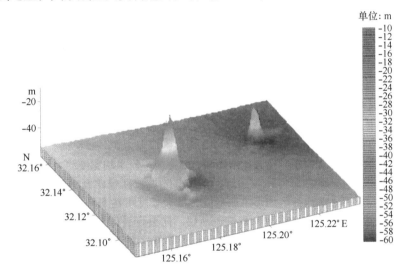

图 7.23　苏岩和丁岩海域海底地形三维立体图（刘忠臣，2005）

7.4　大陆坡地貌

东海陆坡位于陆架坡折线和陆坡坡脚线之间，即冲绳海槽西边坡，南起台湾岛北部，北至五岛列岛，自南至北呈向东南外凸的窄长条状，长逾 1 000 km，南部略窄，宽约 40 km，最窄处约 20 km；北部稍宽，最宽处超过 70 km，整个陆坡区坡降较大，在如此窄的区域内水深由陆架 160 m 左右迅速降至海槽区的 1 000 m 左右，多数地段坡度超过 34.9×10⁻³，局部陡峭区坡度超过 176.3×10⁻³。东海陆坡地貌主要受构造的控制，东海陆架坡折线附近有陆架边缘断裂发育，沿陆架边缘断裂往往发育边缘断裂沟，它们沿等深线延伸。位于陆架坡折线之下，剖面上常呈"V"形深切沟谷（李承伊等，1982）。在 27.7°N 以南陆坡发育较多的海底峡谷，且峡谷规模较大，多分支；北段地形相对较为平缓，等深线呈平行状，也可见峡谷发育，但规模较小，少分支。紧邻陆坡区可见多个构造台地分布，台地顶部水深略大于陆架水深。海底峡谷自陆坡蜿蜒延伸至海槽底部，向上可追踪至陆架，峡谷在冰期低海平面时可能是连接陆架和海槽的通道。

7.4.1 堆积型陆坡斜坡

堆积型陆坡斜坡分布在东海陆坡的上部、28°03′N附近的海底峡谷北侧至31°35′N附近的海底峡谷南侧，其上界以陆架坡折线与东海外陆架残留砂平原相接，水深150～170 m，下界水深250～355 m，斜坡宽度为10～20 km，平均坡度15.0×10^{-3}～19.9×10^{-3}。斜坡在钓鱼岛诸岛一线十分狭窄，最窄处仅宽2～4 km，坡度达到52.4×10^{-3}～69.9×10^{-3}。海底覆盖较厚的松散堆积物，以砂质粉砂和粉砂质砂为主，堆积作用较弱的地方有砂分布，局部见黏土质粉砂。晚更新世冰期低海面时，古长江等河流越过东海陆架大平原流入冲绳海槽，在陆架边缘建造了数个规模巨大的三角洲沉积体系，其前缘部分披盖到东海陆坡的上部，构成堆积型陆坡斜坡。斜坡在28°10′～28°35′N之间呈向东凸出的扇形，最大宽度达30 km，最小坡度为6.3×10^{-3}。单道地震剖面揭示，这里是一个大型埋藏古三角洲分布区，三角洲沉积层具向东倾斜的低角度斜层理，一直延伸到斜坡带的下部边缘。29°50′N以北，有两个规模更大的埋藏三角洲沉积体系，分布于水深200 m以浅。

7.4.2 侵蚀堆积型陆坡斜坡

侵蚀堆积型陆坡斜坡分布在东海28°03′～25°45′N之间，多条海底峡谷向上溯源侵蚀切入斜坡带中。在大型海底峡谷附近，海底侵蚀作用强烈，地形崎岖不平，坡度较大。而大型海底峡谷之间的斜坡带仍有一定的堆积作用，坡面较平滑，斜坡带宽7～10 km，下界水深约为250 m，平均坡度9.9×10^{-3}～15×10^{-3}。海底峡谷附近的斜坡比较狭窄，一般宽度为2.5～3.5 km，坡度一般为29.9×10^{-3}～39.8×10^{-3}，局部可达49.8×10^{-3}。这种侵蚀堆积型陆坡斜坡上的海底沉积物以砂为主，主要来自外陆架残留砂平原向下运动的物质，披盖在陆坡的上部。而海底峡谷内有老沉积层出露，局部地段可能有基岩出露。

7.4.3 侵蚀型陆坡斜坡

侵蚀型陆坡斜坡分布在31°35′N以北的东海陆坡北段和五岛列岛南部陆坡的上部，与东海北部陆架侵蚀洼地以陆架坡折线相接。由于黑潮底流和黄东海陆架北部涨落潮底流的冲刷作用，这一段陆坡遭受侵蚀作用，坡面地形破碎，起伏不平，沟槽、峡谷和侵蚀残余体比较发育。海底沉积物以含贝壳砂为主，可能是晚更新世冰期低海面时期的河流带入物质堆积在陆坡之上。冰后期海面上升以来，随着陆源碎屑来源减少，陆架侵蚀洼地及朝鲜海峡强流系的形成使这一段陆坡遭受侵蚀。

7.4.4 断褶型陆坡斜坡

断褶型陆坡斜坡分布在东海陆坡的中、下部，大致以28°28′N为界分为南北两段。

分布在东海28°28′N以北的北段断褶型陆坡斜坡，地质构造上表现为断块隆起与断陷洼地相间的地垒—地堑型构造。其中，28°28′～29°45′N之间的陆坡地形陡峭，表现为狭窄的小台阶与断崖相间的地貌格局，而29°45′N以北的陆坡地貌则表现为断陷洼地与断块隆起台地或断块丘陵相间的台阶状，海底峡谷比较少见。单道地震剖面和浅地层剖面都揭示，陆坡中、下部有两个断块隆起带（陆架断隆、龙王隆起带）和断陷带，断块隆起带的西侧分别发育一个断陷洼地。陆坡中部的"断块隆起—断陷洼地"构造带在东海陆坡北段和南段的地貌表现比较明显，而中段不明显。东海陆坡北段的陆架断隆—断陷带自29°45′N一直延伸到31°12′N附近，其下部大致以420 m等深线为界。陆架断隆在地貌上表现为陆坡中部的断块台地或平顶海岭，位于其西侧的断陷洼地常构成陆坡中部的断陷盆地或陆坡海槽。

由于后期陆坡横向断裂以及其他动力作用，陆架断隆和龙王隆起带都被海底峡谷所切断，地貌上表现为断续分布的陆坡台地、断块丘陵或陆坡深水阶地，台地与丘陵的西侧为断陷盆地，陆坡台地顶部高出西侧的断陷盆地50～150 m。而断陷盆地多被海底峡谷所切穿，形成开敞洼地或半开敞盆地。陆坡断块丘陵上的海丘由海底火山构成。两个隆起带之间和龙王隆起带下部的陆坡上，断裂沟谷、断层陡坎与断层崖发育，构成阶梯状的断阶式陆坡斜坡。陆坡表层沉积物为黏土质粉砂。

分布在东海28°28′N以南水深大于300～400 m的陆坡中、下部的断褶型斜坡，亦是受区域断裂构成体系控制的构造地貌，但其地貌表现与北段陆坡有很大差异。南段陆坡斜坡底缘水深为1 000～1 800 m，在海区西南部至台湾岛东北比较宽，宽度达到30 km，其他地段的斜坡狭窄而陡峭，等深线密集，地形起伏较大。这种窄而陡的陡坡在钓鱼岛外侧以及东北部海底峡谷附近表现得尤为明显，坡度约为113.9×10^{-3}。而赤尾屿外侧的陡坡十分狭窄陡峭，宽仅3 km，而坡度达到194.4×10^{-3}以上，南段陆坡斜坡的一个显著地貌特点就是海底峡谷密集发育，受断裂构造的控制，亦有数条构造谷（槽）横切陆坡斜坡，使坡面破碎。局部有陆坡构造台地和断块丘陵分布，在陆坡构造台地的西北侧发育了陆坡断陷洼地，再加上突起的若干海山、海丘，造成了陆坡斜坡上的复杂地貌形势。

此外，在29°11′N以南的东海断褶型陡坡之下有一条断续分布的且浊积扇发育的浊积缓坡带，亦是陆坡与冲绳海槽盆地的过渡带。28°05′N以北的浊积缓坡带上界水深为830～950 m，下界水深1 000～1 050 m，缓坡带宽6～12 km之间，一般坡度为$10.2 \times 10^{-3} \sim 20.4 \times 10^{-3}$，最大坡度达$30.6 \times 10^{-3}$。28°N以南的浊积缓坡带上界水深1 270～1 370 m，下界水深1 350～1 690 m，其上现代海底沉积物为粉砂质黏土与黏土质粉砂。缓坡带的坡麓常见狭窄的断陷洼地或断裂沟槽，表明缓坡带的地貌发育也是受断裂构造控制的。缓坡带的另一个明显特征是发育了多个规模不等的深海扇（浊积扇）。

7.4.5 海底峡谷

海底峡谷又称"水下峡谷"，是陆坡上连接陆架和深海盆的顺直或蛇曲状深切在基岩中的狭长深谷，它是大陆坡上的典型地貌类型。国内关于海底峡谷研究的文献较少。基于获取的多波束勘测资料，李家彪（2008）对东海陆坡上的海底峡谷特征进行统计分析（表7.3）。

表7.3 东海陆坡海底峡谷特征统计（李家彪，2008）

峡谷编号	起点坐标	终点坐标	长度 /km	宽度 /km	下切深度 /m	坡度 /°	分支数目	平面形状	主支走向
1	25.48°N 122.23°E	25.10°N 122.58°E	48	4～16	200～400	5～11	3	鹅掌形	N137°
2	25.70°N 122.76°E	25.24°N 122.97°E	50	3～8	200～500	6～15	4	鹅掌蛇曲	N141°
3	25.48°N 122.23°E	25.10°N 122.58°E	50	2～10	300～500	6～17	4	树枝蛇曲	N199°

续表7.3

峡谷编号	起点坐标	终点坐标	长度/km	宽度/km	下切深度/m	坡度/°	分支数目	平面形状	主支走向
4	26.65°N 124.91°E	26.33°N 124.87°E	39	4~10	200~500	5~15	1	蛇曲	N188°
5	26.63°N 125.19°E	26.57°N 125.23°E	10	1	约100	3~10	1	蛇曲	N156°
6	26.83°N 125.30°E	26.60°N 125.34°E	27	6~15	100~500	3~13	1	蛇曲	N181°
7	26.99°N 125.57°E	26.63°N 125.70°E	43	2~10	50~400	3~14	2	树枝蛇曲	N144°
8	26.94°N 125.70°E	26.79°N 125.90°E	29	4~10	50~350	6~12	2	树枝蛇曲	N127°
9	27.08°N 125.82°E	26.92°N 125.99°E	24	4~7	50~250	6~10	1	直线	N135°
10	27.30°N 125.82°E	26.98°N 126.10°E	46	3~4	100~300	3~10	1	蛇曲	N138°
11	27.69°N 126.04°E	27.61°N 126.18°E	15	3~5	100~400	4~10	2	树枝蛇曲	N123°
12	27.83°N 126.26°E	27.75°N 126.30°E	13	2~3	100~200	5~10	1	蛇曲	N130°
13	28.04°N 126.48°E	27.92°N 126.53°E	15	1~2	100~250	6~12	1	蛇曲	N169°
14	28.12°N 126.70°E	28.08°N 126.78°E	10	3	100~200	6~10	1	蛇曲	N124°

在东海中、南部陆坡上可以分辨出14条规模不等的海底峡谷，使整个陆坡地形显得支离破碎。这些海底峡谷长10~50 km，宽1~15 km不等。峡谷平面形状呈鹅掌形或树枝形，坡度为87.5×10^{-3}~267.9×10^{-3}，峡谷向上延伸至外陆架，向下延伸到海槽底部，有的峡谷甚至延伸到海槽中部洼地处，在延伸段明显可见浊积物堆积，表明海底峡谷确是浊流下泄通道，同时也说明东海陆架为海槽西部沉积提供了物源。东海西南部最典型的海底峡谷是鹅掌形（树枝状）峡谷及蛇曲形延伸峡谷，从图7.24可以看出海底峡谷颇具规模，下切深度大，分支多，流系复杂，陆源物质可以通过峡谷直通槽底。

一般认为，东海陆坡海底峡谷与断裂构造、水动力作用以及海底浊流作用具有成因上的联系。垂直于陆坡走向的断裂构成海底峡谷的雏形，其后不仅有黑潮流的强烈侵蚀作用，还有海底浊流及海底滑坡的修蚀改造。海底峡谷构成了陆源碎屑向海槽搬运的天然通道系统，而东海陆架上的潮流与海底峡谷中的内波、内潮汐的联合作用是陆源碎屑经峡谷通道向海槽持续搬运的主要动力因素。

7.4.6 陆坡海台（构造台地）

陆坡海台是一种四周坡度较陡、台面平坦或略有起伏的隆起地貌，系断裂作用或其他地

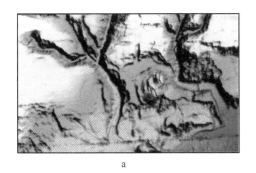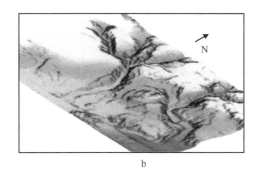

a   b

图 7.24 东海西南部的典型海底峡谷（李家彪，2008）

质作用形成的高起的构造台地。这种隆起地貌主要分布在东海 27°30′N 以南的陆坡中部和 29°30′N 以北的海区，它是东海陆坡上一种很典型的而且非常壮观的构造地貌体。

  位于东海中部陆坡的一处规模较大的构造台地外观呈三角形，略呈 NEE—SWW 向展布，东西长约 50 km，南北宽约 30 km。该台地与大陆架之间被一条自 SW 至 NE 渐阔的槽状深沟（陆架前缘盆地）分开，东南斜坡直抵冲绳海槽槽底平原（图 7.25a）。台地顶部非常平坦，其水深大多小于 500 m，最小水深为 201 m，通过剖面对比发现其与相邻陆架水深非常相近，但与周围海底的相对高差较大。海台与北侧陆坡海槽的相对高差在 500 m 以上，与南侧冲绳海槽的相对高差达 1 000～1 300 m。陆坡海台与周围海底基本上以陡崖相接，台地外侧最小坡度约 69.9×10^{-3}，最大坡度超过 176.3×10^{-3}，并可见小型冲沟分布。而台地向陆侧坡度超过 213×10^{-3}，明显比外侧更加陡峭，且较少分布冲沟（图 7.25b）。

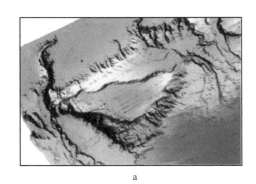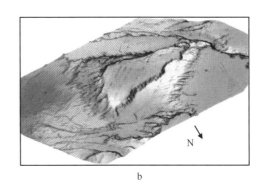

a   b

图 7.25 东海中部陆坡的构造台地（李家彪，2008）

  陆坡海台的基盘可能是古生代的变质岩、花岗岩或火山岩组成的裂离陆壳残块，地垒构造发育，具较厚新生代沉积盖层，多由粉砂细砂岩等沉积岩组成，与钓鱼岛地层比较类似。表层沉积物较粗，与陆架边缘残留沉积基本相同。首先，台地顶部水深与陆架水深非常接近，表明该台地与东海大陆架具有某种亲缘关系；其次，台地的向槽侧坡度与东海大陆坡形状和坡度相近，且分布有较多的冲沟，而向陆侧坡度大，冲沟分布较少，表明冲沟先于台地形成；再次是台地内侧的槽状深沟自西南向东北变宽，水深也加大，很难解释为水动力成因。这些变化反映了台地的构造成因，其形成与海槽应力场方向变化有关。从地震反射剖面及多频探测剖面推知，海台的两侧均有断层发生。海台北侧断层走向为 NEE 向，海台东南侧断层走向为 NE—SW 向，两条断层在海台东面尖角外交汇，地层也明显受到断层拖曳作用的影响。

东海北部的陆坡海台位于29°30′~31°10′N、128°00′~128°20′E之间，是一长条形的呈NNE—SSW向延伸的脊状台式隆起，隆脊的顶部水深在300~400 m，最浅水深256 m，总长约160 km，宽10~20 km，其底座宽30~40 km。海台的西侧坡度一般为17.5×10^{-3}，最大超过176.3×10^{-3}，以陡坎式倾至陆架一侧；海台的东侧坡度较缓，仅以17.5×10^{-3}左右的倾角平缓倾斜下降，下部多呈浅坎式或沟谷与冲绳海槽槽底相接。这一隆脊是在北部陆坡中段水深300~500 m之间因两条NEE向断裂之间出现的链状排列的断块山地而形成的，断块隆脊两侧下降，中间抬起，东侧由于受到岩浆上涌的影响而缓慢下降至坡底。

7.4.7　陆坡海槽

陆坡海槽为陆坡上两侧槽壁陡峻，槽底平坦，未被沉积物填满的半封闭舟状洼地。它分布在东海陆架与陡坡海台之间，总体走向NE—SW向，长约60 km。陆坡海槽西南部宽仅5~10 km，向东北逐渐变宽至15~20 km。此海槽底部相对比较平缓，中央略显低洼，水深自西南向东北渐深，从600 m降至1 300 m。陆坡海槽的南北两侧斜坡皆由陡坡构成，北侧斜坡坡度大于105.1×10^{-3}，而南侧陡崖最大坡度可达230.9×10^{-3}以上。海槽两壁的走向分别为N61°和N77°，其平面开角为16°。在陆坡海槽两壁可见小型谷分布，在其两端分别有两条大型峡谷自陆架延伸至冲绳海槽底部。

陆坡海槽一般为构造谷型或地堑谷型海槽，海槽北侧NE—SW向断层和南侧的NEE向断层控制了海槽的总体走向和南窄北宽的格局，槽壁雁状张性断裂发育，在陆坡海台的北侧呈断层下降，成为陆坡上的浅盆地，具有较厚的新生代沉积，表层沉积物以含有孔虫泥的细粒物质为主，亦称"陆架前缘盆地"。

7.4.8　构造谷（槽）

构造谷（槽）是陆坡上的小型谷（槽），它与海底峡谷有所不同，谷底相对平缓呈槽状，谷壁也没有海底峡谷那样陡峭。东海南部陆坡上发育4条明显的构造谷，其中，最大一条出现在台湾基隆之东北沿岸，亦称"基隆海谷"。它发源于陆架上，自西北向东南延伸，长约25 km，宽2~3 km，槽底水深大于200 m，比周围陆架要深50 m。另外3条分布在陆坡中下部，它们源于陆坡上部，向下切入断褶型陆坡斜坡，总体走向近NWW—SSE，长10~15 km，宽1.5~2 km，进入冲绳海槽后消失。这种构造谷（槽）的形成显然也与垂直于陆坡走向的断裂有关。

此外，在北部陆坡29°50′N、128°10′E附近，也有一条宽5 km，深200 m的"V"形谷。此谷呈NNE向延伸，南部较深，向北渐宽。它位于西侧槽坡和槽底交界处，与NNE向断层线走向一致，推断该谷亦为断层作用所致。在29°0′N、128°0′E和25°20′N、123°15′E等处的陆坡下部发育的断裂谷，都可以作为东海陆坡与冲绳海槽盆地的天然界线。

7.5　"沟—弧—盆"系地貌

在东海陆架外缘分布着典型的"沟—弧—盆"构造地形区（图7.26），即琉球海沟、琉球岛弧和冲绳海槽。横穿东海陆架至菲律宾海的剖面显示，海底地形从陆架的100 m水深跨越东海陆坡至冲绳海槽时，增加为2 000 m左右，然后通过琉球岛弧区减少至0 m左右（从岛间水道穿越），往东则进入6 000~7 000 m的琉球海沟，再往东的菲律宾海水深变化在5 000~6 000 m。

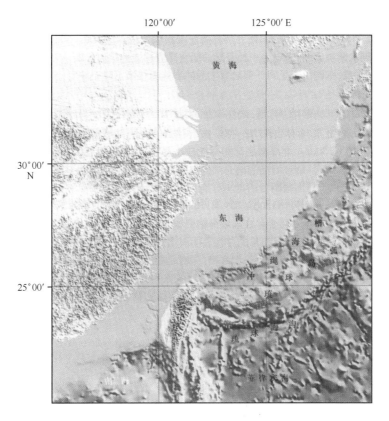

图 7.26　东海东侧沟—弧—盆地形（李家彪，2008）

"沟—弧—盆"系总体走向呈 NE—SW 向，在 128°E 以北轴线转为 NNE。许多学者都研究过"沟—弧—盆"系具有相同的构造成因，即菲律宾海板块与欧亚大陆碰撞，并向 NW 方向俯冲而形成。传统意义上，琉球岛弧作为东海与太平洋的分界，但因"沟—弧—盆"在构造成因上的一致性，在研究地形地貌特征时，也需同时涉及，当然重点在弧后盆地。

7.5.1　冲绳海槽

冲绳海槽是东海"沟—弧—盆"系的弧后盆地，分布于东海大陆架与琉球岛弧之间，总体走向 NE—NNE。海槽横断面呈"U"形，两侧槽坡陡峭，西侧为东海陆坡，东侧为琉球群岛岛坡，槽底即冲绳海槽，主要地貌类型有半深海—深海平原、深海（浊积）扇、断块隆起台地及海槽扩张形成的中央裂谷、断陷洼地及火山链等。

冲绳海槽的地貌发育及其分布格局（上海海洋地质调查局，1985）主要受雁行式排列的海槽扩张轴的控制，并受沿陆坡海底峡谷下泄的浊积物、来自东海陆架的陆源碎屑和来自海底火山喷发的火山碎屑的影响。海槽中央为沿扩张轴发育的中央裂谷（深海洼地）和火山链；海槽西侧的东海陆坡坡麓发育断陷沟槽及以陆源碎屑堆积为主的深海扇（浊积扇），东侧琉球岛坡坡麓有狭窄的断陷洼地分布；海槽中央裂谷西侧槽底断续分布与海槽走向近似平行的断块隆起台地；海槽东侧为火山灰堆积平原，并分布与海槽东缘断裂带近于平行的断块隆起台地和海岭。NW—SE 向的吐噶喇断裂带和宫古断裂带将冲绳海槽分为北、中、南三段，总体上北宽南窄，北浅南深。其中海槽北段（30°N 以北）轮廓为 NNE 向，槽底平原水深 650～950 m，但裂陷深度相对较大，沉积盖层亦较厚；海槽中段（25°30′～30°N）走向亦为 NNE 向，槽底平原水深 1 000～1 450 m，以火山、岩浆和热液构造活动为特点；海槽南段

（台湾东北）走向为 NE—NEE 向，槽底平原水深为 2 050～2 100 m，张裂地貌发育，沉积盖层较薄（高金耀，2008）。

7.5.1.1 半深海堆积平原

半深海堆积平原是冲绳海槽内最主要的海底地貌类型之一，主要分布在海槽的中部和西南部东海陆坡坡麓与琉球岛坡之间，冲绳海槽底部平原东北窄而西南宽，在 26°25′N 以北一般宽度为 30～40 km，最窄处仅宽 22 km；自 26°25′N 向西南，平原逐渐变宽，一般宽度为 60～70 km，最宽处达 95 km。槽底平原地形的平面走向由中部的 NE—SW 向西南渐变为 NEE—SWW 向。半深海堆积平原地形十分平坦，其纵向平均坡度约 1.5×10^{-3}，而横向上则自两侧向海槽中央的深海洼地微微倾斜，北侧平原横向的平均坡度为 $4 \times 10^{-3} \sim 13.4 \times 10^{-3}$，南侧平原的平均坡度为 $10 \times 10^{-3} \sim 16 \times 10^{-3}$。

中新统以及更老的岩石组成了冲绳海槽的基底岩系，它们深埋于槽底之下，上覆厚达数千米的沉积层，主要是晚第三纪和更新世地层。其中上新统地层北厚南薄，在冲绳海槽北部厚度大于 2 000 m，海槽南部仅 500～1 400 m；而更新统和全新统地层的厚度变化趋势正好与上新统相反，为北薄南厚，在海槽北部的沉积厚度仅为 350～500 m，而南部厚达 1 700 m，最大厚度出现在宫古构造带附近（李家彪，2008）。

冲绳海槽沉积物的最大特点是多源性（潘志良等，1986），主要由陆源（包括部分岛源）碎屑、生物碎屑及火山碎屑，此外还有少量的自生矿物如黄铁矿等。总体上以陆源碎屑为主，并有相当数量的生物碎屑和火山碎屑，局部地区可能以生物碎屑或火山碎屑占优势。沉积物粒径较细也是冲绳海槽沉积的另一特点，在水深大于 1 000 m 的整个海槽范围内，不论含量还是分布范围均以黏土质组分占主导地位，粉砂组分亦有一定含量（40% 左右）。

杨文达等（2001）认为冲绳海槽内沉积物有明显的东西分带特点，在西侧槽坡，沉积物主要为砾石、细砂、黏土质粉砂、粉砂质泥等，与东海陆架沉积物同源，属陆源碎屑沉积；东侧岛坡沉积物主要为沉凝灰岩、浮岩、生物灰岩、玻屑、砾石、玻屑粉砂质黏土、含玻屑有孔虫粉砂质黏土和黏土质粉砂，岛源和火山物质占明显优势；海槽中央以细颗粒沉积物为主，属过渡类型；海槽南部常见浊积物存在。

所以，冲绳海槽半深海平原以堆积平原为主，根据物质差异，可分为陆源碎屑堆积平原和火山碎屑堆积平原。陆源碎屑堆积平原，主要分布冲绳海槽西侧槽坡附近及西南海槽区，海底地形自西向东倾斜，在陆坡 V 形谷与槽底交汇处，则堆积浊积扇，呈扇状向峡谷前方延伸，甚至可达海槽中轴附近。火山碎屑堆积平原主要分布在 27°～28°N 以北的冲绳海槽内。

7.5.1.2 半深海扩张裂谷盆地与海（火）山链

中央裂谷盆地与伴随的火山链是冲绳海槽弧后扩张的主要地貌形态。冲绳海槽扩张轴呈雁列式自西南向东北排列，沿扩张轴发育扩张裂谷盆地和中央火山链。由于海槽扩张轴的走向自西南部的近 EW 向至西北部转为 NEE 向，因此海槽中央扩张裂谷盆地与中央火山链的延伸方向也随之变化，海槽南段（小野寺海山西南）裂谷盆地近 EW 至 NEE 向，是规模较大的典型舟状洼地，东西长约 120 km，平均宽度 7～10 km，最宽达 12 km，其最大水深 2 340 m。在 25°18′N，125°35′E 至 25°15′N，124°25′E 附近，比周围海底低 200 m 左右，洼地外形呈舟状，向北小幅度弧形弯曲，洼地两侧有断距数米至十余米的正断层分布。扩张轴部有火山喷出，在裂谷轴部形成一条近 EW 向的长条形火山脊，东西长约 13 km，宽 2～3 km，面积约

20 km², 脊顶水深浅于 2 120 m, 高出附近洼地（水深大于 2 310 m）约 190 m, 该海山非常陡峭, 南北向最大坡度达 176×10^{-3} 以上, 海山顶由若干高差相近的山峰组成, 走向 N88°, 基本上与扩张裂谷走向一致, 与海槽西南部主轴线近似平行, 表现出良好的线性特征（图 7.27）。小野寺海山东北是一个连续分布的裂谷洼地, 以 2 100 m 等深线进行圈闭, 长约 135 km, 宽度为 7～15 km, 洼地水深大多深于 2 200 m, 洼地走向为 NE—SW, 与冲绳海槽走向基本一致。

图 7.27　冲绳海槽南部的构造洼地及线性海山（李家彪, 2008）

小野寺海山位于 25°31.51′～25°41.77′N, 124°55.06′～125°16.67′E, 夹于两段裂谷洼地之间（图 7.28）, 呈长核桃形, 长约 34 km, 海山中部相对较窄, 宽度为 7～9 km, 东西两端的宽度为 10～13.5 km, 面积为 347.87 km²。海山自 2 000 m 的海底拔地而起, 其峰顶水深值小于 950 m, 即海山的最大高差可达 1 100 m, 由 3 座主要山峰组成。海山以很大的坡度耸立在槽底, 其中, 北侧坡度达 175×10^{-3}, 而南侧的坡面更为陡峻, 达 420×10^{-3}。其总体走向为 N73°, 但该海山呈现一定的弱弧状特征, 西段走向为 N68°, 东段走向为 N86°, 海槽的整体走向在该处也发生转折。但小野寺海山的西段和东段走向与海槽走向并不一致, 其西段与海槽北部走向近似, 而东段与海槽西南部走向一致, 可能表明海槽底岩石圈受力方向在该该处发生变化。

图 7.28　冲绳海槽中部的小野寺海山（李家彪, 2008）

据 1975 年日本地质调查所 GH75 - 1 航次在小野寺海山西侧坡面拖网取样的结果, 小野寺海山的岩石为绿色变质的火山岩类及与此共生的第三纪花岗岩类, 岩石的种类有粉砂岩、角砾岩、灰岩等, 沉积物为凝灰质黏土, 据此认为小野寺海山是条带状分布在南琉球内侧的绿色凝灰岩的一部分, 系琉球岛弧脱离亚洲大陆时的残留地块。也有学者认为, 冲绳海槽的火山作用十分明显，并多期喷发，使槽底常出现一些火山构成的海底山。像小野寺海山这类孤立的海底火山与沿海槽扩张轴平行的张性断裂有关，岩浆喷溢活动期为上新世末至更新世初，此期火山活动的岩浆穿过上新世地层，使其遭到轻微的褶皱，出露于海底者便构成了孤立海底山。

位于小野寺海山东部的线性海山链长约 30 km，最宽处超过 12 km，最窄处仅 1.5 km。该海山链由 3～4 座规模不等的海山组成，南部最大海山高出海底 970 m，而北部小海山仅高出海底 110 m。海山呈现出自东南向西北的发展态势，北面已达海槽轴部洼地的边界，同时该海山链线性特征非常明显，走向为 N169°。从图 7.28 可以看出该海山链和小野寺海山及海槽轴部深海洼地呈垂直交叉态势，海山的走向差异显示了不同的形成动力机制。在该海山链的东边还分布 3 座小海山（海丘），其连线与该海山链基本平行。在海槽轴部深海洼地内也可见若干小突起，可能是线性海底山的前期形态。

海槽中段可以 28°N 为界分为南、北两部分，南部的扩张裂谷带是冲绳海槽最大的扩张带（刘忠臣等，2005），平均宽度约 58 km，最宽 65 km，其中在 27°10′～29°50′N 之间的扩张轴是海槽内最大的扩张轴，扩张裂谷盆地呈 NE—NEE 向展布，最大水深约 1930 m，北部有 6 个规模较小的扩张裂谷，呈雁形排列，总体走向 NE—NEE，多数扩张洼地内有火山活动。李家彪（2008）分析了冲绳海槽中北部线性特征明显的 SW—NE 向海山链和一些体积较大的近椭圆状海山（图 7.29a），认为这些椭圆状海山分布也很有规律，如果建立空间联系，会发现存在 SW—NE 向带状分布特征（图 7.29b）的 4 列海山链。

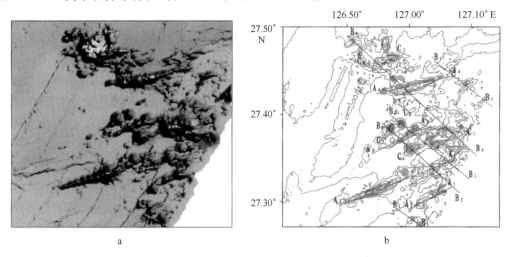

图 7.29　冲绳海槽中北部线性海山链（李家彪，2008）

4 列海山链特征明显，海山较窄，呈细长条状，海山链的走向依次为：N71°、N75°、N71° 和 N81°，整体走向一致，与海槽西南部中央洼地内的线性海山走向具有可比性。其中，A_1 海山链线长度约 12 km，宽约 1.5 km，高出海底约 250 m，海山自西北至东南高度依次降低。A_2 海山链是 4 列海山链中最长的一条，长度约 30 km，最宽处超过 3.5 km，高出海底约 600 m，最高处位于海山链的中部，链上海山高差达 400 m，呈短剑状向西南延伸。A_3 海山链长度约 10 km，宽 1～2 km，高出海底约 250 m，海山高度相近，但有自西北向东南降低趋势。A_4 海山链长度约 18 km，宽约 2 km，高出海底约 400 m，海山链中间高、两边低，呈纺锤状，其走向和形状与前 3 列线性海山相似。

冲绳海槽北段，因受吐噶喇左旋断裂的影响，扩张裂谷洼地相对海槽中段西移约 50 km，走向 NNE，同样裂谷盆地和火山链并存，两者走向基本平行。较大的裂谷盆地有海槽北端裂谷盆地，最大水深 862 m，宇治群岛—草垣群岛西侧裂谷盆地，最大水深 1 000 m 左右，吐噶喇断裂带北侧裂谷盆地，最大水深 1 060 m 左右，比周边半深海堆积平原低 200 ~ 300 m。

7.5.1.3　半深海断块隆起台地及断陷洼地

太平洋（菲律宾海）板块沿琉球弧俯冲，冲绳海槽下地幔抬升，在重力均衡作用下，冲绳海槽地壳处于拉张状况（李全兴等，1982），自中、晚中新世以来扩张宽度 50 ~ 80 km（许薇龄，1988）。在扩张过程中，除在海槽中央形成裂谷带和火山链以外，更多表现为以正断层为特征的断陷过程，各处断陷程度不同而呈现出断块隆起台地和断陷洼地地貌形态。

断块隆起台地主要分布在冲绳海槽的北段和中段。海槽北段的断块隆起台地主要出现在海槽西侧、东海陆坡坡麓断陷沟槽的东侧。中段的断块隆起台地主要分布在海槽东侧的槽底火山岩断块隆起带，北起 29°32′N 附近的吐噶喇断裂带以南，南至 26°32′N 附近，止于宫古断裂带北侧，总体上呈 NNE 向展布，其地貌格局呈现出海岭与台地交替分布的特征。台地表面地形较平缓，但微地形起伏明显，台地上有孤立的海丘（火山）、浅断陷洼地与断裂沟槽发育。从地形走势上分析，此断块隆起带可断续延伸到吐噶喇断裂带以北约 31°39′N 附近的槽底火山处，向南则越过宫古断裂带断续延伸到 25°47′N 附近，宫古断裂带南侧的几座槽底海丘，可能是该火山岩带和西南断续延伸的地貌表现。

断陷洼地在冲绳海槽北、中、南段都有分布。海槽北段的断陷洼地分布在东、西两侧，西侧沿东海陆坡坡麓的长条状断陷洼地沿坡脚线分布，受两侧正断层控制，横剖面成 "U" 形或 "V" 形深切割，槽底地层声学反射界面呈下凹的弧形，组成物质主要来源于东海陆坡上侵蚀下来的陆源碎屑，西侧边缘局部见基岩裸露，构成海底岩礁（刘忠臣等，2005）。东侧沿琉球岛坡坡麓分布，其宽度大于西侧的断陷洼地，但分布不连续，被鞍形的海槛分割成串珠状。

断陷洼地在海槽中段的两侧和中间均有分布，西侧沿东海陆坡坡脚线分布，东侧沿琉球岛坡坡脚线几乎连续分布，并起到吐噶喇火山脊与冲绳海槽盆地的分隔作用。在海槽中段 28°09.25′ ~ 29°23.27′N 之间，槽底断块隆起台地与西侧浊流堆积平原之间，是一个规模巨大的断陷盆地，走向 NNE，长约 165 km，宽约 20 ~ 40 km，平均宽度 25 km，面积约 400 km²，盆地的东西两侧为断层或断层带控制，西侧边坡以断层陡坎或陡坡与浊积平原分界，东侧边缘以断层崖或断阶型陡坡与断块隆起台地和海岭相接，盆地底部地形平坦，偶见侵蚀沟槽发育。

海槽南段的断陷洼地在中央裂谷带与断块隆起台地东侧，断陷洼地两侧均被正断层控制，两侧边缘为陡峭的断层崖，底部呈弧形下凹，洼地中地层声学反射结构具有典型的断陷盆地充填沉积构造的特征。

7.5.1.4　深海扇

深海扇主要发育在 25° ~ 28°N，122°25′ ~ 126°40′E 之间的冲绳海槽中、南部海底峡谷的出口处。在 27°N 以南与小野寺海山之间的海底峡谷外侧发育了 6 个地形上比较明显而且连续分布的深海扇，等深线逐渐变成和缓简单弧形向海弯曲，其中，位于陆坡海台附近的两条海底峡谷出口末端的扇形地貌向海槽延伸 13 ~ 14 km，宽 10 ~ 12 km，外缘水深约为 1 700 m，其分布面积分别为 140 km² 和 170 km²，深海扇的长轴方向亦为 SE 向。深海扇表面起伏甚小，坡度较平缓。由于海底峡谷进入海槽后并未终止，而是继续在深海扇上蜿蜒伸展，因而形成深海扇中央深度不大的细沟。在台湾岛东北陆坡坡麓也有 3 个规模较大的深海扇，此外在 27°~28°N 之间还有 3 个小型海底扇分布。

冲绳海槽 25°N 以北、123°E 以东的海底峡谷出口地段、陆坡坡脚附近及槽底平原为浊流沉积区，水深范围为 800~2 088 m，沉积物主要特征为砂团、泥团发育，稀稠不均，而且浊积层常与半深海沉积物交替出现，普遍含有孔虫、介形虫等陆架近岸浅水种，甚至还可见到淡水硅藻。因此，冲绳海槽之深海扇具浊积扇特征，其浊流源无疑为东海陆架。陆源物质和陆架残留沉积物的再搬运物质，输入海槽后主要堆积在海底峡谷口外，形成海底扇。同时，冲绳海槽是一个补偿不足的沉积盆地，杨文达等（2001）计算的平均扩张速率为 2~4 cm/a，而沉积速率仅为 4.4~18.2 cm/ka，即 0.044~0.182 mm/a，沉积补偿速率达不到海槽扩张引起的下陷速度，故地形上显示明显的下凹特点。逐渐增加的落差有利于海底峡谷通道保持畅通，使海底扇保持稳定。

7.5.2　琉球岛弧

琉球岛弧北起日本九州南端，南至我国台湾岛附近，是一个向东南凸出的弧形岛链，绵延长达 1 500 km，琉球岛弧东西向呈现"三高二低"特征，在地质构造上属三脊二坳，自西向东分别为吐噶喇火山脊、奄美坳陷、琉球脊、弧前坳陷（由奄美东坳陷—岛尻坳陷—八重山坳陷组成）、奄美东海脊—岛尻海脊—八重山海脊组成。琉球岛弧地貌的形成和发育主要受构造控制，与太平洋板块特别是第三纪中期以后菲律宾海板块向西运动而引起的一系列地质事件密切相关。由于受到内侧冲绳海槽和外侧琉球海沟的扼制，琉球岛弧具有明显的构造地貌组合特征，表现为狭窄的岛架、地形复杂的岛坡，岛坡台地、岛坡海槽、岛坡海脊、岛坡深水阶地、断陷洼地、峡谷、海山等构造地貌，火山地貌发育。

琉球岛弧由一系列露出水面的岛屿组成，自南至北依次是先岛群岛、冲绳群岛、奄美群岛、吐噶喇列岛、大隅群岛等，它们在水下是彼此连接在一起的，呈堤坝状，仅在久米岛处由水道分开，该处水道深约 800 m。琉球岛弧走向与冲绳海槽走势基本相同，124°E 以西呈 E—W 向，124°E 以东呈 NE—SW 向，北段冲绳海槽变得开阔，岛弧走向与海槽走向稍有不同。先岛群岛至冲绳群岛的岛弧中段最宽，连续性好，宽达 90 km；八重山列岛往南岛弧的堤坝特征减弱，呈破碎状，宽度也减至 70 km；自冲绳群岛往北岛弧明显变窄，平均宽约 40 km，最窄处仅 20 km，岛弧两侧岛坡较为陡峭。琉球岛弧是一道天然的屏障，将东海与太平洋隔开，是大洋和边缘海的自然分界线。

7.5.2.1　岛架、岛坡斜坡

岛架分布在琉球群岛诸岛的周围，沿岛屿周缘呈条带状狭窄分布。岛架的外缘水深大多为 50~150 m，但在有的岛屿周围，岛架非常狭窄，外缘水深仅 20~30 m，坡度亦较陆架为大。如与那国岛外缘非常陡峭，岛架几乎紧贴岸边。岛架上冲刷作用比较强烈，底质也较陆架粗，以第四纪礁性石灰岩和砂、砾等岛源物质为主，并有较大面积的基岩出露。琉球群岛的中、南部岛架浅滩、暗礁丛生，并有珊瑚礁、贝壳滩分布。

岛坡呈宽带状或窄带状分布于琉球岛弧岛架的外侧，属断阶型岛坡斜坡。内侧斜坡直抵冲绳海槽，外侧斜坡直抵琉球海沟。因受板块俯冲、挤压及火山活动的影响，岛坡远比大陆坡陡峻。中新统以及更老的岩石成为海槽东南侧琉球岛弧岛坡的主体，直接出露于海底，或者覆以较薄的中新统地层。岛坡上部为泥质沉积岩，岛坡下部为流纹英安浮岩。岛坡区还有火山碎屑矿物零散分布，它们主要来自琉球群岛中基性火山岩石的风化产物及附近海底的火山喷发物。

7.5.2.2 岛坡台地

岛坡台地是一种构造隆起台地，台地表面地形相对比较平缓，主要分布在琉球弧的构造隆起脊上，如宫古台地、八重山列岛南侧台地、水纳岛北侧台地、吐噶喇火山脊上伊平屋西北侧台地、岛尻海脊上的台地等。其中与那国岛与台湾岛东岸之间的岛坡台地长达 110 km，宽 20 ~ 40 km；宫古列岛和冲绳群岛之间的台地长 105 km，宽 30 ~ 40 km。岛坡台地的水深变化较大，琉球脊和吐噶喇脊上岛坡台地顶面水深为 200 ~ 600 m，而八重山海脊、岛尻海脊和奄美东海脊上的台地表面水深则为 1 500 ~ 2 000 m。台地之上发育岛架浅滩、海丘、珊瑚礁或小型断陷洼地。

7.5.2.3 岛坡盆地

岛坡盆地是岛坡上未被沉积物填满的封闭状舟状凹地，在琉球群岛一般分为弧前盆地型、断陷盆地型两种构造控制的盆地。

（1）弧前盆地：琉球岛弧弧前盆地主要分布在八重山坳陷带，自西南至东北依次是希望盆地、南澳盆地、东南澳盆地和西表岛盆地。其中，希望盆地紧邻台湾岛东部，而南澳盆地和东南澳盆地深度较大，低于其南侧的八重山海脊 1 000 ~ 1 600 m，盆地边缘陡峭，由断崖构成，中部相当平坦。穿越希望盆地、南澳盆地和东南澳盆地的地形剖面显示（图 7.30），3个盆地呈阶梯状下降，水深由希望盆地的 3 000 m 左右降至南澳盆地的 3 500 m 左右，再进一步降至东南澳盆地的 4 600 m 左右，而东南澳盆地往东至西表岛盆地水深则逐渐变浅至 2 000 m 左右。盆地之间分隔明显，不同盆地间均由高 200 ~ 300 m 的正地形凸起分割。希望盆地至东南澳盆地长约 140 km，盆地宽 15 ~ 30 km，盆地内部较为平坦，坡度约 6.98×10^{-3}。西表岛盆地往东北方向则表现为宽缓的岛弧前缘区，盆地的形状不甚明显。

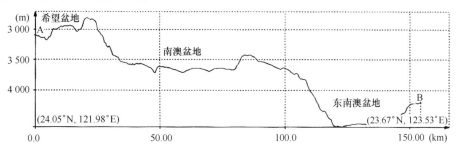

图 7.30 穿过弧前盆地的地形剖面（李家彪，2008）

（2）断陷盆地：断陷盆地主要分布在琉球岛弧的东、西两个坳陷带，即奄美坳陷带和弧前坳陷带，在 3 个隆起脊之间也有规模较小的断陷盆地分布，如八重山海脊之间的断陷盆地、八重山列岛东侧的断陷盆地、波照间岛北面的断陷盆地等。其中，分布在水深 200 ~ 300 m 的岛坡台地与北侧久米岛—庆良间列岛之间的断陷盆地，长约 100 km，平均宽度为 10 ~ 15 km。其初始走向为 NNW—SSE，后转向 NW—SE 进入冲绳海槽，从而将冲绳海槽与外侧岛坡连接起来。此类海槽又称"地堑型海槽"，它与位于宫古岛和久米岛之间的宫古断裂带有关，该断裂带走向与冲绳海槽相交，对冲绳海槽及其两侧斜坡地质地貌的影响颇大。断陷盆地两侧以高角度断层接触，两壁阶状断裂发育，槽底不甚平坦，底部水深一般大于 1 500 m。

7.5.2.4 岛坡海脊

岛坡海脊是琉球群岛的主要地貌类型之一，主要有八重山海脊、吐噶喇海脊（火山脊）和琉球海脊。岛坡海脊的地貌发育主要受构造控制，其走向与所处构造带的构造线走向基本一致。

八重山海脊在台湾岛的东侧、希望盆地至西表岛盆地的向洋侧，由数条近东西向延伸的条带状山脊带构成，因分布在琉球海沟侧，又称为增生楔海脊。该海脊的典型特点是槽、脊相间，东西向曲折延伸，水深在 3 500 ~ 4 500 m 之间变化。单个海脊地形高出槽部 200 ~ 800 m 不等，宽 4 ~ 7 km，两侧坡度常大于 176.3×10^{-3}，各个槽脊间呈近平行产出，自北至南海底水深呈台阶状依次降低。海脊向上是弧前盆地区，比海脊区要深；海脊向下过渡到琉球海沟，水深遽然增大。八重山海脊自西向东呈带状，宽约 50 km，最窄处位于加瓜海脊与八重山海脊交汇处，约 30 km。该处海脊呈倒 "V" 字形，推测系加瓜海脊的 S—N 向俯冲挤入所致。该处地形尤为陡峻，坡度超过 267.9×10^{-3}。八重山海脊长逾 300 km，并展示了两种特殊的构造类型：弧前增生楔构造和俯冲挤入构造。

吐噶喇海脊的走向多为 NNE 向或近 S—N 向，局部受 NW 向断裂构造的影响，其脊线走向为 NW—SE 向，火山脊上的火山丘和火山岛众多。琉球海脊的脊线走向南北变化明显，奄美大岛以北的海脊北段脊线走向为 NNE 向，奄美大岛与冲绳岛中段之间走向为 NE—SW 向，而南段则为近 E—W 向延伸的细长海脊。岛坡海脊的地层构造也各具特点，吐噶喇海脊及其上海丘多由火山岩构成，琉球海脊由断块隆起的中生代变质岩和新生代复理石砂岩、板岩、火山碎屑岩等组成，而八重山海脊主要为复理石建造。

7.5.2.5 岛坡深水阶地

岛坡深水阶地是岛坡上主要受断阶构造控制、岛源碎屑物质充填的堆积地貌，主要分布在琉球岛弧东南坡的弧前坳陷带，冲绳海槽北端、五岛列岛的南部岛坡上也有深水阶地分布。西表岛盆地东北弧前坳陷带的坳陷盆地被后期沉积物所充填，盆地形态逐渐消失，代之以平缓的深水阶地，地形上表现为岛坡中部的缓坡带，地形坡度明显小于其上、下的陡峭断阶型斜坡。岛坡深水阶地至奄美大岛北面的吐噶喇断裂带附近消失。

7.5.3 琉球海沟地貌

琉球海沟是一条向东南凸出、向西北倾没的弧形海沟，呈环带状环绕琉球岛弧延伸，宽约 30 km，全长逾 1 350 km，海沟内水深普遍大于 6 000 m。大致在 123°E 附近，由于加瓜海脊向北俯冲，导致海沟地形至此突然变窄并很快消失。加瓜海脊以西至台湾岛之间的海沟形状已不明显，在地形上演变为海底峡谷及深海盆地。加瓜海脊在 123° ~ 125°E 之间的多波束水深剖面显示，海沟水深自西向东逐渐加深，由加瓜海脊右侧的 6 200 m 变深至 125°E 附近的 6 700 m 左右。海沟最大水深为 7 881 m（26°20′N，129°40′E）。琉球海沟的东南方是菲律宾海，水深浅于海沟，约 5 000 m。海沟两壁坡度不等，向洋侧在 17.5×10^{-3} ~ 34.9×10^{-3} 之间变化，而向岛弧侧较陡，坡度普遍大于 69.9×10^{-3}，局部甚至大于 176.3×10^{-3}。琉球海沟是菲律宾海板块与欧亚大陆板块交汇、俯冲和消亡的地带，地貌上表现为岛坡坡麓的深沟，海沟底部地形并不平坦，水深起伏在 100 ~ 200 m 之间，坡度约 6.98×10^{-3}。冲绳岛以北的海沟内部也分布一些海山、海丘（相对高差 1 000 ~ 2 000 m）和裂谷、凹地（林美华、李乃胜，1998）。海沟沉积层很薄，仅在一些深凹地中有薄层沉积物。在吐噶喇断裂带以北，连续的海沟地形消失，代之以串珠状的深海洼地断续分布。大致在日本本州岛中部以南、帛琉—九州海脊的北端，琉球海沟消失。

7.6　东海海岛

海岛可认为是海洋正向地形，高潮时高于水面的自然形成的陆地部分，即指面积较小，四周环水的陆地。东海海岛众多，据全国海岛资源综合调查资料统计（1996），除台湾省所属的海岛外，东海西侧面积大于 500 m² 的海岛总数 4 615 个，占全国海岛总数（6 961 个）的 66%，海岛面积 3 616.7 km²，海岛岸线长 7 953.2 km。随着经济发展，海岸带资源开发利用，海岛数量减少。

7.6.1　海岛分类

传统上将海岛按成因分为大陆岛、海洋岛（火山岛与珊瑚岛）和冲积岛三大类。大陆岛为大陆地块延伸到海底，并出露海面而形成的岛屿，它原是大陆的一部分，因海面上升或地面沉降与大陆分离，东海绝大部分岛屿都属于此种类型；海洋岛是海底火山或珊瑚礁堆积出露海面而形成的岛屿，其形成与大陆没有直接的联系，如东海外围的琉球群岛；冲积岛（堆积岛），为河流携带泥沙在河流入海口堆积而成的岛屿，长江河口崇明岛是我国最大的冲积岛。刘锡清等（2008）等根据板块构造理论和大洋地貌体，提出新的分类意见，即从内力和外力两个成因体系来划分。根据东海海岛特征，可分为内力体系的近岸大陆岛（舟山群岛）、隆起大陆岛（台湾岛）、大陆火山岛（澎湖列岛）、岛弧陆块岛（日本列岛）、岛弧火山岛（吐噶喇群岛）；外力体系的河口沙岛（崇明岛、灵昆岛）。根据海岛位置，离海岸的距离，可将海岛分为陆连岛、沿岸岛、近岸岛、远岸岛等。陆连岛原为独立岛屿，离大陆海岸较近，由于经济发展需要，由人工修建桥梁和堤坝与大陆相连，实质上它是沿岸岛的一种特殊类型，如大榭岛、玉环岛、洞头岛、平潭岛、厦门岛、东山岛，舟山本岛（2009 年底有五桥相连，已与宁波大陆海岸相接）；沿岸岛，系指离岸距离小于 10 km，如佛渡岛、六横岛；近岸岛，系指离岸距离在 10 ~ 100 km 之间，如渔山列岛、大陈岛、海潭岛、金门岛；远岸岛，系指岛屿位置与我国大陆岸线的距离大于 100 km 海岛，如台湾岛、钓鱼岛。另外，按物质组成分类，可分为基岩岛、沙泥岛和珊瑚岛。为了便于管理，《中华人民共和国海岛保护法》将海岛分为有居民海岛和无居民海岛。

我国东海范围海岛绝大多数归属沿岸大陆岛，组成物质主要是基岩，陆域地形以剥蚀侵蚀丘陵为主，地形起伏，海岸类型在岛屿迎风面属侵蚀型基岩海岸，背风面多为侵蚀—堆积型基岩海岸。岸线曲折，沙滩和海蚀地貌相间，东海岛屿多以群岛或列岛形式分布，岛间潮流通道发育，拥有丰富的港口、航道、锚地、渔业及旅游资源，是我国发展海洋经济的重要基地。冲积岛以河流泥沙堆积而成，崇明岛为我国最大的冲积岛，面积达 1 159.7 km²，为我国第三大岛。冲积岛地势低平，主要由细砂和黏土质粉砂组成，冲积岛形状、大小变化迅速，东海河口沙岛历史以来在淤积扩大中。珊瑚岛、火山岛分布零星。

7.6.2　重要海岛

本书叙述的重要海岛为崇明岛及长江口沙岛、舟山群岛，以及台湾岛和附近海岛，它们在我国海洋经济发展、海洋权益维护方面具有重要的地位。

1）崇明岛及长江口沙岛

崇明岛位于长江口，将长江径流分南、北两支入海，是我国第三大岛，也是我国最大的河口沙岛，它是众多沙洲连并组合而成的复式沙岛。岛屿东西长 85 km，南北宽 13 ~ 18 km，面积 1 159.7 km²，海岸线长 210 km。岛上地势平坦，中部略高，四周低平，潮滩发育，崇明东滩和北滩面积达 213 km²（恽才兴，2004）。

崇明岛是长江泥沙在河口堆积所形成的河口沙岛，组成物质以细砂和黏土质粉砂为主。自唐初武德年间（618—626 年）最早出现沙洲以来，由于长江水动力条件复杂和长江入海通道变化，崇明岛沙洲冲淤变化频繁，总趋势在淤涨，沙洲合并面积扩大。公元 696 年开始有人登岛开发，直至清顺治至康熙年间（1644—1722 年），由 30 多个沙洲相连成陆，面积达 428 km²，岛长 43 km，宽 12.4 km。18 世纪中叶以来（1733 年）长江主泓由北支改迁南支，崇明岛南坍北涨，崇明县城桥镇内坍平均 7 km，1894 年开始筑坝护岸，才初步制止坍势，崇明东、西两端分别外涨 6 km 和 7 km，崇明岛面积不断扩大。至 1900 年，岛长 67 km，岛宽 15.2 km，面积达 693 km²。1955 年后经多次大规模围涂，至 1992 年面积扩大至 1 064 km²，至 2005 年达 1 159.7 km²（恽才兴，2004）。

长江口河口沙岛南支有长兴岛（87.83 km²）和横沙（49.26 km²），2009 年崇明岛、长兴岛已通过桥（梁）、隧（道）与上海大陆相连接。北支有永隆沙，面积 20.4 km²（于 1982 年围涂与崇明岛合并），兴隆沙面积 32.9 km²（于 1992 年围涂与崇明岛合并）（恽才兴，2010）。此外还有黄瓜沙（10.345 km²）、东黄瓜沙（16.396 km²）、顾园沙（26.512 km²）等。

2）舟山群岛

舟山群岛系我国最大岛群，海域开阔，南北跨越 220 km，海域总面积达 20 959 km²，海岛林立，水道纵横，海洋资源丰富。2011 年 7 月国务院批准设立"舟山群岛新区"，是以发展海洋经济为主题的国家战略层面新区。据浙江海岛资源综合调查与研究（1995）[4]，它由 1 383 个面积大于 500 m² 的岛屿组成，占我国海岛总数的 19%，其中，常有人居住的海岛 88 个。海岛陆域面积 1 442 km²，其中，潮间带面积 186 km²，岸线总长 2 443.58 km，以基岩海岸为主，舟山本岛面积最大（476 km²）（图 7.4）。

舟山群岛位于长江口以南，杭州湾以东，浙江北部沿海，属浙东部丘陵向海延伸部分，为典型的沿岸大陆岛类型，它由崎岖列岛和中街山列岛两个次一级群岛和马鞍列岛、嵊泗列岛、川湖列岛、浪岗列岛、火山列岛、梅散列岛组成。受地质构造控制，列岛排列呈东北—西南走向，地形起伏，高程大多在 500 m 以下，最高海拔 544 m（六横岛对峙山），陆域地貌大多属侵蚀剥蚀丘陵。舟山群岛资源环境特点是海岸曲折，港湾交错，航门水道众多，冲淤稳定，深水逼岸，深水岸线资源丰富，宜建港岸线长 1 538 km，其中，水深大于 10 m 的岸线长 246.7 km，水深大于 20 m 的岸线长 44.0 km。舟山群岛海域群岛环抱，掩护条件好，可供大型船舶避风、锚泊，大型船只进出方便，具备建设大型深水港条件，其中，洋山港区、马迹山港区、六横港区、金塘港区、册子岛港区、岙山港区等均已建成 10 万吨级以上的深水港，至 2010 年已有生产性泊位 352 个，其中，万吨级以上的泊位 33 个。舟山群岛砂质海岸长 12.75 km，较大沙滩 39 处，长 33 km，面积 14.6 km²，以岱山后沙滩最大，长 3 600 m，宽 300 m，普陀山、朱家尖、嵊泗、桃花、岱山等沙滩都已开辟为旅游胜地[①]。

2009 年，宁波—舟山陆岛连接大桥通车，使舟山旅游和经济快速发展。舟山海域位于长江口外，营养物质丰富，咸淡水汇聚，冷暖水团交错，是我国著名舟山渔场所在地，也是全国最大的河口性产卵场。

舟山岛是舟山群岛的主岛，陆域面积 476.2 km²，是我国第四大岛，海岸线总长 170.2 km，基岩海岸占 97%，深水岸线资源 20.8 km，滩涂面积 183 km²。其次是岱山岛（104.97 km²）、六横岛（93.66 km²），分别列舟山群岛第二、第三大岛，其他较大的重要的岛屿有桃花岛、朱家尖、普陀岛、金塘岛、衢山岛、长涂岛、大衢山、泗礁岛、马迹山及大、小洋山等。

3）台湾岛及附近岛屿

台湾位于东海大陆架的南缘，东北与琉球岛弧连接，南边跨巴士海峡与菲律宾岛弧相连。它东南临菲律宾海，西隔台湾海峡与福建省相望，北接东海，南濒南海。台湾及附近岛屿包括台湾本岛、澎湖列岛、钓鱼岛诸岛及本岛周边的小岛等 224 个海岛。台湾本岛，岛长 394 km，最宽 144 km，总面积 36 000 km²，海岸线总长 1 212 km。台湾岛陆域多山，山脉走向呈南北向，中央山脉有台湾"屋脊"之称，由许多高山（海拔 3 000 m）组成，最高山峰海拔 3 996 m（玉山），它将全岛分为东、西两部分。中央山脉以东地形陡峭，海岸山脉，呈狭长形，南北长 140 km，宽 10 km，由海拔 500 ~ 1 680 m 群山组成，西与中央山脉之间发育台东纵谷（裂谷），它由断裂作用形成，呈直线状，宽小于 5 km，长 150 km；中央山脉向西坡度较缓，进入较低山麓地带，发育台地（西北部）及广阔滨海平原（西部）。滨海平原南北长 240 km，东西最大宽度 45 km，总面积 6 000 km²，它由台湾山溪性河流带来泥沙堆积而成，海岸不断向海延伸，在台南市年均延伸速率 10 ~ 20 m/a（曾昭璇，1977b）。台湾东海岸呈北北东走向的断崖海岸长达 300 km，有 1 000 m 以上的陡峭高山直逼海岸（刘宝银，1995），直至水深达 4 000 m。环岛海岸上有珊瑚礁发育。

澎湖列岛，隔澎湖水道与台湾西海岸相望，它由 64 个火山岛组成，陆域面积 127 km²，其中，澎湖岛最大（64 km²），渔翁岛次之（约 18 km²），白沙岛居三（约 14 km²）。澎湖列岛地势低平，岩性以第四纪喷发玄武岩为主，但海岸陡峭，常以急斜坡伸向海底，岛屿周围常有隆起珊瑚礁。

钓鱼岛诸岛，包括钓鱼岛（3.908 km²）、赤尾屿（0.066 km²）、黄尾屿（0.916 km²）、南小岛（0.329 km²）、北小岛（0.329 km²）、北冲岩（0.023 km²）、南冲岩（0.007 km²）及飞礁（0.001 km²）等岛礁，构成像"堤坝"一样的带状隆起地貌，散布在东海陆架外缘（25°40′ ~ 26°00′N、123°20′ ~ 124°34′E），距台湾岛东北 150 km，陆域总面积 5.69 km²。钓鱼岛诸岛周围海域水深大多在 140 ~ 160 m 之间，地形平坦。西北侧水深 110 ~ 140 m，为东海外陆架平原；岛屿向南为陆架坡折带，水深 140 ~ 160 m，向东南，坡度变陡，通过东海陆坡直至水深大于 2 000 m 的冲绳海槽。钓鱼岛与赤尾屿之间在水深 90 ~ 150 m 发育规模庞大的海底峡谷，与大陆坡相接。

钓鱼岛为钓鱼诸岛的主岛，中心位置 25°44′45″N，123°23′31″E，东西长 3.5 km，南北宽 1.5 km，陆域总面积 3.908 km²，岸线长 9.1 km[②]。钓鱼岛地层主体由砂岩、砾岩等沉积岩组

---

① 宁波市海洋环境监测中心.2009."908"专项浙江省海砂区海域使用现状调查报告.
② 国家海洋局第二海洋研究所.2010."908"专项海岛海岸带遥感调查与研究专题：钓鱼岛诸岛遥感图集.

成，呈向北倾伏的背斜构造（新野弘，1970）。岛屿陆域地形崎岖陡峭，基岩裸露，悬崖陡壁随处可见，东、西主峰高程分别为 321 m 和 362 m，陆域地貌类型属侵蚀剥蚀低山，陆域山脊线呈东西走向，位于岛屿中南部，山脊线将钓鱼岛分为南、北不同地形、地貌格局，北部地形坡度较和缓（$364 \times 10^{-3} \sim 466 \times 10^{-3}$），山体大多覆有薄土，植被覆盖较多，大多为低矮的灌木和草丛，山坡有 2~3 条溪流，切割强烈，溪谷两侧形成悬崖；南坡，地形陡峭，呈现坡度大于 $2\ 747 \times 10^{-3}$，高差达 200 m 的陡崖直逼海岸，海岸几乎呈直线形，极易发生滑坡、倒石堆等地质灾害。岛屿四周为基岩海岸，海蚀作用强烈，海蚀崖、海蚀平台、海蚀沟槽发育，部分海蚀平台出现隆起珊瑚礁灰岩。

4）琉球群岛

琉球群岛位于日本九州与我国台湾岛之间，呈东北向西南的弧状分布，由 473 个大小岛屿组成，海岛分类属海洋岛，大部分是火山岛。海岛总面积 4 800 km²，岛上山峰高约 500 m。按岛屿分布分三大岛群，北群位于 27°~31°N 之间，由大隅群岛、吐噶喇群岛和奄美群岛组成，主要岛屿有种子岛、屋久岛、琉璜岛、吐噶喇岛、中之岛、奄美大岛；中群位于 26°~27°N，主要岛屿有冲绳岛、久米岛等；南群位于 24°~26°N，包括宫古列岛和八重山列岛，统称先岛群岛，主要有宫古岛、石垣岛、与那国岛等。冲绳岛是琉球群岛最大的岛屿，长135 km，最宽 35 km，面积 1 185 km²。奄美大岛居第二，长 56 km，最宽 30 km，面积709 km²。第三、第四大岛分别为屋久岛（503 km²）和种子岛（446 km²）。琉球群岛是东亚岛弧的一部分，也是东海和太平洋的自然分界。

第8章 东海重点地貌单元和体系

8.1 长江河口及水下三角洲

8.1.1 长江河口基本轮廓

长江全长 6 300 km，是我国第一大河，居世界第三。长江干流先后流经青海、西藏、四川、云南、湖北、湖南、江西、安徽、江苏及上海 10 个省（自治区、直辖市），汇集了大小数百条支流，在黄海和东海交界处入海，流域面积 180×10^4 km²，接近全国陆域总面积的 1/5。

长江河口是一个丰水、多沙、中等潮汐强度的分汊河口，河口发育受河、潮联合控制。口门（启东嘴至南汇嘴）宽 90 km，接纳巨大潮量，使潮位一直影响到距口门 642 km 的安徽大通，潮流影响到江苏江阴（距口门约 252 km，图 8.1）。

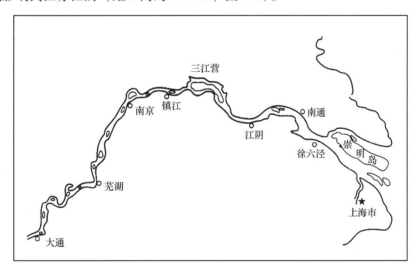

图 8.1 长江河口区形势（恽才兴，2004）

河口是一个自然综合体，它包括自潮区界以下以径流作用为主的河口段，也包括径流入海过程中，盐、淡水混合扩散所及的海域。长江口根据动力条件和河口地貌演变特征，河口区分为三段，即近口段（大通—江阴），长 400 km，以径流作用为主；河口段（江阴至口门），长 220 km，径流和潮流相互作用，河槽分汊、多变；口外海滨段（口门向东至水深 30～50 m），以潮流作用为主，为长江入海水、沙扩散的沉积区，拦门沙、水下三角洲发育，河口外界一般认为在 123°00″E。

长江河口为典型分汊型河口，平面外形呈三级分汊、四口入海态势（图 8.2）。地形上徐六泾是一个河流节点，最窄处河宽 5.7 km，在这个节点以下，河道展宽，沙岛发育，崇明岛把长江分为南支、北支；长兴岛、横沙岛把南支分为南港与北港；九段沙又把南港分为南槽、北槽。各入海口普遍发育拦门沙体系，其口外为一扇形的水下三角洲，其前缘水深 30 ~ 50 m，即 123°00′E 的海域。

长江口内有 3 个较大的冲积岛：崇明岛面积 1159.7 km² （2005 年）；长兴岛面积 87.83 km²；横沙岛面积 49.26 km²。在长江口门附近还分布着佘山岛、鸡骨礁、牛皮礁等基岩岛礁。长江口南面毗邻杭州湾，东南为舟山群岛的崎岖列岛和嵊泗列岛（图 7.2）。

长江口自然岸线总长 542 km，其中，大陆岸线长约 258 km，岛屿岸线长约 284 km（恽才兴，2004）。

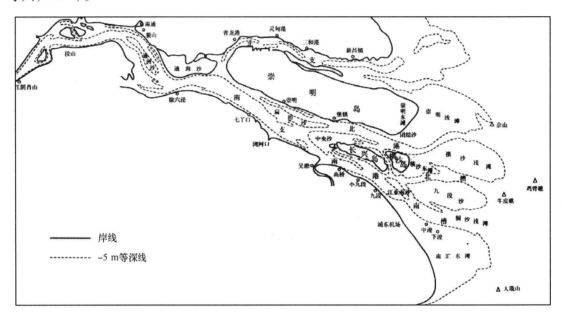

图 8.2　长江口分汊形势及拦门沙分布（恽才兴，2004）

8.1.2　长江河口及邻近海域环境条件

8.1.2.1　长江入海径流量和输沙量

根据大通站多年实测资料统计（流量 1923—2004 年，输沙量 1950—2004 年），长江进入河口区多年平均径流总量 9 156 × 10⁸ m³，多年平均输沙量 4.18 × 10⁸ t（张瑞，2008）。平均流量 2.93 × 10⁴ m³/s，百年一遇的最大洪峰流量 92 600 m³/s（1954 - 08 - 01），50 年一遇的最大洪峰流量 84 500 m³/s（1999 - 07 - 22），最小流量 4 620 m³/s（1979 - 01 - 31）。在世界河流流量中，居第五（亚马孙河、刚果河、奥里诺科河、恒河、布拉马普特拉河）。根据《长江河口近期演变基本规律》一书报道（恽才兴，2004），徐六泾过境年径流总量 9 335 × 10⁸ m³（1950—2000 年），其中，进入南支分流比 96%（8 961.6 × 10⁸ m³），进入北支分流比约为 4%（373 × 10⁸ m³）。大通站最高月平均流量 84 200 m³/s（1954 - 08），最低月平均流量 6 730 m³/s（1963 - 02），多年平均输沙量 4.18 × 10⁸ t，多年平均输沙率 13.45 kg/s，最大年输沙量 6.78 × 10⁸ t（1964），其中，推移质占输沙总量的 10%（陈小华，2004），输沙率 150 000 kg/s（1975 - 08 - 18）（恽才兴，2004）。

长江入海水、沙年内分配和年际分配极不均匀，长江流域 5—10 月为洪季，6 个月输水量和输沙量分别占全年的 71.1% 和 87.4%；11 月至翌年 4 月为枯水期，其流量和沙量分别占全年的 28.9% 和 13.6%，7 月是输水、输沙高峰，其流量和沙量分别占全年的 14% 和 21%，1 月份最小，其流量和沙量分别占全年的 3.2% 和 0.7%（表 8.1、表 8.2）。

表 8.1 长江口大通站流量统计（1950—2000 年）（恽才兴，2004） 单位：m³/s

月份	1	2	3	4	5	6	7	8	9	10	11	12	年均
平均	10 906	11 631	15 922	24 175	35 551	40 298	50 663	44 378	40 331	33 671	23 310	14 216	28 675
最大	24 700	22 500	32 500	39 500	51 800	60 600	75 200	84 200	71 300	51 600	35 800	23 100	43 100
年份	1998	1998	1998	1992	1975	1954	1954	1954	1954	1954	1954	1982	1954
最小	2 220	6 730	7 980	12 800	22 600	27 200	32 800	25 900	23 300	16 800	13 200	8 310	21 400
年份	1979	1963	1963	1963	2000	1969 1972	1972 1971	1971 1992	1992 1959	1959 1956	1956	1956	1978

表 8.2 大通站径流年内分配（中国海湾志编委会，1998）

月份	1	2	3	4	5	6	7	8	9	10	11	12
月平均流量/%	3.0	2.9	4.4	6.6	10.4	11.6	14.2	13.3	11.8	10.4	7.1	4.3

长江入海水、沙具有明显年际变化。长江入海径流存在丰、平、少水年的多年变化，丰、平、少水年一般为一个连续的过程，近百年来，以约 20 年为周期出现一次连续丰水年和连续少水年的循环过程。丰水年入海径流为多年平均流量的 114%，而少水年入海径流量为多年平均流量的 78.5%。长江入海泥沙 70 年代后有明显减少趋势（表 8.3）。从表 6.4 可见 1958—1984 年，年均输沙量 4.73×10^8 t，超过多年平均值（4.18×10^8 t/a），60 年代为高峰期最大达 6.78×10^8 t/a（1964），1985—2000 年，年均输沙 3.55×10^8 t，减少了 16%，1994 年、2000 年分别减少至 2.39×10^8 t 和 3.39×10^8 t。2000 年后输沙量明显减少，2001 年为 2.76×10^8 t，2003—2008 年，年均输沙量 1.54×10^8 t，2004 年为 1.47×10^8 t，2006 年 0.848×10^8 t，2008 年 1.3×10^8 t（恽才兴，2010）。而长江入海径流 20 世纪 50 年代以来，呈波动变化，并没有明显减少的趋势。长江入海泥沙减少与流域水资源利用等水利工程有密切关系。

表 8.3 大通站各年代入海水量与泥沙量（杨世伦等，2003；张瑞等，2008）

年 份	1923—2004	1951—1960	1961—1970	1971—1980	1981—1990	1991—2000
入海水量/$\times 10^8$ m³	9 156	9 140	8 980	8 150	8 910	9 580
入海泥沙量/$\times 10^8$ t	4.18	4.66	5.13	3.92	4.28	3.37

8.1.2.2 潮汐、潮流

1）潮汐

长江口潮汐主要由东海转入的协振潮，以 M_2 分潮为主，也受到 K_1、O_1 分潮的影响。

潮汐类型：以口门拦门沙为界，口外为正规半日潮类型；口内受地形和径流影响，潮波变形，前坡变陡后坡变缓，浅海分潮（M_4）增大（H_{M_4}/H_{M_2} 大于 0.1），属于非正规浅海半日潮类型。

潮差：纵向上由口外向口内先增大，后又减小；横向上北支潮差比南支大（表8.4）。如中浚站平均潮差2.67 m，最大潮差4.62 m。北支三条港平均潮差3.15 m，最大潮差5.95 m，在永隆沙至青龙港河段有涌潮出现。长江口属中等强度潮汐河口。

表8.4　长江口潮差沿程变化（中国海湾志编委会，1998）

测站	绿华山	鸡骨礁	大戢山	下浚	中浚	横沙	高桥	七丫口	三条港
平均潮差/m	2.53	2.57	2.80	2.91	2.67	2.60	2.39	2.28	3.15
最大潮差/m	4.89	4.52	4.89	5.05	4.62	4.49	4.66	4.02	5.95

长江口内潮差年内变化以1月份最大，8—9月最小，变幅0.3~0.4 m，长江口外，以3月和9月最大，1月和6月最小，变幅0.2 m。

涨落潮历时：长江口一般落潮历时大于涨潮历时。从口外向口内涨潮历时缩短，6小时涨潮历时通过佘山、鸡骨礁、绿华山一带，5小时通过横沙、中浚，至徐六泾涨潮历时4小时17分，落潮历时达8小时08分。受登陆和过境北上台风影响，遇上天文大潮，往往发生风暴增水，7708台风造成中浚增水184 cm，横沙183 cm。

2）潮流

潮流类型：长江口外海域（$W_K + W_{O_1}$）/W_{M_2} < 0.5，潮流类型属于正规半日潮流，而长江口内水深变浅，W_{M_4}变大，属非正规的浅海半日潮流（包括口门水深20 m以浅水域）。

长江口潮流运动形式：有旋转流和往复流两种形式。口外旋转型较强，流向呈顺时针方向不断变化。向长江口内，水深变浅，受海岸和河势约束，逐渐过渡为往复流，旋转流与往复流的分界线大致在122°E附近。

涨落潮流流速：长江口涨落潮流较强，实测最大落潮流速277 cm/s，实测最大涨潮流速235 cm/s（表8.5）。其流速分布有明显潮汛和空间变化，大潮流速大于小潮；长江口外涨落潮流速相近；向西至长江口内落潮流速强于涨潮流速。北港、北槽、南槽几条主要汊道中，北港流速最强，涨、落潮测点最大流速分别达220 cm/s和277 cm/s（表8.5）。潮流速在垂向上表层大于底层。

表8.5　长江口垂线平均流速和实测最大流速（中国海湾志编委会，1998）　　单位：cm/s

潮流　位置	垂线平均最大流速				测点最大流速	
	涨潮		落潮		涨潮	落潮
	大潮	小潮	大潮	小潮		
长江口外122°40′E断面	108.4	69.0	109.7	59.8	152.0	169.0
长江口外122°20′E断面	135.3	105.6	145.3	112.0	232.0	263.0
北支	169.7		196.5	98.5	235.0	229.0
北港	91.1	54.2	130.9	83.9	220.0	277.0
北槽	83.0	64.5	122.0	79.0	204.0	241.0
南槽	84.0	65.5	106.0	65.8	216.0	229.0

涨落潮流流向：长江口内潮流主要呈往复流，涨落潮流的主流方向十分明显，其方向与长江主槽方向一致，主要是东南偏东、西北偏西方向。长江口外旋转流，东部水域最大流速方向，即涨落潮流方向不很明显，大致呈东南偏南、西北偏北方向，中部水域 10 m 等深线附近为东南—西北向，在拦门沙附近则基本上与河轴方向一致。

涨、落潮流历时：长江口外涨、落潮流历时比较接近，随着潮波向西推进，涨落潮流历时不等愈来愈显著，在长江口内各汊道均是落潮流历时大于涨潮流历时，愈往上游落潮流历时愈长，这是大量径流加入潮波变形所致。中浚，涨、落潮流历时分别为 5 小时 13 分和 7 小时 16 分，至七丫口为 4 小时 29 分和 7 小时 58 分。

此外，长江口内各汊道由于径流量分配不均匀，导致不同汊道在相当于同一横断面上涨（落）潮流历时有所差别，涨潮流历时是北支大于南支，南港大于北港，南槽大于北槽。

3）进潮量

潮量和水量分配：长江在口外潮差接近平均潮差的情况下，河口进潮量 26.63 × 10^4 m^3/s，为年平均河流径流量的 8.8 倍，进潮量枯季小潮为 13×10^4 m^3/s，洪季大潮为 53×10^4 m^3/s（中国海湾志编委会，1998）。河口各汊道的潮量及净下泄量不相同，且经常发生变化，它影响到长江口河槽、浅滩及沙岛的演变。长江口各汊道落潮分流比分沙比，以北槽入海水沙为主，在实施长江口深水航道整治一期工程后，北槽入海水、沙更占优势地位，北槽入海水沙均占长江口的 50% 以上（恽才兴，2004）。

8.1.2.3 盐度分布

长江口是淡水下泄扩散，盐水上溯入侵，盐淡水交换混合的水域，其分布深受径流、潮流、沿岸流及地形的影响，盐淡水混合时空变化明显。

长江口内南支各汊道盐度在 10 以下，枯季上溯到南、北支分汊口，由口门向外盐度逐渐增大，15 等盐度线夏季在绿华山附近，冬季移至大戢山附近。在口门北港、南港口外形成东南、偏南淡水舌（31 等盐度线），夏季方向偏东北，最远可达济州岛，冬季贴岸南下至福建北部沿岸。北支盐度高，枯季上段达 12～13，口门可达 27～28，出现水、沙倒灌，盐水侵入南支河段，但洪季由于受径流影响，盐度下降，上段盐度在 1 以下，下段为 2～4。

长江口盐淡水混合呈弱混合（层状）、缓混合和强混合 3 种混合类型，以缓混合型为主，等盐度线以楔状伸向上游，表、底盐度差别较大（图 8.3）。洪季出现缓混合型的概率 75% 以上，枯季出现概率 50% 左右，全年出现缓混合概率在 60%～70%。这种类型盐水入侵以南槽最远，北槽次之，北港最弱。

8.1.2.4 波浪

长江口江口开阔，口门宽度约 90 km，口外又无大的岛屿为屏障，8 m/s 风速在口门可以掀起波高 1 m 左右的风浪。长江口外波浪以风浪为主，占 77%，涌浪仅占 23%。长江口波浪资料主要依据引水船站和高桥水文站，辅以嵊山站和大戢山海洋站的观测数据。

1）浪向频率

风浪浪向主要取决于风向，长江口全年以 N 向和 NNE 向为主，其次为 NNW 向、SE 向和 SSE 向。风向季节变化引起浪向季节变化，长江口门附近冬季以 NW 向为主，频率 19%；夏

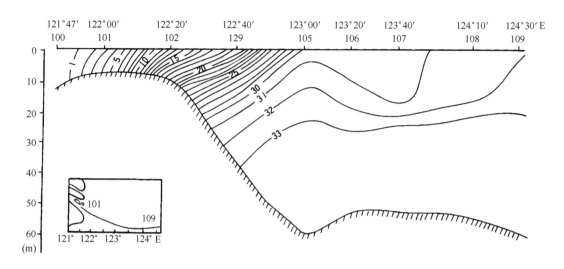

图8.3　长江口盐度纵向分布（中国海湾志编委会，1998）

季 SSE 向、ESE—S 向为主，频率为24%；春季以 SE 向和 SSE 向浪为主，频率为20%；秋季以 NE 向浪为主，频率18%（恽才兴，2004）。

涌浪与河槽形态，河轴线走向密切有关，长江口河势走向有利于偏东向涌浪传入，东向浪占绝对优势。

2）波高分布和周期

多年资料统计佘山站和引水船站平均波高0.9 m，周期3.8 s，高桥站波高0.35 m，周期2.4 s，波高季节变化见表8.6，冬季偏 N 向波高最大。

表8.6　引水船波高季节变化（恽才兴，2004）

季　节	春		夏		秋		冬	
盛行浪向	SE	SSE	SSE	S	NNE	NE	NW	NNW
平均波高/cm	1.1	1.1	1.2	1.0	1.3	1.1	1.4	1.4
月平均最大波高/m	2.1	1.9	1.9	1.9	2.2	2.0	2.7	2.5

3）台风浪

台风过境风大浪高，佘山、引水船和高桥站最大波高分别达 5.2 m（1977 - 09 - 10）、6.1 m（1970 - 08 - 29）和3.2 m（1977 - 09 - 10），相应的最大周期12 s、8 s 和4.5 s（恽才兴，2004）。佘山、嵊山台风浪见表8.7。

表8.7　长江口海域台风浪[1]

测　站	嵊　山					佘　山				
台风号	7 910	7 708	7 413	8 114	8 211	7 910	7 708	7 413	8 114	8 211
最大波高/m	6.3	4.7	7.2	17.0	8.5	2.8	5.2	3.7	*	2.5

[1]　国家海洋局第二海洋研究所．1998．中美海底光缆网络系统（中国海区 N1 和 W1 段）路由调查报告．

测　站	嵊　山					佘　山				
最大周期/s	11.0	9.5	8.4	13.6	10.0	8.6	12.0	12.5		7.8
波　向	ENE	ENE	ENE	NE	E	NNE	ENE	ENE		NNE

注："＊"波高超过仪器记录范围。

8.1.2.5　长江冲淡水

长江径流入海后，在河口外海域与海水混合形成了长江冲淡水，许多学者以盐度 31 等值线作为冲淡水边界，25 等值线作为核心区边界（图 8.4）。长江冲淡水分布在长江口外海域5～15 m 厚的上层。它具有典型的扩散特征，枯季 11 月至翌年 4 月，径流入海后，沿近岸向南扩散；洪季 5—10 月，径流入海至 122°10′～122°30′E，转向东北扩散，最远可达济州岛。其外界与台湾暖流水和黄海混合水交接。

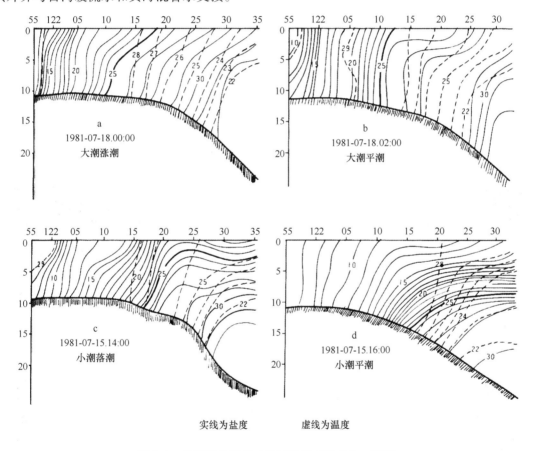

图 8.4　长江口外锋面（中国海湾志编委会，1998）

长江入海径流入海后，与承受它的海水混合，依次生成河口锋、羽流锋和海洋锋等浅海海洋锋。河口峰为河口水与主体冲淡水之界面，可用盐度值 5 等盐度线来表示，锋面位置摆荡于 122°00′～122°25′E 之间海域，它的位置与河口最大浊度带下界相吻合；羽流锋为主体冲淡水与冲淡水扩散水之界面，表层位置介于 122°20′～122°30′E 之间，可用盐度值 25 等值线来表示；海洋锋为冲淡水与黄海混合水之界面，用盐度值 31 等盐线来表示。多年平均位置在123°00′E 附近，呈 NW—SE 向，与水下三角洲前缘大致吻合。冲淡水与台湾暖流水也可产生滨海锋，可用盐度值 34 来表示。

羽流锋是长江口外重要物理现象之一，冲淡水羽流锋的位置是多变的，径流、潮流、风浪及台湾暖流等动力要素均可影响它的位置变化。羽流锋具有明显潮周期变化和年际变化，如图 8.4 显示羽流锋的半月潮周期变化，它的空间分布和变化可以指示入海径流和泥沙扩散方向和途径，对长江水下三角洲演变有明显影响。

8.1.2.6 长江口悬沙浓度分布和最大浊度带

1）悬沙浓度分布

长江口悬沙浓度分布具有明显的时空变化。

长江口四个入海水道中，悬浮泥沙浓度以北支最高，南槽次之，北港最低。长江口门向口外悬浮泥沙浓度递减，向低浊度带过渡，过渡带内形成一个由入海水道向东南方向延伸的浑水舌（图 8.5）。水深小于 5 m 的近口门浅滩，如崇明浅滩、横沙浅滩、南汇嘴浅滩，悬浮泥沙浓度高达 500 mg/L；外围 5~10 m 水深范围内，浓度为 300~500 mg/L；10~30 m 水深范围内，浓度为 100~300 mg/L。浑水舌的外侧，沿着 122°30′E 附近的 30 m 等深线，发育着东南偏南方向延伸的浑水线，该线内外两侧悬浮泥沙浓度由 10^2 mg/L 量级迅速下降到 10^1 mg/L 甚至 10^0 mg/L 量级，形成明显的悬浮泥沙梯度变化。浑水线的水平梯度以北侧最高，向南呈减小趋势。浑水舌内悬浮泥沙的垂向分布也以底层高表层低为特征，但在入海水道口悬浮泥沙有时也出现中层浓度较高，表、底层较低的记录。低浊度带位于浑水线外侧，悬浮泥沙浓度仅 2~10 mg/L，最低浓度多出现在台湾暖流水舌的轴部（图 8.6）。

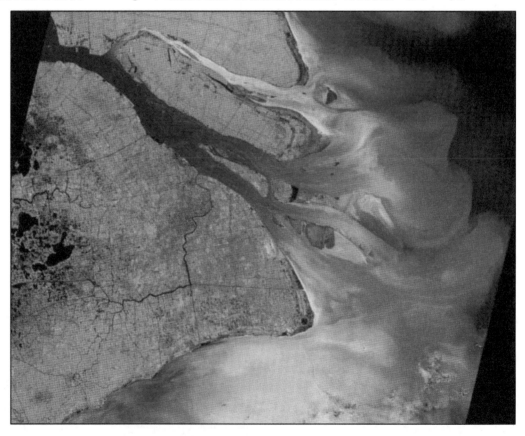

图 8.5　长江口悬沙分布格局遥感图像（2008 年 4 月 25 日）（恽才兴，2010）

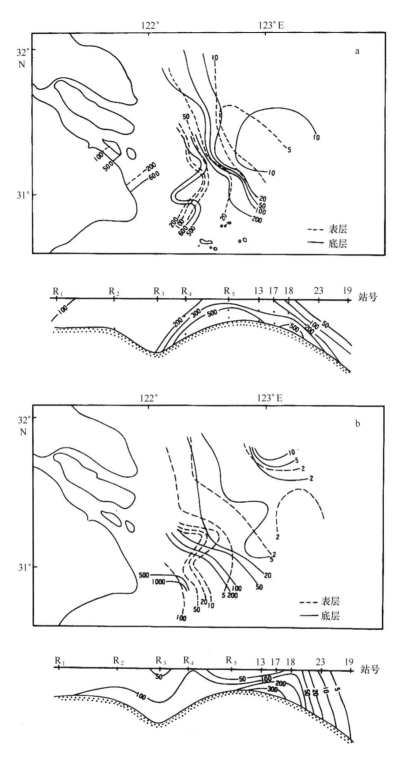

图 8.6　悬沙泥沙浓度的空间分布（mg/L）（中国海湾志编委会，1998）

（a）1986 年 1 月；（b）1986 年 6 月

　　长江口悬沙浓度有明显的大、小潮和季节变化，大潮明显大于小潮，相差 1.6 ~ 2.0 倍；悬沙浓度季节变化口内夏季高于冬季，而口外和口门附近则冬季高，夏季低，主要由于夏季上游来沙量大，大量泥沙集聚在河口锋面附近，形成一个高浓度的集中分布带，冬季上游来沙量减少，口外悬沙浓度较夏季低。而冬季口门及口外海域风浪大，海底表层出现明显再悬浮作用，形成悬沙浓度增高，在浙闽沿岸流带动下，沿岸向南运移，造成浙江沿海悬沙浓度冬季高于夏季，岸滩普遍发生淤积。根据1998年8月至2001年7月徐六泾、横沙、佘山三测站资料（恽才兴，2004），冬季（12月至翌年3月）三个站含沙量分别为124 mg/L、374 mg/L和453 mg/L，而洪季则分别为152 mg/L、356 mg/L和276 mg/L，显示长江口内悬沙浓度枯季低于洪季，口门及口外海域，枯季高于洪季，拦门沙附近，洪、枯季接近，符合径流供沙、潮流输沙和风浪掀沙的河口泥沙运动基本规律。

2）悬沙粒径

长江口悬沙粒径多数小于100 μm，从口内向口外变细。中值粒径，徐六泾0.002~0.05 mm，河口浊度带0.004~0.015 mm，口外为0.003~0.009 mm，属粉砂级颗粒。

3）长江河口最大浊度带

长江河口段为河口最大混浊带所在，该带范围为25~46 km（图8.7），混浊带悬沙浓度较高，表层悬浮泥沙浓度变化于100~700 mg/L之间，底层变化于1 000~8 000 mg/L之间，其核心部分在近低层曾有高达6.8×10^4 mg/L的记录，形成浮泥层。最大混浊带悬浮泥沙浓度有明显的垂向梯度，是河口泥沙絮凝体大量形成、沉降速度迅速增大的重要表现。盐水楔顶端附近为最大浊度带核心所在，与拦门沙的滩顶位置相吻合。最大混浊带的出现部位随洪枯季，大小潮迁移，但基本出现在河口盐水楔盐度为2~20的区间，为长江口北支、北港、北槽、南槽四个入海水道拦门沙发育的核心部分。其中，南槽的最大混浊带位于九段沙10~56 km，铜沙浅滩悬沙浓度较高。北槽水道中则出现在横沙东5~25 km处，涨潮槽附近悬沙浓度较高。

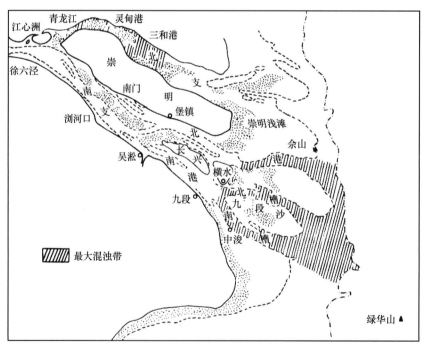

图8.7　长江口最大混浊带分布（中国海湾志编委会，1998）

8.1.3　长江河口地貌和长江水下三角洲

长江河口为丰水、多沙的分汊河口，自徐六泾以下长江三级分汊，四口入海，它们是北支、南支、北港、南港、北槽、南槽。长江河口势态决定了长江河口河槽、河口边滩、拦门沙及水下三角洲地貌体系的分布格局（图 8.2）。

8.1.3.1 河口地貌

本节主要论述 0 m 等深线以下的河口地貌，自徐六泾以下，根据成因类型特征划分为河口河槽、河口边滩及河口拦门沙。

1）河口河槽

（1）北支水道

长江口北支水道是长江河口第一级汊道，位于崇明岛与长江口北岸之间，西起南、北支分流口的崇头，东至口门连兴港，北岸岸线长达 78.8 km，水域面积 2009 年为 168 km² （0 m 等深线以下），上口崇头断面宽为 3.0 km，下口连兴港断面宽 12.0 km，河宽最窄处在青龙港附近，仅 1.2 km。根据河道地形和水动力特征，可将北支水道分上、中、下 3 个河段（图8.8）。上段崇头至青龙港，河长 10.4 km，属涌潮消能段，河宽缩窄，河床抬高，0 m 河槽已经中断；中段青龙港至头兴港，河长 39.6 km，是北支河宽明显缩窄的涌潮河段，底沙运动活跃，滩槽交换多变；下段头兴港至连兴港，河段长 28.8 km，呈喇叭形，潮流作用下形成脊槽相间潮流脊地形，脊槽高差达 8.0 m，潮流脊由细砂组成，当地称西黄瓜沙、中黄瓜沙及东黄瓜沙，西黄瓜沙已围涂成陆（13.33 km²）（恽才兴，2004）。

北支河段百年来一直呈淤积状态，历史上北支曾是长江入海主泓，18 世纪中叶，主泓南迁，20 世纪 20 年代，北支流量占长江入海径流量的 25%，仍是以落潮优势流为主的汊道，到 50 年代后降至 1%～2%。1959 年大潮期出现水、沙、盐倒灌，河道变窄，水深变浅，20 世纪 40 年代以来北支时有涌潮发生，所以，北支目前实质上为涨潮槽。1915 年北支 0 m 以下河槽容积 26.05×10⁸ m³，1983 年为 12.40×10⁸ m³，2009 年为 6.06×10⁸ m³。1915—1983 年泥沙淤积量达 13.65×10⁸ m³，平均每年淤积 0.2×10⁸ m³，半个多世纪以来，北支在人为因素影响下（大量围涂和堵坝），径流减少，涨潮流增强，涌潮产生，河槽束狭，从河口汊道成为涨潮槽。

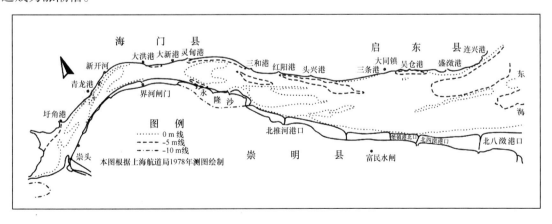

图 8.8　长江口北支形势（恽才兴，2004）

（2）南支水道

长江河口南支水道自徐六泾至口外鸡骨礁（10 m 等深线附近）全长 170 km（图 8.2），是长江径流的主泓，20 世纪 60 年代以后，长江流域来水、来沙的 95% 以上由该水道入海，口门以内河段洪水造床作用是底沙主要输移区，河床过程表现冲刷槽和活动沙滩交替分布，口门地区为沉积区。南支由长兴岛分为南、北港，南港由九段沙又分为南、北槽。南支主槽，南、北港港阔水深，横沙岛以东的北港，南、北槽口门均存在水深不足 7.0 m，数千米长的拦门浅滩。横沙以西的南、北港河段，河势基本稳定，河岸固定，滩槽犬牙交错，主槽微弯，上下贯通。但南、北支分流口的白茆沙河段，南、北港分流口的"三沙"（扁担沙、中央沙、浏河沙）河段及南、北槽分流口的江亚南沙河段，汊道频频切滩，形成新汊道和心滩、沙洲，是河势变化和河床冲淤不稳定的河段（图 8.9）。

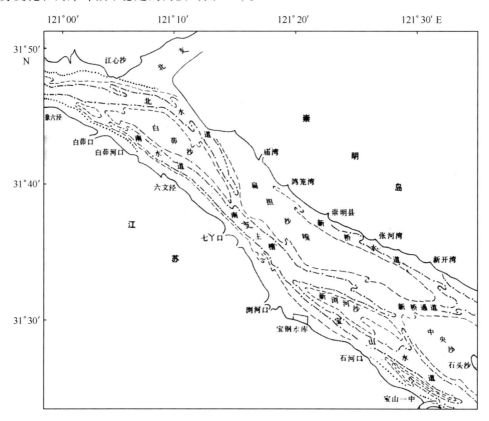

图 8.9 长江口南支河段形势（恽才兴，2010）

① 南支河段：南支河段上承白茆江心洲河段，下止南、北港分汊口（吴淞口附近），全长 70.5 km（恽才兴，2010）。南支河段为一复式河槽，南、北两岸之间分布着长达 40 km 的扁担沙嘴，5 m 水深范围面积达 148 km²。沙嘴北面为新桥水道，南面为南支主槽，新桥水道属涨潮槽，涨潮流带来的泥沙约 30% 带不出去，因此，水道呈淤涨状态。南支主槽是一条顺直向南微弯的单一河槽，是长江径流入海主泓，属落潮深槽，涨、落潮流流路基本一致，百年来，河槽变化甚小，南岸岸线稳定（中国海湾志编委会，1998）。南支主槽下段，河面展宽，流速减小，易形成心滩，浏河沙将南支主槽分为新浏河沙北水道和南水道。该河段进入南、北港分流口范围，由于分流口上提下挫，纵向摆动达 26 km，该河段是长江口河势变化最不稳定河段（图 8.9）。

② 北港河段：长兴岛中央沙把南支分为北港和南港（图 8.2）。北港多数年份是长江入海主汊道。1860—1927 年港阔水深，成为上海港通海主航道。1954 年长江流域发生百年一遇的大洪水，北港口又一次成为长江入海主汊道，除少数年份外，北港输出水沙占南、北港总量的 50% ~60%，1978 年入海径流量占总量的 72.3%，可以说北港是河口径流为主塑造河床

的典型河段。主槽 –10 m 等高线直伸到横沙东滩北（121°49′～121°57′E），最远达122°03′E。北港河槽是一个复式河槽，中央沙向下延伸的沙嘴（青草沙）把北港河段分隔成北港主槽和长兴岛北小泓。北港主槽是一条向北微弯曲水道，水深 8～15 m，平均河宽 8 500 m，深水靠近崇明岛，落潮流占优势，百年来河槽比较稳定。但由于上游沙滩变化，出现切滩，大量泥沙进入北港主槽沉积，形成北港中的心滩，北港主槽又分为两个汉道，加剧北港河槽演变。长兴岛北小泓属涨潮槽性质，呈现淤积状态。

③ 南港河段：指南、北港分汉口至南、北槽分汉口（图 8.2），50 年代以来，它担负长江南支下泄径流量的 30%～50%。自 1843 年 11 月 7 日上海港开埠以来，始终是一条上下贯通的入海主航道。南港河段也是一个复式河槽，呈现南港主槽—瑞丰沙嘴—长兴岛涨潮槽，为滩槽相间分布格局。

南港主槽有冲有淤，10 m 等深线贯通南港主槽，靠近南岸，离岸距离 0.8～1.0 km。长兴岛涨潮槽形成于 20 世纪 60—70 年代，属长江口南港瑞丰沙嘴发育的伴生产物。瑞丰沙增长向东延伸，而涨潮槽向窄深方向发展，至 21 世纪初，10 m 深槽长达 23 km，5 m 深槽宽度不足 1 km。

2）长江口南边滩

长江口南边滩系指长江口南槽入海口南侧岸滩，从高桥至芦潮港，长 79.4 km，形态呈向海突出的滩嘴，亦称南汇东滩（图 8.2）。它位于长江口南槽与杭州湾水域之间，通过过滩水流进行滩槽水沙交换泥沙沉积而成，也是长江入海泥沙在口门堆积成陆的示踪岸段。有史以来岸滩总体上处于淤涨状态，南侧淤涨速度较快，距今 7 000～3 000 年间，海岸线的平均淤涨速度仅 1～2 m/a，距今 3 000 年来为 15～20 m/a，而近 200 年来在自然和人为因素作用下，以 40～86 m/a 的平均速度迅速向海推进，逐渐形成广袤的长江三角洲南部前缘平原（恽才兴，2010）。南边滩属典型河口边滩，滩地宽度和坡度受长江入海径流所制约。南汇东滩面积宽广，滩宽坡缓，0 m 以上滩涂面积达 133 km²，高程 –5.0 m 以上为 520 km²（陈吉余等，2007）。三甲港西北潮间带浅滩宽度 475～1 325 m，自三甲港至南汇嘴平均滩宽增大，从 1 325 m 增至 4 300 m，最大宽度 5 212 m，见于汇角嘴。

南汇东滩自岸边至 –5.0 m 处，沉积物粒径较细，由黏土质粉砂—粉砂—黏土质粉砂组成，最粗粒级中值粒径 3.4～4.0 φ，低潮滩至高程 –2.0 m 处为细砂或粉砂质细砂，最细物质出现在高潮滩及高程 –5.0 m 以下的海域，为黏土质粉砂，中值粒级 6～7 φ。

南汇东滩地处长江口南槽与杭州湾之间水流交汇的缓流区，涨落潮分流与合流的交汇点在南汇石皮勒岸外 8 km 处（30°50′N，122°03′E），涨潮主流向 316°，落潮主流向 130°，涨、落潮主流向与岸线走向偏离，再者由于地形岸线走向转折和不同水系交汇形成河口锋面，这些就是阔宽的南汇东滩形成凸弧形岸线基本动力条件。

南汇东滩呈沙嘴型向东南伸展，基本形态保持不变，但潮滩 0 m 线不断外涨，近 20 年来，从浦东机场至汇角嘴、东海农场平均淤涨速度为 38.3 m/a，汇角嘴为 30.9 m/a（恽才兴，2010）。

近十多年来，由于长江入海泥沙减少，以及南汇嘴潮滩大规模促淤造地（浦东国际机场、南汇东滩一、二期促淤工程、南汇人工半岛工程及芦潮港两侧的临港工程），至 2003 年潮滩圈围 150 km²，岸线外移 5～7 km，形成新的岸线十余千米，0 m 以上潮滩缺失，原有芦苇滩已消失（付桂等，2007）。

3）河口拦门沙

河口是一个过滤器，它在河口物理、生物、化学以及地质过程都反映出明显的屏障效应（陈吉余等，2007），其作用结果在河口产生拦门沙堆积体系。长江口有丰富的流域来水来沙，东临广阔东海陆架，所以在长江口发育巨大的滩、槽相间的拦门沙体系，以滩长、坡缓、变化复杂为其特点，在南港口水深不足 10 m 的滩长 60～70 km，北港口达 40 km 以上。拦门沙包括两部分：一是浅滩；二是航道。所以，河口拦门沙，在河口纵剖面上呈现局部隆起，在河口横断面上呈现滩槽相间的地貌分异现象。长江河口拦门沙滩顶水深一般在 6.0 m 左右，这样的水深在世界河口拦门沙中是比较优良的，如密西西比河在整治前航道滩顶水深仅 2.7 m。

长江拦门沙浅滩主要有崇明东滩、横沙东滩和九段沙（图 8.2）。

（1）崇明东滩及崇明浅滩

崇明东滩及崇明浅滩是北支和北港落潮缓流区的泥沙堆积体，向东、东北延伸，高程 −5 m 以上浅滩纵长 37.6 km，总面积 692 km²。崇明东滩位于崇明岛东端至 0 m 高程线，大致范围 31°25′～31°38′N，121°47′～122°05′E（图 8.2）。高滩、中滩上部被芦苇、蔗草和海三棱草覆盖，前沿高程 2.0～2.5 m（吴淞基面），中、低滩大部分为光滩，多潮沟、串沟等次一级地貌，滩面物质为黏土质粉砂。由于 1968—1992 年先后圈围团结沙、东旺沙、北八滧后，围涂面积 326 km²，目前海堤以外 0 m 以上滩涂面积 120 km²，0 m 线以外 3 000 m 宽水域面积 145 km²，两者面积之和为 265 km²，被列为国家一级湿地保护区，1968—1992 年已围垦的约 61 km² 被列为二级保护区（恽才兴，2004）。崇明东滩浅滩剖面呈上凸型，反映淤积特征。崇明浅滩位于崇明东滩外侧高程 0～−5.0 m，北港北东大致以佘山岛（122°14′E）为界，主体部分以东南部团结沙为代表，1997 年崇明浅滩以众多小沙洲形式出露，2000 年形成马蹄形心滩，目前 −2 m 高程以浅沙洲面积达 130.6 km²（恽才兴，2010）。崇明东滩和崇明浅滩处于不断淤涨状态，泥沙淤积部位主要发生在 −5 m 高程线以浅区域，其中，以潮间带淤积速度最快，由于人工围堤潮滩淤积速度加快，1984—1990 年崇明东滩草滩平均每年向海推进速度 100～108 m/a，利用 1987—2001 年的遥感卫星图像对比，崇明东滩平均淤涨速率达 126.85 m/a，最大淤涨速率为 247.77 m/a，是长江口淤积速率最快的潮滩（恽才兴，2010）。

（2）横沙东滩及横沙浅滩

横沙及横沙东滩在 19 世纪 40—60 年代为长江口南、北港入海汊道之间的河口拦门沙浅滩，原与九段沙连成一片。横沙岛 1842 年时出露水面，1880 年开始围垦，1908 年成陆面积 16.94 km²，一直处于南坍北涨状态，1958 年后海塘全面加固和修筑护岸工程，使横沙岛岸线及潮滩趋于稳定（图 8.2）。

横沙东滩以 122°00′E 为界包括西部白条子沙和东串沟以东的浅水区域，它位于北港和北槽之间，走向 105°，−5 m 浅滩纵长 44.4 km，面积达 460 km²。浅滩上多潮沟、串沟等次一级地貌单元，其中，横沙东滩串沟规模较大，形成于 1973 年，呈南—北走向。历史曾经几度 −5 m 深槽贯通北港和北槽，均引起拦门沙水道的强烈冲淤变化。横沙东滩 0 m 以上潮滩面积较小，自 1958 年以来位置变化不定，面积在 39.4～93.4 km² 之间摆动。北港与北槽涨落潮过滩水流明显，浅滩面积处于变动中。根据高程 −5.0 m 等值线包络线的面积反映横沙东滩整体变化，1958—2000 年间浅滩总面积 413.8～488.0 km²，变化范围 74.2 km²，横沙东滩在向东迁移中扩大，1997 年以来，长江口深水航道整治，使横沙东滩和横沙浅滩连为一体（恽才兴，2004）。

1997 年以来通过长江口深水航道治理，丁坝、北导堤工程建设（图 8.10），横沙东滩普遍淤高，2000—2002 年淤高 0~1.0 m，2002 年 8 月至 2006 年 8 月期间，横沙东滩又淤积泥沙 864.4×10^4 m^3。有关部门将设计横沙东滩吹泥成陆工程（35.37 km^2）和浅滩圈围工程（78.43 km^2），工程实施后，横沙东滩和横沙浅滩将会快速淤涨成陆，这将有利于拦门沙河段河槽加深和稳定。

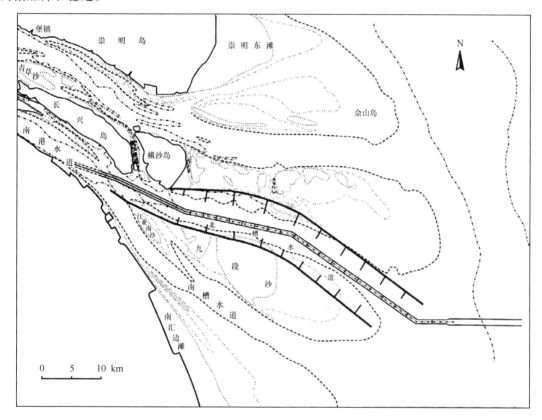

图 8.10　长江口航道拦门沙及整治工程（恽才兴，2004）

（3）九段沙

九段沙是长江河口不断发育并向海推进中河床沙推移堆积的自然产物，处于长江口南、北槽的中间，长江口北槽及九段沙由 1954 年特大洪水过程塑造而成，属河口心滩性质。在 20 世纪 40 年代为横沙浅滩的一部分，1954 年长江特大洪水，浅滩两条串沟被洪水冲开，全线贯通，即形成北槽，从此九段沙脱离横沙浅滩而形成独立沙洲，继崇明岛、长兴岛和横沙岛后的第三代冲积沙岛。1958 年 0 m 以上潮滩可分为上、中、下沙，总面积 38.2 km^2，南、北槽水、沙交换频繁。1985 年 0 m 以上潮滩分两块，面积增至 70.9 km^2。至 1997 年面积达 90.7 km^2。深水航道工程实施后，促淤明显，0 m 以上潮滩面积达 126 km^2。2004 年 -5 m 线以上浅滩东西长轴长 49.8 km，南北最大宽度 12.8 km，-5 m 包络线面积 448.7 km^2，平面外形呈长椭圆形，走向 120°（李九发等，2006）。目前九段沙已列入上海浦东新区管辖，作为尚未开发利用的长江河口湿地保护区。

（4）航道拦门沙

长江口航道拦门沙是河口拦门沙地貌发育的核心问题，滩顶水深是最具代表性的指标，关系到长江河口深水航道的开发利用。习惯上，长江口拦门沙，就是指航道拦门沙，其自然水深一般在 6 m 左右，据 100 多年的水下地形资料，北港拦门沙浅滩最小水深为 4.11 m（1842 年），最大水深为 7.32 m（1865 年）。1958—2002 年滩顶水深变化在 4.60 m（1978 年）到 6.60 m（1974 年）之间。北槽自 1958 年以来（1984 年挖槽后不计），滩顶水深变化在 5.10 m（1960 年）至 7.30 m（2002 年）。南槽拦门沙滩顶最小水深为 4.88 m（1915 年），最大水深为 6.70 m（1934 年），1958—2002 年（1976—1983 年挖槽其间不计），滩顶水深变化在 5.50 m（1970 年）至 6.20 m（1963 年）。北港、北槽、南槽拦门沙水深小于 10 m 平均滩长分别为 43.78 km、56.22 km 和 71.62 km，最浅水深和冲淤变幅北港为 4.60 m 和 1.5 m，北槽为 4.88 m 和 2.20 m，南槽为 5.5 m 和 1.1 m。长江河口拦门沙长度受上游洪水和分流分沙比的制约，下游受悬沙淤积部位和口外流场影响，南槽口门为长江入海泥沙沉降聚积的中心，最大浊度带核心，又受到河口锋面影响，故拦门沙滩长为各入海汊道之首（表 8.8）。航道拦门沙滩顶部位，正是盐水楔顶部位置所在，也是最大浊度带核心部分，是泥沙沉积最严重的部位。

表 8.8　长江河口拦门沙浅滩长度和水深（1958—2002 年）（陈吉余，2007）

水道名称	水深小于 10 m 滩长 /km	滩顶		冲淤变幅 /m
		平均水深/m	最浅水深/m	
北港	43.78	5.83	5.0	1.5
北槽	56.22	5.98	5.10	2.2
南槽	71.64	6.24	5.80	1.1

长江口航道拦门沙浅滩水深具有长周期、年周期和暴风周期的冲淤变化规律，长周期变化与南、北港和南、北槽的分水分沙变化有关，一般而言，南支主泓走北港时，北港拦门沙浅滩水深增大，滩长缩短，而南港的拦门沙浅滩水深变浅，滩长增加，此外，南、北槽的分水分沙变化又会导致南、北槽拦门沙浅滩水深状况的交替变化。据 100 多年资料分析，滩顶水深多年变化的幅度北港为 3.20 m，南槽为 1.80 m，主要取决于洪水流量过程及流域来水来沙比值的综合作用。年内周期变化主要与长江洪枯季来水来沙条件变化有关，流域来水来沙比值双重综合作用。洪季水量丰沛，泥沙量多，河口盐水楔发育，枯季相反，使拦门沙浅滩具有明显的洪淤枯冲规律。据观测，南槽拦门沙浅滩水深洪枯季变化幅度在 0.2～0.9 m 之间。暴风周期作用时间虽短，但对拦门沙的淤积产生重要的影响，如 8310 号台风，导致南槽挖槽全线淤平，使上海港入海航道（1984 年）被迫改走北槽。

4）河口拦门沙物质组成

长江口拦门沙浅滩波浪作用较强，沉积物质较粗，为分选良好的细砂，中值粒径 2.59～3.41ϕ；拦门沙水道部分为细颗粒物质，由于各水道分水分沙不尽相同，南槽以黏土质粉砂为主，沉积物较细，北港、北槽以砂—粉砂—黏土为主，沉积物略粗（图 8.11）。

8.1.3.2　长江水下三角洲

1）水下三角洲范围和成因

长江现代水下三角洲面积约为 10 000 km²，是长江入海泥沙扩散沉积的主要场所，由于

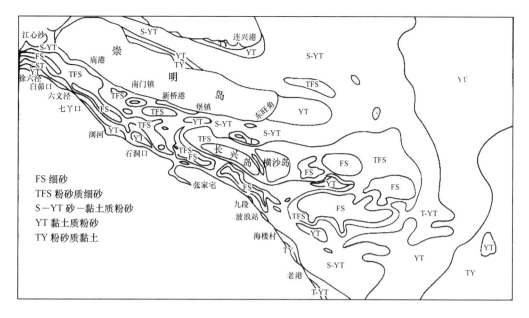

FS 细砂
TFS 粉砂质细砂
S—YT 砂—黏土质粉砂
YT 黏土质粉砂
TY 粉砂质黏土

图 8.11　长江口沉积物类型（中国海湾志编委会，1998）

长江入海水、沙主要向东南方向扩散，所以水下三角洲也呈舌状，以 $3 \times 10^{-3} \sim 7 \times 10^{-3}$ 的和缓坡度向东南方向伸突。它的沉积地貌特征既反映了现代动力过程的塑造作用，又反映了基底原始地形影响的烙印。其内界为河口拦门沙滩顶，外界为水深 $30 \sim 50$ m，局部达 60 m，与陆架堆积平原、侵蚀堆积平原相接，北界至苏北浅滩，南界越大戢山，可伸入杭州湾滩浒岛附近，它叠覆于晚更新世古长江三角洲上（图 8.12）。

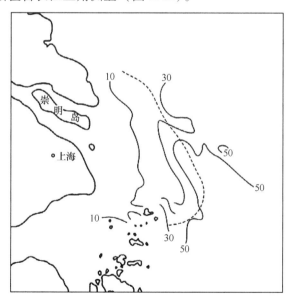

图 8.12　长江口外水下三角洲分布（恽才兴，2004）

2）水下三角洲组成物质

水下三角洲组成物质以 $30°20'N$ 为界，北部较粗，中径 $0.065 \sim 0.0156$ mm（$4 \sim 6\phi$），为全新世早期长江水下三角洲，地貌形态单一，有一些埋藏的古河道和洼地，近期由于长江泥沙补给很少，已处于相对稳定或局部出现微冲现象；南部较细，中径 $0.0078 \sim 0.0039$ mm

（7 ~ 8 φ），物质以粉砂质黏土为主，为长江水下三角洲的主体，自河口向东南呈扇形分布，目前仍在继续向海伸展，但受长江口羽状锋限制，不越过 123°00′E 范围（图 8.13）。

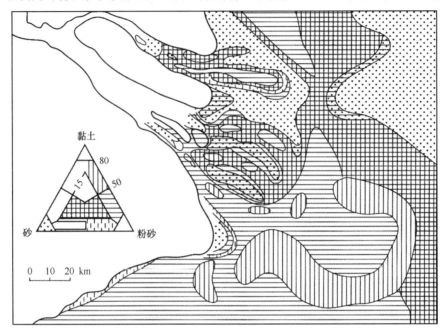

图 8.13　水下三角洲沉积类型分布（恽才兴，2004）

长江口水下三角洲沉积物源于流域补给，吴华林等（2006）认为，长江入海泥沙 10% 沉降在大通至徐六泾河段，8% 沉降在南、北支，31% 沉降在南、北支口外水下三角洲，40% 沉降在杭州湾及近海，仅 11% 南下至浙闽沿海及东扩外海。沉积物的纵向分布呈现粗—细—粗的规律，由黏土质粉砂过渡为粉砂质黏土。在水下三角洲前缘地带，因有晚更新世后期的陆架残留砂参与而重新变粗。

3）水下三角洲地形和成因

从纵剖面看，水下三角洲的内侧地势比较平坦，以 $3 \times 10^{-3} \sim 7 \times 10^{-3}$ 坡度向东延伸。10 m 等深线以外坡度增大，为水下三角洲斜坡，北侧水深至 30 m 左右，南侧至水深 50 m 左右。斜坡以外，地势又复平坦。长江水下三角洲是由长江入海泥沙淤积而成，斜坡段的淤积外延是水下三角洲向海伸展的基本形式。然而，入海泥沙在斜坡段的扩散沉积也是存在内外差异的，在水深 15 ~ 20 m 附近存在一个以悬沙浓度、盐度为标志的锋面，锋面两侧水体的悬沙浓度和含盐度有显著的差异，因此，锋面以西沉积作用强于锋面以东区段。

4）长江水下三角洲沉积速率

长江水下三角洲淤积区主要分布在南港口门以外，大致与长江口外羽状锋位置相当。根据中美长江口沉积作用过程联合调查放射性同位素（^{210}Pb，^{14}C）测年资料（Nittrouer et al.，1983），历史水深图对比以及沉积地貌特征的综合分析，表明长江口及附近海域沉积速率区域差异较大。

现代长江水下三角洲北部（崇明岛轴线以北）正进入废弃阶段，沉积速率低，为 0 ~ 0.1 cm/a。南部（崇明岛轴线以南）则属建设时期，据 1879—1980 年海图资料对比，100 年来，-5 m 线向海推进了 5 ~ 12 km，-10 m 线在南港口推进了 15 km，据此推算近百年来，南部建设型三角洲前缘向海推进速率50~120 m/a（陈吉余，2007）。但不同的部位有不同的沉积速率，现代河口沙坝为11.4 cm/a，南槽口三角洲前缘斜坡为5.4 cm/a（31°00′N，122°20′E），向海方向减小，至前三角洲为0.21 cm/a。根据1842—1965年海图资料推算，铜沙浅滩、三角洲前缘斜坡沉积速率分别为10~12 cm/a和5 cm/a（图8.14）。

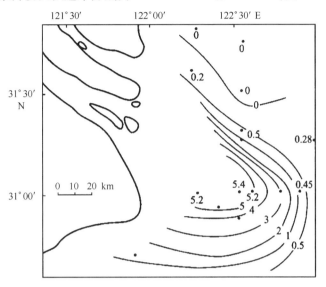

图8.14 长江口区沉积速率（^{210}Pb，cm/a）（C. A. Nittrouer et al.，1983）

8.1.3.3 长江水下三角洲演变

1）百年来长江水下三角洲演变

长江河口及其三角洲发展过程中，在自然和人为作用下，水下三角洲是不断向海伸展的，三角洲岸线的推进速率数十年来，年均速度南汇嘴为50 m/a，崇明东部为108 m/a（图8.15），百年以来（1879—1980）水下三角洲进退速度如表8.9所示。

表8.9 百年来长江河口水下三角洲推展速度（陈吉余，2007）

纬度	31°00′N	31°05′N	31°10′N	31°15′N	31°20′N	31°25′N
地点	南汇嘴	南槽口	北槽口	横沙	北港口	佘山
推展速度/（m/a）	134	106.5	−38.1	−5.9	10.3	45.1

从表8.9看出，南槽口—南汇嘴外，水下三角洲前缘伸展速度最快，反映出这是长江输沙的主要捕集区，其次是崇明东滩水下延伸部分，北槽反而是冲刷区，因为北槽口潮流强，且旋转，沉积物难以落淤沉积。

在1978—1991年期间，崇明东滩淤积明显，厚度达1.0 m，相反南港口外冲刷，冲刷深度达1.0 m。河口河槽和水下三角洲演变是一个复杂的过程，它与径流、潮流、盐淡水交换等动力因素密切有关，同时深受边界条件和人为因素的影响。

2）长江水下三角洲演变的数字化分析

恽才兴（2004）在《长江河口近期演变基本规律》书中选择长江口外1958年、1985年、

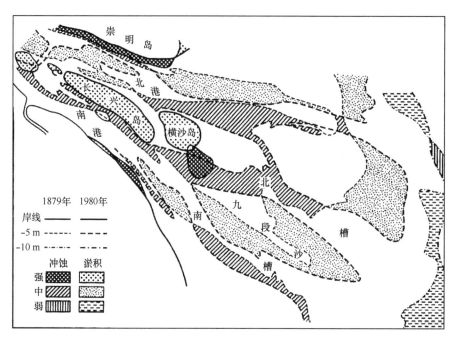

图 8.15　长江水下三角洲演变（陈吉余，2007）

1989 年、1997 年和 2000 年 5 个代表年代的数字化海图进行量算比较，得出：

（1）1958—2000 年近 42 年中，长江口水下三角洲 -7 ~ -20 m 等高线普遍向外淤涨
（图 8.16），淤涨较明显的区域为 31°10′N 以南的南港口外，最大淤涨部位位于南槽口，
-7 m、-10 m 及 -15 m 最大淤涨距离分别为 10.8 km（259 m/a）、10.9 km（260 m/a）、
9.9 km（236 m/a）。

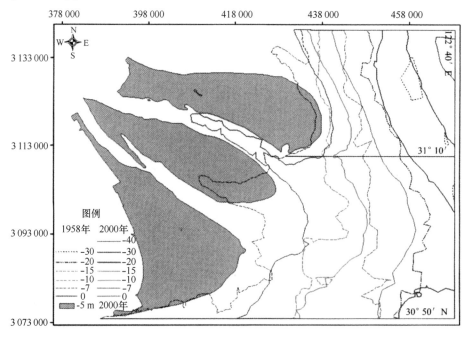

图 8.16　长江口水下三角洲等深线变化（1958—2000 年）

（恽才兴，2004）

（2）1958—1985 年期间，由于长江入海泥沙量平均为 4.73×10^8 t/a，水下三角洲淤涨速度较快（图 8.17）。

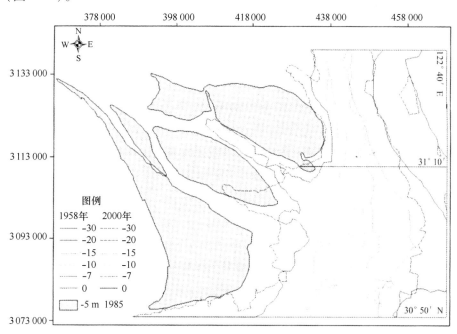

图 8.17 长江口水下三角洲等深线变化（1958—1985 年）

（恽才兴，2004）

（3）1985—1989 年期间，由于入海泥沙量明显减少（3.74×10^8 t/a），水下三角洲各个部位水深变化比较稳定（图 8.18）。1989—1997 年，入海泥沙量进一步减为 3.39×10^8 t/a，水下三角洲各等高线明显后退（图 8.19），反映长江口外海床普遍处于侵蚀状态。

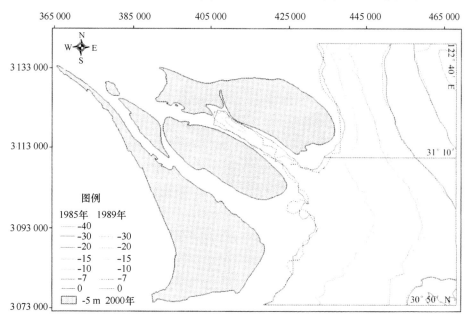

图 8.18 长江口水下三角洲等深线变化（1985—1989 年）

（恽才兴，2004）

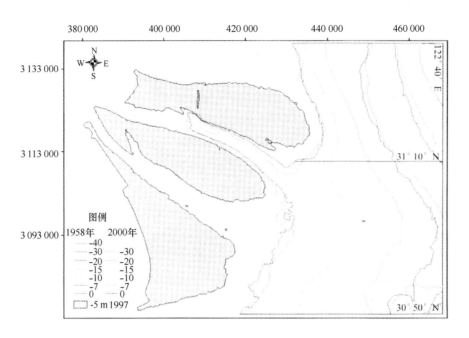

图 8.19 长江口水下三角洲等深线变化（1989—1997 年）

（恽才兴，2004）

（4）1997—2000 年期间，受 1998 年及 1999 年连续两年长江全流域洪水过程的影响，入海泥沙年总量明显增加，其中，悬沙 3.52×10^8 t/a，水下三角洲的淤涨规律有所复苏。由于径流分配北港比例较高，北港口外 –20 m 等高线以内水下三角洲淤涨速度略高于南港口外（图 8.20）。

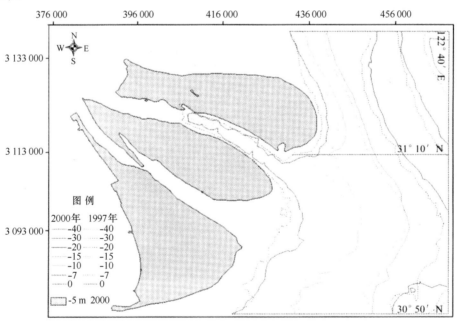

图 8.20 长江口水下三角洲等深线变化（1997—2000 年）

（恽才兴，2004）

（5）由 1997—2000 年水下地形冲淤分布图可见长江口南支拦门沙地区及水下三角洲海床普遍发生淤积，洪水作用可以将入海泥沙远送至长江口 –20 m 以外海域。

8.2 杭州湾

8.2.1 概况

杭州湾位于浙江省北部，上海市南部，北与长江口毗邻，南与象山港为邻，东有舟山群岛为屏障，西为钱塘江河口，杭州湾实际上是钱塘江河口的口外海滨，杭州湾北岸就是长江三角洲平原的南缘。

杭州湾是东西走向呈喇叭形的强潮河口湾，海域开阔，东西长 90 km，湾口南汇嘴至镇海口宽 100 km（平均潮位），湾顶（澉浦断面）宽约 20.3 km，总面积 5 000 km²。由于湾面束狭明显，潮差增大，潮流强劲，水体含沙量高，而钱塘江径流对杭州湾地貌发育影响较小。湾内岛屿众多，杭州湾北部有大金山、小金山，外浦山、菜齐山、白塔山；海湾中部有大白山、小白山、滩浒山和王盘山等；海湾南部有七姐八妹岛礁；湾口有崎岖列岛、火山列岛、金塘岛等（图 8.21）。

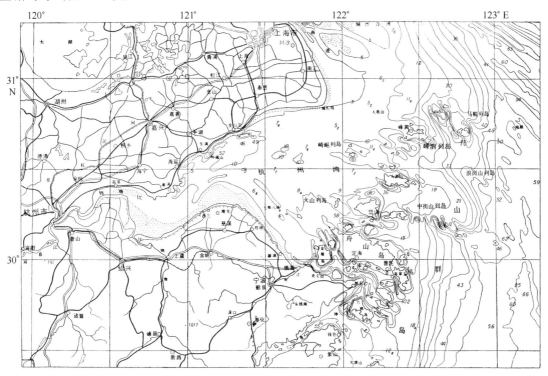

图 8.21　杭州湾地形（中国海湾志编委会，1992）

杭州湾两岸多为河口淤泥质海岸，岸线长 258.5 km，其中，淤泥质海岸长 217.4 km，基岩砂砾质海岸 19.04 km，河口岸线 22.08 km，潮滩面积达 550 km²。在强劲潮流作用下，淤泥质易受冲刷，杭州湾的泥沙运动十分强烈，水体含沙量高，导致杭州湾海岸和海底冲淤变化频繁，具有大冲大淤的特征。

8.2.2　杭州湾动力条件

8.2.2.1　径流

钱塘江为丰水少沙清水河，在东海入海河流中居第二。河流总长 605 km，流域面积 499 × 10^2 km²，多年最大径流量为 695.6 × 10^8 m³，平均径流量为 386.4 × 10^8 m³，最小为 225.5 × 10^8 m³，多年平均流量 925 m³/s，最大达 1 710 m³/s（1954 年），历年最小平均流量 498 m³/s（1963 年），最大洪峰流量 29 × 10^4 m³/s（1955 年、1983 年），最小流量 15.4 m³/s（1967 年）。径流年内分配不均，主要集中在 5—10 月，占全年的 78%。钱塘江径流主要影响到钱塘江河口段，对钱塘江口外海滨（杭州湾）影响不大，潮汐、潮流是塑造杭州湾地貌的主要动力条件。

8.2.2.2　潮汐、潮流

钱塘江为强潮河口，潮强、流急，形成涌潮，在杭州湾地貌发育过程中潮汐、潮流作用占主导作用。

当潮波由外海向杭州湾内传播过程中，受喇叭状地形影响，能量集聚，自湾口至湾顶宽度逐渐变窄，水深变浅，潮波变形，使得高潮位沿程升高，低潮位降低，潮差递增，如北岸芦潮港向湾内至金山、澉浦，高、低潮位分别为 1.82 m 和 − 1.40 m、2.15 m 和 − 2.18 m、3.04 m 和 − 2.56 m。平均潮差湾口芦潮港、镇海分别为 3.21 m 和 1.73 m，最大潮差分别为 5.06 m 和 3.3.0 m，至湾顶澉浦、西三平均潮差分别为 5.60 m 和 5.38 m，最大潮差分别达 8.93 m（1951 − 08 − 20）和 8.73 m。潮波经澉浦向西传播，河床沿程抬高，水深显著减小，潮波变形剧烈，到尖山附近形成举世闻名的钱江涌潮，潮头高 1~2 m，最高达 3.7 m，涌潮传播速度 8~9 m/s，实测最大 12.0 m/s。涌潮流速大，实测垂线平均流速 4~5 m/s，最大可达 9.6 m/s。对沿岸建筑物和岸滩有很大的破坏力，曾实测涌潮压力 7 N/m²（中国海湾志编委会，1998）。

杭州湾潮流强劲，以往复流为主，涨潮优势流明显，从湾口向湾顶递增，湾口涨潮平均流速 256 cm/s，至湾中部庵东剖面为 269 cm/s，至湾顶部澉浦至西三剖面，曾记录到涨潮垂线最大流速达 400~500 cm/s。潮流速南部大于北部，北部秦山海域实测涨潮最大流速 397 cm/s，南部西三外侧近 500 cm/s。落潮最大流速湾顶可达 391 cm/s（李身铎、胡辉，1987），至湾中部落潮平均流速 232 cm/s，湾口为 254 cm/s。湾口断面大潮一日进潮量达 366 × 10^8 m³，澉浦断面为 66.5 × 10^8 m³（表 8.10）。

表 8.10　湾顶（澉浦）、湾口断面输水、输沙量情况（余祈文、符宁平，1994）

断面	潮量/（× 10^8 m³/d）			泥沙量/（× 10^4 t/d）			时间
	涨潮	落潮	进出差	涨潮	落潮	进出差	
湾顶	66.5	69.7	+ 3.2	1 275.0	2 038.7	+ 763.7	1991 − 06 − 11—12 大潮
	42.6	52.4	+ 9.8	605.7	620.4	+ 14.7	1991 − 06 − 07—08 小潮
湾口	366	367	+ 1.0	5 100	6 200	+ 1 100	1982 − 07 − 21 大潮
	337	324	− 13.0	8 220	7 330	− 890	1982 − 12 − 26 大潮
	211	210	− 1.0	3 074	2 703	− 370	1982 − 12 − 08 小潮

注："＋"、"−"表示断面净进、净出潮量、沙量。

8.2.2.3　泥沙及泥沙运移

杭州湾悬沙浓度高，泥沙主要来源于长江入海泥沙。

杭州湾实为钱塘江河口的口外海滨，钱塘江是条水丰沙少的清水河。钱塘江平均含沙量 $0.2 \sim 0.4$ kg/m³，多年平均输沙量 658.7×10^4 t，历年最大输沙量 $1\,060 \times 10^4$ t（1956 年），历年最小年输沙量 213×10^4 t（1960 年），泥沙大多沉积在澉浦以上河段。

杭州湾水浅流急，潮流挟沙能力强，北与长江口毗邻，悬沙浓度高，以细颗粒泥沙为主，中径 $0.004 \sim 0.016$ mm，实测平均浓度 $0.5 \sim 3.0$ kg/m³。湾内有 3 个高浓度区和 2 个低浓度分布区，高浓度分布区分别在湾顶澉浦海域，平均悬沙浓度 $3.4 \sim 4.4$ kg/m³；杭州湾庵东滩面前沿，平均浓度为 $1.2 \sim 3.2$ kg/m³；南汇嘴附近海域，平均浓度 $1.0 \sim 2.0$ kg/m³。低悬沙浓度分布区位于乍浦至金山一带北岸水域和湾口南端镇海附近海域，平均悬沙浓度 $0.5 \sim 1.0$ kg/m³（曹沛奎等，1985）。根据实测资料分析，杭州湾泥沙主要来源于长江入海泥沙，且有北进南出的趋势。杭州湾北岸受涨潮流控制，泥沙输运以"净进"为主，王盘山以南海域，受落潮流控制，泥沙输运以净出为主。湾口断面夏季大潮一日涨潮进沙量 $5\,100 \times 10^4$ t，而落潮为 $6\,200 \times 10^4$ t，净出 $1\,100 \times 10^4$ t；而冬季大潮涨、落潮输沙量分别为 $8\,220 \times 10^4$ t/d 和 $7\,330 \times 10^4$ t/d，为净进输运，小潮期涨、落潮输沙量分别为 $3\,074 \times 10^4$ t/d 和 $2\,703 \times 10^4$ t/d，也以净进输运为主（表 8.10）。泥沙运动总的结果，使海湾面积在 600 年来逐渐缩小，据估计，泥沙净积值每年约 $1\,000 \times 10^4$ m³（陈吉余，2007）。

8.2.3　杭州湾海底地貌类型

杭州湾海岸属河口三角洲平原淤泥质海岸，海岸平直，地形低平，南、北两岸陆地为三北平原和长江三角洲平原。

杭州湾海底地貌主要有：潮间带、河口沙坎、河口湾堆积平原及潮流脊槽系等地貌类型（图 8.22）。

8.2.3.1　潮间带地貌

根据潮间带物质组成分为潮滩和海滩，潮滩分布在杭州湾南岸潮间带和北岸芦潮港至奉贤。潮滩表层沉积物由粉砂、黏土质粉砂组成，海滩分布在杭州湾北岸黄家堰至金山岸段，海滩表层物质由细砂、粉砂质细砂覆盖。

根据冲淤动态变化，目前大体可分为淤涨型潮间带、侵蚀型潮间带。总体上杭州湾南岸以淤涨型潮间带为主，杭州湾北岸以侵蚀型潮间带为主。

1）淤涨型潮间带

分布于杭州湾南岸西三至镇海岸段，以庵东潮滩为代表。潮滩物质由西向东变细，以半月浦为界，其西部以粉砂为主，以东以黏土质粉砂为主，潮滩宽阔，庵东剖面宽度最大，达 10 km，向东、西方向变窄。滩面平坦，地貌单调，处于缓慢淤涨状态，在滩面上发育高差仅 0.5 m 的潮沟，见有沙垄和流痕。根据 2004 年统计资料，西三至镇海潮滩面积达 364 km²，是浙江省滩涂资源集中连片区之一。杭州湾大桥于 2008 年建成通车，庵东潮滩大面积围涂，使潮滩面积减小。

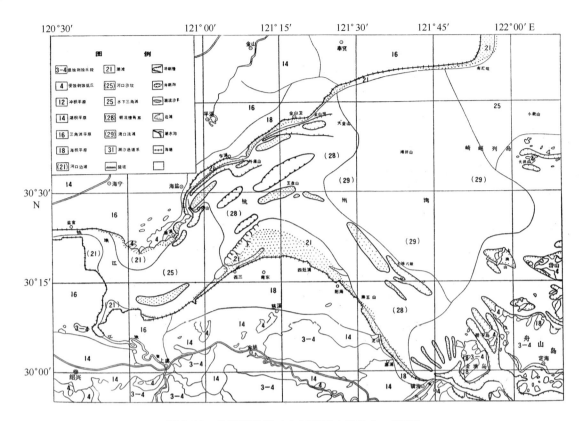

图 8.22 杭州湾地貌（中国海湾志编委会，1992）

2）侵蚀型潮间带

分布在杭州湾北岸澉浦、乍浦至金山嘴弧形岸段及芦潮港至中港岸段。澉浦至金山岸段西段偏冲、东段偏淤。澉浦至乍浦西段潮滩宽仅 100～200 m，坡度大于 0.3×10^{-3}，侵蚀滩面青灰色硬泥出露，高滩不发育，海水直抵堤坝。东部滩宽度 2 000 m，坡度 0.03×10^{-3}～0.06×10^{-3}，形成草滩—粉砂滩—细砂滩—硬泥滩剖面组合。芦潮港至中港，长约 15 km，为侵蚀岸，滩面宽度仅 260 m，有些岸段低潮不露滩。自 2000 年后南汇边滩实施半岛工程围涂后，长江入海泥沙进入杭州湾泥沙量减少，杭州湾北岸上海范围的岸滩全线出现侵蚀。独山至金丝娘桥岸段，潮间带组成物质为细砂，历史上岸线后退，潮间带被侵蚀，由人工建筑海塘和海岸防岸工程，目前处于稳定状态。

8.2.3.2 河口沙坎

河口沙坎是一个特殊的河口堆积体，其发育取决于山潮水的比值，当该比值小于 0.02 则会发育河口沙坎。钱塘江河口山潮水比值为 0.01，且海域来沙丰富，在口内发育了体积达 425×10^{8} m³ 的沙坎。从杭州湾顶部乍浦向西以 10×10^{-3}～20×10^{-3} 的坡度向上抬升，仓前、七堡一带最高，此后以 6×10^{-3} 的逆坡向上游降低，至闻家堰与冲刷槽相接，长达 130 km，宽 27 km，高出基线 10 m，沉积厚度 20 m（图 8.23）。

8.2.3.3 潮流脊槽系

在强潮作用下，杭州湾中、西部，澉浦至金山海域和南部七姐八妹海域发育潮流沙脊与潮流冲刷槽相间，呈线性排列的脊槽体系，西接河口沙坎地貌，向东地形展平，为河口湾堆

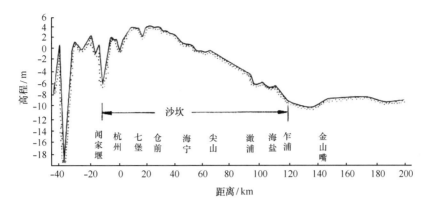

图 8.23 沙坎纵剖面（中国海湾志编委会，1998）

积平原。乍浦至庵东断面是潮流脊、槽分布密度最大的区域。该海域海底起伏，高差达 3 ～ 7 m，冲淤频繁，变幅大，40 年冲淤变幅可达 10 m 余（图 8.24）。表层沉积物以砂质粉砂、粉砂为主，在沙脊分布着细砂。20 世纪 80 年代前，该海域以冲刷为主（1920—1981 年），平均冲刷速度达 3 cm/a，冲刷区集中在北岸冲刷槽，而南侧庵东滩地前沿出现淤积现象。根据 1959—1995 年地形图对比资料分析，该海域北部深槽仍处于冲刷状态，冲刷厚度 2 ～ 3 m，而南部庵东浅滩前沿和澉浦、秦山一带海域淤积厚度达 3.0 m。该海域地貌类型归为杭州湾北岸深槽和潮流沙脊两大类型。

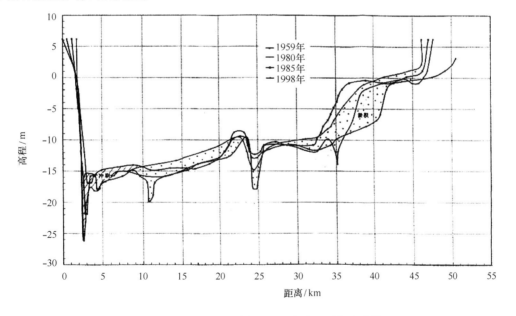

图 8.24 西山—海盐剖面近 40 年床面冲淤变化[①]

1）杭州湾北岸深槽

杭州湾北岸金山以西海域依次发育金山、全公亭、海盐深槽以及乍浦、秦山深潭，这些傍岸的水深大于 10 m 深槽、深潭统称杭州湾北岸深槽。深槽离岸距离 3 ～ 5 km，全长 65 km，宽度 2 km，最大水深达 53 m，为涨潮冲刷槽（图 8.22）。金山深槽东起大金山、小金山，向

---

① 浙江省河口海岸研究所.1999.杭州湾交通通道预可行性研究，河势分析报告.

西延至金丝娘桥，全长 12.0 km，深槽东宽西窄，平均宽度 2 km，水深多在 10~20 m，最大达 51.0 m。全公亭深槽从金山以西至独山长 10.0 km，东、西两端窄，中间宽，平均宽度 500~600 m，一般水深 15.0 m，最大水深达 21.0 m，10.0 m 等深线与金山深槽贯通。乍浦深潭，东西长 17.0 km，宽 1~3 km，一般水深 20.0 m，最大深度 53.0 m。海盐深槽全长 24.0 km，深槽平均宽度约 1.0 km，水深 6~10 m，海盐深槽上口紧邻秦山、杨柳山深潭，长度 4.0 km，平均宽 1.5 km，最大水深 15.0 m。

杭州湾北岸历史时期为侵蚀岸，目前深槽位置原为陆地，公元 4 世纪后海岸侵蚀后退，直至 14 世纪坍势得到控制，涨潮流对北岸旁蚀变为下切，从而形成北岸深槽，近百年来不断刷深，侵蚀泥沙量达 10×10^8 t。金山深槽：金山岸段 12 世纪中叶，金山岛沦为海中岛屿，逐渐冲刷成今日深槽，通过历史图件对比（1928 年、1935 年、1938 年），1938 年冲刷槽面积 15.9 km²，至 1959 年扩大到 17.2 km²，1989 年达 26.0 km²，最大水深达 53.0 m，深槽长度向上游推进 3.0 m。乍浦深潭最深处，晚清年间为 38.0 m，1959 年达 45.0 m，1989 年测图达 53.0 m，近百年来刷深 13.0~14.0 m。深槽面积不断扩大，1989 年测图比 1928 年扩大了 55.0 km²。近 40 年来（1959—1995 年），澉浦—海盐段以淤积为主，乍浦以东金山段以冲刷为主，20 世纪 90 年代后有所回淤。

2）潮流沙脊

杭州湾潮流沙脊出现在全公亭、海盐、王盘山及南岸七姐八妹海域。全公亭处潮流沙脊位于深槽外，与岸线平行，长 7 km，宽 1~2 km，脊顶水深 5~6 m，走向 NEE—SWW。海盐（白塔山）潮流脊，位于秦山与海盐之间，沙脊长约 12 km，宽 3~4 km，脊顶水深 1~2 m，沙脊走向 NE—SW，大致与岸线平行，沙脊上均叠加有沙波，波高约 1.0 m。这两个沙脊位于杭州湾北岸深槽外侧，目前处于淤积状态，白塔山沙脊淤积量达 3.41×10^8 m³，全公亭沙脊淤积量达 3.31×10^8 m³，沙脊组成物质为细砂，分选好至极好，主要源自深槽底部冲刷的物质。湾中部王盘山沙脊，呈 E—W 向，它的形成与王盘山形成的流影区有关，潮流脊规模较小，可分为东、西两支。东支在下盘岛以东，沙脊长 2 km，宽 1.5 km；西支在下盘岛以西，以下盘岛为核心，长 3~5 km，宽 0.8 km，脊顶水深 4.5~5.0 m，沙脊组成物质以细砂为主。七姐八妹潮流脊，发育于七姐八妹岛礁附近海域，分南、北两支，北支以青礁为基点向西延伸，呈 NW—SE 走向，与潮流流向一致，−5.0 m 以浅沙体长 5 km，宽 2~4 km，脊顶水深 2~3 m，高出底床 3~5 m，沙脊横剖面不对称，其规模较小，北侧坡陡，南侧坡缓（刘苍字，1990）；南支以大长坛岛为核心，向两端延伸，与北支潮流脊平行，其规模较小，沙体长 7 km，宽 1~1.5 km，脊顶水深 1.0~2.0 m，组成物质以细砂为主，七姐八妹沙脊近 10 年来处于冲刷状态。

8.2.3.4　河口湾堆积平原

分布在杭州湾东部湾口区域（图 8.22），西接杭州湾脊、槽系，东北毗邻长江口水下三角洲，东口、东南口发育潮流通道与东海进行水、沙交换。堆积平原面积 2 000 km²，海域开阔，海底地形平坦，起伏小，水深 8~10 m。表层沉积物以黏土质粉砂为主，夹厚层粉砂，亦见含贝壳碎屑的粉砂质细砂层，物质主要来源于海域和长江入海泥沙，据吴华林等（2006）对长江入海泥沙通量研究，有 40% 的泥沙入海后沉降在杭州湾及近海海域，为杭州湾堆积平原的形成提供了物质基础。河口湾堆积平原地形变化甚微，冲淤变幅 1.0 m，总体上处于微淤状态，通过 1959 年、1989 年、1997 年三次测图资料对比分析，冲淤变幅 1.0 m，平均年淤积速度 0.65 cm/a，与 1920—1959 年间年均淤积速率 0.54 cm/a 相当。又据[210]Pb 测年资料，近百年来沉积速率 0.2 cm/a（冯应俊等，1990）。

8.2.4 杭州湾形成和历史演变

杭州湾是钱塘江河口的口外海滨段，北与长江口毗邻，杭州湾北岸就是长江三角洲平原的南缘，因此杭州湾的形成与发育与钱塘江、长江口的形成历史密切有关。据陈吉余教授研究（2007）杭州湾形成仅是数千年的历史。

杭州湾构造基底相对稳定，海平面变化、潮流及泥沙堆积则成为杭州湾形成过程的主要因素。自全新世以来海面上升，距今 6 000 ~ 7 000 年前达到高峰，海水直拍今日山麓，今日杭州湾南、北两岸的杭嘉湖、宁绍平原当时为一片汪洋的浅海，不存在杭州湾。长江和钱塘江输沙在其河口发生淤积，逐渐形成河口沙嘴、拦门沙及堆积平原。由于长江输沙量大，以致杭州湾北岸长江三角洲发育，长江口南岸沙嘴向东南延伸。东晋年间（4 世纪）北岸岸线大致在大尖山、澉浦、王盘山、奉贤、嘉定一线，沙嘴前端一直伸展到王盘山。杭州湾北岸乍浦、金山外曾是一片沃野，公元 2 世纪海盐县治在九山外的故邑城，王盘山曾是东晋屯兵处（陈吉余，2007）。1973 年在劈开山（王盘山岛之一），1974 年在王盘山曾采到许多印陶碎片，并在海盐城东黄家堰海滩上距岸 800 m 处见晋代废窑砖多块，足以证明王盘山过去曾与大陆相连（图 8.25）。随着湾口缩窄，潮流增强，海岸侵蚀后退，沙嘴前端向东北移动，速度 25 m/a，引起杭州湾北岸内坍，公元 12 世纪当时的九涂十八滩、贮水陂（离岸 25 km）、望海镇（离岸 7.5 km）、望月亭以及大、小金山沦于海中，金山至乍浦间海底受到强烈冲刷，形成巨大冲刷槽。北岸岸线以侵蚀岸为主，直至 14 世纪经过沿岸人民修筑海塘，控制了海岸坍势，明、清朝以来，海岸处于人工稳定状态。距今 2 000 年来北岸沙嘴顶端东移了 50 km（图 8.25）。

杭州湾南岸在海侵最盛期，姚北诸山孤悬海里，由于泥沙淤积逐渐形成宁波—绍兴平原，海岛连陆，海岸发育淤泥质潮滩，南岸岸线在历史时期虽有涨、坍交替变化，总趋势是逐渐淤涨和外移。至 11 世纪海岸涨至大古塘外 8 km，在北岸没有大坍前，杭州湾湾口宽仅 18 km。13 世纪南岸动力加强，岸线内坍，100 年间岸线后退 8 km，至 14 世纪，通过人工措施，海岸才稳定。14 世纪以后，海岸又复外涨，一直延续到现在。淤涨速度各时期，各区段不一，以庵东盐场最快，600 年间外涨速度 15 ~ 70 m/a，向西、向东变慢。近期由于人为大规模围涂，岸线外移速度加快（图 8.26）。

8.3 象山港潮流通道

象山港位于浙江北部沿海，杭州湾南侧，它是一个由东北向西南伸入陆地的基岩溺谷型海湾，在构造断裂基础上，后经全新世以来海面上升溺淹而成（图 7.4）。象山港潮流通道地貌体系包括通道深槽、落潮三角洲（水下浅滩）及涨潮三角洲（潮滩）三部分，通道深槽 10 m 等深线几乎贯通，长达 40 余千米，最大水深达 55 m，通道内窄（3 ~ 8 km）外宽（4 ~ 18 km），沟通了海湾与外海联系；通道深槽东口发育水下浅滩，顶部深不足 7.0 m；口内见有宽阔潮滩。

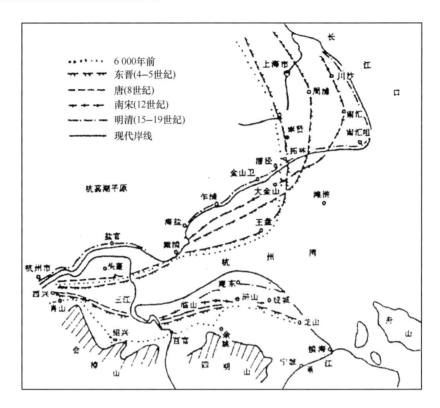

图 8.25　杭州湾南、北岸岸线变迁（陈吉余，2007）

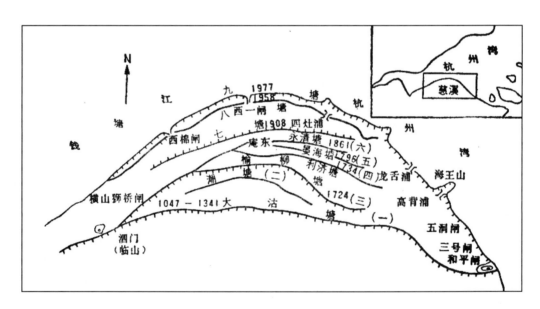

图 8.26　杭州湾南岸慈溪岸段岸线变迁
（浙江省海岸带和海涂资源综合调查报告编委会，1988）

8.3.1　象山港地貌轮廓

象山港为东北—西南向狭长形海湾，纵深 60 km，海域面积 563 km²，其南、西、北三面为低山丘陵环抱，岩性以侏罗系西山组凝灰岩类为主，东口有六横、佛渡、梅山、东屿山等岛屿为屏障，湾内散布 67 个岛屿，环境较隐蔽，东口连接佛渡水道，牛鼻山水道与东海进行水、沙交换（图 7.4）。象山港以后华山（象山角）与双岙一线为界（宽度最窄

4.3 km），分内湾和外湾。内湾岸线曲折，多岛屿，宽度 3 ~ 8 km，呈现港中有湾，湾中有港，岬湾相间的势态。内湾的西沪港、黄墩港、铁港内水浅滩宽，成为象山港主要纳潮区，内湾总面积 297.3 km²，占象山港海域总面积的 55.5%。外湾呈喇叭形，自西向东宽度从 4.3 m 增大至 18 km。象山港潮流通道呈现深槽和浅滩相间分布的格局，通道深槽从东到西有西泽—对山深槽、白石山深槽和狮子口深槽，深槽水深一般 10 ~ 20 m，最大水深达 55 m，最浅水深 10.8 m。深槽间水深较浅，不足 10 m，最浅水深 9.4 m，有基岩出露处只 5.5 m。从东到西浅区分别为外干门浅区、白石山浅区和试历山浅区，深槽西口潮滩发育，总面积达 95.3 km²，组成物质为粉砂质黏土。西泽—对山深槽向口门方向（东口）水深变浅，至野龙山水深为 10 m，再向东至洋沙山、温州峙外侧，形成多条水道复合交汇的水下浅滩，它是一个坝状堆积体，顶部最浅水深 6.8 m，成为象山港潮流通道的落潮三角洲，物质为黏土质粉砂。象山港口有六横岛、佛渡岛等岛屿分布，岛岛间、岛陆间形成多条水道，最主要的水道有佛渡水道、青龙门水道和牛鼻山水道，象山港潮流通道与这些水道连接，沟通了象山港与东海的联系。

8.3.2 象山港潮流通道的发育过程

8.3.2.1 象山港潮流通道地形总体特征

通道深槽是潮流通道地貌体的核心地貌类型，该通道地貌总体特征是水道深槽狭长，水深大，深槽底部地形起伏，基本上处于稳定略有冲刷状态。据 2002 年海底地形测量资料统计，该通道深槽总长超 40 km，其中，水深大于 10 m 的深槽长达 37 km，面积 89 km²，平均宽度约 2.4 km。水深大于 20 m 的深槽长 16 km，面积 26 km²，平均宽度约 1.6 km[①]。后华山（象山角）至双岙断面，面积 9.36×10^4 m²，该断面以西发育西沪港、黄墩港次一级通道深槽（白石水道、狮子口深槽），水深大于 10 m 深槽平均宽度 1 ~ 2 km，断面以东，即主槽西泽至大对山深槽平均宽度 4 km 以上。深槽底部地形起伏大，在基岩岬角前沿由于岬角挑流作用，能量汇聚，深潭发育，最大水深达 55 m。在水道汇流处或岛影区，水流减缓，形成浅水区，如西泽—对山深槽与白石山水道之间的白石山浅段，最大水深 9.4 m，深槽底部大部分为全新世沉积，厚度 10 ~ 20 m。内湾试历山浅段，在深潭底部老地层（晚更新世）和基岩出露，暗礁水深仅 5.5 m，高出海底 5 m。内湾（西泽—横山断面以西）地形见图 8.27。

8.3.2.2 潮流通道动力条件

象山港为狭长形海湾，深嵌内陆 60 km，入湾溪流短，多年年均径流量为 12.89×10^8 m³，相当湾口西泽断面大潮期进潮量（12×10^8 m³/d）。年均输沙量 14.5×10^4 m³，仅相当于西泽断面大潮期周日输沙量（6.7×10^4 t/d）的 2 倍，潮流是控制象山港潮流通道发育和稳定的主要外力因素。

1）潮汐、潮流

象山港口潮差较大，平均潮差 3.0 m 以上，由口门向口内增大，至湾顶平均潮差达 3.93 m，最大潮差为 6.51 m（强蛟），口门附近西泽多年平均潮差 3.08 m，最大潮差

---

① 国家海洋局第二海洋研究所. 2005. 象山港 5 万吨级进港航道开挖冲淤稳定性分析报告.

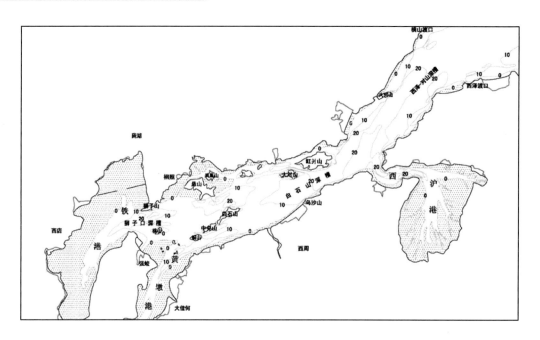

图 8.27　象山港西泽—横山断面以西地形（2002 年）

5.65 m，象山港属强潮海湾。象山港潮流通道受地形和边界条件制约，通道深槽潮流强，呈往复流，在西泽对山深槽实测涨、落潮最大流速 1.41 m/s 和 1.36 m/s，最大垂线平均流速分别为 1.12 m/s 和 1.15 m/s，流速向湾内增大，至港中部乌龟山达最大，再向西流速减小，至湾顶狮子口最大涨、落潮流速分别为 1.02 m/s 和 1.30 m/s。通道深槽不但潮流强，而且垂向梯度小，底流速大，最大底流速大于 1.0 m/s。通道深槽总体上潮流以落潮流为优势流，加上底流速大，有利于潮流通道深槽的维持。潮流出口门后，由于流束扩散，流速降低，潮流慢慢转为以涨潮流占优势，有利于泥沙落淤，形成潮流通道的落潮三角洲（海底堆积平原）。在象山港口外、宁波春晓西南、牛鼻山水道西北口，形成水深 7～8 m 的湾口堆积平原。

2）波浪

象山港潮流通道环境隐蔽，波浪较小，据口门牛鼻山水道波浪站测量，年平均波高 0.4 m，大浪集中在台风和寒潮期，最大波高 1.8 m。2004 年 8 月 12—14 日台风"云娜"影响下，口门外影响较大，最大波高 3.4～3.5 m，而湾内最大波高仅 1.5 m。

3）泥沙

象山港内终年水清沙少，尤其是夏季，夏季平均悬沙浓度 0.050～0.221 kg/m³，悬沙浓度大潮大于小潮。象山港内泥沙主要来源于海域（长江入海沿岸南下泥沙），泥沙主要向湾内输运，西泽断面和象山角断面冬季大潮向湾内周日输沙量分别为 6.7×10^4 t/d 和 2.1×10^4 t/d，输沙量向湾内减少，而夏季西泽断面周日大潮向湾内输沙量 0.95×10^4 t/d（高抒、谢钦春，1990）。以上数据表明象山港潮流通道泥沙运移总趋势向湾顶输运，量值不大，主要发生在冬季，导致港内潮滩，通道浅区的缓慢淤积。

8.3.2.3　象山港潮流通道发育

象山港是北东向的基底断裂基础上发育的向斜谷，全新世海面回升，泥沙充填形成今日象山港的势态。据钻孔资料揭示，距今 8 000 年前，海面低于现在 15 ~ 20 m，距今 7 000 年前海面已到达目前位置，当时海水直逼山麓线，因此，象山港潮流通道的发育应当始于距今 7 000 年前至 8 000 年前。在通道形成初期，通道底部晚更新世地层受到改造，留下底界面以及受改造的物质和陆源物质混合，为黏土质粉砂夹黄色细砂，砂层厚 40 ~ 75 cm 不等。此后，由于泥沙不断充填，在湾顶和河流出口处发育潮滩和小块冲海积平原，海域形成冲刷槽和浅滩，根据钻孔资料，象山港口门区全新世沉积厚度 22 m，象山港内深槽底部有老地层或基岩出露（中国海湾志编委会，1992）。

8.3.3 象山港潮流通道稳定性分析

8.3.3.1 潮流通道稳定状况

由于象山港呈狭长形，入湾溪流短小，年均径流量为 $12.89 \times 10^8 \text{ m}^3$，仅相当于后华山断面冬季大潮周日进潮量，入海年均泥沙量 $14.5 \times 10^4 \text{ t}$，仅相当于西泽断面冬季大潮周日输沙量（$6.7 \times 10^4 \text{ t/d}$）的 2 倍。外海泥沙进入象山港不多，港内沙少水清（平均悬沙浓度口门外为 0.22 kg/m^3，港内 $0.04 ~ 0.10 \text{ kg/m}^3$），仅在溪流入口处和湾顶部位出现缓慢淤积。象山港纳潮量大，后华山断面以内大潮全潮纳潮量 $11.2 \times 10^8 \text{ m}^3$，在潮流作用下，百年来象山港潮流通道基本稳定，潮滩、潮流三角洲微淤，通道深槽（ > 20 m）略有冲刷，水深略有增加。潮流通道深槽受岛屿、基岩岬角等节点控制，断面形态和面积相对稳定，位置不变。

据浅地层探测资料分析，深槽全新世沉积厚度 10 ~ 20 m 之间，其中，距今 7 000 ~ 8 000 年前开始沉积，厚度仅 10 ~ 12 m，近 8 000 年来，平均沉积速率 1.3 ~ 2.9 mm/a，有些深槽底部老地层出露，表明大于 20 m 水深深槽 8 000 年来无沉积，处于冲刷状态。通道东口水下浅滩（落潮三角洲），近 8 000 年来沉积厚度 10 ~ 23 m，通道西口浅区（涨潮三角洲），近 8 000 年来沉积厚度大多在 10 ~ 20 m，浅区平均沉积速率为 1.3 ~ 2.5 mm/a。通过历史海图对比，1872 年到 2002 年，通道深槽基本稳定，冲淤变幅在 0 ~ 1.0 m，略有冲刷，水下浅滩略有淤积，变幅在 0.2 ~ 0.4 m。通过 1952 年、1963 年、1992 年、2002 年海底地形测量资料对比，发现深槽长度变长，面积扩大，如西泽—对山深槽，1962 年前，它向西与白石山水道之间的 10 m 等深线不贯通，2002 年已贯通。50 年来，两个深槽总长度和面积分别从 28 000 m 和 76.91 km² 增至 29 400 m 和 82.2 km²。西泽—对山深槽大于 10 m 深槽平均水深增加 0.33 m，大于 20 m 深槽平均水深增加 1.0 m，深槽处于基本稳定略有冲刷状态。东口水下浅滩即通道的落潮三角洲，最浅水深 1962 年、1971 年测图均为 6.8 m，通过 1962 年、1971 年、1992 年地形图资料对比，略有淤积，幅度 0.2 ~ 0.4 m。该区域 [210]Pb 测年资料分析，百年来平均沉积速率 1.2 ~ 1.73 cm/a，[137]Cs 测年资料显示，50 年来平均沉积速率（1.27 ± 0.04）cm/a。1962 年与 2002 年地形资料对比，口门水下浅滩淤积厚度 0 ~ 0.6 m，平均淤积厚度 0.22 m，40 年来，平均沉积速率 0.6 cm/a；西口浅区（涨潮三角洲）—白石浅区，40 年来有冲有淤，总体上处于微淤状态，平均淤积厚度 0.59 m，并出现浅区向西略有移动，上述资料显示，浅区（通道三角洲）冲淤基本平衡，略有淤积。

8.3.3.2 潮流通道稳定性分析

潮流通道的稳定性与海湾纳潮量（P）、通道断面面积（A）、沿岸输沙量（M）、平均最大流速（$\bar{V}_{max}$）、断面最大流量（Q_{max}）等参数相关（王文介，1984；高抒，1988）。象山港为狭长形海湾，海湾海域总面积 563 km²，口门窄，内湾港中有湾，纳潮面积大，大潮低潮面以下后华山口门内纳潮面积 297.3 km²，西泽断面以内纳潮面积约 400 km²，后华山断面和西泽断面以内，大潮全潮纳潮量（P）分别为 11.2×10^8 m³ 和 22.3×10^8 m³。通道深槽断面面积（A）后华山断面为 9.36×10^4 m²，西泽断面约 8.8×10^4 m²。P/A 比值是判别通道稳定性的标志参数，象山港潮流通道 P/A 比值，大大超过 300，显示通道深槽稳定；象山港环境隐蔽，波浪作用较弱，一般 $H_{4\%}$ 在 0.4 m 以下，台风过境（0414 台风云娜）最大波浪为 1.5 m，因此象山港以潮流作用为主，西泽平均潮差 3.08 m，最大潮差达 5.65 m（1960—2000 年）。通道深槽潮流强，在西泽附近海域涨、落潮垂线最大平均流速（$\overline{V}_{\max}$）分别为 0.98 m/s 和 1.24 m/s，在通道深槽内落潮最大垂线平均流速均在 1.0 m/s 以上，最大可达 1.41 m/s（2003 年 11 月），落潮优势流明显，落潮流出西泽断面（7 km 宽）后，海面拓宽，落潮流呈射流状，有利于通道稳定。一个潮周期西泽断面最大潮流量 $Q_{\max}$ 为 13.2×10^8 m³，后华山断面为 8.5×10^7 m³。象山港内水清沙少，大潮期平均悬沙浓度口门在 0.6~0.8 kg/m³，口内在 0.04~0.10 kg/m³，断面输沙量（M）小，西泽断面冬季大潮周日输沙量为 6.7×10^4 t，后华山断面为 2.1×10^4 t，而夏季大潮西泽断面周日输沙量约 0.95×10^4 t。据 2004 年秋季资料统计，西泽断面涨潮断面全潮输沙量为 65.28×10^4 t，落潮为 72.32×10^4 t，净输沙量 7.04×10^4 t，小潮期 1.14×10^4 t，泥沙向湾外方向输送。总的来说，湾口断面一个潮周期输沙量（M）在万吨量级，而断面大潮纳潮量为 10^8 m³ 量级，最大潮流量在 10^7~10^8 m³ 量级，$P/M >$ 150~300，两者比值 $\dfrac{Q_{\max}}{M}$ 大大超过稳定判别系数 0.006。从象山港潮流通道 P、A、$\overline{V}_{\max}$、$Q_{\max}$、M 等参数和比值来看，象山港潮流通道相当稳定。只要湾内纳潮量不减少，象山港在潮流作用下能维持通道深槽的水深。

8.4 东海潮流沙脊沙波体系

潮流沙脊是在潮流主导作用下，发育在陆架浅海、河口湾及海峡出口处的一种大致和潮流主流向平行的线状沙体，它与潮流冲刷槽相间分布，构成潮流脊槽体系。

8.4.1 东海陆架沙脊形成和分布特征

刘振夏等（2004）依据沙体发育的地理位置，分为开阔陆架沙脊、河口湾（海湾）沙脊和潮流三角洲沙脊。

8.4.1.1 开阔陆架沙脊

在东海陆架 60 m 以深海域，普遍发育潮流沙脊，朱永其等（1984）在 27°N 以北至舟山群岛一带，水深 60~80 m 的海域，根据 1:200 000 水深图划分出梳状沙脊，梳背走向 NE，梳齿向东南开口，沙脊长 55~75 km，相对高差约 12 m，地形剖面上不对称，东北坡缓，西南坡陡，组成物质表层为细沙，含少量贝壳砂，50 cm 以下为较致密的粉砂质黏土，个别站位含有薄层泥炭及半炭化芦根，经 ^{14}C 测年，属晚更新世沉积。但其上覆水体底层为旋转流，主流向与脊线方向不一致，因而推测其形成于全新世海进过程中。

国家海洋勘测"973"专项在东海中外陆架区进行多波束全覆盖调查，对沙脊形态进行精细刻画（李家彪，2008），图 8.28 显示，在东海中外陆架水深 70~185 m 均有沙脊分布，其西侧与梳状沙脊区相接，沙脊分布的密集区在东北和西南两个区。西南区水深较大，为110～160 m，沙脊主要发育在水深125 m左右海区。主支沙脊一般长80～160 km，最长可超过200 km，在主支沙脊末端常见分支沙脊，其长度在15～30 km不等。主支沙脊一般宽约4 km，高差约5 m，两个主支沙脊间距10～15 km，沙脊西南坡较陡，约3.5×10^{-3}，东北侧坡度约1.7×10^{-3}，沙体主体走向NW—SE，各沙脊间亚平行，在外陆架有往东北上翘发育趋势。沙脊形态多呈"S"形或新月形，往往一条主沙脊由西北向东南发育2～4个分支，形成根系或分枝河流，各分支沙脊与主沙脊似连似分。在该沙脊分布区南侧有一舟状深洼地，最大水深超过180 m，在洼地内部仍可见线状沙脊发育。东北区水深较浅，在125～95 m之间，潮流沙脊多发育在110 m左右，沙脊一般长80～100 km，考虑到向内陆架延伸，沙脊实际长度可超过100 km，沙脊宽约6 km，高差5～20 m不等。两个沙脊间距一般在10～12 km之间，西南侧坡度较陡，约4.4×10^{-3}，东北侧坡度约2.6×10^{-3}，沙脊的主体走向也为NW—SE，沙脊间更趋于平行，并有向西北海区收敛趋势。

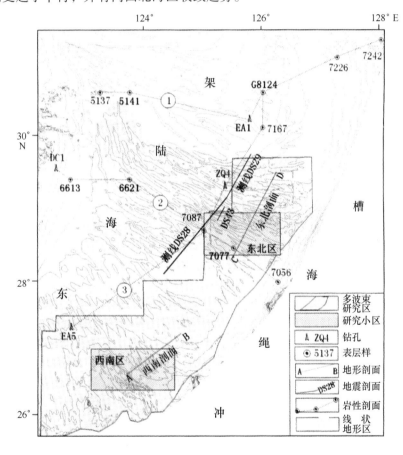

图8.28　东海陆架沙脊沙波调查断面分布（李家彪，2008）

8.4.1.2　河口湾沙脊

东海入海河流的口门呈现为向陆地凹入的河口湾。河流带来的泥沙一部分在河口沉积，而外海传入的潮波在河口地形约束下变形加剧，致使潮差增大，潮流从旋转流转变为往复流，因而为河口湾沙脊发育提供了物质基础和动力条件。东海海区发育河口湾沙脊的有长江口北支、杭州湾、闽江口等较大的入海河口。以下简要叙述长江口北支和闽江口的潮流脊（杭州湾的潮流沙脊见本书第8.2节）。

1）长江口北支潮流脊

长江是我国第一大河，全长 6 380 km，进入河口段自徐六泾以下呈三级分汊，四口入海之势。其中，一级分汊是以崇明岛为界，将长江口分为南支和北支。北支西起崇头，东至连兴港，长 78.8 km，平面形态呈喇叭形，上口青龙港宽仅 1.2 km，下口连兴港河宽 12 km。18 世纪中叶，长江口主泓转向南支，北支成为支汊，1915 年北支下泄径流量占长江入海径流量的 25%，到 20 世纪 50 年代末，北支径流量仅占 1%～2%，至 70 年代出现北支潮量倒灌现象。使北支槽从落潮槽变成涨潮槽，当外海潮波进入北支向上传播时，受地形制约而变形，在灵甸港以上形成涌潮，大潮时潮头可达 1～2 m，潮流速在 1.0～1.5 m/s 之间，涨潮流一般大于落潮流，三条港附近涨、落潮平均悬沙浓度分别为 6.03 kg/m³ 和 4.99 kg/m³，涨潮流携入的泥沙很难被落潮流全部带走，因而在北支淤积。由于进入北支水量减少，及两岸围涂促淤工程，北支年均淤积量 1998—2005 年为 4 926×10⁴ m³，2005—2009 年为 3 950×10⁴ m³（恽才兴，2010）。长江口北支在三和港以上为潮强流急的河口沙坎区，在三和港以下发育了一系列线状沙脊，自西向东有黄瓜沙、东黄瓜沙和顾园沙，其中，黄瓜沙长 21.6 km，宽 1～2.4 km，西部高滩已圈围成陆（兴隆沙）。东黄瓜沙断续分布，直达口门，绵延 22.5 km，0 m 以上脊宽 500 m 左右，脊槽相对高差 6～8 m。位于北支口外的顾园沙长 13.2 km，宽 2～4 km。北支的潮流脊基本上呈单列分布，它将北支分为南、北两个潮汐汊道，北槽为主，南槽为副，在柯氏力作用下，涨、落潮流各自偏右，而使其间的缓流带成为发育潮流沙脊的有利场所。

2）闽江口潮流脊

闽江是福建第一大河，干流长 577 km，流域面积 6.099×10⁴ km²（陈峰，1998）。在亭江附近受琅岐岛阻隔，分为南北两汊道，南汊至梅花入东海，称为梅花水道，北汊称长门水道，沿琅岐岛西侧出长门，受粗芦岛、川石岛、壶江岛阻隔，分为乌猪水道、熨斗水道、川石水道和壶江水道，其中，川石水道为主航道。闽江多年平均入海径流量为 620×10⁸ m³，多年平均悬沙输沙量 728×10⁴ t，最大为 2000×10⁴ t（中国海湾志编委会，1998），由于河道分汊，泥沙落淤，形成闽江水下三角洲。刘苍字等（2001）认为闽江口各汊道的山潮水比及分流分沙条件不同，在口门处发育的河口沙坝也不同，长门水道诸口门以突堤型和拦门沙型河口沙坝为主，而梅花水道则发育潮流脊型河口沙坝。

梅花水道外形呈漏斗状河口湾形态（图 7.18），湾口宽 7 km，在往西 7 km 的潭头处河宽仅 2 km，收缩率为 0.71，受地形影响，潮流流向近 E—W 向，在水道内塑造了相应的潮流脊，其中，以佛手沙和鳝鱼沙最大，佛手沙长 8 km，宽 1～2 km，鳝鱼沙长 12 km，宽 0.5～1.5 km，沙脊顶多在 0 m 以上，沙脊之间沟槽水深较浅，一般在 2～5 m 之间，组成沙脊的沉积物以中砂和细砂为主，分选好至较好。梅花水道湾顶附近的雁行洲等，则是潮流脊出露水面后，经由浅滩湿地演化而成沙洲。据 1986 年实测资料估算，经由梅花水道入海径流量达 560 m³/s，而进入梅花水道的潮流量达 9 432 m³/s（祝永康，1991），相应的表层涨、落潮的最大流速为 103.7 cm/s 和 100.5 cm/s，底层分别为 64.4 cm/s 和 57.8 cm/s。由此可见，在梅花水道，潮流是主要动力，涨潮流为优势流，呈漏斗状地形，及潮流动力占优势的条件，潮流将这里的床沙塑造成潮流脊。

许志峰等（1990）认为，闽江口的沙脊在 4600 年前已奠定基础，1600 年以来堆积了大约 4 m 厚的沉积物，沉积速率为 mm/a 级，不过，近 700 年以来有加快趋势。

8.4.1.3　狭道型潮流沙脊——台湾海峡沙脊沙波

台湾海峡为介于福建和台湾岛之间的狭长水域，呈 NNE—SSW 向延伸，全长约 426 km，是连接东海与南海的水上通道。在其南侧有一地形复杂的浅水区域，大致以 40 m 等深线圈闭，走向 NNE，南北宽 80 ~ 143 km，东西长 180 ~ 196 km，面积 19 986 km²，地貌上由东山水下沙洲、台湾浅滩、澎湖水下沙洲 3 个次级地貌单元组成（杨顺良，1991），在海底地形上发育了一系列密集的水下沙脊沙波，沙脊排列方向 NNW—SSE，沙脊峰顶水深 15 ~ 20 m，槽底 30 ~ 40 m。117°35′ ~ 118°30′E，22°40′ ~ 23°20′N 之间海域，水下沙脊群最为发育，在沙脊上发育沙波（图 8.29），而在 30 m 等深线以西至近岸斜坡区的东山水下沙洲区，沙丘高度、坡度均较小，地形较为简单，东侧的澎湖水下沙洲区以发育不对称沙丘为特色。

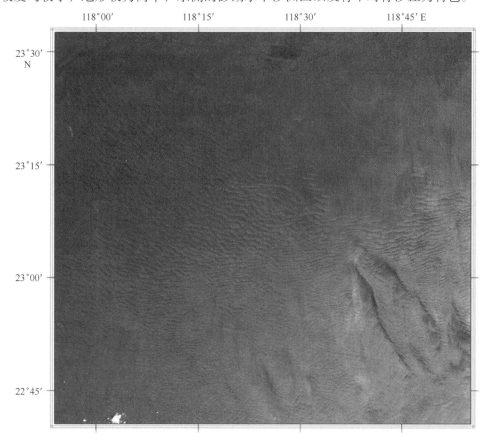

图 8.29　台湾浅滩沙脊沙波卫星影像[①]

李炎等（2001）曾利用 LANDSAT 的 ETM4 图像判断台湾浅滩的沙脊沙波，并利用地波雷达径向流与"908"项目 ADCP 4 m 层、表层投影径向流的对比分析（Li，2001），认为 NNE—SSW 和 N—S 向的潮流沙脊延伸方向与落潮流方向基本一致，沙脊发育受潮流控制，从沙脊群中常有基岩突兀于海底之上，说明沙脊以基岩小丘为生长核心，在沙脊上叠加了现代潮流作用形成的巨型沙波，波长 350 ~ 1 190 m，大部分 700 ~ 850 m，波高 6 ~ 22.5 m，平均波高 15.7 m，坡度 70×10^{-3} ~ 105×10^{-3}，沙波脊线方向 SWW—NEE 和 NWW—SEE，大致与潮流方向垂直。

台湾浅滩的组成物质以细中砂、粗中砂和中砂为主（郑承忠，1991），经粒度特征判别，

① 李炎. 2008. 台湾浅滩沙波群地貌动力过程的短尺度效应［国家自然科学基金资助项目（40476023）］结题报告.

其沉积相可分为海滩相、浅海相和河流三角洲相，大体上台湾浅滩东北区为河口三角洲相，反映了低海面时，九龙江口和韩江口呈 NNW—SSE 或 N—S 向延伸至陆架外缘，台湾浅滩的主体以海滩相为主，反映低海面时曾是孤岛，而东沙水下沙洲区以浅海环境为主。据 ^{14}C 测年结果推测，沉积物形成时代在 15 000 ~ 5 000 年前。其物质组成有陆源碎屑、生物钙质遗骸及自生矿物（郑铁民，1982 年）。因此，郑承忠（1991）推测台湾浅滩的砂粒物质主要形成于玉木冰期低海面时，台湾浅滩受风化剥蚀的物质、古韩江等带来的泥沙及老滨岸沉积组成了台湾浅滩的残留沉积物。近 5000 年来，海面上升到现代海面，台湾海峡则在 NE—SW 向的南海暖流（由西南向东北）和潮流的共同作用下，控制沙脊沙波形成和底形的再塑造。

8.4.2 浅海潮流沙脊沙波的形成机制与内部结构

浅海潮流地貌可分为堆积地貌和侵蚀地貌，堆积地貌包括潮流沙脊、沙席和水下沙丘，侵蚀地貌包括潮流冲刷槽和冲刷沟，所以潮流脊槽系组成了浅海侵蚀—堆积地貌体。

8.4.2.1 潮流沙脊沙波的形成机制

李家彪（2008）指出，沙脊发育与水深变化、物源供给及沉积动力有关，水深变化决定沙脊的发育或终止，潮流动力塑造了沙脊的线状外形，充足的物源是沙脊发育或埋藏的基础，目前的研究表明：充足的沉积物源，30 ~ 35 m 的水深，1 ~ 3.5 节接近往复运动的潮流（夏东兴、刘振夏，1984），有利于沙脊发育。因此，不论是海侵期（海面上升），还是海退期（海面下降），只要满足上述条件，沙脊就形成、发育，反之则消亡。

夏东兴、刘振夏（1984）受河流动力学横向环流的启发，提出在潮流冲刷槽中的往复性潮流也会产生纵轴横向环流，该环流会使槽底泥沙不断掘蚀，而带向两侧沙脊堆积，使脊槽高差不断扩大，直至与动力平衡，所以沙脊顺潮流展布（图 8.30）。沙席是在旋转流为主作用下形成的席状砂质堆积体，而水下沙丘［包括星月形沙丘、沙波、大（巨）波痕、波痕等］其形成机理与风成沙丘相同，在潮流搬运下形成长轴垂直流向的堆积地貌，而且常常覆盖在沙脊和沙席之上，陡坡表示泥沙运动的方向，而且认为沙丘的存在是判别沙脊活动性的重要标志。所以沙脊、沙席、沙丘虽然主要动力都是潮流，但形成机理是各不相同的。

8.4.2.2 沙脊的内部结构

刘振夏、夏东兴（2004）根据潮流沙脊的内部结构将其分为 3 类：① 堆积型沙脊：在潮流脊部和沟槽中均有潮流砂覆盖，其内部结构通常显示与沙脊陡坡方向一致的前积层，层理倾角上陡下缓，远远大于三角洲前积层的倾角，一般为 34.9×10^{-3} ~ 52.4×10^{-3}，最大可达 105×10^{-3}，也间有交错层理；② 侵蚀堆积型沙脊：潮流侵蚀沟槽，物质就近堆积形成沙脊，沟槽中出露未经改造的老地层；③ 侵蚀型沙脊：只有侵蚀面，没有堆积，这是在冰后期海侵过程中，潮流将早期地层塑造成沙脊的形态，但沙脊内部还保留着明显的水下三角洲相，河流或杂乱的陆相沉积。

高分辨率单道地震剖面揭示了东海潮流沙脊的内部结构（图 8.31）。线状沙脊在横剖面上有典型的脊槽相间的外部形态，沙脊两坡不对称。内部微层理清晰，一般为高角度斜层理或交错层理，斜层理倾向 SW，倾角与沙脊体西南坡坡度相当。层 3 期沙脊顶部是一层较薄，呈席状，平行覆盖的海相，现代沉积层，下伏层序地震相较为复杂，多为杂乱的陆相层（层 4 和层 7），但局部可见被消截的高角度斜层理（层 3 下部）和平行楔状延伸的三角洲层序（层 5）。层 10 期沙脊个体规模比层 3 期更大，在其上覆盖较厚的平行海相层（层 8、层 9），

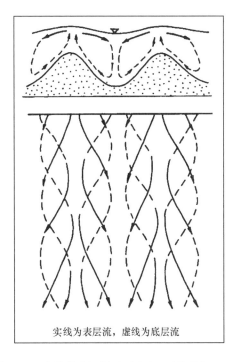

实线为表层流，虚线为底层流

图 8.30 沙脊形成机制（夏东兴、刘振夏，1984）

两期沙脊在沉积旋回上具有可类比性。同时也表明东海潮流沙脊的一个显著特点是多层次的复合结构，老的沙脊（层 10）可以被掩埋，而较新的沙脊又可在新的陆相（层 4）或三角洲相（层 5）沉积层上再次发育。

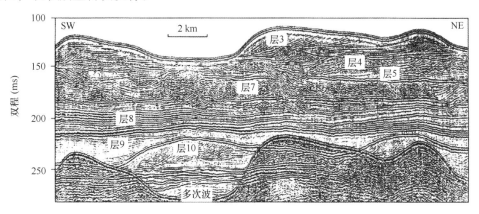

图 8.31 东海潮流沙脊内部结构（李家彪，2008）

　　刘振夏、夏东兴（2004）归总了不同学者对沙脊形成的看法。大多数学者认为东海大陆架上的潮流沙脊体系是冰后期海进时期（15～6 ka. BP）形成的，其主要依据之一是目前所处的环境潮流速小，不足以形成大型潮流沙脊；依据二是未见沙脊上发育沙丘等微地貌形态。杨长恕将东海陆架沙脊的存在水深分为 4 组，即 96～115 m、75～90 m、58～70 m 和 45～55 m，认为是冰后期海面上升至不同阶段古岸线或古河口湾停顿的产物，其形成时的水深及时代分别为 100 m（13.5 ka. BP）、80 m（12.75 ka. BP）、60 m（12 ka. BP）和 50 m（11 ka. BP）。在长江口外侧形成的沙脊是长江古河口湾环境，当时形如漏斗状，口门宽约 140 km，潮流强，呈往复流，所以这些沙脊为古河口潮流沙脊型，目前沙脊已停止发育而呈消亡状态。杨文达（2002）则认为现今东海海底的潮流沙脊是海退时期河口湾沙脊和三角洲遭侵蚀形成的。也有一些学者认为东海潮流沙脊尚不属消亡沙脊，因为据方国洪对东海潮流的研究，在东海外陆架 90 m 水深（29°N，125°15′E）附近，小潮期（农历 3 月 20—22 日）海况十分平静的情况下测得离海底 1 m 处的流速为 55 cm/s，椭圆率大于 0.4。中美合作东海大陆架沉积动力学调查（Butenko，1983），在水深 125 m 的外陆架底锚系海流观测平均流速达 50 ~60 cm/s，而当受内波压迫时，流速可高达 80 cm/s。这样的流速足以起动和搬运海底的细砂和中细砂，说明东海地区目前的潮流仍可对潮流沙脊的发育产生作用（刘振夏、夏东兴，2004）。但沙脊上未发育沙丘，说明目前海底沙脊不处于主要建造阶段，而是遭受侵蚀，处于活动沙脊向消亡沙脊过渡的阶段。只因目前东海地区泥沙供应量不多，因而未被掩埋。

晚更新世以来的海面变动，在东海留下了多期的潮流沙脊，地层剖面中发现氧同位素 8 – 7 期（层 10）、6 – 5 期（层 6.1）的埋藏沙脊和 2 – 1 期（层 3 及层 2）海侵期形成的沙脊。并认为沙体的形成大约属于 10 万年周期海面均衡作用的结果（刘振夏、夏东兴，2004）。

8.5 海底古河道

8.5.1 古河道（谷）类型

古河谷可分为两类：一类是现代沉积作用缓慢，海底仍保留着沉溺河谷地形，源头指向现代河口（许东禹等，1997），或河谷地形已被现代沉积物充填，但仍出露海底，叶银灿（1984）称其为残留古河谷（图 8.32）；另一类为现代沉积作用速率较高，不仅河谷地形已被后期沉积物充填，而且其上已覆盖现代沉积层，古河谷完全被掩埋，被称为埋藏古河谷（图8.32）。古河谷充填层具有河流相的基本特征，垂向上自上而下粒径由细到粗，底部往往为极

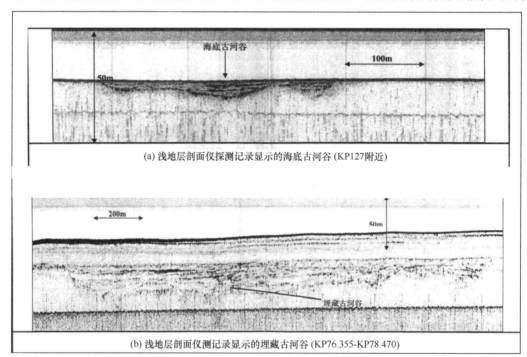

(a) 浅地层剖面仪探测记录显示的海底古河谷 (KP127附近)

(b) 浅地层剖面仪测记录显示的埋藏古河谷 (KP76.355-KP78.470)

图 8.32　古河谷[①]

———————

① 国家海洋局第二海洋研究所. 2007. TPE 海底光缆系统路由调查报告.

粗粒的冲刷滞留物。河流相沉积具二元结构，上部为细粒河漫滩相，下部为砂质河床相，在浅地层记录上，上部平行或亚平行反射结构，连续性好，反映动力较弱的河漫滩环境；下部叠瓦状斜层理反射结构，向河床缓岸一侧依次叠置，而向陡岸一侧下超截切，反映河床侧向侵蚀和边滩堆积的规律。

刘奎等（2009）根据古河道形态分为三类，即对称型古河道、不对称型古河道和复式古河道三类，对称型古河道河槽两侧坡度大致相当，属于横向摆动少，顺直稳定的河型，一般规模较小，河宽不大于 1 km，河深不大于 12 m，往往是古河系中的支流或汊河（图 8.33）。不对称古河谷两侧坡度不等，反映河道处于横向摆动状态，河槽陡坡侧为侵蚀岸（或凹岸），该类古河谷较多，大、小均有，窄者不及 1 km，宽者可达 13.3 km，深度一般可达 15 ~ 26 m，最小者也有 8 m。按河道宽深比分析，属于古河谷中的干流（图 8.34）。复式古河谷内发育多个河槽，如图 8.35，左右两侧各发育一个不对称古河谷，中间为对称性河谷，河谷宽 750 m，深约 20 m，可能是多条不同河流，也可能同一河流，中间发育沙洲。

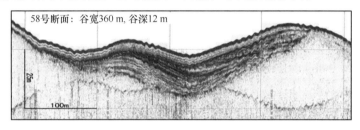

图 8.33　对称型古河道（刘奎等，2009）

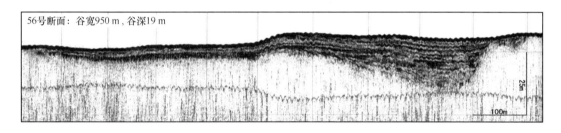

图 8.34　不对称型古河道（刘奎等，2009）

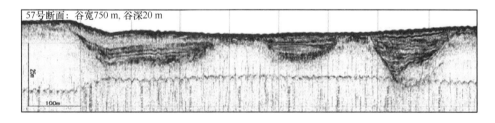

图 8.35　复式古河道（刘奎等，2009）

8.5.2　古河道分布

朱永其等（1984）根据东海地形与沉积的研究，划出两条古河谷，一条起自 30°50′N，124°00′E 向东南经 29°N，126°E 分汊进入冲绳海槽；另一条起自 31°20′N，124°00′E 向东南延伸，至 125°40′E 时向东延 30°30′N 进入冲绳海槽。叶银灿等（1984）根据收集资料绘制了较多古河谷。许东禹等（1997）认为古长江水系分布于弶港之南陆架，受构造控制分为南、北两分支，北分支沿 NE 向流入古黄河，南分支沿东南方向流经陆架进入冲绳海槽。郑铁民等（1982）根据淡水或微盐水底栖贝类（如毛蚶、牡蛎、蛤等）遗壳的分布及海底地形特征，认为存在南北两个古河谷系，北流系与长江口古河道有关，南流系则源于舟山以南的浙闽大陆水系。李家彪（2008）根据系统负地形分布，结合单道地震资料，认为东海陆架上有 4 条古河道，一是从 32°N，123°E 开始向东北延伸，至 32.5°N，124.5°E 基本消失；二是从 31.8°N，122.8°E 向东延伸，至 125.5°E 基本消失；三是从 31.5°N，123°E 向 SEE 向延伸，至 31.7°N，125.8°E 基本消失；四是从 31.5°N，122.5°E 向东南方向延伸，终点不详。刘振夏等（2000）根据浅地层记录发现 4 条埋藏古河谷，分别位于 30°37.7′N、124°26.4′E，29°27.0′N、124°13.0′E，29°23.7′N、125°22.0′E 和 28°55.0′N、124°12.5′E，这些古河谷现处水深 70～110 m，埋于海底面以下 40～80 m，视河谷宽度为 2～10 km，并在其中一个古河谷内隐隐可见数个小河谷，出现谷中谷现象，说明古河道发育的继承性。

8.5.3 长江口外古河谷系特征

东海古河谷的研究，虽然早就引起关注，但因调查资料网度不足，因而研究尚不深入。刘奎等（2009）根据最近 10 年海洋工程（主要是海底管线）调查资料，对东海 30°～31.5°N，121.7°～124°E 区域内的浅地层记录和柱状岩性样品分析资料，整理出 60 个古河谷痕迹，同时量算了它们的位置、断面、方位角、水深、埋深、谷深、谷宽等参数，并结合现代河流理论计算了宽深比和河床比降等，列于表 8.11，并将上述 60 个古河谷痕迹标注在平面图上，按照各古河谷痕迹的点位、方向，参考现有海底地形、底质等资料，编制古河谷系（图 8.36），认为在距今 20～15 ka 的低海面时间，东海陆架上应该发育有长江古河系，钱塘江古河系和舟山古河系，长江古河系可分为 AA′段（长约 178 km），BB′段（长约 64 km）和 CC′段（长约 57 km），三段组成辫状分汊河系，全长 180 km（应该向东南延伸至冲绳海槽），宽 10～40 km，分布于现代长江口外的喇叭形水下谷地内。在舟山群岛东侧的 DD′段，可能也是源于长江的古河谷，为区别前者，暂称为舟山东侧古河谷系。杭州湾口北部的古河谷推测为钱塘江古河系，并汇入长江古河谷系。同时根据古河谷宽深比推论长江古河道流量及位置不稳定，属于横向多摆动、分汊的河系，通过流量计算，推论冰期时古长江水系流量小于现代长江平均径流量。

表 8.11 60 条埋藏古河道断面特征参数（刘奎等，2009）

编号	河道断面位置		断面方位角/°	水深/m	埋深/m	谷深/(D/m)	谷底高程/m	谷宽/(W/m)	宽深比/F	河床坡降/S(10⁻³)	古河道系统
	北纬/N	东经/E									
1	31°25.56′	122°36.29′	44	37	22	15	−74	300	20	0.65	长江古河系
2	31°15.57′	123°11.37′	40	40	8	33	−81	830	25.15	0.33	长江古河系
3	31°15.14′	123°12.01′	40	41	16	27	−84	1 700	62.96	0.42	长江古河系
4	31°12.10′	123°16.74′	50	45	10	32	−87	120	3.75	0.30	长江古河系
5	31°09.08′	123°21.28′	60	48	12	27	−87	500	18.52	0.39	长江古河系
6	31°08.38′	123°22.29′		47	11	20	−78	400	20	0.50	长江古河系
7	31°11.00′	123°23.50′	45	38	10	15	−63	350	23.33	0.66	长江古河系
8	31°08.11′	123°22.86′	63	48	13	28	−89	600	21.43	0.38	长江古河系
9	31°08.37′	123°27.07′	50	42	4	14	−60	400	28.57	0.71	长江古河系

续表 8.11

编号	河道断面位置 北纬/N	河道断面位置 东经/E	断面方位角/°	水深/m	埋深/m	谷深/(D/m)	谷底高程/m	谷宽/(W/m)	宽深比/F	河床坡降/S(10⁻³)	古河道系统
10	31°07.31′	123°23.90′	70	45	14	30	−89	650	21.67	0.36	长江古河系
11	31°06.92′	123°24.63′	75	46	12	20	−78	2 400	120	0.57	长江古河系
12	31°04.76′	123°27.03′	80	50	11	19	−80	3 400	178.95	0.61	长江古河系
13	31°04.80′	123°31.28′	40	45	3	7	−55	60	8.57	1.20	长江古河系
14	31°00.27′	123°31.90′	50	50	23	36	−109	13 300	369.44	0.37	长江古河系
15	31°00.70′	123°35.90′	55	45	5	12	−62	300	25	0.80	长江古河系
16	30°59.95′	122°52.43′	20	35	7	14	−56	450	32.14	0.71	钱塘江古河系
17	30°48.65′	121°50.32′	10	5	9.5	20.5	−35	840	40.98	0.52	钱塘江古河系
18	30°40.60′	122°01.03′	8	10	17.5	26	−54	15 100	580.77	0.50	钱塘江古河系
19	30°51.85′	123°16.90′	35	58	3	20	−81	1 750	87.5	0.56	长江古河系
20	30°50.07′	123°13.27′	45	50	8	10	−68	500	50	0.99	长江古河系
21	30°49.47	123°13.95′	44	54	8	9	−71	525	58.33	1.10	长江古河系
22	30°48.25′	123°15.42′	45	54	9	13	−76	350	26.92	0.75	长江古河系
23	30°47.20′	123°16.10′	40	56	7	15	−78	500	33.33	0.67	长江古河系
24	30°47.07′	123°16.85′	46	55	7	18	−80	2 300	127.78	0.63	长江古河系
25	30°45.30′	123°29.87′		54	2	12	−68	5 000	416.67	0.97	长江古河系
26	30°44.87′	123°30.90′	46	53	5	16	−74	950	59.38	0.66	长江古河系
27	30°44.10′	123°32.50′	47	64	6	14	−84	750	53.57	0.74	长江古河系
28	30°41.93′	123°36.78′	40	52	4	17	−73	250	14.71	0.57	长江古河系
29	30°40.63′	123°39.33′	42	57	3	18	−78	525	29.17	0.57	长江古河系
30	30°48.11′	123°45.28′	70	52	3	26	−81	140	5.38	0.37	长江古河系
31	31°20.61′	122°39.75′		44	10	16	−70	1 700	106.25	0.69	长江古河系
32	30°48.72′	123°43.90′	50	49	4	26	−79	390	15	0.39	长江古河系
33	30°48.76′	123°44.53′	50	51	5	44	−100	540	12.27	0.24	长江古河系
34	30°48.06′	123°44.92′	85	52	2	12	−66	150	12.5	0.77	长江古河系
35	30°33.17′	123°54.23′	50	50	7	16	−73	2 800	175	0.71	长江古河系
36	30°35.32′	123°31.67′	65	59	2	13	−74	425	32.69	0.76	长江古河系
37	30°34.22′	123°33.10′	63	63	4	14	−81	800	57.14	0.74	长江古河系
38	30°27.25′	123°40.70′	68	60	7	17	−84	6 000	352.94	0.71	长江古河系
39	30°24.02′	123°44.88′	65	56	8	22	−86	1 950	88.64	0.51	长江古河系
40	30°21.08′	123°48.52′	62	55	9	25	−89	1 050	42	0.44	长江古河系
41	30°31.23′	123°05.13′	42	60	2	10	−72	1 800	180	1.08	舟山东侧古河系
42	30°30.60′	123°05.93′	42	59	1	19	−79	1 675	88.16	0.58	舟山东侧古河系
43	30°29.87′	123°06.62′	43	59	2	26	−87	11 000	423.08	0.49	舟山东侧古河系
44	30°29.15′	123°07.17′	43	52	1	14	−67	500	35.71	0.72	舟山东侧古河系
45	30°28.42′	123°07.77′	43	52	1	11	−64	270	24.55	0.87	舟山东侧古河系
46	31°22.40′	123°00.76′	10	35	5	26	−66	650	25	0.41	舟山东侧古河系
47	30°11.35′	122°49.35′	80	25	21	40	−86	19 500	487.5	0.34	舟山东侧古河系
48	30°21.62′	122°22.26′	10	15	6	15.5	−37	750	48.39	0.67	舟山东侧古河系

续表 8.11

编号	河道断面位置		断面方位角/°	水深/m	埋深/m	谷深/(D/m)	谷底高程/m	谷宽/(W/m)	宽深比/F	河床坡降/S(10⁻³)	古河道系统
	北纬/N	东经/E									
49	30°20.47′	123°14.13′	35	59	9	15	−83	230	15.33	0.64	舟山东侧古河系
50	30°19.15′	123°15.22′	75	54	9	9	−72	200	22.22	1.03	舟山东侧古河系
51	30°16.53′	123°17.23′	80	57	9	8	−74	400	50	1.20	舟山东侧古河系
52	30°08.40′	123°22.15′	70	63	8	12	−83	300	25	0.80	舟山东侧古河系
53	30°40.21′	122°32.55′		5	6.5	9.5	−21	480	50	1.04	长江古河系
54	30°42.92′	123°33.76′		56	2	9	−63	800	88.89	1.13	长江古河系
55	30°51.19′	123°17.61′		52	5	20	−77	1 100	55	0.54	长江古河系
56	31°03.61′	123°00.79′		50	1	19	−70	950	50	0.56	长江古河系
57	31°13.33′	122°54.16′		55	3	20	−78	750	37.5	0.53	长江古河系
58	31°19.11′	122°49.95′		50	4	12	−72	360	30	0.81	长江古河系
59	31°20.46′	122°46.27′		52	10	16	−78	2 050	128.13	0.70	长江古河系
60	31°20.58′	122°42.76′		49	9	19	−77	900	47.37	0.56	长江古河系

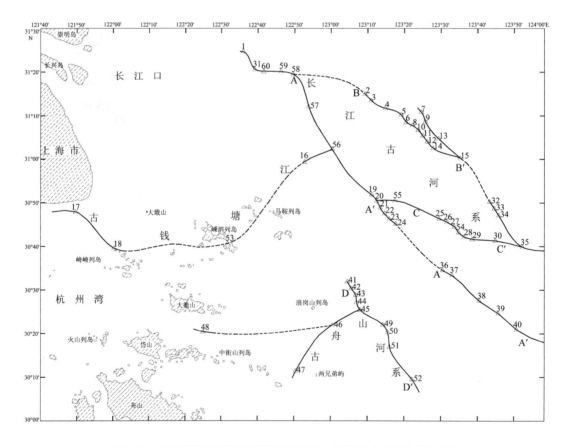

图 8.36　长江埋藏古河道断面位置及长江古河系分布（刘奎等，2009）

注：实线为古河道，虚线为推测古河道，斜线为陆地

8.6 台湾海峡

台湾海峡位于福建和台湾岛之间，是连接东海和南海的通道，其地理边界，北边是福建的海坛岛北端痒角与台湾富贵角的连线，南边是福建东山岛南端经台湾浅滩至台湾鹅銮鼻的连线。台海海峡走向 NE，全长约 426 km，最窄处约 130 km，面积 8.5×10^4 km²。近岸地形与毗邻陆上地形基本一致，是陆域地形在海底的延续，也是晚更新时期的残留地貌，经后期径流、海流、生物作用等的改造，导致台湾海峡地貌类型复杂，大致可分为海岸带、构造台地、海积海蚀盆地和海底峡谷等地貌单元（杨顺良，1991）。

8.6.1 海岸带地貌

8.6.1.1 海峡西岸海岸类型

台湾海峡西岸（福建省海岸）总体上为基岩港湾砂砾质海岸，岸线曲折，海湾众多。福建岸线总长 4 559 km（包括岛屿），其中砂质海岸 988 km（刘建辉、蔡锋，2009）。海岸类型可分为基岩海岸、沙（砾）质海岸、淤泥质（人工）海岸及红树林海岸。

1）基岩海岸

基岩海岸包括山地丘陵港湾岸和断崖岸等，主要分布在宫口、古雷、六鳌、流会、围头、崇武、平海等较大的半岛，以及东山岛、金门岛、南日岛、平潭岛等岛屿的岬角。其总的特征是基岩山丘临海，岸线曲折，岬湾多，近岸岛礁错落，岸外水深坡陡。在断裂构造控制的岸段，往往发育断崖岸，岸崖悬垂，岸壁平整，陡崖常直立于海中，高达 30～40 m（中国海岸带地貌编委会，1995）。

2）沙（砾）质海岸

沙（砾）质海岸主要分布在基岩岬角间的开阔海湾内和河口，如闽江口以南的长乐梅花至首祉岸段，平潭的海潭湾、莆田平海湾、惠安大港、晋江深沪湾、围头湾、厦门岛东南岸、龙海港尾湾、漳浦浮头湾、将军澳、东山乌礁湾和诏安大埕湾等，其特点是海岸背靠丘陵台地，岸线低而平直，沿岸沙堤、沙坝、沙嘴、海蚀阶地或冲积—海积小平原等地貌类型较发育，滩面宽度一般几十米至几百米，最宽的长乐江田沙滩可达千余米，砂质海岸大多处于侵蚀状态。

在闽江口以南的砂砾质海岸后缘，常发育风成沙丘。在平原地带沙丘分布长达数千米，低丘则多限于麓部，高者可达 70～80 m，其组成物质为以石英占多数的中细沙，分选良好，近山丘处略有粗化现象。地貌形态表现为新月形沙丘和沙丘链、垄岗状沙丘、沙堆等。

3）淤泥质（人工）海岸

淤泥质海岸主要分布在深入陆地的湾中湾，如罗源湾、福清湾、泉州湾、湄洲湾、兴化湾、厦门港、旧镇湾和诏安湾等海湾底部，其特点是周围山丘、台地环抱，海湾深入内陆，湾口有岛屿屏障，多呈半封闭状态，波能较弱，有利于细颗粒物质沉积。海岸低平，岸前发育宽阔潮滩，组成物质为黏土质粉砂或粉砂质黏土，滩面宽数百米至数千米，坡度小于 1 ×

10^{-3}，其上发育树枝状或蛇曲状潮沟，处于淤涨状态。

4）红树林海岸

红树林海岸主要分布在淤泥质海湾和河口边滩顶部，呈零星片状分布，长势较好的有漳江口竹塔、九龙江口草埔头、海沧、旧镇湾林尾、厦门西港东屿、泉门湾后渚等，林带宽一般 30~50 m，最宽百余米。其种类有 6 科 8 种，它们组成 4 个群落，结构较简单，分层不明显。其种类数、群落数和树高大致由南而北递减。

8.6.1.2　水下岸坡

水下岸坡指潮间带以下至 20 m 等深线之间的水下浅滩，等深线走向呈 NE 向。闽中（闽江口至厦门港）水下浅滩范围较大，宽度达 20~30 km，地形平缓，平均坡度在 1×10^{-3} 左右，平潭岛以东和局部岬角附近，水下浅滩较窄，宽度约 4 km，坡度稍陡约 2.5×10^{-3}，而南日群岛以南又展宽，达 20 km 左右。沉积物以黏土质粉砂为主，由岸边向海域由粗变细，呈现出有规律的粒度分异过程，据柱状沉积物^{210}Pb 测定，表明沉积速度较高，达 1 cm/a，可能与晋江入海泥沙有关。闽南（厦门港至南澳岛）海底浅滩宽窄不一，最宽 18 km，窄处约 4 km，坡度在 $1 \times 10^{-3} \sim 4 \times 10^{-3}$ 之间，地形变化较为复杂，海底波状起伏，组成物质较粗，在大片砂质浅滩上发育北东—南西向延伸的长条状沙脊和沟槽，在东山沃角东南，这种脊槽地形出现于水深 10~20 m 处，相间排列，比高 5~10 m，长达数千米（中国海岸带地貌编委会，1995）。

8.6.1.3　水下三角洲

较大的水下三角洲有闽江、九龙江水下三角洲，详见本书第 7.2.2 节。

8.6.1.4　海峡东岸（台湾西海岸）平原砂砾质海岸

台湾西部海岸北起淡水河口，南至保力溪口，全长约 500 km，其地貌形态由 30 多个大、小入海河流在河口不同的堆积地貌组合而成（林雪美，1997）。

曾昭璇（1977b）认为台湾岛西侧海岸地貌可分为北、中、南三段，北段位于大肚溪（彰化）以北，为扇形平原海岸，中段位于大肚溪至曾文溪（台南市）之间，为雁形沙嘴海岸，南段位于曾文溪以南为沙堤潟湖海岸。

1）北部扇形平原海岸

包括淡水溪、大安溪、大甲溪、大肚溪冲积所成的扇形平原海岸，呈弧形外突所连接的海岸，因此，海岸呈现外凸与内凹相间的特点，海岸类型以砂砾质海岸为主，海滩发育，沙滩坡度约为 12.5×10^{-3}，并向水下延伸。沙滩上的砂易被风力搬运，在海岸带形成风成沙丘，在新竹台上风成沙丘可披覆在 50 m 高的台地上。在台中一带，风成沙丘宽度达 4 km，可分为 2~3 列海岸沙堤，靠近台地的沙堤为全新世早期堆积，基部有贝壳出露，沿岸为现代沙堤，形成历史不长，两列沙堤高差约 5 m。

北部扇形平原岸呈淤涨态势，表现为岸线外移，浅滩变浅，海滩坡度变缓。海岸淤涨以台中海岸尤为明显，海岸低潮线 1957 年比 1914 年西移约 2 000 m，平均每年伸展 42 m。1913 年至 1960 年浅滩水深出 2~15 m 淤浅至 1 m，同时海滩坡度变缓，5 m 等深线向海推进平均速度为 11. 46 m/a，10 m 等深线为 13. 88 m/a。

2）中部雁行沙嘴海岸

本岸段从鹿港起至台南止，长约 120 km，包括浊水溪扇形平原和嘉南平原。在地貌上，除具有与北部扇形平原海岸相似的海滩、风成沙丘外，最具特征的是雁行排列的海岸沙嘴，它是由于浊水溪扇形平原向西突出，其北岸呈 NE 向，南岸呈 SE 向，由浊水溪带来的泥沙及北向来的泥沙流从东北向西南形成离岸沙嘴。浊水溪在历史上出海口由南（八掌溪至曾文溪口附近）向北（浊水溪口）移动，先后形成南沙嘴，中沙嘴和北沙嘴，其中，南沙嘴和中沙嘴形成时代较久，浊水溪北移后供砂不足而被外动力切割，因而分别形成 2～5 个独立沙洲。

3）南部沙堤（坝）潟湖海岸

曾文溪以南岸段称为沙堤潟湖海岸。该岸段走向东南，东北向沿岸流在中部沉积形成沙嘴，再往南输送较少，泥沙主要靠该岸段的入海河流供应。由于该岸段入海河流源短坡大，挟带泥沙量也很多，如二仁溪每年入海泥沙达 $1. 225 \times 10^4$ t，高屏溪和盐水溪也带来大量泥沙，在南海东北向涌浪的传输下，形成西北向沿岸流，发育沙堤，将部分浅海封闭成为潟湖，如台南有台江湾潟湖，二仁溪有崎漏潟湖，高屏溪有高雄潟湖等。

8.6.2 海底地貌

8.6.2.1 构造台地

包括台中浅滩（又称澎北台地）、澎湖台地、台湾浅滩，均发育在构造隆起带上。

1）台中浅滩

从北港—台中海岸外，有一个呈三角形向西北延伸的 50 m 等深线圈闭的台中浅滩，石谦（2008）认为是低海面时的陆相冲积扇经后期改造而成。其南侧由澎湖水道与澎湖台地相隔，北侧则逐步过渡至台西盆地，浅滩地形呈锯齿状，起伏大，有多个小于 20 m 的浅滩（最浅处水深 9. 6 m）和连绵的海底沙丘组成，走向 NW—NNW，直指乌丘屿，该浅滩将台湾海峡在地貌上分成两部分，北侧为台西盆地，南侧为乌丘盆地。

2）澎湖台地

包括澎湖列岛及其附近海域，位于 22°11′～23°49′N、119°18′～119°46′E 之间。澎湖列岛由 64 个大、小岛屿及岩礁组成，总面积约 127 km²，其中，澎湖岛最大（64 km²），渔翁岛次之（18 km²），白沙岛居第三（14 km²）。三岛由干出礁相连，并环抱形成天然的澎湖良港。周边海域大约以 50 m 等深线圈闭，为一低平的侵蚀台地，呈片状分布，地形起伏，构成澎湖岛礁。北与台中浅滩由澎湖水道相隔。澎湖台地长期处于隆升状态，缺失早第三纪沉积，火山活动强烈，台地主要由上新世和更新世的玄武岩、凝灰岩及砂岩组成，在白沙岛通梁村的 TL-1 号钻井，玄武岩层上面的沉积层仅 7 m 厚。地貌上发育玄武岩残丘，最大高程约 80 m，也有少量现代风暴沙丘。澎湖列岛地势低平，但海岸陡峭，海蚀地貌发育，海蚀崖最大高差可达 50 m，常以急剧斜坡伸向海底，岛屿周围有隆起的珊瑚礁。常见水下沟槽切割台地，岛间水道多礁石，最大的水道——八罩水道水深 32~73 m，宽约 10 km，贯通东西，将澎湖列岛分为南、北两个岛礁群，澎湖岛与白沙岛位于北岛礁群，南岛礁群礁石分散，岛屿多半为平坦阶地，几乎无树木（刘宝银，1995）。

3）台湾浅滩

台湾浅滩位于台湾海峡西南部，是一个由 40 m 等深线所圈闭的浅滩，成椭圆状，长轴为近东西向，向四周倾斜。浅滩长约 210 km，宽约 90 km，面积约 8 500 km²。台湾浅滩地形复杂，沙脊沙波密布，在 22°40′~23°20′N、117°35′~118°30′E 海域，脊槽地形发育，水下沙丘群的形态成锯齿状，单峰状。沙脊上发育沙波，沙波走向变化大，大体上呈 NE—SW 向，长 1~5 km（图 8.29）。沙波波长 325~822 m，顶部水深 15~20 m，最浅处仅 8.6 m，高差 5~20 m，平均高差 15.7 m，向周边高差逐渐缩小，平均约 6 m。在潮流作用下，沉积物输运量较少，台湾浅滩上较大规模的沙波运动，其主要动力为风暴流（杜晓琴，2008）。台湾浅滩上覆盖黄褐色粗颗粒沉积，有沙砾、粗中砂、中细砂、细砂等，分选好，负偏态，富含贝壳和有孔虫遗壳的残留砂（郑承忠，1991）。研究认为，它们形成于 15 000~6 000 a. BP 低海面后的海侵时期的滨海沉积，物质来自福建南部九龙江及韩江的入海物质，后经波浪、海流及生物作用的改造而形成今日的台湾浅滩地貌，在水深 25 m 处采集到的海滩岩，¹⁴C 测年结果为（8 420±270）a. BP 和（8 590±270）a. BP（杨顺良，1991）。

8.6.2.2 海积海蚀盆地

在台中浅滩南北各发育有北东向狭长盆地，北侧盆地位于台湾西北部岸外，可称为台西盆地，南侧盆地 NE 向，直指乌丘屿，可称乌丘盆地（骆惠仲、杨顺良，1991）。

1）乌丘盆地

位于海坛岛东南，乌丘屿附近海域由 65 m 等深线圈闭而成，向南海开口，呈一北东狭长形盆地，宽 15~20 km，长约 110 m，深约 75 m 左右。但在韩江口，受韩江水下三角洲叠置，局部水深变浅。盆地东西两侧不对称，西侧深且陡，界线平直，高差可达 30 m，坡度 3.3×10^{-3}。东侧低缓，高差仅 10 m，坡度 1.6×10^{-3}，沉积物以灰、灰黑色贝壳细砂为主，部分中、粗砂，分选好，近于零正偏态，概率曲线为 3~4 段式，属滨海及波浪带浅海相沉积，重矿物含量较高，富含磁铁矿、锆石、绿帘石、角闪石、电气石等滨岸重矿物，底拖网获玄武岩卵石。经 ¹⁴C 测年为距今 15~13 ka，属晚更新世滨海环境的残留沉积。

2）台西盆地

位于台湾西北岸外，由 70 m 等深线圈闭，走向 NE，70 m 等深线向东北开口，该盆地是东海陆架盆地的南延部分。盆地东西宽约 60 km，南北长约 160 km，水深 80 m 左右，东侧较陡直，西缘多曲折。盆地内有若干小洼地和小隆起，地形起伏。沉积物以灰色细砂为主，局部出现中、细砂，含大量经磨蚀的贝壳碎片，分选良好，概率曲线属河口滨岸及波浪带浅海型。重矿物富集，以角闪石、绿帘石、十字石、石榴石及磁铁矿为主，矿物成分复杂，反映为滨岸环境，柱状样中见有砂、泥团块，为滨岸水动力所造成的沉积结构，与当今地形特征不相符合，应为残留沉积。

8.6.2.3 海底峡谷

1）澎湖水道

不同文献中又称为澎湖海槽、台湾浅滩南部海底峡谷等，是南海规模最大的海底槽谷之一，水道上部起自澎湖台地和台中浅滩之间约 30 m 左右水深处，呈 NNW—SSE 向，至水深 100 m 附近，以近 SN 方向延伸，切割南海东北部陆坡，进入南海东北部海盆后，与马尼拉海沟相连接，它是沟通台湾海峡与南海的主要通道。全长约 315 km，上段宽 7~15 km，往南呈喇叭形，至 22°50′N，119°50′E 附近，进入南海东北部陆坡后，虽有放宽，但仍切割陆坡，往南降至 3 800 m 时，汇入南海海盆，峡谷呈 "V" 字形，上部切割深度较大，最大切割深度可达 1 200 m，谷坡东陡西缓，最大坡度达 170.9×10^{-3}，下部切割深度小，约 300 m，谷坡坡度为 22.7×10^{-3}。

2）高屏海底峡谷

紧接台湾西南海岸的大陆架被称为高屏岛架（Yu and Chiang，1997），这里的岛架坡折水深约为 215 m，岛架宽度范围为 17~40 km，平均宽度 28 km，岛架坡度约 2.5×10^{-3}，往南即为南海东北部陆坡。高屏河（又称下淡水溪）在东港入海后，切割岛架，陆坡和南海东北部深海盆，约于 20°30′N 附近与澎湖水道南延的海底峡谷汇聚后与马尼拉海沟相连接，全长约 260 km，该海底峡谷可分为上、中、下三段（Chiang and Yu，2006），上段从高屏河口起往西南方向延伸约 88 km，水深 1 600 m 处（22°N，120°E 附近）接中段，中段向东南延伸约 65 km，水深 2 600 m 处（21°40′N，120°20′E 附近）接下段，下段向西南方向延伸约 100 km，水深 3 500 m 处汇入马尼拉海沟，三段中仅上段位于台湾海峡。高屏河上段在河口附近水深 186 m 以浅的岛架区海底峡谷呈 "V" 字形，宽约 2.8 km，往南进入陆坡区，峡谷呈 "U" 形，至水深 1 600 m 处，峡谷宽约 9 km，峡谷东西两侧谷壁呈东高西低的不对称。上段海底峡谷在海底的切割深度在 500~960 m 之间。

第9章　东海地貌成因与演化的主要控制因素

东海地貌类型分布及演变与众多的自然因素和人为因素有关。自然因素包括地质构造、海洋动力、气候变化、海平面变化及河流作用等，其中，海洋动力和河流作用已在本书第6.2节中叙述，以下仅就构造因素、海平面变化及人为因素进行论述。

9.1　板块运动

三大板块相互作用奠定东海地貌演化的基础。

欧亚板块，太平洋板块和印度板块的相互作用，不仅对东海的构造演化产生重要影响，也奠定了地貌演化的基础。

晚白垩世，太平洋板块呈 NWW 向移动，其速度约 75 mm/a，而此时，在中国西南部印度板块以 NNE 向向欧亚板块碰撞，其速度约 165 mm/a。二者的相对位移差，使中国东部和海域处于一个右旋张扭应力场控制下，这使中国东部和东海不断向东南方向蠕动扩散，因而使东海经历了断陷—断坳—坳陷—披覆等复杂的成生过程，再加上近期海水动力的塑造和河流入海泥沙的沉积，在充填的沉积盆地上发育平坦、宽广的陆架平原。

不少学者如蒋家祯（1984）、金性春（1990）、高金耀（2003）、李家彪（2008）等通过不同方法研究，均获得中国东部及东海地区向东南方向运动的深部应力场，该应力场拉动东海向东扩散，使地壳减薄。许薇龄（1992）根据大量遥测折射浮标和 OBS 测量资料，将东海陆架地壳分为上、中、下三层，上地壳层除中新生代沉积层外，还有密度为 $2.67\ \text{g/cm}^3$、地震波速度值为 $5.8\sim6.0\ \text{km/s}$ 的古生界浅变质岩系，花岗岩和少量中基性岩体，其厚度在 $12\sim15\ \text{km}$ 之间，主要为酸性岩类；中地壳层由岩浆岩和变质岩组成，其密度值为 $2.80\ \text{g/cm}^3$，地震波速度值为 $6.4\ \text{km/s}$，厚度约 7 km，属中性岩类；下地壳层岩性以麻粒岩为主，密度值为 $2.90\ \text{g/cm}^3$，地震波速度值为 $7.4\ \text{km/s}$，厚度一般为 10 km，属基性岩类。从东海地壳厚度和结构判断，属大陆性地壳，再从钻井所揭示的上地壳地层证实，$1.8\sim2.2\ \text{km/s}$ 和 $2.4\sim2.8\ \text{km/s}$ 的速度层为上新世至第四纪沉积层，$3.0\sim3.6\ \text{km/s}$ 的速度层为渐新世至中新世的沉积层，$4.2\sim5.1\ \text{km/s}$ 的速度层为始新世沉积层，$5.75\sim6.0\ \text{km/s}$ 的速度层推测为侏罗世到古新世的沉积层，$6.0\ \text{km/s}$ 速度层推测为上古生界的一套浅变质岩系，所以东海陆架是经拉裂扩张并接受中—新生代巨厚沉积的大型陆架盆地，陆架地貌是在这一构造基础上经后期水动力塑造演化而成的。

钓鱼岛隆褶带地壳结构有 3 个速度层，分别为 1.95 km/s、2.65 km/s 和 5.45 km/s，1.95 km/s 和 2.65 km/s 速度层为沉积岩，5.45 km/s 速度层为中地壳，下部应有 $6.8\sim7.6\ \text{km/s}$ 的下地壳层，与东海陆架地壳结构相一致。

在东海陆架东侧，则由菲律宾海板块（太平洋板块）沿琉球海沟向 NW 向俯冲形成的沟—弧—盆地貌组合，Karig（1971）认为当菲律宾海板块向欧亚板块俯冲时，牵引、拖拽陆架向下弯曲，在俯冲前沿形成深的海沟和陆缘增生楔（外弧），当增生楔形体增长扩展时，由于洋壳的下插挤压和上抬陆壳，导致脆性陆壳破裂，岩浆沿破裂处上涌，并最终沿裂口涌出形成岛弧（内弧）。火山弧由火山岩—深成岩系组成，熔岩以安山岩为主。继而岛弧分裂扩张形成边缘海盆（或称弧间盆地），分裂岛弧的前弧随着俯冲带外移而继续发育火山弧，而留在后方的称为残留弧（或称第三弧），它慢慢远离俯冲带而停止活动，并冷却沉没于海面以下成为陆架边缘隆起，其沟、弧、盆形成机制可简化为图 9.1。

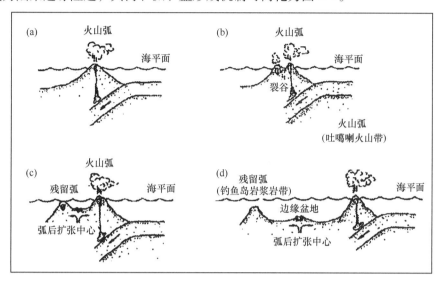

图 9.1　沟、弧、盆形成机制（李家彪，2008）

由于西菲律宾海板块 45 Ma 至 35 Ma 期间扩张轴转向近 E—W 向，沿琉球海沟并向 NW 俯冲于欧亚大陆之下，而使其弧后的冲绳海槽于中新世晚期开始拉张，并开始接受中新世晚期沉积。而在冲绳海槽西侧的钓鱼岛隆褶带和东侧的琉球岛弧西侧的吐噶喇火山带原来是相连为一体的火山弧，因冲绳海槽的不断扩张而分裂，琉球群岛火山弧不断向东移动，至今仍在继续活动。钓鱼岛隆褶带在上新世之前就停止了活动，变成残留弧，沉没于水下，并上复上新统三潭组沉积岩。

所以沟—弧—盆是板块俯冲边界具有成生联系的地貌组合，其表现为弧状，是因地球表面的球面与俯冲带平面相交所表现出的形状。由于海沟或俯冲带的长度达数百或数千千米不等，大洋板块向大陆板块俯冲时，不可能与弧形的岛弧到处垂直，有些部位岛弧与板块运动垂直，有些部位斜交，这就带来俯冲带的角度改变，东海外缘的琉球沟—弧北段（吐噶喇海峡以北）俯冲带倾角较陡，约 70°，南段减缓至 40°～50°，相应地，北段的俯冲速度（4.4～5.4 cm/a）小于南段（5.4～6.5 cm/a），而台湾以东俯冲带更陡，甚至有些倾向东，这可能对板块俯冲引起的地幔热底辟或次生对流产生影响，从而影响边缘盆地的扩张，冲绳海槽的宽度、深度南北不同，可能与此有关。菲律宾海中央盆地断裂向西北延伸至台湾东北，阻断了琉球海沟和冲绳海槽，它可能是一条转换断层，在其两侧的菲律宾海板块运动方式不同，在构造和地貌上均有不同的表现。

9.2　区域构造演化

东海在向东蠕动扩散和沟—弧—盆形成的构造运动中，在东海呈现出浙闽隆起、东海陆架盆地、钓鱼岛隆褶带、冲绳海槽、琉球岛弧三隆二盆的构造组合（图6.3），奠定了东海海底地貌发育的基础，控制了海岸轮廓和岸线走向。

9.2.1　区域构造演化对地貌的控制

东海陆架盆地在构造上呈西缓东陡的箕状次级盆岭结构，由西向东分为西部凹陷带（长江凹陷、钱塘凹陷、瓯江凹陷、闽江凹陷、南日凹陷）、中部低凸起带（虎皮礁凸起、海礁凸起、渔山凸起、雁荡山低凸起、观音凸起）和东部凹陷带（西湖凹陷、基隆凹陷），隆起区也可出现沉降幅度相对较小的断陷盆地。各盆地绝大多数经历由早期的断陷（$E_1 \sim E_2$）、中期坳陷（$E_3 \sim N_1$）、晚期区域沉降（$N_2 \sim Q$）的发育过程（许东禹等，1997），盆地范围由小到大，其边界有断裂控制。据地震资料确定（李家彪，2008），东海共有断层329条，在陆架盆地有断层263条，其中，正断层226条。盆岭地貌长期处于"削岭填盆"逐渐夷平的过程，盆地大量接受毗邻隆起区和盆地内凸起区的削蚀物质，形成海、陆相巨厚沉积，新生代最大沉积厚度逾10 000 m，其中，西湖凹陷最厚达15 000 m。钓鱼岛隆褶带成为大量截留陆源物质的天然构造坝，也是现代东海陆架与大陆坡（冲绳海槽西侧斜坡）的构造分界。上新世以来，陆架盆地和钓鱼岛隆褶带进入区域性沉降，同时大量接受中国大陆陆源物质，上新世—第四纪沉积厚度达1 500 m，呈披覆式覆盖在日益夷平的盆岭地貌上，逐渐形成由西向东徐徐倾斜的宽阔的陆架平原地貌景观。晚第四纪以来，陆架地貌的发育主要受区域构造、海平面升降变化和海、陆外营力控制，如陆架基底构造隆升部位，出现舟山群岛、苏岩礁、济州岛（浙闽隆起），钓鱼岛、赤尾屿、五岛列岛（钓鱼岛隆起）二列岛屿或暗礁。构造隆起部位也成为发育构造台地的基础，位于东沙—澎湖隆起的台湾浅滩、澎湖和澎北构造台地，隶属于不均衡隆升的次级断块。

沟—弧—盆的地貌发育更是受构造因素控制，冲绳海槽是由板块俯冲导致的弧后扩张形成的，其横断面呈"U"形，两侧槽坡陡峭，槽底为深海—半深海平原，其地貌发育过程主要受雁行式排列的海槽扩张轴的控制。海槽中央为沿扩张轴发育的中央裂谷（深海洼地）和火山链，海槽西侧的东海陆坡坡麓有断陷沟槽，东侧琉球岛坡坡麓有狭窄的断陷洼地，海槽中央裂谷西侧槽底断续分布的断块隆起台地与浅滩，海槽东侧分布有断块隆起台地与海岭等（李家彪，2008）。岛弧区包括板块俯冲造成的增生楔（外弧）和火山弧（内弧），在地貌上表现为海脊，如八重山海脊（又称增生楔海脊或外弧），由数条东西向延伸的条带状山脊组成，该海脊的典型特点是槽脊相间，东西向曲折延伸，水深在3 500 ~ 4 500 m之间变化，海脊向陆侧为弧前盆地，向海侧过渡至琉球海沟。吐噶喇海脊走向NNE，该海脊发育众多火山岛或火山丘。在双列弧之间则分布有构造台地、弧前盆地、断陷盆地和受断阶构造控制的深水阶地等。

9.2.2　断裂构造对地貌的控制

断裂构造的位置往往是控制地貌分区的边界（图6.3），比如：① 海礁—东引大断裂，该断裂走向NNE（约30°），北端起自海礁，经鱼山列岛、台州列岛和台山列岛，止于东引岛，长约700 km，基本上沿浙闽大陆外缘延伸，大体上构成陆地与海洋的边界，该断裂表现为剧烈变化的磁异常，推测为由一系列断裂组成的一条大断裂带，在晚侏罗—白垩纪由中酸性岩浆沿此断裂外溢而成。往南该断裂可与长乐—诏安断裂相接，控制广东海陆分布形态；② 钓鱼岛隆褶带东侧断裂，成为东海陆架地貌单元和冲绳海槽地貌单元的分界，该断裂表现为梯状断裂带，断层面倾向 SEE，可能为早中新世扩张而成；③ 冲绳海槽大断裂，位于冲绳海槽东侧的琉球西岛坡（图 9.2），构成了弧—盆地貌单元的分界，该断裂南起八重山北侧向东北经宫古岛以北，久米岛—大隅诸岛以西，可延至西南日本，长达 600 km 以上，西南段走向 NEE 向，中段 NE 向，北段呈 NNE 向，是一条长期活动的生长性正断层，形成时间可能北部较早（约中新世），南部较晚（约上新世晚期），随着冲绳海槽的扩张而逐渐东移至此。

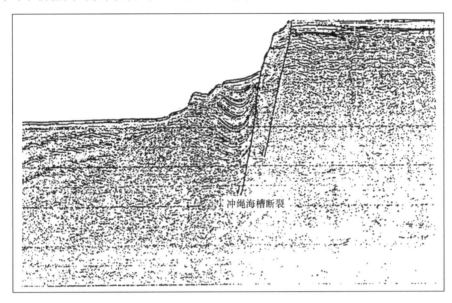

图 9.2　冲绳海槽大断裂（李家彪，2008）

断裂构造还控制着东海海岸轮廓、海岸类型基本格局及海湾的发育。中国东部广泛发育 X 型断裂，即 NE 向和 NW 向断裂交叉密集，它们控制着东海海岸线走向和岛屿分布的走向，如舟山群岛总体排列呈 NE 向，舟山岛、六横岛、岱山岛等岛屿岸线呈 NW 走向。陈则实等（2007）指出，东海沿岸构造成因的海湾有象山港、乐清湾、沙埕港、三沙湾、罗源湾、福清湾、湄洲湾、泉州湾、厦门港等。以下仅以象山港和厦门港为例。控制象山港的断裂带在地震剖面上呈现为小型水下基岩隆起，在隆起两侧均发育正断层，如图 9.3，该断层断距不大，约 2～4 m，倾角 60°～70°，倾向 SE 或 NW，各断面只错动到下更新统地层，为不活动基岩断层①。据航磁资料推断，该断裂起自浪岗山列岛，过象山港向西南至缙云，由于断裂作用，控制象山港及港内岛屿走向。而厦门港则是由多条断裂共同控制（中国海湾志编委会，1993），长乐—南澳断裂带控制厦门港附近区域燕山期花岗岩和泥盆系火山喷发岩系的展布及区内海岸线总体走向、岛屿的排列与展布；厦门岛东侧断裂控制了厦门东北海域向南延伸至何厝、白石炮台的岸线走向；厦门西港断裂沿嵩屿—火烧屿—龟山（同安）展布，控制了厦门西港的形成；厦门东西向断裂控制了海沧、鼓浪屿、厦门岛、小金门等诸岛屿的南侧边界；高崎—五通断裂控制了北侧水道的形成；厦鼓海峡断裂，将厦门岛与鼓浪屿切割开，使其变成深槽航道。

---

① 国家海洋局第二海洋研究所. 2006. 宁波象山港大桥及接线工程海域使用论证报告书.

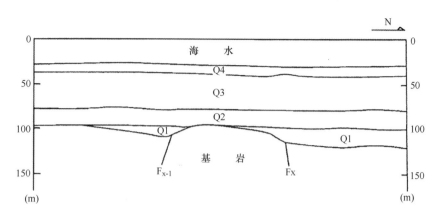

图 9.3　穿越象山港的地震剖面解释

9.3　海平面变化

9.3.1　更新世以来海平面变化

　　第四纪以来，气候处于不断冷暖变化之中，就目前所知，第四纪大约有 20 多个冷暖波动旋回（庄振业，1999）。气候波动直接影响到东海的海平面升降，造成古地理环境的演变。冯应俊（1983）根据东海沉积物的水深与 ^{14}C 测年编制了东海 40 ka 以来海平面升降过程曲线；李乃胜等（2000）根据渤海 Bel 孔，编制了 128 ka 以来的海平面升降曲线；李家彪（2008）根据长江口至冲绳海槽的单道地震剖面和 DZQ4 号岩性分析资料推断的沉积环境编制了 45 ka 的海平面变化图，并考虑到海平面变化造成的水深和沉积物的变化所产生的均衡作用会改变海平面变化的量值。因此将冯应俊作的曲线称为相对海平面变化曲线，而经均衡改正以后的曲线称为绝对升降曲线，见图 9.4，该图可用于讨论东海海平面变动、海侵、海退历史及对东海地貌发育的影响。

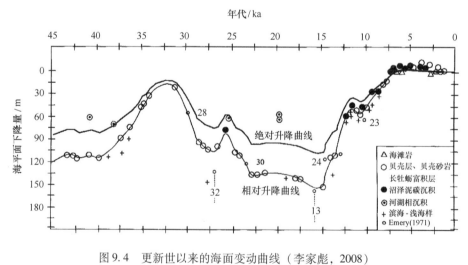

图 9.4　更新世以来的海面变动曲线（李家彪，2008）

　　从晚更新世以后，在 127 ~ 74 ka. BP 为玉木—里斯间冰期（国内称大理—庐山间冰期），推测该海面应在现在水深 80 m 处。李乃胜等（2000 年）在研究 Bel 孔时发现 128 ka. BP 以来，大约间隔 21 ka 出现一次海侵，也就是说，在玉木—里斯间冰期海面仍有起伏变化，出现三次大的高海面，海侵期分别出现在 128 ~ 118 ka. BP、108 ~ 90 ka. BP 和 85 ~ 70 ka. BP，其间曾发生海面短期下降。

70 ka. BP 后，间冰期结束，70 ~ 15 ka. BP 为最后冰期，或称末次冰期（李从先等，1998），并根据长江口沉积层序认为 59 ka. BP 前为末次冰期的早冰期，59 ~ 23 ka. BP 为末次冰期的亚间冰期。23（或24） ~ 15 ka. BP 为盛冰期。在此期间，大量脊椎动物南迁至低纬度地区，在渤、黄、东海海底或钻孔中发现了陆生古脊椎动物化石。新野弘（1970）报道在男女列岛及钓鱼岛附近海底采集到的岩石样碎片有生物附着或被生物穿孔，明显证明曾裸露于海底，同时在虎皮礁附近采集到北方原始牛的下颚骨，在男女列岛附近采集到猛犸象的牙齿。中国科学院海洋研究所在东海29°N，123°E 水深73 m 处的岩芯68 cm 发现三块哺乳动物骨骼残片，在该化石层以上为全新世海侵沉积，以下为晚更新世末期的陆相沉积，上述动物骨骼化石及地层沉积相证实了东中国海在更新世为一大陆平原，上述哺乳动物曾群居于此。Emery（1968）对东海外陆架沉积物进行研究，认为是一套晚更新世低海面时的海滩沉积，未被现代沉积所覆盖，并称为"残留沉积"。这些沉积物样品的测年数据可反映末次冰期气温导致海平面的变化，大量位于水深56 ~ 74 m 间的样品^{14}C 测年数据为 35 ka. BP，说明此时海平面已上升至60 m 水深左右，32 ka. BP 海平面处于最高值，但此后海平面迅速下降，29 ka. BP 时，海平面下降至水深110 m 左右，这可从该处采集到的贝壳砂^{14}C 测年为 29 ~ 28 ka. BP 可作证明。随后海平面在此有一次大的波动，波动幅度40 m 左右。至 23 ka. BP 前后，海平面降到目前水深130 ~ 140 m 一带，形成厚层的滨海砂、滨岸贝壳砂砾层、贝壳层等，至15 ka. BP时达到最低。冯应俊（1983）、朱永其（1984）认为最低海面可达陆架边缘150 ~ 160 m水深处。Emery 等（1968）也从半咸水软体动物化石及^{14}C 测年数据，认为此时海平面位于水深102 ~ 150 m。李家彪（2008）认为，自 23 ~ 18 ka. BP 东海海平面呈下降趋势，至18 ka. BP盛冰期时降至第四纪海平面最低点，现水深130 ~ 160 m 一带。

15 ~ 7.5 ka. BP 为冰消期，随着气候变暖，海平面快速上升，至 13 ka. BP 时海平面回升至110 m 水深左右，12 ~ 10 ka. BP 海平面迅速回升至60 m，7 ka. BP 海平面与目前海平面相当，上、下波动约5.0 m。但各处上升速度并不统一。

9.3.2 现代海平面变化

现代（近百年）海平面研究，主要通过验潮站观测及卫星高程测量，利用这些资料整理的海平面变化主要成果见表9.1。

表9.1 验潮资料推测现代海平面变化趋势

研究者	全球海面上升速率/（mm/a）	中国海面上升速率/（mm/a）	验潮站数
Gutenberg（1941）	1.1±0.8		69
Lisitzin（1958）	1.12±0.36		6
Fairbridge and krebe（1962）	1.2		经过选择的许多验潮站
Emery（1980）	3.0		52
Gornitz et al.（1982）	1.2	1.2	130
Barnett（1982）	1.51±0.15	1.51±0.15	17
Barnett（1984）	2.3±0.2	1.43 ~ 2.27	许多验潮站
史瑞海和方巧英（1985）	0.5	0.5	37
Douglas（1991）	1.8±0.1	1.8	经选择的21个验潮站
郑文振（1989—1992）	1.5	1.5	102

续表9.1

研究者	全球海面上升速率/（mm/a）	中国海面上升速率/（mm/a）	验潮站数
谢志仁（1992）	0.7 ~ 1.2	0.7 ~ 1.2	162
P. L. Woodworth（1991）	1.0 ~ 2.0	1.0 ~ 2.0	许多验潮站
黄立人（1993）	1.2 ~ 1.4	1.2 ~ 1.4	414
郑文振（1993、1994）	1.6	1.6	428
王骧（1999）		−0.7 ~ 1.7	44
吴中鼎（2003）		1.05 ~ 1.55	
中国海平面公报（2006）		2.1 ~ 3.1	50 年资料

资料来源：王颖（1995）、李乃胜等（2000）、吴涛（2007）等数据整理。

表9.1 反映了海平面逐年波动并上升的趋势。中国沿海验潮站最早建于 20 世纪初，1964 年国家海洋局成立后，中国长期海平面监测系统网才基本建成，20 世纪 90 年代，许多专家利用沿海潮位站资料对 20 世纪沿海地区海平面变化进行了分析，发现 20 世纪 50—90 年代东海海域海平面变化速率为 2.65 ~ 3.59 mm/a，其中，长江口海域上升速率较快，达 5.21 mm/a。年内变化中，海平面高值出现在 8—9 月，最低值出现在 2—3 月（吴涛，2007）。蔡锋等（2008）整理了国家海洋局发布的《中国海平面公报》，表明近 50 年来海平面呈上升趋势，年均上升速率 1 ~ 3 mm，近几年速率加快，但有明显区域差异，总体上南部沿海大于北部沿海。2006 年中国沿海海平面平均上升速率为 2.5 mm/a，高于全球 1.8 m/a 的平均值，其中，东海上升速率高于全国平均值。

国家海洋局自 2000 年起发布我国沿海海平面公报。据最新发布的 2010 年中国海平面公报（国家海洋局，2011），近 30 年来，东海沿海各省市年代际海平面变化如表9.2 所示，资料表明年代际海平面均呈缓慢上升趋势，平均上升速率为 2.8 mm/a，目前总体上海平面处于历史高位。上海、浙江、福建沿海海平面年代际变化见图 9.5 ~ 图 9.7。

表9.2　东海沿海各省、市年代际海平面变化（国家海洋局，2011）　　单位：mm

地 区	2001—2010 年与 1991—2000 年相比	2001—2010 年与 1981—1990 年相比
上 海	14	47
浙 江	22	46
福 建	33	50

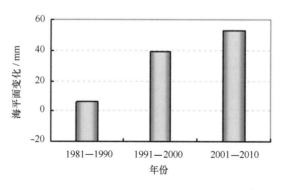

图9.5　上海沿海年代际海平面变化（国家海洋局，2011）

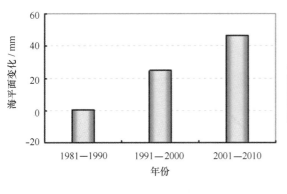

图9.6 浙江沿海年代际海平面变化
（国家海洋局，2011）

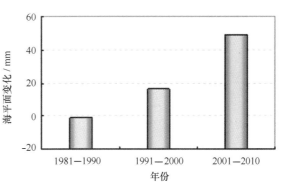

图9.7 福建沿海年代际海平面变化
（国家海洋局，2011）

2010年，东海沿海海平面比常年高66 mm，与2009年相比，略有偏高，但各地有区域性变化，如福建北部沿海海平面偏高，而南部沿海则偏低。2010年东海沿海省市海平面变化及未来30年预测见表9.3，2010年上海、浙江、福建沿海海平面变化见图9.8～图9.10。

表9.3 **2010年东海沿海省市海平面变化**（国家海洋局，2011） 单位：mm

地区	与常年比较	与2009年比较	未来30年（相对于2010年）预测
上 海	66	11	91～143
浙 江	67	11	84～139
福 建	55	−10	76～118

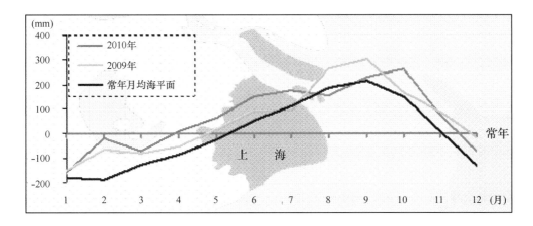

图9.8 2010年上海沿海海平面变化（国家海洋局，2011）

上述资料表明，受气温偏高、气压偏低及冬季风减弱等因素影响，2月份海平面比常年同期偏高，上海达168 mm，浙江为139 mm。10月份海平面也比常年同期和2009年同期偏高，上海分别为112 mm和96 mm，福建分别为174 mm和91 mm，浙江则比常年偏高62 mm。8月份和9月份海平面则偏低，上海平均偏低109 mm，浙江平均偏低133 mm，福建平均偏低84 mm。

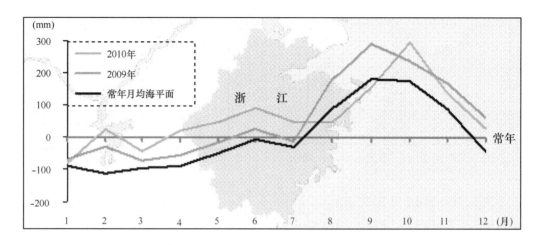

图 9.9　2010 年浙江沿海海平面变化（国家海洋局，2011）

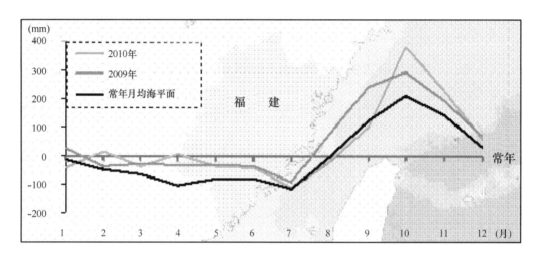

图 9.10　2010 年福建沿海海平面变化（国家海洋局，2011）

9.3.3　海平面变动的地貌响应

晚更新世以来的海平面变动在东海陆架上留下了一系列地貌形态，虽然当时所塑造的地貌在冰后期海侵后为现代沉积所覆盖，或为现代海洋动力所改造，但仍有形迹可寻，这些地貌形态包括古岸线、古三角洲、古河谷、水下阶地等（图 7.1）。

1）古岸线

由于海平面变化，使大陆岸线在东海陆架边缘至现代海岸之间，留下了海面停顿时塑造的海岸及滨海地貌痕迹。朱永其（1984）、金庆明（1984）、许东禹（1997）、刘忠臣（2005）、李家彪（2008）等，都曾讨论过古岸线位置。李家彪（2008）提出的古岸线位置有3 条，即 15 ka. BP 古岸线位于水深 150～160 m 处（目前水深，下同），13 ka. BP 位于水深 120 m 处，8 ka. BP 位于水深 60 m 处。冯应俊（1983）认为 40 ka 以前的早玉木冰期时，低海面（古岸线）位于水深 120 m 处，东海处于大陆平原状态，以后海面随之升高，35 ka. BP 时古岸线位于水深 50 m 处，32 ka. BP 古岸线推至水深 30 m 处，29～28 ka. BP 古岸线又恢复至水深 110m 处，15 ka. BP 古岸线推至陆架边缘水深 150～160 m 处，13 ka. BP 再次西移至水深 110 m 处，12 ka. BP 古岸线至水深 60 m 处。由此可见，陆架水深 60 m、110～120 m、150～160 m 处的古岸线位置并非经历 1 次，而是随着海侵海退多次停留。曾成开（1984）在分析东海水深 90～155 m 处贝壳^{14}C 测年数据后，得到该贝壳滩形成时间可分为四期，即 24 ka. BP、22 ka. BP、15 ka. BP、14～12 ka. BP，其中，24 ka. BP、22 ka. BP 形成的贝壳滩在 15 ka. BP 时出露为陆，经受风化与破坏，在 30°～31.5°N，127.5°E 处附近有一条近南北向断续延伸的低脊，其相对高度为 1.5～3.5 m，可能是低海面时海岸线停留时间较长所留下的海岸沙坝，低脊的西侧是断续分布的串珠状浅洼地，其相对深度为 2～3 m，这一脊一洼地貌组合可能是当时的海岸沙坝—潟湖体系残迹。

2）古三角洲

水下古三角洲在浅地层剖面上表现为堆积体延伸远而稳定的低角度斜层理，如图 9.11（李培英等，2007）。

刘振夏等（2000）在东海的浅地层调查资料中，揭示了两个由于海面变动而形成的被埋藏的叠置古三角洲：一个位于 29°21.5′N，125°44′E，三角洲自西北向东南发育，上覆沉积层较薄；另一个位于 30°20′N，125°48′E，三角洲自西北向东南发育。许东禹等（1997）认为在盛冰期，古黄河、古长江水系多为径流作用较小的河流，部分河流最终流入冲绳海槽，在外陆架形成小型河口三角洲，河间洼地常见湖沼沉积。沿陆架外缘构造隆升部位呈现 NE 向高差较小的残丘。15 ka. BP 以来，海平面快速上升的海侵过程中，水深 70～80 m、50～60 m 和 30～40 m 的不同深度处，多次发育小型河口三角洲。李家彪（2008）认为在现代长江水下三角洲和苏北辐射状潮流沙脊群以东，分布着一个呈扇状的晚更新世古长江三角洲，北起济州岛南部的陆架侵蚀洼地，南至台湾海峡北部的彭佳屿附近，几乎全由古三角洲沉积物组成，扇形平原上部水深 20～60 m，其东南边缘斜坡坡麓水深可达 90～100 m，古长江三角洲以南是中更新世里斯冰期以来的古长江及浙江沿岸中、小河流建造的古三角洲、冲积扇及湖沼平原，其上分布着浙江岸外潮流沙脊群。朱永其等（1984）所确定的古长江三角洲除在陆架外缘有小型古三角洲外，主要存在于现代长江水下三角洲和苏北辐射状潮流沙脊群地区，俗称杨子浅滩，并划分出古三角洲平原及前缘斜坡。刘振夏（1996）则认为是潮流沙席，并与江苏滨外潮流沙脊共同组成了现代潮流沉积体系。

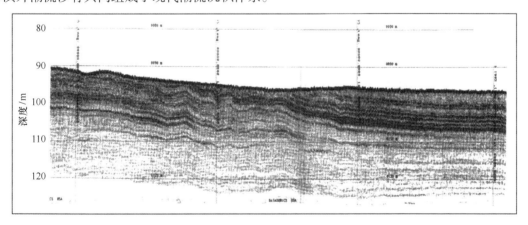

图 9.11 东海陆架古三角洲沉积层序（李培英等，2007）

3）古河谷

在晚更新世低海面时，河流切割当时的陆架平原时所留下的遗迹，古河谷可分为海底古河谷和埋藏古河谷，详见本书第8.5节。

4）水下阶地

晚更新世以来的海平面变动过程中，当某一时期海面有较长时间停顿时，在当时海岸线附近，海洋动力的侵蚀—堆积作用，就可能形成阶地，冰后期海侵后，就成为水下阶地。在35 ka. BP 和 12 ka. BP 时海平面均在 60 m 水深处停留，使东海陆架水深小于 60 m 附近坡度较陡，而在 60~100 m 处形成东海外陆架平坦面，其上覆的沉积物也显示为残留沉积。朱永其等（1984）曾指出在东海陆架外缘水深 100~120 m、120~140 m 和 140~160 m 处存在三级阶地面，其沉积物为中细砂，含贝壳碎屑，其下有贝壳层，中细砂磨圆度好，分选好，所含贝壳碎屑多属浅水种，地貌上发育滨岸沙坝，认为这三个水下阶地为晚更新世以来海面升降过程中，有过停顿，在当时岸线附近的侵蚀—堆积作用形成的。

9.3.4 现代海平面变化的影响

近代海平面上升，可引起大范围岸线内移，加剧风暴潮对岸线的作用而导致海岸侵蚀，对人类生存环境尤其是滨海平原低地和河口三角洲平原带来巨大损失。任美锷（1995，2000）、朱大奎（1995）等研究了全球海面变化对海岸地貌和人类社会的影响，包括：① 淹没土地（表9.4）。任美锷（1995）估计，我国河口三角洲及沿海相对低地约 3.5×10^4 km² 将可能受影响；② 海岸侵蚀。砂质海岸及河口段尤为严重，海岸侵蚀导致冲毁海岸防护林带，威胁农田及建筑物，咸化滨海地下水等；③ 风暴潮灾害加大。随着海平面上升，原防灾系统安全标准下降，如海平面上升 60 cm，上海现有堤坝安全标准将从千年一遇下降为百年一遇，受风暴潮影响时，灾害更为严重；④ 海水入侵。随着海面上升，海水向沿海地区地下水入侵；⑤ 改变海岸系统。随着海面上升，部分红树林海岸、珊瑚礁海岸将发生移动；⑥ 滩涂损失。陈吉余（2007）估计，海平面上升 0.54 m，滩涂将损失 24%~34%，如上升 1 m，则损失 44%~56%，并引起滩涂下蚀，进而危及海堤及海岸工程。

表9.4 东海主要滨海平原 2050 年海面上升及可能淹没面积预测（蔡锋，2008）

地　区	近几十年海面相对上升速率/（mm/a）	2050 年相对海面上升		淹没面积/ $\times 10^4$ hm²
		速率/（mm/a）	幅度/cm	
苏北滨海平原	2.2	6.8~7.3	40~45	3.8~8.9
长江三角洲	6.6	7.9~8.4	45~50	0.7~1.1
闽江三角洲	1.8	3.4~3.9	20~25	0.6~1.5
台湾西部沿海平原	2.0	7.0~9.5	28~38	

近代海平面变化，不但影响海岸地貌的发育，而且对社会、经济产生重大影响，已引起联合国教科文组织的高度重视，成立专门机构进行研究。尤其需重视海平面季节变化的影响，中国沿海海平面的最高值出现在 8—10 月，这时正是台风高发期，在高海面叠加风暴潮高潮位的共同影响下，造成更为严重的经济损失。吴涛等（2007）整理了国家海洋局近年来发布

的海洋灾害公报，认为东海沿岸的上海、浙江、福建及海南是中国沿海危险海岸带，风暴潮损失位居前列，且有加重趋势（表9.5）。

表9.5 1998—2005年沿海风暴潮灾害直接经济损失（吴涛等，2007） 单位：亿元

年份 省份	2005年	2004年	2003年	2002年	2001年	2000年	1999年	1998年
辽宁	0.7							
河北	0.92		5.84					
天津	2.2		1.13					
山东	2.42		6.13					
江苏	1.6	0.21				56.1		
上海	17.28	0.14		0.02		1.4		
浙江	40.29	12.05		29.6		43		7
福建	138.2	39.75		32.58	57.9	11.9	40	5.7
广东	7.94		50.14		29.1		7.9	
广西	0.58		8.23					
海南	117.67		7.03	0.94			3	

9.4 人为作用

流域、河口、海岸和海湾是沿海国家人口密集，经济发达的地带，人类活动频繁，流域毁林垦殖、水利工程、港口工程、海岸围填海、堵湾工程及海砂开采等海岸和海洋工程改变海洋动力环境，直接影响河流入海的径流和泥沙量、海湾纳潮量以及海岸泥沙运移途径，对河口、海岸地貌发育发生明显影响。

9.4.1 植被破坏，水土流失，河流入海泥沙量增加

河流入海通量（水、沙、溶解物质）与河口海岸地貌及陆架地貌发育密切关联，陆架宽度与入海河流输沙量有关。中国河流入海泥沙量高达18.5×10^8 t/a，占世界的10%，塑造我国东部滨海平原，形成宽达600 km余东中国海陆架，河流入海泥沙更为河口拦门沙、水下三角洲、海岸、海湾地貌提供物质基础。近百年来人口增长，经济发展，流域植被破坏，水土流失加重，使河流入海泥沙增加，20世纪80年代前长江入海泥沙高达4.68×10^8 t/a，黄河60年代前达12×10^8 t/a，大量水沙入海造成河口东移，岸线外涨，河口三角洲发育加快，浙闽及附近海域海岸大多处于淤积状态。

长江入海泥沙形成长江三角洲面积约4×10^4 km^2，水下三角洲面积1×10^4 km^2（陈吉余，2007）。1842—1973年南汇东滩海图0 m线年均淤涨43 m（恽才兴，2010）。

9.4.2 河流水库、跨流域调水等水利工程建设，减少河流入海水、沙通量

20世纪80年代以后，河流入海泥沙减少对河口、海岸发生一系列的深刻影响，主要是供沙减少，造成海岸侵蚀，砂质海岸80%呈侵蚀状态。20世纪50年代以来，长江流域建水库45 647座，总库容$1 705 \times 10^8$ m^3，其中，长江三峡工程库容390×10^8 m^3，这些水利工程

建设，加上流域森林覆盖率增加（1949 年为 8.7%，2002 年为 16.55%），使长江入海沙量逐年减少。大通站 20 世纪 80 年代前平均年入海沙量 4.68×10^8 t，90 年代比 60 年代减少 1/3，比 70 年代减少 21%，2000 年入海泥沙为 3.39×10^8 t，2004 年为 1.47×10^8 t，2006 年 0.848×10^8 t，2008 年为 1.3×10^8 t（恽才兴，2010）。长江入海泥沙锐减，使河口地貌、海岸地貌产生新的冲淤演变调整。长江三峡水库建成 7 年来，流域来沙明显减少，导致河口向海延伸速度减慢，水下三角洲遭侵蚀，-5 m 高程以浅的面积从 2 433 km^2 至 2006 年减小到 2 254 km^2，平均每年减少 35.8 km^2（恽才兴，2010）。当大通站年平均输沙量达 4.72×10^8 t（1958—1978 年）时，长江水下三角洲平均垂向淤积速度为 55 mm/a；当大通站年输沙量减至 3.9×10^8 t（1978—1998 年）时，水下三角洲平均垂向淤积量减为 11 mm/a（杨世伦等，2003）；当大通站年输沙量减至 2.41×10^8 t（2000—2004 年）时，南槽口水下三角洲转为侵蚀，侵蚀量为 66 mm/a（徐晓君等，2008）。20 世纪 90 年代埋设于南槽口门处海底的电缆，2000 年后局部出现悬跨，证实了水下三角洲遭侵蚀状态。长江入海径流量 20 世纪 50 年代以来呈波动变化，没有明显减少趋势，然而目前长江正在实施南水北调工程，东、中、西线分别调水 210×10^8 m^3、130×10^8 m^3 和 150×10^8 m^3，调水后，长江入海径流量减少也将对河口海岸地貌演变发生影响。

闽江流域自 1970 年以来，建设水库和水电站，集水面积达 8.8×10^4 km^2，致使 1975 年以后闽江输水量、输沙量减少（图 6.4），其中，1976 年、1993 年有明显减少过程，这与闽江中、上游安砂水库（集水面积 5 184 km^2，1971—1978 年）、水口水库（集水面积 52 438 km^2，1987—1995 年）建成、蓄水时间相当。由此引起河口海底地貌过程发生变化，闽江河口自 1913 年后缓慢淤积，但 1986 年后淤积减弱，1986—1999 年间发生冲刷，浅滩面积减少（陈坚等，2010）。

9.4.3 海岸围填海和截湾等海岸工程，水、沙路径发生变化，改变海岸地貌过程

我国海岸防护工程历史悠久，杭州湾筑海塘始于公元 7 世纪（陈吉余，2000），海堤（塘）工程是我国沿海人民与海争地，防止海岸侵蚀的重要手段。从 1950 年至 2004 年，浙江围涂面积 1 800 km^2，标准海塘长达 736 km，上海长江口围涂 936 km^2，福建围涂约 869 km^2（刘修德、李涛，2008）。围涂不但保护了沿海人民生命财产安全，也拓展了生产和生活空间。但围涂工程也改变了附近海域的地貌过程，海湾围涂后，减少纳潮量，致使潮流通道发生淤积，加速潮滩淤涨速度。如浙江三门湾 1950 年来，围涂 167 km^2，使猫头水道深槽淤积 2 m 以上；上海长江口南槽边滩从浦东机场至临港新城实施一至五期促淤工程，其中，最早的称为南汇半岛工程，1994 年以来总促淤围涂 73 km^2（恽才兴，2010），改变了长江南槽与杭州湾水体交换路径，南汇东滩促淤效果良好，岸线逐年外移，1982—1997 年南汇角年均淤涨 30.9 m，半岛工程实施后淤积加快，年均为 50 m，年均淤积厚度为 0.194 m，最大达 0.6 m（恽才兴，2004）。另一方面使长江进入杭州湾泥沙大为减少，杭州湾北岸（芦潮港—金山）全线冲刷，自 1989 年以来，海域年均冲刷速率达 10~15 cm，-8 m 高程全线贯通；浙江南部乐清湾 1949—2001 年围涂 200 余处，面积 110.9 km^2。2002 年后将继续围涂 52 km^2，港湾淤积，岸线外移最大达 2 km。70 年代后乐清湾进行堵港、截流和低滩围涂，不但使乐清湾纳潮量减少，而且水沙流路发生变化，影响湾内滩槽演变，深槽淤浅。20 世纪 70 年代在浙江乐清湾一期工程漩门堵口，改变工程区附近流场结构和泥沙分布，工程后，使 7% 的水、沙不能进入乐清湾内，致使堵口处漩门口明显淤积，坝址处最大淤积厚度达 10~15 m，而口

内漩门内湾发生冲刷，冲刷幅度 2 ～ 3 m。温州半岛工程建设始于 20 世纪 70 年代建筑南口潜坝，1958—1999 年温州浅滩 0 m 线平均外移 120 m。2004 年在灵昆岛至霓屿建堤（公路）后，温州浅滩快速回淤，面积增大至 66 km²。2003 年后，实施温州浅滩围涂工程，一期围涂面积 20 km²，2008 年竣工，二期继续围涂 64 km²。围涂工程结束后，瓯江南岸浅滩将从龙湾延伸至霓屿岛东北端。海湾堵港截湾工程对海湾地貌演变影响更为明显，如乐清湾内湾清江 1970—1975 年实施方江屿堵口工程，总面积 9.04 km²，其中，水域面积 2.67 km²，蓄水 450×10^4 m³。工程后拦截了清江上游 1.91×10^8 m³ 径流，尤其是阻断了洪峰径流，洪水对清江下游及附近海域的冲刷作用消失，造成清江入海口及附近海域明显淤积，原大于 5.0 m 水深的水槽淤浅至仅 2.6 m。由于径流减少，影响到附近海域环境要素，海水苗种养殖场受到影响。

人类活动对厦门湾的地貌演变产生严重影响。在 20 世纪初，厦门西海域与同安湾（浔江港）相通，但从 1955 年建设高（崎）集（美）海堤后，使厦门西海域和同安湾变成了半封闭的海湾，加之以后陆续建设的马銮海堤、集杏海堤、东屿湾围海及同安湾的东坑湾、丙洲水域、厦门机场、五缘湾等围涂工程，使该海域原来的以基岩、砂砾质海岸变成以人工淤泥质海岸为主，岸线变得平直，长度缩短（图 9.12）。厦门西海域的面积，也从 1952 年的 110 km² 缩小至 52 km²，面积减少 57.4%，纳潮量减少 1.2×10^8 m³，减少量达 48.2%[①]，导致潮流速明显减小，在厦鼓水道江心礁附近，涨、落潮流速从 50 年前的 1.8 m/s、1.3 m/s 分别减小至 0.73 m/s、0.67 m/s，嵩鼓水道大潮涨、落潮流速也分别减小了 32.2% 和 40.5%。水动力减弱伴随着沉积速率加快，高集海堤西侧的厦门西海域平均沉积速率从建堤前的 0.7 cm/a 增加至 1.5 cm/a，并在围绕宝珠屿周围形成一个逆时针环流，其沉积速率最高可达 7.8 cm/a。同样，同安湾面积也大量减少，其纳潮量 1984 年比 1938 年减少了 20.6%（赵孜苗等，2010），1984 年后，因厦门机场建设和五缘湾围海，纳潮量再度减少，淤积增加，高集海堤以东的高崎侧，平均沉积速率从建堤前的 1.3 cm/a 增加至建堤后的 2.3 cm/a。水动力减弱和沉积量增加必然导致潮流通道萎缩，为维持航道稳定，不得不采取疏浚措施。

9.4.4 滨海采砂，引起海岸侵蚀

河道挖砂，减少流域对河口区沙粒级沉积区的供应量。随着我国经济的快速发展，大量基础设施建设需要建筑用砂支撑。据王兆印等（2008）报道，长江上游每年开采砂量约 $3\,000 \times 10^4$ t，中下游采砂量根据水利部长江水利委员会 2003 年公布的《长江中下游干流河道采砂规划》，每年采砂控制量为 $3\,400 \times 10^4$ t，在不计偷采量的情况下，长江干流每年采砂量在 $6\,400 \times 10^4$ t。这明显减少了流域对河口沙粒级沉积区的补给量，影响沙粒级沉积区的地貌演变过程，再加上入海泥沙量减少而造成河口沙洲萎缩，如长江口青草沙和瑞丰沙总面积（ -5 m 等高线以上）1980 年为 120 km²，2005 年已减少为 60 km²。

河口及口外海滨造陆采砂，致使水下三角洲遭侵蚀。由于天然造陆缓慢，不能满足人们对土地资源日益增长的需求，因此，采用各种工程措施，加速河口及口外海滨的造陆过程。如上海南汇半岛工程，国际航运中心大小洋山港区工程，乐清湾西侧围涂工程，温州浅滩半岛工程等。王兆印等（2008）根据上海市未来 20 年造陆 $1\,000$ km² 估算，需要 51×10^8 m³ 或 70×10^8 t 的泥沙填料，平均每年需 2.8×10^8 t 的泥沙。而长江入海泥沙量逐年减少，2008 年

① 王爱军，蔡锋，赖志坤．厦门西海域近百年来海底冲淤变化（待发表）．

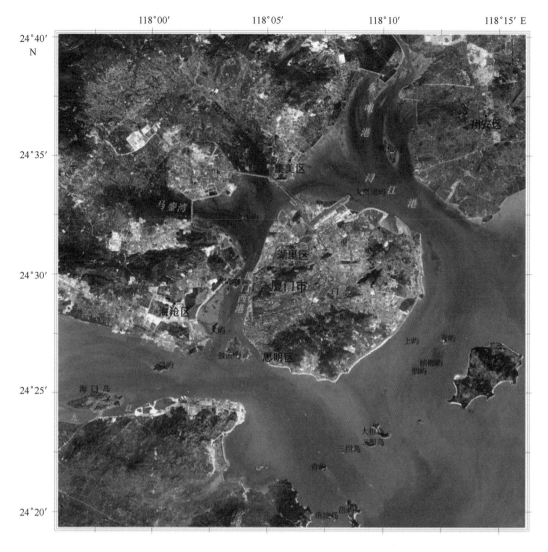

图 9.12　厦门湾卫星影像

仅 1.3×10^8 t，不能满足长江口造陆需沙量，必引起海岸及底床侵蚀。采掘海底泥沙吹填造陆工程，直接改变海底地形，要恢复海底平坦地貌需经长期的自然调整。杨世伦等（2003）估算"九五"期间上海促淤滩涂 167 km^2，按平均促淤厚度 1.5 m 计，就需泥沙量 3.3×10^8 t，相当于同期大通站入海泥沙量的 20%。由于长江入海泥沙减少及采砂造陆将造成口门外水下三角洲的大范围侵蚀，将使水下三角洲地貌演化环境面临严峻挑战。

闽江 1974—1998 年年均采砂 162×10^4 t（福州水运公司），个体户每年采砂 365×10^4 t，20 世纪 90 年代后有所增加，1996 年在南、北港分别采砂 232×10^4 t 和 579.5×10^4 t。年均采砂量超过闽江年均底砂供应量，导致闽江口南岸砂质海岸侵蚀后退率约 1 m/a（陈坚等，2010）。泉州湾、湄洲湾 2005 年挖沙量约 30×10^4 m^3，致使该岸段海岸侵蚀后退率 2～3 m/a（李兵等，2010）。

海滨挖砂加速海岸侵蚀。砂砾质海岸普遍处于蚀退状态（中国海岸带地貌编写组，1995），主要原因在于岸滩长期处于物质补给不足的状态，加上面临强大的浪流作用，致使侵蚀作用强烈，蚀退现象明显。大量挖砂增加砂量支出，加剧岸滩动态平衡遭破坏，结果海岸遭受侵蚀后退。如福建围头砂质岸段，原来岸滩动态变化不明显，但自 1956 年以后，由于沿岸小湾河口建闸围垦，入海泥沙中断，又加人为大量挖沙，致使海岸冲蚀后退速率 2～3 m/a

（刘建辉、蔡锋，2009）。此后20年间，白沙—塔头一带海岸后退达20～80 m，高潮滩面蚀低0.5～1 m，沿岸沙堤冲蚀殆尽，已建石堤等护岸工程也屡遭破坏，遇台风时，岸坍更为严重。再如浙江象山县爵溪镇下沙、大岙一带，原有美丽沙滩及渔港，由于挖沙，使原埋于沙滩之下的海滩岩裸露，近20年来，海岸后退了约100 m①。

　　海滨挖砂改变海滩面貌。由于挖砂造成砂源供应不足，沙滩细化，甚至部分地貌部位受到泥质改造，使海滩剖面坡度变小。如厦门岛东部、东南部完整宽阔的沙滩，因近30年的大规模采砂而遭受人为破坏，砂层变薄，甚至沙滩消失，如在厦门国际会展中心前的海岸线退潮后，看到的大多是黑色的礁石和滩泥。厦门市为恢复昔日的黄金海岸带，已于2007年开始滩涂修复工程（于婧媛，2009），并在厦门香山至长尾礁1.5 km的海滩修复后，岸滩基本稳定（王广禄等，2009）。

参考文献

蔡锋，苏贤泽，刘建辉，等.2008. 全球气候变化背景下我国海岸侵蚀问题及防范对策［J］. 自然科学进展，18（10）：1093－1103.

曹沛奎，谷国传，董永发，等.1985. 杭州湾泥沙运输的基本特征［J］. 华东师范大学学报：自然科学版，（3）：75－84.

陈峰，王海鹏，郑志凤，等.1998. 闽江口水下三角洲的形成与演变（I）［J］. 台湾海峡，17（4）：398－401.

陈峰，张培辉，等.1999. 闽江口水下三角洲形成与演变［J］. 台湾海峡，18（1）：1－5.

陈吉余.2000. 开发浅海滩涂资源拓展我国的生存空间［J］. 中国工程科学，2（3）：27－31.

陈吉余.2007. 中国河口海岸研究与实践［M］. 北京：高等教育出版社.

陈吉余，程和琴，戴志军.2007. 滩涂、湿地利用与保护协调发展探讨［J］. 中国工程科学，9（6）：11－17.

陈坚，余兴光，李东义.2010. 闽江口近百年来海底地貌演变与成因［J］. 海洋工程，28（2）：82－89.

陈建林，马克俭.1983. 冲绳海槽火山喷发矿物及其地质意义［J］. 东海海洋，1（2）：19－28.

陈少华，李九发，万新宁，等.2004. 长江河口水下沙洲类型及典型水下沙洲的推移规律［J］. 海洋通报，23（1）：1－7.

陈则实，王文海，吴桑云.2007. 中国海湾引论［M］. 北京：海洋出版社.

陈中原.2007. 长江河流入海泥沙通量的探讨［J］. 海洋地质与第四纪地质，27（1）：1－5.

杜景龙，姜俐平，杨世伦.2007. 横沙东滩近30年来自然演变及工程影响的GIS分析［J］. 海洋通报，26（5）：43－48.

杜晓琴，李炎，高抒.2008. 台湾浅滩大型沙波、潮流结构和推移质输运特征［J］. 海洋学报，30（5）：124－136.

冯应俊.1983. 东海四万年来海平面变化与最低海平面［J］. 东海海洋，1（2）：36－42.

冯应俊，李炎，谢钦春，等.1990. 杭州湾地貌与沉积界面的活动性［J］. 海洋学报，12（2）：213－223.

付桂，李九发，应铭，等.2007. 长江河口南汇嘴潮滩近期演变分析［J］. 海洋通报，26（2）.

高金耀，金翔龙.2003. 由多卫星测高大地水准面推断西太平洋边缘海构造动力格局［J］. 地球物理学报，46（5）：600－608.

高金耀，张涛，方银霞，等.2008. 冲绳海槽断裂、岩浆构造活动和洋壳化进展［J］. 海洋学报，30（5）：

---

　　① 宁波市海洋环境监测中心、浙江新世纪环境科学研究有限公司.2009. "908"专项浙江海域使用现状调查专题. 浙江省海砂区海域使用调查报告.

62 – 70.

高抒. 1988. 东海沿岸潮汐汊道的 P – A 关系 [J]. 海洋科学, (1): 15 – 19.

高抒, 谢钦春. 1990. 浙江象山港潮汐汊道细颗粒物质的沉积作用 [J]. 海洋学报, 12 (4): 465 – 4619.

郭炳火, 黄振宗, 李培英, 等. 2003. 中国近海海域海洋环境 [M]. 北京: 海洋出版社.

国家海洋局. GB/T 12763.10—2007. 海洋调查规范第 10 部分: 海底地形地貌调查, 20 – 28.

国家海洋局. GB/T 18190—2000. 海洋学术语 海洋地质学, 1.

国家海洋局, 2011, 2010 年中国海平面公报 [EB], (2011 – 04 – 22), [2011 – 06 – 01] http://www. soa. gov. cn/soa/hygb/hpmgb/webinfo/2010/03/1271382649051961. htm

蒋家祯, 李全兴, 吴声迪, 等. 1983. 东海及琉球岛弧地区岩石圈层下地幔流应力场 [J]. 东海海洋, 1 (2):11 – 18.

金庆明. 1984. 对东海沉积与地貌若干问题的认识 [G] //东海研究文集. 北京: 海洋出版社.

金性春, 师先进. 1990. 中国现代应力场与相邻板块作用力的探讨 [J]. 科学通报, 18: 1416 – 1418.

李兵, 蔡锋, 曹立华, 等. 2009. 福建砂质海岸侵蚀原因及防护对策 [J]. 台湾海峡, 28 (2): 156 – 163.

李朝新, 刘振夏, 胡泽建, 等. 2004. 泉州湾泥沙运移特征的初步研究 [J]. 海洋通报, 23 (2): 25 – 31.

李承伊, 朱永其, 曾成开. 1982. 冲绳海槽构造地貌的一些认识 [J]. 海洋通报, 1 (3): 46 – 50.

李东义, 陈坚, 王爱军, 等. 2008. 闽江河口沉积动力学研究 [J]. 海洋通报, 27 (2): 111 – 116.

李东义, 陈坚, 王爱军, 等. 2009. 闽江河口洪季悬浮泥沙特征及输运过程 [J]. 海洋工程, 27 (2): 70 – 80.

李从先, 汪品先, 等. 1998. 长江晚第四纪河口地层学研究 [M]. 北京: 科学出版社.

李家彪. 2008. 东海区域地质 [M]. 北京: 海洋出版社.

李九发, 万新宁, 应铭, 等. 2006. 长江河口九段沙沙洲形成和演变过程研究 [J]. 泥沙研究, (6): 44 – 49.

李乃胜, 赵松龄, 鲍·瓦西里耶夫. 2000. 西北太平洋边缘海地质 [M]. 哈尔滨: 黑龙江教育出版社.

李培英, 杜军, 刘乐军, 等. 2007. 中国海岸带灾害地质特征及评价 [M]. 北京: 海洋出版社.

李全兴, 蒋家祯, 颜其德, 等. 1982. 冲绳海槽的成因 [J]. 海洋学报, 4 (3): 324 – 334.

李身铎, 胡辉. 1987. 杭州湾流场的研究 [J]. 海洋与湖沼, 18 (1): 28 – 37.

林美华, 李乃胜. 1998. 菲律宾海周边的深海沟地貌 [J]. 海洋科学, (6): 29 – 31.

林雪美. 1997. 台湾西部河口堆积形态之地形学研究 [J]. 云南地理环境研究, 9 (2): 27 – 31.

刘宝银. 1995. 台湾海岸及其周边岛礁 [J]. 海岸工程, 14 (1), 57 – 83.

刘苍字, 董永发. 1990. 杭州湾的沉积结构与沉积环境分析 [J]. 海洋地质与第四纪地质, 10 (4): 53 – 65.

刘苍字, 贾海林, 陈祥锋. 2001. 闽江河口沉积结构与沉积作用 [J]. 海洋与湖沼, 32 (2): 177 – 184.

刘建辉, 蔡锋. 2009. 福建旅游沙滩及开发前景 [J]. 海洋开发与管理, 26 (11): 78 – 83.

刘奎, 庄振业, 刘冬雁, 等. 2009. 长江口外陆架区埋藏古河道研究 [J]. 海洋学报, 31 (5): 80 – 88.

刘锡清, 刘洪滨, 等. 2008. 关于岛屿成因及分类的建议 [N]. 中国海洋报, 2008 – 03 – 21.

刘修德, 李涛. 2008. 福建省海湾围填海规划环境影响综合报告 [M]. 北京: 科学出版社.

刘振夏, 夏东兴. 1983. 潮流脊的初步研究 [J]. 海洋与湖沼, 14 (3): 286 – 295.

刘振夏. 1996. 对东海扬子浅滩成因的再认识 [J]. 海洋学报, 18 (2): 85 – 92.

刘振夏, Bevne, S. L'ATALANTE 科学考察组. 2000. 东海陆架的古河道和古三角洲 [J]. 海洋地质与第四纪地质, 20 (1): 9 – 14.

刘振夏, 夏东兴. 2004. 中国近海潮流沉积砂体 [M]. 北京: 海洋出版社.

刘忠臣, 刘保华, 黄振宗, 等. 2005. 中国近海及邻近海域地形、地貌 [M]. 北京: 海洋出版社.

卢惠泉, 蔡锋, 孙全. 2009. 福建海坛海峡峡道动力地貌研究 [J]. 台湾海峡, 28 (3): 417 – 424.

罗凰凤. 2011. 浙江成为国家首个海洋经济发展示范区 [N]. 2011 – 03 – 02, 钱江晚报海洋经济特刊, 特 1 – 特 8.

骆惠仲，杨顺良．1991．台湾海峡中、北部地貌特征［C］//彭阜南，陈运泰．台湾海峡及其两岸地质地震研讨会论文集．北京：海洋出版社．

潘定安，谢裕龙，沈焕庭．1991．闽江口川石水道的水文泥沙特性及其内拦门沙成因分析［J］．华东师范大学学报：自然科学版，(1)：87－96．

潘志良．1986．冲绳海槽沉积物及其沉积作用研究［J］．海洋地质与第四纪地质，6（1）：17－19．

全国海岛资源综合调查报告编写组．1996．全国海岛资源调查报告［M］．北京：海洋出版社．

任美锷．1995．中国的相对海平面上升及其对社会经济的影响［M］//南京大学海岸与海岛开发国家试点实验室．海平面变化与海岸侵蚀专辑．南京：南京大学出版社．

任美锷．2000．海平面研究的最新进展［J］．南京大学学报：自然科学版，36（3）：269－279．

上海海洋地质调查局．1985．冲绳海槽地貌及沉积物研究［J］．海洋地质专辑，2（1）：59－65，107－124．

孙湘平．2008．中国近海区域海洋［M］．北京：海洋出版社．

石谦，蔡爱智．2008．闽中—台中古通道的地貌环境［J］．科技导报，26（22）：75－79．

苏纪兰，袁立业．2005．中国近海水文［M］．北京：海洋出版社．

唐森铭，陈兴群．2006．泉州湾水域浮游植物群落的昼夜变化［J］．海洋学报，28（4）：129－137．

王广禄，蔡锋，曹惠美．2009．厦门香山至长尾礁沙滩修复实践及理论探讨［J］．海洋工程，27（3）：66－74．

王文介．1984．华南沿海潮流通道类型特征的初步研究［G］//中国科学院南海海洋研究所．南海海洋科学集刊：第5集．北京：科学出版社．

王兆印，黄文典，何易平．2008．长江的需沙量研究［J］．泥沙研究，2008（1）：26－34．

王颖，吴小根．1995．海平面上升与海滩效应［M］//南京大学海岸与海岛开发国家试点实验室．海平面变化与海岸侵蚀专辑．南京：南京大学出版社．

王颖．1996．中国海洋地理［M］．北京：科学出版社．

王振宇，丁宇，梁若冰．2004．东海东北部原虎皮礁海域岩礁特殊地形的新认识和新发现［J］．海洋石油，24（1）：14－18．

吴华林，沈焕庭，严以新，等．2006．长江口入海泥沙通量初步研究［J］．泥沙研究，(6)：75－81．

吴涛，康建成，李卫江，等．2007．中国近海海平面研究进展［J］．海洋地质与第四纪地质，27（4）：123－130．

夏东兴，刘振夏．1984．潮流脊的形成机制和发育条件［J］．海洋学报，6（3）：361－367．

谢钦春，张立人，李伯根．1988．台州湾淤积及其原因探讨［J］．东海海洋，6（1）：25－33．

徐晓君，杨世伦，李鹏．2008．河口河槽和口外海滨对流域来沙减少响应的差异性研究［J］．海洋通报，27（5）：100－104．

许东禹，刘锡清，张训华，等．1997．中国近海地质［M］．北京：地质出版社．

许薇龄．1988．东海的构造运动及演化［J］．海洋地质与第四纪地质，8（1）：9－19．

许薇龄，黄兆熊，乐俊英．1992．长江口—琉球海沟地学断面［C］//刘光鼎．中国海区及领域地质地球物理特征．北京：科学出版社．

许志峰，王明亮，洪阿实，等．1990．闽江口拦门沙砂体的演变及其沉积年代［J］．台湾海峡，9（1）：29－33．

杨世伦，朱骏，赵庆英．2003．长江供沙量减少对水下三角洲发育影响的初步研究［J］．海洋学报，25（5）：83－91．

杨顺良．1991．闽南—台湾浅滩渔场地形地貌与上升流的关系［C］//洪华生，等．闽南—台湾浅滩渔场上升流区生态系研究．北京：科学出版社．

杨文达．1996．全新世长江水下三角洲朵体及其发育特征［J］．海洋地质与第四纪地质，16（3）：25－36．

杨文达，王振宇，曾久岭．2001．冲绳海槽轴线地质特征［J］．海洋地质与第四纪地质，21（2）：1－6．

杨文达．2002．东海海底沙脊的结构及沉积环境［J］．海洋地质与第四纪地质，22（1）：9－15．

杨文达.2004.冲绳海槽现代张裂的地球物理特征 [J].海洋地质与第四纪地质,24(3):77-82.

叶银灿,宋连清,陈锡土.1984.东海不良工程地质现象分析 [J].东海海洋,2(3):30-35.

于婧媛,陈光豪.2009.厦门岛将重现"黄金海岸带",游客可享阳光海浪沙滩 [N].厦门商报,2009-12-11.

余祈文,符宁平.1994.杭州湾北岸深槽形成及演变特性研究 [J].海洋学报,16(3):74-85.

恽才兴.2004.长江河口近期演变基本规律 [M].北京:海洋出版社.

恽才兴.2010.图说长江河口演变 [M].北京:海洋出版社.

曾成开,朱永其,金长茂.1984.东海陆架外带贝壳滩形成环境的初步分析.[G].//国家海洋局第二海洋研究所东海研究文集.北京:海洋出版社.

曾昭璇.1977a.台湾西部平原海岸地貌 [J].海洋科技资料,(3):15-53.

曾昭璇.1977b.台湾岛西北部台地海岸地貌 [J].海洋科技资料,(6):12-21.

张瑞,汪亚平,潘少明,等.2008.近50年来长江河口区含沙量和输沙量的变化趋势 [J].海洋通报,27(2):1-9.

浙江省海岸带和海涂资源调查报告编委会.1988.浙江省海岸带和海涂资源综合调查报告 [M].北京:海洋出版社.

浙江海岛资源综合调查与研究编委会.1995.浙江海岛资源综合调查与研究 [M].杭州:浙江科技出版社.

郑铁民,张君元.1982a.台湾浅滩及其附近大陆架的地形和沉积特征的初步研究 [M].中国科学院海洋研究所.黄东海地质.北京:科学出版社.

郑铁民,徐凤山.1982b.东海大陆架晚更新世底栖贝类遗壳及其古地理环境的探讨 [M].中国科学院海洋研究所.黄东海地质.北京:科学出版社.

郑承忠.1991.台湾海峡南部的残留沉积物 [M]//洪华生,等.闽南—台湾浅滩渔场上升流区生态系研究.北京:科学出版社.

中国海岸带地貌编写组.1995.中国海岸带地貌 [M].北京:海洋出版社.

中国海湾志编纂委员会.1992.中国海湾志第五分册 [M].北京:海洋出版社.

中国海湾志编纂委员会.1993a.中国海湾志第六分册 [M].北京:海洋出版社.

中国海湾志编纂委员会.1993b.中国海湾志第八分册 [M].北京:海洋出版社.

中国海湾志编纂委员会.1998.中国海湾志第十四分册 [M].北京:海洋出版社.

周成虎.2006.地貌学辞典 [M].北京:中国水利水电出版社.

朱大奎,鹿化煜.1995.全球变化问题及其在海岸研究上的反应 [G]//南京大学海岸与海岛开发国家试点实验室.海平面变化与海岸侵蚀专辑.南京:南京大学出版社.

朱永其,曾成开,冯韵.1984.东海陆架地貌特征 [J].东海海洋,2(2):1-13.

祝永康.1991.闽江分汊河床的特征、类型及其成因 [J].海洋学报,13(3):363-370.

庄振业.1999.第四纪环境演变 [M].青岛:青岛海洋大学出版社.

赵孜苗,张珞平,方秦华,等.2010.厦门湾海岸带区域人类开发活动的环境效应评价 [J].浙江万里学院学报,23(2):54-60.

新野弘.1970.探索东中国海宝库——钓鱼岛等岛屿周围的海底地质调查 [J].Ocean Age,(11):40-48.

Brien M P O. 1931. Estuary tidal prism to entrance area. Civil eng, 1:738-739.

Bruun P, et al. 1978. Stability of tidal lnlets. Theory and Engineering Elsevier Scientific Pub Co 510.

Butenko J, Ye Yincan, Milliman J D. 1983. Morphology, sediments and Late Quaternary history of the East China Sea. [C]//Sedimentation on the continental shelf, with special reference to the East China Sea. Beijing, China Ocean Press, 2:653-677.

Cheng-Shing Chiang, Ho-Shing Yu. 2006. Morphotectonics and incision of the Kaoping submarine canyon, SW Taiwan orogenic wedge. Geomorphology, (80):199-213.

Emery K O. 1968. Relict sediment on continental shelves of the world. Bull AAPG, 52:445-464.

Emery K O and Niino H. 1968. Stratum and prospect of oil in the East China Sea. CCOP Technical Bulletin，1：13 – 27.

Karig D E．1971. Origin and development of marginal basin in the western Pacific. J. Geophys. Res．，76：2 542 – 2 651.

Li Yan，Ma liming，Yang Jingsong，Shi Aigin. 2001. Study on stability of sand waves by satellite sensing［C］//Da-hong Qin，Yucheng Li，et al. The proceeding of the first Asian and Pacific coastal engineering conference，APACE 2001，Dalian，China. Dalian University of Technology Press，2：850 – 856.

Charles A. Nittrouer，Devid J. Demastev，Brent A. Mckee，et al．，1983. Formation of sedimentary strata in the East China Sea［G］//Sedimentation on the continental shelf，with special reference to the East China Sea. Beijing，China Ocean Press，2：696 – 704.

Wang Kangshan，Chen Hong，Dong Lixian. 1990. A hydrographic comparison of the two sides of the Changjiang Plume Front［G］//The Biogeochemical Study of the Chang Jiang Estuary. Beijing，China Ocean Press，62 – 75.

Xie Qinchun. 1990. Sources and transport processes of fine – grained sediment in coastal zone of East China Sea ［C］//Proceedings of international symposium on the coastal zone. Beijing，China Ocean Press，152 – 166.

Ho – Shing Yu and Cheng – Shing Chiang. 1997. Kaoping Shelf：morphology and tectonic significance. Journal of Asian Earth Science，15（1）：1 – 9.

第4篇　南　海①

第 10 章　南海概况

10.1　南海地理位置和轮廓

南海是西太平洋边缘海中面积最大的海盆，最北到台湾东南端鹅銮鼻与福建东山岛南端的连线，最南到印度尼西亚勿里洞岛北岸（3°30′S），跨南北纬近 27°（图 10.1）。南海四周为大陆和岛屿环抱，北靠我国华南大陆，南抵大巽他群岛的苏门答腊岛和加里曼丹岛，西部边界从北部湾沿中南半岛、马来半岛到泰国湾，东部边界为菲律宾群岛，从北到南依次为吕宋岛、民都洛岛和巴拉望岛，这些岛屿和大陆构成南海的自然边界，使其成为半封闭边缘海。在大陆和岛屿之间有海峡使南海和大洋与外海相通，东北部有巴士海峡、巴林塘海峡和巴布延海峡与太平洋相通，东部有民都洛海峡、巴拉巴克海峡与苏禄海相通，西南有马六甲海峡与印度洋相通。

南海大体呈 NE—SW 向伸展的菱形，长轴方向约 3 140 km，短轴方向约 1 250 km，面积约 350×10^4 km^2，相当于我国东海、黄海以及渤海面积的 2.8 倍，属我国传统海疆范围以内的海域面积约 187×10^4 km^2。南海平均水深 1 212 m，马尼拉海沟南端最深点可达 5 377 m，中央海盆深度大于 4 000 m。南海海水水体积 $350 \times 10^4 \sim 380 \times 10^4$ km^3，约为东海、黄海、渤海水体积的 13 倍。南海海岸线按陆地岸线统计（刘昭蜀等，2002），从闽粤交界到中、越界河北仑河口为我国华南大陆岸线，长 4 882 km 以上；从北仑河口至马来半岛东南端岸线长 6 199 km，新加坡诸岛、苏门答腊东北部、加里曼丹西北部和北部面向南海的岸线总长为 3 235 km；菲律宾巴拉望群岛西南端至吕宋岛西北端岸线长 1 400 km，以上岸线相加总长为 15 716 km（不包括岛屿岸线，也不包括台湾西南 170 km 海岸线）。南海不仅有广阔的陆架、陆坡、深海盆，而且还分布许多的岛、礁、海台、海山、海岭、海沟和海槽。

10.2　南海地质构造

南海位于欧亚板块、菲律宾板块和印澳板块之间，新生代期间上述 3 个板块的联合作用使东南亚大陆边缘地壳发生拉张减薄、裂解、漂移和聚敛、碰撞等一系列构造事件，在南海周边形成 4 种不同构造性质的大陆边缘，即北部离散边缘、南部碰撞聚敛边缘、西部转换剪切边缘和东部俯冲汇聚边缘（图 10.2）。在上述四条边界内的南海亚板块，是由不同来源的地块镶嵌而成的一个大拼盘，其组成包括有属于华南亚板块的南海北部块体；有从印支—华南亚板块裂离出来的南沙块体；有从洋盆俯冲而形成的岛弧及增生楔，如东婆罗洲—西南巴拉望地块（姚伯初等，2004）；还有新生代洋底扩张形成的中央海盆、西北次海盆与西南次海盆。

南海构造复杂，地震、火山活动频繁，在长期的内外动力地质作用过程中形成复杂的地质、地貌形式。南海的形成与东亚陆缘解体、海底扩张有关，扩张的动力来源于印度板块与

421

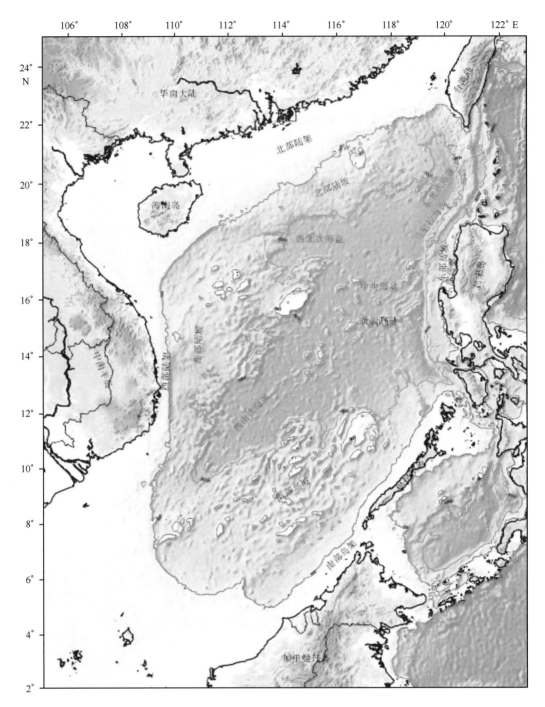

图 10.1　南海海底地势（栾锡武和张亮，2009）

欧亚板块碰撞导致地幔向东南方向的蠕散以及太平洋板块相对于欧亚板块俯冲方向和速度的改变。扩张的结果是形成具有洋壳性质的深海盆地，以及海沟、链状海山、海底火山等大洋型地貌单元。由于南海是在大陆地壳解体沉陷下形成的，南海陆坡具有阶梯状折断型陆坡的特点，南海大洋地貌和大陆地貌并存的特点使得南海地貌类型异常复杂。

10.3　南海地形地貌与珊瑚礁群岛

南海地形从四周向中央倾斜，围绕中央海盆依次分布大陆架和岛架、大陆坡和岛坡。南

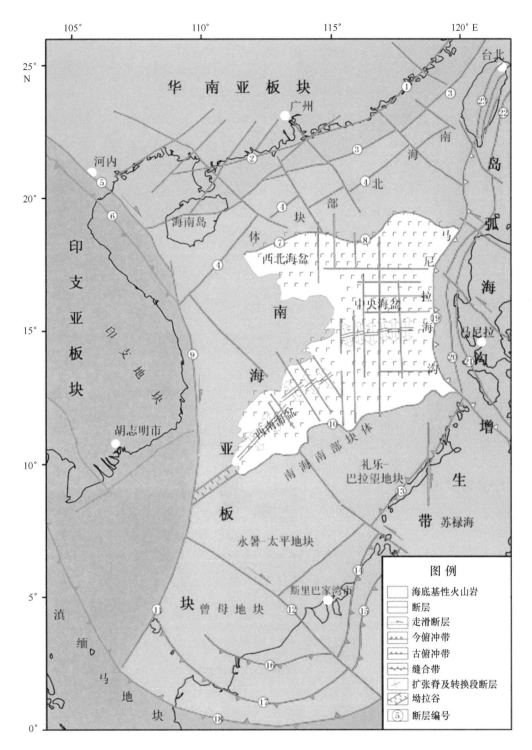

图10.2 南海及邻区板块构造

1. 南澳断裂；2. 华南滨海断裂；3. 珠外—台湾海峡断裂；4. 陆坡北缘断裂，5. 红河断裂；6. 马江—黑水河断裂；7. 西沙海槽北缘断裂；8. 中央海盆北缘断裂；9. 越东滨外断裂；10. 中央海盆南缘断裂；11. 万安东断裂；12. 延贾断裂；13. 巴拉望北线；14. 隆阿兰断裂；15.3号俯冲线；16. 武吉米辛线；17. 卢帕尔线；18. 东马—古晋缝合带；19. 马尼拉—内格罗斯—哥达巴托海沟俯冲带；20. 吕宋海槽西缘断裂带；21. 吕宋海槽东缘断裂带；22. 台东滨海断裂；23. 阿里山断裂

海陆架和岛架面积为168.5 km²，占整个南海面积的48.15%（图10.3a，图10.3b，表10.1），其中，南部陆架面积最大，北部陆架约为南部陆架的1/3，西部和东部陆架面积最

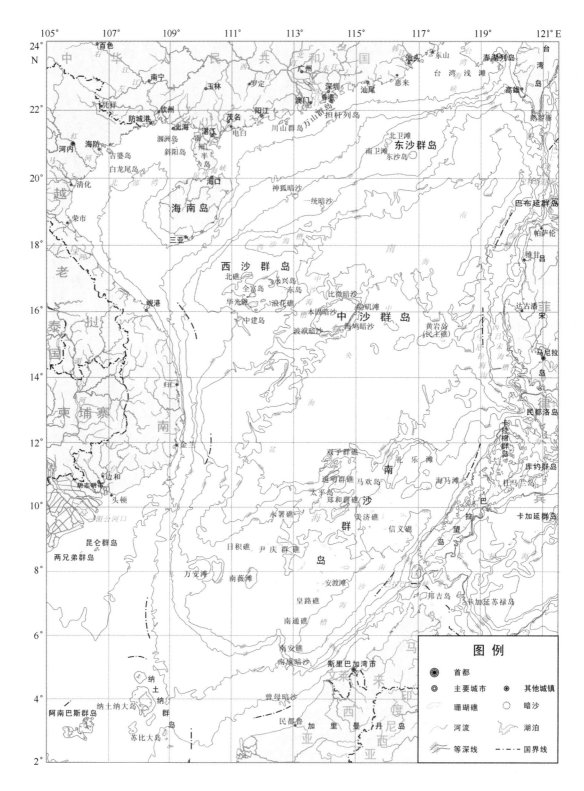

图 10.3a　南海海底地形

小，分别不到北部陆架的 1/5 和 1/8。南海大陆坡和岛坡的面积为 126.4 km²，所占比例为 36.11%。其中，南部陆坡区面积最大，其次为北部陆坡和西部陆坡区，两者面积相差不大，东部岛坡区面积最小，不到南部陆坡区的 1/6。南海深海盆地面积为 55.1 km²，占整个南海面积的 15.74%。

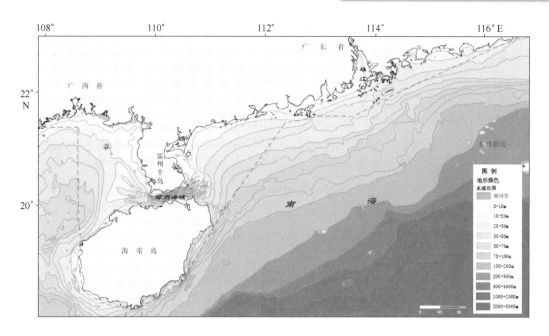

图 10.3b 南海北部沿岸海底水深地形分层设色图①

表 10.1 南海各类地貌单元面积和水深（刘忠臣等，2005）

单元	面积/ × 10^4 km²	所占比例/%	深度/m
大陆架和岛架	168.5	48.15	< 350
大陆坡和岛坡	126.4	36.11	200 ~ 4 000
海盆	55.1	15.74	4 000 ~ 5 000
总计	350		

　　南海海岸带地貌以基岩港湾海岸与砂砾质海岸交替为特色，基岩港湾海岸有海蚀型、海蚀—海积型、海积型与海蚀—海积潮汐汊道型。在大河入海处有大量泥沙堆积形成河口与三角洲海岸，如珠江口、韩江口、红河三角洲与湄公河三角洲平原海岸。南海位于热带海洋，沿岸地带适合红树林和珊瑚礁生长，发育红树林与珊瑚礁海岸。红树林几乎遍及南海周围受掩护的海湾及潮滩地区，珊瑚礁海岸以岸礁为主，离岸礁仅见于海南岛西海岸外个别地区。

　　南海海洋地貌丰富多彩，南海大陆架分布于海区的北、西、南、东。北部和南部陆架均从东向西宽度增加，西部陆架和东部岛架狭窄。北部陆架坡度平缓，尚有沉溺的海岸阶地、水下三角洲、珊瑚礁与岩礁等地貌残留。陆架外缘水深一般小于 200 m，珠江口以西，陆架外围水深随陆架宽度而增加，一般超过 200 m，最深可达 379 m（冯文科，1982）。南部大陆架为巽他陆架的一部分，南沙群岛的南屏礁、南康暗沙、立地暗沙、八仙暗沙和曾母暗沙等，都位于该陆架上。

　　南海大陆坡分布于大陆架外缘，是大陆架向海的延伸部分，水深介于 200 ~ 4 000 m 之间。南海大陆坡由于遭受海盆张裂影响程度不同而具有地貌差异，具有因海盆张裂而造成的断阶特点。南海大陆坡上发育有 5 级断陷台阶：300 ~ 400 m，如东沙群岛附近东沙台阶及中

① 蔡锋，等 . 2011. 我国近海海底地形地貌调查研究报告［R］.

沙上台阶；1 000 ~ 1 500 m，分布在珠江口外和西沙群岛海区，如西沙台阶；1 500 ~ 2 000 m，主要分布在南部陆坡，如南沙台阶；2 200 ~ 2 400 m，发育于西部陆坡及中沙下台阶；2 500 ~ 2 800 m，分布在陆坡外缘的深水台阶（谢以萱，1986）。

南海中央海盆呈北东—南西向延长的菱形地堑式盆地，其纵长 1 500 km，最宽处为 820 km，总面积 55 × 10^4 km^2，周边为规模巨大的岩石圈断裂。它由晚渐新世—早中新世第二次海底扩张形成，是中国唯一具有大洋地壳的深海盆地，基底为大洋玄武岩、橄榄岩和安山岩。深海盆被沿 15°N 发育的东西向海山链分成南北两部分，北部较浅，水深为 3 400 m，而南部较深，水深为 4 200 m 左右。深海盆地中有由孤立的海底山组成的高度达 3 400 ~ 3 900 m 的海山群，有 27 座相对高度超过 1 000 m 的海山及 20 多座 400 ~ 1 000 m 的海丘（曾成开、王小波，1986），多为火山喷发的玄武岩山地，上覆珊瑚礁及沉积层。深海盆地底部平坦，坡度 0.3 × 10^{-3} ~ 0.4 × 10^{-3}（冯文科，1982）。

南海珊瑚礁群岛大部分兀立于南沙海台、西沙—中沙海台和东沙海台之上，也有少数岛礁分布于大陆架上（如巽他陆架东南水深 10 ~ 50 m 处的曾母暗沙、南康暗沙和北康暗沙）。可分成 4 群，即东沙群岛、西沙群岛、中沙群岛和南沙群岛。其中每一群岛又由岛、沙洲、暗礁、暗沙、暗滩、石（岩）及水道（门）等组成。据 1983 年中国地名委员会公布的《我国南海诸岛部分标准地名》，目前南海诸岛共定名群岛 16 座，岛屿 35 座，沙洲 13 座，暗礁 113 座，暗沙 60 座，暗滩 31 座，石（岩）6 座，水道（门）13 座，总计共 287 座（表 10.2）。

南海的岛礁以环礁为主，根据环礁发育程度、封闭程度和沉没与否，分为典型环礁、残缺环礁、沉没环礁、封闭环礁、开放环礁、环礁链（曾昭璇，1984）；根据环礁发育指数（出露的礁环面积和潟湖面积之比值）来表示环礁的围封程度，把环礁分为开放型、半开放型、准封闭型、封闭型四类。

表 10.2　南海诸岛岛、礁、滩等地名数目统计

群岛名称	群岛（礁）	岛屿	沙洲	暗礁	暗沙	暗滩	石（岩）	水道（门）	合计
东沙群岛	1	1		1		2		2	7
西沙群岛	4	22	7	5		6		8	52
中沙群岛	1	1		2	26	2	2		34
南沙群岛	9	11	6	105	34	21	4	3	193
南海诸岛	16	35	13	113	60	31	6	13	287

目前随着海底多波束测深技术的应用，在南海发现了许多新的海山、陆坡海台和盆地，如在南海西部陆坡，发现了长达 440 km 的海岭，命名为盆西南海岭；在盆西海岭和盆西南海岭之间发现一新的大海谷，暂时命名为盆西大海谷。海底多波束使我们的海底地形勘测和研究水平达到了新的高度，值得在以后的调查中加以推广。

第11章　南海海洋地理环境特征

11.1　气象与海洋水文

11.1.1　热带海洋季风气候

南海属热带海洋性季风气候，受西太平洋副热带高压、孟加拉湾赤道西风带、澳大利亚越赤道气流和亚洲大陆中高纬度高压天气系统影响，常夏无冬，盛行季风。6°~7°N 以北属于热带季风气候，干湿季分明，台风活动频繁；该线以南为赤道热带气候，全年多雨，没有台风活动。由于雨水的调节，赤道热带气温反较热带南部为低。南海最热的地方不在赤道热带，而在赤道热带北方的热带南部（如曼谷）（王颖，1996）。南海东北部粤东大陆沿岸为南亚热带气候。南海气象多变，夏季多热带气旋，冬季有寒潮，随之带来强风巨浪，对沿岸居民工作生活、农业生产、水产养殖以及渔民海上作业有很大影响。

11.1.1.1　气温

南海太阳辐射强烈，光照充足，温度高，每年太阳有两次直射。汕头、深圳、香港等地台站，多年实测资料显示每年到达地面的太阳总辐射热在 100 kJ/cm^2。南海气温终年较高，平均气温自北向南递增，位于南亚热带的汕头年平均气温 21.3℃，香港 23.0℃；热带的海口年平均气温 23.8℃，西沙群岛 26.6℃，南沙群岛 27.9℃，至曼谷一带达到最高 28.3℃；赤道热带由于雨水的调节，气温反而比热带南部低，如加里曼丹岛古晋年平均气温 27.2℃，坤甸为 26.8℃（表 11.1）。

表 11.1　南海南亚热带、热带、赤道热带的气温（℃）（王颖，1996）

地带	站点	年平均气温/℃	最冷月气温/℃（月份）	最热月气温/℃（月份）	年较差	极端气温/℃		各级月均温月数		
						高	低	≥22℃	≥26℃	≥28℃
南亚热带	汕头	21.3	13.2（1）	28.2（7）	15.0	37.9	0.4	6	4	2
	香港	23.0	15.8（2）	28.9（7）	13.1	35.7	3.8	7	5	2
热带	海口	23.8	17.1（1）	28.4（7）	12.3	38.9	2.8	7	5	2
	东沙	25.3	20.6（1）	28.8（7）	8.2	36.1	11.2	9	6	3
	西沙	26.6	22.9（1）	28.9（5、6）	2.4	34.9	15.3	12	7	4
	南沙	27.9	26.8（1）	29.0（6）	2.2	35.0	22.4	12	12	4
	曼谷	28.3	26.1（1）	30.0（4）	3.9	45.6	10.0	12	12	6
赤道热带	古晋	27.2	26.7（1）	27.8（5—8）	1.1	36.1	17.8	12	12	0
	坤甸	26.8	26.3（1）	27.2（5、6）	0.9	35.9	20.0	12	12	0

南海气温年较差以南亚热带为最大，热带北部次之，热带南部和赤道热带最低。南海最

热月份的出现时间南北各个海区先后不一，南部海区在四五月份，北部海区在八九月份，自南向北推迟3~4个月。最热月平均气温汕头为28.2℃，香港为28.9℃；西沙为28.9℃，南沙为29.0℃，曼谷为30.0℃；古晋为27.8℃，坤甸为27.2℃，南北气温相差明显。南海最冷月份的出现时间除北部近海为2月份外，其余各海区均为1月份，南北气温相差较大。最冷月平均气温汕头为13.2℃，香港为15.8℃；西沙为22.9℃，南沙为26.8℃，曼谷为26.1℃；古晋为26.7℃，坤甸为26.3℃。若以每5天的平均气温来作为划分四季的标准，南海大约20°N以南海区是四季皆夏的"常夏之海"，20°N以北则是"常夏无冬、秋去春来"的暖热气候。

11.1.1.2 降雨量

南海雨量丰沛，大部分海区年降雨量在1 500~2 000 mm之间，海面降水有自北向南递增之势。降水的年际变化，赤道热带小，热带和南亚热带大。南亚热带（南海北部沿岸）年降水量为1 200~2 000 mm，如汕头为1 554.9 mm；海丰、阳江和东兴属多雨区，降水量超过2 000 mm，分别为2 382.8 mm、2 252.8 mm和2 870.4 mm（表11.2）。热带年降雨量介于1 000~4 000 mm之间，特多雨区在柬埔寨豆蔻山南的克农崖，达4 268 mm。因受太平洋东北信风、热带气旋和南海西南季风影响，巴士海峡降水多，达3 142 mm。我国境内一般不超过2 000 mm，海南岛五指山前的琼海和万宁为多雨区，年降雨量分别为2 073 mm和2 141.4 mm。年降雨量最少处在海南岛西岸的东方和莺歌海一带，年降雨量分别为993.3 mm和1 091.9 mm。南海中部岛屿降水量和雨日由北向南逐渐增多，雨量在东沙岛为1 459.3 mm，永兴岛1 505.3 mm，太平岛1841.8 mm，雨日在东沙为109 d，永兴岛132.5 d，太平岛162 d。雨季北短南长，东沙岛为5—10月，永兴岛为6—11月，太平岛为6—12月。南海赤道热带年降水量为2 500~4 000 mm，如古晋为4 016 mm，各季降水比较均匀，呈赤道雨型，一年中雨日多在160~190 d之间，最多（古晋）达253 d（王颖，1996）。

表11.2 南海及其沿岸的降水量（王颖，1996）　　　　　　单位：mm

站点	1	2	3	4	5	6	7	8	9	10	11	12	年
汕头	33.2	50.9	68.5	122.7	230.5	339.1	234.0	205.3	146.6	60.1	38.3	25.6	1 554.9
海丰	29.9	41.3	71.3	176.2	409.6	542.8	338.9	352.9	255.1	102.4	34.3	28.3	2 382.8
阳江	39.5	55.1	78.7	234.1	393.8	400.7	267.2	380.8	257.7	73.0	41.2	31.2	2 252.8
东兴	38.1	35.8	68.9	135.3	349.1	459.7	628.0	510.5	343.3	191.3	69.3	40.2	2 870.4
东方	6.9	8.9	20.1	32.8	60.7	153.0	141.7	244.6	193.1	119.8	21.4	10.5	993.9
琼海	42.1	41.0	71.0	116.7	175.8	253.3	169.9	309.4	383.8	290.9	145.9	73.3	2 073.0
东沙岛	36.7	39.3	13.8	36.6	180.4	205.9	221.6	256.0	245.2	146.6	42.7	34.5	1 459
永兴岛	35.2	14.4	17.4	25.5	69.8	172.9	242.3	245.7	237.9	257.9	141.0	45.6	1 505
太平岛	52.6	33.2	31.8	24.4	88.8	234.9	203.1	148.7	289.7	227.4	250.9	118.4	1 842
古晋	655.3	187.4	348.5	257.3	240.3	214.4	191.8	215.4	258.3	324.4	343.4	497.6	4 016

11.1.1.3 季风

南海覆盖着巨大的水体，东通世界最大的大洋——太平洋，背靠世界最大的大陆和世界最高的喜马拉雅山，巨大的海陆地形反差，引起强劲的季风，我们称之为东亚季风，分为东亚冬季风和东亚夏季风。

冬季来自西伯利亚的高压干冷气团长驱直入穿过东亚大陆，向南一直扩展到海上，受北半球地转偏向力影响风向向右偏转，形成东北季风到达南海，使南海冬半年偏干，降雨减少，冬季风越过南海赤道以后又向左偏转为南半球（夏季）的西北季风。夏季南半球的东南信风，越赤道右偏为湿润的西南季风通过南海。由于季风的干扰，南海没有赤道无风带和东北信风带，均为冬夏交替的季风所取代。太平洋低纬的东北信风，由于菲律宾群岛的阻挡而不能进入南海。因此，整个南海为海洋性季风气候，自北至南分别为南亚热带季风气候、热带季风气候和赤道热带季风气候（陈史坚，1983）。

南海5月下旬至9月的夏半年盛行夏季风——西南季风；11月至翌年4月的冬半年盛行冬季风——东北季风；4—5月和10月分别为过渡季节，风向多变。全年冬季风强于夏季风。据统计（梁必骐，1991），南海北部9月开始盛行东北风，北—东北风频率约为50%，这时南海中南部仍是西南风占优势。10月东北风覆盖南海北部和中部，北—东北向风频率为70%~80%。11月东北风控制整个南海。冬季风控制南海的时间随纬度降低而缩短，北部海区约8个月，南部海区只有6个月。西南风2月就可出现在南海南部，泰国湾南—西南风频率可达30%，4月增至50%以上，南海其他海区仍是东北风控制。5月西南风控制南海中南部。6月整个南海盛行西南风，南—西南风频率达60%~70%以上。南海西南风盛行时间南部长（6个月），北部短（3个月）。

南海冬季风时期风力最强，10月开始南海冬季风迅速增大，北部海面12月最大，南部海面2月最大，台湾海峡和巴士海峡海面由于狭管效应，出现最大风速，冬季平均达10 m/s以上，但由于地形阻挡，菲律宾西部海面和海南岛西南部、越南北部沿岸海面风速最小。夏季风比冬季风弱，南海中北部海面风速在6 m/s以下，南部较大，超过6 m/s，盛夏季节南沙群岛西部海面风速达7~8 m/s，比冬季风强。春秋过渡季节，风向多变，风速较小。

11.1.1.4 热带气旋

西太平洋热带气旋，常越过菲律宾群岛进入南海，而南海本身也是热带气旋的发源地之一。1971—2003年间包括南海在内的西北太平洋共发生热带气旋1 004个，进入南海的热带气旋263个，占总数的26.2%，平均每年约有8个进入南海，大都侵袭华南和越南沿岸。在此期间南海共发生热带气旋144个，平均每年4.4个，其中，热带低压47个，热带风暴36个，强热带风暴23个，台风38个。研究显示，南海的热带气旋与厄尔尼诺和拉尼娜可能存在某种联系，厄尔尼诺年显示热带气旋数量较多，台风少，来源不稳定，拉尼拉年热带气旋数量减少，但台风数量增加，来源比较稳定。

南海四季均可能受热带气旋影响，但主要在6—10月，尤以8月和9月最多，有时每月可生成3个。热带气旋常带来大雨和暴雨，俗称"台风雨"。如1967年7月第6号台风，过程总降雨量在永兴岛为805 mm，24 h降雨量达612.2 mm。台风有时引起风暴潮（海啸）。1922年潮汕"八二风灾"，最高水位比高潮水位高3.6 m，汕头市顿成泽国，并波及潮阳、澄海、饶平、南澳等五县市，6万人受灭顶之灾。台风对地貌的发育也有影响，7220号台风，由于风暴潮的堆积，在宣德群岛七连屿南端出现两个海拔12 m的新沙洲。

11.1.2 海洋水文

1）表层海水温度

冬季，南海表层水温通常在 20～28℃之间，粤东和珠江口因受到低温低盐的东海沿岸水的入侵以及气象要素的影响，表层水温降低到 16℃，巴士海峡以西的广大深水区，因受到黑潮水的影响，表层水温仍在 22℃以上。南海南部海区仍保持着热带海洋的特性，表层水温高达 28℃以上。在南海海盆区域的表层水温则在 22～27℃之间变动。春季，南海北部沿岸浅水区增温较快，水温上升至 23℃左右，外海水温达 27～28℃。整个海区水温为 26～28℃，水温分布较均匀。夏季，南海表层水温分布较为均匀，温度比较高。北部为 27～29℃，中、南部为 29～30℃，等温线较零乱，无规律可循。秋季，南海北部表层水温急剧下降，海水表面温度在 24℃以下；而南海中部及南部的表层水温则略微降低，仍然维持 28～29℃的温度。这是因为刚刚建立起来的东北季风漂流势力尚弱，还没有将北部海区的冷水输送下来。

2）盐度

南海表层盐度分布：吕宋海峡附近有一高盐水舌西伸至海南岛以东海域，构成一条宽阔的高盐带（区）。高盐带以北为广东沿岸水，特点是低盐，等盐线密集，水平梯度大，季节变化显著。高盐带以南，盐度随纬度下降而下降，但递减率很小，等盐线分布稀疏均匀。越南湄公河口，泰国湾湾口北侧，加里曼丹岛古晋至斯里巴加湾市一带，为南海南部的 3 个低盐区。

冬季，南海北部表层盐度在 31.0～34.5 之间，南海中部和南部表层盐度在 34.0 左右，局部海域出现 33.5。但在加里曼丹岛的马都—巴罗一带，出现低于 32.0 的低盐区，这可能与那里的河流淡水流入有关。春季，南海北部沿岸和大河口附近明显降盐，粤西沿岸降盐0.5～1.0，珠江口出现弱的低盐水舌伸向西南；而粤东沿岸水反而升盐 1.0～2.0（存在上升流缘故）。南海中部、南部表层盐度仍在 34.0 左右。夏季，南海近岸及河口地区普遍发生降盐，最大降盐发生在南海北部近岸，珠江口低盐水舌顺着珠江向南伸展，珠江口的盐度在 25.0～30.0 之间。北部湾降盐较甚，比春季下降 1.0～3.0。南海中部和南部的表层盐度比春季下降 1.0 左右。在湄公河口附近，出现低盐水舌（最低盐度在 31.0 以下），其水舌方向指向东，这可能与西南季风有关。秋季，随着东北季风兴起，降水和江河径流量减少，蒸发增强，南海表层盐度普遍升高。尤其是南海北部，升盐 0.5～1.0。在南海南部，存在两处低盐区：① 在湄公河口附近，盐度低于 31.0，低盐水舌指向南，可能受东北季风的影响；② 在巴拉望岛和加里曼丹岛的斯里巴加湾市附近海域分别出现低盐区，盐度低于 31.0。

3）潮汐、潮差

太平洋潮波由巴士海峡和巴林唐海峡传入南海后，主要向西南方向传播，沿途有部分进入北部湾、泰国湾和南海西南海域，少量进入南海北部陆架。受海陆分布、水深和科氏力的影响，形成半日潮、全日潮、不规则半日潮和不规则全日潮等类型。南海以不规则全日潮为主，以南海中部为中心连片分布；规则半日潮部分在台湾海峡、泰国湾、苏门答腊岛和加里曼丹岛之间的南海西海区，以及加里曼丹岛中部陆架；全日潮分布在北部湾以及吕宋岛西海岸，北部湾是世界上相当典型的全日潮区；不规则半日潮区广泛分布于广东沿海陆架、台湾海峡至吕宋岛北端西侧海域、加里曼丹岛西北陆架、马六甲海峡东口、泰国湾湾口西侧、湄公河口东侧以及中南半岛东北陆架。

南海海区的潮差一般不大，大部分海域的平均潮差都在1 m以下。只在浅水的陆架区和海湾内的潮差才明显增大。菲律宾西海岸最大可能潮差最小，为2 m；广东沿岸、中南半岛东南岸、加里曼丹西岸和泰国湾的潮差约为3 m；在广州湾、泰国湾、北部湾的湾顶及台湾海峡内的潮差增至4 m以上，其中，北部湾的北海港及台湾海峡西岸可达7 m（图11.1）。

图11.1　南海潮汐类型及最大可能潮差分布①

大潮差南澳为2.3 m，汕尾为1.6 m，香港为1.8 m，闸坡为2.6 m，湛江为3.1 m，海口为2.0 m，澳门为2.0 m。三亚湾为1.4 m，北海为4.0 m。西沙、南沙群岛都是1.2 m，东沙群岛为1.0 m，黄岩岛为1.4 m。曼谷湾底为2.7 m。越南头顿为2.8 m，西贡为2.9 m，归仁为1.4 m，涂山为2.9 m，海防为2.8 m，鸿基为3.6 m。

4）风浪和涌浪①

风浪：南海冬季盛行东北风（11月到翌年4月），强冷空气南下时，整个南海海面可被10级以上大风所控制，出现9 m以上的海浪。南海北部和吕宋海峡NE向浪的出现频率为37%～58%；南海中部NE向浪的频率为49%～52%；南海南部NE向浪的频率为46%～60%。南海夏季皆以SW向浪为主，频率为25%～52%。秋季的风浪浪向分布形势与冬季的相似，NE向浪出现的频率约为25%。春季浪向比较零乱、复杂，4月南海北部仍有较多的偏N向的风浪，N向浪频率为20%～30%。南海中、南部从4月开始出现SW向和S向浪，以后偏S向浪范围逐渐扩大，到6～8月，整个南海盛行SW或S向浪。

南海冬季较大风浪出现在东北部，尤以吕宋海峡附近波高最大，波高为2 m。大部分海域的波高1 m，局部海域1.5 m。北部湾湾口及吕宋岛西南，出现小范围的小波区，波高在1 m以下。南海春季风浪波高为全年最小，除南海北部中沙群岛、巴拉望西侧局部海域仍出现

①　据《数字南海》研究成果，2007。

1 m 左右波高的风浪外，其余海域皆在 1 m 以下。南海夏季波高比春季略有增大，除北部湾、南海西南海域风浪波高小于 1 m 外，大部分海域皆为 1 m 或 1 m 以上。其中，南沙群岛北部海域波高为 1.5 m，为夏季南海风浪波高最大区域。南海秋季的风浪波高为全年最大，南海东北部、吕宋海峡、台湾海峡南部，波高均增至 2 m，南海北部、中部的波高皆为 1.5 m，南海南部的波高也在 1 m 左右。

南海历年月最大波高在 2.0~9.5 m 之间。其中，北部湾为 5.0 m，南海北部为 9.5 m，南海中部为 9.0 m，吕宋海峡也为 9.0 m。南海风浪周期分布自南向北递增，南部小，为 4 s 左右，中部、北部为 5 s，吕宋海峡和台湾海峡南口为 6 s。

涌浪：冬季，南海北部、北部湾和南海中部以 NE 向涌浪为主；南部以 N 向和 NE 向涌浪为主，N 向和 NE 向涌浪的总频率超过 80%。吕宋海峡以 NE 向涌浪为主，出现频率为 37%。冬季涌浪周期一般为 7 s。夏季整个南海和北部湾盛行涌浪以 S—W 向为主，S 向和 SW 向涌浪的总频率为 45%~75%。南海夏季涌浪周期为 6~7 s。

南海春季涌浪明显减弱。除北部湾和南海南部涌浪稍小，波高为 1 m 以下外，其余海域的涌浪波高为 1.5 m，局部海域出现 2 m 的涌浪。春季南海涌浪周期为 6 s。南海秋季涌浪较大，除北部湾、南海南部浅水区海域涌浪波高为 1.5 m 以下外，其余海域的涌浪波高为 2.5 m。吕宋海峡和台湾海峡南口，涌浪波高达 3 m。

5）海流

季风漂流：南海海域大部分位于热带季风气候区，南海的海流基本上属于季风漂流性质，其流向随季风的更替而变更，6—8 月受西南季风影响，海流东北流；11 月至翌年 3 月受东北季风影响，海流西南流。冬季，在东北季风的驱动下，进入南海的部分黑潮水和部分东海沿岸水汇合，形成强大的西南向漂流。自台湾海峡西口开始，向西经广东近海、海南岛沿海、中南半岛东岸、巽他陆架区、卡里马塔海峡和加斯帕海峡流入南半球的爪哇海。流速一般为 0.4~1.0 kn，在越南沿岸流速可达 2.2 kn 以上，最大流量约为 5×10^6 m³/s，成为冬季南海的强流区之一。部分西向漂流到达南部陆架区时，因大陆架的阻挡偏向东流，继而在加里曼丹北岸转向北上，形成北向逆流，到达吕宋岛附近时折向西流，逐渐加入西南向主流，形成逆时针水平环流。在加里曼丹岛和巴拉巴克岛之间，有一支来自苏禄海的弱海流，向西越过南沙群岛海域至南沙群岛西侧海域，遇到西南向漂流阻挡，部分随西南漂流主流流入爪哇海，部分逆东北风而流，在越南沿岸成为北东向逆流。夏季，南海南部及爪哇海的海水，在西南风的驱动下，沿南沙群岛西侧和东侧向东北或偏北向流动，至南海中部汇合，汇合以后分出一支向中沙群岛至南沙群岛方向逆流南下。至台湾岛以南，主要经巴士海峡流出南海，部分经台湾海峡流入东海。流速一般为 0.5 kn，在越南东南沿岸，流速可达 1 kn 以上，流量约为 3×10^6 m³/s，为夏季南海的强流区。

南海暖流：南海暖流指冬季在南海北部广东外海存在的一支逆东北风、流向东偏北的海流，存在于表层以下。因与东北季风方向相反，故有"冬季逆风流"之称，又因海流水体温度高于左右环境水温，又称"南海暖流"（郭炳火等，2004）。

南海暖流的主流轴西从东沙群岛西北方 115°E 起，东到台湾浅滩东面 120°E 为止，北从大陆架边缘 22°N 起，南界到 21°N 附近，即大约水深 1 500 m 的陆坡边缘为止。主流宽约 100 km，平均最大流速为 0.10~0.15 m/s（薛惠洁等，2001）。南海暖流到达台湾西南水域后，一部分进入台湾海峡，成为台湾暖流的重要组成部分；另一部分转而向东，从吕宋海峡北端流出南海。南海暖流与东北季风呈正相关，经常东北季风越强，南海暖流越强。陆架—陆坡可能决定了南海暖流产生的位置，黑潮高温水的入侵可能仅影响暖流的强度（杨海军、刘秦玉，1998）。

沿岸流：指主体部分位于陆架之上、沿着海岸方向运动的浅海海流。风力作用是沿岸流盛衰的主要驱动因子，具有明显的季节变化和浅海海流特征。广东沿岸流沿华南大陆海岸西行，到中南半岛后沿越南东岸南下，进入泰国湾，沿柬埔寨、泰国和马来半岛东岸运行，总体方向终年自东向西，沿途不断接纳地表径流，是一股低盐、流动窄幅的地转流。冬季与西南向的季风漂流一致、稳定，在越南东部沿海平均流速为 60～100 cm/s；夏季，中南半岛和北部湾的沿岸流完全被东北向季风漂流掩盖，但粤西的沿岸流仍保持向西流，只是流幅变窄。南海东部沿岸流分布于吕宋岛西侧，呈北向流动，春、夏季流速为 30 cm/s，秋、冬季为 20 cm/s 左右。加里曼丹沿岸流从文莱向西南方向流动，高温低盐，即使西南季风期间也保持西南流向（黄企洲、郑有任，1991）。

黑潮：对南海影响很大，东北季风期，黑潮水自东北部进入，沿中南半岛海岸南下，带来大量高温高盐水。南海与外界的水交换，主要通过巴士海峡和卡里马塔海峡进行。

南海冬季受西北太平洋热带海区的黑潮暖流影响。当黑潮暖流自菲律宾以东海区北上流经吕宋岛东岸时，其中一部分水体，从巴林塘海峡向西进入南海，到达东沙群岛附近，受岛屿和陆架浅地形所阻转向东北，到达台湾浅滩南部，再次受地形阻挡向东沿着台湾岛南端，从巴士海峡北部流出南海。黑潮暖流主流宽达 100 n mile，厚近 1 000 m，流量达 $3\,000 \times 10^4 \sim 5\,000 \times 10^4$ m³/s，约相当于地上陆地径流量的 20 倍。黑潮对南海影响很大，它一方面通过动量交换（黑潮水进入南海），将动能传递给南海水，引起相应流动；另一方面通过热盐交换（黑潮水与南海水不断混合），改变南海的密度场，从而影响南海环流。在东北季风时期，一部分黑潮水进入南海东北部，并沿南海西部沿岸继续南下，给南海带来了大量的高温高盐水。这部分黑潮水称为黑潮南海分支，冬伸夏缩，并对气候有显著的影响，它使南海东北部成为南海气温和海温变化梯度最大的地区，年平均气温汕头为 21.3℃，东沙为 25.3℃，两地纬距 2°40′，气温相差 4℃，平均距纬度 1°，向南气温增 1.5℃。同时，东沙岛的年平均气温比同纬度的海口市高 1.1℃，又比巴士海峡的巴士戈低 0.4℃，有自东向西递减之势。

11.2　主要入海径流水系

汇入南海的主要河流有珠江、韩江、南渡江、南流江以及中南半岛的红河、湄公河和湄南河等，据不完全统计，所有这些河流加起来的总长度超过 11 707 km，总流域面积超过 163.4×10^4 km²，每年流入南海的总径流量超过 $10\,205.17 \times 10^8$ m³，年输沙量超过 3.87×10^8 t（表 11.3）。

湄公河按长度为世界第九大、亚洲第五大河流，按径流量排在世界 13 位，因此无论是长度、流域面积、径流量均居南海之首，珠江及红河在南海分别位列第二、第三。珠江属于水多沙少的河流，其径流量是黄河的 5～7 倍，但是输沙量不到黄河的 1/20。红河水量虽比珠江小，但含沙量和输沙量均超过珠江。海南岛多独流入海，河流坡降大，具山溪性暴流特点，径流量和输沙量受季节性影响大。南海周边入海河流受人类活动影响大，主要是上游修筑水库和堤坝，造成下游水量分配的改变，并影响到河流生态系统，如洄游性鱼类的繁殖和产卵受到的影响最大。

表 11.3　南海主要入海河流的径流量和输沙量

入海地区	河流	河流长度 /km	流域面积 /×10⁴ km²	径流量 /×10⁸ m³/a	输沙量 /×10⁶ t/a
越南	湄公河	4 880	81	4 750	160
	红河	1 170	11.9	1 230	130
泰国	湄南河	1 352	17.76	227	20①
广西	南流江	287	0.94	53.13	1.18
海南	南渡江	334	0.70	59.7	0.46
	万泉河	157	0.37	49.5	0.52
	昌化江	232	0.52	38.2	0.84
广东	珠江	2 210	45.2	3 412	83.36
	韩江	470	3.01	241	7.27
	鉴江	231	0.95	57.44	1.97
	榕江	185	0.44	28.1	0.65
	漠阳江	199	0.61	59.1	0.39
小计		11 707	163.4	10 205.17	406.64

资料来源：湄公河（刘忠臣等，2005，文中湄公河输沙量数据有误，本书作了订正），红河（刘昭蜀等，2002），湄南河河流长度、流域面积和径流量（黄镇国，张伟强，2005），南流江（陈则实等，1998），昌化江、万泉河、南渡江、韩江、鉴江、榕江（为 1956—1979 年资料统计，据广东省海岸带和海涂资源综合调查报告，1987），珠江（廖远祺和范锦春，1980），漠阳江河流长度、流域面积和径流量（广东省海岸带和海涂资源综合调查报告，1987），漠阳江输沙量（唐小平，2008）。

1）珠江

旧称粤江，全长 2 210 km，是中国境内第三大河，按径流量为中国第二大河流。由西江、北江、东江和三角洲河网组成的珠江水系流域面积 45.2×10⁴ km²。西江为珠江的主干，发源于云南省沾益县马雄山，干流河道长约 2 055 km，思贤滘以上流域面积 35.5×10⁴ km²，主流经磨刀门入南海。北江发源于江西、广东之间的大庾岭南坡，全长 468 km，流域面积 4.67×10⁴ km²，主流由红奇沥入南海。东江发源于江西寻乌县南岭南坡，全长 523 km，流域面积 3.32×10⁴ km²，主流由虎门入南海（广东省海岸带和海涂资源综合调查报告，1987）。

珠江径流水量丰富，多年平均径流量达 3 412×10⁸ m³，是黄河总流量的 7 倍之多。其中，西江年均径流量为 2 460×10⁸ m³，约占流域总量的 72%，北江为 482×10⁸ m³，东江为 312×10⁸ m³，三角洲网河区为 158×10⁸ m³。珠江悬移质输沙量年内分配不均，汛期占 90% 以上，造成河口区洪水期淤积，而枯水期往往出现冲刷现象。珠江多年平均输沙量为 8 336×10⁴ t，其中，西江梧州站为 7 010×10⁴ t，北江石角站为 515×10⁴ t，东江博罗站为 302×10⁴ t（廖远祺，范锦春，1980）。

2）红河

越南语 Sông Hông 或 Hông Hà，为中越跨境水系，也是越南北部最大的河流。由于流域多红色的砂页岩地层，水呈红色，故称"红河"。红河全长 1 170 km，中国境内 695 km，越

---

① 2010 年越南海防红河三角洲会议，据日本学者 Yoshiki Satio 的发言材料。

南境内 475 km，流域面积 11.9×10^4 km²（刘昭蜀等，2002）。红河发源于巍山县境内，自西北向东南流经 9 个县、市，至越南北部太平省和南宁省之间注入北部湾。红河由黑水河、明江和锦江 3 条河流汇集而成，多数地段系深山峡谷，河道弯曲，河床坡度大，地质复杂，水位变化较大。汛期 3 条河流同时涨水，可造成红河三角洲平原地区严重的洪水泛滥。据下游蔓耗水文站观测记载，历年平均流量为 222 m³/s，正常年最大达 4 970 m³/s，最小为 28.7 m³/s。年平均径流量 $1 230 \times 10^8$ m³，年平均输沙量 1.3×10^8 t。

红河水能资源丰富，干流在越南安沛以上河谷狭窄，多急滩湍流，水力资源蕴藏量很大。越池附近的两条支流黑水河（沱江）和明江，河流落差大、水量大、水流急，其中，黑水河在越南境内有效落差 275 m，可进行梯级开发。

3）湄公河

湄公河发源于中国青海省唐古拉山北麓夏茸扎加的北部，海拔约 3 000 m。湄公河在中国境内称澜沧江，流经中国西藏、云南以及老挝、缅甸、泰国、柬埔寨和越南等国。湄公河干流全长 4 880 km，居世界第 9 位；多年平均径流量 $4 750 \times 10^8$ m³，居世界 13 位；流域面积 81×10^4 km²，居世界 27 位。湄公河干流河谷较宽，多弯道，到柬埔寨金边与洞里萨河交汇后，进入越南三角洲平原地区。河流流过金边后分成两条汊河：一条叫湄公河；一条叫巴沙河。在河口附近，湄公河又分成 3 条汊河于越南胡志明市流入南海。湄公河枯水期流量 1 274.258 m³/s，汛期流量超过 56 633.70 m³/s，平均值为 11 043.571 m³/s（Kolb，Dornbusch，1975）。湄公河的含沙量介于 0.05～7.35 kg/m³，枯水期仅为 0.05～0.1 kg/m³，含沙量少。湄公河悬移质年均输沙量 160×10^4 t。

4）韩江

韩江干流（按梅溪出海口计）全长 470 km，落差 920 m，流域面积 3.01×10^4 km²。韩江上游由梅江和汀江组成，主流梅江发源于广东省紫金县七星崀，汀江发源于福建省化县南山坪，于三河坝汇合后称韩江。向南至竹竿山为中游，河道长 107 km；下游河道长度 54 km，从竹竿山经主流西溪至梅溪于汕头市区入海。韩江径流丰富，年均流量约为 241×10^8 m³，悬移质输沙量不大，年均输沙量 727×10^4 t，韩江口门平均每年向海延伸 10～20 m（广东省海岸带和海涂资源综合调查报告，1987）。

5）湄南河

湄南河位于泰国境内，源于泰国西北部的掸邦高原，上游由两条自北向南的较大河流——宾河、难河汇合而成，两河在那空沙旺汇合后，始称湄南河。其纵穿泰国西南部，于曼谷附近入曼谷湾，注入南海。全长 1 352 km，流域面积 17.76×10^4 km²。主要靠雨水补给，年均径流量 227×10^8 m³。6—9 月雨季为汛期，受西南季风影响，年内流量变化较大，洪水期河口平均流量达 3 500 m³/s。年均输沙量 0.2×10^8 t，由于湄南河携带大量泥沙，河口每年向外伸展 4.5～6 m。

6）南渡江

南渡江是海南岛最长河流，全长 334 km，流域面积 7 022 km²。发源于琼中山区，在海南省海口市东侧流入琼州海峡。河流入澄迈之前，穿行在山丘之间，比降大，河岸陡，河谷狭窄，多为石质河床，水力充足。过澄迈金江镇后，南渡江主要在玄武岩台地和第四纪砂泥质沉积台地中流过，地势开阔，河床坡度较缓，河谷较宽。潭口以下进入三角洲，河道有数支分汊。主要汊道河流有北干流、横沟河以及海甸溪。1956—1959 年，年均输沙量 68.05×10^4 t；1959 年南渡江上游建成松涛水库以后，年均输沙量减为 52.1×10^4 t；1969 年又建成龙塘滚水坝，年均输沙量减少至 31.37×10^4 t。据 1956—1979 年资料统计，南渡江平均径流量为 59.7×10^8 m^3/a，输沙量为 46×10^4 t（广东省海岸带和海涂资源综合调查报告，1987）。南渡江属山溪型河流，河水暴涨暴落，径流和来沙的季节性变化极大，径流和泥沙主要集中在 6—11 月（王文介和欧兴进，1986）。洪水年和枯水年径流量相差很大，丰水年常常是枯水年的 3 倍多。

7）南流江

南流江全长 287 km，流域面积 9 439 km^2，在合浦县党江注入北部湾，是广西沿海港湾中流程最长、流域面积最广、水量最丰富的河流。年平均径流量 53.13×10^8 m^3，丰水年 80.2×10^8 m^3，枯水年 16.94×10^8 m^3，年均输沙量 118×10^4 t。南流江河道弯曲，排水不畅，容易发生涝灾。现在正逐步将河道截弯取直，修建蓄水库，解决两岸干旱和水涝问题。

第12章　南海海岸带地貌

南海海岸带地貌以基岩港湾海岸与砂砾质海岸交替为特色，原始基岩港湾多为中生代花岗岩，形成于第三纪末期，后波浪侵蚀基岩岬角，泥沙堆积于岬角之间形成砂砾质海岸（表12.1）。因此砂质平原海岸多形成于基岩港湾湾顶区域，以及与山地丘陵有一定距离的冲积海积平原地区，如三亚湾。在大河入海处有大量泥沙堆积形成河口与三角洲，如珠江三角洲、韩江三角洲。南海位于热带海洋，沿岸地带适合红树林和珊瑚礁生长，因此发育红树林与珊瑚礁海岸。南海沿岸以波浪作用为主，潮差不大，再加上各大河流的输沙量小，带来的细颗粒物质有限，因此南海地区淤泥质平原海岸不发育，仅在大河口附近（如珠江三角洲西侧）以及波浪掩护的港湾有少量的淤泥质平原海岸发育。

表 12.1　南海海岸地貌分类

类型	亚类	分布区域和地点
基岩港湾海岸	海蚀型基岩港湾海岸	粤东大亚湾、大鹏湾、红海湾、碣石湾，粤西铜鼓角至海陵山港
	海蚀—海积型基岩港湾海岸	粤东广澳湾至甲子港、粤西海陵山港至水东港、海南岛兵马角至干冲、东水港至后水湾、木兰头至铜鼓角、铁山港至莺歌海
	海积型基岩港湾海岸	海南岛东海岸（清澜港至铁炉港）、西海岸（洋浦港—莺歌咀）
	海蚀—海积及潮汐汊道基岩港湾海岸	雷州半岛、广西海岸、琼北海岸（洋浦港—东寨港—清澜港）
河口—三角洲平原海岸		珠江、韩江、南渡江、南流江河口
珊瑚礁海岸	岸礁海岸	雷州半岛西南、海南岛、涠洲岛
	堡礁海岸	海南岛西北岸外大铲礁、小铲礁、临昌礁
红树林海岸		华南大陆沿岸、海南岛沿岸海湾

南海基岩港湾海岸发育背景多样，多数发育于中生代花岗岩山地丘陵地带，如粤东、粤西，其次位于第四纪玄武岩或海相、陆相砂泥岩构成的台地，如雷州半岛、琼北地区，也有发育于火山岩岸段，如海南岛西北洋浦—临高。由于基岩港湾海岸不同岸段的岩性差异、地层走向差异、沿岸河流输沙以及海洋动力条件的差异，基岩港湾海岸类型多样（表12.1，图12.1）。在地层坚硬、波浪作用强烈、沿岸泥沙来源少的山地或丘陵岸段发育侵蚀型基岩港湾海岸，如粤东大亚湾和大鹏湾均为典型的侵蚀型基岩港湾。其特点是山地环抱、深入陆地，无大河泥沙注入，外来泥沙也少。在沿岸有众多多沙性小河汇入的岸段发育海蚀－海积型基岩港湾海岸，如粤东广澳湾至甲子港岸段、粤西海陵山港至水东港以及琼南铁山港至莺歌海。而在地层岩性软弱、海岸侵蚀产生大量泥沙的岸段，则发育海积型基岩港湾海岸，如海南岛西部和东部岸段。另外南海沿岸多受 NE、NW 向断裂构造控制，地层破碎部位易被流水侵蚀切割成长条形的洼地，全新世海侵受淹成为潮汐汊道，因此南海沿岸又发育众多的潮汐汊道港湾海岸，形成具有特色的海蚀－海积及潮汐汊道基岩港湾海岸，整个海岸仍为海蚀－海积型，但有潮汐汊道穿插其间，如广西南部海岸、雷州半岛沿岸和琼北、琼东北沿岸。

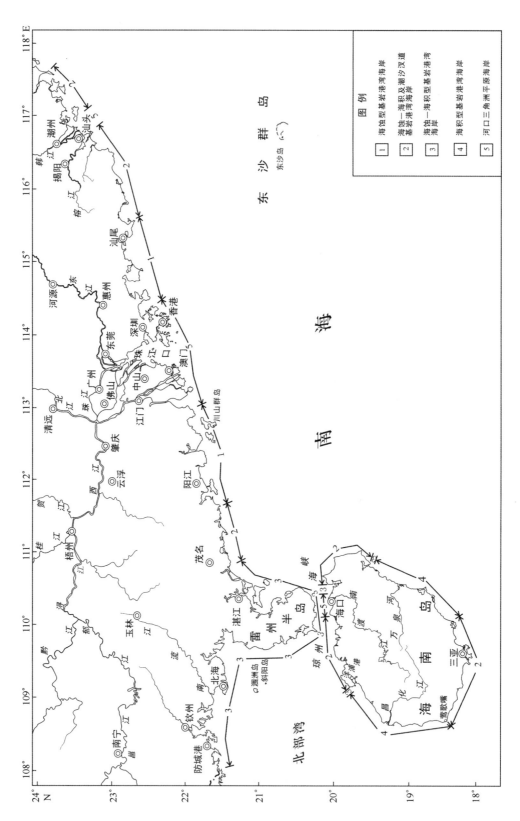

图 12.1 南海北部（华南沿海）海岸类型

图例

1　海蚀型基岩港湾海岸

2　海蚀—海积及潮汐汊道基岩港湾海岸

3　海蚀—海积型基岩港湾海湾

4　海积型基岩港湾海湾海岸

5　河口三角洲平原海岸

12.1 南海基岩港湾海岸

12.1.1 海蚀型基岩港湾海岸

南海海蚀型基岩港湾海岸发育于珠江口两侧，珠江口以东从香港九龙至碣石，包括大亚湾、大鹏湾、红海湾和碣石湾；珠江口以西从铜鼓角至阳江市海陵山港。大亚湾、大鹏湾属于典型的海蚀型基岩港湾海岸，其特点是海湾三面被低山丘陵环抱，湾两侧有长长的半岛合抱海湾。海湾纵深大，湾口水深浪大，湾内岸线曲折，大湾套小湾。海岸陡峭，基岩直逼海岸，现代海蚀地貌发育。湾顶有小河入海，但带来泥沙不多，湾顶泥沙堆积基本上是原地或海湾周围风化产物。珠江口西侧铜鼓角至海陵山港亦为海蚀型基岩港湾海岸，但由于珠江口沿岸流向西南运行，使磨刀门入海泥沙常年向西输送至此岸段沉积，形成了广海湾、镇海湾一带宽广的粉砂黏土堆积，使山体逐渐远离海滨，失去了原有海蚀型基岩港湾海岸的面貌。现以大鹏湾、大亚湾为例描述南海海蚀型基岩港湾海岸的特点。

1）大鹏湾

大鹏湾（22°24′~22°36′N，114°12′~114°30′E）位于广东省深圳市大鹏半岛与香港九龙半岛之间（图12.2），是一个天然的深水海湾，西、北、东三面为陆地环抱。湾口东起大鹏半岛黑岩角，西至九龙半岛大浪嘴，湾口宽9.26 km，偏向东南，湾内水域面积约335 km²。湾顶沙头角湾附近水深8~10 m，中部水深18 m，湾口水深22~24 m。除湾顶沙头角附近较浅外，10 m等深线直逼海岸，离岸500~1 000 m（马应良等，1998）。大鹏湾沿岸是低山丘陵，多由花岗岩组成，滨海平原浅窄，海滩面积小。沿海山势陡峻，山脊狭窄，基岩裸露，多悬崖峭壁，近邻海滨，山坡陡然入海。北部岸线较平直，南部岸线较破碎，且多岛屿。西部近岸地形复杂，水道纵横，陀罗水道深入九龙半岛腹地。沿岸山地植被良好，水土流失小。海床较稳定，冲刷小，淤积也小（叶锦昭、卢如秀，1990）。

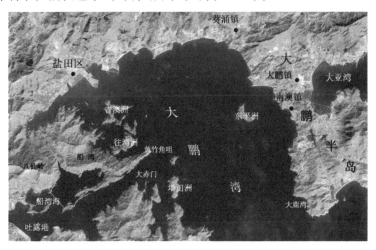

图12.2 大鹏湾卫星图像

由于沿岸无大河流入，陆域来沙很少。近100年来（1898—1996年）大鹏湾水下地形无明显变化，不同时期的等深线形态位置均相似①。海湾开敞，波浪较强，在湾口大鹏半岛南端，曾实测到波高 9.5 m，湾内大浪时波高 4 m 以上。大鹏湾为弱潮区，平均潮差 1.0 m，潮差由湾口到湾顶逐渐增加，湾口与湾顶潮差之比为 1:1.15。涨潮流速和落潮流速均较小，约为 10 cm/s。

大鹏湾岸线曲折，湾内有湾，湾内散布有大梅沙、小梅沙、溪涌、上洞、官湖、沙鱼涌口、迭福、下沙、水沙头等 20 多个小海湾，在长约 154 km 的海岸线上，平均每隔 6 km 即有一个小海湾。小海湾湾口大多发育沙坝，沙坝前缘发育海滩（表 12.2）。海滩砂砂质纯净，多为中粗砂，砂层厚 10～12 m，目前海滩冲淤变化不大，处于较为平衡状态，适合开发海滩旅游项目。

表 12.2　大鹏湾沿岸主要砂质海滩 [1]

沙滩名称	朝向	规模/m²	砂质	水质	周围环境	开发情况
大梅沙	南偏东	2 100×50	中粗砂	一类	腹地开阔	已开发
小梅沙	南偏东	950×40	中粗砂	一类	围合性好，有岬角	已开发
溪涌	南偏东	500×45	中粗砂	二类	有岬角，湾形好	已开发
上洞	南偏东	1 350×60	中粗砂	一类	腹地植被好	未开发
官湖	南偏西	900×20	未知	一类	腹地开阔	半开发
沙鱼涌	西	300×20	中粗砂	二类	腹地植被好	半开发
大湾	西偏南	560×30	粗砂	一类	腹地狭窄	未开发
迭福	西	1 500×20	粗砂	一类	腹地深阔	未开发
狮子湾	西	800×40	未知	一类	有岬角，腹地狭窄	未开发
下沙	西	2 600×30	粗砂	一类	滩长，腹地开阔	半开发
水头沙	南偏西	1 100×30	粗砂	二类	有岬角	已开发
洋筹湾	北偏西	380×25	中粗砂	一类	湾形好，植被好	未开发
鹅公湾	西	500×20	未知	一类	腹地植被好	未开发
大鹿湾	西偏南	1 300×20	未知	一类	腹地植被好	未开发
西冲	南偏东	5 300×60	中细砂	一类	腹地开阔，有岬角	半开发
东冲	南偏东	1 200×80	中细砂	一类	围合性好，有岬角	未开发
大深湾	南	600×20	未知	一类	腹地植被好	未开发
大水坑湾	南偏东	2 790×25	粗砂	一类	腹地植被好	未开发
杨梅坑	东偏北	1 600×30	中粗砂	一类	腹地植被好	半开发
桔钓沙	东偏北	1 400×50	中粗砂	一类	腹地植被好	半开发
龙旗湾	东	1 780×30	粗砂	二类	腹地植被好	半开发
岭澳旧村	东偏南	800×20	中细砂	一类	腹地植被好	未开发
廖哥角	北偏东	950×35	粗砂	一类	腹地植被好	未开发

---

① 南京大学海岸与海岛开发教育部重点实验室. 2004. 深圳海域与岸线资源的保护与合理开发利用策略研究（内部科研报告）.

大鹏半岛为花岗岩山地组成的半岛，七娘山海拔高869 m，大雁顶海拔高769 m。外围有剥蚀侵蚀低丘陵围绕，海拔高度50～200 m。山顶呈馒头状，基岩露头少，多为残坡积物覆盖。盐田、大梅沙和水产站一带分布海积平原，成长条状沿海分布。近海岸常有沙堤或人工围堤阻挡海水，堤后地形平坦，微向海倾斜，堆积浅灰色细砂和砂质黏土。有些低洼的由泥沙构成的盐沼地带，多垦为农田。海积平原外缘有沙堤发育，在盐田、大梅沙和小梅沙发育较好，沙堤长1～2 km，宽100～200 m，沙堤由中粗砂、中细砂组成。

大鹏湾水下地形北高南低，海底地貌主要为水下岸坡和水下浅滩，水下浅滩滩面宽阔平坦，由湾顶向湾口倾斜。5 m、10 m等深线紧贴岸边，近岸海底坡度较陡。表层沉积物是全新世海侵以来的最新产物，以粗砂、砂、粉砂和黏土为主，粗颗粒沉积物主要分布在滨岸，随着离岸距离的增加，沉积物颗粒逐渐变细。

2）大亚湾

大亚湾位于广东省惠东县、惠阳县和保安县之间（22°30′～22°50′N，114°29′～114°49′E），东靠红海湾、西邻大鹏湾（图12.3）。大亚湾是山地环抱深入陆地的海湾，北有铁炉嶂山、西有大鹏半岛、东有平海半岛。湾口朝南，口宽15 km，纵深26 km，面积516 km²，水深5～18 m（马应良等，1998）。大亚湾岸线曲折，水域隐蔽，岛屿众多，主要岛屿有港口列岛、中央列岛、辣甲列岛、桑洲岛、沙鱼洲岛、潮洲岛和大洲头岛。岛屿对外海传入的波浪起屏障作用，使湾内水域平静，波浪小，平均波高仅0.8 m，最大波高在湾口有3～4 m。而潮流复杂，流速可达50 cm/s。周边没有大河泥沙注入，只有一些小溪流入，海水清澈，水下地形多年来稳定不变。

图12.3 大亚湾卫星影像

大亚湾海底地形大体由北向南倾斜（图12.4），北部水体较浅，一般在4~6 m，至湾口大辣甲岛以东，水深增加至19 m左右，南北向平均坡降为 0.66×10^{-3}（冯志强等，2002）。东部岸线相对平直，西部岸线曲折，港汊深入陆地。湾内多座岛屿如港口列岛、中央列岛和辣甲列岛均呈南北走向，由于波浪侵蚀，岛的东南方向比西北方向坡度要大。

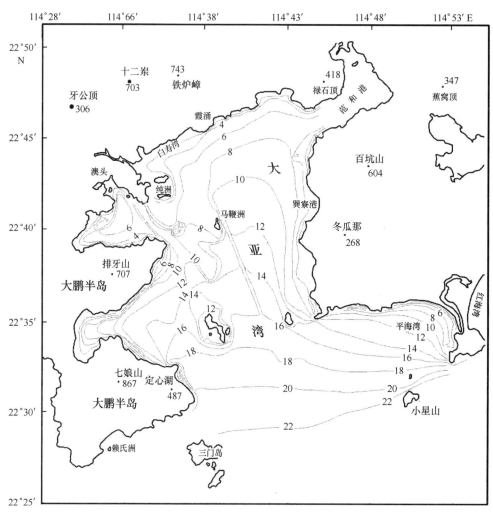

图12.4　大亚湾等深线（冯志强等，2002）

大亚湾周围山地由黑褐色花岗岩组成，在基岩岬角、开敞的基岩岸段以及岛屿迎风迎浪面，长期的风化以及浪、潮侵蚀作用，海蚀地貌发育，在基岩岬角有海蚀崖、海蚀柱、海蚀洞，侵蚀下来的岩块堆积在基岩岬角周围形成岩滩，如大鹏澳南侧的东川，大亚湾的水牛角、大新角、柏港和大辣角基岩岬角等地均有岩滩分布（图12.5）。岩滩一般顺着陡峭的基岩岸或基岩岬角呈狭窄带状展布，长度几百米到上千米，宽20~50 m，局部可达100 m，坡度2°~5°，滩面不平或有滩肩发育。在岩滩两侧发育砾石滩或砂砾滩，一般宽15~30 m，砾石扁平，粒径2~10 m，向湾顶方向粒径逐渐减小。

海积平原主要分布在澳头、霞涌和沙厂一带，成长条状沿海岸断续分布，多位于海岸沙堤之后（图12.5）。海拔高3~15 m，宽度一般2~4 km（马应良等，1998）。堆积物为浅灰色细砂、砂质黏土，后缘近山处为坡残积物所混杂，均已开辟为农田，平原上有20~50 m高的零星残丘。

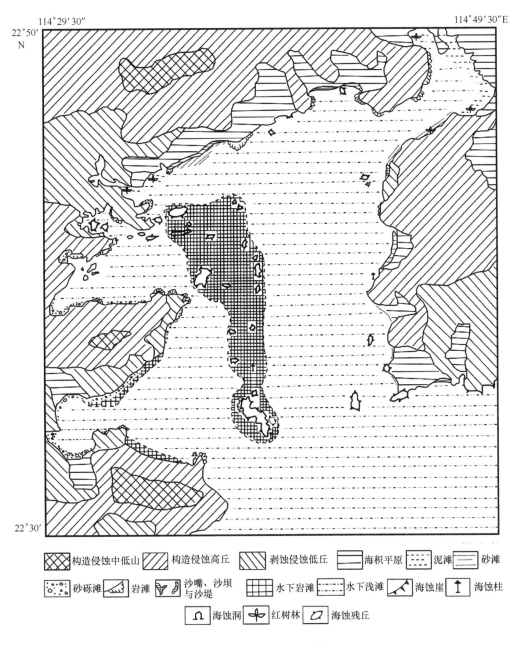

114°29′30″
22°50′
N

114°49′30″E

22°30′

⊠ 构造侵蚀中低山	⊘ 构造侵蚀高丘	╱ 剥蚀侵蚀低丘	⊟ 海积平原	⋮ 泥滩	≡ 砂滩

⊙ 砂砾滩	◿ 岩滩	◊ 沙嘴、沙坝与沙堤	⊞ 水下岩滩	⋯ 水下浅滩	◤ 海蚀崖	↑ 海蚀柱

∩ 海蚀洞	✤ 红树林	▱ 海蚀残丘

图 12.5　大亚湾地貌（马应良等，1998）

　　沙堤一般出现在基岩岬角的砂砾质海湾内，柏港、霞涌、沙厂和鹏城等地沿岸沙堤规模较大，长 3 000 ~ 4 000 m，宽 50 ~ 80 m，高 3 ~ 5 m，由细砂和中细砂组成，目前沙堤上多已植树护岸（图 12.5）。沙堤前缘海滩一般宽 20 ~ 50 m，最宽为大鹏澳的红螺排一带，可达 700 m（马应良等，1998）。物质多为中粗砂，含砂砾及贝壳碎片。在隐蔽岸段和深入内陆的港湾，如范和港和浦渔洲岸段，多为淤泥质或红树林岸段，波浪作用微弱，以潮流作用为主，致使港湾水深变浅。其上潮沟发育，宽 500 ~ 700 m。底质为深灰色粉砂质黏土，滩面稀软，人行其上困难，高潮区大部分被红树林覆盖或修筑堤坝开垦为养殖区。

　　大亚湾海底地貌类型单一，主要由堆积型的水下浅滩和侵蚀型的水下岩礁组成（马应良等，1998）。水下浅滩覆盖湾底大部分区域，滩面平坦宽阔，由湾顶向湾口缓缓倾斜（图

12.5）。沉积物由泥质粉砂和粉砂质泥组成，沉积厚度为 20～30 cm。沉积物颗粒细，但分选较好。岩滩分布于大鹏澳南、北两侧和大亚湾中部，在大鹏澳南、北近岸处水下岩滩呈片状贴近岸边分布，岩礁面高低不平，局部尚有岩块堆积，属于基岩海岸的水下延伸部分。大亚湾中部一系列岛屿和岸礁成南北向排列，有的突出水面成为岛屿，如大辣甲；有的没于水下成为高低不平的暗礁，形态各异。

12.1.2　海蚀－海积型基岩港湾海岸

海蚀－海积型基岩港湾海岸在南海沿岸分布广泛，粤东、粤西和海南岛南部均有分布。海蚀－海积型基岩港湾海岸的特点是基岩岬角海岸与砂砾质海岸相间分布，基岩岬角侵蚀物质以及湾顶河流的输沙在湾顶堆积成砂砾质海岸。海蚀—海积型基岩港湾海湾在外形上往往成弧形或对数螺线形态，每个较大湾头都发育了一组沙坝—潟湖堆积体系。

12.1.2.1　粤东、粤西海蚀－海积型基岩港湾海岸

粤东海蚀－海积型基岩港湾海岸分布于广澳湾至甲子港之间，海岸呈现中生代花岗岩岬角和海湾相间分布的格局，自东向西有海门角、石碑山角、甲子角和田尾角，其间分布广澳湾、海门湾、靖海湾、神泉港和甲子港，湾口多向南开口成弧形或对数螺线形态。每个较大湾头都发育了一组沙坝—潟湖堆积体系，沙坝一般长 10 km 左右，高 3～8 m，其上叠加砂质海滩，宽十几米到上百米不等。有小河注入潟湖湾，如练江流入海门港龟头海潟湖，鳌江流入甲子港潟湖，雷岭河流入神泉港潟湖（赵焕庭等，1999）。目前这段海岸遇到的问题主要是建闸、围垦、盐田和渔塭养殖等使纳潮水域减少，导致潟湖淤积严重，航道变浅水深难以维持，另外口门外不合理的修建导堤不仅没有起到阻挡泥沙的作用，反而加重口门航道的淤浅。

粤西海蚀－海积型基岩港湾海岸分布于广海湾至水东港之间，此段海岸背靠花岗岩和变质岩丘陵台地，岬湾相间，海湾成弧形或对数螺线型，发育沙坝—潟湖沉积体系，沙坝规模要大于粤东的甲子和神泉港岸段，在同一沙坝—潟湖体系中有数条遗存的老沙坝和湮灭了的干潟湖，如粤西电白县水东港。自西向东有阳西县河北港、南海港和沙扒港，电白市鸡打港、博贺港和水东港（赵焕庭等，1999）。此段海岸从台地之间的小海湾或小河口发育而来，由于陆架或河流供沙较多，波浪作用较强，沿岸漂沙活跃，砂质堆积广泛，形成大大小小的潟湖或潮流通道。拦湾或湾口沙坝将潟湖与外海阻隔成半封闭状态，潮流通道口门通常有拦门沙，对航行不利。

选择研究成度相对较高的沙扒港至水东港岸段作为代表，描述粤东、粤西海蚀－海积型基岩港湾海岸的特征。

1）沙扒港岸段

范围从湾口东侧岬角北额岭牛屎至鸡打港湾口东侧，包括沙扒港港湾（图 12.6）。沙扒港东侧的北额岭由加里东期混合岩构成，最高峰 193.1 m，成为阻挡偏东风浪的海岸岬角（张乔民等，1990）。从北额岭东南岬角牛屎向西至沙扒为基岩海岸，其中，牛屎至长角嘴海岸成东西向延伸，发育侵蚀陡崖。长角嘴至沙扒，海岸成 NW 向延伸，岸线长 2.5 km，湾顶发育中细砂质海岸，并散布有岩礁，－2 m 等深线距岸 200～300 m。

沙扒港沿 NNW 向断裂发育，可能属于溺谷型港湾，从湾口至湾顶长 7.5 km。沙扒港由

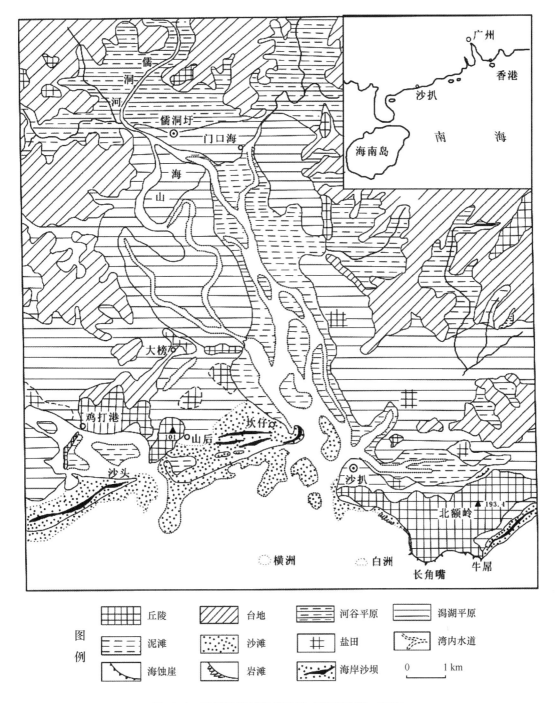

图12.6　沙扒港及其沿岸地貌（张乔民等，1990）

2 m等深线圈闭的深槽成"Y"字形，分东槽、西槽和南槽，东槽水深较大，有两段水深可达5 m，西槽水深较小，成反"S"形弯曲。东槽为动力主槽，西槽为支槽。东槽与南槽为沙扒港天然航道、锚地及港池。沙扒港湾顶有儒洞河向湾内输运泥沙，1959—1972年间的大规模围垦使水域面积减少了46.2%。湾顶两侧为冲积平原，海湾四周为潟湖平原，发育广泛的泥质潮滩（张乔民等，1990）。湾顶儒洞河全长54 km，流域面积697 km²，年均径流量6.01 ×10⁸ m³。由于地处广东著名的暴雨中心之一的大云雾山—大田顶—鹅凰嶂山区的迎风面，年均降雨量最大达2 800 mm，最大一天暴雨337 mm，径流洪枯季变幅很大。沙扒港为不正规半日潮，口门平均潮差1.47 m，平均波高0.68 m，口门动力条件属于波浪与潮流共同作用，且以潮流作用为主。全年以偏东风、浪为主，但6、7月偏南风、浪为主。儒洞河的径流和泥沙不仅影响湾内沉积和地貌，而且是影响口门地貌演变的主要动力因素。由于儒洞河来沙量较大，目前海湾淤浅程度较高，泥滩广布、水道浅窄，泥滩所占面积在海湾上部约4/5，海湾下部约3/4，使得海湾截留河流泥沙能力降低，洪水易于冲出口外，对口门水道构成直接威胁。

湾口西侧坎仔至鸡打港发育 NEE 向延伸的砂砾质海岸，发育多道与岸线平行的海岸沙坝，此段海岸长约3.3 km，宽约1 km，海岸沙坝高2～4 m（张乔民等，1990）。沿高潮线有1～2 m的侵蚀陡坎。海岸沙坝向陆一侧和缓，过渡为平坦的风成沙丘，沙丘之间为干潟湖洼地。岸外发育浅水礁滩，−2 m等深线距岸1.6～3.0 km。

2）水东港岸段

博贺湾：位于21°29′～21°31′N，111°09′～111°15′E 之间。在湾之东北岸段，原有多条海汊，因围垦而成东西走向的长条形港湾（图12.7，图12.8）。湾口朝向东南方向，口宽1.3 km，纵深6.5 km，面积6.6 km²，水深1～4 m。湾底为泥沙底，有麻港河等多条小河注入，泥沙量较大。湾内泥沙滩广阔，有红树林和大片盐田。港口在湾口西侧，水深1～4 m。进港航道从电白印岸礁至港池长约7.8 km，宽约0.2 km，一般水深2～6 m（林应信等，1999）。博贺镇至西葛仔为 NEE 向延伸的长条形沙坝海岸，沙坝长13 km，宽2.4～4.4 km（李春初等，1986）。

图12.7　水东港、博贺港卫星影像

水东湾：水东湾位于粤西电白县境内，口宽0.7 km，腹大口小，腹宽4.5 km，纵深9.5 km，水深小于1 m（林应信等，1999）。湾内沉积砂泥细颗粒物质，湾中有水东岛及三洲，湾顶无大河注入（图12.8）。北面为缓波状起伏的侵蚀—堆积台地，海拔15～25 m，南边为规模宏大的海岸沙坝（coastal barrier），潟湖面积约32 km²。潮流通道内外口门分别有涨

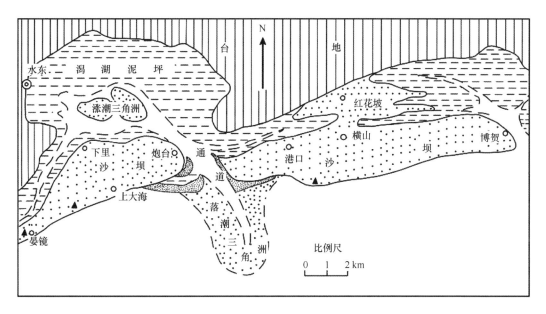

图 12.8　水东港、博贺港海岸地貌（李春初等，1986）

潮三角洲和落潮三角洲，落潮三角洲比涨潮三角洲发育（李春初等，1986）。港口在电白县南，涨潮水深 2.6 m，落潮水深 0.3 m。港口往东潮汐汉道长约 4 km，进港航道自拦门沙浅滩至港口长约 14 km，宽 0.5~0.8 km，最窄处 60~80 m，水深 1.9~13 m，一般水深 5 m（林应信等，1999）。

水东港地处热带边缘，面临南海，气候潮湿、温暖，降水充沛，夏季长、冬季短，呈热带海洋性季风气候，热带气旋频发，给本区带来灾害。本区多年平均气温 23℃，最热月为 7 月，多年月平均气温 28.5℃；最冷月为 1 月，多年月平均气温 15.6℃（林应信等，1999）。多年平均降水量 1 558.4 mm，降水量季节变化明显，多集中在 4—10 月，多年月降水量在 100 mm 以上，占全年降水总量的 88%。11 月至翌年 3 月为旱季，多年月平均降水量不足 70.0 mm，降水量只占全年降水量的 12%。本港湾常向风为 E 向和 ESE 向，出现频率均为 16%，平均风速分别为 4.0 m/s 和 4.5 m/s。

水东港潮汐属不规则半日潮型，除电白（莲头岭）平均涨落潮历时大致相等以外，其余地点平均涨潮历时略长于平均落潮历时（林应信等，1999）。据炮台潮位站观测，1—12 月，平均潮差介于 158~189 cm 之间，最大潮差介于 297~341 cm 之间。潮差最大月份出现在 9 月，最小月份出现在 12 月。秋季，表层最大流速 45~52 cm/s，底层最大流速 28~56 cm/s；春季，表层最大流速 42~47 cm/s，底层流最大流速 25~36 cm/s。全年以风浪为主，偏北风时产生的风浪较小，偏南风时产生的风浪较大。冬季以风浪为主，湾内平均波高 0.2 m，湾外平均波高 0.7 m，平均周期 3.8 s，最大波高 1.9 m。夏季湾内以风浪为主，间有涌浪，湾外平均波高 0.7 m，平均周期 3.4 s，最大波高 3.6 m，波向 S 向。

炮台至晏镜岭：炮台至晏镜岭大沙坝长 9 km，宽 2~3 km，呈 NEE—SWW 向展布，其上有晏镜岭、虎头山和尖岗岭等变质岩残丘（李春初等，1986）。该沙坝具弧形形态，海滩由均匀的细砂组成。从东向西，由侵蚀型向堆积型海滩过渡。东侧海滩宽平，海滩背后为低缓的滩脊平原，两者相接处发育海蚀低陡坎，整个海滩剖面呈上凹型，平均坡度 1.5°。向西，海滩开始出现滩肩和滩角，出现频率越往西越大，后滨地带则开始出现低缓的海岸前丘。海滩物质由泥沙组成，分选性较差。再往西至晏镜岭一带，海滩背靠中细砂的海岸前丘，沙丘最高约 6 m。前滨通常有两层滩角，分别对应大潮高潮位和平均高潮位，海滩坡度较陡，平均坡度可达 7°以上（陈子燊、李春初，1993）。

本区为一典型的沙坝潟湖型海岸，现代沙坝背后发育晚更新世老沙坝。晏镜岭—炮台—港口—横山一线以北大部分为晚更新世"老红砂"，如东部红花坡一带的"老红砂"有 3 列相间的滩脊及其间潟湖洼地组成，其中，两处洼地腐木的 ^{14}C 测年分别为距今（32 860 ± 700）a. BP 和（29 540 ± 640）a. BP，整个沙坝超覆在晚更新世中期的古潟湖沉积之上（李春初等，1986）。老沙坝临海一侧为全新世新沙坝，随着全新世海平面变化，沙坝经历了超覆后退，淤积前展发育过程，近期沙坝处于全面的侵蚀后退，树林冲毁、村庄内迁、沙脊冲蚀现象屡见不鲜，目前岸线后退速度为每年 1~3 m，原因可能与全球性海平面上升、台风风暴潮加剧、泥沙供应减少以及不当的人类活动有关，应引起足够重视。

12.1.2.2 琼北海蚀-海积型基岩港湾海岸

海南岛北部海岸处在琼北玄武岩台地范围内，海南岛王五—文教断裂以北属雷琼断陷区，覆盖第四纪熔岩，构成玄武岩台地，熔岩流经过更新世与全新世多次喷发，堆积成高 20 m 以及 40~50 m 两级台地，同时还保留着一些火山颈、火山口与火山锥所形成的丘陵，如琼山县永兴、石山一带（图 12.9）。在方圆 500 km^2 的范围内，点缀着 30 多座火山锥，这些火山多沿北西向和南北向断裂的交汇点喷发（王颖等，1998）。

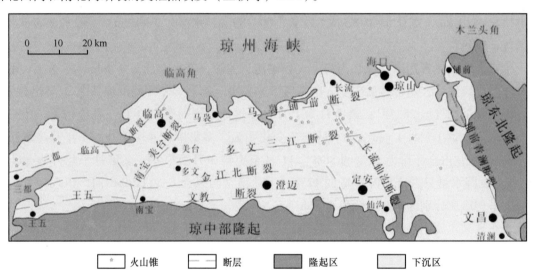

图 12.9　海南岛北部断裂及火山锥的分布（邹和平、黄玉昆，1987）

本书所指的琼北实为王五—文教断裂以北区域，包括琼西北和琼东北，范围从白马井、干冲、兵马角至临高角、老城、铺前湾，绕过海南岛东北角木兰头至抱虎角、铜鼓岭，最后至于清澜湾。琼北海岸地貌类型多样，岬湾相间，基岩岬角由火山岩和花岗岩构成，具海蚀特点，岬角之间发育砂砾质海湾，因此总体具海蚀—海积特点。

1）琼西北火山岩海岸

范围从琼西北兵马角至干冲，为我国唯一的火山岩海岸。海岸线呈 NE—SW 向延伸，岸线平直，沿岸密集分布火山喷发孔和玄武岩流堆积，火山海蚀地貌发育，与火山有关的地质遗迹丰富，适合建立火山地质公园和发展滨海火山地质旅游（图 12.10）。

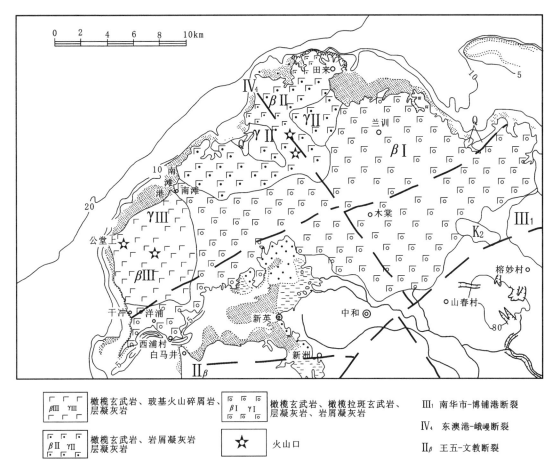

图 12.10　海南岛西北部火山地质与断裂分布（王颖等，1998）

　　本区火山活动与北西向和北东向的断裂相交有关，北西向断裂有兵马角—木堂—儋县断裂，北东向断裂有松林—木堂—干冲断裂（图12.10）。本区火山活动从晚更新世到全新世共划分5次火山喷发活动（王颖等，1998），最早一次可回溯到52000年前，喷发中心在杨浦，熔岩厚5~10 m，沿裂隙多中心喷发，形成熔岩台地丘陵。最新一期喷发为4 000年前，在母鸡神和龙门一带沿裂隙成串珠状喷发（表12.3），组成现代火山海岸。现以母鸡神和龙门两个典型岸段介绍琼西北火山岩海岸的特征。

表 12.3　海南岛西北部火山活动地质地貌特征（王颖等，1998）

喷发期次		时代	岩石特征	分布与地貌特征
第一期	第一次	晚更新世玄武岩烘烤层热释光定年为（52 000 ±400）a. BP	气孔状玄武岩。岩流层厚 5 ~ 10 mm，经鉴定为橄榄玄武岩及橄榄拉斑玄武岩	洋浦，沿 NEE 向断裂多中心溢流喷发，形成整个火山区的玄武岩台地和丘陵，向海盖在海相沉积层上，火山形成 8 m 高海岸阶地。有多个喷发孔，使地面起伏为火山丘陵
	第二次		气孔状橄榄玄武岩、橄榄玻基玄武岩、岩屑玄武岩、层凝灰岩	峨蔓为中心，沿 NW 向断裂成多火山口喷发，喷发剧烈，形成 20 ~ 40 m 崎岖不平的熔岩低丘，沿断裂带形成一系列火山堆，笔架山三峰高度为 208 m、121 m、171 m，春历岭 100 ~ 167 m，火山锥兀立于第一期玄武岩台地上
	第三次		橄榄玄武岩	干冲断裂北侧及德义岭，成盾形火山及熔岩台地，穿插、覆盖在第二次玄武岩上，德义岭火山高 97.4 m，火山口完整，直径 200 m
	第四次	火山岩盖在海相潮滩沉积层上，其中的扇贝^{14}C 定年为（26 100 ±960）a. BP，喷发时代在更新世末	多孔的熔岩、拉斑玄武岩、玻屑凝灰岩、玻璃火山碎屑岩及具微层理与波痕结构的凝灰质砂砾岩	莲花山及德义岭以北，龙门以南，喷发强烈，黏滞性大。火山锥兀立，坡度大，穿插于熔岩台地（第三次）间，莲花山有一中心火山喷发口，高 65.0 m，四周有几个火山喷发孔
第二期	第五次	经热释光定年为（4 000 ± 300）a. BP	炉渣状熔岩、气孔状玄武岩、拉斑玄武岩	母鸡神、龙门、沿海岸断裂带，成串珠状小火山喷发，孔裂隙式喷发，全新世沉积受火山活动而抬升构成现代火山海岸

母鸡神火山岸段：母鸡神海岸线长 18 km，由火山颈、火山口和喷发岩构成的海蚀柱、海蚀岩墙、海蚀崖（图 12.11，图 12.12a）以及受火山活动抬升的古海岸沙坝和古海滩组成（图 12.12b）。海岸陡峭，实为一断裂活动带，有 15 个火山口呈串珠状排列（王颖等，1998）。喷发口大多为椭圆形，直径 7 ~ 14 m，内壁为致密玄武岩，外围为气孔状玄武岩，内壁表层有烘烤，口内堆积炉渣状玄武岩和集块岩。这些火山孔在海岸呈岬角，海蚀后成崎岖的岩滩和海蚀柱。

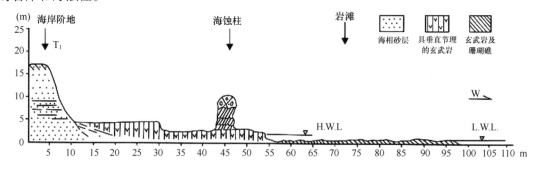

图 12.11　母鸡神头火山颈及海蚀台地（王颖等，1998）

"母鸡神"是高 10 m 的玄武岩构成的海蚀柱（图 12.11，图 12.12a），顶部有火山弹、火山渣堆积，下部为玄武岩堆积，玄武岩各层不连续，是经 3 ~ 4 次喷发升起的（王颖等，1998）。海蚀柱上有 3 层海蚀穴，朝向西北（向海），高程分别为 1.7 m、4.0 m、6.0 m。向陆一侧有残留的火山喷发口以及海蚀后成环状的岩墙及布满角砾的海蚀平台，母鸡神附近多此类火山岩墙和海蚀平台。

图 12.12　母鸡神火山岩海岸地貌（据马蒂尼等，2004）

a. 母鸡神玄武岩海蚀柱及六边形柱状节理；b. 母鸡神被抬升的海积阶地，显示砂砾质沉积被火山
物质覆盖，而后全新世火山活动又被抬升

龙门火山岸段：龙门火山海岸长 3 km，由北西向排列的笔架岭火山喷发物组成，现已抬升为高 20 m 的海岸阶地，阶地表面有残留的海相砂砾层，岬角之间的老港湾也被抬升（王颖等，1998）。龙门兵马角火山是一盾型火山，叠加在 20 m 的海岸阶地上。火山向海一侧为海蚀崖，其剖面为黑色玄武岩与黄灰色凝灰岩互层。该段海岸由一系列火山口与小港湾组成。火山喷发口直径 15 ~ 20 m，火山熔岩经热释光测定年龄为 4 000 a. BP。一些火山喷发口受蚀以后呈圆盆形、弧形的斜坡、弧形悬岩及箱型"巷道"，将岩滩分割，或成柱状兀立岩滩之上。另外，沿玄武岩解理（走向 N10°E，N30°W）发育海穹、海蚀穴，"龙门"即为沿解理产生的高 8 m、宽 10 m 的海穹。目前，海穹底部高出现代岩滩 4 m，不受海水直接作用。因此，龙门火山岸段是密集火山口群，由熔岩流与岩块堆积构成，年代为全新世中期，火山活动使海岸普遍抬升，海蚀强烈，成为典型海蚀火山基岩港湾岸。

2）东水港至后水湾岬湾海岸

临高角至玉苞角海岸：临高至玉苞以海蚀型基岩岸为主，临高角东侧由于有文澜江流入琼州海峡，发育沿岸沙坝和砂质海岸，属海蚀海积型岸段。另外，沿岸有马袅湾和金牌湾两个小型潮汐汊道。由于面向琼州海峡强潮流区，沿岸基岩岬角侵蚀强烈，形成大片的海蚀崖和岩滩。

临高角（解放海南岛时，解放军由此登陆）为一玄武岩基岩岬角，低潮时有大片岩滩出露。由于文澜河（流域面积为 795 km²）输沙的影响，临高角东侧发育海滩—海岸沙丘，海滩宽 30 ~ 50 m，为石英、长石质中砂—细砂，灰白到灰黄色（图 12.13）。海滩后缘与风成沙丘交界处为一侵蚀陡坎，坡度 20° ~ 25°，仅特大风暴潮才有海浪达到。向陆地方向沙丘宽 240 m，由 3 个次级沙丘组成，沙丘高度从海向陆地方向分别为 5 m、4 m 和 3 m（图 12.14）。

沙丘表面种植了大片的木麻黄作为防风林带，另有少量的野菠萝和厚藤植物分布，沙丘受到人类活动的干扰。海岸沙丘内部结构显示，地表之下 1～1.5 m 深的强振幅、水平、连续反射为本地潜水面，潜水面之上的丘状外形为沙丘堆积体，内部具水平、断续反射波组；其下伏缓缓向海倾斜的反射波组可能代表老的海滩堆积，其前缘水平反射波组为现代海滩堆积，由于受到海水影响，信号很快丢失。缓倾斜海滩沉积之下存在一个波状起伏的界面，可能为上覆砂砾质堆积与下伏基岩的接触界面（图 12.13），下伏基岩可能为玄武质火山岩。

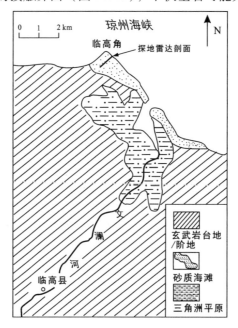

图 12.13　临高角东侧文澜河口海岸地貌

　　从临高角到金牌港西侧的龙富村为砂砾质海岸，覆盖在玄武岩基岩之上，此段砂质海岸得益于文澜河向河口的输沙（图 12.13）。沿金牌湾东侧海岸至马袅湾西侧湾口岬角，均为玄武岩基岩海岸，金牌湾东侧海岸还断续发育海蚀崖和海蚀平台（图 12.15），崖底有岩滩发育，覆盖巨砾和珊瑚碎块，有一定圆度，并混有砂和砂砾。湾顶小河口附近潮滩原有大片红树林分布，近期由于砍伐面积大为减少，现大部分区域已被辟为养殖地。

　　马袅湾东西两侧均为基岩海岸，长约 15.5 km（图 12.15）。东侧断断续续分布海蚀平台，靠近湾顶区域有小型珊瑚礁发育，西侧断续发育海蚀崖。湾顶发育砂质海岸，长约 7 km。湾顶小河口有冲积海积泥沙，日愈淤浅，逐渐沼泽化，利于红树林生长，但目前红树林沼泽多辟为养殖地，红树林已不复存在。马袅港东侧至玉苞角为侵蚀型基岩海岸，背靠玄武岩台地。其中，玉苞角发育直立的海蚀崖，高 6～8 m，崖底有岩滩出露。

　　东水港至后海岸段：范围从东水港沿弧形海岸向东至澄迈角，然后向东、东南方向至后海（图 12.16）。马村至东水港口门西侧一带为玄武岩海蚀岸，受蚀的玄武岩砾石被搬运至相邻的湾顶，形成砾石滩，其上发育滩脊，并有大量珊瑚碎块，指示岸外水下存在珊瑚礁。东水港为一潮汐汊道，原长 10 余千米，近几十年来，在人工围垦下已缩短至 6 km，宽 600～1 200 m，水深 1～4 m，纳潮量为 650×10⁴ m³（王颖等，1998；熊仕林等，1999）。潟湖湾内海岸一般比较稳定，除少数岸段有玄武岩直抵海岸外，其余均为砂质岸滩，多数滩面上长草或红树。潟湖南岸与陆地玄武岩台地过渡处，均发育陡坎或陡崖，崖面上布满植物，为死海蚀崖。

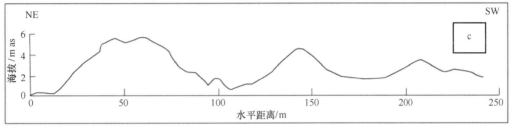
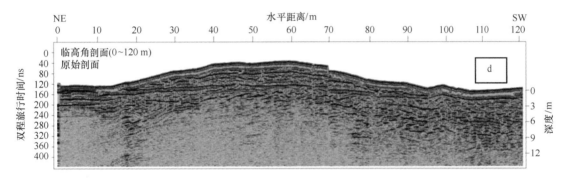

图 12.14 穿越临高角海岸沙丘的地形剖面和探地雷达剖面

a. 宽阔的沙质海滩；b. 海岸沙丘，照片前景为当地村民收集的木麻黄针叶；c. 穿越海滩后缘风成沙丘的地形剖面；d. 穿越海滩后缘风成沙丘的探地雷达剖面（仅显示靠海滩的主沙丘）（图中照片据马蒂尼等，2004）

老城以东为砂质海岸阶地，海湾北部以盈滨—荣山寮—新海沙坝与天尾相连（王颖等，1998）。该沙坝长达 12 km，高程 5～10 m，最高 12 m，宽 500～1 500 m，最宽处有 2 000 m，有 4～5 列海岸沙丘叠置其上。主要由中粗砂组成，以石英、长石为主，内夹贝壳碎片，砂级粒度由东水港向澄迈角方向变粗。沙坝向海坡度 5～7，顶面起伏不平，已种木麻黄防护林。沙坝延伸方向指示琼州海峡泥沙由东北向西南方向运移。

从盈滨至荣山寮至天尾，海滩坡度逐渐变陡，海岸由堆积转为稳定，再转为侵蚀。天尾角（澄迈角）由古海岸阶地和沙丘组成，在盛行 NE 向波浪及西向流的作用下，这段海岸目前正遭受侵蚀。从天尾至后海，海滩上明显存在侵蚀陡坎，坡度 11°～22°，沙丘上的木麻黄因波浪侵蚀倒塌而死亡，侵蚀岸段长约 4 km，但由于受到岸外 4 个水下岸礁群的保护，侵蚀量不大（王颖等，1998）。

本区地势由南部玄武岩台地向北部海岸降低，可分为三级地貌面（王颖等，1998）。南部为海拔 30～40 m 玄武岩以及由此抬升海拔 50～80 m 的三级阶地，向北为第二级海拔 20～30 m 阶地，该地区二级阶地与宽谷相间分布，总体走向与海岸线垂直，故认为它仍为河流阶地。宽谷上游被晚期玄武岩截断，下游被海岸沙丘、干潟湖所埋藏。至沿海发育了海拔 5～

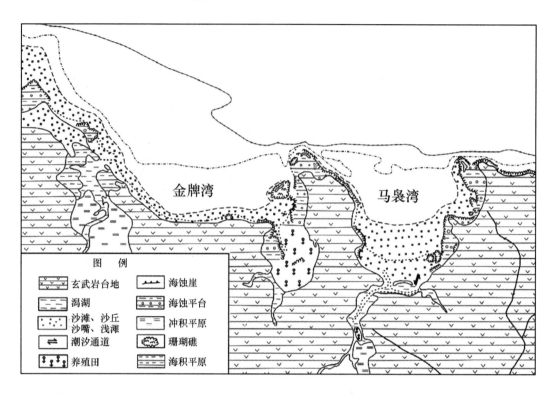

图 12.15　马袅湾、金牌湾沿岸地貌（熊仕林等，1999）

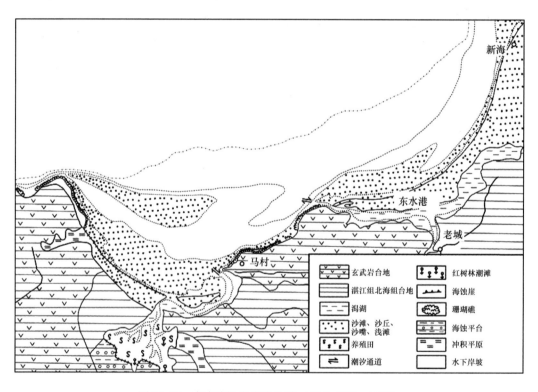

图 12.16　东水湾沿岸海岸地貌（熊仕林等，1999）

10 m 的一级阶地，该阶地已经与海岸大致平行，这些阶地大多由沿岸沙丘、干潟湖组成，宽度 100~200 m，少部分由早期玄武岩构成的海蚀崖，相当于一级阶地高度，一级阶地外侧分布着低于 5 m 的现代海滩沙坝以及玄武岩海蚀平台和玄武岩砾石滩。

本区第四系分布有从南向北逐渐变新的特征，与三级地貌面关系密切（王颖等，1998）。南部阶地基底是湛江组冲积物、先期喷发玄武岩或凝灰岩。北部全新世早期以河流、河口相堆积物为主，它被稍后的全新世玄武岩截断或掩盖，组成玄武岩台地。中部以北海组河流—滨海相沉积物为主，上覆中期喷发玄武岩。全新世中期以来沉积了海岸沙坝沙丘和潟湖，组成一级阶地；现代海岸带继续沉积了海岸沙坝、沙滩和砾石滩。第四纪时期，琼北地壳频繁波动，并伴有断裂和断块运动，沿海发生多次玄武岩喷发，海面也不断有升降变化。

本区玄武岩火山喷发是促使地貌演变的主要动力因素，比如对古河道产生很大影响。第四纪早中期，琼北地区在王五—文教东西断裂带以北，沿次一级北西和北东向断裂发育若干条河流，这些河流源于海南岛中部山地，经过东西向断裂，或平行或交错向北支流（王颖等，1998）。这些河道平面呈梳状水系，而非今日南渡江被火山喷发迫使改道沿断裂带向东，然后再向北流入琼州海峡。第四纪晚期玄武岩以大规模溢出形式喷发，在王五—文教断裂带以北形成玄武岩岩被，大面积的玄武岩喷发埋藏或堵断了琼北众多的梳状水系，这些河流或被分割成独立的积水盆地，或被截断上游成为短小河流入海。在本区荣山、老城一带可见到北海组砂砾层中被玄武岩截断上游后那种河短坡陡的河流沉积。

全新世早期，琼北地区在前期玄武岩台地上喷发了晚期玄武岩，火山锥排列方向沿着次一级 NW 向和 NE 向 X 型两组断裂分布，喷发中心在永兴—石山一线，火山锥高 150 ~ 220 m，向西北延伸至荣山一带，其高度降成为海拔 5 ~ 10 m 的岩熔台地，至榆西公路以北被埋藏，在天尾附近海岸有玄武岩礁石出露（王颖等，1998）。该路玄武岩流分布与上述更新世古河道分布几乎一致，可见琼北地区第四纪晚期玄武岩沿低洼河谷溢流，而把本区入海河流最终截断。第四纪在王五—文教断裂以北的梳状水系几乎全被最后一期玄武岩堵塞，只能在各期玄武岩接触带的低洼带寻找河道入海。目前南渡江在定安以北河道，东侧为早期喷发玄武岩，西侧为全新世喷发物。河流循两期玄武岩交界的构造较弱带的低洼处发育出新的河谷。

全新世早中期，南渡江（澄江）古三角洲上游河道被 Q₄ 玄武岩堵塞后，河口三角洲仍有一些水系入海，这可以从沿岸沙坝沙丘的发育得到征实（王颖等，1998）。从东水—盈滨—荣山寮—新海，沿岸沙嘴沙坝与上部沙丘平行于海岸分布组成一级海积阶地，而在天尾附近沙丘呈垂直海岸的放射状分布。该处可能为古河谷主流所在，故沙坝呈河口沙嘴形式，其高度与一级海积阶地相当。目前该处已基本没有水系，估计自全新世中期该水源彻底断绝，古三角洲随之以三角沙岬形式保存下来。

总之，本区以天尾为中心的河流三角洲历史可以追溯到更新世后河流被更新世末与全新世早期玄武岩阻塞后古三角洲发育终止。古河流三角洲物供给了沿岸发育沙嘴，沙坝与沙丘叠加地貌（王颖等，1998）。

3）琼东北岬湾相间海岸

从东北角木兰头至抱虎角，海岸成弧形，海岸走向由 NNW—SSE 逐渐转为 E—W 向，抱虎角至铜鼓岭（海拔 338 m）海岸成近 NS 走向，海岸平直。由燕山期花岗岩孤丘组成岬角，其间为海滩、海岸沙坝组成的海湾，海滩或海岸砂坝后缘发育风成沙丘，总长约 80 km，宽 3 ~ 5 km，高约 30 m，个别沙丘侵入陆地约 10 km（吴正、吴克刚，1987）。由于大气水淋溶和早期成岩作用，沙丘顶部和迎风面发育海滩岩，而背风面及丘间洼地仍为松散砂质堆积。从海向陆依次发育海滩、滩脊、海岸前丘（初始沙丘）、横向沙丘、抛物线形沙丘、纵向沙丘和沙席。由于海南岛东北部西北风强劲，海滩沙在东北风的吹扬下能够长驱直入向内陆挺进，个别沙丘侵入陆地超过 10 km。1949 年以前的 200 多年间，海岸沙丘向内陆吹扬，不断掩埋土地和村庄，直到 20 世纪 60 年代在沿岸种植防风林带以后，风沙侵袭才得到控制。

木兰头至景心角：木兰头和景心角为抱虎湾两端由混合花岗岩组成的两个岬角（图 12.17，图 12.18a），它们组成弧形海湾，海滩中段有潮滩鼻小岬角突出（图 12.18c）。从木兰头到潮滩鼻，海岸延伸 20 km，沉积物主要由中—粗粒的砂组成。海岸平直开阔，海域流速也较大，目前处于侵蚀状态。由于海岸垂直于风向，风速较大，海滩砂直接吹入内陆，使海岸前丘缺失或不发育，在较低的海滩脊后出现较大的新月形或抛物线形沙丘。根据木兰头和小河露头，其地层序列从下至上如下（吴正、吴克刚，1987）：底部为晚更新世湛江组黏土沉积，泥炭的 ^{14}C 年龄为 24 000 a. BP，其上为薄的含铁砂层以及可能代表八所组的块状砂，块状砂的 ^{14}C 年龄为 18 000 a. BP，过渡为成层性很好的黑色砂层，顶部被现代海岸沙丘沙覆盖。海滩岩和沙丘岩的 ^{14}C 年龄（3 000 a. BP）数据显示这些沙丘均为晚全新世以来形成。地层中普遍含有丰富的钛铁矿、锆石和独居石等砂矿资源（图 12.18b）。目前该地区存在许多自发的采矿行为，出于环保的考虑当地政府要求对废弃的矿坑实行回填，并种植木麻黄固定沙丘。

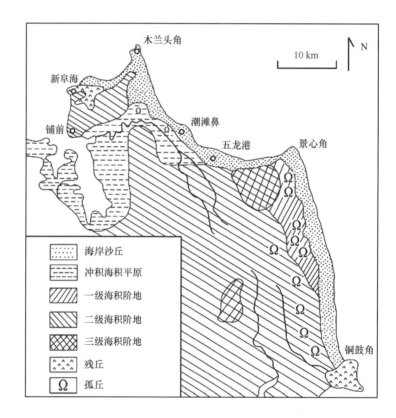

图 12.17　海南岛东北区海岸沙丘的分布与海岸地貌类型（吴正、吴克钢，1987）

潮滩鼻至景心角，海滩沉积物中包含大量的钙质珊瑚碎屑（图 12.18c），它们来自于潮间带下部—潮下带上部的珊瑚礁。往陆地方向发育海滩脊，脊后发育海岸风成沙丘，于沙丘之下有海滩岩的广泛出露，当地村民就地取材把它作为一种建筑材料。潮滩鼻和湖心角之间的抱虎港，3 000 年来发育了 5 道沙堤，提供了丰富沙源，沙丘大举向内陆方向迁移，封死了 300 年前仍为潟湖港的五龙港，目前只剩下长约 2 km、距海数百米的串珠状小潟湖。

五龙港位于潮滩鼻和景心角之间，该段海滩主要由珊瑚碎屑组成，后滨带通常宽 5 ~ 6 m，

图 12.18 海南岛东北部海岸地貌特征

a. 木兰头由花岗岩组成的海岸岬角，岬角内发育砂砾质海湾；b. 木兰头开挖沙矿，表层有风成沉积物覆盖；c. 潮滩鼻出露的海滩岩和珊瑚碎屑；d. 月亮湾海滩后缘的海岸前丘

向陆一侧海滩陡坎高 1~2 m，陡坎之后为古海滩脊（图 12.19a），其上覆盖薄层风成沙丘，形成海岸前丘，丘顶和现代海平面的相对高差达 4 m，由于人类活动的影响，表层沉积物已受到很大的扰动（图 12.20）。野外观察发现古海滩脊主要由粗粒的珊瑚碎屑组成（图 12.19b），可见低角度交错层理，显示海滩脊形成时经过波浪双向冲洗作用。据野外实地勘查，沉积序列上部为中—细砂组成的风成沙丘，下伏中—粗粒钙质海滩沙，构成上细下粗旋回（殷勇等，2006）。

探地雷达剖面始于现代海滩的后滨区域（潮上带），沿西南方向越过海滩脊，至平坦的脊后区域（20°00′21.5″N；110°48′07.6″E），目前的脊后区域已受到人类活动的干扰，种植了木麻黄，另有野菠萝和小的沙生植被。剖面上 80TWT（相当于 1~1.5 m 深）的强震幅连续反射代表当地潜水面的位置，后为测量水井中的实际水位证实。剖面左侧 0~12 m，为亚平行向海倾斜的反射波组，代表现代海滩沉积，倾斜面表示海滩向海方向的增生面（图 12.19c，图 12.19d）。在 12 m 的位置，坡度突然变陡，为海滩侵蚀陡坎的位置。向西南方向逐渐过渡为宽 30 m，大约有 4.5 m 厚的海滩脊沉积（部分被人类活动抹平）。该海滩脊由亚水平、波状不连续—微波状反射组成，显示在波浪的作用下垂向加积的特点。最后过渡到平坦的脊后地区，脊后地区潜水面之下近水平次连续的短反射波组，可能代表海滩沉积，局部出现小的透镜状反射可能与植被在沙土上的固着有关。由于海水的入侵使得潜水面之下的反射信号出现衰减（图 12.19c）。

景心至铜鼓岭：从景心到铜鼓岭的岸线平直（图 12.17），可能与 NW 向断层控制有关，海岸背靠由晚更新世沉积物组成的海积阶地，顶部被现代风成沉积物覆盖。沿岸发育了宽度超过数百米，高 15~30 m 的风成沙丘（罗章仁，1987）。由于海岸走向与主风向夹角大于 45°，造成该段海岸沙丘高大、平直，沙丘地貌类型齐全。在台风季节，该海岸线受到高能波

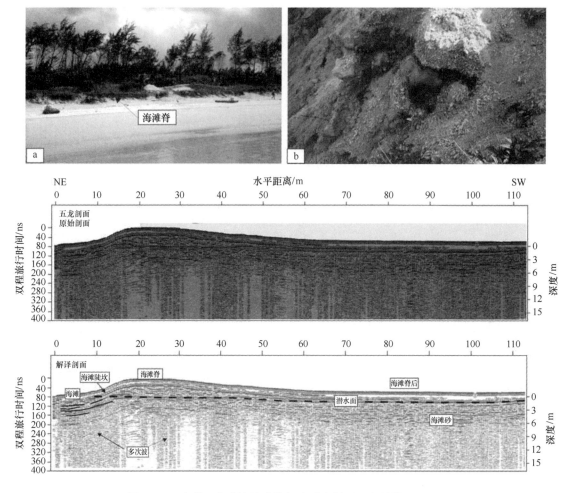

图 12.19 穿越五龙港海滩脊的探地雷达剖面（殷勇等，2006）

a. 五龙港沿岸的现代海滩和侵蚀陡坎后的古海滩脊；b. 由珊瑚粗碎屑组成的古海滩脊；c. 探地雷达原始剖面；d. 探地雷达解译剖面

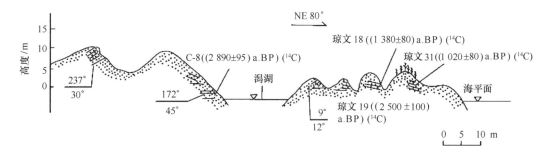

图 12.20 五龙港沿岸海滩和风成沙丘剖面（吴正、吴克刚，1987）

浪的作用，海岸坡度较陡。该海岸线除用作渔业生产以外，还没有被广泛开发。尽管组成现代海滩的沉积物属于硅质砂，但组成海岸阶地的沉积物多为钙质沉积物（珊瑚碎屑砂），指示该地区存在海岸环境的变化，如海平面的升降以及陆地的抬升。

该海岸线的南端为称之为月亮湾的海湾和高达 330 m asl 的陡峻的花岗质山体——铜鼓岭，铜鼓岭为侵蚀型基岩岬角，围绕铜鼓岭岬角，海蚀地貌发育。月亮湾的北岸是宽阔的砂质海滩，向陆地方向逐渐过渡为海岸前丘（foredune），其上发育棕榈科植物（图 12.18d）。

由于发展养殖业，如虾和贝类养殖，该地区有很大的变化，红树林已被大量砍伐，仅有小部分残存。

铜鼓岭至东郊椰林：岸线呈 SE 向延伸，岸线较为平直，NE—SW 断裂可能控制了该岸线的走向。岸外区域的水体较浅，通常由珊瑚礁及少量的钙质砂组成。由于珊瑚礁资源受到当地村民的严重破坏，该岸线近来出现严重的侵蚀后退现象。

12.1.2.3　琼南海蚀 – 海积型基岩港湾海岸

范围始至乐东县莺歌海至陵水县铁炉港，地质构造复杂，海岸地貌类型丰富。海岸的基础是燕山中晚期花岗岩侵入体，最早在第三纪末形成基岩山地港湾海岸，并持续到 18 000 年前的晚更新世。冰后期海侵，海水沿断裂发育的谷地上溯，淹没山间洼地，海侵形成纵深的溺谷型海湾。在海平面的上升过程中，海湾逐渐被填平，湾内形成沙坝—潟湖体系发育的海积平原海岸，两侧岬角受蚀，保留海浪冲蚀岸段的特性，因此此岸段整体具有海蚀—海积型基岩港湾海岸的特点。根据海蚀、海积地貌发育过程及海岸主要动力条件的差异，进一步分为：海蚀 – 溺谷型港湾（铁炉港至榆林湾）、沙坝与潟湖海岸（三亚湾）、冲积平原与沙坝海岸（保平湾）（王颖等，1998）。

1）铁炉港—榆林湾海蚀 – 溺谷型基岩港湾海岸

从陵水县铁炉港至三亚榆林湾，海岸线全长 76 km。亚龙湾两侧岬角均属波浪侵蚀型海岸，由于湾顶没有河流注入，再加上湾比较深，阻挡了沿岸泥沙进入，仅在湾顶区域发育海岸沙坝，以海蚀型为主。榆林湾总体特征与亚龙湾类似，湾顶虽有河流注入，但是泥沙供应量远远不够，仍以侵蚀型为主。

亚龙湾（18°13′35.3″N，109°37′38.9″E）：亚龙湾北东南三面被陆地包围，湾内海岸线东起牙龙半岛的牙龙西角，西到白虎岭南端的白虎岭东角，海岸线长 20.4 km，属砂质海岸与基岩海岸并存的海湾（图 3.21）。湾口朝向东南，海湾南界以亚龙半岛的牙龙西角、东洲、西洲岛外缘和白虎角连线为界，宽约 10.2 km。海湾东西宽 11.3 km，南北长 7.2 km，全湾面积 50.2 km²，其中，0 m 等深线以深面积 47.4 km²，海滩面积 0.6 km²，岛礁面积 2.2 km²（熊仕林等，1999）。

海湾北部和西部分布有燕山期花岗岩组成的高丘，丘顶不少在 300 m 以上，如牙龙岭 360 m，深田岭 325.9 m，海头岭 303.5 m，丘坡陡峻，坡度多在 10°以上（图 12.21）。在亚龙村西南和各岛屿上分布有高程低于 200 m 的低丘，如东洲、西洲均为 104 m，野猪岛 85 m，也由燕山期花岗岩组成，丘坡平缓，但在岛屿周围由于海洋侵蚀，多有陡崖（熊仕林等，1999）。白虎岭和牙龙半岛南坡面向开阔海洋，发育海蚀崖，高度 20 ~ 40 m，个别高者达 80 m 以上。海蚀崖下面发育宽度不等的海蚀平台，表面凹凸不平，其上分布花岗岩或珊瑚砾屑。上述临水低丘组成岸线曲折的基岩岬湾海岸。

在海湾西北部、北部以及牙龙半岛连岛沙坝岸段，发育沙坝海岸，总长约 15 km，成垄岗状，宽度 150 ~ 200 m，高 5 m 左右（图 12.21）。其上叠加雏形沙丘，为中细砂、局部粗砂（熊仕林等，1999）。沙坝外侧分布现代海滩，仅 50 m 左右，由粒径 0.75 ~ 0.5 mm 的中砂组成，局部粗砂，含较多细砂，分选好，砂的主要成分为石英和珊瑚碎屑，两者占 92% 以上。在海头岭、南木开岭岸下、海湾南侧及海中岛屿周围，发育珊瑚礁平台。平台宽 20 ~ 80 m，水深 0.5 ~ 1.5 m，主要由石芝珊瑚、蜂巢珊瑚、菊花珊瑚及滨珊瑚，平台上偶有活珊瑚。平

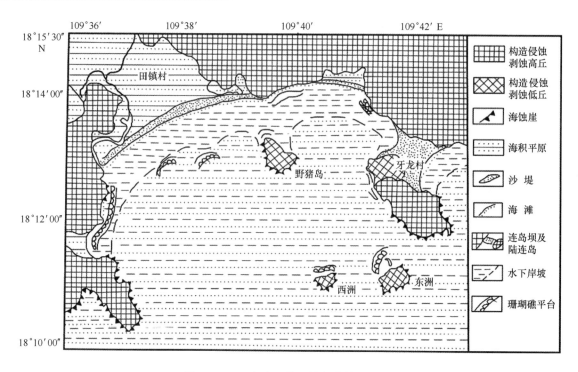

图 12.21　亚龙湾地貌（熊仕林等，1999）

台前缘以下至 4 m 水深处活珊瑚最为繁茂，此处坡度也最陡。

　　选择西部未被强烈改造的海岸沙坝进行探地雷达测量，了解沙坝内部结构以及发育状况。剖面横穿海岸沙坝，从现代海滩中潮位，经过高丘到沙坝后的干潟湖。该沙坝为更新世—全新世地层组成的大型海岸沉积体系（图 12.22a），原始长度超过 10 km，在研究区，沙坝宽 170 m，高 10 m，组成物质为中浅灰色岩屑中砂（马蒂尼等，2004）。

　　沙坝前坡较陡，海滩滩面宽阔，海滩后缘为一侵蚀陡坎，向陆地方向逐渐过渡到平缓的沙坝顶部，顶部有道路通过。沙坝后坡陡峻，向宽阔平坦的砂质潟湖倾斜，断面所在位置为干潟湖。沙坝前坡上植被稀少，主要是引进的澳大利亚松和灌木（图 12.22b），后坡植被也稀疏，主要为仙人掌和桉树（图 12.22c），在潟湖也种植有桉树，其他区域或被开垦，或建设为高尔夫球场及其他娱乐设施（图 12.22d）。

　　从剖面可以看出，雷达电磁波穿透最大深度可达 15 m，地下潜水面为极强的反射波组，位于双程旅行时为 208 ns 处，即海岸最高点以下深 8 m 处（图 12.23）。断面中各种反射单元如下：①海滩区域水平强反射波组。② 位于潜水面以上的沙坝内部各反射波组，从向海倾的强反射（前积层）到 40～65 m 之间多变的褶曲状反射（可能是由沙坝上的风蚀洼地造成的），该褶曲状反射在断面中部 65～120 m 区间内叠置于丘状反射（可能是老海滩）之上，然后到 120～140 m 处的抛物线形反射，抛物线形反射表明为人工物体，如沙坝顶上的道路，或地下设施等，再到 140～178 m 处向北倾斜的褶皱反射，该反射代表沙丘的滑动面。③ 平坦叠置的、平行的、连续的不规则（有褶曲）的反射波组，属砂质潟湖沉积。④ 潜水面以下总体为抛物线形反射波组，是典型的坚硬的胶结物质，与下伏基底层之间存在一个铲型的不整合面。该单元以下的反射信号丢失。该铲形单元南部，存在一陡倾斜反射波组，可能为老海岸沙坝的前积层。铲形单元北部，水平的强反射波组很可能说明在潟湖沉积中有固结地层的存在，比如部分胶结的含钙沿积。如果推论正确，沙坝是一复合体，是不同幅度海平面交替升降造成的，在此过程中有波浪侵蚀和风蚀，并伴有沉积事件。此外，现代海滩和沙丘由

图 12.22 亚龙湾沙坝 (马蒂尼等，2004)

注：a. 长而宽的海滩，以及海岸前丘和风暴浪侵蚀陡崖；b. 沙坝—沙丘上的稀疏植被；c. 有植被生长的面向北的沙丘滑落面；d. 有植被生长的平坦干潟湖，薄层沙覆盖在坚硬的钙质胶结的地层之上

硅质碎屑沙组成，但沙坝埋于地下的古老部分可能含有风浪改造的钙质珊瑚碎屑物质。

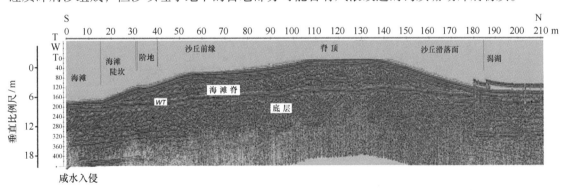

图 12.23 亚龙湾海岸沙坝探地雷达剖面 (垂直比例尺是以电磁波穿透速度为 0.1 m/ns 估算的)

(马蒂尼等，2004)

榆林湾 (王颖等，1998)：榆林湾地质构造复杂，北东向断层横贯海湾中部，沿地层破碎带发育了深入内陆长达 25 km、宽 0.5～1 km 的溺谷港湾。除北东向断裂以外，还发育北西向和东西向断裂，并相互交切，形成本地区岬湾相间、港湾重叠、湾内大湾套小湾的格局 (图 12.24)。岬角有莺歌鼻 (斩颈角)、神道角、榆林角、龟颈角、东海角和打浪角等。榆林湾沿莺歌鼻至安游共有 3 个小海湾，其中，以六道湾稍大，榆林角以西有大东海与小东海等湾。榆林湾的西岬南边岭与鹿回头岭之间系由北西向断裂构造形成的地堑陷落型海湾。由寒

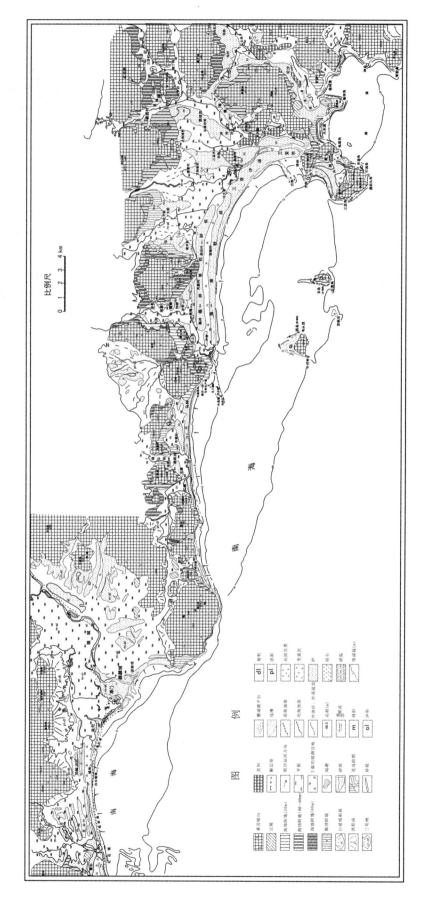

图 12.24　保平—三亚湾海岸动力地貌（王颖，1998）

武、奥陶纪硅质砾岩、页岩、灰岩及砂岩组成的南边岭山地，其南坡具有明显的断层三角面与断层擦痕等。由花岗岩组成的鹿回头岭，其北坡出露的硅质砾岩，系陷落的寒武、奥陶纪地层残留。鹿回头岭南坡亦具有明显的断层崖，陡坡山地直邻 20 m 深水岸。上述陡崖或岬角处，皆为现代海蚀岸段，来自偏南向开阔海面的风浪，于岬角处辐聚使冲刷力增强，形成陡峻的海蚀崖与崎岖不平的岩滩。涨潮时，溅浪可及崖壁达 10 多米高。岬角前方岸坡陡，水深皆超过 10 m。强烈的海蚀常使海岸崩坍，形成岩块与砾石，并被浪流推向岬角侧方，在较隐蔽段落堆积成砾石滩叠覆于海蚀岩滩上。除湾口的锦母角与打浪角之外，湾内岬角两侧尚有岸礁繁衍发育。

目前，各海湾内均以堆积充填作用为主。较大的海湾如东侧的六道海湾，位于神道岬与乐道岬之间向西南方敞开，湾口宽 2 km，湾深 3.5 km。两岬系海蚀岸段，海蚀形成的泥沙沿湾侧向海湾内搬运，至海湾中部的孟果村，由于岸线转折而泥沙堆积成湾中坝。沙坝具复式结构，它形成后对岸（量村）又形成了衍生沙坝，复式沙坝高出海面 3~4 m。沙坝增长围封了内侧海湾，形成潟湖。潟湖湾大部分已被周围山坡风化剥蚀产物淤填为平原，仅在邻沙坝侧残留小型潟湖，后者曾被辟为盐田，由于潟湖湾已淤成陆，故而湾中坝呈现为今日的湾顶坝形式。

大东海是我国著名的冬泳海湾，介于榆林角与龟颈角两岬之间。岬角系基岩山地向海延伸部分，已发育海蚀崖，顶部尚保留 40 m 高的海蚀阶地残迹。两端岬角的内侧发育了宽 300 m、沿岸延伸 500 m 的珊瑚礁平台，组成物质有扁脑珊瑚（*Platygyra*）、峰巢珊瑚（*Favi-iade*）、鹿角珊瑚（*Acroporidae*）、石芝（*Fungiidae*）以及砗磲（*Tridacnidae*）等软体动物贝壳与砂砾，同时有大量藻类伴生。海浪冲击珊瑚礁形成大量砂砾质并渐向湾顶侧堆积，海湾内激浪为中等强度。

大东海湾顶系一半月形沙坝，沙坝高 10 m，宽 500 m，向陆坡完整，向海坡已经冲刷改造为现代海滩，故前坡呈上凹形剖面（图 12.25），高潮线下有冲蚀形成的滩角结构，据沙坝剖面分析，系由两个沙坝叠加而成的复合沙坝。

① 底部系一具明显倾斜层理的沙坝，沉积厚 3 m，粗中砂，顶部曾暴露于空气中，具有贝壳、珊瑚碎块以及经钙质胶结的虫穴管道。此沙坝规模小，已被上覆的沙坝所掩埋，但由于沉积层为黄褐色并具明显斜层理而易于与上部沙坝区别开来。此层底部贝壳经 ^{14}C 鉴定系形成于全新世中期，（4 640 ±165）a. BP。

② 上部系 5 m 厚的中砂沉积层，含较多的方格皱纹蛤，砂层质地均匀，具水平层理。这个沙层在下部小沙坝基础上逐渐发展成为高大的横隔湾顶的沙坝。这一层底部的贝壳经 ^{14}C 测年后表明沙层沉积于（3 110 ±725）a BP.。沙坝向陆侧逐渐过渡为一小型潟湖洼地，曾辟为稻田和农田，现多为房屋建筑。潟湖后侧仍见当年基岩港湾海岸的弧形湾顶，老海蚀陡崖仍清晰可辨。由于有沙坝围拦，海浪已作用不到海蚀崖，渐渐地由于风化岩屑崩落而形成坡缓、长草的死海蚀崖。地貌组合反映出大东海海湾由基岩海蚀港湾海岸（全新世早期）渐变为湾顶有沙坝、湾侧生长珊瑚礁的海蚀－海积型港湾岸（估计约 5 000 年以来）。目前海蚀作用仍强烈，湾顶沙坝亦遭受到波浪冲刷形成凹形的现代海滩。

大东海西侧在鹿回头岭与南边岭间原为一地堑形成的海峡，水深较大。全新世以来，由于在海峡两侧繁殖发育了珊瑚礁，时代约自 8 000 年前（（7 900 ±145）a. BP）至 5 000 年前左右（（5 160 ±130）a. BP），以及接受了来自鹿回头岭及南边岭海蚀形成的泥沙，逐渐发育了以珊瑚礁为基础的连岛沙坝，后者充填了海峡使鹿回头岭与南边岭相连（图 12.26）。鹿回头连岛坝长 2.2 km，宽 1.2 km，高出海面 5 m，两端近山岭处的地势由于坡积物积累地势增高。连岛坝形成后，使鹿回头—南边岭形成自东北向西南延伸入海中长达 4 km 的半岛。半岛分隔了榆林湾与三亚湾。

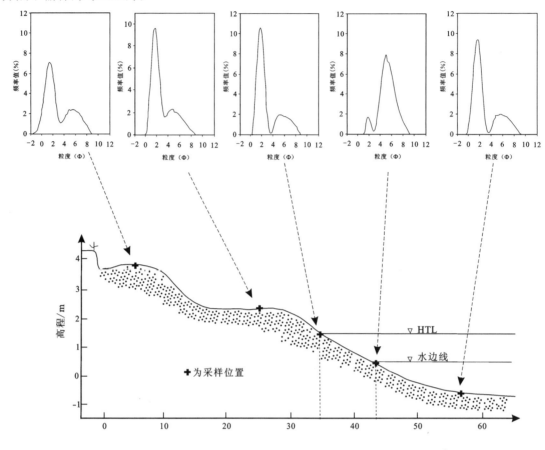

图 12.25　大东海 DDH01 海滩剖面（18°13.394′N，109°31.205′E）[①]

　　小东海是位于鹿回头连岛坝东侧的小海湾，向东南开口，面积约 1.2 km²。它介于龟颈角与马鞍岭之间，整个海湾位于珊瑚礁基底上，仅在海湾中部的东侧，尚有一深水道，宽 300 m，水深 5～10 m，湾口与榆林湾相通，该处可能是原海峡的残留。小东海珊瑚礁平台宽度约 300 m，主要珊瑚为扁脑珊瑚（*Platygyra*）、合叶珊瑚（*Symphyllia*）、滨珊瑚（*Poritidae*）、鹿角珊瑚（*Acroporidae*）、石芝（*Fllngiidae*）以及砗磲（*Tridacnidae*）、荔枝螺（*Purpura*）等软体动物贝壳。礁平台上多浅洼地、不规则沟道及圆形藻垫。平台斜坡陡峻，岸边激浪滚翻高达 1～2 m。由于小东海面向东南方开阔外海，故风浪较大东海强烈。礁平台背侧与珊瑚砂砾海滩相接。礁平台之上发育的海滩，系色白质纯的珊瑚砂、砾，质地粗、松，向海坡度为 11°。虽同处于榆林湾内，但因物质来源与所处的环境背景不同，小东海没有长石、石英质的老沙坝。小东海由于广泛分布着礁平台、激浪强烈，而且海滩为粗砂砾，因此，需要经过改造才能开发为海滨浴场。

　　在海滩与岸礁平台交界处，沿平均高潮线分布着海滩岩。它呈向海倾斜的粗细交叠层，每层厚约 4 cm，分别由粗质地的贝壳、珊瑚枝屑和细质地的珊瑚砂组成。胶结的砂砾层，表面已为雨水淋溶成蜂窝状孔洞，但整个海滩岩层与现代海滩倾斜方向一致，向海坡度为 11°。[14]C 样品测定，小东海海滩岩年代为（6 170±110）a. BP。小东海的南岬马鞍岭系一抬升

① 南京大学海岸与海岛开发教育部重点实验室. 2005. 三亚白排人工海滩工程方案研究报告（内部科研报告）.

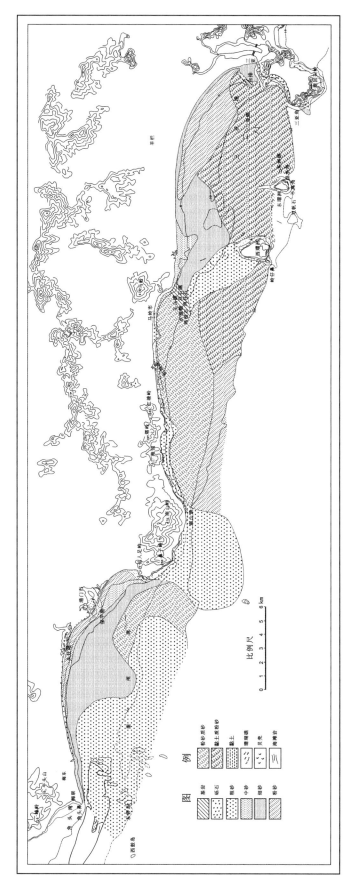

图12.26 保平—三亚湾海岸沉积（王颖，1998）

的海湾，鞍形岩丘系昔日经过磨蚀之岬角，目前已高出海面 20 ~ 40 m，其古湾底仍平坦，但有基岩出露。组成马鞍岭的岩石系硅质砾岩，具 X 形相交的两组节理（走向 145°，倾向 55°，倾角 58°；走向 215°，倾向 305°，倾角 56°），沿砾石差别风化成蜂窝状槽穴。沿马鞍岭周边分布着古海蚀崖，崖麓有残存的海相沉积——棕黄色夹珊瑚块与砾石的黏土沉积，^{14}C 测年为（2 645 ± 145）a. BP。死海蚀崖与黏土层已为现代砾石海滩所叠覆。现代砾石海滩坡麓出现抬升的珊瑚礁桩，系长径为 1 m 的同心圆状的盘礁，呈爬坡状分布在高潮水边线上，^{14}C 测年为（6 820 ± 154）a. BP。鹿回头岭新构造抬升，使古马鞍岭海湾抬升成海盆状海岸阶地，而使原珊瑚礁抬高成为爬高状，此构造抬升当发生于 7 000 年前珊瑚礁形成之后。

榆林港是榆林湾内的主要港湾，它由海水淹没构造断裂谷地而成。原始溺谷湾北东向延伸，宽 1 ~ 1.5 km，长 25 km，田独一带与大苇峒以上谷地开宽为 2 ~ 3 km。目前内部海湾已被灰色砂质淤泥潟湖相沉积淤填，大部分已辟为稻田，田独至红土坎为盐田，沿岸仍有海湾红树林生长。盐田以南仍保留着一段长达 6 km 的与外海相通的深水潮汐汊道，由纳潮量维持港湾水域。目前 10 m 水深仅在湾口束狭的百米水道处。湾内部分水深大于 5 m，东侧安游处系涨潮流主要流路带，水深为 10 m。对侧落潮流流路处水深 8 m。向上游潮流流速减小，水深亦减小，红沙以上水深均浅于 2 m。由于两岸有沙泥淤积，湾内水域宽度亦减小，深水航道的水面宽度均小于 500 m。因此，榆林港是在淤浅的溺谷湾基础上发育的潮汐汊道式海湾。由于榆林湾湾阔水深，纳潮量大，沿岸坚硬岩形成的泥沙供应有限，湾内陆域又无大量淡水与泥沙进入。因此，榆林港淤积过程比较缓慢，是区内的天然良港。

2）三亚沙坝潟湖海岸

东部始自鹿回头角，向西经天涯海角直至南山头，整个岸线长约 26.5 km，湾口向南和西南开口，呈弧形或对数螺线型，"湾口"外有西瑁岛和东瑁岛等岛礁。沿岸可清晰分辨出原始基岩港湾沿山地周边分布，自东向西形成 6 个海湾，最东面的荔枝沟曾是狭长的溺谷海湾。经过长期冲积——海积，原始港湾谷地被充填成陆，为灰色的盐土平原。外围环绕三列长大的沙坝及坝后潟湖水域。

原始基岩港湾由中生代花岗岩构成，时代为第三纪末或更新世初期。经过长期的风化剥蚀和海积作用，花岗岩产生大量的碎屑，这些泥沙或充填溺谷成谷地平原，或通过山间河流将泥沙输入海湾，经过波浪改造以后，以沙坝—潟湖形式逐渐堆积成海积平原。渐而，至更新世末期，形成围封各港湾口的统一沙坝平直岸线，全新世形成最外缘的长大沙坝。目前海湾岬角仍为海蚀基岩岸段，在其相邻内侧发育了珊瑚礁海岸。

根据海岸动力地貌及泥沙运动特点，分成五段叙述如下。

鹿回头半岛（王颖等，1998）：范围从鹿回头角经椰庄农场至南边岭，这段岸线长达 8 km。鹿回头半岛构成了三亚湾的东（南）岬，是抵挡东南向风浪的屏障。鹿回头岭突出于海中，高程 275.5 m，是中生代燕山运动的侵入体，岩性为中细粒—粗中粒花岗岩与花岗闪长岩。基岩坚硬，山地林木茂密，自然的水土流失少，没有大量泥沙向海中输送。鹿回头岭南侧沿岸悬崖峭壁，20 m 水深濒临岸边，海岸经冲刷后所产生的泥沙，仅部分粗大砾石堆积于岬角凹岸段形成袋状海滩。椰庄沙坝使鹿回头岭与陆相连，这条连岛坝高出海面 5 m，已超越了现代海浪所作用的范围。20 世纪 70 年代从地表上可分辨出连岛坝系由 3 条小沙坝所并连而成，组成沙坝的物质系珊瑚碎屑与砂砾，但人工剖面揭示了地表以下有厚达 4 m 的珊瑚礁，南海海洋所实验站剖面在 4 m 深处为文石珊瑚灰岩，其中，所夹之滨珊瑚经 ^{14}C 测年系

（7 900 ± 145）a. BP，全新世的珊瑚礁基底构成此连岛坝。沿坝西侧形成一半月形海湾，称为椰庄海湾。它南邻三亚角，北接南边岭与大洲岛，海湾面积约 2 km²，湾口水深约 10 m，湾中部水深 5 m，但向岸水深很快减小为 2 m，因为沿岸有一宽度为 200 m（南部）到 800 m（北部）的珊瑚礁平台，其上水深不足 1 m，仅外缘部分水深 2 m。礁平台内侧有一宽约 30 m的珊瑚砂砾海滩成镶边状沿连岛坝西岸分布。该海湾于背风侧水域平静，珊瑚礁平台沿湾内连成一片，由鹿角珊瑚、蜂巢珊瑚、扁脑珊瑚与滨珊瑚等组成，以树枝状珊瑚为主，尚有贝壳及海藻。珊瑚品种与小东海稍异，并且由于小东海湾顶朝向东南风浪，故两侧珊瑚礁尚未连成统一的完整平台。海湾南端近岬角处，在高潮线以上分布着 0.6 ~ 1.0 m 厚的层状海滩岩，表面已经溶蚀成孔洞。经 ¹⁴C 测年知这层海滩岩形成在距今 4800 年前 [（4 890 ± 120）a. BP；（4810 ± 105）a. BP]。

大洲（原称小洲、细洲或西洲）位于椰庄海湾的北端，原是自南边岭向西侧海湾伸出的岬角，受海浪冲蚀，岬角中断，仅坚硬的岩层部分残留于海中，成为北西向延伸的小岛与岩礁。岛顶高 24.4 m，凹凸不平，周边环绕以高约 10 m 的海成阶地，阶地以铁质石英岩为基座。大洲岛的西侧与西南侧，受大浪冲刷使岩石裸露而无沉积物，现代岩滩崎岖不平，岩滩顶部几乎达到 10 m 高的阶地表面，系向海侧大浪作用所致（图 12.27），但西侧岩滩顶部尚有残留的珊瑚与砾石质的海滩岩贴附于岩石上。大洲岛北部向陆地一侧，海成阶地面以下有明显的海蚀崖，由红色风化壳所组成，其上部有 0.5 m 厚之沉积，其中，夹有 0.25 m 厚的一层砂砾与珊瑚碎屑堆积（图 12.26）。此海岸剖面表明 24.4 m 高的岛顶系海蚀柱的残留体，因为石英岩坚硬抗蚀之故，而当年的岩滩抬高成为 10 m 阶地，阶地上仍保留由珊瑚礁碎屑与砂砾组成的海滩岩。因此，海成阶地高度之变化是全新世以来的事件。

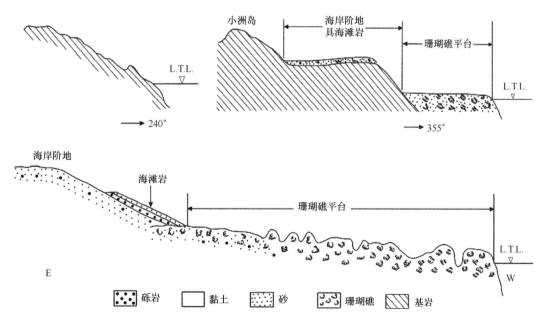

图 12.27　大洲岛南岸向海坡（左上）与北部向陆侧岸坡剖面（右上和下）

（王颖，1998）

大洲北侧发育着宽度近 250 m 的礁平台，向东北与神州礁西侧的岸礁平台相连。大洲岛周围礁平台水深介于 0 ~ 4 m。平台上大部分为球状珊瑚体，低洼处多贝壳珊瑚碎屑物质，有较多的褐藻繁殖。大洲岛东侧有一人工抛石堤，系 1940 年日寇侵占三亚时修筑的，未建成即废。但此突堤自南边岭向岸伸出，阻挡了沿岸泥沙运动。1966 年南京大学在三亚调查时，该堤的基础石块尚在低潮时出露，但 1986 年调查时，堤基已为沙淹埋，形成一条连接大洲与陆地的沙埂，落潮时可通行。这条堤形成后，不仅使大洲进一步发挥了掩护三亚港，减轻风浪影响的作用，而且隔断了鹿回头岬、椰庄海湾与三亚港的泥沙交换。椰庄海湾泥沙运动自成体系，是海湾内生物礁砂砾的局部交换，泥沙运动基本上处于动态平衡，或泥沙供应略感不足，以致海滩出现冲刷滩角。

南边岭位于椰庄海湾北端，峰顶高程 176.8 m，南侧山地高度为 213 m，大会岭（火岭）为 171 m。由寒武—奥陶纪的硅质岩——主要是硅化的灰岩质砾岩、石英砂岩及白云质石英岩等所组成。灰岩经风化成红土层，其中，砾岩经溶蚀而形成蜂窝状孔洞。新鲜的硅质砾岩经打磨后可成为结构美观的石材。山地有热带灌木丛林生长，近年由于修登山公路而遭砍伐。由于山麓沿岸带已修建柏油公路，路基有块石护坡，所以沿南边岭已无自然海蚀形成的入海泥沙。沿岸公路的山麓尚有死海蚀崖与海蚀穴残迹，其底部高程 5~6 m，系抬升的一级古海岸线遗迹。由海蚀造成山坡后退而留下的现代海岸岩滩，自岸向海分布，轮廓仍明显，宽度达 250 m，前沿水深为 0.3 m。岩滩上已广泛发育珊瑚礁，该处岸礁的范围基本上反映了下伏岩滩的分布与轮廓，即自南边岭岸边向海成三角岬形突出。此处还有一些由坚硬岩石组成的大礁石突立于为珊瑚礁所覆盖的岩滩上，神洲即是硅化灰质砾岩的岩滩，原系南边岭伸出于海中的山嘴岬角。后来海浪冲断了岬角，使神洲成为孤立于海中的岩礁，其两侧还残存着两个小岩礁。由于神洲岩石不如大洲的石英岩坚硬，故而岩礁个体小，高度仅为 4.56 m。神洲的南部向陆侧已堆积了小型的连岛沙坝。1966 年南京大学三亚海岸调查队于该处打钻了解到连岛坝的沙质堆积厚 2 m，其下即为风化的基岩。

该钻孔记录（三亚钻 1 号）为：

Ⅰ层 0.25 m 厚，为连岛沙坝表层，由黄绿色贝壳珊瑚粗砂砾所组成，其中，砾石为 0.2~0.4 m 的粒径，并有岩石碎块，岩性为石英岩与硅质灰岩。

Ⅱ层 0.95 m 厚，灰色粗砂夹少量淤泥，并有珊瑚与贝壳质砂砾，砾石长径 0.2 m 左右。

Ⅲ层 0.85 m 厚，黄褐色夹砂黏土。砂为贝壳与石英质，亦有珊瑚枝条碎段。2 m 深处出现黄红色夹杂色黏土，黏性重，中夹石英砾石。长石经风化已呈现为灰色、灰蓝色斑状与条带状网纹。

Ⅳ层 2 m 以下为灰蓝色、杂色硅质风化壳，系黏土层夹灰岩碎屑。2.4 m 以下是青蓝色夹白色未风化的岩块，确定为风化岩。神洲礁所在岩滩已为珊瑚礁覆盖，这说明该岩滩在全新世中期已发育成型。

目前神洲礁及其连岛沙坝已全部经人工围堤成陆，脱离了海水作用范围。值得注意的是，据 1940 年日本所测海图，神洲礁岩滩向东延展至三亚河口，岩滩分布的轮廓基本上与南边岭山地的北侧岸线一致，当时是裸露的珊瑚礁与岩滩，无沙层覆盖。1961 年所测海图已可看出神洲礁以东至三亚河口沿岸有三角形沙岬自岸向海推出，沙岬掩盖了昔日的这部分岩滩。同时，在神洲礁北面又发展了一个三角形堆积浅滩。大致以 -1 m 等深线为轮廓，滩顶自神洲岩滩顶向海延伸 300 m，底宽约 400 m。该浅滩称为神洲浅滩，它构成了三亚河口外西侧浅滩，并与三亚河口北岸浅滩隔水相对，共同约束三亚河出口水流而使外泄水流渠道化。据地貌分析，神洲浅滩是在南边岭山岬后退形成的岩滩基础上堆积发展起来的，成因属于雏形的海湾湾顶沙坝。神洲浅滩由 3.5 m 厚的砂层组成，成分为石英、贝壳与珊瑚，表层厚 1.6 m，为贝壳和珊瑚碎屑构成的粗砂与小砾。珊瑚块有一定的磨圆度，大小约 0.1 m。有完整的贝壳，沉积物疏松，呈灰黑色。中层厚 1.5 m，为灰黑色石英中细砂夹有粗砂、珊瑚与贝壳碎屑。贝壳尚完好，具臭味。下层在 −3.5 m 为蓝灰色粉砂淤泥，质地黏重，夹有薄层细砂，以石英为主，有贝壳并有臭味，越向下部黏土质成分越多。此层系海湾的组成物质，是神洲浅滩在海中的基底层。

三亚航道开挖通过此浅滩，由于无大量外来活动泥沙，因而不会形成回淤。并由于蓝灰色海相粉砂淤泥层中黏土含量占相当比重，所以挖深航道至此层，可保证稳定的航道形态与使用水深。三亚港自 1966 年挖通过神洲浅滩的航道，一直到 1985 年 7 月，始终保持了有效的使用水深，实际回淤量在开挖当年仅 0.4 m，局部受台风影响最大回淤量为 0.6 m。此后，几乎无回淤。

大洲与神洲间岸礁与下伏岩滩均为全新世海岸，按邻近的珊瑚礁平台发育年代估计是 8 000 年以来所发育的，而此处珊瑚礁厚度为 2~3 m，则堆积速率为 0.25~0.37 m/ka，叠覆于礁平台上的神洲礁浅滩堆积，若按邻近沙坝（如大东海沙坝）堆积年代相比拟，为全新世中期即近 3 000~4 000 年前开始堆积，则神洲浅滩 3.5 m 厚的沉积，其自然沉积率为 1.2~0.85 m/ka。

白排礁顶高 4.2 m，系一呈 NE 85° 延伸的岩体与珊瑚礁复合体，它与南边岭西北岸隔 700~1 000 m，岩礁前方顶部筑有灯塔为三亚港口门的标志。沿石英岩的 NW23° 斜交岩礁的节理，经海水冲蚀已形成分割礁石的巷道。岩礁后侧下风方向，以 NE35° 方向延伸着一条珊瑚礁礁尾，长达 1 000 m。珊瑚礁是在白排礁周围的岩滩上发展起来的，自岩礁后波影区发展。礁上水深 0.5 m，落大潮时可出露。礁尾与三亚港基本岸线间原有一 500 m 宽的通道，水深小于 2 m。由于建港的需要，于礁尾通道外抛石至 ±0 m，后形成一道高度在 0 m 左右的潜堤，隔断了来自三亚港西部的海岸输沙，确保了港口的稳定水深。

鹿回头半岛构成三亚湾的东南角，同时也是榆林湾的西部岬角。这段海岸不仅成为港湾的屏障，而且海岸地貌类型丰富，具有沿海小岛的共同特性，保存着大量的古海岸遗迹，分布于不同高度上。可归纳如下。

① 南边岭北坡与鹿回头山地的水尾岭北坡，在海拔 40 m 处，保留着一段缓坦的海岸阶地，背侧具坡折。由于热带灌丛茂密，难以攀登寻找堆积物残迹，但海岸阶地的组合特征明显。

② 南边岭东南侧新渔村一带与鹿回头山地马鞍岭处均有抬升 20~40 m 高的海湾遗迹。昔日海湾两端基岩岬角与海湾的盆底均清晰保存，海底与昔日湾口处尚残存海岸相砂砾与黏土沉积。

③ 大洲岛礁有 10 m 高海岸阶地（海蚀 – 海积型）遗迹。

④ 4~5 m 的海岸阶地保存完整，如椰庄连岛坝是由高出海面 2~4 m 的珊瑚礁构成，其上亦有基岩砂砾质沉积，南边岭山地南翼为 213 m 的大会岭与 155 m 高的火岭，火岭东侧坡麓与大东海沙坝间有一小海湾，死海蚀崖遗迹明显。自大东海至鹿回头宾馆之公路，其中经该处的一段，即建于死海蚀崖顶，该海湾底现为 5 m 高的海岸阶地。基底为海蚀基岩所成之岩滩，上覆海岸砂砾沉积。阶地面平坦，部分已辟为农田。阶地向海侧为现代砾石海滩与岩礁平台及砾石质滩肩。

三亚内港—潮汐汊道港湾（王颖等，1998）：三亚内港—潮汐汊道港湾与河流介于三亚沙坝南端内侧与南边岭、虎岭以及海螺岭山之间，原系一广阔的潟湖海湾，由于自然淤积及人工建筑（堤坝、盐田及围地等）促淤已使大部分水域成为湿地平原。目前据成因与环境特征，大致上分为以下三部分：

① 山地河流，水流充足坡降大，具有明显河道及砂砾质河流沉积。

② 潟湖洼地河道，平原坡缓，除雨季时洪水暴发有一定的冲刷与挟沙能力外，多半干枯或蜿蜒细流。受植物灌丛之阻滞，几乎无明显河道与输沙影响。这一部分主要接受山地河流淡水补给，但有感潮影响。

③ 潮汐汊道港湾，即金鸡岭（西）与虎豹岭以下，虽有市委沙坝（市政府位于一沙坝上，故定名为市委沙坝）夹持于中部，分隔水域为东西两段，大坡水（西河）与月川水（东河）以及两者汇合而成的三亚河。这一段保持宽阔水域，虽有上游河流的水沙供应，但主要受涨落潮流所维持，是典型的潮汐汊道，盐水海湾与上游蜿蜒河道有明显区别。

三亚港位于三亚沙坝南端，扼守三亚河河口（潮汐汊道口门），以 90 m 宽的通道与南边岭相对峙。夏秋季时，由于热带雨与台风形成暴雨降水引起山洪暴发而有大量河水宣泄，50 年一遇的洪峰流量 2 375 m³/s。其他季节河水流量很小，仅为 5~6 m³/s，估计大坡水（两支中较大者）最枯水位流量为 0.3 m³/s。三亚河口地区主要受潮流作用，靠海水维持。涨潮时，潮流沿河口上溯，越过口门通道后略偏南岸流过，形成冲刷深槽。潮流上溯达 7 km，大体上至金鸡岭与虎豹岭一带。三亚港是以日潮为主的混合潮港，平均潮差 0.75~0.93 m，最大潮差 2.13 m。落潮时，潮水从河口向海域宣泄，90 m 宽的口门段约束水流，使流速增大。落潮流在口门段略向北偏移并形成冲刷深槽。此深槽与涨潮流深槽相连，水深皆超过 6 m。

大坡水与三亚港相毗邻，其东与月川水相隔一条南北向的市委沙坝，市委沙坝南端二水汇合处，水域最宽处达 1 km，即潟湖洼地。水底沉积为石英质细砂与淤泥粉砂，但近市委沙坝南端处，由于塌岸泥沙堆积，已使水域面积减少并于近岸处堆积了粗颗粒砂。沿大坡水近南北向河道上行，在三亚桥两侧，涨潮水深达 2.5 m，沙底，沿岸可供吃水约 2 m 的 100~200 吨级机动船停靠。三亚大桥以上水深迅速减小，大部分河段水深 1.5 m（涨潮时），水面宽 400 m，河底沉积为石英细砂及淤泥。榕根树以上，河流呈自西北向东南流，由于浅滩发育，水面变窄为 100 m，并出现凹凸岸弯道，这一带水深在涨潮时仍达 1.5 m。金鸡岭一带河面宽 100~150 m，至海榆东线公路桥附近河面变窄，涨潮时水深 1.2~1.5 m，河底沉积为砂。潮汐汊道港口湾至此已达终点。

海榆东线公路桥（通荔枝沟的公路）以北，为潟湖洼地河道段。河流多分汊，河流纵横曲折，宽度不大。再向北至铁路桥以北，河谷狭窄，成为河面宽约 10 m 的溪流。河底表层沉积着黑色腐泥。铁路桥与公路桥之间河谷长满茂密的红树林灌木丛，表明涨潮流上溯可达该处。铁路桥以北，僚家田洋、妙林田洋、林家一带均为潟湖洼地平原，坡缓沙多，故河道蜿蜒曲折并分枝散流。河水几乎无力冲刷出明显河床。这一带已辟为农田，河水难以自此挟沙至港口区域。

至官坝村、黄猄村以西的新风、乙边林一带系自山地向潟湖洼地平原倾斜的扇形地，老基岩港湾海岸线是三角洲堆积及日后叠加山前冲积扇的复合体。扇体不大，具一定坡度，河流具明显河道，沉积为砂砾质，谷坡两岸由于水分充足而长满灌木草丛。

黄猄村以上，大坡水上游为半岭花岗岩山地，山坡树木草丛茂密。山区河谷宽 40~50 m，河谷岸高 3 m，河底沉积是未经长距离搬运磨损而具有棱角的石英粗砂与长径达 0.1~0.2 m 的卵石。河床砂石沉积厚 1~1.5 m，干季时河床干枯，卵石心滩出露，河谷与河床上生长着植物。

总之，干季时河水径流量小，无力携动泥沙，故河沙对港口无巨大影响。雨季时降水强度大，河水暴涨，冲刷河谷两岸，会带下泥沙，但当河流出山区流过扇形复合体而至潟湖洼地平原时，因为坡降陡减而降低河水流速从而使一部分泥沙落淤。同时，铁路桥南河道中茂密红树灌木丛能过滤河水而拦截泥沙，金鸡岭以南河床弯道凸岸亦阻沙形成堆积。因此，大坡水从上中游带至港口地段的泥沙是很少的。

月川水下游主要是受潮水冲刷加阔的潮汐汊道，涨潮流沿月川水上溯可达虎豹岭北海螺村附近的水九坡。三亚地区的盐田主要在月川水沿岸分布，直达水九坡亦反映月川水主要为潮流作用，不受淡水影响。水九坡以上，月川水蜿蜒曲折于已辟为稻田的老海湾平原中，由于上游筑坝拦水，中游平原多处稻田用水，因此河水已枯竭，平原上已无明显完整的河道，所以月川水不可能从上游带下大量泥沙而危害港口。在榕根村以北，大坡水与月川水间有河道相通，该处港汊开阔，水深1.2 m，两岸红树灌丛夹峙，风光优美。

市委沙坝，近南北向位于大坡水与月川水之间，沙坝顶平坦。市委、市第一中学皆建于坝上，目前系市政府所在。该沙坝自金鸡岭延伸而出，原系港湾海岸的湾口沙坝。目前原港湾已形成海螺村平原与盐田。沙坝组成物质：自表面至5 m厚的一层为灰黄色石英细砂，夹有粗砂及贝壳，石英砂质地纯，具较高磨圆度；底部出现具灰色网纹杂斑的棕色砂土层，质地坚实。沉积组成表明系激浪掀带三亚湾海底泥沙所堆积成的海岸沙坝，其时代较三亚沙坝老，基底组成物质与羊拦沙坝相似，其时代可能相当丹州沙坝（400年左右）并皆为围封原始基岩港湾岸的湾口沙坝。市委沙坝顶除开辟建筑外，遍布灌木丛，地形已趋于稳定，坝体两侧因受现代涨落潮流作用而形成适应水流动态的长条形。在凹岸段落与沙坝南端因受潮流冲刷形成2~4 m高陡崖，崩坍之物堆积于崖麓形成新生浅滩，部分泥沙随水流运移，形成数量不大的港区泥沙补给。

大坡水与月川水汇合处，水域开阔，河口外的三亚沙坝围拦形成狭窄口门。涨潮流经过口门段进入内港水域开阔处，水流速度降低，使悬移质落淤而逐渐形成潮流三角洲。由于三亚港涨潮延时长，平均16~17 h，进潮量大，潮汐汊道港湾可容纳大量潮水。同时，由于落潮延时短，大量海水于7~8 h排出，因而流速加大，大于涨潮流速一倍，表层流速0.9 m/s。加之口门狭窄，落潮时于口门内侧水位壅高而形成因近口门段水位下降的谷底冲刷，有助于形成口门段深槽。深槽水深超过5 m，最大水深6.8 m，呈北西—东南向延伸长达700 m。沿此深槽外延的人工航道，亦得助于落潮流水力冲刷而保持了6 m的航道水深。

总之，三亚内港河流泥沙数量少，未对港口形成威胁。潮汐汊道港湾是一有利的自然条件，既保证了现有港口使用水深，又具有建设大、中、小港口配套发展的有利条件。要发挥这一优越性，防止由于增辟盐田、倾倒垃圾、围填海湾、垫滩造陆等改变港湾地形，缩小水域面积而减少纳潮量使港口向淤浅恶化的方向发展。

三亚湾沙坝海岸（王颖等，1998）：现代三亚湾海岸由一系列复式大沙坝组成，沙坝西部起于马岭的天涯海角—角岭海岬，向东直达三亚河口，长18 km，大体呈东西向，向西北—东南向渐变，从北至南可分成三组沙坝—潟湖系列。

最老的一组位于古港湾的湾顶部位，是古河流注入古港湾的三角洲堆积体及湾坝的残留体。从湾顶向湾外分布有白毛沙坝、抱村沙坝、酸村沙坝、竹株沙坝、冲米沙坝和量琴沙坝。各条沙坝的宽度为400~500 m，标高30~20 m，各条沙坝之间为宽的潟湖洼地。这组沙坝是棕黄色粉砂细砂，经历过湿热化气候环境，最老的沙坝形成于中更新世。

量琴沙坝位于这组沙坝的最向海侧，自原海湾东侧伸出长达3 km，坝高约20 m，东部稍低为12 m，中部高处为24 m，坝宽200~400 m，坝顶平坦，两侧斜坡明显，向海坡坡度略缓，且外侧坝缘平直，向陆侧坡稍陡而岸线有弯曲。沙坝由棕色黄色（类似砖红色）细砂与中砂组成，质地单一，分选好。砂层内夹有 1～2 cm 大小的石英颗粒，具一定程度磨圆，表面为粉尘物包裹而颜色变红。砂层皆硬实呈半胶结状。

量琴沙坝以北以潟湖洼地相隔，分布着一列沙坝，据村名而定为冲米沙坝。沙坝亦自古海湾东侧伸出向西，长 2 km，宽 400～500 m。原系海湾的湾中坝，由于海湾成陆，沙坝成为陇岗，高 22 m。冲米沙坝北隔以灰白色粉土、黏土质砂的荒芜潟湖洼地，又分布着一道沙坝，坝高 30 m，长 800 m，宽 300 m，称为竹株沙坝，亦是由海湾伸出，由泛砖红色的粉土质砂所组成。

再向北又有一小型潟湖洼地，碱土泛白，系石英砂及粉砂质，沉积层出露 1.5 m，尚未见底。此潟湖洼地标高约 20 m，洼地北分布着一列古海湾沙坝，自东向西伸出，长 900 m，南北向宽 400 m，顶平坦，标高 30 m，酸梅村建于坝上，故定为酸梅沙坝，由具水平层次的棕黄色砂砾层组成，砂砾皆具一定的磨圆度，反映出当年是基岩港湾环境中所堆积的砂砾质湾坝。

酸梅村北隔以潟湖洼地，发育另一沙坝为抱道沙坝。抱道沙坝宽约 500 m，长亦 500 m，基底为花岗岩风化壳，上覆沉积为棕黄色粗砂与细砾。石英细砾经过磨蚀具有次棱—次圆的磨圆度。

抱道沙坝以北为一海积洼地，表层约 0.4 m 厚为灰白色黏土质砂层，石英砂棱角尖锐，但确实经过搬运磨蚀，具次棱角状磨圆度。下部为棕黄色黏土质砂，系风化壳经过冲蚀与搬运后的再堆积。在此洼地以北，白毛村所在系这个古海湾中出现的最后一条沙坝，它的规模小，原始沉积层厚度不大，故目前仅留花岗岩风化壳的基底，高度约 30 m。白毛沙坝以北即为花岗岩山地、丘陵，系老的海湾顶部基岩岸。

第二组桶井—羊栏沙坝，方向大体上与海坡沙坝平行。西自桶井村开始向东略呈弧形至羊栏东南，延伸长度超过 9 km，其宽度 600～700 m，高度大部分介于 10～15 m，局部高 18.5 m，可能为残留的老沙丘。沙坝围封了古桶井海湾，迫使烧旗河向西弯曲汇合狗尾河而出海。东段沙坝围拦了古羊栏海湾，促使来自高峰的河流向东与大坡水汇合。两段沙坝发育增宽渐越过光头岭岬角而联为统一的沙坝。据村镇所在定名为桶井—羊栏沙坝。这列沙坝的地貌部位与沉积时代与前述的市委沙坝相当，沙坝沉积层已硬结，呈棕色。由于坝顶平坦、起伏小，沉积层坚实，故而公路与铁路皆建于这列沙坝上。据三亚机场附近人工剖面，了解到沙坝部分沉积组成，按自上而下的顺序记述剖面如下。

① 上部 1.6 m 厚褐色黏土质砂、细砂夹中砂，均匀沉积无层次。砂中长石已风化，残留之石英砂颗粒粗大者，磨圆度好，小砂粒棱角多。沉积层中多植物根系，此层已经历成土过程而使沉积层颜色较下层深，呈褐棕色。与下层间无明显界面。

② 0.7 m 厚的棕色黏土质砂，细砂质。不见长石颗粒，仅石英砂，大者磨圆度好，砂层均一无层次。

此层与①层系同一层。

③ 1.5 m 厚黄色砂砾层，粗砂与细砾。砾石磨圆度次棱—次圆以及次圆级。沉积层质地均一无层次，无贝壳。中间夹有灰色条纹，长石皆风化掉。此层以下未出露。

此剖面反映出桶井—羊栏沙坝是在基岩港湾海岸的湾口沙坝基础上发育而成的平坦海岸沙坝。由于风化程度较深，沉积层中已无贝壳。估计为晚更新世沉积，当时海面和海岸线有较长时间的稳定，而发育成规模较大的沙坝沉积体系。

桶井—羊栏沙坝以北，在回辉村一带系由海湾淤填形成的海积平原。湾顶部分由于河流汇入故有湾顶三角洲堆积体，湾侧在乙边村一带亦有湾坝残留体。目前上述堆积体大多开辟为农田。在桶井北，与沙坝邻接的是一宽约 100 m 的小型、干涸的潟湖洼地，沉积为灰白色黏土质细砂与粉砂，潟湖洼地与沙坝平行。

第三组即目前岸线所在的海坡—三亚大沙坝，高 5 ~ 10 m，宽 350 ~ 700 m，是全新世中期以来形成的。从沙坝底部向上，其物质为粗砂层、淤泥亚黏土层、珊瑚碎屑及石英砂层，反映了低海面到海面上升，至全新世以来海面位置稳定，海岸沙坝得到充分发育。沙坝的西段从烧旗河口到海坡村，高度超过 10 m，宽度 200 ~ 350 m，两坡明显，沙坝沉积层紧密，为褐黄色中砂与粗砂。砂层中偶尔可见较大的文蛤碎片，但数量很少，多已风化，乃大贝壳的风化残留物，而砂层中绝无贝壳碎屑。这一段沙坝主体是一列经过风化作用的古沙坝，由于海坡村位于此坝上，故定名为海坡沙坝。沿海坡沙坝向海一侧，海浪冲刷老沙坝，又重新分选堆积了中砂、细砂质现代海滩，砂质灰黄色，颗粒细，富含贝壳碎屑。所以，三亚湾沙坝西段是由海坡沙坝及现代背叠海滩所组成，是新老沉积并列的复式沙坝。

三亚湾沙坝东段，大体从归村向东长达 6 km 的一段沙坝宽坦低平，平均宽度为 600 ~ 700 m，最宽处达 1 km，坝顶高度约为 5 m 或略低。三亚市主要建筑于这一段上，故可称为三亚沙坝。组成沙坝的物质为长石、石英质细砂，含中砂。富含贝壳，沉积层松散。据上述沉积层特征及钻孔资料（三亚港扩建工程地质断面钻孔 314、315）分析，三亚沙坝系地质历史的最新时代——全新世的产物。该钻孔剖面如下。

① 表层 5 m 厚的石英、长石质细砂，夹粗砂贝壳。

② 约 1 m 厚的珊瑚碎枝。

③ 12 m 厚的淤泥亚黏土：此层系沙坝堆积时的海底沉积物。由它构成沙坝的基底层，反映着随海面下降、沙坝发育并渐向海推移，进而掩盖了原湾底沉积层。

④ 层分布于 19 m 深处至 25 m 深处，为厚达 6 m 的粗砂层，可能是晚更新世低海面后期的沉积。

其中①、② 两层系海岸沙坝的沉积组成：初期海岸坡陡，激浪作用强烈，只有珊瑚枝块可以堆积下来。此后，坡缓渐堆积砂质物。完整的贝壳与珊瑚枝屑出现于沉积层中，表明沙坝形成于全新世，因为海南岛珊瑚礁主要是气温变暖后近 8000 年来发育的。

海坡沙坝地貌特征反映出当它形成时海岸线曾较久地稳定于该处，因此发育数列岸堤大致呈平行状，但尚难确定其形成年代。自 1965 年南京大学对这段海岸观测以来，30 年中，岸线亦大体稳定，虽局部微有冲蚀，但变化不大，可以认为现代三亚湾沙坝海岸处于相对的动态均衡状态之中。理由在于：虽然海底砂质沉积物源仍存在，但河流与沿岸供沙数量很少，海区动力条件未变，因此，如果海岸剖面未达相对均衡，则岸线会发生大规模崩坍，但数十年来这种现象并未发生，三亚沙坝上建筑有增无减。沿岸测量表明，海湾内水下岸坡坡度介于 1/400 到 1/150 之间，其中西部为 1/150；烧旗河口堆积处坡度为 1/400；中部岸坡坡度为 1/360 ~ 1/250；东部为 1/300 ~ 1/280，皆属激浪活跃的砂质海滩。

2005 年 3 月中旬对三亚湾沙坝进行了重新测量[①]，从东到西共选测了 23 条海滩断面，上限高约 2 m，下限约至 -0.6 m 处，海滩相对高度约 2.6 m（图 12.28）。测量结果显示出两个主要的变化特征：① 在海滩后缘高潮线附近出现 30 ~ 50 cm 高的侵蚀陡坎，西侧岬角可见高

---

①　南京大学海岸与海岛开发教育部重点实验室 . 2005. 三亚白排人工海滩工程方案研究报告（内部科研报告）.

度超过 80 cm 的砂质陡坎；② 海滩高潮线下总体呈下凹形态，在高潮线附近多有滩尖嘴发育。

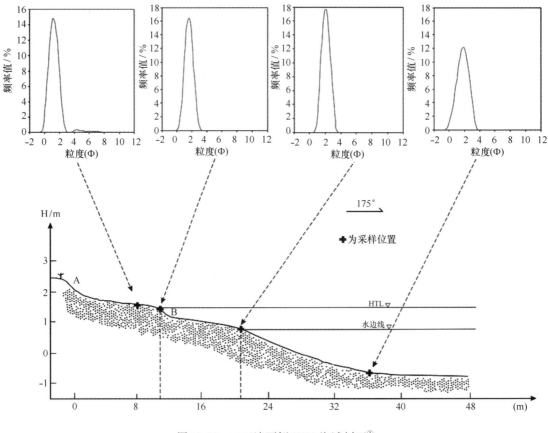

图 12.28　三亚湾西侧 SY20 海滩剖面[①]

总之，三亚湾海岸目前已处于动态均衡阶段，各处无强烈的蚀退和迅速淤积，仅有轻微的冲刷和侵蚀后退。未来 50 年里海平面可能会出现加速上升趋势，造成海岸侵蚀的加剧，需加以观察。

三亚湾大沙坝的向陆侧，平行分布着一列潟湖洼地及潟湖海湾，是沙坝形成前的古海湾的残留形态。三亚沙坝的发展，逐渐减少或隔断了海湾与外海联系，渐渐淤浅，目前均已开辟为农田。黎族人民择沙坝岗地而居，辟潟湖洼地种稻、种菜，的确充分利用了这一优越的地理组合条件。据南京大学在海坡沙坝后侧潟湖洼地的土钻取芯，了解到该处沉积组成如下。

① 表层为 0.8 m 厚的褐色与灰白色细砂与粉砂。石英质砂，质地均一，砂层具有锈斑。

② 1 m 厚杂色细粉砂，具水平纹层，底部夹少量淤泥。

③ 1.8～3 m 为青灰色细砂，以石英、长石为主，亦含云母与贝壳，具棕黄色铁质结核。3 m 以下未钻进。

由三亚古海湾淤积成的平原自山地向海倾斜，湾顶的花岗岩基岩岸两侧仍保留 40 m、60～80 m 的古海蚀阶地。两条山溪在抱道村以西汇流为数米宽的河流从海湾平原中部穿过，沉积了黄色的粗砂砾。至量琴沙坝西端，河流被迫西移，并汇集自洋岭西面来的河流自烧旗港入海。在桶井沙坝西端与角岭之间系古海湾湾口，尚有残留的砂砾质沉积，现代河流水量不大，流经此残留沙坝堆积物处呈现明显的不适应现象。冲会河等诸河流虽携带泥沙入海，

---

① 南京大学海岸与海岛开发教育部重点实验室 . 2005. 三亚白排人工海滩工程方案研究报告（内部科研报告）.

但数量不大。当河流穿越增宽的沿岸平原时，由于坡降减缓，已无力搬运巨量泥沙。而且，该流域植被茂密，水土流失少，区域供沙不多。烧旗港河口处被沙坝围堵，反映来自海底由波浪搬运的泥沙量大，持续不断，故而堵拦河水成湖。黄色的冲积砂砾与灰黄色的海岸粗中砂可以明显地区别开来，堵拦河口的沙坝物质与现代海滩沙是一致的。

古海湾西侧墓山岭、洋岭、角岭等基岩丘陵向海坡，尚保存海蚀岸遗迹，以陡崖及残留巨石或基岩岩滩的残留斜坡和平原相交。角岭南沿岸分布着一级高 10～20 m、平坦的基岩阶地，略呈自陆向海倾斜，尚有海蚀柱残留体，阶地前缘与现代海蚀陡崖相交，但沉积物多已破坏掉，因为自三亚通往莺歌海的公路与铁路皆沿这级阶地面修筑。

自角岭至天涯海角一段岸线长约 2.3 km，是沿燕山期花岗岩侵入体发育的海蚀岸，岩性为中细粒与粗粒花岗岩。原始岬角呈西南向向海伸出至水深 11 m 处，距现代岸线 2.5 km。估计该处系新生代初期的基岩岬角所在，受海蚀与海面上升影响，逐渐形成水下礁石岩滩，鸡母石、水鬼礁、双石礁、王八礁、叠石等系岩滩上的坚岩残留体或古海蚀柱。10 m 等深线轮廓大致与现代岸线相当，白排礁、大洲礁等石英岩礁前缘水深近 10 m，可以认为 10 m 等深线大致为第三纪末或更新世初期的原始岸线，则该段基岩海岸经海蚀后退约 2 500 m。而位于较隐蔽段落的白排、大洲系坚硬抗蚀的石英岩礁，海蚀速度更小，白排礁前端岩滩距 10 m 等深线为 400 m，而大洲礁由于环境隐蔽海蚀更弱，10 m 等深线距礁前端仅 200 m。

天涯海角与南天一柱，系海蚀岸岬角后退的残留岩体与海蚀柱，由花岗岩垂直与水平两组节理呈球状风化剥落与海浪冲蚀而造成。岩滩与海蚀崖间已有背叠式中砂质海滩发育，部分海滩贝壳与砂已为钙质胶结成海滩砂岩，分布于平均高潮水边线附近，成为向海倾斜的板状层，层厚约 20 cm。有的海滩砂层形成于海蚀崖、柱的节理缝隙或巷道的岩壁上，系砂砾沉积后经过蒸发失水而被钙质物胶结而成。天涯海角一带海滩砂岩经 [14]C 测年，相当于 6 800～7 000 年前所形成，反映全新世早期以来，海滩砂被钙质胶结后成为固定的岩石而不再参与沿岸泥沙运动。因此，海滩砂岩的形成保护了岸滩免遭波浪水流冲刷破坏，同时也减少了沿岸泥沙供应。20 世纪 70 年代以来，天涯海角海滩砂岩已遭游人践踏破坏，仅于岩缝壁上有残留片断或在少数基岩的袋状海滩中尚有保存。

马岭—红塘岭海湾沙坝海岸（王颖等，1998）：马岭与红塘岭之间系一开阔的海湾，岸线长 8.2 km，平直的沙坝岸呈东西走向而微向陆弯进。海湾东部天涯海角沿岸受鸡母石水下礁滩蔽障作用，其余大部分海岸直接面临南向与西南向开敞海面，处于激浪作用强盛的高能环境。南向与西南向优势强浪常年作用，因而海岸带泥沙运动以横向搬运为主。新老沙坝皆与岸线平行分布。现代海滩由灰黄色石英、长石质中砂组成，滩坡陡为 11°～13°，水下岸坡坡度小于 1/100（担油港岸坡 1/90），但天涯海角隐蔽段岸坡坡度缓，为 1/200。西端近红塘岭海蚀岬角，沿岸有珊瑚礁分布，由于岸陡（水下岸坡坡度为 1/25）浪大，该处海滩由粗砂砾石组成。海滩外缘分布着一条宽 20 m 的海滩岩带，由粗砂、小砾石及贝壳组成，砂砾层交叠呈 0.02 m 厚的水平层次。海滩岩内侧受蚀，陡坎高出该处滩面 1.6 m。海滩岩表面被溶蚀，内侧有一系列直径为 0.05 m 的圆形溶洞，使海滩岩表面呈蜂窝状，中部的海滩岩面被溶蚀成 1～2 m 宽、0.4 m 深的水池洼坑。滩岩前侧溶蚀强烈形成深达 0.3 m 的岩沟与石芽以及小型的穿洞，而最前缘已无石芽岩沟形态，溶蚀浅洼地上由于黄绿藻繁殖而形成多边形藻脊。钙质胶结的海滩岩面上的微型喀斯特现象仅于该段海岸发育完善，[14]C 定年资料表明红塘村沿岸海滩岩形成于（7 090±380）a. BP 至（6 890±380）a. BP 之间，说明该段海岸仍位于全新世早期的岸线，海滩岩发育基本处于动态稳定。海滩岩中保存着完整贝壳与珊瑚枝屑，这种情况与本区沿岸珊瑚礁开始形成于全新世（8 000 年以来）结论是一致的。

担油港是该段海岸唯一的出海河流，它由三条小河组成，由于水量小，水力不强，故搬运至海的泥沙量不大。由于该段海岸偏南向波浪作用较强，横向搬运来自水下岸坡与河口输送的泥沙，返回至海岸带形成海岸沙坝。沙坝由黄色粗砂与细砂组成，夹有大量贝壳。由于自海向陆的泥沙运动衡定，故而封堵了担油港河口。除汛期以外，一年之中大部分时间，河口是由沙坝围封的。河口段沙坝宽 35 m，高出内侧河流水面约 5 m，沙坝向海坡陡，仅 9 m宽，坡度 23°，水下岸坡为 1/90，沙坝向陆坡宽 27 m，坡度为 11°，反映出河口段泥沙自海向陆推移，河流由于口门封堵故而形成回流的河口弯道。马岭—红塘岭海湾现代砂质海滩实际上是背叠在海岸沙坝的向海坡发育的，与三亚湾类似，该湾基本岸线是由一列封闭原始港湾海岸的沙坝组成。这列沙坝高度大（10～15 m），宽度小（100～150 m），高陡而平直的沿岸沙坝形似沙丘般屹立于海岸带，但组成物质为灰黄色石英、长石质粗砂，有珊瑚枝块与大量贝壳，表明系全新世的海浪堆积物，而不是风成沙丘。这列沙坝时代可能晚于三亚湾的海坡沙坝。沙坝向海坡坡度 20°，向陆坡更陡，沙坝内侧以明显坡折与一级 10 m 高而宽度较大的海蚀阶地相交，阶地组成物质为黄褐色粗砂，磨圆度高，含粉砂物但贝壳少。此级阶地在海湾西部红塘岭以东分布广泛，阶地后缘与公路相交处似乎又过渡为另一沙坝。这列沙坝除在担油港内侧为河流谷地平原及海积平原所中断外，它在红塘村、文昌村、竹株村及砖瓦厂一带广泛分布，此由坚实的半胶结的棕黄色砂层组成，砂层具良好的水平层理，沉积层颜色、质地与桶井—羊栏沙坝相似，是经历湿热环境的一条沙坝。这列沙坝高 10 m，局部高达30 m。海榆公路西线建立于这条沙坝之上。棕色沙坝内侧为海积平原，它与原始基岩岸之间尚有 20 m 高的一级阶地分布。总之，这个海湾原始岸线是基岩港湾式的，目前已位于内陆。古海湾被海相沉积淤填而成为平原，并垦为农田。平原沿海侧尚分布着两列沙坝，内侧为棕黄色的已经半胶结的沙坝，外侧为 15 m 高的灰黄色沙坝，时代新近。两列沙坝之间似以一平缓的海成阶地相衔接。现代海岸沿灰黄色沙坝的向海坡所发育，激浪作用与泥沙横向运动活跃，由于海湾两端岬角突出而中断了与外海的泥沙交换。

三亚湾西岬红塘岭—南山岭基岩海蚀岸（王颖等，1998）：三亚湾西岬红塘岭—南山岭基岩海蚀岸沿南山岭、东瓜岭、塘岭以及红塘岭等块状山体的南缘呈东西向分布，全长15.5 km，山地由燕山期花岗岩侵入体—灰色与肉红色的中（细）粒或中（粗）粒似斑状花岗岩组成。南山岭海拔 487.7 m，塔岭为 288.5 m。基岩山地突出于海中成为巨大的岬角，将三亚湾与保平湾分隔成为两个不同的海岸体系。

由于山地临海，坡度陡（1/25～1/6），10 m 等深线沿海岸分布，20 m 等深线紧临南山角。水深浪大，波浪折射于岬角处辐聚。因此，这一带波浪作用强烈，海岸陡崖耸立，岩滩广布，溅浪冲蚀花岗岩体形成光滑浑圆的岩石斜面，是南部最长的一段海蚀岸。由于岩石坚硬、抗蚀，虽风浪作用强，但海岸蚀退有限，仅在两个块状山地邻接处，形成了少数小港湾，如四马码头东港湾与鸭仔塘港湾等。目前已被海沙填充堆积成陆，四马码头东为 5 m 高平坦阶地，沉积物为石英、长石质中粗砂，褐黄色已具成土作用，但仍富含贝壳，系全新世堆积。鸭仔塘系由两列沙坝组成的堆积阶地，该湾有一山溪将花岗岩山地的风化物搬运入海。此后，泥沙被偏南向波浪自海底携带向岸堆积为数列沙坝。四马码头东港湾虽无河流但仍有泥沙堆积，现代花岗岩海岸海蚀产物为粗砂砾石或砾石，但海积阶地物质较细为中砂与粗砂，且有一定磨圆度，故物质来源海底，而海底沉积原系花岗岩海蚀岸所供给的。巨大的岩体山地经新生代数千万年的风化剥蚀，形成了一定数量粗砂与砾石物质堆积于海底,尤其是伴随着山体的上升,泥沙剥蚀亦是持续的,鸭仔塘海湾沙坝高度在陆地侧增高反映了山地的抬升。

总之,南山岭海蚀岸,波浪冲刷作用强烈,由于岩体坚实,海岸后退速度不大,但由于风化剥蚀作用,该岸段仍产生了相当多的物质并堆积于海底。南山岭—红塘岭前方海底的粗砂底质反映了此过程。山地北坡有一系列山溪流向陆地。各山溪出口处均有冲出锥沉积,各锥体的范围不大,但反映了风化剥蚀效应。山地南侧海底有大量粗砂沉积,既来源于山地经风化剥蚀而形成的砂,也来源于海蚀作用。目前各山岭树木灌丛茂密,风化剥蚀与水土流失所造成的泥沙量小,大片粗砂物质应是干燥寒冷气候条件下,强烈的机械风化所造成的。按目前动力条件,20 m深处广大平坦海底应为细颗粒悬浮体沉降带,不能形成粗砂沉积,故海底粗砂系古海岸环境产物。目前由于泥沙来量少,不能形成大面积沉积覆盖物,故而粗砂仍出露海底。所以,海底粗砂系残留砂。目前该处已无强烈的波浪扰动作用使砂掀起而被再搬运。

3）保平海蚀海积型基岩港湾海岸

保平湾位于研究区的最西部,介于南山岬与梅山岬之间,海湾朝向南与西南,岸线全长约20 km。海湾内侧被一系列山地所环绕,自西向东为牛头岭(海拔152 m)、光头岭(16.7 m)、南顶岭(252.5 m)、偷鸡墓岭(159.0 m)、马鞍岭(216.6 m)以及位于宁远河以东的好拉妹岭(353 m)、牛睡岭(155.2 m)及南山岭等。高度上属低山丘岭但皆系花岗岩块状山地,所以山势多陡峻。宁远河发育于块体山间的一条北东—南西向的断裂带上,汇集了来自北部山地的径流,是海南岛南岸水量最大的一条河流,因此该湾淡水资源充沛(王颖等,1998)。

原始海岸系沿断裂发育的溺谷型港湾,湾口位于目前崖城所在,形成时代相当于更新世初期,由于花岗岩山地风化剥蚀与河流携沙形成一系列洪积与冲积裾,后者又成为海岸带新沙源,加之海底泥沙向岸搬运,形成大沙坝,这一系列活动逐渐使海湾淤浅而河流延伸,以至形成今日的宁远河冲积平原。由于河床坡度减缓河曲摆荡渐使海湾沙坝消失,而成为宽谷平原,但是在山麓尚保存着一系列扇状堆积体,平原西北的旧村、扫帚村以及长山一带的古海湾堆积成4~7列沙坝以及相间排列的潟湖,最老的沙坝系棕黄色的细砂质,仍与羊栏、文昌村等处的沙坝岩性结构相似,晚期沙坝系灰褐色棕细砂,系花岗岩类的物源产物,但经过磨蚀,有贝壳屑。靠海的沙坝都系黄色,质地疏松多为河流供沙,海湾西段水下坡度稍陡,约为1/250(王颖等,1998)。

宁远河口被沙坝围封而堵水为河口湾,该处可见河流沙坝与心滩堆积沿河道方向延长,而海岸沙坝则与岸线方向平行。所以,同一物质来源,但堆积的动力与过程不一致,形成的堆积体形式亦不一样。但是,不论堆积作用如何,该湾堆积体的地形起伏不大,因此,崖城以下沿岸地势平坦成为本湾的第二个特点(王颖等,1998)。

在平坦的下游河流平原上,河道摆动大,据残留河道分析,宁远河曾流过崖城以北,经浪芒、沙坝、盐灶而从头灶港(西港)入海。由于沙坎一带冲出裾供沙丰富,所以河流向海输沙多,泥沙于河口外堆成细砂质的舌状三角体。此后,由于河曲过大,洪水期裁弯,河流改道,自崖城东北方经目前河道入海。由于新河道行水期不长,东侧沿岸泥沙供应少,以及海岸外推使河道加长而坡降减缓,所以,现代河口外泥沙堆积少,尚未发育成三角洲。目前由于海湾开阔,偏南向浪常年作用,现代海岸以泥沙的横向作用为主,自港门河口向两侧海岸虽有泥沙的纵向补给，但范围不大，限于河口两侧 3 km 左右的范围内（西港至双连坝）。海湾大部分沿岸带泥沙以自海底向岸的横向作用为主。由于泥沙供应不足，海滩微受冲刷形成陡坡（高约 0.4 m）。头灶港外海底仍保留着老河口三角洲堆积，细砂质的河流三角洲沉积与海湾的粗砂基底间有着明显的区别，该处水下岸坡为 1/600，而保平港口外岸坡目前为 1/380（王颖等，1998）。

12.1.3 海积型基岩港湾海岸

12.1.3.1 琼东、琼西海积型基岩港湾海岸

琼东海积型基岩港湾海岸分布在博鳌到小海沿岸，琼西海积型基岩港湾海岸范围从儋州、东方至莺歌嘴，以沙坝—潟湖海岸为主，由于海滩—沙堤背后有广阔的湛江组海积阶地，因此海滩宽阔、坡度相对平缓。现以琼东博鳌港、琼西岭头至莺歌嘴为例描述海岸的特点。

1）博鳌沙坝—潟湖海岸

琼东万泉河、九曲江和龙滚河三条河流在琼海市博鳌镇交汇形成美丽的万泉河口（图 12.29）。发源于海南岛中部山区的万泉河携带大量泥沙在河口区域停积形成沙洲和岛屿，如东屿岛（目前已开发为博鳌亚洲论坛永久会址）、沙波岛和鸳鸯岛。从万泉河口向南至南岗村发育海岸沙坝（也称堡坝，barrier），称玉带滩。该沙坝呈 NNE 走向，其中，琼海段长 8 km，中部最宽处为 1.5 km，最窄处不足 50 m，已被列为上海吉尼斯世界记录。受玉带滩沙坝的围封，在其西侧形成沙美内海潟湖。来自万泉河的泥沙使河口区域逐渐淤浅，平均水深 0.5 m，最大水深不超过 4 m。由于河口地区水动力比较复杂，口门处于高度的不稳定状态，表现为口门附近的沙嘴经常迁移，口门的形式在单口门和双口门之间经常变换。沙美内海为一微咸水潟湖，潟湖水盐度小于 1[①]。由于它和万泉河口之间的通道狭窄，潟湖内的水体循环较差，再加上潟湖周围红树林植被的大量砍伐，沙美内海目前处于快速淤浅状态。

玉带滩海岸沙坝的北段地势低平（图 12.29，图 12.30a，图 12.30b），位于海平面之上 1~2 m，沙坝的宽度也很窄，最窄处不足 50 m（殷勇等，2002；Yin et al.，2004）。沙坝顶端发育沙嘴，该沙嘴呈鸟嘴状沿 NNW 方向延伸。在受到洪水和风暴潮侵袭时，沙嘴的大小和延伸方向经常发生变化。在经常遭受风暴潮侵袭和波浪冲刷之处，滩面相对比较平缓，颗粒较粗（图 12.30c）。风暴潮常常将玉带滩的北部侵蚀成许多陡坎（图 12.30），陡坎顶部可见到粗的砂砾。往南风浪相对较小，滩面变宽，部分风成沙被植被固定发育成初始的海岸前丘（incipient foredune）。

海滩—风成沙丘剖面广泛出露于玉带滩北部（图 12.30），分选好的棕黄色砂质沉积经常出露地表。下部由准块状黄色到灰白色细砂组成，含粉砂质夹层，中部为灰白色具交错层理中到粗粒砂。下部和中部沉积之间有一层富含有机质的夹层。上部为粗砂沉积覆盖，见有倾向潟湖的板状交错层理，并与地面平行。顶部的中细砂沉积没有显示任何的层理，可能属于海岸风成沉积，它和下覆交错层理砂之间的接触界面似为一不规则的风沙侵蚀界面。

玉带滩南部的海岸沙坝逐渐变宽，在南岗村，沙坝可达 1.5 km，最高处海拔 12 m。由于

[①] 南京大学海洋研究中心．2001．海南琼海博鳌东屿岛及玉带滩区域开发项目环境影响报告书（内部科研报告）．

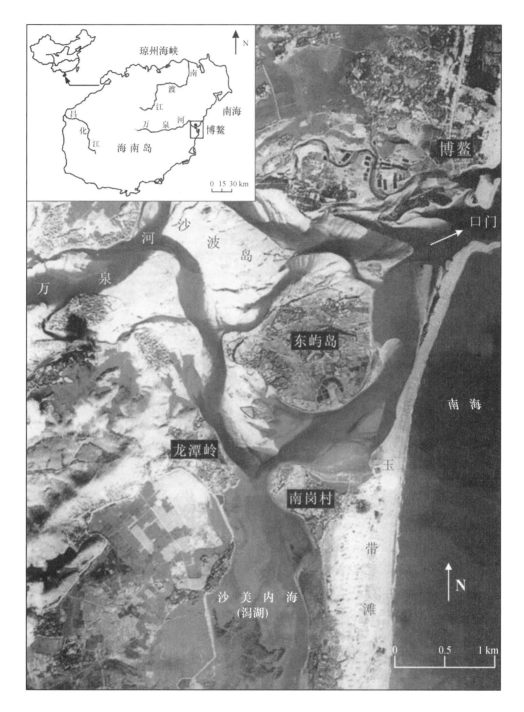

图 12.29 博鳌沙坝—潟湖体系卫星影像

风浪侵蚀弱于玉带滩北部，植被相对比较发育，特别是玉带滩靠潟湖一侧仍有残存的小片红树林。南岗村坝后区域属于冲积/海积平原，接受来自于万泉河的洪积物和沙美内海的泛滥沉积，主要由砂泥质沉积物构成。玉带滩南部沙坝表面已受到人类活动的强烈扰动，如开采砂矿和开挖养虾池。目前用来采矿的矿坑已被填平，并种植了木麻黄（casuarina）作为海岸防风林带，但沿沙坝仍然有许多养虾池分布，它们对海岸带环境造成很大的负面影响。玉带滩南部的沉积物仍然以砂砾质为主，沉积物主要来自于晚更新世残留的滨岸沉积物以及通过波浪和潮流作用搬运至岸边的河流沉积物。

通过钻孔和露头来配合探地雷达研究，获得了海岸沙坝和坝后海岸平原地区的地层信息

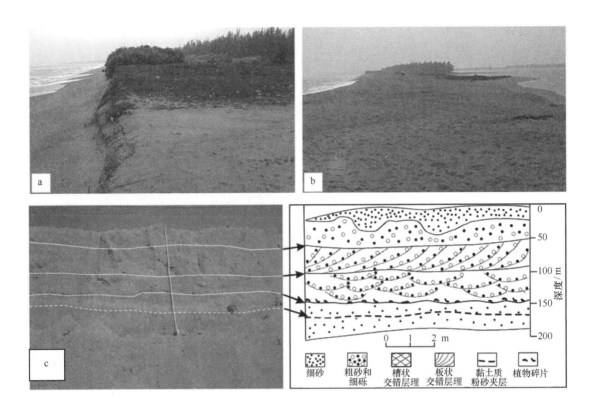

图 12.30　玉带滩海岸大沙坝北部（由北向南拍摄）

注：a. 从北端的风浪侵蚀沙坝过渡为发育海岸带植被的原始海岸前丘，注意照片左侧的海滩侵蚀陡坎；b. 缓倾斜的沙
坝冲溢沉积；c. 玉带滩北部海岸沙坝和顶部风成沉积剖面

（图 12.31），这些资料显示沙坝的上部主要由砂质沉积构成，沙坝下部和坝后地区为砂砾质
沉积和淤泥质沉积的互层。本地区唯一的年代地层资料来自于赵焕庭等（1999）有关万泉河
三角洲的 3 个未矫正的 ^{14}C 年龄。底部 20～30 m 厚的沉积中获得的 ^{14}C 年龄为（10 230±320）
a. BP，中部 16 m 左右的海相沉积中获得的 ^{14}C 年龄为（8 460±170）a. BP，上部 8 m 厚的粉
细砂沉积可能属于中全新世沉积。

南岗村地区的钻孔地层从下至上划分成 4 个主要的沉积序列（图 12.31）。

① 基底由强烈风化的花岗质和准块状的部分固结的砂岩组成。砂质沉积为本地区典型的
中—上新世沉积（Huang et al.，1996）。

② 单元 a 位于层序的下部，厚 8～10 m。由杂色砂砾、黏土质粉砂和淤泥组成，构成 3
个由粗到细的沉积旋回。在 ZK17 钻孔中，可见该单元不整合于下伏基底沉积之上。砂砾质
可能属于河道充填沉积，部分砖红色黏土质沉积可能代表成壤作用层。这一单元可能属于晚
更新世—早全新世的河流相—冲积相或部分三角洲平原相沉积。

③ 单元 b 由两部分构成：（a）中下部主要由深灰色到灰绿色黏土和粉砂质黏土构成，含
有大量的有机物质和贝壳化石，位于沙坝的下部和沙坝后的滨海平原地区。（b）中上单元为
粉砂、淤泥和中粗砂的互层沉积，局部有砾石分布。见于沙坝的深部，但在南岗村坝后地区
广泛发育。

单元 b 的下部可能属于滨浅海相沉积。单元 b 上部代表坝后浅的以河流为主的河口区域，
其间发育众多的潮流通道。某些细粒物质代表潟湖沉积，也有部分细粒沉积物与潮潮汐汊道
的越岸沉积有关。

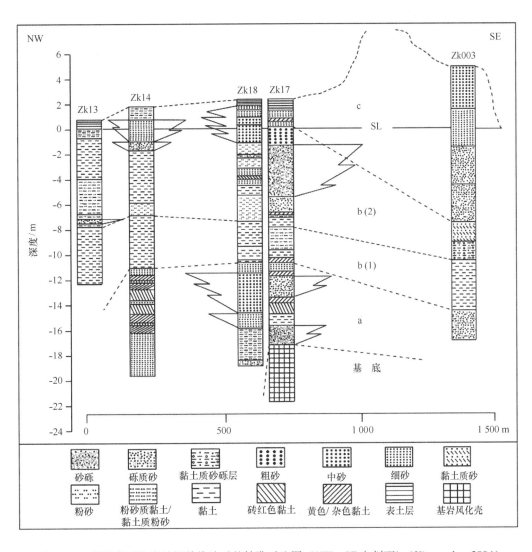

图 12.31　从潟湖到海岸沙坝前缘沙丘的钻孔对比图（NW—SE 向剖面）（Yin et al.，2004）

④ 单元 c 主要由分选好的砂、细砾质和砾质砂构成，见于海平面之下 8 m 到海平面之上 6 m 的坝脊区域。海平面之上的沉积，部分是由于海岸沙丘的堆积作用形成的，现在大部分已受到人类活动的改造。

博鳌沙坝—潟湖海岸演化历史：晚更新世晚期至全新世早期，本区海平面虽然开始上升，但仍然大大低于现今海平面的位置。当时海岸线距离现今岸线有几十千米至上百千米，本区主要发育河流—三角洲沉积，即位于钻孔底部的杂色砂砾层。海南岛东部其他地方也普遍发育河流相的红褐色含砾中细砂或含砾黏土质混合砂，平均厚度 5.5 m，最大可达 13 m，主要分布在琼东北文昌翁田、东坡、景山和清澜港一带（李建生，1988；张仲英、刘瑞华，1987；陈锡东、范时清，1988）。

中全新世早期博鳌地区普遍接受海侵，发育一套厚 5~6 m 的深灰色淤泥和深灰色黏土质粉砂沉积，属于潟湖—滨浅海相，即研究区中部层序，这是一套海侵序列的沉积。这一时期可能已开始出现沙坝堆积，沉积物主要来源于前期低海面时期堆积在陆架上的河流相砂砾层，沙坝内侧发育潟湖沉积，即在本区钻孔中所见的部分淤泥质沉积（图 12.32）。

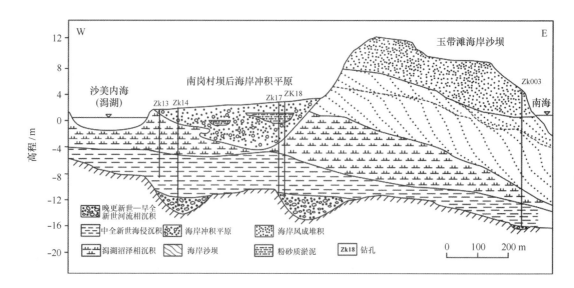

图 12.32　根据探地雷达和钻孔恢复的博鳌地区沙坝－潟湖体系的内部结构和沉积模式[1]

中全新世晚期随着海平面上升速度变缓并开始出现下降（图 12.32），本区开始出现大规模的沙坝堆积，一方面海岸沙坝接受沿岸输沙和来自于大陆架的泥沙，不断向海洋方向进积扩展；另一方面海岸带泥沙通过翻倾、越顶和冲溢作用不断向内陆方向推进，成叠瓦状覆盖在沙坝内侧的潟湖之上，并形成后缘高程可达 10～12 m 的沙坝（图 12.32）。海岸沙坝的进积界面和各种侵蚀界面均可以富集重矿物，博鳌地区的砂矿类型主要包括钛铁矿、锆石、独居石和金红石，此前当地百姓开采砂矿也主要开采此层位。在海岸沙坝发育的同时，坝后地区（现在的南岗村）发育潟湖和潮汐汊道沉积（图 12.32）。当潮汐汊道发生改道，潟湖萎缩时，汊道被洪积物和泛滥沉积冲填，形成坝后的海岸冲积平原。

全新世晚期海平面微微上升并保持基本稳定，博鳌地区发育了一套位于沙坝前缘部分的沉积（本区钻孔上部的中粗沙）和覆于沙坝顶部的风成沉积（玉带滩）。沙坝后缘发育海岸冲积平原砂砾质沉积（南岗村）和现代潟湖（沙美内海）。海南岛东北海岸从这一时期开始发育海岸沙丘和沙丘岩。

最近几十年中玉带滩一直处于侵蚀后退状态，据当地老百姓反映 30～40 年前，圣公石在玉带滩的范围之内，在低潮时老百姓可以通过玉带滩直接登石，而现在圣公石距离海岸至少 300 m 远，30～40 年中岸线后退了 300 m，后退速度为 7.5～10 m/a。海岸侵蚀主要是最近 100 年海平面上升以及人类活动的加剧引起的，如海南岛东部清澜湾东侧的邦塘由于海岸侵蚀，10 多年岸线后退了约 150 m，平均后退速率 8～15 m/a（罗章仁，1987）。

2）岭头至莺歌海沙坝—潟湖海岸[2]

范围从乐东县岭头至莺歌海镇，岸线成 NNW 向延伸，长约 20 km，海滩宽 1～2 km（图 12.33）。这一岸段在区域地质构造上属于琼西南断陷区，由东向西，由花岗岩穹窿山地的几级古夷平面逐渐向西递降为丘陵、海积阶地以及现代海滩—沙堤。北部白沙河、南部丹村河，自西向东流入北部湾。白沙河发源于尖峰岭，流入白沙港出海；丹村河发源于金鸡岭东北的

---

① 殷勇. 2003. 海南岛海岸带地貌和浅地表地层的探地雷达应用研究（南京大学博士后出站报告）.

② 本小节资料来源：河海大学地理信息科学系. 2009. 龙沐湾国际度假城海域岸滩演变分析工作报告（内部科研报告）.

三曲沟水库，流入丹村港出海。各自在河口区域发育规模不等的河口沙嘴。

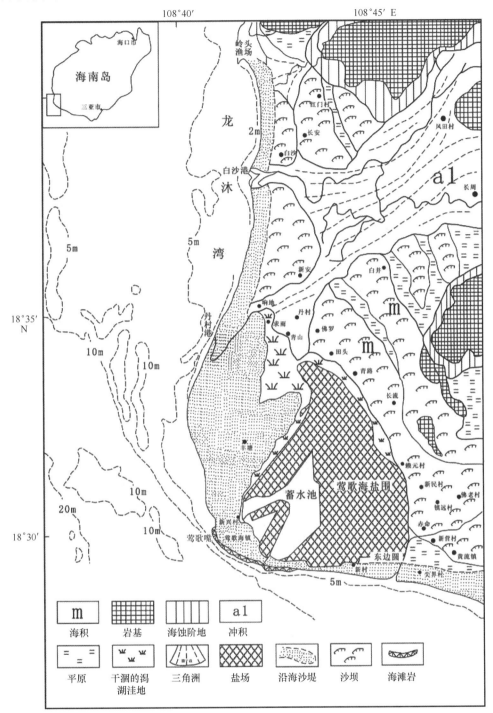

图 12.33 莺歌嘴至岭头海岸地貌

尖峰岭、保卫岭构成区内中低山，金鸡岭、风月岭、岭头为花岗岩残丘（图12.33）。区内可区分出海拔 8~15 m、20~30 m 以及 35~50 m 三级阶地。一级阶地由两道古沙坝构成，包括佛罗镇所在地的古沙坝及其东部芒果园古沙坝，海榆西线铁路从其上穿过（图12.34a）。沉积物主要由已风化的棕红色含黏土中粗砂和棕黄色中粗砂组成，分选较好。两道古沙坝之间为古潟湖，由青灰色、灰白色的含黏土中砂组成。白井村东沙坝构成二级阶地，为分选好的棕黄色中粗砂，环岛西线高速从此阶地上穿过。一级阶地和二级阶地可能属于北海组滨海

483

相沉积物。三级阶地与丘陵地带的基岩台地相接触，可能为湛江组之洪积冲积物，沉积物为受过风化的棕红、棕黄色亚砂土和大小不一的砾石层。

北至岭头南至莺歌嘴，发育现代海滩、沙坝、沙堤以及小型河口地貌（图12.34）。岭头为花岗岩侵蚀残丘，成 NE 向延伸，突入海中成为基岩岬角。从岭头至莺歌嘴，现代海滩—沙堤、海岸沙坝成弧形展布。在现代海滩脊背后还有 3~4 道古海滩脊发育，滩脊最高可达 7~8 m，并有沙堤发育。沙堤上目前主要种植热带水果，以西瓜为主。白沙河河口发育沙嘴，河口北侧沙嘴成羽状，显示沙嘴由北向南的发育过程（图12.34b）。白沙河至河口区域分成南北两支，南支由于沿岸沙坝的封闭，目前已被废弃，河水主要沿北支输入到白沙港。据卫星图片判读，沿河口两侧可依稀分辨出多道古海岸沙坝，以及废弃的古潟湖，显示海岸有向海进积。

至本海岸最南端莺歌嘴，现代海滩前缘发育海滩岩，出露宽近 1 m，近岸部分被海滩砂所掩覆（图12.34d）。海滩岩由砂砾沉积物胶结而成，含丰富的珊瑚块体、贝壳等生物碎屑。经测年，该处海滩岩生成于 6 000 a. BP，由于已胶结成岩，对波浪潮流的侵蚀有一定的抗御能力。

图 12.34　西海岸岭头至莺歌嘴海岸地貌

a. 海积阶地，目前已开垦为香蕉种植园；b. 白沙河口地貌及沙嘴；c. 丹村河口海岸地貌；d. 莺歌嘴海滩岩，对现代海滩起到一定的消浪作用

为获取岸线演变信息，在现代海滩脊的前缘布置了 4 个 8~9 m 深的钻孔，揭露 3 层砂层和 1 层淤泥，淤泥层未揭穿（图12.35）：

① 中细砂层：层厚 3.5~4.8 m，浅黄、黄色，矿物成分主要为石英，含少量贝壳屑。上部大约 0.5 m 厚为风成砂，下部分选很好，为海滩砂。

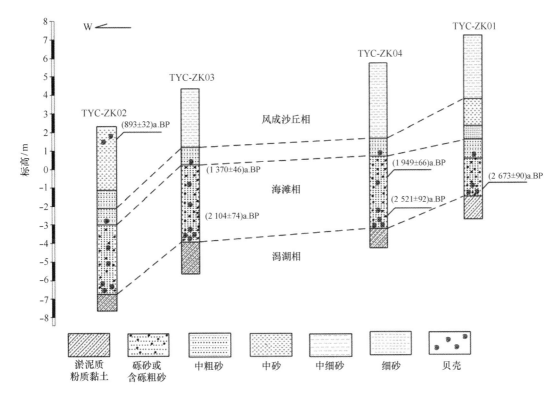

图 12.35 海滩剖面钻孔对比

② 中粗砂层：层厚 0.6 ~ 1.3 m，浅黄、黄色。含较多贝壳屑和完整贝壳。

③ 砾砂层：层厚 2.8 ~ 5.07 m，浅灰、灰黄、灰白色，矿物成分主要为石英，以粗砂、砾石为主，中砂次之，局部含少量细小卵石，磨圆好，有些呈扁平状，粒径一般 2 ~ 5 mm，含大量贝壳，为沙坝相沉积物。

④ 粉砂黏土和淤泥层。研究结果显示，（2 673 ± 90）a. BP 左右的海岸线在距现代海岸大约 850 m 的陆地，（1 949 ± 66）a. BP 时海岸线向海推进大约 265 m，年均向海淤长大致 0.37 m；（1 370 ± 46）a. BP 时海岸线在距现今海岸 120 m 左右的位置，期间向海推进了 473 m，年均淤长约 0.8 m；（893 ± 32）a. BP 时海岸线大致在现代海岸附近，这一时段海岸线向海推进大致 117 m，年均大致增长 0.25 m。以上数据反映，晚全新世 2600 年以来，本段岸线不断向海推进，最大推进速率可达 0.8 m/a，但 800 年以来，海岸线的推进速率在不断下降。目前在全球海平面加速上涨的背景下，海岸推进速率有可能还要继续下降，甚至不排除局部地段出现侵蚀。

12.1.4 海蚀—海积与潮汐汊道基岩港湾海岸

雷州半岛、海南岛北部（东寨港）、东北部（清澜港）和西北部（洋浦港）以及广西沿海，背靠第四纪玄武岩台地以及湛江组、北海组构成的海相、陆相沙土堆积台地，海岸以海蚀—海积为主，但沿岸多河流入海，并发育深入陆地的狭长型潮汐汊道，构成所谓海蚀—海积与潮汐汊道复合型基岩港湾海岸[①]。其特点是潮汐汊道多呈狭长状、树枝状或鹿角状深入陆地，为冰后期海水侵淹形成的谷地。分内湾和外湾，往往有狭窄的潮流通道沟通外湾和内

① 资料由王颖院士提供。

湾水域。潮流通道向外湾一侧发育落潮流三角洲，向内湾一侧发育涨潮流三角洲，但往往落潮流三角洲比涨潮流三角洲发育，形成口门处的拦门沙。湾外潮间带多砂砾质沉积，湾内潮间带多砂泥滩或泥滩堆积。

12.1.4.1 雷州半岛海蚀—海积与潮汐汊道基岩港湾海岸

从鉴江口北侧向西南环绕雷州半岛至英罗港，大陆岸线长 1 180 km，海岛岸线总长 1 450 km（李志强，2008）。半岛为第四纪玄武岩—浅海相和陆相砂土堆积台地，台地南侧临琼州海峡，强烈的潮流冲刷使沿岸坡度变陡，发育海蚀崖、海蚀平台和岩滩堆积。台地西南端，围绕海蚀岬角发育珊瑚礁。半岛东北部有遂溪河入海，形成湛江溺谷，港阔水深，是华南沿海规模宏大的溺谷港湾；东部南渡河、西北部九州河独流入海，分别形成雷州湾、安浦港溺谷港湾。半岛上还有众多小河独流入海，在下游为小型溺谷湾，湾口发育小型沙坝—潟湖体系。自东向西小港湾有外罗港、海安港、流沙港、乌石港、海康港、江洪港、乐民港、安铺港、英罗港。在溺谷湾湾顶及掩蔽岸段，发育淤泥质海岸，有红树林生长。

1）鉴江河口至雷州湾岸段

鉴江河口：位于广东省吴川市的沙角，口门宽 840 m，高潮水深 6.1 m，低潮水深 3.6 m。1972 年塘尾分洪河开通后，河口来水来沙明显减少，口门深槽水深 3.4～7.9 m，河口区风浪较大，多暗沙，航行不便。

鉴江河口沿岸沉积物主要为中细砂、细砂堆积，从河口至陆架浅海区以细颗粒的砂质粉砂堆积为主，这些沉积物主要在洪水期由河流挟带而来，物质组分由陆源碎屑物的石英、黑云母和花岗岩组成，这些悬移质泥沙粒径一般小于 0.125～0.062 mm，在径流或落潮流紊动作用下，以底沙运动形式被水流自上游推向河口段，随着水流扩散消能，泥沙逐渐在河口口门附近沉降下来，发育成沙嘴、心滩等地形。其中，在河口口门附近形成面积较大的水下沙洲有上利剑沙和下利剑沙，面积分别为 6 km^2 和 3 km^2（叶春池、黄方，1994）。由于受到地转偏心力的影响，目前鉴江河口有不断向南偏转的趋势。

湛江港：属溺谷型潮汐汊道港湾，位于雷州半岛东北部，东接吴川县，西临遂溪县（图 12.36）。有硇洲岛、东海岛、南三岛、特呈岛、东山头岛作为天然屏障，形成天然深水港湾。湛江湾北端有遂溪河汇入，西端的入海口于 1961 年被东海大堤拦截，东端为湾口入海。海湾水域南北约 15 km，东西约 24 km，纳潮面积约 193 km^2（赵冲久，1999）。主航道由口门至调顺岛以北，全长 54 km，宽 0.3～1.4 km，水深 10 m 以上。调顺岛以北至湾顶石门为五里山港，长 15 km。调顺岛以南至霞山麻斜海，水道呈南北走向，全长 16.5 km。霞山以南出海口有两条：一为湛江水道，即沿主航道霞山至口门出海，这段航道全长 26 km，水深 10～30 m，最大水深 50 m；水面宽阔，最宽处达 12.5 km，口门宽 1.8～2.1 km；另一为三南水道，从霞山向东沿山南河至利剑门出海，全长 25 km。湛江港主要接纳遂溪河来水，河长 63.6 km，流域面积 926.6 km^2，全年径流量约为 10.4×10^8 km^3，其余十几条小溪流量均不大（赵冲久，1999）。

湛江港属不规则半日潮型，平均潮差 2 m 左右，为华南沿岸潮差较大地区之一。湾口和湾顶的平均潮差分别为 1.96 m 与 2.60 m，实测最大潮差分别为 4.36 m 和 5.18 m。湛江港涨潮流历时较长，流速较强，湾内实测最大涨潮流速为 0.81～1.08 m/s，落潮流速在 1.37～1.72 m/s 之间（张乔明等，1985）。

图 12.36 湛江港卫星影像

湛江潮汐汊道位于雷琼地堑区，喜山运动地壳发生大规模沉降，接受一套陆相—海相碎屑沉积，有多期次火山喷发，形成玄武岩熔岩及火山碎屑岩。晚第三纪末期，地壳开始多次短暂的抬升，早更新世接受湛江组河流三角洲或浅海相沉积，其上叠置中更新统洪积、冲积相沉积，晚更新世地壳活动频繁，有较大范围的火山喷发活动，表现为湖光岩组火山熔岩和火山碎屑岩覆盖在湛江组和北海组砂砾层之上。NW向、NE向两组共轭断裂是遂溪河与湛江水系发育的基础。末次冰期低海面时，遂溪河—五里山港河—湛江港河下切，并向陆架方向延伸，这时五里山港河—湛江港河段成为下切河谷，使湛江系地层直接出露于床面。全新世海侵，受海水侵淹，发育成潮汐汊道型港湾。

湛江港由于海岸线升降与火山喷发，表现出独特的海滨地貌景观。其中，东部及东南部为狭长的滨海平原，北部为廉江等地侵蚀准平原，南部岛屿星罗棋布，海岸线弯曲，水系很少，并切割于各级阶地上。其中，湛江港口门附近拦门浅滩发育，东北、西南侧为海岸沙坝。东北侧的海岸沙坝从南三岛东南岸向 SSW 方向伸展，与 NNE 向岸线构成约 45°夹角，海岸沙坝长达 19 km（张乔民等，1985）。港湾沙堤和海滩发育广泛，主要分布于南三岛东部和东海岛东岸（图 12.37），海滩滩宽 10～25 m，最宽达 40 m，海滩组成物质多为白色石英和长石中砂、细砂，并含有一定数量的贝壳碎屑。湛江港红树林发育，红树林海滩主要分布在莫林、麻俸、盐灶、渡仔、大塘尾等地（林应信等，1999）。

雷州湾：位于雷州半岛东侧，北邻湛江港，湾顶至通明海，南至徐闻县外罗，为湛江市区、海康县、徐闻县共属，地理位置为 20°28′～21°06′N，110°10′～110°39′E。湾口在硇洲岛与徐闻县东端之间，向东南敞开，宽 50.3 km，纵深 75 km，腹宽 22 km，一般水深 8～28 m，最大水深 30 m，面积 16 909 km²，岸线长达 240 km（林应信等，1999）。

图 12.37　湛江港及东海岛沿岸地貌

a. 东海岛东部前滨带海滩；b. 海滩后缘风成沙丘，东海岛；c. 东海岛海滩沉积中的低角度交错层理；d. 湛江港水道西北端的特呈岛

　　雷州湾海岸类型多样，多为淤泥质海岸、砂质海岸、红树林海岸，局部有岩质海岸。一级海积阶地主要分布于东海岛西部，由北海组黄棕色壤土层和砂砾层组成。二级海积阶地分布于东海岛中部偏东，地表破碎，冲沟、崩塌处处可见。在雷州湾西岸，海积平原宽广，表面十分平坦。风成沙地和沙堤主要分布在东海岛的东岸和西岸，其延伸方向与海岸平行（图12.37）。海滩主要分布于东海岛南岸西段和东岸、南三岛东岸及硇洲岛西岸。东海岛南岸西段和南三岛东岸的海滩较宽阔。砂泥质潮滩是雷州湾普遍存在的一种地貌类型，主要分布在海湾的西部、东海岛西岸和南岸东段及南渡河口区，组成物质为淤泥、粉砂和细砂。红树林海岸主要分布于东海岛西岸北段和雷高一带沿岸，地形平坦，组成物质为富含有机质的淤泥。

　　潮汐水道主要有通明海水道和南渡河水道，雷州湾原先通过通明海水道与湛江湾联通，但 1961 年东海大堤建成后，大堤两侧开始淤积。原先通明海有大片红树林，自从开发水面用于养殖，红树林面积已大为减少。雷州湾水下冲刷槽非常发育，主要分布于硇洲岛西侧、西南侧及海湾顶部，湾中部也有少量分布，冲刷槽多数呈 SW—NE 走向，长 5 ~ 20 km 不等，水深 10 ~ 20 m（林应信等，1999）。

　　2）外罗港—灯楼角岸段

　　属雷州半岛东部及南部海岸带，为雷琼坳陷区的雷南强烈沉降区，雷南构造带中的淡水—流沙港断裂从中穿过，西侧有一系列的火山活动影响本区，经海平面的间断升降，波浪和潮流作用形成本区海岸地貌。

　　外罗至福场海岸线呈 NNW 向延伸，较为平直；福场至排尾角，岸线呈 NNE 向延伸，海岸大致具有弧形的岬湾相间的分布格局，但海湾弯曲程度不大。潮间带发育砂质海滩，砂质海滩不时被沿岸小溪切割，在海滩背后形成小港湾。小港湾及小岛之间港湾边缘有成片红树林潮滩，红树林优势种为红海榄和白骨壤，伴生秋茄、桐花树等红树植物，向陆高潮线以上有海漆和黄槿等。但由于围海造田，挖塘养鱼养虾，大肆砍伐红树林，红树林面积已大为减少，林相残次，导致自然生态平衡失调（麦少芝、徐颂军，2005）。

排尾角向西至灯楼角岸线呈东西向延伸，逐渐由砂砾质弧形海岸过渡为岩滩、海蚀平台和海蚀崖发育的岩质海岸，围绕岩质海岸有珊瑚礁平台发育，如灯楼角东西两侧海岸。排尾角向西即为海安港，海安港距徐闻县城约 10 km，是大陆与海南岛的重要交通枢纽，中国大陆最南端的港口。海安港属南海东部与北部湾全日潮与半日潮的分界区，潮汐变化相当复杂，本海湾属不正规日潮，平均潮差 0.82 m，最大潮差 2.16 m，属弱潮海岸。

海安港东部的白沙湾和青安湾海积和海蚀地貌发育，海湾两侧为玄武岩岬角，岬角岸坡较陡，其下形成砾石滩，海湾后缘为北海组地层组成的三级海积阶地，阶地前缘有风成沙丘，沙丘外缘过渡为砂质海滩（包砺彦，1989）（图 12.38a）。海滩物质主要由细砂和中砂组成，分选性较好。海安港周围隐蔽岸段及小海湾有泥滩及红树林发育，泥滩土层较深，一般为灰蓝色重黏质土，富有机质，在靠近高潮位的边缘则较坚硬。

图 12.38　雷州半岛南部海岸地貌

a. 白沙湾海滩及风成沙丘（背景中有茂密植被生长的鼓包）；b. 灯楼角潮间带岩滩，背景为沙质海滩及其上的灯塔，其间有水道相隔；c. 灯楼角海滩及风成沙丘；d. 潮间带岩滩散生的活珊瑚

灯楼角位于雷州半岛西南端，三面环海，东为角尾湾，西临东场湾，南与海南岛澄迈县隔海相望，自北向南楔入琼州海峡约 3 km（图 12.39）。灯楼角附近海区属全日潮，平均潮差为 1.27 m，最大潮位为 2.34 m（赵焕庭等，2007）。潮流以往复流为主，岸外为北—南向，角尾湾为东—西向。夏季潮流主要以东、南向流为主，最大流速为 2 kn 左右；冬季潮流与夏季刚好相反，以西、北向流为主，最大流速仍然维持在 2 kn 左右。

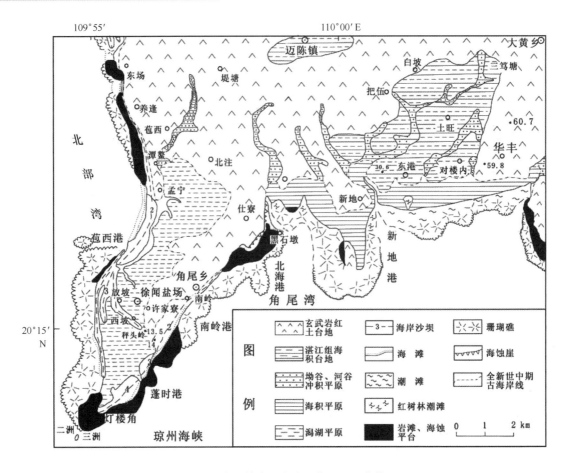

图 12.39　灯楼角及其附近海湾地貌（王丽荣等，2002）

灯楼角沿岸海岸地貌类型众多（图 12.38b，图 12.38c）：海蚀地貌主要分布于东岸仕寮、南岸角尾墩和西北岸养逢等局部小岬岸段，发育海拔高程 2～6 m 的海蚀崖及崖下潮间带磨蚀的海蚀平台，崖麓和平台上还有蚀余的裸露岩体，大面积覆盖许多大小不等的石块和砾石，向海平台上铺盖薄层砾石和少量大石块，粒径可达几十厘米，磨圆度和扁平度较好，既是现代浪蚀产物，也是浪蚀工具（王丽荣等，2002）。西岸从养逢至灯楼角发育一组长 10 km 的复合沙坝—潟湖沉积体系（图 12.39），是由 4 道沙坝及其间的潟湖组成（王丽荣等，2002）。沙坝物质以白色石英砂砾为主，含少量玄武岩砾屑和黑色矿物。沙坝体下部的海滩砂砾基本上已胶结成海滩岩；上部是黄色砂层，不少已胶结成沙堤岩，表面局部有后期上叠的灰黄色风成砂，尚未胶结。

灯楼角向东沿岸断续发育砂质海滩，宽几米至 20 m 不等。海滩后缘往往是高潮拍岸浪将沙坝冲蚀成 1～2 m 高的砂质陡坎（图 12.40，图 12.38c），向中低潮带连续为沙滩，或转为岩滩（图 12.38b），或珊瑚礁坪。海滩物质粒度主要是中砂和细砂，其次是粗砂和小砾，间有砾块，成分主要为石英砂，含少量长石、软体动物和珊瑚的骨壳屑以及玄武岩屑。物质来自海岸线上玄武岩和附近北部湾海底第四系侵蚀产物，波浪可通过潮流通道将海底砂推到潮间带上。

区内除灯楼角至南岭港岸外分布岩滩外，其余岸段均有珊瑚礁分布。沿岸珊瑚礁属于岸礁，潮间带发育礁坪，礁缘脊沟交错，潮下带为礁前向海坡。礁坪可见宽度一般为 500～1 000 m。礁前缘间或有略为高起的礁砾带，宽约 5 m。向海坡上部礁脊和沟槽相间，平面上

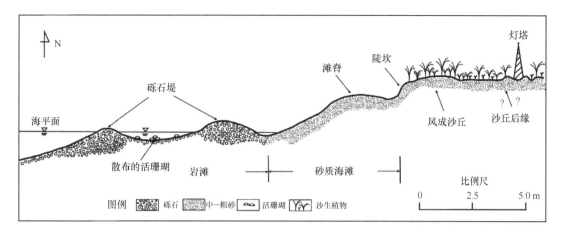

图 12.40 灯楼角海滩剖面示意图

呈锯齿状，向海坡缓坡倾入海底。岸礁一般由岸向海增厚，最厚可超过 4 m，目前岸礁仍以水平方向向海缓慢拓展（王丽荣等，2002）。

区内红树林潮滩主要分布在角尾湾湾头的潮间带，主要为含砂的粉砂质淤泥堆积，目前沙坝—潟湖体系内盐田的潮沟和边头地角尚残留一些红树林植株，目前红树林潮滩仍有逐渐向海发展的趋势。

3）流沙港—安铺港岸段

从流沙港向北至安铺港，本段岸线呈近南北向延伸的向北部湾凸出的弧形。沿岸发育小型潮汐汊道形成的港湾，湾口发育沙坝。自南向北依次发育流沙港、乌石港、海康港、企水港、江洪港与安铺港。

流沙港位于雷州半岛西南部，曾名翁家港、谢家港，现为徐闻县和雷州市共管的一个海湾，整个海湾面积约 69 km^2（章洁香等，2010）。流沙港背靠粤西、琼北"湛江组"和"北海组"地层或玄武岩组成的台地，是由台地构造—侵蚀谷地经冰后期海进而形成，再经潮流长期塑造，形成规模较大、水深条件良好的潮汐汊道港湾。流沙港分内湾和外湾，外湾成向西北开敞的半圆弧形；内湾成多枝汊的葫芦形，内湾岸线曲折，大湾套小湾，湾内次一级港湾超过 5 个。内湾和外湾之间有狭窄的潮流通道沟通内外水域。外湾海岸多呈弧形，两侧为玄武岩组成的基岩岬角，湾顶有不甚发育的砂砾质海滩。内湾潮间带多泥滩，尤其是各次级港湾的湾顶区域，泥滩发育红树林。

乌石港位于雷州半岛西南部，流沙港以北，处于北部湾东海岸中心位置。乌石港靠近北部湾渔场，是湛江唯一国家级渔港。乌石港成港于明朝洪武年间，因海边布满巨石，乌黑发亮，形状各异，故得"乌石"之名，至今已有 600 多年历史。乌石港由于湾内围垦成三角形状，口门靠南，有 3～4 条小河自东向西流入乌石港。乌石港口门发育弧形海滩，著名的旅游胜地北拳海滩，长达 4 km，海滩沙层深厚，砂质柔软，颗粒适中，以中细砂为主。口门西南侧东士角附近海域还发育珊瑚礁地貌。

海康港和企水港位于雷州半岛西岸，其中，海康港又名石城港，因海康河（又名龙门河）注入而得名，海康河长 57 km，流域面积 396.5 m^2（陈钧等，1989）。东西向的海康—龙门断裂、北东向吴川—海康港断裂以及北西向万车坎断裂控制海康港构造发育。海康港内湾呈豆芽型，走向东西，湾口狭窄。湾内有海康河注入，陆源物质得以沉积，形成淤泥质潮滩。

企水港为一台地溺谷湾，四周地貌为海积平原或台地，使得陆源物质在湾顶和赤豆寮岛内侧有少量堆积，形成红树林滩，湾内沉积物以第四系海积物为主，由粉砂组成，外侧有赤豆寮岛，使企水港呈半封闭，对红树林滩的形成也起一定作用。

企水港东岸有 5~6 条小河溪注入，淡水补给充足，特别是在河流泛滥季节，由于港门口有赤豆寮岛存在，阻挡了海水对红树林的影响。海康港东有龙门河注入，有较充足淡水补给，潮流通道只是一条狭窄的水道，潮水涨落对潮滩有一定影响。

企水港为滨海盐土，其中，赤豆寮岛东侧、黑水港东侧滩地为红树林潮滩盐土，其他为潮滩盐渍沙土，红树植被占绝对优势，湾顶的潮滩砂质沙土上为秋茄—桐花树群落，赤豆寮岛东侧及黑水港东侧的红树林潮滩盐土，生长的是白骨壤群落。海康港的英楼港两岸皆为红树林潮滩盐土、中间为潮滩盐土，海康港内以潮滩盐渍化沙土为主，红树林植被遭严重破坏，在潮滩盐土及潮滩盐渍沙土上生长着秋茄、桐花树群落。

安铺港位于雷州半岛西北部，西北邻粤桂共属的英罗港，西与北部湾相通。安铺湾湾口朝西，口门位于遂溪县角头沙和廉江县龙头沙之间，宽 12.5 km，纵深 12.6 km，面积 159 km^2。湾之东部湾顶至湾口水深在低潮时不足 1 m，中心航道水深 2~8 m（林应信等，1999）。安铺港北部和南部为低丘与台地，东部为冲积海积平原，西北距海 30 m 发育死海蚀崖，根部距海面 3~5 m，原为一盾状火山口，玄武岩已强烈风化，在陡坎的地方可见丘状风化。砂质海滩分布于湾口北部沿岸及南部沿岸，宽 3~4 km，长 2~3 km。湾中大部分区域发育砂泥质沉积，东部湾顶有泥质潮滩，东南潮滩有红树林生长。

安铺港属不规则日潮，平均潮差 3.0~3.5 m，推算最大潮差约为 6.61 m，平均涨潮历时大于落潮历时，差 1~3 h。湾内流速较小，最大流速 78 cm/s，湾口流速较大，最大流速达 90 cm/s。东北季风期间湾内风浪很小，一般为 0.1~0.2 m，周期 1.3 s 左右；西南风期间湾内风浪较大，年平均波高 0.7 m 左右，平均周期 4.0 s，最大波高 2.5 m。安铺港易受风暴潮的危害，特别是围海大堤应适当提高防洪标准，另外在围垦过程中要注意保护红树林。

12.1.4.2 桂南海蚀—海积与潮汐汊道基岩港湾海岸

范围自英罗港至中越界河北仑河，大体以钦州市犀牛角为界，东部主要为"湛江组"、"北海组"构成的古洪积—冲积平原台地，地势由北向南倾斜，冰后期最大海侵使平原边缘形成陡崖。西部主要由下古生界志留系、泥盆系及中生界侏罗系砂岩、粉砂岩、泥岩以及不同时期侵入岩体构成的丘陵和多级基岩侵蚀剥蚀台地（叶维强等，1990）。丘陵相对高度小于 40~200 m，有锯齿状、垄岗状，主山脊线北东向延伸明显。

桂南沿岸的特点是岸线曲折，多基岩海岸，在基岩岬角之间的海湾也发育砂砾质海岸，总体具有海蚀—海积的性质。另一特点是沿岸发育众多港湾汊道，规模大小不等，大者深入内陆二三十千米，小者数百米。港湾汊道一般呈鹿角状分叉向内陆延伸。从东向西包括英罗港、铁山港、钦州湾、防城港和珍珠港。现选择桂南沿岸典型潮汐汊道港湾描述如下。

1）铁山港潮汐汊道港湾海岸

铁山港位于北部湾顶部，广西沿海东部，与英罗港相邻，地理坐标 21°28′35″~21°45′00″N，109°26′00″~109°45′00″E（图 12.41）。铁山港四周被湛江组、北海组冲积平原台地所包围，深入陆地 32 km，为一台地型溺谷港湾，内湾呈指状，湾口向南，呈喇叭形。口门宽 32 km，全湾岸线长 170 km，海湾面积 340 km^2，其中，滩涂面积约 173.3 km^2（李树华等，1993）。铁山港是广西第二大海湾，湾底地形总体北高南低，由北向南缓缓倾斜。整个海湾水体较浅，水深小于 2.5 m 的水下斜坡和潮间浅滩达 280 km^2，占总面积的 82%（邓朝亮等，2004）。

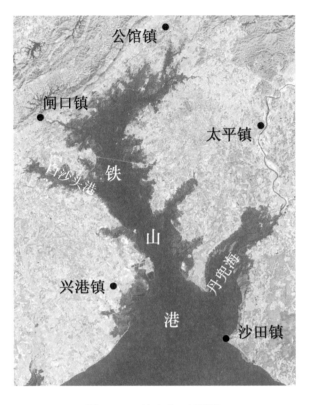

图 12.41　铁山港卫星影像

铁山港岸线曲折、陆地、海岸和海底地貌类型多变（图 12.42，图 12.43），港湾东、西两侧均为北海组、湛江组冲积—洪积平原台地环绕，地势平坦，微微向南倾斜，海拔高度 8~20 m；北面为丘陵，海拔高度 150~250 m（李树华等，1993）。铁山港海底有丰富的脊槽体系、水下浅滩和拦门沙体系（图 12.42）。本湾没有大、中型河流入海，仅有一条小型的那郊河注入港汊—丹兜海。

铁山港属不正规全日潮，平均潮差 2.53 m，最大潮差 6.25 m。涨落潮时间不等，平均涨潮历时 8 h 32 min，落潮历时 7 h 1 min，涨落潮时间差 1 h 32 min。港内最大涨潮流速 52~54 cm/s，口门外 70 cm/s，涨潮流向 N—NNE；港内最大落潮流速 66~70 cm/s，口门外则达 93 cm/s，流向 S 向。港内潮流运动形式主要为往复流。铁山港海域常风向和强风向均为 N 向，每年 9 月至翌年 3 月，以北向浪居多，4—8 月则以 SW 至 SE 向浪为主。铁山港平均波高 0.35 m，最大波高 2.5 m，平均周期 2.0 s，最大周期 6.0 s（李树华等，1993）。

铁山港海岸地貌包括堆积型的砂质海滩、沙堤、潮间带浅滩以及侵蚀型的海蚀崖和岩滩。砂质海滩分布于湾口东西两侧，东侧从沙田往东南沿岸，西侧从北暮往西南岸。滩面平坦，微有起伏向海倾斜，宽 1.5~2 km，坡度 1×10^{-3}~1.5×10^{-3}。沉积物由细中砂、中细砂组成，含少量粗砂、细砾和贝壳碎屑。湾口东侧的沙田、总路口—乌泥，沙滩后缘有沙堤发育，沙堤一般长 1.5~2 km，宽 30~60 m，海拔高度 5 m 左右。岩性为砂砾、含砾中粗砂和中细砂，沙堤表面有植被覆盖。

从北暮沿西南岸向湾口有活海蚀崖分布，崖高一般 10~12 m，崖壁陡峻，坡度可达

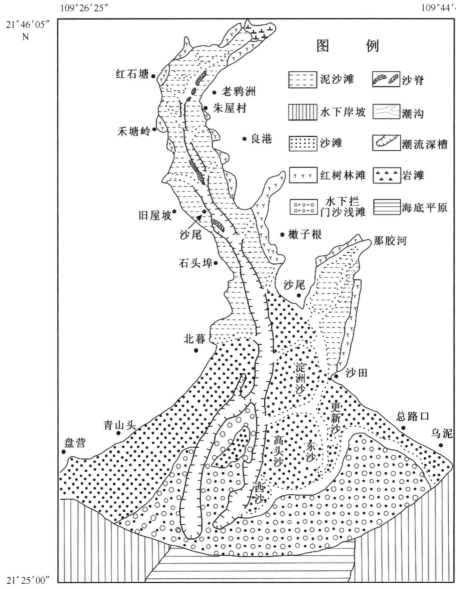

图 12.42　铁山港水下动力地貌（邓朝亮等，2004）

1. 泥沙滩；2. 水下岸坡；3. 沙滩；4. 红树林滩；5. 水下拦门浅滩；6. 沙脊；7. 潮沟；8. 潮流深槽；
9. 岩滩；10. 海底平源

70°～80°，局部坡度接近 90°。前缘崖脚与高海滩相接，后缘为北海组、湛江组构成的洪积—冲积平原。另在丹兜海两侧以及石头埠、企岭等地有死海蚀崖分布，高 8～10 m，由宽度不大的海积平原与海隔开。在湾顶地区有岩滩分布，宽 200～500 m，一般低于高潮线以下 1.0 m，其表面被潮波侵蚀成锯齿状或蜂窝状，岩性为砂质泥岩和石灰岩（李树华等，1993）。

　　潮滩主要分布于丹兜海以及北暮、沙尾向北沿岸，呈长条状围绕海岸分布，一般宽 0.8～1 km，最宽达 1.5 km，总长度达 70 km（邓朝亮等，2004）。红树林主要分布在丹兜海沿岸、沙尾—榄根盐场—良港沿岸、湾顶公馆以及红石塘、禾塘岭。湾内共有红树林滩涂 2 100 hm²，但由于沿岸围海造地工程，红树林面积在不断减少。

　　潮流深槽从湾口深入湾内约 20 km，宽 1.5 km 左右，水深 8～10 m，最深处位于湾口中

图 12.43 铁山港沿岸及港湾地貌

a. 铁山港周围由湛江组、北海组红色、黄色、灰白色砂砾组成的台地地貌；b. 台地上的细小冲沟；c. 铁山港内航道景观；d. 铁山港北暮盐场海岸带地貌及围海造地工程

间沙西侧深槽，深度可达 22.5 m。深槽在沙田以外海域分成两支，进入口内即合并成一支。深槽物质多为中粗砂，且外湾要比内湾粗（石头埠作为内湾和外湾的界线）。深槽内一般涨潮流速为 52~70 cm/s，落潮流速为 66~93 cm/s，呈往复流性质。由于落潮流速大于涨潮流速，潮流深槽稳定，有利于保持航道水深。

在湾口区域潮流沙脊发育，口门西侧和东侧潮流深槽之间发育中间沙，深槽东侧潮流沙脊规模较大，有淀洲沙脊、东沙、高沙头和更新沙，其中，海洲沙脊长 7 km，宽 4 km，沉积物主要由粗中砂和细砂组成，局部中粗砂，以中砂为主（表 12.4）。

表 12.4 铁山港潮成沙脊的大小参数（李树华等，1993）

海区	地点	长/km	宽/km	长轴方向/°	脊槽高差/m
湾口区	淀洲沙	7.0	4.0	42	10~18
	东 沙	5.5	2.0	39	3~3.8
	高沙头	7.7	1.0	45	10~12
	中间沙	3.2	1.0	75	10~20
	更新沙	4.5	0.7	183	3~3.8

由于湾内没有大河注入，河流直接带来的入海泥沙十分有限。湾内泥沙主要来源于地表径流对湛江组、北海组松散沉积物的长期侵蚀以及强潮流和波浪对底部湛江组、北海组的冲刷。由于湾内潮流作用强，因此后者具有重要意义。湾口西侧沿岸的海蚀崖高 8~10 m，均与波浪潮流的侵蚀有关，这部分对湾内沉积物的贡献也最大。由于湾内落潮流大于涨潮流，湾内大部分泥沙主要通过落潮流的作用，从内湾向湾口运移，运移路径在湾口区域偏东。另

有一支受到口外偏 S 向和 SW 向主浪作用，泥沙进入海湾，沿西岸向 NE 方向运移，直到北暮，并形成北暮沙嘴。

2）钦州湾潮汐汊道港湾海岸

钦州湾位于北部湾湾顶，广西沿海西部，地理坐标21°33′20″~21°54′30″N、108°28′20″~108°45′30″E（图 12.44）。钦州湾分成外湾（狭义的钦州湾）、湾颈（内湾和外湾的通道）和内湾（茅尾海），平面上呈两端开阔中间狭窄的哑铃形，湾内大湾套小湾，又呈鹿角枝杈形状。钦州湾除南面与北部湾相通以外，西、北、东三面为陆地环绕，成为半封闭型的天然海湾。钦州湾口门宽 29 km，纵深 39 km，全湾海岸线长 336 km，总面积 380 km²。

图 12.44　钦州湾卫星影像

钦州湾是全新世海侵形成的溺谷型海湾，湾内岸线曲折、岛屿众多、港汊密布。龙门港位于湾中的龙门岛上，龙门港东面多岩岸深水水域，航道中基本没有泥沙浅滩；西面则为潮汐汊道发育的小海湾，湾内浅滩发育；龙门港北面的茅尾海湾顶有毛岭江和钦江注入，发育大片的泥质潮滩（李树华等，1993）；龙门港以南的出口处，潮流沙脊和潮流通道相间排列，形成落潮流三角洲。钦江发源于钦州市灵山县罗阳山，河长 179 km，流域面积 2 457 km²，多年平均径流量 11.53×10⁸ m³/a，年均输沙量 31.1×10⁴ t/a。茅岭江发源于钦州市灵山县罗岭附近，河长 121 km，多年平均径流量 16.2×10⁸ m³/a，年均输沙量 55.3×10⁴ t/a。两河输入的沉积物中以细颗粒泥沙（粉砂、黏土和溶质）为主（黎广钊等，2001）。

钦州湾属正规半日潮，潮流性质以往复流为主。平均涨潮流速流速 88.5 cm/s，最大涨潮流速96 cm/s；平均落潮流速112.5 cm/s，最大落潮流速132 cm/s，落潮流速超过涨潮流速。由于钦州湾中部潮流通道涨落潮流均较大，致使深槽底部基岩上无淤积物覆盖。湾内以风浪为主，占总波数的90%以上。平均波高0.41 m，最大波高出现在SSW向浪，达1.73 m，其次为S向浪，波高为1.50 m（黎广钊等，2001）。

湾内基岩岬角海岸地貌主要位于内湾与外湾之间的湾颈区域，其地形破碎，山地低丘直逼海岸，岸线曲折，岛屿错落，港汊众多（邓朝亮等，2004）。湾颈（青菜头岛与巫公山之间岸段）以及湾口的犀牛脚处于风浪的侵蚀区域，再加上周围山地志留、泥盆和侏罗砂页岩地层比较破碎，常在基岩岬角和岛屿的迎浪面形成海蚀地貌，如海蚀崖、海蚀平台和海蚀洞，并在崖底堆积巨大的崩塌岩块。巫公岛位于湾颈北口，迎浪面受到波浪的侵蚀，产生侵蚀陡崖，崖高13 m，崖壁有许多裂缝和海蚀洞，海蚀崖目前仍在后退之中；岛后背浪侧，宽20～30 m，坡度平缓，是一砂质堆积区（刘敬合等，1991）。

砂质海岸地貌主要分布于湾口东西两侧，是波浪对沿岸泥沙分选和横推作用造成的。湾口西侧山心村一带发育和岸线平行的滨海沙堤，各沙堤大小不一，一般长1～2 km，宽50～300 m，高度2～5 m。湾口东侧犀牛脚外发育外沙—大环连岛沙坝，从车背岭向东延伸至无头鬼岭，长3 km，宽约100 m；向北与南北向的大环沙体相连，长2 km，宽约300 m，两者呈镰刀状统一沙体（李树华等，1993）。东部湾口沙堤沉积物较粗，为中粗砂，富含钛铁矿。海滩宽度仅几十米，海滩后紧邻滨海沙堤，海滩坡度15×10^{-3}～25×10^{-3}。西部海滩比东部要宽，海滩物质为白色、浅黄色的细砂，分选极好（邓朝亮等，2004a）。

泥质海岸（潮滩）主要分布于钦州湾内湾（茅尾海）湾顶区域，潮滩宽5.7 km，坡度小于1×10^{-3}。湾顶区域属于钦江—茅岭江复合三角洲平原，这里汊道河床发育，海岸线切割破碎，潮滩宽阔。虽然钦江和茅岭江年输沙量都不大，但是对于内湾出海口仅1.3 km的半封闭海湾来讲，泥沙来源是丰富的，因此这里潮滩宽阔，最宽达7～8 km，并不断向海淤进（邓朝亮等，2004a）。距今7 000年以来，钦江—茅岭江三角洲复合体向海推进了14～16 km，平均推进速率为2.14 m/a；三角洲沉积层平均淤高12 m，平均沉积速率为0.17 cm/a（黎广钊等，2001）。红树林海岸位于茅尾海西北部和东北部、金鼓江和龙门一带，但在龙门群岛，红树林分布断断续续，红树林岸线长约100 km。20世纪50—70年代的围海造地和90年代末开始的大规模海水养殖业，对红树林破坏很大。

钦州湾水下动力地貌包括河口沙坝、潮流冲刷槽、水下拦门沙浅滩（图12.45）。河口沙坝分布于钦江、茅岭江河口区域，是河流、潮流相互作用的产物。茅岭江外的紫沙、四方沙规模较大，最大长度2.3 km，最大宽度1 km，向东钦江口为按马沙和石西沙，较为狭长。四道沙坝均为南北走向，由中砂和细砂构成，泥质含量0～14%，重矿物含量2.31%～2.72%，分选性好。潮流沙脊发育于湾外一带海域，规模较大的潮流沙脊为老人沙，长7.5 km，宽约0.7 km，沙体走向NNW向，低潮时出露水面，与相邻潮流通道水深相差6～7 m。老人沙两侧尚有一些潮流沙脊在低潮时出露水面，它们与潮流通道相间排列。

钦州湾潮流深槽发育，贯通内外湾的主槽在湾颈出口处呈指状分汊，共有3个分汊，最长的27 km，一般水深5～10 m，最大水深18.6 m。深槽北部由砂砾组成，中部深槽由含砾粗砂组成，西部深槽由粗砂或中细砂组成，东部深槽由泥质砂和中细砂组成。目前深槽北部已开发为钦州港和龙门港港池及锚地，南部东、西两条深槽已开发为钦州港东进出航道和西进出航道。水下拦门沙浅滩发育于钦州湾外湾口门潮流冲刷槽的南端，大潮低潮时水深在2～5 m之间，宽1.5～4.0 km，与潮流沙脊和涨落潮流向垂直，但与南向波浪基本平行，显示其

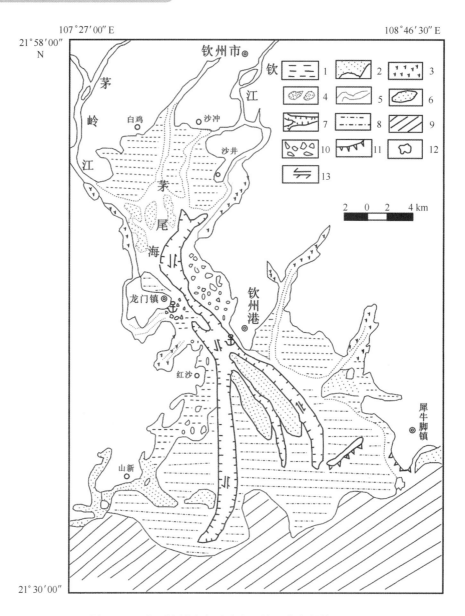

图 12.45　广西钦州湾水下动力地貌（黎广钊等，2001）

注：1. 淤泥滩；2. 沙滩；3. 红树林滩；4. 河口沙坝；5. 潮沟；6. 潮流沙脊；7. 潮流冲刷深槽；8. 水下拦门沙浅滩；
9. 水下斜坡；10. 海岛；11. 海蚀崖、海蚀平台；12. 水下岩礁；13. 涨、落潮流方向

成因与泥沙在出口处扩散和波浪的改造有关。拦门沙地形微有起伏，向南缓倾斜，坡度为 $0.1 \times 10^{-3} \sim 1.5 \times 10^{-3}$，由细砂物质组成，碎屑中重矿物含量在 $1.0\% \sim 5.0\%$ 之间（黎广钊等，2001）。

3）防城港潮汐汊道港湾海岸

防城港湾属溺谷型海岸，位于北部湾北部顶端，范围 $21°43'00'' \sim 21°32'30''$N，$108°28'35'' \sim 108°17'30''$E，（图 12.46）。湾口朝南，口门西部通过白龙半岛与珍珠港相隔，东为企沙半岛。NE—WS 走向的渔沥半岛将海湾分成两部分，防城港西海湾与防城港东海湾。湾口宽 10 km，全湾岸线长约 115 km，海湾面积 115 km²，-5 m 等深线深入港内。湾内大部分水域水体较浅，滩涂宽阔。防城港西北部有防城河注入，该河年径流量 17.9×10^8 m³，年输沙量 23.7×10^4 t，防城港海湾容积量为 9.2×10^8 m³，输沙量和海湾容积量相差悬殊，因此

海湾至今仍保持基本轮廓（李树华等，1993）。防城港是华南地区最西的深水港，具有水深、隐蔽、避风和泥沙少等特点，具有良好的发展前景。

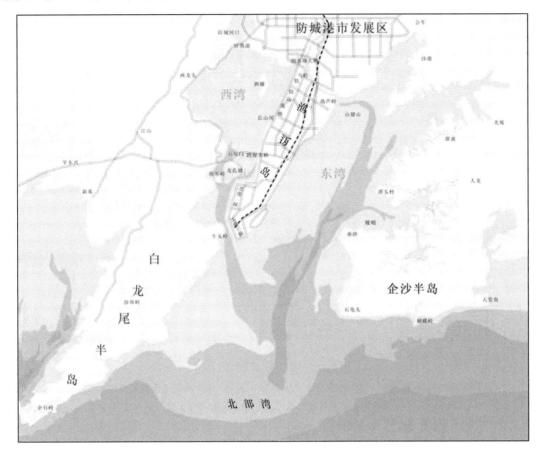

图 12.46　防城港形势

防城港周围地势北高南低，西部、北部和东部被志留系、侏罗系丘陵和花岗岩体环绕，防城港是在持续性区域隆升，河流沿构造线不断地侵蚀切割、冰后期海平面上升，在河流和海洋共同作用下形成的溺谷湾（图 12.47a，图 12.47b）。

防城港水下地貌主要是潮成深槽和水下拦门沙，潮流冲刷槽自口门外三牙石北侧呈"Y"字形分汊，一支向西北至防城港西湾，长 8 km，宽 0.7 km；另一支向东北至防城港东湾，长 7 km，宽约 1 km。平均水深 –5 ~ –10 m，深槽在湾口附近最大水深 13.2 m。深槽东支水深条件要好于西支。槽底沉积物由中砂、中粗砂组成，夹砾石和破碎的贝壳。湾口拦门沙呈 E—W 向展布，长约 3 km，宽 0.3 ~ 0.6 km。据钻孔资料，拦门沙表层为 1 ~ 2 m 的滨海相中—细砂层，分选性好，属表层漂沙性质，来源于南、北两面宽广的浅滩。滨海相砂层下部为古河口粗碎屑沉积，对拦门沙淤积也有贡献。除此之外，企沙岛志留纪变质岩和渔沥半岛侏罗纪砂岩的侵蚀剥蚀入海泥沙对拦门沙也有贡献（黄铮，1989）。

防城港沿岸主要由砂岩和页岩构成的岩石岸，砂质海滩主要分布于港湾西南牛头村至大坪坡以及湾东南企沙岛南岸。企沙岛南岸沙滩长约 3.5 km，滩宽 250 m 不等（图 12.47c，图 12.47d）。某些岸段有海滨沙堤（风成沙丘）发育，如赤沙—樟木沥、沙沥、大坡坪一带的沙堤通常高 1 ~ 4 m 不等，长 1.5 ~ 2.0 km，宽 0.8 ~ 1.2 km，组成物质为浅黄色、棕黄色、灰白色松散中细砂和中砂，夹少量贝壳。淤泥质沉积则分布于湾内枝汊的湾顶隐蔽部位。长榄西北、浮渔岭东北和渔洲坪—带沿岸滩涂有红树林分布。

图 12.47　广西防城港海岸地貌

a. 防城港西湾水域及港口设施；b. 防城港渔沥半岛填海项目；c. 企沙岛南岸砂质海滩，此处大陆与蝴蝶岛（远景）之间形成连岛沙坝，涨潮时淹没，退潮时出露；d. 企沙岛南岸滨岸沙堤（风成沙丘），由于岛上开发临港工业项目，沙堤已遭破坏，背景为海

防城港潮流为不规则全日潮，潮流在拦门沙以外海域具有旋转流性质，拦门沙以内呈往复流性质。湾内涨潮流向 NNW 向，平均涨潮流速 0.26～0.85 m/s，最大涨潮流速 0.74 m/s；落潮流向 S—SSE，平均流速 0.35～0.54 cm/s，最大流速 1.04 m/s。防城港拦门沙外侧海域平均波高 0.5 m，平均周期 3.2 s。7～8 级大风时，最大波高可达 3.3 m。常浪向为 NNE 向，频率21.1%，其次为 SE 向、S 向和 NE 向，频率分别为 16.4%、15.4% 和 12.2%；强浪向为 SSW 向，最大波高 7.0 m，次强浪向为 SE 向，最大波高 6.0 m。

12.1.4.3　琼北海蚀—海积与潮汐汊道基岩港湾海岸

海南岛北部海岸处在琼北玄武岩台地范围内，琼北海岸地貌类型多样，岬湾相间，基岩岬角由火山岩和花岗岩构成，具海蚀特点，岬角之间发育砂砾质海湾，因此总体具海蚀—海积特点，同时沿断裂发育深入陆地的潮汐汊道港湾，如杨浦湾、东寨—铺前港和清澜湾。

1）洋浦湾潮汐汊道港湾岸

洋浦潮汐汊道港湾位于海南岛儋县境内的西北部（图 12.48），此处为王五—文教断裂位置。洋浦潮汐汊道由杨浦湾和新英湾组成，西临北部湾，东、南、北三面为 10～20 m 高的台地环绕，北部海岸为晚更新世玄武岩台地，南部海岸为湛江组黏土层和砂砾层台地及全新世河流冲积平原（图 12.49）。杨浦港是沿东西向断裂薄弱带发育的潮汐汊道型基岩港湾。

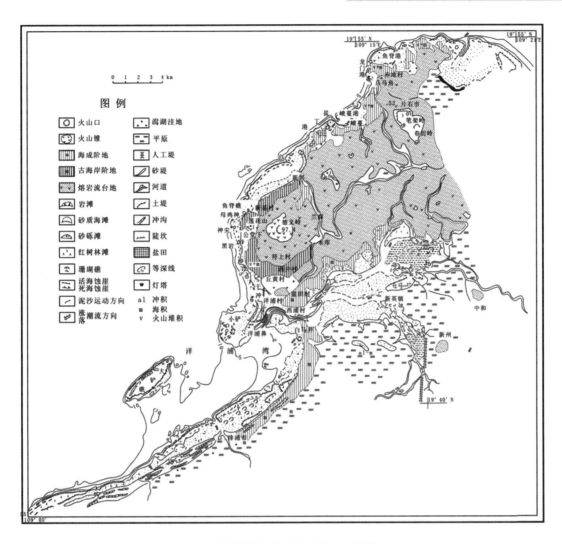

图 12.48　杨浦湾沿岸海岸动力地貌（王颖等，1998）

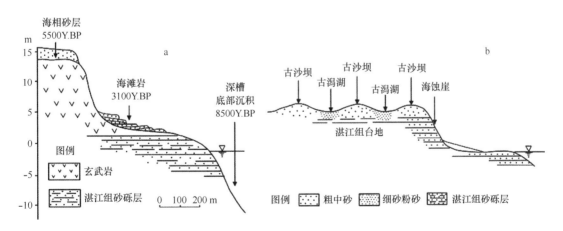

图 12.49　杨浦湾北岸、南岸沉积剖面（王颖等，1998）

a. 杨浦北岸玄武岩剖面；b. 杨浦南岸古沙坝—潟湖剖面

外湾—杨浦湾：是一朝向西南开敞的新月形海湾，北界大致在杨浦鼻，西界在小铲礁东侧 -5 m 水深处，南界在 -5 m 等深线与岸平行处，东界在西浦村与白马井之连线。

杨浦湾北岸为 5～15 m 高的玄武岩台地，沿岸有海蚀崖和岩滩连续分布至新英湾北岸

501

（杨浦村、北海村和干冲均有保存完好的海岸剖面）（图12.50），玄武岩属晚更新世喷发产物，底部烘烤层经热释光定年为（52 000±210）a. BP（王颖等，1998），该处岩滩由湛江系地层组成。玄武岩台地顶部有海相沙坝覆盖，沙坝沉积厚达5 m，临海处冲刷减薄，并含黏土质砂。沙坝^{14}C测年为（5 500±210）a. BP，代表全新世中期的高海面。杨浦村西一带玄武岩岩滩上覆盖着砂、砾质海滩岩，^{14}C测年为（3 130±195）a. BP，说明3 000多年前已形成玄武岩海蚀岸，虽几度沧桑但岸线变化不大（图12.49a）。

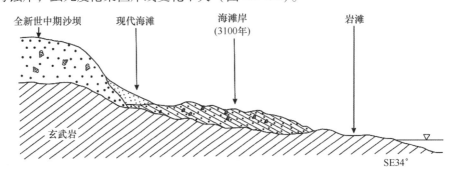

图12.50　杨浦湾北岸北海村海岸剖面（王颖等，1998）

　　杨浦湾南岸为湛江系北海组砂砾岩台地，海蚀崖与岩滩均发育于湛江系沉积地层中（图12.49b），台地顶部仍保留着数列与岸平行的古沙坝—古潟湖，其中，沿岸1 km宽的地带内海岸阶地高达12～15 m，棕黄—橘黄色粗砂、中砂的垄岗状沙坝与沙坝间的灰白色细砂、中砂质潟湖洼地仍保存完好。内侧古沙坝—古潟湖已经受到近代河流的改造（王颖等，1998）。白马井中学一处海蚀崖剖面揭示古海积沙坝阶地：第一层为1.8～2.5 m厚黄棕色中、细砂层，均一无层次，可能为晚更新世海岸沙坝沉积。第二层为0.5～2.0 m厚砾石层，砾石扁平度较高，夹石英、长石质粗砂层，此砾石层底呈波状起伏，实为滩角结构在剖面中之反映。此层为砂砾质海滩，它构成沙坝之基底。第三层厚1 m，为具水平层次的砾石层，间夹粗砂层。第四层为1～1.2 m厚，黄棕色粗砂、黏土层，具灰色条纹，与第三层间界面明显不整合。第五层为黄棕色黏土层，与4层无明显界限，但此层色灰黄，具灰绿色条纹，宽约4 cm。第四、五层为潮滩相的湛江系沉积层，剖面反映组成海蚀崖的沉积为一古海积沙坝阶地，同时该海岸经历过从低能（潮滩）向高能（砂砾滩、沙坝）之变化。

　　杨浦湾外湾深槽紧临北岸，深槽从新英湾湾口至拦门沙浅滩，长10 km，宽400～500 m，水深5～25 m，呈明显的河谷形态（王颖等，1998）。深槽底部为湛江系亚黏土，中部为河流相砂砾层，上部为海相砂质淤泥或淤泥沉积。淤泥层底部的^{14}C测年为8 000 a，指示杨浦湾深槽在全新世早期以前就已存在，全新世海平面上升成为溺谷。深槽切入湛江组地层，其走向与该处断裂走向（NE、NW）一致，说明深槽是沿地层破碎带发育的古河谷，受到潮流改造发展成为近日的潮流通道，目前新英湾巨大的纳潮量以及落潮时的冲刷维持航道水深。

　　杨浦湾深槽口门方向有长400 m、宽85～150 m的拦门沙浅滩，水深−5 m，对航行起到障碍作用。拦门沙的沉积层与深槽相同，由湛江系砂质亚黏土为基底，上覆河流相砂砾层及海相淤泥层，拦门沙基底的原始地形亦具河谷形态，其地貌发育经历了3个阶段：① 古河谷阶段，形成于8 000年前的全新世早期；② 海侵，古河谷淤积阶段，全新世海平面上升过程中，古河谷转为潮流通道；③ 拦门沙阶段，3000年以来缓慢堆积深槽输送的细颗粒物质。

　　内湾—新英湾：面积50 km²，接受大水江（来自东面）以及春江（来自南部）的径流量和入海泥沙（王颖等，1998）。西侧有一条宽度仅为500 m的白马井"海峡"（潮流通道）将内湾与外湾连通，接受涨落潮水。河流带来的细颗粒泥沙使新英湾湾底不断淤浅，而潮水的频繁进出既对湾底的沉积物和海岸不断侵蚀，使沉积物粗化，同时落潮水流与径流共同作用刷深湾底，维持一定水深。

新英湾南部（白马井—福村—盐场—新洲—新英镇）多平原海岸，砂质海滩狭窄，常形成冲刷陡坎（王颖等，1998）。一些入海湾的小河在河口形成砂砾质浅滩，反映出水动力扰动作用强，岸线淤进缓慢。以白马井—福村为例，沿岸发育中砂与细砾海滩，细砾主要集中在高潮线附近，磨圆度高。海滩宽 18 m，坡度 11°，其下部低潮浅滩坡度 1∶2 000。海滩叠置于湛江系红砂层的斜坡之上。新英镇—陋陈角以东为海岸类型转折段，东南部为冲积平原海岸，北部为玄武岩海岸，沿岸均有红树生长，北岸的玄武岩海蚀崖已衰亡。陋陈—北炮台发育玄武岩海蚀岸，岬角交错。在岬角附近，水道紧邻海岸，−5 m 等深线距离岬角海岸约 80 m，故海蚀作用仍强；海湾内的玄武岩岩滩上已堆积了薄层的砂、泥，并且生长了红树林，因此，海湾内的玄武岩海蚀崖已衰亡。

新英湾的主要泥沙来源于大水江、春江的入海物质（王颖等，1998）。它们淤积在新英湾的湾底，涨落潮流对湾底沉积物进行改造，将细颗粒物质带走。其中，一部分被涨潮流带到新英湾南北两个分支的潮滩上堆积，一部分被落潮流带出白马井口，循杨浦深槽进入杨浦湾，部分淤积在深槽底部及深槽末端的拦门沙之上，在涨潮过程中，这些物质有可能被掀起，随潮水进入新英湾（图 12.51）。新英湾内水域宽广，多潮流与风浪作用，动力活跃。

杨浦港自然水深条件好，波浪作用小，是海南岛最大的天然避风良港。巨大的纳潮量以及涨落潮流的冲刷保持深槽不淤，深槽及拦门沙区域低的沉积速率以及近 50 年来水下地形的稳定性，海水中低的含沙量均能保证航道开挖后的回淤量不会出现颠覆性的变化，如能保持杨浦港天然水域，避免围垦及不合理海岸工程造成的纳潮量减小，并适当采取工程措施减少杨浦大浅滩对航道的影响（修筑导堤阻挡一部分泥沙），杨浦港可建 10 万吨级以上的航道和码头，为海南杨浦保税区建设、海南油气战略基地建设发挥作用。杨浦港周围海岸景观独特，北岸为侵蚀型火山海岸，又有岩滩、抬升的沙坝以及红树林海岸，大铲礁和小铲礁是我国唯一距岸最近的离岸礁，适合开展科学研究和开发旅游观光项目，关键是要合理规划。

2）铺前湾—东寨港岸段

位于海南岛东部琼山市和文昌市的交界处，绝大部分水域归琼山市管理。口门呈喇叭状朝向琼州海峡（图 12.52），湾口西部塔市有一条东西向的拦湾沙坝，湾内称东寨港，以外为铺前湾。海湾总面积 145 km²，是海南岛最大的溺谷湾。海湾呈 SE—NW 向展布，港湾东西宽 26 km，南北长 24 km，海湾岸线总长 37.5 km，口门宽约 19 km（熊仕林等，1999）。湾顶和湾中有演州河、演丰河等小河注入。铺前湾—东寨港潮差较小，平均潮差仅 1.5 m，但纳潮量可达 1×10^8 m³（赵焕庭，1999）。

东寨港的形成同 NW 向延伸的铺前—清澜断裂带的活动有关，该断裂始于第三纪，长期下降形成地堑式断陷。沿该断裂走向从北至南，断裂的活动性具有明显的差异。北部东寨港地区断裂的活动性最强，控制着东寨港地堑式断陷的发育和演化。在盆地内形成近 200 m 厚的第三纪沉积，盆地东侧没有第三纪沉积的发育，盆地西侧的第三纪沉积很薄，仅数十米。断裂带中段的东侧分布有中生代花岗岩组成的低丘（如东侧的抱虎山海拔 270 m），海滨一带的晚更新世老红砂岩分布在 30～50 m 的阶地上。断裂带西侧为大面积的玄武岩台地，台地高程多低于 100 m asl，东升西降的差异仍然十分明显。至南段断裂的活动性减弱，两侧分布的

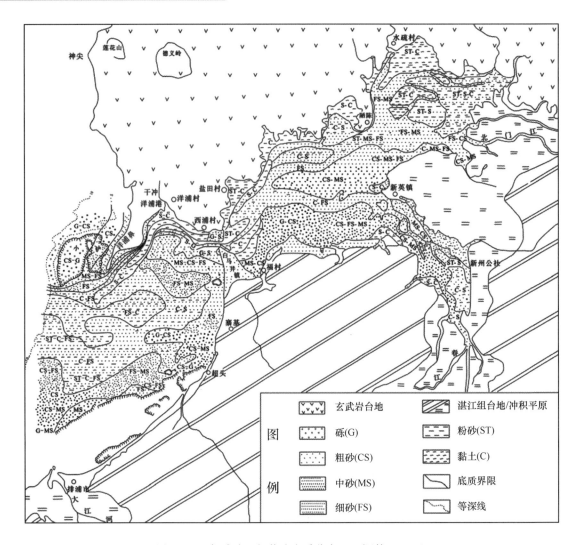

图 12.51　杨浦湾—新英湾底质分布（王颖等，1998）

大面积晚更新世砂砾层高度大致相同，说明差异运动不明显。

东寨港—浦前湾的形成还与 1605 年琼北大地震，陆地沉陷成湾有关。大地震发生在 1605 年 7 月 13 日夜晚，震中在琼山县，震中烈度为 10 度，震级 7.5 级，地震波及岁余不息（王颖等，1998）。由于地震造成的陆地沉陷幅度 3～4 m，最大沉陷幅度达 10 m 以上，使极震区 100 多平方千米的陆地沉入大海，同时有近千平方千米的毗邻陆地下沉。至今在退潮时，仍可见陷落于海底的村落景观：自铺前湾向北创港方向的东西长 10 多千米的浅海仍可见陷落的古耕地，沉陷的石质贞节牌坊；东寨港至铺前湾，海下隐约可见古井、石臼、石棺、坟碑及海滩上石戏台遗迹；–10 m 深处的古村落庭院依然存在；东寨港海底仍有地震断裂沟，宽约 20 m，深达 10 m，沟东的古河道上有一石桥横跨于河床沙之两侧。因而，东寨—浦前湾为地震陷落型港湾，上游无大河，主要是潮汐涨落之海湾。由于地震遗迹及东寨港的隐蔽环境，保存着近 18 km² 的红树林湿地海岸，因而构成特殊的海岸环境与珍稀的旅游资源。

铺前湾岸线西至东营，东到新埠海。从东营向东至塔市，发育沿岸沙坝和砂质海滩，围绕铺前湾西侧，长达 20 km，宽 200～400 m。为黄褐、黄色砂及砂砾石，含有贝壳碎屑。从铺前镇到新埠海，沿岸沙坝和海滩呈近南北走向，沙坝宽 100～200 m，为黄色中粗砂（熊仕林等，1999）。北港岛至塔市一带，海滩宽 1 000 m 左右，滩面平坦，滩坡在 1°～1.5°，组成

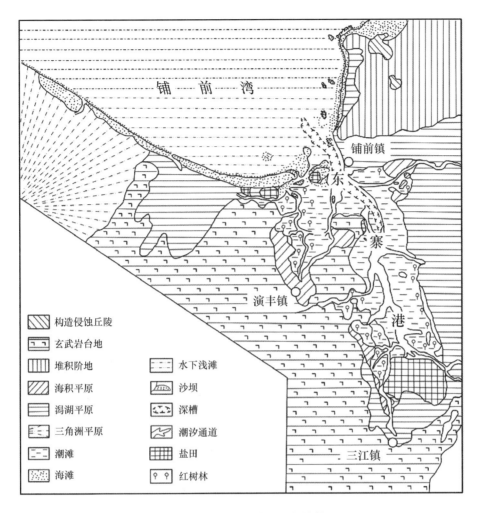

图 12.52　铺前—东寨港地貌（熊仕林等，1999）

物质为砂。东寨港内分布大片潮滩，淤泥质潮滩占了整个港湾面积的 1/3，潮滩一般宽 1～2 km，部分 3～4 km，由泥质粉砂和粉砂质砂组成，滩面有逐渐淤高趋势，人行其上下陷 5～20 cm。

东寨港内潮汐汊道成树枝状向湾顶延伸，成为进入港内红树林区的主要通道，水深 1～2 m，东寨港西半部潮汐汊道长达 6 km，东半部潮汐汊道与进出铺前港的深槽连接，长达 11 km（熊仕林等，1999）。

3）清澜湾溺谷型港湾海岸

位于海南省文昌县境内，地理坐标 19°30′～19°38′N，110°47′～110°53′E，面积 40 km²，属于典型的溺谷型港湾（图 12.53）。清澜湾受东西向王五—文教深大断裂和北西向铺前—文昌断裂交会形成，断裂切割形成沿岸水系，包括文昌河与文教河，全新世海侵淹没成为潟湖型溺谷湾。清澜湾四周为低台地和海积阶地环绕，湾口朝向东南，口门宽约 5.2 km（图 12.54）。分内湾和外湾两部分，内湾称八门湾，在平面上呈"T"字形，西侧和文昌河相连，东端有文教河注入。湾内水深多小于 2 m，沉积物为粉砂质黏土。外湾名芝兰湾，又名高龙湾，成椭圆形。内湾和外湾之间有长达 9 km 的潮流通道，水深平均为 5 m，宽 400～1 500 m。该潮流通道呈现出北宽南窄的特点，最深处水深可达 11 m，底质为粗砂和砂砾。潮流通道两端有涨潮和落潮三角洲沉积，水深小于 4 m。涨潮流三角洲为涨潮流受到岩礁阻滞及深槽终端过水断面展宽而形成，为砂、砂质粉砂和黏土沉积；落潮三角洲为落潮流于深槽终端之减速沉积，由于受沿岸浪流影响，底质为砂砾及珊瑚贝壳屑（王颖等，1998；王文介，1984；张乔民等，1995）。清澜湾的缓慢淤积作用发生在内湾，在东北风浪和偏南大浪的作用下，外湾发生侵蚀后退，泥沙以就地堆积外湾为主。

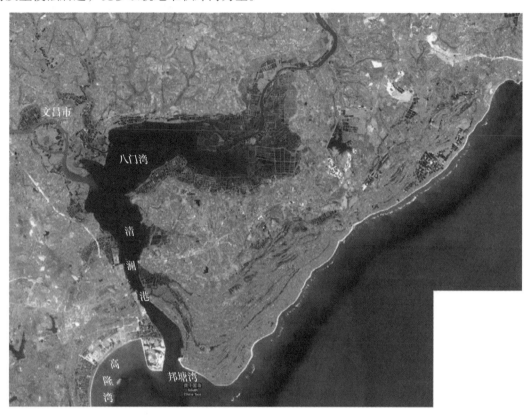

图 12.53　海南岛清澜湾卫星影像

　　清澜湾沉积在平面上呈有规律的分布，八门湾沿岸和通道两侧为中细砂沉积，向潟湖中心或潮流通道中心，沉积物逐渐变细，为细砂、粉砂或黏土，其中以八门湾中心和通道北段物质最细，粉砂和黏土含量高达70%~90%，富含有机质（王文介等，2007）。这些泥沙主要是汛期由文教河、文昌河携带而来，除了石英、长石、白云母等陆源碎屑外，还含有凝灰岩和火山碎屑，重矿物平均含量不超过1%，主要种类有普通角闪石、电气石、锆石、赤铁矿、钛铁矿、金红石、黑云母、磷灰石，此外，尚有少量自然铜、菱铁矿、菱镁矿等自生矿物及次生褐铁矿。这些矿物明显受到改造，呈半圆或碎块颗粒。

　　清澜港潮流通道南段和口门区域以及口门以外高龙湾沉积物分布复杂，内拦门沙浅滩为沙—粉砂—黏土或砂砾，口门深槽和外拦门沙浅滩多为中细砂、中粗砂和砂砾，口门东、西海岸沙坝多为细砂、少量中砂（王文介等，2007）。

　　内拦门沙浅滩由 3 层组成（图 12.55）：① -4.35 ~ -9.49 m 为粉砂；② -4.47 ~ -12.64 m为中细砂混碎石，或为黏土质粉砂；③ -4.60 m 以下为碎石、黏土混碎石或黏土，即风化壳。外拦门沙由 4 层组成（图 12.55）：① -3.6 ~ -9.47 m 为中粗砂、中细砂、砂砾；② -8.6 ~ -9.97 m 为砂砾混碎的珊瑚礁块；③ -7.12 ~ -9.97 m 为黏土质砂；④ -9.04 m以下为黏土风化壳（王文介等，2007）。沉积序列反映清澜湾在全新世海平面升降过程中逐渐出河口湾演化成潮流通道的过程，外拦门沙表层的砂质沉积物系落潮流从内湾

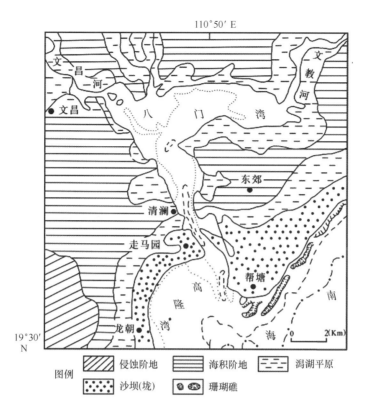

图 12.54 清澜湾地貌（王文介等，2007）

带出的河流沉积物。

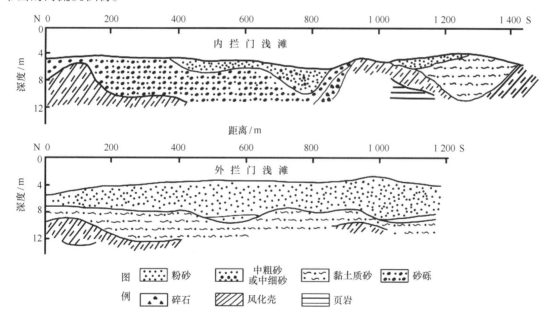

图 12.55 清澜湾内、外拦门沙沉积剖面（王文介等，2007）

湾口东侧邦塘及西侧高隆湾沿岸均为砂质海岸，东部邦塘沙坝以东郊台地为依托，呈弧形向海突出，最大宽度达 4 km，由多列高程 3～4 m 的弧形沙坝和坝间洼地组成（熊仕林等，1999）（图 12.53，图 12.54）。沙坝组成物为珊瑚生物细砂和其他生物介壳，沙坝外围发育珊瑚礁平台，据珊瑚礁块年龄测定，这一宽阔的拦湾沙坝—潟湖体系是 5000 年以来形成的。珊瑚礁平台宽 500~1000 m，近 20 年来由于人工盗采珊瑚，破坏严重，改变了原护岸消浪作用，再加上海平面上升速率加快，这段海岸面临严重的侵蚀后退，年蚀退率约 10 m，形成海岸新沙源（王文介，1988）。笔者 2001 年曾去邦塘考察，发现岸线后退的痕迹，原椰林湾碑亭矗立在岸边，现已没入距岸 100 多米的海中。湾口西侧高龙湾从走马园至龙朝村发育弧形海岸，湾顶向陆地方向凹入大约 2 km，由多列高程 1.5~4.0 m 的弧形沙坝组成，组成物质多为石英质细砂夹珊瑚碎屑。由于这里属波浪辐散区，使沙坝逐年加宽，其向海扩张的速度为每年 0.2~0.3 m（王文介等，2007）。

八门湾西北部文昌河口与东北部文教河口地区，地形平坦，发育大片潮滩，最大宽度达 3~4 km，滩坡小于 1°。滩面为潮水沟分割，滩地物质为泥沙，人行走有下陷的感觉。西北部有大片红树林分布，东北也有红树林分布。八门湾中部以及外湾高龙湾发育水下浅滩，其中，八门湾中部水下浅滩水深均小于 2 m，地形平坦，略向潮流通道方向倾斜，底质为泥质砂和细砂（熊仕林等，1999）。高龙湾中水下浅滩分布于 0~-10 m 之间，从岸向海倾斜，底质为细砂，浅滩上常有珊瑚礁出露。

清澜湾属于不规则半日潮，平均潮差 0.69 m，最大潮差 1.9 m。八门湾最大纳潮量为 600×10⁵ m³，涨潮阶段最大流速为 1.02 m/s，落潮阶段最大流速为 1.24 m/s，落潮流大于涨潮流（罗章仁等，1992）。清澜湾有海南省第二大红树林保护区——头苑红树林自然保护区，保护区现有面积 3 337 hm²，红树林面积 2 000 hm²，包括 26 个红树林属种[①]。据目前的卫星图片判读，八门湾内大片滩涂已被围垦用于养殖，湾内纳潮水域和红树林面积日益缩小，对维护内湾水深和保护红树林生态资源产生了负面影响。鉴于清澜湾面临的一系列问题，必须实行外湾护岸固沙，种植防风林，保护珊瑚礁；内湾控制滩涂围垦，保护和恢复红树林生长，以防止港口水深变浅和生态条件恶化。

12.2　南海河口与三角洲平原海岸

此类海岸按河海交互作用动力可分为潮流型、季风波浪型与径流沿岸流型[②]。南海周边河口与三角洲海岸处于东亚季风亚热带南端和热带区域，河流水多沙少、径流量丰富、洪泛平原和湿地发育，有珊瑚礁和红树林，出海口门多，平原推进速率大。然而，由于各三角洲海岸所处的地理位置、海洋水动力条件和构造运动幅度的差异，各三角洲海岸的地貌类型和沉积作用特点都有较大差异。南海河口与三角洲平原海岸主要分布在珠江口、粤东韩江、海南岛北部南渡江、西部昌化江、广西廉江湾，粤西、雷州半岛和海南岛还有一些小型河口—三角洲分布。各地区研究程度不一，选择有代表性的珠江三角洲、韩江三角洲和南渡江三角洲分析如下。

12.2.1　珠江三角洲

珠江三角洲位于广东省中部沿海 21°40′~23°20′N，112°30′~114°15′E 之间，背靠华南大陆沿岸山地，三面环山、一面临海、口门多岛，面积超过 10 000 km²，在我国四大三角洲中位居第二，亚洲居第六，研究程度较高（赵焕庭等，1990；龙云作等，1997；李春初等，2004；王文介等，2007）。珠江三角洲属湾内充填三角洲，因其轮廓受古海湾的限制而成为顶

① 海南省森林资源监测中心．2002．海南省红树林资源调查报告（2001 年 7—12 月）（内部报告）．
② 王颖编著．2003．海岸海洋科学概论（讲义）．

端朝向下游的倒置三角洲，底边从三水的思贤溚到石龙，尖顶在崖门湾。珠江三角洲海岸线长达 450 km，海岸线从香港九龙半岛的尖沙嘴至台山市赤溪半岛鹅头颈。

从三角洲分类来讲，珠江三角洲属"径流与沿岸流"型，实为河口湾向三角洲之过渡类型。中部自伶仃洋西北侧至黄茅海东北侧是珠江水系的西江和北江六大分流河口（蕉门、洪奇门、横门、磨刀门、鸡啼门、虎跳门）的淤积带，是珠江三角洲扩张最迅速的部位，三角洲和三角洲前缘沉积极为发育。东侧伶仃洋与西侧黄茅海具河口湾性质，有较深潮道发育（如川鼻—矾石—暗士顿水道深 6～20 m，伶仃水道深 9～10 m），其间有潮流沙坝和潮滩（王文介等，2007）。

12.2.1.1 三角洲地区自然条件

珠江三角洲地区属亚热带季风气候，年平均气温 21～22℃，极端最高温为 38.8℃，但受寒潮威胁，有时有霜冻，霜日 1～3 d，最低温度可降至 0℃。年平均降雨量 1 730 mm，降雨多集中于 5—10 月，冬半年降雨少，偏北向风较强。珠江三角洲地区常年吹东风和东南风，即以向岸风为主（赵焕庭，1983）。以赤湾站为代表，每年大于等于 6 级风平均为 42 天，大于等于 8 级风为 7.2 天（赵焕庭，1982）。

珠江河口潮汐属不正规半日潮，平均潮差在 1 m 左右，属于弱潮河口。八大口门潮差以虎门最大，最大潮差 3.36 m，平均潮差 1.57 m；磨刀门最小，最大潮差 2.29 m，平均潮差 0.86 m。潮差自中部磨刀门向东（虎门）、向西（崖门）渐增。口外海滨平均潮差，香港岛为 1.5 m，横琴岛和三灶岛为 1.01～1.25 m，处于开阔海的万山群岛为 0.85～0.95 m。三角洲地区涨潮历时在枯季大于汛期，落潮时历时则刚好相反，越近口门，涨潮历时越长，落潮历时越短。潮汐使海水向陆进退，并使河网里流水发生往复运动。八大口门中，虎门纳潮量最大，崖门次之，虎门和崖门的纳潮量之和，占到八大口门总纳潮量的 77%，落潮量以虎门最大，磨刀门次之（刘昭蜀等，2002）。

珠江口波浪受季风制约，冬半年受东北风影响，10 月至翌年 3 月多 S—SW 向风浪或涌浪。据香港东南面的横栏岛波浪观测站多年观测资料统计，东北季风期间多出现偏 E 向波浪，西南季风期间则多为 SW 方向的波浪（刘昭蜀等，2002）。黄茅海外荷包岛南岸波浪观测站实测资料显示，SE 向浪占 24%，居绝对优势，年平均波高 1.12 m（刘昭蜀等，2002）。另据推算，6 级风时伶仃洋的波高为 1.9 m，据渔民反映，12 级风时波高不超过 2.5 m。因此，珠江三角洲沿海地区属低波能海岸，尚未发现波浪对珠江口堆积地貌产生严重破坏的现象，相反，向岸波浪和涨潮流反而把内陆架浅海物质带到三角洲前缘水下斜坡或未填满的河口湾堆积（赵焕庭，1982）。

珠江三角洲地区雨热配合好，气候资源可以满足双季稻、甘蔗蚕桑等喜温、喜湿作物和亚热带水果生长的需要。粮食作物一年可以三熟，养蚕年可 7～8 造，蔬菜全年都能生长，但夏、秋季台风常侵袭。登陆珠江口的台风约占登陆广东沿海台风的 20%，在新中国成立前约 100 年间，珠江口遭受台风灾害就有约 60 次（何洪钜，1988）。新中国成立后袭击珠江三角洲的台风，根据 1949—1986 年 37 年的统计资料，直接登陆或在其他地区登陆后经过珠江三角洲的台风分别为 75 个和 13 个，直接登陆台风 95% 造成了 6 级以上大风，其中，17% 达到 12 级以上（梁必骐等，1993）。

12.2.1.2 地质基础和地貌特征

珠江三角洲位于华南构造隆起带，肇庆—广州—惠来东西向断裂、内陆架 30～50 m 水深处的南海海盆北缘断裂，以及 NW 向的西江—磨刀门断裂和罗岗—太平—赤湾断裂构成珠江三角洲大致的外部轮廓。中间是一个中、新生代盆地，第四系沉积厚 20～60 m（刘昭蜀等，2002）。晚白垩世—早第三纪，在东亚大陆边缘裂解的背景下，形成的珠江口盆地是发育红色碎屑岩夹膏盐的内陆断陷盆地，也可称之为红层盆地。晚第三纪至中更新世，红层盆地普遍抬升，河流下切形成红层丘陵地貌。受南海海底扩张影响，珠江口盆地出现持续沉降。差异性的升降运动使珠江水系穿越珠江口内盆地至珠江口外盆地出海。

晚更新世以来，珠江下游冲积平原和三角洲进入新的发展时期，前后经历两次海侵，大量接受河海沉积，三角洲沙体充填湾内并迅速向海推进，形成现代珠江三角洲。珠江三角洲晚第四纪沉积共由下、中、上 3 组碎屑沉积物组成（李春初等，2004），下、中两组分别形成于 39 000～22 000 a. BP 和 19 000～6 000 a. BP，属海侵条件下形成的溯源沉积体系，上组沉积物为近 6 000 年来海平面基本稳定时向海进积发展的现代三角洲。

珠江三角洲范围内共有河段 300 多个，总长度 1 600 km，河网密度高达 0.81 km/km²（吴超羽等，2006）。珠江三角洲接纳西江、北江、东江、流溪河、潭江等主要河流输入的水沙，河流进入珠江三角洲平原以后不断分汊，形成复杂的三角洲网状河体系，河流水沙最终通过八个口门流入口门外的河口湾，形成"三江汇合，八口分流"的地貌景观（龙云作等，1997）。口门一共有 8 个：虎门、蕉门、洪奇沥、横门、磨刀门、鸡啼门、虎跳门和崖门，其中，7 个被称作"门"，这些口门因其河道两侧被岩石丘陵夹持，其状如门，故被当地称作"门"。

珠江三角洲拥有众多的地貌类型，三角洲最具特色的是平原上有 160 多个岛丘突起，表现为丘陵、台地、残丘等地貌类型（图 12.56），面积约占珠江三角洲总面积的 1/5，在这些地貌类型中发现了明显的海蚀遗迹，据此可推断它们为过去的海岛。其中，丘陵地集中分布在三角洲的南部地带，如五桂山、凤凰山、黄杨山，它们为断块上升的地垒型山丘，丘陵面积占珠江三角洲面积的 13%。台地主要集中分布在三角洲北部，即番禺和广州之间，其中，番禺台地由下古生界变质岩及侏罗纪砂岩构成。广州一带的台地，则由白垩系红层组成。残丘分布的范围广泛，岩性也多种多样，台地残丘合计的面积约占珠江三角洲面积的 6%（何起祥等，2006）。

平原是本区占地面积最大，也是最主要的地貌类型，约占整个三角洲面积的 80%（何起祥等，2006）。其又可分为四种地貌类型，其中，高平原，当地称高围田及高沙田，地面高程 0.5～0.9 m，位于珠江三角洲的中北部，是年代较老、围垦较早的平原；低平原当地称中沙田、低沙田，海拔 -0.2～-0.7 m，是近期围垦的平原，上述两类约占平原总面积的 76.6%；积水洼地，当地称塱田，地面海拔 -0.4～-0.7 m，位于本区的西部；第四种地貌，也是珠江三角洲最具特色的一种地貌——基水地，它是由低洼的平原经过人工改造的地貌类型，由鱼塘与桑基或蔗基组成，面积约占平原的 18%，集中分布在顺德县和中山、南海县境内（表 12.5）。

表 12.5 珠江三角洲各地貌类型面积（何起祥等，2006）

地貌类型		面积/km²	所占比例/%	合计面积/km²	占三角洲面积百分比/%
平原	高平原	3 560.4	51.4	6 932.5	80.6
	低平原	1 742.3	25.2		
	低洼积水地	429.8	6.2		
	基水地	1 200.0	17.2		
台地				526.82	6.13
残丘				1 141.8	13.27

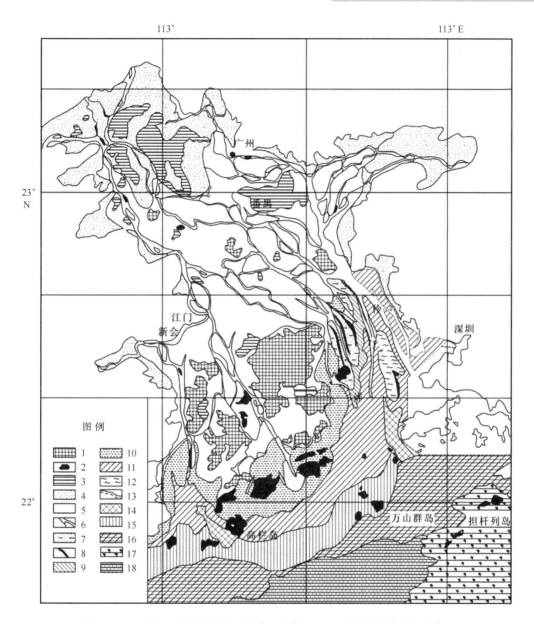

图 12.56　珠江三角洲地貌类型（龙云作等，1997，图例说明略有改动）

1. 残丘；2. 岛屿；3. 台地；4. 冲积平原；5. 三角洲平原；6. 分流河道；7. 河口沙坝；8. 水下天然堤；

9. 远端沙坝；10. 汉道间浅滩；11. 河口湾潮下滩；12. 潮成沙脊；13. 潮滩；14. 潮道；15. 前缘斜坡；

16. 前三角洲；17. 现代陆架堆积平原；18. 陆架混合堆积平原

12.2.1.3　珠江口现代沉积

　　珠江口现代沉积是冰后期由珠江水系泥沙不断堆积的结果，根据粒度分析结果，珠江口中部六大分流河道以砂质堆积为主，水下或水上天然堤物质稍细（图 12.57）。如磨刀门区域，是以径流作用占主导的分流河道口门，磨刀门河口东、西两侧有横琴岛和三灶岛，口内沿磨刀门水道深槽的西侧有河口沙嘴灯笼沙（已围田）及其向海延续的水下天然堤，鹤洲—交杯沙沙脊（大潮低潮出露）、深槽末端的水下拦门沙（高程 -2 ~ -3 m）分布在两岛之间向海侧，成新月形向海突出（刘昭蜀等，2002）。

　　磨刀门主槽沉积物主要由细砂组成（中值粒径 0.1 ~ 0.17 mm），鹤洲—交杯沙水下天然

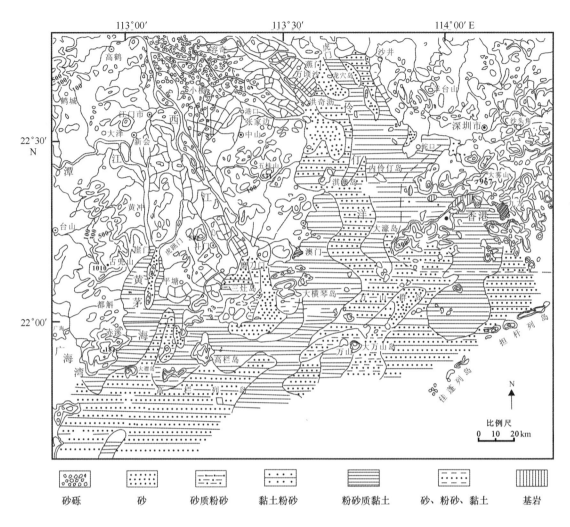

图 12.57 珠江口沉积物类型（王文介等，2007）

堤和拦门沙主要为粉砂（0.1～0.01 mm），局部淤泥（0.01～0.001 mm）含量稍多（图 12.58）。水下天然堤末端的交杯沙因受波浪掀扬作用，物质较粗，粉砂含量高达 99%，其中，重矿物占 10% 之多（刘昭蜀等，2002）。三角洲前缘沉积还包括一系列的近河口沙嘴，它们是以河口两侧为依托发展起来的或由于河口水流分汊在拦门沙侧翼的基础上叠加发育起来的水下天然堤，沉积物以淤泥质粉砂为主。灯笼沙就是从水下天然堤基础上发展起来的河口沙嘴，由于洪枯季节交替而堆积粉砂与淤泥互层，沙坝底板的最大深度约在 −12 m。分流水道之间的浅水湾，如三灶内海，没有大水道贯通，外有基岩岛屿或隶属于附近口门的沙脊地形掩护，浪静流弱，沉积物主要为涨潮流和邻近分流水道扩散的落潮流带来的悬移质沉积，粒度细，为淤泥粉砂。

分流河口以外广大的浅滩和浅海以粉砂质黏土为主，沉积物粒径中值为 5～9φ。大铲—横琴—大襟诸岛以外属前三角洲混合沉积区（珠江口冲淡水与咸水混合），宽约 150 km，呈向南南东扇形展开至水深 45 m 处，沉积物通常为粉砂质黏土和黏土质粉砂，重矿物以陆源的角闪石、褐铁矿、云母及少量海成自生矿物黄铁矿的组合为特征。碳酸盐含量低，一般为 5%～10%，有机质含量高，有机碳占 1%～2%，海洋生物遗体有各种贝类、有孔虫、海绵骨针、硅藻和珊瑚碎屑等（赵焕庭，1982）。万山群岛附近水域水深 20 m 左右地带属于晚更新世残留海滨沉积和现代河口沉积的混合类型，沉积物又渐见粗，为砂—粉砂—泥的混合

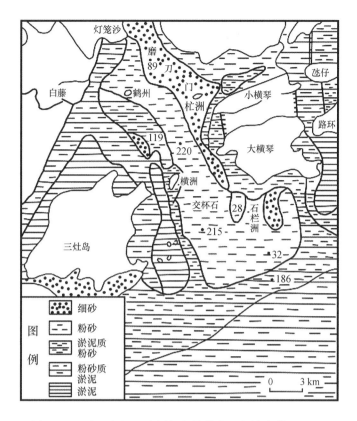

图 12.58 磨刀门河口表层沉积物分布（赵焕庭等，1982）

（刘昭蜀等，2002）。珠江口水深 40～50 m 以深为外大陆架，沉积物较粗，主要为含有大量晚更新世钙质生物遗壳的砂砾，属残留沉积。重砂矿物为钛铁矿、绿帘石、角闪石、云母和锆英石组合。

珠江口东西两侧的伶仃洋、黄茅海是以潮流作用为主的河口湾，年径流量远小于进潮量，沉积物类型多，分布也比较复杂（图 12.57）。以粉砂质黏土分布最广，砾砂和泥质砂分布于诸分流水道河口深槽、拦门沙和水下天然堤（指状潮流沙脊）。如伶仃洋北部的川鼻深槽和东南部的暗示顿—急水门深槽，其底质多为蚀余的砂质黏土、砂砾或基岩，分选极差。矾石水道中段，沉积物为粉砂质砂土，北侧夹有细砂，它们是洪季下泄泥沙或海域来沙落淤的结果，分选同样较差。重矿物成分为磁铁矿、赤铁矿、锆石，主要由河流带来，有广盐性有孔虫分布（王文介等，2007）。交椅沙坝和伶仃拦江沙属于潮流沙坝，主要由细砂粉砂组成，分选较差，公沙沙坝除细砂堆积外，尚有砾石分布，可能为古海岸沙坝经潮流改造堆积而成或潮道冲刷再堆积产物。河口湾除潮道和潮流沙脊以外，还有潮滩发育，它沉积了大量粉砂黏土物质。沉积物上层为灰黄色、下层为蓝灰色，黏土粒组分可占 50%～60%，有机质含量较高（2.14%～2.72%），有孔虫以广盐性属种为主。

12.2.1.4 珠江三角洲的演化

珠江三角洲的演化发育过程大致可以分为五个阶段：分别是中更新世中期以前的河谷形成阶段、中更新世晚期至晚更新世早期海盆形成阶段、晚更新世晚期古三角洲建造阶段、全新世初期古三角洲遭淹阶段及新石器时期以后现代三角洲发育阶段。这五个阶段中发现了珠江三角洲有新、老两个沉积旋回，每个沉积旋回包括了一套三角洲沉积序层，两套三角洲地

513

层之间呈不整合接触（赵焕庭，1982）。现就晚更新世以来三角洲的演变总结如下。

35 000 ~ 24 000 a. BP，本区发生了礼乐海进，海平面位于现代海面之下 - 15 m 处，海水曾侵入到中山市一带的低洼地，形成古珠江河口湾，沉积了含牡蛎壳的礼乐组下部河口湾—三角洲相沉积，沿海厚度超过 25 m，至南海市一带厚约 5 m，^{14}C 测年介于 24 ~ 35 ka. BP（图 12. 59），有孔虫、硅藻、介形虫等反映南亚热带广盐性与窄盐性生物混杂的河口湾和口外海滨的自然环境。此次海侵后期形成三角洲相沉积（刘昭蜀等，2002；李春初等，2004）。

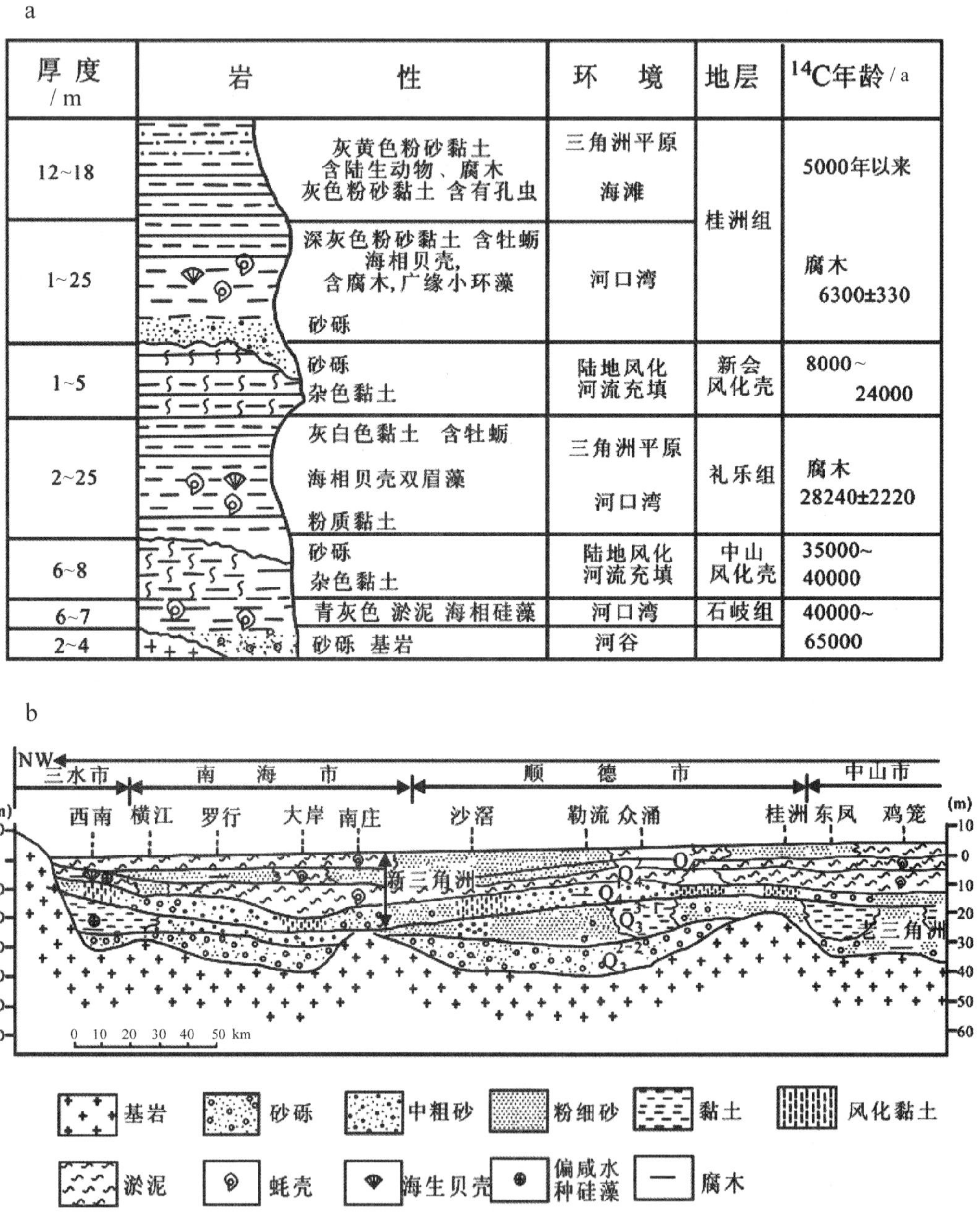
a
厚度 /m
岩性
环境
地层
¹⁴C年龄 /a
12~18
灰黄色粉砂黏土
含陆生动物、腐木
灰色粉砂黏土 含有孔虫
三角洲平原
海滩
桂洲组
5000年以来
1~25
深灰色粉砂黏土 含牡蛎
海相贝壳,
含腐木,广缘小环藻
砂砾
河口湾
腐木
6300±330
1~5
砂砾
杂色黏土
陆地风化
河流充填
新会
风化壳
8000~
24000
2~25
灰白色黏土 含牡蛎
海相贝壳双眉藻
粉质黏土
三角洲平原
河口湾
礼乐组
腐木
28240±2220
6~8
砂砾
杂色黏土
陆地风化
河流充填
中山
风化壳
35000~
40000
6~7
青灰色 淤泥 海相硅藻
河口湾
石岐组
40000~
65000
2~4
砂砾 基岩
河谷
b
NW
三水市
南海市
顺德市
中山市
(m)
西南
横江
罗行
大岸
南庄
沙滘
勒流
众涌
桂洲
东凤
鸡笼
新三角洲
老三角洲
0 10 20 30 40 50 km
基岩
砂砾
中粗砂
粉细砂
黏土
风化黏土
淤泥
蚝壳
海生贝壳
偏咸水种硅藻
腐木

图 12. 59　珠江三角洲晚第四纪地层剖面及沉积模式（刘昭蜀等，2002，有改动）

18 000 a. BP 时，末次冰期极盛期，海平面下降至现代海平面以下 - 130 m，陆地风化侵蚀作用强烈，原三角洲—河口湾相淤泥脱水氧化，低价铁变高价铁，土色由灰黑色变成褐红色与黄白色相间的杂色黏土、亚黏土，或叫花斑黏土，当地称新会风化层（刘昭蜀等，2002；李春初等，2004）。同时在陆架外缘有砂体堆积，大部分含有古滨海相贝壳残骸及较多已风化的更新世有孔虫。在 130 m 以浅发现多道沉溺的古河道，以及众多古海岸地貌标志。说明古珠江河口三角洲曾分布到大陆架水深 -50 ～ -130 m 处。

末次冰期以来海平面持续上升，至 6 500～5 000 a. BP，海平面接近现代位置，海岸线到达现代珠江三角洲平原地区，淹没形成古河口湾，原先的山丘、台地成为散布于海湾中的基岩岛屿，珠江三角洲开始发育。

2 500 a. BP 以来，海平面相对有所回落，珠江水系汇聚海湾内，三角洲砂体充填湾内并迅速向海推进。湾内被充填形成三角洲平原，原先散布在湾内的基岩岛屿成为镶嵌在三角洲平原上的"岛丘"。"岛丘"星罗棋布、岛屿环列，遂成为珠江三角洲平原和珠江口外海湾的一大特色。

12.2.1.5 人类活动对珠江三角洲的影响

随着珠江三角洲的经济发展，人类活动对该地区的影响越来越广泛，未来如何根据三角洲的特点创造出人类活动和生态环境协调发展的土地利用方式，是摆在我们面前的课题。很早以前居住在珠江三角洲的先民就认识到，珠江三角洲由于地势低洼，洪灾频发，严重威胁当地人民的生产和生活。因此，当地人民因地制宜，在低洼地开挖水塘，挖出来的泥土堆砌在水塘周围，围成塘基，有效地减轻了水患。后来，当地人民在开挖的水塘里养鱼，又在鱼塘的周围种桑养蚕，利用桑叶、蚕沙和蚕粪饲鱼，鱼粪肥田。栽桑、养鱼、养蚕三者有机结合，形成了桑、蚕、鱼、泥互相依存、互相促进的良性生态循环，这就是珠江三角洲有名的"桑基鱼塘"生产方式。

然而，珠江三角洲地区也存在一系列环境和生态问题，珠江三角洲在经济高速发展的同时，由于缺乏经济、资源、环境协调发展规划，缺少流域有效的、统一的管理，各种经济活动如跨河桥梁、临河码头的建设、非法采砂和废水排放等，对三角洲自然环境的干预特别大，三角洲水文环境在近 20 年剧烈变化，出现变异发展，各种新的水问题日趋严重，洪涝灾害接连发生，水资源供需矛盾日显突出，严重制约了国民经济的持续发展（彭静、王浩，2004）。其中最严重的问题就是水环境问题，由于大量基础设施建设及工业发展改变了土地利用方式，挤占河滩地，减少了河道及海湾水域面积。图 12.60 为伶仃洋海湾 1977 年、1988 年及 1999 年河口形态遥感卫星图像。根据图像分析，三角洲各口门岸线水域变化如表 12.6 所示。以伶仃洋水域为例，水域面积 1988 年比 1977 年减少约 90 km²，1999 年比 1988 年减少约 109 km²。22 年间水域面积共减少了 18.3%。

另外，滩涂围垦对珠江三角洲影响很大，人类围垦滩地，大大加快了三角洲向海推进的速度（表 12.7）。唐代以前，三角洲没有受建堤的影响，基本处于自然状态，推进速度小于 10 m/a；唐、宋代间开始建堤，且中游开发，泥沙来量增大，三角洲推进速度显著增加，达到 20 m/a；明清代，因堤围系统完善和技术提高，使三角洲推进速度平均加快到约 40 m/a。

近几十年来，由于围垦工程技术的进步，当滩地达珠江基点高程 -0.5 m 左右即围垦，使围垦外缘线向海推进的速度又进一步增大，平均达到 50～120 m/a。蕉门、洪奇门间的万顷沙 1936—1950 年推进速度为 46.4 m/a，1950—1960 年为 91.2 m/a，1966—1996 年为 120 m/a。磨刀门的灯笼沙 1946—1962 年推进速率为 49.9 m/a，1966—1996 年为 130 m/a。珠江口外八个口门当中，中部六个口门是以河流作用为主的口门，三角洲向海推进速度较快，淤积速率较大；两侧的口门虎门和崖门为潮流作用占优势的口门，三角洲向海推进的速度较慢，淤积速率较小（表 12.6）。

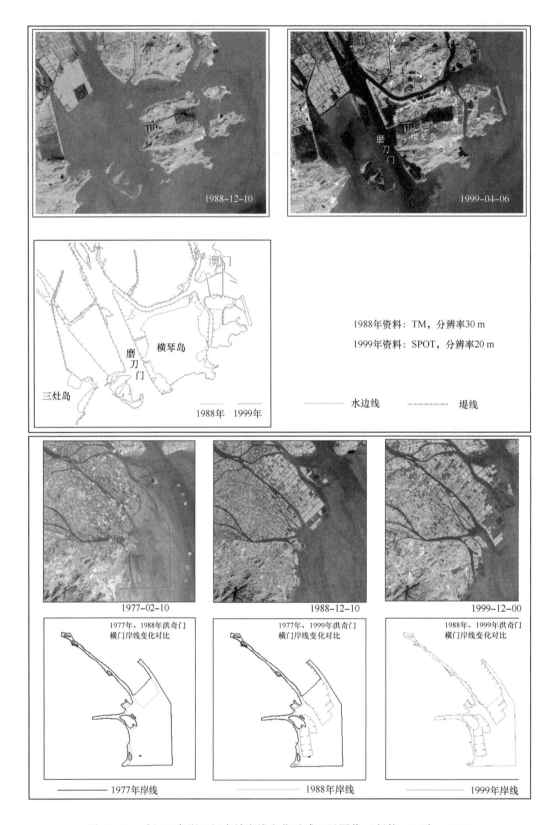

图 12.60　珠江三角洲口门水域岸线变化遥感卫星图像（彭静、王浩，2004）

表 12.6　珠江三角洲各口门水域面积变化比较（彭静、王浩，2004）　　单位：km²、%

年份\范围	1977	1988	1999	1988 年相对 1977 年面积减少量	1999 年相对 1988 年面积减少量	1999 年相对 1977 年面积减少量	1999 年相对 1977 年面积减少量
伶仃洋	1 091	1 001	891.9	90	109.1	199.1	18.25
虎门	120.93	120.3	116.3	0.63	4	4.63	3.83
蕉门	83.56	72.19	53.17	11.37	19.02	30.39	36.37
洪奇门及横门	197.54	166.5	128.9	31.04	37.6	68.64	34.75
磨刀门	263.82	198.00	139.1	65.82	58.9	124.72	47.27
鸡啼门	92.651	84.26	74.79	8.391	9.47	17.861	19.28
崖门、虎跳门、黄茅海	605.21	549.1	501.4	56.11	47.7	103.81	17.15
西江主流水道	175.25	164.8	163.4	10.44	1.4	11.84	6.76
北江主流水道	61.17	55.09	54.95	6.08	0.14	6.22	10.17

表 12.7　珠江口主要口门淤积量和淤积速率（黄镇国、张伟强，2005）

口门	年份	年淤积量/（×10⁴ m³/a）	年份	淤积速率/（cm/a）
伶仃洋	1954—1975	95.2	1954—1974	1.8
			1974—1984	2.1
磨刀门	1964—1977	45.0	1964—1984	3.4
			1983—1994	4.2
鸡啼门	1959—1977	12.3	1964—1977	1.5
			1977—1990	5.0
崖门	1977—1988	40.5	1959—1977	1.4
		96.5	1977—1988	2.5

围垦为珠江三角洲地区的社会经济发展提供了土地和空间资源，但是，随着围垦规模的盲目扩大，不可避免地对珠江三角洲脆弱的生态系统造成负面影响，如沿海滩涂湿地损失、生物栖息地减少、滩涂生态系统退化、生物多样性降低和沿海污染物增加等。因此，探索一种与生态环境相协调的土地开发方式，促进珠江三角洲经济可持续发展迫在眉睫。

12.2.2　韩江三角洲

韩江三角洲位于我国东南沿海广东省境内，由韩江下游的分流河道—北溪、东溪和西溪堆积而成，是广东省仅次于珠江三角洲的近代冲积平原，面积共 915.08 km²，在我国的三角洲中排第六位（图 12.61）（刘昭蜀等，2002；李平日等，1987）。韩江三角洲受北东向和北西向两组断裂控制，其差异升降形成断隆山地和断陷盆地。东北界线是笔架山、鸡笼山河盐鸿镇贝壳堤，西北界线为蚶壳鼻山，西界与榕江三角洲平原以梅岗山—虎岗山—桑浦山等断续分布的丘陵东麓分界。广义的韩江三角洲，即我们通常所说的潮汕平原，还包括南侧的榕江平原和更新的连江三角洲，面积超过 2 600 km²（李平日等，1987）。

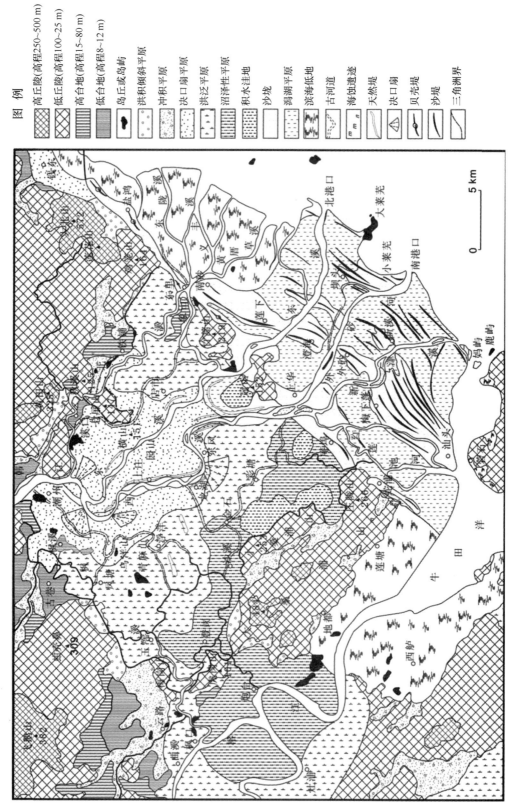

图12.61　韩江三角洲地貌类型（李平日等，1987）

图 例

高丘陵(高程250~500 m)	
低丘陵(高程100~25 m)	
高台地(高程15~80 m)	
低台地(高程8~12 m)	
岛丘或岛屿	
洪积倾斜平原	
冲积平原	
决口扇平原	
洪泛性平原	
沼泽性平原	
积水洼地	
沙垅	
潟湖平原	
滨海低地	
古河道	
海蚀遗迹	
天然堤	
决口扇	
贝壳堤	
沙堤	
三角洲界	

韩江三角洲属于典型的浪控型三角洲，波浪对三角洲前缘的沿岸输沙和汕头湾的淤积起着重要作用。韩江三角洲地区设有云澳站（位于南澳岛）和表角站（位于广澳），根据两个站位多年的观测资料可知，本区东面海域平均波高 1.1 m，最大波高为 6.5 m，常波向为 NE 向，波型以风浪为主，占全年波浪的 63%，涌浪占 37%。东南海域表角站的平均波高有 1.0 m，最大波高为 5.3 m，常波向为 E 向（出现频率为 37.14%），夏季以 SE 向为主，涌浪出现频率大于风浪（李平日等，1987）。

12.2.2.1　三角洲自然条件

韩江三角洲属亚热带季风气候，气候温暖、雨量充沛，多年平均降雨量 1 400 ～ 1 700 mm，但降雨量时空分布不均，雨季主要集中于夏季，其中，4—9 月降雨量占全年降雨量的 70% 以上，5 月份和 6 月份更为集中，暴雨大而且集中，洪水多发生在 6 月和 8 月。韩江三角洲地区全年主要吹偏东风，盛夏时吹西南风。以汕头站统计资料为例（1951—1980 年），全年最多风向 ENE，6 月和 7 月为 SSW 风向，8 月为 ESE 风向。由于受台湾海峡狭管效应的影响，风速较大，年平均风速 2.7 m/s。据 1949—1982 年气象资料统计，平均每年有 0.85 个台风登陆韩江三角洲地区，台风登陆时最大风速达 52.1 m/s（刘昭蜀等，2002）。

韩江河口潮汐属不正规半日潮。多年平均潮差，汕头港妈屿站为 1.02 m，东溪（莲阳河）口澄海市北港站为 1.08 m，属弱潮。口外海滨的潮流性质为不规则半日潮流，近岸大部分为往复流，离岸较远具有旋转流性质。流速较大，表层的大潮最大流速可达 2 kn（1 m/s）以上（刘昭蜀等，2002）。根据汕头市的统计资料显示，韩江三角洲沿海地区风浪占 33%，涌浪占 67%，全年平均波高为 1.0 m 左右，平均周期 5.7s；最大波高有 5.3 m，周期 12.4s。盛行 E 向浪与三角洲海岸轮廓线大体平行，经过地形的影响发生折射和绕射才作用于岸滩，但夏季时 SSE 向浪直接向岸，故造成三角洲沿海 NE—SW 向沙堤十分发育。

12.2.2.2　三角洲地貌和发育过程

1）三角洲地貌

韩江三角洲平原共有 56 个大小不等的岛丘，在全新世最大海侵时被淹没成为古海湾中的海岛（图 12.61）。三角洲西部的一列岛丘是桑浦山的北延部分，是目前韩江三角洲与榕江平原的分界。其他四列岛丘呈北东走向，从陆到海，第一列岛丘位于韩江与枫溪之间，曾起到阻碍韩江西流及枫溪南流的作用。第二列岛丘则管束着东溪和北溪的河道，被切割而成两个峡谷。第三列岛丘横亘于三角洲平原中部，规模最大，在三角洲上游的发育过程中起着屏障作用。第四列岛丘位于现今三角洲岸线上，对三角洲岸线的发展产生一定的影响（宗永强，1987）。

韩江三角洲以三角洲中部一系列岛丘（从陆到海第三列）为界，分为三角洲上游平原和下游平原，实际上是两个断陷盆地，上游平原边界受北西向断裂控制而比较平直，四面被山地或岛丘围限，下游平原则受北东向断裂控制。上游平原的环境较封闭，在河流动力作用下发育天然堤、决口扇、洪泛低地和沼泽洼地等冲积地貌；下游平原南翼环境开敞，海洋动力较强，形成了与海岸线平行的沙堤—潟湖系列沉积，下游平原北翼，海、河动力均较弱，发育成地势低平的扇形网河三角洲（表 12.8）。除平原上有岛丘突起外，平原本身的地形起伏也较大。上游平原中轴高、两翼低，高差达 4～6 m，这显然是河流加积作用的结果。下游平原南翼高、北翼低，高差达 6～8 m，这是因为南翼受波浪作用，沙垅发育；北翼的河海动力较弱，故加积作用较弱（宗永强，1987）。

表 12.8　韩江三角洲的地貌类型（李平日，1987）

地貌类型			面积 /km²	占本类 面积百分比/%	合计面积 /km²	占三角洲 面积百分比/%
类	亚类	微地貌				
三角洲平原	决口扇平原	河漫滩、决口扇、天然堤	163.94	18.4	890.31	97.29
	洪泛平原	古河道、古天然堤	216.10	24.3		
	沼泽性平原	古河道、洼地	165.80	18.6		
	积水洼地	海迹湖	22.22	2.5		
	沙垅	沙堤、沙丘、沙滩	123.00	13.8		
	潟湖平原	洼地、沙滩	115.25	12.9		
	滨海低地	沼泽、潮沟	84.00	9.5		
台地丘陵	台地	—	5.13	20.8	24.77	2.71
	残丘	—	5.66	22.8		
	低丘陵	—	13.98	56.4		
总计			—		915.08	100.00

在三角洲地貌中，韩江三角洲平原面积超过 97%，丘陵台地面积不到 3%。三角洲平原地貌又可分为决口扇高地、洪泛低地、沼泽低地、沙垅高地、潟湖低地和网河低地 6 个亚类，其中前 3 个亚类属冲积型地貌，后 3 个亚类属海积型地貌。决口扇高地是韩江出山后堆积形成的扇形地，其特征是高程大、地形起伏大、物质粗。这些高地主要是由稳定的心滩、边滩和决口扇叠置镶接而成。由于韩江水、沙丰富而且水文变差甚大，极容易泛滥，两岸天然堤和决口扇十分发育。洪泛低地离干流稍远，洪泛可及；地势较低平，高程为 2.5～4.5 m；物质较细，黏土质粉细砂。由于加积作用较弱，古河道行迹清楚。沼泽低地远离干流，地势低洼，物质为粉砂淤泥，排水不畅，局部还有成片的积水沼泽洼地。沼泽洼地的另一特征是河网密度大，但河沟并非放射状分叉，而是纵横交错，干支流归属不清，河沟弯曲浅窄，反映沉积物来源不足，是过去海湾尚未充分淤高的结果（宗永强，1987）。

沙垅高地是由数条滨海沙堤合并而成的带状高地。部分沙堤经风力改造和加积而成为沙丘。有些沙堤上的沙被风搬运到潟湖边缘而堆成沙坪。沙垅高地的组成物质为分选良好的中细砂，高程变化较大，低者 2 m，高者 7～8 m，最高达 16.5 m（李平日等，1987）。沙垅高地呈北东—南西向平行于海岸线展布，共分为 5 列。沙垅高地之间为带状的潟湖低地，其沉积物为黏土质细砂，自陆向海依次降低。沙垅形成之前，潟湖所在的地方为三角洲前缘浅滩；沙垅一旦形成，潟湖即开始发育。

网河低地主要为北溪下游三角洲平原，其地势低平，高程为 1.7～0.1 m，自陆向海降低，物质为黏土质粉砂。北溪在这里呈放射状分汊，具有河流三角洲特有的网河系统（宗永强，1987）。

2）三角洲的历史变迁

韩江三角洲的发育受到全球海平面变化和地质构造的影响，第四系的沉积基底为红色风化壳。末次亚间冰期发生海侵而有古三角洲相沉积，海侵层风化为花斑黏土（黄镇国、张伟强，2005）。后期三角洲沉积，全新世海平面回升，这次海侵是韩江三角洲的主要沉积时期。海侵的北界到达潮州以北，距现今海岸约40 km（黄镇国、张伟强，2005）。中全新世后，海平面降至现今高度，三角洲平原向海发展。韩江三角洲发育经历以下6个阶段（李平日等，1988）。

① 晚更新世中期，河流冲积扇发育，韩江的大量泥沙堆积在断陷盆地内，形成冲积扇，盆地边缘存在剥蚀地带。除韩江冲积扇外，至少还有6个小冲积扇，它们相互叠置、交错，构成复合冲积扇。韩江冲积扇的前缘远伸至现代三角洲前坡之外。

② 晚更新世中期后段的古三角洲发育阶段，这个阶段本区发生海进，形成古三角洲。当时的贾里—浮洋—西窑以南的广大地区沦为海湾，属三角洲前缘环境。第三列岛丘以东属前三角洲环境。韩江冲积扇退缩至山前数千米。此时海进达三角洲西部边缘的贾里，故称之为贾里海进。

③ 晚更新世晚期风化及冲积扇发育阶段，本区在晚更新世后期两侧遭受剥蚀风化，中部和下游再度发育冲积扇。

④ 早全新世至中全新世早期新三角洲发育阶段，此时海平面迅速上升，海进范围遍及全区，中全新世海进曾抵潮州，故称潮州海进。海进盛期，前三角洲的上界深入至龙湖附近。三角洲前缘上界达浮洋以北。早、中全新世海侵层的厚度普遍达15～20 m，是构成新三角洲的主要沉积层。

⑤ 中全新世晚期贝壳堤和沼泽发育阶段，中全新世晚期，本区海平面已达现今高度，而且比较稳定，有利于三角洲向前推进和贝壳堤的堆积。

⑥ 晚全新世沙堤—潟湖发育阶段，本区晚全新世的海平面高度已与现今无大差异，韩江带来越来越多的泥沙，使三角洲向前扩展。此时，第三列岛丘内侧的海洋作用已很微弱，河流作用占绝对优势。第三列岛丘外侧环境比较开敞，波浪和沿岸流作用较强，故第三列岛丘外的广大滨海地区形成一系列的沙堤—潟湖，至今至少已形成13道沙堤。由于边界和水沙条件的差异，在第三列岛丘外，形成了河汊发育的北溪三角洲、沙堤发育的东溪三角洲和既有分汊又有沙堤的西溪三角洲。

12.2.3　南渡江三角洲

南渡江三角洲位于海南岛北部海口湾东侧，由海南岛最长河流——南渡江（古称黎母水）冲积形成，面积约120 km^2，是海南岛最大的三角洲（图12.62）。南渡江长334 km，河道在麻余村附近开始分汊，主要的分流河汊有三条，即北干流、横沟河（含网门港和朝船沟）和海甸溪。非洪水期，本河口上游的潮流界在沙亮村附近，潮区界在南渡江铁桥附近，洪水期潮流界和潮区界都有所下移（王文介、欧兴进，1986）。

南渡江三角洲属典型的波控型三角洲，自冰后期海侵以来，南渡江河口位置不断向海凸出，三角洲经历了由河流作用为主到波浪作用为主、从东部到西部演变的过程。目前，南渡江三角洲东部废弃，西部逐渐向海口湾东部淤进。

12.2.3.1　三角洲自然条件

三角洲地处低纬度热带北缘，属热带海洋性气候，春季温暖少雨，夏季高温多雨，秋季湿凉多台风暴雨，冬季干旱时有冷气流侵袭。本区全年日照时间长，辐射能量大，年平均日照时数2 000 h以上，年平均气温23.8℃，极端最高气温38.7℃，最低气温4.9℃。年平均降

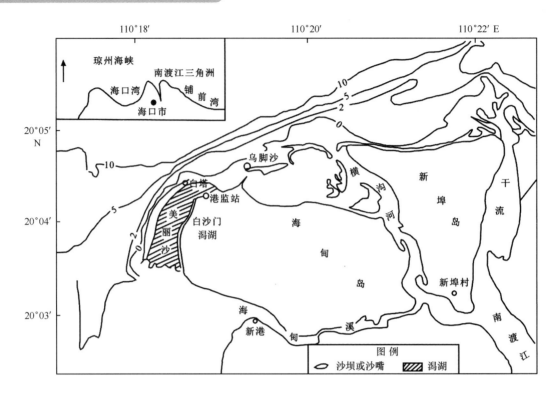

图 12.62　南渡江三角洲位置及地势（龚文平、王宝灿，1998）

水量 1 664 mm，雨日 150 d 以上。本区常年以东北风和东南风为主，年平均风速 3.5 m/s。

根据白沙门站的波浪观测数据，南渡江三角洲周围海区以风浪为主，出现频率占 86%，涌浪出现次数较少。常浪向为 NE 向，频率为 23%。春、秋、冬季以 NE 向和 NNE 向为主，频率分别为 38%、46% 和 74%，夏季以 S 和 NE 向为主（龚文平、王宝灿，1998）。全年以冬季的 NE 向和 NNE 向风浪为主，海域各向平均波高为 0.49 m，平均周期为 3.4 s，其中，从 11 月到翌年 2 月平均波高较大，为 0.7~0.9 m，其他月份平均波高为 0.4~0.6 m。本海区的强浪一般为热带气旋或热带气旋与冷空气复合产生的波浪，主要发生在夏季，实测最大波高 3.5 m（龚文平、王宝灿，1998）。南渡江三角洲地区虽然波高值不大，但由于近岸坡度较陡，入射波可传播到近岸线处才破碎，故波能集中于岸线附近，从而对地貌形态发育与演变具有较强的驱动作用（戴志军等，2000）。

本海区属不规则半日潮，潮差小，只有 0.82 m。潮流主要受琼州海峡潮流的影响，有涨潮东流、西流，落潮东流、西流四种流动形式，以涨潮东流和落潮西流为主，转流一般发生在平均潮位附近，平均潮位以上以东流为主，平均潮位以下以西流为主。余流以东向为主，余流值在 20 m/s 以内，洪季时受西向径流的影响局部地段出现西向余流，潮流净输沙与余流方向一致（龚文平、王宝灿，1998）。

12.2.3.2　三角洲海岸地貌和动态

南渡江三角洲地形的发育是南渡江提供的径流泥沙（还有部分海岸来沙）与琼州海峡特定的水流波浪动力条件相互作用的结果。南渡江三角洲地貌发育最显著地特点就是东部三角洲已经废弃，西部三角洲尚在活动（表 12.9）。南渡江三角洲东废西淤和向北推进受阻于琼州海峡的发展变化特点，使三角洲沿岸从东向西形成 3 种不同的海岸类型：东部为废弃侵蚀岸；北部为泥沙转运岸；西部为淤涨堆积岸（图 12.63）。

表12.9　南渡江废弃三角洲和活动三角洲地貌对比（罗宪林等，2000）

区域	废弃三角洲	活动三角洲
浅海	海底侵蚀暴露残留碎屑沉积，−5 m 等深线以内岸坡变陡	西翼向海口湾淤积发展，北部岸滩侵蚀与堆积作用交替变化
海岸	海岸平直与盛行东北浪向直交，海滩被蚀后退，潟湖泥层出露海滩潮间带，后滨沙丘带向陆侵进	海岸曲折，由弧形沙嘴或滨岸沙坝系统组成，沙坝受蚀向陆滚退，向西伸长
河口	水下向海突出地形，河口为向西伸长的沙嘴封闭或近于封闭	口外水下有突出的堆积锥体及拦门沙，河口由复杂多变的沙嘴浅滩系统组成
河道	蛇曲窄深的废弃河道，出口水道呈肘状向西弯成顺岸流	分汊的宽浅的分流系统
平原	高平的洪泛平原，平原面上多废弃河道，湖泊如星，残存有古海岸沙坝	低注的潟湖、潮坪和汊河间浅滩

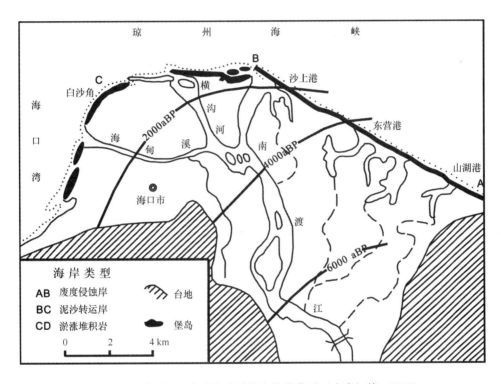

图12.63　南渡江三角洲发育阶段和海岸类型（李春初等，1997）

东部废弃三角洲海岸现已无陆域河流泥沙供给，海岸在波浪作用下表现为净的侵蚀后退。废弃历史较久的岸段（山湖港、东营港）海岸的夷平程度好，调整作用已趋于减弱。废弃历史较短的岸段（沙上港）夷平程度较低或处于较强的调整过程中，岸滩泥沙一方面横向向陆搬运，另一方面也沿岸向西纵向搬运进入北部海岸（李春初等，1997）。

西部海岸仅海甸溪有少量河流悬移质泥沙供给。由于岸线走向向 SW 方向转折，NNE 常波向浪进入本岸段海域后，沿岸发生绕射折射作用，波能逐渐减弱，加之海峡西向落急潮流进入海口湾后流速减小，北部海岸向西搬运的沿岸漂沙及海峡西向潮流夹带的悬移质泥沙易于在本岸段发生沉积作用，故西部海岸表现为净的向海淤积推进，淤进速率为 2～4 m/s（李春初等，1997）。

北部海岸是南渡江三角洲沿岸供沙量最丰富的岸段。因为目前南渡江三条入海汊河中最主要的两条分支河流—干流水道和横沟河都在此注入琼州海峡，南渡江约 80% 以上的悬移质泥沙和 90% 以上的推移质泥沙直接进入本岸段，外加东部废弃侵蚀岸每年还有约 $1 \times 10^5 \, \mathrm{m}^3$ 的沿岸漂沙进入。但是由于海峡地形的限制以及沿岸潮流与波浪动力的作用，这些泥沙不易在此聚集和停积，大多被潮流搬运带走，在 NNE 向和 NE 向波浪作用下，继续朝西和向岸搬运，造成了本岸段独特的岸滩运动和沿岸泥沙转运现象（李春初等，1997）。北部泥沙转运岸对连接东部废弃侵蚀岸和西部淤涨堆积岸起着桥梁和纽带的作用。

20 世纪 70 年代中期海口新港开挖入海航道（现为海甸溪口），人为地使它们的这种联系有所中断。70 年代以前，南渡江三角洲西部活动三角洲部分，包括沙上港和干流河口在内，共有 13 个分流口或潮流通道分泄径流，当时流势分散，各口门径流弱小。但 70 年代后，由于人为进行堵口、填湖造陆，目前仅保留干流河口、横沟河口和海甸溪三个分流口宣泄径流，这加强了这三个口门的河流动力作用。使得洪季时沿岸沙嘴溃决频繁，外泄喷流的长度加大，外泄流携带泥沙向海搬运转移的作用更强，使河口外侧的"岬角"效应更加突出，相应地使"岬角"下波侧弧形海岸的侵蚀调整较过去更加明显，沿岸泥沙向西和向岸转运的速度有所放慢（李春初等，1997）。

南渡江三角洲现代过程中，河口过程出现季节性交替变化，洪季时成为泥沙汇，枯季时成为泥沙源，泥沙通过河口转运向下游输运，其西侧的沿岸沙嘴不断延伸。南渡江三角洲海岸动态为：随着沿岸输沙率的沿程变化，河口西侧局部岸段表现为淤积，美丽沙南由于处于波浪作用隐蔽区，潮流作用又小，为主要的淤积岸段，而其他岸段都由于强大的波浪作用发生侵蚀，侵蚀现象比比皆是，整个岸段出现侵蚀岸段和淤积岸段相间分布的格局，以侵蚀为主，被侵蚀的泥沙向海口湾运移，成为海口湾东部淤积的泥沙源。

12.2.3.3 南渡江三角洲的发育过程及人类活动的影响

1）南渡江三角洲的发育过程

根据地貌、地层和沉积物 ^{14}C 测年资料，南渡江三角洲的发育始于 30 000 a. BP 前后的晚更新世，后来经历最后一次冰期时的沉积间断，约 8 000 a. BP 的全新世海侵使三角洲重新发育（王文介、欧兴进，1986）。全新世大规模海侵及其以后，南渡江三角洲经历了海侵时的溯源堆积及海侵结束后的向海进积的过程，三角洲向海推进。

冰后期后，海侵开始，海面迅速上升，侵蚀基面抬高，产生回水，河床溯源堆积，南渡江古河谷被海侵河床沙填充，三角洲中下游海侵滨海相覆盖在河床沙单元上。与此同时，海水沿南渡江河谷深槽侵入，在古河谷中下部的轴部形成溺谷沉积，其 ^{14}C 测年为 （8 520 ± 150） a. BP[①]。

大约在 6 000 a. BP，全新世海侵达到最大范围，以后海面渐趋稳定。海侵时的滨海沼泽沉积已发展到三角洲顶部。南渡江河谷沦为喇叭状河口湾。最古老的古海岸线大约在铁桥以北约 2 km 的迈雅村。6 000 a. BP 古海岸以北的河口湾则发育前三角洲浅海沉积，其 ^{14}C 测年为 （6 350 ± 130） a. BP。

大幅度海面上升终止后，河流作用逐渐加强，南渡江泥沙大量向海搬运，海岸线和河口位置开始向海推进。河流三角洲前缘砂体、三角洲平原依次覆盖在河口湾前三角洲浅海沉积

---

① 罗宪林 .1984. 海南岛南渡江波浪型三角洲的形成和演化与河口过程 . 中山大学硕士论文 .

之上，形成三角洲海退地层层序。

三角洲顶部在铁桥一带的南渡江左岸为玄武岩熔岩被，地势高，抗蚀能力强；而右岸为滨海沼泽和晚更新世中期的二级阶地，地势低，抗蚀能力差，再加上地转偏向力的作用，左岸的玄武岩成为河岸节点，迫使南渡江向右岸分水，形成北东向入海的扇形水系。当时南渡江的主要河流有流入山湖港的道孟河、流入东营港的迈雅河和现南渡江干流。当时的干流不在现南渡江位置而在迈雅河，南渡江泥沙主要从东营港入海。

各分流不断向海延伸，河口湾逐渐被南渡江泥沙淤填。道孟河和迈雅河河口率先到达河口湾外现山湖港和东营港位置。在湾外海域盛行 NW 向浪的作用下，泥沙向 NE 向搬移，形成向 NW 方向伸长的拦湾沙嘴。沙嘴背后的潟湖不断淤涨，分流河道冲缺拦湾沙嘴，河口沉积向外推移，新的拦湾沙嘴又开始形成。这样三角洲平原不断向海扩展，而每道沙嘴均代表不同时期的古海岸线。

对于许多河流作用为主形成的三角洲来说，三角洲分流改道，沉积中心转移与三角洲平原废弃的现象，主要是由于分流河道发展过长所致。而在南渡江三角洲中，波浪作用造成拦湾沙嘴发育，封堵分流河口口门则是引起南渡江入海河口更替并形成废弃三角洲的主要因素。

南渡江三角洲的废弃首先从东面开始，大约在 4 000 a. BP，道孟河口和迈雅河口已推进到河口湾外的海域。随着河口向外海暴露，湾外盛行的 NE 向波浪不断将河口沉积向西运移，口门堵塞严重，河流排水排沙不畅，河床逐渐淤浅。洪水期径流溢出河槽，洪泛沉积不断加高平原。由于分流河床和分流间平原不断淤高，进入河道的径流和越岸洪水越来越少，分流河道和平原停止发育。波浪作用开始侵蚀突出的山湖港河口和东营港河口，岸线在不断后退中趋于平直，东部三角洲平原开始废弃。

由于道孟河和迈雅河的废弃，南渡江径流泥沙则全部经南渡江干流向海排泄。南渡江向外海延伸，在新埠乡一带分成多汊入海，大量泥沙由分流进入海口湾东部。由于三角洲沉积中心向西转移到海口湾内，东部三角洲平原停止向海淤涨，在波浪作用下海岸的平直化进一步发展，沙上港河口向东营港河口突出的岸线已被削平，岸线延伸方向与波浪盛行方向垂直。波浪和向岸风将海滩物质向岸搬运，海滩侵蚀后退，滨岸沙堤加高，风成沙丘发育。

大约距今 2 000 年前，在海口湾东侧的前缘砂体逐渐出露水面，波浪塑造下形成一列自外墩村—横沟村—上白沙门村—海南大学—盐灶村断续相连的弧形海岸障壁，其内侧为浅水潟湖环境。三角洲分流冲缺至今 2 000 年前形成的海岸障壁，向海推进，形成沙上港（即干流）、网门港（即横沟河）、朝船沟、白沙门港和海甸溪等河口，并堆积了现代三角洲前缘砂体。大约在距今 1 000 年前，三角洲已形成今天的面貌。

南渡江三角洲的发育经历了河流作用为主到波浪作用为主的过程，南渡江三角洲的向海凸出，分隔了原来铺前角至新海角统一的海湾，形成铺前湾和海口湾，奠定了琼州海峡南岸的现代地貌格局。

2）人类活动对南渡江三角洲的影响[①]

由于优越的地理位置和自然条件，琼州海峡南岸是人类活动相对集中的岸段。在这一岸段上的开发活动改变沉积物的来源，或改变沉积物的供应量，或改变沉积物的搬运沉积环境，从而使海岸自然动态平衡失调，引起海岸地貌效应。人类活动对南渡江三角洲地区的影响主

---

① 龚文平. 1997. 琼州海峡南岸中部海岸演变研究. 华东师范大学博士学位论文.

要可以分为以下三个方面。

① 修建水库、河道采砂加剧海岸侵蚀后退：在南渡江三角洲流域所进行的导致三角洲地貌过程变化的工程措施主要有修建松涛水库，龙塘滚水坝以及近年来日益增加的河道采砂。随着经济建设的发展近年来采砂量猛增。河道采砂减少了南渡江向海的径流输沙，特别是推移质沙的减少。但由于河道的自动调整作用，每年仍有一定量的河流推移质沙输出口门，据估算这一量值为 $4 \times 10^4 \sim 6 \times 10^4$ m^3。从河流和海岸东部输入本岸段的推移质泥沙小于本区的沿岸输沙能力时，波浪作用必然要侵蚀岸滩或夺取岸滩横向运移的泥沙来满足其沿岸输沙能力的需要。河流输入海岸的泥沙越少，则海岸侵蚀愈甚。

南渡江干流河口至白沙角岸段为河流供沙直接接纳段，却显著后退，其主要原因即为河流供沙减少。南渡江干流河口至白沙角由于动力条件的限制，只接纳河流和东部海岸输入的推移质沙（悬移质沙一部分随海岸动力运移到较远的美丽沙西侧至海口湾东部地段沉积，另一部分则运移到外海进入海峡之中），河流推移质的减少，使岸段侵蚀和堆积失去动态平衡而被侵蚀后退。从上面的分析可知，干流河口和横沟河口西侧都存在一定范围的堆积区，然而它的分布范围不大，而随着径流扩散，河口再往西则泥沙补给量小于输运能力，海岸侵蚀。

② 围海造陆改变岸线和毗邻海域环境：在研究区进行大规模的围海造陆始于 1970 年，共有以下几个时段：1970 年围垦海甸岛，堵塞鸭尾溪；1985 年建福安牧场，堵塞朝船沟和白沙溪；1988 年于新港航道南侧吹填面积 48.4×10^4 m^2 的滨海公园用地，该用地北端紧接新港锚地；1990 年 3 月至 1992 年 5 月海口湾内的海口港深水泊位建设，利用疏浚港池的泥沙在码头东侧围海造地，以及滨海大道吹填区的施工等。它所引起的海岸地貌过程效应主要有以下几个方面：a. 建堤防护，人为简化岸线。将天然的、不规则的主要由沙坝、潟湖和浅滩组成的岸滩地形通过吹填造地改造为规则的、适合人类各种不同目的的用地，用地边缘筑防护堤，简化了岸线。b. 围垦工程堵塞部分水道，使径流和潮流分布重新调整，形成径流集中，造成河口向海凸出的"岬角"效应。1970 年以前横沟河口以西地区，外围为沙坝鸟脚沙和美丽沙，坝内为潟湖洼地。低洼地接纳大量南渡江泥沙，同时该处除横沟河口和海甸溪口外，尚有鸭尾溪、朝船沟、白沙溪等出口。出口多，径流分散，河口射流较弱，泥沙大量沉积于海甸海区，河口突出范围小。1970 年围垦以后，一方面海甸岛围垦了，不再是泥沙沉积场所；另一方面径流集中于横沟河口岸线强烈后退的岸段，河口堆积体向海凸出成为人工岬角，形成所谓的软岬角。

③ 港口建筑物向海凸出成为人工岬角，使海岸动力地貌系统发生相应的变化：研究区内有海口港和海口新港。对海岸环境产生较大影响的是海口港的建设。海口港的建设打破了海岸的自然动态平衡状况，引起一系列海岸地貌效应。

海口港从 20 世纪 70 年代中期前的 1 000 吨级港池扩展到 1992 年的 2 万吨级港池，港区向海伸突 1 300 m。同时东侧的防波堤作为码头泊位的"突堤"，成为向海突出的人工岬角，将海口湾进一步分为两个一级的海湾，这样破坏了原来的动态平衡状态，海岸动力泥沙发生调整，形成新的动态平衡状态。岬角东侧泥沙淤积，而港口西侧因西向来沙和东向来沙减少的综合作用，侵蚀分界点不断西移，以重新达到动态平衡。

12.3　南海红树林海岸

红树林海岸指热带、亚热带地区由红树丛林与沼泽相伴组合的海岸，是热带亚热带海岸一种特殊类型的生物海岸（王颖，1963；王颖、朱大奎，1994）。红树林多发育在以潮汐动力为主、坡度平缓的海岸带，也可发育在珊瑚礁海岸的礁后潮滩区，如雷州半岛西南角包西港，本文主要讨论前一种也可称之为红树林潮滩的海岸。

红树林海岸分布在河口及海湾地区，由相互交织的庞大的红树林组成，能有效地抵御台风和风暴潮的侵袭，减少海岸侵蚀，达到促淤保滩的功效。红树林海岸还是海岸带重要的生态系统，由红树林—细菌—藻类—浮游动物—鱼虾蟹贝等生物群落构成的多级净化系统，能有效地净化海水和大气。这个生态系统还能够为鸟类提供丰富的饵料和栖息地，对生物多样性提供有效的保护。据统计，在海南、广西、广东和福建四省区近 9 000 km 的海岸线上，约5 000 万人口的生存与生活质量与红树林生态系的环境资源有关[①]。另外，红树植物本身可以作为木材、薪炭、食物、药材和化工原料加以开发利用，其药物成分的开发很有潜力，在南中国海地区有药用价值的红树林植物约有 20 多种（兰竹虹、陈桂珠，2007）。

12.3.1 南海红树林海岸的分布

红树林主要分布在受到良好波浪掩护的海湾或河口湾内的潮间带泥质土壤上，南海地区红树林以海南岛为主，其次是粤、桂，往北延伸到台湾海峡两岸，南海诸岛由于缺乏泥滩，没有红树林海岸发育（表 12.10）。

表 12.10 中国南海沿岸红树植物种类和分布地点

地区	红树林面积/hm²	大陆岸线/km	红树植物种数		每千米岸线拥有红树林面积/（hm².km⁻¹）	主要分布地
			真红树植物	半红树植物		
海南省	4 836	1 528	28	11	3.16	海口、琼山、文昌、琼海、万宁、陵水和崖县等地
香 港	263	870	10	2	0.30	米埔等地
澳 门	1	44	5	1	0.02	氹仔岛与路环岛之间
广 东	3 813	3 368	14	7	1.13	福田、湛江、珠海、江门、汕头和阳江等地
广 西	5 654	1 489.6	11	4	3.80	合浦、北海、钦州、防城港等地
福 建	360	3 300	11	1	0.11	厦门、云霄、晋江和莆田等地

海南岛环岛岸线长 1 528 km，有红树林面积 4 836 hm²，包括真红树植物品种 28 种，半红树植物品种 11 种。海南岛红树林海岸主要分布在 19°20′N 以北的琼北海岸，分属文昌县、琼山县、海口市、澄迈县、临高县和儋县，其中，琼山县东寨港和文昌县清澜港是红树林发育最好的海湾。万宁、陵水、三亚等东南沿岸也有小面积的红树林分布，西海岸昌江县、东方县、乐东县等地仅有零星的红树林分布。

广东拥有大陆岸线 3 041 km，岛屿岸线 1 805 km，其中，泥质岸线 1 288 km，适合红树林生长的岸线长达 496 km（麦少芝、徐颂军，2005）。广东有红树林分布面积 3 813 hm²，真红树植物 14 种，半红树 7 种，红树林海岸分布在福田、湛江、珠海、江门、汕头和阳江等地，以福田保护区保存最好（表 12.10）。

由于各种红树林植物对环境条件中的温度、土壤理化性质、潮水淹浸高度和时间长短等

---

① 王颖编著．2003．海岸海洋科学概论（讲义）．

适应能力不同，随着生境条件的差异，红树林分布也随之变化。粤东岸段纬度较高，气温和海水温度较低，岸线曲折度小，红树林及树种分布较少（约 3.3 km²），主要分布在东莞、深圳市、惠阳、惠东和海丰等县，连片分布上千亩的只有惠阳县的澳头。粤西岸段气温和水温较高，海湾多且滩涂面积大，红树林分布面积广（约有 34.67 km²），组成种类和群落类型较为复杂，该岸段是广东省红树林生长最好的地段。主要分布在湛江市、雷州半岛、阳江、台山和珠海市等沿海地区，其中，连片分布面积上万亩的主要是湛江市的通明海，面积达千亩的有海康县的海田、雷高，廉江县的高桥，阳江县的溪头，台山县的镇海湾等地（陈远生等，2001）。由于受人为活动的影响，广东省的红树林多以小片状分布为主。

广东沿海红树林属东方类群，组成种类也较为丰富，仅次于海南沿海。根据广东省林业局 2001 年的调查，广东红树、半红树植物种共有 21 种，占世界红树林总种数的 24%，其中分布最广、面积最大的是白骨壤、桐花树和秋茄。除生长在潮水间歇淹没的海滩盐渍土壤上的海滩红树林外，还有与海滩红树林伴生的海岸半红树林，后者以非红树林植物为主，包括喜盐和耐盐的木本植物为主，这类红树林分布面积不大，常与海滩红树林相邻而成带状或小块状分布，包括 4 个群落，分别是：① 莲叶桐、水黄皮群落；② 银叶树、海漆群落；③ 海杞果、黄槿群落；④ 玉蕊 – 卤蕨群落（连军豪，2005）。

广东沿海保护得较好地段的红树林呈密集状态，枝条交错，难以通行，群落种类组成中，以抗低温（白骨壤、桐花树）广布种占较大优势（郑德璋，1997）。但由于受人类活动的影响，未经砍伐的原生林已不复存在，目前所见仅为次生林，群落外貌简单，以灌木和小乔木为主，一般高至 2~3 m，最高可达 6~7 m。

广西海岸线长约 1 500 km，岛屿岸线 600 km 以上，沿海滩涂面积 1 000 km²。沿海海湾或海河口汇合处的滩涂及其附近地区风力较弱，潮汐缓和，海潮和入海河流带来的泥沙大量堆积，适宜红树林生长，形成红树林海岸和湿地（李春干，2004）。广西红树林分布面积5 654 hm²，有真红树品种 11 种，半红树品种 4 种（表 12.10），红树林海岸分布在合浦、北海、钦州、防城港等地，保存较好的海岸红树林在广西山口红树林自然保护区。白骨壤、桐花树、秋茄、红海榄、木榄、海漆、老鼠簕和银叶树是广西红树林的主要建群种。此外，钝叶臭黄荆、鱼藤、二叶红薯、苦朗树、苦槛蓝、草海桐、海南草海桐、阔苞菊等为红树林沿岸常见的植物种类（张忠华，2007）。

目前广西有连片分布、面积大于 0.1 hm² 的红树林斑块 863 个，占中国大陆红树林面积的36.1%（李春干，2004），其中，山口、北仑河口两个保护区的红树林面积占广西红树林面积的 21.8%。在广西 1 500 km 的大陆海岸线中，平均每千米海岸线有红树林 5.6 hm²（黎遗业，2008），红树林沿整个海岸带较均匀分布，但局部相对较为集中，主要分布在茅尾海、铁山港、大风江、廉州湾、防城港东湾和单兜海，其他港湾相对较少（黎遗业，2008）。最大分布面积是位于钦州市的尖山镇，面积达 259.5 hm²，其次是位于北海市山口红树林自然保护区的丹兜海，面积为 242 hm²（李春干，2004）。此外，广西红树林分布一般由海堤向外海延伸 50~1 000 m，其外缘距海堤最远达 2 800 m 以上（李春干，2003）。

12.3.2 南海红树林海岸微环境及其演化

红树林海岸可以划分为一系列与岸平行的地带，每个带里各有特定的植物群落与地貌发育过程，而且各带的地貌演变与植物的更替交织在一起相互影响。按从海向陆顺序可分为如下几个带（图 12.64）（王颖、朱大奎，1994）。

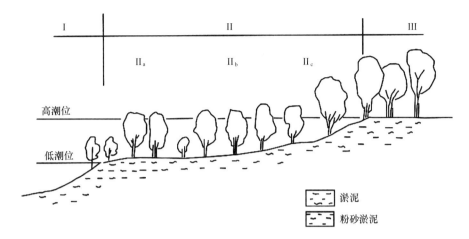

图 12.64 红树林海岸的综合剖面（王颖、朱大奎，1994）

注：I. 潮下泥滩，II. 潮间带红树林，III. 潮上带红树林（黄槿 – 海漆群落），IIa. 低潮位，白
骨壤 – 海桑群落带，IIb. 中潮位，红树 – 秋茄群落带，IIc. 高潮位，角果木 – 海莲群落带

（1）浅水泥滩带，位于低潮水位线以下，即相当于海岸与水下岸坡之上部，是淤泥质的
浅滩，海水很浅。

（2）不连续沙滩带，位于低潮线附近，是一系列被潮水沟、小河口湾或泥滩所分隔开的
沙滩。

（3）红树林海滩带，宽度各地不一，最大宽度达 30 km，但亦有的地区只有几米宽。通
常红树林区海滩带的宽度是 1 ~ 5 km。

（4）淡水沼泽带，位于红树林海滩带的后侧，而经常受到潮水的影响，它的内缘，通常
是被热带雨林所覆盖的陆地。

沿海岸滩上繁殖了红树林后，原始海岸被围封，在红树林外侧形成新的岸线。红树林形
成后，阻止了波浪与潮流，起着消能作用，保护海岸免受冲刷，并促进淤积作用。所以，红
树林形成后通常造成良好的海积环境，使岸滩不断地向海伸展（王颖、朱大奎，1994）。

红树林海岸的演变与植物群落的演替有着密不可分的关系，其总过程可概述如图 12.65
（王颖、朱大奎，1994）。

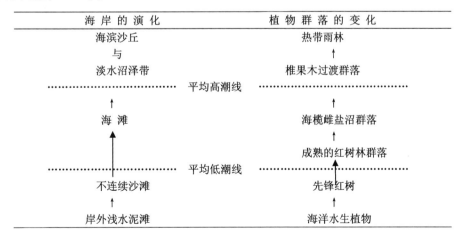

图 12.65 红树林海岸演化图示（王颖、朱大奎，1994）

先在海岸外侧的浅水泥滩上，有少量海洋水生植物的繁殖，随着红树林海岸的发育，浅

529

水泥滩逐渐淤浅，为红树林的侵入创造了条件。浅水泥滩后面是沙滩与沼泽，那里经常被潮水浸没，沙滩间是潮沟与淤泥滩地，具备了红树林生长的条件。红树种子从后面的红树林中落下，随水流漂到低潮线附近的海滩上，条件合适，幼小植物在经常为潮水淹没的沙滩和泥滩上扎根生长，幼树生出层层的支柱根，固定了浅滩。成长的红树林抵挡了风浪，改变了该地的动力条件，"网罗"潮流带来的泥沙，和植物残片一起堆积，使滩面加高。因此，红树林前缘幼林的生长不仅扩大了红树林的宽度，而且使地面淤高，滨海向前扩展。因此，滨海红树林被称为"造陆者"。

当外围生长红树林以后，加宽了潮流消能带，潮流大多沿途消耗掉，使后侧红树林逐渐变干、变淡，而向陆地转化。由先锋红树林演化到成熟红树林后，乔木根系变得非常稠密，成为高大的树林。成熟的红树"网罗"沉积物的规模更大，促进海积与生物堆积。在原来的沿岸浅水泥滩上又产生新的先锋红树阶段，也有些远离岸线处无先锋阶段，而是乔木向水中生长根系，沉积物堆在根上，沼泽慢慢向海扩展。

壮年红树林又向前推进，该处就演变为海榄雌盐沼。它有规律地被淹水或偶尔淹水，水中盐分重，积水面积变小，林间已发展出了一些草地。最后演变为椎果木、拉贡木林，称为半红树林。此时有红树植物，有硬木，也有林下植物与草类。这里通常已是潮汐不能到达的坚实的土壤与泥炭层，海岸已演化到平均高潮线以上的陆地了。这时典型的红树林已告终结。其后接着热带雨林，从地貌上看，已是滨海平原或海滨沙丘地带了。

综上所述，植物在红树林海岸中具有重要作用，植物造就了特殊的海滨条件，改变了海岸带动力因素，使陆地向海伸长。

12.3.3 南海典型红树林海岸

12.3.2.1 东寨港红树林

东寨港位于琼山县东北部、与文昌县交界处，呈一漏斗状深入内陆的半封闭港湾式潮汐汊道，长轴最大长度约 16 km，短轴最大长度约 8 km，面积近 100 km² （刘焕杰，1997）。湾内绝大部分水深小于 1 m，红树林生长茂密，有演丰河、珠溪河等小溪流入港湾。在北端有两个狭窄的潮流通道与铺前港和广海相通，潮流通道间发育一障壁岛。

东寨港东翼以陆源碎屑潮滩为主，红树林带很窄并呈断续分布；西翼和南端红树林潮滩最大宽度可超过 1 km，分布比较连续，南端人为破坏相对比较严重。东寨港是海南岛红树林潮滩发育和保存最为完好的地区之一，国家级红树林自然保护区——东寨港红树林保护区设在该地（刘焕杰，1997）。

东寨港红树林保护区总面积 3 337.6 hm²，其中，红树林面积 2 065 hm²，包括天然林 1 773 hm²，滩涂面积 1 528.6 hm²，占海南全省红树林面积的 44.5%，本区真红树林植物有 12 科 26 种，半红树林植物有 22 科 40 种，如红榄李、水椰、拟海桑、木果楝等（王胤等，2006）。

1）龙尾红树林潮滩剖面

龙尾红树林潮滩剖面位于东寨港西翼中段演丰河河口龙尾村附近，剖面全长 951 km，其中，红树林带宽 385 m，无红树林带宽 566 m（图 12.66）。DL-1 至 DL-6 为无红树林带，位于低潮滩下部至上部，宽 566 m。沉积物主要为泥质粉砂、粉砂质泥和含粉砂泥，靠近低潮

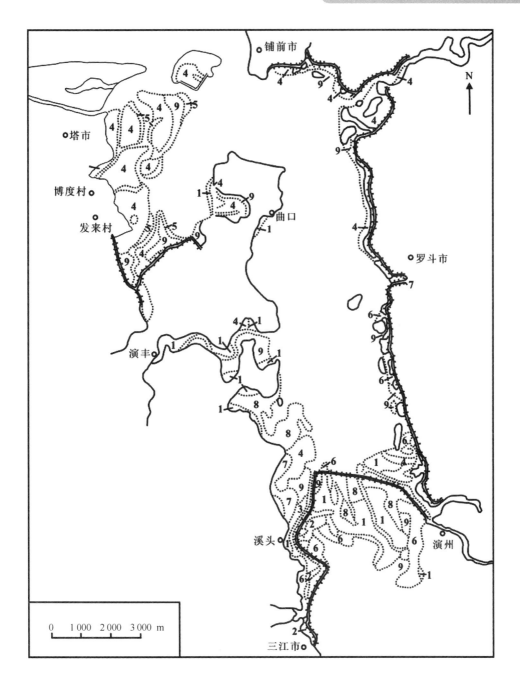

图 12.66　海南岛东寨港红树植物群落分布（刘焕杰等，1997）

1. 木榄群落；2. 老鼠簕 – 木榄群落；3. 角果木 – 木榄群落；4. 红海榄群落；5. 白骨壤群落；6. 桐花
树群落；7. 桐花树 – 角果木群落；8. 秋茄群落；9. 角果木群落

滩上部出现少量粉砂、细砂，局部含较多生物介壳碎片。发育波曲状波痕，有腹足类、蟹类、
沙蜀等生物，并有藻类生长，也见生物爬痕和潜穴。DL – 7 位于中潮滩下部，宽 24 m，沉积
物为泥质粉砂及粉砂，红树植物全为白骨壤（高度 3.0 ~ 4.0 m），林相稀疏，结构单一，覆
盖度为 50%。笋状呼吸根发达，附生有真菌。DL – 08 至 DL – 10，宽 88 m，位于中潮滩中下
部至中潮滩上部，沉积物为泥质粉砂与粉砂质泥。一种为桐花树、红海榄、角果木等组成的
双层结构林相，林相致密、参差，覆盖度可达 80%；另一种为红海榄组成的单层结构林相，
林相整齐，覆盖度达 50% ~ 60%。DL – 11 至 DL – 13，宽 223 m，位于中潮滩上部至高潮滩
上部，沉积物为粉砂质泥和泥质粉砂，高潮滩上部为含粉砂富有机质泥。红树林为角果木—

海莲群落带，以角果木—海莲为主，少量桐花树、红海榄，林相单层和双层均有出现，覆盖度超过 70%。DL-14 位于潮上带，宽 50 m，沉积物为泥。红树林全由半红树植物组成，主要有老鼠簕、黄槿，少量的卤蕨、露兜、水黄皮。林相低矮，稀疏、参差，平均高度 1.0～2.0 m，覆盖度 50%，为典型的双层结构。

2）博度村红树林

博度村红树林潮坪实测剖面位于东寨港西翼中北段、塔市博度村东侧。剖面长 1 277 m，其中，红树林带宽度 887 m，无红树林带宽度 390 m，可分为 15 个层段（图 12.67）。

其中，DB-1、DB-14 和 DB-15 为无红树林带。DB-1 带宽 70 m，位于潮间坪低潮坪下部，沉积物以粉砂质泥，含生物介壳碎屑，有较多的腹足类、双壳类及蟹类、沙蠋等生物，且有藻类生长，局部发育波曲状波痕，见大量生物爬痕和潜穴，生物扰动强烈。DB-14 宽120 m，位于潮间带高潮坪上部，沉积物为细砂，发育涨潮流形成的不对称波曲状及干涉波痕，见大量招潮蟹等蟹类及其潜穴、爬痕及粪球粒。其上蒸发强烈，盐田广布。DB-15 宽度大于 200 m，位于潮上坪拦潮堤后，人工改造成稻田，原始沉积为粉砂和泥质。

DB-2 至 DB-13 为红树林带，主要位于中潮坪，总共宽 887 m，沉积物主要为粉砂质泥，有的层段为泥质粉砂（DB-10）、软泥（DB-5）、泥质细粉砂（DB-13）和砂质泥（DB-8），生物扰动强烈，见较多蟹类潜穴。红树林带各层段覆盖度在 20%～90% 之间，见红海榄、角果木、桐花树、白骨壤等红树林种（图 12.67）。红树林带大多层段林相致密（DB-8、DB-10 和 DB-11 除外），整齐，多为单层结构。

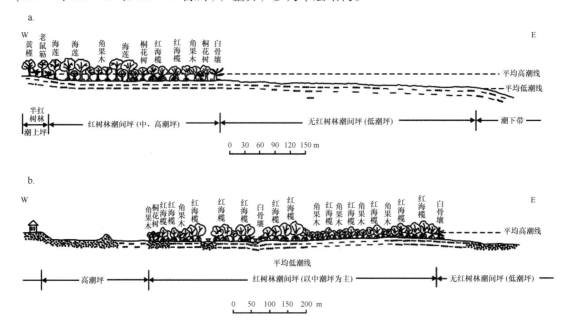

图 12.67　海南岛东寨港红树林海岸剖面（刘焕杰等，1997）
注：a. 东寨港龙尾红树林剖面；b. 东寨港博度红树林剖面[①]

---

①　笔者注：低潮位应该存在成熟红树林群落，即使低潮线附近也有少量先锋红树林存在。

12.3.2.2 广西山口红树林

山口红树林生态自然保护区位于广西合浦县东南部，是广西三大红树林自然保护区之一。保护区位于21°28′～21°36′N，109°43′～109°46′E之间，东以洗米河与广东省分界，西为丹兜港，南临北部湾，是北部湾东侧一个半岛的沿海滩涂，总面积37.07 km²，其中，西海岸26.09 km²，东海岸10.98 km²。山口红树林保护区于1990年被国务院批准建立，保护对象为红树林及其生境。

山口红树林保护区是广西海岸一个典型的红树林滩地，现有红树林面积7.07 km²，群落分布大体上从高潮线（内滩）到低潮线（外滩），土壤依次为淤泥、泥质粉砂和细砂，分别生长着木榄、红海榄、秋茄树和白骨壤等单优群落，中内滩往往是2种甚至3种混交的过渡类型，木榄群落的内侧过渡到海岸半红树林带（图12.68）。各群落特点如下。

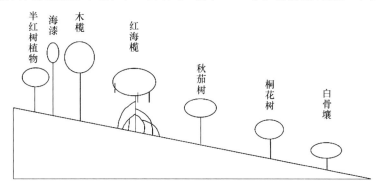

图12.68　山口保护区红树林群落的演替序列（范航清等，2005）

（1）木榄群落：沿着高潮线呈宽窄不一的带状分布。群落外貌深绿，呈小乔林，高5～7 m，覆盖度在40%～70%之间。群落的组成和结构因土壤环境不同而分别形成木榄-桐花群落和木榄单优群落等。

（2）红海榄群落：分布在淤泥较深厚的内滩至中内滩，群落结构简单，从中心分布带向外有桐花树分布，形成红海榄-桐花树群落；而中心分布带内侧则混生有木榄。该群落外貌深绿，林冠整齐平展，覆盖度达90%。

（3）秋茄树群落：主要分布于中滩至中外滩，以淤泥为主，红树林生长较好，树高可达3～4 m，覆盖度在70%以上，但由于经反复砍伐利用后呈灌丛状，平均树高为1～1.5 m，树冠呈蘑菇状或半球状，在中外滩以细砂为主的土壤生长较差，分枝低矮呈丛状。群落较为单一，树冠呈黄青色，混杂有桐花树和白骨壤。

（4）白骨壤群落：主要分布在低潮线附近，群落为灌丛状，高1～1.8 m，分枝多而低矮，多数无明显主干，基部枝条多成水平开展，树冠如伞状，气根发达。白骨壤抗盐性较强，在外滩能够首先发展起来，有利于淤积泥质和有机质，为其他红树林向外扩展创造条件。

12.3.4　南海红树林海岸的保护和管理

据统计，新中国成立初期海南、广西、广东和福建共有红树林面积42 001 hm²，20世纪60年代围海造田，红树林湿地被大量围垦，1986年海岸带林业调查显示红树林面积减少到21 283 hm²。20世纪90年代中期兴起的海水养殖业，大量有害污水汇流到红树林海域，红树林被大量侵占、毁坏，到1997年红树林面积仅存14 749 hm²（不包括台湾和浙江）（张乔民、隋淑珍，2001）。新中国成立初期海南拥有约 1 000 hm² 红树林，林中候鸟成群，林下鱼、虾繁殖，经反复砍伐和围垦造田，到目前，全省红树林面积仅余 4 000 hm²。因此对红树林的保护刻不容缓。

红树林具有重要的价值，在红树林生态系统中，海洋与陆地建立起了一种错综复杂的互惠关系，形成既不同于典型陆地生态系统，又不同于海洋生态的红树林生态区域。红树林生态系统养育着特殊的动植物群落，极大地丰富了生物多样性，并起着任何其他生态系统无法取代的生态学功能（陶思明，1999）。

红树林无论是对陆地还是对海洋，都具有极其重要的生态功能，被誉为"海上森林"、"地球之肾"和"天然养殖场"。红树林能够为生物提供重要的栖息场所，维护湿地生态系统。和其他生态系统相比，红树林湿地生态系统的物种多样性显著高于其他海岸带水域生态系统。红树林湿地生态系统具有物质循环周期短，能量流动速度快和生物生产效率高的特征，为各种生物的生存繁衍提供了物质基础。红树林是海洋生物资源的宝库之一，除了巨大的生态效益外，红树林湿地的经济价值不可忽视。保育良好的红树林生态系统可以成为食品、药品、饲料、化工原料、造纸原料等的天然采收场。红树林还是天然的绿色抗浪"城墙"，能有效保护海堤免于冲毁，减少堤内经济损失。此外，红树林还具有促淤保滩和造陆的功能，红树林通过根系网罗碎屑的方式促进土壤沉积物的形成，使海滩不断扩大和抬升。现有的红树林主要分布在热带和亚热带海岸地区，这些地区高温多雨，台风频繁，除红树林植被外，任何其他植被类型均难以在这高度盐渍化的潮间带生存，只有红树林能适应这种特殊的环境条件，形成沿海独特而壮观的风景地，成为重要的旅游观光景点和天然生态公园（陶思明，1999）。

针对红树林资源衰退的现状，迫切需要加强对红树林资源的保护。主要可以从以下几个方面加强保护与管理：① 对红树林湿地进行生态效价评估，红树林具有维护生态系统和生物多样性等重要功能，在维持海岸生态系统良性循环中发挥着不可替代作用，因此应充分评估、认识红树林的生态功能和生态价值，为红树林资源保护和管理提供科学依据。② 建立红树林保护区制度，目前国际上公认的保护红树林湿地生态系统最有效的办法是建立红树林湿地自然保护区（表 12.11）。中国目前的保护区制度和管理规范需进一步完善，同时对已建立的红树林湿地保护区要强化管理，坚决制止将现存的红树林转为农田、盐场等其他用途。③ 红树林湿地保护网络系统的建立，目前我国红树林保护管理涉及海洋、环保、林业等部门，按照行政方式各自通过行政程序对红树林进行直接管理，削弱了管理效率，因此迫切需要将红树林湿地的保护工作纳入自然保护网络系统，采用海岸带综合管理模式，综合运用行政、法律和经济手段实施一体化管理，使海洋活动中各种经济组织活动方向、活动规模和发展速度等沿着有利于科学保护、合理开发利用红树林的方向发展（傅秀梅等，2009）。

表 12.11　南海沿岸红树林自然保护区（傅秀梅等，2009）

保护区	地点	成立时间	保护面积/hm²	级别
东寨港红树林自然保护区	琼山	1980（B）、1986（A）	3 337	A
清澜港红树林自然保护区	南文昌	1981	2 948	B
青梅港红树林自然保护区	海南三亚	1989	156	C
河口红树林自然保护区	海南三亚	1992	476	C
铁炉港红树林自然保护区	海南三亚	1999	292	B
新英湾红树林自然保护区	海南儋州	1992	115	C

续表12.11

保护区	地点	成立时间	保护面积/hm²	级别
新盈红树林自然保护区	海南临高	1983	115	D
彩桥红树林自然保护区	海南临高	1986	350	D
东场港红树林自然保护区	海南儋州	1992	696	D
花场湾红树林自然保护区	海南澄迈	1995	150	D
湛江红树林自然保护区	广东湛江	1990（B）、1997（A）	20 279	A
内伶仃—福田红树林鸟类自然保护区	广东深圳	1984（B）、1988（A）	815	A
南万红树林自然保护区	广东陆河	1999	2 486	B
台山红树林自然保护区	广东台山	2000	1 500	C
镇海湾红树林自然保护区	广东台山	2000	111	D
淇澳红树林自然保护区	广东珠海	2000	1 000	C
电白红树林自然保护区	广东电白	1999	1 996	C
惠东红树林自然保护区	广东惠东	1999	533	C
程村豪光红树林自然保护区	广东阳西	2000	1 000	D
恩平红树林自然保护区	广东恩平	2001	700	C
汕头红树林自然保护区	广东汕头	2001	20 091	C
山口红树林生态自然保护区	广西合浦	1990	8 000	A
北仑河口红树林自然保护区	广西防城	1990（B）、2000（A）	3 000	A
漳江口红树林自然保护区	福建云霄	1992（B）、1998（A）	2 360	A
龙海红树林自然保护区	福建龙海	1988	200	B
泉州湾河口湿地红树林自然保护区	福建泉州	2003	7 093	B
洛阳江红树林自然保护区	福建泉州	1988	430	B
姚家屿红树林自然保护区	福建福鼎	2003	84	D
环三都澳红树林自然保护区	福建宁德	1997	39 981	C
西门岛红树林自然保护区	浙江温州	2005	3 080	A
淡水河口红树林自然保护区	台湾台北	1986	50	B
关渡自然保留区	台湾台北	1988	19	C
北门沿海保护区	台湾台南	1986		D
米埔红树林鸟类自然保护区	香港米埔	1975	380	E
合 计			123 823	

注：A. 国家级；B. 省级；C. 市级；D. 县级；E. 香港特区。

红树林生态系统具有无法替代的生态学功能，应在有效保护和管理的前提下进行适度的开发利用，以发挥其长远的整体生态价值。

12.4 南海珊瑚礁海岸（岸礁与堡礁）

珊瑚礁海岸是一种奇特的海岸，它是由珊瑚骨骼积聚而成的礁体组成。我国南海珊瑚礁海岸主要集中于海南省，华南大陆沿岸分布极为零星。

海南省（岸线长1 495 km）是我国南海沿岸珊瑚礁海岸最长的区域，西北岸、东岸和南岸都发育了珊瑚礁，珊瑚礁岸线长约200余千米（王颖、朱大奎，1994）。东岸文昌—琼海有海南省规模最大的珊瑚礁区，称沙老岸礁，长约 30 km；南岸从陵水县新村港—亚龙湾—三亚湾，珊瑚礁发育良好，类型多样；西岸在八所、排浦、洋浦、临高等地也有一定规模的岸礁发育，因人为破坏少，保存最好。除了数量众多的岸礁以外，海南省儋县的杨浦（大铲、小铲）以及临高后水湾（邻昌岛）还发育规模不大的堡礁。海南省造礁珊瑚种类繁多，仅次于南海诸岛，有石珊瑚类约 13 科 34 属 130 种（吕炳全等，1984）。

与海南省相比，华南广东、广西大陆沿岸珊瑚礁仅分布在雷州半岛西南岸、广西涠洲岛和斜阳岛海岸，面积不大，礁体发育小，厚度也小，累计礁体长约 63 km，约占华南大陆（含近岸岛屿）岸线的 1%，而且均为岸礁，没有堡礁（离岸礁）发育。由于受沿岸水文、泥沙和人类活动影响，造礁珊瑚种类少，据报道现生造礁石珊瑚涠洲岛有 48 种（含 1964 年曾见到的 13 种），徐闻县计有 42 种，比海南岛 110 种、西沙群岛 127 种（包括亚种）、南沙群岛 282 种少了很多（宋朝景等，2007）。

12.4.1 南海的岸礁

岸礁也称礁裾，是沿岸而生的珊瑚礁。通常构筑一个礁平台，略低于海平面，紧靠基岩海岸分布（王颖，朱大奎，1994）。岸礁外侧成为新产生的海岸线，内侧是原来海岸的边缘。岸礁与原来海岸间通常隔着一条深度不大的水道（深 0.3～1.5 m），水道底部有砂砾或生长着植物，水道存在是因为此处泥沙很多，不适合珊瑚生长。礁平台表面崎岖不平，其上为风浪打碎的珊瑚和散生的珊瑚块体，活珊瑚体多生长在礁平台外缘斜坡处，斜坡底部平均水深一般为 8～10 m，最小 3.5 m，最大可达 20～30 m。礁平台上常有缺口，使内侧海岸与海相通。岸礁平台的后缘常分布着由珊瑚砂砾构成的海滩，珊瑚沙滩色白而稀软，是宝贵的海岸资源。

12.4.1.1 我国南海岸礁的分带

现以海南省岸礁为例，介绍我国南海珊瑚岸礁的分带：海南省岸礁，按动力、地貌、沉积及珊瑚生长情况，可划分为 3 个带，自海向岸为：① 活珊瑚带，水深 0～-8 m；② 礁平台，即潮间带珊瑚礁坪；③ 珊瑚海滩带（王颖、朱大奎，1994）。

1）活珊瑚带

活珊瑚带即水下岸坡的范围，也是现代珊瑚丛林生长的范围。大体可分为上、下两个部分，首先为活珊瑚的上部带，范围自低潮线至水深 4～5 m，这里是海岸带激浪影响范围，属高能区，海底受波浪作用较强，水体流动性好（王颖和朱大奎，1994）。在激浪带常受一定的侵蚀作用，侵蚀珊瑚，甚至有侵蚀沟槽，但由于水深小、阳光充足，造礁珊瑚发育良好。主要有鹿角珊瑚（*Acropora*）、滨珊瑚（*Porites*）、杯形珊瑚（*Pocillopora*）、蔷薇珊瑚（*Montipora*）、牡丹珊瑚（*Pavona*）、蜂巢珊瑚（*Favia*）、菊花珊瑚（*Coniastrea*）、合叶珊瑚（*Symphyllia*）、脑珊瑚（*Platygyra*）、盔形珊瑚（*Galaxea*）、软体珊瑚、千孔螅（*Millepora*）等。这些珊瑚色彩艳丽，姿态万千。其中，枝状珊瑚占 60%～70%。由于该带水动力强，枝干较粗壮，抗浪性能好。块状珊瑚，散布于枝状珊瑚之中。各处珊瑚种属组合有所差异。东岸南岸是鹿角珊瑚—滨珊瑚组合，西岸是鹿角珊瑚与盔形珊瑚组合。珊瑚死亡后保持原生长姿态，构成珊瑚礁体的骨架，骨架之间充填以生物碎屑，形成原生礁体，礁体上满布各种生物活动遗迹和海水溶蚀洞穴。

水深 0 ~ 4 m 的活珊瑚带内藻类十分丰富（王颖、朱大奎，1994），属于红藻的有孔石藻（*Pirolithon onkodes*）、新角石藻（*Neogoniolithon*）、叉珊藻（*Jahia*）等呈皮壳状附于珊瑚礁表面，还有麒麟菜（*Euchenma*）、乳节藻（*Galaxaura*）、粉枝藻（*Liagora*）等，褐藻有马尾藻（*Sargassaceae*）、团扇藻（*Padinaaustralis*）、网胰藻（*Hydrocle thrus*）、喇叭藻（*Turbinaria*）等，蓝绿藻有海扇藻（*Vdotea*）、掌藻（*Halimeda*）、葡萄藻（*Botryococcus*）等，此外还有大量喜礁生物，如海绵、多毛类、蠕虫和海参等。

其次为活珊瑚下部带，位于水深 4 ~ 5 m 以下，至珊瑚生长的下限，珊瑚种属及规模均随水深而减少，而散落的礁块和生物碎屑、泥沙逐渐增多（王颖、朱大奎，1994）。这里水底地形平缓，波浪及流的作用显著减弱，珊瑚覆盖面积也显著减少，占海底面积 50% 以下，珊瑚种属亦少，主要是圆盘状短枝匍匐鹿角珊瑚（*Acropora Surculosa*），圆盘直径在 0.5 ~ 2 m。藻类中红藻、蓝绿藻基本与 0 ~ 4 m 的上部带相似，褐藻比上部显著减少，蠕虫和海参等生物十分发育。

现代珊瑚带特别是上部带发育有垂直海岸的沟槽，低潮附近每隔 10 ~ 20 m 有一条宽 1 ~ 3 m、深 1 ~ 5 m、呈 U 形槽剖面（王颖、朱大奎，1994）。这些沟槽向深处数条汇合成一条，沟槽二壁有活珊瑚与钙藻类，而沟底受冲刷，沟槽下部为侵蚀型，上部活珊瑚在生长，使沟槽断面逐渐减小，最后成半封闭的洞穴，在潜水观测中可将现在沟槽及消亡的沟槽清晰地辨认。珊瑚礁水下岸坡上沟槽的发育增加了现代礁体生长带的地形起伏，扩大了珊瑚生长面积，有利于底部水流活动，对珊瑚发育是有利的。

2）珊瑚礁平台

珊瑚礁平台位于潮间带，地势大体平坦，表面接近于低潮面，宽度数十米至 2 km。可分为边缘沙坝带、礁平台外带、礁平台内带 3 个亚带（王颖、朱大奎，1994）。

礁平台边缘沙坝：在礁平台外侧，珊瑚碎屑及珊瑚砂在激浪作用下而堆积。沙坝宽 20 ~ 100 m，高出平台表面 30 cm 至 1.5 m。东海岸受东北季风作用，风浪强，沙坝一般在 1 m 左右。沙坝由珊瑚礁碎块砾石堆砌成，常被垂直岸线的水道分割成一列列新月形沙坝。构成沙坝的礁块直径 1 m 至 30 cm，棱角状、大小混杂，沙坝向海斜坡是激浪带，在低潮线略低处有抗浪性强的粗枝鹿角珊瑚，蔷薇珊瑚和牡丹珊瑚等生长，珊瑚顶面受低潮面控制而齐平，珊瑚藻类将生长中的珊瑚"粘结"起来，形成表面平滑，质地结实的珊瑚礁块层（王颖、朱大奎，1994）。如果岸礁生长的潟湖内水动力条件弱（如海南岛新村潟湖内岸礁），或者礁坪的崩塌作用，边缘沙坝可以缺失或被破坏（吕炳全等，1984）。

礁平台外带：宽几十米至几百米，是紧靠沙坝的低洼带，是激浪翻越沙坝后的冲刷区，表面大体平整，潮水沟纵横，珊瑚碎屑覆盖平台表面，低潮时仍有薄水层滞留表面，水层厚 10 ~ 20 cm，礁体表面大体略高低潮面，而沟道、礁体间众多的低洼处有珊瑚及藻类丛生，主要有沙珊瑚（*Psammocora*）、杯形珊瑚（*Pocilloporara*）、蜂巢珊瑚（*Favia*）、普哥滨珊瑚（*Porites pukoensis*）等。

礁平台内带：是原生礁平台上覆盖了珊瑚砂砾层，宽度占整个礁平台的一半以上，地形平坦开阔，向高潮位高程过渡，低潮时基本干露，仅局部低洼处低潮时仍有积水，有少量珊瑚、藻类生长，平台上散布许多滨珊瑚的丘状礁，圆盘状，直径 1 ~ 2 m，高出平台表面 20 ~ 40 cm。低潮时出露，高潮时没入水中。

3）珊瑚礁海滩带

珊瑚礁海滩带是狭义的海滩，即高潮位附近，由珊瑚砂砾组成，可以背叠在基岩或其他第四纪地层（湛江组）的海蚀崖前麓，亦可是珊瑚砂砾的沙坝潟湖，海滩上有几列滩脊，滩脊后侧为潟湖沼泽，潟湖底仍为生物碎屑沉积，原为礁平台的一部分，礁平台向海发展，原平台上堆积为海滩、滩脊（王颖、朱大奎，1994）。滩脊砂粒可形成风成沙堆或小型新月形沙丘，海滩上常形成海滩岩，海滩岩顺着海滩斜坡形成，在最近两三千年来可形成若干层海滩岩与海滩沙层的叠瓦层。

12.4.1.2 南海典型珊瑚岸礁

1）排浦岸礁

排浦岸礁位于海南岛杨浦湾南岸，排浦至超头之间。排浦段岸线长约 8 km，呈 NE—SW走向，背靠北海组砂砾质海岸阶地组成的海蚀崖，崖高 15～20 m。从海蚀崖坡麓底部开始逐渐发育海滩，海滩外侧发育珊瑚礁平台，礁平台坐落于湛江系海蚀平台之上，平台宽1.8 km，自高潮线向海可分为 6 个带（王颖等，1998）。Ⅱ带—Ⅳ带属于礁平台范畴，Ⅴ带属礁平台边缘沙坝带，Ⅵ属礁平台外带，Ⅱ带～Ⅲ带属于礁平台内带（图 12.69）。

高潮海滩（Ⅰ带）：宽 50～100 m，粗砂与中砂质富含生物碎屑。海滩基部向海侧已出露潟湖相沉积，表明高潮线处的海蚀作用。

礁块砂砾带（Ⅱ带）：宽 600 m，底为湛江组，滩面由 20 cm 厚的砂砾薄层以及直径几十厘米的礁块（滨珊瑚，*Porites* sp.）组成，砾石有礁块，也有板岩、石英岩，砂砾多石英质，这些为湛江组地层侵蚀产物，堆积于平台，滩面多波痕、波浪作用显著。

藻垫带（Ⅲ带）：宽 490 m，滩面为砂砾、礁块及圆盘状的藻垫，该带中央藻垫密集，约占整个滩面的 1/5。

坚礁与活珊瑚带（Ⅳ带）：宽 400 m，在礁平台低洼有滞留水层处，有鹿角珊瑚（*Acropa*）、圆柱藻叶珊瑚（*Scapopyllia cylindrica*）、菊花圆柱珊瑚（*Goxiastrea*）、脑珊瑚（*Platygyra*）等生长，随滞水层加厚，活珊瑚数量及种属增多，滩面沉积主要为珊瑚碎屑。

低潮位碎屑沙坝带（Ⅴ带）：宽 200 m，沙坝由珊瑚砂砾组成，起伏高度 0.4～1 m。

水下岸坡活珊瑚（Ⅵ带）：宽度大于 300 m，分布至水深 –4～–6 mm。底质为青灰色粉砂淤泥、珊瑚泥及湛江组黏土物质。

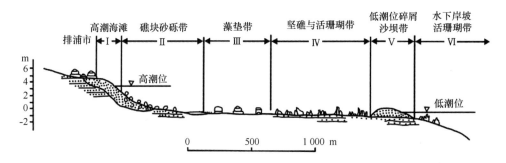

图 12.69　排浦岸礁平台剖面（王颖等，1998）

2）鹿回头岸礁

鹿回头岸礁分布于鹿回头半岛两侧的海湾，西侧位于椰庄海湾以及西洲到三亚港口门沿岸，东侧分布于小东海海湾内。鹿回头岛与大陆之间有3条连岛沙坝，组成物质为珊瑚碎屑和砂砾，人工剖面揭示底下有厚度超过4 m的原生珊瑚礁存在，年代为早中全新世，它们构成连岛沙坝的基底，目前已抬升至高潮位以上。

实测剖面位于小东海西南岸，该礁坪南半部以窄带状紧贴侵蚀海岸，北半部呈弧形发育于砂质海岸之外。南北长约1.5 km，礁坪最宽处300 m以上。分为礁缘珊瑚丛生带，礁坪带、海滩—砂堤带（图12.70）。

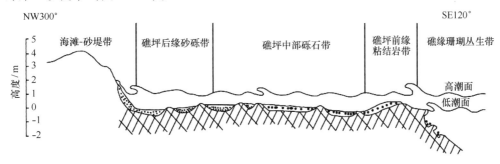

图12.70　海南岛鹿回头岛岸礁剖面（王国忠等，1979，有改动）

礁缘珊瑚丛生带：位于破浪带，自低潮面以下到3~4 m水深，水动力动荡，由各种珊瑚、水螅、海绵等生长叠积而成。珊瑚群体以圆丘状、脑状、圆盘状的滨珊瑚、蜂巢珊瑚、扁脑珊瑚和枝状、葡萄状的鹿角珊瑚为主，牡丹珊瑚和杯形珊瑚次之，灰色千孔螅和黄色、褐色八射珊瑚海鸡冠类散布于珊瑚群体之间。礁缘受强烈的海蚀作用，形成与其垂直的槽沟和坡脊相间排列。沟槽宽1~2 m，沟壁陡立，或上狭下宽。沟槽内充填珊瑚碎块、贝壳以及生物砂（王国忠等，1979）。

礁坪带：位于礁体生长带内侧，表面平坦，略有起伏，低潮时大部分出露水面，并有超过1 m的珊瑚巨砾零星散布于底面之上。底面由原生珊瑚、珊瑚与贝壳碎屑组成，向岸方向砾石减少，砂量增多，且靠海侧以卵圆形、扁圆形的块状珊瑚砾石为主，向岸侧枝状珊瑚砾石增多。本岸礁礁坪南端最狭处50 m左右，中部最宽处可达300余米。礁坪可分为3个亚带，即礁坪前缘粘结岩带、礁坪中部砾石带和礁坪后缘砂砾带（王国忠等，1979）。

粘结岩带于礁坪前缘呈弧形分布，宽40~50 m。红藻特别发育，原生珊瑚岩、珊瑚砾石和贝壳等已被红藻粘结成岩，有直径2 m的圆盘状原生滨珊瑚、蜂巢珊瑚稀疏出露。礁坪中部砾石带在低潮时外侧出露水面，内侧局部积水，深10~30 cm。底层由珊瑚砾石和介壳组成，砾径自巨砾到小砾。外侧底面上珊瑚巨砾较集中，其中，最大者长2.3 m，高1.5 m，宽1.2 m，表面生长藤壶和牡蛎。砾石间有圆盘状原生滨珊瑚等零星分布，直径2~5 m，有向岸增大的趋势。礁坪后缘砂砾带由黄灰、青灰色生物砂砾组成，靠近岸边，受拍岸浪和离岸流的影响，形成岸边洼地，低潮时水深10~20 cm。砂砾沉积中，珊瑚碎屑特别丰富，占70%以上，软体动物介壳碎屑其次，占12%，底栖大有孔虫含量相当多，占3%（王国忠等，1979）。

海滩—砂堤带：由珊瑚和介壳砂砾组成，潮间带内海滩沉积已胶结成海滩岩，总厚0.5 m，单层厚5~10 cm，上细下粗，组成3~4个韵律。海滩后缘有连岛砂堤发育，宽30 m

左右，堤顶高出海面约 4 m，向海侧坡度 9°，背海侧更陡一些。砂堤沉积物同样由珊瑚、贝壳等碎屑组成，分选性和磨圆度都较好。砂堤的粗细砂砾层相间组成韵律层，单层 20 ~ 30 cm，层面倾角变化于 10° ~ 18°之间，且都向海倾斜（王国忠等，1979）。

3）灯楼角岸礁

雷州半岛西南岸礁分布在灯楼角东西两侧海岸，西岸从灯楼角向北断续分布至区外的流沙港等地，东岸断续分布到角尾湾湾头仕寮和新地嘴等地。共计 16 处，总长 37.5 km。一般长 1 ~ 4 km，宽 500 ~ 1 000 m，最宽可达 2 000 m（赵焕庭等，2002）。

据研究，灯楼角岸礁从海向陆分成如下几个带（余克服等，2002）。

礁前斜坡带：位于礁前缘低潮位以下的斜坡地带，宽度 10 ~ 120 m，珊瑚覆盖度不超过 20%。该带在放坡村西北海域发育较宽，以鹿角珊瑚为主，珊瑚树的覆盖度可达 85% 以上（图 12.71）。共发现珊瑚 16 属 22 种。

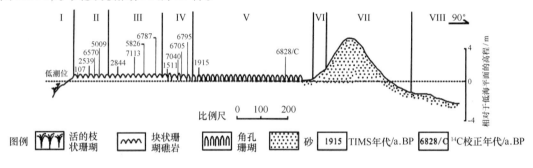

图 12.71　灯楼角珊瑚礁地貌（余克服等，2002）

外礁坪大块滨珊瑚礁岩带：宽 100 ~ 150 m，广泛分布大型块状滨珊瑚，直径 5 ~ 6 m，顶面高出大潮低潮面 1 m 左右，在一些积水洼地带，常常可看到一些小型的活珊瑚，以块状澄黄滨珊瑚为主，其次是一些蜂巢珊瑚、盔形珊瑚和多孔同星珊瑚。

中礁坪块状珊瑚混合带：宽 200 m 左右，以澄黄滨珊瑚、十字牡丹珊瑚和蜂巢珊瑚等大型块状珊瑚为主，珊瑚块体的高度降低、个体变小。其中，十字牡丹珊瑚的直径可达 8 ~ 10 m，但高度一般都不大，为 20 ~ 30 cm，少量可达 70 cm 左右。

中礁坪块状珊瑚—角孔珊瑚混合带：宽 0 ~ 120 m，该带块状珊瑚的个体明显变小，高度明显变低，向陆一侧枝状的尾孔珊瑚明显增多。

内礁坪角孔珊瑚带：宽 300 ~ 400 m，全部由枝状角孔珊瑚组成，密密麻麻地排列，覆盖度大于 90%，个体直径 6 cm 左右。向着海滩方向角孔珊瑚的厚度呈现增加的趋势。

沙坪台—海滩：宽 20 ~ 100 m，以中细砂为主，砂的成分主要为石英，含珊瑚碎屑、软体动物壳屑和玄武岩屑等。

灯楼角最老珊瑚礁年龄为（7 120 ±165）a. BP，礁坪上大部分珊瑚礁的年龄介于 7 120 ~ 4 040 a. BP，反映其成礁期主要在全新世中期海侵以来（赵焕庭等，2009）。灯楼角珊瑚演化与全新世海平面上升密切相关，距今 7 200 ~ 6 200 年时，本区已为热带气候，年平均水温 25.55℃，冬季水温 21.63℃，冬季最冷月平均水温 20.9℃，很适合造礁石珊瑚生长，本区沿岸广泛发育珊瑚礁礁坪，以角孔珊瑚为优势种，群落中同时有滨珊瑚、蜂巢珊瑚和牡丹珊瑚等造礁格架生物。6 000 a. BP 后，海平面逐渐回落，4 000 a. BP 随着海平面的回落至现今高度，珊瑚不能在礁坪上继续向上生长，转而向海侧生长。外礁坪上的珊瑚骨骼年龄较新，多为距今 2 000 年以来，说明岸礁不断向海扩展，目前仍未停止发育。

12.4.2 南海的堡礁

堡礁像一条长堤围绕着海岸外围，而与海岸间隔着一个宽阔的浅海区或者潟湖，最著名的堡礁是澳大利亚东北部长达 2 000 km 的大堡礁，它与澳洲之间隔以宽约 100 km 的浅海潟湖。离岸礁与岸礁的最大差别是礁坪后缘与陆地之间有浅水海域或潟湖相隔，礁坪后缘由于水动力减弱，往往发育砂砾质滩，富含珊瑚、贝壳等生物碎屑；再经风力作用可形成潮上带沙丘（图 12.72）。

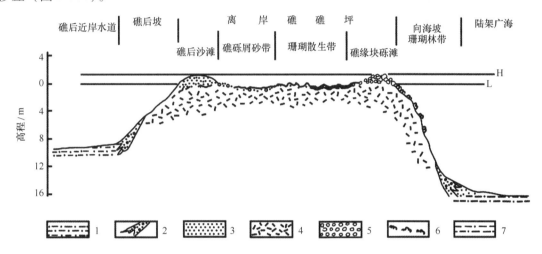

1. 砂质泥；2. 塌积物及过渡沉积物；3. 生物砂；4. 珊瑚礁；5. 珊瑚块砾；6. 珊瑚；7. 含砂淤泥
图 12.72 堡礁沉积相分布模式（据刘昭蜀，2002，有修改）

海南岛沿岸发育为数不多的堡礁，主要是儋县杨浦的大铲、小铲以及临高后水湾的邻昌岛。北部湾海域处于南海扩张带的北部边缘，沿海底断层带有大量玄武岩喷发，海底温度高，为堡礁发育提供了火山岩基底和一定的水温条件。

12.4.2.1 小铲礁

小铲礁位于洋浦鼻西侧海域，是以玄武岩岩滩为基底的离岸礁，玄武岩基底原与岸相连，全新世海侵受蚀逐渐沉没，而珊瑚礁随着海平面上升逐渐加积（王颖等，1998）。目前，小铲礁与陆地之间的水道已为珊瑚碎屑填淤，退潮时水深仅 1 m 多，但是由于涨、落潮流通过此水道，故小铲礁仍未与陆地相连。小铲礁面积 2 km²，由于优势风浪来自西南，小铲礁呈北东西南向延伸，地形北高南低，东高西低。

小铲礁礁平台自海向陆分为以下 5 个带（图 12.73）。

（1）礁平台外带。低潮时水深仅 40 cm，宽 100 m，活珊瑚附着于大石块或礁体斜坡上生长，以枝状小鹿角珊瑚为主。礁坪以陡坡与海相交。此带相当于图 12.73 的 Ⅰ 带。

（2）藻垫带。宽 500 m，直径约 2 m，高约 50 cm 的藻垫分布于礁平台上，多为软毛藻类，并多脑珊瑚，无陆源碎屑。

（3）藻垫与砾石堆积带。砾石为珊瑚礁破碎后形成，长径一般为 20 ~ 40 cm，砾石堆积向内侧增多。

（4）珊瑚礁碎屑堆积带。多为破碎的枝状珊瑚与石芝珊瑚，也有见方为 0.5 ~ 1 m 的藻垫破碎体。

（5）珊瑚砂砾滩坝。此带相当于图12.73中的Ⅲ带，宽200 m，位于高潮线附近，系激浪将礁平台泥沙携运至此堆积。滩坝高出礁平台2 m，成马蹄形围绕着一个小礁湖，堤坝的出口向东南方（洋浦鼻方向），该堤坝向海坡缓，而向礁湖方向呈现35°的自然安定角斜坡。滩坝组成小铲最高点，高程为4 m，礁湖底平坦，也有格架状褐色软体珊瑚生长。落潮时，礁湖底水深仅20 cm。

以上（2）～（4）为礁平台，相当于图12.73中的Ⅱ带，淹水时皆出现独立的活珊瑚虫，礁平台低洼处落潮时有积水。

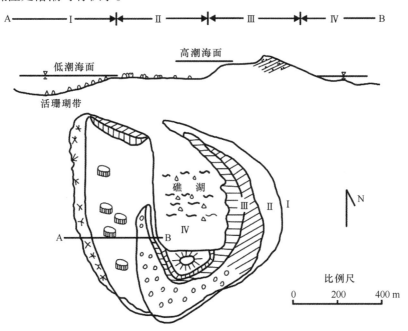

图12.73　小铲堡礁（王颖、朱大奎，1994）

12.4.4.2　大铲礁

大铲礁位于海南西北白马井及排浦岸外水深8 m处，距岸4 km，系在玄武岩礁基上发育的离岸礁，估计始繁殖于全新世早期7 000～8 000年之间。大铲礁呈NEE—SWW走向，长4.5 km，北西方向宽1.5 km，面积4.5 km²。大铲与岸隔以宽4 km、水深10 m的水域。

大铲礁发育2 km宽的珊瑚礁平台及活珊瑚带，最高点高出低潮面3.7 m。从海向陆地方向可以分出如下几个带（王颖等，1998）：① 水下岸坡活珊瑚丛带，从低潮位至大约水深－6 m，坡度约6°，生长的活珊瑚有鹿角珊瑚、足柄珊瑚、滨珊瑚、蜂巢珊瑚、菊花珊瑚、扁脑珊瑚、盔形珊瑚等；② 礁缘块砾滩，是巨大的珊瑚礁块体堆积，源于风暴浪将巨大的珊瑚块体打碎后堆积于礁平台前缘。从低潮线向高潮线依次为砾块、中砾、细砾至砂砾，宽约200 m，有几道沿岸堤（滩脊）叠加其上，滩脊组成物质为珊瑚贝壳细砾粗砂，滩脊高4～5 m，低潮时出露水面3.6 m，低潮时仍有部分干露；③ 珊瑚礁平台，宽约1 km，是珊瑚砂砾堆积，低洼处有珊瑚生长，成圆盘成簇成丘状；④ 礁平台后缘沙坝带，是大铲礁向陆一侧的沙坝带，宽约150 m，有2～3列滩脊，低潮时出露水面2 m；⑤ 礁后坡，地形上为一水下斜坡，上面发育以块状为主的各种珊瑚，至水深－5 m则不见珊瑚生长（图12.74）。

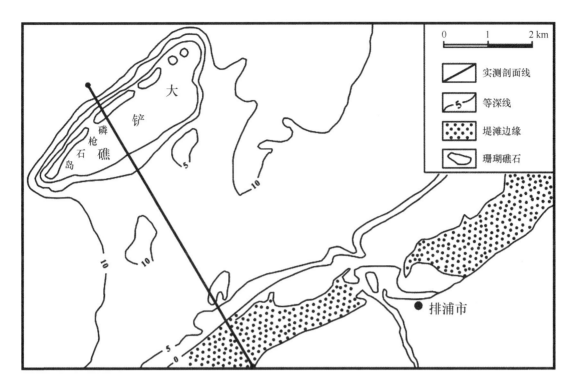

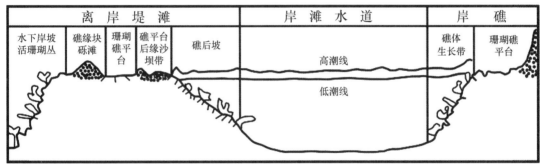

图 12.74　大铲离岸礁平面和剖面（吕炳全等，1984，有修改）

12.4.2.3　邻昌礁

邻昌礁位于琼北后水湾岸外，长 6 km，宽 1.5 km，外形成纺锤状，呈近东西向延伸，与季风漂流和局地流场有关（图 12.75）。礁平台北面向海一侧有砂砾堤分布，南侧有沙滩分布，中间为礁平台，成一浅的潟湖。

礁平台表面凹凸不平，靠礁平台内带，密布网状沟槽及起伏不平的溶蚀凹坑（图 12.75，图 12.76），礁体被肢解成各种石芽形态，有天生桥，扁豆状、长茄状以及各种瘤状形态。这些岩溶形态发育于潮间带，是海水、大气降水、地下潜水和钻孔生物共同作用的结果（曾昭璇等，1997）。表面有珊瑚盘（3.5 m×2.8 m×2.2 m）、珊瑚砾（1~20 cm）和珊瑚砂分布（陈则实等，1999）。

礁盘东南侧见有珊瑚砂、贝壳堆积的沙嘴，顶部有风成沙丘，高出水面 1~2.6 m。围绕礁盘广布珊瑚丛林，但背风面（面向大陆一侧）不发育。邻昌礁一年中绝大部分时间被海水淹没，附近海域的渔业资源十分丰富。

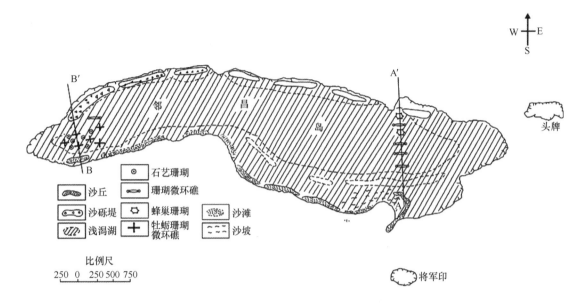

图 12.75　海南后水湾外邻昌礁平面分布（曾昭璇等，1997）

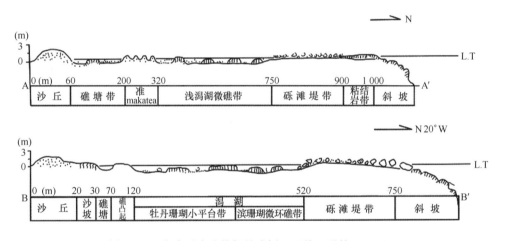

图 12.76　海南后水湾外邻昌礁剖面（曾昭璇等，1997）

12.4.3　南海珊瑚礁海岸的形成过程

据钻孔揭示，华南及海南岛沿岸礁体连续厚度很少超过 10 m，与西沙群岛永新岛珊瑚礁相比它们是很年轻的。若以珊瑚礁平均生长速率 0.1 cm/a 计，本区珊瑚礁的年龄不会超过 10 000 年，说明本区珊瑚礁是在冰后期气候回暖、海平面上升背景下形成的。目前在海南岛南岸鹿回头礁区，火岭和鹿回头岭等山麓高潮线附近存在原生礁沉积层，下部为保持原始生长状态的块状原生珊瑚礁块，上部为生物碎屑和陆源碎屑组成的砾岩层，实测沉积层厚 5 m 左右（吕炳全等，1984），火岭下测得珊瑚礁[14]C 年龄为（8 235 ± 105）a. BP，是本区到目前为止测得的年龄最老的礁体，说明南海岸礁始于全新世早期海面快速上升阶段。随着海平面继续上升，大约到距今 5000 年左右，适宜的海洋环境使海南省南岸广泛发育岸礁。如水尾岭北原生礁块测得[14]C 年龄为（5 190 ± 190）a. BP（赵希涛等，1979），火岭南麓东北礁坪内带原生礁块测得[14]C 年龄为（5 025 ± 85）a. BP（沙庆安、潘正蒲，1981），它们出现在目前海拔 1.5 ~ 1.2 m 的位置，当时海平面相对高出现今海平面 2 ~ 4 m，是 8 000 年以来海平面最高时期。这一阶段海平面上升速度大于珊瑚向上生长速度，礁体发育总方向垂直向上（曾昭璇等，1997）。至 4 500 ~ 4 700 年，海南岛西北岸在目前海滩和岸堤部位也开始出现古礁盘。

雷州半岛西南角放坡村西海岸南段内礁坪 9 个滨珊瑚骨骼[14]C 测年在 6 500 ~ 5 100 a. BP 间（宋朝景等，2007），表明华南大陆沿岸珊瑚礁也始于中全新世高海面时期。

早中全新世后，随着海平面的波动下降，原位于潮下带的珊瑚礁露出水面，逐渐停止生长，上部受到波浪侵蚀和破坏，形成原生礁上部的砾屑层，如海南省南岸水尾岭北礁坪上沉积了约 4 m 厚的珊瑚砂砾（曾昭璇等，1997）。这种下部为原生礁，上部覆盖生物碎屑岩层或砂砾层的二元结构，有人称之为"原生礁坪相"，是海平面由高到低变化的产物。晚全新世随着海平面继续下降，珊瑚礁由垂直生长变成向海扩展，在新的海岸线外潮下带形成新的现代珊瑚生长带，即原生礁坪基础上发育了现代礁坪。现代礁坪同位素年龄一般晚于 4 000 年，如沙老现代礁坪为（3 480 ± 185）a. BP，排浦礁坪为（3 542 ± 123）a. BP（吕炳全等，1984）。华南全新世晚期以来也有现代礁坪发育，宋朝景（2007）在放坡村外礁坪礁缘测得滨珊瑚骨骼年代为（1 170 ± 110）a. BP。

珊瑚礁是一个特殊的生态系统，被誉为"海上森林"，对海洋环境的变化高度敏感。由于海洋环境的恶化，海南省南岸部分海域的珊瑚已开始出现白化，珊瑚的白化即意味着死亡，珊瑚死亡连带其所支撑的珊瑚礁生态系统也跟着遭受破坏。除了海洋环境恶化引起的珊瑚死亡以外，海南省东部海岸（如文昌县的五龙岗等地）还存在盗采珊瑚礁的行为，目的是为了获取建筑用的石灰原料，因此珊瑚礁的保护刻不容缓。

12.5　沉溺的喀斯特海岸

属海蚀型基岩港湾海岸类型，海岸带处于灰岩地层发育地段。在长期的风化剥蚀过程中形成喀斯特地貌，全新世海侵受波浪作用形成石芽、石柱等丰富多彩的海蚀喀斯特地貌，喀斯特海岸一般岸线曲折，离岛众多，海水清澈，风景如画，多为旅游胜地，南海最著名的喀斯特海岸为越南的下龙湾（图 12.77）。

下龙湾沉溺喀斯特海岸位于北部湾西部，海岸线长 120 km，整个下龙湾面积 1 500 km²，包含约 3 000 个岩石岛屿和土岛，形成伸出海面的锯齿状石灰岩柱，还有一些洞穴和洞窟，因其景色酷似中国的桂林山水，因此被称为"海上桂林"。受热带气候控制，夏季湿热、多雨，冬季干燥寒冷。年平均气温 15 ~ 25℃，年均降雨量 2 000 ~ 2 200 mm，海水盐度 31 ~ 34.5，雨季稍低。1994 年，联合国教科文组织将下龙湾作为自然遗产，列入《世界遗产名录》。

区内最老的地层为奥陶—志留纪深海相的泥质、砂质板岩；泥盆系缺失；石炭—二叠纪为碳酸盐岩及煤系地层，碳酸岩层厚达 1 000 m，为喀斯特峰林发育的主要层位（茹锦文，2002）。三叠—侏罗纪为浅海相生物碎屑及煤系沉积。本区拥有二叠、侏罗两个重要的含煤层位，下龙湾附近的鸿基港是越南重要的煤炭出口基地（煤炭储量 10 × 10⁸ t）。晚第三纪以来本区经历了 2 000 多万年漫长的岩溶作用（岩溶作用需要具备 3 个共同因素，即厚的石灰岩地层、热的气候及缓慢的构造抬升），塑造了下龙湾独特的塔状岩溶，其高度、陡度以及数量仅次于桂林阳朔。第四纪冰期与间冰期的交替促进了岩溶地貌的发育，距今 7 000 ~ 8 000 年随海平面上升海湾形成，6 000 年前海平面已基本达到现在高度。由于侵蚀基准面的变化，在石灰岩中形成了一系列的洞穴系统，诸如古老的包气带洞穴、岩溶脚洞、海平面附近的侵蚀

图 12.77 越南下龙湾喀斯特海岸、海湾地貌

边槽等。岛屿中的许多岩溶漏斗,海水入侵后形成湖泊,如 Dau Be 岛中的 Ba Ham 湖等。此外,还有一些地下暗河。

下龙湾喀斯特海岸的地质遗迹具有独特的科普旅游价值,丰富的旅游资源促进了该地区旅游事业的发展,使其成为盛名远扬的世界级旅游景点。

第13章　南海海洋地貌

13.1　南海大陆架地貌

大陆架地貌是陆地地貌在水下的延伸，南海北部和南部陆架呈 NE—SW 向展布，西部陆架和东部岛架呈 S—N 向展布（图 10.3a，图 10.3b）。南海大陆架和岛架总面积 168.5 × 10^4 km²，约占南海总面积的 48.15%。南海大陆架以西南部最宽广、北部陆架次之，西部较窄、东部和东南部最窄。南海大陆架水深一般在 200~300 m 之间，地形平坦，坡度小于 2 × 10^{-3}，局部地区可见小规模的起伏和阶梯状地形（刘忠臣等，2005）。

13.1.1　南海北部大陆架地貌

南海北部大陆架西起北部湾，东至南海与东海的分界线，是我国华南大陆向南海的自然延伸，陆架区海底地形线呈 NE—SW 走向，与海岸线大致平行，地形平坦宽阔，是世界上最宽阔的陆架之一。陆架南北两端坡度较陡，中部相对平坦。中陆架—外陆架中部 60~100 m 深度所占面积最大（刘昭蜀等，2002）。从岸边至水深 230 m 的陆架坡折处，地形坡度在 0°03′~0°04′之间变化（冯文科等，1988）。不同地段大陆架宽度、坡度和外缘转折处的水深都有较大差别，珠江口西部陆架宽度明显超过东部陆架，这与珠江河口细颗粒物质多向西搬运有关。西部陆架宽度在 200 km 之上，最宽处位于珠江口偏西，宽达 310 km；东部陆架平均宽度均在 200 km 之下，最窄处只有 149 km。陆架外缘转折处的水深，自东向西增大。东部小于 200 m，最浅为 149 m。珠江口及西部海区，则大于 200 m，最深为 300 m。根据地貌和表层沉积物，可将南海北部大陆架分为内陆架和外陆架，两者分界线大致在水深 50~60 m（图 10.3a，图 10.3b）。内陆架的地形坡度略大于外陆架，内陆架坡度在 0°04′~0°05′之间，外陆架坡度在 0°03′~0°04′之间。

南海北部陆架发育水下阶地、水下三角洲、水下河谷、古海岸线、水下浅滩、水下沙波和陆架外缘海丘链等四级地貌单元（冯文科等，1988）。北部陆架区内一般可见以下四级阶地（冯文科等，1988）。

① 一级水下阶地：水深 20~25 m，在海南岛、雷州半岛以东海区，由珊瑚礁、花岗岩及玄武岩海底平台组成；在广东西部和东部开阔海区则由黏土质粉砂或粉砂质黏土组成；该阶地较为平坦，坡度为 0°01′20″，宽度在 10~20 km 之间，阶地外缘的海底地形较陡，坡度为 0°06′（图 13.1）。② 二级水下阶地：水深 45~60 m，地形较为平坦。其物质组成比近岸海区粗，由细粉砂及细砂组成，含重矿较多。在大河口外，该级水下阶地分布着河床相或高能环境下形成的粗砂及细砾，同时夹有多种潮间带的生物化石以及沉溺的古海滩岩。③ 三级水下阶地：水深 80~100 m，地形平坦，坡度在 0°01′~0°02′，是南海北部大陆架形态最为典型的水下阶地。分布范围东部在 30 km 左右，向西变宽到 70 km，在珠江口宽度达 80 km 以上。阶地表面分布着地形起伏 1~4 m 的沙垄、沙坝、洼地及水下古河道等残留地貌。该级阶地沉积

物较粗，为粉砂、细粉砂、中粉砂，有时为中砂、细砂，且常见珊瑚、贝壳碎片，并夹有潮间浅滩环境的生物化石，应属晚更新世低海平面时期高能环境下塑造而成。④ 四级水下阶地：水深 110～140 m，地形平坦，是本区离岸最远、水深最大的阶地，东西延伸很广，南北延伸 7～15 km，物质大部分为砂质。

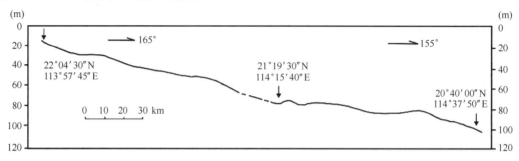

图 13.1　珠江口外内陆架和外陆架上部地形剖面（冯文科等，1988）

珠江、韩江、漠阳江和鉴江等河流出口处，均有水下三角洲发育。例如，珠江水下三角洲从岸边到陆架边缘，构成一系列相互叠置的三角洲体系，水深 20 m 以内为现代水下三角洲分布的范围，水深 20～60 m、70～100 m 分别存在两期古水下三角洲，水深 110～200 m 是南海北部陆架上规模最大、时代最老、离岸最远的水下古三角洲，它构成陆架外缘向南突出45～50 km 的扇形体。又如韩江水下三角洲，其前缘可达水深 25～30 m，地形坡度 0°04′，三角洲边缘与外海平坦海底有明显的坡折。

珠江口外 50 m 水深以外发现多条古河谷，向南、向东延伸至陆架外缘。如珠江口海区高栏岛正南方向水深 22 m 的海底，发现 6 m 以下有一古河谷，谷深 7 m，宽 150 m，古河谷横剖面形态不对称，谷底为泥沙所填充，类似埋藏古河谷在鉴江口、漠阳江口也有发现（冯文科等，1988）。在水深 50 m 以外的海区，古河谷呈长条状的负地形出露海底，说明那里现代泥沙堆积较弱，或尚未接受沉积。

北部陆架海底有一系列古海岸线。古海岸遗迹保存较好的有三条：－20 m 古海岸线在粤西、北部湾海区较明显（陈俊仁等，1985），海底地形在此发生坡折，并断断续续地分布着古沙堤、古潟湖、连岛沙坝等古微地貌形态；－50 m 古海岸线遗迹保存较好（陈俊仁等，1983），粤东、粤西、海南岛、北部湾断断续续都可以见到该古海岸遗迹；－130 m 古海岸线仅在珠江口盆地外发现。据 [14]C 测年，三条古海岸线的年龄分别为 8 000 a. BP、11 700 a. BP、13 800 a. BP。

外陆架平原水深 100～200 m 常见沙波与沙丘。沙波通常高 3～10 m、宽 1～30 m，横断面不对称，外侧平缓内则陡，脊线呈 NE—SW 向展布，按形态大小分为沙纹、沙波和沙垄。沙丘有的以单体存在、有的则成群分布。多个沙丘紧密排列时，沙丘的宽度一般为 900～2 000 m，长 3 000～6 000 m，相对高差 3～7 m，最大可达 8 m。形体不对称，一般南坡平缓（0°30′56″～1°08′45″），北坡较陡（0°08′45″～2°24′18″）。单体沙丘呈孤丘状，通常南、北坡对称，内部结构比较复杂，上部多为交错层理，沙丘坡面上发育有沙纹和小型沙波（许东禹，1997）。

陆架东部还发育多处水下浅滩，以台湾海峡南侧的台湾浅滩规模最大（图 13.2）。台湾浅滩东西长约 250 km，南北最宽约 130 km，面积约 8.8×10^3 km²，西部水深在 30～40 m 之间，东部水深小于 20 m，最浅约为 8.6 m。台湾浅滩受黑潮暖流、南海暖流、闽浙沿岸流的影响，各流系水团携带的悬浮颗粒在此发生交汇、沉降导致沉积物及絮凝体类型多样化，悬浮体中轻矿物有石英、长石、白云母等（方建勇等，2010）。台湾浅滩沉积物中微体生物如有孔虫和硅藻都很少存在，因为在高能环境下，这些生物都不易生存。沉积物中贝壳碎片较为丰富，且磨圆度较好，这些贝壳不是原生的，而是残留或其他地方搬运来的厚壳状底栖生物壳体（石谦等，2009）。

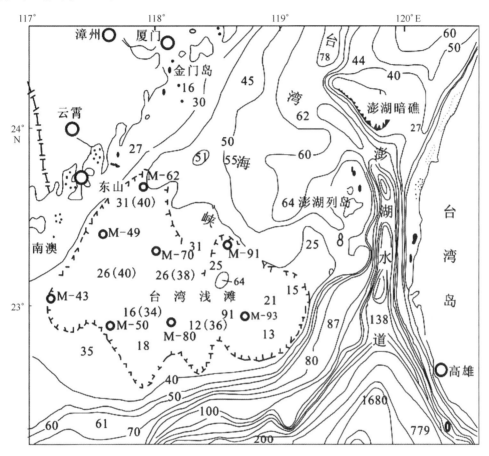

图 13.2　台湾浅滩范围及水深（石谦等，2009）

陆架外缘东起澎湖列岛西到北部湾口外，分布串珠状排列的海丘链（刘昭蜀等，2002）。这些海丘比邻近海底高出约 200 m。如水深 12 m 的神狐暗沙即为典型代表，它比邻域高出180 m。该列隆起呈 NE—SW 向延伸，多由孤立的小海丘组成，构成陆架边缘与上陆坡内侧的一列海丘链景观。

13.1.2　南海西部大陆架地貌

南海西部陆架北起北部湾南端，向南延伸至越南湄公河口区域，陆架等深线随中南半岛呈 "S" 形展布，南、北两端宽，可达 52 km，中间窄，仅 20 km，陆架坡度一般为 10′~22′。陆架向陆一侧地形较陡，向外逐渐变缓，陆架边缘位于水深 200~350 m 处，往外过渡为地形复杂的陆坡地貌。

南海西部大陆架地形比较平坦，地貌类型简单。水深 0~100 m 的近岸地带，一般宽10~20 km，地形坡度在 0.070/1 000~0.105/1 000 之间。在近岸带小岛屿附近有大量浅滩发育。这些浅滩面积较小，为 1~2 km²，水深高差通常在 10~30 m 之间（刘忠臣等，2005）。

北部在岘港东南水深 50 ~ 100 m 之间有沃勒达浅滩①，南部在湄公河口东侧 30 ~ 50 m 水深之间有阿德若拉勃浅滩、罗伊恩比歇普浅滩、班斯杜浅滩、沃勒斯浅滩、嘎鲁浅滩，卡特威克列岛北侧有龙孙浅滩，估计水深在 70 ~ 100 m 之间（图 10.3）。至水深 100 ~ 300 m 的远岸海域，地形更为平坦宽阔，南部和北部平均坡度仅为 0.10%，表层沉积物为黏土质粉砂；中部平均坡度为 0.17%，表层沉积物为细砂。

在南海西部陆架的东南部水深 300 ~ 350 m 处的陆架外缘，形成一段地形较陡的狭长区域，称之为陆架外缘斜坡（刘忠臣等，2005）。斜坡长近 200 km，宽 20 ~ 45 km，平均地形坡度为 0.47%，明显比陆架平原区域陡。另外，在湄公河东南水下发育陆架浅谷。

13.1.3　南海南部大陆架地貌

南海南部大陆架由南海最广阔的巽他陆架和加里曼丹北部陆架组成，面积 115.1 × 10^4 km²。陆架地形西宽东窄，纳土纳岛附近最宽达 700 km，向东至加里曼丹北部陆架宽度降低至 300 ~ 400 km。陆架上岛屿、浅滩、暗礁众多，西部区域主要有昆仑群岛、两兄弟群岛、罗耶利斯特浅滩、斯考凡尔浅滩、沙勒特浅滩、纳土纳群岛、亚南巴斯群岛等，中部区域有曾母暗沙群，南康暗沙，北康暗沙群，东部区域浅滩众多，有查姆普延浅滩、萨马兰浅滩、沃嫩浅滩、萨腊森沙洲和班伯里浅滩等。曾母暗沙为大陆架上的暗沙和暗礁群，构成我国最南端海疆。

巽他陆架西部平坦宽阔的陆架平原与中南半岛（如湄公河）、马来半岛、加里曼丹岛（如卢帕尔河）上的河流携带的大量陆源碎屑物质充填堆积在陆架上有关。同时，曾母暗沙岛礁带也产生大量海洋生物碎屑，充填在古曾母盆地南部，同样形成平坦的陆架堆积平原。而加里曼丹北部陆架则相对较窄，外缘水深 70 ~ 120 m，宽度 44 ~ 160 m。但在水深 50 m 以内地形变化较为复杂，有众多的浅滩和沟谷分布浅滩的长轴顺岸排列，有的出露水面成为岛屿。

南部陆架平原上发育有水下阶地、古河道、古水下三角洲扇形体等多种海底地貌。在宽阔平坦的陆架上，一般可见到三级水下阶地。南部陆架上还发育众多古河谷，呈树枝状展布，最长的 750 km，一般宽 3 ~ 5 km，切割深度 20 ~ 30 m（刘忠臣等，2005）。在卢帕尔河口外、纳土纳群岛与南纳土纳之间、北纳土纳群岛与亚南巴斯群岛之间均有海谷分布，它们呈 NE 向或 NW 向延伸。它们系由更新世古巽他河流切割形成，全新世海侵淹没逐渐演化成今天陆架上的古河谷。另外，陆架西北部湄公河口外，发育一系列相互叠置的古三角洲，分别位于水深 10 ~ 15 m、25 ~ 30 m 和 40 ~ 50 m，其上有沙垄、沙滩和沟谷分布。古三角洲呈扇形，规模自浅到深，由大逐渐变小。自晚新生代以来，在河口形成互相叠置、自深到浅为左旋的扇形体。

13.1.4　南海东部岛架地貌

南海东部岛架始于台湾岛以南，由吕宋岛、民都洛岛、巴拉望岛等岛架组成，面积约 4.8×10^4 km²。民都洛岛以北，岛架外缘受吕宋海槽东缘断裂控制，呈狭窄的 SN 向带状分布。民都洛岛以南，受南沙海槽南缘控制，转为 NNE 向狭窄带状分布。东部岛架狭窄且坡度陡，是南海最狭窄的陆架，由于菲律宾群岛山脉逼临北吕宋海槽、西吕宋海槽、马尼拉海沟，

① 根据孙洞秋绘制的南海及附近海域地形图判读。

海岸陡峭，造成沿岸浅水陆架区很窄。

吕宋岛的西部岛架外缘坡折线水深大约为 100 m，部分地段仅为 50 m；岛架的宽度为 1.6~13.5 km，地形较陡，坡度变化在 1.1%~3.3% 之间（刘忠臣等，2005）。民都洛岛西岸外缘坡折处水深 100~200 m，宽 3~14 km，坡度 0.29%~13.02%。巴拉望岛的西北部岛架，自卡拉棉群岛经巴拉望岛至巴拉巴克岛，全长约 615 km，岛架外缘坡折线水深很浅，一般只有 20~50 m，岛架的宽度在 23~63 km 之间，地形非常平坦，坡度在 0.06%~0.12% 之间。岛架上发育大量的浅滩，巴拉望岛西南陆架水深接近 100 m，还发育暗沙和岛礁。另外岛架上发育数条海谷，垂直或平行海岸分布，长度较短。

13.1.5 陆架岛屿和海峡

13.1.5.1 南海北部陆架岛屿——涠洲岛

南海陆架上分布有多座陆架岛屿，如中国的海南岛和涠洲岛、越南的昆仑岛、印度尼西亚的廖内群岛、亚南巴斯群岛、纳土纳群岛和淡美兰群岛等。现以涠洲岛为例描述南海陆架岛屿的特性。

涠洲岛（20°50′~21°10′N，109°0′~109°15′E）又名大蓬莱、涠洲墩和马渡等，分布于北部湾大陆架水深 20 m，距北海市直线距离 48 km。因属水围之洲，初名"围洲"，后演变成"涠洲"。涠洲岛是南海北部湾中最大的岛屿，呈椭圆形，南北长约 6 km，东西宽约 5 km，陆域面积约 24.98 km²，海岸线长 24.6 km，潮间带面积 3.47 km²（杨文鹤，2000）。地势南高北低，海拔高度在 20~40 m 之间，最高点海拔 78.6 m。

涠洲岛位于喜山运动形成的雷琼地陷的凸起部位，成型于第四纪湖光岩组火山岩喷发时期。岛的基底为第四纪更新世橄榄玄武岩。涠洲岛由第四纪玄武岩喷发作用形成，第四纪初受块断作用影响，北部湾下沉，海水入侵，因而该岛沉积中具有海陆交互相地层，此时有局部的小规模火山喷发。早更新世晚期，海水逐渐消退，涠洲岛露出海面；中更新世至晚更新世，北部湾凹陷全面沉降，海盆继续扩大，海水进入北部湾沿岸，涠洲岛被海水淹没。岩浆活动频繁，发生多次的火山喷发活动，期间又出现多次的地壳快速升降运动。晚更新世后期，出现全球性海平面下降，涠洲岛完全露出海平面，处于风化剥蚀。全新世高海面阶段，海水淹没到涠洲岛沿岸海拔 6~7 m 的位置。全新世中期以来，海平面上升速度减慢而趋于稳定，在涠洲岛的北部及东部波影区开始沉积，在沿岸形成沙坝—潟湖沉积体系及珊瑚礁等，直到形成现在的涠洲岛。

涠洲岛海积地貌主要包括沙堤、古潟湖和现代海滩（图 13.3~图 13.6）。海滩—沙堤主要分布于涠洲岛北部西角、北港到横岭之间的沿岸地带，滴水村到竹蔗寮也有分布，南湾西海岸有零星分布。其中，沙堤由于形成的年代不同，又可以分为老沙堤、中沙堤和新沙堤（亓发庆等，2003）（图 13.4）。新沙堤位于沙堤向海一侧，与海滩相连。风浪较大的海岸，海滩与沙堤之间往往有 20~30 cm 高的侵蚀陡坎。新沙堤一般高 2~4 m，宽 30~250 m，向海一侧坡度较陡，向陆一侧比较平缓（图 13.5a、b）。根据测年资料，新沙堤一般形成于 2 500~1 300 a.BP，属晚全新世。中沙堤高 4~15.8 m，介于新沙堤与老沙堤之间，同样向海一侧坡度平缓，向海一侧坡度缓。上部沉积物为灰白色中细砂，中部为中—细粒海滩砂岩，下部为生物碎屑海滩岩（图 13.5d），显示海滩的进积过程。中沙堤年代介于 4 100~2 600 a.BP，也属全新世晚期。老沙堤位于中沙堤向陆一侧，或与干涸潟湖相连，或与火山碎屑岩

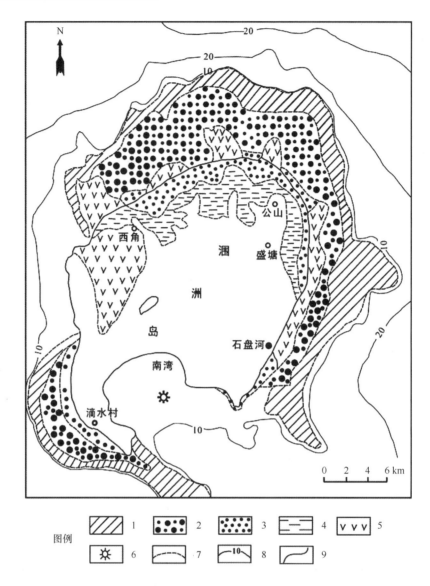

图例   1   2   3   4   5   6   7   8   9

图 13.3   涠洲岛地貌和沉积相分布（王国忠等，1991）

1. 原地礁岩相；2. 礁坪相；3. 海滩—沙堤相；4. 潟湖砂；5. 玄武岩；6. 火山口；7. 岩相界线；8. 等深线；9. 海岸线

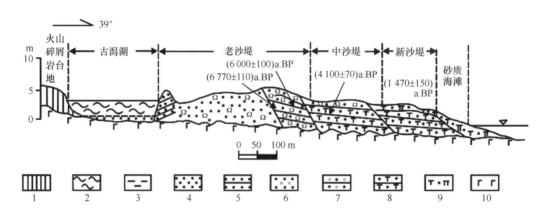

图 13.4   涠洲岛苏牛角坑海岸带实测剖面（亓发庆等，2003）

1. 红土；2. 淤泥；4. 砂；5. 海滩砂岸；6. 含生物碎屑岩；7. 生物碎屑海滩岩；8. 珊瑚碎屑海滩岩；9. 珊瑚、
    贝壳碎屑砂；10. 玄武岩

台地相连。由于人工种植以及挖矿，原貌遭到很大的破坏。老沙堤由土黄—中黄色中细砂、土黄、灰黄、灰白色生物碎屑砂和海滩岩组成，年代介于 6 700 ~ 6 900 a. BP 之间，属于中全新世早期。老沙堤沉积物与新沙堤比起来，明显泛黄（图 13.5c）。

　　沙堤向海一侧为海滩一般宽 100 ~ 300 m，长 15 km，滩面坡度较陡，可达 5° ~ 10°（图 13.5a）。物质组成为石英砂、生物碎屑和玄武岩碎屑。古潟湖一般宽 100 ~ 600 m，位于沙堤的后缘，向陆一侧与火山岩台地残坡积红土相邻，沉积物多为黏土，表面平坦，现多被开辟成为耕地。位于西角的相思湖原为古潟湖，现已修筑成水库。

图 13.5　涠洲岛北部海岸带地貌

a. 涠洲岛北部海滩—沙堤地貌与侵蚀陡坎，新沙堤上广种木麻黄；b. 新沙堤中的低角度交错层理，上部细的均一的为风成沙丘物质，下部粗的含珊瑚碎屑的为海滩物质；c. 涠洲岛北部老沙堤及被破坏的植被；d. 涠洲岛北部古海滩岩，已被当地村民用作建筑材料；e. 南湾猪仔岭海蚀洞及前缘海蚀平台；f. 位于北港的玄武岩岩滩，玄武岩显示球状风化，低洼处充填砂砾、细砂和生物碎屑

　　涠洲岛珊瑚礁发育，造礁珊瑚有 21 属 45 种（黄金森，1997），但是分布不均匀，发育程度极不相同。北部沿岸珊瑚礁发育最好，属成年期岸礁。珊瑚礁坪台位于水深 2 ~ 4 m 间，宽 300 ~ 1 000 m，底质由砂砾屑和礁岩组成。活珊瑚位于水深 4 ~ 10.5 m，礁块和活体珊瑚群直

径不超过2 m，活珊瑚向深处逐渐减少。珊瑚礁相的优势属种包括匍匐状鹿角珊瑚、块状滨珊瑚、蜂巢珊瑚、扁脑珊瑚和牡丹珊瑚，此外广泛发育软珊瑚、软体动物和海绵、海参等喜礁生物（王国忠等，1991）。礁后沙堤—海滩—水下沙坝沉积体系普遍发育较好，宽约200 m，由中—细砂组成，其中，介屑含量占优势。

涠洲岛西南滴水村岸外发育珊瑚岸礁，珊瑚礁各相带齐全。海岸沙堤沉积体系由三道平行海岸排列的沙堤组成，堤高1.5～1.6 m，自岸向海沉积物由砾砂层变为细砂层，其组分以介屑、珊瑚屑为主（王国忠等，1991）。礁平台水深3～4 m，宽400 m，以枝状鹿角珊瑚为主，覆盖率大于90%。原生珊瑚相位于水深5～13.4 m，上缓下陡，以匍匐状珊瑚为主，其次为直径2～3 m的块状、丘状蜂巢珊瑚和滨珊瑚，覆盖率达70%。水深13 m以下为礁前砂相，由宽广的基岩平台组成，基岩凸起处生长直径10～20 cm的块状珊瑚群体，以蜂巢珊瑚为主。

涠洲岛东南石盘河一带的岸礁，岸边由基岩和残—坡积组成，潮间带基岩裸露，外侧发育水下沙坝，自岸向海，岩屑骤减，而珊瑚屑和介屑增加。水深4～8.6 m发育礁平台和原地珊瑚礁，以菊花珊瑚和蜂巢珊瑚为主，直径30～100 cm，枝状鹿角珊瑚较少。砂样组分以生物碎屑为主，且珊瑚屑超过介壳屑，陆源碎屑仅占6%。

西部大岭脚和南湾港内属陡崖海岸，珊瑚礁发育不好。悬崖直逼水边线，岸边堆积基岩漂砾，岸外水深4 m多的基岩台阶上，稀疏生长着直径20～30 cm的蜂巢珊瑚、滨珊瑚和鹿角珊瑚等群体，但未能发育成礁。基岩沟槽内充填白色珊瑚碎屑、介壳碎屑和陆源砂。

涠洲岛的海蚀地貌相当发育，多见于涠洲岛的南部，可分为海蚀崖、海蚀柱、海蚀平台、岩滩等地貌类型（图13.5e、f）。海蚀崖高20～50 m，沿陡崖海蚀洞十分发育，涠洲岛共有海蚀洞35个，海蚀洞宽窄、大小、高低和深浅不一，形态各异。最著名的贼老洞，洞深21.4 m，高4 m。海蚀平台呈狭长的带状分布在涠洲岛高岭—大岭—石螺背、蕉坑—滑石嘴—南湾猪仔岭周围、湾仔—石盘滩一带。涠洲岛岩滩断续分布于东岸的石盘滩、石角嘴，北岸的北港（图13.5f）及西北岸的西角、后背塘的潮间浅滩。呈长条状，退潮时出露，长300～1 000 m，宽40～100 m。岩滩由玄武岩及沉凝灰岩组成。由玄武岩组成的岩滩，表面常见基岩突起和大小不等的岩块，在低洼处常常充填细岩砾、砂砾和生物碎屑，玄武岩具球状风化特征。由沉凝灰岩组成的岩滩较为平坦，松散沉积物亦较少（亓发庆等，2003）。

火山地貌广泛分布于涠洲岛，分为火山碎屑岩台地和火山口地貌。火山碎屑岩台地主要由橄榄玄武岩、凝灰质火山角砾岩、沉凝灰岩和凝灰质砂砾岩等火山碎屑岩组成，地层产状平缓，具交错层理。涠洲岛火山碎屑岩台地面积有20 km^2，火山喷发后因构造抬升而形成。涠洲岛火山碎屑岩台地呈现南高北低的趋势，围绕南湾的陡壁为台地的最高处，最高点位于西拱手，向北、西、东方向逐渐降低，坡度平缓。由于地表径流和风化作用，火山碎屑物质形成残坡积及风化红土，在地表形成略微起伏不平的小丘（亓发庆等，2003）。

火山口是火山喷发的出口，平面上呈圆形、椭圆形。火山喷发时首先是气体把上覆岩层冲破，形成火山口，然后是深部火山物质从火山口喷出，堆积在火山口周围构成高起的环形火山垣，使火山口成为封闭式的漏斗状洼地，内壁陡峭，中央低陷，口内有积水则成为火山湖。涠洲岛有3个火山口，分别为南湾火山口、横路山火山口和鳄鱼山火山口，以南湾火山口规模最大，为主火山。由于风化和侵蚀作用，火山口原始地形保存不完整。南湾火山口位于涠洲岛南湾海域水下，长1 500 m，宽度大于1 340 m。火山口内壁十分陡峻，并有向中央倾斜的趋势。环火山口周边，湖光岩组（Q$_{3h}$）凝灰质砂岩中发育放射状或环形正断层。横

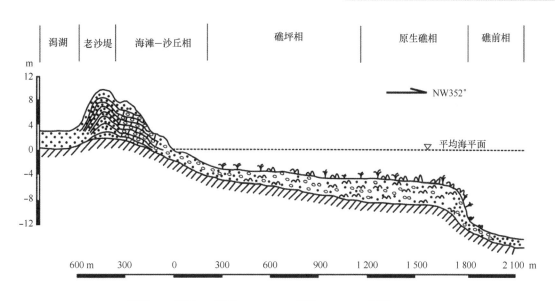

图 13.6　涠洲岛珊瑚礁生长剖面（王国忠等，1991）

路山火山口位于涠洲岛青盖岭，长 100 m，宽 50 m，火山口中心分布侵出相岩石，并发育放射状、柱状节理和火山集块岩。鳄鱼山火山口位于涠洲岛鳄鱼山半岛前缘，长 720 m，宽 600 m，近火山口出露淬碎岩，火山口周围分布火山弹、火山集块岩和岩枕、石龙构造。石龙构造是岩浆在地表流动而呈蜿蜒伸长的熔岩流，鳄鱼山所见石龙长约 10 余 m，高约 0.5 ~ 1.0 m，从鳄鱼山深入大海，犹如巨龙饮水。

13.1.5.2　南海北部陆架海峡——琼州海峡

琼州海峡位于雷州半岛与海南省之间（20°00′ ~ 20°20′N，109°55′ ~ 110°42′E），地处雷琼坳陷中部，是我国仅次于台湾海峡和渤海海峡的第三大海峡，也是我国陆架上最深的潮流水道。海峡东西长约 80 km，南北宽 20 ~ 38 km，海域面积约 2.4 × 10³ km²。琼州海峡地质构造上属雷琼凹陷带，北部以黄坡—界炮断裂为界，南部以海南岛北部的王五—文教断裂为界，东西向断裂构造奠定了海峡的基本轮廓，冰后期海侵及潮流侵蚀最终将琼州海峡塑造成现今地貌。

1）琼州海峡水动力条件

琼州海峡属正规或非正规日潮，潮波受粤西海域和北部湾潮波系统的双重影响，兼有前进波和驻波性质。海峡南岸西侧潮差较大，澄迈角以西为 1.77 ~ 1.89 m；东段潮差较小，澄迈角以东为 0.83 ~ 1.1 m；北岸潮差亦较小，海安为 0.82 m。由于"狭管效应"，海峡中央深槽流束集中，流速较大，表层流速最大可达 7 kn。

海峡东部口外主浪向冬半年为东北至东北偏东，夏半年为东、东南偏东和南，平均波高 0.9 ~ 1.0 m，平均周期在 3.5 ~ 4.2 s 之间，最大波高 9.8 m；海峡西部口外浪向为西南、西南偏西和北，平均波高 0.57 m，平均周期 3.4 s，最大波高 5.0 m。海峡南岸东段波浪主要方向为东北偏北、东北偏东和北，平均波高 0.66 m，平均周期 3.55 s，最大波高 2.4 m；海峡南岸西段波浪主要方向为东北、东北偏东、北和西北，平均波高 0.2 ~ 0.6 m，最大波高 7.6 m。海峡北岸波浪作用很弱，根据海安港波浪分析，主波向为东南、南和西南，1 m 等深线处平均波高约 0.26 m。

琼州海峡南北两岸有一些中、小河流汇入海峡水域，但总径流量和泥沙来量不大。如南岸的南渡江年径流量为 6.0×10^9 m³，泥沙输出量为 3.5×10^5 t，文澜河年径流量为 1.4×10^8 m³，泥沙输出量为 2.0×10^4 t（表 13.1）。

表 13.1 琼州海峡主要河流径流量和泥沙输出量（王文介，2007）

河流	年径流量/m³	泥沙输出量/t
南渡江	6.0×10^9	3.5×10^5
花场湾诸河	1.5×10^8	1.4×10^4
文澜河	1.4×10^8	2.0×10^4
大水桥河	8.0×10^7	3.0×10^4
小计	6.37×10^9	4.14×10^5

2）琼州海峡地貌

海峡为一近 E—W 向的潮汐水道，根据地貌形态，可将琼州海峡分为三部分，即西部潮成三角洲、中央潮流深槽区和东部潮成三角洲。中央深槽区水深超过 25 m，有多个水深超过 100 m 的深潭，最大水深可达 160 m，以 −50 m 等深线圈围的中央深槽长度可达 67.5 km（图 13.7）。中央深槽的底质最粗，主要由砂砾、砾砂以及中粗砂组成，前者还包含珊瑚贝壳（图 13.8）。它们来源于"湛江组"地层或玄武岩和珊瑚礁的侵蚀，由于"湛江组"地层成分复杂，因此在高速潮流作用下由于地层岩性不同造成差异侵蚀，使深槽底部地形崎岖不平（王文介，2007）。

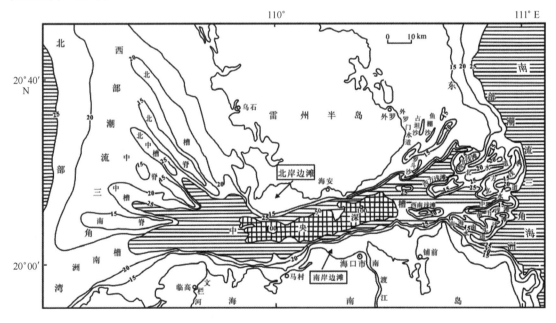

图 13.7 琼州海峡及东西潮流三角洲地形地貌（王文介，2007）

在东部口门 −15 m 以深发育了东西长约 56 km 的潮流三角洲，由指状分布的浅滩和潮流通道构成，浅滩从北向南有占坦沙、鱼棚沙、罗斗沙、西方浅滩、西北浅滩、西南浅滩、北方浅滩、南方浅滩、海南头浅滩，外罗门水道、北水道、中水道和南水道穿插期间将浅滩分

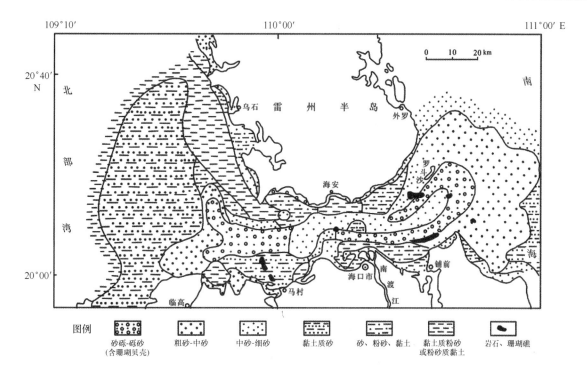

图 13.8 琼州海峡及东西潮流三角洲底质分布（王文介，2007）

隔开来。东部潮流三角洲沉积物颗粒要比西部粗，由中粗砂、砂砾和砾砂组成，并夹岩石和珊瑚礁碎块。东部潮流三角洲类似于潮流体系中的"落潮三角洲"，受波浪和潮流的联合作用。由于海峡向东喷射流速较大，因此能将深槽底部粗颗粒碎屑搬运至口门附近，使东部潮流三角洲沉积物要比西部潮流三角洲粗许多。由于海峡东部波浪的改造，东部潮流三角洲形态不规整，浅滩散乱，水道弯曲。

西部潮流三角洲分布于琼州海峡西口，有 3 条指状延伸的浅滩和 4 条滩间沟槽相间排列组成。从北向南依次为北槽、北脊、北中槽、中脊、中槽、南脊和南槽，最长的北槽成NW—SE 向延伸，长度达到 68.8 km；最长的南脊成近东西向展布，长度达到 38.8 km。脊槽表层沉积物为黏土质砂或黏土质粉砂。由于西部潮流三角洲位于北部湾，风浪相对较弱，因此地形起伏相对和缓，脊、槽形态规整。

目前，根据海图对比，发现琼州海峡南侧岸线、10 m、20 m 等深线均向东南方向迁移了200～500 m，向东迁移了 100～1 000 m，平均迁移速率达 22 m/a，这与海峡总体东流较强一致（程和琴等，2003）。另外，潮流还在不断掘蚀海峡和槽间沟槽，加上海峡附近入海河流携带的泥沙继续为潮流沙脊提供物源，两侧口门沙脊仍在不断增高。

3）琼州海峡成因

琼州海峡成因与新生代南海陆缘扩张作用有关，拉张活动始于早第三纪。在琼州海峡中发现有 3 条走向北东东—近东西向深部断裂，这些断裂与琼州海峡走向相同，此外，还发现若干与之斜交的其他方向的断裂。这些断裂主要活动于第三纪，由这些断裂所构成的破碎带位于先成的由南海扩张形成的雷南琼北近东西向构造低地中，此时期大规模玄武岩流沿东西向断裂溢出。到晚第三纪—第四纪，拉张活动更趋强烈，从而使琼北断陷带进一步发展，形成规模巨大的裂谷型断陷带，并伴有剧烈的玄武岩喷发（张虎男、陈伟光，1987）。

在第四纪的历次间冰期期间，由于海面的相对抬升而被淹没，又因潮流的侵蚀不断加大其深度并堆积了相应时代的沉积物，至冰后期海面最后一次上升，琼州海峡才形成现今的面貌。此外，由于潮流强烈侵蚀海底，使其成为起伏不平的刻蚀槽，形成深达 120 m 的冲刷深槽。根据粗略估计，在全新世时期，潮流的冲刷深达 40~90 m。

13.2 南海大陆坡—沉降折断的古陆架与珊瑚环礁群岛

南海大陆坡是在南海盆地扩张过程中由沉降折断的古陆架而形成，向深海平原呈阶梯状下降，地形崎岖不平，高差起伏大，是南海地形变化最复杂的区域（图 10.1，图 10.3）。发育有海台、海槽、深水阶地、海岭、海山、海丘、海底峡谷等地貌类型。在北、西、南陆坡的海台上还发育着不少珊瑚环礁群岛，如东沙群岛、西沙群岛、中沙群岛和南沙群岛。它们构成南海丰富多彩的海底地貌。

13.2.1 南海大陆坡

13.2.1.1 北部陆坡

南海北部陆坡等深线与陆架平行沿 NE—SW 方向展布，范围从大陆架边缘到水深 3 400 m 的深海平原之间。西宽东窄，全长 900 km，宽 143~342 km，面积 21.3×10^4 km²，平均坡度为 13×10^{-3}~23×10^{-3}，比大陆架坡度大十几倍到几十倍。北部陆坡因受北东、北东东、东西、北西向断裂构造的控制，发育有深海槽、海底高原、陆坡台地和海底狭谷等各种地貌类型（图 13.9，图 13.10）。陆坡地貌由西向东渐趋复杂，陆坡东部有东沙海台，此台面上发育珊瑚礁浅滩、暗沙和暗礁组成的东沙群岛。西南部有西沙海槽与西部陆坡为界，西沙海槽可能是南海第一次海底扩张形成的裂谷，环绕西沙群岛西北面分布。

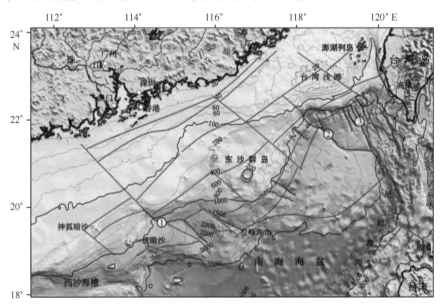

图 13.9 南海北部陆坡地貌及海底峡谷分布（丁巍伟等，2010）
① 珠江口外海底峡谷；② 台湾浅滩南海底峡谷；③ 澎湖海底峡谷

南海北部陆坡包括海台、海山、海丘、海槽、海谷和海沟等地貌单元，现叙述如下。

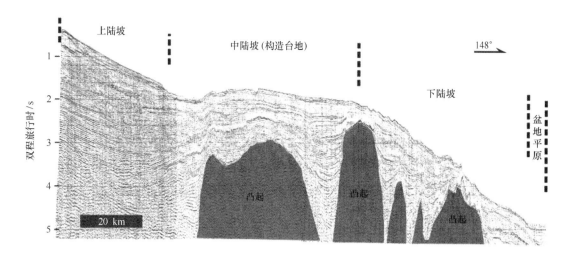

图13.10 南海北部陆坡地震反射形态（王海荣等，2008）

1）海台

南海北部陆坡发育东沙海台，东沙海台北侧紧靠大陆架边缘，其他三面呈斜坡状向深海凸出，面积约1.23×10^4 km²（冯文科等，1988）。平面上呈北东向菱形，其形成与区域构造有关，其上有许多海底峡谷切割。东沙海台属大陆坡台阶面的一部分，其陡峭的边缘线与同方向的断裂线一致，台面上断阶发育，台阶状地形明显。海台顶面水深一般为300～400 m，东沙群岛就是在此海台上发育的珊瑚礁浅滩、暗沙和暗礁，其上分布南卫滩、北卫滩、东沙岛，除东南边缘的东沙岛出露海面以外，其余的都在海平面以下。

2）海山和海丘

海山和海丘是在构造脊或陆坡地垒基础上发育起来的，其中，海山比高在1 000 m以上，有的超过3 000 m，海丘比高小于1 000 m，一般为200～500 m（冯文科等，1988）。南海北部海山分布在大陆坡中、下部，呈NE—SW向展布，分为尖峰—北坡链状海山和笔架山链状海山。

尖峰—北坡链状海山位于东沙群岛东南水深2 000～2 500 m之间。北坡海山（12°23′～20°34′N，117°50′～118°15′E）为呈NEE—SSW方向延伸的长椭圆形，长23 km，由火山岩构成。北坡海山最高点距海面仅357 m，位于海山的北侧。另一次高点位于海山南侧，距海面731 m，比高超过1 700 m。尖峰海山（19°20′～19°35′N，116°10′～116°33′E）位于东沙群岛正南水深2 000～2 500 m处的下陆坡，由中性火山岩构成，呈近东西向延伸的长条形，长约52 km，宽约12 km，相对高差900 m。尖峰海山最高点距离海面1 494 m，位于海山东北部。

笔架山海丘（19°58′～20°33′N，118°12′～118°58′E）位于东沙海台东南水深2 500～3 000 m处，由笔架海山和其他向西南方向延伸的海丘组成，笔架海丘最高点位于海平面下2 280 m，比高小于720 m。另外，在本区大陆坡西部有若干座比高500 m左右的低矮海丘，如神狐海丘、一统暗沙等，由于2007年在南海北部陆坡中段的神狐暗沙东南海域附近首次获得天然气水合物实物样品，而备受关注。

3）海槽和海底峡谷

海槽是底部较平坦的长条状海底负地形，槽坡较陡，横剖面呈"U"字形。北部陆坡最著名的海槽是西沙海槽，位于西沙群岛以北 60 km，沿 18°N 延伸，西起西部大陆坡上缘水深 1 500 m 处，向东延伸到水深 3 400 m 的深海平原，全长 420 m（图 13.11）。海槽纵剖面的平均坡度约为 3.2×10^{-3}，比周围海床低 400～700 m，海槽宽度一般为 6～14 km，槽底与边坡之间的转折线十分明显（冯文科等，1988）。西沙海槽的形成与南海的二次海底扩张密切相关，中始新世晚期—早渐新世（42～35 Ma），南海发生第一次海底扩张，以北东—西南为轴向东南、西北扩张，形成南海北部大陆架、大陆坡地貌的基本格架，西沙海槽在这时可能已发生张裂（刘方兰、吴卢山，2006）。中晚渐新世—早中新世（32～17 Ma），南海发生第二次海底扩张，西沙海槽沿着 10°N 附近的扩张轴发生裂谷作用，早期由于张裂作用产生断陷，形成裂谷雏形；中期发生稳定沉降，晚期裂谷进一步发展，海槽渐趋成型（陈圣源、陈永清，1982）。

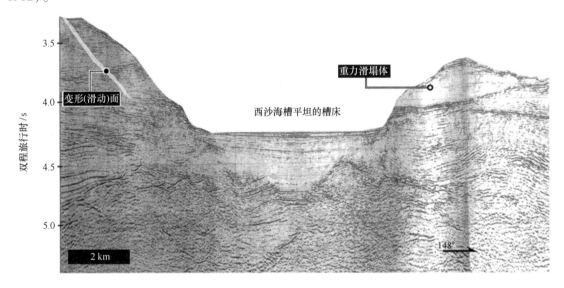

图 13.11　西沙海槽地震反射剖面（王海荣等，2008）

海底峡谷是窄而深的长条状海底负地形，其形态特征是坡陡底窄，横剖面呈"V"字形，海谷往往发源于大陆坡上部与大陆架转折的部位，顺大陆坡而下，较大的海谷横穿大陆坡直到深海平原。在海谷下端靠近出口的地带，往往由于海底浊流或底流的沉积作用，形成规模较大、沉积深厚的深海扇（冯文科等，1988）。在珠江口以南，18°40′～20°00′N 的海底分布着一条著名的海谷—珠江海底峡谷（图 13.9），其上端水深 400 m，由北西向南东方向顺坡而下，直到水深为 3 600 m 的深海平原为止。此外，南海北部陆坡东部还有台湾浅滩南海底峡谷，以及澎湖海底峡谷。

4）海底扇

在珠江海底峡谷出口处的坡麓地带，有一大片微倾的扇形堆积体，即深海扇。深海扇顶端位于 18°33.5′N，116°08.5′E，扇形体的边缘距扇顶约 100 km。根据物探资料，该海底扇的厚度在 2 500 m 以上，比外围地区的沉积厚度大得多。沉积特征和形态特征表明，这种扇形体属于深海扇（冯文科等，1988）。深海扇的形成与浊流有密切关系，本区大陆坡上发育有若干条海谷，它们是浊流沉积物的主要通道。由于深海扇的存在使南海北部陆坡在这一区域存在大陆隆。

13.2.1.2　西部陆坡

西部陆坡北起西沙海槽西南端，南至广雅滩，跨度 1 130 km，面积 31 × 10⁴ km²，陆坡坡折线水深为 200 ~ 350 m，坡脚线水深为 3 600 ~ 4 000 m（图 13.12）。陆坡北宽南窄，海底地形崎岖，切割强烈，地貌类型齐全。其上分布西沙和中沙两个著名海台，在海台上分别发育西沙群岛和中沙群岛。西部陆坡还发育规模宏大的中沙北海岭、盆西海岭和盆西南海岭，其中，盆西海岭面积达 3.94 × 10⁴ km²，是南海大陆坡上最大的海岭（鲍才旺，1999）。

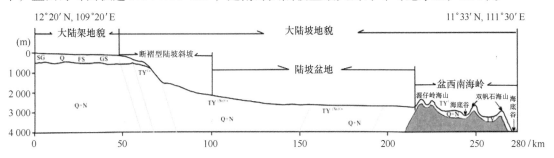

图 13.12　南海西部典型地貌断面（刘忠臣等，2005）

西部陆坡地质构造较为复杂，除西侧主要受南北向越东大断裂控制外，绝大部分地区受北东东向、北东向、近南北向和北西向四组断裂所控制。其中，北部（15°30′ ~ 18°N）主要受北东向和北东东向断裂构造控制，形成以海台和海槽相间排列为主的地貌特征。中部（14° ~ 15°30′N）主要受北东向断裂构造控制，但其西侧和东侧略有差异。西侧从西向东呈阶梯状下降，形成三级水下阶地，阶地面之间的陡坡往往是断阶带，阶地面往往是小型盆地。东侧大量玄武岩浆沿着北东向和北东东向张性断裂上涌和喷发，形成众多尖而陡的线性排列的山峰和沟谷及规模宏伟的海岭地貌。

南部（11° ~ 14°N）受北东东向、北东向、近南北向和北西向四组断裂构造控制，在大陆坡中部形成大型陆坡盆地，盆地西部地形平坦，东部有许多海山海丘分布，峰与谷相间排列，这些海山海丘大部分是由岩浆侵入导致地层绕曲形成的，也有的是由于海底火山喷发而形成的孤峰状海山和海丘（鲍才旺、吴庐山，1999）。

1）陆坡海槽

南海西部的陆坡海槽有中沙海槽和中沙南海槽。中沙海槽分布在西沙群岛和中沙群岛之间，西端接近盆西海岭，东北端进入深海平原，呈 NE 向展布，全长 210 km（鲍才旺、吴庐山，1999）。中沙海槽地形变化复杂，槽底宽 12 ~ 39 km，自西南向东北倾斜，西南部水深 2 600 m，东北部水深增加到 3 400 m。槽底平坦，宽 20 ~ 40 km，槽底与槽坡之间的转折线清楚，东南槽坡平均坡度比西北槽坡大。类似海槽还有中沙北海槽，但规模较小。呈北东向延伸的中沙海槽可能是南海第一次拉张引力作用下，莫霍面上隆使同属元古代的西沙地块和中沙地块分裂，形成北东向断裂槽谷所致。根据声呐浮标揭示：海槽东北口地壳厚度最薄，只有 4.95 km，并且沿海槽两侧走向发育一系列断裂，从两侧向中间断落（鲍才旺、吴庐山，1999）。

中沙南海槽位于中沙群岛和盆西海岭之间，海槽外形不规则，可分为两段，西南段为北东向，东北段南西向，中沙南海槽全长为 240 km，海槽的东口与中央深海平原相连（刘忠臣等，2005）。自西南端到东口，槽底宽度由窄变宽，水深由浅变深，最宽处为 33 km，最深处为 4 200 m。槽底有两座 NE 向的海山，高差为 1 348 m 和 1 466 m，它们是盆西海岭的一部分。

2）陆坡海台

南海西部大陆坡上共发育有 3 个海台，即西沙海台、中沙海台和中建海台（图 13.13）。中建海台位于西部陆坡区的北部，长约 200 km（刘忠臣等，2005）。海台面地形平缓，水深 700～1 000 m，地形总体向东微微倾斜。海台北部发育有两个中型海山，海山顶部发育珊瑚礁，并出露海平面成为中建岛。

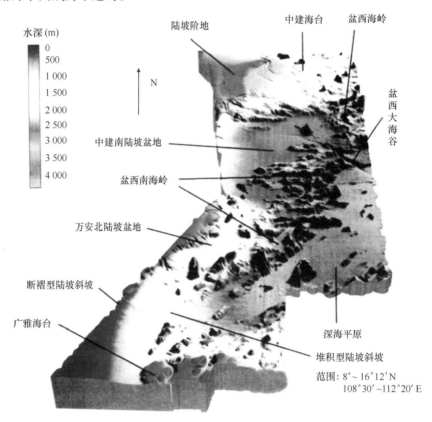

图 13.13 南海西部陆坡三维地形示意图（刘忠臣等，2005）

西沙海台位于南海西部陆坡西北部，受近东西向的西沙断裂和北东向的中沙西断裂所控制，面积为 9.22×10^4 km²，是由 1 000 m 等深线围成的台面，北部为西沙海槽，东部为中沙海槽（鲍才旺、吴庐山，1999）。西沙海台呈近 EW 走向，长约 170 km，海台面地形较为平缓，略有波状起伏。台面周围为陡坡地形，北部为陡坎和沟谷，东部呈阶梯状下降，其上有高差 200～300 m 的小山峰与沟谷。西沙海台构成了西沙群岛的底座，其上发育有永乐群岛和宣德群岛等各岛屿。西沙群岛除高尖石为火山岛外，其余皆为珊瑚礁构成的低矮的礁岛和暗礁。

中沙海台由 100～200 m 等深线围成，为椭圆形，长轴方向为 NE—SW 向，200 m 水深以下为陡坡，切割强烈，坡度在 8.7%～36.2% 之间，其中，东南坡形成陡崖，陡坡上还发育有山峰和沟谷。中沙海台北部斜坡水深 200～300 m 处有一小台阶面，宽 10～20 km。中沙群岛实际上是由发育在中沙海台上的 20 多座沙洲、浅滩和暗礁所组成，它们全部淹没在水下 20 m 左右（鲍才旺、吴庐山，1999）。海台北部和西部为断裂构造所控制，中沙海台是一个水深较浅的海底断块隆起区。

3）陆坡盆地

南海西部陆坡盆地位于大陆坡的中部，北部为中建南盆地，南部为万安盆地（图 13.13）。中建南盆地北部和西部与陆坡斜坡相接，东临盆西海岭和盆西南海岭北段。盆地南北长约 280 km，东西宽约 200 km，呈北北东向延伸（鲍才旺、吴庐山，1999）。盆地西部地形非常平坦，平均坡度在 0°14′ ~ 0°23′ 之间，盆地东部有较多孤峰状海山海丘分布，相对高差在 50 ~ 300 m 之间，大者高达 1 000 m 以上。

万安盆地位于中建南盆地以南，呈条带状 NNE 向展布。盆地地形自西向东缓慢倾斜下降，其西缘与陆坡斜坡相接段，水深在 1 300 ~ 1 500 m 之间，延伸至东部盆西南海岭山麓地带，水深增至 1800 ~ 2 000 m 之间（刘忠臣等，2005）。万安盆地底部发育一座独立海山，该海山大致呈椭圆状，NNW 向延伸，长轴方向 32 km，短轴方向 20 km，山麓水深在 1 700 ~ 1 900 m 之间，顶部最小水深为 959 m。西面山坡较为平缓，东部山坡较为陡峭，高差近 941 m，平均坡度为 10.6%。万安盆地表层沉积物为陆源粉砂质砂，粒度变化承接相邻的陆架和陆坡海台，形成离岸越远，沉积物粒度越小的堆积趋势。

4）陆坡斜坡

南海西部发育两类陆坡斜坡：一类是坡度较大、地形复杂，在地质构造上受断层控制的陆坡斜坡，称为褶断型陆坡斜坡；另一类是坡面起伏较小、坡面宽且连续性较好、以堆积作用为主的陆坡斜坡，称为堆积型陆坡斜坡。

褶断型陆坡斜坡，紧贴陆架外缘从北向南呈"S"形展布，北段位于中沙海台西侧，地形复杂，宽度较窄，水深介于 200 ~ 500 m 之间。中段位于中建南盆地和万安盆地西侧，宽度介于 40 ~ 80 km 之间，水深介于 200 ~ 2 000 m 之间。水深 200 ~ 1 000 m 段的坡度大于水深 1 000 ~ 2 000 m 段的坡度。中建海台以南、中建南盆地西北区域有大量的海底冲刷沟谷，北部从中建海台坡脚开始横贯整个陆坡斜坡，至于中建南盆地。南段宽度迅速减小至 15 km 以下，从万安盆地西南略向东南延伸至广雅海台西侧，水深介于 260 ~ 1 000 m 之间，往东迅速过渡到堆积型陆坡斜坡。

堆积型陆坡斜坡有两块：一块位于西沙海台、中建海台和盆西海岭之间，形状不规则，地势自中建海台边缘 1 200 m 水深处开始向东南方向缓慢倾斜下降（刘忠臣等，2005）；另一块位于盆西南海岭和广雅海台之间，斜坡面宽阔，向东逐渐收窄，至斜坡下部与深海盆地相接段。斜坡上部水深 1 000 ~ 2 000 m，地形较陡，平均坡度为 1.6%。水深 2 000 m 以深地段地形较为平缓，平均坡度为 0.9%。

5）深水阶地

深水阶地表现为一个面积较大的平坦面，一边与上陆坡相连，另一边与下陆坡相接。深水阶地主要分布在西部陆坡的北部，自东向西发育两级深水阶地（刘忠臣等，2005）。其中一级阶地位于上陆坡区的西北部，西侧与陆架相接，呈条带状 SN 向延伸，长 220 km，宽仅 12 ~ 22 km。200 ~ 250 m 水深之间为十分宽阔平坦的阶地台阶面，宽度为 15 ~ 20 km，坡度仅为 0.29%。二级深水阶地位于上陆坡区北部褶断型陆坡斜坡和中建海台之间，NNE 走向，长约 170 km，最宽处 50 km。该阶地水深 500～600 m 之间地形非常平坦，平均坡度只有 0.12%。总体上，台阶面向东缓缓抬升，并形成大面积的浅滩分布。

6）陆坡海岭

南海北部海岭是由众多海山、海丘和海底谷紧密相间排列形成，南海西部陆坡上发育规模宏伟的中沙北海岭、盆西海岭和盆西南海岭。其中，中沙北海岭位于中沙群岛东北部，由众多海山、海丘组成，山峰陡峭，相对高差在 385～2 511 m 之间，海山坡度在 2.24%～38.65% 之间。海岭大约以 115°E 为界，西部山体以 NE 向为主，东部山体以近 SW 向为主。中沙北海岭是中沙海台的北延部分，海岭上的海山、海丘及海谷紧密排列，相间分布，受 NE—NEE 向断裂构造控制，是玄武岩岩浆沿着断裂构造喷溢活动的结果（刘忠臣等，2005）。中沙北海岭莫霍面深 10 km 左右，属过渡型地壳。新生代地层较薄，沉积层从北至南呈条带状的厚、薄相间排列，海山上部沉积层很薄，有的没有沉积层，山间谷地沉积层较厚（鲍才旺，1999）。

盆西海岭西起陆坡斜坡和中建南盆地，东至陆坡和深海盆地交界处，北界为中沙海台和西沙海台，南界为盆西大海谷。盆西海岭呈 NE 向延伸，长约 270 km，宽约 255 km，面积约 3.94×10⁴ km²，是南海大陆坡上最大的海岭。盆西海岭地形复杂，山脊连贯，呈线状延伸，山峰与海谷相间紧密排列，由多个大、中型海山组成（鲍才旺，1999）。

盆西南海岭西接中建南陆坡盆地和万安陆坡盆地，东临深海平原，北面以盆西大海谷为界，南接陆坡斜坡。海岭北部山脉以近 EW 向或 NE 向延伸为主，而南部的山脉则以 NE 向延伸为主，海岭长约 440 km，由 22 个形态各异、高低不一的海山及山间谷地和山间小盆地组成，海山山脊线多数呈 NE 向或 NNE 向（刘忠臣等，2005）。

盆西海岭的基底属元古宙地块，新生代以来，经历了不同构造运动体制的改造，尤其是早期以挤压褶皱断裂，后期则以引张断裂为主的作用下，地幔物质上蚀地壳，使之变薄，并沿着张性断裂大量基性和超基性物质上涌和喷发，并成组、成带出现，从而形成一系列同一方向的断裂谷（鲍才旺，1999）。大量玄武质岩浆沿着北东向和北东东向张性断裂上涌和喷发，形成众多尖而陡的线性山峰，成为南海规模最大的地形变化复杂的海岭。

13.2.1.3 南部陆坡

南海南部大陆坡西起巽他陆架外缘，东至马尼拉海沟南端，NE 向延伸，长约 1 000 km，面积约 57.45×10⁴ km²（刘忠臣等，2005），水深范围 200～3 500 m，其中，大部分海域水深大于 1 000 m（图 13.14）。南部陆坡最为显著的地貌特征是南沙海底高原，其基座为平缓的、宽达 400 km 的南沙台阶，台阶水深介于 1 500～2 000 m 之间。在南沙台阶上发育起来的南沙群岛有近 200 座岛、洲、礁、滩。切割南沙台阶的槽谷纵横交错，其中，规模最大的要数南沙海槽。

南沙海底高原周缘受 NE 向及 NW 向的深大断裂控制，以 NE 向断裂为主。北部以中央海盆南缘断裂为界，东南部以南沙海槽北缘断裂为界，使南沙群岛区构成地垒式的隆起区。南沙海底高原东部的海陆地形反差十分强烈（刘忠臣等，2005），南沙海槽东部是绵延 220 km 的巴拉望山脉，其主峰曼塔卢山海拔 4 175 m，峰顶与海岸线水平距离仅为 20～30 km，与南沙海槽槽底高差达 7 300 m。高原西南边因邻接巽他陆架而显得地势略缓。

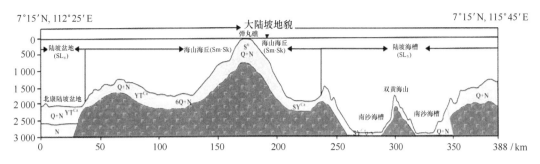

YT^{Ca}钙质生物黏土质粉砂　TY^{Ca}钙质生物砂质黏土　S⁶贝壳珊瑚碎屑砂　SY^{Ca}钙质生物粉砂质黏土

Q——第四系地层　N——上第三系地层　Q+N——上第三系+第四系地层　□断层　■火山岩

图 13.14　南海南部陆坡断面（刘忠臣等，2005）

1）陆坡海槽

南部陆坡上最著名的当属南沙海槽，它介于南沙和加里曼丹、巴拉望之间，呈 NE 向延伸，长轴方向 686 km，短轴方向平均宽度 55 km。海槽水深 2 000 ~ 3 300 m，低于周围海底800 ~ 1 000 m，最大水深 3 292 m，位于海槽中偏北。南沙海槽槽底平坦，边坡较陡（姚伯初，1996）。槽壁坡度一般上坡缓，可达 2° ~ 3°；下坡稍陡，可达 6.5°（张殿广等，2009）。槽底平原呈条带状 NE 向延伸，宽度 40 ~ 65 km，向东北方向，槽底变窄为 15 ~ 20 km，水深也逐渐减少至 1 600 m，但有海山和洼地分布，属消亡海沟型海槽。根据其地貌特征的差别，南沙海槽分为槽坡和槽底平原两部分。南沙海槽的地壳厚度是南海南部大陆坡范围最薄的区域，地壳厚度仅 14 ~ 16 km，比周围地区薄 2 ~ 4 km，比中沙海槽、西沙海槽薄。海槽中最老地层是晚白垩—渐新统深海沉积物，第三系为三角洲到深海相沉积。区内经过构造变动产生一系列紧密褶皱和逆冲断层（鲍才旺、薛万俊，1991）（图 13.15）。

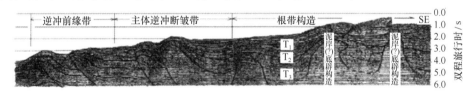

图 13.15　南沙海槽东南缘褶皱和逆冲断裂带（HY126 - 03 项目综合报告编写组，2004）

经近期多波束勘测，槽底平原新发现一个海山，暂命名为双黄海山（刘忠臣等，2005）（图 13.14）。其中心位置为 7°16′N，114°57′E，呈 NW 西向延伸，长约 30 km，宽约 15 km，峰顶水深为 2 450 m，相对高差为 450 m。该海山南坡和东坡地形较为陡峭，而西坡和北坡地形则相对平缓。

南沙海槽属于新生代南沙块体和婆罗洲碰撞、古南海关闭后形成的残留海槽。南海自白垩纪后期，地壳沿 18°N 线一带首先开裂、扩张，之后扩张轴向 15°N 附近转移，同时华南古陆解体，部分古陆碎块向南漂移（刘忠臣等，2005）。南沙地块是从南海北部的中沙群岛和西沙群岛附近的华南陆块中拉张、分离出来的微陆块。在漂移过程中顺时针旋转 25°，其东北部与巴拉望陆坡拼贴，沙巴地槽向南消失，形成南沙海槽。上新世至第四纪，古南海消减停止，南沙海槽成为残留海槽。

2）陆坡盆地

南海南部陆坡发育南薇西盆地、尹庆盆地、北康盆地和九章南盆地（刘忠臣等，2005）。南薇西盆地位于南薇滩和广雅海台之间，地形总体上由西南向东北方向缓缓倾斜下降。盆地呈 NE 向延伸，盆地长轴方向 185 km，短轴方向 52.6 km。从盆底平原西南至中部再至东北部分，水深由 1 650 m 增加至 1 900 m，再增加至 1 950 m。新近多波束发现盆底平原中部偏西有一座陡峭的线状海山（南平海山），海山为海底火山活动所形成，呈近 SN 向线状延伸。山体长 41.3 km、宽 8.2 km，地形陡峭。盆底东北部地形平坦，没有发现海丘或洼地发育。

北康盆地位于北康、海康暗沙西北部，呈 NE 方向延伸。盆地西部平原地形平坦，平均坡度 0.16%，水深在 1 950～2 000 m 之间，其内零星发育几个低缓的海丘或洼地；东部平原地形更加平坦，大部分区域高差小于 50 m，水深在 2 000 m 以上。盆地中部近期新发现一座海山，被命名为马跃海山（刘忠臣等，2005）。尹庆盆地因靠近尹庆群礁而得名，它是海山、海丘群之间的低洼地形。盆地西缘水深 1 600 m，东南水深 1 700 m，北缘水深 1 800 m，由周边向中心逐渐倾斜变深至 2 000 m，形成一个大致平缓的盆底地貌。九章南盆地位于南海南部陆坡中部九章群礁以南，盆地周边被海山海丘和礁群所包围，底部大致呈低洼状态，水深变化在 2 200～2 800 m 之间，地形起伏较大。

3）陆坡斜坡

陆坡斜坡是陆坡上地形按一定方向倾斜下降、相对起伏较小的地形单元。南部陆坡区的陆坡斜坡分别位于礼乐滩东北、礼乐滩东南部、南沙海槽东南部和南薇、北康盆地西南部。位于礼乐滩东南侧的陆坡斜坡，呈 NE 向延伸约 380 km，水深在 1 500～2 000 m 之间，斜坡地形复杂，西南侧有海底峡谷横切陆坡。

位于南薇西和北康盆地以南的陆坡斜坡，水深介于 250～1 850 m 之间，平均坡度仅为 1.1%。近期海底多波束勘测在此区域发现 6 座海山，分别为南华海山、中强海山、鸿远海山、景秀海山、海洋四号海山和余平海山（刘忠臣等，2005）。6 座海山分布在斜坡的 1 000～1 900 m 不同水深段，山体形状不一，或椭圆状，或线状，山顶发育多个山峰，顶部最小水深在 150～1 700 m 之间，相差颇大。

位于南沙海槽东南部的陆坡斜坡，自北康暗沙沿加里曼丹和巴拉望岛陆架和岛架外缘 NE 向延伸，全长约 1 300 km（刘忠臣等，2005）。其中西南段地形相对较为平缓，平均坡度为 3.5%～5.2%；东北段坡度较陡，平均坡度在 10.9%～16.7% 之间，地形变化复杂，切割强烈，有许多顺坡发育的小冲刷谷。位于礼乐滩东北的陆坡斜坡是该地区最大的陆坡斜坡，水深由 2 000～2 500 m 开始，往下直落到深达 3 500～4 000 m 的南海西南海盆和中央海盆，平均坡度在 7.3%～17.2% 之间。地形变化异常复杂，由火山岩和礁灰岩构成的海山、海丘与海底峡谷相伴而生。

4）海山海丘

南海南部陆坡区断层广泛分布、海底火山作用强烈，发育了大面积的海山、海丘（刘忠臣等，2005）。在该区西北和西南两侧各有一个典型的海山海丘分布区。西北部海山海丘群区从广雅海台以北开始，向东北方向延伸至中业群礁和九章群礁附近，全长约 480 km，由 48 个形态各异的海山和高海丘组成；该区海底地形起伏变化较大，以海山为主体，各山体之间以纵横交错的海底谷和山间小盆地相隔，其高差大部分在300~1 000 m之间。西南部海山、海丘群区分布范围较广，由23个海山和高海丘组成。该区海底地形起伏变化较小，并以海丘为主体，高差大部分布在300~700 m之间。

目前，南部陆坡海山海丘区的部分海域经近期多波束勘测，已查清数十个海山的详细地形地貌特征，并暂作命名（刘忠臣等，2005）。广雅海台以北，大于1 000 m水深有4道海山链，向NNE方向倾斜下降。海山多呈椭圆状，海山一般高差不大，但山麓水深相差颇大。山坡地形较为平缓，坡度一般不超过10%。日积礁和双子群礁之间，新发现10座海山，山体形状不一，或椭圆状，或线状，山顶发育多个山峰。水深在876~1 968 m之间，相差颇大。海山山坡地形陡峭，坡度在8.3%~18.5%之间。南薇滩与北康盆地之间，经近期多波束勘测，新发现并暂命名17座海山。海山山体形状不一，或椭圆状，或线状，山顶发育多个山峰，水深相差也颇大。

5）陆坡海台

南海南部大陆坡主要有广雅海台、礼乐海台、信义海台、安渡南海台和永暑北海台（刘忠臣等，2005）。广雅海台实际上是一个海台的组合体，由6个大型的平坦海台组成，包括3个过去已发现的西卫滩海台、万安滩海台和广雅滩海台和3个近期新发现的南沙洲海台①（8°10′N，109°40′E）、中沙洲海台（8°18′N，110°05′E）和北沙洲海台（8°24′N，110°19′E）。6个海台形状不一，大小各异，但台面都非常平坦，边缘水深大约为500 m，海台之间为地形深陷的沟谷或斜坡所分隔。在广雅海台东部台坡坡脚地带，新发现一SN向延伸的椭圆形海山——南月海山。

礼乐海台由多个互为相邻的暗滩组合而成，位于南海南部陆坡的东北部，包括礼乐滩、南方浅滩和安塘滩，其中以礼乐滩面积最大，它也是南沙群岛最大的一座暗滩（刘忠臣等，2005）。礼乐滩是淹没于水下的大环礁，呈NE向延伸，长约185 km、宽约65 km、面积约9 380 km²，周边稍高而中间低陷，点礁（礁丘）十分发育。南方浅滩和安塘滩与礼乐滩一样，也是淹没水下的大环礁，中间礁湖中点礁、礁丘遍布，周边发育礁坪。

永暑北海台因位于永暑礁北面而得名，是近期新发现的海台（刘忠臣等，2005），位于南部陆坡西北部，呈NE向延伸的椭圆形，长轴方向75 km，短轴方向50 km。海台面平坦，大致以1 900 m等深线圈闭，平均坡度小于0.87%。海台的西南台坡地形较平缓，平均坡度1.5%；海台的西北面台坡地形甚为陡峭，成坡度7.5%的陡坡地形。海台中部新发现一座海山（北果海山），中心位置为10°05′N，113°06′E。

信义海台位于南海南部陆坡的东南部，东南侧相邻于南沙海槽，其他方位均以浅海谷与海山、海丘区相隔。台面相对平缓，发育较多暗礁，并有放射状的沟谷分布（刘忠臣等，2005）。安渡南海台位于南海南部陆坡的南部，面积较小，呈NNE向的狭长状，其西北面与安渡滩、弹簧礁、大三角海山相接，东南面与南沙海槽相邻，台面地形平缓，向东南方向缓缓倾斜下降。

6）岛礁

南部陆坡（包括一部分陆架）岛礁星罗棋布，经常露出海面的是岛和沙洲（成陆不久，

---

① 原文为南水洲海台，可能有误，应为南沙洲海台。

几乎没有天然植被）；涨潮淹没，退潮浮露的是暗礁；经常淹没水下的是暗沙和暗滩（淹没较深，表面呈宽广平坦的台状），另外还有石（岩）及水道（门）等组成。

南沙群岛的岛礁分为四大群（表 13.2），即中北群、东北群、西南群和东南群。中北群包括九章群礁、郑和群礁、道明群瞧、中业群礁和双子群礁等，集中了南沙群岛中最重要的群礁，已定名的岛屿 8 座、暗礁 36 座、沙洲 5 个、暗沙 6 个、暗滩 1 个，水道 2 个。其中面积最大的太平岛（约 0.432 km^2）、海拔最高的鸿庥岛（海拔高度为 6.2 m）、面积最大的敦谦沙洲（面积为 0.05 km^2，海拔高度 4.5 m）均位于该区域内，区内尚有面积大于 0.1 km^2 的中业岛、西月岛、北子岛和南子岛等。

表 13.2 南沙群岛岛、礁、滩等地名数目统计

分区	群岛（礁）	岛屿	沙洲	暗礁	暗沙	暗滩	石（岩）	水道（门）	合计
中北群	5	8	5	36	6	1	—	2	63
东北群	—	2	—	33	6	11	2		54
西南群	1	1	—	7	5	8	—	—	22
东南群			1	30	18	1	3	1	54
南沙群岛合计	6	11	6	106	35	21	5	3	193

东北群有礼乐滩及南方浅滩等大环礁，已定名的暗礁 33 座、岛屿 2 个、暗滩 11 个、暗沙 6 个、石（岩）2 个（表 13.2）。岛屿有费信岛和马欢岛，两岛均为 1947 年定名时采用随郑和下西洋的官员名字而命名。西南群由尹庆群礁、南威滩和万安滩以及一些零星礁滩组成，共有 22 座岛礁，其中暗礁 7 个、暗沙 5 个、暗滩 8 个、岛屿 1 个。岛屿有南威岛，著名的岛礁有永暑礁和华阳礁。东南群部分在陆坡、部分在大陆架，共有暗沙及礁滩 54 座，其中暗礁 30 座、暗沙 18 个、暗滩 1 个。陆架上的北康暗沙群、南康暗沙群和曾母暗沙群为我国最南海岸线。

7）海底峡谷

南海南部大陆坡海底峡谷纵横交错，主要有礼乐海底峡谷、礼乐南海底峡谷、郑和东海底峡谷、永暑海底峡谷、九章南海底峡谷等。其中，礼乐峡谷位于礼乐海台之西，道明群礁、郑和群礁之东，呈 SN 向展布，谷底水深超过 2 000 m，局部深达 2 300 ~ 2 900 m；郑和东海底峡谷又称南沙东水道，水深超过 2 000 m，局部深达 2 300 ~ 2 400 m，它南与南沙海槽相通，北与深海盆相连。永暑海底峡谷又称南沙西水道，源于北康暗沙群岛，经永暑礁东侧和道明群礁西侧进入深海平原。永暑海底峡谷和郑和东海底峡谷之间为一条东西向的九章南海底峡谷相连（又称南华水道）（许东禹等，1997）。

13.2.1.4 东部岛坡

从澎湖海槽以南至菲律宾民都洛岛西缘，纵向上受 SN 向断裂控制，横向上表现为岛坡脊和沟槽交替形态。岛坡上部发育隆洼相间的海槽与海脊，下部发育海沟。著名的马尼拉海沟长约 1 000 km，与中央海盆高差 800 ~ 1 000 km。东部岛坡呈狭长的带状，一般宽 60 ~ 90 km，最宽处在台湾西南岛坡（高屏斜坡）（图 13.16），宽度 100 ~ 110 km，其次是北吕宋岛西北部，宽 80 ~ 90 km（刘忠臣等，2005）。岛坡上发育的地貌类型复杂多样，有海脊、海

槽、深水阶地、海沟和海底峡谷。

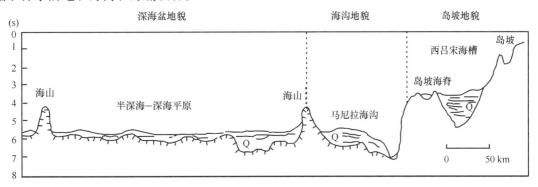

图 13.16 南海东部岛坡地形—地貌剖面（转引自刘忠臣等，2005）

1）岛坡海槽

南海东部岛坡发育北吕宋海槽和西吕宋海槽，它们属于台湾岛至吕宋岛两侧受弧前盆地型、弧间盆地型、断陷盆地型等构造控制的海槽。北吕宋海槽位于吕宋岛西北部，顺着海岸地形呈"S"形展布，长约 530 km，平均宽度 80 km（图 13.17）。槽底平原平均宽度约为 30 km，有多处相对高差 100～200 m 的洼地分布，海槽槽底南部水深 2 600 m，北部水深 3 300 m，呈南浅北深的变化特征，但总体上大致以 3 000 m 等深线圈闭，地形十分平坦。两侧槽坡地形较陡，东侧槽坡地形宽约 40 km，水深从 200 m 下降到 3 000 m，平均坡度为 7.0%；西侧槽坡地形宽约 25 km，水深变化从 1 600 m 到 3 000 m，平均坡度为 5.6%，坡度略缓于东部槽坡。

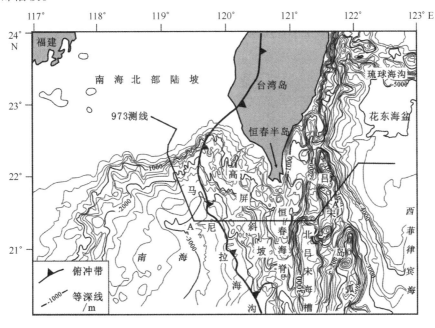

图 13.17 南海东部岛坡北段海底地形地貌（丁巍伟等，2006）

西吕宋海槽位于 16°N 以南，吕宋岛三描礼士山以西 2 000 m 水深以外（图 13.16），近南北走向，长约 210 km，槽底低于周围海底 400～600 m，南宽北窄。北部槽底水深 2 400～2 500 m，宽 30 km；南部水深 2 400～2 600 m，槽底宽阔，槽坡陡峭，地形复杂（姚伯初，

2001）。刘忠臣最近认为西吕宋海槽地形开阔平坦，并非槽状，把它界定为岛坡深水阶地更为合适（刘忠臣等，2005）。

2）岛坡海脊

岛坡海脊一般分布于岛坡下部，以断续的海山、海丘群山现。东部岛坡区有两条海脊，即台南海脊与北吕宋海脊。台南海脊（又叫恒春海脊）是台湾山脉的海底延续，北段为近 SN 向，南段呈 NW—SE 向，长约 573 km，一般水深为 1 300～1 800 m（图 13.17）。海脊的东侧是北吕宋海槽和吕宋火山弧；海脊的西侧为缓坡、马尼拉海沟和南海海盆。脊顶与槽底的相对高程为 2 550 m。海脊构造位置处于吕宋岛弧与欧亚大陆弧陆碰撞区和南海海盆东北洋壳在马尼拉海沟俯冲消减带这两种构造区之间，台南海脊属陆碰撞造山带的最高部分。

北吕宋海脊是吕宋岛中科迪勒山山脉的水下延续，长约 480 km，脊峰水深较浅，部分脊峰山露水面成岛，宽度自北向南逐渐增大。北吕宋海脊呈阶梯状地形，且火山活动较为发育，是北吕宋海槽俯冲带的火山岛弧（刘保华等，2005）。它从吕宋岛北部延伸到台湾南部，在台湾附近，这一明显的深海脊由绿岛火山岛群、兰屿火山岛群、巴丹火山岛群 3 个火山岛群组成。从绿岛开始，水下海脊的深度往北逐渐加深。兰屿和巴丹两脊峰之间有一深坳陷，深约 2 700 m，宽 6.4 km，该坳陷即世人所知晓的巴士海峡（黄奇瑜等，1992）。

3）海沟

马尼拉海沟分布于西吕宋海槽西侧，南海东部中央海盆与岛坡相接地带，围绕东部岛坡呈向西突出的弧形展布。海沟基本上以 4 000 m 等深线圈闭，长约 356 km，平均宽度约 38 km，其中，北段较宽，一般宽 45～60 km，基本为 NS 走向，南段变窄一般宽 20～40 km，转为 NW—SE 向。海沟底部窄而深，最大水深 5 000 m 以上，是南海海盆最深的地方。海沟两壁陡峭，横剖面呈"V"字形，东西两坡也不对称，东坡陡峻，西坡和缓，渐变为深海平原。有一些海山、海丘出现于海沟之中，海沟底部有 NS 向的细窄纵谷。

马尼拉海沟的形成与南海中央海盆的被动俯冲有关，早渐新世，太平洋板块向 NWW 向俯冲，南海进入第二次海底扩张，中央海盆形成。随着礼乐—东北巴拉望地块和婆罗洲—西南巴拉望地块的碰撞，至早中新世末，南海第二次海底扩张停止。随后吕宋岛弧向北移动并逆时针旋转，吕宋岛弧仰冲于南海洋壳之上，造成中央海盆被动俯冲于吕宋岛弧之下，形成马尼拉海沟。

4）海底峡谷

海底峡谷又称"水下峡谷"，是陆坡上顺直或蛇曲状深切在基岩中的峡长深谷，它是陆坡或岛坡上的典型地貌类型（刘忠臣等，2005）。南海东部岛坡的海底峡谷主要有两处：其一在北部上陆坡处，有 10 余条上窄下宽的海底峡谷平行分布，谷口处水深一般为 2 500～2 800 m，中段、下段峡谷宽度多为 3～5 km，其中，以西北部一条峡谷为最大，宽达 7 km，向上分为两支；其二是在台湾岛和吕宋岛之间岛坡上，有一条呈 NNE—SSW 向的裂谷蜿蜒曲折地顺坡而下，注入马尼拉海沟中。长度超过 70 km，谷源与谷口落差约为 800 m。在此裂谷以北 5 km 处，分布着另一条类似的裂谷，同样表现出细窄、曲折、谷坡较陡的特征。这两条裂谷与北部陆坡上的海底峡谷明显不同，可能是岛坡上的冲刷短谷。

13.2.2 珊瑚环礁群岛

13.2.2.1 东沙群岛

东沙群岛（Pratas）位于20°33′~21°35′N，115°43′~117°7′E之间，"东沙"起源于清代，因位于万山群岛东侧起名东沙（曾昭璇等，1997）。东沙群岛共有3个环礁，即东沙环礁、南卫滩（Southern Vereker Bank）和北卫滩（Northern Vereker Bank）。东沙环礁为一近圆形环礁，东西长约22.8 km，南北宽约20.5 km，礁环宽1.6~3.8 km，潟湖宽13~19 km。环礁面积近375 km²，潟湖面积近198 km²，礁盘面积约177 km²。东沙环礁西侧有一座东沙岛，岛上有淡水，植被良好，中国人自明代起即开发经营，是南海诸岛开发历史最久远的一个。东沙群岛海产资源丰富，向为闽粤沿海、台湾和香港渔民的作业场所，近年来因滥捕、烂炸，渔业资源已大为减少，整个珊瑚群的生态遭到严重破坏。

东山环礁坐落于南海北部陆坡的东沙台阶上，台阶水深300~400 m。台阶北部与陆架毗连，东南临南海海盆，深达3 000 m以上，为北东向断裂所限。东沙台阶西南被北西向断裂切割。在新生代陆缘解体的过程中，强烈的陆缘断陷活动使东沙台阶逐渐从大陆分离，成为陆坡上的断隆区。中新世海侵后，逐渐成为珊瑚礁发育场所。

东沙环礁地貌：东沙环礁为半封闭的相对成熟环礁，除西部外，北、东、南三面均连在一起，呈向北东方向凸出的弓形或月牙形，东西长约22.8 km，南北宽约20.5，礁环宽约1.6~3.8 km（曾昭璇等，1997）（图13.18）。东北和西南方向的礁盘比较发育，可能与这两个方向的季风影响有关。

东沙岛（20°42′N，116°43′E）位于东沙环礁西侧礁盘上，全由珊瑚礁及其碎屑构成。由于礁盘南北有水道和南海相通，礁盘和东部礁环并不相连。西侧礁盘呈三角形态，东沙岛在礁盘的东南部。礁盘北东和西南方向发育较好，因此在低潮时礁盘大部分能出露水面。

东沙岛为自西北向东南延伸的碟形小岛，因外形似新月，清代渔民称其为"月牙岛"。东沙岛长约2.8 km，宽约0.8 km，面积1.8 km²，是南海诸岛中面积较大的岛屿。东沙岛四周被沙堤所环绕，沙堤平均高出海平面约6 m，东北面沙堤最高可高出海平面12 m，沙堤由中细砂和风暴浪碎屑组成。中部潟湖平均水深1~1.5 m，西部有缺口与礁盘相通，1965年利用北沙堤建机场，潟湖被填平。东沙岛以灌丛为主，如羊角树（一名草海桐，*Scaevola sericea*）、银毛树（*Messershmidia argentea*）、海岸桐（一名黑皮树*Guettarda speciosa*）、刍蕾草（*Thuarea involuta*）、海滨大戟（*Euphorbia atoto*）、藤本的无根藤（*Cassytha filiformis*）等。还有人工种植的椰子树。东沙岛茂密的植被成为鸟类的乐园和栖息地，鸟粪厚达1~2 m，面积达0.73 km²，储量60×10⁴ t，1901—1911年采尽。基部为鸟粪石，覆盖在沙层之上，厚达20~25 cm，已成固结的棕色硬块（曾昭璇等，1997）。

东沙岛年降雨量多达1 459.3 mm，湿度83%，地下水储量丰富，但是由于沙层孔隙度大，海水盐分高（33.5~34.9），地下水咸味重，不宜引用。东沙岛没有永久性居民，只有军人或研究人员造访。在岛的北部建有飞机跑道，长1 300 m，宽30 m（曾昭璇等，1997）（图13.18）。岛的东南一大一小有两个供小型船舶靠岸的码头。

东沙环礁中潟湖呈圆形，中部水深14~15 m，最大水深位于东北部，可达18 m。潟湖西部比较浅，若以10 m等深线计算，西部10 m等深线以上浅水水域宽5 km，而东部只有2 km。原因是东部有环礁的保护，减少了淤积和礁滩的发育。西部点礁相当发育，受到风暴

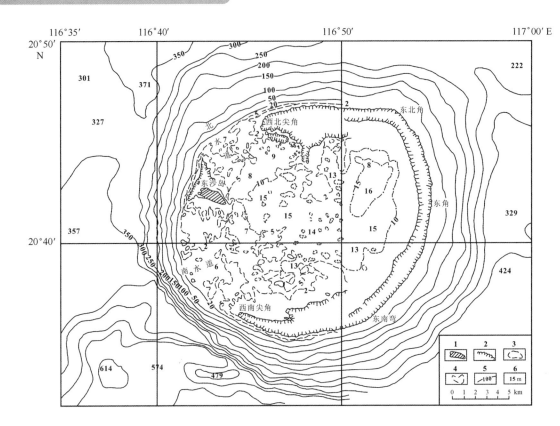

图 13.18 东沙环礁地形（曾昭璇等，1997）

图例：1. 沙岛；2. 礁盘；3. 礁块；4. 点礁；5. 等深线；6. 水深

浪袭击后往往形成礁滩。潟湖水域成为水生动植物的良好生境，主要潮间带水草有海人草，是驱蛔虫名药。其他有琼胶菜和麒麟菜。珊瑚礁石底产鲍鱼、马蹄螺和海参，潟湖还是鱼类栖游地点，大沙鱼、石斑、青衣、鲢鲇经常出没其间。

东沙环礁有两个"门"，东沙岛南北各 1 个。北部的称北水道，南部的称南水道（图13.19）。北水道窄而浅，因东沙岛礁盘和环礁西北尖角礁盘相距不远，5 m 等深线呈漏斗形，入口处浅窄，最窄处只有 100 m，水深 2 ~ 3 m，最深点 4.65 m，水道长 500 m，由于水道中点礁发育，航行不能通畅。南水道较为宽深，一般水深 5 ~ 8 m，最窄处也有 1 000 m 宽度，为良好的航道和锚地，吃水 4 ~ 5 m 的小船可驶近东沙岛。

北卫滩：位于南海北部陆架边缘（21°04′N，115°58′E），为一北西—东南向延伸的珊瑚浅滩。为纪念英国船长 Hon F. C. P. Vereker，而得英文名 North Vereker Bank。北卫滩东南方向距东沙岛约 81.5 km。北卫滩顶面是水深 –60 m 的平缓台地面，由四周向中心凹入，最低处水深 –74 m。北卫滩环礁直径约 21.0 km，退潮时水面已有较大浪花，但并不妨碍航行，它与南卫滩之间有 334 m 的海谷分开（曾昭璇等，1997）。

南卫滩：南卫滩位于北卫滩之南 9 km，地理位置 20°58′N，115°55′E。南卫滩为一水下珊瑚暗滩，根据它的地形特征，实为水下沉没环礁。环礁呈西北—东南向延伸的椭圆形，长17.5 km，最宽处 10 km。环礁顶面平坦，最浅处 58 m。环礁从水深 200 m 的基座上升起，于水深 60 m 处形成水下平台，平台中心水深增加到 65 m，低于水下平台四周的高度。珊瑚滩上鱼虾众多，渔民常至（曾昭璇等，1997）。

图 13.19 航拍的东沙环礁西部礁盘及东沙岛

13.2.2.2 西沙群岛

西沙群岛（Paracel Islands）位于 15°40′～17°10′N，111°～113°E，坐落在西沙大陆陡坡的 1 000 m 深水台阶上。西沙台阶是中新世前喜马拉雅运动后发生的陆缘扩张断陷所致，由于台阶下沉速度不大，珊瑚礁体生长量能抵消海面的上升量，故珊瑚礁能持续生长。

西沙群岛以 112°E 为界，分为西群永乐群岛和东群宣德群岛（图 13.20）。永乐群岛包括北礁、永乐环礁、玉琢礁、华光礁、盘石屿 5 座环礁和中建岛台礁，其中，永乐环礁上发育有金银岛、筐仔沙洲、甘泉岛、珊瑚岛、全富岛、鸭公岛、银屿、银屿仔、咸舍屿、石屿、晋卿岛、琛航岛和广金岛 13 座小岛。另外，盘石屿环礁和中建岛台礁的礁坪上各有 1 座小岛（图 13.21）。

宣德群岛包括宣德环礁、东岛环礁、浪花礁 3 座环礁和 1 座暗礁（嵩寿滩），其中，宣德环礁有永兴岛、石岛、赵述岛、北岛、中岛、南岛、西沙洲、北沙洲、中沙洲、南沙洲、东新沙洲、西新沙洲 12 个小岛，东岛环礁有东岛和高尖石 2 个小岛（图 13.20）。宣德环礁中的永兴岛是南海诸岛中面积最大的岛屿。

永乐环礁：永乐环礁（16°27′～16°36′N，111°31′～111°48′E）是发育较完整的环礁中面积最大的一个，岛屿众多（永乐群岛就发育在永乐环礁上），礁湖内有大片浅水区域，渔业资源丰富，是西沙重要的渔业基地和渔民居住地（图 13.21，图 13.22）。

永乐环礁，又称"下八岛"，土名"石塘"。在地貌上具有洲、岛、门、礁的地形，是一座发育成熟的典型环礁。礁体呈环形，长轴方向 NEE 向。环礁主要由 8 个礁体组成，最大一个位于东北部，在环礁之上发育众多小岛，包绕着椭圆形的潟湖，东北到西南略长，潟湖东西长 19.2 km，南北宽 13.4 km，环礁有一条向西南方向伸出的尾巴，即金银岛小环礁。环礁

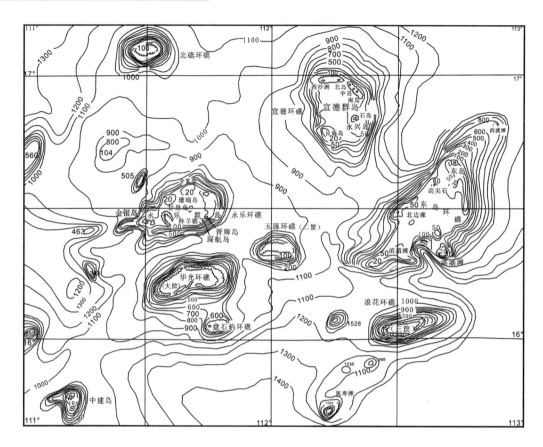

图 13.20　西沙群岛各岛礁海底地形示意图（曾昭璇等，1997）

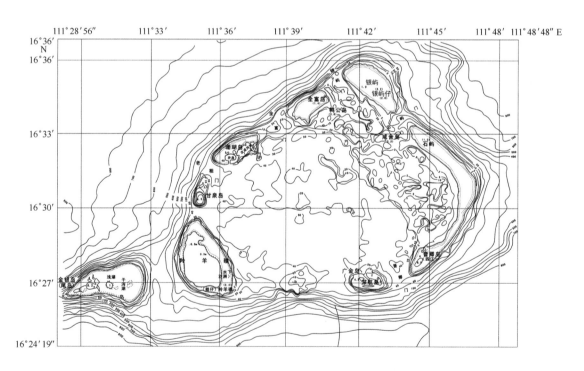

图 13.21　永乐环礁海底地形示意图（曾昭璇等，1997）

外坡坡度为 21°，在海面下 15～25 m 处有平台发育，基底为水深 1 000 多 m 的水下隆起台阶（曾昭璇等，1997）。

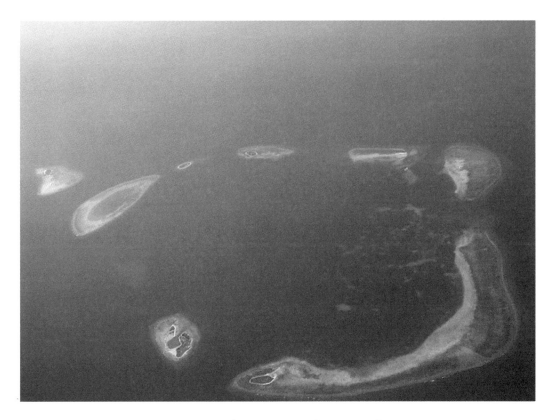

图 13.22　永乐环礁"下八岛"卫星图片

　　永乐环礁东北部礁盘宽大而连续，礁体顶部发育宽达 2 000 m 的礁平台，由石屿至东南晋卿岛整个礁盘呈向东凸出的弧形，长达 16 km，占据了整个环礁的 1/3（曾昭璇等，1997）。北面连接银屿、鸭公、银屿仔、全富岛等岛礁。南面有宽达 1 km、长达 3 km 的东西向礁体，礁盘上发育广金岛和琛航岛。西北面发育珊瑚岛，礁盘呈 NE 向延伸的条状。西面有一圆形小礁体，礁盘上发育甘泉岛。西南部为羚羊礁，其上发育羚羊岛。整个永乐环礁的西南方向又有一近东—西向延伸的金银岛小环礁，金银岛位于礁盘的西端。

　　永乐环礁东北面礁盘宽大，西南部礁盘较小。东西方向礁盘的形态差异可能与两个因素有关，其一与地壳运动有关，东北面礁盘宽大可能由地壳缓慢上升所致，西南部礁盘较小则可能与地壳缓慢下降有关。其二东北面礁盘由于受东北风和东北海流的恒定作用，带来丰富的浮游生物，因而珊瑚礁生长快。西南面处于背风、背流面，带来的营养物质不及东北部丰富。

　　永乐环礁各礁体之间被水道隔开，使得潟湖与海洋沟通，可称其为"门"。永乐环礁以口门众多为特色，有甘泉门、老粗门、全富门、银屿门、石屿门、晋卿门和三脚门（曾昭璇等，1997）。水深门宽，深度大约在 40 m 以内，宽度为 3 000 ~ 6 000 m，深度与潟湖深度相当。门大多分为珊瑚砂和珊瑚碎块覆盖，与潟湖沉积物相似。门内底部没有活珊瑚体繁生，加上涨落潮流的冲刷，从而水道不易填高淤浅。"门"成为渔船入潟湖避风的航道，外围岛屿还可建机场，故永乐环礁可成为发展渔业、旅游以及军事基地的良好地点。

　　宣德环礁：位于西沙台阶东北部，为 NNW—SSE 向椭圆形，长约 28 km，宽约 16 km，北、东北礁盘发育好。礁盘基底为古老片麻岩构成的准平原化隆起部分，有岩浆岩侵入（曾昭璇等，1997）。宣德环礁有 3 个礁体，即赵述岛—西沙洲礁体、北岛—北沙洲礁体、永兴岛—石岛礁体。环礁上有小岛和沙洲发育，北面有赵述岛和西沙洲，东北面有北岛、中岛、南岛、北沙洲、中沙洲、南沙洲和新沙洲（称"七连岛"或"上七岛"），东面有永兴岛和石岛（图 13.23，图 13.24）。

图 13.23　西沙群岛七连岛航拍图片

图 13.24　西沙永兴岛卫星图片

宣德环礁西面没有礁盘发育，南面也未能形成礁盘，只在水下形成一些椭圆形珊瑚浅滩，如银砾滩，水深 14 ~ 20 m，故宣德环礁形态不完整，只有半环（曾昭璇等，1997）。由于环礁西环缺失，潟湖与海洋沟通方便，潟湖底部地形向西倾斜，由于水深较大，不少地区在 50 m 以上，不利于浅水造礁珊瑚的生长。切开礁环的"门"有两个：一是切开赵述岛和北岛环礁的"赵述门"，一般水深 7 m，最深不超过 10 m，最浅 4.6 m，宽约 1 260 m。礁盘没有切断，只是涨退潮时成为潟湖和外海的潮汐通道，故为浅水水道，没有珊瑚生长；另一门是位于新洲岛和石岛之间的"红草门"，深度超过 60 m，宽达 8 000 m，由于水深大、涨退潮流急，基本不宜于珊瑚礁生长。

宣德环礁礁盘顶面大致按低潮面发育，内部水深，边缘水浅，形成浅盘形态，生态环境良好，树枝状群体发育（曾昭璇等，1997）。礁缘为沟谷带，水深 2 ~ 10 m，尤以东北部礁环外缘为发育，槽沟彼此平行，由礁坪伸向外海，实为礁块间未愈合的地形，亦为礁塘、礁坪与外海水流沟通的渠道。礁缘内侧为巨大珊瑚砾石块的堆积地点，系由风暴浪将珊瑚礁打碎堆积在礁盘上。

赵述岛—西沙洲礁盘长约 10 km，最宽处约 3 km，为赵述岛和西沙洲发育的基础，礁盘上沉积物以生物中粗砂为主，成分为贝壳和珊瑚（曾昭璇等，1997）。由于受东北季风影响，北部礁盘连续而高、南部断续而低矮。中部发育一礁塘，东西长 2 600 m，南北宽 700 m，由于沙岛的发育被分割成数个水深 3 ~ 6 m 的次生潟湖，湖内鹿角珊瑚繁生。

北岛礁盘是一礁环地形，长约 7.54 km，宽约 1.25 km。礁盘北面由于造礁珊瑚碎屑发育良好，比西南侧礁盘略高。东北面礁缘上，在风浪流的作用下，礁块间隙形成的分隔沟槽很发育，成为通入礁盘上的水道（曾昭璇等，1997）。

永兴岛礁盘为一近梨形礁体，东北—西南长 3 649 m，西北—东南长 2 633 m。沉积物以珊瑚、贝壳中粗砂为主。

13.2.2.3 中沙群岛

中沙群岛（Macclesfield Banks）为水下浅滩之一，位于 15°24′ ~ 16°15′N，113°40′ ~ 114°57′E。为纪念英国轮船 1701 年航海到中沙群岛而得英文名，1947 年改称中沙群岛。中沙群岛四周有明显的断裂槽，北为西沙北海槽，南为中沙南海槽，东以陡坡直下南海中央盆地，西隔西沙东海槽。中沙群岛是裂离陆块的隆起部分，是珊瑚礁的生长基底。

中沙群岛范围有两个环礁，即中沙群岛所在的中沙环礁和距中沙环礁近 315 km 的黄岩岛环礁（黄岩环礁）。两者的区域背景各不相同，中沙环礁为陆壳结构，其基底下沉较浅（500 ~ 1 000 m），形成沉没环礁；处于南海中央海盆区的黄岩环礁位于中央海盆中部东西向海山带中最高的一座海山上，海山基底为大洋玄武岩，由南海东西向扩张轴上涌的火成岩组成。珊瑚礁在海山上的生长使黄岩岛高出海面，生成半封闭环礁。

中沙环礁：中沙环礁为我国第二大环礁，属于水下环礁地形，全部礁体都在海面以下，最浅处仍有 9 m。中沙环礁呈东北—西南延伸的椭圆形，长轴方向 141 km，短轴方向 55 km，在水下各暗沙围绕中间潟湖呈环状排列（图 13.25）。已经定名水下珊瑚礁体有 26 座，最浅处漫步暗沙水深 9 m，隐矶、武勇、海鸠、安定、果淀 5 块水下珊瑚礁体位于最深处 18 m。最长的比微暗沙长 24 km。

中沙环礁潟湖水深达 100 m 以上，但大部分为 80 m 上下的平缓湖底平台，潟湖向内分为三级水下阶地，分别位于水下 20 m、60 m 和 80 m（曾昭璇等，1997）。中沙环礁潟湖中发育

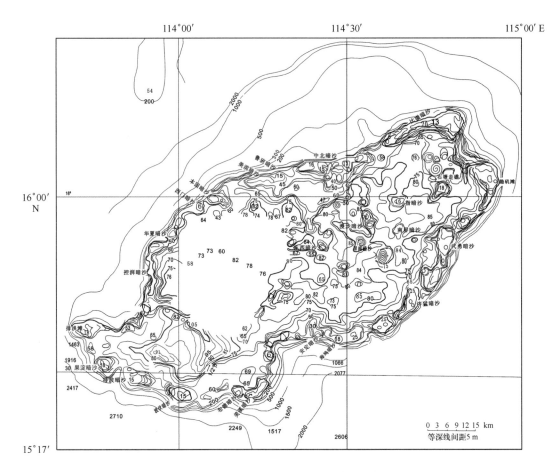

图 13.25　中沙环礁水下地形示意图（曾昭璇等，1997）

不少点礁，点礁因多期不断发育而长在不同的水深阶地上，并随着全新世海面而不断上长。

中沙环礁外坡呈阶梯状下降，即在礁外坡上存在二级阶地，分别位于 350 m、2 000 ～ 2 400 m 处。环礁外坡向陆一侧相对平缓，西北坡坡度为 7°07′，西坡坡度介于 10°40′～ 12°10′ 之间，西南坡坡度为 29°03′，南坡坡度在 525 m 以上为 16°31′，以下增加至 18°04′（谢以萱，1991）。

由于中沙海底高原直临深海平原，并且在 3 500 m 深的海底平原附近有一 55°44′的急坡，这种水下高原急坡区，迫使海流成为上升流，把养料带上礁区，成为鱼类的食料场所，这就是中沙渔场出名的原因（曾昭璇等，1997）。另外，中沙环礁虽为隐伏在水中的暗沙群，但距海面较近，面积广大，因而对海面状况影响甚巨。天气恶劣时，如漫步暗沙、比微暗沙波浪极大，滩岸附近海面为其所扰，海水显得高而乱。暗沙所在的海区，海水为微绿色，而深海则呈碧蓝色，极易分辨。

黄岩环礁：黄岩环礁为洋壳上发育的环礁，呈三角形，周长 55 km，腰长 15 km，面积达 150 km^2，涨潮时仍有巨大礁头出露海面，退潮时出露成群礁石（曾昭璇等，1997）。是我国唯一的大洋型环礁，基底是海山，在海盆深处喷发的火山上形成的环礁（图 13.26）。

黄岩海山发育于南海海盆一系列东西走向的海山中部，这条东西走向的火山链正好位于 15°N 附近（14°55′～ 15°27′N，116°55′～ 118°05′E），可能是南海海盆形成时的扩张轴。黄岩岛为黄岩海山的最高点，黄岩海山以黄岩岛命名。

黄岩环礁是中沙群岛中唯一露出水面的环礁，环礁地形发育完整，西礁环南北向，南环

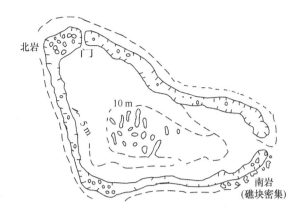

图 13.26 黄岩环礁地形示意图（曾昭璇等，1997）

礁东西向，东北礁为西北向，除东南有狭小口门外，基本相连，礁盘中间有一三角形潟湖（曾昭璇等，1997）。环礁宽度介于 300～1 200 m 之间，西侧最宽，南侧最窄，东北侧介于其间。环礁外坡均陡，在 15° 以上，直下 4 000 m 深海。礁外坡由于波浪、潮流活跃，有丰富的溶解氧和饵料，故 20 m 水深以内为浅海造礁珊瑚及喜礁生物生长区，20 m 以下，造礁珊瑚甚少，常见岩块堆积物，如珊瑚碎块，并有仙掌藻碎屑、瓣鳃类碎片和有孔虫混杂其间。2 000 m 深度以下，珊瑚碎块消失，以软泥沉积为主。

礁环顶部已发育成礁盘地形，礁盘顶部平缓区域为礁坪，水深 0.5 m 上下，宽 600～900 m。礁坪上生长繁茂的珊瑚体，以块状珊瑚为主，如滨珊瑚、扁脑珊瑚、角蜂巢珊瑚和盔型珊瑚等。在礁环的东南角有一口门，口门宽约 400 m，水道中间水深 6～8 m，边缘 3 m。口门形成后，由于冲刷强活，珊瑚体难以生长，故口门不易填塞淤平，但由于风浪作用，口门内也有水深 2.7 m 的礁头阻塞，但小船可入潟湖避风。黄岩环礁潟湖也呈三角形，分为潟湖斜坡和潟湖底部。潟湖斜坡珊瑚丛生，多为鹿角珊瑚、蔷薇珊瑚等静水生态种属，潟湖底部点礁发育，水深变化大，各种喜礁动植物生长，如锥形喇叭藻、金石蝾螺，黑海参也丰产，吸引渔民年年到此作业。

黄岩环礁礁盘上分布无数的干出礁块，退潮时，这种出露礁块数以千计，最高者称为"南岩"，高出海面约 1.8 m，出露海面面积约 3 m²，礁上已发育岩溶地形，如石芽、石沟等（图 13.26，图 13.27）。黄岩也是礁盘上的巨大礁块，出露海面 1.5 m，出露海面面积 4 m²（1983 年公布为北岩）。

13.2.2.4 南沙群岛

南沙群岛是南海诸岛中岛礁最多，散布范围最广的椭圆形珊瑚礁群。位于 3°40′～11°55′N，109°33′～117°50′E。南沙环礁坐落在南部陆坡海底高原上，四周被断裂限制，西北侧为中央海盆南缘断裂，东南侧为南沙海槽，西南为北康断裂，东北为礼乐滩断裂，高原面顶部与陆坡底部高差达 2 000～2 500 m。南沙群岛环礁地貌可分为四区：北部西段雁行环礁及环礁链区、北部东段礼乐滩大环礁区、南部西段东东北走向环礁区、南部东段平行东北隆起脊环礁区（曾昭璇等，1997）。

北部雁行环礁及环礁链区以多环礁链地形为特点，环礁受基底构造控制也呈 NE 向雁行排列，水下隆起脊即成为环礁地貌发育地点，共有 6 列环礁地貌，即：双子环礁、渚碧—中业环礁、道明—长滩环礁、火艾环礁、郑和环礁和九章环礁。礼乐滩大环礁区以大陆架浅滩

图 13.27　黄岩岛环礁卫星图片

残留面积广为特色，基底走向以北北东为主。根据环礁走向可将礼乐滩大环礁区分为以下几列：① 东北走向环礁列，共有 4 列，分别是：大渊—罗孔—五方东北向环礁列、安塘环礁列、棕滩—南方浅滩环礁列、海马环礁列；② 西北走向环礁列，共有 3 列，分别是：半路—仙宾—蓬勃环礁列、美济—仁爱—牛车轮—海口—舰长环礁列、仙娥—信义—半月环礁列（曾昭璇等，1997）。

南部西段，根据环礁走向可将环礁区分为以下几列：① 北东走向环礁列，共有 1 列，为永署环礁列；② 北东东走向环礁列，共有 1 列，为尹庆群礁—日积礁—人骏滩—万安滩环礁列；③ 北北东走向环礁列，共有 1 列，为奥援—南薇环礁列。南部东段，靠近南华水水道的呈北西—东南向，共有 1 列，为毕生—六门—南华—无乜—司令环礁列；其余平行南沙海槽，呈北东向，分别为柏礁环礁—安波沙礁、榆亚—安渡—弹丸—皇路—南通环礁列。除此而外，还包括北康暗沙和南康暗沙（曾昭璇等，1997）。

南沙群岛环礁和岛屿众多，以下选择代表性的道明环礁和郑和环礁描述其特征。

道明环礁：位于南沙北部雁行环礁及环礁链区，东北部和西南部礁环较为发育，其中，西端的西南礁位于 10°42′N，114°18′E，呈三角形，向西南方向延伸，这主要是受西南季风影响（曾昭璇等，1997）（图 13.28）。东北部礁体亦较为发育，呈明显连续性礁体，但东北部礁体沉水较深，水深在 10～16 m 之间，故未有礁盘地形发育。道明环礁受新构造运动影响，东北部略为下沉，而南部略为抬升，使礁盘地形得以在西南部发育，并生长有沙洲和珊瑚岛，形成礁盘的礁块也多。道明环礁由于开放性明显，"门"的地形发育，且"门"的水深较大，可达 60～70 m，和潟湖湖底高程相当。道明环礁所围潟湖水域广大，潟湖底一南北向 60 m 深水道将潟湖分为东西两部分，东部潟湖水深在 50～60 m 之间，向东南倾斜；西部潟湖水深可达 90 m，地形起伏也较大，也反映潟湖地形仍受新构造运动影响。

环礁上有两个沙洲：一个是双黄沙洲（10°43′N，114°19.5′E），一个是杨信沙洲（10°43.5′N，114°31′E）。两个沙洲皆位于南侧礁环上，隔着潟湖相对。杨信沙洲位于礁盘南

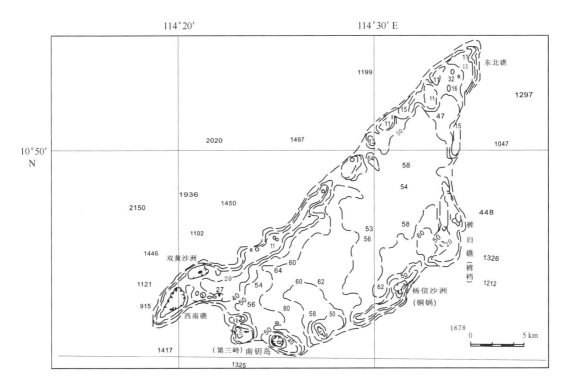

图 13.28　道明环礁地形简图（曾昭璇等，1997）

侧，礁盘退潮时出露。双黄沙洲位于西南礁东北 1.4 km，此沙洲未长出林木，只长草，礁盘退潮时干出。道明环礁上有著名的南钥岛，位于 10°40′20″N，114°25′20″E。1935 年公布为罗湾岛，1947 年公布为南钥岛。渔民称为"第三峙"，因我国渔民南来南沙群岛，这是第三站。"南钥"是 1947 年定名，1968 年《中国海指南》（英文版：《China Sea Directory》）译成 Nam Yit，再译回中文成"南钥"。英文名为 Loaita or South Island of Horsburg（曾昭璇，1997）。南钥岛海拔高度为 2.5 m，长 0.43 km，宽 0.23 km，面积 0.087 km²。岛上被栲树所遮盖，可见椰子树和灌木，有鸟粪层，但缺淡水。我国渔民向来以此岛为捕捞基地，并挖有水井。1971 年后为菲律宾占领。

郑和环礁：位于 10°9′～10°25′N，114°13′～114°44′E，旧称"团沙群岛"，是南海大环礁之一，环礁洲岛众多，为一开放的环礁，有"三礁两岛一沙洲"之称（曾昭璇，1997）（图 13.29）。环礁礁盘面积有 2.247×10^3 km²，但陆地面积仅为 0.56 km²，环礁自东北向西南延伸，并遥接大现和小现两个环礁。郑和环礁由 40 多个小礁体组成，其中，大部分礁体已发育有礁盘地形。礁前坡度较大，100 m 外水深可超过 900 m，礁环内潟湖水深在 50～90 m 之间，潟湖中浅于 10 m 水深的点礁共有 20 多座，潟湖与外海沟通的"门"有 30 多个。郑和环礁礁环水下可见 20～25 m 和 45～55 m 两级平台，此处是珊瑚礁良好的发育区，故环礁礁体最多，浅水造礁珊瑚达 100 多种。

郑和环礁上有敦谦沙洲，位于 10°23′N，114°28′E，敦谦沙洲所在礁盘直径 1 400 m，略呈椭圆形，敦谦沙洲位于礁盘中部（图 13.30）。郑和环礁潟湖由 4 个水深在 80 m 以上的洼地组成，潟湖内最深处为南部湖盆第三块洼地，水深达 87 m。潟湖中部的高地将潟湖分为东西两部分，西部的潟湖湖盆形态较为清楚，东部湖盆水深较浅。

郑和环礁上有太平岛、鸿庥岛等岛屿。太平岛位于 10°22′42″N，114°21′11″E，是南沙群岛中最大的岛屿（图 13.29，图 13.30），且是南沙群岛中唯一有淡水资源的岛屿，于 1946 年

581

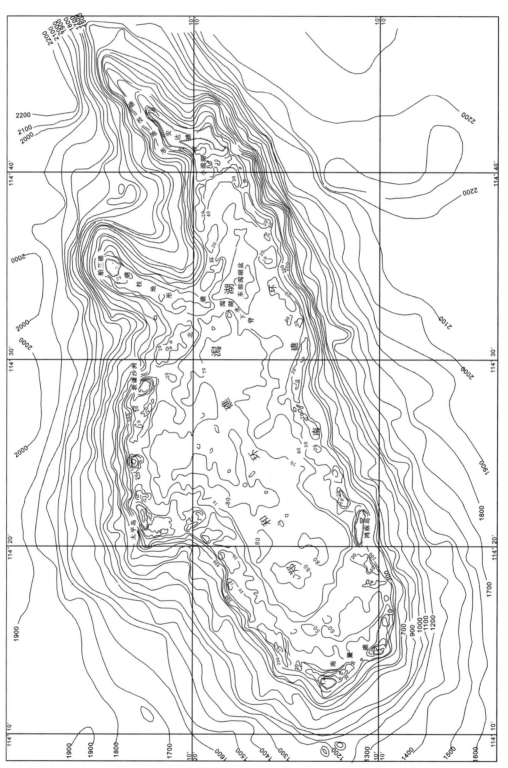

图 13.29 郑和环礁地形简图 (曾昭璇, 1997)

太平舰接收日占本岛时命名。太平岛位于郑和环礁的西北端附近，呈长梭形，南距鸿庥岛 11.1 n mile，东西长 1.3 km，南北宽约 0.4 km，面积 0.48 km²。该岛被树木遮盖，有椰树、木瓜、莲叶桐等。岛上有建筑物与水井；在岛的东端附近有高约 15 m 的瞭望台。岛西端约 0.6 n mile 处，有水深 5.4 m 的浅滩。以东 2 n mile 处，有高潮淹没的礁石。1946 年台湾驻军岛上，建气象台、水井（19 个）、岛西防波堤及码头（曾昭璇，1997）。

图 13.30 南沙群岛太平岛卫星图片

鸿庥岛位于 10°11′00″N，114°21′30″E。1935 年公布名称为南伊岛。1947 年公布名称为鸿庥岛。鸿庥是 1946 年接收本岛的中业舰副舰长名字。鸿庥岛面积小，但礁盘广大，东西长达 3.1 km，南北宽约 0.7 km，鸿庥岛在礁盘东边，亦呈东西长形，长 690 m，南北宽 140 m，面积约 0.08 km²。但沙堤很高，达 6.2 m。沙堤由珊瑚砾块堆成。该岛的东北方约 1 n mile 处，有水深 4.5 m 的浅滩。西南方约 2.3 n mile 处，有水深 6.7 m 浅滩。岛上林木茂盛。有椰树，有海鸟群栖，还有淡水井，但水质欠佳，不宜饮用。越南于 1973 年占领该岛。

13.3 南海深海平原（中央海槽、高耸的火山岛与珊瑚环礁）

南海深海盆呈 NE—SW 向延伸的长纺锤形，海盆以 3 000 m 等深线与大陆坡为界。海盆四周被陆坡和岛坡包围，唯海盆东北侧经巴士海峡水深 2 600 m 的海槛与菲律宾海相通。海盆与四周大陆坡在地貌上转折明显，北为南海北部陆缘，与西部陆坡之间有一系列规模宏大的海岭，与南部陆坡有宽阔的南沙海底高原，与东部岛坡之间有马尼拉海沟相隔。南海深海盆面积约为 55.1×10⁴ km²，占南海总面积的 15.74%（表 10.1）。南海深海平原地形平坦，地形由西北向东南缓缓倾斜，水深由 3 400 m 逐步加深到 4 300 m，坡度介于 1.0×10⁻³ ~ 1.3×10⁻³。南海深海盆地貌类型简单，包括深海平原、海山、深海隆起和深海洼地。

根据地形、地貌和地质结构，将南海深海盆分为西北海盆、西南海盆和中央海盆。西南海盆呈 NE—SW 向延伸，中央海盆为东西走向，两者之间以 SN 向中南链状海山为界。中央海盆是南海海盆的主体，以珍贝—黄岩链状海山为界，分为南海盆和北海盆。西北海盆位于南海中央深海平原的西北部，其西北部为西沙海槽，北部为南海北部陆缘，南部为中沙群岛。

13.3.1　中央海盆

中央海盆位于南海中部，呈南北向延伸的长方形，南北长约900 km，东西宽450 km，面积大于40×10^4 km^2（图10.1，图10.3）。海盆北界为北部陆坡，南界为礼乐滩，东界为马尼拉海沟，西界为西沙—中沙海台。海盆底部是平坦的深海平原，位于15°N的黄岩—珍贝链状海山将南海中央海盆分为南部深海平原和北部深海平原。物探表明，南海深海平原底部的现代沉积物较薄，基岩甚至裸露，地壳厚度仅6~8 km，地壳结构属于大洋型地壳。

北部海盆地形自北部大陆坡坡脚水深3 400~3 600 m向南水深逐渐加大，到珍贝海山和黄岩海山坡脚水深达到4 200 m左右，海底自北向南微微倾斜，平均坡度1.2×10^{-3}~1.7×10^{-3}（刘忠臣等，2005）。北部深海盆以广阔平坦的深海平原地形为主体，在平原上有5条雄伟的EW向的链状海山分布，从南向北依次为珍贝—黄岩链状海山、涨中链状海山、宪南链状海山、宪北链状海山和玳瑁链状海山，以珍贝—黄岩链状海山最为壮观。黄岩链状海山位于盆地中部，大致沿15°N呈NEE—EW向展布，由黄岩海山、珍贝海山等6座大小不等的海山、海丘组成。此链状海山高耸的山体坐落于平坦的深海平原上，形成绚丽多姿的火山地貌景观。

黄岩海山火山岩为中性粗面岩，具有高铝、低钛、富钾钠的特点，属于碱性系列，而岩石的稀土和微量元素含量配分模式和锶—钕—铅同位素特征类似于洋岛玄武岩。黄岩海山粗面岩与珍贝海山玄武岩在微量元素、稀土元素和锶—钕—铅同位素特征上具有相似性，钾—氩法测年表明黄岩海山粗面岩的形成年代为（7.77 ±0.49）Ma，略晚于珍贝海山玄武岩的形成年代（9.1 ±1.29）~（10.0 ±1.80）Ma，表明它们均为南海扩张期后板内火山活动的产物，可能属于同期但为不同分异演化阶段的产物（王叶剑，2009）。

南部海盆地形自南向北微微倾斜，水深由南部的4 000 m向北逐渐加大到4 400 m（刘忠臣等，2005）。海底地形广阔平坦，平均坡度0.6×10^{-3}~2×10^{-3}。南部深海平原仅有EW向链状海丘分布，主要有黄岩南链状海丘、中南海山东链状海丘等，数量不及北部深海平原。黄岩南链状海丘位于黄岩海山南侧，由7座海丘组成；中南海山东链状海丘由5座海丘组成，EW向展布，全长240 km，峰顶水深3 818~4 093 m。

13.3.2　西北次海盆

西北次海盆位于南海中央深海平原的西北部，其北侧为北部陆缘、西北为西沙海槽、南侧为西沙—中沙群岛，是南海三个次海盆中面积最小的一个海盆。海盆呈NE向延伸的三角形，东宽西窄，水深在3 000~3 800 m之间，面积约8×10^3 km^2（姚伯初，1991）。海盆底部平坦，海底自SW向NE缓倾，平均坡度为0.3×10^{-3}~0.4×10^{-3}，西南部海底坡度为6×10^{-3}，东北部为1×10^{-3}。

海盆中北部分布着一NE走向的双峰海山，长52.5 km，NW向宽15 km。海山西南山峰水深3 026 m，周围海底水深3 600 m，相对高差574 m；东北山峰水深为2 407 m，相对海底高差1 193 m。盆地内的沉积厚1~2 km，基岩顶面等深线呈NNE向分布。西北次海盆自由空间重力异常总体走向呈NE向，在115°E以东异常呈近EW向展布，局部NNW—SSE向。海盆的地磁异常与重力异常走向相一致，也呈NE—NEE走向，并大致呈条带状分布（丁巍伟等，2009）。

13.3.3　西南次海盆

西南次海盆位于南海中央深海平原的西南部，其西北为盆西南海岭、东南为南沙海台、东部以南北向的中南海山与南海中央海盆为邻，呈一个 NE 开口的三角形盆地。NE 方向长约 600 km，东北部最宽达 342 km，面积约为 11.5×10^4 km²，水深在 4 300～4 400 m 之间，是南海海盆中最低洼的部分。

海盆底部平坦，其上发育 NE 走向的线状、链状海山，以长龙线状海山及南侧的 3 条线状、链状海山最为壮观（刘忠臣等，2005）。长龙海山长 234 km，宽 20 km，有 6 个山峰，水深分别为 3 625 m、3 512 m、3 592 m、3 705 m、3 876 m 和 3 762 m，顶底最大高差 888 m。NW 链状海山海丘主要分布于西南深海平原的东北部，山体较小，峰顶水深 3 046～4 183 m，相对高差 50～1 250 m。作为中央海盆与西南海盆分界线的中南链状海山，规模较大，它由数个海山海丘组成，呈 NE 向分布，峰顶水深 272～3 879 m，全长 243 km。

深海平原内还分散分布着许多中小型的海山和海丘，它们大多呈椭圆形，长轴 NNE 向（刘忠臣等，2005）。自南往北依次有大洲海山、大公石海山、大洋石海山、大担石海山、牵公石海山、香洲海山、彬洲沟丘、青洲海丘和溢洲海丘，它们均为近期多波束发现的新海山。

对于中央海盆的成因，目前多数学者认为是南海海底扩张的产物。东西向排列的磁条带异常指示扩张方向为 S—N 向。对于扩张的时代大家的观点比较一致，认为中央海盆扩张发生于早渐新世到早中新世，距今 32～17 Ma。扩张的机制认为印澳板块向欧亚板块推挤，导致地漫流向东蠕动，在蠕动过程中受到太平洋板块的阻挡转向东南方向，使南海海盆打开。因此，南海海底扩张与欧亚板块、印澳板块和西太平洋板块的相互作用密切相关。中中新世，礼乐—巴拉望地块和加里曼丹地块碰撞，海底扩张停止，中央海盆诞生。

对于西北海盆的成因，大家均认同它的扩张时间要早于中央海盆。姚伯初认为西北海盆与西南海盆一样，均是在南海第一次海底扩张过程中，即 42～35 Ma 期间形成的，后来由于第一次海底扩张夭折，西北海盆的扩张也跟着夭折。丁巍伟等（2009）认为西北次海盆扩张时间要稍晚一些，大约在 30 Ma 时开始发育，断层的活动期集中在渐新世，并大致以海盆中部的岩浆岩凸起为轴对称分布。25 Ma 后扩张轴向南跃迁，西北次海盆的海底扩张运动停止。

对于西南海盆的成因多数认为是海底扩张所致，但对于扩张时代有众多不同的看法，产生分歧的原因在于对磁异常条带的对比。Taylor 和 Hayes（1983）根据磁异常条带，首先提出西南海盆的扩张时间为 25～17 Ma，姚伯初等（1994）根据对比出的 18～13 号磁异常条带，推测洋壳的形成时间为 42～35 Ma。Ru 和 Pigott（1986）认为是 55 Ma，吕文正等（1987）在西南海盆中识别出 32～27 号磁异常条带，据此认为扩张时间为 70～63 Ma。CCOP（2000）东亚大地构造编图在西南海盆中识别出 5c～6b 号磁异常条带，据此认为西南海盆的扩张时间为 24～15.5 Ma，其结果与 Taylor 和 Hayes（1983）的结果比较接近。从上述推论来看，最早的可以到晚白垩世末，最晚的到渐新世末期—中新世早期。

如果按照姚伯初等（1994）的观点，西南海盆的扩张时间比中央海盆要早 10 Ma。西南海盆的扩张可视为澳大利亚—印度板块与欧亚板块碰撞的先期效应，最终由于缺乏地幔活动支撑能力，被迫夭折。Taylor 和 Hayes（1983）和丁巍伟等（2009）认为西南海盆与中央海盆的扩张时间相当。最近，在西南次海盆海底 3 000～4 000 m 水深获得的花岗岩和沉积变质岩样品，证实该花岗岩形成于早白垩世晚期，极有可能属于华南东部中生代花岗岩带的组成部分，因而对西南海盆的海底扩张说提出了质疑（邱燕等，2008）。

13.4 南海海洋沉积

13.4.1 南海大陆架沉积

南海大陆架表层沉积物由现代沉积和残留沉积组成，沉积物类型有砂砾石、砾砂、粗砂、中砂、细砂、粉砂质砂、黏土质砂、粉砂、黏土质粉砂、粉砂质黏土、砂—粉砂—黏土、钙质生物砂、钙质生物砾质极粗砂、贝壳珊瑚生物碎屑砂 15 种（图 13.31）（HY126 – 03 项目综合报告编写组，2004）。南海陆架区沉积物分布特点是海湾中沉积物较细，在海峡、开阔的陆架外缘沉积物较粗。另外还具有陆源物质丰富、沉积速率高、物质粗、生物碎屑多，$CaCO_3$含量高的特点。陆架区常见重矿物有磁铁矿、钛铁矿、金红石、锐钛矿、锆石、帘石、电气石、海绿石和绿泥石，轻矿物以石英、长石为主。

南海北部陆架，分布在 50 m 以浅内陆架的黏土质粉砂和粉砂质黏土，主要是由广东沿岸的河流供给的现代沉积。在中、外陆架，水深 50 ~ 200 m 的砂质沉积，是经过叠加和改造的残留沉积（图 13.31）。珠江口两侧（东侧至汕头、西侧至阳江）近岸 30 m 以内沉积物以粉砂质黏土和黏土质粉砂为主，汕头以东、阳江—雷州半岛东海岸均以细砂为主，局部有中粗砂和砾砂，只在潮汐汊道港湾内或沙坝外围有粉砂质黏土。水深 30 m 以外，逐渐过渡为黏土质粉砂、砂—粉砂—黏土，最后至 50 m 水深完全过渡为由中、细砂组成的残留沉积。琼州海峡内，由于狭窄流急，泥沙被带到海峡东西两侧形成大片砂质浅滩和潮流沙脊，海峡内为砂砾、砾砂与中、粗砂等粗粒堆积。北部湾以黏土质粉砂和粉砂质黏土沉积为主，粗砂或砾砂围绕着北部湾沿岸陆地成带状分布，粗砂带以外海底沉积是黏土质粉砂和粉砂质黏土（图 13.31），并逐渐过渡到中部大面积的代表古海滨的残留沉积（细砂沉积）。北部湾中的各个岩石岛屿，如海南岛、肥猪龙岛和白龙尾岛的周围，底质是砾砂、粗砂和细砂。

南海西部陆架较窄，水深 100 m 以内细砂呈带状顺中南半岛分布，沿岸沙坝或沙岛周围有砂砾分布，北部岘港东南侧沿岸，由于岘港岸外岛屿的掩护发育粉砂质黏土（图 13.31）。归仁以北，从 100 m 水深到外陆架转折，仍保持细砂沉积，局部有小的斑块状的砾砂和砂砾。归仁以南，100 m 至 200 m 水深之间发育粗砂，围绕等深线呈条带状分布，往南条带宽度逐渐加大，往北逐渐尖灭。200 m 至陆架转折复又变为细砂。

南海西南部陆架西起湄公河口外、过巽他陆架向东至加里曼丹岛东北端。从湄公河口外至宽广的巽他陆架，水深 200 m 以内的陆架主体为细砂和粉砂质细砂，中砂、粗砂和局部的砾砂呈斑块状分布于内陆架和中陆架区域，陆架外缘有条带状粉砂质细砂分布（图 13.31）。湄公河口两侧 20 m 水深以内分布黏土质砂，50 ~ 80 m 水深之间还有 5 列呈 NE 向雁行排列的水下砂体（粗砂），估计为低海面时的古湄公河水下三角洲堆积。从古晋到古达的加里曼丹北部陆架，水深 100 m 以内主要分布钙质碎屑砂，少量钙质粉砂黏土和钙质黏土粉砂，曾母暗沙堆积钙质粗砂。水深 100 m 至陆架边缘，呈条带状分布钙质黏土粉砂。另外，围绕岛屿周围还有贝壳、珊瑚碎屑砂和砂砾分布。

南海东部岛架底质分布不甚规则，或为基岩裸露，或沉积着自陆地侵蚀下来的碎屑物质，成分主要是砂（图 13.31）。巴拉望岛周围陆架主要堆积砾砂，另有贝壳、珊瑚碎屑砂围绕一些岛屿呈斑块状分布。民都洛岛和吕宋岛周围陆架也主要分布砾砂和细砂，在海湾中有粉砂质黏土分布。

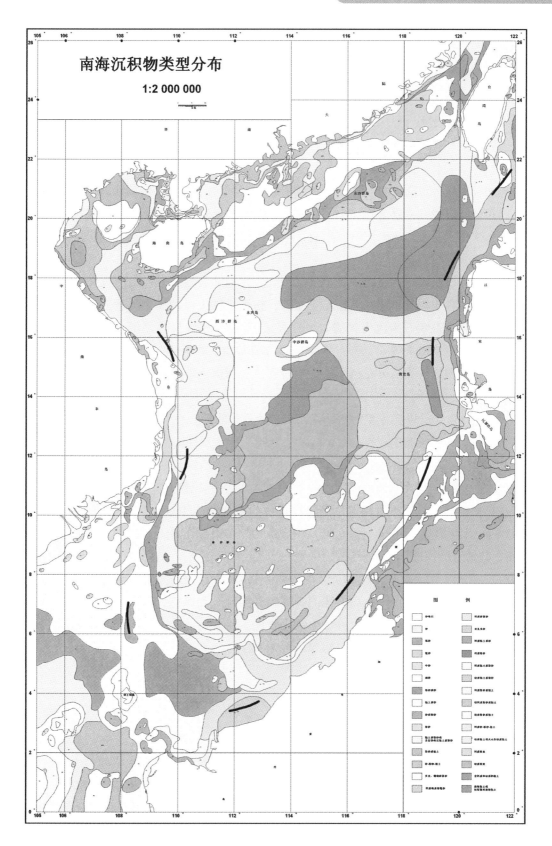

图 13.31　南海海底沉积物分布（HY126－03 项目综合报告编写组，2004，附图）

13.4.2　南海大陆坡沉积

南海陆坡坡度较陡，地形崎岖，水深变化大（200～3 000 m）。沉积物类型复杂，为陆架向深海区过渡类型，包括黏土质粉砂和含岩块砾石黏土质粉砂、粉砂质黏土、钙质碎屑砂、有孔虫砂、贝壳珊瑚碎屑砂、钙质黏土质砂、钙质粉砂、钙质黏土质粉砂、硅质黏土质粉砂、钙质粉砂质黏土、含硅含钙粉砂质黏土、硅质粉砂质黏土、钙质砂—粉砂—黏土 13 种（图13.31）。

南海北部陆坡，上陆坡主要为粉砂质细砂和砂—粉砂—黏土，在东沙岛、北卫滩和南卫滩周围有粗砂、砾砂和砂砾分布。中陆坡和下陆坡分别出现钙质黏土质粉砂和钙质粉砂质黏土。陆坡东部由于受东沙东海底峡谷影响，中陆坡以下并未出现钙质沉积，仍为陆源黏土质粉砂。

南海西部陆坡主要以钙质粉砂质黏土沉积为主，上陆坡断续分布黏土质粉砂。陆坡盆地除了钙质粉砂质黏土以外，还充填黏土质粉砂、粉砂质黏土以及硅钙质粉砂质黏土。西沙群岛（高尖石除外，高尖石为火山碎屑岩，含凝灰熔岩）、东沙群岛周围分布贝壳、碎屑珊瑚砂，广雅海台—万安滩周围除了分布贝壳、碎屑珊瑚砂以外，还有钙质细砂—粉砂—黏土和黏土质粉砂。盆西海岭周围分布钙质黏土质粉砂，盆西南海岭周围分布黏土质粉砂和粉砂质黏土，局部钙质粉砂质黏土。

南部陆坡 1 000 m 以浅主要为沿等深线成带状分布的钙质黏土质粉砂和钙质粉砂质黏土，估计属于有孔虫粉砂质黏土或有孔虫黏土质粉砂，由于水深在 CCD（碳酸盐补偿深度）面之上，因此含较多有孔虫。靠近岛礁周围，沉积物粗化，发育贝壳、珊瑚碎屑砂。在仙娥礁、仁爱礁、仙宾礁和舰长礁周围发育钙质软泥。1 000 m 以下，有孔虫含量逐渐减少，放射虫逐渐增多，钙质碎屑沉积或钙质软泥逐渐被硅钙质粉砂质黏土取代。在广大的南沙海底高原，1 000 m 水深以下均为这种硅钙质沉积物覆盖。在东南侧的南沙海槽中，由于水深超过2 000 m，硅钙质沉积被硅质沉积取代。

南海东部岛坡水深 1 000 m 以上为黏土质粉砂，围绕吕宋岛呈带状分布。吕宋岛西南及民都洛岛周围陆坡为细砂沉积，岛屿周围有斑块状的砾砂和砂砾，岛屿之间的水道分布黏土质细砂。1 000～3 000 m 水深迅速过渡为钙质软泥。吕宋岛北端与台湾岛南端之间的海峡通道中分布有砾砂、砂砾和中—细砂等粗碎屑沉积物。台湾岛西南高屏陆坡分布有大面积的黏土质粉砂，台南浅滩发育含砾块的黏土质粉砂。

13.4.3　深海区沉积物类型及其分布

深海区位于南海中部，水深 3 000 m 以上（图 13.31）。北部深海平原表层沉积物比较均匀单一，主要为深海黏土及含铁锰质微粒深海黏土。最东北角有小斑块状的黏土质粉砂。本区沉积物的来源与周围大陆和岛屿的花岗岩长期风化剥蚀密切相关，具有亲陆性质。

深海平原中部大面积分布硅质黏土或火山灰硅质黏土。在高出周围海底数千米的海山上，沉积物为含火山灰硅质黏土，另有有孔虫砂分布，某些海山可能还有锰结壳分布。西南部是较平坦的深度最大的深海平原，沉积物为硅质软泥。

西南部深海盆的中心部位大面积的分布硅质软泥，水深超过 4 000 m。中沙群岛南部的一块深水盆地区分布铁锰微粒深海黏土。仅靠南沙海底高原的一块深海平原区（水深介于3 000～4 000 m）分布含钙质硅质黏土。深海盆的最西南端分布粉砂质黏土和黏土质粉砂，并有小块的钙质粉砂质黏土分布。

13.5 南海周边海峡通道

13.5.1 马六甲海峡

马六甲海峡（Malacca Strait）位于马来半岛与印度尼西亚苏门答腊岛之间，呈东南—西北走向，因临近马来半岛上的古代名城马六甲而得名。它西北端通安达曼海，东南端连接南海，是沟通太平洋和印度洋的重要通道，也是连接亚、非、欧三大洲的交通枢纽。马六甲海峡东起新加坡西侧的皮艾角与小卡里摩岛之间，宽约 10 n mile，水深 25 m，向西止于苏门答腊岛北端的韦岛与马来半岛西海岸的普吉岛之间，宽约 200 n mile（图 13.32）。海峡水深一般为 30~130 m，东南部浅而窄，最窄处仅 38 km，且岛屿、浅滩众多，是航行的危险区域，整个海峡形态近似为一个向西北敞开的大喇叭；西北部宽而深，有 300 多 km（俞慕耕，1986，1987），口门外围有近似弧形（近南北走向向东弯曲的"C"字形）的安达曼群岛和尼科巴群岛。

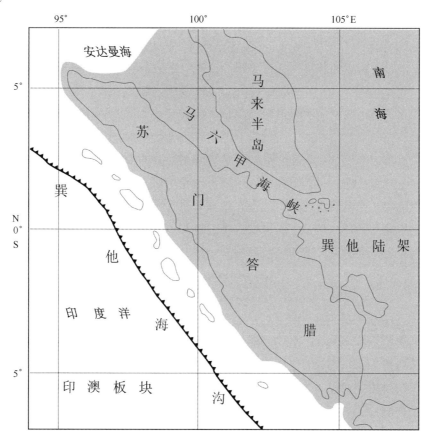

图 13.32　马六甲海峡周边海域地质地貌（Plummer 和 McGeary，1996）

海峡位于赤道附近，属于热带气候。气温高，年平均气温在 25℃以上，湿度大，全年相对湿度为 85%。晴天少，阴天多，降水量大，年降雨量在 3 000 mm 左右。马六甲海峡的水温终年偏高，月平均水温为 27.9~30.5℃之间，季节变化不大，年较差为 2.6℃。5 月份是全年水温最高的季节，月平均气温为 30.1℃；2 月份为全年水温最低季节，平均水温为 28.5℃。

海峡的盐度，由于受大量降水的影响，盐度不太大，月平均盐度为 28.5~32.2 之间，季节变化较大，年较差为 12.7×10^{-3}（俞慕耕，1986）。海峡盛行信风和季风，风力较弱，海上平均风速为 4.5 m/s，全年多北风，频率为 19%，其次为东北风。大风较少，海上 6 级以上大风全年为 3%，无台风出现。海浪方向与风向基本一致，每年 11 月至翌年 4 月，浪向以北和东北向为主，6—9 月份，浪向以东南、南和西南向为主，5 月份和 10 月份为季风转换季节，浪向分散。马六甲海峡的潮汐类型主要为规则半日潮，但在海峡东部马六甲港以东至新加坡港为不规则半日潮，新加坡以东海区为不规则日潮，林加岛为规则日潮。潮流属往复流，流向顺水道流动，涨潮流向东南，落潮流向西北，流速涨落潮相同，最大流速为 2.2 kn，涨潮时间和落潮时间基本相同，具规则半日潮流的性质（俞慕耕，1987）。

马六甲海峡及其东部马来半岛和西部苏门答腊岛都位于巽他陆架上（图 13.32），水深较浅。其南部苏门答腊岛是印度尼西亚最大岛屿，南北长约 1 790 km，东西最宽 435 km，面积 43.4×10^4 km^2。苏门答腊岛西南侧位于印奥板块和欧亚大陆板块的交接带上，由于板块的俯冲形成了巽他海沟（Sunda Trench）、明打威群岛（Mentawai Island）以及后方的巴里桑山脉（Barisan Mountains），是全球地震、火山活动最为活跃的地带（Chua 等，2000；马宗晋和叶洪，2005）。2004 年 12 月和 2005 年 3 月连续两次 9 级大地震都发生于此。

马六甲南侧苏门答腊沿海地区沼泽广布，岸线曲折，南北绵延约 1 000 km，面积约 15×10^4 km^2，有些沼泽深入内陆达 240 km，浅滩及渔网广布，是东南亚最大的沼泽地带。所以马六甲主航道是沿着对岸马来半岛一侧，宽度仅 2.7~3.6 km，航道的最窄处在东岸波德申港附近浅滩处，宽仅为约 2 km（王颖和马劲松，2003）。

南海地质构造及海底地貌决定了中国国际运输航线必须经过南海西沙群岛和中沙群岛之间的中沙海槽，向南通过南沙群岛西侧西卫滩与李准滩之间，通过马来半岛一侧马六甲海峡主航道进入印度洋。中国从中东和非洲地区进口的石油，占海外总进口的 75% 以上，均要经过马六甲海峡—南海航线；马六甲海峡—南海航线是中欧贸易和中国—美国东部贸易的必然通道；马六甲海峡—南海航线还是中国与东亚港口的生命线。因此，马六甲—南海航线是中国能源、贸易运输的咽喉，对于中国国家战略安全具有重要意义，只有保证这条航线的安全才能保证中国经济持续稳定的增长。

13.5.2　吕宋海峡

吕宋海峡（Luzon Strait）（许多文章直接将吕宋海峡称为巴士海峡）北起台湾岛南端至菲律宾吕宋岛北端，长达 320 km，是南中国海与西北太平洋的主要通道，也是连接西北太平洋与印度洋，通往非洲、欧洲的重要航道。菲律宾的巴坦群岛和巴布延群岛将这片海域分隔成三部分，自北向南分别称为巴士海峡、巴林塘海峡和巴布延海峡，这三个海峡均宽而深，可通航各类大型船只。巴士海峡平均宽 185 km，最窄处 95.4 km，海峡水深大都在 2 000 m 以上，最深处 5 126 m。

海峡属于副热带海洋性气候，具有明显的季风气候特点，高温高湿，雷雨较多，台风影响频繁，是西北太平洋的大浪区之一。1 月平均气温 18~24℃，7 月平均气温 28℃。年降水量 2 000 mm，主要集中在 6—9 月。表层海水温度终年较高，一般为 25~29℃，季节变化不大，其分布特点是南高北低；表层海水密度 21.5~23.5 kg/m^3，冬季高，夏季低。11 月、12 月份大风大浪频率全年最高，大风频率在 40%~60% 之间，大浪频率在 24% 以上，夏季平均风、浪较小。冬季影响本海区的主要天气系统为南下的冷空气，夏秋季节受西北太平洋和南海生成的热带气旋影响，黑潮对海区水文特征也有较大影响（刘金芳等，2001）。

海峡潮汐类型有三种类型：不规则全日潮、规则半日潮、不规则半日潮。平均潮差小于1 m，最大可能潮差2 m，潮流为往复流（刘金芳等，2001）。涨潮流向西，落潮流向东，流速 0.5～3 kn，最大可达 5 kn。吕宋海峡是黑潮暖流流入南海和台湾海峡的重要通道，而暖流的流速和温度受季风影响而有季节性变化。春、夏、秋三季，不同深层都出现与表层流相反的海流，海流受黑潮影响终年偏北流，流速较大，夏季强、冬季弱（管秉贤，1990）。

围绕岛屿周围有砾砂或砂砾分布，海峡浅处有中砂或细砂分布，海峡中部水深 2 000 m以上，沉积物较细，主要为钙质软泥或黏土质粉砂。吕宋海峡位于太平洋西部岛弧—海沟交汇带，海底地形起伏变化甚大，主要为华南大陆坡向东延伸，又有兰屿海脊、台东海槽、花东海脊和马尼拉海沟由东北向西南平行分布。实际上吕宋海峡是吕宋岛弧向西北方向逐渐潜没造成的，海峡的基底为火山物质。向台湾岛潜没的这段岛弧它是不连续的，突出水面的成为岛屿，如巴坦群岛和巴布延群岛，岛屿之间的水道自然就成为海峡。另外受菲律宾海板块和欧亚大陆板块地质交互作用影响，吕宋海峡是一个地震多发区。

13.5.3 巽他海峡

巽他海峡（Sunda Strait）位于印度尼西亚爪哇岛与苏门答腊岛之间，105°40′E，6°0′S，是沟通爪哇海与印度洋的航道，也是北太平洋国家通往东非、西非或绕道好望角到欧洲航线上的航道之一。中国明代郑和曾率领远洋船队穿过此水道。海峡呈东北—西南向延伸，长约150 km，宽 22～110 km，水深 50～80 m，最大水深 1 080 m。海峡中有几个火山岛，最著名的是喀拉喀托岛，海峡地区处于地壳运动活跃地带，多火山活动。火山爆发引起的大海啸在近海浪高达 35 m，波及印度洋，甚至西欧。火山的剧烈活动不仅使喷发出的大量火山物降落到海峡和周围地区，而且改变了海底地形。巽他海峡的海水既淡且暖，盐度 31，水温达 21℃以上。

巽他海峡由复杂的垒堑构造组成，由于受断层控制，水下地形较陡（图 13.33）（Susilohadi 等，2009）。海峡西部包括四个水下隆起（Semangko 地垒，Tabuan 海脊，Panaitan 海脊和 Krakatau 海脊）和两个地堑（Semangko 地堑和 Krakatau 地堑）。Tabuan 海脊和 Panaitan 海脊将 Semangko 地堑分割成东西两个次级地堑。Semangko 地堑水深变化从 800 m 到 1 500 m。相对而言，Krakatau 地堑由于火山活动堆积了大量的火山碎屑物质，地形比较平坦。

巽他海峡始于晚中新世早期。中中新世苏门答腊断裂带的右旋走滑形成两个拉分盆地，即 Semangko 和 Krakatau 地堑。晚中新世以前，巽他海峡及其周围地区可能属于非海相环境，仅在地形低洼处出现浅海沉积。晚中新世当巽他海峡打开时，形成大量的火山喷发，并且火山物质成为碎屑物质的主要来源。

13.5.4 民都洛海峡

民都洛海峡（Mindoro Strait）位于民都洛岛与卡拉棉群岛之间，呈 NW—SE 向延伸，为一深水海峡，是南海通往苏禄海、米沙鄢群岛以及大洋洲的重要航道。在东北季风弱时或季风转换期间民都洛海峡为常用的方便航道。每年 5—9 月由中国香港驶往欧洲的船只，10 月由欧洲驶来中国、日本的船只常经过此海峡（杨健、庞晓楠，2005）。

民都洛海峡属于热带季风气候，11 月至翌年 5 月吹东北风，6 月到 10 月吹西南风，气候炎热，雨量丰沛，但有干季，西岸年降雨量为 1 500～3 000 mm，西南季风时为雨季。季风对沿岸海域产生的波浪作用一般比较弱。夏秋季，源于西北太平洋的台风穿过海峡或越过吕宋岛进入南海时，仍会引起大风，潮差一般小于 2 m。

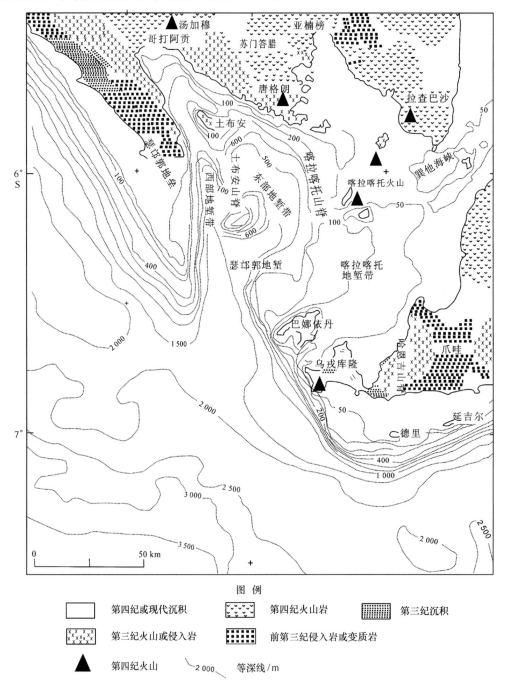

图 13.33　巽他海峡海底地貌及沉积物分布（Susilohadi et al.，2009）

整个海峡北部和东部深，西南部浅而且多岛、礁和浅滩（杨健、庞晓楠，2005）。东北部的深水区水深大部分在 500 ~ 2 500 m 之间，中间由阿波马和巴霍群礁将其分为东、西阿波水道。东阿波水道宽约 15 n mile，长约 90 n mile，除了有一水深 15.9 m 的浅滩外，其余无障碍物；西阿波水道宽约 18 nmile，长约 90 n mile，内有浅滩和暗礁，再往西岛礁更多。海峡东南入口有浅滩，常用深水航道最窄处在安布隆岛西侧，宽度约 5 n mile。海峡内涨潮为东南流，落潮为西北流。主要的港湾锚地大都分布在民都洛岛西岸，其中，班丹湾水深为

12.8 ~ 25 m；曼嘎林湾可供各类舰船避风锚泊，潮差约 1.1 m，有一小型码头；潘达罗强湾锚泊条件较好，可避（除偏南风外）诸向风。

海峡有许多河流切割成的陡峭河谷，北部是山坡临海的基岩海岸，南部为低丘陵，东、西沿岸是较曲折的基岩港湾海岸，发育湾头暗礁、海滩和小块沼泽化平原。河流多险滩、急流。湾岸潮滩有红树林生长（刘昭蜀等，2002）。菲律宾西海岸的地质构造是吕宋弧，在中生代末是吕宋地槽的一部分，第三纪初期时下沉，渐新世时西部山地强烈抬升，并伴随大规模火山岩侵入，中新世初期遭受海侵，后期则为造山时期，褶皱、火山活动及侵蚀作用强烈，上新世是个比较平静的海侵及堆积时期。上新世末第四纪发生造山运动，整个地区隆起成陆。从生物地理资料来看，民都洛地区，一直到第四纪初期还与陆地相连，第四纪后期才分开。

西南部的岛屿，介于塔布拉斯和民都洛海峡之间。岛呈椭圆形，长 144 km，宽 96 km，面积 9 826 km²。是一个丘陵山地岛屿，主要山脉长 160 km，四周为零散的沿海平原。瑙汉湖和全岛最高的阿尔孔山海拔 2 585 m 都在岛的东北部。它与吕宋岛之间的水道是香港至太平洋关岛的必经之路。

13.6　南海的重要海湾

13.6.1　北部湾

北部湾位于我国南海的西北部（17° ~ 21°30′N，105°40′ ~ 109°50′E），是一个半封闭的新月形浅水湾，三面为陆地包围，北临我国广西自治区，东临我国的雷州半岛和海南岛，西临越南，南与南海相连。南部湾口一般以海南岛莺歌咀至越南润马角的连线为界，宽度 350 km，其东部有琼州海峡与南海北部相通，全湾面积 12.7 × 10⁴ km²（图 13.34）。海湾底部地形平坦，自西北向东南平缓倾斜，平均坡度 0.03% ~ 0.06%。等深线顺岸弯曲，显示海底地形受海岸制约明显。在红河口附近，30 m、40 m、50 m 等深线向东南方向弧形凸出，显示红河水下三角洲特征。湾内最大水深 20 ~ 50 m，湾口最大水深 100 m。北部湾中部海底地形复杂，浅滩、沟谷纵横交错，相对高差可达 5 ~ 10 m（刘忠臣等，2005）。北部湾北部有涠洲岛和斜阳岛两个基岩小岛，中部有白龙尾岛[①]，其余岛屿集中分布于越南海防到中国东兴近岸海域。

13.6.1.1　自然条件

北部湾属北热带—南亚热带季风海洋性气候，5—8 月盛行西南风，10 月到翌年 3 月盛行东北风。夏季海水表面温度 30℃，冬季约 20℃，年降水量 1 200 ~ 2 000 mm。5—11 月常受热带气旋侵袭，最大风速可达 12 级。源于西太平洋的台风多经海南岛和雷州半岛由东而西进入本湾，向北西方向移动；而源于南海的台风多由南或东南进入本湾，向北和北西方向移动。潮汐类型以全日潮为主，随着潮波由湾口向北传播，潮差由湾口向湾顶逐渐增大，平均潮差由湾口的 1 m 至涠洲岛为 2.13 m，至湾顶防城港为 2.25 m，北海为 2.36 m，铁山港为 2.45 m。最大潮差超过 6 m（铁山港），为南海沿岸潮差最大的海域。潮流为往复流，流速一般小于 1.0 m/s。海水透明度在湾口和中部较大，达 10 ~ 22 m，沿岸小于 10 m。

---

　　① 白龙尾岛（BechLongVi），又名浮水洲岛，为北部湾中的一小岛，1955 年 7 月中国人民解放军解放该岛，到 1957 年 3 月交给越南。

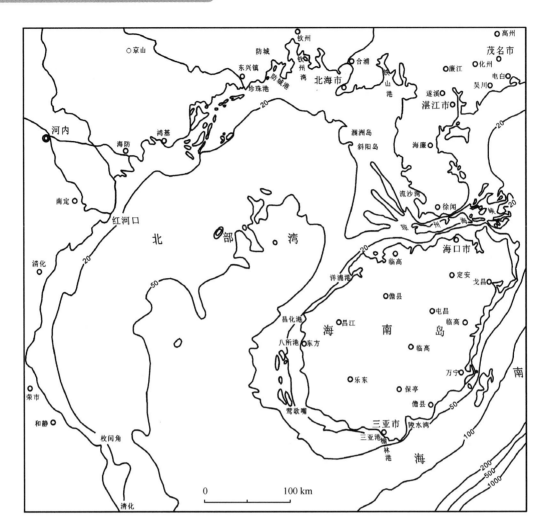

图 13.34　北部湾略图

汇入北部湾最大的河流是越南的红河，其长度为 1 170 km，年径流量 $1 230 \times 10^8$ m³/a，年输沙量 1.3×10^8 t/a。广西沿岸有众多的河流汇入北部湾，最大的 5 条河流分别为南流江、防城河、钦江、大风江和茅岭江，总计平均径流量 102.9×10^8 m³/a，平均输沙量 205.32×10^4 t/a。海南岛西部注入北部湾较大的河流为昌化江，其为海南岛第三大河流，全长 232 km，径流量 38.2×10^8 m³/a，输沙量 83.9×10^4 t/a。

北部湾海流状况比较复杂，在不同季节盛行风的驱动下，湾内环流随季节转换。冬半年在东北季风作用下，湾内呈气旋型环流，平均流速为 5~6 cm/s。湾中部被一大范围逆时针环流控制，南部湾口也存在一不闭合的逆时针型环流，南海水体由海南岛南部和琼州海峡进入，顺越南沿岸流出；夏半年在强盛的西南风作用下，湾内呈反气旋型环流，平均流速约为 3~4 cm/s。但并不形成大范围统一的反气旋型环流[1]，分别在湾西北、湾顶和湾中各形成一个反气旋环流，湾口处则形成不闭合的反气旋型环流。湾内跃层现象显著，夏季强、冬季弱，跃层下盘踞着冷水团；表层水中沿岸水团与南海水团明显不同。沿岸水团因淡水汇入而盐度较低，小于 32.5℃，最低温为 15℃、最高温为 30℃，终年停留在海湾的西岸和北岸，范围冬窄夏宽。由湾口进入的南海水团盐度可大于 34.0，水温 20~30℃，与湾内的水混合后分布于中

---

① 俎婷婷. 2005. 北部湾环流及其机制的分析. 中国海洋大学硕士研究生论文.

部和东部，盐度稍为降低。

13.6.1.2　地质地貌

北部湾海岸地貌以台地、丘陵、海积和三角洲平原海岸为主，广西沿海从东兴到犀牛脚发育丘陵地貌，北海以海积地貌为主；从北海至雷州半岛西部海岸以丘陵地貌和台地地貌为主；海南岛西部以玄武岩台地地貌为主，间有丘陵和海积、三角洲平原地貌。西部越南沿岸以三角洲平原和海积地貌为主。北部湾沿岸岸线曲折，深入陆地的溺谷型潮汐汊道港湾甚多，北部依次有珍珠港、防城港、钦州港、大风江口、廉州湾（三角洲）等，东北部有铁山港、安浦港、企水港、乌石港、流沙港，海南岛西部海岸有洋浦港。

北部湾底质呈有规律的分布，北部和东部水深 10 m 以内围绕陆地依次出现细砂、黏土质砂和粉砂质砂，围绕基岩岬角出现粗砂。铁山港及北海到铁山港沿岸有砾砂分布，琼州海峡西口有砾砂和粗砂分布。$-10 \sim -20$ m、$-20 \sim -50$ m 分别出现带状分布的黏土质砂和砂质黏土。北部湾中部大于 50 m 水深出现细砂，局部有粗砂分布，是古海滨沉积。北部湾西部围绕红河三角洲分布黏土质粉砂，西南部围绕陆地有粉砂质砂分布，外侧为大片的砂—粉砂—黏土。海南岛西北沿岸有黏土质粉砂分布，西部围绕火山基岩岬角可出现砾砂和砂砾石。北部湾东南侧水深较大，分布黏土质粉砂和砂—粉砂—黏土，并表现为 NE—SW 向的带状分布。

北部湾地质构造复杂，西部和西南部主要受 NW 向断裂控制，东北部受 NE 向和 NEE 向断裂控制明显。湾内发育两个新生代含油气盆地，北部湾盆地和莺歌海盆地。北部湾盆地为南海北部大陆架西区的新生代陆内断陷盆地，经历了老第三纪的断陷和新第三纪的坳陷。莺歌海盆地位于印支、华南两个微板块上，为陆缘断陷盆地，同时又受走滑作用的影响。老第三纪为盆地裂陷发育期，新第三纪进入裂后沉降期，中中新世以后逐渐和北部湾盆地连成一片。北部湾油气资源丰富，莺歌海盆地天然气远景资源量 $22\,800 \times 10^8$ m^3，探明储量 $1\,607 \times 10^8$ m^3；北部湾盆地石油远景资源量 9.7×10^8 t，探明储量 1.14×10^8 t；天然气远景资源量 852×10^8 m^3。沿岸砂矿丰富，石英砂储量大，如广西珍珠湾—北海市滨海石英砂、钛铁矿（含锆石、金红石）具有远景开采价值，石英砂矿远景储量 10×10^8 t 以上，钛铁矿储量超过 $2\,500 \times 10^4$ t。

北部湾战略地位重要，南达东南亚和印巴次大陆，北越长江跨黄河经内蒙古进入蒙古而达俄罗斯，这是一个从内陆经济走向海洋经济的大通道。作为大通道上重要节点的广西防城港、钦州港和北海港，必须加快铁路、公路、内河航运以及沿海港口建设。港口是出海通道的龙头，目前广西沿海可开发的大小港口有 21 个，其中，可建 10 万吨级码头的有钦州港和铁山港，可开发万吨级以上泊位的有钦州港、铁山港、防城港、珍珠港、北海港等。其次，必须大力推进中国—东盟自由贸易区的建设，随着中国—东盟自贸区《服务贸易协议》的正式生效，广西北部湾经济区被正式纳入国家发展战略，广西与东盟已进入多领域、全方位开放、交流与合作的新阶段，新形势必将极大促进北部湾经济区的发展。

13.6.2　泰国湾

泰国湾（Gulf of Thailand），旧称暹罗湾（Gulf of Siam），位于南海西南部，中南半岛和马来半岛之间。海湾从越南金瓯角至马来西亚哥巴鲁附近，长约 720 km，宽约 370 km，面积约 35×10^4 km^2，平均水深 45.5 m，最大水深 86 m。泰国湾如同一个分层的浅河口湾，高温的表层海水从湾内流到南海，而低温的底层海水通过 67 m 高的海槛从南海流入湾内。因此，高温、低盐、高氧的表层海水常在湾的中部与外海水相遇而下沉，形成辐合带；相对低温、高盐、低氧的底层海水在局部地方上升，形成辐散带。泰国湾湾顶有较大河流注入，分别为湄南河、夜功河、普里河、佛丕河及攀武里河，另外，半岛东岸和湾东岸还有独流入海的小河注入。泰国湾周围主要港口有泰国的曼谷、北大年、宋卡、班巴帕南、庄他武里，柬埔寨的云壤、贡布、白马和越南的迪石。

13.6.2.1　自然条件

泰国湾大部分属热带季风气候，每年 11 月至翌年 3 月盛行干燥的东北风，月平均风速 4~6 m/s，降水稀少，称为干季；4 月到 10 月盛行潮湿的西南风，降雨迅速增多，月平均风速 4~7 m/s，称为雨季。海湾南端属赤道多雨气候，年降雨量比较均匀，没有明显的干季和雨季之分，温度略低于北部；北端是南海最酷热的海区，干湿季明显，5—10 月为雨季，其余为干季。表层盐度冬季为 30.5~32.5，夏季为 31.0~32.0。表层水温以 4 月最高（30~31℃），1 月最低（27~28℃）。潮汐性质以不规则全日潮占优势，潮差小，一般不到 2 m，湾顶可达 4 m。西岸宋卡平均潮差为 0.6 m，素叻他尼和巴蜀为 1.1 m，向湾顶逐渐增大，梭桃邑为 1.5 m，夜功河口为 1.8 m，湄南河口为 2.1 m。湾内潮流流速常达 50 cm/s。

海湾内的海流受南海季风影响，湾内海流随季节而改变，流速一般小于 25 cm/s，当西南季风盛行时，湾内环流呈顺时针方向，南海海水沿西海岸流入，而湾内低盐、低温海水沿东海岸向外流出；东北季风盛行时，湾内海流呈逆时针方向。海浪也随季风而异：11 月至翌年 1 月以东北风浪为主，月平均波高为 0.5~0.9 m；3—8 月以偏南风浪居多，月平均波高为 0.6~0.9 m。

泰国湾由于存在水下脊，与南海的海水交换不充分，使它自成为一个大的海洋生态系统（Piyakarnchana，1989）或者是南海地区具有特点的亚生态体系单元（Pauly & Christensen，1993）。泰国湾的初级生产力也如同其他地方一样，在近岸及河口地区高，随着深度增加逐渐降低。平均生产力在湾内为 2.49 gC/m²·d，西海岸为 2.96 gC/m²·d。湾内磷的含量从 1984 年的 1.02 mg/nL 上升到 1989 年的 1.59 mg/nL。氮的含量从 1984 年的 9.15 mg/nL 上升到 1989 年的 24.86 mg/nL（Suvapcpun，1991）。海水透明度介于 14~17 m 之间。

13.6.2.2　地质地貌

泰国湾地质构造复杂，由一系列南北向的地堑和地垒组成，是晚白垩世开始发育的裂谷盆地，主要形成于第三纪地壳断裂运动（图 13.35）。渐新世到中中新世为断陷阶段，发育具有海相影响的陆相含煤碎屑沉积；晚中新世到现在为裂后沉降阶段，开始为泛滥平原及河流相沉积，后期过渡为滨海、浅海和沼泽相沉积。泰国湾盆地的裂陷活动并非简单地一次完成，中始新世，向北移动的印度板块对泰国湾产生东西向的挤压作用，形成东西向断陷，主要断裂发生左旋和右旋运动。早中新世，印度板块继续向北移动，作用于泰国湾盆地的方向变为南北向，产生南北向的伸展断陷。

泰国湾湾顶区域分布酥松的泥质沉积物，中部为软泥，外侧分布柔软的砂质泥（Nutalaya，1996）。泰国湾沿岸多为砂质海岸，其次为泥质海岸与基岩海岸。沿岸由花岗岩、砂页岩和石灰岩构成基岩岬角，岬角之间为砂质弧形海岸，组成沙坝潟湖体系。泥质海岸多分布在湾顶以及大小河流的河口区域。

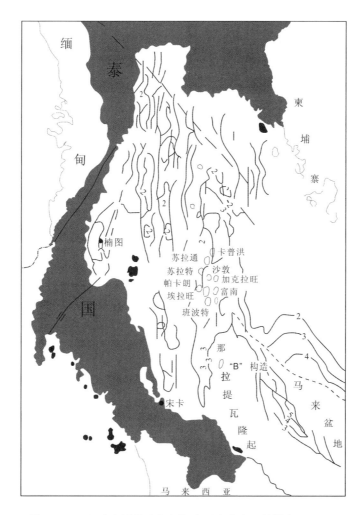

图 13.35　泰国湾断裂及基底构造（童晓光、关增森，2001）

全新世海平面上升期间，泰国湾经历了早全新世的海平面迅速上升，6 000 a. BP 的高海面阶段（图 13.36），5 000 a. BP 的海平面低点，以及 4 500 a. BP 以后海平面的波动下降。随着海平面的升降变化，泰国湾海岸线也跟随着发生有规律的变迁（图 13.37）。7 000 a. BP 时泰国湾的范围远远超过现在，海岸线北界伸入内陆到达泰国中南部的红统府。5 000 ~ 4 000 a. BP 时海岸线后退至泰国南部大成府稍稍偏北的位置，三角洲平原开始扩大。3 000 ~ 2 000 a. BP 时泰国湾海岸线迅速后退至泰国南部的佛统府到暖武里一带，三角洲平原面积迅速扩大。1 500 a. BP 以来，海岸线退至现在位置，湄南河三角洲也跟着推进到现今的位置。

随着全球海平面上升速度的加快以及上泰国湾地区（Upper Gulf of Tailand）地面沉降的加剧，泰国湾北部三角洲平原地区不可避免地面临土地被淹、海岸遭侵蚀以及洪水灾害频发等一系列问题，因此加强泰国湾沿岸海平面变化和地面沉降监测、加强气候变化适应性评价，已成为当务之急。

13.6.3　广州湾

广州湾（20°54′ ~ 20°24′N，110°18′ ~ 110°39′E）为现在湛江湾的旧称，位于广东省雷州半岛东北部，北接吴川市，西北临遂溪县，隔东山岛与雷州湾相望。广州湾为溺谷型潮汐汊道港湾，水域面积约 250 km²，超过 −10 m 等深线面积 16 km²，自然岸线长 247 km，深水岸线长达 67 km。湾内岛屿有东海岛（面积 289.5 km²）、南三岛（面积 120.6 km²）、硇洲岛

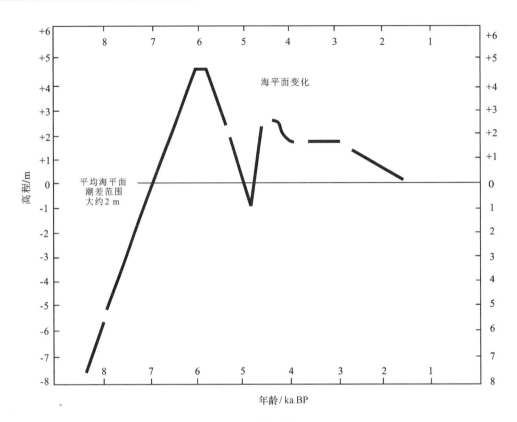

图 13.36　全新世泰国湾海平面变化曲线（Sinsakul et al.，1985）

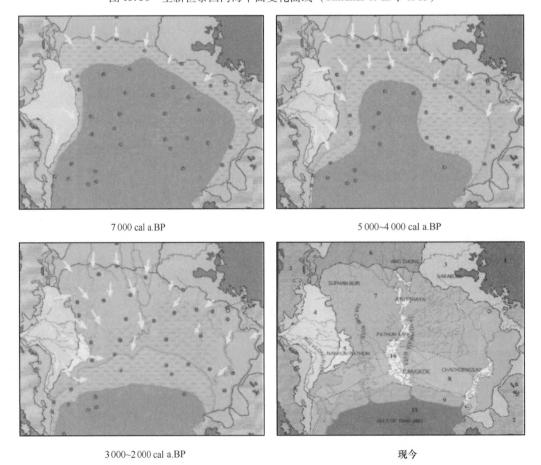

7 000 cal a.BP

5 000~4 000 cal a.BP

3 000~2 000 cal a.BP

现今

图 13.37　全新世海平面上升与泰国湾海岸线变迁（箭头代表周围沉积物输入方向）

（面积 49.9 km²）、特呈岛（面积 3.2 km²）、东头山岛（面积 3.0 km²）（杨文鹤，2000），构成天然屏障，湾内风浪掩护条件好，成为天然深水良港。

13.6.3.1 自然条件

广州湾终年高温、长夏无冬、春早秋迟，温度年变化和日变化均不大。多年平均气温 23.5℃，历年极端最高气温 38.1℃，历年极端最低气温 2.8℃。年平均降水量 1 313.2 mm，年最大降水量 2 411.3 mm（1985 年），年最小降水量 743.6 mm（1955 年）。受季节变化影响，冬半年盛行偏北风，夏半年盛行偏南风。常风向为 E（频率 14%）和 ESE（频率 14%）；强风向为 E，最大风速 28.0 m/s；风力 6 级以上天数平均每年 72 d。最大的台风风力达 12 级以上，极大风速达 57 m/s 以上（1996 年 9 月 9 日的"莎丽（Sally）"台风）；台风增水值最大达 4.65 m。广州湾三面环海，属多雾区。雾多集中在 12 月至翌年 4 月，约占全年雾日的 83%，多于午夜形成，次日 10 时后渐散。历年平均雾日数 28.8 d，历年最多雾日数 44.0 d（1985 年）。广州湾每年平均出现雷暴日数 100 d 以上，主要集中在 3—9 月，初雷一般在 3 月上旬，终雷一般在 10 月中下旬。

广州湾湾内潮汐属不规则半日潮型。外海潮流由湾口涌入湾内后发生变形，潮差逐渐增大。根据 1952—1982 年的统计资料，历年平均高潮位 3.20 m，历年平均低潮位 1.03 m。历年平均潮差 2.41 m，历年最大潮差 4.51 m。涨潮历时大于落潮历时，落潮流速大于涨潮流速。在湾口及湾内，潮流运动基本沿着深槽方向呈往复流，涨、落潮主流向约介于 280°～330° 和 100°～170° 之间。一般情况下涨潮流速为 1.54 m/s，落潮流速为 1.95 m/s。湾口附近为强流区，最大流速可达 2.0 m/s 以上。湾内海域，随着过水断面宽度的不同，沿程流速有所改变，但总体趋势是呈递减规律。

广州湾泥沙来源主要为河流来沙、外海来沙、海岸与海底侵蚀来沙。入湾河流主要是遂溪河，河长约 65 km，此外还有良垌河、南桥河、官渡河、消坡河及双港河等 10 多条小溪流。汛期径流侵蚀基岩风化壳以及湛江组、北海组砂泥质松散地层，均将泥沙输入本湾。据计算，遂溪河年径流量约为 15×10^8 m³，年输沙量约为 24×10^4 t（林应信等，1999）。近年来陆域水土流失减弱以及筑坝拦截了部分泥沙，使得入湾泥沙日益减少。海域来沙主要通过涨落潮流带进带出，湾口以北 20 km 的鉴江每年入海泥沙可达 190.5×10^4 t。入海泥沙沿岸向南输送，在南山岛东南岸以及湾口形成大片浅滩，细颗粒泥沙可随涨潮流进入湾内。不过由于广州港湾纳潮量大，潮流作用强，且落潮流速大于涨潮流速，大部分泥沙随落潮流带出港湾。整个港湾泥沙淤积不强，滩槽比较稳定。由于湾内波浪侵蚀与掀沙作用不强，海岸与海底侵蚀来沙提供的泥沙量有限。

13.6.3.2 地质地貌

广州湾位于雷琼凹陷区，第三纪由一套陆相—海相碎屑岩组成，局部夹玄武质熔岩及火山碎屑岩。第三纪末期，地壳经过短暂抬升，沉积了早更新世河流三角洲相或滨浅海相的湛江组沉积，早更新世末地壳又有间歇性的升降，然后接受中更新统北海组洪积、冲积相堆积。晚更新统地壳活动频繁，广州湾及整个雷州半岛有大量的火山喷发，湖光岩组火山熔岩和火山碎屑岩不整合覆于湛江组或北海组地层之上，共有 9 次火山喷发，至今在地表仍保留有完整的火山锥和火山口地貌。进入全新世，早期发育湖沼相沉积，随着海水的入侵，海相沉积逐渐占优势，遂演变成现今的溺谷型港湾。

广州湾呈 NWW—SEE 走向延伸，湾内水域宽阔，岸线曲折，水深大，支汊和小港湾众多，主要接纳遂溪河水系，有十几条小河注入湾内。主航道从口门到调顺岛以北，全长 54.0 km，宽 0.3～1.4 km，水深在 –10 m 以上（林应信等，1999）。从条顺岛至霞山，潮汐汊道长 16.96 km，宽 1.6～2.5 km，近南北走向。霞山以南有两条通海水道：一为霞山至口门的湛江水道，全长 26.0 km，水深 10～30 m，最深处可达 50 m，水面宽阔，目前可通 25 万吨级海轮。湛江水道在东海岛与南山岛之间出海，口门宽 2.1 km。口门外有大型水下三角洲，自西北向东南延伸，构成口外拦门沙；另为三南水道，从霞山向东沿南三河至利剑门出海，全长约 25 km，一般水深 2 m，最大水深 8 m，目前尚未开发成航道。从霞山往西，原有一出海通道直通通明海，1961 年建成陆岛堵海大堤后堵塞。目前大堤两侧略有淤积，有小片红树林分布，水域用来进行水产养殖。

湾内底质分布与湾内地形和水动力条件有关，粉砂—黏土—砂混合物是湾内分布最广的沉积物，几乎遍及整个湾区的沟槽峡道，自东头山岛到五里山港的水道以及除口门处的三南水道几乎被此类沉积物覆盖。其次是粗中砂，主要分布在特呈岛以东至口门的汊道内，霞山至条顺岛汊道内也有零星分布。细砂主要分布在口门外侧至南山岛东岸浅水区。砾砂主要分布在条顺岛周围汊道、东头山岛附近以及湛江水道的出海口处。黏土质粉砂和粉砂质黏土分布均较零星。

广州湾岸线资源和港口航道资源丰富，陆地和岛屿的天然岸线加在一起总长 247 km。湛江港目前已规划港口深水岸线 60 km，已建成 10 km。长 44.25 km 的 25 万吨级的航道已于 2005 年底竣工，另有 7 万吨级航道 16.96 km。为适应全球港口航运事业发展的需求，湛江港目前正在大力推进航道深水化。和国内先进大港相比，湛江港临港工业明显落后，严重制约港口的发展。在进行航道深水化的同时，湛江港应利用湾内各岛屿的资源优势大力发展临港工业。湾内东海岛面积 286 km^2，为我国第五大岛，广东省第一大岛，东海岛北面即为湛江港 25 万吨级的主航道，因此可利用东海岛建设大规模钢铁基地、石化下游产业基地，实现港口的产业化，全面提升港口经济水平，带动港—城一体化发展。广州湾旅游资源丰富，东海岛的"中国第一长滩"、南山岛的天然乐园、硇洲岛的灯塔和特呈岛的海滨浴场对游客极具吸引力，开发潜力巨大。另外，湾内水质优良、渔业资源丰富，适合进行生态养殖。面对红树林面积日益减少的威胁，应平衡环境效益和经济效益的关系，采取有效措施保护红树林，使广州湾成为一个环境优美、生态健康的港湾，保持经济的可持续发展。

第14章 南海周边半岛与列岛的自然环境与海岸地貌

14.1 中南半岛

中南半岛（Indochina Peninsula）位于中国和南亚次大陆之间，西临孟加拉湾、安达曼海和马六甲海峡，东临南海，是亚洲南部三大半岛之一（图14.1）。中南半岛旧称印度支那半岛（抗战时因"支那"多有歧视的意思，由爱国华侨陈嘉庚先生提议更改中文名为"中南半岛"），又称中印半岛。中南半岛包括越南、老挝、柬埔寨、缅甸、泰国、新加坡及马来西亚西部，面积$210 \times 10^4 \ km^2$，占东南亚面积的46%，海岸线长$1.17 \times 10^4 \ km$，多重要港湾。

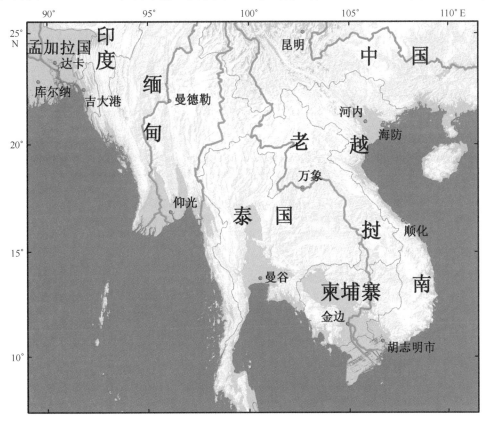

图14.1 中南半岛地形

14.1.1 中南半岛自然环境

半岛绝大部分位于$10° \sim 20°N$之间，属典型的热带季风气候。全年高温，降水集中分布在夏季，最冷月平均气温也在18℃以上，降水与风向有密切关系，冬季盛行来自大陆的东北风，降水少，夏季盛行来自印度洋的西南风，降水丰沛。年降水量大部分地区为1 500 ～

2 000 mm，但有些地区远多于此数。年均降水量受地形影响，在迎风坡达 5 000 mm，而背风坡则不足 2 000 mm。

中南半岛越南沿岸为全日潮，在春分点、秋分点出现半日潮。平均大潮差在 Mui Vu Tau（St. Jacques 角）为 2.6 m，在 Hon Nieu 为 1.8 m，在海防近岸的涂山郡（Hon Dau）为 2.0 m。在越南中部海岸潮流流速通常较弱，向北至东京湾（Gulf of Tonkin）增加至 1 ~ 1.5 kn。在湄公河三角洲，水位和落潮流取决于河流径流，1—6 月当河水位较低时，落潮流速可达到 2 kn；当 7—12 月河水较高时，落潮流速可达 4.5 kn。

受季风影响，越南沿岸的波浪和潮流在 11 月至翌年 3 月来自东北方向，转过金瓯角（Cape Ca Mau）在泰国湾向北西方向运移。在 7—8 月西南季风时期，波浪和潮流主要为西南向。在泰国湾东部，沿岸流大部分向东南，转过金瓯角向北东方向。潮流流速在 1 月份为 15 ~ 85 cm/s，而在 7 月份为 15 ~ 40 cm/s。台风来自于东、东南方向，主要在 5—12 月影响本地区，10°N 以南和泰国湾较少受到台风的影响。

中南半岛柬埔寨沿海地区属热带气候，夏季湿热为雨季（5—10 月），冬季较为干燥。年平均降水量 1 976 mm。沿岸地区波浪作用一般较小，但在西南季风期间变强。在南海生成的台风偶尔会影响柬埔寨海域，产生风暴潮并伴有强大的波浪。潮流为日潮，潮差一般小于 1 m。

中南半岛泰国沿海地区，从 12 月至翌年 4 月风主要从东和北方向吹来，产生向南的沿岸流；5—10 月风主要从西和南方吹来，产生向北的沿岸流。沿岸最大降水发生于 9 月至翌年 2 月，可达 1 800 mm。10—11 月偶尔受到台风影响。沿岸平均高潮差很小，向西北逐渐增大，至湄南河口达到 2.3 m。

中南半岛地势具有三个比较明显的特征：首先，其地势大致北高南低，多山地、高原，山川大致南北走向，且山川相间排列，半岛地势犹如掌状；其次，其地势久经侵蚀而呈准平原状，喀斯特地形发育，在第三纪造山运动中，印度马来地块亦有隆起和断裂现象；第三，平原多分布在东南部沿海地区，主要是大河下游面积广大的冲积平原和三角洲（图 14.1，图 14.2）。

中南半岛主要山脉分三列，自西向东依次为那加山脉、若开山脉；登劳山脉、他念他翁山脉、比劳克东山脉；长山山脉（刘稚，2007）。中南半岛的河流大多自北向南，主要有伊洛瓦底江、萨尔温江、湄南河、湄公河、红河等，河流上游多穿行于掸邦高原，深切的河谷将高原分为数块，如伊洛瓦底江与萨尔温江之间的东缅高原，萨尔温江与湄公河间的清迈高原，湄公河与红河之间的老挝高原。这些河流在中下游地区形成面积广阔的冲积平原和三角洲，成为东南亚中南半岛地区国家的主要农业区和人口集中区。

14.1.2　中南半岛地质及海岸地貌

中南半岛包括印支陆块和缅泰马陆块的一部分，即其中的掸邦地块（另一地块为巽他地块）。印支陆块的发育演化以具克拉通性质的昆嵩隆起为核心，昆嵩隆起基底变质岩系的 UPh 等时线年龄为 2 300 Ma，属于中南半岛最古老的地层。印支陆块大片出露前寒武系地层，在昆嵩隆起北侧的北越地区，由南至北分布着长山、马江、黑水河和红河构造带，其间出露鸿岭、马江弧、黄莲山等前寒武系基底杂岩。另外，越南南部边和地区钻孔揭示也存在前寒武系变质地层，下部为深变质的角闪石、石榴石、黑云母负片麻岩，夹角闪岩，有时有钙碱性正片麻岩；上部为中等变质的二云母硅线石片岩，石榴石片岩和石墨片岩，夹层状石英岩、

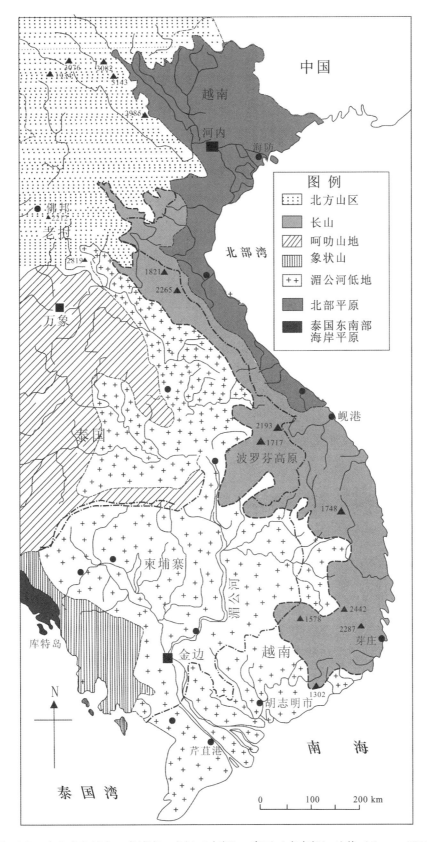

图 14.2　中南半岛越南、柬埔寨、老挝（东部）、泰国（东南部）地貌（Gupta，2005）

大理岩及角闪岩（刘昭蜀等，2002）。印支陆块周围被古生代和中生代褶皱增生带围绕，晚古生代末陆块沿程逸—奠边府缝合线和缅泰马陆块缝合后，三叠纪时又沿黑水河缝合线与华南陆块碰撞。

缅泰马陆块包括掸邦地块（基底年龄 982 ~ 1 029 Ma）和巽他地块两部分，有人根据从缅甸到马来半岛自北向南延伸长达 2 000 km 的石炭—二叠纪冰海相杂砾岩沉积，推测该地块在石炭—二叠纪时仍处于冈瓦纳大陆边缘，二叠纪后裂离北移，二叠纪末与印支陆块相碰，最后在三叠纪末与印支陆块一起与华南陆块拼合在一起，奠定中南半岛的构造格架。印支运动形成了中南半岛，也结束了半岛海相沉积的历史，如在泰国东部，中生代形成了巨大的呵叻盆地，其中堆积未变形的侏罗—白垩系红层，红层顶部的含盐层组称 MahaSalakham 组，时代为白垩纪末期至早第三纪。

1）中南半岛越南段海岸

中南半岛越南段海岸线长 3 400 km，发育两个大三角洲，即北部的红河三角洲与南部的湄公河三角洲（图 14.3），由全新世冲积物组成。海岸背靠狭窄的平原，平原后为山地丘陵（Bisma，2010）。海岸主要由基岩岬角、海滩和小的河口湾组成，在不受河流影响的岸段和岛屿周围发育珊瑚礁。越南沿岸各地及一些小岛，甚至包括泰国湾西部岸外的一些小岛，都发现不同时期抬升的古海岸线，它们位于现今海平面上 1 ~ 2 m 至 4 ~ 5 m、10 ~ 15 m 甚至 50 m 至 75 ~ 80 m（Van Lap Nguyen et al.，2000）。

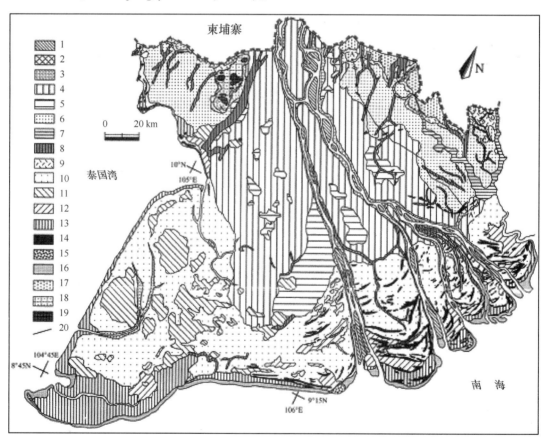

图 14.3　湄公河三角洲地貌和沉积分布（Van Lap Nguyen et al.，2000）

1. 河道沙坝；2. 点沙坝；3. 由天然堤和决口扇构成的河岸；4. 洪泛盆地；5. 沼泽后；6. 沼泽；7. 洪泛平原；8. 废弃河道；9. 冲积裙；10. 海积平原；11. 沼泽；12. 盐沼；13. 红树林沼泽；14. 残留的海滩脊和沙丘；15. 沙嘴；16. 潮滩；17. 晚更新世沉积；18. 风化沉积；19. 基岩

南部海岸被第四纪沉积物覆盖，有些地区就像湄公河三角洲一样非常新，也有些区域是花岗岩组成的基岩岬角，如头顿。湄公河口东北是由几条大的支流构成的河口区域，目前海湾并没有被充填。在湄公河口前缘，岸线向海凸出，形成泥滩和红树林沼泽。湄公河三角洲由一个巨大的平坦的洪泛平原（其上发育天然堤）以及海岸平原后的沼泽构成，海岸平原上有残留的海滩脊和沙丘。穿过带状红树林和一些小的沙嘴，向海方向发育 1~3 km 宽的潮滩。三角洲序列包括 10~20 m 厚的全新世沉积（主要为三角洲沉积相），覆盖在晚更新世沉积、老的基岩以及末次冰盛期形成的深切河谷（超过 70 m 深）之上。在 6 000~5 000 a. BP 的高海面阶段，三角洲迅速向海推进。在过去的 4 000 年里，三角洲中部地区（Bassac）向海推进了 90 km（20 m/a），三角洲东北地区推进速度要小些，为 50 km（12.5 m/a）（图 14.3）。在过去 3 000 年里，湄公河平均每年的输沙量为（144±36）× 10^6 t/a，几乎与现代三角洲输沙量相当（Thi Kim Oanh Ta et al.，2002）。

从湄公河三角洲东北端至莹角，为丘陵、山地海岸，小的岬湾相间，湾头有狭小的冲积—海积平原，山地高程超过 2 000 m。从莹角至广义，海岸转向 NNW，长山山脉临海，大陆架较窄，宽仅 40~70 km，属山地港湾式海岸，基岩岬角、大小港湾、小型冲积平原交替出现。从广义到荣市，系一宽 30~50 km 的砂质海岸平原，海岸线比较平直，中间有岬角，岬角分别由花岗岩、流纹岩或玄武岩构成。

从荣市向北（Vinh，18°44′N），岸线转向北东方向，基岩岬角呈 NW—SE 向，由白垩纪和第三纪砂岩、粉砂岩和砾岩组成，岬角之间为海湾和冲积平原，并有海滩、沙嘴和滩脊。红河三角洲地势低平（海拔低于 2 m），三角洲平原及沿岸广泛发育滩脊、泥滩和红树林沼泽。河流径流主要流向西南，因此三角洲东北部分主要由潮流通道和红树林沼泽构成。三角洲中心和西南部分发育 30 km 宽的滩脊和泥滩复合体系。滩脊高出现代海平面 1 m，发育低沙丘，沙丘和滩脊之间有几百米宽的洼地相隔。三角洲在南部的进积速率为 100 m/a，向东北方向减小。Song Wong 河口以北，三角洲几乎没有进积，岸线保持稳定或局部有侵蚀。

红河三角洲以北是由泥盆纪片岩、砂岩、灰岩以及二叠纪灰岩、中生代砂岩、泥岩和泥灰岩构成的基岩海岸。全新世海侵淹没了更新世起伏的地形，形成许多小岛和锯齿状岸线，并发育潮汐汊道，目前已部分被沉积物和红树林充填。在下龙湾沿岸，有高而陡峻的灰岩岛，形成风化的喀斯特海岸。向北至中越交界的芒街（Mong Cai），岸线依然复杂，弯弯曲曲，岸线背后有许多山丘小岛。

2）中南半岛柬埔寨

柬埔寨沿海拥有山地丘陵港湾式海岸，岸后山脉呈 NW—SE 走向。沿海山地丘陵的岩性，西部以中生代砂岩为主，东部为古生代砂岩。柬埔寨西部海岸为丘陵起伏的半岛，半岛东侧为宽浅海湾——磅逊湾，湾头有河流注入形成沙嘴和滩脊，湾西北部浅而隐蔽，具有广阔的红树林潮滩。高龙是磅逊湾外最大的岛屿，这些岛屿的外侧岸线（靠外海）有海蚀崖，发育珊瑚礁和沙滩；内侧岸线（靠湾侧）有红树林分布。磅逊湾口的西哈努克城现已建立港口。

磅逊湾东南的云壤半岛为低丘台地，来自象山山脉的山丘插入海中构成基岩岬角，岬角间为一些小溺谷—河口湾，湾边潮滩生长红树林。近岸带水浅且基岩出露。往东南与越南接壤，属湄公河三角洲左翼的滨海低地。

3）中南半岛泰国段海岸

泰国半岛（Thai Peninsula）东部海岸，从泰马边界至苏梅岛主要为堡坝海岸，并伴有潟湖和沼泽湿地。在那拉提瓦府南部，滩脊体系深入陆地 15 km，形成了复杂的沙脊和脊间洼地。滩脊高度在海边为 2~3 m，至内陆增大至超过 10m（Aksornkoae and Bird，2010）。在北大年东部、Chana 以及 Si Chon 北部，基岩岬角切割了沿海平原。北向沿岸流在波角（Laem Pho）形成了一个长达 22 km 的沙嘴，掩闭形成海湾，北大年河在海湾里面建造了一个尖头形三角洲。

在宋卡湖出口处有一个侏罗纪和白垩纪花岗岩和花岗闪长岩山脊，向海岸延伸。潟湖（宋卡湖、塔里式湖、塔利良湖、塔里内湖）被宽阔的沙坝隔开，沙坝向北绵延 160 km 至班巴帕南沙嘴。班巴帕南沙嘴以西的浅海湾中有泥质潮滩和红树林，向北重新发育海滩，但海滩后的低位沼泽已被大面积的转变为虾池。海岸向西转进，穿过二叠纪页岩组成的岬角，岸外有苏梅岛和帕岸岛。

Laem Si 以北发育 310 km 长的沙滩，沙滩后为迅速变窄的沿海平原，仅在朗萱和班武里之间被白垩系和三叠系砂岩、灰岩组成的 S—SW/N—NE 向山脊切断，它们构成沿岸基岩岬角和岛屿。海岸继续向北，进入 Khoo Sam Roi Yot 国家公园的陡峭岸段。紧挨班巴南普拉姆海滩有一花岗岩构成的岬角。从海滨度假胜地华欣往北，线状海滩呈北向延伸，并发育同方向的沙嘴。Had Petch 度假地因海岸线侵蚀而变得很窄，现已修建防波堤。碧武里河口营造了一个很大的三角洲。从班兰（Laem Pak Bia）沙嘴以北，海岸线转向东，进入泰国湾头的湄南河三角洲。

泰国湾湾头发育宽达 10 km 的泥质潮滩，其后为红树林沼泽，大部分已被开发为虾塘或盐场。再往后半咸水的沼泽大部分被开垦为稻田。湄公河和塔金河蜿蜒穿过这些沼泽进入海洋。沿海平原主要由三角洲沉积物堆积而成，其中，湄南河起的作用最大（Coleman 和 Wright，1976）。湄南河及其支流形成的流域面积有 11 329 km²，形成的洪泛平原从 100 m 等高线至 120 km 宽的三角洲前缘有 470 km 的距离。从大城府向南地势非常平坦，除曼谷东部和北部地区海拔 3.5~5 m 外（可能是老的障壁岛），平均海拔仅 2 m。岸外坡度很小（<0.6%），因此形成广阔的潮滩。湄南河口以东，潮滩非常狭窄，其后为红树林沼泽、尼帕棕榈沼泽及盐沼。过度抽取地下水导致曼谷地区在 1933—1988 年之间沉降了大约 2 m，致使这里经常发生洪水，预测全球海平面升高将会淹没泰国湾以北的大片低地（Bird，1989）。

泰国东南部海岸从春武里港开始，岸线转向南，经过芭堤雅到梭桃邑，然后向东至格林，格林转向东南直到泰柬边境（Aksornkoae and Bird，2010）。东南部海岸整体特点是在由砂岩和花岗岩组成的基岩岬角之间，发育微微弯曲的砂质海滩，以及有植被生长的死海蚀崖。在芭堤雅有沿岸沙坝，裸露的海滩岩已经被蚀低。在梭桃邑和 Hiaeng 之间的东南岸线上，有一系列位于火成岩和石灰岩山脊之间的宽阔砂质海湾。这些山脊在沙美岛以西呈 N—S 向延伸，向东逐渐转为 NE—SW 向到 E 向延伸。这些沙脊延伸至岸外形成陡峭的基岩岛屿。砂质海滩之后一般为平行分布的滩脊和潟湖洼地，这种型式以罗勇尤为典型。

格灵以东，在 NW—SE 向山脊间由多条河流泥沙堆积形成宽广的冲积平原。在较为掩蔽的河口区域有红树林分布，离岸岛屿之间则有潮滩湿地。庄他武里以南岸线，由于直接暴露于西南季风下，形成了更为复杂的滩脊地貌。在外侧堡坝（barrier）和老的岸线之后为广阔的红树林沼泽和潮滩湿地。从 Welu 河至 Trat 湾，海岸变成由页岩和砂岩构成的基岩海岸，Trat 湾往东南方向至泰柬边境，海岸宽度迅速减小至不足 500 m。

14.2　马来半岛

马来半岛（马来语：Semenanjung Tanah Melayu）亦称克拉半岛（Kra Peninsula），又称马

六甲半岛,是指克拉地峡以南的半岛,位于 10°7′~10°20′N,93°12′~104°20′E,与苏门答腊岛隔马六甲海峡,为太平洋和印度洋的分界线,自古就有"金色半岛"之称,历来为大陆与马来群岛间经济和文化联系的纽带。马来半岛南北长 1 127 km,最宽处 322 km,面积 24 × 10^4 km^2(刘明光等,2001)。半岛北接大陆,西临印度洋安达曼海和马六甲海峡,南为新加坡海峡,东濒泰国湾、南海。中央山脉纵贯半岛,最高点大汉山(Mount Tahan)海拔 2 187 m。半岛上有马来西亚、泰国、缅甸,缅甸的最南部位于半岛的西北,中部及东北属于泰国的南部,余下的南部又称西马来西亚或马来亚半岛。

14.2.1　马来半岛自然环境

马来半岛北部为热带季风气候,南部属热带雨林气候,全年高温多雨,年平均温度在 25~27℃之间,降水量沿海地区 2 000~2 500 mm,内陆地区 1 300 mm 左右。马来半岛水系发达,发育有众多河流,其中彭亨河长 321.8 km,是半岛上最长的河流。其他著名的河流还有霹雳河、吉兰丹河、柔佛河、麻婆河等。中央山脉纵贯半岛,海拔 2 000 m 以上,作为分水岭,其东侧河流注入南海,西侧河流流入印度洋(袁晓华,1986)。

马来半岛西南部海域为马六甲海峡,主要为规则半日潮,半岛南部马六甲港以东属不规则半日潮。海峡中的潮差,以中部巴生港附近最大,最大潮差为 4.83 m,向东、西两端逐渐减小,到海峡两端已小于 2 m。平均潮差亦是如此,中部大于 3 m,向海峡两端逐渐减少到 1 m(俞慕耕,1987)。马六甲海峡平均波高 0.7 m,最大波高为 10 m。海峡中波浪方向与风向基本一致,每年 11 月至翌年 4 月,浪向以北和东北向为主,风浪频率 37%~86%,涌浪频率 47%~88%。6—9 月,浪向以东南、南和西南向为主,其中以南向浪最多,风浪频率 42%~49%,涌浪频率 28%~45%。

14.2.2　马来半岛地质及海岸地貌

马来半岛主要发育古生代地层和花岗岩侵入体,并大致呈 S—N 走向(Teh & Yap,2010)。印支运动结束了马来半岛海相沉积(早三叠纪以前,马来半岛主要为海相复理石和深海沉积)的历史,奠定了半岛的地形格架,九列大体南北向的山脉构成了半岛的主干。自西向东,依次为普吉山脉、洛坤山脉、宋卡—吉打山脉、宾坦山脉、克列丹山脉、中央山脉、武弄山脉、塔汉山脉、东岸山脉(图 14.4),这些山脉由安山岩、流纹岩和火山碎屑岩构成,山脉之间发育一系列沿山谷的河流(袁晓华,1986)。以中央山脉为界,北部河流主要向北流,南部河流主要向南流。这些南北向河流与顺岩层倾向发育的东西向河流构成格子状水系,现代水系的主干仍保留着这种格子式的特点。

第三纪以来,除强烈的垂直升降运动以外,马来半岛的地质构造基本趋于稳定,影响第三纪自然环境演变的主要因素是海侵与海退。早第三纪—中中新世,马来半岛以海侵为主要趋势,但海侵的范围和高度尚未十分清楚。这个时期由于海面的扩大,海陆对比率增大,气候更加湿热,为被子植物的繁盛提供了良好的条件。中中新世—第四纪的中更新世以前,以海退为主,晚中新世时海面降至最低,马来半岛与整个巽他陆架出露海面,海陆对比率减少,气候以干湿季交替分明为特点(袁晓华,1986),气温比第三纪有所增高,许多地区出现萨旺纳型植被。

第四纪后期,在冰期与间冰期波动影响下,马来半岛出现众多海面升降运动的证据(袁晓华,1986)。天定河谷的充填沉积是海面降低的证据,指示海面最低可达 -200 m。位于现

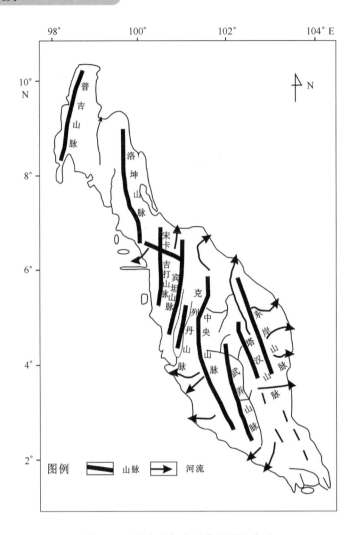

图 14.4 马来半岛中生代地形和水系
(袁晓华，1986)

今海平面之上的古海滩、海蚀阶地与海蚀台地等代表高海面出现的证据，最高的见于天定沿岸的海蚀阶地与近打地区的海蚀台地，它们分别达 76 m 与 70 m，这说明海面曾相对上升到 70 m 的高度。

马来半岛海岸线长 1 926 km，由 47% 的红树林、39% 的砂质海岸和 14% 的基岩海岸组成，西海岸多出露花岗岩和泥盆纪沉积岩，东海岸多为石炭—二叠纪沉积岩（图 14.5）。马来半岛海岸由晚侏罗纪造山运动奠定，并经全新世海侵改造形成。在吉兰丹，第四纪沉积厚度超过 120 m，它们是海相、沼泽相与陆源碎屑的混合物（Teh，1985）。

马来半岛东海岸除 Kelantan 和 Pahang 以外，具有狭窄的海岸平原（Teh and Yap，2010）。Kelantan 扇形三角洲和 Pahang 尖头状三角洲组成东部海岸两个主要的凸出体。Terengganu 中部和 Johor 南部海岸由岬角和海湾交替组成。在 Johor 南部的 Desaru 地区，许多海岸地貌与过去的高海面有关，包括位于高处的珊瑚礁、海滩岩、牡蛎层以及海滩砾石。东海岸的大部分地区，在海滩后发育宽阔的海岸沙坝—滩脊带，包含不同时代的新老滩脊（Teh，1980）（图 14.6）。在 Kg. Kempadang 海岸发育海岸低沙丘，沿 S. Ular，Kijal 和 Ibai 海岸，海岸沙坝—滩脊体系顶部被覆以风成沉积物。海岸沙坝—滩脊体系的高度随局部波浪能量而变化。Terengganu 地区的海岸沙坝—滩脊体系是最高的，脊冠高度常常达到 8 m，即使是年轻的滩脊也很

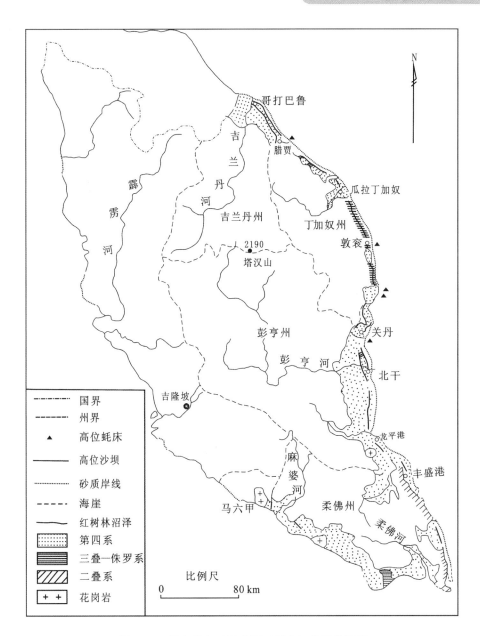

图 14.5　马来半岛（马来西亚部分）海岸带地貌

（原图见 Teh，1985；转引自刘昭蜀，2002）

高。老的滩脊高度通常比年轻的要高出 3 m。在 Setiu、Merang 和 Tumpat 地区的潟湖具有潜在的旅游价值。

　　沿马来半岛西海岸，海岸平原宽达 50 km，由海积和冲积物堆积而成，局部厚达 100 m（图 14.5）（Teh and Yap，2010）。海岸进积主要与红树林向海生长（West Johor）、三角洲（Langat-Kelang）向海推进有关，偶尔也包括千尼尔（Kedah 地区）以及海岸沙坝—滩脊系统的发育（Dindings，Lekir，Seberang Perai 地区）。Seberang Perai 地区的海岸沙坝—滩脊系统位于海平面之上 2.6 m，Beruas 地区的海岸沙坝—滩脊系统则位于海平面之上 2.5~5.5 m。西海岸保存有残留的海岸沙坝—滩脊系统，目前与海之间有红树林相隔。这些海岸沙坝—滩脊系统代表老的海滩，指示海岸环境从砂质转变到现在的泥质。最深入陆地的滩脊，其底部2 m 之下的泥炭测年为 6 472 a. BP 滩脊底部高出现代海平面 2 m，指示滩脊形成于高海面阶段。

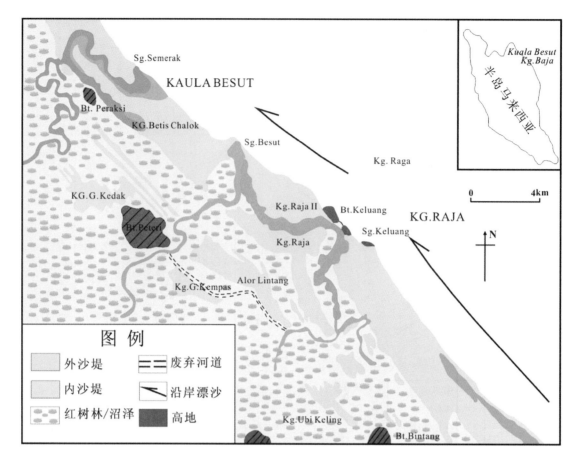

图 14.6 马来半岛（马来西亚部分）东部海岸 Kuala Besut 地区的海岸沙坝—滩脊系统
（Teh and Yap，2010）

14.3 苏门答腊岛

苏门答腊岛（Sumatra）属于大巽他群岛岛屿之一，是印度尼西亚第一大岛屿，世界第六大岛屿（图 14.7）。苏门答腊岛东南隔巽他海峡与爪哇岛相望，北方隔马六甲海峡与马来半岛遥遥相对，东方隔卡里马达海峡（Karimata）毗邻婆罗洲，西方濒临印度洋。全岛呈西北东南向，中间与赤道相交。南北长 1 790 km，东西最宽处 435 km，面积 43.4 × 10⁴ km²。岸外散布许多岛屿，如廖内群岛、邦加岛和勿里洞岛等，面积共约 2.75 × km²，岛屿沿岸多珊瑚礁发育，这些岛屿是冰后期被海水淹没的巽他古陆的高地（刘昭蜀等，2002）。

14.3.1 苏门答腊岛自然条件

苏门答腊属潮湿的热带气候，高温多雨。受赤道季风影响，东北季风和西南季风均发生降水，苏门答腊东部山前带、近海低平原和岸外岛屿终年高温多雨，各地温差不大，但降雨量有明显差异。西海岸年降水量 3 000 mm，山区超过沿海，可达 4 500 ~ 6 000 mm；山脉东坡至沿海平原年降水量 2 000 ~ 3 000 mm，岛的南北两端年降水量 1 500 ~ 1 700 mm。苏门答腊周围海域多为风浪，赤道附近较小，往南北方向增大（Otto Ongkosongo，2010）。岛南部的涌浪来自印度洋，北部来自西太平洋。苏门答腊周围海域潮差不大，平均大潮差最大为 3.8 m，最小为 0.4 m。东海岸平均大潮差要普遍超过西海岸，东海岸平均大潮差在中部最大，向南

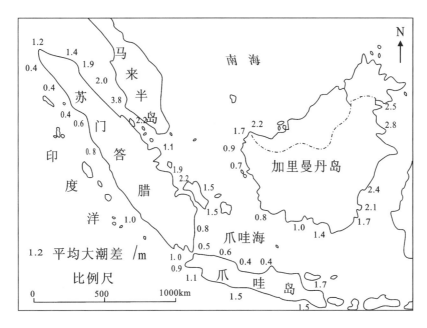

图 14.7 苏门答腊岛及周围海域潮差分布（Otto Ongkosongo，2010，有删改）

向北逐渐减小；西海岸南部较大，向北减小（图 14.8）。

苏门答腊岛西半部山地纵贯，有 90 余座火山，最高峰葛林芝火山，海拔 3 805 m。在东部，强大河流把泥沙带到下游，形成辽阔的平原，海拔不超过 30 m，南宽北窄，最宽处约 100 m 以上。岛上大部分区域为森林覆盖，森林覆盖率达 60%。虽然苏门答腊岛宜耕土地少，对农业不利，但是其对印度尼西亚经济具有重要意义，因为"地上出产油，地下也出产油"：棕榈油和石油。

苏门答腊岛位于亚欧板块的西缘、印度板块的边缘，是欧亚地震带的一部分。2004 年 12 月 26 日，印度洋大地震引发的 10 m 高海啸席卷苏门答腊西部的沿海地区，造成严重破坏，在印度尼西亚就有超过 8 万人死亡。苏门答腊岛虽然海岸线很长，但缺乏天然良港，原因是经常受到"印度洋拍岸浪"的袭击。一种高高卷起的拍岸浪呈一长排或两排、三排向岸上推进，力量极大，可以把渔船举至浪巅，然后翻转倒下。由于"印度洋拍岸浪"的存在，致使苏门答腊、爪哇两个主岛几乎无天然良港。

14.3.2 苏门答腊岛地质及海岸地貌

苏门答腊属于巽他大陆板块的一部分，后者包括东南亚的大部分（图 14.8）。印度—澳大利亚板块目前正向 N23°E 方向移动，以 60°向苏门答腊西侧的巽他弧（爪哇海沟）底下俯冲（Rock et al.，1982）。俯冲带向东一直延伸到苏门答腊岛之下，俯冲引起强烈的火山活动，并产生巽他火山弧、巴厘（Bali）岛弧及周围的其他一些小岛。俯冲应力通过与板块边缘平行（NW—SE 向）的右旋断裂阶段性地释放。这种情形导致苏门答腊断裂体系的形成，这一断裂体系呈 NW—SE 向延伸，向北一直延续到安达曼海中的转换断层。俯冲作用最早可能发生在二叠纪，但是目前岛弧和海沟处的年代多为中新世。

布基特—巴里散背斜山链是由板块俯冲产生的断裂，它呈 NW—SE 走向，纵贯苏门答腊岛，是一条上承马来半岛，下延爪哇岛的幼年褶皱山系，由平行的山岭组成，高达 3 000 m，有活火山、死火山锥、熔岩高原和山间湖泊（刘昭蜀等，2002）。巴里散山脉的东麓，是一条由轻微褶皱的第三纪地层构成的山前丘陵带，并为源于巴里散山脉的河流所切割。多雨的

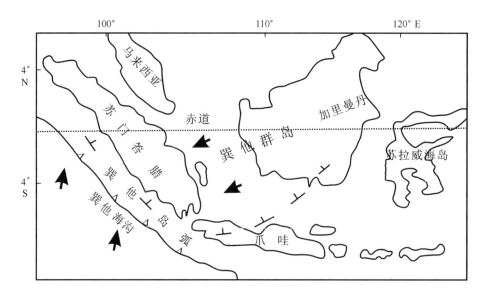

图 14.8 苏门答腊岛与巽他大陆板块和巽他海沟的关系（转引自 Rock et al. ，1982）

气候使巴里散山脉东坡流下来的山溪汇成河流，形成稠密的河网。本岸段海岸平行入海的较大河流有甘巴河、宽坦河、哈里河（占碑河）和慕西河，河流常年充水，河口处发育三角洲和口外浅滩。山前丘陵和山坡上生长多层赤道乔木林（热带雨林），在河网密布的广大沼泽带大面积分布赤道沼泽丛林。沿海潮水周期性淹没的低平原和滩涂上生长着红树林，成乔木林或灌木丛。红树林有数十种，主要为海榄雌属（*Avicennia*）、红树属（*Rhizophora*）和木榄属（*Bruguiera*）。

苏门答腊岛西部海岸和南部海岸比较陡峻，在 Tapak Tuan，Sibolga，Padang，Padang Bai（Bengkulu）and Teluk 和 Lampung 地区发育由滩脊平原组成的海岸低地。经常发育口袋状海滩，其物质来源于侵蚀陡崖、河流和岸礁，并有一些当地的贝壳加入（Otto Ongkosongo，2010）。与东部流向马六甲海峡的河流相比，西部河流短小。

流向北东和东部海岸进入马六甲海峡的河流形成宽阔的海岸低地，在海岸平原靠陆一侧发育广阔的具淡水植被的湿地，靠海一侧发育红树林沼泽。海滩脊在内陆 150 km 仍有发现，Jambi 海岸线在过去 100 年里面已向海推进了 75 km。海滩脊宽度往苏门答腊东南端变窄。

苏门答腊北部 Peusangan 三角洲的生长和衰退与河流袭夺有很大的关系。Djuli 河被袭夺后，老的三角洲受到侵蚀，Peusangan 河在老三角洲的东部建设起一个新的三角洲。海滩脊可用来追踪三角洲生长和废弃的历史。当位于 Padang 的 Batang Arau 河向南迁时，原来处于北面的三角洲遭受侵蚀，不得不建设护墙和防波堤保持岸线稳定。更南面的河如 Rokan，Kampar，Indragir 和 Musi - Banyuasin 流入广阔的潮控河口湾，湾四周发育红树林，湾中有一些低矮的小岛。15 世纪的一些港口非常靠海，如 Palembang 港和 Bagansiapiapi 港，目前已离海非常远，指示海岸快速进积。然而，红树林的大规模砍伐使海岸多处发生侵蚀，这种情况在 East Lampung 地区相当严重。部分红树林海岸仍然在向海进积，但是一些已出现后退，甚至是在受到保护的 Dumai 地区。在一些较大的河口，如 Rokan，Kampar 和 Musi - Banyuasin，红树林发育在高程较低的冲积沙岛上，特别是岸外有丘陵小岛保护的区域。许多红树林沼泽已经转变成鱼塘或虾塘，不再接受河流带来的沉积物。

14.4　加里曼丹岛

加里曼丹岛（Kalimantan Island），也译作婆罗洲（Borneo），位于南海南部，西为苏门答腊岛，东为苏拉威西岛，南为爪哇海与爪哇岛，面积约 $73.4 \times 10^4 \ km^2$，是东南亚最大的岛屿，同时也是世界第三大岛屿，为印度尼西亚、马来西亚和文莱三国所有（图 14.8，图 14.9）。加里曼丹岛历史悠久，中国史籍称为"婆利"、"勃泥"、"婆罗"等。加里曼丹岛北部为马来西亚的沙捞越和沙巴两州，两州之间为文莱。南部为印度尼西亚的东、南、中、西加里曼丹四省。

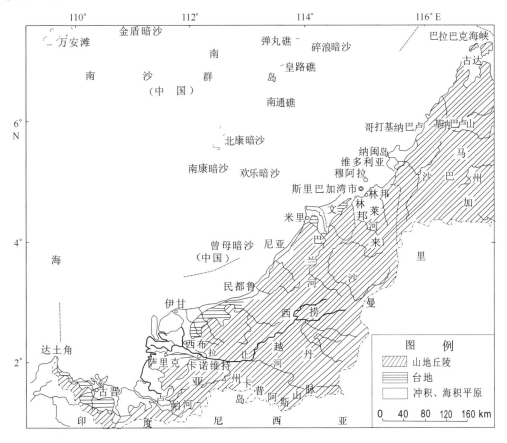

图 14.9　加里曼丹岛北部海岸地貌（刘昭蜀等，2002）

14.4.1　加里曼丹岛自然条件

加里曼丹岛属热带雨林气候，终年湿热，年平均温度在 24～25℃ 之间。岛上降水丰富，年降水量在 3 000 mm 左右，降雨最少的地区，年降雨量也有 1 625 mm。11 月到翌年 3 月是降雨多的月份，7—8 月少雨。内陆地区的降雨量比沿海地区多，受地形的影响，岛的西部降雨量比东部多。

加里曼丹岛中间是山地，四周为平原，河网呈放射状向沿海分布。岛的东北部地势较高，有东南亚最高峰——基纳巴卢山（Kinabalu），海拔 4 102 m；南部地势很低，为大片湿地，除一些原始部落人居住在森林外，很少有人进去。加里曼丹岛热带雨林广布，仅印度尼西亚在加里曼丹岛上的森林面积就达 4 147 hm²，占印度尼西亚林地的 34%（翁锡辉，1990）。

自古以来，岛上内陆地区的交通主要依靠河流运输，有些内陆地区，河运更是唯一的对外交通方式，许多河运不通的内陆地区至今仍与现代社会隔绝。卡普阿斯河长 1 010 km，流域面积 25.9×10^4 km²，是加里曼丹岛最长的河流，位于印度尼西亚西加里曼丹境内，发源于印度尼西亚和马来西亚交界处的巴都布罗克（Batubrok）山脉的西部山岭。该河由东向西流，沿赤道流经整个西加里曼丹省，在入海口附近分两支流注入南海。主要支流有什加亚姆河（Sekagam）、默拉维河（Melawi）以及森塔伦河（Danau Sentarum）等。流域内河网密布，湖泊、沼泽众多。经济开发限于河流下游及海滨地带，主要城镇多在河口内侧。地下矿藏有石油、天然气、煤、金刚石、铜、金等，农产品有稻米、橡胶、胡椒、西谷、椰子等，石油、铜矿开采和伐木业是加里曼丹岛重要产业。

14.4.2　加里曼丹岛地质及海岸带地貌

加里曼丹处于西太平洋岛弧带中部，被三个边缘洋盆和东南亚大陆及华南来源的微陆块包围，北面有南中国海，东面是苏禄海和西里伯斯海，东南侧是望加锡海峡，西部是巽他陆块，南邻苏门答腊—爪哇岛弧。加里曼丹处于大陆型地壳向大洋型地壳的过渡地段，地壳厚度达 25~30 km，局部可达 35 km。

按地质构造特征，加里曼丹岛可分为西南婆罗洲、沙捞越、沙巴和东南加里曼丹四部分，西南婆罗洲的北部出露有加里曼丹岛最老的地层，包括泥盆纪—二叠纪地层，中生代三叠纪—侏罗纪地层也出露在该区。西南婆罗洲南部有大面积的白垩纪花岗岩分布，侵入在晚古生代变质岩中。沙捞越的大部分地区为白垩纪—始新世地层所覆盖。沙巴地区主要分布有渐新世—早中新世深水成因的复理石，混杂有含早白垩世放射虫化石的洋壳碎块。东南加里曼丹岛主要被新生代沉积所覆盖，仅在 Meritus 山一带出露有白垩纪沉积（颜佳新，2005）。

加里曼丹区域性的线性构造发育，北加里曼丹主要发育走向南东的卢帕构造线和默辛构造线以及走向北北西、近垂直的巴兰构造线。其中，巴兰构造线是一条板块转换边界，具右旋走滑性质。卢帕构造线为一条向南西倾的板块缝合线，在 Marup Quarry 东有露头可见，沿该缝合线发育了一系列晚白垩世—渐新世呈叠瓦状的蛇绿岩。默辛构造线则是一向南西倾的逆冲断层，沿构造线出露有古新世至始新世放射虫燧石和蛇绿混杂岩，代表了中生代末—新生代期间古南海南部的多期俯冲消减以及婆罗洲北缘的增生扩大（丁清峰等，2004）。

加里曼丹海岸线长达 1 440 km，海岸蜿蜒曲折，多海湾，沿岸冲积和海积平原发育。沿海平原是全新世海面上升时期以来堆积形成的（图 14.9）。全新世的海相沉积物分布至内陆，例如，在汇入文莱湾的林邦河谷，海相沉积甚至分布到距河口 56 km 的内陆（刘昭蜀等，2002）。

加里曼丹岛北部沙捞越和沙巴有三种类型的海岸地貌：具有广阔海岸平原的沙捞越、具高度曲折岸线的东北沙巴以及具有狭窄平直岸线的东沙巴（Teh and Yap，2010）。在沙捞越，大量的泥沙堆积在拉让河（Rejang）与巴兰河（Baram）河口，使岸线迅速向海推进。拉让河三角洲平原宽 100 km，巴拉河与 Trusan 在过去 4 500 年里向海推进速度是 10 m/a。在这些区域，快速的沉积作用将部分抵消未来海平面上升效应。海岸沙坝—滩脊系统出现在米里（Miri），Kuala Sibuti 以及民都鲁（Bintulu）地区。米里河口由于沙嘴效应向南偏转，沙嘴物质由巴兰河提供。土地围垦已经完全改变米里沙嘴的外形。沙巴海岸面对苏禄海与苏拉威西海一侧发育一系列深海湾，并有广阔的沼泽；而面对南海一侧主要为线状的、局部锯齿状的狭窄海岸。

加里曼丹岛属于印度尼西亚的岸线（西、南和东南部岸线），研究程度较低。盐沼平原广泛发育，但是海岸推进速率并不清楚。许多河口（东部海岸）由于潮差超过 2 m，具有河口湾性质，但是 Mahakam 河口发育三角洲，由粗的砂质沉积物组成，为河流带来的侵蚀物在分流河道之间发育沼泽。在西海岸，仅有 Pawan 与 Kapuas 河带来足够的沉积物，因此在河口发育向海凸出的三角洲（图 14.10）。

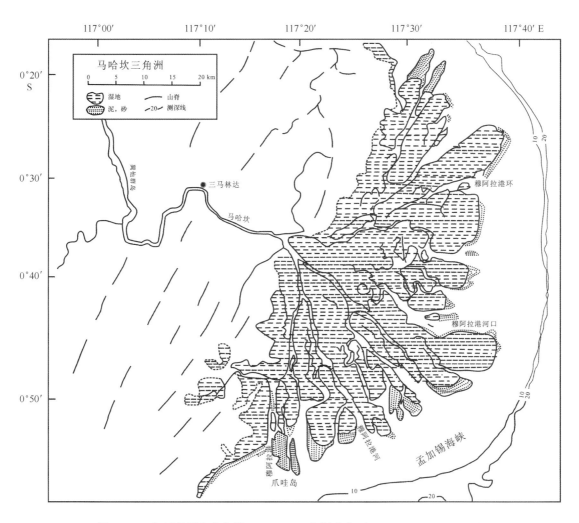

图 14.10 加里曼丹岛东海岸 Mahakam 三角洲地貌（Otto Ongkosongo，2010）
高潮岸线经常发生变化，但是三角洲以水下朵叶体的形式向海推进，并在 10 ~ 20m 水深形成三角洲前缘陡坡

14.5 巴拉望岛

巴拉望岛（Palawan）位于棉兰老岛与北婆罗洲之间，是一个 NE—SW 走向的长条形的山地丘陵岛屿，其侧翼有下沉的堡礁。全岛长 400 多 km，平均宽 40 km，面积 1.17×10^4 km²（马燕冰、黄莺，2007）。在两万多年以前，这里就有了人类活动，为菲律宾迄今为止自然生态环境保护最完好的地方，故又被称为"现代伊甸园"、"菲律宾最后一片净土"。

巴拉望属热带气候，一年分旱季和雨季。雨季从 6 月到 10 月。巴拉望岛主干山脉长 434 km，纵贯全岛。南方的曼塔灵阿汉山（Mantalingajan）海拔 2 085 m，是岛上的最高峰。南端的近海岛屿巴拉巴克—布格苏克（Balabac – Bugsuk）群岛，原为更新世（160 万年至 1

万年前）时期连接巴拉望和婆罗洲的陆地桥，现留下断残部分；因此其动植物区系与婆罗洲较为接近，而不同于菲律宾其他各岛。岛上多地下河，最长约 4 380 m，除尾部 30 m 外其余皆可通行。

在北巴拉望最老地层为晚古生代片岩、千枚岩、板岩和石英岩，上覆中二叠系砂岩夹凝灰岩、板岩和灰岩（钟建强，1997）。灰岩之上，不整合覆盖中三叠世含牙形石燧石。在乌卢根断裂以南，巴拉望由蛇绿岩、闪岩和绿片岩组成，它们沿向东倾斜的逆冲板片出露，并与晚白垩世—早中新世砂岩、页岩、泥岩和灰岩混杂（Hutchson，1975；Faure，1989；姚伯初，1998），后者为一套变质浊积岩系和克罗克组浅海—深海沉积。强烈变形指示为南海中生代洋壳沿南沙海槽俯冲而形成的增生楔沉积。Hutchson（1986）认为北巴拉望是从华南分离出来的微陆块，蛇绿岩地体是由东南向西北逆冲产生的外来地体。

菲律宾群岛海岸带地形以山地丘陵为主，因此基岩港湾海岸是整个南海地区最发育的。巴拉望岛多为基岩港湾式海岸，围绕基岩岬角处多发育珊瑚礁，只在湾头有小块的海滩和沼泽化平原。北部巴奎附近有黑色的石灰岩高崖，但火山岩地层占优势。在埃尔尼多（El Nido，位于巴拉望岛北端），深色灰岩组成高的陡崖，但仍以火山岩为主，在岬湾海岸，岸礁围绕岬角生长（Teh，1985）。

14.6 吕宋岛

吕宋岛（Luzon Island）位于菲律宾群岛北部，东接菲律宾海，南临锡布延海（Sibuyan），西濒南海，北隔吕宋海峡与台湾相望。吕宋岛是菲律宾面积最大、人口最多、经济最发达的岛屿，也是菲律宾首都及主要都市马尼拉及奎松市（Quezon City）的所在地。吕宋岛呈近南北向延伸，南北最长处 740 km，东西最宽处 225 km，面积 10.47×10^4 km²，总体而言地势北高南低，多山地丘陵，山脉南北纵列，河流也多为南北走向。海岸线长逾 5 000 km，有许多优良港湾。西有林加延湾（Lingayen）和马尼拉湾（Manila），东有拉蒙湾（Lamon）和拉戈诺伊湾（Lagonoy）。

14.6.1 吕宋岛自然条件

吕宋岛属热带季风气候，除受东、东北向贸易风影响外，主要受季风影响，每年11月至翌年4月受东北季风影响，6—9月受西南季风影响。除高山地区外，气候炎热，雨量丰沛，年降水量达 2 000 mm 以上。以马尼拉为例，1月平均气温25℃，至7月上升至27.8℃。菲律宾群岛沿岸波浪弱，主要来自太平洋，其次来自南海。风暴潮主要发生在夏季和秋季台风到来时，台风来自玛利亚纳群岛，对吕宋岛影响很大，经常造成强风、强浪和风暴潮。菲律宾群岛周围潮差不大，马尼拉近海为1.0 m。

全岛地势北高南低，多山地、丘陵，平原较少。北部有呈南北走向的相互并列的中科迪勒拉山脉（Cordillera Central）和马德雷山脉（Sierra Madre），两大山脉之间有卡加延纵谷平原，是著名的烟草产地。中科迪勒拉山脉海拔 2 000 m 以上，山势庞大，是全岛的脊梁，在南端与马德雷合二为一沿东海岸前行，与西海岸的三描礼士山脉（Zambales Mountains）并列，两山之间是吕宋岛最大的中央平原。马尼拉之南有两座半岛，八打雁半岛（Batangas）和比科尔半岛（Bicol）分别向南和东南方向延伸。主要河流有卡加延河（Cagayan）、阿布拉河（Abra）、阿格诺河（Agno）、邦板牙河（Pampanga）和比科尔河（Bicol）。

植被以热带雨林和热带季雨林为主。矿产有金、铬、铜、锰、锌、煤等。中央平原为全国重要粮食产区，南部和东南部是重要经济作物区，主要种植椰子，其次是蕉麻；北部和西北部为烟草主要产区。内湖和奎松两省是世界上最大的椰子产区。全国一半以上的工业和大部分公路和铁路也集中于此。

14.6.2　吕宋岛地质及海岸地貌

吕宋岛属于菲律宾岛弧的一部分，菲律宾岛弧由白垩纪—第三纪岛弧蛇绿岩组成，其东部为菲律宾海沟，菲律宾海板块沿该海沟向西俯冲，产生菲律宾火山弧。研究资料表明，吕宋岛弧的形成与南海洋壳沿马尼拉海沟的向东俯冲无关，洋壳俯冲在前，岛弧就位在后，准确地说是菲律宾岛弧被动仰冲到南海洋盆之上。

中科迪勒拉山脉主要由花岗岩构成（刘昭蜀等，2002）。吕宋岛西部三描礼士山脉是一个掀升的断块山，主要由安山岩、玄武岩及凝灰岩等火山岩组成，山脊南部有一系列第四纪火山锥高踞其上。吕宋岛西南部马尼拉湾以南是火山地区，属西吕宋火山带的一部分，岩性为凝灰岩和安山岩，海拔多在 500 m 以下，皮纳图博山、巴丹山和塔尔湖等地出现放射状水系，地面被河流深切，崎岖不平。

北吕宋海岸面对巴布延海峡，由卡加延（Cagayan，大约 330 km，为菲律宾最长河流）河口的海岸平原组成，宽度从河口向两侧变窄（Bird，2010）。沿卡加延河口两侧海岸，由于西北向风浪的作用发育长的砂质海滩，海滩背后是 8 m 高的沙丘，沙丘背后为曾经是潟湖的沼泽地。现代海滩—沙丘背后是老的沙坝，再往内陆方向为低丘。

吕宋岛太平洋一侧是陡的锯齿状海岸，沿北部构造活跃的 Sierra Madre 地区，由于受到强烈的海浪作用，在海湾内建造弯曲的湾内海滩（Bird，2010）。吕宋岛东南，岸线愈加弯曲，在许多受到掩护的湾内发育红树林。在 Legaspi 海岸附近，海滩物质主要来源于马荣火山而呈黑色，但是岸外岛屿发育岸礁，形成白色的砂质海滩。

吕宋岛西岸面临南海东部岛架和岛坡，海岸通常较陡，某些岸段发育珊瑚礁和海滩，也可见到抬升的珊瑚礁受到侵蚀和溶蚀。吕宋岛西海岸有两个最重要的海湾，即南部的马尼拉湾和北部的林加延湾。马尼拉湾位于受掩护的湾内，Pasag、Pampanga 以及 Bulacan 河向湾内输沙，在北岸形成一个大的三角洲（Bird，2010）。在沿岸发育大量的泥滩，目前已被广泛用作围垦和水产养殖。

林加延湾西海岸背靠高地，由陡峭的基岩海岸组成，并发育珊瑚礁，局部可见抬升和破碎的珊瑚礁。在 Nanatian 南部发育砾质海滩，中砾和粗砾由沿岸高地的河流提供。在南部湾顶区域发育长长的、弯曲的砂质海滩，由浅海底沙坝向陆地方向推进而形成。海滩常常被垂直海岸的河流切断，海滩背后有大量的海滩脊，然后是沼泽地，目前多已开发为鱼塘和稻田。林加延湾东部沿岸发育一系列河流建造的小型三角洲舌状体，舌状体方向指示存在向南的沿岸漂沙，沿岸漂沙在 Santa Barbara 南部近岸堆积成一个大型的水下浅滩。

林加延湾西口为博利瑙角，沿岸崎岖、陡峻、珊瑚礁围绕基岩岬角，在河口区域发育小的平原低地。内陆有菲律宾著名的 Pinatubo 火山。湾口东侧 San Fernando，发育砂质连岛坝，与岸边陡崖相连。连岛沙坝的北部，在 Luna，由于波浪侵蚀，一个瞭望塔已沉入水下（图 14.11）。

图 14.11　林加延湾沿岸地貌图片（Bird，2010）

左上：林加延湾百岛（Hundred Islands）抬升珊瑚礁岛；右上：灰岩柱上的浪蚀洞和浪蚀檐；左下：林加延湾内 Nanatian 南部的砾石滩；右下：林加延湾南部由黑色火山砂组成的进积海滩

第15章　南海断裂—地震—火山活动、海平面变动及其地貌响应

15.1　南海断裂、地震和火山活动

15.1.1　南海断裂构造

南海是西太平洋具有洋壳性质的边缘海盆地，属于大西洋型海底扩张，但南海周缘被不同性质的边界所限，即北部为离散边界、西部为剪切边界、南部为碰撞聚敛边界、东部为俯冲消减边界。

南海北部以南海北缘的珠外—台湾海峡断裂带为界组成北部陆缘的一条离散边界（图15.1）。中生代末期，由于古太平洋板块对欧亚大陆的挤压作用减缓，区域应力场由挤压转为拉张，形成一系列NE—SW向排列的陆缘断裂带。西部为转换剪切边界，陆架上有一系列平直的阶梯状正断层，呈SN向展布，具剪切—拉张特征，先剪后张，依次由西向东断落。南部为碰撞聚敛边界，新生代南海海底扩张导致南沙地块向南运动，同逆时针向北运动的婆罗洲地块发生碰撞，多期退覆式俯冲消减，从南到北依次形成卢帕尔、武吉米辛线缝合带和沙巴断裂俯冲带，组成一定宽度、构造复杂的南海南缘聚敛带。东部为正在活动的海沟俯冲带，由马尼拉海沟—内格罗斯—哥达巴托海沟俯冲带以及吕宋海槽俯冲带构成。俯冲带东侧为菲律宾岛弧系和菲律宾海沟。

按照断裂展布方向，将南海断裂构造分成NE向断裂组、NW向断裂组、近EW向断裂组和SN向断裂组共四组断裂构造（图15.1）。

NE向断裂为规模较大的地壳断裂和岩石圈断裂，发育较早，是控制南海构造格局和地形轮廓的主要断裂，自北部华南大陆东南缘到东南部巴拉望岛和婆罗洲东北部（在南部区域NE向断裂仅分布在延贾断裂东侧）。以张性断裂为主，在东南边缘有少部分为压性断裂。最具有代表性的NE向断裂有陆坡北缘张性岩石圈断裂、南沙海槽南缘压性岩石圈断裂、广雅滩西张性岩石圈断裂等。这些张性为主的断裂，在喜山期强烈活动，基本上是燕山期的继承断裂（宋海斌等，2002）。

NW向断裂在西部十分突出，它与NE向、近SN向断裂在海南岛南部海域联合构成醒目的"Y"字形断裂。相对于NE向断裂，NW向断裂形成的时间较晚，它们一般切割NE向断裂，具有剪切性质。南海西北缘，著名的北西向断裂有红河断裂带、马江断裂带。红河断裂是东亚大陆上的一条重要的岩石圈断裂，位于扬子、华南和印支地块之间，从青藏高原一直延伸到南海，全长1 000多千米，晚三叠世印支和华南地块缝合于此（也有说黑水河断裂为印支缝合带）。该断裂带近期具有右旋走滑性质，新生代曾发生过大规模的左旋走滑平移运动。南海南缘区，较大的北西向断裂有延贾断裂、巴拉巴克断裂，其中，延贾断裂是西侧北西向构造与东侧北东向构造的分界断裂，而巴拉巴克断裂则是西侧北东向构造与苏禄海东西

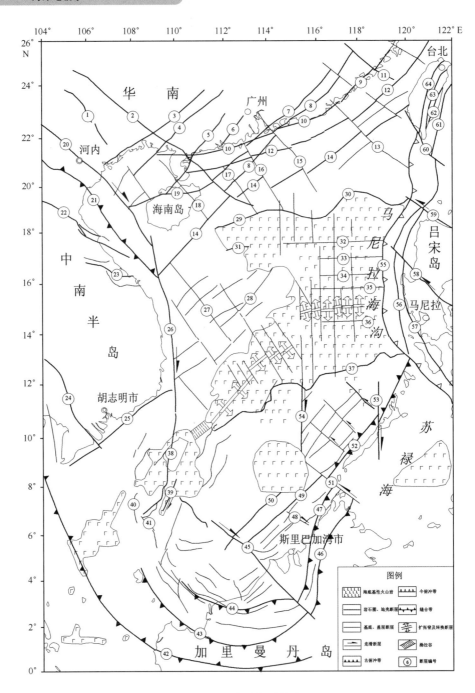

图 15.1　南海断裂构造

1. 那坡断裂；2. 右江—七洲列岛断裂；3. 灵山断裂；4 合浦断裂；5 吴川—四会断裂；6 阳江断裂；7. 河源断裂；8. 莲花山断裂；9. 南澳断裂；10. 华南滨海断裂；11. 九龙江断裂；12. 珠外—台湾海峡断裂；13. 韩江断裂；14. 陆坡北缘断裂；15. 大亚湾断裂；16. 川岛断裂；17. 卤洲断裂；18. 琼海断裂；19. 定安断裂；20. 红河断裂；21. 马江—黑水河断裂；22. 长山断裂；23. 他曲断裂；24. 洞里萨湖断裂；25. 越南滨外断裂；26. 越东滨外断裂；27. 中建西断裂；28. 中沙北断裂；29. 西沙海槽北缘断裂；30. 中央海盆北缘断裂；31. 西沙海槽南缘断裂；32. 管事滩北断裂；33. 宪法北断裂；34. 宪法南断裂；35. 黄岩北断裂；36. 黄岩南断裂；37. 中央海盆南缘断裂；38. 万安东断裂；39. 万安东南断裂；40. 万安西南断裂；41. 万安南断裂；42. 东马—古晋缝合带；43. 卢帕尔线；44. 武吉米辛线；45. 延贾断裂；46.3号俯冲线；47. 隆阿兰断裂；48. 沙巴—文莱分界断裂；49. 沙巴北线（南沙海槽东南缘断裂）；50. 南沙海槽西断裂；51. 巴拉巴克断裂；52. 巴拉望北线；53. 乌卢根断裂；54. 中南礼乐断裂；55. 马尼拉—内格罗斯—哥达巴托海沟俯冲带；56. 吕宋海槽西缘断裂；57. 吕宋海槽东缘断裂；58. 菲律宾断裂；59. 巴布延断裂；60. 鹅銮鼻断裂；61. 台东滨海断裂；62. 台东纵谷断裂；63. 宜兰断裂；64. 阿里山断裂

向构造的分界。因此，南海南北缘区均呈现北东向断裂与北西向断裂联合，构成"南北分带、东西分块"的构造格局，也体现了特提斯构造域和滨太平洋构造域在南海联合作用的结果（宋海斌等，2002）。

近 EW 向断裂包括 NEE 向和 EW 向两组。NEE 向断裂多为基底断裂，少数为地壳断裂，主要分布在北部陆架、陆坡区（晚白垩世至早第三纪的地堑内），自燕山期多次活动，具继承性和多旋回特点。EW 向断裂主要分布在中央海盆，为喜马拉雅期新生断裂，这些断裂与晚渐新世—早中新世南海海盆的第二次大规模扩张有关。它们切割了北东向断裂，由一系列平行的正断层组成，构成了新生代构造的主体。如中央海盆北缘断裂是海盆洋壳与北部陆坡过渡壳的分界线。西沙北海槽北缘断裂、南缘断裂则控制了西沙北海槽的发育。中沙海台南北侧、珠二坳陷也有东西向断裂存在。海南岛北部的定安断裂，东西向延伸达 190 km，可能形成于晚第三纪早期，一直活动到第四纪。它不仅使海南岛与雷州半岛分开，而且火山活动十分强烈，沿此带分布大片玄武岩，遗留不少第四纪火山锥。

SN 向断裂分布于南海盆地的东西两侧，中央海盆也有分布。南海西缘发育越东、万安东南北向岩石圈断裂，该断裂具有剪切走滑性质；南海东缘发育马尼拉海沟断裂，可能是在先张后压的区域应力环境中发展起来的（宋海斌等，2002）。这两条大断裂和南海南、北部的 NE 向岩石圈断裂构成了南海总体为 NE 向的菱形轮廓。南海中央海盆的一些 SN 向地壳断裂，是南海晚渐新世—早中新世 SN 向扩张的产物，它们起着转换断层的作用（刘昭蜀等，2002），而南海南缘区的中南—礼乐断裂与乌鲁干断裂则可能是南沙中的小块体裂离华南陆缘时的差异运动引起的剪切断层（宋海斌等，2002）。

15.1.2　南海的地震[①]

南海地震的孕育、发生、分布和迁移与板块边界转换以及断裂活动有关，尤其与规模巨大的岩石圈和地壳断裂活动相关。因此，活动强烈的深大断裂常导致频率高、强度大的地震产生。发震部位常是锯齿状断裂的转折处，NE 向与 EW 向或 NW 向活动断裂的交汇处，构造单元的交界处以及地貌反差的强烈带，地壳厚度的突变带，重磁异常的梯度带等。这些部位均因介质的不均一，应力易于集中和释放，从而导致地震的发生。

15.1.2.1　地震的空间分布

强烈的地震和火山活动主要分布于东缘西太平洋板块与欧亚板块交界的台湾—菲律宾岛弧地带，以及印度板块与欧亚板块交界的巽他岛弧带，其次，一部分破坏性地震分布于海盆北缘，南海海盆内部为地震活动相对较弱的地区。

台湾—菲律宾地震带属于环太平洋地震带的西南段，密集的地震分布显示了太平洋板块与亚洲板块之间强烈的构造活动（图 15.2）。南海东部地震带内地震发震构造反映菲律宾岛弧向南海亚板块的仰冲，马尼拉海沟及其两侧地震多为逆冲型，但由于海沟的俯冲是被动的，因此不同部位由于应力转换，使得逆冲型转变为走滑型或正断型（朱俊江等，2005）。巽他群岛等南海南部边缘为亚洲板块与印度洋板块的交汇带，也是一个地震多发带。虽然近期苏门达腊岛等群岛外缘强震频发，但加里曼丹岛内缘古俯冲带地震活动较少，没有发生过 6 级以上的地震。

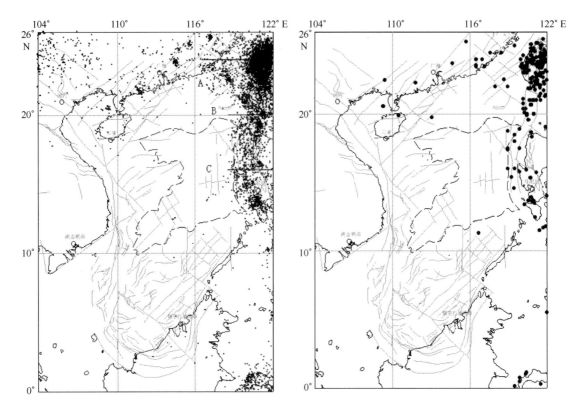

图 15.2　南海及周缘地区地震震中（左图中紫线为断面线）及 6 级及以上地震震中分布（右图）

与板块边缘强烈的地震活动相比，华南亚板块及南海亚板块等板块内部地震活动频率相对较低，板块内部地震主要发生于华南沿海以及台湾海峡西南海域（图 15.2）。华南沿海 6级以上地震基本沿海岸线分布，明显受到 NE 向华南沿海断裂带的控制。华南沿海 NE 向、NEE 向断裂与 NW 向、NWW 向断裂的交汇地方，地震活动频率较高，地震呈丛状分布。华南沿海地震发震构造以走滑型和正断型为主，分别占 49% 和 20%。南海西部中南半岛走滑边界地带地震相对平静，1900 年以来没有发生过 6 级以上的地震（刘昭蜀等，2002）。

根据中国地震台网（CSN）地震目录（1970 - 01 - 01 ~ 2007 - 10 - 31）以及中国地震台网历史地震目录（1067—1970 年）（范围介于 0° ~ 26°，104° ~ 122° 之间，面积约 560 ×10⁴ km²）。南海及周缘地区在 1067—1970 年间共发生 $M \geqslant 6$ 级地震 176 次，震级最大的地震发生于 1604 年 12 月 29 日福建泉州以东海域，震级达到 8 级。泉州地震使福建沿海遭受严重破坏，震感范围可达我国东部的江苏、上海、安徽、湖北、广西等十余省市。1970—2007 年间共发生 $M \geqslant 3$ 级地震 5 567 次，其中，$M \geqslant 6$ 级地震 81 次。1990 年 7 月 16 日 GMT 时间 07时 26 分在菲律宾岛北部吕宋岛发生 8.0 级地震，震源深度为 25 km。1999 年 9 月 21 日台湾发生 7.6 级地震，震源深度 33 km，造成岛内 2 100 人死亡（康英等，2000）。

根据地震震级与发震部位的关系，发现南海地震与断裂活动密切相关。大于 7 级的地震分布于晚第三纪以来强烈的沉降带和隆起带，即海盆和陆地的交接带与其他方向的交汇处、岛弧海沟的俯冲活动带转折突出的构造部位、大型平移剪切断层活动强烈的地段、不同方向区域重力梯级带交汇部位或重力梯级带发生急剧拐折突变的部位。6 - 63/4 级地震分布于新生代活动断堑盆地和隆起带的交接带或海陆交接带附近；NEE 向强活动断裂与 NNE—NE 向强、中活动断裂与 NWW—NNW 向活动断裂相交汇部位，或后两者相交汇部位；强烈活动断裂带两侧地貌反差强烈的地段；区域重力梯级带与次级重力异常带交汇部位或前者发生扭曲或畸变的部位。41/2～53/4 级地震分布于 NEE—NE 向断裂与 NW 向断裂的交汇处或端点、拐点；NE 向、NW 向或近 EW 向断裂控制的第四纪断裂海湾和第四纪盆地、槽地、谷地边缘；晚第三纪以来断块差异运动明显地段；NNE 向和 NE 向断裂切割而形成的岛块和岛链带；中央盆地内部残留的 NEE—EW 向张裂带。

15.1.2.2 地震深度分布

南海及周缘板块内部和板块俯冲边界地带，地震的深度分布反映出较大差异。南海东部俯冲带集中了南海所有的深源地震，其中，台湾岛弧俯冲带内地震最大震源深度达到150 km，菲律宾岛弧俯冲带内地震震源分布更深，最深处达 228 km。俯冲带内地震群的深度分布反映了俯冲带的倾向（图 15.3～图 15.5）：台湾岛弧内地震深度分布指示了菲律宾板块向亚洲板块的仰冲，俯冲带向太平洋倾斜；菲律宾岛弧内地震深度分布显示了岛弧增生带 NNW 向朝南海亚板块的仰冲，俯冲带向岛弧倾斜。板块内部的地震多为浅源地震，地震平均深度在 12～15 km。板块内部地震具有优势分布层位：华南亚板块内部 70.3% 的地震分布在 5～15 km 内；南海北部大陆架、大陆坡区的地震优势层为 4～22 km，但 22 km 以下仍有相当比例的地震发生；深海海盆区地震个数很少，但深度分布较其他区域深，部分地震深度超过 30 km。南海及周围板块内部地震震源的垂向分布与岩石圈流变结构有明显的对应关系：地震"优势层"的厚度受控于地壳脆性层底界埋深深度，由陆向海地壳脆性层底界加深，造成了地壳内地震"优势层"底界埋深加深。地壳上层的流变结构可能对南海北部及周缘陆区地震的发生有重要影响，在上地壳脆性层内存在软弱夹层的地带，地震密集，而缺乏软弱层（低速层）的海域，地震分布较少。

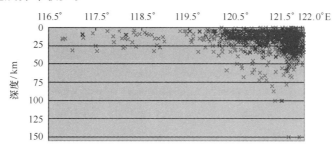

图 15.3 沿 A 断面地震深度分布（断面位置见图 15.2 左图）

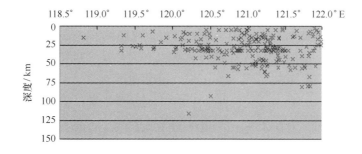

图 15.4 沿 B 断面地震深度分布（断面位置见图 15.2 左图）

15.1.3 南海新生代火山活动

南海属于环太平洋火山带的西部，火山活动主要来自于台湾南—菲律宾火山带、巽他火

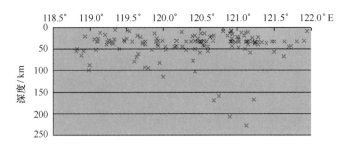

图 15.5　沿 C 断面地震深度分布（断面位置见图 15.2 左图）

山带和南海深海盆火山区。南海海底火山活动与南海的海底扩张活动密切相关，但当早中新世末海底扩张停止时，火山活动逐渐转移到周缘地区，如台湾—吕宋弧区、中南半岛中南部以及华南沿海雷琼区，因此南海周缘新生代火山活动大部分为晚第三纪—第四纪全新世。南海及周缘新生代的火山岩主要是喷出岩，以基性玄武岩为主，也有火山碎屑岩、中酸性喷出岩。新生代火山岩分布很广，从华南大陆到南海海区、从台湾到中南半岛都有，但多为零星分布，规模较小。早第三纪火山活动在海区主要分布于北部陆缘的珠江口盆地内以及南部陆缘的曾母盆地内，陆地仅见于广东三水、河源和连平等盆地。晚第三纪—第四纪火山活动比较集中分布于雷琼地区、珠江口盆地的白云凹陷、东沙隆起南部至陆洋边界、南海海盆扩张脊、越南南部和台湾—吕宋弧（图 15.6）。

15.1.3.1　南海周缘火山活动

1）华南沿海雷琼区

华南沿海新生代共有 10 个期次的火山喷发活动，古近纪火山活动比较微弱、分布也不广，新近纪和第四纪火山活动渐趋强烈。活动方式主要包括喷溢和喷发，喷溢产生大面积的玄武岩台地，喷发形成火山锥。据统计，整个雷琼地区的火山锥约 100 多座，玄武岩分布面积约 1.1×10^4 km^2，总厚度 100～406 m，岩体体积 1 100～5 000 km^3。最高的火山锥是雷州半岛南部雷州石峁岭，海拔 259 m。琼山市的马鞍岭（222 m）、雷虎群修岭（168.7 m）、儋州市峨曼岭（167 m），湛江市的湖光岩（89 m）至今仍保留完整壮观的火山地貌（刘昭蜀等，2002）。

华南沿海早第三纪火山活动微弱，仅在下第三系地层中夹 5 层杏仁状玄武岩。晚第三纪沿北东向展部的深切莫霍面的地壳断裂在地表引起大规模的玄武岩喷溢（共 4 次），见于雷州半岛南部和琼北地区，主要形成气孔状拉斑玄武岩、气孔状粗玄岩，后期无火山锥保留，仅见侵蚀残丘（刘昭蜀等，2002）。

更新世阶段，火山活动遍及全区，陆地上出现火山口（锥）56 座。更新世共有 10 期火山活动，湛江期和屯昌期（Q_1^1）为第四纪最早的火山活动。在雷北为陆相喷发，雷南和琼北为海相喷发。出露于湛江东坡岭、屯昌岭口、乌石、田西、涠洲岛、黄竹、牛夏坡，主要为橄榄玄武岩、玻基辉橄岩、拉斑玄武岩、粗玄岩、火山角砾岩和凝灰岩，年代介于（2 300～990）ka 之间。北部湾涠洲岛和斜阳岛发育该期的火山锥，底径 600 m，锥高 60～75 m。雷北岭期和琼山期（Q_1^2）火山岩出露于岭北、勇士、博赊、南渡江东岸和临高等地，雷北为陆相喷发，雷南、琼北为海相喷发，火山物质为橄榄玄武岩、石英拉斑玄武岩，以及少量火山碎屑岩。在地表形成 10 个熔岩锥或混合锥，高 10～269 m。表面风化以后形成褐铁矿层和铝

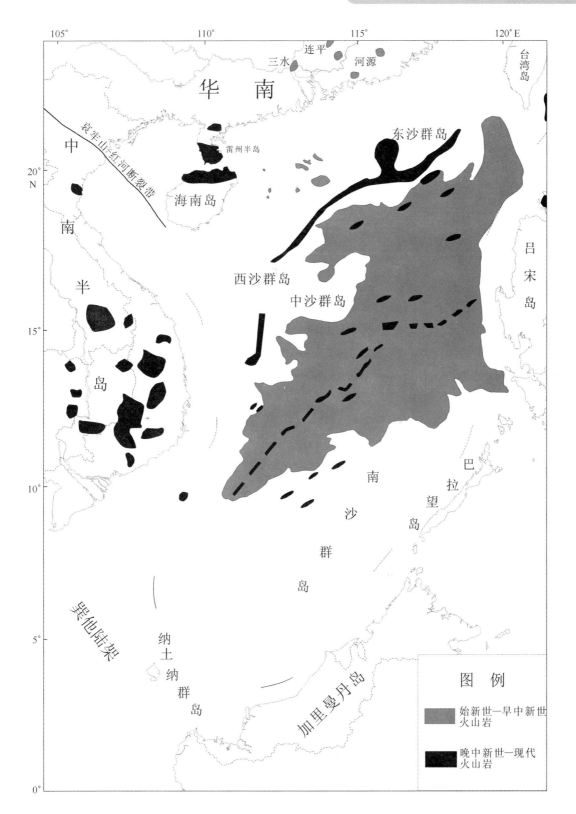

图 15.6 南海及邻区火山活动分布（阎贫、刘海龄，2005）

土矿层。石峁岭期和德义岭期（Q_2^1）火山岩出露于雷南的中部、琼北西部、中部和文草湖等地，以陆相喷溢方式为主，为橄榄玄武岩、粗玄岩和火山碎屑岩。在地表形成 27 个熔岩锥或混合锥，风化以后发育红土层。螺岗岭与峨曼岭期（Q_2^2）火山岩出露于雷北的西部、雷南的西部和琼北的西北部，主要发育橄榄玄武岩、粗玄岩和火山碎屑岩，以陆相喷溢为主。在地

625

表形成 19 个火山锥,高度分布于 90～259 m。年代介于 (290～130) ka 之间。湖光岩、长流期火山岩分布于湖光岩、龙水岭 (Q₃) 和长流等地,岩性为橄榄玄武岩、拉斑玄武岩和火山碎屑岩,为陆相爆发式喷发,较少形成火山锥,但保存完好。全新世时,火山活动仅见于琼北,有火山口 (锥) 23 个,以琼山雷虎岭一带最密集,因此称雷虎岭期火山岩 (Q₄)。以陆相爆发为主,岩性为橄榄玄武岩、气孔状橄榄岩、凝灰岩、火山角砾岩和集块岩。人类历史时期仍有火山活动,光绪九年 (1883 年) 临高县出现地裂,"有火上炎,草木皆成灰烬,土黑如墨" (刘昭蜀等,2002)。

2) 台湾南部—菲律宾吕宋弧

台湾岛南部到吕宋岛南部分布着大大小小几十个火山岛,这些岛构成台湾—吕宋火山岛弧。由北向南、自西向东火山年龄显示年轻化的趋势。在台湾南部和西部澎湖列岛区以及吕宋岛西部都见有早中新世火山岩,而在岛弧东部主要是晚中新世至第四纪火山,至今仍有活动,以安山岩和玄武岩为主 (阎贫、刘海龄,2005)。

台湾岛近南端的海口港湾头的车城海岸,沿山麓断裂交截处,早更新世或上新世火山喷发,形成大尖山 (124 m) 和小尖山 (10 m) 两个锥体,岩性为多孔、粗粒玄武岩,粗面岩,含火山玻璃和火山角砾岩。中央山脉两侧的山麓带,南部的台南、高雄、屏东和东部的台东、花莲 5 县,散布有 17 处泥火山。屏东县鲤鱼山的喷发规模居全省之冠。1977 年 5 月 25 日爆发时,几千米外可见其烈焰直冲云霄,响声震耳,泥浆喷涌如决堤洪水 (刘昭蜀等,2002)。

菲律宾位于环太平洋火山带的西部,是琉球—台湾—菲律宾火山带的一部分 (图 15.6,图 15.7)。这些带的特点是有频繁的地震活动与可以测量的 5 cm/a 的板块运动速度 (Nossin,2005)。菲律宾火山带始于吕宋岛经棉兰老岛,止于加里曼丹岛东北部沙巴东南部的森波纳半岛。菲律宾大约有 220 个第四纪活动的熄灭的火山锥,其中,26 个在历史时期是活动的。菲律宾火山活动从晚第三纪后期延至现代,20 世纪就有好几个火山喷发。菲律宾第四纪火山群有 4 个带组成,分别为吕宋西弧带 (西部火山带)、南吕宋—达沃的东弧带 (东部火山带)、内格罗斯和潘尼弧带 (内格罗斯火山带) 以及苏禄群岛—森波纳半岛的东南弧带 (苏禄火山带)。近年来,在吕宋西弧带三描礼士山脉中,位于马尼拉西北面 110 km 的皮纳图博火山 (高 1 780 m),在沉睡了 600 年后于 1991 年 6 月 9—15 日爆发,死亡 200 多人。2009 年 12 月 15 日,位于菲律宾吕宋岛东南部阿尔拜省境内的马荣火山开始喷发,当地政府要求数万人紧急撤离到安全地区。马荣火山是菲律宾境内最活跃的火山之一,有记录的喷发活动有 48 次,造成破坏最严重的一次是在 1814 年,导致 1 200 人丧生。马荣火山上一次爆发是在 2006 年 7 月,但未造成人员伤亡。

3) 中南半岛

中南半岛的新生代火山岩在越南、柬埔寨、老挝和泰国都有分布。中南半岛新生代火山岩时代较新,几乎都是南海扩张停止以后才形成的。在越南南部较早的火山喷发时间是 15 ～ 10 Ma B. P.,最新的火山活动在 1923 年发生于越南东南近海,大量喷发则是最近 5 Ma 以来 (早上新世以来),喷发面积超过 8 000 km²。越南新生代火山岩喷发中心大都位于大断裂交汇处,形成数百米高的玄武岩高原。一般都具有两期喷发,即前期从张裂隙喷发的源自岩石圈地幔的高 SiO₂、低 FeO 石英及橄榄拉斑玄武岩,以及后期中心式喷发的源自软流圈的低 SiO₂、高 FeO 橄榄拉斑玄武岩和碱性玄武岩 (阎贫、刘海龄,2005)。

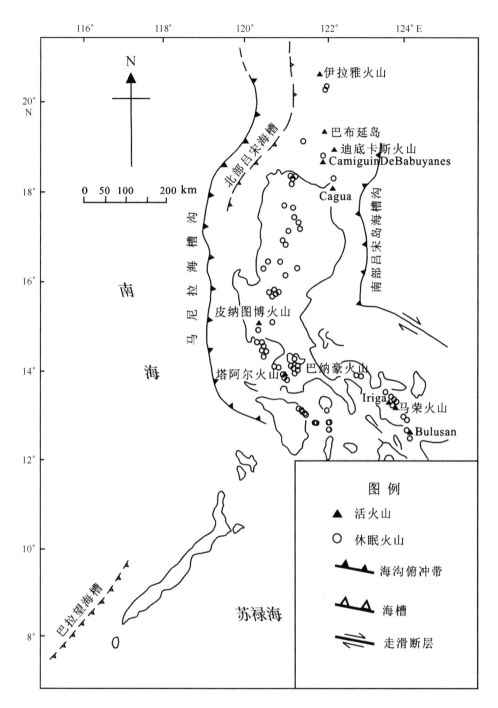

图 15.7 吕宋火山岛分布（Nossin，2005）

15.1.3.2 南海海底及岛屿火山活动

南海海底火山活动源于拉张背景下的裂谷作用和海底扩张，因此主要以中基性火山岩为主。南海海盆散布着一些由火山组成的海山、海丘，它们集中分布于海盆的扩张轴附近和北部，呈 ENE—WSW 向分布。拖网取样显示，海盆地区海山的成分以橄榄玄武岩和碱性、强碱性玄武岩为主，K/Ar 测年分别为 3.5 ~ 4.3 Ma，属上新世。在中南海山采得的碱性玄武岩初始 $^{87}Sr/^{86}Sr$ 为 0.703，轻稀土相对富集，无铕（Eu）负异常，显示洋岛碱性玄武岩特征。黄岩海山和珍贝海山过去一致认为是南海扩张脊的残留，钾/氩法测年表明黄岩海山粗面岩的形成年代为（7.77±0.49）Ma，珍贝海山玄武岩的形成年代为（（9.1±1.29）~（10.0±1.80））Ma，表明它们均为南海扩张期后板内火山活动的产物（王叶剑等，2009），与扩张脊无关。在西南次海盆以西的陆坡区、礼乐滩北缘及其北面的海盆内拖网也获得强碱性玄武岩，年代以更新世（0.4 Ma）为主，也有上新世（2.7 Ma）（阎贫、刘海龄，2005）。

南海北部陆缘的火山岩分布于珠江口盆地内和东沙群岛以南的洋陆过渡区，珠江口盆地新生代火山岩以玄武岩为主，存在多期喷发。新生代早期的古新世—始新世，在珠江口盆地内隆起部位形成了中酸性火山岩，包括安山岩、英安岩、流纹岩和凝灰岩；始新世—渐新世以玄武岩和中性喷出岩为主，主要见于裂谷盆地内；晚第三系主要为碱性玄武岩和拉斑玄武岩。早第三纪的火山岩分散、规模小，至晚第三纪—第四纪火山岩渐趋集中，规模相应扩大。另据ODP184航次过1148孔的地震剖面解译，在南海北部陆洋过渡带附近存在一条NEE向火山岩带，大部分火山顶部仅有很薄的沉积，一些火山出露至海底形成海山，推断其形成时代为晚中新世—现代，形成于海底扩张之后（阎贫、刘海龄，2005）。

南海南部陆缘公开的火山岩资料较少，该区域最早火山活动见于晚白垩世—中始新世，与南海地区发生的一次广泛伸展活动有关，在此次活动的张应力场作用下形成一系列裂谷、裂陷槽，其内有火山喷发。在曾母盆地西侧Ay-1井中钻遇火山集块岩，年代为（54.6±2.7）Ma，代表该区最早的火山活动。另外，在礼乐滩海域的拖网中，也采集到斑状流纹岩、流纹质凝灰岩等，以中酸性和中基性火成岩为主，喷发方式为小型的中心式喷溢（HY126-03项目综合报告编写组，2004）。晚始新世—中中新世，受南海海底扩张的影响，南沙海域的盆地内，沿断裂出现了一系列的岩浆活动，尤其在北康和南薇西盆地中，岩浆活动较为强烈。据Holloway（1982）报道，南沙群岛海区东北部的西北巴拉望岛发现K/Ar测年为22Ma的流纹岩。早中新世末，虽然南海海底扩张停止，南部陆缘火山活动仍然强烈，南沙海域各盆地的地震剖面上均可见到刺穿各时代地层直达海底的岩浆岩，形成海山、海丘、浅滩或岛礁，并以基性—中性喷发为主。沿南沙群岛中部NW向的南华水道南侧分布的司令礁、南华礁和利生礁（六门礁）等礁体的基座可能是火山岩。礼乐滩南面L5电火花浅层剖面解释出多处火山活动，该测线上的忠孝滩断裂处即为喷溢形成的海底火山。另外，德国"太阳号"考察船的拖网取样发现，在礼乐滩和卡拉棉群岛的海山上见有喷出的玄武岩（Kudrass et al.，1986）。其中，在北巴拉望岸外的海山上采集到含橄榄岩、斜辉石和斜长石的多孔玄武岩，在礼乐滩以东海山上采集到橄榄玄武岩碎块。

我国南海诸岛中，现有资料记载的唯一第四纪火山岛是在西沙群岛东岛环礁的高尖石。它位于东岛西南14 km，永兴岛东南44 km，出露面积约800 m²，高6.6 m。岛上出露的全是黑色和黑褐色火山角砾岩，K-Ar同位素年龄2.05 Ma.BP，喷发时间可能相当于湖光岩期。中沙环礁东北面一个宽50 km、长约100 km的浅滩，反射地震剖面揭示为一系列水下火山群。越南金兰湾南面水深30~200 m大陆架上的平顺岛南面海域有现代形成的火山列岛，名叫卡特威克列岛。1923年火山喷发形成两个新的火山岛，位置为：10°10′20″N，109°00′10″E，高29.5 m；10°08′12″N，109°00′30″E，高0.3 m（Barry，1923）。

15.2 海平面变动及其海岸海洋地貌响应

政府间气候变化专门委员会（IPCC）在1990—1992年、1995年、2001年发表过3次关于全球气候和海平面变化的评价报告，认为20世纪全球绝对海平面的上升幅度分别为10~

20 cm、10~25 cm、10~20 cm。未来海平面上升速率为 3~10 mm/a，到 2050 年海平面上升的最佳估值为 22 cm，到 2100 年的最佳估值为 48 cm（IPCC，1990）。IPCC 第一工作组第四次评估报告提高了预测精度，预测结果显示至 2090—2099 年全球平均海平面相对 1980—1999 年将高出 18~59 cm（IPCC，2007）。受全球海平面变化的影响，未来南海地区海平面上升趋势将不可避免。海平面上升将引起海岸海洋地貌发生一系列变化，即所谓的地貌响应。这种地貌响应在海岸带表现尤为显著，包括海岸线不断后退、海岸侵蚀、湿地淹没、洪水和风暴潮加剧以及咸水入侵等，将直接危害沿海地区人类生存和经济发展，因而受到沿海国家政府的高度重视。

目前，南海周边国家如泰国、越南、马来西亚和印度尼西亚已经切实感觉到来自海平面变化的威胁，如上泰国湾地区由于处于湄南河三角洲的河口区域，海平面上升淹没沿岸低地、造成海岸侵蚀。越南红河三角洲低地和湄公河三角洲低地也感受到来自海平面上升的威胁，沿岸侵蚀日益严重[①]。

15.2.1 南海古海平面变化及其海岸海洋地貌响应

南海北部华南海岸第四纪随着海平面波动，共发生 9 次海进和 8 次海退（刘昭蜀等，2002），限于篇幅，本章主要阐述 40 ka 以来的海平面变化及地貌响应。从玉木亚间冰期至全新世，海平面经历了上升——下降——上升的变化过程，伴随海平面的变化，南海海岸海洋地貌也发生深刻的变化，如海平面下降使岸线向海推进，沿岸陆地面积增大，河流侵蚀陆架；海平面上升以后留下古海岸线、古阶地、古海滩和古潟湖等遗迹。因此，了解南海古海平面变化对于我们解读现代海平面变化以及预测未来具有重要意义。

15.2.1.1 南海玉木亚间冰期海平面变化

南海玉木亚间冰期，距今 38~20 ka. BP，是海平面逐步上升到下降的过程。据南海沿岸地区 ^{14}C 资料分析，距今 40~38 ka. BP，海平面在 -57.7 m 以下，南海北部内陆架大部分出露水面，发育河流相、三角洲相、滨海相沉积，并在水深 77 m 大陆架上残留有该期海侵沉积层，在 80 m 水深保存古岸线，估计玉木冰期早期最低海面在 -80 m 左右。距今 35~30 ka. BP，玉木亚间冰期海侵到来，海平面从 -45 m 上升至 -21 m 左右，如澄海南社形成的 -44.5 m 的滨海淤泥，^{14}C 测年为（34 840 ±2 500）a. BP，南海里水形成的 21.3 m 埋深的半咸水—咸水硅藻淤泥，^{14}C 测年为（29 530 ±690）a. BP，表明此期间海平面已开始上升。距今 30~25 ka. BP，南海进入海侵极盛期，海平面从 -21 m 上升至 -12 m 左右，如南海盐步形成的 12.6 m 深的贝壳淤泥，^{14}C 测年为（24 250 ±900）a. BP，佛山鲥鱼沙形成的 12.92 m 深的黏土层，^{14}C 测年为（25 517 ±50）a. BP。香港 900 个钻孔在海面之下 11~13 m 处见基岩侵蚀面，反映出 25 ka. BP 玉木亚间冰期最高海面（刘以萱等，1993）。这一时期海侵又称为礼乐海侵，珠江三角洲钻孔揭示礼乐组河口湾相黏土及亚黏土堆积，含有孔虫、硅藻及牡蛎等化石。^{14}C 测年为 37~24 ka. BP（刘昭蜀等，2002），进一步证明了海侵的存在。

21 ka. BP 时，海面开始下降至 -20 m 左右，海水逐步退出南海沿岸地区（刘以萱等，1993）。礼乐组顶部的花斑状黏土与此次海退有关。

---

① JSPS and CCOP/GSJ/AIST Joint Seminar on Monitoring and Evaluating Coastal Erosion in Deltas, 2010, Haiphong, Vietnam。

15.2.1.2 南海末次冰期极盛期海平面变化

随着全球气温的急剧降低，估计当时高纬度地区气温最大降幅可达7℃，赤道低纬度海水平均温度下降2~3℃，气温急剧下降引起海平急剧下降。距今20~18 ka. BP，据地震剖面显示，南海北部和南部巽他陆架海平面在−160~165 m（刘以萱等，1993）。当时大陆架裸露，珠江水系延展，并在今天外陆架和大陆坡上部堆积三角洲，珠江三角洲和韩江三角洲当时有河流堆积（刘昭蜀等，2002）。

15~17 ka. BP时，全球气候转暖，海面开始回升。据单道地震剖面揭示，这时期南海南北大陆架区的古岸线已上升至−145 m左右，上升幅度达到20 m左右。并形成沿外陆架150 m等深线发育的陡坎，以及在此深度注入大陆坡的古珠江海底峡谷和澎湖海底峡谷。据测深和旁侧声呐资料，13~14 ka. BP时，古岸线在−130 m等深线呈不规则弯曲，并有明显水下阶地、溺谷河道、古浅滩、古沙堤、沙坡、沙丘、海底垄岗和古潟湖等地貌遗迹。ZQ4井揭露地面之下3.5~11 m为晚更新世沉积的黏土质粉砂和小砾石，微古鉴定为半咸水—淡水硅藻和介形虫，[14]C测定−130 m的古岸线年代为（13 700 ±600）a. BP（刘以萱等，1993）。

15.2.1.3 南海全新世海平面变化

总体来讲，南海全新世陆架海平面出现间歇性上升，早全新世上升速度较快，中期出现高海平面，但5 000~4 000 a. BP海平面有波动下降，晚期以波动下降为主，但波动幅度越来越小，渐趋现代海平面高度。

1）早全新世海平面变化

12~11 ka. BP时，南海北部海面已回升至−40~−50 m，并有一短暂停滞和振荡，塑造了−50 m的古海岸、古珠江三角洲、古潟湖、水下阶地、古海岸线，以及在西沙和南沙群岛见到与其相关的古海面遗迹，如南沙群岛见到该时期发育的波切台，南永1井相应高程的珊瑚溶洞。[14]C测年为距今（11 700 ±280）a. BP（刘以萱等，1993）。陈俊仁等（1983）也发现了大量古海岸遗迹以及潮间带软体动物和红树科花粉。

11~8 ka. BP时，海平面迅速上升，上升速率为10 mm/a左右。8 000年前后海面曾在−20~−25 m左右短暂停留和振荡，形成该深处的古岸线。台湾浅滩−25 m水深的海滩岩[14]C年龄为（8 590 ±270）a. BP~（8 420 ±270）a. BP，各钻孔样品所见咸水种、半咸水种硅藻减少。除形成−20 m左右古岸线，还可见到珠江口古三角洲、水下阶地、沉溺的古潟湖。古海岸线走向和形态与现代岸线相似。沿岸陆缘岛屿如海南岛、担杆列岛、上下川岛、海陵岛、南澳岛仍为陆地丘陵山地或小丘（刘以萱等，1993）。

2）中全新世海平面变化

中全新世，距今8 000~2 500 a. BP，南海大陆架发生大海侵，但在海侵过程中仍有振荡升降的特点，不论是在目前构造下沉区还是上升区均发现有海侵层，海相沉积直接覆盖在陆相地层之上，其最高海面高于现今海面（图15.8）。

①8 000~5 000 a. BP海平面上升至最高。8 000~7 000 a. BP时，为大西洋期温暖气候，海面迅速上升，上升率达21.6 mm/a。7 400 a. BP时，海面间歇性停留，形成−12 m左右的古海岸。中山市南头北部钻孔在−12.95 m见有泥炭和腐木，[14]C测年为（7 500 ±170）a. BP；

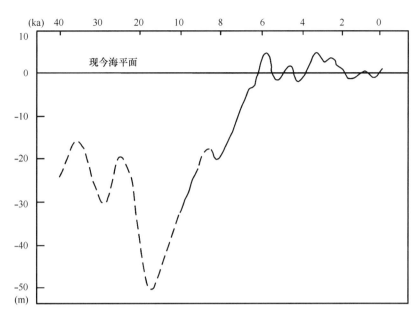

图 15.8　华南沿海晚更新世以来的海平面变化曲线（张虎南、赵红梅，1990）

番禺万顷沙孔在 -12.33 m 的海滩沙^{14}C 测年为（7 140 ±200）a. BP，都为该期沉积。珠江三角洲平原地表下 8 ~ 12 m 深处见到基岩侵蚀面，部分应是该时期形成的侵蚀—剥蚀面。距今 7 000 ~ 6 000 a. BP，海平面再次上升，上升速率为 9.16 mm/a。珠江三角洲多个钻孔中海相层埋深在地表之下 3 ~ 10 m，测年为（6 985 ±105）a. BP ~（5 865 ±90）a. BP。它们不整合于花斑状黏土或河流相砂砾层之上，岩性为深灰色淤泥或粉细砂，富含蚝壳，有较多滨海盐生的藜科花粉，硅藻化石以偏咸水种为主。6 000 ~ 5 000 a. BP 时，南海大陆架全新世第一次出现高海面。该时期不论是构造上升区或下沉区均可见到有高于现今海面 2 ~ 4 m 的遗迹。例如，强烈断褶隆起的台湾岛弧（台东和台南）、印度尼西亚岛弧和构造下沉的珠江和韩江三角洲地区以及相对较稳定的琼南和西沙群岛，均见有该时期高海面遗迹。此外，在南海北部沿岸均普遍分布有 3 ~ 5 m 的海蚀阶地，反映出 6 000 ~ 5 000 a. BP 前曾出现过比现今高的海面（高出现今 2.0 ~ 3.0 m）（刘以萱等，1993）。

②5 000 ~ 4 000 a. BP 时，海面开始缓慢波动下降，下降幅度 3 ~ 6 m，最低海面达到现今海面的 -2.5 ~ -3.0 m。北部沿岸在中全新世海侵层之上是一套灰白色、灰黄色陆相砂砾沉积，风化明显，顺德杏坛杏 1 孔在 -2.29 m 处的贝壳淤泥，^{14}C 测年为（4 820 ±120）a. BP，中山市港口 5 号孔 -1.55 m 处的海相淤泥，^{14}C 测年为（4 710 ±120）a. BP，反映出当时海面在现今海面略低的位置波动（刘以萱等，1993）。

③4 000 ~ 2 500 a. BP 时，海面波动上升，上升幅度比现今海平面高出 1.0 ~ 2.5 m，在北部沿岸普遍出现该时期高海面标志，如海滩岩、牡蛎礁、贝壳层、珊瑚礁以及滨海相泥炭、古树木堆积以及普遍出现的同时代的砂堤堆积。该时期海面波动上升的证据有：海丰梅陇贝壳堤岩，高 2 m，^{14}C 测年为（3 980 ±148）a. BP；海丰红海湾沿岸海滩岩，高 3 m，^{14}C 测年为（2 490 ±90）a. BP；惠阳岩前海滩岩，高 2 m，^{14}C 测年为（3 727 ±111）a. BP；澄海内底贝壳堤岩，高 1.5 m，^{14}C 测年为（3 195 ±85）a. BP；西沙群岛东岛珊瑚礁，高程 0m，^{14}C 测年为（4 340 ±250）a. BP；马来西亚西部丁家奴牡蛎礁，高程 1.65 m，^{14}C 年龄为（2 870 ±70）a. BP；朗卡维群岛珊瑚礁，高程 2.4 m，^{14}C 年龄为（2 600 ±85）a. BP（刘以萱等，1993）。

需要指出的是，有关南海是否出现过高海平面并不是争论的焦点，关键问题是何时出现以及幅度多大，对于后者迄今为止争论仍然很大。20 世纪 90 年代以前，通过珊瑚礁、古海滩岩、红树林等标志识别出的高海面在 6 000 ~ 5 000 a. BP（张虎南和赵红梅，1990），由于当时所作的^{14}C 测年没有经过校正，因此无法和现代结果进行对比。最近，时小军等（2007）收集了南海周边高海平面的相关数据（经过^{14}C 校正），认为南海高海平面应在 7 000 ~ 5 500 a. BP 之间，海平面最高可高出现代 2 ~ 3 m（图 15.9）。造成各地高海平面出现时间和幅度差异的原因在于各地的构造背景不同，如有的在构造上升区、有的在构造沉降区，因此寻找构造相对稳定区至关重要。另外，测年精度的提高以及寻找合适的标志物也是提高海平面变化曲线准确度的关键。

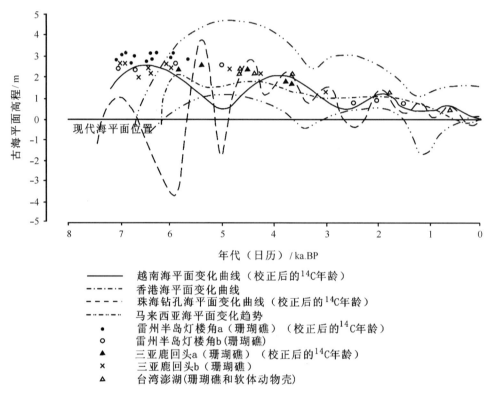

古海平面高程 / m

现代海平面位置

年代（日历）/ ka. BP

———— 越南海平面变化曲线（校正后的^{14}C年龄）
—·—·— 香港海平面变化曲线
------- 珠海钻孔海平面变化曲线（校正后的^{14}C年龄）
—··—··— 马来西亚海平面变化趋势
● 雷州半岛灯楼角a（珊瑚礁）（校正后的^{14}C年龄）
○ 雷州半岛灯楼角b（珊瑚礁）
▲ 三亚鹿回头a（珊瑚礁）（校正后的^{14}C年龄）
× 三亚鹿回头b（珊瑚礁）
△ 台湾澎湖（珊瑚礁和软体动物壳）

图 15.9 南海周边地区中全新世以来海平面变化曲线（时小军等，2007）

3）晚全新世海平面变化

晚全新世海平面以波动下降为主，距今 2 500 ~ 1 500 a. BP，海平面和缓下降，如新会睦洲蚝壳，高程 −2.5 m，^{14}C 测年为（2 510 ±90）a. BP；海南文昌抱虎港贝壳，高程 2 m，^{14}C 测年为（2 500 ±100）a. BP。距今约 2 000 a. BP，在现今海面附近波动，振幅小于 ±1.5 m，如文昌烟墩海滩岩，高程 0 m，^{14}C 测年为（2 214 ±156）a. BP；深圳大鹏湾贝壳，高程 1.5m，^{14}C 测年为（2 170 ±85）a. BP；饶平洪洲贝壳，高程 1.5 m，^{14}C 测年为（2 205 ±85）a. BP；惠东平海泥炭，高程 1.5 m，^{14}C 测年为（1 830 ±100）a. BP；文昌烟墩珊瑚，高程为 1 m，^{14}C 测年为（2 050 ±109）a. BP；临高关夏港海滩岩，高程 0 m，^{14}C 测年为（2 160 ±90）a. BP。1 500 a. BP 以来，海面呈微小波动，并渐趋至现今海面。深圳横岗 −1.1 m 腐木，^{14}C 测年为（1 460 ±80）a. BP；陆丰下莫施淤泥，高程 1 m，^{14}C 测年为（1 390 ±70）a. BP；海口市腐木，高程 0 m，^{14}C 测年为（1 565 ±130）a. BP（刘以萱等，1993）。

15.2.2　南海现代海平面变化及其海岸海洋地貌响应

15.2.2.1　南海现代海平面变化

研究海平面变化规律使用的数据资料大致可分为两种：验潮站数据和卫星高度计资料。验潮站数据是以固定在陆地上的水准点为基准测量得到的海面高度，由于这些水准点随地壳运动会有垂直升降，因此分析验潮站资料得到的海平面为相对海平面。绝对海平面是相对于理想的地球椭球体而言的海平面，利用卫星高度计资料可以得到。卫星高度计测量的海面高度是海面相对于地心的距离，这一高度不受地壳运动（构造运动、下沉）的影响。绝对海平面变化与气候变化密切相关，是当今海洋与气候研究中的重要科学问题（颜梅等，2008）。

国内一些学者利用验潮资料探讨南海现代海平面变化，陈特固（1997）等分析了1950—1987 年南海北部验潮记录，得出具有准同步周期性变化特点，20 世纪 50 年代呈持续下降趋势，近 30 年来呈上升趋势，速率为 1~2 mm/a，有明显的地区差异性。珠江口海平面有轻微上升趋势。许时耕根据 1959—1990 年阳江闸坡验潮资料初步计算，19 年平均海面变化为2.5 cm，上升率为 1.21 mm/a；同时对汕尾、大万山、闸坡 3 个验潮站 1970—1989 年潮位资料进行分析，认为珠江口海面近 20 年来相对稳定。方国洪用线性回归分析华南沿岸 18 个站位的海面变化，认为除汕头站外，其余各站均呈上升趋势，上升率为 0.03~0.47 mm/a。尽管各家所得上升率不同，但南海海平面呈上升趋势比较一致，上升率较适中的范围为 0.10~2.0 mm/a，各地区有明显差异。

黄镇国和张伟强（2004）等在总结前人有关南海周边现代海平面变化的成果后，认为南海数十年来相对海平面的上升速率小于 2.5 mm/a，经地面沉降速率校正后的理论海平面上升速率为（1.9 ±0.12）mm/a。国家海洋局发布的 2006 年中国海平面公报指出，由沿海监测站数据统计出的南海 1970—2006 年海平面的平均上升速率为 2.4 mm/a，高于公报指出的全球平均值 1.8 mm/a，也略高于 Douglas 由验潮站的观测得出的全球平均海平面上升率（1.8 ±0.11）mm/a。公报预计未来 3~10 年，南海海平面将比 2006 年上升 10~31 mm。黄镇国和张伟强（2004）预计 2030 年广东沿海理论海平面上升幅度达 70~80 mm，而相对海平面的上升幅度可能还要考虑 20 mm 以上的附加值，实际上升幅度可能在 90~100 mm 之间。又据国家海洋局发布的 2010 年中国海平面公报，近 30 年来南海沿海海平面比常年[①]上升 64 mm，平均上升速率为 2.5 mm/a（国家海洋局，2011）。报告将 1981—2010 年分成 1981—1990 年、1991—2000 年、2001—2010 年三个时段进行比较，2001—2010 年与 1991—2000 年相比，广东海平面比常年升高 20 mm，广西升高 22 mm，海南升高 29 mm；2001—2010 年与 1981—1990 年相比，广东比常年升高 57 mm，广西升高 48 mm，海南升高 69 m。对比结果显示最近10 年里面海平面升高趋势非常明显，其中，海南升高数值最大，其次为广西和广东。报告又对未来 30 年里海平面上升高度进行了预测，认为与 2010 年相比，未来 30 年南海海平面还将上升 70~130 mm，即 2.33~4.33 mm/a。参照黄镇国和张伟强（2004）的估算，保守估计未来 30 年里南海海平面至少上升 100 m，也即平均每年升高 3.33 mm。

除了传统的验潮观测，目前多采用精度更高的卫星（包括 TOPEX/Jason-1）观察结果进行分析。时小军等（2007）采用 OPEX/Jason-1 卫星观察数据，获取 1993—2006 年南海海域

---

① 依据全球海平面监测系统（GLOSS）的约定，将 1975—1993 年的平均海平面定为常年平均海平面（简称常年）。

和全球平均海平面高度变化的数据，分别作 60 d 平均滑动，得到南海在此期间的海平面变化曲线（图 15.10）。研究结果显示 1993—2006 年，南海海平面的上升速率为 3.9 mm/a，略高于同期的全球平均值 3.1 mm/a。李立等（2002）利用 7 年的 TOPEX/POSEIDON 卫星高度计资料，发现在 1993 年至 1999 年间南海海平面总体呈现上升趋势，总体上升速率约 10 mm/a。但是海平面的上升速率在空间分布上并不均匀，在吕宋岛西侧的深水海盆处上升率高达 27 mm/a，在浅水陆架区上升率则都较低，甚至为负值。认为所观测到的海平面快速上升是一种地区性现象，主要因南海上层变暖所至，可能与太平洋暖池海域的年际尺度变化有关。

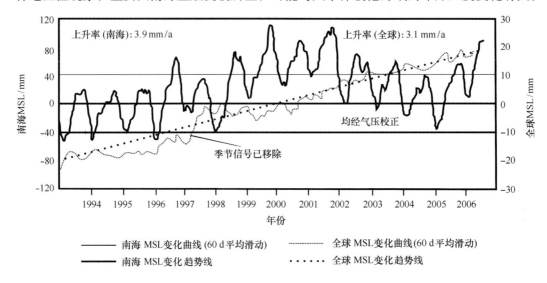

图 15.10　1993—2006 年南海和全球 MSL 变化曲线（60 d 平均滑动）（时小军等，2007）

通过卫星高度计获得的数据普遍要高于验潮观察结果，原因在于卫星数据反映海平面十几年来的短期波动变化，并不反映长期变化趋势。沿海各验潮观测站的数据则可反映更长时间的变化趋势，不过也有分布的局限性，且易受地质垂直变形的影响。因此，不能直接反映绝对海平面的变化（时小军等，2007）。

综合验潮站和卫星观测结果，可以认为近 30 年来，南海海平面有加速上升的趋势，上升速率为 2.5 mm/a（据验潮站数据计算）。卫星高度计显示 1993—2006 年的 14 年间，南海海平面的上升速率为 3.9 mm/a，略高于同期的全球平均值 3.1 mm/a。总体趋势，未来南海海平面有加速上升的趋势，且上升速率要高于同期全球海平面变化速率。南海近期海平面变化除全球因素以外，局地因素起了很大作用。刘秦玉等（2002）认为，南海北部海面高度（SSH）的变化应归因于南海局地的动力、热力强迫和黑潮的影响，黑潮对南海北部 SSH 平均态的影响要大于对 SSH 异常场的影响。Liu 等（2001）指出风的季节变化是南海 SSH 季节变化的主要原因。局地或区域性变化与全球变化同样重要，需加强这方面的研究。

15.2.2.2　海岸海洋地貌响应

海平面变化引起的海岸海洋地貌响应是一个复杂的过程，Hine 等（1988）研究了发育在佛罗里达西北部喀斯特地区的 4 种沼泽型海岸线，指出在海平面上升的情况下，河口湾、沼泽及三角洲海岸这几种岸线均难以保存。其次是海滩，海滩这个沉积体系对沉积物输入和波能的变化均相当敏感，未来海平面上升必然引起海岸环境发生变化，从而改变海滩剖面形态。另外，珊瑚礁与岛屿对海平面变化也尤为敏感，当海面稳定时，珊瑚礁平铺发展，但厚度不大；当海面上升或海底下沉时，形成的礁层厚度较大，礁体可发育成塔形、柱形，也有的礁体可沉溺于海面以下成为溺礁。当海面下降或地壳上升时，形成的礁层厚度也不大，也有的礁体可高出海面成为隆起礁。Dominguez 等（1988）报道了巴哈马群岛中位于海平面以下 20～30 m 的卡特岛台地，这个台地在全新世可能没有与海平面上升保持同步。这暗示未来海平面快速上升情况下，有一些礁体可能会被淹没。

晚更新世以来，南海经历了复杂的海平面升降变化，必然引起海岸海洋地貌作出调整和响应，如海平面升降引起的岸线变迁、海岸沙坝的淤涨、三角洲沉积体系的迁移、河流的回春、河口海岸的淹没以及珊瑚礁的同步生长和淹没等。地貌响应留下的遗迹随处可见，如南海北部陆架上不同深度的古阶地，冯文科等（1988）认为南海北部陆架存在水深 20～25 m、水深 45～60 m、水深 80～100 m 以及水深 110～140 m 的四级平坦阶地面。这种阶地面是海平面变化留下的最好遗证，是海岸地貌对海平面变化响应的结果，这种阶地面还指示海平面在某一高度曾经有过一段时间的停留。

三角洲海岸是海岸海洋地貌响应的敏感地区，珠江三角洲演化与海平面变化密切相关。35 000～24 000 a.BP 期间发生的礼乐海进，海水曾侵入到中山市一带的低洼地，淹没形成古珠江河口湾。18 000 a.BP，海平面下降至现代海平面以下 -130 m，原淹没的河口湾迅速暴露，重新发育河道沉积体系（层序地层术语称之为河道回春）。陆地沉积物向陆架边缘输运，在大陆架水深 -50～-130 m 处发育古珠江三角洲沉积体。8 000 年前，海平面重新回升至现代海平面以下 -12～-15 m，古珠江三角洲体系迅速作出调整，至 6 000～5 000 a.BP，海平面达到最高，重新淹没形成古河口湾，原先的山丘、台地成为散布于海湾中的基岩岛屿，珠江三角洲开始发育。2 500 a.BP 以来，海平面相对有所回落，珠江水系汇聚海湾内，三角洲砂体充填湾内并迅速向海推进。湾内被充填形成三角洲平原，原先散布在湾内的基岩岛屿成为镶嵌在三角洲平原上的"岛丘"。

沙坝—潟湖海岸地貌对海平面的响应也十分敏感，王文介（1999）研究了粤西沙坝—潟湖的发育过程，认为沙坝—潟湖海岸地貌受海平面变化的影响很大。研究结果显示，大约距今 7 000 年前，南海海平面位于大陆架 -8 m 位置，波浪开始改造陆架上部泥沙形成沙坝堆积。7 000～5 800 a.BP 随海平面持续上升，沙坝也不断向陆地推进。至 5 800～5 000 a.BP，海平面上升至 4.0 m，使大陆架泥沙连续呈叠瓦状覆盖于潟湖黏土层之上，此时形成的沙坝后缘高程可达 7～8 m 或 10 m 以上。5 000 a.BP 以来，海平面有所下降，发育形成现代沙坝向海一侧的较低部分（海退沙楔），并在风暴浪或强浪作用下在潮间带富集砂矿。2 000 年以来海平面渐趋稳定，近期有微弱上升，粤西沙坝—潟湖海岸由淤积前展堆积转入侵蚀后退阶段。

目前在全球海平面加速上升的背景下，南海北部华南大陆海岸地貌也在迅速作出响应。海平面上升导致沿岸地区最明显的地貌响应是岸线后退、陆地被淹、海岸侵蚀，在河口湾和三角洲低地地区（如湄公河低地、湄南河低地）表现得尤为明显。

海平面上升引起岸线后退、海岸侵蚀的现象在南海华南大陆沿岸地区比比皆是，如海南省清澜湾东侧海岸，原岸上有一个供游人歇息的亭子，但随着近年来海平面上升，亭子所在的沿岸陆地已被海水淹没，亭子也已距岸有 100 多米远。另外，原先岸外浅水区有大量的珊瑚礁发育阻挡风浪，海平面上升，加上人类活动的影响，珊瑚礁死亡，海浪直接作用于沿岸陆地，导致该地区出现海岸侵蚀。吕炳全等（1992）分析了至 2025 年海平面上升对海南省沿岸地貌的影响，研究结果认为至 2025 年海南省东海岸将相对下降 2.94 cm，西海岸将相对上升 40.91 cm。海平面变化对东海岸影响不大，但是对西海岸则不同。按一般海岸带计算，海面每上升 30 cm，岸带被淹没宽度为 35 m。这样，西海岸被淹宽度将为 47.73 m，被淹面积为 5.88 万亩。西海岸平均潮差为 ±3 m，未来每当高潮时，潮波将对一级阶地产生严重的破坏，使它不断坍塌、后退。

白鸿叶（2004）等分析了海平面变化引起广东珠海淇澳岛东澳湾、高栏岛飞沙等地海岸地貌与海滩沉积的地貌响应，确认广东沿海在海平上升过程中存在明显的海岸侵蚀后退现象，具体表现为：海岸线向陆迁移，海湾内早期陆相冲积物遭受波浪侵蚀，古海岸沙丘遭受波浪侵蚀并被现代海滩沉积物覆盖，海滩沉积物呈现粗化和角砾化特征等。研究区各海滩均无大型河流入海，河流输沙量的变化不大，也无明显改变海岸物质输移量的人类活动与工程建设，因此，这些地貌与沉积现象是海岸地貌对海平面上升的响应，它们的存在说明海平面上升是引起研究区海岸侵蚀后退的主要原因，同时也是海平面上升的地貌与沉积标志。

另外，在岸礁发育地区，如果海平面上升速度过快，珊瑚礁生长速度赶不上海平面上升速度，珊瑚礁将面临危险。海南岛南部鹿回头现代珊瑚岸礁的沉积厚度为 6 m，珊瑚礁的生长速率为 0.75 ~ 0.86 mm/a（吕炳全等，1992）。海南省未来东海岸的海面相对下降率为 0.84 mm/a，这样，现代岸礁将在水平方向上向岸外扩展出去。西海岸海面相对上升率为 11.66 mm/a，大大超过珊瑚岸礁的生长率，岸礁的发育将受到抑制。到 2025 年，西海岸的岸礁可能呈衰退地貌，大量喜礁、伴礁和造礁生物，如珊瑚、软体动物、藻类、棘皮、鱼类等将随之减少。东、西海岸的岸礁地貌和生态差别将越来越大。

海平面上升是一种缓发性灾害，其长期的累积作用给沿海地区的经济社会发展和生态环境带来了严重的影响。海平面上升使风暴潮的致灾程度加剧，海岸受到侵蚀，岸线变迁，沿海地区的咸潮、海水入侵和土壤盐渍化加重。2010 年 4 月，珠江口沿海海平面高于常年同期 88 mm，比 2009 年同期高 11 mm。我国西南地区遭遇大旱造成珠江上游来水减少，河口水位下降，致使珠江口较为罕见地在 4 月份发生了强咸潮。2—10 日，在磨刀门水道大涌口水文站连续 9 天最高含氯量均超过 3 000 mg/L，最高超过 5 200 mg/L，加大了珠江口主要城市的供水压力（国家海洋局，2011）。因此，研究未来在海平面上升背景下海岸海洋地貌的响应机制，减少和控制海岸带灾害是摆在海洋地学工作者面前的重要任务，这里面有一点非常重要，就是要控制人类不当活动造成的灾害，有的时候人类因素比自然因素带来的后果更可怕。

参考文献

HY 126 - 03 项目综合报告编写组 . 2004. 海洋地质地球物理补充调查及矿产资源评价 ［M］. 北京：海洋出版社 .

白鸿叶，王晓岚，邱维理，等 . 2004. 中国闽粤沿海现代海平面上升的海岸地貌响应 ［J］. 北京师范大学学报，40（3）：404 - 410.

包砺彦 . 1989. 雷州半岛南部青安湾海滩的沉积特征和地形发育 ［J］. 热带海洋，8（2）：75 - 83.

鲍才旺，吴庐山 . 1999. 南海西部陆坡地貌类型及其特征 ［M］// 姚伯初，等 . 南海西部海域地质构造特征和新生代沉积 . 北京：地质出版社 .

鲍才旺，薛万俊 . 1991. 南海的海槽与南海地质研究 ［M］. 广州：广东科技出版社 .

鲍才旺 . 1999. 南海西部陆坡的海岭及其特征 ［M］// 姚伯初，等 . 南海西部海域地质构造特征和新生代沉积 . 北京：地质出版社 .

陈钧，王丙光，林瑾，吴康兆 . 1989. 湛江市地名志 ［M］. 广州：广东省地图出版社 .

陈俊仁，冯文科，赵希涛．1983．南海北部 - 50 m 古海岸线初步研究．地理学报，38（2）：176 - 187．

陈俊仁，等．1985．南海北部 - 20 m 古海岸线研究［M］//中国第四纪海岸线学术讨论会文集：230 - 240．

陈圣源，陈永清．1982．试谈西沙海槽的发展演化及地球物理场特征［J］．海洋地质研究，2（4）：50 - 62．

陈史坚．1983．南海气温、表层海温分布特点的初步分析［J］．海洋通报，2（4）：9 - 17．

陈特固，杨清书，徐锡祯．1997．广东沿海相对海平面变化特点［J］．热带海洋，16（1）：95 - 100．

陈锡东，范时清．1988．海南岛西北面海区晚第四纪沉积环境［J］．热带海洋，（1）：39 - 47．

陈远生，甘先华，吴中亨，等，2001．广东省沿海红树林现状和发展［J］．防护林科技，2001（1）：32 - 35．

陈则实，夏东兴，王建文，等．1999．中国海湾志第十一分册——海南省海湾［M］．北京：海洋出版社．

陈则实主编．1998．中国海湾志第十四分册——重要河口［M］．北京：海洋出版社．

陈子燊，李春初．1993．粤西水东弧形海岸海滩剖面的地貌状态［J］．热带海洋，12（2）：61 - 68．

程和琴，胡红兵，蒋智勇，等．2003．琼州海峡东口地形平衡域谱分析［J］．海洋工程，21（4）：97 - 103．

戴志军，陈子燊，欧素英．2000．海南岛南渡江三角洲海岸演变的波浪作用分析［J］．台湾海峡，19（4）：413 - 418．

邓朝亮，黎广钊，刘敬合，等．2004．钦州湾海岸地貌类型及其开发利用自然条件评价［J］．广西科学院学报，20（3）：174 - 178．

邓朝亮，黎广钊，刘敬合，等．2004．铁山港湾水下动力地貌特征及其成因［J］．海洋科学进展，22（2）：170 - 176．

丁清峰，孙丰月，李碧乐．2004．东南亚北加里曼丹新生代碰撞造山带演化与成矿［J］．吉林大学学报（地球科学版），34（2）：193 - 200．

丁巍伟，黎明碧，何敏，等．2009．南海中北部陆架—陆坡区新生代构造—沉积演化［J］．高校地质学报，15（3）：339 - 350．

丁巍伟，李家彪，李军．2010．南海北部陆坡海底峡谷形成机制探讨［J］．海洋学研究，28（1）：26 - 31．

丁巍伟，杨树锋，陈汉林，等．2006．台湾岛以南海域新近纪的弧—陆碰撞造山作用［J］．地质科学，41（2）：195 - 201．

范航清，陈光华，何斌原，等．2005．山口红树林滨海湿地与管理［M］．北京：海洋出版社．

方建勇，陈坚，胡毅，等．2010．台湾浅滩及其邻近海域沉降颗粒物及絮凝体类型研究［J］．热带海洋学报，29（4）：48 - 55．

冯文科，鲍才旺．1982．南海地形地貌特征［J］．海洋地质研究，2（4）：80 - 93．

冯文科，薛万俊，杨达源．1988．南海北部晚第四纪地质环境［M］．广州：广东科技出版社．

冯志强，李学杰，林进清，等．2002．广东大亚湾海洋地质环境综合评价［M］．武汉：中国地质大学出版社．

傅秀梅，王亚楠，邵长伦，等．2009．中国红树林资源状况及其药用研究调查Ⅱ——资源现状、保护与管理［J］．中国海洋大学学报，39（4）：705 - 711．

龚文平，王宝灿．1998．南渡江三角洲北岸的海岸演变及其机制分析［J］．海洋学报，20（3）：140 - 148．

管秉贤．1990．巴士海峡及其附近夏季环流分布特征［J］．黄渤海海洋，8（4）：1 - 9．

唐永銮，马应良，赵焕庭，等．1987．广东省海岸带和海涂资源综合调查报告［R］．北京：海洋出版社．

郭炳火，黄振宗，李培英，等．2004．中国近海及邻近海域海洋环境［M］．北京：海洋出版社．

国家海洋局．2011．2010 年中国海平面公报［R］．www.chinagate.cn．

何洪钜．1988．广东、海南沿海的台风暴潮［J］．热带海洋，2：27 - 44．

何起祥，等．2006．中国海洋沉积地质学［M］．北京：海洋出版社．

黄金森．1997．北部湾涠洲岛珊瑚海岸沉积［J］．热带地貌，（2）：1 - 3．

黄奇瑜，尹元祺，汤祖伟．1992．台湾东南岸外现今弧—陆碰撞区之海底海脊及海槽［J］．海洋地质译丛，（5）：11 - 16．

黄企洲，郑有任．1991. 1986—1987 年 ElNino 事件期间赤道西太平洋温、盐度场和流场的变化 ［J］. 热带海洋，10（1）：40 – 47.

黄镇国，张伟强．2004. 南海现代海平面变化研究的进展 ［J］. 台湾海峡，23（4）：530 – 535.

黄镇国，张伟强．2005. 华南与中南半岛三角洲发育特征之比较 ［J］. 地理科学，25（1）：56 – 62.

黄镇国，张伟强．2005. 珠江三角洲口门近期淤积及其对港口航道的影响 ［J］. 地理与地理信息科学，21（1）：47 – 51.

黄铮．1989. 广西对外开放港口，历史·现状·前景 ［M］. 南宁：广西人民出版社．

康英，闻则刚，王正尚，等．2000. 1999 年台湾集集 7.6 级地震的震源参数 ［J］. 华南地震，20（4）：60 – 64.

兰竹虹，陈桂珠．2007. 南中国海地区红树林的利用和保护 ［J］. 海洋环境科学，26（4）：355 – 360.

黎广钊，梁文，刘敬合，等．2001. 钦州湾水下动力地貌特征 ［J］，地理学与国土研究，17（4）：70 – 75.

黎遗业．2008. 广西红树林湿地现状与生态保护的研究 ［J］. 资源调查与环境，29（1）：55 – 60.

李春初，罗宪林，张镇元，等．1986. 粤西水东沙坝潟湖海岸体系的形成演化 ［J］，科学通报，（20）：1578 – 1582.

李春初，等．1997. 海南岛南渡江三角洲北部沿岸泥沙转运和岸滩运动 ［J］. 热带海洋，16（4）：26 – 33.

李春初，等．2004. 中国南方河口过程与演变规律 ［M］. 北京：科学出版社．

李春干．2003. 广西红树林资源的分布特点和林分结构特征 ［J］. 南京林业大学学报：自然科学版，27（5）：15 – 19.

李春干．2004. 广西红树林的数量分布 ［J］. 北京林业大学学报，26（1）：47 – 52.

李建生．1988. 华南沿海地区海相地层与全新世地层划分 ［J］. 海洋科学，（2）：20 – 24.

李立，许金电，蔡榕硕．2002. 20 世纪 90 年代南海海平面的上升趋势：卫星高度计观测结果 ［J］. 科学通报，47（1）：59 – 62.

李平日，黄镇国，宗永强，等．1987. 韩江三角洲 ［M］. 北京：海洋出版社．

李平日，黄镇国，宗永强．1988. 韩江三角洲地貌发育的新认识 ［J］. 地理学报，43（1）：19 – 34.

李树华，黎广钊，陈波，等．1993. 中国海湾志第十二分册——广西海湾 ［M］. 北京：海洋出版社．

李志强．2008. 雷州半岛海岸带生态环境脆弱性初探 ［J］. 资源与环境，24（10）：905 – 907.

连军豪．2005. 广东红树林的现状及发展对策 ［J］. 广东科技，11：37 – 38.

梁必骐，梁少卫，梁经萍．1993. 珠江三角洲台风大风的统计特征 ［J］. 中山大学学报论丛，1：75 – 81.

梁必骐．1991. 南海热带环流大气系统 ［M］. 北京：气象出版社．

廖远祺，范锦春．1980. 珠江流域概况及开发治理意见 ［J］. 人民珠江，（1）：16 – 38.

林应信，詹进源，史建辉，等，1999. 中国海湾志第十分册——广东省西部海湾 ［M］. 北京：海洋出版社．

刘保华，郑彦鹏，吴金龙，等．2005. 台湾岛以东海域海底地形特征及其构造控制 ［J］. 海洋学报，27（5）：82 – 91.

刘方兰，吴庐山．2006. 西沙海槽海域地形地貌特征及成因 ［J］. 海洋地质和第四纪地质，26（3）：7 – 14.

刘焕杰，桑树勋，施健．1997. 成煤环境的比较沉积学研究——海南岛红树林潮坪与红树林泥炭 ［M］. 徐州：中国矿业大学出版社．

刘金芳，邓冰，佟凯，等．2001. 巴士海峡水文要素特征分析 ［J］. 海洋预报，18（2）：22 – 28.

刘敬合，叶维强，陈美帮，等．1991. 广西岛屿类型划分及其特征 ［J］. 海洋通报，1（1）：50 – 55.

刘明光．2001. 世界地图分册 ［M］. 北京：中国地图出版社．

刘秦玉，贾英来，杨海军，等．2002. 南海北部海面高度季节变化的机制 ［J］. 海洋学报，24（增刊 1）：134 – 141.

刘以宣，詹文欢，陈欣树．1993. 南海輓近海平面变化与构造升降初步研究 ［J］. 热带海洋．12（3）：24 – 28.

刘昭蜀，赵焕庭，等．2002. 南海地质 ［M］. 北京：科学出版社．

刘稚 . 2007. 东南亚概论［M］. 昆明：云南大学出版社 .

刘忠臣，刘宝华，黄振宗，等 . 2005. 中国近海及邻近海域地形地貌［M］. 北京：海洋出版社 .

龙云作 . 1997. 珠江三角洲沉积地质学［M］. 北京：地质出版社 .

吕炳全，王国忠，全松青 . 1984. 海南岛珊瑚岸礁的特征［J］. 地理研究，8（8）：1 – 18.

吕炳全，朱江，陶健 . 1992. 未来气候与海平面变化对海南岛沿岸环境的可能影响［J］. 热带海洋，11
　　（2）：70 – 76.

吕文正，柯长志，吴声迪，等 . 1987. 南海中央海盆条带磁异常特征及构造演化［J］. 海洋学报，9（1）：
　　69 – 78.

栾锡武，张亮 . 2009. 南海构造演化模式：综合作用下的被动扩张［J］. 海洋地质与第四纪地质，29（6）：
　　59 – 74.

罗宪林，李春初，罗章仁 . 2000. 海南岛南渡江三角洲的废弃与侵蚀［J］. 海洋学报，22（3）：55 – 60.

罗章仁 . 1987. 海南岛现代海岸地貌［J］. 热带地理，7：65 – 75.

罗章仁，杨干然，应秩甫 . 1992. 华南港湾［M］. 广州：中山大学出版社 .

马蒂尼，朱大奎，高学田，等 . 2004. 海南岛海岸景观与土地利用［M］. 南京：南京大学出版社 .

马燕冰，黄莺 . 2007. 列国志 . 菲律宾［M］. 北京：社会科学文献出版社 .

马应良，陈峰，詹进源，等 . 1998. 中国海湾志第九分册——广东省东部海湾［M］. 北京：海洋出版社 .

马宗晋，叶洪 . 2005. 2004 年 12 月 26 日苏门答腊—安达曼大地震构造特征及地震海啸灾害［J］. 地学前缘，
　　12（1）：281 – 288.

麦少芝，徐颂军 . 2005. 广东红树林资源的保护与开发［J］. 海洋开发与管理，1：44 – 48.

彭静，王浩 . 2004. 珠江三角洲的水文环境变化与经济可持续发展［J］. 水资源保护，（4）：11 – 14.

亓发庆，黎广钊，孙永福，等 . 2003. 北部湾涠洲岛地貌的基本特征［J］. 海洋科学进展，21（1）：41 –
　　50.

邱燕，陈国能，刘方兰，等 . 2008. 南海西南海盆花岗岩的发现及其构造意义［J］. 海洋通报，27（12）：
　　2104 – 2107.

茹锦文 . 2002. 海上桂林——下龙湾［J］. 中国岩溶，21（2）：119 – 130.

沙庆安，潘正蒲，1981. 海南岛小东海全新世—现代礁岩的成岩作用［J］. 石油与天然气地质，2（4）：
　　312 – 327.

石谦，张君元，蔡爱智 . 2009. 台湾浅滩——巨大的砂资源库［J］. 自然资源学报，24（3）：507 – 513.

时小军，余克服，陈特固 . 2007. 南海周边中全新世以来的海平面变化研究进展［J］. 海洋地质与第四纪地
　　质，27（5）：121 – 132.

宋朝景，赵焕庭，王丽荣 . 2007. 华南大陆沿岸珊瑚礁的特点与分析［J］. 热带地理，27（4）：294 – 299.

宋海斌，郝天珧，江为为，等 . 2002. 南海地球物理场特征与基底断裂体系研究［J］. 地球物理学进展，17
　　（1）：24 – 34.

唐小平 . 2008. 漠阳江流域水文特性探讨［J］. 甘肃水利水电技术，44（1）：15 – 20.

陶思明 . 1999. 红树林生态系统服务功能及其保护［J］. 海洋环境科学，18（10）：439 – 441.

童晓光，关曾森 . 2001. 世界石油勘探开发图集（亚洲太平洋地区分册）［M］. 北京：石油工业出版社 .

王国忠，全松青，吕炳全 . 1991. 南海涠洲岛区现代沉积环境及沉积作用演化［J］. 海洋地质与第四纪地
　　质，11（1）：69 – 81.

王国忠，周福根，吕炳全，等 . 1979. 海南岛鹿回头珊瑚岸礁的沉积相带［J］. 同济大学学报，（2）：70 –
　　89.

王海荣，王英民，邱燕，等 . 2008. 南海北部陆坡的地貌形态及其控制因素［J］. 海洋学报，30（2）：70 –
　　79.

王丽荣，赵焕庭，宋朝景，等 . 2002. 雷州半岛灯楼角海岸地貌演变［J］. 海洋学报，24（6）：135 – 144.

王文介，欧兴进 . 1986. 南渡江河口的动力特征与地形发育［J］. 热带海洋学报，5（4）：80 – 88.

王文介.1984. 华南沿海潮汐通道类型特征的初步研究［A］//中国科学院南海海洋研究所. 南海海洋科学集刊（第五集）［C］. 北京：科学出版社.

王文介，李绍宁.1988. 清澜潟湖—沙坝—潮汐通道体系的沉积环境和沉积作用［J］. 热带海洋，7（3）：27－35.

王文介.1999. 粤西海岸全新世中期以来海平面升降与海岸沙坝潟湖发育过程［J］. 热带海洋，18（3）：32－37.

王文介，等.2007. 中国南海海岸地貌沉积研究［M］. 广州：广东经济出版社.

王叶剑，韩喜球，罗照华，等.2009. 晚中新世南海珍贝—黄岩海山岩浆活动及其演化：岩石地球化学和年代学证据［J］. 海洋学报，31（4）：93－102.

王胤，左平，黄仲琪，等.2006. 海南东寨港红树林湿地面积变化及其驱动力分析［J］. 四川环境，25（3）：44－49.

王颖，马劲松.2003. 南海海底特征、疆界与数字南海［J］. 南京大学学报，11：56－64.

王颖，朱大奎.1994. 海岸地貌学［M］. 北京：高等教育出版社.

王颖.1963. 红树林海岸［J］. 地理，（3）：110－112.

王颖.1998. 海南潮汐汊道港湾海岸［M］. 北京：中国环境出版社.

王颖.1996. 中国海洋地理［M］. 北京：科学出版社.

翁锡辉.1990. 印尼森林资源的开发利用［J］. 东南亚研究，2：68－73.

吴超羽，任杰，包芸，等.2006. 珠江河口"门"的地貌动力学初探［J］. 地理学报，61（5）：573－548.

吴正，吴克刚.1987. 海南岛东北部海岸沙丘的沉积构造特征及其发育模式［J］. 地理学报，42（2）：129－141.

谢以萱.1986. 南海的陆缘扩张地貌［J］. 热带海洋，5（2）：12－19.

谢以萱.1991. 南沙群岛海区地形基本特征［M］. 南沙群岛及其邻近海区地质地球物理及岛礁研究论文集（一）. 北京：海洋出版社.

熊仕林，潘建纲，王文海，等.1999. 中国海湾志第十一分册——海南省海湾［M］. 北京：海洋出版社.

许东禹.1997. 中国近海地质［M］. 北京：地质出版社.

薛惠洁，柴扉，徐丹亚，等.2001. 南海沿岸流特征及其季节变化［M］//中国海洋学文集. 第13集. 北京：海洋出版社.

阎贫，刘海龄.2005. 南海及其周缘中新生代火山活动时空特征与南海的形成模式［J］. 热带海洋学报，24（2）：33－41.

颜佳新.2005. 加里曼丹岛和马来半岛中生代岩相古地理特征及其构造意义［J］. 热带海洋学报，24（2）：26－32.

颜梅，左军成，傅深波，等.2008. 全球及中国海海平面变化研究进展［J］. 海洋环境科学，27（2）：197－200.

杨海军，刘秦玉.1998. 南海上层水温分布的季节特征［J］. 海洋与湖沼，29（5）：501－507.

杨健，庞晓楠.2005. 菲律宾与印度尼西亚之间主要海峡情况［J］. 世界海运，28（3）：12－13.

杨文鹤.2000. 中国海岛［M］. 北京：海洋出版社.

姚伯初.1991. 南海海盆在新生代的构造演化［J］. 南海地质研究，（3）：9－23.

姚伯初.1996. 南沙海槽的构造特征及其构造演化史［J］. 南海地质研究，（8）：1－13.

姚伯初.1998. 南海北部陆缘的地壳结构及构造［J］. 海洋地质与第四纪地质，18（2）：1－16.

姚伯初.2001. 南海的天然气水合物矿藏［J］. 热带海洋学报，20（2）：20－28.

姚伯初，万玲，吴能友.2004. 大南海地区新生代板块构造活动［J］. 中国地质，31（2）：113－122.

姚伯初，曾维军，等.1994. 中美合作调研南海地质专报 GMSCS［M］. 北京：中国地质出版社.

叶春池，黄方.1994. 湛江港口门潮汐地貌体系的沉积环境和沉积作用［J］. 海洋通报，13（1）：51－58.

叶锦昭，卢如秀.1990. 大鹏湾的环境水流特征［J］. 中山大学学报（自然科学）论丛（23），9（4）：7－

114.

叶维强，黎广钊，庞衍军．1990．广西滨海地貌特征及砂矿形成的研究［J］，海洋湖沼通报，（2）：54 – 67.

殷勇，朱大奎，I. P. Martini，2006．探地雷达（GPR）在海南岛东北部海岸带调查中的应用［J］．第四纪研究，26（3）：462 – 469.

殷勇，朱大奎，关洪军，等．2002．应用探地雷达方法对海南岛博鳌海岸沙坝的研究［J］．海洋地质与第四纪地质，22（3）：119 – 128.

殷勇，朱大奎，王颖，等．2002．海南岛博鳌地区沙坝 – 潟湖沉积及探地雷达（GPR）的应用［J］．地理学报，57（3）：301 – 309.

余克服，钟晋梁，赵建新，等．2002．雷州半岛珊瑚礁生物地貌与全新世多期相对高海平面［J］．海洋地质与第四纪地质，22（2）：27 – 33.

俞慕耕．1986．马六甲海峡的水文气象要素统计［J］．海洋预报，3（2）：46 – 48.

俞慕耕．1987．略论马六甲海峡的水文特点［J］．海洋湖沼通报，5（2）：6 – 16.

袁晓华．1986．马来半岛自然环境演变初探［J］．华南师范大学学报（自然科学版），1：63 – 69.

曾成开，王小波．1986．南海——边缘海的几个地形地貌问题［J］．东海海洋，4（4）：32 – 40.

曾昭璇，梁景芬，丘世钧．1997．中国珊瑚礁地貌研究［M］．广州：广东人民出版社．

张殿广，詹文欢，姚衍桃，等．2009．南沙海槽断裂带活动性初步分析［J］．海洋通报，28（6）：70 – 77.

张虎男，陈伟光．1987．琼州海峡成因初探［J］．海洋学报，9（5）：594 – 602.

张虎南，赵红梅．1990．华南沿海晚更新世晚期——全新世海平面变化的初步探讨［J］．海洋学报，12（5）：620 – 630.

张忠华，胡刚，梁士楚．2007．广西红树林资源与保护．海洋环境科学［J］，26（3）：275 – 282.

张乔民，陈欣树，王文介，等．1995．华南海岸沙坝潟湖型潮汐汊道口门地貌演变［J］．海洋学报，17（2）：69 – 77.

张乔民，陆铁松，赵焕庭，等．1990．广东沙扒潮汐汊道口门地貌现代演变［J］．热带海洋，9（4）：45 – 52.

张乔民，宋朝景，赵焕庭．1985．湛江湾溺谷型潮汐水道的发育［J］．热带海洋，4（1）：48 – 57.

张乔民，隋淑珍，张叶春，等．2001．红树林宜林海洋环境指标研究［J］．生态学报，21（9）：1427 – 1437.

张仲英，刘瑞华．1987．海南岛沿海的全新世［J］．地理科学，7（2）：129 – 138.

章洁香，曾久胜，张瑜斌，等．2010．流沙湾叶绿素 a 的时空分布及其与主要环境因子的关系［J］．海洋通报，29（5）：514 – 520.

赵冲久．1999．湛江湾水文泥沙特性分析［J］．水道港口，12（4）：16 – 21.

赵焕庭，宋朝景，张乔民，1990．华南海岸带自然资源的开发研究——Ⅱ．资源开发的条件、原则、布局和区划［J］．热带海洋学报，9（4）：37 – 44.

赵焕庭，王丽荣，宋朝景，等．2002．雷州半岛登楼角珊瑚岸礁的特征［J］．海洋地质与第四纪地质，22（2）：35 – 40.

赵焕庭，王丽荣，宋朝景，等．2009．广东徐闻西岸珊瑚礁［M］．广州：广东科技出版社．

赵焕庭，王丽荣，宋朝景．2007．雷州半岛灯楼角沙岬的形成［J］．热带地理，27（5）：405 – 410.

赵焕庭，张乔民，宋朝景，等．1999．华南海岸和南海诸岛地貌与环境［M］．北京：科学出版社．

赵焕庭．1982．珠江三角洲的形成和发展［J］．海洋学报，4（5）：595 – 607.

赵焕庭．1983．珠江三角洲的水文特征［J］．热带海洋，2（2）：108 – 117.

赵希涛，等，1979．海南岛鹿回头珊瑚礁的形成年代及其对海岸线变迁的反映［J］．科学通报，24（21）：995 – 999.

郑德璋，等．1997．广东红树林及其保护的重要性［J］．广东林业科技，13（1）：8 – 14.

钟建强，1997．南海新生代沉积盆地的类型与演化系列［J］．南海研究与开发，（3）：15 – 18.

朱俊江，丘学林，詹文欢，等．2005．南海东部海沟的震源机制解及其构造意义［J］．地震学报，27（3）：

260 – 268.

宗永强. 1987. 韩江三角洲地貌发育特征 [J]. 科学通报, (22): 1 734 – 1 737.

邹和平, 黄玉昆. 1987. 海南岛北部新生代构造特征及其演化发展 [J]. 广东地质, 2 (2): 33 – 55.

Aksornkoae S, Bird E. 2010. Thailand: Gulf of Thailand Coast [M]. In: E. C. F, Bird (ed.), Encyclopedia of the World's Coastal Landforms. 1135 – 1140. DOI: 10. 1007/978 – 1 – 4020 – 8639 – 7.

Barry J F. 1923. The two new volcanic islands in the China Sea [J]. Geog. Jour., 62: 35 – 38.

Bird E C F. 1989. The effects of a rising sea level on the coasts of Thailand [J]. ASEAN J. Sci. Technol. Dev., 6 (1): 1 – 13.

Bird E C F. 2010. Philippines. In: E. C. F, Bird (ed.), Encyclopedia of the World's Coastal Landforms [M]. 1151 – 1152、1151 – 1156. DOI: 10. 1007/978 – 1 – 4020 – 8639 – 7.

Bisma D. 2010. Vietnam [M]. In: E. C. F, Bird (ed.), Encyclopedia of the World's Coastal Landforms. 1147 – 1150. DOI: 10. 1007/978 – 1 – 4020 – 8639 – 7.

Chua T. E., Ingrid R. L., Adrian R., et al. 2000. The Malacca Straits [J]. Marine Pollution Bulletin, 41 (1 – 6): 160 – 178.

Coleman J. M., Wright L. D. 1976. Modern river deltas: variability of processes and sand bodies [M]. In: Broussard MLS (ed.), Deltas: models for exploration. Houston Geological Society, 99 – 149.

Faure M. 1989. Pre – Ecocene synmetamorphic structure in the Mindoro – Romblon – Palawan area, west Philippines, and implications for the history of Southeast Asia [J]. Tectonics, 8 (5): 963 – 979.

Gupta A. 2005. Landforms of Southeast Asia [M]. In: A. Gupta (ed.), The Physical Geography of Southeast Asia. Oxford University Press, Oxford, 38 – 64.

Nossin J. J. 2005. Volcanic Hazards in Southeast Asia [M]. In: A. Gupta (ed.), The Physical Geography of Southeast Asia. Oxford University Press, Oxford, 250 – 251, 250 – 274.

Holloway N. H. 1982. North Palawan Block, Philippines – its relation to Asian mainland and role in evolution of South China Sea [J]. AAPG, 66: 1355 – 1383.

Huang X. D., Huang M. C., Lin Q. Y. 1996. Geology of mineral resources, volcanoes and wave – cut landforms on Hainan Island [M]. T351: Field trip guild, 30th International Geological Congress, Beijing: Geologicsal Publishing House, 1 – 17.

Hutchson C. S. 1975. Ophiolite in Southeast Asia [J]. Geol. Soc. America Bull., 8: 797 – 806.

Hutchson C. S. 1986. Formation of marginal seas in Southeast Asia by rifting of the Chinese and Australian continental margins and implications for the Borneo region [J]. GEOSEA V Proceedings Vol. 2, Geol. Soc. Malasia Bulletin, 20: 201 – 220.

IPCC. 1990. Strategies for Adaptation to Sea Level Rise [R]. Geneva.

IPCC. 2007. Climate Changes 2007: The Physical Science Basics—The IPCC Working Group, Fourth Assessment Report Summary for Policymakers [Z]. http: // ipcc2wgl. ucar. edu/ index. html.

Kolb C R, Dornbusch W K. 1975. The Mississippi and Mekong Deltas – A comparison [M]. In: Delta: models for exploration. Huston Geological Society, 193 – 204.

Liu Q. Y., Jia Y. L., Wang X. H., et al. 2001. On the Annual Cycle Characteristics of the Sea Surface Height in South China Sea [J]. Advances in Atmospheric Sciences, 18 (4): 613 – 622.

Kudrass H. R., Werdicke M., et al. 1986. Mesozoic and Cenozoic rocks dredged from the South China Sea (Reed Bank area) and Sulu Sea and their significance for plate tectonic reconstructions [J]. Marine and Petroleum Geology, 3: 19 – 30.

Nutalaya P. 1996. Coastal erosion in the Gulf of Thailand [J]. Geojournal, 38 (3): 283 – 300, DOI: 10. 1007/ BF00204721.

Otto Ongkosongo. 2010. Indonesia [M]. In: E. C. F, Bird (ed.), Encyclopedia of the World's Coastal Landforms, 1157, 1157 – 1158, 1157 – 1170. DOI: 10. 1007/978 – 1 – 4020 – 8639 – 7.

Pauly D. , Christensen V. 1993. Stratified models of large marine ecosystems: a general approach and an application to the South China Sea ［M］. In: K. Sherman, L. M. Alexander and B. D. Gold (eds.), Large marine ecosystems: stress, mitigation and sustainability. AAAS Press, Washington, D. C. : 148 – 174.

Piyakarnchana T. 1989. Yield dynamics as an index of biomass shifts in the Gulf of Thailand ［M］. In: K. Sherman and L. M. Alexander (eds.), Biomass yields and geography of large marine ecosystems. AAAS Symposium 111, Westview Press Inc. , Boulder: 95 – 142.

Plummer C. C. , McGeary D. 1996. Physical Geology with Interactive Plate Tectonics ［M］. Wm. C. Brown Publishers: 317 – 342.

Rock N. M. S. , Syah H. H. , Davis A. E. , Hutchison D. and Styles M. T. , Lena R. 1982. Permian to Recent Volcanism in Northern Sumatra, Indonesia: a Preliminary Study of its Distribution, Chemistry, and Peculiarities ［J］. Bulletin of Volcanology, 45 (2): 127 – 152.

Ru K. , Pigott D. 1986. Episodic rifting and subsidence in the South China Sea ［J］. AAPG. Bull. , 70: 1 136 – 1 155.

Sinsakul S. , Sonsuk M. and Hasting P. J. 1985. Holocene sea levels in Thailand: Evidence and basis for interpretation ［J］. Geological Society of Thailand, 8: 1 – 12.

Susilohadi S. , Gaedicke C. , Djajadihardja Y. 2009. Structures and sedimentary deposition in the Sunda Strait, Indonesia ［J］. Tectonophysics, 467 (1 – 4): 55 – 71.

Suvapcpun. 1991. Long – term ecological changes in the Gulf of Thailand ［J］. Mar. Pollut. Bull. , 23: 213 – 217.

Taylor B. , Hayes D. E. 1983. Origin and history of the South China Sea Basin ［M］. In: Hayes D. E. (ed.), Tectonic and Geologic Evolution of Southeast Asian Seas and Islands, Part 2. Am. Geophys. Union Geophys. Monogr. , 27: 23 – 56.

Teh T. S. 1980. Morphostratigraphy of a double sand barrier system in Peninsular Malaysia ［J］. Malaysian J Trop Geogr, 2: 45 – 56.

Teh T. S. , Yap H. B. 2010. Malaysia ［M］. In: E. C. F, Bird (ed.), Encyclopedia of the World's Coastal Landforms, 1117 – 1128. DOI: 10. 1007/978 – 1 – 4020 – 8639 – 7.

Teh T. S. 1985. Penisular Malaysia ［M］. In: Bird, Schwartz (eds.). The world's coast line. New Yorl: Van Norstrand Reinhold Company, 789 – 795.

Thi Kim Oanh Ta, Van Lap Nguyen, Masaaki Tateishi, et al. 2002. Holocene delta evolution and sediment discharge of the Mekong River, Southern Vietnam ［J］. Quat Sci Rev, 21: 1 807 – 1 819.

Van Lap, Nguyen, Thi Kim Oanh Ta, Masaaki Tateishi. 2000. Late Holocene depositional environments and coastal evolution of the Mekong River Delta, Southern Vietnam ［J］. J. Asian Earth Sci. , 18: 427 – 439.

Yin Y. , Zhu D. K. , Martini P. I. , et al. 2004. Application of ground – penetrating radar for barrier spit stratigraphic interpretation, Hainan Island, China ［J］. Journal of Coastal Research, 43: 179 – 201.

第 5 篇　台湾以东太平洋海域[①]

第 16 章　台湾以东太平洋海域环境特点

　　台湾以东太平洋海域是指琉球群岛以南、巴士海峡以东的太平洋水域，它北至日本琉球群岛南部的先岛群岛，南部则与巴士海峡及菲律宾的巴坦群岛相隔。范围为 21°20′ ～ 24°30′N，120°50′ ～ 125°25′E，面积约 105 200 km²。绝大部分水深大于 4 000 m，最大水深为 7 881 m，位于琉球海沟。海底地势自台湾东岸向太平洋海盆呈急剧倾斜的趋势，40 km 范围内地形降至 4 000 m 以下，海底地形直接由岛坡向深海平原过渡，无海沟存在。该海域地质构造是位于菲律宾海板块、欧亚板块和太平洋板块相互作用的交汇区，构造复杂，由琉球沟弧带、台湾东部碰撞带和西菲律宾海盆三大构造单元组成。该区东岸发育基岩港湾海岸、断层海岸及珊瑚礁海岸，是我国海岸地貌类型最为丰富、奇特的地区。海底地貌特征总体表现为狭窄的岛坡陆架，或出露剥蚀的基岩，或堆积由陆上剥蚀而来的砂砾或中细砂，陆架外侧是陡窄的大陆坡，直插入洋底。海底沉积以半深海、深海沉积为主。地震和火山活动频繁，受热带气旋影响，灾害性海浪时有出现。

16.1　海洋地理特征

　　台湾以东太平洋海域西南与巴士海峡和吕宋岛弧相邻，东连太平洋，北侧与琉球群岛相接（图 16.1）。海底地形总体呈现出"北陡南缓，西浅东深"的特征。台湾岛东北侧为琉球群岛的西南段，由与那国岛、鸠间岛、西表岛、石垣岛等岛屿组成了琉球岛弧主弧地形，向南经弧前盆地、八重山海脊（构造脊）至琉球海沟，海底地形自北而南呈波状台阶式下降。琉球海沟的水深一般大于 6 000 m，最深达 7 881 m。海沟向西延伸到 123°E 附近（加瓜海脊北端），水深突然变浅，海沟形态消失于 122°51.6′E 附近。

　　海区西部的台湾东部海岸十分陡峭，等深线靠近岸边平行排列，岛坡坡度较大，向东水深逐渐增大至深海平原的边坡地带，无弧前盆地和海沟存在，形成独特的台湾东部岛坡地形特征（图 16.1）。北段坡度较缓，大陆架稍宽，7 ～17 km 均有分布，水深为 600 ～1 000 点。东部海岸中段陆架最窄，宽度仅为 2 ～4 km，但坡度很陡，坡麓水深超过了 3 000 m；海底地形陡，1 000 m、2 000 m、3 000 m 和 4 000 m 等深线都靠近岸边，平行排列，梯度很大，在距离海岸约 40 km 的范围内水深降至 4 000 m 以下，平均坡度在 5° ～7° 之间，个别位置坡度值大于 10°（约 23°50′N 附近），3 000 ～4 000 m 之间坡度变缓。南段海底为东西并列的两条南北向水下岛链，两岛链之间为一海槽，深度可达 5 000 m 以上。等深线向南渐疏，由于北吕宋海脊的向北延伸，在台湾岛东部海岸和绿岛、兰屿之间等深线形成"三角带"，带内水深小于 3 000 m，向东水深迅速增大，在 3 000 m 内坡度值一般大于 12°，在 3 000 ～4 000 m 之间地形坡度亦变缓，坡度值在 5° 左右，向下逐渐过渡为深海平原（花东盆地）。

　　花东盆地的西南部水深较浅，约为 4 500 m，向东北逐渐变深，形成缓倾的斜坡，至琉球海沟斜坡附近水深超过 5 000 m。花东盆地继续向东为加瓜海脊。加瓜海脊是一个高差较大而两侧坡度较陡的长条状正地形，表现为一个线形无震海脊性质，沿 123°E 南北向延伸长达

647

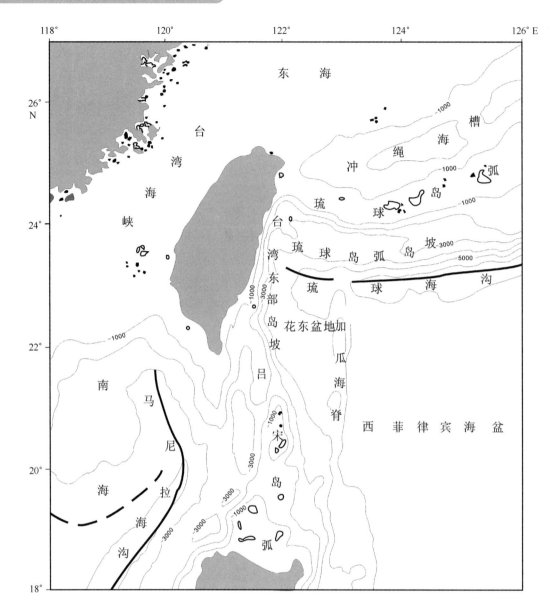

图 16.1　台湾以东海域地质构造概图

185 km，高出海底 3 000～4 000 m，其顶部水深一般小于 2 000 m，海脊最高处（水深最小处）位于 22°05.1963′N，122°55.3446′E，水深 1 625 m。海脊峰顶东侧坡麓水深达 5 600 m，即加瓜海脊最大相对高度达 3 975 m。海脊东侧为西菲律宾海盆深海平原。

　　总体而言，台湾以东直临太平洋海域，海岸海底地形起伏大，地貌类型齐全，大陆及大洋地貌均发育。台湾以东海域是多个构造带的交汇处，构造复杂，地震火山活动强烈。海底沉积以半深海、深海沉积为主，亦有部分近岸浅海沉积，以细粒沉积为主，在岛屿附近有一些砾、砂沉积。

16.2　海底地质构造

　　台湾以东太平洋海域位于菲律宾板块和欧亚板块交汇处，是琉球沟—弧—盆系、台湾岛—吕宋岛弧系和菲律宾海盆三大构造体系的交接带。作为西太平洋海域的部分，该海域发育一系列的岛弧构造带。根据板块性质及水深、重力、地磁、地层发育和断裂分布等地质、地球物理特征，可分为琉球海沟—岛弧带、台湾东部碰撞带和西菲律宾海盆三个构造单元（图16.2）（郑彦鹏等，2005）。

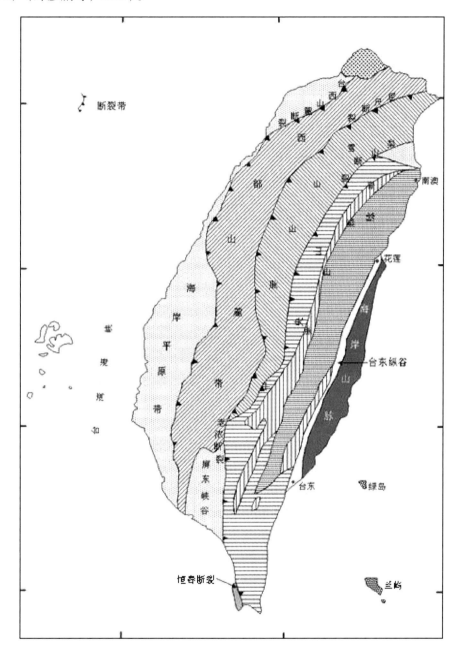

图16.2　台湾岛地质构造略图（郑彦鹏等，2003）

　　在大地构造位置上，台湾岛及其以东海域属于典型的西北太平洋活动大陆边缘，并以其独特的地质环境造就了众多形态复杂、成因各异的区域地层和构造地貌现象。随着菲律宾海板块相对于欧亚板块以7.3~8.2 cm/a的速率向NW（306°~309°）方向运移（Seno et al.，1993；Yu et al.，1997），在台湾岛及其以东海域形成正在活动的板块边界，菲律宾海板块、吕宋岛弧和欧亚板块之间的俯冲作用和碰撞过程同时存在，板块边界深部地质过程复杂。

　　在台湾岛东部，上驮在菲律宾海板块之上的吕宋岛弧与欧亚板块之间发生的弧—陆碰撞作用形成了我国乃至世界上独特的碰撞型大陆边缘，碰撞带近N—S向延伸，形成了世界上最年轻和上升速率最快的台湾造山带；此外，属于吕宋岛弧一部分的海岸山脉带（北吕宋岛弧）正向北发生运动。

在台湾岛以南海域，属于欧亚板块一部分的南海板块沿马尼拉海沟向东俯冲在菲律宾海板块之下，形成近 N—S 走向的马尼拉海沟—吕宋岛弧俯冲型汇聚板块边缘，向北一直可以延伸到台湾岛上。

在台湾岛以东海域北部，菲律宾海板块沿琉球海沟向北俯冲在欧亚板块之下，形成 NE—近 EW 走向的琉球沟—弧—盆俯冲型汇聚板块边缘，俯冲过程中在琉球岛弧后侧的大陆边缘上形成了冲绳海槽，冲绳海槽作为活动性弧后盆地的典型实例，经历了大陆地壳拉张减薄—弧后扩张—新生洋壳产生等一系列演化阶段，形成现今地震、火山等构造活动频繁的"陆缘扩张带"。

这几大构造系统在板块性质、演化历史上均有所不同，尤其是它们因构造运动产生的主应力方向明显不同，这些板块之间复杂的相互作用过程显示出台湾岛以东海域板块活动的区域特异性。

16.2.1 台湾东部碰撞造山带

台湾东部碰撞带位于海区西南部，呈 SN 向展布。从北往南，由台湾东部海岸山脉及绿岛、兰屿等火山岛、吕宋岛弧及菲律宾群岛一起构成台湾—吕宋—菲律宾岛弧系。该带是一条位于菲律宾海板块、欧亚板块和南海板块之间的活动构造带，宽 100~400 km，东界为菲律宾海沟和东吕宋海沟，西界为马尼拉海沟、内格罗斯海沟和哥打巴都海沟（黄振国等，1995）。该带构造格局和变形过程复杂：24°N 以北一带为菲律宾海板块沿琉球海沟向欧亚板块的 NNW 俯冲；台湾东部海岸山脉带（24°~22°N）为吕宋岛弧沿台东纵谷与台湾岛的主体碰撞区；20°~22°N 区，为南海洋壳沿马尼拉海沟向吕宋岛弧的 SEE 向俯冲。区内加瓜海脊贯穿南北，水深变化复杂，峡谷纵横交错，断裂构造和地球物理特征分区显著。

菲律宾岛弧系是由性质不同、时代不一、大小各异的块体在中、新生代逐渐汇聚、碰撞、拼接而成，是火山弧、蛇绿岩碎块和大陆碎块组成的集合体（黄镇国等，1995），并独立于其他相邻板块存在。深部地震活动证实在岛弧东侧有一个向西倾斜的贝尼奥夫带，深度200 km；岛弧西侧沿吕宋—内哥罗斯岛—棉兰老岛有一个向东倾斜的不连续的贝尼奥夫带，深度也在 200 km 左右。

吕宋岛弧通过其北面的加瓜海脊、北吕宋海脊、北吕宋海槽和马尼拉海沟过渡到台湾岛。加瓜海脊和北吕宋海脊地区的地震活动分散，散布于 100~200 km 宽的一个带内，贝尼奥夫带发育不好，表明该区的构造活动比较复杂。前人研究表明北吕宋海脊是海底扩张脊，形成于始新世—中新世，上新世时在台湾岛发生弧—陆碰撞期间产生左旋平移断层，因此，北吕宋海脊呈阶梯状地形。此外，在北吕宋海脊上火山活动较为发育，是北吕宋海槽俯冲带的火山岛弧。

马尼拉海沟、北吕宋海槽和吕宋岛弧在板块构造单元上分别代表了板块俯冲带、弧前盆地和火山弧，从而共同构成了俯冲型板块边界构造体系。随着板块俯冲活动的持续进行，在马尼拉海沟和北吕宋海槽之间形成一个板块边缘增生楔，除大洋和海沟沉积物在俯冲过程中被刮削并增生和拼接在构造增生楔上外，巨厚的被动大陆边缘沉积地层也并入了该增生体，导致其岩石组成的复杂化。马尼拉海沟向北延伸与台湾岛上的台西山麓断裂带相连，是构造变形的前缘带，并与控制西部山麓带的一系列向西逆冲—推覆构造的基底滑脱面相对应（Nakamura et al. , 1998)。

台湾碰撞造山带在台湾岛上自东向西依次为海岸山脉带、台东纵谷、中央山脉、西部山麓带和沿海平原带；以台东纵谷为界，东、西两侧在地形地貌、区域地层组成、岩石性质、重力、磁力等地质地球物理特征上均表现为明显不同，分别隶属于不同的构造单元（图16.2）。

16.2.1.1 海岸山脉带

海岸山脉带包括海岸山脉及其以东的绿岛、兰屿等火山岩带。海岸山脉与相邻的兰屿、绿岛的空间重力异常均为正异常值，这与台湾岛西部的重力负异常值明显不同。多数学者认为海岸山脉带是菲律宾海板块和欧亚板块之间斜向碰撞的结果，属于北吕宋火山海脊在台湾岛上的延伸部分，乃新近纪火山弧（Sibuet and Hsu, 1997；郑彦鹏等，2003），地层组成主要表现为低洼处接受厚层的岛弧火山沉积和抬升部位形成同碰撞期的火山碎屑岩和碎屑岩，具体而言，火山岩之上覆盖部分层状海相沉积，主要是碎屑岩或灰岩，总厚度为3 000 ~ 4 000 m，反映了深海沉积环境。顶部为中、上更新统、厚度为500 ~ 3 000 m的砾岩（郑彦鹏等，2003）。根据海底地形地貌特征和地震震源机制分析，推测海岸山脉和北吕宋岛弧的北部已经开始向台湾岛东北部外海、琉球岛弧及其弧前盆地之下俯冲，在24°N附近向北消失，形成北吕宋岛弧的三角形形态。

16.2.1.2 台东纵谷

台东纵谷带出露的岩石被称为大南澳变质杂岩，主要出露于中央山脉东侧，由一套遭受变形或变质的古生代—中生代基底岩石组成，主要包括混杂岩、古生代块状大理岩和三叠纪花岗岩这三套岩层，它们都是绿片岩相到浅变质角闪岩相的变质产物。其中，混杂岩由晚二叠世石英—云母片岩、千枚岩、变质砂岩和砾岩等组成，还有一些外来的大理岩、石英岩、变质基性岩、角闪岩和超镁铁质岩等外来岩块（Hsu and Sibuet, 1995）。此外，在台东纵谷带还出露了蛇绿混杂岩，称为利吉层，主要组成为大小不等的蛇绿岩或碎屑岩块状沉积物，并夹杂有浊积层和半深水页岩沉积。对杂岩体内部变质岩进行的同位素测年数据表明，中生代的角闪岩和花岗岩主要在晚三叠世时发生变质作用并获得了矿物重组年龄，变质作用持续了1.6 ~ 1.7 Ma，后期遭受抬升，出露于地表。关于大南澳变质杂岩体的成因，Hsu and Sibuet（1995）认为是古代板块边缘增生楔形体或板块缝合带形成的混杂岩堆积，在中中新世以前琉球岛弧、弧前带和增生楔形体可一直延伸到现今台湾的西南部，在上新世—更新世期间遭受了抬升。

16.1.2.3 中央山脉带

中央山脉带包括雪山山脉、脊梁山脉和两者之间的梨山断裂带，为典型的厚层复理石沉积后期遭受强烈剪切和抬升所形成。雪山山脉位于台湾岛的中、北部，以剥蚀作用为主，主要由始新世—渐新世被动大陆边缘的浅海相砂岩组成，其次为石英岩和含葡萄石—绿纤石的浅绿片岩化的板岩。脊梁山脉又称脊梁山脉千枚岩带，由巨大的片岩、千枚岩、杂砂岩和变质杂砂岩组成一个岩层序列。在恒春半岛出露了一套蛇绿混杂岩，称为垦丁层，厚约2 km，由破碎的泥岩沉积夹杂有大小不等的蛇绿岩体和其他外来岩石块体所组成，如新近纪形成的砾岩、礁灰岩、深水浊积砂岩、滑塌沉积和半深海页岩沉积。梨山断

651

裂带位于雪山山脉和脊梁山脉之间，具有控制雪山山脉和脊梁山脉两个构造单元之间性质转换的特征。

16.1.2.4 西部山麓带和沿海平原带

西部山麓带和沿海平原带由渐新统—中新统—第四系地层组成。研究表明在渐新统底部存在一个区域性的不整合面，Suppe（1981）认为该不整合面是西部山麓带逆冲推覆构造的基底滑脱面，沿该滑脱面向西冲断推覆，在前陆盆地中沉积了约 4 km 厚的上新统—更新统磨拉石沉积。在西部山麓带和海岸平原带之下存在着两个巨大的埋藏盆地，分别对应于两次碰撞造山作用发生时构造—沉积记录，第一次为 8 Ma～3 Ma 之间的中央山脉造山运动，第二次为 3 Ma～至今的海岸山脉造山运动。

16.1.2.5 台湾碰撞造山带形成演化的弧—陆碰撞模式

经过近30年的补充、完善和新论据的增补，弧—陆碰撞模式成为最具有影响力和科学意义的台湾碰撞造山带形成演化的板块构造模式（图16.3）。弧—陆碰撞模式基于薄皮构造理论，认为台湾岛的海岸山脉与其南部的吕宋岛弧（火山弧）在构造上是相连的，吕宋岛弧随着菲律宾海板块持续向西北方向运移至海岸山脉，与沉降的非火山弧或俯冲带边缘增生楔形体拼接合并，共同向北推移并出露海面，进而与台湾岛的中央山脉拼接在一起，形成了向西依次推覆的基底滑脱推覆体构造。由于吕宋岛弧呈 NS 向延伸，欧亚大陆（华南被动大陆边缘）呈 NE 向延伸，造成两者之间的斜交碰撞。

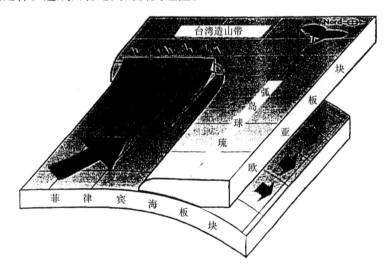

图 16.3　弧—陆碰撞模式示意图（Suppe，1981）

按照弧—陆碰撞模式的观点，台湾岛中央山脉出露的变质杂岩基底是中国大陆地壳的延续，台湾岛东北海域是活动陆缘区（即琉球海沟和琉球岛弧），台湾岛以南则是近 NS 走向的马尼拉海沟—岛弧体系，台湾岛碰撞造山历史与菲律宾海板块、南海洋壳以及欧亚板块（华南被动大陆边缘）相互作用的演化关系密切。

16.2.2 琉球沟—弧—盆体系

琉球沟—弧—盆体系位于菲律宾海板块向欧亚板块之下俯冲的前锋地带（图16.4），属于西太平洋典型的沟—弧—盆体系一部分。它位于台湾以东太平洋区域的中北部，近 EW 向展布，面积约占海区的一半。南部以海沟外缘线为界，东部大致以23°N为界与西菲律宾海盆区分开，西部则以23.3°N为界与台湾东部碰撞带区分开。该区表现出十分强烈的现代构造活动特征，是环太平洋板块俯冲带、环太平洋地震、火山活动带的一个重要环节。

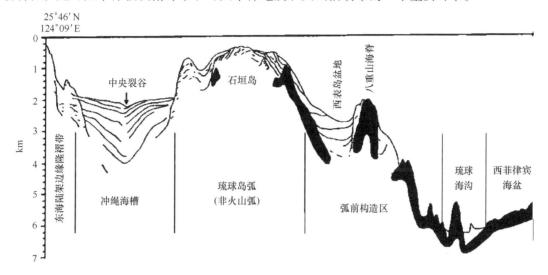

图16.4 横穿琉球沟—弧—盆体系南段的地震解释剖面（Wageman et al.，1970；博命佐，2004）

根据重、磁异常等地球物理特征及地震剖面解释，该区由南向北依次可分为琉球海沟、琉球岛弧弧前构造区、琉球岛弧南段（八重山群岛、宫古群岛）等次级构造单元（梁瑞才等，2003）。

16.2.2.1 琉球海沟

琉球海沟是菲律宾海板块与欧亚板块交互、俯冲和消亡的地带，它既是一条汇聚型板块边界，也是一条强烈的构造活动带，将东亚活动陆缘构造域与西太平洋构造域分隔开来。琉球海沟在海底地形上表现为一条NE—近EW向延伸的负地形单元，总长约1 350 km，水深普遍大于5 000 m，最大深度为7 881 m。

琉球海沟底部宽缓且地形较为平坦，向两侧沟坡坡度变陡，其中，岛弧侧的沟坡坡度远大于大洋侧的沟坡坡度，此外，在海沟底部和大洋侧边缘地带有一些海山或海丘散布，推测为洋底海山伴随大洋板块向下俯冲时在海沟处的残留。琉球海沟向西南延伸至台湾岛以东123°E附近海域时，由于受到加瓜海脊向北的持续挤压和变形，使琉球海沟的形态发生改变，形成一个倒"V"字形凹陷，在其西侧海沟向北发生迁移且变得狭窄，地形被整体抬升，水深在5 000~6 000 m之间，并被一系列走滑断裂或海脊分割错断，海沟的形态变得不明显，逐渐演变为海底峡谷的特征。

16.2.2.2 琉球岛弧弧前构造区

琉球岛弧弧前构造区主要包括弧前构造脊和弧前盆地。弧前构造脊分别为奄美东海脊、岛尻海脊和八重山海脊。其中，八重山海脊位于琉球海沟和弧前盆地之间，呈近EW向展布，水深2 200~3 600 m，其顶部发育一系列EW向的沟槽，推测可能为菲律宾海板块斜向俯冲形成的走滑断裂（刘保华等，2005），受加瓜海脊的向北挤入，在123°E附近，八重山海脊呈现倒"V"字形构造。

弧前盆地由东北向西南，依次称为奄美东坳陷、岛尻坳陷和八重山坳陷（西表岛盆地、东南澳盆地、南澳盆地及和平盆地），这些弧前盆地总体呈 NWW 向左行雁行排列，水深在 3 200～4 400 m，具有边缘坡度大、底部平坦的特征；盆地之间由构造脊分隔（刘保华等，2005）。

16.2.2.3　琉球岛弧系

琉球岛弧系由 100 多个岛屿组成，北起日本九州南端，南至台湾岛东侧，是一个向东南突出的弧形岛链，延伸约 1 200 km。以吐噶喇断裂（吐噶喇海峡）和宫古断裂（宫古海峡）为界，琉球岛弧从地质上可分为三段：北琉球（大隅群岛和吐噶喇列岛）、中琉球（奄美大岛和冲绳群岛）和南琉球（宫古群岛和八重山群岛）。

在大地构造位置上，琉球岛弧系和岛弧弧前构造区位于琉球沟—弧—盆体系的中间地段，一般统一称为琉球岛弧隆褶带，在地质构造上可进一步细分为"三脊两坳"，自西向东依次为吐噶喇火山弧、奄美盆地、琉球岛弧（非火山弧）、弧前盆地和弧前构造脊。

16.2.3　西菲律宾海盆

西菲律宾海盆区是指位于琉球海沟南侧和台湾岛以东的广大海域，也即广义上的西菲律宾海盆的西北部。它向东延伸到太平洋，西部以 123°12′E 附近的基底断裂带与台湾碰撞带为界。区内又以 NE 向转换断层为界，可进一步分为西菲律宾海东、西两个盆地。它总体表现为 NW 向线状脊—槽相间排列，并受到 NNE 向转换断层切割后形成的断块构造地貌特征。区内水深一般在 5 000～5 500 m 之间，向琉球海沟方向加深到 6 500 m 以上（刘保华等，2005）。除中部转换断层地形变化复杂，存在零星海山外，其余地区地势较为平坦。

以帛琉—九州海脊为界，菲律宾海板块可分为东、西两个次海盆。本区属于西菲律宾次海盆区，它向北与冲大东海脊相连，向西消失于菲律宾海沟，东侧的帛琉—九州海脊是一渐新世的残留火山弧。海盆内有一条 NW 走向的中央盆地脊，属不活动的海底扩张轴，其活动时代为始新世。海盆内沉积物较薄，为 0.75～1.5 m。古地磁表明，西菲律宾海盆最初形成于 5°～10°S，靠近赤道，始新世以来向北移动了 1 000 km，并伴有 60°的顺时针旋转（黄镇国等，1995）。

花东盆地是位于加瓜海脊与海岸山脉带之间的菱形深水海盆，属于西菲律宾海盆的一部分。区内西南部水深相对较浅，约 4 500 m，向东北逐渐变深，并形成倾斜的斜坡，在琉球海沟附近的水深超过 5 500 m。盆内海底水道和峡谷非常发育。

16.2.4　基底深大断裂

台湾以东海域最为典型的基底深大断裂有 4 条，分别位于加瓜海脊及其东、西两侧和花东盆地（图 16.5）及西菲律宾海盆之内。

在加瓜海脊西侧，一条 NNW 向基底断裂 F1 将花东盆地和加瓜海脊西侧断陷盆地分割开来。F1 属右旋走滑性质断裂，滑移量约为 30 km，将琉球海沟明显错断，在断裂两侧水深大小、地球物理场特征明显不同，尤其是磁异常特征的差别更为显著。该断裂 NNW 向延伸至琉球海沟，北段是和平盆地和南澳盆地的分界线。

沿加瓜海脊的顶部略偏东侧存在一条 NNW 走向的基底断裂 F2，在海底地形图、重力图、

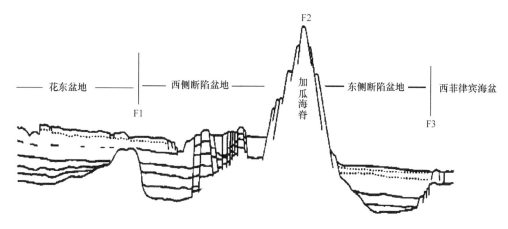

图 16.5　位于加瓜海脊及其两侧的基底深大断裂（郑彦鹏等，2005）

磁场图上均有明显反映，贯穿了整个台湾岛以东海域。断裂 F2 具有右旋走滑性质，滑移量约为 15 km，造成琉球海沟和弧前盆地发生明显位移。而且，基底断裂 F2 使断裂的左盘基底相对抬升，主要表现在南澳盆地的水深和基底埋深均小于东南澳盆地，并在两者之间形成一个 SN 向的海槛。

在加瓜海脊东侧，一条 NNE 向基底断裂 F3 将加瓜海脊东侧断陷盆地和西菲律宾海盆分隔开来。断裂 F3 造成两侧地球物理场特征（尤其是磁异常特征）明显不同，结合单道地震剖面，证实了断裂 F3 西侧的沉积层厚度明显增厚，超过了 1 km，与断裂东侧的西菲律宾海盆厚约 200 m 的深海沉积差异巨大；并且，断裂 F3 两侧的水深明显不同，水深落差最大可达 300 ~ 500 m。该断裂北段为西表岛盆地和南澳盆地的分界线，南段为台湾东部碰撞带与西菲律宾海盆的分界线。

F4 断层为一条发育在西菲律宾海盆内部的 NE 向转换断层，大致位于 22°00′N，123°30′E 至 23°00′N，124°13′E，它将古扩张脊错断平移约 8 km，为西菲律宾海盆东、西次海盆的分界线。由于上图（图 16.5）中剖面长度阻制，剖面东侧的 F4 断裂未能涉及到，故未展示。

此外，多种资料揭示出花东盆地内部规模巨大并深切海底的台东峡谷受 NEE 向基底断裂所控制（图 16.6）。多道地震剖面揭示在台东峡谷和 NEE 向基底断裂之下的洋壳基底上存在"凹槽"，"凹槽"内沉积了较厚的深海沉积，沉积界面较连续，内部可识别出两个不整合界面，推测代表了两次较大规模的构造活动；在重力和磁力异常剖面上存在着相应的异常变化。同时，近 EW 向穿越花东盆地的 P 波速度剖面显示出台东峡谷之下的洋壳基底凹槽一直可延续到下地壳，反映该处存在一个地壳薄弱带，表明 NEE 向基底断裂为一条基底深大断裂。依据断裂两侧的洋壳基底并无明显的差异升降或岩石密度变化，以及断裂两侧磁异常条带的错动方向分析，NEE 向基底断裂以右旋走滑性质为主。此外，由于被 NNW 向的 F1 断裂将其错断，表明 NEE 向基底断裂的形成年代相对较老一些。

16.3　海洋动力

16.3.1　风和降水

台湾以东海域的风向呈明显的季节变化，冬季以东北风占优势，其次为北风；平均风速为 9 ~ 11 m/s，最大风速可达 26 ~ 29 m/s。春季为过渡季节，风向较乱，风力减弱，平均为

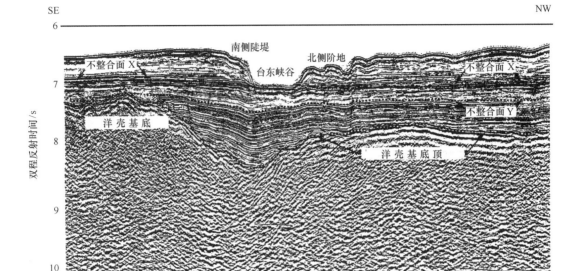

图 16.6 横穿台东峡谷的多道地震剖面 (Schnurle, 1998)

7 m/s 左右。夏季以南至西南风为主, 风速最下, 其平均风速为 5~6 m/s。秋季以东北风和北风为主; 秋季出现大风的频率最高, 风力也最强, 多有热带气旋造成, 平均可达 11~12 m/s。

台湾以东海域处于热带—亚热带季风气候区, 以夏长冬短、多热带风暴为特色。1 月平均气温 13~20℃, 7 月 24~29℃。年平均降水量 2 000 mm 左右, 最高可达 5 000 mm 以上。

16.3.2 潮汐

台湾以东海域的潮振动是太平洋潮波直接进入此海域而形成的, 半日分潮在该海域占优势。由于台湾岛岸形的作用, M2 分潮在台湾东北侧近海形成一退化无潮系统。台湾岛东海岸的潮汐性质为不规则半日潮, 与台湾岛其他位置的潮汐大致相同。大潮潮高约 1.6 m, 明显小于东海沿岸区。

16.3.3 海流和潮流

台湾岛以东海域是黑潮流经的重要地区之一, 黑潮从属于太平洋环流系统, 是北赤道流的延续体。研究表明, 黑潮流在台湾东南部海域 22°N 附近分为两支, 黑潮主干沿着台湾岛由南向北偏东的方向流动, 通过台湾和与那国之间进入东海; 分支潮流由 SW 向 NE 方向流动, 在琉球群岛以东继续向 NE 方向流动。黑潮具有流速强、流幅窄和影响深度大的特征, 流轴上的流速为 150 cm/s 左右, 最大流速可达 170~195 cm/s, 流幅相对较窄, 平均不到 100 n mile, 强流区只刚刚超过 20 n mile, 黑潮的影响深度可达 800~1 000 m。黑潮流速随深度的增加逐步递减, 最大流速出现在 50~100 m 的深度上, 在 600~800 m 深度时流速降低为 10 cm/s。黑潮潮流运移与海底地形和底质沉积物的分布存在密切的关系。

第 17 章　台湾以东太平洋海域的海岸与海底地貌

海岸地形受到海水的波浪、潮汐与海流的作用，加上海岸本身岩性的软硬和地质的构造差异，以及河川上游冲刷所带下来的沉积物，慢慢地塑造出多样的海岸地貌。因此，海岸地区的地质组成，不但取决于沿岸的地层岩性特征与出露于海岸地区的状态，而且与河川上游集水区的地质特征有关。其次，海岸地貌变化也主要与海岸的侵蚀作用、搬运作用与堆积作用有关。台湾东海岸从北往南，各不相同，依次为基岩港湾海岸、断层海岸和珊瑚礁海岸，各具特色。该海域的海底地貌特征总体表现为狭窄的岛缘陆架，其上或出露剥蚀的基岩，或堆积由陆上剥蚀而来的砂砾或中细砂，陆架外侧是陡窄的大陆坡，直插入海沟或洋底。具体的地貌单元则包括有海岸带、岛架、岛坡和海沟、深海盆地和海脊等类型。

17.1　海岸类型

台湾岛的海岸线一般而言较为平直，但因地质构造和岩性的差异及气候、潮汐、波浪和海流等外地质营力作用方式和过程的不同，使海岸地貌富有变化，各地区各有其特色，从而也塑造了台湾海岸从北往南，各不相同的海岸类型（图 17.1）。已有很多学者对台湾的海岸类型进行了分类与讨论（徐铁良，1962；王鑫，1980；林朝棨等，1984；石再添，2000），简言之，北部为基岩港湾海岸，东部为断层悬崖海岸、南部为珊瑚礁海岸，西部为冲积平原砂质海岸。本节讨论的台湾以东海域的海岸，包括了上述的东北部海岸、东部及南部海岸，依次为基岩港湾海岸、断层悬崖海岸和珊瑚礁海岸。这也是我国海岸地貌类型丰富、奇特多彩的地区。

17.1.1　东北部基岩港湾海岸

台湾北部海岸西起淡水河，东至三貂角，长约 85 km。本节讨论的东北部海岸乃指从金山到三貂角这段，其地层走向和海岸直交，海水侵蚀作用非常明显，岩石较软处被侵蚀成海湾，易蓄沙成沙滩；岩石坚硬则突出海面成海岬，海岬和海湾等地形重复排列，为台湾最具变化之岬湾海岸。由于地体之抬升和海蚀作用强烈，此段海岸的海蚀地貌非常发达，海蚀平台、海蚀凹壁、海蚀洞、海崖等地形到处可见，另有小部分隆起珊瑚礁。著名的野柳地质公园就位于该区（图 17.2）。野柳海岬中部最狭窄部位，倾斜的海蚀平台上密布着成排成列、差别风化、侵蚀而成：头大颈细、形似蘑菇的奇岩怪石，称为蕈状岩。蕈状岩可分为粗颈部型、细颈型和无头型，著名的"女王头"便是其中的细颈型（图 17.3）。烛台石（图 17.4）也是海蚀平台上常见的景观。海蚀平台上的烛台石和蕈状石都是地壳隆起后，其内部所含软硬不一的物质，经过海水冲蚀后，相对之下较软弱的岩石就被海水冲蚀掉，较硬的岩石凸出来，东北部海岸地形之所以变化多端，主要的原因便是海水的差异侵蚀，并随着地壳相对隆起运动所造成。蕈状石的头部为含钙质的砂岩，质地相对坚硬，抗蚀能力强。烛台石是岩层

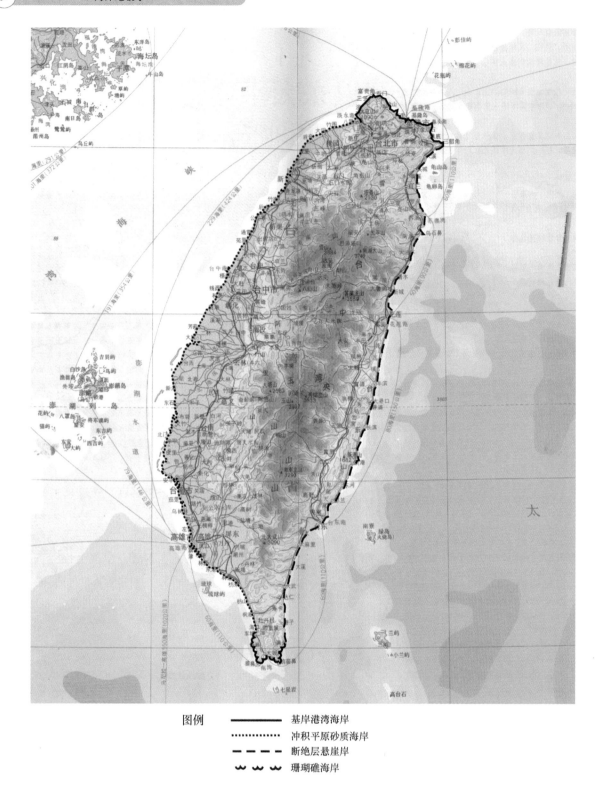

图例 ———— 基岩港湾海岸
.... 冲积平原砂质海岸
— — — 断绝层悬崖岸
〜〜〜 珊瑚礁海岸

图 17.1 台湾的海岸类型

中的钙质结核因海水的侵蚀冲刷而出露保留而成。

17.1.2 东部断层悬崖海岸

台湾东部断层海岸北起三貂角、南至恒春的九棚，全长 380 km，可谓台湾海岸线中最美

图 17.2　台湾东北部之野柳海岸（南京大学张永战提供）

图 17.3　蘑菇状的蕈状岩（女王头）

图 17.4　烛台石（钙质结核残留）

的一段。其间除了兰阳、南澳、和平、卑南、立雾等处河川出海口是片段的沙滩外，其他大部分皆为断层形成的下沉海岸，岸线平直，到处都是奇美多姿的断崖峭壁、奇岩耸立，岩岸、岬湾、海蚀平台等，是我国最为典型的断层海岸。该处断层海岸的特点是平直的断层崖与平直的海岸线重叠在一起，挺直的断块山直接临海，非常陡峻；断层海岸常呈凸形坡，顶部山地平缓，断崖上平均坡度为 35°～45°，下部海岸坡度 60°，常见峭壁，整个海岸线与纵向构造平行（曾昭璇，1993；王颖、朱大奎，1994）。东部海岸可分为 5 段：① 三貂角到头城；② 头城到北方澳；③ 北方澳到花莲；④ 花莲到台东；⑤ 台东到出风鼻（徐铁良，1962）。其中，三貂角至头城段为基岩海岸，岬湾较少。头城到北方澳段为兰阳溪的三角洲河口平原，海岸线平滑而略向内凹，内侧分布着数列高 17～20 m 的狭长且平行海岸的沙丘。北方澳至花莲及台东至出风鼻间的两段海岸均属断层海岸，以陡峭山壁的海崖为主要特征。海崖之下，波浪直袭海岸，为侵蚀后退型海岸。花莲至台东间的海岸则富有海阶地形和海蚀平台、海蚀洞、海蚀凹壁、显礁和隆起珊瑚礁。

最典型且规模最大的是苏澳至花莲的清水断崖海岸，它是台湾八景之一（图17.5）。范围从和平至崇德约21 km，该区除少数河口冲积扇外，几乎没有平地存在，都是300～1 200 m崖高的悬崖逼近海岸。其岩性为片麻岩和大理岩等坚硬的岩石，使得海岸更显陡峻。该处清水山海拔2 407 m，峰顶距海仅4 000 m，平均坡度为30°，海蚀成巨大的海蚀崖，崖前为倾斜的浪蚀平台（王鑫，2005）。花莲以南为海岸山脉东缘大断层崖，延伸约150 km，离岸5 km处还有一条平行的水下断层崖，高达2 000 m，以$30 \times 10^{-3} \sim 40 \times 10^{-3}$的坡度降至水深3 000 m。知本以南为大武断层崖，长50～60 km，高500～850 m，崖面尚存明显的三角面。大武至九棚的岸外还有两级断层崖，高800～900 m的断崖从水深100～200 m降至水深1 000～1 300 m的平坦面，再以高700～800 m的断崖降至水深2 200 m的缓坡面（黄镇国等，1995）。

图17.5　位于苏花公路之上的台湾八景之一的清水断崖（资料来源：台湾经济部水利署）

台湾东部海岸地貌由海岸山脉东侧的海岸阶地、冲积平原以及海蚀平台等组成。断层海岸每因山溪横切，又因地势陡峻、崩塌频繁，河流冲积作用旺盛，在局部河口常形成突出于海岸的冲击扇三角洲平原（图17.6），如大浊水溪、立雾和卑南溪口扇形平原，成为东海岸的特点之一（曾昭璇，1985）。

抬升的海岸阶地（海阶）是东部海岸的一大特色。花莲往南至石梯坪一带的冲积平原或海岸阶地并不发达，狭窄且陡；但石梯坪往南则有高度宽窄不等的海阶分布（图17.7，图17.8）。这些平原两侧发育着2～3级低位阶地，并出现新的断崖，如立雾溪阶地崖高13 m，其上为红土层和圆砾石所覆，海阶为主要的农业地带，其形成与海岸线变迁有关，约6 300多年前的海水曾一度升到目前海岸线上约40 m处。在此之前（6 300～15 000年前）则一直呈现海岸上升速率大于地壳上升速率。本段海岸区域受到海岸线变迁的影响极大，人类活动也相对受到极大限制。

17.1.3　南部珊瑚礁海岸

现生岸礁和隆起珊瑚礁围绕春半岛南部，形成了珊瑚礁海岸（图17.9），它是我国珊瑚

图 17.6　东部海岸立雾溪的冲积扇三角洲影像

图 17.7　加母子湾海阶地貌

礁海岸发育最好的地区之一，著名的垦丁公园就在其内，海底珊瑚礁以及抬升的海岸阶地，皆为代表性的海岸地貌。它东起九棚，西至枫港，长约 90 km。由隆起珊瑚礁和岸礁组成，以前者为主。因海蚀作用，海蚀沟和海蚀柱遍布。从枫港至鹅銮鼻间的西海岸，满布发育良好的隆起珊瑚礁，错落其间的石灰岩台地、崩岩、裙礁、沙滩及沙丘。隆起珊瑚礁分布在恒春半岛西侧，呈大片和缓倾斜台地，不整合在古近纪砂页岩之上，礁体呈单面山地形。鹅銮鼻海岸就是隆起的珊瑚礁台地（图 17.10）。从鹅銮鼻至九棚一带的东部海岸，由于海浪作用，海蚀崩崖发育，四周并有岸礁围绕。

恒春半岛四周明显分布着隆起珊瑚礁阶地，尤以东、南和西岸沿海 40~60 m 阶地更为广泛。阶地上可见含淡水贝壳的砂砾层披覆，厚达 5~10 m。构成这些阶地的珊瑚礁厚度一般

图 17.8　都兰鼻及都兰湾海岸

不到 20 m，受蚀已发育喀斯特地貌：鹅銮鼻附近分布着直径 10~15 m，深 2~4 m 的小型圆洼地等形态；因海蚀作用强烈，隆起裙礁上可见海蚀沟、海蚀柱和海蚀壶穴等。现代岸礁以牡丹湾以南沿岸较发育，宽度一般几米至上百米，每为小河切断而不连续。岸礁可分为礁平台和礁坡。礁平台为块状造礁珊瑚体，礁坡直临深海，边缘有礁块间隙所成的沟谷，且与礁平台上的凹坑相连（曾昭璇，1985）。

图 17.9　恒春半岛的珊瑚礁海岸

图 17.10　鹅銮鼻珊瑚礁海岸

该区珊瑚礁海岸由不同年龄的珊瑚礁组成。其中，全新世珊瑚礁分布在海口、枫港、垦丁、四沟、石牛桥等地，高程 10~22 m 或 1~1.5 m，年龄为 1 300~8 660 a.BP；晚更新世珊瑚礁分布在鹅銮鼻、网砂、琉球屿、兰屿、绿岛，高程 40~65 m 或 5~15 m，年龄为 31 600~34 000 a.BP；中更新世珊瑚礁分布在鹅銮鼻、绿岛、琉球屿、大板埒、龟子角，高程为 60~80 m 或 100~280 m（黄振国等，1995）。大板埒与鹅銮鼻之间的"船帆石"高 27 m，周围约 400 m，是中更新世珊瑚礁滚落海中而成。鹅銮鼻灯台建立在晚更新世的隆起珊瑚礁之上。

　　南部海岸也有沙丘分布。一处为鹅銮鼻北方约 6 km 处的风吹沙海岸，为沙丘所覆盖，沙体一直蔓延到海岸后之高约 60 m 的壁上，成为沙瀑。峭壁以上沿东北西南向之山谷，沙丘更绵延堆积，盛行强风吹袭时沙石漫天，沙体挪移迅速，形成沙河的特殊景观。这种特殊沙丘景观乃河流与风的相互作用所致。此外，恒春半岛东端出风鼻至南仁鼻间有一内凹海湾，称之为八瑶湾，此湾头由港仔溪口向南延伸到力棚溪一带，亦有较大规模的沙丘分布。本区地形呈漏斗状，开口向外，生成环境与港口溪一带的沙丘相似，均是由河流提供沙源，沙丘顺沿盛行东北季风的方向发育，故形态亦颇为相似。沙丘分布的范围长约 2.5 km，宽在 200 ~ 1 000 m 之间，北窄而南宽，偏西北走向的海岸线与盛行东北风向直交，风速常达 10 m/s 以上，飞沙剧烈，沙丘移动十分明显，有些沙丘高度可达 20 m，延长达 600 ~ 700 m 以上，现今沙丘移动仍频，局部沙丘往内部移进，已掩盖港仔溪南侧支流，造成河道埋积，显见其活动之盛。

17.2　海底地貌

台湾以东太平洋海域地貌十分复杂。总体可概括为：狭窄的岛缘陆架，或出露剥蚀的基岩，或堆积陆源的砾砂或中细砂；陆架外则是狭窄的大陆坡，直插入海沟或洋底。根据地貌特征，由北往南依次可以分为如下三段（王颖，1996）。

（1）北段（三貂角到苏澳南面的乌石鼻），该段水深在 600 ~ 1 000 m，海底坡度较缓，大陆架较南段稍宽；大体上从北往南，宽度 5.4 ~ 8.6 ~ 4.3 n mile，中部相对稍宽，坡度为 $20 \times 10^{-3} ~ 12.5 \times 10^{-3} ~ 25 \times 10^{-3}$，海底地貌以大陆坡为主。

（2）中段（从乌石鼻到三仙台），该段为断层海岸，崖下即临深海，水深一般超过 3 000 m，坡度为 $125 \times 10^{-3} ~ 150 \times 10^{-3}$。陆架狭窄，宽度为 1.9 ~ 3.7 km；大陆坡的坡度更为狭窄。花莲岸外以东 35.2 km 处的水深达 3 700 m，其东南 30 km 处，为水深 4 420 m 的海底。海底北部与先岛群岛相接，南部海底横亘着东西向的琉球海沟。两者之间为宽广阶地，阶地以南为 13° 的陡坡，并急剧下降至超过 6 000 m 水深的琉球海底，海底纵向坡度约 6×10^{-3}。海沟南坡较缓，坡度约 25×10^{-3}。琉球海沟的南面为宽广平坦的菲律宾海盆。

（3）南段，也即台湾东南海域，有两列南北向隆褶带控制的水下岛链。西部的水下岛链为台湾岛海岸山脉向海延伸部分，向南可达吕宋岛以西的南北向海岭；东部的水下岛链为绿岛、兰屿等向南延伸到吕宋岛东部的马德里山。该岛链的东坡最陡，急转直下菲律宾海盆。东西岛链之间为一深度超过 4 000 m 的南北向海槽，谷坡陡峭，谷底深度大于 5 000 m。

上述为该海域的总体地貌概况。此外，根据板块构造和地壳性质可将该区的海底地貌分为三种类型的一级地貌单元：台湾岛岛架—岛坡地貌、琉球岛弧—海沟系地和菲律宾海盆深海平原地貌（图 17.11）。刘忠臣等（2005）对台湾以东海域的海底地貌特征做了详细的描述，下面在其基础上作简要介绍。

台湾岛岛架—岛坡带二级地貌也有海岸带、岛架和岛坡三种类型。由于台湾岛东岸海底地形陡峭，海岸带水下岸坡极窄；岛架地貌的三级类型划分断阶式岛架斜坡（以断崖为特色）；岛坡三级地貌可分为岛坡台地、岛坡深水阶地、岛坡海岭（岛坡隆脊）、岛坡断陷盆地、岛坡下部浊积斜坡等，四级地貌单元主要是孤立的海山、海丘等和海底峡谷、侵蚀沟槽等。

琉球岛弧—海沟系的二级地貌按构造特征差异分为海岸带、岛架、岛坡和海沟三种类型。海岸带三级地貌主要是砂砾质侵蚀水下岸坡；岛架三级地貌可分为砂砾质岛架浅滩、断阶式岛架斜坡两种类型；岛坡三级地貌可分为岛坡台地、岛坡深水阶地、岛坡断陷海盆、岛坡海岭（岛坡隆脊）、断阶岛坡斜坡、岛坡海山和海丘，四级地单元主要是岛坡侵蚀作用形成的海底峡谷、海底洼地和孤立的海丘、海山；海沟三级地貌有海沟盆地、海山海丘群，四级地貌类型有孤立的海山、海丘及侵蚀作用形成的海底洼地。

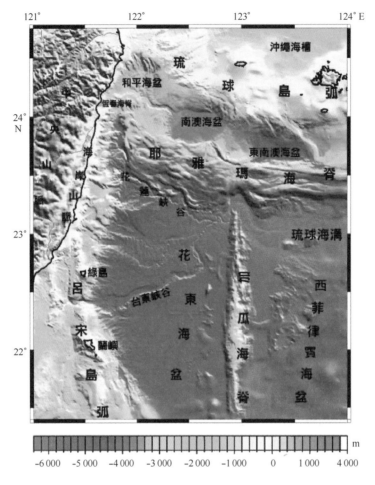

图 17.11　台湾以东海域海底地形地貌概图[①]

　　菲律宾海盆深海平原地貌包括台湾碰撞带的花东盆地、加瓜海脊和菲律宾海盆，二级地貌可分为深海盆地和深海海脊两种类型。深海盆地三级地貌类型可分为倾斜的深海平原、平坦的深海平原、起伏的深海平原（深海波状平原）、深海断陷盆地；海脊三级地貌类型可分为深海海山海丘群、深海海岭（海山海丘链）、深海洼地等类型，四级地貌类型有孤立海山、海丘、洼地、侵蚀沟槽、海底峡谷等。

17.2.1　海岸带地貌

　　海岸带范围包括受海水作用的沿岸陆地与激浪活跃的水下岸坡，主要地貌类型为海蚀平台和侵蚀水下岸坡。

　　海蚀平台主要分布在琉球岛弧的西表岛—石垣岛—黑岛群岛，波照间岛和与那国岛也有分布。海蚀平台主要由基岩组成，地形起伏不平，局部有海蚀崖上散落的石块分布。

　　侵蚀水下岸坡则分布在琉球群岛的岛屿周围，水深 25 m 以内，物质组成以砾石为主，含砂，并见有岩礁分布。地形起伏不平，宽度不大，最大宽度为 2 200 m（西表岛东侧）。台湾岛东岸局部也有狭窄的水下岸坡分布。

　　①　http://duck2. oc. ntw. edu. tw/core/center. html.

17.2.2　岛架地貌

台湾岛以东海域的岛架地貌类型主要为岛架斜坡，分布在琉球群岛和台湾岛东南部区域。进一步又可分为砂砾质岛架浅滩和断阶式岛架斜坡两类地貌。

17.2.2.1　砂砾质岛架浅滩

砂砾质岛架浅滩主要分布在西表岛—石垣岛—黑岛岛群，水深 25～50 m，由砂、砾石沉积组成，有珊瑚礁发育。

17.2.2.2　断阶式岛架斜坡

断阶式岛架斜坡主要分布在琉球群岛各岛周围和台湾岛东南部，坡底水深 200 m 左右。台湾岛东侧陆架斜坡坡度较大，平均坡度 1/7.5，最大坡度 1/2。台湾岛南部岛架斜坡坡度为 1/25～1/15。西表岛—石垣岛周围岛架斜坡较宽，宽度较小，最大宽度达 20 余千米。表层沉积物以砂和砂砾为主，局部基岩出露海底，构成岛架暗礁。

17.2.3　岛坡地貌

岛坡地貌又可进一步分为岛坡海岭、岛坡断陷盆地、岛坡台地、断阶式岛坡斜坡及岛坡下部浊积斜坡等单元。

17.2.3.1　岛坡海岭

岛坡海岭在琉球岛弧和台湾岛群岛坡上均有分布。琉球岛弧的海岭主要分布在两个构造带：一是岛弧顶部的琉球中弧火山带；二是岛坡中下部的八重山隆起带（八重山海脊）。自西向东，海岭的走向变化为 NWW—SEE、近 EW 向、NEE—SWW 向延伸，与构造线的走向基本一致。台湾岛东南岛坡的海岭走向为近 SN 向，与台湾碰撞带构造线走向一致。海岭上有海丘、岛屿分布。

岛坡海岭基本都是断块隆起脊，两侧由断层控制。八重山海脊上的海岭，北侧多为陆坡断陷盆地，西、中段目前仍为岛坡海盆，东段已被后期沉积物所填平，成为陆架阶地。海岭表层覆盖了黏土硅质软泥，鲜见火山物质，表明八重山海脊火山活动不活跃，海岭上的海丘主要是断块隆起所形成的。琉球岛弧顶部的八重山列岛、西表岛—石垣岛岛群的海岭上表层沉积物是砂、砂砾含大量火山物质，并有基岩出露海底。台湾碰撞带陆坡海岭上表层沉积物以黏土质粉砂为主，钙质含量高。兰屿—小兰屿海岭中部有一条 NW—SE 向分布的细砂（外带）—砂砾（内带）沉积带。

17.2.3.2　岛坡断陷盆地

琉球岛弧和台湾碰撞带的岛坡上都有断陷盆地。琉球岛弧的岛坡断陷盆地主要分布在八重山海脊北侧的岛坡断陷带（弧前断陷带），盆地长轴走向与八重山海脊的构造线走向基本平行。该断陷带的盆地规模巨大，相对深度也很大，是典型的陆坡断陷盆地。自东向西依次为西表岛盆地、东南澳盆、南澳盆地和希望盆地。

其中，西表岛盆地位于东北部，与西侧的东南澳盆地之间为一琉球岛弧延伸出的海脊所隔，盆地水浅，呈 NEE—SWW 向，由于沉积物的充填，盆地自西向东逐渐变浅。东南澳盆地位于沿南北向抬升海脊的东部，南北向最大宽度 29 km，平均宽约 22 km，东西长达 79 km，面积 1 711 km²；由于海脊的阻挡，来自希望峡谷的沉积物难以进入盆地，造成盆地沉积物较薄，水深大，最大深水近 4 600 m，东南澳盆地深度更大，相对于南侧海岭低 1 600 m；盆地边缘陡峭，但盆地中心部分相当平坦。南澳盆地位于 SN 向抬升海脊的西部，南北宽约 30 km，东西长约 50 km，面积 1 361 km²，盆地底部较平，最大水深约 3 700 m，相对于南侧海岭低 1 000 余米。南澳盆地和东南澳盆地之间有一个明显的海槛。和平盆地和南澳盆地的沉积物主要来自台湾造山带，通过兰阳河和花莲溪进入弧前盆地。琉球岛弧的上部和八重山海脊上的海岭之间，也有较小型的断陷盆地发育，其深度和面积远较南澳盆地和西南澳盆地小，相对于周围岛坡低几十米至百余米。可将它们分别称为岛间盆地和山间盆地。

台湾碰撞带的岛坡盆地长轴多呈近南北向延伸。其中，以台湾岛东南与绿岛—兰屿海岭带之间的两个断陷洼地规模大。绿岛—兰屿海岭带西侧的盆地南北长达 143 km，南段东西向最大宽度 27 km，面积达 2 072 km²。相对深度较小，只有几十米至百余米。台湾岛东南侧的陆坡断陷盆地南北亦长达 83.3 km，东西最大宽度达 18 km，面积 992 km²。这两个盆地所在处是黑潮暖流的通道，海底沉积物以黏土质粉砂为主。钙质含量比其东侧的海岭区低。而南澳、东南澳盆地和八重山海脊山间盆地表层沉积物以硅质软泥为主。琉球岛弧顶部的岛间盆地海底沉积物以砂为主，显然是附近岛屿侵蚀的火山碎屑物质被搬运到盆地中堆积。

17.2.3.3　岛坡台地

岛坡台地分布在琉球群岛八重山列岛的南坡，海底地形呈浅水平台，平台边缘水深约 500 m，台地上有海丘分布，台地的西北侧有浅水盆地（与那国岛的西侧海盆）。仲神岛亦位于台地之上。台地表层沉积物以砂为主，成分为火山岩碎屑。台湾碰撞带的岛坡台地分布在台湾岛鹅銮鼻的东南部岛坡中部，范围较小。台地上有海丘分布。

17.2.3.4　断阶式岛坡斜坡

该斜坡分布在琉球岛弧南坡和台湾岛东南部。琉球岛弧南坡的岛坡斜坡被弧前盆地和八重山海脊的海岭分割成上、下两段。上段水深 200～3 500 m，坡度 1/15～1/4 不等，组成物质为含火山碎屑（火山灰）的钙质生物黏土质粉砂，沉积物主要来源于上部的火山岛及岛架区。下段岛坡斜坡水深 3 500～5 900 m，平均坡度 1/10～1/5。最大坡度 1/4。大约在 123°50′E 以东，下段岛坡斜坡上可能有次级隆起的断陷带发育，地貌上表现为串珠状分布的低丘、低海岭及其北侧的浅洼地，也可能是板块俯冲带的增生楔叠置于岛坡下部，形成岛坡下部的低丘带。琉球岛弧下段岛坡表层沉积物是黏土硅质软泥，表明现代海底沉积环境是静水沉积作用为主。海底地貌的发育，主要受控于板块俯冲运动及其所产生的岛弧差异升降运动。

台湾岛东南部岛坡斜坡北段（绿岛海岭以北）比较完整，南段则被海岭和断陷盆地分割成上、中、下三段。北段岛坡水深 0～4 500 m，坡度大，平均坡度 1/5。最大坡度达 1/4。海底沉积物近岸带为细砂，向外逐渐过渡为黏土质粉砂、粉砂质黏土、钙质黏土质粉砂，黏土硅质软泥。岛坡上段沉积物来源于台湾岛，下段为深海静水环境沉积。黑潮流经台湾岛东部岛坡之上，对这一带沉积物的成带分布起了重要的作用。南段岛坡受北吕宋岛弧变形带和北吕宋海槽向北延伸的影响，岛坡上断块隆起带（海岭带）与断陷盆地交替，岛坡地形复杂，起伏大。

17.2.3.5　岛坡下部浊积斜坡

台湾岛东部陆坡的下部（4 500～5 000 m 之间）地形坡度变小。平均坡度 1/50～1/30。这一缓坡带在构造上属于花东盆地的西边缘带，是台湾碰撞带岛坡区浊流沉积物堆积区，位于花东盆地西侧深海平原上的柱状岩芯揭示，海底以下 0～2 m 的沉积物为黏土质粉砂，夹多层粉砂夹层，表明表层沉积之下的沉积层与现在的沉积环境不相适应，可能有来自西部岛坡的陆源碎屑加入。

17.2.4　海沟地貌

琉球海沟是菲律宾海板块与欧亚大陆板块交汇、俯冲和消亡的地带（图 17.12）。地貌上表现为岛坡坡麓的深沟，成为沟—弧—盆系与大洋盆地的天然分界。

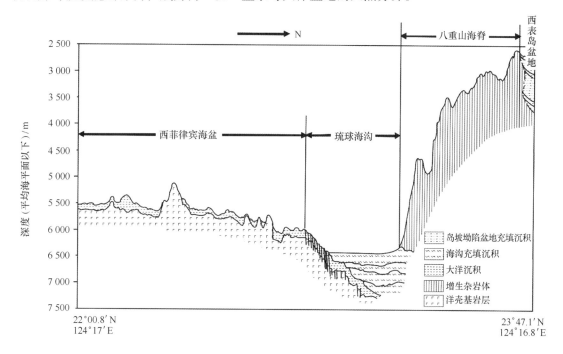

图 17.12　台湾以东太平洋区南北向剖面（刘忠臣等，2005）

琉球海沟呈近东西向延伸，边缘水深约 5 900 m。124°E 以东，海沟宽度（南北宽度）50～60 km；124°E 以西，海沟宽度逐渐缩小，深度也逐渐减小。124°E 以东，海沟中部（沟底）地形较平坦，两侧沟坡较陡，其中，北侧沟坡（岛弧侧）比南侧沟坡更陡，属于典型的海沟地形剖面。海沟底和边缘带有一些海山、海丘散布。其中，23°13′N，125°E 附近的海沟北部的海山顶部水深约 5 600 m，山麓水深约 6 600 m，相对沟底平原高出约 1 000 m。海沟南侧边缘（约 22°50′N，124°25′E 附近）的海山高度较大，山顶水深小于 4 300 m，山麓水深约 5 875 m，相对高度 1 575 m。124°E 以西，海沟地形剖面呈"V"形，海沟中部有一条海底峡谷自东向西延绵延伸，与花莲海底峡谷和台东海底峡谷汇合后的峡谷相连。

大致在 123°E 附近，由于加瓜海脊向北俯冲，导致海沟地形至此突然变窄，并很快消失。加瓜海脊以西的俯冲带，在地形上已无海沟的特征，演变为海底峡谷。

单道地震剖面揭示，琉球海沟松散沉积厚度非常大，地层分布较均匀，可连续追踪，表明海沟自形成以来，一直处于俯冲下沉，接受了较厚的新生代松散沉积。琉球海沟的地貌发育与海沟充填作用，主要受控于板块构造运动及其导致的海底峡谷的发育、浊流搬运作用等。

17.2.5 大洋地貌

17.2.5.1 深海海岭

加瓜海脊为区内一条巨大的深海海脊（图 17.11 和图 17.13）。它沿 SN 向延伸，南北长达 188 km，东西最大宽度为 35 km，平均为 23.4 km。最高峰顶的水深为 1 625 m，高出其东侧断陷盆地 3 900 m。加瓜海脊地形自南向北逐步降低，最终消失于琉球海沟之下。加瓜海脊与周缘的断陷盆地具有显出不同的地球物理场特征。如在加瓜海脊最高峰附近出现的自由空间重力异常高达 110×10^{-5} ms^{-2}。磁场特征显示加瓜海脊可能由弱磁性岩石组成。有关加瓜海脊的成因有多种观点，但都难以完整地解释加瓜海脊的形成与菲律宾海板块运动及其与欧亚板块碰撞的关系。推测其主要由玄武岩组成，可能是被抬升的洋壳碎片（Karp et al.，1997；郑彦鹏等，2005）。加瓜海脊随菲律宾海板块一起向北运动，俯冲到欧亚板块之下，在地形上自南向北降低，在其北端阻断了琉球海沟的向西延伸。

花东盆地的南部也有小型的海岭分布。菲律宾海盆西部是一列深海海岭，与加瓜海脊东侧的断陷盆地相邻。该海岭的北段（22°N 以北）西侧受南北向转换断层控制，东侧受 NNE 向转换断层控制，两侧都有断陷盆地发育。南段与 NNE 向大型转换断层西侧的海丘链合为一体，并与南部的深海海丘群相连。

17.2.5.2 深海平原

台湾岛以东海域的深海盆地地貌主要有西菲律宾海海盆和花东盆地。两个盆地之间被加瓜海脊及其东侧的断陷盆地所分隔（图 17.13）。西菲律宾海海盆地形起伏较大，多深海海岭、海丘群及孤立的海山、海丘、洼地，有些还是断陷洼地。转换断层将西菲律宾海盆地分成五个 NNE—NE 向延伸的区块，自西向东分别是：深海海岭带、串珠状断陷洼地—海丘带、小型海丘—平缓深海平原带、中小型海丘—深海浅洼地带、大型海山海丘—大型断陷洼地带。

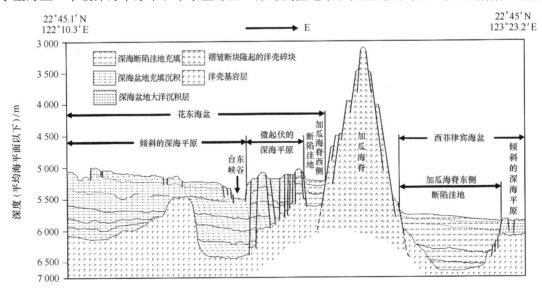

图 17.13 台湾以东太平洋区东—西向剖面（刘忠臣等，2005）

花东盆地被 NEE 向断层及沿此断裂发育的台东峡谷分为三个区块：台东海底峡谷以北地形呈向东—东南倾斜的海底斜坡，台东峡谷北段以东，北东向断层以北海底地形向北倾斜，NE 向断层以南的花东盆地地形较平坦，沿 NNW 向转换断层西侧，有一串海丘分布。盆地南部（约 22°N 以南）有断陷洼地与海岭分布。

1）倾斜的深海平原

倾斜的深海平原主要分布在花东盆地北部，NNE 向断层和台东海底峡谷以北。台东峡谷以东的深海平原地形自西向东倾斜，坡度 1/60 ~ 1/50。其中，北边界为花莲海底峡谷，南部边界为台东海底峡谷，平原的中部有顺坡向发育的海底峡谷，指示海底有一定的底流（可能是浊流）运动。表层沉积物在 5 350 ~ 5 400 m 深度之间有一条南北向的平缓带，坡度仅 1/150 ~ 1/100，以深海沉积为主黏土硅质软泥。

台东海底峡谷东部的倾斜深海平原地形自南向北倾斜，其南侧以较陡的斜坡与南部平坦的深海平原相接。水深 5 050 ~ 5 750 m（峡谷南侧）。总坡度约 1/60。在 NEE 向断裂的南侧，5 325 ~ 5 175 m 等深线之间，有一个陡的斜坡带，坡度达 1/10 左右。它将这块倾斜深海平原分为南北两个台阶。南段台阶上有低丘和断陷盆地分布，地形总趋势向西倾斜。北段地形平缓地向北倾斜，平均坡度约 1/70。海底表层沉积物为黏土硅质软泥。

台东峡谷和花莲峡谷是台湾岛以东海域最大的两条海底峡谷。在深海平原区，它们都沿断裂带发育，并且在不同走向的断裂带交错处，海底峡谷发生转向。而到达岛坡带后，则顺坡向上伸展。两条峡谷在琉球海沟的西端附近汇合，继续向东伸展，沿海沟中部一直延伸到 124°E 附近才消失。台东峡谷和花莲峡谷对花东盆地和琉球海沟沉积地层和地貌的发育、海底沉积物的分布，具有重要的意义。它们将来自台湾岛及其东部岛坡的沉积物，以海底浊流的形式输送到花东盆地和琉球海沟。

2）平坦的深海平原

平坦的深海平原主要分布在花东盆地南部，水深 4 850 ~ 5 050 m。洋底总体上自东西两侧向中部倾斜，平均坡度 1/100 ~ 1/125。平原上有南北向分布的串珠状浅洼地与海丘分布。22°N 以南，平原地形更为平坦，有较大的碟形浅洼地和海丘分布。加瓜海脊西侧的断陷盆地在北段表现为较明显的洼地形态，南段则显示为略低于周围海底的浅槽。平坦的深海平原的表层沉积物也是黏土硅质软泥。西部有浊流沉积物加入。

3）起伏的深海平原

起伏的深海平原主要分布在西菲律宾海海盆。海底地形波状起伏，小海丘与浅洼地交错。地形总体上自南向北倾斜。NE 向巨型转换断层及其在海底地形上形成的斜坡带，将菲律宾海盆的深海平原分为东西两大部分。西部主要由近南北向的海岭和串珠状低洼地、斜坡带组成；东部是浅洼地与海丘交错散布的波状起伏平原。

17.3　海底地貌的成因分析

台湾以东海域位于欧亚大陆板块和菲律宾海板块的碰撞区，也是大陆板块向大洋板块过渡的地带，地形地貌复杂多变。板块构造位置及其活动特征控制了该区的地貌格局，形成了

3 个大型的构造体系，即近 EW 向的琉球沟—弧—盆体系、近 SN 向的台湾碰撞带构造体系和西菲律宾盆构造体系。此外，基底断裂及底层流等也进一步塑造了该区的地形地貌特征。

基底断裂对台湾以东海域的地貌发育也有重要影响。板块构造位置确定了海底地貌的总体格局，而基底大断裂的分布则直接影响了海底地貌的具体形态。由于基底转换断裂活动，花东盆地沟槽区具有错综复杂的海底峡谷地貌特征。西菲律宾海盆区则表现为 NW 向线状脊—槽相间排列，以及遭受 NNE 向转换断层切割后形成的典型大洋盆地断块构造地貌特征。加瓜海脊隆起区为断层作用下抬升的洋壳碎片，由于菲律宾海板块向西北方向的运动，沿加瓜海脊之下的 NS 向构造薄弱区发生东侧洋壳的俯冲和西侧洋壳的相对抬升，形成加瓜海脊隆起区。

底层流对台湾以东海域海底地貌的展布也有一定的影响。琉球海沟西段冲蚀沟槽、花东峡谷、台东峡谷等都是由于底层流作用形成的海底地貌。此外，台湾以东海域也是黑潮流经的重要地区之一，黑潮潮流的物质运移也与海底地貌特征存在密切关系。

总之，构造作用是台湾以东海域海底地貌发育的主导因素，板块相互作用及基底断裂的活动造就了该区的主要地貌单元和总体地貌框架。沉积作用、水动力条件等外因也对海底地貌进行了改造。海底浊流等外营力作用对台湾岛东南部岛坡断陷盆地和岛坡下部的浊积缓坡带、花东盆地、琉球海沟和琉球岛弧弧前盆地的地貌演化具有重要意义。

17.4　台湾以东海域的海岛

17.4.1　台湾岛

台湾岛是我国第一大岛，它南北长 394 km，东西宽约 144 km，面积 35 776.4 km^2。中央山脉纵贯南北，占全岛面积的 60% 以上。玉山海拔 3 997 m，为我国东部最高峰，雪山海拔 3 884 m，秀姑峦山海拔 3 833 m。台湾岛多山，高山和丘陵面积占全部面积的 2/3 以上。台湾的山脉与台湾岛的 NE—SW 走向平行，竖卧于台湾岛中部偏东位置，形成本岛东部多山脉、中部多丘陵、西部多平原的地形整体特征。

台湾气候冬季温暖，夏季炎热，雨量充沛，夏秋多台风和暴雨。由于北回归线穿过台湾岛中部，台湾北部为亚热带气候，南部属热带气候，年平均气温（高山除外）为 22℃，年降水量多在 2 000 mm 以上。充沛的雨量给岛上的河流发育创造了良好的条件，独流入海的大小河川达 608 条，且水势湍急，多瀑布，水力资源极为丰富。其中，长度超过 100 km 以上的河流有浊水溪（186.4 km）、高屏溪（170.9 km）、淡水河（158.7 km）、大甲溪（140.3 km）、曾文溪（138.5 km）、乌溪（116.8 km）。

台湾四面环海，海岸线总长达 1 600 km，因地处寒暖流交界，渔业资源丰富。东部沿海岸峻水深，渔期终年不绝；西部海底为大陆架的延伸，较为平坦，底栖鱼和贝类丰富，近海渔业、养殖业都比较发达。远洋渔业也较发达。

17.4.2　绿岛（火烧岛）

绿岛旧称"鸡心屿"、"青仔屿"、"火烧岛"，是一山丘纵横的火山岛。位于台东以东约 33 km 的太平洋上，岛呈不等边四角形，南北长约 4 km，东西宽约 3 km，面积约 16 km^2，为台湾第四大附属岛。最高点为火烧山，高 280 m，东南临海处多为断崖，西南角是长达超过

10 km 的平原沙滩，西北近海岸区地势低缓，为全岛主要聚落所在。

绿岛多丘陵、少平地，以中部地势较高，溪流呈辐射状。因岛上树木较少，政府为绿化该岛，于 1949 年改称今名。岛之东南面为临海断崖，长达百余米；公馆、中寮、南寮三村集中于西北部海岸地带，其中，南寮村为该岛经济中心，该村之南有南寮湾（建有渔港），为本岛对外海道交通之门户。岛上特殊地形景观颇多，除岛中央有半人工风景的绿岛公园外，东南端小丘下有观音洞，东部海边有栗子洞，东北角海岸外有楼门岩，北部海岸有将军岩及将军崖，南端有海参坪，东南部有朝日温泉（海底温泉）。

17.4.3　兰屿

兰屿位于台湾东南海域，距离台东约 90 km，面积约 46 km²。它与其东南海面约 5.5 km 处的小兰屿均为火山岛，行政上隶属于台东县兰屿乡，地质上为菲律宾巴丹群岛的延伸，主要以火山集块岩、安山岩等组成。兰屿多山，红头山为全岛最高峰，海拔 548 m。岛上数条小溪由岛中央向四周辐射出去，河流较短，不及 3 km，但河床坡降比大，水流急。河流出口的沿岸地区，形成狭窄的冲积平原，为兰屿主要的聚落和耕地分布区。

兰屿属多雨的热带性气候，年平均降雨量超过 3 000 mm，雨量分布均匀，无旱季。全年强风日数多达 260 天，平均风速为 7~8 m/s。由于黑潮流经海域，海水温度较高，且含有大量养分，为珊瑚礁和鱼类生长的场所，海洋生物及景观资源非常丰富。兰屿四周海岸岬湾相间，海水侵蚀强烈，发育许多高耸的海崖及特殊的海蚀地形景观。海岸四周大多为隆起珊瑚礁围绕，仅有小规模沙滩，主要分布在东侧的东清湾与西南侧的八代湾附近。

17.4.4　龟山岛

龟山岛又名"龟山屿"，位于台湾东部宜兰县头城镇以东约 12 km 的西太平洋中，为孤悬于海中的一个火山岛屿。整个岛屿形状似浮龟，故而得名，为"兰阳八景"之一。1999 年 12 月 22 日，宜兰县将龟山岛半开放，至 2000 年 8 月 1 日正式对外开放观光，纳入了台湾东北角著名风景区，定位为海上生态公园。

龟山岛面积约 2.8 km²，东西长约 3.1 km，南北宽约 1.6 km，海岸线长 9 km，龟山岛为台湾离岛的第二高山，岛上最高点海拔 398 m。岛上有湖泊、冷泉、温泉、海蚀洞、硫气孔等，还有特殊的植物资源和丰富的海洋生态资源。

龟山岛是一座活火山，位于菲律宾板块向欧亚板块俯冲隐没的部位，其岩层主要是由安山岩质的熔岩流和火山碎屑岩所分别构成。龟山岛地质年龄年轻，据热释光法测定其年龄为（7 000±800）a. BP，是全新世火山岛。由于活火山的缘故，龟山岛附近海底热液活动较为活跃，其主要产物为自然硫构成的烟囱体，自然硫的纯度高达 99% 以上。

第18章 台湾以东太平洋海域海岸海洋地质灾害

台湾岛东部海岸线较长，人口密集，经济较为发达，城市和工业比重大。海洋地质灾害的发生会对该区的财产和生命安全造成严重损失，应引起重视。台湾以东太平洋海域的主要海洋地质灾害有海岸侵蚀、海洋地震和海啸、火山和泥火山喷发及热带风暴等。

18.1 海岸侵蚀

海岸侵蚀是台湾东部海岸面临的一个主要问题。以宜兰地区为例，宜兰沿海地区近年来有不断遭受海水侵蚀的现象。根据当地居民描述，有部分地区海滩已后退数十米，这种情况在台风来袭时更为严重，原因可能为兰阳溪河床采砂活动使输沙量减少，再加上抽取地下水所产生地面下陷，进而导致海水倒灌，海岸后退。嘉义县好美里一带于1976—1989年间，平均每年被侵蚀了约10 m的海岸沙洲。类似的海岸侵蚀问题亦凸显出台湾海岸地带的侵蚀问题及其所带来的灾害，是台湾地区的一个潜在灾害性问题。

此外，由于全球性与局部性的海面变迁世界各国的普遍性重视，主要原因是海岸线变迁常造成海岸侵蚀或堆积的重新分配。许多国家的首都或重要都市也多位于河口港或海岸地带，如纽约、伦敦、东京等，海岸的变迁常造成经济、社会乃至于军事的变迁。台湾是一个海岛地区，理论上海岸变迁的问题更严重，常影响到海岸的管理与开发。所以海岸的变迁是否有规律性或是其他的异常现象，更应受到重视。台湾位于板块碰撞的边缘，许多地壳抬升，使台湾相对于其他地区比较不容易受到海面上升所造成的海岸侵蚀的影响。尽管如此，台湾的海岸线仍有许多地区仍有非常严重的海岸侵蚀现象。

18.2 地震灾害

台湾岛及其东部海域处于菲律宾海板块、太平洋板块和欧亚大陆板块相互俯冲和碰撞作用的交汇区，并位于著名的环太平洋地震带之上，地震活动极为强烈且频繁，但震源深度一般较浅。强震（＞Ms 6.0）大多发生在本岛东部及其东部海域中（图18.1），该区地震频度之高为中国各省区之首，里氏6.0级以上地震约占全国的60%。据统计，本岛每年发生5级以上的地震有数百次，7级左右的地震平均有2次。1970年1月至今，该区已发生6级以上强震多达88次（图18.1）。其中，作为琉球俯冲带和台湾碰撞带的结合部位，其东北部的花莲地区是这一区域地震活动性最强的地区，历史上已有多次强震发生。

台湾东部地震带的震中一般在台东纵谷断层附近，也即弧—陆碰撞的拼贴带所在地（龚士良，2002）。虽然台湾东部的地震强度及灾害性地震的次数远大于台湾岛西部地震，但因东部主要为山区且人口密度与经济发展水平均小于西部地区，所以其造成的危害也相对小于台湾岛西部。台湾岛东部为陡峭的山脉，地震的发生往往会引发滑坡和泥石流，这也属于一种多发性和广域性的地质灾害，可对人民居住安全和经济生产造成较大危害。另外，该海域若发生大地震，可能会诱发海啸，加剧灾害效应。

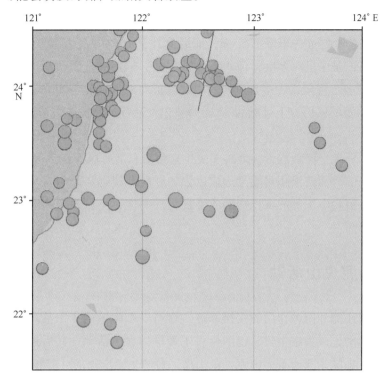

图 18.1　1970 年 1 月以来台湾及其东部海域 Ms 6.0 级以上地震的分布
（中国地震台网数据）

1976 年以来，台湾以东地区多次发生过 6.0 以上地震，其中，破坏力较大的地震主要有以下两次：① 1999 年 9 月 21 日 1 时 47 分，在台湾省花莲西南（震中位于 23°42′N，121°06′E）发生了 Ms7.6 级的强烈地震，也即著名的"9·21"集集大地震。本次大地震造成 2 470 人死亡，11 305 人受伤，1 000 多婴儿成为孤儿，10 万人无家可归，数万栋房屋倒塌变成废墟。此次地震波及福建、广东、浙江和江西的部分地区，造成不同程度的震感影响。② 2002 年 3 月 31 日 14 时 52 分，在台湾以东海中（24°24′N，122°06′E）发生 7.5 级大地震。震中距离位于台湾岛东北的苏澳、南澳一带约 30 km，距台北约 90 km，距花莲约 70 km。地震波及台北、台中、台东，花莲、宜兰等地。造成台北市地铁、公交停运，高架桥出现裂痕，多幢楼房倒塌，多处楼房发生严重龟裂现象，通信部分中断。

18.3　海啸灾害

海啸是由海底地震、火山喷发、泥石流、滑坡等海底地形突变所引发的具有超长波长和周期的一种重力长波。当其接近近岸浅水区时，波速变小，振幅陡涨，有时可达 20 ~ 30 m 以上，骤然形成"水墙"，瞬时入侵沿岸陆地，造成危害（陈颙、史培军，2007）。大部分海啸产生于深海地震，发震时伴随海底发生激烈的上下方向的位移，从而导致其上方海水的巨大波动，海啸因故而发生。海啸引起海水从深海底部到海面的整体波动，蕴含的能量极大，因此有强烈的危害性，是一种严重的海洋灾害，值得重视。

历史上台湾有过多次海啸的记录。最严重的一次是 1781 年在高雄，徐泓所编的《清代台湾天然灾害史料汇编》中记载"乾隆四十六年四五月间，时甚晴霁，忽海水暴吼如雷，巨涌排空，水涨数十丈，近村人居被淹……不数刻，水暴退……"较为典型的海啸记载当为1867年台湾基隆北的海中发生7级地震引起了海啸，有数百人死亡或受伤，资料记载此次海啸影响到了长江口的水位，江面先下降135 cm，而后上升了165 cm（陈颙、史培军，2007）。需要指出的是，历史记录中虽有多次"海水溢"的现象，但经常把海啸与风暴潮混在一起；历史记录中的"海水溢"现象，大多是风暴潮引起的近海海面变化，而非海啸。李起彤和许明光（1999）对台湾及邻区历史上可能的32次海啸记录进行了分析和甄选，认为只有9次是真正的海啸。

我国台湾位于环太平洋地震带，地震多发生在台湾东部海域，但台湾东部海底急速陡降，不利于从东部传来的海啸波浪积累能量形成巨浪，因此即使远洋海啸也难以成灾，台湾受远洋海啸影响不大。但台湾东部的堆积物形成不稳定的斜坡，一旦发生大规模海底山崩，很有可能引发致灾的海啸。

18.4　火山和泥火山活动

作为几大板块碰撞和俯冲作用的交接部位，台湾以东海域的火山活动也极为显著。台湾岛最早的火山岩年龄记录为中生代，也即代表了最早的火山活动，其后还存在新生代和第四纪火山活动。海岸山脉为新近系火山弧，龟山岛、台湾东南岸外的兰屿和绿岛等均为火山岛。大屯火山群、龟山岛、彭佳屿至今仍有火山活动的迹象。大屯火山群喷气孔、硫气孔、温泉的出现显示地下热流仍在活动。中心部分的七星山四周及附近裂口仍不断喷出硫磺气及高温热水，成为台湾天然硫的产地（黄镇国等，1995）。今日的龟山岛仍有两个硫气孔在喷发，其地热作用甚至强于大屯地热带。《噶玛兰厅志·卷八》中记载着清代以前龟山岛火山喷发和熔岩流的情景："霹雳一声流血殷，惊走生番驰无还。"（廖志杰，1990）在彭佳屿，民国十六年（1927年）6月1日，美国船只"欧罗拉"号又在同一地点发现海水变色，并遇到特别强烈的海浪，这些现象暗示彭佳屿附近仍有火山活动（林朝棨，1957）。

台湾岛的泥火山活动是当地一个奇特地质现象。它是泥浆随瓦斯或天然气一起从断裂构造带同时喷出地面后堆积而成（图18.2）。这些气体可以点燃，也有自行燃烧数日或数月。主要分布在台南、高雄、花莲及台东县境内的上新世至更新世的泥岩地层内，尤以背斜构造及断层存在的地区为盛。另外，在一些火山地区也可能存在泥火山。台湾岛内有17个泥火山区，特别是高雄县冈山与楠梓中间的桥头到其东北方的燕巢一带，是泥火山经常出现的地方。最近10多年来较大规模的泥火山喷发发生在屏东县万丹乡，于2001年4月14日晚上爆发，直径超过2 m的泥火山口喷出大量泥浆，灰黑色的泥浆甚至淹没了附近田地。爆发出来的灰黑色泥浆，把周边农地淹没了一大片，红色火焰从泥火山口蹿出，声势惊人。近年来，这十几个泥火山区的自然景象已大受破坏。

18.5　热带风暴

台湾以东洋面，夏、秋季常受热带风暴（台风、热带气旋）的影响，其中以每年的7—9月最盛，平均每年有3.5次8级以上的强热带风暴登陆台湾岛，对人民的日常生活、渔业生产和海水养殖均造成了巨大的危害和损失。研究表明，海上自然破坏力的90%来自海浪，而

图 18.2　台湾泥火山

10% 的破坏力来自风。海浪是一种复杂的波动现象，它影响着海上活动。许富祥（1998）利用船舶报和海洋站及浮标的观测资料，分别按照海区和海浪进行了统计分析，对 1966—1993 年期间台湾以东洋面及巴士海峡的海浪时空分布规律进行了研究。其中，把造成灾害性海浪的大气扰动分成台风浪、气旋浪和寒潮浪 3 种类型。台风浪是由热带气旋、台风和强台风造成的，气旋浪是由温带气旋造成的，海潮浪是由海潮大风造成的。另外，只要波高大于 6 m 的海浪覆盖海域的全部或部分范围，就认为该海域出现一次灾害性海浪过程。统计资料表明：1966—1993 年期间，台湾以东洋面及巴士海峡出现台风浪 155 次，寒潮浪 122 次，气旋浪 6 次。总体而言，波高 6 m 以上的狂浪在 28 年里出现 283 次，年均 10.11 次（其中，寒潮浪为 4.36 次，台风浪为 5.54 次，气旋浪为 0.12 次）。这是因为台湾以东洋面与太平洋相通，水深浪大，具有大洋海浪特征，因此灾害性海浪频率也较高。此外，统计资料表明灾害性海浪的发生呈明显的年际变化，其中，1980 年最多，达 37 次；1973 年和 1992 年最少，仅出现 8 次。虽然灾害性海浪每月都有发生，但各月发生的次数差异较大，其中 4 月、5 月只出现 6 次和 5 次，而 11 月、12 月出现次数较多，分别达 89 次和 71 次。灾害性海浪时间变化与产生灾害性海浪的大气环流和气候变化有关，而影响大气环流和气候变化的因素复杂多变。另有统计资料表明，1989—1998 年，海上波高大于 4 m 的巨浪的常年平均天数，巴士海峡平均为 67 天，最大浪高为 12 m。

参考文献

陈颙，史培军. 2007. 自然灾害 [M]. 北京：北京师范大学出版社.

傅命佐，刘乐军，郑彦鹏，等. 2004. 琉球"沟—弧—盆系"构造地貌：地质地球物理探测与制图 [J]. 科学通报，49（14）：1447 – 1460.

龚士良. 2002. 台湾的地震灾害及其环境地质问题 [J]. 灾害学，17（4）：76 – 81.

黄镇国，张伟强，钟新基，等. 1995. 台湾板块构造与环境演变 [M]. 北京：海洋出版社.

李起彤，许明光. 1999. 台湾及其邻近地区的海啸 [J]. 国际地震动态，(1)：7 – 12.

梁瑞才，高爱国，郑彦鹏，等. 2003. 台湾以东海区磁异常及磁条带研究 [J]. 海洋科学进展，21（3）：

291 – 297.

廖志杰. 1990. 中国的火山、温泉和地热资源 [M]. 北京：科学普及出版社.

林朝棨，周瑞墩. 1984. 台湾地质 [M]. 台湾省文献委员会出版.

林朝棨. 1957. 台湾省通志稿（卷一），土地志·地理篇，第一册（地形）[M]. 台湾省文献委员会出版.

刘保华，郑彦鹏，吴金龙，等. 2005. 台湾岛以东海域海底地形特征及其构造控制 [J]. 海洋学报，27（5）：82 – 91.

刘忠臣，刘保华，黄振宗，等. 中国近海及邻近海域地形地貌 [M]. 北京：海洋出版社.

石再添. 2000. 台湾地理概论 [M]. 台湾中华书局.

王鑫. 1980. 台湾的地形景观 [M]. 度假出版社.

王鑫. 2005. 台湾的地景：资源与灾害 [J]. 国史馆馆刊，38：6 – 15.

王颖. 1996. 中国海洋地理 [M]. 北京：科学出版社.

王颖，朱大奎. 1994. 海岸地貌学 [M]. 北京：高等教育出版社.

徐铁良. 1962. 台湾海岸地形之研究 [J]. 中国地质学会会刊，(5)：29 – 45.

许富祥，余宙文. 1998. 中国近海及邻近海域灾害性海浪监测与预报 [J]. 海洋预报，15（3）：63 – 68.

曾昭璇. 1985. 我国台湾岛的海岸地貌类型 [J]. 台湾海峡，4（1）：53 – 60.

曾昭璇. 1993. 台湾自然地理 [M]. 广州：广东省地图出版社.

郑彦鹏，韩国忠，王勇，等. 2003. 台湾岛及其邻域地层和构造特征 [J]. 海洋科学进展，21（3）：272 – 280.

郑彦鹏，刘保华，吴金龙，等. 2005. 台湾岛以东海域构造及其板块运动特特征 [M]//张洪涛，陈邦彦，张海启. 我国近海地质与矿产资源. 北京：海洋出版社.

Hsu S K, Sibuet J C. 1995. Is Taiwan the result of arc – continent or arc – arc collision? [J]. Earth Planet Sci. Lett, 136：315 – 324.

Karp BY, Kulinich R, Shyu CT, et al. 1997. Some features of the arc – continent collision zone in the Ryuku subduction system, Taiwan junction area [J]. The Island Arc, 6：303 – 315.

Nakamura Y, McIntosh K D, Chen A T. 1998. Preliminary results of a large offset seismic survey west of Hengchun peninsula, southern Taiwan [J]. TAO, 9：395 – 408.

Schnurle P, Liu C S, Lallemand S E and Reed D L. 1998. Structural controls of the Taitung Canyon in the Huatung Basin east of Taiwan [J]. TAO, 9 (3)：453 – 472.

Seno R, Stein S and Gripp A E. 1993. A model for the Philippine Sea Plate consistent with NUVEL – 1 and geological data [J]. J. Geophys. Res, 98：17 941 – 17 948.

Sibuet J C and Hsu S K. 1997. Geodynamics of the Taiwan arc – arc collision [J]. Tectonophysics, 274：221 – 251.

Suppe J. 1981. Mechanics of mountain building and metamorphism in Taiwan [J]. Geological Society of China, 4：67 – 89.

Wageman J M, Hilde T W C, Emery K O. 1970. Structure framework of East China Sea and Yellow Sea [J]. Am. Assoc. Pet. Geol. Bull, 54：1 611 – 1 643.

Yang R Y, Wu Y C, Hwung HH, et al. 2010. Current countermeasure of beach erosion control and its application in Taiwan [J]. Ocean and Coastal Management, 53：552 – 561.

Yu S B, Chen H Y and Kuo L C. 1997. Velocity field of GPS stations in the Taiwan area [J]. Tectonophysics, 274：41 – 59.